U0660221

俄罗斯最新装备理论与技术丛书

装备科技译著出版基金

机载导航、瞄准和武器控制系统设计原理与应用

（上册）

[俄] M.C.亚尔雷科夫　A.C.博加乔夫
B.И.梅尔库洛夫　B.B.德罗加林　著
滕克难　主编译
薛鲁强　贾　慧　严志刚　熊道春　编译
李相民　主审

国防工業出版社
·北京·

著作权合同登记　图字：军-2015-030 号

图书在版编目（CIP）数据

机载导航、瞄准和武器控制系统设计原理与应用/（俄罗斯）亚尔雷科夫等著；滕克难主编译. —北京：国防工业出版社，2016.1

（俄罗斯最新装备理论与技术丛书）

ISBN 978-7-118-10549-0

Ⅰ. ①机…　Ⅱ. ①亚…　②滕…　Ⅲ. ①军用飞机－机载设备－系统设计　Ⅳ. ①V271.4

中国版本图书馆 CIP 数据核字（2016）第 000896 号

Радиоэлектронные комплексы навигации, прицеливания и управления вооружением летательных аппаратов

М.С.Ярлыков　А.С.Богачев　В. И. Меркулов　В.В. Дрогалин

ISBN: 978-5-88070-028-8

ISBN: 978-5-88070-027-1

※

国防工业出版社出版发行

（北京市海淀区紫竹院南路 23 号　邮政编码 100048）

北京嘉恒彩色印刷有限责任公司

新华书店经售

*

开本 710×1000　1/16　**印张** 39　**字数** 728 千字

2016 年 1 月第 1 版第 1 次印刷　**印数** 1—2000 册　**定价** 218.00 元

（本书如有印装错误，我社负责调换）

国防书店：（010）88540777　　发行邮购：（010）88540776

发行传真：（010）88540755　　发行业务：（010）88540717

《俄罗斯最新装备理论与技术丛书》
编译委员会

主 编 译：滕克难

编　　译：吕卫民　薛鲁强

翻译人员：严志刚　严　灵　邹海涛　徐文刚

　　　　　贾　慧　韩桂升　熊道春

序

在莫斯科纪念卫国战争胜利70周年的阅兵式上，最引人瞩目的莫过于以精准队形低空飞过红场的空中机群。这些俄式战斗机之所以能呈现如此优秀的飞行操控品质和机动作战能力，不仅源于卓越的飞行器设计、强悍的发动机，还取决于性能优秀的机载综合电子系统。

多年来，通过中俄两国航空技术合作，我国科技人员对俄罗斯机载综合电子系统已有较多的了解，但是对其内在设计理念、理论和应用仍缺少系统完整的理解和掌握。该译著学术思想新颖，内容具体，面向第4、5代战斗机的应用，汇集了俄罗斯专家学者的最新研究成果，特别是针对先进机载综合电子系统的设计和应用问题，理论解析透彻、应用贴近实战，具有很高的学术价值。

滕克难教授及其编译团队，具有俄罗斯留学经历和对俄技术合作的工作经验，不仅具有很好的俄语素养，而且具有坚实的航空电子设备专业知识。通过他们两年多辛勤、细致的工作，将这部俄罗斯最新学术著作及其所承载的专业知识和学术思想，原汁原味地呈现在读者面前，相信对该领域的研发、使用、维护工作者及高校教师、研究生等颇有裨益。

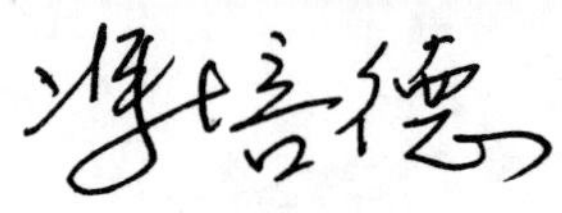

二○一五年五月十五日

编译者前言

众所周知，综合电子系统被誉为战斗机的“灵魂”。21 世纪以来，随着信息技术、通信导航技术、控制技术和兵器技术的快速发展，机载综合电子系统取得了巨大的进步。以第 5 代战斗机研发为牵引，俄罗斯在机载综合电子系统工程研制和作战运用方面，取得了一系列的创新成果。与美国相比，技术独特，实现了航空电子技术的跨越发展。

本书俄文版由俄罗斯无线电技术出版社于 2012 年出版。在原版基础上，从理论、技术和作战应用实际出发，该书展现了俄罗斯最新的航空电子科技成果和发展前沿，主要包括：机载综合电子系统的原理、组成、结构和功能，及其信息综合处理的原理和方法；机载综合电子系统中最优控制的综合方法和实现算法，以及计算机在机载综合电子系统中的应用；机载综合电子系统的使用特点及其效率的评价方法。同时，从完成战斗和导航任务军事需求出发，研究了机载综合电子系统在导航控制、拦截空中目标、打击地面目标中的实战能力问题，并结合工程研制和军事应用实际，详细解释如何在战斗条件下实现这些能力。全书原理阐述配以图例说明，图文并茂，通过对机载综合电子系统信息综合处理、噪声抑制、信号处理方法和算法、机载计算机运用、信息防护与安全、系统效能评估等理论分析和工程应用，完整介绍了俄罗斯第 5 代战机机载综合电子系统设计的先进思想和实现方法。

原著的主编是茹可夫空军工程学院的终身荣誉教授、空军少将亚尔雷科夫（M. C. Ярлыков）博士，他是俄空军第 4 和 5 代军用飞机论证和研制的主要专家之一，为俄罗斯航空装备技术的发展做出了重大贡献，在俄航空学术界享受极高的声誉。在其学术生涯中，创建和发展了随机过程评定的马尔可夫理论方法和无线电导航的统计学理论，在信号调制方法研究和航空无线电系统抗干扰能力研究上取得了一系列创新成果。近年来，他致力于机载综合电子系统对卫星导航系统的接收算法研制与集成，是俄罗斯航空无线电系统信息保障与技术状态评定系统，以及控制学科的创建者和学科组长，现任俄罗斯无线电技术杂志执行主编和俄罗斯最高学位委员会委员。

原著俄文书名为*Радиоэлектронные комплексы навигации, прицеливания и управления вооружением летательных аппаратов*，直译为“飞行器导航、瞄准和武器控制无线电电子综合系统”，但这种表述无论从专业上，还是从语言结构上，

都与我国读者的阅读习惯不相符合。所以，我们根据本书的内容、结构，结合我国航空术语和专业表述习惯，将该书中文版书名确定为《机载导航、瞄准与武器控制系统设计原理及应用》。为方便读者阅读，在编译过程中我们还对部分美国和俄罗斯先进机型的应用实例，补充了部分说明性插图，在保持原著章节结构不变的基础上，对节内的部分内部编目进行了细化和明确。本书作为“俄罗斯最新装备理论与技术丛书”的一部分，以上、中、下三册的形式出版，并获得总装备部“装备科技译著出版基金”资助，它适用于航电系统、航空无线电系统及航空特设专业的科研设计人员，以及航空装备发展论证研究人员、航空装备使用维护工作者和工程师，高等院校教员、研究生和大学生参考使用。

全书整个翻译编辑出版工作从2013年初启动。滕克难教授担任主编译，对全书上、中两册进行了译校，并对全书进行统稿和审校；薛鲁强同志对该书下册进行了译校，并与贾慧同志一起承担了所有图表和公式的翻译、编辑工作；严志刚同志承担了全书上册和中册文字翻译工作；熊道春同志承担了下册文字翻译工作；李相民教授对全书进行了审校。历时2年多时间，这套译著终于与读者见面了。至此，特别感谢冯培德院士在百忙之中审阅书稿并为该译著撰写序言；特别感谢总装备部“装备科技译著出版基金”的大力资助；特别感谢国防工业出版社编辑对本译著出版工作给予的悉心指导。由于编译者水平有限，错误和疏漏之处在所难免，敬请同行专家和广大读者予以指正。

主编译：滕克难

2015年5月

前　言

本书由三部分（上、中、下三册）组成，书中阐述了现代和未来飞行器导航、瞄准和武器控制综合电子系统的理论基础、结构和功能原理、信息处理算法及使用特点。

本书依据国内和国外出版物资料编写，能够充分反映在科学技术领域的最新成果，书中的一系列论点是原创的。

本书在每一章结尾都列举了使用的参考文献。书中的数字特征、参数值，以及技术方案实例都来自国内和国外公开发行出版物的资料。

目　录

引　言

1. 飞行器及其分类

飞行器（летательный аппарат）是在地球大气层或宇宙空间中飞行的器械。

按工作原理，可将飞行器划分为下列主要类别：

（1）空气静力（浮空航行）飞行器，包括高空气球、平流层气球、飞艇等。

（2）空气动力飞行器，按其升力形成时气流绕流部位不同，又可划分为三个子类别：

① 固定翼，这是第一子类，它包括飞机、巡航导弹、滑翔机、地效飞行器等；

② 旋翼，这是第二子类，它包括直升机、旋翼机等；

③ 升力体，这是第三子类，它包括带升力体的飞行器。

（3）航天飞行器（轨道、星际飞行器等）。

（4）火箭导弹，它包括运载火箭、导弹、气象观测火箭等。

（5）混合飞行器，它结合了不同类别飞行器的特性（例如，空天飞机）。

2. 航空器

航空器（воздушное судно）是飞行器多样性的重要组成部分。

航空器是依靠空气反作用力，而不是依靠空气对地面或水面的反作用力而在大气中获得支撑的飞行器[1]。

换句话说，航空器是除地效飞行器外的所有空气静力和空气动力飞行器。问题在于，地效飞行器虽然属于空气动力飞行器类别，但它是动力气垫上的飞行器。地效飞行器仅可在空气动力地效的作用范围内（即在数米的高度上）在水面（覆盖雪、冰等的地面）上飞行。

地效飞行器的升力不仅依靠机翼上表面的负压（如普通飞机），还依靠空气动力地效作用区内机翼下表面的升压。空气动力地效是由于机翼的气流扰动（压力增大）到达水面（地面），经过反射后又反向传到机翼，由此在机翼下获得较大的压力增量。

本书主要研究航空器，其中又重点研究军用固定翼飞机和直升机。

航空器总体上是最先进科学和技术理念的体现，是国家科技进步的助推器。至于军事航空，众所周知，俄罗斯制造的第4代飞机和直升机（米格－29、苏－27、

图 −160 等）及其后续改型（第 4 + 代）在飞行技术性能和作战效能方面处于世界领先水平。目前，在俄罗斯军事航空领域，主要精力集中在 T-50 战机和其他第 5 代飞行器方面。此外，重点关注研制和运用各种类型的无人机——侦察型，以及攻击型[2,3]。

当然，书中许多涉及的相应特点也适用于其他类型的飞行器。

3. 定义和术语

本书中使用了下列定义和术语。

（1）航空综合设备系统（авиационный комплекс）是带有用于完成战斗和专项任务的航空武器系统、机载设备和地面保障设备的航空设备的总称。

航空综合设备系统（航空器）的战斗用途是：使用航空综合设备系统毁伤地面（水面）、空中（太空）目标或执行其他战斗和专项任务。

（2）机载综合设备系统（бортовый комплекс）在任何机载设备系统中都发挥着重要作用[2,4]。在每种类型的航空器上，根据其用途和装备集成度，通常具有相应的机载综合设备系统（雷达瞄准综合系统、光电瞄准导航综合系统、通信和导航综合系统等）[2]。

机载综合设备系统在很多方面决定飞行器的战斗能力，它们用于保障完成下列战斗任务：拦截和击毁空中目标，攻击地面目标，施放无线电干扰，实施空中侦察等。

机载综合设备系统是指功能上相互联系的借助特定算法和机载计算机系统（бортовая вычислительная система）联合起来的机载综合设备系统（бортовая комплексная система）、机载系统和机载设备的总和，它们用于使用不同的方法来完成各类任务。

（3）机载组合系统与机载综合设备系统相比，属于更低层级的航空复杂技术系统[4]。

机载组合系统是功能上相互联系的通过特定算法联合起来的机载系统和机载设备的总和，它们用于借助几种（或一种）方法来完成一个任务。

实际上，在不同类型航空器的机载组合系统组成中包括不同类型的机载电子设备[2,5]。

（4）机载电子设备在很大程度上决定了许多机载综合设备系统的整体作战效能，保障航空器在白天或夜间、简单或复杂的气象条件下顺利操作。例如，在视距外、复杂气象态势或夜间条件下，搜索、探测、识别、自动跟踪，并确定空中和地面目标坐标和运动参数的任务通常仅在使用电子设备的情况下才能成功完成[4,5]。

因此，在飞机和直升机的各型装备中包含一系列的机载组合系统。其中，电子设备的作用非常大，按工作原理可将其归入特殊类型的机载综合设备系统——机载综合电子系统[4]。

（5）机载综合电子系统是指原则上必须具有无线电电子设备，并在执行一系列规定的战斗和导航任务时无线电电子设备发挥决定性作用的机载综合设备系统。

提高飞机和直升机的战斗能力，以及扩大其执行任务的范围都需要航空设备向集成型综合电子系统或一体化综合电子系统转变[4]。

飞行器是否能成功完成战斗任务在许多方面取决于机载综合电子系统的效率、生命力和可靠性。现代和未来的机载综合电子系统是在很多方面以系统工程学作为理论基础的复杂技术系统，系统工程学可确定这些系统的基本规律[4]。

4. 引言小结

飞行器的机载综合电子系统属于复杂系统类别，机载综合电子系统具有明显的全系统特性，即在任意分解综合系统的情况下，其任何一个组成部分（雷达、红外测向仪等）都不具有这种全系统特性，并且仅通过单个部件的特性也不能确定这种特性。

在编写本专著上、中、下册时，作者的分工如下：上册前言、引言，第2、3章，附录1，下册前言，第8章和第10.4节由M. C. 亚尔雷科夫撰写；第1章，第5~7章，附录2、3，第9.1~9.5节（第9.3节除外）、10.1~10.3节、10.10节、10.11节和下册结论由A. C. 博加乔夫撰写；第4.1~4.3节由B. И. 梅尔库洛夫和B. B. 德罗加林撰写；第4.4~4.8节，第9.3、9.6~9.12、10.9节由B. И. 梅尔库洛夫撰写；第10.5~10.8节由B. B. 德罗加林撰写。

本书的主编为M. C. 亚尔雷科夫。

参 考 文 献

1. Воздушный кодекс Российской Федерации // Собрание законодательства Российской Федерации. 1997. № 12.

2. Современная авиация России. Изд-е 3-е，доп. / Гл. редактор *Т. Слюнина*，отв. редактор *А. Василенко*. М.：ООО《Военный парад》. 2007.

3. Авиация ВВС России и научно-технический прогресс. Боевые комплексы и системы вчера，сегодня，завтра / под ред. *Е. А. Федосова*. М.：Дрофа. 2005.

4. *Ярлыков М. С.*，*Богачев А. С.* Авиационные радиоэлектронные комплексы М：ВАТУ. 2000.

5. *Ярлыков М. С.* Статистическая теория радионавигации. М：Радио и связь 1985.

第1章　机载综合电子系统的结构原理

1.1 机载综合电子系统的用途、任务和分类

1.1.1 用途和任务

在机载电子设备（航空电子设备）组成中，各种电子（无线电技术）设备和系统发挥着重要作用。机载电子设备在很大程度上可决定航空器能否完成飞行计划，保证其在白天或夜晚、简单或复杂的气象条件下的成功行动。例如，对于第4代和第4+代军用飞机，在视距外、复杂气象态势或夜间条件下，搜索、探测、识别、自动跟踪，并确定空中和地面目标坐标和运动参数的任务通常仅在使用无线电电子设备的情况下才能完成。

航空器应按计划飞行，空域使用者在具有空域使用许可的情况下，应将飞行计划提交给相关的空中交通统一管理部门。航空器无计划飞行的特殊情况有：在空袭反击，预防和制止侵犯俄罗斯联邦国界或武装入侵俄罗斯联邦领土的行为；在自然或人为性质的紧急情况下提供援助，搜救和撤离航天器及航天员，预防和（或）制止违反联邦空域使用法规的行为；以及航空器在俄罗斯联邦政府划定的专门空域内进行飞行[1]。

应当着重指出，现代军用飞机的战斗能力在很大程度上不仅取决于其飞行技术性能和武器装备，还取决于用于武器控制、战斗行动信息保障和飞机防护的机载电子设备的功能[2-7]。

在现代作战飞机或直升机的机载无线电电子设备的组成中，不仅包括单功能机载电子设备和系统（无线电高度表、仪表着陆系统）、机载设备系统（近距无线电导航系统），还包括多功能机载电子（无线电技术）系统和非无线电技术系统（数字计算机系统、雷达和光电系统、导航驾驶设备、信息显示系统、无线电对抗系统等）。单独的机载电子设备联合成一个统一整体，即多功能的机载综合设备系统。在战斗飞行的所有阶段上，它可实现飞机控制并保证使用所有类型的武器和对抗设备。这类机载综合设备系统按战机功用、系统完成的任务和组成，可分为[2]：火控系统、瞄准导航综合系统、雷达瞄准综合系统、光电瞄准导航综合系统、机载武器控制综合系统等。其中，在关于国家航空领航勤务的俄罗斯联邦航空条例中给出了瞄准导航综合系统定义：瞄准导航综合系统是完成导航、飞

行和武器控制任务的自动化系统[8]。

因为上述机载综合设备系统在完成规定的战斗和导航任务时，机载电子设备发挥决定性作用，因此，这类机载综合设备系统可定义为机载综合电子系统[7,9,10]。此时，机载综合电子系统的概念中应具有上述综合电子系统和其他类型综合电子系统的所有特点。

机载综合电子系统是用于完成下列功能的机载综合系统：发送、接收、转换、处理无线电信号和其他波段电磁波信号；在战斗时处理、保存和显示各种信息数据；形成飞行器、机载杀伤武器、机载综合系统、机载设备系统、机载设备系统的控制信号；干扰敌方无线电电子设备；进行空中侦察和执行其他功能等。

1.1.2 主要任务

可将现代飞行器机载综合电子系统执行的任务划分为下列 8 个子任务[9,10]：

(1) 导航和飞行控制；

(2) 保障飞行安全和飞行引航；

(3) 通信、数据交换和战斗行动指挥；

(4) 击毁太空、空中、地面、水面目标；

(5) 空降人员、战斗装备和物资；

(6) 电子战；

(7) 空中侦察；

(8) 检测和诊断机载设备、机载系统、机载设备系统、机载综合设备系统以及整个综合电子系统的技术状态。

每个子任务同时又包含一系列具有一定特点的功能。

1. 导航和飞行控制子任务

导航和飞行控制子任务包含下列功能：

(1) 确定飞行器的实时坐标和飞行导航参数（飞行速度、高度、航向等）；

(2) 修正实时坐标和航向；

(3) 程序设计飞行航线，按预定程序起飞和爬高；

(4) 在自动、指引或手动控制飞行器的方式下，根据程序设计的航线进行飞行；

(5) 将飞行器引导至目标区域、空降场地，进行空中侦察等；

(6) 快速改变飞行航线，再次飞近目标或程序设计的任意无线电导航点（航路拐点），雷达或光学定向标等；

(7) 将飞行器引导至起飞机场或程序设计的任意备用机场，以及非程序设计的机场区域；

（8）在自动、指引或手动控制飞行器的工况下，在水平和垂直面上进行着陆前机动、将飞行器引导至进场信标（或其他类型着陆系统）的有效区并降低高度；

（9）在没有装备仪表着陆系统的机场实施着陆；

（10）根据无线电导航台和广播电台或无线电信标驾驶飞行器。

2. 保障飞行安全和飞机引航子任务

保障飞行安全和飞机引航子任务包含下列功能：

（1）将飞行器编入机群（战斗队形）和将其从战斗队形中解散；

（2）在战斗队形中自动驾驶飞行器；

（3）与加油机对接并进行空中加油；

（4）预防飞行器空中相撞；

（5）在地形跟踪和飞越障碍方式下，对飞行器进行自动和导向控制；

（6）探测并绕过雷雨区；

（7）在夜间按地形图控制飞行器的飞行。

3. 通信、数据交换和战斗行动指挥子任务

通信、数据交换和战斗行动指挥子任务中最大的功能是指挥与决策，它又可分为两级。第一级包含与解决上述单独功能（在相应任务组的框架内实现这些功能）直接相关的指挥功能（更低层级）。第二级具有更高层级的功能：

（1）与其他飞行器、地面和空中指挥所、控制站和导航站、地面自动控制系统进行双工保密和公开无线电通信；

（2）为了组织和实施电子战，沿 JTIDS 信息传输通道接收和发送数据；

（3）检测干扰态势，选择最佳的信息传输方法，根据发送和（或）接收信息流的特征采取迷惑敌人的方法；

（4）搜集、处理、保存和显示关于空中和地面（水面）目标空间位置、状态和运动性质的信息；

（5）搜集、处理、保存和显示关于己方飞行器及在执行战斗任务过程中与该飞行器相互协作的地面指挥所、空中指挥所、地面自动指挥系统等的空间位置、状态和活动性质的信息；

（6）搜集、处理、保存和显示关于空中综合态势的信息；

（7）做出高优先级任务的决定，其中包括与飞行器集群行动相关的任务；

（8）保障与其他机载综合系统、更高级别自动化指挥系统的相互协作；

（9）重新配置综合电子系统的结构，自适应控制综合电子系统的资源；

（10）控制机载综合系统、机载设备系统、机载系统和设备之间的信息交换；

（11）控制信息的显示；

（12）在直接战斗使用综合电子系统时（截获空中目标、投弹轰炸、地形测绘等）控制飞行器，控制航空杀伤武器、电子战和空中侦察设备，监控各种用途的机载综合系统、机载设备系统、机载系统和设备的工作状态；

（13）选择信息源（例如，空中目标的距离）；

（14）选择与更高级别的自动化指挥系统、地面指挥塔台、空中指挥所等进行通信的手段和方式；

（15）为飞行员提供建议；

（16）检测和诊断机载数字计算机（处理器）、机载设备系统、机载系统、机载设备和整个综合电子系统的工作状况和技术状态。

4. 击毁太空、空中、地面、水面目标的子任务

击毁太空、空中、地面、水面目标的子任务包含下列功能：

（1）搜索、探测和自动识别目标；

（2）确定目标国籍和个体识别目标；

（3）确定目标坐标、运动参数和类别；

（4）识别群目标中的单个目标；

（5）按优先级对目标进行自动排序；

（6）瞄准，形成目标指示和航空武器控制信号；

（7）帮助飞行员（机组人员）选择航空武器和相应的最佳弹道；

（8）自动控制用于观测瞄准的机载设备、机载系统和设备系统的工作模式，使机载电子系统在战斗使用的各种条件下获得高质量情报；

（9）自适应控制天线口径的幅度相位分配和机载多功能雷达的辐射功率，用于降低敌方通过雷达辐射探测到飞行器的概率；

（10）在探测隐形飞行器时（例如，F-117A 型战斗轰炸机，B-2A 型战略轰炸机[9]），根据目标类型改变机载多功能雷达辐射信号的频率；

（11）同时跟踪多批目标并保障对多个目标自动发射导弹；

（12）在屏幕显示器上显示地图，地图上标注部队战斗接触线、地面和空中目标、己方歼击机和其他飞行器、加油机、带 AWACS 系统的飞机等；

（13）显示飞机前方的地貌和绕过起伏地形的飞行轨迹，并在轨迹上标出敌方防空系统的有效火力区。

5. 空降人员、战斗装备和物资子任务

空降人员、战斗装备和物资子任务包含下列功能：

（1）引导飞行器至空投开始点；

（2）伞降或机降作战人员、武器技术装备和各类军用物资；

（3）转运部队、武器和技术装备；

（4）向部队运送弹药和其他急需物资；

（5）接收和处理地面无线电应答信标的信号；

（6）保持飞机的战斗队形。

6. 电子战子任务

电子战子任务包含下列功能：

（1）借助机载和地面激光、热视（红外）系统和相应类型的航空导弹自导头施放有源和无源的无线电干扰，对飞行器进行个体和群体防护，以免被敌方防空系统击中；

（2）监控电磁态势，保障机载电子系统和机载综合系统的电子系统适应电磁环境的变化；

（3）评估敌方空中和地面杀伤武器的威胁程度，向飞行员（机组人员）通报不同波段电磁辐射的情况；

（4）确定威胁的优先级；

（5）探测和测定电磁辐射源（雷达、通信和导航设备、武器控制系统等）的位置；

（6）选择最佳的无线电和光电压制方式；

（7）自动压制敌方的无线电电子系统；

（8）确定应击毁空中目标的优先级；

（9）自适应控制有源干扰站施放干扰的功率。

7. 空中侦察子任务

空中侦察子任务包含下列功能：

（1）实施雷达、无线电技术、电视、热成像和照相侦察，进行地形和天气侦察；

（2）绘制可放大比例尺或高分辨率的地表图（地形图）；

（3）绘制用于导航和武器运送的地表图；

（4）可视信息解释（在将来），导航和空中侦察系统在执行探测、识别和坐标测量任务时，支持对电视图像进行注释；

（5）解释照相和雷达侦察所侦获的图像。

8. 检测和诊断机载设备、机载系统、机载设备系统、机载综合设备系统以及整个综合电子系统的技术状态子任务

其包含下列功能：

（1）检测综合电子系统整体及其元件的工作能力；

（2）查找和搜索故障（失常）；

（3）预测技术状态；

（4）检查机组人员操作的准确性；

（5）飞行中向机组人员通报出现影响飞行安全和战斗使用效果的故障；

（6）在执行飞行任务过程中发现故障的情况下，重新配置综合电子系统信息部件的结构；

（7）确定飞行事故原因或征候；

（8）积累和总结统计数据，用于完善机载综合电子系统的使用和维修体系。

应当指出，为完成检测和诊断综合电子系统及其元部件技术状态的任务，不仅需要机载检测和诊断设备，还需相应的地面设备。

1.1.3 机载计算机系统

每个单独任务应都有自身的运算量、所需的运算速度和内存容量的要求，并符合信息交换通道的要求。因为机载计算机系统是任何机载综合电子系统核心，所以在研制机载计算机系统时，不仅要考虑需要完成任务，还要考虑所处理信息的性质（处理信号、数据、文本知识），以及所需的运算速度、内存容量和其他参数值。从这一观点看，机载计算机系统和机载综合电子系统一起完成下列功能：

（1）借助前置处理器和可编程信号处理器对不同波段的电磁波信号进行处理，借助专门处理器对其他物理性质的信号进行处理；

（2）借助多功能数据处理器对数据和信息进行综合处理，并形成图像；

（3）使用符号处理器（例如，LISP 机、PROLOG 机）或用于处理知识的传统计算机设备来处理知识，如图 1.1 所示。

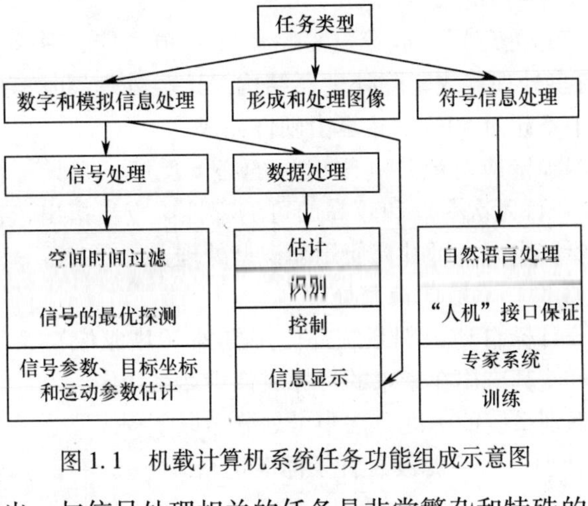

图 1.1 机载计算机系统任务功能组成示意图

应当着重指出，与信号处理相关的任务是非常繁杂和特殊的，这是因为获取信号使用了不同类型的物理场：雷达、热学、激光和光学反差场，无线电导航场，地貌场等。

未来的机载无源雷达系统（ПРЛС）和目标自动识别系统（АРЦ）处理信息的共同特点是功能的复杂性和系统中所用高运算能力计算机设备的多样性。

1. 机载无源雷达系统的信息处理

在机载无源雷达系统中，信息处理包括[12]：

（1）探测雷达信号；

（2）将信号转换为处理时使用的类型；

（3）测量和确定信号参数；

（4）分离出有效信号；

（5）按照属于哪个具体雷达对信号进行分组；

（6）测量雷达信号参数；

（7）确定雷达的工作方式；

（8）识别雷达和测定其位置；

（9）识别目标（威胁）；

（10）按危险程度对威胁进行排序；

（11）与其他信息源进行数据对比；雷达态势图连测；精确确定目标（威胁）的特征、坐标和运动参数；

（12）确定应对威胁的必要反应。

在未来的机载无源雷达系统上，主要依靠系统接收机的前置处理器完成第（1）~（7）项功能。前置处理器应具有高运算速度（约 $10^8 \sim 10^9$ 次/s）。因此，按结构来说它是一种可编程性较低的专用处理器（特种功能部件）。在这类处理器中约90%的运算都由硬件完成。

借助可编程信号处理器完成第（8）~（11）项功能，其运算速度为 $10^7 \sim 10^8$ 次/s，并具有多处理器或矩阵处理器结构。这类处理器具有中度或较高程度的可编程性，其中不超过50%的运算由硬件完成。

由数据处理器确定应对威胁（辐射）的必要反应，它具有相对较低的运算速度（约0.1~5.0百万次/s）和较高的可编程性。应当指出，在雷达识别和确定应对威胁的必要反应时，可补充使用知识型处理器。

2. 红外（热成像）系统的信息处理

研制的大部分目标自动识别系统都使用红外（热成像）系统的信息。研发毫米波高频部件可使其应用在未来的目标成像雷达系统中。

在目标自动识别系统的标准算法中可划分出以下程序[5]：

（1）信息预处理（噪声滤波、背景标准化）；

（2）图像分割；

（3）分类（划分目标特征、查明特征关系、分析和重合特征、解释图像和做出决定）。

目标自动识别系统算法的运算结果是为操作员提供使用机载杀伤武器的数据和显示信息。

借助运算速度约为$10^{10}\sim10^{13}$次/s 的可编程信号处理器来执行上述程序。在解释图像和做出决定时，还可使用知识型处理器与信号处理器同时工作。

1.1.4 机载综合电子系统

军用飞机机载综合电子系统完成上述战斗任务的效果在很大程度上取决于飞行员（机组人员）掌握实时作战态势的程度（战斗行动信息保障程度）。因此，对第5代战机机载综合电子系统（国外术语称为机载无线电电子设备）提出的一个重要要求是保障飞行员（机组人员）具有完全的态势（情况）熟悉度（提供完整可靠的战术、无线电、导航态势信息和机载系统技术状态的信息）[2,6,7]。

提高态势熟悉度和增大完成战斗任务的概率应通过处理来自机载系统、外部信息源的信息，以及与其他战斗行动参与者进行高效数据交换来实现。此时，所获的战术态势信息应以容易理解的方式传送给飞行员，以使飞行员具有战术态势的三维概念。这可使飞行员最佳规划飞行计划并集中精力完成战斗任务。

当然，上述研究的任务不能包含机载综合电子系统可完成的所有多样性任务。综合电子系统（例如，海军飞机的综合电子系统）还可完成其他专项任务。

机载电子系统的组成、结构图、结构和功能原理首先由其指定用途确定。

在图1.2中列出了机载综合电子系统的总体结构图，图中包括不同用途的综合电子系统特有的元部件。这些元部件包括构成导航驾驶和观测瞄准信息测量仪的机载设备系统、机载系统和设备，机载无线电通信和识别设备，机载电子战设备，控制和执行设备等。

机载计算机系统是现代机载综合电子系统的基础。机载信息显示系统以及机载检测系统属于机载综合电子系统的重要部件。控制和执行设备用于控制飞行器、机载杀伤武器；控制机载设备系统、机载系统和设备的工作方式；控制信息显示；检测和诊断整个综合电子系统及其组成部件的技术状态。

机载计算机系统是指布置在飞行器上，用于传输、保存和处理数字信息相互联系和匹配工作的软、硬件设备总称，它用于将输入数据转换为符合综合电子系统指定功能的输出数据[13]。现代机载计算机系统主要包括：信息保存和处理设备（机载数字计算机（БЦВМ）、专用处理器、存储器）；信息交换系统，用于保障在综合电子系统运行过程中在机载计算机系统各元部件之间或与其他机载设备进行信息交换；软件（ПО），包括机载程序，及程序创建、调试和文件编制的设备；机载计算机的功能检测系统。

机载电子系统借助无线电信道与各类地面和空中指挥系统、控制站等进行相互联系。

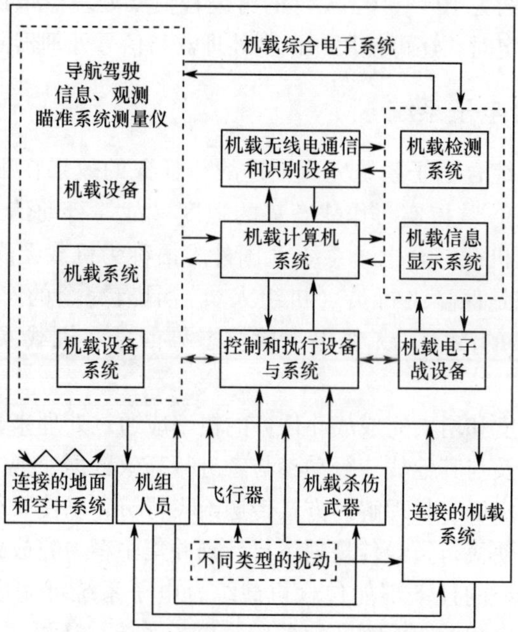

图 1.2　机载综合电子系统的总体结构图

1.1.5　美 F-15E 型战斗轰炸机的机载综合电子系统

下面以 F-15E 型全天候双座战斗轰炸机的机载电子系统为例，具体说明机载综合电子系统的总结构图[5,9]。

F-15E 型战斗轰炸机的机载综合电子系统用于保障摧毁固定和移动的地面目标，以及空中目标。在该型战机综合电子系统的组成中可划分出总结构图（图 1.2）内所示的所有元件。其综合电子系统的基础是机载计算机系统。

F-15E 型战斗轰炸机机载电子系统的机载计算机系统由机载中央数字计算机、各机载设备、系统的数字计算机和内置处理器组成。AP-IR 型 32 位机载中央数字计算机用于实现导航、航空武器和机载系统控制的计算任务。机载计算机系统的信息交换系统由机载信息显示系统的多路传输总线（MIII）、符合 MIL-STD-1553B 标准的备用多路传输总线、武器控制系统的多路传输总线，以及 LANTIRN 系统吊舱的多路传输总线组成。

机载综合电子系统的观测瞄准信息测量仪包括多功能多模式的 3cm 波段脉冲多普勒雷达 AN/APG-70、瞄准和导航系统（LANTIRN）及陀螺稳定瞄准具 CN-1377/AWG。

LANTIRN 系统能在夜间和复杂气象条件下发挥作用。该系统布置在两个吊舱内：导航吊舱 AN/AAQ-13 和目标指示吊舱 AN/AAQ-14。这两个吊舱是自主的，并可独立使用。在导航吊舱内包含地形跟踪雷达、宽视场的FLIR型前视红外系统和控制导航吊舱的机载数字计算机。目标指示吊舱装备有双视场的FLIR型前视红外系统、激光测距目标指示器、目标自动跟踪设备、导弹瞄准线相关仪和控制目标指示吊舱的机载数字计算机。

AN/APG-70型雷达保障发射具有主动雷达自导头的AMRAAM（AIM-120）“空对空”导弹，以及其他空对空型导弹。LANTIRN系统用于保障发射具有红外自导头的“幼畜（Maverick）”空对地导弹、激光制导的航空炸弹和非制导的航空武器。在F-15E战斗轰炸机及其机载设备的改装计划中规定可使用ASAT反卫星导弹。

导航驾驶信息测量仪包括：以环形激光陀螺仪为基础的惯性导航系统（ИНС）LN-93、卫星无线电导航系统（СРНС）NAVSTAR终端、近距无线电导航系统（РСБН）TACAN和仪表着落系统ILS的接收机、大气数据系统（СВС）AN/ASK-6、无线电高度表（РВ）AN/APN-232、航向姿态参考系统AN/ASN-108。

机载无线电通信和数据传输设备包括短波和超短波无线电台AN/ARC-90和AN/ARC-164，联合战术信息分配系统JTIDS的二级终端。相对飞机引航和在TACAN系统方式下工作，该终端可保证数据和语音通话的防干扰加密传输。随着在F-15E战斗轰炸机上装备代号为AN/URC-107的终端，将从战机上拆下TACAN系统的接收机。识别系统包括：收发信机RT/868A/APX-76、询问机计算机IR/TSEK、应答机RT/1063B/APX-101、应答机计算机KIT/TSEK、应答信号分析设备MX-9147/APX。

电子战设备包括：主动（有源）干扰站AN/ALQ-135、雷达辐射预警接收器AN/ARL-56C、偶极子反射体和红外诱饵自动投射器AN/ALE-45。

信息显示系统包括：宽视场的平视显示器，带通信、导航和识别设备操控台的显示器，两台单色多功能显示器和一台彩色显示器（位于飞行员座舱内），两台单色和两台彩色多功能显示器（位于操作员座舱内）。

机载综合电子系统的控制系统包括数字化自动控制系统（САУ），它带有三重冗余和可编程武器控制部件AN/AWG-27。自动控制系统在功能上与LANTIRN系统、雷达AN/APG-70和平视显示器相互联系。因此，可保障在使用航空武器时实施机动，并缩短瞄准时间和提高射击精度。

F-15E型战斗轰炸机机载综合电子系统除了上述显著特点外，还应指出其控制机构的高集成度。特别是位于飞行员座舱内的控制面板UFC可借助几个多功能转换开关实现对导航、通信系统，以及敌我识别系统的控制。

1.1.6 机载综合电子系统的分类

机载综合电子系统属于复杂技术系统，因此应在系统方法的基础上对其进行研究（参见 1.2 节）。系统性是选择分类特征的依据。

1. 根据任务特征分类

对于机载综合电子系统，经常根据其完成的一系列任务特征进行分类。根据这一特征，可将机载综合电子系统划分为下列主要类别：

（1）导航、瞄准和武器控制类机载综合电子系统，其主要功能是完成导航和击毁一定类型目标（空中、地面目标等）的任务。在一些情况下可单独划分出瞄准和武器控制的机载综合电子系统；

（2）通信和指挥类机载综合电子系统，其主要功能是完成双工通信、数据交换和指挥的任务；

（3）防御类机载综合电子系统，其主要功能是完成规定的电子战任务，有时也称其为电子战综合系统；

（4）空中侦察类机载综合电子系统，其主要功能是实施相应类型空中侦察的任务。

除上述分类外，还广泛采用根据飞行器的战术用途对机载综合电子系统进行分类。可划分出下列类别的机载综合电子系统：战斗机、战斗轰炸机、轰炸机、运输机、侦察机、直升机等。

可单独划分出特种飞机的机载综合电子系统，例如 E3-A 预警机的 AWACS 型雷达预警和制导综合电子系统。还应指出，除所研究的机载综合电子系统和其他机载综合系统外，还使用更复杂的大型军事技术系统，它们在功能上可将航空兵，甚至陆军的空中侦察设备、武器控制设备和攻击武器联合起来[5,9]。

持续扩大机载综合电子系统完成任务的范围，不断提高其效率指标（精确度、抗干扰能力、通信能力、操作能力等）和战斗使用的整体效率，以及不断提高信息处理流程、信息交换和系统控制的自动化程度有利于研制一体化集成型机载综合电子系统。

2. 集成型机载综合电子系统

集成型机载综合电子系统是指在统一的机载计算机系统和信息显示系统、控制和检测系统的基础上相互联系的综合电子系统和其他类型综合系统的总称[9]。下文中为了简化，显示、控制和检测系统将用缩略语 СИУК 表示。

现代的机载综合电子系统构成了单独类别的机载复杂技术系统，在该系统中使用了系统学和航空系统工程学的所有原理和方法。因此，在系统分析时，在将复杂系统（综合系统）分解（参见 1.2 节）为更低层级系统（通常称为子系统）的基础上对机载综合电子系统进行分级说明。每个此类系统都具有功能完整性特点，并在完成下达任务时执行一定的系统操作。说明的深度以层级数来表示。

在下文中研究现代和未来综合电子系统的结构原理和技术特点时将划分下列层级：集成型机载综合电子系统、指定用途的机载综合电子系统、综合型无线电

（无线电技术）系统、无线电（非无线电）系统（站）、无线电（非无线电）电子设备[9]。

在设计、制造和使用机载综合电子系统以及其他航空技术装备时，专家们势必遇到一系列的系统问题。因此，解决现代和未来航空技术装备分析、综合和实际使用等问题的科学方法只能以现代系统理论原理为基础。

1.2 作为复杂技术系统的机载综合电子系统

目前，下列相关的科学方向快速发展：无线电技术、控制论、全系统研究、信息论、管理理论、数学系统理论、决策论、运筹学和人工智能等。这些科学方向与计算机技术的发展密切相关，具有一些共同性质。它们与一些系统任务有关，这其中首要的是结构和信息角度方面，而构成系统的实体类型具有较小的意义。因此，上述科学方向经常被视为系统学或系统论（和其组成部分，系统工程学）更广泛研究领域中的相互联系部分[14]。

1.2.1 系统与复杂技术系统

在系统学中，系统是指可构成一定完整性、统一体的相互联系的若干要素的总体。

系统学作为基础科学，可确定技术、生物、生态和其他性质复杂物质系统潜在效率的普遍规律。

在系统学中，复杂技术系统是指具有潜在或独立的，特别是有目的的行为意图的弱预测性系统。

复杂技术系统具有下列特性[9,14]：

（1）系统允许分解（划分）为子系统（元部件），考虑到其他子系统（元部件）的影响对每个子系统（元部件）进行研究；

（2）系统在实质的不确定性条件下起作用，此时环境影响决定了系统参数和结构变化的随机特性；

（3）系统有目的地选择自身行为。

复杂技术系统作为大型系统具有下列附加特性：

（1）系统的大尺寸（较多的元部件数量、较大比值尺度、系统所处的状态数量较多）；

（2）系统复杂的层级结构，其中结合了集中控制和非集中控制原理；

（3）系统中较大的信息流和能量流循环，与其他外部介质的大量信息流和能量流交换；

（4）在系统描述中，特别是与外部介质相互作用时具有较高的不确定性，可能发生冲突情况；

(5) 系统功能的多用途性；

(6) 系统的人机特性，即在信息处理和控制回路中存在操作员。

1.2.2 系统结构与系统方法

在现代科学中，结构概念通常与系统和组织概念相互关联。系统概念是其中最广泛的概念，它具有一些复杂客体（其元部件、构造、通信、功能等）所有表现形式集合的特征。结构是指各要素和要素之间关系的有序集合。由于系统的形态描述而出现结构概念，形态描述给出了关于系统结构的概念。组织既包括系统的结构特性，也包括保障其定向功能的动态特性。

考虑到上述特性的复杂航空系统和其他类型复杂技术系统的设计和研究方法是系统方法。从系统方法角度研究复杂航空系统设计、分析、综合、使用等技术问题的科学技术领域被称为航空系统工程学。

系统方法是科学认知和社会实践方法学的一个研究方向，其基础是把对象作为系统进行研究。科学方法有助于等同地提出具体科学中的问题和制定有效的研究策略。系统方法的方法论特点是它定向研究展现对象及其保障机构的完整性，查明复杂对象多样性的联系方式并将其归结为统一的理论图景[14]。

系统方法的主要任务包括：制定所研究（设计）系统的概念，建立系统模型，研究系统结构。

系统结构由下列集合确定：

(1) 系统元部件集合（组成）$A = \{a_1, \cdots, a_n\}$；

(2) 元部件特性和性能集合 $P = \{P(a_i)\}$；

(3) 确定为元部件之间比值的元部件关系组合 $R = \{R(a_i, a_j)\}$。

因此，系统结构可描述为形式集合 $S = \{A, P, R\}$。

1.2.3 机载综合电子系统的特征

在航空系统工程学中，复杂系统的特性被具体化，并在此基础上形成了航空复杂技术系统的下列特性，现代和未来的机载综合电子系统也完全具有这些特性[9,10,14]：

(1) 完整性（统一性）：所有系统具有明确的共同目的，被视为该系统完成任务的总和和一般用途。系统性能原则上不能简化为系统组成部分（元部件）性能的和。系统性能不仅由其组成元部件性能之和确定，还应由其结构性能、独特的构成系统性能、一体化集成性能确定。集成性能是指系统整体固有的，而系统任何一个单独元部件不具备的性能。

（2）结构性：通过设置系统结构来说明系统的能力。复杂技术系统的结构是确定系统完整性及其主要性能的各元部件之间稳定关系的总和。系统性能不仅由其单独部件的性能决定，还由其结构性能决定。在系统方法基础上综合和分析研究复杂系统时，在功能和结构的辩证关系中功能具有决定性作用。系统的组织结构，即在结构元部件基础上的系统模型，它反映系统运行过程中各元部件的相互关系。功能组织反映系统在外部环境中的性能表现。这是在功能元部件基础上构建的系统模型，它反映各元部件间的主要功能联系。为表示航空复杂技术系统的功能组织，使用算法描述、分析说明和图形描述、表格描述，时间功能图和口头（文字）描述。

（3）层级性：航空复杂技术系统的每个部分也可视作一个系统。在系统分析中系统的层级是一个核心概念。层级系统具有分级的多层结构。研究分级系统的方法在于联合研究系统目的和结构，并倾向于从最全面的目的和结构向局部的目的和结构推进。因此建立一系列层级，从最高层级转到较低的层级。在每个层级上存在带自身目的和性能的一系列系统。同一层级上的所有系统在复杂性方面是相同的。在不同层级或相同层级的各系统之间常存在实质联系。分级系统具有多层结构，每层结构无论从系统完成任务性质，还是从系统复杂性的观点来看都与不同程度的全面性相符。层次性、多级性、结构性不仅是航空复杂技术系统的构造、形态特性，还是其性能、功能特性。

（4）系统性能的复杂性：在系统单独元部件和元部件组之间存在直接、反向和交叉联系。就分级系统而言，其复杂性可用层级数和处于这些层级上各系统的等效复杂性来表示。

（5）各元部件功能的协调性和针对性，即系统中存在对其功能流程的整体控制。

（6）系统描述的多样性：由于系统的复杂性，其完全认知需要构建各种模型集合，而每个集合仅能描述系统的某个方面。

（7）系统的大尺寸、大规模（如上所述）：在执行功能数量（多功能性），组成部件和元部件数量，输入端和输出端数量方面；有效区范围较大和外部联系回路较多；与系统相互作用的对象数量较多，多样性和复杂性较大。

（8）系统信息处理和控制的自动化程度高，在系统组成中有计算机系统。

（9）系统的人机特性，即在控制回路中存在操作人员。

（10）外来作用（扰动）到达时间的不规则、随机分布。

（11）通常存在竞争部分。

（12）寿命周期的多阶段性：在系统及其元部件的设计、生产、使用和改装阶段上可产生一系列系统问题。

1.2.4 人机工程方法

应当指出，机载综合电子系统和其他类型机载复杂系统的设计特点需考虑所有阶段的人为因素。

在每个设计阶段上正确和有依据地考虑人为因素（工程心理保障）有助于该系统达到最大效能，并使其输出性能最优化。目前，设计“人机”技术系统时的典型方法是综合、系统方法，根据这些方法将设计对象视为统一的人机系统。在该系统中人是一个组成环节，因此在研制系统时也应考虑操作员的活动特点。

工程心理学的系统工程方向与建造“人机”技术系统的工程心理问题研究密切相关。对于机载综合电子系统，该方向主要包括下列四个方面[9]：

（1）制定综合电子系统技术元部件的工程心理结构原理。这里包括考虑到飞行员（机组人员）的能力和限制、制定信息显示设备、操纵机构和操控台、工作位置等结构和设计原理及要求。

（2）工程心理设计和估计综合电子系统。这是工程心理学最重要的任务之一。它包括在设计综合电子系统时考虑到人为因素来制定设计原理，按照设计阶段分配工程心理任务，考虑到在控制系统不同层级上人的活动特点来制定设计原理和方法。

（3）制定综合电子系统的工程心理结构和组织原理。最重要的问题是确定飞行员（机组人员）功能自动化的可行性和合理性，制定人和计算机之间职能分配的原理、方法和标准。

（4）考虑到人为因素，制定综合电子系统生命力和效率的估计方法、指标和标准。

在系统方法基础上要完成的任务通常包括确定系统的总结构、元部件和元部件组之间协同动作组织、外部环境影响计算、选择最佳结构方案、选择最佳功能算法。

1.2.5 简单系统和复杂系统

在系统分析任务中，估计复杂系统的效率是最重要的任务。复杂系统的效率是其质量的综合特性，可评定系统与其用途的符合程度。在估计航空复杂系统，特别是综合电子系统的效率时，可将其组成部件按照元部件故障是否影响系统（综合系统）完成规定功能的特性划分为简单和复杂系统[9,10]。

简单系统是指功能上相互联系并保障以一种固定的效率水平完成指定功能的元部件总和。当元部件故障时，简单系统完全停止执行自身功能（下达的任务或任务组），或者，若故障元部件有备用冗余，继续执行自己的全部功能。此时，元部件是指执行一定功能并在此种研究详细度下不能进一步分解（划分）的系统部件。

复杂系统是指功能上相互联系并保障以几种不同方式和不同的效率水平完成指定功能的元部件总和。在复杂系统中，个别元部件出现故障或其某些工作参数发生较大变化将不会导致整个系统故障，而仅导致系统效率变差和降低其整体效率。复杂系统的故障可视为系统的效率特性超出容许下限范围，并因此而不能部分或完全完成任务的事件。航空复杂系统的效率水平通常是指系统在某一状态下的效率特性与在完全完好状态下效率特性的比。

在用系统方法设计机载综合电子系统的过程中，在研究综合电子系统和确定其技术性能时，应着重注意航空复杂技术系统的上述特性。在综合电子系统的系统设计阶段应在整体上选择和组织其功能、体系结构[9,14]。

1.3 机载综合电子系统的体系结构

作为复杂技术系统的机载综合电子系统使用多功能性和多工况制，由此保障在飞行时可根据综合电子系统的战斗使用条件及其技术状态选择不同的方式完成指定的任务。综合电子系统的体系结构是一个全特性，它在广义上指从运行和战斗使用角度研究的综合系统特性和性能的总和。

1.3.1 机载综合电子系统的体系结构

在完成相应类别的任务时，机载综合电子系统的体系结构确定综合系统的运行能力。它包括三个相互联系的结构：物理、逻辑和程序结构[15,16]。

（1）物理结构在科技文献中通常简称为结构（描述元部件组成、元部件特性和性能、系统元部件间的关系等，参见 1.2 节）。

（2）逻辑结构反映了综合电子系统完成任务的组成和完成的逻辑顺序、综合设备系统功能模式的总和、从一种功能模式转到另一种模式的接通条件和转换逻辑。

（3）程序结构表示软件组件（模块）的组成及其相互联系。

机载综合电子系统结构可能的方案在很大程度上由其计算机设备的结构决定。

1.3.2 几种典型的体系结构

按结构和功能组织原则，现代机载综合电子系统可划分为分立式结构、集中式结构、集中分布式结构、分布式结构[9,10]。

（1）分立式机载综合电子系统的主要特征是在其组成中存在自用计算机的独立运行的系统和设备。保障分散综合电子系统完整性的环节有机组人员，以及控制所有设备和系统的专用机载数字计算机调度器。

（2）在分布式结构框架内可能存在一种方式，此方式下在单独系统之间具有一定的功能联系，借助功能联系可保障更有效地使用综合系统的技术资源（首先是计算机资源）。但从控制观点看，所有的系统都是平等的，任何一个系统都不能控制其他系统。

（3）集中式综合电子系统包含机载计算机系统，其核心是用于所有信息源和信息用户的统一的多功能（常为多处理器的）机载数字计算机。

与整个机载电子设备的体系结构一样，综合电子系统的体系结构在很多方面是由信息处理设备和信息交换机构确定的。机载综合电子系统体系结构的发展与军用和民用飞行器电子设备体系结构的发展密切相关，它随着计算机技术的发展完善而不断变化。在此情况下，主要的发展趋势是从第二次世界大战后飞机特有的模拟电子设备向第4代战机的数字模拟和数字电子设备发展，以及向新一代战机的数字集成电子设备发展[3]。

第一代航空电子设备为模拟电子设备，它包括以模拟计算机为基础的基本上独立运行的一些单独系统。每个系统具有自己的信息传感器、执行设备和显示器。没有计算机系统，不能保障信息的综合处理。

第二代航空电子设备属于数字模拟电子设备。在数字模拟机载计算机系统的基础上研制了集中和联合结构的第二代电子设备。A-7D攻击机的机载计算机系统是集中结构系统的范例，该计算机系统在机载数字计算机4pi/TC-2（美国）的基础上研制。联合结构的电子设备包括美国FB-111战略轰炸机的电子设备，其核心是联合结构的机载计算机系统，它包括两台带通用输入输出设备的机载数字计算机4pi/CP、惯性导航系统中的机载计算机D26j-41和光学瞄准控制系统中的机载计算机。其中一台数字计算机4pi/CP用于完成导航任务，另一台用于控制武器。

第三代航空电子设备是数字电子设备，其核心是带分级的集中结构的机载计算机系统。机载计算机系统的高层级是一般用途的通用数字计算机，它完成全系统任务。机载计算机系统的低层级由单独系统的计算机设备组成。

例如，B1-B轰炸机（美国）机载计算机系统的高层级是8台一般用途的通用数字计算机AP-101F，其功能按下列方式分配[3]：

（1）数字计算机1是导航系统中的中央计算机；

（2）数字计算机2和数字计算机3用于在地形跟踪模式下处理雷达数据；

（3）数字计算机4用于完成武器控制的任务；

（4）数字计算机 5 用于在攻击和防御系统中实施显示控制；

（5）数字计算机 6 是攻击系统的备用计算机；

（6）数字计算机 7 用于集成检测系统的信息处理；

（7）数字计算机 8 用于完成无线电电子对抗的任务。

在低层级系统中大约使用了 30 台数字计算机和内置处理器，用于处理信号和数据。

机载高层级的数字计算机通过符合 MIL-STD-1553B 标准的多路通道相互联系，并与低层级的系统相互联系。

1.3.3 现代航空电子设备的体系结构

现代航空电子设备属于第四代。第四代航空电子设备的特性如下[3]：

（1）在计算机设备集成一体化的同时，电子设备的传感部件（传感器）也进行集成；

（2）在研制航空电子设备系统时，更注重改进计算机设备的网络协同，采用高速光纤网，并在此基础上研制超级计算机。

在研制第四代航空电子设备时，重点关注使用高集成度大规模开放性计算环境中的机载计算机系统，即在专门设计的超级处理器、多处理器及统一数据传输网路基础上组建的高运算能力计算机系统（网络结构）。

用于确定不同用途计算机系统效率的现代信息工艺属于开放系统工艺。该工艺可保障系统各器件之间在软件和硬件层面上的协同动作。全部开放通用标准是实现开放系统的基础，借助这些标准可统一硬件和软件环境所有器件的协同动作，即编程语言、输入输出设备、图形接口、网络数据库控制系统等。开放性可表示硬件和软件设备的标准化全球进程，它指计算机设备和软件独立供应商的大多数产品达到兼容性和可移植性[11]。

路基、海基、空基和天基军用复杂技术系统的研制和生产实践证明用新方法研制机载和地面专用计算机系统的技术政策是正确的。新方法主要在于广泛使用现成的开放式计算机硬件和软件技术，这些技术在普通民用工业市场上已被广泛认可和（或）标准化。这被称为 COTS（Commercial OfF-The Shelf）技术，即军民两用技术[11]。

COTS 技术是构建系统的工艺基础和工具。它允许使用大量购买的成品硬件和软件，必要时才研制和生产自身独创的模块和软件。COTS 技术包含处理器、网络结构、软件技术、用于不同操作系统的应用软件和工具软件等，甚至包括系统的创建思想（算法、方法）。目前在研制新型机载数字计算机（处理器）时，在绝大多数情况下只需选择和适应计算机 COTS 技术，而不必研制新的全程技术。

计算机系统最重要的性能是运算能力，它通常指在规定时间内计算机系统能够执行程序或完成计算工作量[11]。公共网络对计算机系统的运算能力有决定性影响，公共网络连接计算机系统的各个器件并与综合电子系统的其他设备相联系。计算机系统的公共网络机构决定其拓扑结构。

可扩展性是机载计算机系统的结构特性，它用来表示随着计算机系统不断发展和完善，通过灵活改变拓扑结构以满足运算能力日益增长需求的能力。如果机载计算机系统具有较高的可扩展性，当向其内接入新的元部件（组件）（处理器部件、存储模块、转换开关等）时计算机系统的复杂性变化不大。可扩展性不仅是机载计算机系统，还是整个机载综合电子系统的一个重要结构特性。

1.4 构建机载综合电子系统的一般方法

构建机载综合电子系统需要完成下列不同层面的任务：概念、理论、方法、工艺。概念和理论层面任务的基础是综合电子系统的结构（建造）原理，它包括综合系统的研究原理和设计原理。

1.4.1 集成化方法

集成化是复杂技术系统的一个发展方向，指将原来不同类型的部件和元件联合为一个整体。集成化不仅发生在现有的复杂技术系统内，还发生在用不耦合元部件建造新系统的过程中。在第一种情况下，集成化有利于提高系统的完整性和组织性。由于复杂技术系统的集成化，增大了各元部件之间相互联系和相互作用的规模和强度，这可促使建立新的控制级。

就机载综合电子系统而言，集成化是指将综合系统的基本元部件（单元基）在信息、功能、软件和结构工艺（硬件）上联合为一个统一整体[16]。综合电子系统的基本元部件主要有机载设备、机载系统、机载设备系统、机载综合设备系统、多路传输总线（母线）、控制器、接口、可编程信号处理器、多功能处理器、高频模块等。

“集成化”概念包含：①集成化等级；②集成化程度。集成化等级反映在哪些基本元部件的基础上实现设备集成化过程，而集成化程度相应地表示联合为整体的元部件数量、集成化等级的数量、不同等级元部件之间和不同集成化等级之间相互关系的数量等。提高综合系统中设备的集成化程度是航空复杂技术系统和任何类别机载综合电子系统现阶段的主要发展趋势。

通过分析综合电子系统的研制和制造、运行和战斗使用经验，可形成一些关于构建综合电子系统一般方法的概念，以保障获得较高的效率、生命力、可靠性、抗干扰性和其他指标，以及必要的使用和维修质量。

1.4.2 系统构建面临的问题

在此情况下，构建现代和未来机载综合电子系统一般方法的概念框架在很大程度上由机载综合系统的上述发展趋势确定。在设计和构建综合系统时，概念框架注定必须解决一系列科技问题，这些科技问题主要有[9,10,17]：

（1）确定机载综合电子系统的元部件组成，使其与系统用途和完成的任务相符；此时，应规定不同类型冗余（结构、信心、功能、程序、时间）的使用能力，信息收集、处理、显示设备和信息交换设备的集成度，借助先进的综合化（一体化）原理提高系统设备的集成化程度（参见3.2节）。

（2）在广泛使用数字计算机设备和数字信息处理算法的基础上达到信息处理、信息交换和系统控制的高度自动化，在信息处理和系统控制回路中，在机组人员和计算机系统之间合理分配职能。

（3）使用多层级系统结构（在计算机系统和显示、控制和检测系统的基础上），在多层级系统结构中信息处理和控制的层级不少于2级；协调不同层级之间的控制，并能对综合电子系统进行信息、结构、功能和程序的重新配置，并可改变综合系统的工作模式。

（4）在集成式机载综合电子系统中使用统一的软件开发技术。

（5）在统一显示系统，多功能显示器，飞机、发动机、机载设备和武器多功能多工况控制机构的基础上在飞行器座舱内构建信息指挥场。

（6）在信息、功能、程序和结构工艺层面上广泛使用模块化硬件和软件设备。

（7）在一些机载设备局部质量指标的基础上形成综合电子系统完成战斗任务的综合质量指标，并在设计和研制的所有阶段借助统一形式化描述综合电子系统来获得其战斗效率的最佳指标值。

（8）使用各种硬件和软件设备，用于保障机载综合电子系统较高的可靠性、生命力和适检性。

（9）通过向机载综合电子系统中引入使用新物理原理和前瞻技术的机载设备、机载系统等来改善综合电子系统的技战术性能（TTX）。

（10）使用自动化设计方法，在现代化改装时可扩展综合电子系统的功能，改变其结构并升级其软件。

（11）综合解决综合电子系统中电子器件的抗干扰性和电磁兼容的问题，包括采取组织、组织技术和技术措施。

（12）广泛使用标准化和集成化的基本元件、电子模块、计算机设备、信息交换通道、编程语言，以及天线和高频部件。

（13）缩减研制机载综合电子系统的时间和费用，最小化综合系统战斗使用的准备时间。

（14）在现代化改装过程中使用更先进的基本元部件来改进综合系统的质量尺寸特征。

（15）考虑综合电子系统寿命周期的所有阶段（设计、生产、使用和回收），考虑本型和相近类型综合系统的历史和发展前景。

（16）从综合电子系统的三级技术保养向两级技术保养转变，在不久的将来向一级技术保养概念转变。在两级技术保养时，将通过在停机坪上更换故障部件和模块的方式直接排除故障。

（17）建造综合电子系统整体及其元部件技术状态的智能化检测和诊断系统，它应能自动发现和定位故障，并搜集发生故障的信息，用于后续查明故障原因。

构建机载综合电子系统的中心问题之一是确定综合系统的最佳体系结构方案和相应结构。

现阶段，具有复杂分级结构的集成型综合电子系统得到广泛推广。这种结构是集中和分散两种类型结构的组合，带有不同的控制、信息处理和信息交换层级。该型综合电子系统的特点是设备集成化程度较高。苏-27歼击机及其改型的机载综合系统便具有集成型综合电子系统的典型特征。

1.5 集成型机载综合电子系统

集成型机载综合电子系统的组织结构和功能可在分析现代飞行器及其相应机载综合系统所承担的任务、其结构和功能原理、组成部分、信息、功能和结构形式特点及其软件的基础上确定。

下面研究多用途战机集成型机载综合电子系统的一个标准方案。该型机载综合电子系统的总结构图如图1.3所示。从1.1节中列出的定义可知，集成型机载综合电子系统是以统一计算机系统和显示、控制和检测系统为基础的在结构、功能、信息和程序上相互联系的机载综合设备系统、机载设备系统、机载系统和设备的总称。集成型机载综合电子系统组成中的每个机载系统具有图1.3中列出的综合电子系统特有的特性。但对于每个综合电子系统，其信息系统、控制和执行系统、计算机设备、其他元器件的组成及它们之间相互联系的特点是由其指定用途确定的，并具有非常具体的特征。

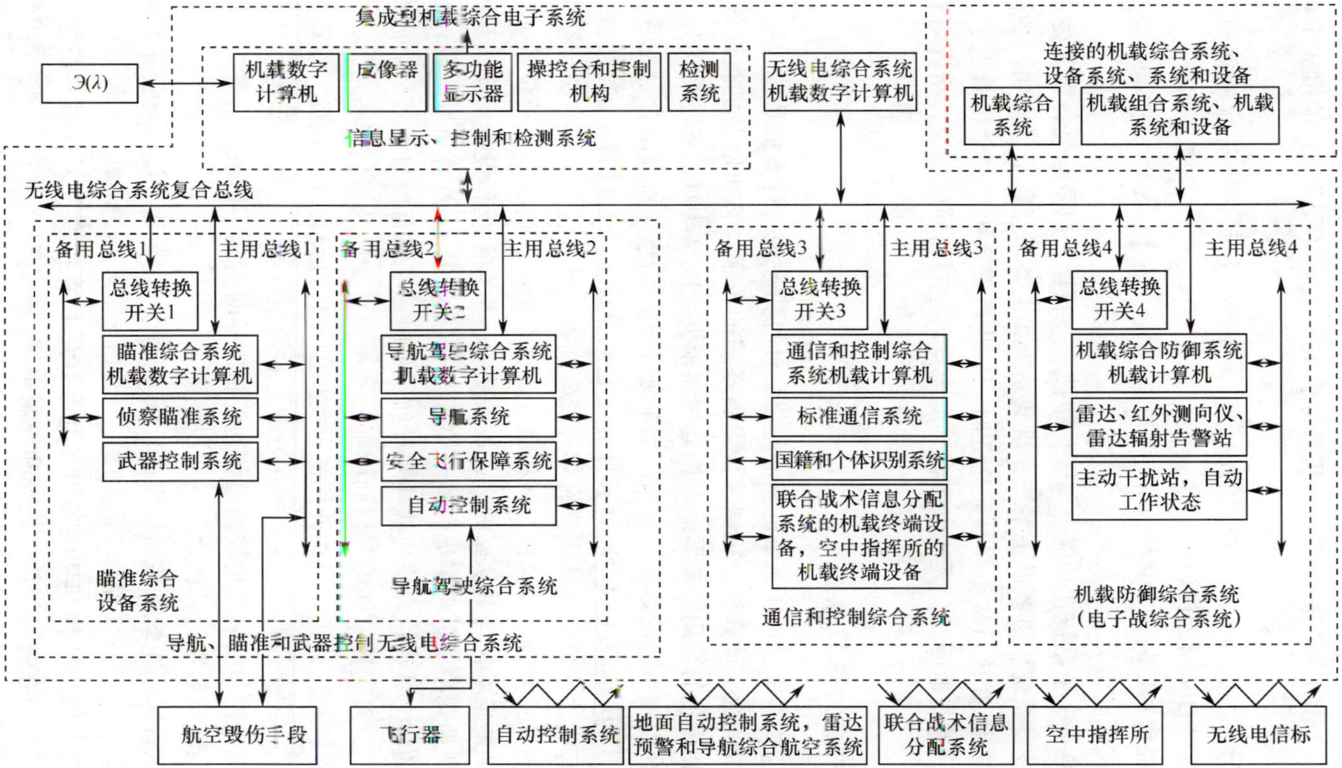

图1.3 集成型机载综合电子系统示意图

1.5.1 组成

根据1.1节中所列的分类，在机载综合电子系统（图1.3）的组成中可划分如下[9,10]：

（1）导航、瞄准和武器控制的综合电子系统，包括瞄准综合系统和导航驾驶综合系统（ПрК и ПНК）；

（2）通信和控制综合系统（КСиУ）；

（3）机载防御综合系统（БКО）。

机械综合电子系统在功能上与毁伤手段、飞行器，以及与飞行器其他接口的机载综合设备系统、机载设备系统、机载系统和设备相互联系（例如，飞行员生命保障系统）。在执行战斗和导航任务时，一些机载系统和整个机载电子系统通过无线电信道与地面站、无线电信标、地面自动控制和导航系统、指挥塔台等进行联系。

1.5.2 机载计算机系统

集成型机载综合电子系统的核心是机载计算机系统，计算机系统包括整个综合电子系统的数字计算机，机载综合设备系统的数字计算机以及机载设备系统、机载系统和设备的专用处理器。专用处理器根据功能算法对信息进行预处理，以便机载综合设备系统的数字计算机随后能使用这些信息。机载综合设备系统的数字计算机用于完成战斗和导航计算任务，它们是机载综合设备系统的核心部件，并且其所有或部分数字计算机具有多处理器结构。此外，在某些机载综合设备系统内具有不只一台数字计算机。在机载计算机系统中，机载综合设备系统的数字计算机在功能上不仅与其从属的机载设备系统、机载系统和设备相互联系，还与处于信息处理和控制更高层级的整个综合电子系统的数字计算机发生联系。综合电子系统的数字计算机在完成战斗和导航任务时用于进行信息处理、形成控制信号和指令，以及发挥系统控制器的作用（实现信息交换的控制算法）。

由于在机载计算机系统中使用两种类型的计算机设备（机载数字计算机和专用处理器），信息处理具有较高的并行度，这降低了对单个处理器运算速度的要求，在数据交换和沿多路传输通道传递控制信号时简化了机载设备系统、机载系统和设备与机载数字计算机之间的组织联系。

在机载计算机系统中按照层级进行任务分配，这导致了综合电子系统联合—集中式（混合式）分级结构，该结构完全符合综合系统完成任务的特性。因为在所有层级上使用结构和功能备用（冗余）的计算机设备、备用的信息交换通道，一些情况下在高层级信息处理和控制中使用外存储器（ВЗУ）（专用的或在高层级数字计算机的组成中），机载计算机系统达到了较高的可靠性和生命力。

在此情况下，综合电子系统的联合集中式结构允许其机载综合系统、机载设备系统和机载系统在必要时自主发挥功能。

机载设备系统、机载系统和设备与计算机系统集成的优点仅在它们之间具有有效相互联系的情况下才能实现。因此，在集成型机载综合电子系统的机载计算机系统中，除了具有多级的信息处理和控制，还具有多级（多通道）信息交换系统（МСИО），它的每一级都由数字计算机控制。多通道信息交换系统包含符合一定标准的多路传输总线（母线）。每个通道通常包含两条多路传输总线：主用（有效）总线和备用总线（МШосн，МШрез）。

机载综合设备系统的数字计算机在处理信息和为机载设备系统、机载系统和机载设备形成控制信号和指令的同时，还执行多路传输总线控制器的功能。多路信息交换通道的控制器是一个专用处理器，它在结构上通常属于机载数字计算机的组成部分。在多通道信息交换系统中，信息流的控制借助专门信息交换程序实现，该程序或者是机载综合设备系统或综合电子系统的一个或几个数字计算机的软件部分，或者是专门用于信息交换处理（系统控制器）的数字计算机的控制程序。

机载计算机系统的多通道信息交换系统（图 1.3）可保障机载设备系统两种工况：

（1）正常工况。在该工况下每个机载设备系统的数字计算机直接经过接口与综合电子系统的多路传输总线联系。

（2）备用工况。当某个机载设备系统的数字计算机发生故障时，借助相应的总线转换开关，其机载设备系统、机载系统和机载设备则将信息输出至综合电子系统的多路传输总线上。并且上述每个多路传输总线也是有冗余的。当综合电子系统的数字计算机故障时，其功能将由机载综合系统的某个数字计算机承担。

如上所述，在综合电子系统中实现了三级信息处理和信息流控制，在第一级（低层级）上借助专用处理器进行信息处理；在第二级上机载综合系统的数字计算机完成信息处理和控制的操作；在第三级（高层级）上综合电子系统的数字计算机实施信息处理和信息流控制。

1.5.3 几种典型机载电子系统

下面我们研究不同机载电子系统的组成、用途和结构特点。

（1）瞄准综合设备系统（ПрК）组成中除了数字计算机和武器控制系统外，还有观测瞄准系统（ОПС），它在功能上与武器控制系统和机载武器进行联系。观测瞄准系统包括下列设备和系统：多功能雷达（МФРЛС），被动瞄准雷达，光学电子和激光电视系统，AWACS 型雷达预警和制导综合系统的终端设备，无线电指令电路和其他机载设备系统、机载系统和机载设备。

（2）导航驾驶综合设备系统（ПНК）在功能上可划分为两个系统：由大量导航测量仪构成的导航系统和飞行安全保障系统。导航测量仪组包括惯性导航系统、近距和远距无线电导航系统、GPS 或“格洛纳斯（ГЛОНАСС）”全球卫星导航系统的机载设备、多普勒速度和偏流角测量仪（ДИСС）、大气数据系统（СВС）、相关极值导航系统（КЭНС）、无线电高度表、线性加速度和角速度传感器、空气动力角传感器（ДАУ）、无线电自动罗盘（АРК）等。

（3）飞行安全保障系统包括飞机空中和地面防撞系统、飞机引航系统（СМСН）、限制信号系统、地面障碍防撞雷达（РПС）等。导航驾驶综合系统的控制由自动控制系统完成，在执行战斗任务的不同阶段，它保障控制飞行器的飞行。

在集成型机载综合电子系统的通信和控制综合系统中可包括典型综合通信系统（ТКС）和国籍及个体识别系统（СГИО）。此外，为提高完成控制和通信任务的效率，飞机编队行动时，在通信和控制综合系统的组成中可附加联合战术信息分配系统（JTIDS）的终端设备，以及 AABNCP 型空中指挥所的终端设备。应当指出，在集成型综合电子系统的结构框架内，可将导航驾驶综合系统和飞行安全保障系统（或该系统的若干子系统）联合为一个集成度更高的、统一的机载综合系统（在一定程度上与综合通信、导航和敌我识别系统（ICNIA）类似）。

（4）机载综合防御系统的信息系统可包括前半球防护瞄准雷达、雷达辐射告警站（СПОб）和红外测向仪（ТП）。综合防御系统的执行系统通常包括源应答式（直接噪声）干扰站（СП）、偶极子反射体和红外弹自动投射器（红外诱饵）。

1.5.4 现代机载综合电子系统

现代机载综合电子系统（首先是集成型）的重要特点是在机载综合电子系统的数字计算机、多通道信息交换系统的基础上，以及在位于飞行器座舱内的信息显示、控制和检测系统的基础上，将综合系统的各元部件在信息、功能和结构上联合为一个统一的整体。

（1）信息显示、控制和检测系统（图 1.3）由下列主要元部件组成：

① 信息显示系统（СИОИ）；

② 位于飞机/直升机和发动机操纵杆上的操纵台和控制机构；

③ 信息显示和文件编制的控制机构和技术设备，用于检测和诊断整个综合电子系统及其元部件的技术状态（在图 1.3 中用机载检测系统（БКС）表示）。

（2）现代机载信息显示系统的组成包括[18]：

① 数字计算机，它用于实现信息显示系统的工作控制算法、与接口机载综合系统（机载设备系统、机载系统、机载设备）的信息交换、处理和准备来自机载系统的动态变化信息；

② 数字成像部件（БФИ），用于在多功能显示器上构建规定图像；

③ 带操控台的多功能显示器。

数字成像器保证为信息显示系统的显示器形成数字和模拟控制信号，显示器在单色或彩色电子射线管（ЭЛТ）的基础上制成。控制信号根据成像程序形成，这些程序或者位于数字成像器的永久存储器内，或者从数字计算机读入成像器的内存中。在第 4 + 代和第 5 代战机上则安装有彩色液晶多功能显示器。

1.5.5 自动化指挥控制系统

通过分析集成型机载综合电子系统的结构原理和总结构图可知，该类机载综合电子系统在不同的工况下，在执行战斗任务的所有阶段上，达到了所有层级上信息处理和操作流程控制的高度自动化。这主要得益于在集成型综合电子系统中具有自动化指挥控制系统（АСУ）。

机载综合电子系统的自动化指挥控制系统是指在执行规定的战斗和导航任务过程中保障自动搜集、处理信息和形成飞行器、机载武器、数字计算机、机载设备系统、机载系统和机载设备控制信号的人机系统。

综合电子系统的自动化指挥控制系统具有现代化控制系统的标准组成（按功能特征）。自动化指挥控制系统的核心是机载计算机系统和显示、控制和检测系统。自动化指挥控制系统、综合电子系统的数字计算机和机载综合系统的数字计算机发挥系统控制的作用。受控对象则是飞行器、机载综合系统的数字计算机、机载系统和设备；操作员则是机组成员。此外，保障自动化指挥控制系统与空中和地面指挥所、导航台、地面自动控制系统等进行联系的技术设备和软件也属于自动化指挥控制系统的组件。

通过分析集成型综合电子系统机载计算机系统的结构原理可得出结论，综合电子系统的自动化指挥控制系统也具有分级结构。因此，在集成型综合电子系统中不仅实现了机载综合系统、机载设备系统、机载系统之间的多层级信息处理和信息交换，还实现了综合系统多层级的过程控制。

集成型综合电子系统的自动化指挥控制系统主要完成下列任务：

（1）做出任务优先级的决定，其中包括与飞行器编队行动相关的任务；

（2）保障与飞行器的其他综合系统、更高层级自动化指挥控制系统的协同动作；

（3）重新配置综合电子系统的结构、自适应控制综合系统的资源；

（4）控制机载综合系统、机载设备系统、机载系统和机载设备之间的信息交换；

（5）控制信息的显示；

（6）控制飞行器、电子战的技术设备，控制各种用途的机载设备系统、机载系统和机载设备的工况；

（7）选择信息源；

（8）控制与更高层级的自动化指挥控制系统、地面指挥塔台、空中指挥所等进行通信的手段和方式；

（9）为飞行员形成建议；

（10）控制机载数字计算机、机载设备系统、机载系统和机载设备的工作能力和技术状态的检测和诊断。

在俄罗斯国产和国外各种飞行器上装备的机载综合系统已经全部或部分实现了集成型机载综合电子系统的结构原理。

1.6 机载综合电子系统的发展方向

1.6.1 引言

机载综合电子系统的发展与前瞻概念和前瞻技术的研究与创新实践息息相关。

今天，计算机技术和基本元部件的发展允许将以前不能联合为统一整体的机载设备、机载系统和机载设备系统综合起来。未来攻击机研制的观测瞄准设备、机载杀伤武器、电子战设备及飞机的综合控制系统能在敌方飞机数量优势4:1的情况下达到空战损失率1:10可作为这类系统优势的实例[9]。可实现导航系统、电子对抗系统、发动机控制系统和自动控制系统一体化的先进机载系统属于所研究类型的系统。该系统可完成解决自动地形跟踪、低空飞行时绕过障碍、使用电子对抗设备、控制飞行自动规避敌方进攻的任务。

为提高击毁敌方空中和地面（水面）目标的效率，在研制机载综合电子系统时规定了下列任务[5,6,9]：

（1）降低飞行员（机组人员）的载荷；

（2）改进同时跟踪多个目标的能力和减小目标数据的更新周期；

（3）降低因某个传感器（机载设备、机载系统、机载设备系统）信息丢失对综合电子系统整体效率的影响；

（4）改进目标识别。

如1.4节所述，航空复杂技术系统及任何类别的机载综合设备系统现阶段的主要发展趋势是提高综合系统中设备的集成化程度和等级。

如果说第三代飞行器的综合电子系统通常是在功能完善的机载设备、机载系统和机载设备系统层级上实现集成，第四代飞行器的综合电子系统则是在机载设备、机载系统、机载设备系统和机载综合设备系统的层级，在信息交换通道和显示、控制和检测系统的基础上实现集成。未来的综合电子系统将在使用集成型高频传感器概念标准模块的基础上实现集成，而在更远的将来，将在共形天线（共形天线阵）和符合智能蒙皮概念的共形模块基础上实现集成[16,19-22]。

集成化程度和等级在很大程度上取决于机载计算机系统和整个综合电子系统中元部件的组织结构原则、所用的信息控制通道（ИУК）数量、是否存在全系统资源（计算机设备、信息交换通道、收发设备（信道）、天线等）和信息控制通道之间的资源分配率、是否存在不同类型冗余（结构、信息、功能、程序、时间冗余），以及在综合系统中无线电和非无线电技术设备或系统（无线电测量仪和非无线电测量仪）一体化原则使用的广泛度。

在现代化的机载电子系统中，设备的一体化集成是在计算机系统的软硬件设备，信息交换通道，天线，光电系统，收发通道，信息显示、控制和检测系统等基础上实现的。无线电和非无线电测量仪的先进一体化原则在提高设备集成度方面发挥重要作用（参见3.2节）。应当指出，在实践中集成化是同时在信息、功能、软件和硬件方面将各元部件联合为一个统一整体的复杂过程。因此，集成化可理解为这种类型的多方面元部件组合过程。

通过分析机载综合电子系统完成的任务，其结构和功能原理，组成元部件，信息、功能和结构类型特点及其软件可知：第三代飞行器的综合电子系统（具备分散、联合—集中式体系结构）具有集成度较低的特点。在综合电子系统中缺少（甚至完全不存在）全系统资源、系统体系结构的动态配置，或者说其规模较小，通常仅在个别机载设备系统中存在，而不是在整个系统层面。集成型综合电子系统（具备联合—集中式分级体系结构）具有全系统资源，并且设备集成度相对较高。因此，可保证综合系统完成更大范围的战斗任务。此时，根据综合系统的技术状态和战斗使用条件，可实现综合电子系统体系结构的实时动态配置。

1.6.2 集成型高频传感器概念

集成型高频传感器概念的实质如下。

目前，在军用飞机和直升机上使用了大量高频无线电设备和系统（统称为高频传感器），它们通常单独研制，然后在综合电子系统中进行一体化集成。在宝石台（Pave Pace）计划框架内（参见下文）证明，如果机载电子设备系统不是单独研制，而是在信息传感器系统中研制，则其价格和重量将减少一半，可靠性却增大三倍。并且它们在标准电子模块的基础上研制，可共享信号和数据处理资源，在发生故障、战斗损伤和干扰作用时可进行重新配置。信息综合设备系统包括雷达，电子战设备，通信、导航、识别设备（CNI）等，并是一种集成型高频传感器[21,22]。

在执行 Pave Pace 计划过程中形成的集成模块化电子设备原则（IMA）的基

础上，以及根据集成传感器系统（Integrated Sensor Systems，ISS）和多功能综合射频系统（Multiple Integrated RF Sensors，MIRFS）计划的研究成果来建造集成型高频传感器。ISS 和 MIRFS 计划用于构造根据 ISF 计划研制的第五代战机 F-35（美国）的电子设备综合系统。

根据频率特征，可将现代战机的机载无线电电子设备和系统划分为 6 组，每一组都包含 10 个以上的设备和系统：

（1）宽频带电子战系统（2～18GHz，可扩展至 35～94GHz）。

（2）波谱较窄的雷达系统（X 波段（5.2～10.9GHz）和 Ku 波段（12.4～18GHz））。

（3）C 波段（0.5～1.0GHz）和 X/Ku 波段空对空导弹的数据传输线路。

（4）无线电高度表（载波频率约为 4GHz）。

（5）L 波段（0.39～0.53GHz）系统：敌我识别系统（IFF）；联合战术信息分配系统（JTIDS）；GSP 卫星无线电导航系统。

（6）米波 V（30～300MHz）和分米波 UHF（300～3000MHz）通信和导航设备。

符合 IMA 原则的集成型高频传感器应具有分布式天线系统（孔径）。为实现其高度集成化和模块化，全体设备的类型数量可减少至 5 种。此时，高频传感器将由下列 3 个主要系统组成：

（1）实现雷达、电子战设备、数据传输线路和无线电高度表功能的 C/X/Ku 波段无线电系统；

（2）宽频带电子战系统；

（3）通信导航识别综合无线电系统 CNI。

若想借助一个分布式孔径同时实现几个功能，则要求这种孔径能形成大量的独立控制射束——方向图（ДН）。在机载电子设备目前发展阶段上，研制拥有这种能力的孔径是非常复杂的问题。因此，目前主要使用时间划分多路传输和孔径分段技术。如果将保障雷达、电子战设备功能的孔径作为主要孔径，则必须研制带电子扫描方向图的宽频带相控阵天线或有源相控阵天线（ФAP 或 AФAP）。这类相控阵天线的方向图应在 C、X 和 Ku 波段内根据规定程序进行空间扫描。此时，这类相控阵天线应保证雷达、电子战设备和数据传输线路依次或同时工作。补充的天线阵（两个或三个）可用于所需扫描范围的角重叠。

为满足形成方向图的不同要求，每个天线阵应划分为一系列（可多于 30 个）子阵，这些子阵用于执行特定功能和保障几个系统同时工作。特别是在接收工况下，对来自子阵输出端的信号进行多路传输并借助高频转换电路在接收机之间进行信号分配。在解调和转换为数字形式后，数字信息被发送至预处理设备内，随后从预处理设备的输出端发送至机载电子设备主要系统的处理设备内。

使用可编程信号发生器来研究所需波形指定参数的信号。

1.6.3 智能蒙皮概念

进一步提高机载综合电子系统的集成化程度和等级与在机载电子设备中引入智能蒙皮概念密切相关[19]。在实现智能蒙皮概念时，分布式天线系统将被视为共形天线阵，其元件与共形电子模块共同内置于飞行器蒙皮内。在设计飞行器蒙皮时将使用所谓的“智能”材料，在使用光纤传感器和形状记忆合金的基础上制造这类“智能”材料。传感器、形状记忆合金与微处理器相连接，传感器应对在极端温度下因热胀冷缩造成的一定级别的应力和蒙皮运动有所反应。此后，传感器的数据将传送至内置微处理器或外部处理器。在分析和处理数据后，微处理器向形状记忆合金发出电信号，通过加热纤维来改变其形状，以便补偿材料的膨胀或压缩。在雷达有源相控阵天线的结构中使用光纤传感器和形状记忆合金可保障在飞行器蒙皮变形时将有源相控阵天线的方向图定向在规定方向上。

共形电子模块可将飞行器的下列构件和电路板联合为统一整体：

(1) 飞行器外层蒙皮；

(2) 带热传感器的电路板；

(3) 带应变传感器的电路板；

(4) 带能发现蒙皮机械（战斗）损伤传感器的电路板；

(5) 执行热声绝缘和电磁屏蔽功能的电路板；

(6) 带微电子元件（有源和无源光电子器件）和微处理器的母板。

“智能蒙皮”概念的实现可在很大程度上提高不同波段电磁波信号、数据的接收与处理设备的集成度。

1.6.4 大规模开放式集成计算环境

在机载综合电子系统的天线系统向上述类型过渡的过程中，综合系统中辐射和信号处理的自适应控制任务是非常复杂和重要的。在综合电子系统的机载计算机系统中使用人工智能设备可完成这一任务。

综合电子系统的机载计算机系统和数字计算机的发展方向参见中册第5章。

研制新一代飞机和直升机的综合电子系统时，发现集成型综合电子系统联合—集中式结构固有的一些缺点，这些缺点首先与机载计算机系统有关。在联合—集中式结构的机载计算机系统中没有规定综合系统计算机设备之间的资源重新分配。通常通过备份综合系统数字计算机的方法来解决更重要的高层级任务。

如1.3节所述，在构建新一代飞行器的综合电子系统时，正在发生由使用带确定性总线模块联合—集中式结构的计算机系统向使用处于在大规模开放式集成计算环境中的带网络结构的机载计算机系统转变。此时，大规模开放性集成计算环境既可视为用一般用途和信号处理的自主数字计算机（处理器）组建的分布式计算机系统，也可视为以多个（一个）高运算能力多处理器和统一数据传输网路为基础的集中式计算机系统。

分布式计算机系统具有下列主要特点：

（1）在飞行器上分散布置硬件设备。

（2）将信息处理和控制的功能分为一系列局部功能，由位于计算机网络节点上的各个数字计算机（处理器）完成这些局部功能。为有效管理分布式计算机系统中所有数字计算机的工作创建了专门的信息交换系统（СИО）。

（3）通过在相应节点上使用更高运算能力的数字计算机（处理器）或增大网络中的节点数量来增大分布式计算机系统的计算资源，但这可导致信息交换系统的复杂化。在多处理器基础上组建的集中式计算机系统中，内部接口可保证最大的计算并行度。因此，向其组成中增加额外的处理器模块可增大集中式计算机系统的计算资源。与分布式计算机系统相比，集中式计算机系统的硬件集成度更高，处理器间的相互作用更简单。

（4）在完成摧毁空中和地面（水面）目标的任务时，未来集成型综合电子系统的主要信息源将仍是带相控阵天线和有源相控阵天线的多功能雷达。但是，目前在无线电技术侦察设备和无线电电子对抗设备领域取得的进步限制了机载雷达效率的增长。因此，在未来的观测瞄准系统（ОПС）中，除多功能雷达外，还广泛使用光电、激光和电视系统。

（5）机载相控阵雷达（以及机械扫描雷达）的发展首先表明其功能的增强不是依靠结构变动，而主要通过改进相应的软件。这得以实现主要依靠在机载雷达中使用可编程雷达信号处理技术和带柔性控制逻辑的多工况收发设备。在机载雷达中采用有源相控阵天线可大大增强其功能、提高其效率或加入新的雷达工况，这些工况包括：获得高分辨率的地表雷达图像；自动探测和跟踪固定或移动的地面目标；在密集战斗队形中分离出单个空中目标；同时跟踪多个空中目标；保障地形跟踪的同时进行空域扫描等。

1.6.5 捷联（无平台）惯性导航系统

在导航、瞄准和武器控制无线电综合系统（图 1.3）中，以环形激光陀螺仪和高运算能力数字计算机（处理器）为基础的无平台惯性导航系统（БИНС）逐渐取代平台式惯性导航系统。这类惯性导航系统具有下列优点：较大的角速度测量范围、以数字形式发送测量参数、对加速度和过载的不灵敏、可靠性高、使用寿命长、所耗功率小、准备时间短。在飞行器上使用以无平台惯性导航系统、GPS 或“格洛纳斯”全球卫星导航系统的机载终端设备为基础的综合导航系统是有发展前景的[5,7]。此外，目前仍继续以激光陀螺仪（光纤陀螺仪（ВОГ））为基础的无平台惯性导航系统的研制工作。与环形激光陀螺仪相比，光纤陀螺仪具有无不灵敏区（死区）、重量和体积更小、批量生产时加工性更强的特点。制造光纤陀螺仪时不需对零件进行精确机械加工（在其组成中没有镜面）[23]。

应当指出，民用航空电子设备未来的发展方向与研制用于空中交通管理的通信、导航和监视综合系统（Communication，Navigation and Surveillance/Air Traffic Management，CNS/ATM）密切相关。CNS/ATM 综合系统的核心是标准化的全球卫星导航系统（GNSS），其工作目前主要由两个卫星导航系统保障：GPS 和“格洛纳斯”。自 2003 年起，俄罗斯联邦对无 GNSS 系统的航空器不进行认证[7]。

在相关极值导航系统（КЭСНН）中所用地球物理场的性质和特征（参见下册）对该系统的结构和功能原理起决定性影响。目前研制的相关极值导航系统通常根据地貌场进行工作。ITARS、Terprom 和 Penetrate 系统是该型相关极值导航系统的范例[5,9]。特别是 Penetrate 系统，其中包括数字计算机、惯性导航部件、平视显示器、投影图像显示器、高分辨率光栅（电视型）显示器和视频录像设备。在功能上相关极值导航系统与下列信息源相互联系：气压高度表、航向姿态基准系统、红外系统、无线电高度表和地形跟踪雷达。目前，正在进行研制使用其他特征地球物理场（除地貌场外）的相关极值导航系统的工作。

1.6.6　机载信息显示系统

研制现代和未来机载信息显示系统（СИОИ）的主要发展趋势是在显示器屏幕上以数字、字母和图表的形式向机组人员提供关于飞行和机载综合设备系统、机载设备系统、机载系统和设备工作的整体（综合）信息。多功能彩色平板液晶显示器是非常有前景的，该型显示器可保证在阳光照射下读取数据。平板液晶显示器具有用于彩色显示信息的内置红色、蓝色和绿色滤光片，和屏幕背景亮度调节设备，它可在任何照度下保证图像的高对比度。目前正在研究在未来的歼击机上联合座舱内的两个或以上显示器显示一个全景图像和将一个显示器划分为几个可显示不同图像的独立区段（窗口）的可能性。

目前，在信息显示、控制和检测系统中广泛使用可编程控制器和可编程实时信息显示装置。在飞行器座舱内使用保障在三维空间内显示实时信息的全息显示技术是非常有前景的。

飞行器座舱信息显示系统现阶段的发展趋势要求将飞行员（机组人员）从基本操作中解放出来，并保留做出关于战斗行动和综合电子系统控制优先级的决定的功能。为实现这些目标应该做到：

（1）使用人工智能设备，用于逻辑组合和选择飞行员（机组人员）此刻所需的信息；

（2）不是向飞行员（机组人员）提供直接由雷达、红外、电视和其他系统所获的图像，而是提供借助机载数字计算机（处理器）形成的并包含完成战斗任务所需全部数据和信息的“综合”图像；

（3）将飞行过程中出现的一些（次级）任务完全交给人工智能设备完成；

（4）采用语音控制和报警系统；

（5）使用以飞行员视线锁定目标为基础的瞄准系统。

由于动态全息摄影技术的发展，原理上可能在飞行器座舱内形成实时立体图像。显示三维实时信息的必要性是因为：在一些情况下要求飞行员在座舱内完全隔离，并排除了其目视检查周围空域的可能性；这在核爆炸或使用激光武器时保护飞行员免遭光辐射和电磁辐射是非常必要的。

1.6.7 语音识别系统

语音识别问题的特点是识别系统完成任务的复杂性不断增大。这首先表现在从研制语音识别系统向自动语音理解系统转变，该系统是在保障人与计算机语言交际道路上新的重要一步。在研制这类系统时关键问题是制定系统语言数据的有效表示方法和在识别和理解语音过程中使用这些数据的算法。

现代机载语音识别系统（CPP）（大部分为试验型）的组成中包括声音分析器和分类器，它将语音信号划分为片段，并对这些片段进行分类。在声音分析器中通常包括话筒、带通滤波器和模数转换器（АЦП）。在AFTI/F-16战机上试验的语音指令识别系统可作为所述类型语音识别系统的范例[5]。

目前，许多机载语音识别系统使用稍做一些改进的模板分类（搜索）法。根据模板搜索法，将语音信号片段与以前储存在数字计算机存储器内的片段进行对比。该方法的缺点是，在识别说话人语音时，仅在他以前“录制”的语音片段保存在计算机储存器内的情况下才能保障语音识别系统可靠工作。由于以前研制的语音识别系统是一种仅识别单个独立词汇的系统，为使其顺利工作，每个词汇必须单独发音。为消除这些缺点，建议使用改进的模板搜索法，该方法不要求在相邻词汇之间设定界限。机载语音识别系统按具体顺序分析连续语音中的每个词汇，并随后进行判定。

以语音识别系统为基础的语音指令信息控制系统的范例是AH-64A直升机上的此类系统，它在飞行试验期间可用于完成机载武器选择控制和目标截获的任务。为F-22战机研制了使用音位分析法的语音识别系统，它可保证识别词汇量为2万单词的连续语音（不取决于说话人的语音特点）[5]。

机载综合电子系统的上述发展方向可反映一些总体的趋势和概念，这些趋势和概念在俄罗斯和其他国家研制新一代军用飞机和直升机的综合电子系统时可得到实际应用。这些发展方向既包括改进综合电子系统的机载系统、计算机系统和其他构件，也包括改进综合电子系统体系结构的一些观点。更详细地分析美国和北约国家新一代军用飞机和直升机机载综合电子系统体系结构的发展方向是非常有意义的。

1.6.8　欧美国家的新成果

在科学技术方面，美国和北约国家军用飞机和直升机航空电子设备、综合电子系统和机载计算机系统的发展得益于完成 DAIS、Pave Pillar 和 Pave Pace 等计划时所获的研究成果[5-7,24,25]。

在执行建造信息收集和处理系统的 DAIS 计划时，研制了符合 MIL-STD-1553B 标准的信息多路传输总线，符合 MIL-STD-1750A 标准的数据处理器和 JOVIAL 编程语言。

Pave Pillar 计划的研究有利于研制新结构的机载电子设备、一系列通用电子模块，并在此基础上研制高集成度的机载设备系统和综合设备系统。根据 Pave Pillar 计划，在美国展开了为未来飞机和直升机研制多功能机载通信、导航和识别系统（ICNIA）的工作，并拟定了研制模块化多功能宽波段机载无线电系统（MFBARS）的方法。对通信、导航和识别系统的性能和结构方案进行了评估，确定了系统结构，在试样上进行了试验，并研制了将安装在未来多功能飞机和直升机上的设备。在执行 Pave Pillar 计划的过程中，拟定了解决机载电子设备集成问题的新方法，新方法的基础是硬件设备模块化和软件的模块化结构。根据计划采纳了建造机载电子设备的集成模块化原则，根据这一原则在总结构和总模块的基础上研制统一的机载综合设备系统。

在执行 Pave Pillar 计划的同时，美国还展开了一系列研制空军先进战术战斗机 ATF、海军先进战术战斗机（A-12）ATA 和轻型直升机 LHX 的计划。在这些计划中包含研制下列设备的计划：

（1）通用处理器（CSP）；

（2）多工况超可靠雷达（URR）；

（3）电子战综合系统（INEWS）；

（4）通信、导航和识别综合系统（ICNIA）；

（5）惯性导航综合系统（IIRA）；

（6）高速数据总线（HSDB）；

（7）Ada 语言的操作系统；

（8）自动化软件开发系统。

CSP、ICNIA、INEWS 计划在研制集成型机载电子设备方面起决定性作用。CSP 计划的目的是研制用于数字和模拟处理不同信号的标准结构处理器。根据该计划研制了 CIP（Common Integral Processor）处理器，该处理器是按美国 ATF 计划研制的第 5 代 F-22 战机综合电子系统的主要构件。

ICNIA 计划的主要目的在于展示技术实现借助机载数字计算机控制和配置的

宽波段集成系统模块的能力。ICNIA 系统应执行 2MHz ~ 3GHz 波段内 12 ~ 14 个不同导航、通信和识别系统的功能。

上述计划的主要成果得以应用在 F-22 战机和 RAH66 直升机上。在按美国空军 Pave Pillar 计划和海军 AATD 计划研制的结构基础上，以及在功能元件和机载设备模块标准的基础上获得了先进的标准结构（Advanced Avionics Architecture，A^3）[7]。与 Pave Pillar 计划推荐的结构相比，开放式大规模扩展结构 A^3 使机载综合电子系统的机载系统模块具有更高的集成度。并且 A^3 结构规定一体化集成机载天线，综合处理和共享（整合）不同机载传感器的信息和通信通道传输的数据。除开放性和大规模特点外，第 5 代飞机综合电子系统结构的另一个重要特点是可扩展性。

可扩展性是机载电子系统的结构特性，它用于表示增加硬件和软件设备（模块化增加）以及执行新功能的能力，用于满足随着综合系统的发展、改进和升级对其不断增大的要求。

A^3 结构可保证在较早的信息处理阶段上，即在信息控制通道（ИУК）之间分配收发设备信号的阶段上重新配置计算机和其他资源。

在 Pave Pace 计划框架下继续研究和实现 Pave Pillar 计划建议的技术理念。Pave Pace 计划的研究成果构成了第 5 代 F-35 战机综合电子系统的设计基础。

在 Pave Pace 计划中，研制机载电子设备的基本方法是集成（整合）机载系统（传感器）所获的及沿通信和数据交换通道传输的信息，其目的是形成客观（实际）的外部态势图和将合成（综合）信息输出到飞行器座舱内信息控制场的显示器上。实现这一方法时，在执行战斗任务的过程中飞行员（机组人员）只需对信息进行监控，而机载综合电子系统的计算机系统将自动接通所需的传感器，将飞行员从执行这些功能中解放出来。

在新一代飞机和直升机的综合电子系统中将创建集成的多传感器环境，无需将其物理划分为单独的功能系统。多传感器环境通常包括下列信息控制通道：雷达通道、无线电技术侦察通道、光电瞄准导航通道、通信和数据交换通道、信息显示通道、无线电电子和光电对抗通道、综合电子系统技术状态检测和诊断通道等[7,9]。

在研制未来机载电子设备的计划中论证了在综合电子系统中使用网络结构机载计算机系统（集成计算机环境）的可能性，在该计算机系统中无需在功能系统和信息控制通道之间分配计算机资源。

1.6.9 开放式大规模扩展结构

通过分析美国和北约国家军用飞机和直升机机载电子设备体系结构的主要发展方向可知，研制新一代飞行器（F-22、F-35 等）综合电子系统的主要趋势是在测量仪器综合化和硬件软件设备模块化原理的基础上提高设备的集成化程度和等级。此时，机载综合电子系统的结构在向高集成度开放式大规模扩展结构的方向发展。这类综合电子系统具有网络结构的多处理器计算机系统，并具备可靠性、高生命力强的特点。在开放式大规模扩展结构的综合电子系统中，根据集成型高频传感器的概念，发射机、接收机和处理器的功能是分散的（分布式）。例如，如果综合电子系统的组成中包含几个发射机，则每个发射机可用于所有（或大部分）不同功用的系统。

开放式大规模扩展结构的机载综合电子系统的特性主要包括：

（1）达到较高的集成度（机载设备、机载系统和机载设备系统——信息传感器），具有共用天线口径（孔径）和预处理器；

（2）使用具有共用接口的机载设备、机载系统和机载设备系统，用于保障大部分设备和系统的快速自动控制和标准连接能力；

（3）使用预处理器，它能在不太可靠数据的基础上按照模糊原则做出决定；

（4）借助多处理器的机载计算机系统可实现下述功能：同时完成几个任务、分配信号预处理任务和组合处理器中的数据、资源（首先是计算机资源）的柔性分配（用于在信息、功能、软件和硬件方面重新配置综合电子系统）。

在标准模块的基础上构建具有开放式大规模扩展结构的机载综合电子系统，而标准模块则在成套超大型、超高速（超快速）和超高频微型集成电路的基础上研制。

在标准模块系列中包括：矢量矩阵处理器、矢量标量处理器、数据处理器1750A、主存储器、多路传输通信线路接口、模拟通信线路接口、非易失性存储器等[5,7]。

成套超高速微电路包括：运算装置、扩展运算装置、倍增器、基本函数控制器、静态随机存取存储器（RAM）、门阵列、接口设备。

每个模块用于完成一定的数字或模拟信息处理功能。它拥有与其他模块连接的控制电路和用于诊断模块状态的内置检测设备。当然，在使用标准模块的同时还可使用少量的特种非标准模块。当因损坏或战斗损伤导致几个模块发生故障时，机载计算机系统将实时重新配置其硬件和软件设备，在有工作能力的模块间重新分配功能，保证完成战斗任务。

机载综合电子系统的开放式大规模扩展结构允许：第一，通过升级计算机系统的软件和增加标准模块的数量来扩展综合系统的工作能力和改进其技战术性能；第二，通过使用少量带相应附加程序模块的特种模块来保障不同类型飞行器综合电子系统的专业化[5,7,9]。

根据 Pave Pillar 和 Pave Pace 计划为新一代飞机和直升机研制的综合电子系统可作为具有开放式大规模扩展结构（A^3 结构）的先进机载综合设备系统的范

例。这类机载综合设备系统具有较高的可靠性和较强的生命力，在其中广泛应用分布式资源（计算机资源、天线、发射机、通用接收机、高频部件、可编程控制器等），内置检测和技术状态诊断设备。

例如，在具有 A^3 结构的综合电子系统中，全系统功能的分配不是在战斗任务层面，而是在更高层级控制任务层面进行，这导致综合电子系统体系结构的实质性变化（图1.4），其中可划分出下列三个系统[5,7,9]：

（1）执行战斗任务控制系统；

（2）机载信息传感器（БДИ）控制系统；

（3）飞行器控制系统。

1. 执行战斗任务控制系统

执行战斗任务控制系统应完成下列任务：导航任务，包括地形跟踪和绕过障碍物任务；搜索、探测、截获、跟踪、确定目标坐标和运动参数；目标识别；形成目标指示和控制机载武器任务；控制电子战设备；在座舱内显示信息；检测和诊断综合系统的整体技术状态。

执行战斗任务控制系统在其组成中可包含计算机系统，信息控制通道的元部件，无线电电子设备、一些机载设备和机载系统（例如，头盔目标指示系统），武器控制系统，模数和数模转换器部件，以及整个综合系统的机载自动化检测系统。

计算机系统包括：数据处理器；大容量存储器，当前数据从机载信息传感器控制系统传送至存储器内；执行战斗任务控制系统的多路传输总线（МШБ）；执行战斗任务控制系统各组成部件之间的数据传输总线（МШС）。

数据处理器具有相同的结构。它们连接至执行战斗任务控制系统的多路传输总线（МШБ）上，并经过系统各组成部件之间的数据传输总线（МШС）从存储器加载当前数据。借助控制系统的多路传输总线（МШБ）来控制数据处理和系统各组成部件之间的数据分配。

此外，执行战斗任务控制系统借助多路传输总线在功能上与飞行器控制系统相连接，用于获取导航信息，并且在其组成中还包括与座舱内的多功能控制机构、语音识别系统、数据寄存器等相联系的通信接口。

2. 机载信息传感器控制系统

机载信息传感器控制系统用于处理信号、从信号中分离必要信息、在综合电子系统的各分系统间分配这些信息，以及进行加密数据交换、公开和加密无线电通信等。在机载信息传感器控制系统中包括：包含信息传感器（ДИ）和信息转换设备（УПИ）的分信息系统、成套标准信号处理器、传感器信号分配网、与综合电子系统中其他系统的数据交换网、视频信号分配系统等。机载信息传感器控制系统执行信号预处理功能，它形成可传送至其他机载系统的数据，向座舱内

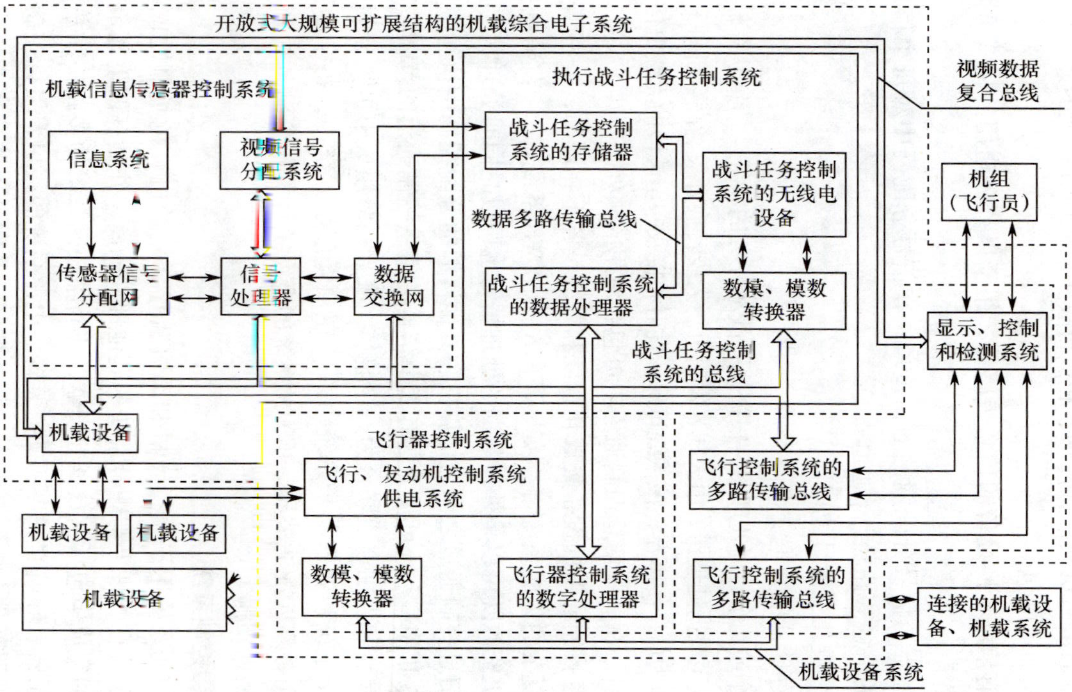

图 1.4　开放式大规模可扩展结构的机载综合电子系统示意图

信息显示、控制和检测系统的显示器分配数字视频信息，它还可分配信息传感器的控制指令。在机载信息传感器控制系统中，根据执行战斗任务控制系统数据处理器所形成的指令来控制信息控制通道信号处理器之间的功能分配、传感器信号分配网的工作以及计算机资源的重新分配。

信息控制通道由机载信息传感器和执行战斗任务控制系统的元部件组成。在单个信息控制通道中包括：

（1）具有信息转换设备的信息传感器，用于以统一通用的格式显示所有传感器的输出数据；

（2）传感器与信号分配网的通信接口，在信号分配网中对每个信息控制通道给出自己的信息“路径”（通道）；

（3）一个或几个信号处理器；

（4）与存储器的数据交换网通道；

（5）一个或几个数据处理器，根据执行战斗任务的特征，信息从存储器的某个存储单元发送至数据处理器。由天线、发射机、天线转换开关、高频部件和接收机组成的系统可作为信息传感器，该系统可保证发射和接收一定波段的无线电信号。

应当指出，在一些信息控制通道中可包含专用的预处理器。

单个信息控制通道的设备集成化程度和等级是各不相同的，一些信息控制通道具有非常复杂的集成系统（例如，ICNIA、INEWS 系统等）。在信息控制通道中，全计算机资源既可以是处理数据的处理器，也可以是同时处理信号和数据的处理器。在信息控制通道之间，计算机和其他资源的分配控制由执行战斗任务控制系统完成。ICNIA 系统可视为具有复杂结构的信息控制通道的范例，它将单功能的通信、导航和识别通道联合为一个整体。在该系统组成中可划分为高频子系统、预处理子系统和处理器子系统[5,7,9]。在预处理子系统中，每个功能通道对应自己的一组数字匹配滤波器。ICNIA 系统的全系统计算机资源是处理器子系统中的矢量数据处理器。

3. 飞行器控制系统

飞行器控制系统用于执行飞机和动力装置（发动机）的控制功能。为保障生命力，该系统在物理上与综合系统的其他部件隔离，并具有四重冗余。在飞行器控制系统的组成中包括：数据处理器，飞行器控制系统的多路传输总线，与控制机构和显示器、导航驾驶仪和操舵装置、电源系统的接口，飞行控制系统，数模和模数转换器部件，电源系统。飞行器控制系统的处理器基本上与执行战斗任务控制系统的数据处理器相同，但存储器的配置不同，多路传输总线的接口和在处理器故障时计算机系统重新配置结构的方法也不同。飞行器控制系统处理器的特点是其中每个处理器都能完成本系统的全部功能。

借助视频数据多路传输总线、执行战斗任务控制系统的总线和飞行器控制系统的总线，在综合电子系统的上述控制系统之间进行信息交换（图 1.4）。

在 Pave Pillar、Pave Pace 和其他计划中研究的结构原理、前瞻概念、基本原则在第 5 代 F-22、F-35 飞机（美国）和其他先进飞行器的综合电子系统中得到了实际应用。

除了作为多功能飞机的 F-22、F-35、T-50 战斗机外，前瞻性飞行器还包括目前正在研制的其他类型的飞行器，其中应该包括：新一代直升机和无人机（БЛА）、高超声速空天飞行器、遥控式无人作战飞机（UCAV）等。无人作战飞机将由位于控制中心的飞行员进行操控。隐形无人作战飞机具有直至高超声速范围的空气动力特性，当装备远射程导弹时，它能摧毁位于地球给定点上较好的防护目标[20]。

通过机载综合电子系统的结构图（图 1.4）可获得关于具有开放式大规模扩展结构的综合电子系统总体特性的概念。为更详细了解未来机载综合电子系统的构造原理和结构，现以 F-22 和 F-35 飞机为例对其综合电子系统进行研究。

依据在集成型模块化电子设备研制计划中形成的基本原理，第 5 代飞机机载综合电子系统应具有：

（1）用于所有无线电（无线电技术）系统（机载雷达，通信、识别、导航设备，电子战设备等）的统一宽波段分布式天线系统（孔径）；

（2）用于光电系统的集成多光谱孔径；

（3）集成型信号和数据处理系统；

（4）多功能信息显示、综合电子系统工况控制和检测系统。

在功能方面，第 5 代飞机的综合电子系统除了具备多功能飞行器的传统功能外，还应保证：

（1）向飞行员（机组人员）全面通报情况，即及时向飞行员提供完整、可信的关于战术、无线电、导航态势和机载系统技术状态的信息；

（2）为保证飞机隐身性能，自动控制机载电子设备的辐射方式；

（3）在做出摧毁或绕过最危险目标的决定方面提供帮助；

（4）自动探测和压制敌方的无线电系统；

（5）根据优先级和其他函数，对目标进行自动排序。

F-22 和 F-35 飞机的综合电子系统将在技术和软件版本相应推广阶段规定的范围内实现上述要求。

1.6.10 F-22 飞机分析

根据 ATF 计划研制的多功能战斗机 F-22 用于夺取制空权。此外，它拥有使用高精武器有效打击地面（水面）目标的能力。

在研制 F-22 飞机时，对其主要要求有：在发动机不加力情况下超声速巡航飞行；在亚声速和超声速时的超机动性；在敌方目力视距外进行空战的高效率；

雷达和热隐身性能等[26]。

由于 F-22 飞机装备了具有高度集成开放式大规模扩展结构的综合电子系统，才能实际满足上述要求。

F-22 飞机机载综合电子系统的结构图如图 1.5 所示。在综合电子系统的组成中包括[6,11,25,26]：

（1）机载计算机系统；

（2）带相控阵天线和天线阵方向极化电子扫描的多用途、多工况机载雷达（APG-77）[27]；

（3）通信、导航和识别综合系统（CNI）；

（4）信息显示、控制和检测系统；

（5）电子战系统；

（6）惯性/卫星导航系统（IRS）；

（7）武器控制系统（SMS）；

（8）武器检测系统（CSFDR）；

（9）飞机和动力装置备用自动控制系统（VMS-A）；

（10）机载设备控制和检测集成系统（IVSC）；

（11）机载视频信息保存系统（AVTR）；

（12）电源分配和检测系统；

（13）地面检测设备的连接装置（PMA）。

机载综合电子系统在功能上与机载武器、空气信号传感器和其他机载传感器、飞机和发动机控制系统的执行设备等相联系。通过无线电通信和数据交换通道，F-22 飞机可与其他飞行器和各类地面目标相互协作。

1. 机载计算机系统

在机载计算机系统中包括中央计算机系统（ЦВС）和信息交换系统（СИО）。中央计算机系统由 2 台（可连接第 3 台）数据和信号集成处理器（CIP）、大容量存储设备（DTE/MM）和内部信息交换系统（内部接口）组成。CIP 处理器作为多处理器、多模块计算机系统，其结构和技术特性可保障完成赋予 F-22 飞机综合电子系统的所有任务。

所有模块（7 种类型）都连接在一个母板上，该母板可保障连接 66 个标准模块，其中约 20 个模块是备用的。除数据和信号处理器外，标准模块还包括图形模块、特种处理模块、接口模块、存储模块和电源模块[11]。

信号处理器是 CIP 中运算速度最快组成部件，其总运算速度为 20×10^9 次浮点运算/s，CIP 数据处理器的运算速度约为 0.7×10^9 次浮点运算/s[24,28]。将来，信号和数据处理器的运算速度可相应地增大至 50×10^9 次浮点运算/s 和 2.0×10^9 次浮点运算/s[28]（参见 5.2 节）。

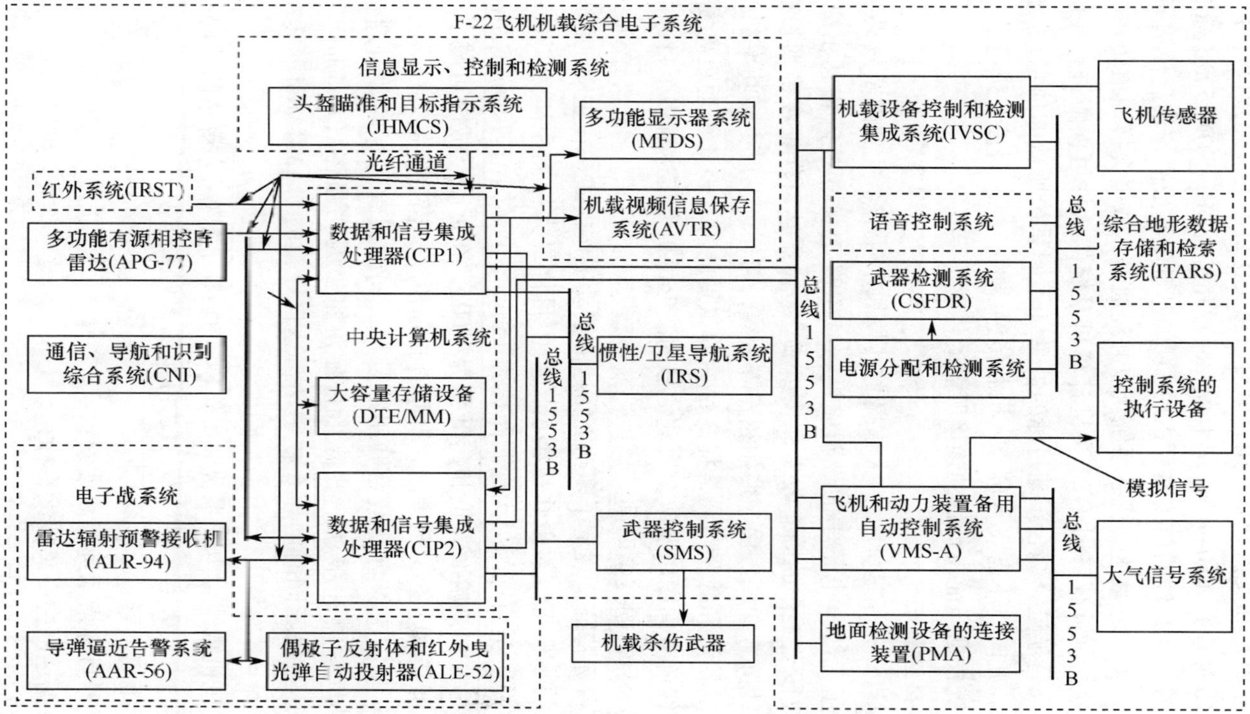

图 1.5　F-22 飞机机载综合电子系统示意图

在机载计算机系统的信息交换系统中，中央计算机系统的内部接口包括 Parallel Interconnect（PI）Bus、工艺总线 Test Maintenance（TM）Bus 两个总线（在图 1.5 中未标出）和支持分布共用存储器信息交换机制的高速接口。外部接口包括高速信息传输通道（Hight Speed Data Bus）和符合 MIL-STD-1553B 标准的多路信息交换通道。在光纤通信线路（ВОЛС）的基础上构成高速信息传输通道[11]。

在由机载多功能雷达、机载系统获取并经通信和数据交换通道传输的信息的基础上，在执行战斗任务时 F-22 飞机计算机系统的软件可保障进行导航、控制机载武器和飞行航迹，综合跟踪目标的信息（不同系统所获的信息），敏捷控制机载传感器。此时，不需飞行员介入机载传感器的控制，对信息进行监控，而机载计算机系统根据当前飞行目的连接所需的传感器。

2. 机载雷达系统

在研制 APG-77 雷达时，为大幅提高其技战术性能、达到隐身效果和提高可靠性，采用了无线电电子学的最新成果。APG-77 有源相控阵雷达由 2000 个在 8 ~ 12GHz 波段上工作的固态收发模块组成[6,27]。雷达可保证在锥形扫描扇面内电子扫描天线阵方向图。由于使用相控阵天线，可保证发射更高功率的信号，大大增加目标的探测和截获距离，提高目标的识别能力，因此可远距离发射导弹。快速控制天线阵方向图以及改变所获信号的波形可扩大雷达对多个目标的工作能力，这将减少目标的搜索时间。

为降低目标特征，规定了多功能雷达的被动工作模式，在主动工作时，保障了信号捕获的小概率。对轰炸机类型的空中目标最大探测距离为 270 ~ 300km，对“巡航导弹”类目标的最大探测距离为 150km，可在小于 70km 的距离上探测地面移动目标。扫描扇面方位和高低角为 ±60°，在近距空战时可减小至 ±30°，此时飞行员可在 10° ~ 60°范围内改变垂直扫描角度。当目标进入扫描区时，在距离小于 18km 时雷达将自动截获和跟踪目标，同时跟踪目标的数量超过 20 个。APG-77 雷达能探测和跟踪一些隐形目标，如法国“强盗（Apache）”巡航导弹[6,27]。雷达可保障同时制导 6 枚主动雷达自导头的“AMRAAM”（AIM-120）空对空导弹。

F-22 飞机机载综合电子系统的工作模式直接与 APG-77 雷达的工况相关，并在很大程度上由其决定。APG-77 雷达可实现下列工作模式[6,27]：

（1）远距离搜索；

（2）根据目标指示远距离搜索；

（3）根据速度中距离搜索目标；

（4）跟踪多个目标；

（5）向 AIM-120 导弹传输数据；

（6）识别目标；

（7）按危险等级区分群中的目标；

（8）确定天气条件。

规定可进一步扩展 APG-77 雷达的功能，包括：

（1）在合成孔径方式（PCA）下保证地表绘图；

（2）测定飞机至地面目标的距离；

（3）改进目标识别；

（4）使用体侧式天线阵增大雷达的作用范围。

在战斗演练时对 APG-77 雷达技战术性能的研究表明，该雷达相对于其他机载雷达系统具有一系列优点。这些优点主要包括[6,27,29]：

（1）保证完成战斗任务，可使用机载武器击毁空中目标和地面目标；

（2）执行侦察、收集和传输信息的功能；

（3）与 F-22 飞机综合电子系统的其他机载和机外信息源集成为一个用于参与执行战斗任务整个机群的统一信息系统；

（4）通过与其他平台（机群中其他飞机，E-3A、AWACS 型飞机，无人机等）的信息交换，保证在综合电子系统的显示器屏幕上观测到己方机群中其他飞机的战斗行动；

（5）将雷达布置在位于己方突击群中的飞机上，而不是在距其较远的距离上。

3. 通信、导航和识别综合系统

通信、导航和识别综合系统（CNI）可包括下列系统[5,6]：

（1）使用 Link-16 通信线路的战术信息分配系统（JTIDS）；

（2）飞行数据传输系统（IFDL）；

（3）抗干扰通信系统（Have Quick）；

（4）敌我识别系统（Mk. 12）；

（5）卫星无线电导航系统（GPS）；

（6）近距无线电导航系统收发信机（TACAN）；

（7）仪表着陆系统（ILS）、微波着陆系统（MLS）和超短波无线电信标（VOR）的接收设备；

（8）空中防撞系统（TCAS）；

（9）短波、米波和分米波无线电台。

除这类航空系统的上述传统功能外，为保障飞行员熟悉战场态势，F-22 飞机的 CNI 系统额外对来自 APG-77 雷达的信息进行处理，并测定战斗队形中各飞机的相互坐标。

4. 信息显示、控制和检测系统

信息显示、控制（机载电子系统的工况）和检测系统是座舱信息控制场（ИУП）的主要构件，包括头盔瞄准和目标指示系统（JHMCS）、6 个多功能彩色液晶显示器[6]：

（1）中央多功能显示器（MFD），其屏幕尺寸为203mm×203mm；

（2）3个侧面MFD（150mm×150mm）；

（3）在显示面板上部的两个显示器（75mm×100mm）。

中央多功能显示器执行战场态势显示器功能。在其屏幕上显示飞行任务区内的战术信息（在水平面内）。战术信息包括空中目标的航迹、地面目标和本歼击机的位置。

右侧多功能显示器用于在一个平面内显示：

（1）具有相对高度的空中威胁；

（2）向威胁目标发射导弹的时刻；

（3）飞行员控制机载武器系统的提示；

（4）已发射导弹的位移。

左侧多功能显示器是一个防御显示器。它用于在水平面内显示空中和地面的威胁并指出其距离。根据这些信息飞行员可规避威胁，对其做出反应或采取相应的对抗措施。左侧多功能显示器上还可显示备选信息，在机载系统有效区内显示威胁在垂直面内的位置及其距离值。

在座舱显示器上提供的机内和机外态势信息允许飞行员根据主要战斗任务、敌方目前实力和意图来确定当前的飞行目的。外部态势信息显示在中央、左侧和右侧多功能显示器上，机内态势显示在左上侧显示器上。创建外部态势图可增强F-22飞机飞行员在执行战斗任务时的信心。

头盔瞄准和目标指示系统保证控制机载瞄准系统的瞄准线、导弹的自导头，显示导航和瞄准信息[6]。

应当指出，飞机操纵杆（РУС）和发动机操纵杆（РУД）是飞机座舱信息控制场的构件，在其上安装有20个保证63种功能控制的转换开关[26]。

5. 电子战系统

在F-22飞机机载综合电子系统的组成中包括雷达辐射预警系统（ALR-94）、导弹逼近告警系统（AAR-56）、偶极子反射体和红外曳光弹自动投射器（ALE-52）。这些构件是专为第5代F-22和F-35飞机研制的新一代电子战综合系统（INEWS）的组成部分[6]。

ALR-94系统既可执行雷达辐射预警接收器的功能，也可执行无线电技术侦察系统（EMS）的功能。它能在直视视距内探测、跟踪和识别空中目标。根据敌方雷达辐射的信号，ALR-94系统确定威胁雷达的方向、型号和至飞机的距离。在这些数据的基础上计算敌方雷达可探测到F-22飞机的距离。

ALR-94系统具有高精度测量接收无线电信号参数的特点。按技术特性，该系统接近先进的LR-100系统[30]，LR-100系统可在接收信号频段为2～18GHz的范围内执行雷达辐射预警接收器和无线电技术侦察系统的功能。在确定有威胁雷达的位置时，方向测定误差不超过1°。

F-22飞机机载综合电子系统的机载计算机系统软件保障同时处理机载雷达AN/APG-77系统、ALR-94系统、CNI系统、机载计算机系统数据库内的信息以及处理通信通道传来的数据，用于保证飞行员熟知战术和无线电态势。

F-22飞机电子战系统中，在大规模扩展机载综合电子系统时没有规定使用主动干扰站。为施放人为干扰、完成无线电技术侦察和通信任务，可使用多功能多工作模式雷达AN/APG-77的有源相控阵天线。

6. 其他系统

在惯性卫星导航系统（IRS）中包括两个带环形激光陀螺仪的惯导系统（LN-100F）。

在F-22飞机上安装有备用的飞机自动控制系统——电子遥控系统（ЭДСУ）。

武器控制系统（SMS）用于选择机载武器、统计其消耗、检测其状态、准备和发射导弹，及准备使用其他杀伤武器。它可保证使用带主动雷达自导头的导弹AIM-120A/C、带红外自导头的近程导弹AIM-9M/X、反雷达导弹AGM-88 HARM、带惯性威胁制导系统的校正航空炸弹GBU-32 JDAAM、航空集束炸弹WCMD和其他机载武器。

为F-22飞机研制了搜索和跟踪系统（IRST），该系统还可保证执行导弹攻击预警系统（Missile Warning System，MWS）的功能。由于IRST系统是被动系统，它可使F-22飞机在不使用APG-77雷达的情况下探测和跟踪敌方飞机，因为雷达辐射将降低飞机的雷达隐身性能。IRST系统可探测到由导弹发动机尾焰产生的红外辐射，用于给MWS系统提供信息。

为F-22飞机还研制了综合地形数据存储和检索系统（Integrated Terrain Access and Retrieval System，ITARS）[5]。

此外，在现代化改装时，在机载综合电子系统中还加入语音控制系统，在机载计算机系统软件中使用“飞行员电子助手”式专家系统（ЭС）。

1.6.11 F-35飞机分析

根据JSF计划研制的第5代隐形攻击战斗机F-35具有三种机型：F-35A（美国空军）、F-35C（美国海军）和F-35B（美国海军陆战队和英国皇家海军）。虽然F-35战斗机是多用途飞机，但其战斗能力首先定位于使用高精武器摧毁地面目标。

F-35飞机的机载综合电子系统具有高集成开放式模块化大规模扩展结构（A^3结构）。开放式结构保证F-35飞机可实际使用装备在战斗机和多功能飞机上的所有类型的机载武器。

F-35 飞机的机载综合电子系统具有下列特点：

（1）完成任务范围广；

（2）综合系统结构和体系结构灵活性强；

（3）使用根据不同软件研制的硬件设备，这允许在不改变基础软件的情况下对综合电子系统元部件进行改装和更新；

（4）根据对飞机和相应机载综合电子系统要求的变化，可增加或减少元部件（模块）的数量；

（5）硬件和软件设备通用化程度高；F-35 飞机所有机型的机载综合电子系统在硬件和软件方面的通用程度可达 70% ~90%。

F-35 飞机机载综合电子系统的结构图如图 1.6 所示[2,28]。

在 F-35 飞机机载电子系统的组成中包括下列系统[2,8,24,28,31-34]：

（1）中央计算机系统；

（2）多功能综合射频系统（Multi-Functional Integrated RF Systems，MIRFS）；

（3）光电综合系统；

（4）信息显示、控制和检测系统；

（5）电子战综合系统；

（6）武器控制系统（SMS）；

（7）飞行控制系统。

此外，在 F-35 飞机机载电子系统的组成中还具有一些与 F-22 飞机部分类似的系统。这些系统包括：

（1）武器检测系统（CSFDR）；

（2）惯性卫星导航系统（IRS）；

（3）飞机和动力装置自动化控制系统（VMS）；

（4）机载设备控制和检测集成系统（IVSC）；

（5）机载视频信息保存系统（AVTR）；

（6）视频通信系统（VCS）；

（7）电源分配和检测系统（电源分配控制器（PDC））；

（8）地面检测设备的连接装置（PMA）。

1. 中央计算机系统

中央计算机系统是在集成信号和数据处理器（ICP）、通用数字信息交换系统和大容量存储器（DTE/MM）的基础上构建。

在 ICP 中包括[2]：

（1）处理信号的标准计算机模块；

（2）处理数据的标准计算机模块；

（3）在显示器上显示信息的处理模块；

（4）信号和数据高速传输网络（HSDTN）；

（5）可编程通用信号输入输出模块；

（6）可编程通用数据输入输出模块。

ICP 与机载系统的相互联系是借助可编程通用信号和数据输入输出模块，并经过信号和数据高速传输网路实现的（图 5.16）。

ICP 的运算速度：数据处理器为 40.8×10^9 次浮点运算/s，信号处理器为 75.6×10^9 次浮点运算/s[28]。

通用数字信息交换系统包含两个光纤式（ВОЛС）高速多路传输总线：ICP 与武器控制系统相互联系的多路传输总线，以及 ICP 与机载系统交换数据和信号的母线。

在大规模扩展时，F-35 飞机机载综合电子系统的信息交换系统应包含两个光纤通信线路（ВОЛС），及符合 Mil-Std-1760 标准的控制机载武器的多路传输总线。该总线可为任何类型机载武器的使用提供信息保障。光纤通信线路的信息交换速度为 2Gb/s 以上。

在中央计算机系统的软件组成中使用“飞行员电子助手”式专家系统（ЭС）。在飞行员选择了具体目标（空中或地面目标）时，中央计算机系统的软件自动选择击毁该目标必需的信息传感器和机载武器。应当指出，在 F-35 飞机机载综合电子系统的中央计算机系统软件中（与 F-22 相同）具有实时工作的任务规划器，它可计算在任意背景下已知类型雷达对飞机的探测距离，并保证形成用于出现威胁时绕过威胁的控制信号。

2. 多功能综合射频系统

在多功能综合射频系统（MIRFS）的组成中包括：

（1）APG-81 雷达多功能有源相控阵天线（Multi-functional Array，MFA）；

（2）分布式天线系统（孔径）和无线电测量仪集成系统（Shaped Apertures/Integrated RF Sensing，SA/IFRS）；

（3）通信、导航和识别综合系统（CNI）。

APG-81 机载多功能雷达用于搜索、探测、跟踪空中和地面目标，以及对威胁实施无线电电子对抗。在雷达中规定有合成孔径（PCA）工况，可保证探测和跟踪隐性目标。在“空—地”工况下雷达使用合成孔径可进行地表绘图，以及在逆向合成基础上识别水面舰艇目标[2]。

多功能宽频带有源相控阵天线可保障 APG-81 机载雷达具有下列功能：

（1）探测、跟踪空中和地面目标；

（2）被动定向地面雷达；

（3）完成瞄准和为导弹及其他机载武器形成目标指示的任务；

（4）将校正信号发送给“空对空”导弹 AIM-120；

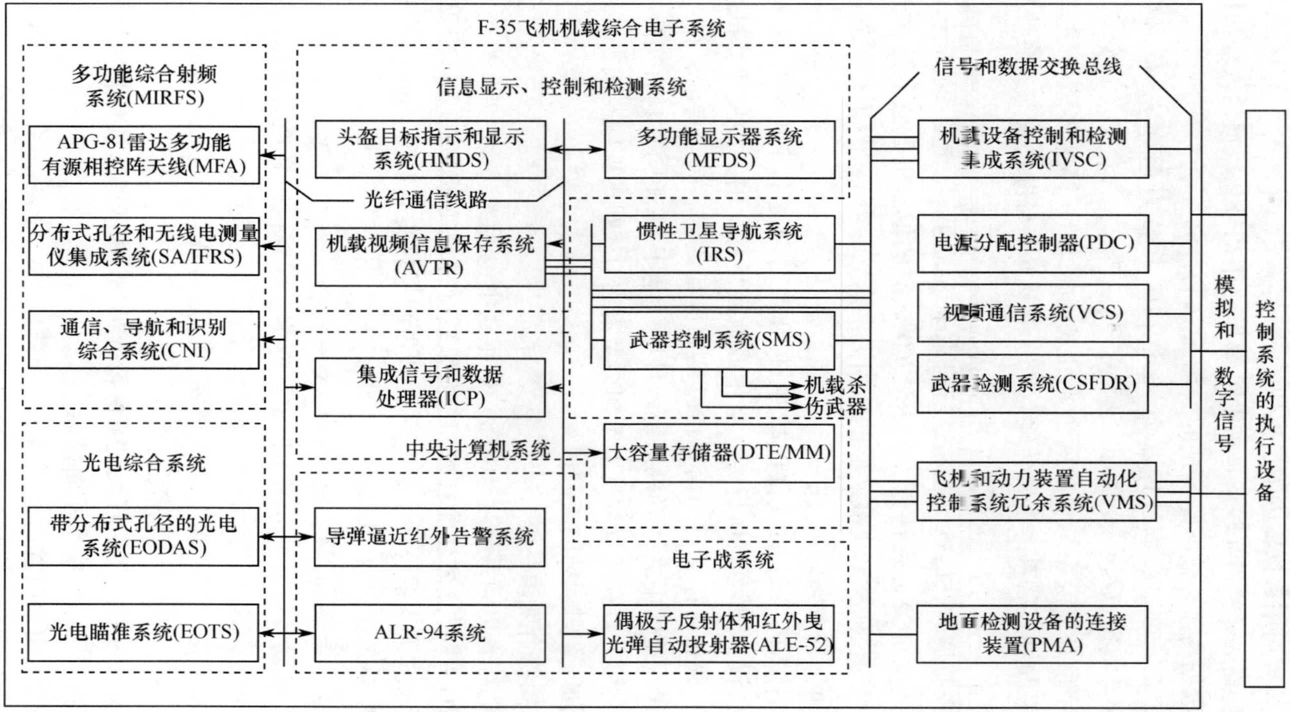
F-35飞机机载综合电子系统
多功能综合射频系统(MIRFS)
APG-81雷达多功能有源相控阵天线(MFA)
分布式孔径和无线电测量仪集成系统(SA/IFRS)
通信、导航和识别综合系统(CNI)
光电综合系统
带分布式孔径的光电系统(EODAS)
光电瞄准系统(EOTS)
信息显示、控制和检测系统
头盔目标指示和显示系统(HMDS)
多功能显示器系统(MFDS)
光纤通信线路
机载视频信息保存系统(AVTR)
惯性卫星导航系统(IRS)
武器控制系统(SMS)
机载杀伤武器
集成信号和数据处理器(ICP)
中央计算机系统
大容量存储器(DTE/MM)
导弹逼近红外告警系统
电子战系统
ALR-94系统
偶极子反射体和红外曳光弹自动投射器(ALE-52)
信号和数据交换总线
机载设备控制和检测集成系统(IVSC)
电源分配控制器(PDC)
视频通信系统(VCS)
武器检测系统(CSFDR)
飞机和动力装置自动化控制系统冗余系统(VMS)
地面检测设备的连接装置(PMA)
模拟和数字信号
控制系统的执行设备

图 1.6 F-35 飞机机载综合电子系统示意图

（5）合成孔径工况（PCA）——地表绘图工况；

（6）探测、跟踪海上目标；

（7）获得超高分辨率，用于保障形成和向校正航空炸弹 GBU 31/32 和滑翔航空炸弹 AGM-154 JSOW 发送目标指示指令。

未来还将会实现主动和被动电子战工况，以及与其他飞机宽频带数据交换的功能。

APG-81 机载雷达的结构原理在很大程度上与 F-22 飞机的 APG-77 雷达类似。只是 APG-81 雷达探测和跟踪空中和地面目标的距离较小，因为 APG-81 雷达的有源相控阵天线所含收发模块（ППМ）的数量较少。在研制相控阵天线的收发模块时重点关注减少其成本、重量和尺寸。为 APG-81 雷达的相控阵天线研制的收发模块更廉价、元件数量更少、组装更简单，但具有较长的寿命（与 APG-77 雷达相控阵天线的收发模块相比）。

在分布式天线系统（孔径）的组成中包含一系列不同型号的天线，它们制造成螺旋线、对数周期螺旋线天线形式，缝隙天线和铁素体天线形式，线性天线阵、辅助体侧式有源相控阵天线形式[6]。

分布式天线系统可替代安装在现代军用飞机上的大部分天线，并保障一系列无线电系统的工作，其中包括属于电子战综合系统的无线电技术侦察系统，并在无线电通信和数据交换、导航和识别工况下保障 CNI 系统的工作。

按照集成高频传感器概念，无线电测量仪集成系统（IRFS）是指功能上相互联系的，在不同频段上工作并制成标准模块形式的天线、合成器、发射机、接收机、高频转换开关的总称。根据机载综合电子系统所选的工况，发射机和接收机连接至无线电技术侦察系统或 CNI 系统相应信息处理通道的天线上。使用专门的高频转换开关来切换模块和天线。此外，在 IRFS 系统中保证接收和发送通道的去耦合。

为 F-35 飞机研制的被动电子战系统既使用自身的天线，也使用 APG-81 雷达的相控阵天线，还使用分布式天线系统的天线。这应是一个宽波段的被动无线电技术侦察系统，它在功能上与 CNI 系统中的无线电通信和敌我识别系统相联系。这些无线电技术侦察系统是为 F-22 和 F-35 飞机研制的新一代电子战综合系统（INEWS）的组成部分。INEWS 系统与 CNI 系统一样都应列入多功能综合射频系统（MIRFS）内。

目前，在 F-35 飞机上安装了 INEWS 系统的下列构件[6]：

（1）ALR-94 系统，如上文所述，该系统既可执行雷达辐射预警接收器的功能，又可执行无线电技术侦察系统（EMS）的功能；

（2）导弹逼近红外告警系统；

（3）偶极子反射体和红外曳光弹自动投射器 ALE-52。

（4）CNI 系统的功能在总体上与 F-22 飞机的同类系统相似。

在 F-35 飞机的 CNI 系统中具有两个数据传输线路：

（1）联合战术信息分配系统（JTIDS）组成中的数据传输线路 Link-16，在线路中应用了时分多址原则（TDMA）；

（2）专为 F-35 飞机研制的先进的抗干扰数据传输线路，它允许飞行员评估战斗队形中各飞机的战术态势。

为降低 F-22 和 F-35 飞机的拦截概率，在 CNI 系统中使用辐射功率控制、突变频率、窄的天线方向图，天线按一定程序对己方飞机进行扫描并具有低旁瓣电平。在现代化升级 CNI 系统时，提出了大幅提高通信通道工作能力和其速度的任务[6]。

3. 光电集成系统

在 F-35 飞机的光电集成系统中包括：

（1）带分布式孔径的光电系统（Electro-Optical Distributed Aperture System，EODAS）；

（2）光电瞄准系统（Electro-Optical Targeting System，EOTS）。

EODAS 系统可执行保障飞行员熟知态势系统、导弹攻击预警系统的功能，探测和跟踪空中目标。在 EODAS 系统中使用 6 个非扫描式不冷却的红外传感器阵列，其在飞机上的分布可保证环视周围空间。6 个红外传感器阵列中的每一个都具有 90°×90°的视场角。EODAS 系统的信息显示在头盔显示系统的日/夜双视显示器（HMDS）上，该系统具有非常高的角坐标分辨率。

光电瞄准系统用于探测和跟踪远距离空中和地面目标，测量其距离和位置坐标，保障使用相应类型的机载武器。在 EOTS 系统组成中包括红外系统和激光测距仪，即陀螺平台上的目标指示器。在 EOTS 系统电子部件中，借助大尺寸红外传感器阵列（FPA）将红外搜索和跟踪系统（IRST）与 FLIR 型目标指示设备联合起来。借助 IRST 系统探测远距离的空中目标，在“空对空”工况下形成图像用于借助 FLIR 系统对其进行识别。在“空对地”工况下 FLIR 系统可同时跟踪多个目标[34]。

应当指出，不久前无线电技术侦察系统仅被视为电子战综合系统的组成部分，目前该系统还被赋予了保障飞行员熟知态势信息的任务。与无线电技术侦察系统一样，在飞行员熟知态势系统中包括可向飞行员提供在直视视距区域内所有热对比目标信息的光电系统。此外，飞行员熟知态势系统的一些功能可由 APG-81 机载雷达和 CNI 系统执行。因此，飞行员熟知态势系统从单纯的无线电技术系统转变为一个具有更高分辨率和更大有效区的多方面系统。如上所述，光电系统具有各种各样的功能：其中一些功能可标定闪点位置，闪点则指明敌方使用的导弹武器；其他功能允许以更小的作用距离形成座舱外空间的高分辨率热视图像，以保证目视识别目标。因此，主要构件包括 ALR-94、EODAS、APG-81、

CNI 和信息显示系统的飞行员熟知态势系统不仅可用于保障对抗敌人，还可保证 F-35 飞机有效完成战斗任务和提高生命力（这特别重要）。

4. 信息显示、综合电子系统工况控制和检测系统

信息显示、综合电子系统工况控制和检测系统包括：

（1）头盔目标指示和显示系统（HMDS）；

（2）两个尺寸为 254mm × 203mm 的宽幅彩色液晶多功能显示器，它们并列安装在仪表板上并代替唯一尺寸为 508mm × 203mm 的显示器；

（3）语音控制系统。

在头盔目标指示和显示系统的显示器上投影红外图像，在其玻璃观察窗上显示本机最重要的飞行信息符号和在较宽观测角和瞄准角范围内的潜在威胁。无论飞行员头部在任何位置，其眼前都具有重要的飞行参数，并且发亮显示目标标记。头盔目标指示和显示系统常作为主用驾驶仪表。

为使飞行员更好地熟知战术态势，来自 APG-81 机载雷达、光电系统、CNI 系统、电子战系统的信息被综合起来，并由 ICP 处理器进行处理。处理结果显示在多功能显示器上。在工作方式下，左侧多功能显示器将显示机载雷达和 EOTS 的信息，右侧显示器则显示有关威胁和所选目标的信息。

在 F-35 飞机的机载综合电子系统中使用限定操作的语音控制系统。语音控制系统包括两个主要构件：语音识别系统和语音指令形成系统。在解决手动输出数据操作量比较大的任务时才使用语音控制。例如，借助语音指令可转换无线电通信系统、多功能显示器、机载雷达的工况。

在大规模扩展时，在信息显示、综合电子系统工况控制和检测系统的组成中还可引入三维立体声系统，它可形成声音通道用作目视通道的补充。借助飞行员头盔内的内置立体声耳机，立体声系统可形成空间立体声响。在此情况下，导弹攻击的预警恰恰从发射导弹的方向发出，由此减少了飞行员的反应时间，并提高飞机的生命力。

与 F-22 飞机一样，F-35 飞机的大部分转换开关和按钮类控制机构（其中包括多功能控制机构）都集中在飞机操纵杆和发动机操纵杆上。

5. 其他系统

F-35 飞机导航驾驶综合设备系统（ПНК）的主要构件是高精度惯性卫星导航系统（IRS）和备用的新一代自动驾驶系统（自动驾驶仪，简称 VMS）。此外，在导航驾驶综合系统中还包括一系列机载系统，其中有地面障碍防撞系统。系统规定使用保存在数据库内的关于飞行区内表面的信息。在各种气象条件下和在所有地理纬度上，导航驾驶综合系统可保证从起飞至着陆的任何昼夜时间内手动、指引和自动控制飞机[2]。

F-35 飞机的武器控制系统（SMS）可保证运用不同类型的可控和非可控机载

武器击毁空中和地面（水面）目标。该系统用于选择机载武器和统计其消耗，检测其状态，准备和发射导弹，及准备使用其他杀伤武器。

为击毁空中目标，F-35 飞机可装备：带主动雷达自导头的中程导弹 AIM-120A 或 AIM-120C（尾翼翼展较小），带红外自导头的近程导弹 AIM-9M 或先进的高机动导弹 AIM-9X，导弹 AIM-132 ASRAAM（英国研制）。

为摧毁地面（水面）目标，F-35 飞机可装备：校正航空炸弹 GBU-31/32 JDAM，滑翔航空炸弹 AGM-154 JSOW，反雷达导弹 AGM-88 HARM，先进的战役战术导弹 AGM-158 JASSM，反坦克导弹和其他机载武器。

应当指出，F-22 和 F-35 飞机的上述组成和结构图不能反映本著作所用文献资料发表之后发生的一些变动。

本章所述的现代和未来机载综合电子系统的结构原理证明，必须从复杂系统理论的观点来研究在综合电子系统完成不同任务时分析、综合、处理信息的问题，并评估其效率。

参考文献

1. Воздушный кодекс Российской Федерации // Собрание законодательства Российской Федерации. 1997. № 12.
2. *Федосов Е. А.*, *Баханов Л. Е.* Современный этап развития авионики самолетов-истребителей. М.：Машиностроение，Полет. 2006. № 9.
3. Авиация ВВС России и научно-технический прогресс. Боевые комплексы и системы вчера，сегодня，завтра / под ред. *Е. А. Федосова.* М.：Дрофа. 2005.
4. Авиация ПВО России и научно-технический прогресс. Боевые комплексы и системы вчера，сегодня，завтра / под ред. акад. *Е. А. Федосова.* М.：ГосНИИ-АС，Дрофа. 2001.
5. *Бочкарев А. М.*, *Струков Ю. П.* Бортовое радиоэлектронное оборудование летательных аппаратов // Итоги науки и техники. Авиастроение. Т. 11. М.：ВИНИТИ. 1989.
6. Бортовые системы управления боевыми режимами современных и перспективных самолетов. Кн. 1：Аналитический обзор по материалам зарубежных информационных источников / под общей ред. акад. РАН *Е. А. Федосова.* М：НИЦ ГосНИИАС. 2009.
7. *Бабуров В. И.*, *Пономаренко Б. В.* Принципы интегрированной бортовой авионики. СПб.：Издательство《Агенство《РДК-Принт》. 2005.
8. Федеральные авиационные правила по штурманской службе государственной авиации.
9. *Ярлыков М. С.*, *Богачев А. С.* Авиационные радиоэлектронные комплексы. М.：ВАТУ. 2000.
10. *Ярлыков М. С.*, *Богачев А. С.*, *Миронов М. А.* Боевое применение и эффективность авиационных радиоэлектронных комплексов. М.：ВВИА им. Н. Е. Жуковского. 1990.
11. *Самарин О. Ф.*, *Соловьев А. А.*, *Шарова Т. В.* Радиолокационные системы многофункциональных самолетов. Т. 3. Вычислительные системы РЛС многофункциональных самолетов / под. ред. *А. И. Канащенкова и В. И. Меркулова.* М.：Радиотехника. 2007.
12. *Партала А. Н.*, *Волков В. В.*, *Стефанович А. В.* Методы обработки сигналов в пассивных радиолокационных системах // Зарубежная радиоэлектроника. 1991. № 6.

13. *Матов В. И., Белоусов Ю. А., Федосеев Е. П.* Бортовые цифровые вычислительные машины и системы: Учеб. пособие для вузов по спец. 《Вычислительные машины, комплексы, системы и сети》/ подред. В. И. Матова. М.: Высшая школа. 1988.
14. Авиационная системотехника / под ред. *М. С. Ярлыкова.* М.: ВВИА им. Н. Е. Жуковского. 1991.
15. *Мясников В. А., Мельников Ю. Н., Абросимов Л. И.* Методы автоматизированного проектирования систем телеобработки данных. М.: Энергоатомиздат. 1992.
16. *Богачев А. С.* Направления развития архитектуры авиационных радиоэлектронных комплексов // Авиационные радиоэлектронные комплексы и их эксплуатация. НММ. Вып. 9. М.: ВВИА им. Н. Е. Жуковского. 1997.
17. *Богачев А. С.* Перспективы применения экспертных систем в авиационных радиоэлектронных комплексах. Итоги науки и техники. Радиотехника. Т. 40. М.: ВИНИТИ. 1990.
18. *Есин Ю. Ф., Максимов В. А., Мамаев В. Я.* Автоматизированное проектирование программного обеспечения бортовых систем отображения информации. М.: Машиностроение. 1993.
19. Разработка《умных обшивок》для перспективных летательных аппаратов // ЭИ. Авиастроение. № 12. М.: ВИНИТИ. 1991.
20. *Lambeth B. S.* Technology and air war // Air Force Mag. 1996. № 11.
21. *Holbourn Paul E.* The future evolution of airborne radar//Mil Technol 1999. № 8.
22. Перспективы развития радиолокационных станций // ЭИ. Авиастроение. № 21. М: ВИНИТИ. 2000.
23. Применение волоконной оптики в авиационных системах // ЭИ. Авиастроение. № 17. М.: ВИНИТИ. 1990.
24. Программа JSF и ее влияние на авионику боевых самолетов 5-го поколения (аналитический обзор по материалам зарубежных информационных источников) / под. ред. *Е. А. Федосова.* М.: НИЦ ГосНИИАС. 2000.
25. Авиационные системы радиоуправления. Т. 2. Радиоэлектронные системы самонаведения / под. ред. *А. И. Канащенкова и В. И. Меркулова. М.*: Радиотехника. 2003.
26. *Ильин В., Кудишин И.* Иллюстрированный справочник. Боевая авиация зарубежных стран. М.: АСТ Астрель. 2001.
27. Бортовая радиолокационная станция APG-77 самолета F-22. Новости зарубежной науки и техники. Серия: Авиационные системы. Научно-техническая информация. М.: ГосНИИАС. 2000. № 4.
28. Мегаинтеллектуальная система обработки информации. Новости зарубежной науки и техники. Серия: Авиационные системы. Научно-техническая информация. М.: ГосНИИАС. Октябрь 2007. № 5.
29. F-22《РЭПТОР》: от боевых учений на полигоне в Неваде к боевому дежурству у границ Китая. Новости зарубежной науки и техники. Серия: Авиационные системы. Научно-техническая информация. М.: ГосНИИАС. Декабрь 2007. № 6.
30. Деятельность фирмы LITTON в области средств радиоэлектронной борьбы. ЭИ. Авиастроение. № 14. М.: ВИНИТИ. 2001.
31. Снижение риска в программе ударного истребителя JSF. Новости зарубежной науки и техники. Серия: Авиационные системы. Научно-техническая информация. М.: ГосНИИАС. октябрь 2007. № 5.
32. Летные испытания БРЭО истребителей JSF и F/A-18E/F. Новости зарубежной науки и техники. Серия: Авиационные системы. Научно-техническая информация. М: ГосНИИАС. Октябрь 2007. № 5.
33. Расширение информационного пространства как фактор повышения эффективности боевой авиации. Новости зарубежной науки и техники. Серия: Авиационные системы. Научно-техническая информация. М.: ГосНИИАС. Октябрь 2007. № 5.
34. Испытание на тренажере систем истребителя F-35 JSF. Новости зарубежной науки и техники. Серия: Авиационные системы. Научно-техническая информация. М.: ГосНИИАС. Апрель 2008. № 2.
35. ВВС: Полет нормальный // Красная звезда. 22-28 декабря 2010.

第2章　机载综合电子系统及其组成部件分析

2.1　机载综合电子系统状态空间描述

2.1.1　引言

分析导航、瞄准和武器控制机载综合电子系统及其他类型的综合电子系统是为了在指定的综合系统结构和输入作用特性下计算其性能（通常为输出性能）。

通常，机载综合电子系统可视为具有可变结构和参数的多维非线性动态系统。综合电子系统的一些组成部件（元件）实际上是线性动态系统，例如，其中包括实现二次信息处理算法的元部件。有时可分出一些随机系统，即具有随机结构或参数的系统。

动态系统的类型（非线性或线性、稳定或非稳定等）在许多方面是选择系统相应分析方法的前提条件。基于马尔可夫多维随机过程理论的静态分析法是非常普遍的方法，而由多维随机过程衍生出的其他方法（包括高斯分析法）实际上应视为一些特例。

作为复杂动态系统的机载综合电子系统（或其组成部件）的现代数学描述通常在状态空间内进行，并且对于综合系统的分析与综合是非常必要的。此时，对于分析或综合任务的提出，要使用动态系统（或系统中进行的相应过程）的数学模型。因此既可建立综合系统的数学模型，例如综合导航系统，也可建立设备、系统和设备系统的数学模型，其中包括多普勒速度及偏流角测量仪（ДИСС）、卫星无线电导航系统或近距无线电导航系统的机载设备等。

系统（或过程）的数学模型通常反映真实系统的特性。为描述同一个综合电子系统（视为动态系统），可建立几个数学模型。这些模型可能是简化或较完整的（精确的），这主要取决于研究目的和研究课题。机载综合电子系统的数学模型由数学术语组成并且通常具有数量的描述。对于此类动态系统数学模型采用了系统或过程状态的概念[1-4]。

2.1.2　动态系统状态空间描述

动态系统状态由一组关于系统过程现在和过去数值的数据（参数）包来确

定，这组数据包含用于描述系统将来行为的所有必要信息（在本模型框架内）。这样一组关于系统状态的数据通常以实际值（不一定相同的物理尺度）有限有序集合的形式表示，即是一个有限维矢量。

当然，确定系统状态的这类有序数据（参数）组在一般情况下并非是唯一的。在实际完成机载综合电子系统分析和综合的任务时，应选择的这些系统状态数据的最小必要集合，并由其形成状态矢量。状态矢量的每个组元被称作状态变量。

这样，状态矢量包含系统现时状态的所有必要信息，并且可与规定的外来扰动一起确定系统未来的状态。

此时，状态矢量可记录为下列形式：

$$\boldsymbol{X} = [x_1 \quad x_2 \quad \cdots \quad x_i \quad \cdots \quad x_n]^{\mathrm{T}}$$

式中：$i = \overline{1,n}$ 为第 i 个状态变量；n 为状态矢量的大小；T 为转置符号。

表示系统状态的状态矢量 $\boldsymbol{X}$ 是系统可能状态集合 x 的元素，即 $\boldsymbol{X} \in x$。在定义状态矢量 $\boldsymbol{X}$ 时，非常重要的是状态矢量（在所研究数学模型框架内）可单值和完全地表示系统状态，即包含系统状态的所有必要信息（例如，现时状态）。系统可能状态 x 的集合是指动态系统的状态空间（相位空间）[5,6]。在分析或综合机载综合电子系统时所用的系统状态空间 x 通常指度量空间，其每个元素 x 完全确定该系统的状态。

任何动态系统的状态都可视为瞬时状态，即当前或给定时刻 t 的状态。时间上发生的过程可表示为状态矢量 $\boldsymbol{X}$ 在状态空间 x 中的变化。

每个时刻 t 的状态矢量取决于初始状态、经过时间和扰动。通常可用下列关系式表达：

$$\boldsymbol{X}(t) = \boldsymbol{\Phi}(t, t_0, \boldsymbol{X}(t_0), \boldsymbol{W}(t)), t_0 \leqslant t$$

式中：t_0 为初始时刻，$t_0 < t$；$\boldsymbol{X}(t_0)$ 为初始状态；$\boldsymbol{W}(t)$ 为在时间段 $[t_0, t]$ 上的扰动集合（扰动矢量）；$\boldsymbol{\Phi}(\cdot)$ 为其自变量的已知矢量函数。

在研究状态空间内的系统动态时，状态矢量 $\boldsymbol{X}$ 是一个连续或离散时间的矢量函数。对于连续时间情况，在时间上给定状态矢量意味着给定时间函数：

$$\boldsymbol{X}(t) = [x_1(t) \quad x_2(t) \quad \cdots \quad x_i(t) \quad \cdots \quad x_n(t)]^{\mathrm{T}}$$

它是一个大小为 $n \times 1$ 的列向量。离散时间表示时刻 t_0，t_1，…，t_{k-1}，t_k，…的序列。在时刻 t_k 的状态矢量可表示为 $\boldsymbol{X}_k = \boldsymbol{X}(t_k)$，其中 $k=0$，1，2，…。

为完成分析或综合机载综合电子系统的任务，势必研究一系列相互作用的过程或系统。在此情况下，使用一些其他概念（除状态矢量和空间外），例如，输入信号矢量和空间、输出信号矢量和空间、观察（测量）矢量和空间、扰动作用矢量和空间、控制作用（信号）矢量和空间等是合理的。

依靠一些物理定律和规律来描述状态矢量 $\boldsymbol{X}(t)$ 的动态或其在状态空间内的

运动，这些物理定律可确定在规定条件下该状态矢量所描述过程（或系统）的变化。状态矢量动态通常用微分、差分和代数方程表示，这些方程通过导入或消除变量的方式以及在相应换算的基础上可得出标准型方程。在状态空间内 $\boldsymbol{X}(t)$ 动态的标准描述可用一阶矢量矩阵（微分或差分）方程的形式表示。根据扰动类型，这些方程可为非随机或随机方程。

假设状态矢量 $\boldsymbol{X}(t)$ 是连续时间的矢量函数（一般为非线性）。此时，在标准形式中状态矢量 $\boldsymbol{X}(t)$ 在状态空间内可用下列一阶矢量矩阵微分方程确定：

$$\dot{\boldsymbol{X}}(t) = \boldsymbol{F}_H(t,\boldsymbol{X}(t),\boldsymbol{U}(t),\boldsymbol{W}(t)),\boldsymbol{X}(t_0) = \boldsymbol{X}_0 \tag{2.1}$$

式中：$\boldsymbol{F}_H(\cdot)$ 为 n 维已知非线性（一般情况下）矢量函数；$\boldsymbol{U}(t) = [u_1(t) \quad u_2(t) \quad \cdots \quad u_p(t)]^{\mathrm{T}}$ 为可称作控制矢量的已知 p 维矢量；$\boldsymbol{W}(t) = [w_1(t) \quad w_2(t) \quad \cdots \quad w_r(t)]^{\mathrm{T}}$ 为 r 维扰动（扰动噪声）矢量，一般情况下是随机的；t_0 为初始时刻；$\boldsymbol{X}_0$ 为状态矢量初始值，一般情况下是随机的。

若扰动矢量 $\boldsymbol{W}(t)$ 或初始值 $\boldsymbol{X}_0$ 是随机的，则状态矢量 $\boldsymbol{X}(t)$ 是一个随机矢量函数，而过程（或系统）状态可进行统计描述。它可用矢量 $\boldsymbol{X}(t)$ 的相应概率密度表示。

在分析（或综合）机载综合电子系统时，一般情况下式（2.1）可简化和换算为下列形式[2,7,8]：

$$\dot{\boldsymbol{X}}(t) = \boldsymbol{R}_x(t,\boldsymbol{X}(t),\boldsymbol{U}(t),\boldsymbol{W}(t)) + \boldsymbol{G}_x(t,\boldsymbol{X}(t))\boldsymbol{W}(t),\boldsymbol{X}(t_0) = \boldsymbol{X}_0 \tag{2.2}$$

式中：$\boldsymbol{R}_x(\cdot)$ 为 n 维自变量的已知非线性（一般情况下）矢量函数；$\boldsymbol{G}_x(\cdot)$ 为 $n \times r$ 的扰动矩阵。

如果式（2.2）中 $\boldsymbol{W}(t)$ 是高斯白噪声（БГШ），则在标准形式下确定状态矢量 $\boldsymbol{X}(t)$ 在状态空间中的运动与以相应维数的多组元马尔可夫形式确定 $\boldsymbol{X}(t)$ 完全相符合[2,3]。

由式（2.1）或式（2.2）确定的状态矢量 $\boldsymbol{X}(t)$ 可完全视为状态空间内的过程，或者相应的动态系统。如果用式（2.1）或式（2.2）描述系统，则在已知的初始条件 $\boldsymbol{X}_0$ 下，用式（2.1）或式（2.2）的解描述过程。

如果状态矢量 $\boldsymbol{X}(t)$ 是离散时间函数，则在标准形式中其在状态空间内的运动可用下列一阶矢量矩阵差分方程确定：

$$\boldsymbol{X}_{k+1} = \boldsymbol{\Phi}_H(t_k,\boldsymbol{X}_k,\boldsymbol{U}_k,\boldsymbol{W}_k),\boldsymbol{X}(t_0) = \boldsymbol{X}_0 \tag{2.3}$$

$$\boldsymbol{X}_{k+1} = \boldsymbol{\Phi}_x(t_k,\boldsymbol{X}_k,\boldsymbol{U}_k) + \boldsymbol{\Gamma}_x(t_k,\boldsymbol{X}_k)\boldsymbol{W}_k,\boldsymbol{X}(t_0) = \boldsymbol{X}_0 \tag{2.4}$$

式中：$\boldsymbol{\Phi}_H(\cdot)$ 和 $\boldsymbol{\Phi}_x(\cdot)$ 为一般情况下已知的非线性矢量函数；$\boldsymbol{\Gamma}_x(\cdot)$ 为 $n \times r$ 的扰动矩阵；$\boldsymbol{X}_k = \boldsymbol{X}(t_k)$、$\boldsymbol{U}_k = \boldsymbol{U}(t_k)$、$\boldsymbol{W}_k = \boldsymbol{W}(t_k)$，$k = 0, 1, 2, \cdots$。

为避免误解，应当指出，此处和下文中如果没有专门说明，符号 $\boldsymbol{X}_k = \boldsymbol{X}(t_k)$、

$U_k = U(t_k)$ 、$W_k = W(t_k)$ 等用于表示离散时间 t_k 的函数，并且不一定是用指定字母 $X(t)$ 、$U(t)$ 、$W(t)$ 等表示的连续时间函数的抽样。

当将机载综合电子系统的数学模型简化为线性连续多维动态系统时，式（2.2）被简化，变为线性方程，并具有下列形式：

$$\dot{X}(t) = F(t)X(t) + C(t)U(t) + G(t)W(t), X(t_0) = X_0 \tag{2.5}$$

式中：$F(t)$ 为 $n \times n$ 的状态矩阵，表示状态变量之间的关系；$C(t)$ 为 $n \times p$ 的控制矩阵，表示控制矢量分量与状态变量之间的关系；$G(t)$ 为 $n \times r$ 的扰动矩阵。

从式（2.2）和式（2.5）可知：

$$R_x(t, X(t), U(t)) = F(t)X(t) + C(t)U(t), G_x(t, X(t)) = G_x(t)$$

如果机载综合电子系统的数学模型是线性离散动态系统并且状态矢量 $X(t_k)$ 是离散时间函数，则在标准形式中其在状态空间内动态可由作为式（2.4）特例的一阶矢量矩阵线性差分方程确定：

$$X_{k+1} = \Phi_{k+1,k}X_k + \Psi_{k+1,k}U_k + \Gamma_{k+1,k}W_k, X(t_0) = X_0 \tag{2.6}$$

式中：$\Phi_{k+1,k} = \Phi(t_{k+1}, t_k)$ ；$\Psi_{k+1,k} = \Psi(t_{k+1}, t_k)$ ；$\Gamma_{k+1,k} = \Gamma(t_{k+1}, t_k)$ 。分别为 $n \times n$、$n \times p$、$n \times$r 的状态、控制和扰动矩阵。

2.1.3 应用实例

下面研究一个使用式（2.5）确定状态矢量的例子。航空器作为所选坐标系（例如，正常的地球坐标系）中的质点，借助状态矢量 $X(t)$ 和表示其动态的相应方程式在状态空间内可指定航空器的位置。航空器的每个飞行阶段和方式可与式（2.5）和状态矢量 $X(t)$ 相对应。例如，对于以未知恒定速度进行直线飞行的飞机，在正常地球坐标系中（与地球表面和坐标轴 O_0Y_g 相连并沿本地垂线向上的笛卡儿坐标系 $O_0X_gY_gZ_g$），状态矢量和式（2.5）具有下列形式[9]：

$$X(t) = [x(t) \quad y(t) \quad z(t) \quad V_{kx}(t) \quad V_{ky}(t) \quad V_{kz}(t)]^{\mathrm{T}}$$

$$\dot{X}(t) = F(t)X(t), X(t_0) = X_0$$

式中：$x(t)$ 、$y(t)$ 和 $z(t)$ 为时刻 t 时飞机坐标，$V_{kx} = \dot{x}$ 、$V_{ky} = \dot{y}$ 和 $V_{kz} = \dot{z}$ ，分别为飞机地面速度矢量 V_K 在相应坐标轴上的投影。

在本例中，状态矩阵 F 不取决于时间并具有不等于零的下列元素：$f_{14} = f_{25} = f_{36} = 1$。初始时刻的状态矢量 $X_0 = [x_0 \quad y_0 \quad z_0 \quad V_{kx0} \quad V_{ky0} \quad V_{kz0}]^{\mathrm{T}}$ 。

如果飞机带加速度飞行，则其状态矢量最少变为九组元。

在分析和综合机载综合电子系统的任务中，还使用其他的过程和动态系统描述方法（除状态空间描述法外），其中包括在使用传递函数、频率特性（曲线）和谱密度基础上的方法。在一定的单值换算基础上所有形式可变换为过程和系统在空间状态内的描述形式，该形式是过程和系统数学描述非常通用的形式之一。此外，在使用多组元马尔可夫和条件马尔可夫过程理论进行分析和综合课题时，在状态空间内过程和系统的描述是其内在的和构建的形式。问题在于，在状态空间内随机过程的标准表示形式与多组元马尔可夫过程的数学描述相符合[1,2]。

2.2 机载综合电子系统及其组成部件的可观测性

2.2.1 引言

在将机载综合电子系统或其某个组成部件作为多维动态系统进行研究时（例如，在完成分析或综合的任务时），在形成状态矢量和其动态描述的数学模型后，应合理研究其完成相应任务的能力；这是由系统的一些性能决定的，如可观测性和可控性[4,5,9]。有时[5]从可观测性和可控性中可相应地分出可识别性和适应性（单独特性）。

2.2.2 机载综合电子系统的可观测性

下面研究作为多维动态系统的机载综合电子系统的可观测性。我们假设动态系统用状态矢量 $\boldsymbol{X}(t)$ 和确定其动态的式（2.2）或式（2.5）描述。此外，认为具有用观测矢量 $\boldsymbol{Y}(t) = [y_1(t), y_2(t), \cdots, y_m(t)]^{\mathrm{T}}$ 表示的相应观测（或测量）。在矢量 $\boldsymbol{Y}(t)$ 中包含状态矢量 $\boldsymbol{X}(t)$ 各分量的信息，从而反映这样一个事实，通常实际上所观测（测量）的不是 $\boldsymbol{X}(t)$ 的分量，而是因失真干扰的分量的某些函数。矢量 $\boldsymbol{Y}(t)$ 的分量经常是动态系统的输出信号。

动态系统的可观测性在于，其过去或现在的状态（即其状态矢量 $\boldsymbol{X}(t)$）可根据系统输出信号的观测结果 $\boldsymbol{Y}(t)$ 确定。换句话说，可观测性表示在动态系统输出信号的基础上可单值地确定其初始状态 $\boldsymbol{X}_0$。

如果根据已知的观测 $\boldsymbol{Y}(t)$ 可确定（计算）全部状态矢量 $\boldsymbol{X}(t)$，即其所有分量，则系统（即机载综合电子系统）具有完全可观测性。在此情况下，相应的动态系统被称为完全可观测系统。

如果在指定条件下（即在已知观测 $\boldsymbol{Y}(t)$ 情况下）仅能确定（计算）状态矢量 $\boldsymbol{X}(t)$ 的一部分分量，而不能确定其他部分分量，则动态系统具有不完全可观测性，而系统被称为不完全可观测系统[5,6,10]。

可观测性的充分必要条件完全是为线性多维动态系统制定。因此，下文中主要针对线性多维动态系统来研究可观测性。

假设线性多维动态系统用状态矢量 $\boldsymbol{X}(t)$ 表示并用式（2.5）描述。可观测到用线性关系式描述的矢量 $\boldsymbol{Y}(t)$，该关系式被称作观测（测量）关系式：

$$\boldsymbol{Y}(t) = \boldsymbol{H}(t)\boldsymbol{X}(t) + \boldsymbol{N}(t) \tag{2.7}$$

式中：$\boldsymbol{Y}(t) = [y_1(t) \quad y_2(t) \quad \cdots \quad y_m(t)]^{\mathrm{T}}$，为 m 维观测（测量）矢量；$\boldsymbol{H}(t)$ 为 $m \times n$ 的观测矩阵；$N(t) = [n_1(t) \quad n_2(t) \quad \cdots \quad n_m(t)]^{\mathrm{T}}$，为 m 维观测噪声（测量误差）矢量。

研究动态系统（例如在综合时）的中心任务之一在于，根据观测结果 $\boldsymbol{Y}(t)$，以误差确定状态矢量 $\boldsymbol{X}(t)$。这类任务通常称为估计（或滤波）任务。

可观测性（以及可控性）是动态系统的内在特性，因此它应在存在观测噪声和扰动噪声的情况下确定。因此，如果在式（2.5）和式（2.7）中不考虑扰动噪声 $\boldsymbol{W}(t)$ 和测量误差 $\boldsymbol{N}(t)$ 则是观测任务，否则是估计任务。

下面说明观测任务。

就观测任务而言，线性动态系统在连续时间上根据式（2.5）和式（2.7）可用下列矢量矩阵关系式描述：

$$\dot{\boldsymbol{X}}(t) = \boldsymbol{F}(t)\boldsymbol{X}(t) + \boldsymbol{C}(t)\boldsymbol{U}(t), \boldsymbol{X}(t_0) = \boldsymbol{X}_0 \tag{2.8}$$

$$\boldsymbol{Y}(t) = \boldsymbol{H}(t)\boldsymbol{X}(t) \tag{2.9}$$

要求在已知 $\boldsymbol{Y}(t)$ 和 $\boldsymbol{U}(t)$ 的基础上得到状态矢量 $\boldsymbol{X}(t)$，其中包括 $\boldsymbol{X}_0$。

如果根据时间段 $t_0 \leqslant t \leqslant t_1$ 上的测量结果能单值地确定（计算）相同时间段上的状态矢量 $\boldsymbol{X}(t)$ 或者至少确定 t_0 时刻的状态矢量，即确定 $\boldsymbol{X}_0$，则动态系统是指根据观测矢量 $\boldsymbol{Y}(t)$ 完全可观测的系统。应当指出，若已知 $\boldsymbol{X}_0$，根据式（2.8）可单值地确定 $\boldsymbol{X}(t)$。

如果根据时间段 $t_0 \leqslant t \leqslant t_1$ 上的观测矢量 $\boldsymbol{Y}(t)$ 不能确定所有分量 $\boldsymbol{X}_0$，则根据矢量 $\boldsymbol{Y}(t)$ 动态系统是不完全可观测的。

如果观测矩阵 $\boldsymbol{H}(t)$ 是方阵和非退化矩阵，则完成观测任务将不会引起任何困难，因为在此情况下由式（2.9）可知，$\boldsymbol{X}(t) = \boldsymbol{H}^{-1}(t)\boldsymbol{Y}(t)$，式中 $\boldsymbol{H}^{-1}(t)$ 为矩阵 $\boldsymbol{H}(t)$ 的逆矩阵。如果在其组成中有足够数量的测量仪器来观测状态矢量 $\boldsymbol{X}(t)$ 的所有分量，即 $m = n$[11]，就机载综合中心系统而言是存在这种情况的。

非常有趣的是在实践中经常遇到一种情况：当观测矢量 $\boldsymbol{Y}(t)$ 的维数小于状态矢量 $\boldsymbol{X}(t)$ 的维数，即 $m < n$ 时，应使用式（2.8）中包含的先验信息来确定矢量 $\boldsymbol{X}(t)$ 的不可测量分量。如果系统完全可观测，则根据矢量 $\boldsymbol{Y}(t)$ 可完全确定矢量 $\boldsymbol{X}(t)$。

如果系统不完全可观测，则无法做到。此时，确定不完全可观测系统的矢量矩阵方程式（式（2.8））可分解为两个矢量矩阵微分方程，其中一个方程对应动态系统的可观测部分，另一个方程对应其不可观测部分。

2.2.3 应用实例1

下面研究不完全可观测动态系统的实例。

假设给出一个用状态矢量 $\boldsymbol{X}(t)$ 表示和用式（2.8）描述的动态系统。已知，状态矢量 $\boldsymbol{X}(t)$ 是合成矢量并可分解为两个 n_1 维的分矢量 $\boldsymbol{X}_1(t)$ 和 n_2 维的分矢量 $\boldsymbol{X}_2(t)$，其中 $n_1+n_2=n$，即 $X(t)=[X_1^{\mathrm{T}}(t)\quad X_2^{\mathrm{T}}(t)]^{\mathrm{T}}$。此外，已知式（2.8）可用下列两个方程表示[10]：

$$\begin{cases}\dot{\boldsymbol{X}}_1(t)=\boldsymbol{F}_1(t)\boldsymbol{X}_1(t)+\boldsymbol{C}_1(t)\boldsymbol{U}(t),\boldsymbol{X}_1(t_0)=\boldsymbol{X}_{10}\\ \dot{\boldsymbol{X}}_2(t)=\boldsymbol{F}_2(t)\boldsymbol{X}(t)+\boldsymbol{C}_2(t)\boldsymbol{U}(t),\boldsymbol{X}_{21}(t_0)=\boldsymbol{X}_{20}\end{cases}\tag{2.10}$$

同时给出观测矢量 $\boldsymbol{Y}(t)$，它具有形式 $\boldsymbol{Y}(t)=\boldsymbol{H}(t)\boldsymbol{X}_1(t)$。

确定式（2.8）和式（2.10）之间的关系。如果在式（2.8）中矩阵 $\boldsymbol{F}(t)$ 和 $\boldsymbol{C}(t)$ 可视为分块矩阵，则由式（2.8）和式（2.10）可知：

$\boldsymbol{C}(t)=[\boldsymbol{C}_1^{\mathrm{T}}(t)\quad \boldsymbol{C}_2^{\mathrm{T}}(t)]^{\mathrm{T}}$，$\boldsymbol{F}(t)=\begin{bmatrix}\boldsymbol{F}_{11}(t) & \boldsymbol{0}\\ \boldsymbol{F}_{21}(t) & \boldsymbol{F}_{22}(t)\end{bmatrix}$，此处 $\boldsymbol{F}_{11}(t)=\boldsymbol{F}_1(t)$，$[\boldsymbol{F}_{21}(t)\quad \boldsymbol{F}_{22}(t)]=\boldsymbol{F}_2(t)$。

式中：矩阵 $\boldsymbol{F}_{11}(t)$、$\boldsymbol{F}_{21}(t)$ 和 $\boldsymbol{F}_{22}(t)$ 是矩阵 $\boldsymbol{F}(t)$ 的分块矩阵；$\boldsymbol{C}_1(t)$、$\boldsymbol{C}_2(t)$ 是矩阵 $\boldsymbol{C}(t)$ 的分块矩阵。

符合式（2.10）的动态系统结构图如图2.1所示。

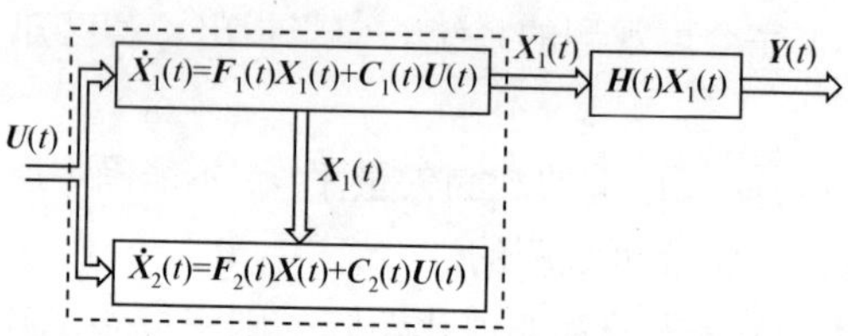

图2.1 符合式（2.10）的动态系统结构图

由图2.1可知，存在与系统的可观测部分没有任何联系的系统内部部分。可观测到仅包含矢量 $\boldsymbol{X}_1(t)$ 信息的矢量函数 $\boldsymbol{Y}(t)$。在此情况下，无法观测到矢量 $\boldsymbol{X}_2(t)$，因此动态系统不是完全可观测的系统。

现在研究动态系统的完全可观测性准则。针对线性动态系统论证完全可观测性准则。对于线性连续（离散）稳定系统，即带时间上不变参数的系统，最容易表述完全可观测性标准。在此情况下，动态系统的可观测性可通过可观测性矩阵的秩确定。

给出一个用式（2.8）和式（2.9）描述的连续动态系统，并且矩阵 $\boldsymbol{F}$ 和 $\boldsymbol{H}$ 不取决于时间。

该系统的可观测性矩阵 $\boldsymbol{M}$ 可视为由矩阵 $\boldsymbol{F}$ 和 $\boldsymbol{H}$ 通过下列方式构建的矩阵：

$$\boldsymbol{M} = \begin{bmatrix} \boldsymbol{H} \\ \boldsymbol{HF} \\ \boldsymbol{HF}^2 \\ \vdots \\ \boldsymbol{HF}^{n-1} \end{bmatrix} \tag{2.11}$$

可见，矩阵 $\boldsymbol{M}$ 是长方矩阵并为 $nm \times n$。

下面简要表述线性稳定连续动态系统的可观测性定理。

对于由式（2.8）和式（2.9）描述的并带不取决于时间的矩阵 $\boldsymbol{F}$ 和 $\boldsymbol{H}$ 的线性动态系统，其完全可观测性的充分必要条件是：由式（2.11）确定的可观测性矩阵 $\boldsymbol{M}$ 的秩为 n，其中 n 为状态矢量 $\boldsymbol{X}(t)$ 的大小，即 rank $\boldsymbol{M} = n$。

在参考文献［5］中包含该定理的论证。

根据矩阵秩的定义表明，如果 rank $\boldsymbol{M} = n$，则由矩阵 $\boldsymbol{M}$ 的行可组成至少一个不等于零的 n 阶行列式[15]。如果由矩阵 $\boldsymbol{M}$ 的行组成的所有 n 阶行列式都等于零，即 rank $\boldsymbol{M} < n$，则根据观测矢量 $\boldsymbol{Y}(t)$ 不能完全观测状态矢量 $\boldsymbol{X}(t)$。

下面研究一个实例。

2.2.4 应用实例 2

假设给出一个动态系统，它是如图 2.2 所示的两个串联积分仪，图中：k_1 和 k_2 为积分仪传递系数；$u(t)$ 为输入信号；$x_{10} = x_1(t_0)$，$x_{20} = x_2(t_0)$，为未知的初始条件；$\boldsymbol{X}(t) = [X_1(t) \quad X_2(t)]^{\mathrm{T}}$，为系统状态矢量；$y(t) = x_1(t)$，为观测参数；$p$ 为拉普拉斯变换符号[15]。

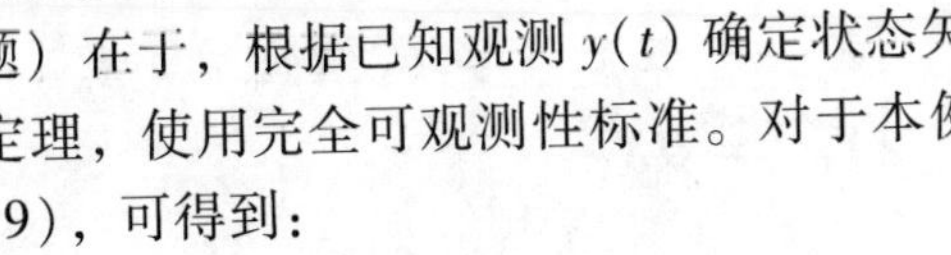

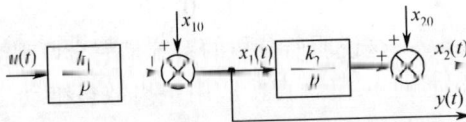

图 2.2　两个串联积分仪的动态系统

要求研究该动态系统的可观测性性能。

观测任务（课题）在于，根据已知观测 $y(t)$ 确定状态矢量 $\boldsymbol{X}(t)$。

根据可观测性定理，使用完全可观测性标准。对于本例情况，通过具体化式（2.8）和式（2.9），可得到：

$$\boldsymbol{F} = \begin{bmatrix} 0 & 0 \\ k_2 & 0 \end{bmatrix}, \boldsymbol{C} = \begin{bmatrix} k_1 \\ 0 \end{bmatrix}, \boldsymbol{U}(t) = u(t), \boldsymbol{H} = [1 \quad 0]$$

此时可观测性矩阵 $\boldsymbol{M}$ 等于：

$$M = \begin{bmatrix} H \\ HF \end{bmatrix} = \begin{bmatrix} 1 & 0 \\ 0 & 0 \end{bmatrix}$$

可见，$\det M = 0$，即 $\text{rank}\, M = 1 < n = 2$。

因此，系统是不完全可观测的。这一事实还具有物理释义。第二个积分仪的初始值 x_{20} 是未知的，而输出信号 $x_2(t_0)$ 自身无法测量。因此，不能根据观测 $y(t)$ 完全确定状态矢量 $X(t)$。

为让系统成为完全可观测系统，应改变任务提法。假设在第一和第二积分仪的输出端上观测到信号，则就动态系统而言，观测矢量具有形式 $Y(t) = [y_1(t)\ y_2(t)]^{\mathrm{T}}$，如图 2.3 所示。

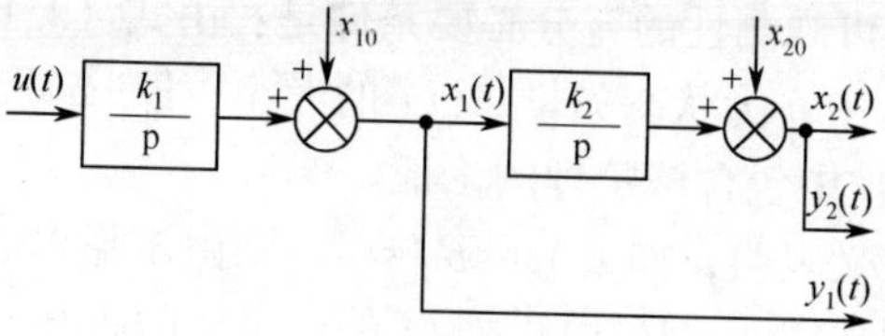

图 2.3　动态系统完全可观测示意图

确定该系统的可观测性。在此情况下，状态矢量和观测矢量的大小相同：$n = m = 2$。此外，存在 $H = \begin{bmatrix} 1 & 0 \\ 0 & 1 \end{bmatrix}$ 和相应的 H^{-1}。此时，根据观测可完全确定状态矢量 $X(t)$：$X(t) = H^{-1}Y(t)$，即动态系统完全可观测，如图 2.3 所示。

使用可观测性准则也可确定这一点。实际上，对于图 2.3 中的系统，可观测性矩阵具有下列形式：

$$M = \begin{bmatrix} 1 & 0 & 0 & k_2 \\ 0 & 1 & 0 & 0 \end{bmatrix}$$

可见，$\text{rank}\, M = n = 2$。这说明所分析的系统是完全可观测的。

可观测性（以及可控性）概念直接适用于离散多维动态系统。下面仅限于研究离散线性稳定系统的观测任务。

在此情况下，为完成观测任务，确定系统的方程式和观测关系式根据式（2.6）应具有下列形式：

$$\begin{cases} X_{k+1} = \Phi_T X_k + \Psi_T U_k, X(t_0) = X_0 \\ Y_{k+1} = H X_{k+1} \end{cases} \tag{2.12}$$

式中，

$$T = t_{k+1} - t_k, k = 0,1,2,\cdots; Y_{k+1} = Y(y_{k+1});$$
$$\Phi_{k+1,k} = \Phi(T) = \Phi_{\mathrm{T}}; \Psi_{k+1,k} = \Psi(T) = \Psi_T$$

众所周知[4-6]，当且仅当线性稳定系统在 t_0 时刻可观测时，该系统是完全可观测的。根据定义，如果借助离散观测序列 $\boldsymbol{Y}_1$，$\boldsymbol{Y}_2$，…，$\boldsymbol{Y}_m$ 可确定初始状态 $\boldsymbol{X}_0$，则它是完全可观测的。

对于用式（2.12）表示的离散线性稳定系统，可观测性矩阵 $\boldsymbol{M}$ 用下列方式确定[4-6]：

$$\boldsymbol{M} = \begin{bmatrix} \boldsymbol{H} \\ \boldsymbol{H\Phi}_T \\ \boldsymbol{H\Phi}_T^2 \\ \boldsymbol{M} \\ \boldsymbol{H\Phi}_T^{n-1} \end{bmatrix}$$

按以下方式表述离散线性稳定动态系统的可观测性定理。

由式（2.12）确定的离散线性稳定动态系统根据 $\boldsymbol{Y}_{k+1}$ 是完全可观测系统的充分必要条件是，rank $\mathrm{M} = n$，其中 n 为状态矢量的维数。如果 rank $\mathrm{M} < n$，则系统是不完全可观测的。

2.3 机载综合电子系统及其组成部件的可控性

2.3.1 基本概念

作为动态系统的机载综合电子系统的可控性性能与借助一定控制动作（即控制矢量 $\boldsymbol{U}(t)$）将相应的动态系统在一定时间内从一种状态转换为另一种规定状态的能力相关。

可控性（以及可观测性）是系统的内在特性。

如果在任意初始状态 $\boldsymbol{X}_0 = \boldsymbol{X}(t_0)$ 和任意最终状态 $\boldsymbol{X}_k = \boldsymbol{X}(t)$ 下能找到在有限时间 $T = t - t_0$ 内可将系统从初始状态 $\boldsymbol{X}_0$ 转换至最终状态 $\boldsymbol{X}_k$ 的控制函数（即控制矢量 $\boldsymbol{U}(t)$），则由式（2.8）所描述的线性动态系统在时间段 $[t_0, t]$ 上被称作完全可控的系统。

在此情况下动态系统具有完全可控性，而系统本身被称作完全可控系统。反之动态系统被称作不完全可控系统。

显而易见，系统的可控性取决于系统的性能，即取决于式（2.8）和控制矢量 $\boldsymbol{U}(t)$。下面举例说明。

2.3.2 应用实例 1

下面研究一个实例，例中连续线性动态系统是不完全可控的。

给出一个用状态矢量 $\boldsymbol{X}(t)$ 表示式（2.8）描述的系统。

此外，已知状态矢量 $\boldsymbol{X}(t)$ 是合成矢量，并且分别为 n_1 维和 n_2 维的两个分

矢量 $X_1(t)$ 和 $X_2(t)$ 的总和，其中 $n_1+n_2=n$，即 $X(t)=[X_1^T(t) \quad X_2^T(t)]^T$，而式（2.8）可分解为下列两个方程[9,10]：

$$
\begin{cases}\dot{X}_1(t)=F_1(t)X(t)+C_1(t)U(t),X_1(t_0)=X_{10}\\ \dot{X}_2(t)=F_2(t)X_2(t),X_2(t_0)=X_{20}\end{cases} \tag{2.13}
$$

确定式（2.8）和式（2.13）之间的关系。

如果在式（2.8）中矩阵 $F(t)$ 和 $C(t)$ 可视为分块矩阵，则对于 $X_1(t)$ 和 $X_2(t)$，从式（2.8）和式（2.13）可得出：

$$
C(t)=[C_1^T(t) \quad 0]^T,F(t)=\begin{bmatrix}F_{11}(t) & F_{12}(t)\\ 0 & F_{22}(t)\end{bmatrix}
$$

式中：$F_{22}(t)=F_2(t)$；$[F_{11}(t) \quad F_{12}(t)]=F_1(t)$；$0$ 为相应大小的零矩阵。

可见，矩阵 $F_{11}(t)$、$F_{12}(t)$ 和 $F_{22}(t)$ 是矩阵 $F(t)$ 的分块矩阵，而 $C_1(t)$ 是矩阵 $C(t)$ 的分块矩阵。

符合式（2.13）的动态系统的结构图如图 2.4 所示。

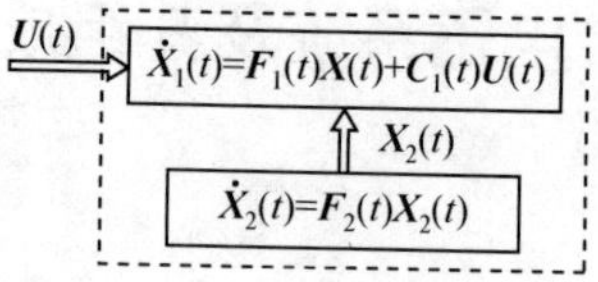

图 2.4 符合式（2.13）的动态系统结构图

图 2.4 中所示的动态系统具有与外来作用隔离的内部部分。系统的这部分可用式（2.13）的第二个方程描述，控制 $U(t)$ 没有作用在这部分上。所以矢量 $X_2(t)$ 没有因 $U(t)$ 的作用而发生变化，因此系统不是完全可控的。

对任何线性动态系统，通过将坐标 X 替换为坐标 $X-X_k$ 的方式将系统从初始状态 X 转换为最终状态 X_k 时经常会导致坐标原点是最终状态的情况。因此对于线性系统，可控性的定义可在 $X_k=0$ 的情况下做出。

如果对于任意的初始状态 $X_0=X(t_0)$ 和 t_0，存在可在有限时间 $t-t_0>0$ 内将系统转换至 $X(t)=0$ 状态的控制函数（控制矢量）$U(t)$，则由式（2.8）描述的线性动态系统在时间段 $[t_0,t]$ 被称作完全可控的系统。

线性稳定连续系统的可控性，即在 F 和 C 不取决于时间的情况下，用可控性矩阵来表示。此时，可控性矩阵 D 以下列方式组成[4,5,9]：

$$
D=[C \quad FC \quad F^2C \quad \cdots \quad L \quad F^{n-1}C] \tag{2.14}
$$

可见，矩阵 D 是长方矩阵并为 $n\times np$。

下面简要表述线性稳定连续动态系统的可观测性定理。

对于可用式（2.8）表示的线性稳定连续动态系统，其中 F 和 C 不取决于时间，其完全可观测性的充分必要条件是：式（2.14）确定的可控性矩阵 $\boldsymbol{D}$ 具有秩 n，其中 n 为状态矢量 $\boldsymbol{X}(t)$ 的大小，即 rank $\boldsymbol{D}=n$。

如果 rank D $<n$，则该动态系统是不完全可控的。根据矩阵秩的定义，这表明，至少有一个由矩阵 $\boldsymbol{D}$ 的列组成的 n 阶行列式不等于零[15]。定理的论证参见参考文献［5］。

下面研究一个实例。

2.3.3 应用实例 2

假设已知带恒定系数的线性动态系统及其观测条件：

$$\dot{\boldsymbol{X}}(t)=\boldsymbol{F}\boldsymbol{X}(t)+\boldsymbol{C}\boldsymbol{U}(t),\boldsymbol{X}(t_0)=\boldsymbol{X}_0$$
$$\boldsymbol{Y}(t)=\boldsymbol{H}\boldsymbol{X}(t)$$

式中：$\boldsymbol{X}=[x_1\quad x_2]^{\mathrm{T}}$；$\boldsymbol{F}=\begin{bmatrix}0 & 1\\ -1 & -2\end{bmatrix}$；$\boldsymbol{C}=\begin{bmatrix}1\\ -1\end{bmatrix}$；$\boldsymbol{H}=\begin{bmatrix}1 & 0\\ 1 & 1\end{bmatrix}$；$\boldsymbol{Y}=[y_1\quad y_2]^{\mathrm{T}}$；$\boldsymbol{U}(t)=u(t)$。

要求确定，该系统是否是完全可观测和可控的。

可观测性矩阵 $\boldsymbol{M}$ 和可控性矩阵 $\boldsymbol{D}$ 对本系统而言具有下列形式：

$$\boldsymbol{M}=[\boldsymbol{H}^{\mathrm{T}}\quad \boldsymbol{F}^{\mathrm{T}}\boldsymbol{H}^{\mathrm{T}}]=\begin{bmatrix}1 & 1 & 0 & -1\\ 0 & 1 & 1 & -1\end{bmatrix};$$
$$\boldsymbol{D}=[\boldsymbol{C}\quad \boldsymbol{F}\boldsymbol{C}]=\begin{bmatrix}1 & -1\\ -1 & 1\end{bmatrix} \tag{2.15}$$

状态矢量的大小 $n=2$。从式（2.15）可知，矩阵 $\boldsymbol{M}$ 的秩等于 2（rank $\boldsymbol{M}=2$），因此该系统是完全可观测的。矩阵 $\boldsymbol{D}$ 的秩等于 $1<2$（rank $\boldsymbol{D}=1$），因此该系统是不完全可控的。

应当指出，在本示例中没有必要计算 rank $\boldsymbol{M}$ 来分析可观测性。实际上，在上述情况下我们知道，$n=m=2$ 和 det $\boldsymbol{H}=1\neq 0$，因此 $\boldsymbol{X}(t)=\boldsymbol{H}^{-1}\boldsymbol{Y}(t)$，即系统是完全可观测的。

与可观测性概念类似，可控性概念也直接适用于离散动态系统。对于离散线性稳定系统，仅仅研究下述情况，可控性矩阵 $\boldsymbol{D}$ 以下列形式组成[4,5,9]：

$$\boldsymbol{D}=[\boldsymbol{\Psi}_T\quad \boldsymbol{\Phi}_T\boldsymbol{\Psi}_T\quad \cdots\quad \boldsymbol{\Phi}_T^{n-1}\boldsymbol{\Psi}_T]$$

离散线性稳定动态系统的完全可控性标准在于，rank $\boldsymbol{D}=n$，其中 n 为状态矢量的维数。

应当指出，线性非稳定动态系统的可观测性和可控性性能在参考文献［6］中有所研究。

最优估计和最优控制问题是机载综合电子系统及其组成部件中非常重要的理

论问题，仅能对可观测和可控制系统具体提出和解决这些问题。因此，借助卡尔曼—布西滤波器进行最优估计仅适用于那些属于可观测分矢量 $\boldsymbol{X}_1(t)$ 的状态矢量 $\boldsymbol{X}(t)$ 的变量（参见 2.2.3 节）。

2.4 机载综合电子系统及其组成部件的马尔可夫分析法

2.4.1 引言

在设计、研制、运行和战斗使用时分析机载综合电子系统及其组成部件（雷达瞄准综合系统、导航驾驶综合系统）是为了在给定的综合系统结构和输入作用下估计其性能（包括综合性能）。导航、瞄准和武器控制机载综合电子系统通常是带可变结构和参数的复杂多维非线性动态系统。在随机和确定时刻发生的综合电子系统的配置改变首先应在研究这些综合性能时加以考虑，如效率和生命力等。作为动态系统，机载综合电子系统的非线性在很多方面是由属于综合系统组成的无线电测量仪（PTИ）的特性，特别是各型识别器的特性决定的。在一些情况下，对于特定的功能模式，机载综合电子系统或其组成部件（例如，综合系统实现信息二次处理算法的信息部件）可视为线性动态系统。

输入作用的性质（非随机或随机的）和动态系统的类别：非线性或线性，稳定的或非稳定的，模拟的或离散的等决定了选择相应的分析方法。其中非常通用的方法是马尔可夫分析方法，即以马尔可夫过程理论为基础的在状态空间内描述综合电子系统的统计方法，而由马尔可夫过程得出的许多其他方法实际上被视为特例[2,11,12]。

这是因为，依靠相应地增大维度和复杂化数学描述，在完成实际任务时遇到的任何随机过程能够以要求的精度与多维马尔可夫过程组元近似[1,2,9]。

2.4.2 马尔可夫分析方法

众所周知，例如[2,3]，多维马尔可夫过程 $\boldsymbol{X}(t)$ 是指在确定 $\boldsymbol{X}(t_j)$ 时随机变量 $\boldsymbol{X}(t_i), t_i > t_j$ 不取决于 $\boldsymbol{X}(t_k), t_k < t_j$，即满足下列关系式：

$$\begin{aligned} &P\{\boldsymbol{X}(t_i) \leqslant \boldsymbol{X}_i; \boldsymbol{X}(t_k) \leqslant \boldsymbol{X}_k \mid \boldsymbol{X}(t_j) = \boldsymbol{X}_j\} = \\ &P\{\boldsymbol{X}(t_i) \leqslant \boldsymbol{X}_i \mid \boldsymbol{X}(t_j) = \boldsymbol{X}_j\} P\{\boldsymbol{X}(t_k) \leqslant \boldsymbol{X}_k \mid \boldsymbol{X}(t_j) = \boldsymbol{X}_j\} \end{aligned} \tag{2.16}$$

式中：$P\{\cdot\}$ 为相应的转移（转换）概率；$\boldsymbol{X}(t) = [x_1(t)x_2(t)\cdots x_n(t)]^{\mathrm{T}}$。

对于马尔可夫过程，m 个时刻的联合概率密度可对任何随机过程进行最完全的统计描述，它可在已知的条件转移概率密度和一维初始分布的基础上根据下列公式得到[3]：

$$p(t_0,\boldsymbol{X}_0;t_1,\boldsymbol{X}_1;\cdots;t_{m-1},\boldsymbol{X}_{m-1}) = p(t_0,\boldsymbol{X}_0)\prod_{i-1}^{m-1}p(t_{i+1},\boldsymbol{X}_{i+1}|t_i,\boldsymbol{X}_i)$$

借助式（2.2）可概述扩散马尔可夫过程的统计动态，该随机微分方程在使用标准高斯白噪声 $\boldsymbol{N}(t)$ 形式的扰动噪声矢量 $\boldsymbol{W}(t)$ 时具有下列形式：

$$\dot{\boldsymbol{X}}(t) = \boldsymbol{F}(t,\boldsymbol{X}) + \boldsymbol{G}(t,\boldsymbol{X})\boldsymbol{N}(t),\boldsymbol{X}(t_0) = \boldsymbol{X}_0 \tag{2.17}$$

式中：$\boldsymbol{F}(t,X)$ n 维列向量；$\boldsymbol{G}(t,X)$ $n\times k$ 的矩阵，它们是其自变量的非线性函数；$\boldsymbol{N}(t)$ 为标准高斯白噪声，它具有零数学期望值和相关矩阵：

$$\boldsymbol{M}\{\boldsymbol{N}(t)\boldsymbol{N}^{\mathrm{T}}(t+\tau)\} = \boldsymbol{I}\delta(\tau)$$

式中：$\boldsymbol{I}$ 为单位矩阵。

在式（2.17）类型的方程中，随机积分是指对称记录形式或伊藤形式的积分[1,3,7]，这点必须在提出问题时指明。

已知，转移概率密度 $p(t,\boldsymbol{X}|t_0,\boldsymbol{X}_0)$ 作为 t 和 $\boldsymbol{X}$ 的函数应满足福克尔—普朗克—柯尔莫哥洛夫前向方程[3,13]：

$$\frac{\partial}{\partial t}p(t,\boldsymbol{X}|t_0,\boldsymbol{X}_0) = \pounds_{t,x}\{p(t,\boldsymbol{X}|t_0,\boldsymbol{X}_0)\} \tag{2.18}$$

初始条件为：

$$p(t,\boldsymbol{X}|t_0,\boldsymbol{X}_0) = \delta(\boldsymbol{X}-\boldsymbol{X}_0) \tag{2.19}$$

式中：$\delta(\cdot)$ 为 δ 函数符号。

算子 $\pounds_{t,x}\{\cdot\}$ 是前向生成算子，可由下列表达式确定：

$$\pounds_{t,x}\{p\} = -\sum_{i=1}^{n}\frac{\partial}{\partial x_i}[a_i(t,\boldsymbol{X})p] + \frac{1}{2}\sum_{i,j-1}^{n}\frac{\partial^2}{\partial x_i\partial x_j}[b_{ij}(t,\boldsymbol{X})\boldsymbol{P}] \tag{2.20}$$

式中：$a_i(t,\boldsymbol{X})(i=\overline{1,n})$ 为偏移矢量 $\boldsymbol{A}(t,X)$ 的分量；$b_{ij}(t,\boldsymbol{X})$ 为正定型对称扩散矩阵 $\boldsymbol{B}(t,X)$ 的元素[3,7,12]。

在式（2.19）的初始条件下，对于无限空间的福克尔—普朗克—柯尔莫哥洛夫方程的解被称为柯西问题的基本解。通常为找到式（2.18）的解，除初始条件外，还需指明边界条件，边界条件可能是各种各样的，并且由所研究实际问题的性质确定。

无条件概率密度 $p(t,\boldsymbol{X})$ 与转移概率密度有关：

$$p(t,\boldsymbol{X}) = \int p(t,\boldsymbol{X}|t_0,\boldsymbol{X}_0)p(t_0,\boldsymbol{X}_0)\mathrm{d}\boldsymbol{X}_0 \tag{2.21}$$

作为 t 和 $\boldsymbol{X}$ 的函数，它也应满足式（2.18）：

$$p(t_0,\boldsymbol{X}) = p_0(\boldsymbol{X}) \tag{2.22}$$

在矢量扩散过程情况下，福克尔—普朗克—柯尔莫哥洛夫前向方程（式（2.18））属于抛物线式偏导数中的多维线性微分方程[1,3]。

使用马尔可夫过程理论分析综合电子系统模拟组成部件的统计动态，即在连续时间上，在一般情况下可简化为下列形式。在所分析动态系统的输入端（图2.5）上作用统计特性已知的矢量随机过程 $\boldsymbol{Y}_1(t)$ ；$\boldsymbol{Z}_1(t)$ 为动态系统的输出过程[2,3,12]。为能使用马尔可夫过程理论方法，$\boldsymbol{Y}_1(t)$ 可视为多组元马尔可夫过程 $\boldsymbol{Y}(t)$ 的组成部分，即 $Y_1(t) \subset Y(t)$ 。

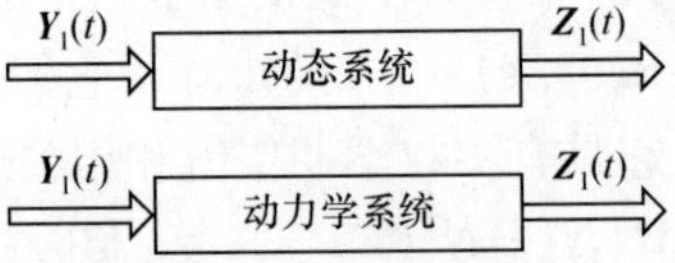

图2.5　使用马尔可夫过程理论分析综合电子系统示意图

扩散马尔可夫过程 $\boldsymbol{Y}(t)$ 的统计动态由下列随机微分方程确定：

$$\dot{\boldsymbol{Y}}(t) = \boldsymbol{F}_y(t,\boldsymbol{Y}) + \boldsymbol{G}_y(t,\boldsymbol{Y})\boldsymbol{N}_y(t), \boldsymbol{Y}(t_0) = \boldsymbol{Y}_0 \tag{2.23}$$

式中：$\boldsymbol{F}_y(t,\boldsymbol{Y})$ 为 n 维列向量；$\boldsymbol{G}_y(t,\boldsymbol{Y})$ 为 $n \times k$ 的矩阵，它们是其自变量的非随机函数；$\boldsymbol{N}_y(t)$ 为标准高斯白噪声。

假设将输入信号 $\boldsymbol{Y}_1(t)$ 转换为输出信号 $\boldsymbol{Z}_1(t)$ 的定律是已知的。当研究多组元马尔可夫过程 $\boldsymbol{Z}(t)$ 时，这里 $\boldsymbol{Z}_1(t) \subset \boldsymbol{Z}(t)$ ，该转换定律可记录为下列形式：

$$\dot{\boldsymbol{Z}}(t) = \boldsymbol{F}_z(t,\boldsymbol{Z},\boldsymbol{Y}_1), \boldsymbol{Z}(t_0) = \boldsymbol{Z}_0 \tag{2.24}$$

为使用马尔可夫过程理论方法确定输出过程 $\boldsymbol{Z}_1(t)$ 的统计特性，应研究联合矢量过程 $\boldsymbol{X}(t) = [\boldsymbol{Z}^{\mathrm{T}}(t) \quad \boldsymbol{Y}^{\mathrm{T}}(t)]^{\mathrm{T}}$。根据式（2.23）和式（2.24）可得出结论，这一过程是马尔可夫过程并可用式（2.17）描述，在该方程中需加入：

$$\boldsymbol{F}(t,\boldsymbol{X}) = \begin{bmatrix} \boldsymbol{F}_z(t,\boldsymbol{X}) \\ \boldsymbol{F}_y(t,\boldsymbol{X}) \end{bmatrix}, \boldsymbol{N}(t) = \begin{bmatrix} \boldsymbol{0} \\ \boldsymbol{N}_y(t) \end{bmatrix}, \boldsymbol{G}(t,\boldsymbol{X}) = \begin{bmatrix} \boldsymbol{0} & \boldsymbol{0} \\ \boldsymbol{0} & \boldsymbol{G}_y(t,\boldsymbol{X}) \end{bmatrix} \tag{2.25}$$

根据式（2.25）可得出过程 $\boldsymbol{X}(t)$ 的局部特性，并且针对式（2.21）的概率密度可记录下福克尔—普朗克—柯尔莫哥洛夫前向方程(式（2.18）)。在解初始条件为式（2.22）的基础上，通过对概率密度 $p(t,\boldsymbol{X})$ 求积分，根据除矢量 $\boldsymbol{Z}_1(t)$ 外的所有组元可得到概率密度 $p(t,\boldsymbol{Z}_1)$ ，从而可确定输出过程 $\boldsymbol{Z}_1(t)$ 的任何统计特性，这也正是分析的目的。

实际上除导航、瞄准和武器控制综合电子系统的模拟组成部件外，还经常使用其数字组成部件。

当使用足够大的位数（≥8）表示数字时，马尔可夫链的理论方法非常适合分析数字综合电子系统，马尔可夫链是指在一些离散时刻上可视作可能值连续集合并且满足式（2.16）条件的随机变量 $\boldsymbol{X}_k = \boldsymbol{X}(t_k)$ 的序列[1-3]。

与式（2.17）类似，借助下列差分方程可概述扩散马尔可夫过程的统计动态：

$$X_{k+1} = \boldsymbol{\Phi}_k(X_k, W_k), X(t_0) = X_0 \tag{2.26}$$

式中：$\boldsymbol{\Phi}_k(X_k, W_k) = \boldsymbol{\Phi}(t_k, X_k, W_k)$，为其自变量的非随机矢量（一般情况下）非线性函数；$W_k = W(t_k)$，为 m 维带已知概率密度的矢量随机过程的独立抽样。

由此得出结论，在数值 X_k 固定时，差分方程（式（2.26））可描述随机变量 X_{k+1} 和 W_k 的关系。因此，在每一步上马尔可夫链的转移概率密度 $p_{k+1}(X_{k+1} | X_k) = p(t_{k+1}, X_{k+1} | t_{k+1}, X_k)$ 可在式（2.26）基础上借助已知的随机变量概率密度的转移规则得到[3,13]。根据得到的转移概率密度，与式（2.21）类似，借助下列递推关系式可确定无条件概率密度 $p_k(X) = p(t_k, X)$ 在时间上的变化：

$$p_{k+1}(X) = \int p_{k+1}(X|Z) p_k(Z) \mathrm{d}Z \tag{2.27}$$

式中：$k=0, 1, 2, 3, \cdots$。

如果转移概率密度 $p_{k+1}(X|Z)$ 不取决于 k，称马尔可夫链为齐次马尔可夫链。如果马尔可夫链是齐次的并且所有状态 X_k 具有相同的概率密度 $p(X) = \lim\limits_{k\to\infty} p_{k+1}(X)$，则马尔可夫链为稳态（平稳）马尔可夫链。如果存在稳态概率密度，则它应满足下列积分方程[3,13]：

$$p(X) = \int p(X|Z) p(Z) \mathrm{d}Z \tag{2.28}$$

式中：$p(X|Z) = \lim\limits_{k\to\infty} p_{k+1}(X|Z)$。

将分析数字式综合电子系统的问题归结为获取马尔可夫链给定统计特性的方法总体上与上述模拟系统的研究方法没有区别。主要区别在于，在此情况下必须具体化差分方程（式（2.26））的形式，以代替随机微分方程（式（2.17））。

如果使用混合马尔可夫过程的概念[3]，一部分组元在时间和状态上是连续的，而另一部分组元是连续随机变量的序列，则通过联合式（2.17）和式（2.26）可分析模拟数字综合电子系统的统计动态。

2.5 连续线性多维动态系统分析方法

2.5.1 引言

在分析时，大部分现代机载综合电子系统可分为两个组成部分：①非线性部分，该部分主要进行无线电信号的一次处理（非线性部分首先包括各种类型的识别器）；②线性部分，该部分对一次处理后所获的信号进行二次处理。考虑到综合电子系统的非线性部件与干扰输入作用相比通常是窄频带的，并在通过窄频带非线性滤波器时使用随机过程的归一化（规格化）特性[13]，因此在一般情况下分析综合电子系统的线性部分时，可仅限于研究在高斯输入作用下在线性系统的输出端上输出统计特性的问题。

2.5.2 基于连续线性多维动态系统分析方法

线性系统可划分为下列主要类型：

(1) 线性不稳定系统（带时变参数的模拟和数字系统）；

(2) 线性稳定系统（带不变参数的模拟和数字系统）；

(3) 线性随机系统，即带随机参数的系统。

如果对于某个系统（图2.5），已知将输入信号转换为输出信号的转换算子 $\boldsymbol{Z}(t)=\pounds\{\boldsymbol{Y}(t)\}$，则根据定义，线性系统是指满足下列叠加原则的系统[4,11,12]：

$$\begin{aligned}\pounds\{\alpha_1\boldsymbol{Y}_1(t)+\alpha_2\boldsymbol{Y}_2(t)\} &= \alpha_1\pounds\{\boldsymbol{Y}_1(t)\}+\alpha_2\pounds\{\boldsymbol{Y}_2(t)\}\\ &= \alpha_1\boldsymbol{Z}_1(t)+\alpha_2\boldsymbol{Z}_2(t)\end{aligned}\tag{2.29}$$

式中：α_1、α_2 为任意常数。

用马尔可夫过程理论方法来解算分析模拟线性不稳定系统的问题通常会得到用下列随机微分方程描述的状态矢量 $\boldsymbol{X}(t)$ 的统计特性：

$$\dot{\boldsymbol{X}}(t)=\boldsymbol{F}(t)\boldsymbol{X}(t)+\boldsymbol{G}(t)\boldsymbol{N}(t),\boldsymbol{X}(t_0)=\boldsymbol{X}_0\tag{2.30}$$

即与带线性函数 $\boldsymbol{F}(t,\boldsymbol{X})=\boldsymbol{F}(t)\boldsymbol{X}(t)$ 和不取决于 $\boldsymbol{X}(t)$ 的函数 $\boldsymbol{G}(t)$ 的式（2.17）相吻合。

在此情况下，借助下列关系式确定马尔可夫过程的局部特性：

$$\boldsymbol{F}(t,\boldsymbol{X})=\boldsymbol{F}(t)\boldsymbol{X}(t),\boldsymbol{B}(t,\boldsymbol{X})=\boldsymbol{G}(t)\boldsymbol{G}^{\mathrm{T}}(t)\tag{2.31}$$

并且伊藤和斯特拉托诺维奇随机积分在此情况下是相同的。

可以证明，在前向生成算子系数（式（2.20））具有式（2.31）的形式时，对于福克尔—普朗克—柯尔莫哥洛夫方程（式（2.18）），柯西问题基本解可由下列表达式确定[2,3,7]：

$$p(t,\boldsymbol{X}|t_0,\boldsymbol{X}_0)=[(2\pi)^n\det\boldsymbol{D}_n]^{-0.5}\mathrm{e}^{-0.5[\boldsymbol{X}-\boldsymbol{\Phi}(t,t_0)\boldsymbol{X}_0]^{\mathrm{T}}\boldsymbol{D}_n^{-1}(t)[\boldsymbol{X}-\boldsymbol{\Phi}(t,t_0)\boldsymbol{X}_0]}\tag{2.32}$$

式中：$\boldsymbol{\Phi}(t,t_0)$ 为齐次方程组解的基本矩阵。

$$\dot{\boldsymbol{X}}(t)=\boldsymbol{F}(t)\boldsymbol{X}(t),\boldsymbol{X}(t_0)=\boldsymbol{X}_0\tag{2.33}$$

转移概率密度（式（2.32））是高斯密度。属于式（2.32）的一次二阶中心矩的矩阵 $\boldsymbol{D}_n(t)$ 应满足下列微分方程[2,3,7]：

$$\dot{\boldsymbol{D}}_n(t)=\boldsymbol{F}(t)\boldsymbol{D}_n(t)+\boldsymbol{D}_n(t)\boldsymbol{F}^{\mathrm{T}}(t)+\boldsymbol{B}(t),\boldsymbol{D}_n(t_0)=0\tag{2.34}$$

该方程的解具有下列形式：

$$\boldsymbol{D}_n(t)=\int_{t_0}^{t}\boldsymbol{\Phi}(t,\tau)\boldsymbol{B}(\tau)\boldsymbol{\Phi}^{\mathrm{T}}(t,\tau)\mathrm{d}\tau\tag{2.35}$$

假设初始值 $\boldsymbol{X}_0$ 也按照高斯定律以下列概率密度分布：

$$p(t_0,\boldsymbol{X}_0)=[(2\pi)^n\det\boldsymbol{D}_0]^{-0.5}\mathrm{e}^{-0.5[\boldsymbol{X}_0-\boldsymbol{M}_{x0}]^{\mathrm{T}}\boldsymbol{D}_0^{-1}(t)[\boldsymbol{X}_0-\boldsymbol{M}_{x0}]}$$

则过程 $\boldsymbol{X}(t)$ 的无条件概率密度（式（2.21））对于任何时刻 t 都是高斯密度，并带下列数学期望值：

$$\boldsymbol{M}_x(t)=\boldsymbol{M}\{\boldsymbol{X}(t)\}=\boldsymbol{\Phi}(t,t_0)\boldsymbol{M}_{x0} \tag{2.36}$$

带一次二阶中心矩的矩阵（方差矩阵）：

$$\begin{aligned}\boldsymbol{D}(t)&=\boldsymbol{M}\{[\boldsymbol{X}(t)-\boldsymbol{M}_x(t)][\boldsymbol{X}(t)-\boldsymbol{M}_x(t)]^{\mathrm{T}}\}\\&=\boldsymbol{\Phi}(t,t_0)\boldsymbol{D}_0\boldsymbol{\Phi}^{\mathrm{T}}(t,t_0)+\boldsymbol{D}_n(t)\end{aligned} \tag{2.37}$$

和相关矩阵：

$$\begin{aligned}\boldsymbol{K}(t,t+\tau)&=\boldsymbol{M}\{[\boldsymbol{X}(t)-\boldsymbol{M}_x(t)][\boldsymbol{X}(t+\tau)-\boldsymbol{M}_x(t+\tau)]^{\mathrm{T}}\}\\&=\begin{cases}\boldsymbol{D}(t)\boldsymbol{\Phi}^{\mathrm{T}}(t+\tau,t),\text{当}\ \tau>0\\\boldsymbol{\Phi}(t,t+\tau)\boldsymbol{D}(t+\tau),\text{当}\ \tau<0\end{cases}\end{aligned} \tag{2.38}$$

式中：$\boldsymbol{M}_{x0}=\boldsymbol{M}\{\boldsymbol{X}_0\}$，$\boldsymbol{D}_0=\boldsymbol{M}\{[\boldsymbol{X}_0-\boldsymbol{M}_{x0}][\boldsymbol{X}_0-\boldsymbol{M}_{x0}]^{\mathrm{T}}\}$。

如果已知齐次方程组解的基本矩阵（式（2.33）），则根据式（2.32）、式（2.35）、式（2.38）可计算出用式（2.30）描述的过程 $\boldsymbol{X}(t)$ 的任何统计特性。

如上所述，若将综合电子系统视为连续线性不稳定动态系统，解算其分析问题通常会得到用式（2.5）描述的状态矢量 $\boldsymbol{X}(t)$ 的统计特性。在矢量矩阵微分方程（式（2.5））通解的基础上可确定过程 $\boldsymbol{X}(t)$ 的统计特性。使用基本矩阵 $\boldsymbol{\Phi}(t,t_0)$ 并根据柯西公式可得到式（2.5）的通解：

$$\begin{aligned}\boldsymbol{X}(t)=\boldsymbol{\Phi}(t,t_0)\boldsymbol{X}_0+\int_{t_0}^{t}\boldsymbol{\Phi}(t,\tau)\boldsymbol{C}(\tau)\boldsymbol{U}(\tau)\mathrm{d}\tau+\\\int_{t_0}^{t}\boldsymbol{\Phi}(t,\tau)\boldsymbol{G}(\tau)\boldsymbol{W}(\tau)\mathrm{d}\tau\end{aligned} \tag{2.39}$$

式中：$\boldsymbol{\Phi}(t,t_0)$ 为齐次方程的解的基本矩阵。

$$\dot{\boldsymbol{X}}(t)=\boldsymbol{F}(t)\boldsymbol{X}(t),\boldsymbol{X}(t_0)=\boldsymbol{X}_0 \tag{2.40}$$

式（2.40）的解具有下列形式：

$$\boldsymbol{X}(t)=\boldsymbol{\Phi}(t,t_0)\boldsymbol{X}_0$$

基本矩阵作为 t 和 t_0 的函数应满足下列方程：

$$\frac{\partial\boldsymbol{\Phi}(t,t_0)}{\partial t}=\boldsymbol{F}(t)\boldsymbol{\Phi}(t,t_0),\frac{\partial\boldsymbol{\Phi}(t,t_0)}{\partial t_0}=-\boldsymbol{\Phi}(t,t_0)\boldsymbol{F}(t_0)$$

方程初始条件为 $\boldsymbol{\Phi}(t_0,t_0)=\boldsymbol{\Phi}(t,t)=\boldsymbol{I}$（$\boldsymbol{I}$ 为单位矩阵）。

根据式（2.39）可知，式（2.5）的解由两部分组成：自由部分，它取决于 $\boldsymbol{X}_0$ 并可确定所谓的系统自由运动；强制部分，它可确定在扰动噪声矢量 $\boldsymbol{W}(t)$ 和控制矢量 $\boldsymbol{U}(t)$ 作用下的系统运动。因此，矩阵 $\boldsymbol{\Phi}(t,t_0)$ 还可被称作系统状态的转换（变换）矩阵，因为它可确定系统从 t_0 时刻的初始状态 $\boldsymbol{X}_0$ 至 t 时刻状态 $\boldsymbol{X}(t)$ 的转换。

方程解的基本矩阵 $\boldsymbol{\Phi}(t,t_0)$ 具有下列性质[2,3,9]：

$$\boldsymbol{\Phi}^{-1}(t,t_0) = \boldsymbol{\Phi}(t_0,t)$$

式中：$\boldsymbol{\Phi}^{-1}(\cdot)$ 为逆矩阵。

在所有的 t_0、t_1、t_2 下：

$$\boldsymbol{\Phi}(t_2,t_0) = \boldsymbol{\Phi}(t_2,t_1)\boldsymbol{\Phi}(t_1,t_0) \tag{2.41}$$

当机载综合电子系统及其组成部件可被视为连续稳定线性动态系统时，即当矩阵 $\boldsymbol{F}$、$\boldsymbol{C}$ 和 $\boldsymbol{G}$ 不取决于时间时，矢量微分方程（式（2.5））具有下列形式：

$$\dot{\boldsymbol{X}}(t) = \boldsymbol{F}\boldsymbol{X}(t) + \boldsymbol{C}\boldsymbol{U}(t) + \boldsymbol{G}\boldsymbol{W}(t), \boldsymbol{X}(t_0) = \boldsymbol{X}_0 \tag{2.42}$$

在这种情况下，基本矩阵 $\boldsymbol{\Phi}(t,t_0)$ 仅取决于自变量的差 $t-t_0=\tau$，即 $\boldsymbol{\Phi}(t-t_0) = \boldsymbol{\Phi}(\tau)$。

此时，就连续稳定线性动态系统而言，式（2.42）解的基本矩阵性质可用下列关系式表示：

$$\frac{\mathrm{d}}{\mathrm{d}\tau}\boldsymbol{\Phi}(\tau) = \boldsymbol{F}\boldsymbol{\Phi}(\tau) \tag{2.43}$$

初始条件为 $\boldsymbol{\Phi}(0) = \boldsymbol{I}$。

$$\boldsymbol{\Phi}^{-1}(\tau) = \boldsymbol{\Phi}(-\tau);\boldsymbol{F}\boldsymbol{\Phi}(\tau) = \boldsymbol{\Phi}(\tau)\boldsymbol{F};\boldsymbol{\Phi}(t+s) = \boldsymbol{\Phi}(\tau)\boldsymbol{\Phi}(s)$$

确定基本矩阵 $\boldsymbol{\Phi}(\tau)$ 微分方程（式（2.43））的解具有下列形式[2,3]：

$$\boldsymbol{\Phi}(\tau) = \mathrm{e}^{\boldsymbol{F}\tau} \tag{2.44}$$

式中：矩阵指数是一个幂级数

$$\mathrm{e}^{\boldsymbol{F}\tau} = \sum_{k=0}^{\infty}\frac{\tau^k}{k!}\boldsymbol{F}^k = \boldsymbol{I} + \boldsymbol{F}\tau + \frac{\boldsymbol{F}^2\tau^2}{2}$$

对于连续稳定线性动态系统，在状态矢量不大时，使用拉普拉斯变换法来解式（2.43）较为方便[15]。

变换式（2.43），可得到：

$$p\boldsymbol{\Phi}(p) - \boldsymbol{I} = \boldsymbol{F}\boldsymbol{\Phi}(p)$$

式中：$\boldsymbol{\Phi}(p) = \int_{-\infty}^{\infty}\boldsymbol{\Phi}(\tau)\mathrm{e}^{-p\tau}\mathrm{d}\tau$，为拉普拉斯变换式。

重新布置各项，可得出：

$$[p\boldsymbol{I} - \boldsymbol{F}]\boldsymbol{\Phi}(p) = \boldsymbol{I}$$

由此得出：

$$\boldsymbol{\Phi}(p) = [p\boldsymbol{I} - \boldsymbol{F}]^{-1} \tag{2.45}$$

式（2.45）中的矩阵 $[p\boldsymbol{I} - \boldsymbol{F}]$ 称为矩阵 $\boldsymbol{F}$ 的特征矩阵。

由此，基本矩阵等于：

$$\boldsymbol{\Phi}(\tau) = \pounds^{-1}\{[p\boldsymbol{I} - \boldsymbol{F}]^{-1}\} \tag{2.46}$$

式中：$\pounds^{-1}\{\cdot\}$ 为拉普拉斯反变换符号。

因此，为了计算出基本矩阵 $\boldsymbol{\Phi}(\tau)$，需要变换特征矩阵 $[p\boldsymbol{I}-\boldsymbol{F}]$，并对所得矩阵的每个单元（元素）进行拉普拉斯反变换。

下面研究一个在计算基本矩阵 $\boldsymbol{\Phi}(\tau)$ 和确定状态矢量 $\boldsymbol{X}(t)$ 的基础上分析机载综合电子系统的实例。

2.5.3 应用实例 1

已知视作多维连续线性稳定动态系统的机载综合电子系统构件可用下列矢量矩阵微分方程描述：

$$\dot{\boldsymbol{X}}(t)=\boldsymbol{F}\boldsymbol{X}(t)+\boldsymbol{G}\boldsymbol{W}(t),\boldsymbol{X}(t_0)=\boldsymbol{X}_0 \tag{2.47}$$

式中：$\boldsymbol{F}=\begin{bmatrix}-\alpha & 0\\ \beta & 0\end{bmatrix}$，$\boldsymbol{G}=\begin{bmatrix}\alpha\\ 0\end{bmatrix}$，$\boldsymbol{X}(t)=\begin{bmatrix}x_1(t)\\ x_2(t)\end{bmatrix}$，$\boldsymbol{W}(t)=w(t)$，$\boldsymbol{X}_0=\begin{bmatrix}x_{10}\\ x_{20}\end{bmatrix}$。

要求找到基本矩阵 $\boldsymbol{\Phi}(\boldsymbol{\tau})$。

构建矩阵 $\boldsymbol{F}$ 的特征矩阵 $[p\boldsymbol{I}-\boldsymbol{F}]$，考虑到式（2.47）并根据式（2.45）确定基本矩阵的拉普拉斯变换式 $\boldsymbol{\Phi}(p)$：

$$\boldsymbol{\Phi}(p)=\begin{bmatrix}p+\alpha & 0\\ -\beta & p\end{bmatrix}^{-1}$$

众所周知，任何一个方形非奇异矩阵 $\boldsymbol{A}$ 的逆矩阵 $\boldsymbol{A}^{-1}$ 等于[15]：

$$\boldsymbol{A}^{-1}=\left[\frac{\Delta_{ij}}{\Delta}\right]$$

式中：$\Delta=\det(\boldsymbol{A})\neq 0$；$\Delta_{ij}=(-1)^{i+j}\boldsymbol{M}_{ij}$；$[\Delta_{ij}]^{\tau}=[\Delta_{ji}]$；$\boldsymbol{M}$ 为单元 a_{ij} 的子列，即从矩阵 $\boldsymbol{A}$ 中删去第 i 行第 j 列后得出的矩阵行列式。

此时可得出：

$$\boldsymbol{\Phi}(p)=\frac{1}{p(p+\alpha)}\begin{bmatrix}p & 0\\ \beta & p+\alpha\end{bmatrix}=\begin{bmatrix}\dfrac{1}{p+\alpha} & 0\\ \dfrac{\beta}{p(p+\alpha)} & \dfrac{1}{p}\end{bmatrix}$$

原函数与拉普拉斯变换式的关系表参见附录Ⅰ[16]。

根据式（2.46），所求的基本矩阵表达式具有下列形式：

$$\boldsymbol{\Phi}(\tau)=\begin{bmatrix}e^{-\alpha\tau} & 0\\ \dfrac{\beta}{\alpha}(1-e^{-\alpha\tau}) & 1\end{bmatrix}$$

2.5.4 应用实例 2

已知用式（2.5）描述的动态系统，式中：

$$F = \begin{bmatrix} -6 & 5 \\ -1 & 0 \end{bmatrix}, C = \begin{bmatrix} 1 \\ 0 \end{bmatrix}, X(t) = \begin{bmatrix} x_1(t) \\ x_2(t) \end{bmatrix}, X_0 = \begin{bmatrix} 0 \\ 0 \end{bmatrix},$$

$$U(t) = u(t) = e^{-\alpha t}, W(t) = 0$$

要求确定基本矩阵和状态矢量 $X(t)$ 。

根据式（2.45），构建矩阵 F 的特征矩阵并获得逆矩阵：

$$\Phi(p) = \begin{bmatrix} p+6 & -5 \\ 1 & p \end{bmatrix}^{-1} = \begin{bmatrix} \dfrac{p}{(p+1)(p+5)} & \dfrac{5}{(p+1)(p+5)} \\ -\dfrac{1}{(p+1)(p+5)} & \dfrac{p+6}{(p+1)(p+5)} \end{bmatrix}$$

使用拉普拉斯反变换公式（参见附录Ⅰ），根据式（2.46）可得到基本矩阵的表达式：

$$\Phi(\tau) = \frac{1}{4}\begin{bmatrix} 5e^{-5t} - e^{-t} & 5e^{-t} - 5e^{-5t} \\ e^{-5t} - e^{-t} & 5e^{-t} - e^{-5t} \end{bmatrix}$$

考虑到 $X_0=0$，在式（2.39）的基础上确定状态矢量 $X(t)$：

$$X(t) = \begin{bmatrix} x_1(t) \\ x_2(t) \end{bmatrix} = \frac{1}{4}\int_{t_0}^{t} \begin{bmatrix} 5e^{-5(t-\tau)} - e^{-(t-\tau)} & 5e^{-(t-\tau)} - 5e^{-5(t-\tau)} \\ e^{-5(t-\tau)} - e^{-(t-\tau)} & 5e^{-(t-\tau)} - e^{-5(t-\tau)} \end{bmatrix} \begin{bmatrix} e^{-\alpha\tau} \\ 0 \end{bmatrix} d\tau$$

在 $t_0=0$ 时求积分，可得出，状态矢量 $X(t)$ 具有下列形式：

$$X(t) = \begin{bmatrix} \dfrac{5}{4(5-\alpha)}(e^{-\alpha t} - e^{-5t}) - \dfrac{1}{4(1-\alpha)}(e^{-\alpha t} - e^{-t}) \\ \dfrac{1}{4(5-\alpha)}(e^{-\alpha t} - e^{-5t}) - \dfrac{1}{4(1-\alpha)}(e^{-\alpha t} - e^{-t}) \end{bmatrix}$$

在研究视作线性动态系统的机载综合电子系统（或其组成部件）时，实践中经常使用脉冲响应特性（权重函数）和转换特性（曲线）。多维线性系统的脉冲（响应）特性（权重函数）$H(t,t_0)$ 是一个矩阵，该矩阵表示在输入信号为 δ 函数 $\delta(t-t_0)$ 形式时和在零初始条件下系统输出信号（响应）的总和。转换特性 $G_{\text{п}}(t,t_0)$ 是一个表示在零初始条件下线性系统输出信号（响应）总和的矩阵，输入信号为单位阶跃函数形式，当 $t<t_0$ 时 $W(t)=0, t \geqslant t_0$ 时 $W(t)=E$，其中 E 为所有元素等于 1 的矢量，$E = [1\ 1\ \cdots\ 1]^{\mathrm{T}}$ 。

所研究的特性与下列关系式有关[2,3,10]：

$$H(t,t_0) = -\frac{\partial G_{\Pi}(t,t_0)}{\partial t_0}$$

$$G_{\Pi}(t,t_0) = \int_{t_0}^{t} H(t,\tau)\,d\tau$$

为描述稳定连续线性多维动态系统，除上述特性外，还使用传递函数 $W_{\text{п}}(p)$，它是系统脉冲响应特性 $H(\tau)$ 的拉普拉斯变换式：

$$W_{\Pi}(p) = \pounds\{[p, \boldsymbol{H}(\tau)]\}$$

式中：$\tau = t - t_0$；$\pounds\{\cdot\}$ 为拉普拉斯变换符号。

下面确定线性动态系统的脉冲特性（权重函数）与基本矩阵之间的关系。为此应分析状态可用式（2.39）表示的多维线性动态系统。假设，$X(t_0) = 0$，在 $t = t_0$ 时刻向系统施加下列输入矢量作用：

$$\boldsymbol{W}(t) = \boldsymbol{E}\delta(t - t_0), t \geqslant t_0 \tag{2.48}$$

式中：$\boldsymbol{E} = [1\ 1\ \cdots\ 1]^{\mathrm{T}}$，为 $r \times 1$ 的矩阵。

可见，扰动噪声矢量 $\boldsymbol{W}(t)$ 是 δ 函数 $\delta(t - t_0)$ 形式的标量脉冲输入信号的总和。在式（2.39）中代入 $\boldsymbol{X}_0 = 0$，考虑到式（2.48）在 $\boldsymbol{U}(t) = 0$ 时可得到，此时矢量输出信号具有下列形式：

$$\boldsymbol{X}(t) = \int_{t_0}^{t} \boldsymbol{\Phi}(t,\tau)\boldsymbol{G}(\tau)\boldsymbol{E}\delta(\tau - t_0)\mathrm{d}\tau = \boldsymbol{\Phi}(t,t_0)\boldsymbol{G}(t_0)\boldsymbol{E}, \boldsymbol{X}(t_0) = 0$$

式中矩阵

$$\boldsymbol{H}(t,t_0) = \boldsymbol{\Phi}(t,t_0)\boldsymbol{G}(t_0) \tag{2.49}$$

是借助基本矩阵 $\boldsymbol{\Phi}(t,t_0)$ 表示的多维连续线性动态系统的脉冲响应特性（权重函数）。权重函数 $\boldsymbol{H}(t,t_0)$ 是一个 $n \times r$ 的长方矩阵：

$$\boldsymbol{H}(t,t_0) = \begin{bmatrix} h_{11}(t,t_0) & \cdots & h_{1j}(t,t_0) & \cdots & h_{1r}(t,t_0) \\ \vdots & & \vdots & & \vdots \\ h_{i1}(t,t_0) & \cdots & h_{ij}(t,t_0) & \cdots & h_{ij}(t,t_0) \\ \vdots & & \vdots & & \vdots \\ h_{n1}(t,t_0) & \cdots & h_{nj}(t,t_0) & \cdots & h_{nr}(t,t_0) \end{bmatrix}$$

式中：标量函数 $h_{ij}(t,t_0)$ 是系统第 i 个输出端对第 j 个输入端的响应。

根据式（2.39），对于任意输入作用 $\boldsymbol{W}(t)$，当 $\boldsymbol{U}(t) = 0$ 和 $\boldsymbol{X}_0 = 0$ 时考虑到式（2.43），多维系统的输出信号：

$$\boldsymbol{X}(t) = \int_{t_0}^{t} \boldsymbol{H}(t,\tau)\boldsymbol{W}(\tau)\mathrm{d}\tau$$

对于任意初始条件和当 $U(t) = 0$ 时，根据式（2.39）和式（2.49），可得出状态矢量的表达式具有下列形式：

$$\boldsymbol{X}(t) = \boldsymbol{\Phi}(t,t_0)\boldsymbol{X}_0 + \int_{t_0}^{t} \boldsymbol{H}(t,\tau)\boldsymbol{w}(\tau)\mathrm{d}\tau \tag{2.50}$$

式（2.50）是一个杜哈梅积分的多维推广。

如上所述，分析机载综合电子系统的一个重要问题是静态描述其状态矢量。实际上动态系统的随机输入作用经常与高斯随机过程近似。此时，在一些情况下为了静态描述作为线性动态系统的机载综合电子系统的状态矢量，只要知道其数学期望值和一次二阶中心矩的矩阵就够了。例如，已知由式（2.5）确定的连续线性动态系统的输入作用 $\boldsymbol{W}(t)$ 是一个下列形式的高斯白噪声：

$$M\{\boldsymbol{W}(t)\} = 0; M\{\boldsymbol{W}(t_1)\boldsymbol{W}^{\mathrm{T}}(t_2)\} = \boldsymbol{Q}\delta|t_2 - t_1|$$

式中：$\boldsymbol{Q}$ 为 $r \times r$ 的高斯白噪声强度矩阵。

在此情况下要求得出矢量 $\boldsymbol{X}(t)$ 的数学期望值 $\boldsymbol{M}_x(t)$ 和一次二阶中心矩的矩阵（方差矩阵）$\boldsymbol{D}(t)$：

$$\begin{aligned}\boldsymbol{M}_x(t) &= M\{\boldsymbol{X}(t)\}\\ \boldsymbol{D}(t) &= M\{[\boldsymbol{X}(t) - \boldsymbol{M}_x(t)][\boldsymbol{X}(t) - \boldsymbol{M}_x(t)]\}\end{aligned} \tag{2.51}$$

式中：$M\{\cdot\}$ 为实现集合取平均值的运算。

对式（2.5）和式（2.39）左侧和右侧部分进行集合取平均值的运算，考虑到 $M\{\boldsymbol{W}(t)\} = 0$，得到可确定 $\boldsymbol{M}_x(t)$ 的方程和该方程的解。假设 $\boldsymbol{X}_0$ 为带已知统计特性的高斯随机变量。则所求的 $\boldsymbol{M}_x(t)$ 关系式具有下列形式：

$$\begin{aligned}\boldsymbol{M}_x(t) &= \boldsymbol{F}(t)\boldsymbol{M}_x(t) + \boldsymbol{C}(t)\boldsymbol{U}(t), \boldsymbol{M}_x(t_0) = \boldsymbol{M}_{x0} = \boldsymbol{M}(\boldsymbol{X}_0),\\ \boldsymbol{M}_x(t) &= \boldsymbol{\Phi}(t,t_0)\boldsymbol{M}_{x0} + \int\boldsymbol{\Phi}(t,\tau)\boldsymbol{C}(\tau)\boldsymbol{U}(\tau)\mathrm{d}\tau\end{aligned} \tag{2.52}$$

可用类似方法根据式（2.5）和式（2.39）得出一次二阶中心矩的矩阵，但计算过程更加繁琐。因此下面仅列出计算结果[2,3,9]。

如果 $\boldsymbol{X}_0$ 为高斯随机变量，则用下列公式计算 $\boldsymbol{D}(t)$：

$$\boldsymbol{D}(t) = \boldsymbol{\Phi}(t,t_0)\boldsymbol{D}_0\boldsymbol{\Phi}^{\mathrm{T}}(t,t_0) + \boldsymbol{D}_1(t) \tag{2.53}$$

式中，$\boldsymbol{D}_1(t)$ 为增量矩阵；$\boldsymbol{D}_0 = \boldsymbol{M}\{[\boldsymbol{X}_0 - \boldsymbol{M}_{x0}][\boldsymbol{X}_0 - \boldsymbol{M}_{x0}]^{\mathrm{T}}\}$，为初始值 $\boldsymbol{X}_0$ 的一次二阶中心矩的矩阵。

增量矩阵 $\boldsymbol{D}_1(t)$ 满足下列微分方程[2,10]：

$$\dot{\boldsymbol{D}}_1(t) = \boldsymbol{F}(t)\boldsymbol{D}_1(t) + \boldsymbol{D}_1(t)\boldsymbol{F}^{\mathrm{T}}(t) + \boldsymbol{G}(t)\boldsymbol{Q}\boldsymbol{G}^{\mathrm{T}}(t), \boldsymbol{D}_1(t_0) = 0 \tag{2.54}$$

根据式（2.52）~式（2.54）可得出结论，如果已知基本矩阵 $\boldsymbol{\Phi}(t,t_0)$、控制矢量 $\boldsymbol{U}(t)$、扰动矢量统计特性 $\boldsymbol{W}(t)$ 和初始值 $\boldsymbol{X}_0$，则能计算出满足式（2.5）的状态矢量 $\boldsymbol{X}(t)$ 的统计特性。

上述方法还可直接用于分析用下列微分方程描述的线性系统：

$$\dot{\boldsymbol{Z}} = \boldsymbol{A}_Z(t)\boldsymbol{Z}(t) + \boldsymbol{G}_Z(t)\boldsymbol{Y}(t), \boldsymbol{Z}(t_0) = \boldsymbol{Z}_0 \tag{2.55}$$

式中：$\boldsymbol{Y}(t)$ 为 $m \times 1$ 的高斯随机过程，它带已知数学期望值 $\boldsymbol{M}_x(t)$ 和相关函数 $\boldsymbol{K}_{yy}(t,t+\tau)$；$\boldsymbol{Z}(t)$ 为 $n \times 1$ 的输出过程。应注意，在式（2.55）中 $\boldsymbol{Y}(t)$ 不一定是高斯白噪声。

在此情况下，过程 $\boldsymbol{Z}(t)$ 不是马尔可夫过程，但在初始值高斯分布或准确知道数值 $\boldsymbol{Z}_0$ 时，它将是一个高斯过程。特别是在 $\boldsymbol{Z}_0$ 已知时，其统计特性可在用与式（2.39）类似的方式表示方程解（式（2.55））的基础上由下列关系式确定[2,,3,,9]：

$$\boldsymbol{M}_z(t) = \boldsymbol{\Phi}_z(t,t_0)\boldsymbol{Z}_0 + \int \boldsymbol{\Phi}_z(t,\tau)\boldsymbol{G}_z(\tau)\boldsymbol{M}_y(\tau)\,\mathrm{d}\tau \tag{2.56}$$

$$\boldsymbol{K}_{zz}(t,t+\tau) = \int_{t_0}^{t}\int_{t_0}^{t+\tau} \boldsymbol{\Phi}_z(t,\tau)\boldsymbol{G}_z(\tau)\boldsymbol{K}_{yy}(\tau_1,\tau_2)\boldsymbol{G}_z^{\mathrm{T}}(t+\tau,\tau_2)\,\mathrm{d}\tau_1\mathrm{d}\tau_2 \tag{2.57}$$

初始值 $\boldsymbol{Z}_0$ 高斯分布情况的计算也就不难进行，即使公式繁琐也能计算。

2.6 离散线性多维动态系统分析方法及实例

2.6.1 离散线性多维动态系统分析方法

下面将机载综合电子系统及其组成部件视作多维离散线性动态系统来进行分析。使用式（2.6）类型的一阶矢量矩阵线性差分方程描述这类离散系统。

对于导航、瞄准和武器控制机载综合电子系统，状态矢量 $\boldsymbol{X}(t)$ 的各分量就物理本质而言常是一些连续时间函数（飞行器坐标、飞行速度分量等），而在此情况下矢量 $\boldsymbol{X}(t)$ 本身则由式（2.5）类型的微分方程确定。因此，在分析离散系统时出现了如何等值离散表示这类微分方程的问题。为简化运算，我们假设在式（2.5）中不存在控制，即 $\boldsymbol{U}(t) = 0$。

下面分析观测段 $[t_0,t]$ 上的离散读数 t_k，其中 $t_{k+1} - t_k = T$，$k = 0, 1, 2, \cdots$。我们认为，$k = 0$ 符合初始时刻 t_0。已知，在时刻 t 上式（2.5）的解具有式（2.39）的形式。为简化运算，假设动态系统是稳定的，不存在控制 $\boldsymbol{U}(t) = 0$。

如果在式（2.5）中矩阵 $\boldsymbol{F}$ 不取决于时间，则基本矩阵是一个自变量差 $(t - t_0)$ 的函数。此时，考虑到 $\boldsymbol{U}(t) = 0$ 和矩阵 $\boldsymbol{G}$ 不取决于时间，式（2.5）的解将具有下列形式：

$$\boldsymbol{X}(t) = \boldsymbol{\Phi}(t-t_0)\boldsymbol{X}(t_0) + \int_{t_0}^{t} \boldsymbol{\Phi}(t-\tau)\boldsymbol{GW}(\tau)\,\mathrm{d}\tau, \boldsymbol{X}(t_0) = \boldsymbol{X}_0 \tag{2.58}$$

认定 $t_0 = 0$ 时，分析两个相邻的时刻：$t_k = kT$ 和 $t_{k+1} = (k+1)T$。标出 $\boldsymbol{X}_k = \boldsymbol{X}(t_k)$ 和 $\boldsymbol{X}_{k+1} = \boldsymbol{X}(t_{k+1})$。

确定在上述两个相邻时刻状态矢量值 $\boldsymbol{X}(t)$ 的相互关系。此时，$\boldsymbol{\Phi}[(k+1)T - kT] \triangleq \boldsymbol{\Phi}_T$。如果将数值 $\boldsymbol{X}_k$ 视作初始值，记录下 t_{k+1} 时刻的方程解（式（2.58）），则可得出：

$$\boldsymbol{X}_{k+1} = \boldsymbol{\Phi}_T\boldsymbol{X}_k + \int_{kT}^{(k+1)T} \boldsymbol{\Phi}[(k+1)T-\tau]\boldsymbol{GW}(\tau)\,\mathrm{d}\tau, \boldsymbol{X}(t_0) = \boldsymbol{X}_0 \tag{2.59}$$

式（2.59）是一个与离散状态矢量 $\boldsymbol{X}_{k+1}$ 相关的一次矢量矩阵线性差分方程。

可见，在完成规定运算后式（2.59）右侧部分的第二项是一个 n 维的矢量，该矢量根据式（2.59）在时刻 t_{k+1} 起作用。

将其表示为 $\boldsymbol{N}_{k+1}$，可得到：

$$\boldsymbol{N}_{k+1}=\int_{kT}^{(k+1)T}\boldsymbol{\Phi}[(k+1)T-\tau]\boldsymbol{G}\boldsymbol{W}(\tau)\mathrm{d}\tau \tag{2.60}$$

式中：$\boldsymbol{N}_{k+1}=\boldsymbol{N}(t_{k+1})$，$k=0, 1, 2, \cdots$。

为匹配矢量维数和保证定标，通常以下列方式形成矢量 $\boldsymbol{N}_{k+1}$：

$$\boldsymbol{N}_{k+1}=\boldsymbol{\Gamma}_T\boldsymbol{W}_k \tag{2.61}$$

式中：$\boldsymbol{W}_k$ 为 r 维离散扰动噪声矢量；$\boldsymbol{\Gamma}_T$ 为 $n\times r$ 的扰动转换矩阵。

注意，在式（2.61）中的数值 $\boldsymbol{W}_k$ 不是式（2.59）中那个连续扰动噪声 $\boldsymbol{W}(t)$ 在 t_0，t_1，…，t_k，…时刻的值（其中包括，它是高斯随机过程的情况）。

在将机载综合电子系统视作离散动态系统进行研究（包括制作模型）的问题中，离散矢量 $\boldsymbol{W}_k$ 在一般情况下常以标准离散高斯白噪声 n 维矢量的形式给出，其中 n 为状态矢量的维数，n 维矢量由按高斯定律分布的独立随机变量 $\boldsymbol{W}_{ik}$组成并带有下列特性：

$$M\{w_{ik}\}=0$$

$$M\{w_{ik}w_{jk}\}=\delta_{ij}$$

式中：$k=0, 1, 2, \cdots$；δ_{ij}为克罗内克符号，$i=\overline{1,2,\cdots,n}$，$j=\overline{1,2,\cdots,n}$；

$$\delta_{ij}=\begin{cases}1, 当\ i=j\ 时\\0, 当\ i\neq j\ 时\end{cases}$$

在此情况下，扰动转换矩阵 $\boldsymbol{\Gamma}_T$ 是一个方阵，具体可参见参考文献［3］，以 $n\times n$ 下三角矩阵的形式选取，对于连续和离散状态矢量的统计等效性，它可由下列关系式确定：

$$\boldsymbol{\Gamma}_T\boldsymbol{\Gamma}_T^{\mathrm{T}}=D_1(T) \tag{2.62}$$

式中：$\boldsymbol{D}_1(T)$ 满足式（2.54）。

考虑到式（2.60）和式（2.61），式（2.59）可以下列形式表示：

$$\boldsymbol{X}_{k+1}=\boldsymbol{\Phi}_T\boldsymbol{X}_k+\boldsymbol{\Gamma}_T\boldsymbol{W}_k, \boldsymbol{X}_0=\boldsymbol{X}(t_0) \tag{2.63}$$

式中：$\boldsymbol{\Gamma}_T\boldsymbol{W}_k=\int_{kT}^{k+1}\boldsymbol{\Phi}[(k+1)T-\tau]\boldsymbol{G}\boldsymbol{W}(\tau)\mathrm{d}\tau$。

因此，当 $\boldsymbol{U}(t)=0$ 时可用式（2.63）形式的一阶差分方程描述多维稳定离散线性系统。

更普遍的情况是多维线性系统是不稳定的并且存在控制 $\boldsymbol{U}_k\neq 0$，此时，该动态系统的一阶矢量矩阵线性差分方程包含取决于式（2.6）两个自变量 t_{k+1} 和 t_k 的转换矩阵，并以下列形式记录：

$$\boldsymbol{X}_{k+1}=\boldsymbol{\Phi}_{k+1,k}\boldsymbol{X}_k+\boldsymbol{\psi}_{k+1,k}\boldsymbol{U}_k+\boldsymbol{\Gamma}_{k+1,k}\boldsymbol{W}_k, \boldsymbol{X}_0=\boldsymbol{X}(t_0) \tag{2.64}$$

式中，$\boldsymbol{U}_k$ 为 p 维控制矢量；$\boldsymbol{\Psi}_{k+1,k}$为控制转换矩阵。

转换矩阵 $\boldsymbol{\Phi}$、$\boldsymbol{\Psi}$ 和 $\boldsymbol{\Gamma}$ 分别为 $n\times n$、$n\times p$ 和 $n\times r$。通常，它们取决于离散区

间编号及其持续时间。

在分析机载综合电子系统时，在一般情况下假设式（2.64）中扰动噪声的离散矢量 $\boldsymbol{W}_k$ 是一个矢量离散高斯白噪声，即独立矢量高斯随机变量的序列，其数学期望值 $\boldsymbol{M}_w(k)=0$ 并且相关矩阵具有下列形式：

$$\boldsymbol{K}_{ww}(k,j)=M\{\boldsymbol{W}_k\boldsymbol{W}_j^{\mathrm{T}}\}=\boldsymbol{Q}\delta_{kj} \tag{2.65}$$

扰动离散高斯白噪声的强度矩阵 $\boldsymbol{Q}$ 是一个 $r\times r$ 的对称非负定矩阵。

对于稳定系统也一样，在此情况下可确定式（2.6）或式（2.64）和式（2.5）之间的特定关系，这些方程用于描述统计上等效的（离散频率较高时）离散和连续线性系统。此时对于式（2.5）和式（2.6），具有下列关系式：

$$\boldsymbol{\Psi}_{k+1,k}\boldsymbol{U}_k=\int_{t_k}^{t_{k+1}}\boldsymbol{\Phi}(t_{k+1},\tau)\boldsymbol{C}(\tau)\boldsymbol{U}(\tau)\mathrm{d}\tau \tag{2.66}$$

$$\boldsymbol{\Gamma}_{k+1,k}\boldsymbol{W}_k=\int_{t_k}^{t_{k+1}}\boldsymbol{\Phi}(t_{k+1},\tau)\boldsymbol{G}(\tau)\boldsymbol{W}(\tau)\mathrm{d}\tau \tag{2.67}$$

我们发现，实际上在一般情况下控制矢量 $\boldsymbol{U}(t)$ 与离散周期 T 相比变化是较缓慢的。在此情况下可认为，在区间 $[t_k,t_{k+1})$ 内控制矢量是不变的并且 $\boldsymbol{U}(\tau)=\boldsymbol{U}_k$，其中 $\tau\in[t_k,t_{k+1})$。根据式（2.66），此时控制转换矩阵 $\boldsymbol{\Psi}_{k+1,k}$ 等于：

$$\boldsymbol{\Psi}_{k+1,k}=\int_{t_k}^{t_{k+1}}\boldsymbol{\Phi}(t_{k+1},\tau)\boldsymbol{C}(\tau)\mathrm{d}\tau \tag{2.68}$$

从式（2.64）~式（2.68）可知，在分析离散线性系统时，离散基本矩阵 $\boldsymbol{\Phi}_{k+1,k}$ 占有重要地位。

与连续系统类似，离散基本矩阵具有下列性质[2,3,10]：

$$\boldsymbol{\Phi}(k_3,k_2)\boldsymbol{\Phi}(k_2,k_1)=\boldsymbol{\Phi}(\mathrm{k}_3,\mathrm{k}_1)$$

对于任意 k_1，k_2 和 k_3：

$$\boldsymbol{\Phi}(k_1,k_2)=\boldsymbol{\Phi}^{-1}(k_2,k_1);\boldsymbol{\Phi}(k,k)=\boldsymbol{I}$$

式（2.64）（考虑到基本矩阵的性质）的通解可用完全归纳法通过解递推方式得出，并具有下列形式：

$$\boldsymbol{X}_{k+1}=\boldsymbol{\Phi}_{k+1,0}\boldsymbol{X}_0+\sum_{i=0}^{k}\boldsymbol{\Phi}_{k+1,i+1}\boldsymbol{\Psi}_{i+1,i}\boldsymbol{U}_i+\sum_{i=0}^{k}\boldsymbol{\Phi}_{k+1,i+1}\boldsymbol{\Gamma}_{i+1,i}\boldsymbol{W}_i \tag{2.69}$$
$$\boldsymbol{X}_0=\boldsymbol{X}(0),k=0,1,2,\cdots$$

如果多维离散线性系统是稳定的，则式（2.69）可被简化并具有下列形式：

$$\boldsymbol{X}_{k+1}=\boldsymbol{\Phi}_{k+1}\boldsymbol{X}_0+\sum_{i=0}^{k}\boldsymbol{\Phi}_{k-i}\boldsymbol{\Psi}_T\boldsymbol{U}_i+\sum_{i=0}^{k}\boldsymbol{\Phi}_{k-i}\boldsymbol{\Gamma}_T\boldsymbol{W}_i \tag{2.70}$$
$$\boldsymbol{X}_0=\boldsymbol{X}(0)=\boldsymbol{X}(t_0),T=t_{k+1}-t_k$$

如上所述，解释分析数字线性非稳定系统的问题可得到用式（2.64）描述的状态矢量 $\boldsymbol{X}_k=\boldsymbol{X}(t_k)$ 的统计特性。

假设，$\boldsymbol{W}_k$ 为 n 维标准离散高斯白噪声的矢量，为简化运算取值 $\boldsymbol{U}_k = 0$，$\boldsymbol{\Gamma}_{k+1,k} = \boldsymbol{\Gamma}_T$，$T = t_{k+1} - t_k$，则可得到：

$$\boldsymbol{X}_{k+1} = \boldsymbol{\Phi}_{k+1,k}\boldsymbol{X}_k + \boldsymbol{\Gamma}_T\boldsymbol{W}_k$$

式中：$\boldsymbol{W}_k$ 为标准离散高斯白噪声，是独立值的高斯过程抽样，具有数学期望值 $\boldsymbol{M}_w(k) = 0$ 和相关矩阵 $\boldsymbol{K}_{ww}(k,j) = \boldsymbol{I}\delta_{kj}$。

从所列方程可知，状态矢量转移概率的单步密度是高斯密度，并具有下列形式[2,3,9]：

$$p_{k+1}(\boldsymbol{X}|\boldsymbol{X}_k) = [(2\pi)^n \det \boldsymbol{D}_{k+1}]^{-0.5}\mathrm{e}^{-0.5[\boldsymbol{X}-\boldsymbol{\Phi}_{k+1,k}\boldsymbol{X}_k]^{t}\boldsymbol{D}_{k+1}^{-1}[\boldsymbol{X}-\boldsymbol{\Phi}_{k+1},\boldsymbol{X}_k]}$$

式中，$\boldsymbol{D}_{k+1} = \boldsymbol{\Gamma}_T\boldsymbol{\Gamma}_T^{\mathrm{T}}$。

假设在式（2.64）中初始值 $\boldsymbol{X}(0)$ 按高斯定律分布，并具有数学期望值 $\boldsymbol{M}_x(0)$ 和一次二阶中心矩的矩阵 $\boldsymbol{D}_x(0)$，则可得到状态矢量 $\boldsymbol{X}_{k+1}$ 的统计特性。

考虑到 $\boldsymbol{M}_w(k) = 0$，根据式（2.64），可用下列差分方程描述 $\boldsymbol{X}_{k+1}$ 数学期望值的开方：

$$\boldsymbol{M}_x(k+1) = \boldsymbol{\Phi}_{k+1,k}\boldsymbol{M}_x(k) + \boldsymbol{\Psi}_{k+1,k}\boldsymbol{U}_k;\boldsymbol{M}_{x0} = \boldsymbol{M}_x(0) \tag{2.71}$$

考虑到式（2.69），方程的解具有下列形式：

$$\begin{aligned}\boldsymbol{M}_x(k+1) &= \boldsymbol{\Phi}_{k+1}\boldsymbol{M}_x(0) + \sum_{i=0}^{k}\boldsymbol{\Phi}_{k-i}\boldsymbol{\Psi}_T\boldsymbol{U}_i \\ &= \prod_{i=0}^{k}\boldsymbol{\Phi}_{i+1,i}\boldsymbol{M}_x(0) + \sum_{i=0}^{k}\boldsymbol{\Phi}_{k-i}\boldsymbol{\Psi}_T\boldsymbol{U}_i\end{aligned} \tag{2.72}$$

对于一次二阶中心矩的矩阵：

$$\boldsymbol{D}_x(k) = M\{[\boldsymbol{X}_k - \boldsymbol{M}_x(k)][\boldsymbol{X}_k - \boldsymbol{M}_x(k)]^{\mathrm{T}}\}$$

差分方程与式（2.64）相符，并由下列表达式确定[2,3,9]：

$$\boldsymbol{D}_x(k+1) = \boldsymbol{\Phi}_{k+1,k}\boldsymbol{D}_x(k)\boldsymbol{\Phi}_{k+1,k}^{\mathrm{T}} + \boldsymbol{\Gamma}_{k+1,k}\boldsymbol{Q}\boldsymbol{\Gamma}_{k+1,k}^{\mathrm{T}},\boldsymbol{D}_x(0) = \boldsymbol{D}_{x0} \tag{2.73}$$

式中：$k=0$，1，2，…。

考虑到式（2.69），式（2.73）的解具有下列形式：

$$\boldsymbol{D}_x(k+1) = \boldsymbol{\Phi}_{K+1,0}\boldsymbol{D}_{x0}\boldsymbol{\Phi}_{k+1,0}^{\mathrm{T}} + \sum_{i=0}^{k}\boldsymbol{\Phi}_{k+1,i+1}\boldsymbol{\Gamma}_{i+1,i}\boldsymbol{Q}\boldsymbol{\Gamma}_{i+1,i}^{\mathrm{T}}\boldsymbol{\Phi}_{k+1,i+1}^{\mathrm{T}} \tag{2.74}$$

式中：$\boldsymbol{D}_{x0} = \boldsymbol{D}_x(0) = M\{[\boldsymbol{X}_0 - \boldsymbol{M}_{x0}][\boldsymbol{X}_0 - \boldsymbol{M}_{x0}]^{\mathrm{T}}\}$。

在分析稳定线性离散系统时，还使用依靠离散拉普拉斯变换或 z 变换的关系式。

分析下面的实例。

2.6.2 应用实例1

给出一个动态系统，它可模拟航空器垂直运动参数随时间的变化（飞行高度 $H(t)$、垂直速度 $V_\xi(t)$ 和垂直加速度 $a_\xi(t)$）。其结构图以整形滤波器形式列于图2.6中，图中：$k = \sqrt{2\alpha\sigma^2}$，为传递系数；$\alpha$、$\sigma$ 为已知参数；p 为拉普拉斯算子；$n_a(t)$ 为具有零数学期望值和单位强度的高斯白噪声；$H(t_0) = H_0$ 、$V_\xi(t_0) = V_{\xi0}$ 、$a_\xi(t_0) = 0$ ，分别为假定已知的初始值。

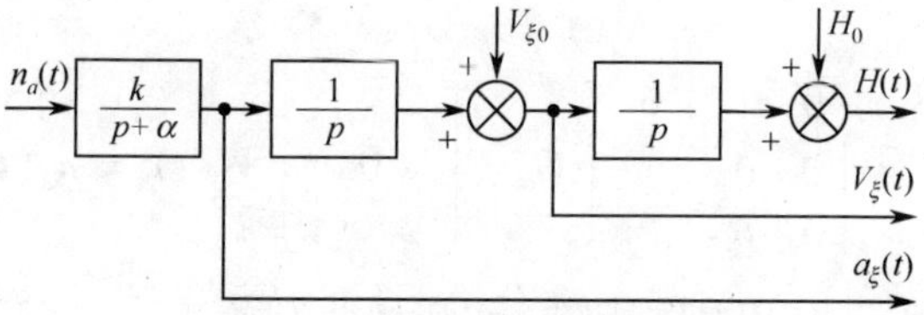

图 2.6　动态系统实例示意图

要求如下：

（1）组成状态矢量，并以矢量形式记录可描述航空器垂直运动参数随时间变化的微分方程组；

（2）找出整形滤波器的脉冲响应特性和转换特性，并得到其传递函数；

（3）确定航空器垂直运动参数的统计特性；

（4）将描述飞行器在连续时间内垂直运动参数的模型变换为相应的差分关系式。

从图 2.6 中所示的结构图可知：

$$\begin{cases} H(p) = \dfrac{1}{p}V_\xi(p) + \dfrac{H_0}{p} \\ V_\xi(p) = \dfrac{1}{p}a_\xi(p) + \dfrac{V_{\xi0}}{p} \\ a_\xi(p) = \dfrac{\sqrt{2\alpha\sigma^2}}{p + \alpha}n_a(p) \end{cases} \tag{2.75}$$

变换式（2.75），可得出：

$$\begin{cases} pH(p) = V_\xi(p) + H_0 \\ pV_\xi(p) = a_\xi(p) + V_{\xi0} \\ pV_\xi(p) = \alpha_\xi(p) + V_{\xi0} \end{cases} \tag{2.76}$$

使用拉普拉斯反变换并考虑到 $H_0 = \text{const}$ 和 $V_{\xi0} = \text{const}$ ，可得出描述航空器垂直运动参数随时间变化的微分方程组：

$$\begin{cases} \dot{H}(t) = V_\xi(t), H(t_0) = H_0 \\ \dot{V}_\xi(t) = \alpha_\xi(t), V_\xi(t_0) = V_{\xi0} \\ a_\xi(t) = -\alpha a_\xi(t) + \sqrt{2\alpha\sigma^2} n_a(t), a_\xi(t_0) = 0 \end{cases} \tag{2.77}$$

在所分析的实例中，状态矢量 $\boldsymbol{X}(t)$ 具有下列形式：

$$\boldsymbol{X}(t) = [H(t) \quad V_\xi(t) \quad a_\xi(t)]^{\mathrm{T}}$$

将式（2.77）变换为矢量矩阵表示，可得到：

$$\dot{\boldsymbol{X}}(t)=\boldsymbol{F}\boldsymbol{X}(t)+\boldsymbol{G}\boldsymbol{W}(t),\boldsymbol{X}_{(}t_0)=\boldsymbol{X}_0,\boldsymbol{X}_0=[H_0\quad V_{\xi 0}\quad 0]^{\mathrm{T}} \tag{2.78}$$

式中，

$$\boldsymbol{F}=\begin{bmatrix}0&1&0\\0&0&1\\0&0&-\alpha\end{bmatrix},\boldsymbol{G}=\begin{bmatrix}0\\0\\\sqrt{2\alpha\sigma^2}\end{bmatrix},\boldsymbol{W}(t)=n_a(t)$$

根据式（2.39），使用基本矩阵，可以柯西形式表示式（2.78）的解：

$$\boldsymbol{X}(t)=\boldsymbol{\Phi}(t-t_0)\boldsymbol{X}_0+\int_{t_0}^{t}\boldsymbol{\Phi}(t-\tau)\boldsymbol{G}\boldsymbol{W}(\tau)\mathrm{d}\tau \tag{2.79}$$

式中：$\boldsymbol{\Phi}(t-t_0)$ 为满足式（2.43）的 3×3 的基本矩阵。

由于描述航空器垂直运动参数动态的微分方程（式（2.78））是稳态方程，则使用拉普拉斯变换法可得出基本矩阵的表达式（式（2.46）），根据该表达式：

$$\boldsymbol{\Phi}(\tau)=\pounds^{-1}\{[p\boldsymbol{I}-\boldsymbol{F}]^{-1}\} \tag{2.80}$$

式中：$\pounds^{-1}$ 为拉普拉斯反变换符号；$[p\boldsymbol{I}-\boldsymbol{F}]^{-1}$ 为特性矩阵 $[p\boldsymbol{I}-\boldsymbol{F}]$ 的逆矩阵。

考虑到式（2.78），特性矩阵具有下列形式：

$$[p\boldsymbol{I}-\boldsymbol{F}]=\begin{bmatrix}p&-1&0\\0&p&-1\\0&0&p+\alpha\end{bmatrix} \tag{2.81}$$

矩阵 $[p\boldsymbol{I}-\boldsymbol{F}]^{-1}$ 可使用下列关系式确定（参见 2.5.3 节）：

$$\boldsymbol{A}^{-1}=\left[\frac{\boldsymbol{\Delta}_{ji}}{\boldsymbol{\Delta}}\right] \tag{2.82}$$

式中：$\boldsymbol{\Delta}=\det(A)\neq 0$；$\boldsymbol{\Delta}_{ij}=(-1)^{i+j}\boldsymbol{M}_{ij}$；$M_{ij}$为元素 a_{ij}的子式；$[\boldsymbol{\Delta}_{ji}]=[\boldsymbol{\Delta}_{ij}]^{\tau}$。

考虑到式（2.81）和式（2.82）可得出：

$$\boldsymbol{\Phi}(p)=\begin{bmatrix}\dfrac{1}{p}&\dfrac{1}{p}&\dfrac{1}{p^2(p+\alpha)}\\0&\dfrac{1}{p}&\dfrac{1}{p(p+\alpha)}\\0&0&\dfrac{1}{(p+\alpha)}\end{bmatrix} \tag{2.83}$$

使用拉普拉斯反变换公式（参见附录 I），根据式（2.80）可得出基本矩阵：

$$\boldsymbol{\Phi}(\tau)=\begin{bmatrix}1&\tau&\dfrac{1}{\alpha^2}(\mathrm{e}^{-\alpha\tau}+\alpha\tau-1)\\0&1&\dfrac{1}{\alpha}(1-\mathrm{e}^{\alpha\tau})\\0&0&\mathrm{e}^{-\alpha\tau}\end{bmatrix} \tag{2.84}$$

在已知式（2.49）的基础上确定脉冲响应特性（权重函数）：

$$\boldsymbol{H}(\tau) = \boldsymbol{\Phi}(\tau)\boldsymbol{G} \tag{2.85}$$

根据式（2.78）和式（2.84），在式（2.85）的基础上可得出权重函数：

$$\boldsymbol{H}(\tau) = \begin{bmatrix} 1 & \tau & \dfrac{1}{\alpha^2}(\mathrm{e}^{-\alpha\tau} + \alpha\tau - 1) \\ 0 & 1 & \dfrac{1}{\alpha}(1 - \mathrm{e}^{\alpha\tau}) \\ 0 & 0 & \mathrm{e}^{-\alpha\tau} \end{bmatrix} \begin{bmatrix} 0 \\ 0 \\ \sqrt{2\alpha\sigma^2} \end{bmatrix} = \begin{bmatrix} \dfrac{k}{\alpha^2}(\mathrm{e}^{-\alpha\tau} + \alpha\tau - 1) \\ \dfrac{k}{\alpha}(1 - \mathrm{e}^{-\alpha\tau}) \\ k\mathrm{e}^{-\alpha\tau} \end{bmatrix} \tag{2.86}$$

转换特性和脉冲响应特性与下列关系式有关：

$$\boldsymbol{G}_{\text{п}}(\tau) = \int_0^\tau \boldsymbol{H}(t)\,\mathrm{d}t \tag{2.87}$$

将式（2.86）代入式（2.87）并进行积分，可得出：

$$\boldsymbol{G}_{\text{п}}(\tau) = \begin{bmatrix} \dfrac{k}{\alpha^3}(1 - \mathrm{e}^{-\alpha\tau} - \alpha\tau + \dfrac{\alpha^2}{2}\tau^2) \\ \dfrac{k}{\alpha^2}(\mathrm{e}^{-\alpha\tau} + \alpha\tau - 1) \\ \dfrac{k}{\alpha}(1 - \mathrm{e}^{-\alpha\tau}) \end{bmatrix} \tag{2.88}$$

众所周知，线性系统的传递函数是脉冲响应特性的拉普拉斯变换[15]：

$$\boldsymbol{W}_{\text{п}}(p) = \pounds\{[p, \boldsymbol{H}(\tau)]\} \tag{2.89}$$

对于本例，使用拉普拉斯变换表（参见附录1）并考虑到式（2.86），可得出：

$$\boldsymbol{W}_{\text{п}}(p) = \begin{bmatrix} \dfrac{k}{p^2(p+\alpha)} \\ \dfrac{k}{p(p+\alpha)} \\ \dfrac{k}{p+\alpha} \end{bmatrix}$$

应当指出，使用图2.6中所示的动态系统结构图也可获得这一结果。

由于输入随机过程 $n_a(t)$ 是一个高斯过程，则在已知数值 $\boldsymbol{X}_0$ 时状态矢量 $\boldsymbol{X}(t)$ 也是一个高斯随机过程。其统计特性可由式（2.52）和式（2.53）确定。考虑到式（2.52），状态矢量 $\boldsymbol{X}(t)$ 的数学期望值等于：

$$\boldsymbol{M}_x(t) = M\{\boldsymbol{X}(t)\} = \boldsymbol{\Phi}(t - t_0)\boldsymbol{X}_0 \tag{2.90}$$

将初始数据代入式（2.90），考虑到 $a_{g0} = 0$，可得出状态矢量 $\boldsymbol{X}(t)$ 各分量的数学期望值表达式：

$$M\{H(t)\} = H_0 + V_{\xi0}t + \frac{a_{\xi0}}{\alpha^2}(\mathrm{e}^{-\alpha t} + \alpha t - 1) = H_0 + V_{\xi0}t$$

$$M\{V_\xi(t)\} = V_{\xi0}t + \frac{a_{\xi0}}{\alpha}(1 - \mathrm{e}^{-\alpha t}) = V_{\xi0}$$

$$M\{a_\xi(t)\} = a_{\xi0}\mathrm{e}^{-\alpha t} = 0$$

考虑到在所分析实例中 $\boldsymbol{D}_0 = 0$，根据式（2.53）可得出一次二阶中心矩矩阵 $\boldsymbol{D}(t)$ 的表达式。众所周知[2,3,9]，考虑到 $\boldsymbol{D}_0 = 0$ 和系统的稳定性，可确定 $\boldsymbol{D}(t)$ 的微分方程的解具有下列形式：

$$\boldsymbol{D}(t) = \int_{t_0}^{t}\boldsymbol{\Phi}(t-\tau)\boldsymbol{GQG}^{\mathrm{T}}\boldsymbol{\Phi}^{\mathrm{T}}(t-\tau)\mathrm{d}\tau \tag{2.91}$$

将初始数据代入式（2.91）并进行积分，考虑到 $t_0 = 0$ 和 $\boldsymbol{Q} = \boldsymbol{I}$，可得出矩阵元素 $\boldsymbol{D}(t) = [d_{ij}(t)]$ 的表达式：

$$\begin{cases} d_{11}(t) = \dfrac{\sigma^2}{3\alpha^4}[2(\alpha t - 1)^3 - 3\mathrm{e}^{-\alpha t}(\mathrm{e}^{-\alpha t} + 4\alpha t) + 5] \\ d_{12}(t) = d_{21}(t) = \dfrac{\sigma^2}{\alpha^3}[(\alpha t - 1)^2 + (1 - \mathrm{e}^{-\alpha t})^2 + 2\alpha t\mathrm{e}^{-\alpha t} - 1] \\ d_{13}(t) = d_{31}(t) = \dfrac{\sigma^2}{\alpha^2}[1 - (\alpha t + \mathrm{e}^{-\alpha t})^2 + \alpha^2 t^2] \\ d_{22}(t) = \dfrac{\sigma^2}{\alpha^2}[1 - (2 - \mathrm{e}^{-\alpha t})^2 + 2\alpha t] \\ d_{23}(t) = d_{32}(t) = \dfrac{\sigma^2}{\alpha}(1 - \mathrm{e}^{-\alpha t})^2 \\ d_{33}(t) = \sigma^2(1 - \mathrm{e}^{-2\alpha t}) \end{cases} \tag{2.92}$$

式中：d_{ij}为矩阵 $\boldsymbol{D}(t)$ 的元素；$i = 1, 2, 3$；$j = 1, 2, 3$。

使用电子计算机，根据式（2.92）计算随时间变化的航空器垂直运动参数的方差。计算结果如图 2.7 所示，图中：$d_{11}(t) \triangleq d_H(t)$，为航空器飞行高度方差（$\mathrm{m}^2$）；$d_{22}(t) \triangleq d_{V\xi}(t)$，为航空器垂直速度方差（$\mathrm{m}^2/\mathrm{s}^2$）；$d_{33}(t) \triangleq d_{a\xi}(t)$，为航空器垂直加速度方差（$\mathrm{m}^2/\mathrm{s}^4$）。

在一阶矢量差分方差（式（2.63））的基础上将连续模型(式（2.78））变换为离散模型：

$$\boldsymbol{X}_{k+1} = \boldsymbol{\Phi}_T\boldsymbol{X}_k + \boldsymbol{\Gamma}_T\boldsymbol{W}_k \tag{2.93}$$

对于所分析实例 $\boldsymbol{X}_{k+1} = [H_{k+1} \quad V_{\xi(k+1)} \quad a_{\xi(k+1)}]^{\mathrm{T}}$，而根据式（2.84）确定基本矩阵 $\boldsymbol{\Phi}_T$。

考虑到状态矢量 $\boldsymbol{X}(t)$ 为三维，我们选择标准离散高斯白噪声三维矢量形式的扰动矢量 $\boldsymbol{W}_k$。在这样的矢量下，扰动转换矩阵 $\boldsymbol{\Gamma}(T)$ 是一个下三角矩阵并满足式（2.62）：

$$\boldsymbol{\Gamma}_T\boldsymbol{\Gamma}_T^{\mathrm{T}} = \boldsymbol{D}_T$$

式中：$\boldsymbol{D}_T$ 根据式（2.91）和式（2.92）确定；T 为离散间隔。

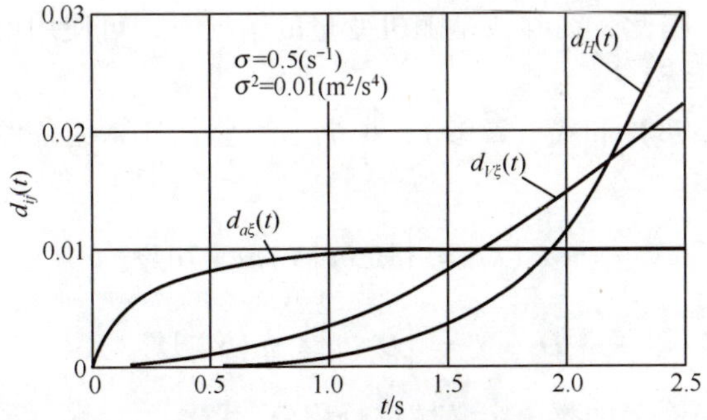

图 2.7　计算结果数据图

在解决分析导航、瞄准和武器控制综合电子系统的一系列实际问题时，必须考虑其参数的随机特性，随机因素的原因有干扰作用、系统制造过程中各类不可控偏差、各种使用因素等。在参数与初始值偏差的统计特性已知时，与式（2.23）~式（2.25）类似，依靠相应的扩展状态矢量可解决类似的问题。假设可用下列形式的状态方程描述所分析的系统[2]：

$$\dot{\boldsymbol{X}}(t) = \boldsymbol{A}(t,Y)\boldsymbol{X}(t) + \boldsymbol{G}(t,Y)\boldsymbol{N}(t), \boldsymbol{X}(t_0) = \boldsymbol{X}_0 \tag{2.94}$$

即式（2.30）形式的方程；其系数取决于 m 维的具有统计特性的随机参数矢量 $\boldsymbol{Y}$。

假设，$\boldsymbol{Y}$ 是一个矢量随机变量：

$$\dot{\boldsymbol{Y}} = 0 \tag{2.95}$$

它具有已知的概率密度 $p(\boldsymbol{Y})$。

联合过程 $\boldsymbol{Z}(t) = [\boldsymbol{X}^{\mathrm{T}}(t) \quad \boldsymbol{Y}^{\mathrm{T}}]^{\mathrm{T}}$ 明显是一个马尔可夫过程（但不是高斯过程），概率密度 $p(t,\boldsymbol{X},\boldsymbol{Y})$ 满足福克尔—普朗克—柯尔莫哥洛夫方程[2,3]：

$$\begin{aligned}\frac{\partial p(t,\boldsymbol{X},\boldsymbol{Y})}{\partial t} = &-\sum_{i,j=1}^{n}\frac{\partial}{\partial x_i}[a_{ij}(t,\boldsymbol{Y})p(t,\boldsymbol{X},\boldsymbol{Y})x_i] + \\ &\frac{1}{2}\sum_{i,j=1}^{n}\frac{\partial^2}{\partial x_i \partial x_j}\times[b_{ij}(t,\boldsymbol{Y})p(t,\boldsymbol{X},\boldsymbol{Y})]\end{aligned} \tag{2.96}$$

将联合概率密度 $p(t,\boldsymbol{X},\boldsymbol{Y})$ 以下列形式表示：

$$p(t,\boldsymbol{X},\boldsymbol{Y}) = p(t,\boldsymbol{X}|\boldsymbol{Y})p(t,\boldsymbol{Y}) \tag{2.97}$$

将式（2.97）代入式（2.96），可以确定条件概率密度 $p(t,\boldsymbol{X}|\boldsymbol{Y})$ 也满足式（2.96），而 $p(t,\boldsymbol{Y}) = p(\boldsymbol{Y})$。此时，根据式（2.30）~式（2.32）和式（2.35）~式（2.37）可得出结论，条件概率密度 $p(t,\boldsymbol{X}|\boldsymbol{Y})$ 将是具有条件数学期望值和条件一次二阶中心矩矩阵的高斯概率密度：

$$\boldsymbol{M}_x(t|\boldsymbol{Y}) = M\{\boldsymbol{X}(t)|\boldsymbol{Y}\} = \boldsymbol{\Phi}(t,t_0,\boldsymbol{Y})\boldsymbol{M}_0 \tag{2.98}$$

$$\boldsymbol{D}_x(t|\boldsymbol{Y}) = \boldsymbol{\Phi}(t,t_0,\boldsymbol{Y})\boldsymbol{D}_0\boldsymbol{\Phi}^{\mathrm{T}}(t,t_0,\boldsymbol{Y}) + \boldsymbol{D}_{\Pi}(t,\boldsymbol{Y}) \tag{2.99}$$

众所周知[2,3]，这种随机过程被称作条件高斯过程，且对其来说上述所有关系式都是正确的。因此，在参数是随机变量的情况下，可使用上述方法分析随机模拟和数字线性系统。

考虑到式（2.98）和式（2.99），根据下列公式计算无条件数学期望值和一次二阶中心矩矩阵：

$$\boldsymbol{M}_x(t) = \int \boldsymbol{M}_x(t|\boldsymbol{Y})p(\boldsymbol{Y})\mathrm{d}\boldsymbol{Y}$$

$$\boldsymbol{D}_x(t) = \int \boldsymbol{D}_x(t|\boldsymbol{Y})p(\boldsymbol{Y})\mathrm{d}\boldsymbol{Y}$$

此处对矢量随机变量 $\boldsymbol{Y}$ 的整个定义域进行积分。

2.6.3 应用实例 2

假设线性动态系统具有标量随机过程 $x(t)$ 的特征，该过程可用下列随机微分方程描述：

$$\dot{x}(t) = -(\alpha+\gamma)x(t) + (\alpha+\gamma)n_x(t) \tag{2.100}$$

式中：$n_x(t)$ 为具有零数学期望值和相关函数 $M\{n_x(t)n_x(t+\tau)\} = N_x\delta(\tau)/2$ 的高斯白噪声。

假设随机变量 γ 在 $[\alpha-\Delta, \alpha+\Delta]$ 上平均分布，则可得出过程 $x(t)$ 无条件方差的表达式[9]。

根据式（2.99）并考虑到式（2.100），对于无条件方差 $\sigma_x^2(t|\gamma)$ 可得出：

$$\sigma_x^2(t|\gamma) = \frac{N_x}{4(\alpha+\gamma)}(1 - \mathrm{e}^{-2(\alpha+\gamma)t})$$

对该表达式的 γ 取平均值，可得出：

$$\sigma_x^2(t) = \frac{N_x}{8\Delta}\left[ln\frac{2\alpha+\Delta}{2\alpha-\Delta} + E_i(2t(\Delta-2\alpha)) - E_i(-2t(\Delta+2\alpha))\right]$$

式中：$E_i(z) = \int_{-\infty}^{z}\frac{\mathrm{e}^z}{z}\mathrm{d}z$，$z<0$，为积分指数函数[14,15]。

2.7 非线性多维动态系统分析方法

2.7.1 非线性多维动态系统分析方法

可使用式（2.17）类型的非线性状态方程描述视作非线性系统的导航、瞄准和武器控制机载综合电子系统，在解算福克尔—普朗克—柯尔莫哥洛夫方程

（式（2.18））的基础上通过分析问题可获得状态矢量 $\boldsymbol{X}(t)$ 的统计特性。如在 2.4 节所述，解算该方程是一个非常复杂的数学问题。因此，实践中经常仅限于计算状态矢量的某些统计特性，例如概率密度 $p(t,\boldsymbol{X})$ 的时刻特定值。

对于概率密度 $p(t,\boldsymbol{X})$，将福克尔—普朗克—柯尔莫哥洛夫方程（式（2.18））的两端都乘以 $\boldsymbol{X}$ 并对过程 $\boldsymbol{X}(t)$ 的整个存在域求积分。考虑到正生成算子和反生成算子的关系式[2,3,12]，可得到：

$$\dot{\boldsymbol{M}}_x(t) = \int \boldsymbol{A}(t,\boldsymbol{X})p(t,\boldsymbol{X})\,\mathrm{d}X, \boldsymbol{M}_x(t_0) = \boldsymbol{M}_0 \tag{2.101}$$

当在乘以 $[\boldsymbol{X} - \boldsymbol{M}_x(t)][\boldsymbol{X} - \boldsymbol{M}_x(t)]^{\mathrm{T}}$ 时，同理可得出一元二阶中心矩的矩阵[2,9]：

$$\begin{aligned}\dot{\boldsymbol{D}}_x(t) = \int \{&\boldsymbol{B}(t,\boldsymbol{X}) + [\boldsymbol{X} - \boldsymbol{M}_x(t)]\boldsymbol{A}^{\mathrm{T}}(t,\boldsymbol{X}) + \\ &\boldsymbol{A}(t,\boldsymbol{X})[\boldsymbol{X} - \boldsymbol{M}_x(t)]^{\mathrm{T}}\}p(t,\boldsymbol{X})\,\mathrm{d}\boldsymbol{X}\end{aligned} \tag{2.102}$$

原则上对于密度概率 $p(t,\boldsymbol{X})$ 的任何矩阵都可得出相应的关系式。而实践中经常仅限于计算概率密度的前两阶矩。如果此时向式（2.101）、式（2.102）中代入高斯概率密度 $p(t,\boldsymbol{X}) = N\{\boldsymbol{M}_x(t), \boldsymbol{D}_x(t)\}$，则可得出 $\boldsymbol{M}_x(t)$ 和 $\boldsymbol{D}_x(t)$ 的普通微分方程组。这种方法被称作高斯近似法或统计线性化法[2,7]。

2.7.2 应用实例

分析一个可用下列随机微分方程描述的标量随机过程 $x(t)$：

$$\dot{x}(t) = x^2(t) + \sqrt{b}\,n(t)$$

式中：$n(t)$ 为标准高斯白噪声。

根据式（2.101）和式（2.102）可得出，所分析过程的数学期望值及其方差可用下列方程描述：

$$\dot{m}_x(t) = \int x^2 p(t,x)\,\mathrm{d}x = D_x(t) + m_x^2(t)$$

$$\begin{aligned}\dot{D}_x(t) &= \int [b + 2(x - m_x)x^2]p(t,x)\,\mathrm{d}x \\ &= b + 4m_x(t)D_x(t) + 2\int (x - m_x)^3 p(t,x)\,\mathrm{d}x\end{aligned}$$

统计线性化等效于忽略概率密度 $p(t,\boldsymbol{X})$ 的三阶中心矩。为估计统计线性化法的误差，需要用其他方法估计这个三阶中心矩。

在统计线性化法框架内，当考虑到高斯分布定律在式（2.101）、式（2.102）中可求积分（分析或使用计算机）的情况下，这两个关系式允许得出数学期望值矢量和二阶中心矩矩阵的“准确值”。

如果在式（2.101）、式（2.102）中，在点 $\boldsymbol{M}_x(t)$ 的邻域内泰勒级数展开非

线性函数 $\boldsymbol{A}(t,\boldsymbol{X})$ 和 $\boldsymbol{B}(t,\boldsymbol{X})$ 并只限于有限项的这些级数，对于 $\boldsymbol{A}(t,\boldsymbol{X})$ 和 $\boldsymbol{B}(t,\boldsymbol{X})$ 复杂的非线性关系可得出 $\boldsymbol{M}_x(t)$ 和 $\boldsymbol{D}_x(t)$ 的近似值。此时，取决于级数保留项的数量，由式（2.101）、式（2.102）可得出具有不同准确度和复杂性的 $\boldsymbol{M}_x(t)$ 和 $\boldsymbol{D}_x(t)$ 的方程。

其中，如果考虑到前两个展开项：

$$\boldsymbol{A}(t,\boldsymbol{X}) \approx \boldsymbol{A}(t,\boldsymbol{M}_x) + \left[\left[\frac{\partial}{\partial \boldsymbol{M}_x}\right]^{\mathrm{T}} \boldsymbol{A}^{\mathrm{T}}(t,\boldsymbol{M}_x)\right]^{\mathrm{T}} (\boldsymbol{X} - \boldsymbol{M}_x) \tag{2.103}$$

$$\boldsymbol{B}(t,\boldsymbol{X}) \approx \boldsymbol{B}(t,\boldsymbol{M}_x) + \left\{(\boldsymbol{X} - \boldsymbol{M}_x)^{\mathrm{T}}\left[\frac{\partial}{\partial \boldsymbol{M}_x}\right]^{\mathrm{T}}\right\}\boldsymbol{B}(t,\boldsymbol{M}_x) \tag{2.104}$$

则由式（2.101）、式（2.102）可得出：

$$\boldsymbol{M}_x(t) = \boldsymbol{A}(t,\boldsymbol{M}_x) \tag{2.105}$$

$$\dot{\boldsymbol{D}}_x(t) = \boldsymbol{B}(t,\boldsymbol{M}_x) + \left[\left[\frac{\partial}{\partial \boldsymbol{M}_x}\right]^{\mathrm{T}} \boldsymbol{A}^{\mathrm{T}}(t,\boldsymbol{M}_x)\right]^{\mathrm{T}} \boldsymbol{D}_x(t) + \boldsymbol{D}_x(t)\left[\left[\frac{\partial}{\partial \boldsymbol{M}_x}\right]^{\mathrm{T}} \boldsymbol{A}^{\mathrm{T}}(t,\boldsymbol{M}_x)\right]^{\mathrm{T}} \tag{2.106}$$

在式（2.104）和下文中大括号内的表达式被用作算子，算子中矢量列的导数是矢量行：

$$\frac{\partial}{\partial \boldsymbol{M}_x} = \left[\frac{\partial}{\partial m_{1x}} \quad \frac{\partial}{\partial m_{2x}} \quad \cdots \quad \frac{\partial}{\partial m_{nx}}\right]$$

如果向式（2.101）、式（2.102）中代入下列形式的展开式来替换式（2.103）、式（2.104）：

$$\boldsymbol{A}^{\mathrm{T}}(t,\boldsymbol{X}) \approx \boldsymbol{A}^{\mathrm{T}}(t,\boldsymbol{M}_x) + (\boldsymbol{X} - \boldsymbol{M}_x)^{\mathrm{T}}\left[\left[\frac{\partial}{\partial \boldsymbol{M}_x}\right]^{\mathrm{T}} \boldsymbol{A}^{\mathrm{T}}(t,\boldsymbol{M}_x)\right] + \frac{1}{2}\left\{\left[(\boldsymbol{X} - \boldsymbol{M}_x)(\boldsymbol{X} - \boldsymbol{M}_x)^{\mathrm{T}}\left(\frac{\partial}{\partial \boldsymbol{M}_x}\right)^{\mathrm{T}}\right]^{\mathrm{T}}\left(\frac{\partial}{\partial \boldsymbol{M}_x}\right)^{\mathrm{T}}\right\}\boldsymbol{A}(t,\boldsymbol{M}_x) \tag{2.107}$$

$$\boldsymbol{B}(t,\boldsymbol{X}) \approx \boldsymbol{B}(t,\boldsymbol{M}_x) + \left\{(\boldsymbol{X} - \boldsymbol{M}_x)^{\mathrm{T}}\left(\frac{\partial}{\partial \boldsymbol{M}_x}\right)^{\mathrm{T}}\right\}\boldsymbol{B}(t,\boldsymbol{M}_x) + \frac{1}{2}\left\{\left[(\boldsymbol{X} - \boldsymbol{M}_x)(\boldsymbol{X} - \boldsymbol{M}_x)^{\mathrm{T}}\left(\frac{\partial}{\partial \boldsymbol{M}_x}\right)^{\mathrm{T}}\left(\frac{\partial}{\partial \boldsymbol{M}_x}\right)\right]^{\mathrm{T}}\right\}\boldsymbol{B}(t,\boldsymbol{M}_x) \tag{2.108}$$

则可得出比式（2.105）和式（2.106）更准确，但同时更复杂的方程：

$$\dot{\boldsymbol{M}}_x = \boldsymbol{A}(t,\boldsymbol{M}_x) + \frac{1}{2}\left\{\left[\boldsymbol{D}_x(t)\left(\frac{\partial}{\partial \boldsymbol{M}_x}\right)^{\mathrm{T}}\right]^{\mathrm{T}}\left(\frac{\partial}{\partial \boldsymbol{M}_x}\right)^{\mathrm{T}}\right\}\boldsymbol{A}(t,\boldsymbol{M}_x) \tag{2.109}$$

$$\dot{\boldsymbol{D}}_x(t) = \boldsymbol{B}(t,\boldsymbol{M}_x) + \frac{1}{2}\left\{\left[\boldsymbol{D}_x(t)\left(\frac{\partial}{\partial \boldsymbol{M}_x}\right)^{\mathrm{T}}\left(\frac{\partial}{\partial \boldsymbol{M}_x}\right)\right]^{\mathrm{T}}\right\}\boldsymbol{B}(t,\boldsymbol{M}_x) + \left[\left(\frac{\partial}{\partial \boldsymbol{M}_x}\right)^{\mathrm{T}} \boldsymbol{A}^{\mathrm{T}}(t,\boldsymbol{M}_x)\right]\boldsymbol{D}_x(t) + \boldsymbol{D}_x(t)\left[\left(\frac{\partial}{\partial \boldsymbol{M}_x}\right)^{\mathrm{T}} \boldsymbol{A}^{\mathrm{T}}(t,\boldsymbol{M}_x)\right]^{\mathrm{T}} \tag{2.110}$$

通过将所求概率密度展开为给定函数项的级数[2,3]，上述分析的关系式是福克尔—普朗克—柯尔莫哥洛夫前向方程近似解的特例。此外，为了获得式（2.101）和式（2.102）类型的微分方程，在一般情况下更适合使用的不是概率密度 $p(t,\boldsymbol{X})$ 本身，而是下列特性函数[2,3]：

$$\varphi(t,\boldsymbol{\Omega}) = \pounds\{j\boldsymbol{\Omega},p(t,\boldsymbol{X})\} = \int \mathrm{e}^{j\boldsymbol{\Omega}^{\mathrm{T}}\boldsymbol{X}}p(t,\boldsymbol{X})\mathrm{d}\boldsymbol{X} \tag{2.111}$$

或累积量函数：

$$\psi(t,\boldsymbol{\Omega}) = ln\varphi(t,\boldsymbol{\Omega}) \tag{2.112}$$

式中：$\boldsymbol{\Omega} = [\omega_1\ \omega_2\ \cdots\ \omega_n]^{\mathrm{T}}$。

这是由于特性函数式（2.111）的 $\boldsymbol{\Omega}$ 阶级数展开系数与 $p(t,\boldsymbol{X})$ 分布矩成比例，而累积量函数（式（2.112））与累积量（或半不变量）成比例。与高阶矩（≥3）相比，使用累积量或准矩的优点在于，例如，对于高斯分布，所有准矩和高阶累积量（≥3）都等于零。

类似的方法也可用于解决用式（2.4）差分方程描述的综合电子系统数字元部件的分析问题，例如：

$$\boldsymbol{X}_{k+1} = \boldsymbol{\Phi}(k,\boldsymbol{X}_k) + \boldsymbol{\Gamma}(k,\boldsymbol{X}_k)\boldsymbol{W}(k) \tag{2.113}$$

此时，针对式（2.27）使用高斯近似法和相应非线性函数的泰勒级数展开法。其中，在式（2.103）和式（2.104）一阶近似基础上的数学期望值矢量和一次二阶中心矩矩阵的方程具有下列形式[2,3]：

$$\boldsymbol{M}_x(k+1) = \boldsymbol{\Phi}(k,\boldsymbol{M}_x(k)) \tag{2.114}$$

$$\begin{aligned}\boldsymbol{D}_x(k+1) = {}& \left(\frac{\partial}{\partial \boldsymbol{M}_x}\right)^{\mathrm{T}}\boldsymbol{\Phi}^{\mathrm{T}}(k,\boldsymbol{M}_x)\boldsymbol{D}_x(k)\left[\left(\frac{\partial}{\partial \boldsymbol{M}_x}\right)^{\mathrm{T}}\boldsymbol{\Phi}^{\mathrm{T}}(k,\boldsymbol{M}_x)\right]^{\mathrm{T}} + \\ & \boldsymbol{\Gamma}(k,\boldsymbol{M}_x(k))\boldsymbol{\Gamma}^{\mathrm{T}}(k,\boldsymbol{M}_x(k))\end{aligned} \tag{2.115}$$

与式（2.114）和式（2.15）类似，可得出在式（2.107）和式（2.108）一阶近似基础上的差分方程。

在结尾时强调指出，在2.7节中研究的关系式具有近似性质。在研究每个机载综合电子系统及其组成部件时，必须估计这些关系式的近似度和正确使用这些关系式分析问题的可能性。

参 考 文 献

1. *Стратонович Р. Л.* Условные марковские процессы и их применение к теории оптимального управления. М.：МГУ им. М. В. Ломоносова. 1966.
2. *Ярлыков М. С.*，*Миронов М. А.* Марковская теория оценивания случайных процессов. М.：Радио и связь. 1993.
3. *Тихонов В. И.*，*Миронов М. А.* Марковские процессы. М.：Сов. радио. 1977.

4. *Медич Дж.* Оптимальные оценки и управление. М. : Мир. 1973.

5. Справочник по теории автоматического управления/под ред. *А. А. Красов-ского.* М. : Наука, Гл. ред. физ. -мат. лит. 1987.

6. *Ройтенберг Я. Н.* Автоматическое управление. М. : Наука, гл. ред. физ. -мат. лит. 1971.

7. *Ярлыков М. С.* Применение марковской теории нелинейной фильтрации в радиотехнике. М. : Сов радио. 1980.

8. *Тихонов В. И.* , *Харисов В. Н.* Статистический анализ и синтез радиотехнических устройств и систем. М. : Радио и связь. 1991.

9. *Ярлыков М. С*, *Богачев А. С*, *Миронов М. А.* Боевое применение и эффективность авиационных радиоэлектронных комплексов. М. : ВВИА им. проф. Н. Е. Жуковского. 1990.

10. *Ярлыков М. С*, *Богачев А. С.* Авиационные радиоэлектронные комплексы. М. : ВАТУ. 2000.

11. *Браммер К.* , *Зиффлинг Г.* Фильтр Калмана-Бьюси. М. : Наука, гл. ред. физ. -мат. лит. 1982.

12. *Ярлыков М. С.* Статистическая теория радионавигации. М. : Радио и связь. 1985.

13. *Тихонов В. И.* Статистическая радиотехника. М. : Радио и связь. 1982.

14. *Корн Г.* , *Корн Т.* Справочник по математике для научных работников и инженеров. М. : Наука, гл. ред. физ. -мат. лит. 1973.

15. *Бронштейн К. Н.* , *Семендяев К. А.* Справочник по математике для инженеров и учащихся втузов. -13-е изд. , исправленное. М. : Наука, гл. ред. физ. -мат. лит. 1986.

第3章 机载综合电子系统的信息综合处理

3.1 机载综合电子系统的估计和控制

3.1.1 引言

航空器导航、瞄准和武器控制综合电子系统的一个重要结构原理是其组成中各系统和设备的综合化（一体化），这样，可联合处理由各测量仪获得的导航驾驶、观测瞄准信息和其他信息。长期以来，在机载综合电子系统中经常使用启发式算法进行信息联合处理。特别是当存在许多信号，而这些信号是同一参数的不同测量结果时，使用从中选出精度最高信号的算法。例如，在无线电近距导航和着陆系统的机载设备（如 PCБH-6c）中曾实现类似的算法。此外，在机载综合电子系统联合处理信息时经常使用不变性理论方法。运用这些方法，根据补偿和滤波示意图以及将补充信息引入跟踪环的示意图来实现联合处理信息的算法[1,2]。在各型航空器的现代化机载综合电子系统中，在联合惯性导航系统和无线电测量仪的基础上，这些算法可用于构造信息综合处理系统（KOИ）。

目前，随着对机载综合电子系统精度、抗干扰性和其他性能的要求不断提高，在构造综合电子系统时越来越广泛地使用信息综合处理系统最优化方法。在此情况下，引用相应的综合法来制定测量结果的联合处理算法。这一切成为可能的主要原因是：一方面，目前在随机过程线性和非线性估计统计理论方面取得了成果；另一方面，技术领域的成就和机载计算机系统能力的增强允许在实践中实现这些算法。为此，为实现信息的最优二次综合处理，在现代机载综合电子系统中广泛使用最优线性估计法（卡尔曼—布西滤波）[2-4]。为实现信息的最优一次综合处理，在机载综合电子系统中广泛使用马尔可夫随机过程最优非线性估计理论方法[5-7]，特别是在其重要组成部件中使用设备和系统最优综合化的马尔可夫理论[illegible]。

3.1.2 机载综合电子系统估计

随机过程和场的马尔可夫随机过程最优非线性估计理论（简称马尔可夫估计理论（MTO））是一种非常普遍的综合理论，而最优线性估计理论（OЛO）是马尔可夫估计理论的特例。对于各型飞机的机载综合电子系统，在下列情况下马尔可夫估计理论可在结构上完成综合任务：

（1）有效信号矢量是非稳定和非线性的状态矢量函数（一般来说这是无线电信号特有的）；

（2）状态矢量由非线性矢量矩阵微分（差分）方程确定。

在这些情况下，上述最优线性估计理论不能完成综合电子系统信息部分的综合任务。这些导致在联合各种测量仪用于无线电信号最优一次处理的情况下，使用马尔可夫估计理论，特别是马尔可夫最优综合化理论对综合电子系统的信息子系统进行综合能够为研制新的综合电子系统提供可能[2,7]。

在指出随机过程马尔可夫估计理论的优点时，还需强调其通用性。实际上，该理论并不要求有效信号、干扰或信息过程本身是马尔可夫过程。马尔可夫最优非线性估计理论对其提出了较少的要求，即：仅信号中的状态和观测矢量必须是多维马尔可夫过程[5-7]。

为使组成部件（如信息综合处理系统或控制系统）最优化，引用综合法构造导航、瞄准和武器控制综合电子系统，包括下列阶段：

（1）提出机载综合电子系统的技战术要求；

（2）选择和论证机载综合电子系统的设备和系统组成，指定其分级结构；

（3）为机载综合电子系统的设备和系统制定信号、干扰、信息和同步过程的数学模型；

（4）综合信息接收和综合处理的算法，以及机载综合电子系统最优控制律（或近似律）；

（5）估计所得算法的可实现性，分析综合系统的功能运行质量；

（6）建立机载综合电子系统（或单独组成部件）的功能算法和运行过程的数学或半实物模型，并评估所获结果；

（7）考虑到最优化标准的限制，修正第（1）、（2）项（必要时），机载综合电子系统算法的再次综合等。

为完成机载综合电子系统某个组成部件（例如信息综合处理系统）的综合任务，首先必须根据任务的物理意义和目的选择最优化标准。就机载综合电子系统而言这些标准通常是组合式的，即一般损失函数是初等损失函数的组合。

对综合电子系统提出的一系列要求经常被视作完成最优化任务时的限制。满足限制的要求被视为强制性要求（例如，满足重量、尺寸和造价等限制要求）。在提出综合任务时，必须对物理现象进行描述并将物理描述变换为数学语言，即使任务形式化（通常在状态空间内）。此时，应借助相应的数学模型详细说明综合电子系统相应组成部件的信号、干扰、信息和同步过程，这些数学模型取决于相应的外部因素（参见第2章）。为实现机载综合电子系统的有效控制，必须对这些过程进行估计（滤波），即获得状态矢量的最优估计。在知道状态矢量估计的前提下，才能随后确定最优控制，使损失函数最小化（最大化）。上面所述还可确定另一范围的任务，解决这类问题便能够研制综合电子系统最优的组成部件。

解决综合任务的目的是获得系统综合部分的最优结构（或近似的结构）、对性能（首先是效率）进行质量估计、确定对先验数据偏差的灵敏度和评价实际的可实现性。

引用综合法研制机载综合电子系统的复杂性在于综合信息处理系统（即状态矢量估计系统）和控制系统是相互联系的。估计系统对由综合系统的功能和航空器自身动态确定的过程进行滤波，而综合系统的执行部分（包括自动控制系统）则根据估计系统的数据来控制飞行器和状态矢量。

以标准受控对象（УО）闭环控制系统的功能为例[9]，分析导航、瞄准和武器控制综合电子系统各组成部件的相互联系。对机载综合电子系统而言，受控对象可为航空器、机载武器等。对象的控制过程包括下列主要阶段：获取受控对象和周围环境的信息，处理所获的信息，形成和实现控制作用。

任何受控对象（例如，航空器）闭环控制系统的总结构图都如图 3.1 所示，图中：ИС 为测量系统；СКОИ 为信息综合处理系统；СУ 为控制系统，生成控制作用（控制信号）总和 $S_U(t)$；$M_п(t)$ 为程序动作总和；$S_w(t)$ 为作用于受控对象上的扰动总和；$S_z(t)$ 为测量系统输出信号总和；$N_z(t)$ 为确定测量误差的扰动（干扰）总和。

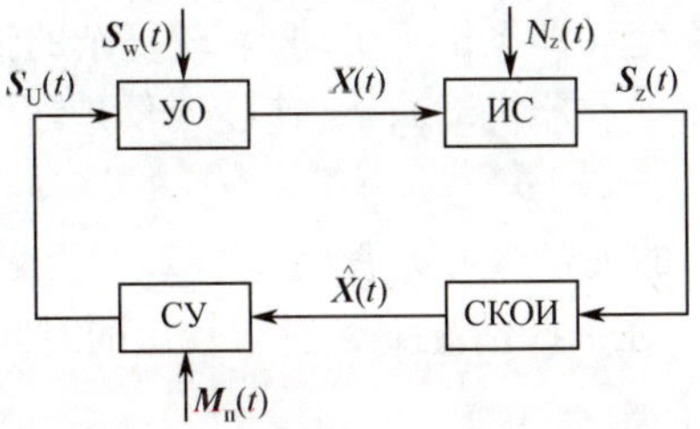

图 3.1　航空器闭环控制系统简单的典型情况

可见，在图 3.1 中展示了简单航空器闭环控制系统的典型情况，此时测量系统和信息综合处理系统的功能是分离的，这发生在对测量仪进行综合化一次信息处理的情况下（联合处理航空器测量仪的输出信号）。在对一次信息处理测量仪进行综合化时，测量系统和信息综合处理系统的这种分离是不可能的。

受控对象（航空器）的位置和运动特性可借助状态矢量 $\boldsymbol{X}(t)$ 和相应的式（2.2）或式（2.5）的微分方程组在状态空间内（参见第 2 章）进行描述。状态矢量 $\boldsymbol{X}(t)$ 的分量（组元）可选择，例如，航空器的笛卡儿坐标及其导数（速度、加速度等）：

$$X(t) = [x_1(t) \quad x_2(t) \quad \cdots \quad x_n(t)]^{\mathrm{T}}$$

式中：$x_i(t)$ 为状态变量，$i=1, 2, \cdots, n$。

当然，在航空器完成截获和击毁空中目标、摧毁地面或其他目标的任务时，在状态矢量组成中还包括目标的坐标和其他运动参数。此外，在一般情况下状态矢量是混合式的（离散—连续），此时其一部分分量是连续过程，而另一部分分量是离散过程。例如，类似情况在对“格洛纳斯”或 GPS 型卫星无线电导航系统的接收处理设备进行综合时是比较常见的，此时，伪距离和伪速度具有连续过程的特征，而离散发送业务信息（导航数据）[10,11]。

考虑到确定状态矢量动态的先验模型，在测量系统输出端上形成的观测集合 $S_z(t)$ 的基础上，在信息综合处理系统中计算出状态矢量的估计 $\hat{X}(t)$（图 3.1）。如果信息综合处理系统是最优的，则估计 $\hat{X}(t)$ 是最优的。

由于航空器的每个飞行阶段和飞行状态都可用不同的参数集合表示，并用不同的方程组描述，所以每个飞行阶段和飞行状态都有符合自身的状态矢量[2,3,9]。在第 2 章中已经研究了针对航空器最简单运动情况的典型状态矢量示例。

航空器的运动特性及其轨迹取决于所完成的任务和下列因素：受控对象类型（飞机、直升机等）、其机动能力、给定的飞行路线、敌方的对抗、随机扰动（如风）的作用等。由于上述原因，航空器的运动可用在右侧部分带随机和非随机作用的矢量微分方程描述，选择哪种航空器运动模型由一系列意图确定。通常在制定航空器运动的数学模型时，首先考虑其运动特性。最简单的情况认为，航空器的地面速度矢量在时间上固定不变（即飞机不机动）。较复杂的情况是：①速度矢量在时间上以一定方式变化（即航空器机动）；②速度矢量是随机的，例如，由于大气湍流等。

满足状态矢量 $X(t)$ 的矢量微分方程（式（2.2）或式（2.5））可描述航空器相应的运动数学模型。在一些情况下，对于较短的时间段方程是线性的并具有下列形式[2,9]：

$$\dot{X}(t) = F(t)X(t) + C(t)U(t) + G(t)W(t), X(t_0) = X_0 \tag{3.1}$$

式中：X_0 为初始时刻 t_0 的状态矢量值；$F(t)$ $n \times n$ 的状态矩阵，它表示状态变量 $x_i(t)$ 之间的非随机关系，例如航空器坐标与其速度分量、加速度等的关系；$U(t)$ 为非随机 p 维矢量，在估计任务中称作控制矢量，在其作用下飞机最终服从机组人员的决定，根据要求的轨迹（基准轨迹）按照所选路线和飞行剖面图完成飞行；$C(t)$ $n \times p$ 的控制矩阵，它表示控制矢量分量与状态变量之间的关系；$W(t)$ 为随机 r 维扰动矢量，它受随机因素对航空器飞行的影响（如大气湍流、发动机推力不均衡性等）；$G(t)$ 为 $n \times r$ 的扰动矩阵，它表示扰动矢量分量与状态变量之间的关系。

实际上，经常假设扰动矢量 $\boldsymbol{W}(t)$ 是高斯白噪声，其数学期望值 $M[\boldsymbol{W}(t)] = 0$，而相关矩阵具有下列形式：

$$\boldsymbol{R}_w(t_1, t_2) = M\{\boldsymbol{W}(t_1)\boldsymbol{W}^{\mathrm{T}}(t_2)\} = \boldsymbol{Q}\delta|t_2 - t_1| \tag{3.2}$$

式中：$\boldsymbol{Q}$ 为 $r \times r$ 的二次高斯白噪声强度方阵；$\delta|t_2 - t_1|$ 为 δ 函数。

在测量系统输出端上观测的测量集合 $S_z(t)$ 用于形成 m 维观测（测量）矢量

$$\boldsymbol{Z}(t) = [z_1(t) \quad z_2(t) \quad \cdots \quad z_m(t)]^{\mathrm{T}}$$

它包含状态矢量 $\boldsymbol{X}(t)$ 的有用信息，该信息由于存在测量误差而失真，测量误差以 $\boldsymbol{N}_z(t)$ 矢量形式表示。

在一般情况下，当测量仪正常运行时，即对于跟踪工况，观测矢量 $\boldsymbol{Z}(t)$ 由下列线性关系式确定：

$$\boldsymbol{Z}(t) = \boldsymbol{H}(t)\boldsymbol{X}(t) + \boldsymbol{N}_z(t) \tag{3.3}$$

式中：$\boldsymbol{H}(t)$ 为 $m \times n$ 的测量（观测）矩阵，它与状态和观测变量有关。

实际上，测量误差矢量 $\boldsymbol{N}_z(t)$ 经常表示为具有已知平均值和相关矩阵的高斯噪声矢量。在最简单的情况下，$\boldsymbol{N}_z(t)$ 可视为具有零数学期望值 $M[\boldsymbol{N}_z(t)] = 0$ 和下列形式相关矩阵的高斯白噪声矢量：

$$\boldsymbol{R}(t_1, t_2) = M[\boldsymbol{N}_z(t_1)\boldsymbol{N}_z^{\mathrm{T}}(t_2)] = \boldsymbol{N}\delta|t_1 - t_2| \tag{3.4}$$

式中：$\boldsymbol{N}$ 为 $m \times m$ 的测量噪声强度矩阵。

由图 3.1 可知，属于综合电子系统信息部分的测量系统和信息综合处理系统可完成状态矢量 $\boldsymbol{X}(t)$ 的估计任务，其结果是在信息综合处理系统的输出端上形成状态矢量估计 $\hat{\boldsymbol{X}}(t)$。属于综合电子系统信息部分、执行部分的控制系统可完成受控对象的控制任务，其结果是在控制系统的输出端上形成控制信号 $S_U(t)$。

将机载综合电子系统的信息部分和执行部分作为一个统一整体进行研制（何况是最优化）是比较困难的，因此简化任务并单独研制这两个部分是比较合理的。估计和控制分离定理为此提供了可行性[12]。该定理仅适用于线性动态系统。

估计和控制分离定理的实质如下。

根据估计和控制分离定理，最优的估计和控制联合系统由两个串联的构件组成：最优线性估计系统和最优控制系统。最优线性估计系统形成符合所选标准的最优状态矢量估计 $\boldsymbol{X}(t)$（在控制矢量 $\boldsymbol{U}(t)$ 已知的情况下）。最优控制系统根据均方根标准在零干扰情况下生成最优控制，并且在控制系统中使用状态矢量最优估计作为输入信号（即完成确定性（非随机）控制任务）。

对于非线性系统，最优估计和控制的算法是无法严格分离的，但近似分离在实践中被广泛应用。近似分离越精确，则估计精度越高[12]。

就机载综合电子系统而言，在完成综合任务时通常假设满足估计和控制分离定理的适用性条件。因此，下面将分开讨论机载综合电子系统执行部分和信息部分的综合任务。

3.1.3 机载综合电子系统的控制

分析综合电子系统的执行部分，在图 3.1 中它以控制系统构件的形式表示。如上所述，对象的控制过程包括下列主要阶段：接收和录取受控对象信息，其表现为获得信号 $S_z(t)$ ；信息处理，其基础是最后形成 $\hat{\boldsymbol{X}}(t)$ 的估计程序；生成和实现控制作用 $S_U(t)$ 。

就形式化说明控制系统的综合任务而言，控制系统输出端上的过程以控制矢量 $\boldsymbol{U}(t)$ 表示，而控制矢量则由控制作用总和 $S_U(t)$ 单值地确定。

控制矢量 $\boldsymbol{U}(t)$ 可根据飞行计划要求和按照机组人员（飞行员）最后的决定进行改变。由此出现了寻求过程 $\boldsymbol{X}(t)$ 的最优（在某种意义上）或最优控制 $\boldsymbol{U}(t)$ 的问题，该过程 $\boldsymbol{X}(t)$ 可确定受控对象的相应状态。例如，这里指的是在最精确获得一些状态矢量 $\boldsymbol{X}(t)$ 估值方面的最优化，在最短时间内以最少的控制能量消耗达到过程 $\boldsymbol{X}(t)$ 的控制目的等问题。

因此，控制的中心任务是实现可表示受控对象状态变化的特定目标函数。

一般情况下，状态矢量估计 $\hat{\boldsymbol{X}}(t)$ 、机组人员或程序规定的非随机控制作用 $M_{\text{п}}(t)$ 和测量总和 $S_z(t)$ 中的部分信号参与形成控制矢量 $\boldsymbol{U}(t)$ ，测量集合 $S_z(t)$ 也可视作非随机控制作用（例如，当测量误差较小时）[9]。

对于在连续时间内寻找最优控制，任务说明如下[7,9]。

假设状态矢量 $\boldsymbol{X}(t)$ 可用下列形式的一阶微分矢量矩阵方程描述[7]：

$$\dot{\boldsymbol{X}}(t) = \boldsymbol{F}_x(t,\boldsymbol{X},\boldsymbol{U}) + \boldsymbol{G}_x(t,\boldsymbol{X},\boldsymbol{U})\boldsymbol{W}(t), \boldsymbol{X}(t_0) = \boldsymbol{X}_0 \tag{3.5}$$

式中：$\boldsymbol{F}_x(\cdot)$ 和 $\boldsymbol{G}_x(\cdot)$ 为一般情况下其自变量已知的非线性矢量函数和矩阵函数；$\boldsymbol{W}(t)$ 为具有已知统计特性的整形扰动噪声矢量；$\boldsymbol{U}(t)$ 为控制矢量。

假设观测到由下列非线性关系式确定的 m 维矢量过程 $\boldsymbol{Z}(t)$（观测矢量）[7]：

$$\boldsymbol{Z}(t) = \boldsymbol{H}_z(t,\boldsymbol{X},\boldsymbol{U}) + \boldsymbol{G}_z(t,\boldsymbol{X},\boldsymbol{U})N_z(t) \tag{3.6}$$

式中：$\boldsymbol{H}_z(\cdot)$ 和 $\boldsymbol{G}_z(\cdot)$ 为一般情况下其自变量已知的非线性矢量函数和矩阵函数；$\boldsymbol{N}_z(\cdot)$ 为具有已知统计特性的测量误差（观测噪声）矢量。

从式（3.6）可知，观测矢量 $\boldsymbol{Z}(t)$ 在一般情况下也是可控的，因为它取决于 $\boldsymbol{U}(t)$ 。

根据一定的控制律形成控制矢量 $\boldsymbol{U}(t)$ ：

$$\boldsymbol{U}(t) = \boldsymbol{\Phi}[t,\boldsymbol{Z}(t),\boldsymbol{X}(t)]$$

式中：Φ 为规定控制律的算子。

要求得出最优的（在某种意义上最佳）控制矢量 $\boldsymbol{U}(t)$ 。

与在最优化估计任务中使用的损失函数类似，在对控制系统进行综合时，也采用定量尺度表示所做决定的质量特性，该定量尺度称为总损失泛函数（基本方程）。在最优控制的实用任务中总损失泛函数由下列关系式确定[7]：

$$c_{X,Z,U}(t_0,T) = \int_{t_0}^{T} c_t(\boldsymbol{X},\boldsymbol{Z},\boldsymbol{U})\mathrm{d}t + c_T[\boldsymbol{X}(T),\boldsymbol{Z}(T)] \tag{3.7}$$

式中：$c_t(\cdot)$ 和 $c_T(\cdot)$ 为给定的非负定标量函数，相应地表示当前和最终（在时刻 T）损失。在式（3.7）中时间间隔 (t_0,T) 应预先给定并根据附加条件进行选择。例如，在导航、瞄准和武器控制机载综合电子系统的实用任务中，该时间间隔根据过程 $\boldsymbol{X}(t)$ 进入指定范围的条件或控制资源耗尽的条件加以选择。

假设控制矢量 $\boldsymbol{U}(t)$ 属于分段连续时间函数类，且其所有数值属于控制空间的某个集合 $\boldsymbol{\Psi}$，该集合考虑到矢量 $\boldsymbol{U}(t)$ 的所有限制，这些限制由所完成任务的性质决定的。

最优控制算法的综合任务如下所述。已知描述状态矢量 $\boldsymbol{X}(t)$ 和观测矢量 $\boldsymbol{Z}(t)$ 时间变化的关系式（式（3.5）和式（3.6））、随机过程的给定静态特性和已知初始分布 $p(\boldsymbol{X}_0)$，要求确定最优控制 $\hat{U}(t)$，即可获得总损失泛函数最小平均值（式（3.7））的控制：

$$\hat{\boldsymbol{U}}(t):\min M\{c_{X,Z,U}(t_0,T)\} \quad t \in (t_0,T),\boldsymbol{U}(t) \in \boldsymbol{\Psi} \tag{3.8}$$

式中：$\boldsymbol{\Psi}$ 为在时间间隔 (t_0,T) 上所有可能控制的集合。

根据任务要求，下面具体说明在典型情况下的基本关系式[7]。

如果在式（3.5）中没有整形噪声，即 $\boldsymbol{G}_x(\cdot) = 0$，则受控对象称作非随机受控对象。在已知初始状态 $\boldsymbol{X}_0$ 时，式（3.5）的解在此情况下对于每个函数 $\boldsymbol{U}(t)$ 具有特定的形式，且状态矢量 $\boldsymbol{X}(t)$ 是准确已知的。对于非随机受控对象，完成最优控制的综合任务时，应在 $\boldsymbol{Z}(t) = 0$ 时，即 $\boldsymbol{X}(t)$ 准确已知时最小化总损失泛函数（式（3.7））。此时，可使用（闭环系统）或不直接使用（开环系统）状态矢量 $\boldsymbol{X}(t)$ 的分量将泛函数最小化。

如果在式（3.5）中具有整形噪声 $\boldsymbol{W}(t)$，则受控对象称作随机受控对象。

根据观测员（操作员）的干预程度，可划分不同的控制方案（特例）。

如果观测员既不能影响对象状态，也不能影响观测过程，则寻找最优控制可简化为最优估计状态矢量。在此情况下可证明 $\boldsymbol{U}(t) = \boldsymbol{X}(t)$，其中 $\boldsymbol{X}(t)$ 为 $\boldsymbol{X}(t)$ 的最优估计[7]。

如果观测员能选择观测方式，但不能影响状态矢量 $\boldsymbol{X}(t)$ 的变化，则该情况称作可控观测。此时，综合任务便是寻找最优观测的任务。

最优估计和最优观测任务之间的中间状态是最优中止（最优停止）过程任务。在这些任务中，观测员（操作员）的干预具有简单特性，因为他仅能中止观测过程或停止状态矢量的变化。顺序分析任务属于此类情况。

取决于所完成任务的实质，由式（3.7）具体形式确定的控制最优化指标是不同的。在许多随机和非随机受控对象（包括航空器）的最优控制任务中，在无观测控制的情况下经常使用二次型总损失泛函数：

$$c_{X,U}(t_0,T) = \int_{t_0}^{T} \{[\boldsymbol{X}(t) - \boldsymbol{X}_{\text{тр}}(t)]^{\mathrm{T}}\boldsymbol{C}_x[\boldsymbol{X}(t) - \boldsymbol{X}_{\text{тр}}(t)] + \boldsymbol{U}^{\mathrm{T}}(t)$$
$$\boldsymbol{C}_U\boldsymbol{U}(t)\}\,\mathrm{d}t + [\boldsymbol{X}(T) - \boldsymbol{X}_{\text{тр}}(T)]^{\mathrm{T}}\boldsymbol{C}_T[\boldsymbol{X}(T) - \boldsymbol{X}_{\text{тр}}(T)] \quad (3.9)$$

式中：$\boldsymbol{X}_{\text{тр}}(t)$ 为当前时刻 t 受控对象的要求状态；$\boldsymbol{C}_x$ 和 $\boldsymbol{C}_m$ 为已知的非负矩阵；$\boldsymbol{C}_U$ 为已知的正定矩阵。

式（3.9）是“系统误差加控制力”类型的质量标准。实际上，式（3.9）中所有的被加数是自变量（$\boldsymbol{X} - \boldsymbol{X}_{\text{тр}}$）和 $\boldsymbol{U}$ 的单调递增二次函数。积分符号下的第二个被加数表示这样一个事实：更大的控制力也具有更高的价值。未进入积分符号的被加数表示这一情况：由状态 $\boldsymbol{X}$ 引起的总损失贡献越大，则其与 $\boldsymbol{X}(t)$ 的偏差越大，即跟踪误差越大。

由 P. 贝尔曼提出的动态规划法是解决非随机受控对象最优控制综合任务的一般方法[7]。此时，由贝尔曼方程确定基本关系式。

如果可能控制的空间 $\boldsymbol{\Psi}$ 是连续实空间，则可使用庞特里亚金极大值原理对非随机受控对象的最优控制进行综合[7]。

完成随机受控对象最优控制综合任务的现代方法是以统计动态规划法为基础的，这由 P. Л. 斯特拉托诺维奇完成[5]。在此情况下，基本关系式可用贝尔曼 - 斯特拉托诺维奇方程表示[5,7,29]。

在研制导航、瞄准和武器控制的机载综合电子系统时，在估计和控制时正确分配包含测量集合 $\boldsymbol{S}_z(t)$ 中的信息具有重大意义。

在形成估计和控制算法，以及信息综合处理系统和控制系统的相应结构时，重要的是在 $\boldsymbol{S}_z(t)$ 基础上成功选择和论证式（3.1）中的观测矢量 $\boldsymbol{Z}(t)$ 和控制矢量 $\boldsymbol{U}(t)$。这种信息分配取决于先验知识量和测量总和（特别是测量精度）。

正确地论证选择矢量 $\boldsymbol{Z}(t)$ 和 $\boldsymbol{U}(t)$ 可在很大程度上提高 $\boldsymbol{X}(t)$ 的估计质量，也可确定信息综合处理算法的复杂性。

在估计任务中，式（3.1）中的控制矢量 $\boldsymbol{U}(t)$ 是指特定的变量集合，这些变量则是已知的时间函数。

式（3.1）中的控制矢量 $\boldsymbol{U}(t)$ 可是先验已知的，或通过测量集合 $\boldsymbol{S}_z(t)$ 已知。此时，列入矢量 $\boldsymbol{U}(t)$ 的集合 $\boldsymbol{S}_z(t)$ 各组元的测量误差不大，可忽略，或以状态矢量分量的形式考虑测量误差并随后对其进行估计，并在此基础上形成修正[2]。

当在综合电子系统的组成中具有固定的一组测量仪和相应的测量总和 $\boldsymbol{S}_z(t)$ 时，哪些测量仪的输入信号列入控制矢量 $\boldsymbol{U}(t)$，哪些测量仪的输入信号列入观

测矢量 $\boldsymbol{Z}(t)$ 取决于研制人员的决定。这种选择能力还可确定估计和控制之间的信息分配原则。此时一种极端选择情况是，测量仪现有的所有输出信号都归入观测矢量，但这将导致增大估计算法的复杂性。

另一种极端选择情况是，所有测量仪的输出信号被视为控制矢量 $\boldsymbol{U}(t)$ 的分量。此时，联合估计算法的机构最简单，但其功能质量不够高。这种算法对状态矢量模型的误差、初始条件误差等非常灵敏。但由于这些算法简单，过去主要用于实践（非修正式惯性导航系统和一些航迹计算器）[2]。在折中选择的情况下，可达到研制信息综合处理系统的最佳结果，此时测量系统的一部分输出信号属于控制矢量 $\boldsymbol{U}(t)$，而剩余部分输出信号属于观测矢量 $\boldsymbol{Z}(t)$。

3.2 设备和系统综合化的原则和优势

3.2.1 引言

在机载综合电子系统的组成中，无线电定位、无线电导航、无线电通信和其他无线电及非无线电设备和系统的综合化是指其功能、信息和硬件设备的综合（集成）。机载技术设备的集成是全系统问题，它允许更充分地使用航空器上现有的信息冗余。在集成时由于信息冗余，能够扩大联合设备和系统所完成任务的范围和改进完成任务的质量。

信息冗余是所有综合系统固有的，但它是以在机载综合电子系统中使用各种类型的备份为前提的[2,8,9]。

就机载综合电子系统而言，备份是依靠冗余提高综合系统效率、生命力和可靠性的方法。冗余是指除了用于完成指定功能所需最少设备或能力之外的附加设备或能力。

3.2.2 几种典型的冗余

在航空器的导航、瞄准和武器控制综合电子系统中使用下列主要类型的冗余：结构、信息、功能、时间、载荷和程序冗余[9,13]。

（1）结构冗余是通过使用多余的结构元部件提高机载综合电子系统效率、生命力和可靠性的方法。就机载综合电子系统而言，这表现为在综合系统组成中使用一些同型的部件、设备和系统。例如，在机载综合电子系统中经常使用两个低空无线电高度表、两个或更多无线电自动罗盘（APK）、数个中央垂直陀螺仪、在机载数字计算机中备份运算装置和主存储器等。

（2）信息冗余是通过使用冗余信息提高机载综合电子系统效率、生命力和可靠性的方法，冗余的信息主要依靠在综合电子系统组成中使用按不同物理原理工作的设备和系统确定同一个参数或功能上相关的参数来获得。例如，在现代机载综合电子系统中，根据多普勒速度和偏流角测量仪（ДИСС）、航向系统、惯性导航系统、大气数据系统的数据处理结果计算航空器的位置坐标。为校正航空器的位置坐标，可使用瞄准和导航雷达、近距无线电导航系统、远距无线电导航系统和卫星无线电导航系统、红外瞄准具、光学瞄准具和光电系统等。

（3）功能冗余是规定使用元部件完成附加功能来提高机载综合电子系统效率、生命力和可靠性的方法。例如，在机载综合电子系统组成中的瞄准雷达不仅用于瞄准雷达反差目标，还用于导航；同样，导航雷达不仅用于完成导航任务，还可用于瞄准（包括根据无线电信标）；无线电自动罗盘可用作通信无线电接收机等。

（4）时间冗余是规定使用剩余时间来提高综合电子系统效率、生命力和可靠性的方法。时间备份可由下列情况引起，例如，信号的时间结构、处理能力内部储备、利用设备的功能惯性等。具备时间冗余的设备是以多普勒速度和偏流角测量仪为基础的航迹计算器。众所周知，在回波信号短时间消失时，多普勒速度和偏流角测量仪转为“记忆”工况，并在一段时间内继续计算航空器的地面速度分量和坐标，不过计算精度较低。

（5）载荷冗余是规定使用综合电子系统或其元部件的能力承受额外载荷来提高综合电子系统效率、生命力和可靠性的方法。

（6）程序冗余是规定使用综合电子系统软件组成中多余程序或程序单元来提高综合电子系统效率、生命力和可靠性的方法。在综合电子系统中程序冗余的例子是在机载数字计算机中串联、并联或串并联使用同一类型的程序片段或整个程序，用于发现和排除计算过程中的错误。

3.2.3 综合化原则

在实现下列综合化原则的基础上，可提高综合电子系统中设备和系统的集成化程度[9,14-16]：

结合不同无线电系统功能的原则，该原则促使联合系统和多功能综合系统的出现；

对测量同一个参数或相互联系参数（例如，经过微分或积分算子）的技术设备进行功能和结构联合的原则。

1. 第一综合化原则

下面分析综合电子系统设备的第一个综合化原则。就航空器而言，组合式无线电系统经常使用复合无线电信号，可以用来研制机载多功能综合系统。在单功能通信、导航和识别系统的基础上研制的机载多功能综合系统可作为该原则的范例[2,14,16]。

使用这类组合式机载无线电系统允许通过设备的联合明显减少天线设备和高频部件的数量，减小装置的重量、尺寸以及降低其生产价格。

2. 第二综合化原则

下面说明综合电子系统设备的第二个综合化原则。在这种集成下允许对来自多个设备或系统的信息进行综合处理，这些系统或设备用于确定同一个或功能上相互联系的导航、驾驶、观测瞄准或其他参数。例如：借助多普勒速度和偏流角测量仪、惯性导航系统可计算航空器地面速度的分量；近距无线电导航系统、远距无线电导航系统、机载雷达、卫星无线电导航系统和航迹计算系统能确定航空器的位置坐标等。

借助按不同物理原理工作的设备和系统同时测量相同参数的需求是由于每个测量仪无法单独地满足对这些参数测量质量提出的所有要求。其中，许多现代惯性导航系统不能满足精度要求，近距无线电导航系统不能满足抗干扰性和有效距离的要求，多普勒速度和偏流角测量仪不能满足在任何飞行条件下和任何区域内的使用要求（在大倾斜角和俯仰角下（战斗机动时）转为“记忆”工况，在风平浪静的海面上工作不好）。

在综合电子系统组成中设备综合化的目的是将不同的测量仪联合组成一个统一的综合系统，它与单个测量仪相比具有更高的测量精度、抗干扰性和可靠性。

3.2.4 综合化的优势

当然，在完成综合任务时，综合化可得到的最大好处是能够确定信息综合处理系统的最优（或与其相近的）结构和性能[2,9]。

目前，航空设备和系统实际的集成度如下，在综合电子系统中在信息二次处理时广泛应用信息综合处理。但是，随着对机载综合电子系统提出不断增长的要求，以及大幅扩大其完成战斗任务的范围都激起了在一次信息处理时对测量仪进行综合化的迫切需求。这一事实将综合电子系统设备的集成化程度提高至一个新阶段，即促使研制集成型机载综合电子系统[2,9,16]。

在机载综合电子系统中，将信息处理划分为一次和二次信息处理信息在实质上是假定性划分[1,2]。一次信息处理（也称作信号处理）是指为了确定相应的参数而搜索、探测、选择、转换和处理（在跟踪工况下）导航、驾驶、观测瞄准和其他专用测量仪的输入信号（通常为无线电信号）。例如，在近距无线电导航系统的机载设备中，确定与无线电信标距离或目标方位成比例的导航参数属于一次信息处理。对于卫星无线电导航系统的机载设备，测量伪距离和伪速度是一次信息处理，而在 WGS-84 或 ПЗ-90 系统中计算航空器的空间直角坐标则是二次信息处理[10,11]。

二次信息处理（也称作数据处理）是指由机载数字计算机处理上述测量仪的输出信号（例如，变换坐标系），信息处理结果用于确定飞行导航诸元。在导航驾驶综合系统（ПНК）中计算航空器在大圆航线坐标系或地理坐标系中的位置坐标便是信息二次处理的例子。

目前，在机载综合电子系统进行信息二次处理时，最优或次优估计算法作为状态空间的术语得到了广泛使用，这些最优估计算法是以在最优线性估计理论（ОЛО）基础上获得的微分或差分方程为根据的[2,4,9]。

仅在相应的测量仪具有工作能力时，即在测量仪输出端上具有由于一次信息处理形成的非常“好”的信号时（当然，在此情况下也有观测误差），二次信息综合处理才能给出正面效果。导航、瞄准和武器控制综合电子系统的实际使用条件证明，许多测量仪，尤其是无线电测量仪并非总是处于有工作能力状态。例如，在使用中时常发现：在近距无线电导航系统的距离或方位通道中由于干扰发生信号跟踪中断；在航空器机动时，由于大倾斜角和俯仰角多普勒速度和偏流角测量仪转为“记忆”工况；当航空器在山区飞行时发生信号跟踪中断等。

在信息二次处理时，算法最优化不会损害测量仪本身的最优化，而是为了改进其技术性能和动态特性。这点对于现代无线电测量仪是非常有代表性的，其中许多无线电测量仪不能最大程度地实现其潜在能力，并且它们的抗干扰性不够高。因此，提高测量仪的精度、抗干扰能力和整体效率，进而扩大其工作能力范围对于测量仪而言是非常重要的。依靠一次信息综合处理可本质地改进导航、驾驶、瞄准和其他测量仪的技战术性能。

在一次信息处理基础上机载综合电子系统各设备和系统的综合化（特别是最优综合化）可允许[2,7,16]：

（1）在一定程度上补偿航空器运动对无线电测量仪工作的影响；

（2）缩短无线电测量仪的搜索信号时间；

（3）排除或减小无线电测量仪的方法误差；

（4）减小或在一些情况下排除跟踪测量仪的假截获概率；

（5）减小相应无线电信号参数的跟踪中断概率；

（6）提高无线电测量仪在跟踪工况下的精度和抗干扰性；

（7）保证准相干接收和处理无线电信号的工况，这是相应的非综合测量仪无法做到的，从而大大提高其精度性能。

因此，在一次信息处理基础上对机载综合电子系统组成中的设备和系统进行综合化的目的不仅在于在跟踪工况下提高无线电测量仪的精度，还在于在其他异常工况下（跟踪中断、由于干扰作用的假截获、多路径效应等）改进测量仪的功能。

3.3 设备和系统的最优综合化和减少先验不确定性

3.3.1 基本概念

在机载综合电子系统进行信息一次和二次综合处理时，通过在相应的最优化理论基础上完成综合任务可达到最好的效果[2,7,12]。

目前就导航、瞄准和武器控制机载综合电子系统而言，可有效使用随机过程最优线性估计理论方法（卡尔曼—布西滤波）进行信息最优二次综合处理[4,18,19]。此时，通常假设在带相关函数的附加高斯噪声（着色噪声）背景下观测（测量）有效信号。在最简单的情况下，观测噪声通常是稳定的高斯白噪声。

对于机载综合电子系统，在信息最优综合（以及非综合）一次处理时，例如，当需要综合无线电测量仪识别器的结构时，广泛使用马尔可夫估计理论（斯特拉托诺维奇非线性滤波）[5,6,7]。其中，对应的内容是马尔可夫测量仪综合化理论[1,2,7]。

使用马尔可夫测量仪综合化理论进行综合，能够获得相应信号接收和综合处理系统的最优（次优）算法和结构图，并能对系统的潜在性能进行质量估计。上述理论的综合方法允许实质性考虑联合式测量仪信号特有的信息冗余。马尔可夫估计理论可保证在下列特殊情况下有效完成所下达的任务：如局部出现有色观测噪声（时间上相关噪声）、在后验分布估计过程时存在多模态、联合处理脉冲和连续信号的必要性等。用马尔可夫估计理论方法对信号接收和综合处理最优进行系统综合应考虑到信号搜索和可能的信号参数跟踪中断工况。信号接收和综合处理综合化系统的实际可实现分析包括在实际功能运行条件与设计条件有偏差的情况下，研究所获方案的工作能力[6]。此时，在技术实现所获方案时可考虑进行简化并对实际的功能质量性能进行评估。

应当指出，使用混合膜技术研制无线电设备（其中包括超高频波段）的技术成就，电荷耦合器件、表面声波器件的使用，微处理器技术和光纤线路的发展，都允许今天在实际综合电子系统中实现上述研究的综合化原则，其中包括在信息二次处理和一次处理基础上的测量仪综合化最优（次优）算法。

以信号和数据综合处理的计算机设备为基础，借助信息交换内部通道，系统配置控制通道，以及与外部系统进行联系的多路传输通道来实现导航、瞄准和武器控制机载综合电子系统组成中各装置的上述集成。

在机载综合电子系统组成中设备和系统的综合化（包括最优综合化）实施越有效，则研究人员拥有的航空器、目标等运动的数学模型越完备，即现有的先验信息越完备。实际上，在综合化时经常发生先验信息不足的情况。

在此情况下，在构建机载综合电子系统的信息综合处理算法时（其中包括通过解决综合问题的方式)，使用不变性原理来形成相应的观测矢量 $\boldsymbol{Z}(t)$ ，并针对观测矢量解决综合问题[2]。使用不变性原理，根据补偿和滤波示意图，将补充信息导入跟踪环来实现信息二次综合处理的算法[2,9]。

使用不变性原理研制信息综合处理系统，其输出信号（在所用数学模型框架内）不取决于状态矢量 $\boldsymbol{X}(t)$ ，即输出信号对于状态矢量是不变的。在此情况下使用不变性原理能够克服状态矢量动态中的先验不确定性（例如，缺少目标运动参数信息)。为实现不变性原理，在综合电子系统的组成中应至少有两个测量同一个参数或功能上相关参数的传感器。

下面使用不变性原理讨论实践中在机载综合电子系统上所用的联合处理信息的示意图。在主要测量仪的正向或反向电路中使用信息综合处理滤波器的情况下，分析两个主要测量仪（例如，惯性导航系统）和辅助测量仪（例如，多普勒速度和偏流角测量仪）联合的典型示例。当然，信息综合处理滤波器此时可以是非最优的，也可以是最优的（如果其结构和参数是在完成相应综合任务的基础上确定的)。

3.3.2 应用实例 1

在将信息综合处理滤波器接入主要测量仪的正向电路时，分析机载综合电子系统的信息联合处理。选择平台式惯性导航系统作为主要测量仪[17]。我们认为，在经过相应变换后从惯性导航系统的输出端上读取信号 $y_{\text{и}}(t)$ ，该信号表示航空器地面速度一个矢量分量（例如，矢量在与大圆航线坐标系相关的坐标系轴上的一个投影）的测量值。在多普勒速度和偏流角测量仪计算器（例如 ДИСС-7）的输出端上观察到信号 $y_{\text{д}}(t)$ ，在经过相应变换后该信号可确定航空器地面速度同一个矢量分量的计算值。

对于平台式惯性导航系统以及多普勒速度和偏流角测量仪的正常工况，上述信号的测量值在最简单情况下可用下列关系式表示[2,9]：

$$y_{\text{И}}(t) = V(t) + \Delta V(t); y_{\text{Д}}(t) = V(t) + \varepsilon(t)$$

式中：$V(t)$ 为航空器地面速度矢量分量的真值；$\Delta V(t)$ 为惯性导航系统的测量误差，它是由于陀螺仪轴漂移引起的一个慢变（或常值）时间函数；$\varepsilon(t)$ 为多普勒速度和偏流角测量仪的测量误差，它由干扰作用引起并可用宽频带（与误差 $\Delta V(t)$ 相比）波动过程进行描述。

对于信息综合处理滤波器，根据不变性原理形成观测 $z(t)$：

$$z(t) = y_{\text{и}}(t) - y_{\text{д}}(t) = \Delta V(t) - \varepsilon(t)$$

信息综合处理滤波器（既可是非最优的，也可是最优的）校平波动过程（即抑制误差 $\varepsilon(t)$ ）并在输出端上形成估计 $\Delta\hat{V}(t)$ ，它在一定程度上与 $\Delta V(t)$

近似。形成的估计 $\Delta\hat{V}(t)$ 用于校正惯性导航系统的输出信号：

$$\hat{V}(t)=y_{\text{и}}(t)-\Delta\hat{V}(t)=V(t)+\Delta V(t)-\Delta\hat{V}(t)$$

可见，在 $\hat{V}(t)$ 中包含的误差大大低于信号 $y_{\text{и}}(t)$ 和 $y_{\text{д}}(t)$ 中包含的误差。

在将信息综合处理滤波器接入平台式惯性导航系统的正向电路时，实现信息联合处理算法的设备结构图如图 3.2 所示。图中：ΠP_1 和 ΠP_2 分别为在惯性导航系统、多普勒速度和偏流角测量仪通道中相应的信号变换器。

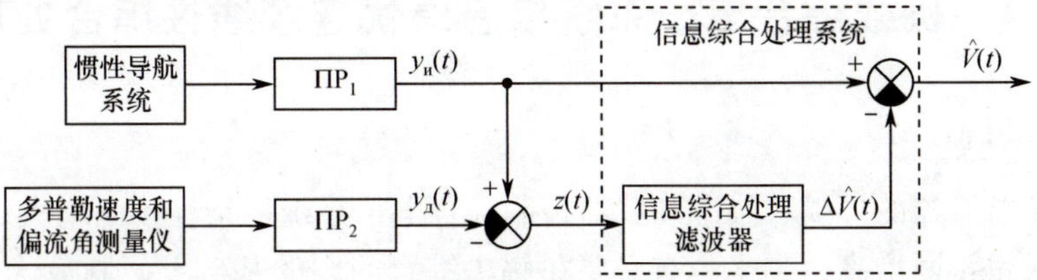

图 3.2　实现信息联合处理算法的设备结构图

从图 3.2 可知，在所分析的信息综合处理系统中，惯性导航系统自身的误差不进行修正。

3.3.3　应用实例 2

在将信息综合处理滤波器接入平台式惯性导航系统的反馈电路时，分析机载综合电子系统信息联合处理的原则。

任务设置与 3.3.2 节相同，此时，形成的观测 $z(t)$ 如图 3.2 所示。但在将信息综合处理滤波器接入平台式惯性导航系统的反馈电路时，构成闭环自动调节系统，在该系统中形成的估计 $\Delta\hat{V}(t)$ 用于修正惯性导航系统自身的误差。这可通过修正陀螺平台的空间位置来实现[9]。

在将信息综合处理滤波器接入惯性导航系统的反馈电路时，实现信息联合处理算法的设备结构图如图 3.3 所示。图中：$u_k(t)$ 为平台式惯性导航系统自身误差的校正信号，它是 $\Delta\hat{V}(t)$ 的一个确定函数；ΠP_1、ΠP_2 同图 3.2，ΠP_3 为变换器。

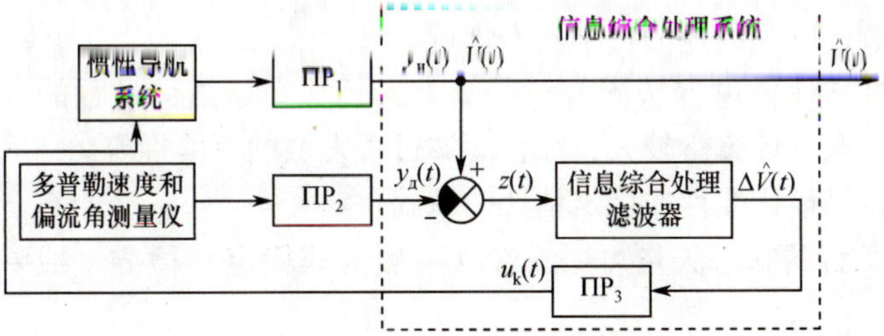

图 3.3　实现信息联合处理算法的设备结构图

将信息综合处理滤波器接入惯性导航系统反馈电路的特点是由于惯性导航系统内部的误差校正能在惯性导航系统自身的输出端上保持非常小的误差。

如上所述，目前在随机过程统计估计理论中取得的成果（首先是随机过程马尔可夫估计理论）允许构建有效的信息最优综合处理算法（其中包括使用不变性原理）。同时，在技术领域取得的成就和机载计算机能力的不断增长使在实践中实现这些算法成为可能。

3.4 机载综合电子系统信息最优连续线性综合处理

3.4.1 引言

由于航空器的导航、瞄准和武器控制综合电子系统复杂性不断增大，对其提出的要求也不断增高，越来越有必要在解决综合问题的基础上研制最优（次优）信息综合处理系统。当机载综合电子系统或其组成部件可视为线性系统时，在对最优信息综合处理系统进行综合时使用最优线性估计理论（ОЛО），即卡尔曼滤波方法是非常有效的。

最优线性估计理论方法具有一系列优点，主要有：

（1）该方法给出实际可实现的系统结构，保证滤波误差最小方差和无偏估计；

（2）信息综合处理最优滤波器算法具有便于实现的微分或递推关系式表示形式；

（3）在信息综合处理最优滤波器中，获取测量结果后对其进行实时处理；

（4）该方法能解决离散和连续类型多维稳定和非稳定线性动态系统的综合问题。

卡尔曼滤波方法的上述优点决定其广泛应用于导航驾驶综合系统和其他更复杂的综合电子系统，以获取测量参数的最优估计。最优线性非稳定滤波算法实际用于所有现代飞机的机载综合系统上。例如，它们用在 B-1B 战略轰炸机、F-15 和 F-16 歼击机、AH-64A 直升机、C-5B 军用运输机等的机载系统上[8,9]。

卡尔曼滤波算法及其变形还用于完成宇宙空间内的运动控制任务、确定航天器的轨道参数，以及其他的科学技术领域。

最优线性估计理论方法固有一些缺点：必须知道估计过程的一系列伴随特性，在一些情况下计算量较大，存在滤波过程发散的可能性等。

下列假设是最优线性非稳定估计的基础：

（1）被估计的状态矢量可用线性（一般为非稳定）微分（或差分）一阶方程描述；

（2）每个观测（测量）都是估计（滤波）过程的线性函数。

如上所述（参见第 2 章），在使用最优线性估计理论方法时，系统或随机过程的动态可用状态空间术语描述。

例如，在综合电子系统中表示过程动态的状态变量是飞机实时位置坐标、飞行高度、实时飞行速度矢量分量、飞机空间角坐标的参数等。

3.4.2 最优线性估计

下面具体说明在最优线性估计理论方法基础上研制的最优信息综合处理系统，例如，在航空器按航线飞行时针对确定航空器实时坐标及其导数的任务（图 3.1）。假设状态矢量 $\boldsymbol{X}(t)$ 和观测矢量 $\boldsymbol{Z}(t)$ 用式（3.1）~式（3.4）表示。根据式（3.1）~式（3.4）可知，$\boldsymbol{X}(t)$ 和 $\boldsymbol{Z}(t)$ 是连续时间函数。

图 3.4 所示为状态矢量 $\boldsymbol{X}(t)$ 整形滤波器数学模型和测量系统数学模型的结构图，它们可分别用式（3.1）和式（3.3）表示。总体上，状态矢量整形滤波器和测量系统的数学模型可构成测量信号的数学模型。

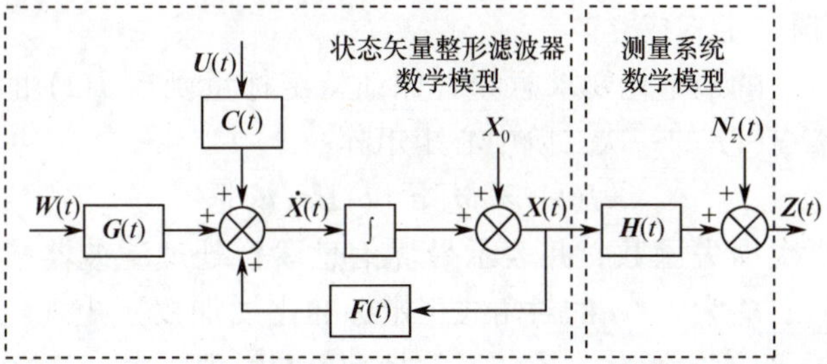

图 3.4　状态矢量 $\boldsymbol{X}(t)$ 整形滤波器数学模型和测量系统数学模型的结构图

用式（3.1）和式（3.3）描述的系统是连续线性非稳定动态系统。连续性在此是指时间 t 的连续性。动态系统的不稳定性在此情况下是由于：$\boldsymbol{F}(t)$、$\boldsymbol{C}(t)$ 和 $\boldsymbol{G}(t)$ 是时间函数。

在上述初始先决条件下，最优连续线性非稳定估计（滤波）任务可表述如下：具有用式（3.1）表示的状态矢量 $\boldsymbol{X}(t)$ 的先验信息，并具有可用式（3.3）确定的在时间段 $[t_0, t]$ 上的观测矢量 $\boldsymbol{Z}(t)$，要求得出满足一定质量标准的状态矢量 $\boldsymbol{X}(t)$ 的最佳（最优）估计 $\hat{\boldsymbol{X}}(t)$。

考虑到式（3.1）~式（3.4），允许将矢量 $\ddot{\boldsymbol{X}}(t)$、$\boldsymbol{U}(t)$ 和 $\boldsymbol{Z}(t)$ 结合起来的特定算法是解决最优估计（滤波）问题的结果。用于实现所得算法的部件被称作最优滤波器（在研究课题中称作卡尔曼最优滤波器），该部件用作观测矢量 $\boldsymbol{Z}(t)$ 和控制矢量 $\boldsymbol{U}(t)$ 的输入信号，在部件输出端上形成信号 $\hat{\boldsymbol{X}}(t)$。

使用卡尔曼滤波法时，最优估计应满足下列要求[4,18,19]：

（1）是无偏估计；

（2）估计误差的方差具有最小值，即保证二次损失函数最小。

在使用最优线性非稳定滤波方法时，在半区间 $t_0 \leqslant \tau \leqslant t$ 上观测 $\boldsymbol{Z}(\tau)$ 已知的情况下，最优估计取值为状态矢量 $\boldsymbol{X}(t)$ 的后验数学期望值：

$$\hat{\boldsymbol{X}}(t) \triangleq M[\boldsymbol{X}(t)/\boldsymbol{Z}_{t_0}^t] = \int_{-\infty}^{\infty} \cdots \int_{-\infty}^{\infty} \boldsymbol{X} p(t, \boldsymbol{X}/\boldsymbol{Z}_{t_0}^t) \prod_{i=1}^{n} \mathrm{d}x_i$$

式中：$\boldsymbol{Z}_{t_0}^t \triangleq \boldsymbol{Z}(\tau), \tau \in [t_0, t)$；$p(\cdot)$ 为在观测区间 $[t_0, t)$ 上状态矢量 $\boldsymbol{X}(t)$ 的后验概率密度。

下面分析估计误差矢量：

$$\boldsymbol{\varepsilon}(t) = \boldsymbol{X}(t) - \hat{\boldsymbol{X}}(t)$$

式中，

$$\boldsymbol{\varepsilon}(t) = [\mathrm{e}_1(t)\mathrm{e}_2(t)\cdots\mathrm{e}_n(t)]^{\mathrm{T}}$$

状态矢量估计无偏性要求是指：

$$M[\boldsymbol{X}(t)] = M[\hat{\boldsymbol{X}}(t)] \text{ 或 } M[\boldsymbol{\varepsilon}(t)] = 0 \tag{3.10}$$

在所有的 $t \geqslant t_0$ 时，上式成立。

估计误差方差的最小化要求意味着保证特定标量函数 $J(t)$ 的最小值，函数 $J(t)$ 取决于矢量 $\boldsymbol{\varepsilon}(t)$ 的一次二阶中心矩矩阵：

$$J(t) = M[\boldsymbol{\varepsilon}^{\mathrm{T}}(t)\boldsymbol{B}\boldsymbol{\varepsilon}(t)] \tag{3.11}$$

式中：$J(t)$ 是二次损失函数，并表示最优信息联合处理滤波器（即卡尔曼滤波器）的质量指标；$\boldsymbol{B}$ 为 $n \times n$ 的对角线正定标准化（加权）矩阵，它保证将 $J(t)$ 标准化，将 $\boldsymbol{\varepsilon}(t)$ 组成中所有分量（通常具有不同物理因次）变换为无因次量。

在矩阵乘法规则的基础上可知：

$$\boldsymbol{\varepsilon}^{\mathrm{T}}(t)\boldsymbol{B}\boldsymbol{\varepsilon}(t) = \mathrm{Tr}[\boldsymbol{B}\boldsymbol{\varepsilon}(t)\boldsymbol{\varepsilon}^{\mathrm{T}}(t)]$$

式中：Tr 为矩阵的迹。

此时，式（3.11）具有下列形式：

$$\boldsymbol{J}(t) = \mathrm{Tr}\{\boldsymbol{B}M[\boldsymbol{\varepsilon}(t)\boldsymbol{\varepsilon}^{\mathrm{T}}(t)]\} = \mathrm{Tr}[\boldsymbol{B}\boldsymbol{P}(t)] \tag{3.12}$$

式中：$\boldsymbol{P}(t)$ 为滤波误差矢量 $\boldsymbol{\varepsilon}(t)$ 的一次二阶中心矩矩阵，即：

$$\boldsymbol{P}(t) = M\{[\boldsymbol{X}(t) - \hat{\boldsymbol{X}}(t)][\boldsymbol{X}(t) - \hat{\boldsymbol{X}}(t)]^{\mathrm{T}}\} = M[\boldsymbol{\varepsilon}(t)\boldsymbol{\varepsilon}^{\mathrm{T}}(t)] \tag{3.13}$$

通常，$\boldsymbol{P}(t)$ 被称作滤波误差矢量的离散矩阵。可见，$\boldsymbol{P}(t)$ 是 $n \times n$ 的方阵。

根据式（3.12），标量记录形式的最优信息综合处理滤波器的质量指标具有下列形式：

$$J(t) = \sum_{i=1}^{n} b_i \sigma_{e_i}^2(t)$$

式中：b_i 为矩阵 $\boldsymbol{B}$ 的第 i 个对角元，起加权因子的作用；$\sigma_{e_i}^2 = M[e_i^2(t)]$，矢量 $\boldsymbol{\varepsilon}(t)$ 第 i 个分量的方差。

卡尔曼最优滤波器保证二次损失函数数值最小 $J(t) = \min$，这也是信息综合处理滤波器的最优标准。

众所周知，对机载综合电子系统而言，观测矢量 $\boldsymbol{Z}(t)$ 可是离散的和连续的。取决于此，信息综合处理算法也可划分为离散和连续（或模拟）算法。由连续算法变换为相应的0离散算法或相反变换可根据已知规则实现。

下面分析最优连续（模拟）线性稳定估计算法，它能在测量 $\boldsymbol{Z}(t)$ 和先验信息的基础上得出状态矢量的最优估计 $\hat{\boldsymbol{X}}(t)$。

针对提出的问题，下面推导可确定机载综合电子系统的最优线性非稳定信息综合处理系统的结构，即卡尔曼滤波器结构的最优估计 $\hat{\boldsymbol{X}}(t)$ 方程。在推导最优估计 $\hat{\boldsymbol{X}}(t)$ 方程时使用的初始数据包含在确定状态矢量的式（3.1）和表示观测矢量 $\boldsymbol{Z}(t)$ 的式（3.3）中。

根据下列前提条件得出可确定信息综合处理最优连续滤波器结构的方程：①研究范围仅限于连续线性非稳定滤波器；②最优滤波器结构在一定程度上与状态矢量整形滤波器的结构类似（图3.4）[18]。

考虑到确定最优连续滤波器结构的方程，可得出：

$$\dot{\hat{\boldsymbol{X}}}(t) = \boldsymbol{A}(t)\hat{\boldsymbol{X}}(t) + \boldsymbol{C}(t)\boldsymbol{U}(t) + \boldsymbol{K}(t)\boldsymbol{Z}(t), \hat{\boldsymbol{X}}(t_0) = \hat{\boldsymbol{X}}_0 \tag{3.14}$$

式中：$\boldsymbol{A}(t)$ 为 $n \times n$ 的未知矩阵；$\boldsymbol{K}(t)$ 为 $n \times m$ 的未知矩阵，它被称作卡尔曼滤波器最优传递系数矩阵。

力求找到式（3.14）形式的最优滤波器结构表明，所研究类型的滤波器是非稳定线性系统。应当确定矩阵 $\boldsymbol{A}(t)$ 和 $\boldsymbol{K}(t)$。应从满足估计无偏性和估计误差方差最小的要求出发，得出矩阵 $\boldsymbol{A}(t)$ 和 $\boldsymbol{K}(t)$。

首先确定矩阵 $\boldsymbol{A}(t)$。从式（3.1）中逐项减去式（3.14），得出满足估计误差矢量 $\boldsymbol{\varepsilon}(t)$ 的微分方程：

$$\dot{\boldsymbol{\varepsilon}}(t) = \boldsymbol{F}(t)\boldsymbol{X}(t) - \boldsymbol{A}(t)\hat{\boldsymbol{X}}(t) + \boldsymbol{G}(t)\boldsymbol{W}(t) - \boldsymbol{K}(t)\boldsymbol{Z}(t)$$

式中：$\boldsymbol{Z}(t)$ 可用式（3.3）表示。

对实现所得方程两端取平均值运算，即求出方程两端的数学期望值：

$$\begin{aligned} M[\dot{\boldsymbol{\varepsilon}}(t)] = M[&\boldsymbol{F}(t)\boldsymbol{X}(t) + \boldsymbol{G}(t)\boldsymbol{W}(t) - \\ &\boldsymbol{A}(t)\hat{\boldsymbol{X}}(t) - \boldsymbol{K}(t)\boldsymbol{Z}(t)] \end{aligned} \tag{3.15}$$

由于估计无偏性，可得出：

$$M[\dot{\boldsymbol{\varepsilon}}(t)] = \frac{\mathrm{d}}{\mathrm{d}t}\{M[\boldsymbol{\varepsilon}(t)]\} = 0$$

矩阵 $\boldsymbol{F}$、$\boldsymbol{G}$、$\boldsymbol{A}$ 和 $\boldsymbol{K}$ 是非随机矩阵，因此，考虑到式（3.3）和下列情况：

$$M[\boldsymbol{W}(t)] = 0, M[\boldsymbol{N}_z(t)] = 0 \text{ 和 } M[\boldsymbol{X}(t)] = M[\hat{\boldsymbol{X}}(t)]$$

式（3.15）具有下列形式：

$$[\boldsymbol{F}(t)-\boldsymbol{A}(t)-\boldsymbol{K}(t)\boldsymbol{H}(t)]M[\boldsymbol{X}(t)]=0 \tag{3.16}$$

由于一般情况下 $M[\boldsymbol{X}(t)]\neq 0$，则根据式（3.16）可得出：

$$\boldsymbol{F}(t)-\boldsymbol{A}(t)-\boldsymbol{K}(t)\boldsymbol{H}(t)=0$$

由此，所求的矩阵 $\boldsymbol{A}(t)$ 等于：

$$\boldsymbol{A}(t)=\boldsymbol{F}(t)-\boldsymbol{K}(t)\boldsymbol{H}(t)$$

将得出的 $\boldsymbol{A}(t)$ 关系式代入式（3.14）中，在变换后可得出一阶矢量矩阵微分方程，该方程可确定最优估计 $\hat{\boldsymbol{X}}(t)$ 和机载综合电子系统的最优连续线性信息综合处理系统的结构：

$$\dot{\hat{\boldsymbol{X}}}(t)=\boldsymbol{F}(t)\hat{\boldsymbol{X}}(t)+\boldsymbol{C}(t)\boldsymbol{U}(t)+\boldsymbol{K}(t)[\boldsymbol{Z}(t)-\boldsymbol{H}(t)\hat{\boldsymbol{X}}(t)],\hat{\boldsymbol{X}}(t_0)=\hat{\boldsymbol{X}}_0 \tag{3.17}$$

用式（3.17）描述的滤波器包含视为参数的矩阵 $\boldsymbol{K}(t)$。考虑到满足上述估计误差矢量 $\boldsymbol{\varepsilon}(t)$ 方差的最小化要求来确定矩阵 $\boldsymbol{K}(t)$。得出 $\boldsymbol{K}(t)$ 的过程包含在参考文献[18]中。由于该过程非常繁琐，因此仅列出 $\boldsymbol{K}(t)$ 的表达式而未进行推导：

$$\boldsymbol{K}(t)=\boldsymbol{P}(t)H^{\mathrm{T}}(t)\boldsymbol{N}^{-1}(t) \tag{3.18}$$

式中：$\boldsymbol{N}^{-1}(t)$ 为 $\boldsymbol{N}(t)$ 的逆矩阵；$\boldsymbol{P}(t)$ 为根据式（3.13）确定的滤波误差方差矩阵。

矩阵 $\boldsymbol{P}(t)$ 可作为黎卡提非线性矩阵微分方程的解而求出[18]：

$$\dot{\boldsymbol{P}}(t)=\boldsymbol{F}(t)\boldsymbol{P}(t)+\boldsymbol{P}(t)\boldsymbol{F}^{\mathrm{T}}(t)-\boldsymbol{P}(t)\boldsymbol{H}^{\mathrm{T}}(t)\boldsymbol{N}^{-1}(t)\boldsymbol{H}(t)\boldsymbol{P}(t)+\boldsymbol{G}(t)\boldsymbol{Q}(t)\boldsymbol{G}^{\mathrm{T}}(t)$$

$$\boldsymbol{P}(t_0)=\boldsymbol{P}_0 \tag{3.19}$$

式中：$\boldsymbol{P}_0$ 为初始方差矩阵；$\boldsymbol{Q}(t)$ 为干扰噪声强度矩阵。

众所周知，矩阵 $\boldsymbol{P}(t)$ 是对称的，并在其主对角线上包含滤波误差方差 $\sigma_{\mathrm{e}_i}^2$。

3.4.3 几点说明

因此，最优连续线性信息综合处理系统可用下列三个关系式描述：①滤波器方程（式（3.17）），它反映滤波器的结构；②最优传递系数矩阵关系式（式（3.18）），它取决于方差矩阵 $\boldsymbol{P}(t)$；③方差矩阵 $\boldsymbol{P}(t)$ 的黎卡提非线性矩阵微分方程（式（3.19））。由于矩阵 $\boldsymbol{P}(t)$ 是对称的，在状态矢量维数为 $n\times 1$ 时，要求在式（3.19）中不对 n^2，而对 $0.5n(n+1)$ 方程求积分。

在机载综合电子系统中，最优连续（模拟）线性信息综合处理系统的结构图符合式（3.17），并具有如图 3.5 所示的示意图。在最优信息综合处理系统的组成中包含在很多方面与状态矢量整形滤波器类似的滤波器，经过加权求和部件

（矩阵传递系数 $\boldsymbol{K}(t)$ ）向其输入端发送测量误差 $\Delta\boldsymbol{Z}(t)$ 。测量误差是观测信号 $\boldsymbol{Z}(t)$ 与观测信号有效分量估计 $\boldsymbol{H}(t)\hat{\boldsymbol{X}}(t)$ 之差：$\Delta\boldsymbol{Z}(t) = \boldsymbol{Z}(t) - \boldsymbol{H}(t)\hat{\boldsymbol{X}}(t)$ 。

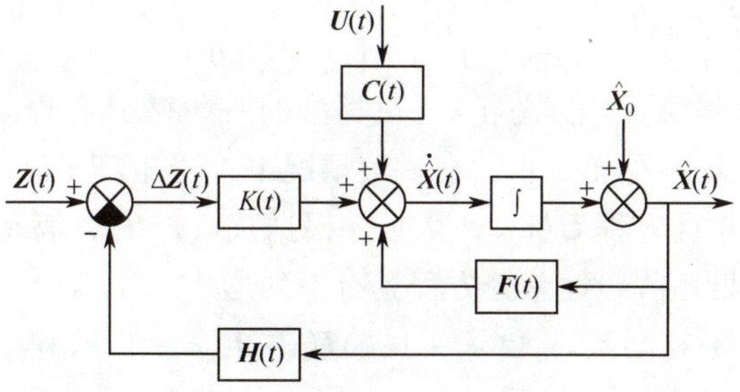

图 3.5　最优连续线性信息综合处理系统的结构图

根据式（3.18）确定最优传递系数矩阵关系式。在此类矩阵 $\boldsymbol{K}(t)$ 中，估计 $\hat{\boldsymbol{X}}(t)$ 误差具有最小方差。可见，用式（3.17）描述的最优信息综合处理系统是线性系统，其中 $\boldsymbol{Z}(t)$ 和 $\boldsymbol{U}(t)$ 起输入信号的作用，而 $\hat{\boldsymbol{X}}(t)$ 起输出信号的作用。

在实际实现最优信息综合处理系统时，保证系统的稳定性是很重要的，即达到滤波误差的规定值。

滤波误差实际值与其计算值存在偏差的主要原因是：

（1）所用模型与实际过程和测量仪有差别，例如，由于不准确了解矩阵 $\boldsymbol{F}$ 和 $\boldsymbol{H}$ 引起的差别；

（2）确定状态矢量估计初始值 $\hat{\boldsymbol{X}}_0$ 的误差；

（3）噪声强度矩阵 $\boldsymbol{Q}(t)$ 和 $\boldsymbol{N}(t)$ 的给定误差；

（4）方差矩阵初始值 $\boldsymbol{P}_0$ 的给定误差；

（5）机器计算误差，例如，由位数局限性引起的四舍五入误差；

（6）预先给定与计算值不同的系数值 $\boldsymbol{K}(t)$ ，目的是简化滤波器的实现等。

在一些情况下，上述误差可导致滤波过程变得发散，即信息综合处理系统将不稳定。

3.5　机载综合电子系统信息最优离散线性综合处理

3.5.1　引言

在航空器的导航、瞄准和武器控制综合电子系统中，借助机载数字计算机来实现信息最优综合处理的算法。因此，具有递推关系形式的离散最优算法具有重要意义，它们非常便于在实践中研制综合电子系统。

应当指出，在大部分情况下估计过程的数学模型（和与其对应的方程）具有连续记录形式，这是由于物理现象实质引起的（例如，航空器在空间内的运动模型）。离散算法要求用差分形式表示方程。

3.5.2 离散线性系统

将确定状态矢量 $\boldsymbol{X}(t)$ 的式（3.1）类型的一阶微分方程以等价差分方程的形式进行表示的问题参见第2章。在一般情况下，当矩阵 $\boldsymbol{F}(t)$、$\boldsymbol{G}(t)$、$\boldsymbol{C}(t)$ 和 $\boldsymbol{H}(t)$ 取决于时间并且方程 $\boldsymbol{U}(t) \neq 0$ 时，根据式（2.6），满足状态矢量 $\boldsymbol{X}_{k+1} = \boldsymbol{X}(t_{k+1})$ 的一阶矢量矩阵线性差分方程具有下列形式：

$$\boldsymbol{X}_{k+1} = \boldsymbol{\Phi}(k+1,k)\boldsymbol{X}_k + \boldsymbol{\Psi}(k+1,k)\boldsymbol{U}_k + \boldsymbol{\Gamma}(k+1,k)\boldsymbol{W}_k, \boldsymbol{X}(t_0) = \boldsymbol{X}_0 \tag{3.20}$$

在离散观测时，我们认为测量是在那些确定状态矢量的离散时刻 $t_k = kT$，$k = 0,1,2,\cdots$ 上进行的。因此，根据式（3.3）对于离散时刻，由下列关系式确定观测矢量：

$$\boldsymbol{Z}_{k+1} = \boldsymbol{H}(k+1)\boldsymbol{X}_{k+1} + \boldsymbol{N}_{Z(k+1)} \tag{3.21}$$

式中，

$$\boldsymbol{Z}_{k+1} = \boldsymbol{Z}(t_{k+1}), \boldsymbol{H}(k+1) = \boldsymbol{H}(t_{k+1}), \boldsymbol{N}_{z(k+1)} = \boldsymbol{N}_z(t_{k+1})$$

应当指出，式（3.3）中的测量误差矢量 $\boldsymbol{N}_z(t)$ 是高斯白噪声。当然，式（3.21）中的离散读数 $\boldsymbol{N}_{z(k+1)}$ 不能视为连续过程 $\boldsymbol{N}_z(t)$ 的瞬时值。此时，根据相应的规则变换为离散高斯白噪声。通常认为，离散高斯白噪声是由连续噪声通过在 $t_k \sim t_{k+1}$ 区间上对连续噪声取平均值的方式形成的：

$$\boldsymbol{N}_z(t_{k+1}) = \frac{1}{t_{k+1} - t_k}\int_{t_k}^{k+1} \mathrm{N}_z(t)\,\mathrm{d}t, k = 0,1,2,\cdots$$

在式（3.20）和式（3.21）中，矢量 $\boldsymbol{X}_{k+1}$、$\boldsymbol{W}_k$、$\boldsymbol{U}_k$、$\boldsymbol{Z}_{k+1}$、$\boldsymbol{N}_{z(k+1)}$ 和矩阵 $\boldsymbol{\Phi}$、$\boldsymbol{\Gamma}$、$\boldsymbol{\Psi}$、$\boldsymbol{H}$ 相应为：$n \times 1$、$r \times 1$、$p \times 1$、$m \times 1$、$m \times 1$ 和 $n \times n$、$n \times r$、$n \times p$、$m \times n$。

根据式（3.20）和式（3.21），在图3.6中列出了被测离散信号 $\boldsymbol{Z}_{k+1}$ 的数学模型，该模型由离散状态矢量整形滤波器的数学模型和离散测量系统的数学模型构成。由图3.6可知，在计算出状态 $\boldsymbol{X}_k$ 后，应将其保存在延时部件 z^{-1} 中，以便形成下一个状态矢量值。

在图3.6中所示的被测信号数学模型的结构图与图3.4中所示的连续模型的相应结构图离散类似，而离散关系式（式（3.20）和式（3.21））与非连续关系式（式（3.1）和式（3.3））离散类似。

用式（3.20）和式（3.21）描述的系统称为离散线性系统。这里的离散度是指时间离散度。

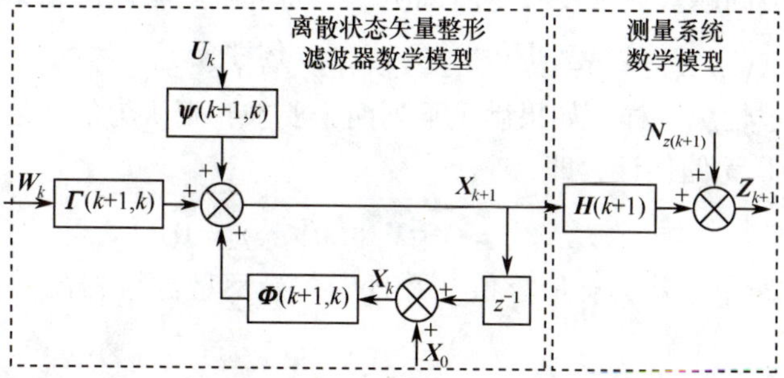

图 3.6　被测离散信号 Z_{k+1} 的数学模型

3.5.3　最优离散线性滤波

在研究最优离散线性非稳定滤波任务时，应注意状态矢量和观测矢量由式（3.20）和式（3.21）确定。与在研究连续滤波算法时采用的假设类似，我们认为噪声 W_k 和 N_{zk} 是离散高斯白噪声，即具有下列统计特性的高斯随机序列：

数学期望值：

$$M[W_k]=\mathbf{0},M[N_{zk}]=\mathbf{0}$$

相关函数：

$$M[W_kW_j^{\mathrm{T}}]=Q_k\delta_{kj},M[N_{zk}N_{zj}^{\mathrm{T}}]=N_k\delta_{kj} \tag{3.22}$$

式中：$\mathbf{0}$ 是由零元素组成的列向量；δ_{kj} 为克罗内克符号，

$$\delta_{kj}=\begin{cases}1,当 k=j 时\\0,当 k\neq j 时\end{cases}$$

矩阵 Q_k 和 N_k 是扰动和观测噪声强度的对称非负定和正定矩阵，分别为 $r\times r$ 和 $m\times m$。

由式（3.20）和式（3.21）确定的离散系统的初始状态用矢量 X_0 表示，它可是具有下述已知特性的高斯过程：$M_{x0}=M[X_0]$ 和 $D_{x0}=M[(X_0-M_{x0})(X_0-M_{x0})^{\mathrm{T}}]$。此外，假设 W_k、N_{zk} 和 X_0 是独立的。

与模拟估计情况一样，就航空器实时坐标及其导数的估计（计算）任务而言，在图解示例中将最优离散线性信息综合处理系统具体化。

在所做假设情况下，以下列方式提出最优离散线性非稳定估计问题。现有根据式（3.21）确定的测量序列 Z_0、Z_1、Z_2、…、Z_j，和先验信息（式（3.20）），要求确定在时刻 t_k 的状态矢量 X_k 最优估计。由于使用已知的测量 Z_0、Z_1、Z_2、…、Z_j 估计矢量 X_k，则在这些测量基础上得出的估计可表示为下列形式：$\hat{X}(t_k/t_j)\triangleq\hat{X}(k/j)$。

众所周知，当 $k>j$ 时是预测或外推问题；当 $k<j$ 时是平滑或内插问题；当

$k=j$ 时解决滤波问题。如果没有专门说明，下面将研究滤波问题，在该问题中应找出最优估计 $\hat{\boldsymbol{X}}(t_k/t_k)=\hat{\boldsymbol{X}}_k$ 或 $\hat{\boldsymbol{X}}(t_{k+1}/t_{k+1})=\hat{\boldsymbol{X}}_{k+1}$ 。

与连续滤波情况一样，如果满足下列两个要求，则认为估计是最优的：

(1) 估计是无偏估计，即：

$$M[\boldsymbol{X}_k]=M[\hat{\boldsymbol{X}}_k];M[\boldsymbol{\varepsilon}_k]=0$$

(2) 估计误差方差具有最小值，并且卡尔曼离散滤波器的质量指标由下列表达式确定：

$$J_k=M[\boldsymbol{\varepsilon}_k^{\mathrm{T}}\boldsymbol{B}\boldsymbol{\varepsilon}_k]$$

式中：$\boldsymbol{\varepsilon}_k=\boldsymbol{X}_k-\hat{\boldsymbol{X}}_k$ 为在 t_k 时刻的估计离散误差的矢量；$J_k=J(t_k)$ 。

与式（3.12）类似，离散卡尔曼滤波器的最优指标通过滤波误差方差矩阵 $\boldsymbol{P}_k$ 可以下列形式表示：

$$J_k=\mathrm{Tr}[\boldsymbol{B}\boldsymbol{P}_k]=\min$$

式中：$\boldsymbol{P}_k=\boldsymbol{P}(t_k)=M\{[X_k-\hat{X}_k][X_k-\hat{X}_k]^{\mathrm{T}}\}=M[\varepsilon_k,\varepsilon_k^{\mathrm{T}}]$ ，为 $n\times n$ 的离散滤波误差方差的矩阵。

与研究最优连续线性滤波算法时一样，在推导最优离散线性信息综合处理系统的方程时，力求得出最优离散线性滤波器的结构，该结构在一定程度上类似于形成离散状态矢量的数学模型结构（图 3.6）。在推导方程时，为了简化运算通常假设，在式（3.20）中控制矢量 $\boldsymbol{U}_k=0$。考虑到式（3.20），在已知测量集合 $\boldsymbol{Z}_0$、$\boldsymbol{Z}_1$、…、$\boldsymbol{Z}_k$、$\boldsymbol{Z}_{k+1}$ 的基础上可得出最优离散估计 $\hat{\boldsymbol{X}}_{k+1}$ ，其形式为[9]

$$\hat{\boldsymbol{X}}_{k+1}=\boldsymbol{A}(k+1,k)\hat{\boldsymbol{X}}_k+\boldsymbol{K}_{k+1}\boldsymbol{Z}_{k+1},\hat{X}(t_0)=\hat{\boldsymbol{X}}_0 \tag{3.23}$$

式中：$\boldsymbol{A}(k+1,k)$ 为 $n\times n$ 的未知矩阵；$\boldsymbol{K}_{\mathrm{k+1}}$ 为 $n\times m$ 的未知矩阵，它被称为离散信息综合处理系统的最优传递系数矩阵。

要求求出两个未知矩阵。首先根据估计的无偏性要求确定矩阵 $\boldsymbol{A}(k+1,k)$ 。

分析在 t_k 和 t_{k+1} 时刻的估计误差矢量：

$$\boldsymbol{\varepsilon}_k\triangleq\boldsymbol{X}_k-\hat{\boldsymbol{X}}_k,\boldsymbol{\varepsilon}_{k+1}\triangleq\boldsymbol{X}_{k+1}-\hat{\boldsymbol{X}}_{k+1}$$

对于 t_{k+1} 时刻从式（3.20）中逐项减去式（3.23），可得出：

$$\boldsymbol{\varepsilon}_{k+1}=\boldsymbol{\Phi}[k+1,k]\boldsymbol{X}_k-\boldsymbol{A}(k+1,k)\hat{\boldsymbol{X}}_{k+1}+\boldsymbol{\Gamma}(k+1,k)\boldsymbol{W}_k-\boldsymbol{K}_{k+1}\boldsymbol{Z}_{k+1}$$

式中：$\boldsymbol{Z}_{k+1}$ 根据式（3.21）确定。

对实现所得等式两端取平均值运算：

$$M[\boldsymbol{\varepsilon}_{k+1}]=M[\boldsymbol{\Phi}(k+1,k)\boldsymbol{X}_k]-M[\boldsymbol{A}(k+1,k)\hat{\boldsymbol{X}}_{k+1}]+M[\boldsymbol{\Gamma}(k+1,k)\boldsymbol{W}_k]M[\boldsymbol{K}_{k+1}\boldsymbol{Z}_{k+1}]$$

因为要求估计是无偏估计，则 $M[\boldsymbol{\varepsilon}_{k+1}]=0$ 。既然 $M[\boldsymbol{W}_k]=0$ 和 $M[\boldsymbol{N}_z(k+$

1)] = 0，则考虑到式（3.21）可得出：

$$\boldsymbol{\Phi}(k+1,k)M[\boldsymbol{X}_k] - \boldsymbol{A}(k+1,k)M[\hat{\boldsymbol{X}}_k] - \boldsymbol{K}_{k+1}\boldsymbol{H}(k+1)M[\boldsymbol{X}_{k+1}] = 0 \tag{3.24}$$

在推导式（3.24）时应考虑，矩阵 $\boldsymbol{\Phi}(k+1,k)$、$\boldsymbol{A}(k+1,k)$、$\boldsymbol{K}_{k+1}$ 和 $\boldsymbol{H}(k+1)$ 是非随机的。在 $\boldsymbol{U}_k = 0$ 时，根据式（3.20）可得出：

$$M[\boldsymbol{X}_{k+1}] = \boldsymbol{\Phi}(k+1,k)M[\boldsymbol{X}_k]$$

考虑到得出的关系式和估计的无偏性要求，式（3.24）可记录为下列形式：

$$\{\boldsymbol{\Phi}(k+1,k) - \boldsymbol{A}(k+1,k) - \boldsymbol{K}_{k+1}\boldsymbol{H}(k+1)\boldsymbol{\Phi}(k+1,k)\}M[\boldsymbol{X}_k] = 0$$

在一般情况下 $M[\boldsymbol{X}_k] \neq 0$，因此所求的矩阵 $\boldsymbol{A}(k+1,k)$ 等于：

$$\boldsymbol{A}(k+1,k) = \boldsymbol{\Phi}(k+1,k) - \boldsymbol{K}_{k+1}\boldsymbol{H}(k+1)\boldsymbol{\Phi}(k+1,k) \tag{3.25}$$

将式（3.25）代入式（3.23），可得出在 t_{k+1} 时刻的最优离散估计，它可用下列关系式描述：

$$\hat{\boldsymbol{X}}_{k+1} = \boldsymbol{\Psi}(k+1,k)\hat{\boldsymbol{X}}_k - \boldsymbol{K}_{k+1}[\boldsymbol{Z}_{k+1} - \boldsymbol{H}(k+1)\boldsymbol{\Phi}(k+1,k)\ddot{\boldsymbol{X}}_k, \ddot{\boldsymbol{X}}(t_0) = \hat{\boldsymbol{X}}_0 \tag{3.26}$$

式（3.26）可确定机载综合电子系统的离散线性非稳定信息综合处理系统（离散卡尔曼滤波器）的结构。如果从保证滤波误差方差最小的条件出发选择矩阵 $\boldsymbol{K}_{k+1}$，则由式（3.26）确定的滤波器是最优的。

从式（3.26）可知，以第（$k+1$）个离散时刻上的测量结果 $\boldsymbol{Z}_{k+1}$ 为基础形成在 t_{k+1} 时刻的状态矢量估计 $\hat{\boldsymbol{X}}_{k+1}$。此外，此时还使用前一个估计 $\hat{\boldsymbol{X}}_k$ 的数值，根据测量结果 $\boldsymbol{Z}_0$、$\boldsymbol{Z}_1$、$\boldsymbol{Z}_2$、…、$\boldsymbol{Z}_k$ 得出 t_k 时刻的估计 $\hat{\boldsymbol{X}}_k$。

在控制矢量 $\boldsymbol{U}_k \neq 0$ 的情况下，确定最优离散信息综合处理系统结构的方程具有下列形式[18]：

$$\hat{\boldsymbol{X}}_{k+1} = \hat{\boldsymbol{X}}(k+1/k) + \boldsymbol{K}_{k+1}[\boldsymbol{Z}_{k+1} - \boldsymbol{H}(k+1)\hat{\boldsymbol{X}}(k+1/k)], \hat{\boldsymbol{X}}(t_0) = \hat{\boldsymbol{X}}_0 \tag{3.27}$$

式中，

$$\hat{\boldsymbol{X}}(k+1/k) = \boldsymbol{\Phi}(k+1,k)\boldsymbol{X}_k + \boldsymbol{\Psi}(k+1,k)\boldsymbol{U}_k \tag{3.28}$$

上式是在 t_{k+1} 时刻的状态矢量预测估计，即在 t_{k+1} 时刻考虑到测量集合 $\boldsymbol{Z}_0$、$\boldsymbol{Z}_1$、$\boldsymbol{Z}_2$、…、$\boldsymbol{Z}_k$ 的状态矢量 $\boldsymbol{X}_{k+1}$ 估计的外推值。

实际上，在获得 $\boldsymbol{Z}_k$ 时形成 t_k 时刻的估计 $\hat{\boldsymbol{X}}_k$。此后在下一个区间 $t_k \sim t_{k+1}$ 上，状态矢量估计仅在先验数据的基础上发生变化，即根据式（3.28）。当在 t_{k+1} 时刻传来测量 $\boldsymbol{Z}_{k+1}$ 时，在处理信息时将使用重新获得的信息，目的是根据形成估计 $\hat{\boldsymbol{X}}_{k+1}$ 的式（3.27）校正外推估计 $\hat{\boldsymbol{X}}(k+1/k)$。在此情况下，在 t_{k+1} 时

刻将测量 Z_{k+1} 与测量矢量预测值 $Z(k+1)_{\text{пр}} = H(k+1)\hat{X}(k+1/k)$ 进行对比并形成测量误差:

$$\Delta Z_{k+1} = Z_{k+1} - H(k+1)\hat{X}(k+1/k) \tag{3.29}$$

根据由矩阵 K_{k+1} 确定的加权系数，测量误差参与形成新的估计 $\hat{X}_{k+1}$。

与连续滤波器的情况一样，得出离散线性信息综合处理系统最优传递系数矩阵的过程非常繁琐，因此仅列出 K_{k+1} 的表达式而未进行推导[18]:

$$K_{k+1} = P(k+1/k)H^{\mathrm{T}}(k+1)[H(k+1)P(k+1/k)H^{\mathrm{T}}(k+1) + N_{k+1}]^{-1} \tag{3.30}$$

式中，$P(k+1/k) = M[\varepsilon(k+1)\varepsilon^{\mathrm{T}}(k+1/k)]$，为预测误差方差矩阵，方差可由下列关系式确定:

$$\varepsilon(k+1/k) = X_{k+1} - \hat{X}(k+1/k)$$

在下列关系式的基础上计算预测误差方差矩阵 $P(k+1/k)$:

$$P(k+1/k) = \Phi(k+1,k)P_k\Phi^{\mathrm{T}}(k+1,k) + \Gamma(k+1,k)Q_k\Gamma^{\mathrm{T}}(k+1,k) \tag{3.31}$$

上式的初始条件为 $P(0/0) = P_0$。

在 t_{k+1} 时刻，估计误差方差矩阵:

$$P_{k+1} = P(k+1/k) = M[\varepsilon_{k+1}\varepsilon_{k+1}^{\mathrm{T}}]$$

满足下列表达式:

$$P_{k+1} = [I - K_{k+1}H(k+1)]P(k+1/k) \tag{3.32}$$

式中: I 为 $n \times n$ 的单位矩阵。

方差矩阵 P_{k+1} 的对角线单元是状态矢量相应分量的滤波误差方差。它们表示估计最优离散线性信息综合处理系统的滤波质量。

3.5.4 几点说明

最优离散线性信息综合处理系统可用下列表达式进行描述:

(1) 最优离散线性信息综合处理系统方程（式（3.27））本身可确定系统的结构;

(2) 矩阵传递系统的关系式（式（3.30））取决于在例行测量传来前的估计外推精度;

(3) 预测误差方差矩阵方程（式（3.31））和滤波误差方差矩阵方程（式（3.32））表示最优离散线性信息综合处理系统的滤波质量。

在机载综合电子系统中，与差分方程（式（3.27））相对应的最优离散线性系统的结构图如图 3.7 所示。在估计 $\hat{X}_k$ 和控制 U_k 的基础上生成在 t_{k+1} 时刻的状

态矢量预测估计 $\hat{X}(k+1/k)$，它是通过将 $\hat{X}_k$ 乘以转换矩阵 $\Phi(k+1,k)$ 并随后与控制信号 $U_{k+1}=\Psi(k+1,k)U_k$ 相加的方式形成的。然后，预测估计 $\hat{X}(k+1/k)$ 乘以观测矩阵 $H(k+1)$，这将给出测量的预测值 $Z_{(k+1)\text{np}}$。从测量 Z_{k+1} 中减去 $Z_{(k+1)\text{np}}$，可形成测量误差 ΔZ_{k+1}。将测量误差 ΔZ_{k+1} 乘以矩阵 K_{k+1}，此后将所得的结果与预测估计 $\hat{X}(k+1/k)$ 相加。最终形成所求的估计 $\hat{X}_{k+1}$。该估计在离散间隔 $t_{k+1}-t_k=T$ 内保存在延时部件中，直至获得新的测量。此后重复循环。估计的形成过程从指定初始条件 $\hat{X}_0$ 和 $P(0/0)=P_0$ 开始。

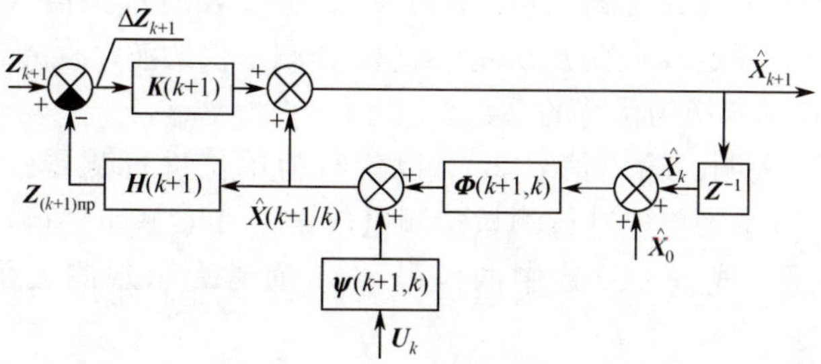

图 3.7　与差分方程（式（3.27））相对应的最优离散线性系统的结构图

因此，最优离散线性信息综合处理系统在校正原理的基础上形成状态矢量的预测估计。校正信号是与相应加权系数相乘的测量误差 ΔZ_{k+1}，该加权系数由矩阵 K_{k+1} 确定。校正信号 $K_{k+1}\Delta Z_{k+1}$ 与状态矢量预测估计 $\hat{X}(k+1/k)$ 相加，结果可形成 t_{k+1} 时刻的状态矢量估计 $\hat{X}_{k+1}$。

3.6　无线电设备和系统输出端上的信号数学模型

在航空器的导航、瞄准和武器控制综合电子系统中，信息处理和控制是以使用测量系统的观测结果和使用关于信号和干扰，以及航空器和目标等运动特性的先验信息为基础的。这些先验信息以相应信号和干扰、信息和伴随过程的数学模型表示[2,6]。在研制（特别是最优化）信息综合处理系统时，不可避免地需要导航、驾驶、观测瞄准和其他信息测量仪的输出端上的信号数学模型。矢量 $X(t)$ 和 $Z(t)$ 的数学模型描述实际设备或在设备中运行的过程越准确，则信息综合处理的综合算法越有效，这些数学模型是建立综合算法的基础。因此，状态矢量 $X(t)$ 和观测矢量 $Z(t)$ 数学模型的完备度及其与实际过程的相似度决定了机载综合电子系统信息处理的准确度。

从确定状态空间和引入坐标系（如果必要）开始，形成状态矢量 $X(t)$ 的数学模型。状态矢量的动态应如此指定，以便相应的状态变量可用标准形式描述，即用这些变量的一阶（微分或差分）方程组表示（参见第2章）。然后，论证和选择观测矢量 $\mathbf{Z}(t)$ 的数学模型，此时应使用信息分配原则和不变性原理。

下面叙述观测矢量 $\mathbf{Z}(t)$ 数学模型的建立方法，就典型情况而言，即无线电测量仪（卫星无线电导航系统、近距无线电导航系统、远距无线电导航系统等的机载设备）观测信号的数学模型。

对于典型运行条件，当测量仪处于跟踪工况时，将式（3.3）具体化。在第一次近似时，对于线性情况输出信号 $\mathbf{Z}(t)$ 可用下列形式表示[2,7,9]：

$$z(t) = u_x(t) = cx(t) + \Delta_x(t) + \varepsilon_x(t) \tag{3.33}$$

式中：$u_x(t)$ 为信息参数的测量值；$x(t)$ 为信息参数的真实值（例如，距离）；$\Delta_x(t)$ 为测量仪的固定（慢变）误差；$\varepsilon_x(t)$ 为测量仪的波动误差；c 为度量比例系数，例如，将米变换为伏特的系数。

式（3.33）表明，输出信号 $z(t)$ 以伏特为单位进行测量；信息参数 $x(t)$（例如，距离）以米为单位进行测量；测量仪误差 $\Delta_x(t)$ 和 $\varepsilon_x(t)$ 相应地以伏特为单位进行测量。式（3.33）中的信号 $z(t)$ 通常表示观测矢量 $Z(t)$ 的某个分量。

应当指出，就无线电测量仪而言，在测量仪输出端上，式（3.33）形式的信号模型表示法仅对于跟踪模式是合理的，在一些情况下自然不能反映所有的运行工况。例如，在识别器特性的非线性区段上，式（3.33）不能表示无线电设备的工作能力，既不考虑在干扰作用下识别特性曲线斜率的变化，也不考虑在干扰较大时信息参数跟踪工况的中断概率。因此，对于无线电测量仪，仅当在测量仪接收机输出端上的信号噪声比足够大时式（3.3）输出信号的数学模型才适用。

固定（慢变）误差 $\Delta_x(t)$ 可能由下列原因引起：航空器移动和其机动（动态误差），在无询问测量时时间度标的失调，方法误差的系统分量，无线电信标的“连测”误差，地形的结构和特性，天线的安装误差等。误差 $\Delta_x(t)$ 的数学模型经常是准随机过程[20]。波动误差 $\varepsilon_x(t)$ 是由于干扰作用（自然或人为、有意或无意干扰）、发射机频率的不稳定性、航空器飞行时的航迹波动等。

从下述情况出发建立观测矢量 $\mathbf{Z}(t)$ 的数学模型：在机载综合电子系统的使用经验基础上，式（3.3）右侧部分中的被加数的一些统计特性是已知的，例如其数学期望值、方差、功率谱密度或相关函数等。在知道这些统计特性的基础上构建相应的整形滤波器，该滤波器的输出信号按要求的近似度与已知的实际信号在统计上等效。

3.6.1 无线电测量仪波动误差的数学模型

根据无线电测量仪（卫星无线电导航系统、近距无线电导航系统、远距无线电导航系统等的机载设备）的使用经验可知[7,9]：对于无线电测量仪正常工况，输出信号的波动误差 $\varepsilon_x(t)$ 数学模型可用一阶或二阶线性微分方程表示。

1. 一阶线性微分方程形式的波动误差 $\varepsilon_x(t)$ 数学模型

根据实际可知，许多无线电测量仪的输出信号的波动误差 $\varepsilon_x(t)$ 在第一次近似时经常被认为是稳定（平稳）高斯随机过程，它具有零数学期望值 $M[\varepsilon_x(t)] = 0$ 和下列相关函数：

$$K_\varepsilon(\tau) = \sigma_\varepsilon^2 \mathrm{e}^{-\alpha_\varepsilon|\tau|} \tag{3.34}$$

式中：σ_ε 为波动误差 $\varepsilon_x(t)$ 的均方差（CKO）；$\alpha_\varepsilon = 1/T_\varepsilon$，$T_\varepsilon$ 为测量仪的时间常数。

过程 $\varepsilon_x(t)$ 的相关函数式（3.34）应符合功率谱密度[21]：

$$S_\varepsilon(\omega) = \int_{-\infty}^{\infty} K_\varepsilon(\tau)\mathrm{e}^{jw\tau}\mathrm{d}\tau = \frac{2\alpha_\varepsilon\sigma_\varepsilon^2}{\alpha_\varepsilon^2 + \omega^2} \tag{3.35}$$

具有式（3.35）形式功率谱密度的稳定（平稳）高斯随机过程 $\varepsilon_x(t)$ 可借助线性整形滤波器获得，线性整形滤波器的传递函数具有下列形式：

$$H(p) = \frac{\alpha_\varepsilon}{p + \alpha_\varepsilon} \tag{3.36}$$

式中：$p = \alpha + j\omega$，为综合参数（综合频率），它由拉普拉斯变换确定[21]。

此时，需要向整形线性滤波器的输入端发送稳定的高斯白噪声 $n_\varepsilon(t)$，其相关函数具有下列形式：

$$M[n_\varepsilon(t_1)n_\varepsilon(t_2)] = 0.5N_\varepsilon\delta(t_2 - t_1), t_2 \geq t_1 \tag{3.37}$$

式中：N_ε 为高斯白噪声强度；$\delta(t_2 - t_1)$ 为 δ 函数。

可得出由方差 σ_ε^2 和参数 α_ε 确定的数值 N_ε。根据式（3.36）和式（3.36），按线性滤波器定律可得出[21]：

$$S_\varepsilon(\omega) = \frac{N_\varepsilon}{2}\frac{\alpha_\varepsilon^2}{\alpha_\varepsilon^2 + \omega^2} \tag{3.38}$$

使式（3.35）与式（3.38）相等，可得出，高斯白噪声的强度等于：

$$N_\varepsilon = \frac{4\sigma_\varepsilon^2}{\alpha_\varepsilon} \tag{3.39}$$

因此，根据式（3.36），波动误差 $\varepsilon_x(t)$（其谱密度可由式（3.35）确定）可用一阶随机微分方程以标准形式（参见第2章）描述：

$$\dot{\varepsilon}_x(t) = -\alpha_\varepsilon\varepsilon_x(t) + \alpha_\varepsilon n_\varepsilon(t), \varepsilon_x(t_0) = 0 \tag{3.40}$$

式（3.33）和式（3.40）模拟电路图，如图 3.8 所示，借助模拟器可形成测量仪的输出信号 $z(t)$。形成波动误差 $\varepsilon_x(t)$ 的线性滤波器的核心部件是负反馈积分仪。过程 $cx(t)$、$\Delta_x(t)$ 和 $\varepsilon_x(t)$ 发送到加法器上，在加法器的输出端上形成信号 $z(t)$。为形成过程 $x(t)$ 和 $\Delta_x(t)$ 应构建自身的数学模型，并且应考虑过程 $\varepsilon_x(t)$、$x(t)$ 和 $\Delta_x(t)$ 之间的相互关系。

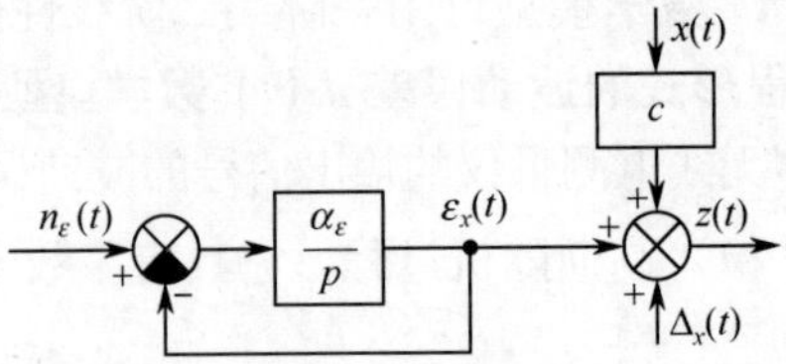

图 3.8　式（3.33）和式（3.40）模拟电路图

式（3.33）和式（3.40）是在信息测量仪输出端上观测到的信号 $z(t)$ 的最简单的数学模型。当然，必要时可建立观测信号 $z(t)$ 的更具体的数学模型。

2. 二阶线性微分方程形式的波动误差 $\varepsilon_x(t)$ 数学模型

假设属于式（3.33）中的测量仪波动误差 $\varepsilon_x(t)$ 是具有已知数学期望值 $M[\varepsilon_x(t)] = 0$ 和下列谱密度的平稳高斯过程[9]：

$$S_\varepsilon(\omega) = \frac{\alpha_1^2\alpha_2^2 N_\varepsilon}{2(\omega^2 + \alpha_1^2)(\omega^2 + \alpha_2^2)} \tag{3.41}$$

式中：$\alpha_1 = 1/T_1$、$\alpha_2 = 1/T_2$，为常系数；N_ε 为可确定过程 $\varepsilon_x(t)$ 功率的参数。

根据式（3.41），所分析随机过程 $\varepsilon_x(t)$ 的相关函数等于[21]：

$$K_\varepsilon(\tau) = \frac{1}{2\pi}\int_{-\infty}^{\infty} S_\varepsilon(\omega)\mathrm{e}^{\mathrm{j}w\tau}\mathrm{d}\omega = \frac{1}{2\pi}\int_{-\infty}^{\infty} \frac{N_\varepsilon}{2}\frac{\alpha_1^2\alpha_2^2 N_\varepsilon}{(\omega^2 + \alpha_1^2)(\omega^2 + \alpha_2^2)}\mathrm{e}^{\mathrm{j}w\tau}\mathrm{d}\omega$$

$$= \frac{N_\varepsilon}{4}\frac{\alpha_1\alpha_2}{\alpha_1^2 - \alpha_2^2}(\alpha_1\mathrm{e}^{-\alpha_2|\tau|} - \alpha_2\mathrm{e}^{-\alpha_1|\tau|}) \tag{3.42}$$

根据式（3.42），过程 $\varepsilon_x(t)$ 的方差 σ_ε^2 可由下列表达式确定：

$$\alpha_\varepsilon^2 = K_\varepsilon(0) = \frac{N_\varepsilon}{4}\frac{\alpha_1\alpha_2}{\alpha_1 + \alpha_2} \tag{3.43}$$

考虑到式（3.43），式（3.42）可记录为：

$$K_\varepsilon(\tau) = \frac{\sigma_\varepsilon^2}{\alpha_1 - \alpha_2}(\alpha_1\mathrm{e}^{-\alpha_2|\tau|} - \alpha_2\mathrm{e}^{-\alpha_1|\tau|}) \tag{3.44}$$

可借助线性滤波器形成过程 $\varepsilon_x(t)$，在滤波器的输入端上发送高斯白噪声 $n_\varepsilon(t)$，其特性由式（3.37）确定。

在线性整形滤波器的输出端上过程 $\varepsilon_x(t)$ 的谱密度等于[21]：

$$S_\varepsilon(\omega) = \frac{N_\varepsilon}{2}|H(\mathrm{j}\omega)|^2$$

式中：$H(\mathrm{j}\omega)$ 为滤波器的综合频率特性。

此时根据式（3.37）和式（3.41）可得出，整形滤波器的传递函数具有下列形式：

$$H(p) = \frac{\alpha_1\alpha_2}{(p + \alpha_1)(p + \alpha_2)} \tag{3.45}$$

式中：$H(p)$ 为线性整形滤波器的传递函数。

根据式（3.45），随机过程 $\varepsilon_x(t)$ 遵循的二阶线性微分方程具有下列形式：

$$\begin{cases} \ddot{\varepsilon}_x(t) + (\alpha_1 + \alpha_2)\dot{\varepsilon}_x(t) + \alpha_1\alpha_2\varepsilon_x(t) = \alpha_1\alpha_2 n_\varepsilon(t) \\ \dot{\varepsilon}_x(t)\big|_{t=t_0} = 0, \dot{\varepsilon}_x(t_0) = 0 \end{cases} \tag{3.46}$$

描述波动误差 $\varepsilon_x(t)$ 的关系式（式（3.33））和二阶线性微分方程（式（3.46））模拟电路图（如图 3.9 所示），借助模拟电路可形成测量仪的输出信号 $z(t)$。形成波动误差 $\varepsilon_x(t)$ 的线性滤波器的核心部件是两个串联的负反馈积分仪。

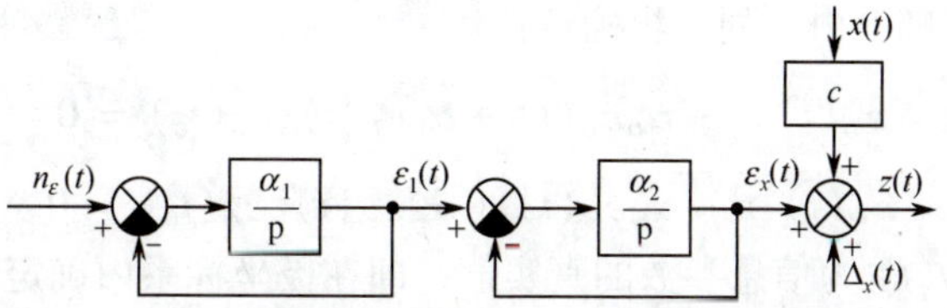

图 3.9　描述波动误差 $\varepsilon_x(t)$ 的关系式（式（3.33））和二阶线性微分方程（式（3.46））模拟电路图

应当指出，当过程 $\varepsilon_x(t)$ 变换为在状态空间内的标准描述形式时，应将二阶微分方程（式（3.46））替换为与其等效的一阶微分方程。为此，将第一个积分仪（图 3.9）输出端上的过程标记为 $\varepsilon_1(t)$。此时，式（3.46）等效于下列形式的一阶方程组：

$$\begin{cases} \dot{\varepsilon}_1(t) = -\alpha_1\varepsilon_1(t) + \alpha_1 n_\varepsilon(t), \quad \varepsilon_1(t_0) = 0 \\ \dot{\varepsilon}_x(t) = -\alpha_2\varepsilon_x(t) + \alpha_2\varepsilon_1(t), \quad \varepsilon_x(t_0) = 0 \end{cases} \tag{3.47}$$

因此，用方程组（式（3.47）表示两组元矢量 $[\varepsilon_1(t)\varepsilon_x(t)]^{\mathrm{T}}$ 可确定波动误差 $\varepsilon_x(t)$。

作为图解示例，下面分析在各型航空器上使用的近距无线电导航系统距离和方位测量仪输出端上信号的最简单数学模型。

实际上飞机使用的近距无线电导航系统属于无线电导航测角测距系统类别[9,10]。借助这些系统，在航空器上可直接测量到测距定向无线电信标的斜距 D 和方位角 Θ，即经过所选无线电信标的地理子午线正北方向与无线电信标—航空器方向之间的角度。在近距无线电导航系统的输出端上有测量距离 $u_D(t)$ 和方位 $u_\Theta(t)$ 的信息。

在描述近距无线电导航系统距离和方位测量仪输出端上的测量误差时应注意，距离和方位无线电测量设备在跟踪模式下通常是一级无差性跟踪系统。这些设备的等效通频带非常窄，这也确定了波动误差谱密度的宽度。在实际的近距无线电导航系统中除了波动误差外，还有由下列因素引起的固定误差或慢变误差，例如，飞机的移动和机动、无线电信标的大地测量连测误差、其他不稳定因素等。

根据上面所述，将式（3.33）和式（3.40）具体化，可得出：在脉冲跟踪节拍频率较高时，在跟踪模式下近距无线电导航系统的距离和方位测量仪输出端上信号的最简单数学模型具有下列形式：

$$z_D(t) = u_D(t) = c_D D(t) + \Delta_D + \varepsilon_D(t)$$
$$z_\Theta(t) = u_\Theta(t) = c_\Theta \Theta(t) + \Delta_\Theta + \varepsilon_\Theta(t)$$

式中：$\varepsilon_D(t)$ 和 $\varepsilon_\Theta(t)$ 为近距无线电导航系统机载设备的波动误差，它可在式（3.40）的基础上由下列方程确定：

$$\dot{\varepsilon}_D(t) = -\alpha_D \varepsilon_D(t) + \alpha_D n_D(t), \varepsilon_D(t_0) = 0$$
$$\dot{\varepsilon}_\Theta(t) = -\alpha_\Theta \varepsilon_\Theta(t) + \alpha_\Theta \varepsilon_\Theta(t), \varepsilon_\Theta(t_0) = 0$$

式中：$D(t)$ 和 $\Theta(t)$ 为信息参数的真实值，即在极坐标系内确定的距离和方位的真实值；Δ_D 和 Δ_Θ 为测量仪的固定或慢变（主要是动态的）误差；$T_D = 1/\alpha_D$ 和 $T_\Theta = 1/\alpha_\Theta$ 为测量仪的时间常数；$n_D(t)$ 和 $n_\Theta(t)$ 为独立的整形高斯白噪声。

独立的整形高斯白噪声的特性认为是已知的：

$$M[n_D(t)] = M[n_\Theta(t)] = 0$$
$$M[n_D(t_1)n_D(t_2)] = 0.5N_D\delta|t_2 - t_1|$$
$$M[n_\Theta(t_1)n_\Theta(t_2)] = 0.5N_\Theta\delta|t_2 - t_1|$$

根据式（3.39），方位和距离测量的波动误差均方差与整形高斯白噪声的强度有关，其关系式为：

$$\sigma_D = \frac{1}{2}\sqrt{N_D\alpha_D}, \sigma_\Theta = \frac{1}{2}\sqrt{N_\Theta\alpha_\Theta}$$

例如，对于近距无线电导航系统的典型测量仪，其波动误差的均方差等于[2]：

$$\sigma_D = (0.1 + 0.0015\% D)\text{km}; \sigma_\Theta = 0.125°(\text{对于 РСБН-7С})$$
$$\sigma_D = 185\text{m}; \sigma_\Theta = 1°(\text{对于 VOR/DME})$$

对于 VOR/DME 类型的无线电系统，可确定测量仪的系数具有下列数值：$\alpha_D = 0.28\text{Hz}$ 和 $\alpha_\Theta = 0.14\text{Hz}$[2,9]。

3.6.2 测量仪输出信号信息参数的动态数学模型

包含在这个或那个测量仪输出信号 $z(t)$ 中的信息参数 $x(t)$（参见式（3.33））与测量仪的指定用途相对应。例如，对于雷达瞄准综合系统（РЛПК）的距离通道，$x(t) = D(t)$，其中 $D(t)$ 为航空器与目标之间的距离（真实值）；对于近距无线电导航系统的距离通道，$x(t) = D(t)$，其中 $D(t)$ 为航空器与无线电信标之间的距离；对于近距无线电导航系统的方位通道，$x(t) = \Theta(t)$，其中 $\Theta(t)$ 为航空器的方位等。

在一般情况下，例如，不能运用不变性原理构建测量仪输出端上信号 $z(t)$ 的数学模型时，则必须知道输出信号 $z(t)$ 与信息参数 $x(t)$ 动态关系的数学模型。

对于无线电测量仪，输出信号 $z(t)$ 与信息参数 $x(t)$ 的动态关系首先是由于航空器本身在空间内移动，以及在对应情况下目标的运动引起的。

为描述航空器的动态变化，经常使用在参考文献［2，9，17，22］中列出的动态数学模型。这些数学模型能充分模拟航空器飞行的实际过程，因为在数学模型中考虑了发动机推力、空气动力、物体的重量等因素。

此时，描述航空器飞行的动态数学模型还能考虑到作用于飞机上的扰动，例如，发动机推力不均衡性、大气湍流、空气层流等。取决于完成的任务、使用的无线电技术设备、航空器的类型及其使用条件，描述航空器飞行的动态数学模型可多种多样，具有不同的详细度和复杂性，这相应地反映在信息参数 $x(t)$ 的模型中。对于机载综合电子系统组成中的无线电测量仪，例如机载雷达、卫星无线电导航系统、近距和远距无线电导航系统、多普勒速度和偏流角测量仪等机载设备，通常构建输出信号信息参数的动态数学模型，并将航空器与指定点（例如，导航航天器（HKA）、地面无线电信标、目标等）之间的斜距 $D(t)$ 及其导数作为状态变量（参见第 2 章）。

在此情况下，信息参数动态变化的最简单数学模型可用下列微分方程组进行描述[22]：

$$
\begin{cases}
\dot{D}(t) = W(t), D(t_0) = D_0 \\
\dot{W}(t) = \alpha(t), W(t_0) = W_0 \\
\dot{a}(t) = -\alpha_a a(t) + \alpha_a n_a(t), a(t_0) = a_0
\end{cases}
\tag{3.48}
$$

式中：$D(t)$ 为航空器与指定点之间的距离；$W(t)$ 为接近（远离）指定点的相对速度；$a(t)$ 为相对加速度；$\alpha_a = \text{const}$，为加速度波动谱宽的量；$n_a(t)$ 为整形噪声，与稳定高斯白噪声近似。

考虑到函数 $D(t)$ 的前两个导数，即速度和加速度，式（3.48）在统计意义上能足够准确地展现航空器运动的总特性。但它首先描述航空器是空中目标这一情况，即不反映航空器是受控对象（带运动方向和运动特性已知的先验信息）这一事实。因此，当时间无限增大时在式（3.48）中对象速度的方差将趋于无穷。

下面分析信息参数其他的一些动态数学模型[2]。为了明确性，数学模型具体针对近距无线电导航系统机载测量仪的测距通道。航空器作为地球笛卡儿坐标系中的物体记录其运动方程[2]，然后变换为在斜距 $D(t)$ 方向上，即“航空器—地面无线电信标”方向上速度和加速度的投影，构建信息参数的动态数学模型，该模型与式（3.48）相比更能充分地反映飞机本身的飞行情况，此时飞机被视为受控对象，而不是航空器—目标。此时做一些简化，信息参数 $D(t)$ 动态数学模型的方程组对于个别的飞行阶段具有下列形式[2]：

$$\begin{cases} \dot{D}(t) = W(t) = \Delta W(t) + W_{cp}(t), D(t_0) = D_0 \\ \Delta\dot{W}(t) = \alpha(t), \Delta W(t_0) = \Delta W_0 \\ \dot{a}(t) = -\alpha_a a(t) - \beta\Delta W(t) + \sqrt{2\alpha\sigma_a^2} n_a(t), a(t_0) = a_0 \end{cases} \tag{3.49}$$

式中：$W(t) = \Delta W(t) + W_{cp}(t)$ 和 $a(t)$ 分别为航空器地面速度和加速度在斜距方向上的投影；$W_{cp}(t) = M[W(t)]$，为地面速度平均值；$\Delta W(t)$ 为零数学期望值的速度波动分量；α 和 β 为权重系数，表示加速度随机变化的谱密度，并可由风速波动分量、受控对象类型及其运动条件确定；$\sigma_a^2 = M[a^2(t)]$，为加速度的波动方差，它取决于大气湍流、发动机推力波动等；$n_a(t)$ 为具有零平均值和单位强度的整形稳定高斯白噪声。

至于式（3.49）中的地面速度平均值 $W_{cp}(t)$，在此关系式中可有两种处理方案。在第一种方案中认为 $W_{cp}(t)$ 是已知的时间函数，在完成综合任务时该函数属于控制矢量。在第二种方案中 $W_{cp}(t)$ 视作准随机过程，它可用补充在式（3.49）中下列形式的先验方程描述：$\dot{W}_{cp} = 0, W_{cp}(t_0) = W_{cp0}$。

当将飞机视作航空器时，在一般情况下系数 α 和 β 与参数 σ_a^2 可近似地记录为下列形式[2]：$\alpha = b + v$，$\beta = bv$，$\sigma_a^2 = v^2 b\sigma_w^2/(v + b)$。式中：$b = V/L$；$V$ 为航空器的空速；$L = 200 \sim 1000\text{m}$，为大气湍流范围；$v = 0.01 \sim 0.1\text{s}^{-1}$，取决于航空器类型和飞行条件的参数；$\sigma_w = 0.4 \sim 2.7\text{m/s}$，为由风引起的速度波动均方差。

可见，式（3.49）的第三个方程与式（3.48）不同的是包含一个 $\beta\Delta W(t)$ 项，它是在时间无限增大时由速度 $W(t)$ 方差的局限性引起的并反映飞机飞行是可控的这一事实。此外，应当指出，在估计任务中使用式（3.49）形式的信息参数动态数学模型和在指定 $W_{cp}(t)$ 为准随机过程的情况下保证速度分量 $\Delta W(t)$ 和 $W_{cp}(t)$ 的单独可观测性（及相应的单独估计）说明存在至少两个相应的单独测量是必要的（例如，在多普勒速度和偏流角测量仪和惯性导航系统基础上的测量）。

在相应情况下，必要时在综合任务中可使用更复杂的测量仪信号和干扰的数学模型[20,23]。

3.7 最优线性信息综合处理算法的应用

下面研究在机载综合电子系统中构建和应用最优线性连续和离散信息综合处理算法的一些典型示例。

3.7.1 确定航空器地速的最优线性信息综合处理模拟算法

为了构建编写可确定航空器地速矢量 $\overline{V}_{п}(t)$ 的最优线性信息综合处理模拟算法，应引用3.4节中所述的最优线性估计理论（ОЛО）完成相应的综合任务。

为计算航空器的地速，要求在与大圆航线坐标系相关的 $0\xi\eta\zeta$ 坐标系内形成航空器地速矢量 $\overline{V}_{п}(t)$ 分量 $V_{п\xi}$ 和 $V_{п\eta}$ 的最优估计[2]。

所研究任务的特点是在模拟信息综合处理系统时使用不变性原理。在此情况下，信息综合处理算法最优化的初始信息包含在平台式惯性导航系统（ИНС）、多普勒速度和偏流角测量仪（ДИСС）的输出信号中。在经过相应的统一坐标系 $0\xi\eta\zeta$ 变换后，平台式惯性导航系统、多普勒速度和偏流角测量仪输出信号的数学模型可具有下列形式[9]：

$$\begin{cases} V_{п\eta}^{Д}(t) = V_{п\eta}(t) + \varepsilon_{\eta}(t) \\ V_{п\xi}^{Д}(t) = V_{п\xi}(t) + \varepsilon_{\xi}(t) \\ V_{п\eta}^{ИНС}(t) = V_{п\eta}(t) + \delta V_{\eta}(t) \\ V_{п\xi}^{ИНС}(t) = V_{п\xi}(t) + \delta V_{\xi}(t) \end{cases} \tag{3.50}$$

式中：$V_{п\eta}(t)$、$V_{п\xi}(t)$ 为沿坐标轴 0η 和 0ξ 的航空器地速矢量分量的真实值；$V_{п\eta}^{Д}(t)$、$V_{п\xi}^{Д}(t)$、$V_{п\eta}^{ИНС}(t)$、$V_{п\xi}^{ИНС}(t)$ 为多普勒速度和偏流角测量仪、平台式惯性导航系统相应的航空器地速矢量分量的测量值；$\varepsilon_{\eta}(t)$、$\varepsilon_{\xi}(t)$、$\delta V_{\eta}(t)$、$\delta V_{\xi}(t)$ 为测量误差。

多普勒速度和偏流角测量仪的波动测量误差 $\varepsilon_{\eta}(t)$ 和 $\varepsilon_{\xi}(t)$ 通常是相互独立的平稳高斯随机过程，它具有零数学期望值和下列形式的相关函数：

$$K_{\varepsilon}(\tau) = \sigma_V^2 e^{-\alpha_Д |\tau|} \tag{3.51}$$

式中：σ_V^2 为根据多普勒速度和偏流角测量仪的数据测定航空器地速矢量分量的误差方差；$\alpha_Д$ 为误差谱宽的系数。

在完成综合任务时，为了简化这些误差，可与统计特性已知的稳定高斯白噪声近似[2,9]：

$$M[\varepsilon_{\eta}(t)] = M[\varepsilon_{\xi}(t)] = 0$$

$$M[\varepsilon_{\eta}(t)\varepsilon_{\eta}(t+\tau)] = M[\varepsilon_{\xi}(t)\varepsilon_{\xi}(t+\tau)] = \frac{2\sigma_V^2}{\alpha_Д}\delta(t)$$

$$M[\varepsilon_{\eta}(t)\varepsilon_{\xi}(t+\tau)] = 0$$

式中，δ 为函数符号。

平台式惯性导航系统的误差 $\delta V_{\eta}(t)$、$\delta V_{\xi}(t)$ 主要是由于加速度计误差和陀螺仪轴的漂移引起的。表示惯性导航系统的地速矢量分量测量误差的方程通常具有下列形式[2,17]：

$$\begin{cases}\dfrac{\mathrm{d}}{\mathrm{d}t}\delta V_{\eta}(t) = \delta\alpha_{\eta}(t) + \Delta a_{\eta}(t), \quad \delta V_{\eta}(t_0) = \delta V_{\eta 0} \\ \dfrac{\mathrm{d}}{\mathrm{d}t}\delta V_{\xi}(t) = \delta\alpha_{\xi}(t) + \Delta a_{\xi}(t), \quad \delta V_{\xi}(t_0) = \delta V_{\xi 0}\end{cases} \tag{3.52}$$

式中：$\delta\alpha_{\eta}(t)$ 、$\delta\alpha_{\xi}(t)$ 、$\Delta\alpha_{\eta}(t)$ 、$\Delta\alpha_{\xi}(t)$ 为确定惯性导航系统波动和慢变（固定）误差的项；$\delta V_{\eta 0}$ 、$\delta V_{\xi 0}$ 为惯性导航系统初始校准的误差。

平台式惯性导航系统的误差分量可用下列微分方程描述：

$$\begin{cases}\dfrac{\mathrm{d}}{\mathrm{d}t}\Delta a_{\eta}(t) = 0, \quad \Delta a_{\eta}(t_0) = \Delta a_{\eta 0} \\ \dfrac{\mathrm{d}}{\mathrm{d}t}\Delta a_{\xi}(t) = 0, \quad \Delta a_{\xi}(t_0) = \Delta a_{\xi 0}\end{cases} \tag{3.53}$$

$$\begin{cases}\dfrac{\mathrm{d}}{\mathrm{d}t}\delta a_{\eta}(t) = -\alpha\delta a_{\eta}(t) + \sqrt{2\alpha\sigma_a^2}\,n_{a\eta}(t), \quad \delta a_{\eta}(t_0) = \delta a_{\eta 0} \\ \dfrac{\mathrm{d}}{\mathrm{d}t}\delta a_{\xi}(t) = -\alpha\delta a_{\xi}(t) + \sqrt{2\alpha\sigma_a^2}\,n_{a\xi}(t), \quad \delta a_{\xi}(t_0) = \delta a_{\xi 0}\end{cases} \tag{3.54}$$

式中：α 为惯性导航系统加速度计波动误差谱宽的系数；$\boldsymbol{\sigma}_{\mathrm{a}}^2$ 为加速度计波动误差的方差；$n_{\mathrm{a}\eta}(t)$ 、$n_{\mathrm{a}\xi}(t)$ 为具有零数学期望值和单位强度的相互独立的标准稳定高斯白噪声。

要求对信息的最优连续综合处理算法进行综合，这些信息包含在航空器地速矢量的分量中；要求画出相应的结构图，使用计算机计算出信息综合处理系统的潜在精度特性并画出估计误差方差与时间的关系曲线。

针对一个信息处理通道进行综合是合理的，例如，针对航空器地速矢量 $\overline{\boldsymbol{V}}_{\text{п}}(t)$ 分量的通道 $V_{\text{п}\eta}(t)$ 。对于其他通道而言，算法是相同的。

由于随机过程 $V_{\text{п}\eta}(t)$ 和 $\alpha_{\eta}(t)$ 的统计特性是未知的，则应使用不变性原理来克服先验不确定性，并形成差异信号形式的观测 $z(t)$ ：

$$z(t) = V_{\text{п}\eta}^{\text{ИНС}}(t) - V_{\text{п}\eta}^{\text{Д}}(t) = \delta V_{\eta}(t) - \varepsilon_{\eta}(t) \tag{3.55}$$

考虑到式（3.52）~式（3.54），可将式（3.55）表示为矢量矩阵形式（式（3.3））：

$$z(t) = \boldsymbol{H}\boldsymbol{X}(t) + \boldsymbol{N}_z(t) \tag{3.56}$$

式中：$\boldsymbol{X}(t) = [\delta V_{\eta}(t)\delta\alpha_{\eta}(t)\Delta\alpha_{\eta}(t)]^{\mathrm{T}}$ ，为状态矢量。$\boldsymbol{H} = [1\ 0\ 0]$ ，为观测矩阵（在此例中矩阵为 1×3）；$\boldsymbol{N}_z(t) = -\varepsilon_{\eta}(t)$ 。式（3.56）可确定观测 $z(t)$ 。

根据式（3.55）形成观测过程 $z(t)$ 并产生最优估计 $\hat{V}_{\text{п}\eta}$ 的装置的结构图如图 3.10 所示。

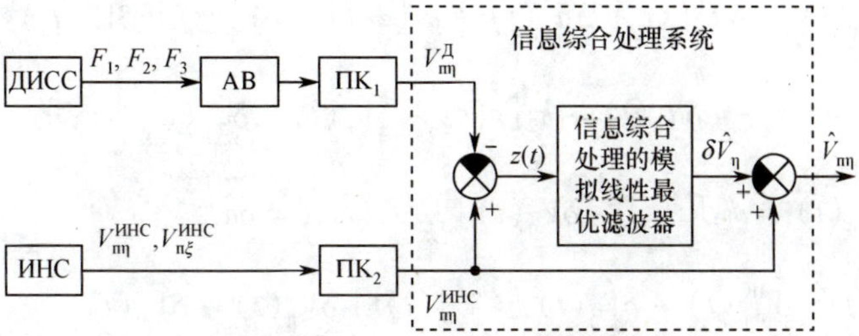

图 3.10　根据式（3.55）形成观测过程 $z(t)$ 并产生

最优估计 $\hat{V}_{\text{тη}}$ 的装置的结构图

图中的主要元部件有：模拟计算机（АВ），例如 В-144 型；坐标变换器（ΠK_1、ΠK_2）；信息综合处理系统。

根据式（3.52）~式（3.54），状态矢量 $\boldsymbol{X}(t)$ 可用矢量矩阵随机微分方程（式（3.1））描述：

$$\dot{\boldsymbol{X}}(t) = \boldsymbol{F}\boldsymbol{X}(t) + \boldsymbol{G}n_{a\eta}(t), \boldsymbol{X}(t_0) = \boldsymbol{X}_0 \tag{3.57}$$

式中

$$\boldsymbol{F} = \begin{bmatrix} 0 & 1 & 1 \\ 0 & -\alpha & 0 \\ 0 & 0 & 0 \end{bmatrix}; \boldsymbol{G} = \begin{bmatrix} 0 \\ \sqrt{2\alpha\sigma_a^2} \\ 0 \end{bmatrix}$$

在式（3.57）中考虑到，$\boldsymbol{U}(t) = 0$ 和 $\boldsymbol{W}(t) = n_{a\eta}(t)$。

针对式（3.57）和式（3.56），根据式（3.17）~式（3.19）可得出信息最优线性模拟综合处理的算法：

$$\dot{\hat{\boldsymbol{X}}}(t) = \boldsymbol{F}\hat{\boldsymbol{X}}(t) + \boldsymbol{K}(t)[z(t) - \boldsymbol{H}\hat{\boldsymbol{X}}(t)], \hat{\boldsymbol{X}}(t_0) = \hat{\boldsymbol{X}}_0 \tag{3.58}$$

$$\boldsymbol{K}(t) = \boldsymbol{P}(t)\boldsymbol{H}^{\mathrm{T}}\boldsymbol{N}^{-1} \tag{3.59}$$

$$\dot{\boldsymbol{P}}(t) = \boldsymbol{F}\boldsymbol{P}(t) + \boldsymbol{P}(t)\boldsymbol{F}^{\mathrm{T}} - \boldsymbol{P}(t)\boldsymbol{H}^{\mathrm{T}}\boldsymbol{N}^{-1}\boldsymbol{H}\boldsymbol{P}(t) + \boldsymbol{G}\boldsymbol{G}^{\mathrm{T}},$$
$$\boldsymbol{P}(t_0) = \boldsymbol{P}_0 \tag{3.60}$$

式中，$\hat{\boldsymbol{X}}(t)$ 为状态矢量 $\boldsymbol{X}(t)$ 的最优估计；$\hat{\boldsymbol{X}}_0 = M[\boldsymbol{X}(t_0)]$；$\boldsymbol{K}(t)$ 为最优滤波器传递系数的矩阵；$\boldsymbol{P}(t)$ 为滤波误差方差的矩阵；$\boldsymbol{P}_0$ 为方差的初始矩阵；$\boldsymbol{N}^{-1}$ 为矩阵 $\boldsymbol{N}$ 的逆矩阵；在分析的示例中考虑到式（3.51），$N = 2\alpha_{\text{д}}^{-1}\sigma_V^2$ 为观测噪声强度的标量；在式（3.60）中，矩阵 $\boldsymbol{Q} = \boldsymbol{I}$。

根据式（3.58），确定信息综合处理系统并描述最优估计 $\delta\hat{V}_{\eta}(t)$、$\delta\hat{\alpha}_{\eta}(t)$、$\Delta\hat{\alpha}_{\eta}(t)$ 的微分方程组可具有下列形式：

$$
\begin{cases}
\dfrac{\mathrm{d}}{\mathrm{d}t}\delta\hat{V}_{\eta}(t) = \delta\hat{a}_{\eta}(t) + \Delta\hat{a}_{\eta}(t) + k_1[z(t) - \delta\hat{V}_{\eta}(t)], \delta\hat{V}_{\eta}(t_0) = \delta\hat{V}_{\eta 0} \\
\dfrac{\mathrm{d}}{\mathrm{d}t}\delta\hat{a}_{\eta}(t) = -a\delta\hat{a}_{\eta}(t) + k_2[z(t) - \delta\hat{V}_{\eta}(t)], \delta\hat{a}_{\eta}(t_0) = \delta\hat{a}_{\eta 0} \\
\dfrac{\mathrm{d}}{\mathrm{d}t}\Delta\hat{a}_{\eta}(t) = k_3[z(t) - \delta\hat{V}_{\eta}(t)], \Delta\hat{a}_{\eta}(t_0) = \delta\hat{a}_{\eta 0} \\
\hat{V}_{\text{пη}}(t) = V_{\text{пη}}^{\text{НС}}(t) - \delta\hat{V}_{\eta}(t) = V_{\text{пη}}(t) + \delta V_{\eta}(t) - \delta\hat{V}_{\eta}(t)
\end{cases}
\tag{3.61}
$$

式（3.61）表示的最优模拟信息综合处理系统的结构图如图 3.11 所示，它用于在多普勒速度和偏流角测量仪与平台式惯性导航系统测量值的基础上确定航空器地速矢量的分量 $V_{\text{пη}}(t)$。应当指出，式（3.61）方括号内的表达式是测量误差，它是一些与滤波误差成比例的数值。误量误差和加权系数 k_1、k_2、k_3 共同用于形成相应的最优估计。

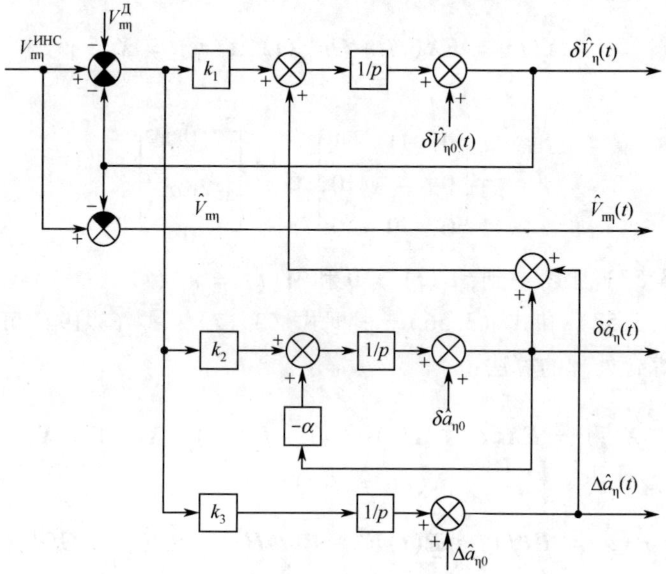

图 3.11　式（3.61）表示的最优模拟信息综合处理系统的结构图

借助 4 阶龙格－库塔法，通过在计算机上数值解式（3.60）的方式计算滤波误差方差矩阵 $\boldsymbol{P}(t)$ 的各元素。

图 3.12 所示为状态矢量各分量估计误差的相对后验方差与时间的关系曲线，图中：

$$\delta_{\text{V}}(t) = p_{11}(t)/\sigma_{\text{V}_0}^2 \text{（曲线 1）}$$

$$\delta_{\delta\text{a}}(t) = p_{22}(t)/\sigma_{\text{a}_0}^2 \text{（曲线 2）}$$

$$\delta_{\Delta a}(t) = p_{33}(t)/\sigma^2_{\Delta a_0}(曲线3)$$

式中：$p_{11}(t)$、$p_{22}(t)$、$p_{33}(t)$ 为随机过程 $\delta V_\eta(t)$、$\delta\alpha_\eta(t)$ 和 $\Delta\alpha_\eta(t)$ 对应的估计误差方差（矩阵 $P(t)$ 的对角线元素）；$\sigma^2_{V_0}$、$\sigma^2_{a_0}$、$\sigma^2_{\Delta a_0}$ 为随机过程 $\delta V_\eta(t)$、$\delta\alpha_\eta(t)$ 和 $\Delta\alpha_\eta(t)$ 对应的先验方差。

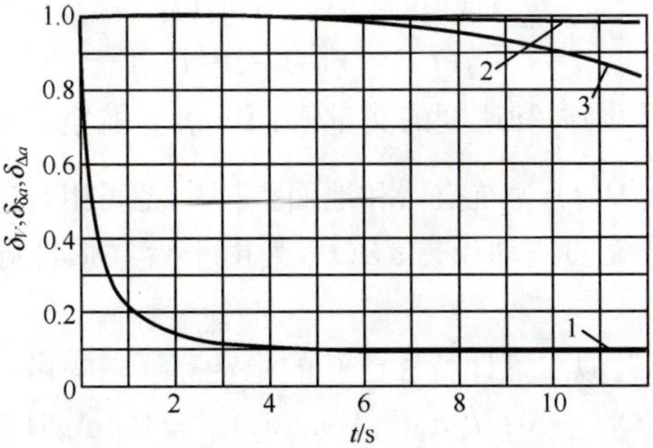

图 3.12　状态矢量各分量估计误差的相对后验方差与时间的关系曲线

在计算时，作为初始数据通常使用状态矢量和观测矢量数学模型中的下列典型参数值[2,9]：$\sigma_{V0} = \sigma_V = 1(m/s)$；$\sigma_{\delta\alpha 0} = 10^{-2}(m/s)^2$；$\sigma_{\Delta\alpha 0} = \sigma_\alpha = 10^{-2}(m/s)^2$；$\alpha = 100Hz$，$\alpha_п = 50Hz$；时间离散步长 $T = 0.01s$。

通过分析上述关系式得出结论，状态矢量分量 $\delta V_\eta(t)$ 的估计是非常有效的。方差稳态值约在8s内可到达并且其数值约为 $5\times10^{-2}m^2/s^2$。在此时刻，状态矢量分量 $\delta\alpha_\eta(t)$ 和 $\Delta\alpha_\eta(t)$ 的滤波误差方差略微减小。

3.7.2　测定航空器和地面指挥所之间距离和速度的算法

下面研究信息线性综合处理模拟算法的综合问题，用于计算航空器和地面指挥所之间距离 $D(t)$ 和相对速度 $V(t) = \dot{D}(t)$ 的最优估计。使用3.4节中所述的最优线性估计理论来解决综合问题。

假设航空器上安装有可根据“格洛纳斯”或GPS卫星无线电导航系统的信号测量航空器和地面指挥所之间距离的机载设备。应当指出，在航空器上根据卫星无线电导航系统的信号测量的实际上是伪距离[24]。但在解决该综合问题时，为了简化，假设在卫星无线电导航系统中没有时标的相对位移，因此，距离和伪距离概念在这种情况下是一样的。

此外，假设在航空器的导航驾驶综合系统中使用平台式惯性导航系统，在其测量的基础上考虑到使用卫星无线电导航系统的服务信息（星历数据）和相应的坐标系变换来计算相对速度 $V(t)$。

本研究示例的突出特点是在模拟信息综合处理系统时使用信息分配原则。

假设两个测量仪都正常运行，其中卫星无线电导航系统的机载设备处于跟踪模式。此时，在卫星无线电导航系统和惯性导航系统设备的输出端上分析信号的测量值（在使用地面指挥所的星历信息和变换坐标系后）相应具有下列形式：

$$y_1(t) = D(t) + n_1(t) \tag{3.62}$$

$$y_2(t) = V(t) + \varepsilon(t) \tag{3.63}$$

式中：$y_1(t)$、$y_2(t)$ 为距离和速度的测量值；$D(t)$ 为航空器和地面指挥所之间距离的真实值；$V(t) = \dot{D}(t)$ 为航空器和地面指挥所之间相对速度的真实值；$n_1(t)$ 为卫星无线电导航系统的波动误差；$\varepsilon(t)$ 为由平台式惯性导航系统引起的波动误差[2,17,24]。

假设误差 $n_1(t)$ 近似于统计特性已知的稳定高斯白噪声：

$$M[n_1(t)] = 0; M[n_1(t_1), n_1(t_2)] = 0.5N_0\delta|t_1 - t_2|$$

式中：$N_0 = \text{const}$。

误差 $\varepsilon(t)$ 为一个指数相关高斯随机过程，它用下列一阶线性微分方程描述：

$$\dot{\varepsilon}(t) = -\alpha\varepsilon(t) + \alpha n_\varepsilon(t), \varepsilon(t_0) = \varepsilon_0 \tag{3.64}$$

式中：$\alpha = \text{const}$；$n_\varepsilon(t)$ 为具有下列已知统计特性的整形高斯白噪声。

$$M[n_\varepsilon(t)] = 0; M[n_\varepsilon(t_1), n_\varepsilon(t_2)] = 0.5N_\varepsilon\delta|t_2 - t_1|$$

式中：$N_\varepsilon = \text{const}$。

要求：确定距离和速度的最优估计 $\hat{D}(t)$ 和 $\hat{V}(t)$。

根据问题说明可知，没有关于相对速度 $V(t)$ 动态的任何先验信息，即没有其属性模型，但是具有速度波动误差 $\varepsilon(t)$ 的数学模型。

在此情况下，为了形成状态矢量 $\boldsymbol{X}(t)$ 和观测矢量 $\boldsymbol{Z}(t)$（参见3.1和3.3节）应使用观测矢量 $\boldsymbol{Z}(t)$ 和可知矢量 $\boldsymbol{U}(t)$ 之间的信息分配原则。将测量 $y_2(t)$ 归入控制，而测量 $y_1(t)$ 归入观测，即：

$$U(t) = y_2(t); Z(t) = y_1(t) \tag{3.65}$$

构成状态矢量 $\boldsymbol{X}(t)$ 和确定其动态的微分方程组（式（3.1））。

在式（3.63）的基础上可得出：

$$V(t) = y_2(t) - \varepsilon(t) \tag{3.66}$$

式中：$y_2(t)$ 视为控制。

此时，考虑到式（3.66），可记录：

$$\dot{D}(t) = y_2(t) - \varepsilon(t), D(t_0) = D_0$$

这样，在综合课题中，应进行估计的状态矢量 $\boldsymbol{X}(t)$ 和表示其动态的先验方程组根据式（3.64）可具有下列形式：

$$
\begin{cases}
\boldsymbol{X}(t) = [x_1(t) = D(t) \quad x_2(t) = \varepsilon(t)]^{\mathrm{T}} \\
\dot{D}(t) = = y_2(t) - \varepsilon(t), D(t_0) = D_0 \\
\dot{\varepsilon}(t) = -\alpha\varepsilon(t) + \alpha n_2(t), \varepsilon(t_0) = \varepsilon_0
\end{cases}
\tag{3.67}
$$

从式（3.67）可知，状态矢量 $\boldsymbol{X}(t)$ 取决于 $y_2(t)$ 。因此，状态矢量 $\boldsymbol{X}(t)$ 本身可以不是多组元的高斯过程。

根据式（3.62）和式（3.65），观测关系式可记录为下列形式：

$$
\boldsymbol{Z}(t) = y_1(t) = D(t) + n_1(t) \tag{3.68}
$$

将式（3.1）和式（3.3）具体化，可得出：

$$
\begin{cases}
\boldsymbol{F} = \begin{bmatrix} 0 & -1 \\ 0 & -\alpha \end{bmatrix} \\
\boldsymbol{C} = \begin{bmatrix} 1 \\ 0 \end{bmatrix} \\
\boldsymbol{U}(t) = y_2(t) \\
\boldsymbol{G} = \begin{bmatrix} 0 \\ \alpha \end{bmatrix} \\
\boldsymbol{W}(t) = n_\varepsilon(t) \\
\boldsymbol{Q} = 0.5N_\varepsilon \\
\boldsymbol{X}_0 = [D_0 \quad \varepsilon_0]^{\mathrm{T}} \\
\boldsymbol{H} = [1 \quad 0] \\
\boldsymbol{N}_z(t) = n_1(t) \\
\boldsymbol{N} = 0.5N_0
\end{cases}
\tag{3.69}
$$

针对式（3.67）和式（3.68）形成的数学模型，根据式（3.17）~式（3.19）可得出最优线性模拟信息综合处理的算法。

考虑到式（3.69），最优线性信息综合处理系统的方程（式（3.17））可具有下列形式：

$$
\dot{\hat{\boldsymbol{X}}} = \boldsymbol{F}\hat{\boldsymbol{X}}(t) + \boldsymbol{C}\boldsymbol{U}(t) + \boldsymbol{K}(t)[\boldsymbol{Z}(t) - \boldsymbol{H}\hat{\boldsymbol{X}}(t)], \hat{\boldsymbol{X}}(t_0) = \hat{\boldsymbol{X}}_0 \tag{3.70}
$$

式中：$\boldsymbol{K}(t) = \begin{bmatrix} k_1(t) \\ k_2(t) \end{bmatrix}$，为信息综合处理系统的最优传递系数矩阵，它根据式（3.18）确定。

滤波误差方差矩阵 $\boldsymbol{P}(t)$ 的元素根据式（3.19）进行计算，在此情况下它可用下列形式表示：

$$P(t) = \begin{bmatrix} p_{11}(t) & p_{12}(t) \\ p_{12}(t) & p_{22}(t) \end{bmatrix}$$

此时在式（3.18）的基础上，根据式（3.69）可得出：

$$K(t) = \begin{bmatrix} k_1(t) \\ k_2(t) \end{bmatrix} = \frac{2}{N_0}\begin{bmatrix} p_{11}(t) \\ p_{12}(t) \end{bmatrix} \tag{3.71}$$

将式（3.70）具体化，对于状态矢量 $\boldsymbol{X}(t)$ 的最优估计，根据式（3.69）和式（3.71）可得出：

$$\frac{\mathrm{d}}{\mathrm{d}t}\begin{bmatrix} \hat{D}(t) \\ \hat{\varepsilon}(t) \end{bmatrix} = \begin{bmatrix} \hat{V}(t) \\ -\alpha\hat{\varepsilon}(t) \end{bmatrix} + \begin{bmatrix} k_1(t) \\ k_2(t) \end{bmatrix}\Delta z(t) \tag{3.72}$$

式中：

$$\hat{V}(t) = y_2(t) - \hat{\varepsilon}(t) \tag{3.73}$$

上式为相对速度的最优估计；

$$\Delta z(t) = y_1(t) - \hat{D}(t) \tag{3.74}$$

上式为距离测量误差。

式（3.72）可确定用于测定航空器和地面指挥所之间距离和速度的最优线性模拟信息综合处理算法。

根据式（3.73）和式（3.74），式（3.72）的最优线性模拟信息综合处理系统的结构图如图3.13所示。

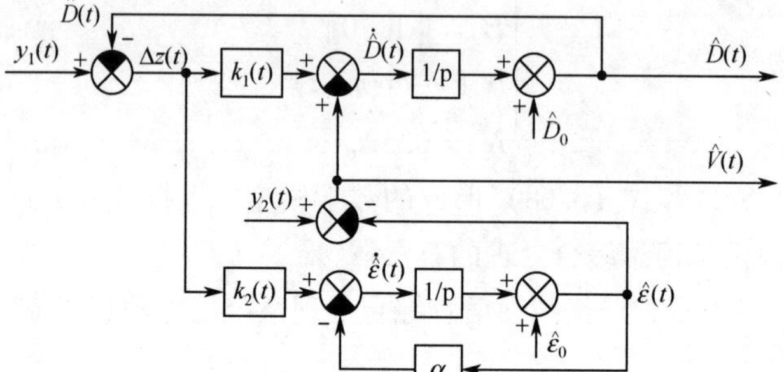

图3.13　式（3.72）的最优线性模拟信息综合处理系统的结构图

可见，信息综合处理系统具有两个输入端。信号 $y_1(t)$ 和 $y_2(t)$ 发送到这两个输入端上。同时具有两个输出端，从它们上面读取距离和速度最优估计 $\hat{D}(t)$ 和 $\hat{V}(t)$ 。共有两个处理通道：距离估计 $\hat{D}(t)$ 形成通道和惯性导航系统波动误差估计 $\hat{\varepsilon}(t)$ 形成通道。速度估计 $\hat{V}(t)$ 可视作发送到信息综合处理系统输入端的信号 $y_2(t)$ 与波动误差估计 $\hat{\varepsilon}(t)$ 之差。

3.7.3 测定航空器地速的最优线性信息综合处理离散算法

问题说明与3.7.1节相同。

要求如下：

(1) 由式（3.57）确定的连续状态矢量 $\boldsymbol{X}(t)$ 和由差分方程表示的相应离散状态矢量 $\boldsymbol{X}_{k+1}=\boldsymbol{X}(k+1)$ 之间的统计等效性；

(2) 针对形成的离散状态矢量和观测矢量，解决最优离散线性信息综合处理算法的综合问题。

对于与3.7.1节相同的问题说明，为获得最优线性信息综合处理的离散算法，在观测和状态数学模型中需将连续时间统计等效变换为离散时间，并且认为各离散计算时刻相互之间距离相同的时段 $t_{k+1}-t_k=T$。

为此应得出符合式（3.57）的基本矩阵。由于式（3.57）中的矩阵 $\boldsymbol{F}$ 不取决于时间，则使用拉普拉斯变换法，根据式（2.46）可得出：$\boldsymbol{\Phi}_\eta(t-t_0)=\pounds^{-1}\{[p\boldsymbol{I}-\boldsymbol{F}]^{-1}\}$，式中，$\eta$ 表示所有的关系式都针对 $O\eta$ 坐标轴进行研究。此时可得出：

$$\boldsymbol{\Phi}_\eta(t-t_0)=\begin{bmatrix}1 & \alpha^{-1}[1-\mathrm{e}^{-\alpha(t-t_0)}] & (t-t_0)\\ 0 & \mathrm{e}^{-\alpha(t-t_0)} & 0\\ 0 & 0 & 1\end{bmatrix}$$

相应地，对于离散间隔 $t_{k+1}-t_k=T$，可得出：

$$\boldsymbol{\Phi}_\eta[(k+1)T-kT]=\boldsymbol{\Phi}_\eta(T),k=0,1,2,\cdots$$

$$\boldsymbol{\Phi}_\eta(T)=\begin{bmatrix}1 & \alpha^{-1}[1-\mathrm{e}^{-\alpha T}] & T\\ 0 & \mathrm{e}^{-\alpha T} & 0\\ 0 & 0 & 1\end{bmatrix} \tag{3.75}$$

将连续状态矢量 $\boldsymbol{X}(t)$ 统计等效变换为离散状态矢量 $\boldsymbol{X}(k+1)$ 的方法参见第2章。

根据式（2.59），对于相邻时刻 t_k 和 t_{k+1}，式（3.57）的解具有下列形式：

$$\boldsymbol{X}(k+1)=\boldsymbol{\Phi}_\eta(T)\boldsymbol{X}(k)+\boldsymbol{W}(k+1),\boldsymbol{X}(k)=\boldsymbol{X}(t_k) \tag{3.76}$$

式中

$$\boldsymbol{W}(k+1)=\int_{t_k}^{t_k+T}\boldsymbol{\Phi}_\eta(t_k+T-\tau)\boldsymbol{G}n_{\alpha\eta}(\tau)\mathrm{d}\tau \tag{3.77}$$

上式是维数为3×1的离散高斯矢量随机过程，它具有零数学期望值 $M[\boldsymbol{W}(k+1)]=0$ 和下列形式的一次二阶中心矩矩阵[9]：

$$\begin{aligned}\boldsymbol{D}_w(k+1)&=M[\boldsymbol{W}(k+1)\boldsymbol{W}^{\mathrm{T}}(k+1)]\\&=\int_{t_k}^{t_k+T}\boldsymbol{\Phi}_\eta(t_k+T-\tau)\boldsymbol{G}\boldsymbol{G}^{\mathrm{T}}\boldsymbol{\Phi}_\eta^{\mathrm{T}}(t_k+T-\tau)\mathrm{d}\tau\end{aligned} \tag{3.78}$$

在满足式（3.77）和式（3.78）时，可保证连续状态矢量 $\boldsymbol{X}(t)$ 和离散状态矢量 $\boldsymbol{X}(k)$ 之间的统计等效性。在离散时刻 t_{k+1}，$k=0,1,2,\cdots$ 上形成矢量 $\boldsymbol{W}(k+1)$ 的数值。在形成每个数值时，由于在互不重叠的时间间隔上求积分，因此它们是独立的。

与式（2.61）类似，矢量 $\boldsymbol{W}(k+1)$ 可表示为：$\boldsymbol{W}(k+1)=\boldsymbol{\Gamma}_{\eta}(t)\boldsymbol{N}_k$。

此时，式（3.76）变成式（2.63）的标准形式：

$$\boldsymbol{X}(k+1)=\boldsymbol{\Phi}_{\eta}(T)\boldsymbol{X}(k)+\boldsymbol{\Gamma}_{\eta}(T)\boldsymbol{N}_k \tag{3.79}$$

式中：$\boldsymbol{N}_k^T=[n_1(t_k)n_1(t_k)0]$，为标准离散高斯白噪声的矢量，它由独立的随机分量构成，这些分量按照具有数学期望值 $M_N=0$ 和相关矩阵 $\boldsymbol{P}_{NN}(k,m)=\boldsymbol{I}\delta(k,m)$ 的高斯定律进行分布；$\boldsymbol{I}$ 为单位矩阵，$\delta(k,m)$ 为克罗内克符号（离散 δ 函数）。

根据式（3.76）和式（3.79）中整形噪声的一次二阶中心矩矩阵相等的条件，即 $\boldsymbol{D}_w(k+1)=\boldsymbol{D}_{\eta}(T)$，来确定方阵 $\boldsymbol{F}_{\eta}(T)$，式中：

$$\boldsymbol{D}_{\eta}(T)=\boldsymbol{\Gamma}_{\eta}(T)\boldsymbol{\Gamma}_{\eta}^{\mathrm{T}}(T) \tag{3.80}$$

已知方阵 $\boldsymbol{F}_{\eta}(T)$ 是下三角矩阵，其元素可使用在参考文献［25］中列出的关系式进行计算：

$$\gamma_{ik}=\frac{\mathrm{d}_{ik}-\sum_{j=1}^{k-1}\gamma_{ij}\gamma_{kj}}{\gamma_{kk}},i\geqslant k,k=\overline{1,n} \tag{3.81}$$

式中：n 可确定状态矢量 $\boldsymbol{X}(k+1)$ 和矩阵 $\boldsymbol{\Phi}_{\eta}(T)$ 的大小。

在此情况下 $n=3$，根据式（3.78）和式（3.80）可得出：

$$\boldsymbol{D}_{\eta}(T)=\begin{bmatrix}\sigma_{\mathrm{a}}^2\alpha^{-1}[2T-4\alpha^{-1}(1-\mathrm{e}^{-\alpha T})+\alpha^{-1}(1-\mathrm{e}^{-2\alpha T})] & \sigma_{\mathrm{a}}^2\alpha^{-1}[1-\mathrm{e}^{-\alpha T}]^2 & 0\\ \sigma_{\mathrm{a}}^2\alpha^{-1}[1-\mathrm{e}^{-\alpha T}]^2 & \sigma_{\mathrm{a}}^2[1-\mathrm{e}^{-2\alpha T}]^2 & 0\\ 0 & 0 & 0\end{bmatrix} \tag{3.82}$$

此时根据式（3.81）可得出，扰动转换矩阵 $\boldsymbol{\Gamma}_{\eta}(T)$ 等于：

$$\boldsymbol{\Gamma}_{\eta}(T)=\begin{bmatrix}d_{11}^{0.5} & 0 & 0\\ d_{21}d_{11}^{0.5} & (d_{22}-d_{21}^2d_{11}^{-1})^{-0.5} & 0\\ 0 & 0 & 0\end{bmatrix}$$

$$=\begin{bmatrix}\sigma_{\mathrm{a}}\alpha^{-1}c^{-0.5}(T) & 0 & 0\\ \sigma_{\mathrm{a}}a^2(T)c^{-0.5}(T) & \sigma_{\mathrm{a}}[b(T)-a^4(T)c^{-1}(T)]^{0.5} & 0\\ 0 & 0 & 0\end{bmatrix} \tag{3.83}$$

式中：d_{ij}，i，$j=1$，2，3，为由式（3.82）确定的矩阵 $\boldsymbol{D}_{\eta}(T)$ 元素。

在式（3.83）中使用的代号为：$a(T)=1-\mathrm{e}^{-\alpha T}$，$b(T)=1-\mathrm{e}^{-2\alpha T}$，$c(T)=[2\alpha T-4a(t)-b(t)]$。

在现代航空器上，借助机载数字计算机对来自多个测量仪的信息进行联合处理，因此，多普勒速度和偏流角测量仪和惯性导航系统输出信号的数学模型（式（3.50））是离散的，并且对于坐标系 $O\xi\eta\zeta$ 的 $O\eta$ 轴具有下列形式：

$$\begin{cases} V_{\text{п}\eta k}^{\text{Д}} = V_{\text{п}\eta k} + \varepsilon_{\eta k} \\ V_{\text{п}\eta k}^{\text{ИНС}} = V_{\text{п}\eta k} + \delta V_{\eta k} \end{cases} \tag{3.84}$$

式中：$k=0，1，2，\cdots$。

以类似形式表示 $O\xi$ 轴的信号分量。

与模拟滤波的情况（式（3.55））相似，为克服先验不确定性使用了不变性原理，并形成下列形式的观测：

$$z_k = V_{\text{п}\eta k}^{\text{ИНС}} - V_{\text{п}\eta k}^{\text{Д}} \tag{3.85}$$

根据式（3.21），在 t_{k+1} 时刻的观测关系式 z_{k+1} 具有下列形式：

$$z_{k+1} = \boldsymbol{H}\boldsymbol{X}_{k+1} + n_\eta(k+1) \tag{3.86}$$

式中：$\boldsymbol{H} = [1\ 0\ 0]$；$\boldsymbol{X}_{k+1} = [\delta V_\eta(k+1)\quad \delta a_\eta(k+1)\quad \Delta a_\eta(k+1)]^{\text{T}}$

计算最优离散线性估计 $\hat{V}_{\text{п}\eta k}$ 的示意图如图 3.14 所示。来自多普勒速度和偏流角测量仪、惯性导航系统输出端的信号发送至机载数字计算机，在此经过预处理后根据式（3.85）形成离散观测。此后，借助最优离散线性信息综合处理滤波器产生估计 $\delta\hat{V}_{\eta k}$，它用于校正观测信号 $V_{\text{п}\eta k}^{\text{ИНС}}$ 和形成最优离散线性估计 $\hat{V}_{\text{п}\eta k} = V_{\text{п}\eta k}^{\text{ИНС}} - \delta\hat{V}_{\eta k} = V_{\text{п}\eta k} + \delta V_{\eta k} - \delta\hat{V}_{\eta k}$。

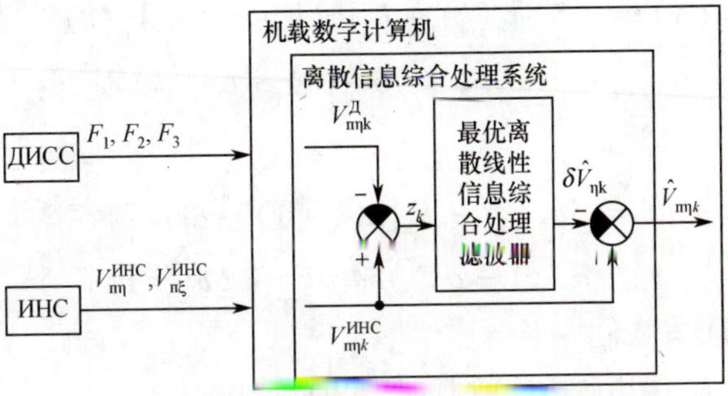

图 3.14　计算最优离散线性估计 $\hat{V}_{\text{п}\eta k}$ 的示意图

对于得出的式（3.79）和式（3.86）的数学模型，根据式（3.27）、式（3.28）、式（3.30）~式（3.32）可得出最优线性离散信息综合处理算法：

$$\hat{\boldsymbol{X}}(k+1) = \hat{\boldsymbol{X}}(k+1/k) + \boldsymbol{K}(k+1)[z(k+1) - \boldsymbol{H}\hat{\boldsymbol{X}}(k+1/k)] \tag{3.87}$$

$$\hat{\boldsymbol{X}}(k+1/k) = \boldsymbol{\Phi}(T)\hat{\boldsymbol{X}}(k), \hat{\boldsymbol{X}}(0) = \hat{\boldsymbol{X}}_0 \tag{3.88}$$

$$\boldsymbol{K}(k+1) = \boldsymbol{P}(k+1/k)\boldsymbol{H}^{\text{T}}[\boldsymbol{H}\boldsymbol{P}(k+1/k)\boldsymbol{H}^{\text{T}} + \boldsymbol{N}_{k+1}]^{-1} \tag{3.89}$$

$$\boldsymbol{P}(k+1/k) = \boldsymbol{\Phi}(T)\boldsymbol{P}(k)\boldsymbol{\Phi}^{\text{T}}(T) + \boldsymbol{\Gamma}(T)\boldsymbol{\Gamma}^{\text{T}}(T), \boldsymbol{P}(0/0) = \boldsymbol{P}_0 \tag{3.90}$$

$$\boldsymbol{P}(k+1) = [\boldsymbol{I} - \boldsymbol{K}(k+1)\boldsymbol{H}]\boldsymbol{P}(k+1/k)$$

式中：$\hat{\boldsymbol{X}}(k+1)$，为在 t_{k+1} 时刻离散状态矢量的最优估计；$\hat{\boldsymbol{X}}(k+1,k)$ 为在 t_{k+1} 时刻状态矢量的外推估计；$\boldsymbol{K}(k+1)$ 为离散信息综合处理系统的最优传递系数矩阵：

$$\boldsymbol{K}(k) = \begin{bmatrix} k_{1k} \\ k_{2k} \\ k_{3k} \end{bmatrix}$$

$\boldsymbol{P}(k+1/k)$ 为预测误差方差矩阵，$\boldsymbol{\varepsilon}(k+1/k) = \boldsymbol{X}(k+1) - \hat{\boldsymbol{X}}(k+1/k)$；$\boldsymbol{P}(k+1)$ 为滤波误差方差矩阵，$\boldsymbol{\varepsilon}(k+1) = \boldsymbol{X}(k+1) - \hat{\boldsymbol{X}}(k+1)$。

在记录式（3.87）~式（3.90）时，考虑到 $\boldsymbol{U}_k = 0$，$\boldsymbol{Q}_k = \boldsymbol{I}$。在将矩阵 $\boldsymbol{\Phi}(T)$、$\boldsymbol{H}$、$\boldsymbol{K}(k+1)$ 的元素数值代入式（3.87）~式（3.90）后，根据式（3.86）可得出离散状态矢量最优估计的一阶标量差分方程组：

$$\begin{cases} \delta\hat{V}_\eta(k+1) = \delta\hat{V}_\eta(k) + \alpha^{-1}(1-\alpha^{-\alpha T})\delta\hat{a}_\eta(k) + \Delta\hat{a}_\eta(k)T + \\ \qquad K_1[z(k+1)] - \delta\hat{V}_\eta(k) - \\ \qquad \alpha^{-1}(1-\alpha^{-\alpha T})\delta\hat{a}_\eta(k) - \Delta\hat{a}_\eta(k)T] \\ \delta\hat{V}_\eta(0) = \delta V_{\eta 0} \\ \delta\hat{a}_\eta(k+1) = \mathrm{e}^{-\alpha T}\delta\hat{a}_\eta(k) + K_2[z(k+1) - \delta\hat{V}_\eta(k) - \\ \qquad \alpha^{-1}(1-\alpha^{-\alpha T})\delta\hat{a}_\eta(k) - \Delta\hat{a}_\eta(k)T] \\ \delta\hat{a}_\eta(0) = \delta a_{\eta 0} \\ \Delta\hat{a}_\eta(k+1) = \Delta\hat{a}_\eta(k) + K_3[z(k+1) - \delta\hat{V}_\eta(k) - \\ \qquad \alpha^{-1}(1-\alpha^{-\alpha T})\delta\hat{a}_\eta(k) - \Delta\hat{a}_\eta(k)T] \\ \Delta\hat{a}_\eta(0) = \Delta\hat{a}_{\eta 0} \end{cases} \tag{3.91}$$

式中：K_1、K_2 和 K_3 为矩阵 $\boldsymbol{K}(t)$ 时间元素的平均值。

此时，根据图 3.14 可得出：

$$\hat{V}_{\text{пη}}(k+1) = V_{\text{пη}}^{\text{ИНС}}(k+1) - \delta\hat{V}_\eta(k+1)$$

得出的式（3.91）可表示图 3.15 所示的最优离散信息综合处理系统的结构图，它用于在多普勒速度和偏流角测量仪、惯性导航系统测量值的基础上形成地速矢量分量 $V_{\text{пηk}}$ 的最优估计，图中：$A = \dfrac{1}{\alpha}(1-\mathrm{e}^{-\alpha T})$，$B = \mathrm{e}^{-\alpha T}$。

根据式（3.90）计算估计误差的相对后验方差：

$$\delta_V(t_k) = p_{11}(t_k)\sigma_{V_0}^{-2}$$

$$\delta_{\delta a}(t_k) = p_{22}(t_k)\sigma_{\delta a_0}^{-2}$$

$$\delta_{\Delta a}(t_k) = p_{33}(t_k)\sigma_{\Delta a_0}^{-2}$$

式中：$p_{11}(t_k)$、$p_{22}(t_k)$、$p_{33}(t_k)$ 分别为随机过程 $\delta V_\eta(t_k)$、$\delta a_\eta(t_k)$ 和 $\Delta a_\eta(t_k)$ 对应的估计误差方差（矩阵 $\boldsymbol{P}(k)$ 的对角线元素）；$\sigma_{V_0}^2$、$\sigma_{\delta a_0}^2$、$\sigma_{\Delta a_0}^2$ 分别为随机过程 $\delta V_\eta(t_k)$、$\delta a_\eta(t_k)$ 和 $\Delta a_\eta(t_k)$ 对应的先验方差。

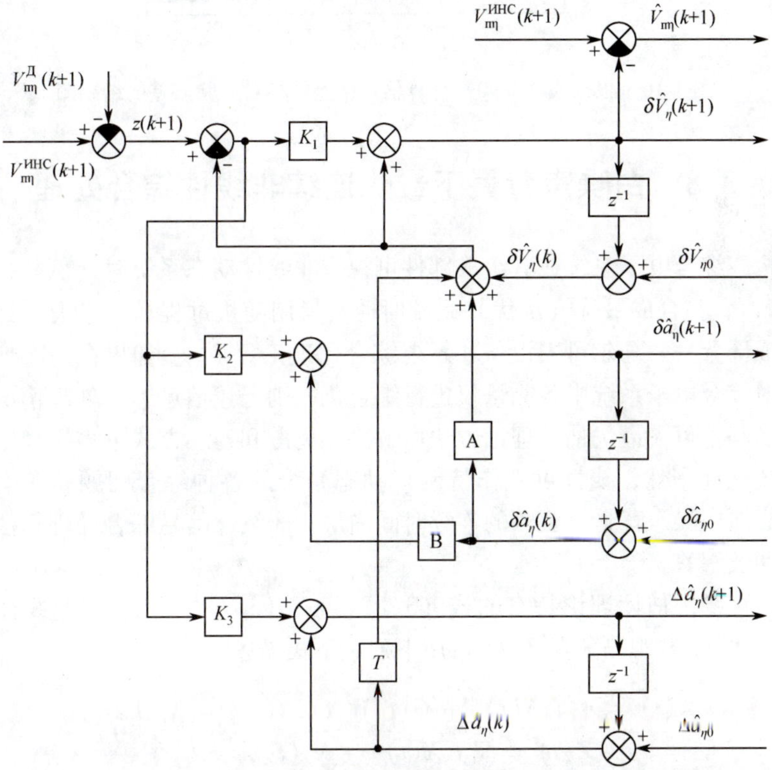

图 3.15　最优离散信息综合处理系统的结构图

在计算时，使用状态和观测矢量模型的下列标准参数值作为初始数据：$\sigma_{V0} = \sigma_V = 1\text{m/s}$，$\sigma_{\delta a0} = 0.01\text{m/s}^2$，$\sigma_{\Delta a0} = 0.01\text{m/s}^2$，$\alpha = 100\text{Hz}$，$\alpha_\Pi = 50\text{Hz}$，离散间隔 $T = 0.15\text{s}$。计算结果参见图 3.16 中的曲线 1、2、3，它们可反映数值 $\delta_V(t_k)$、$\delta_{\delta a}(t_k)$ 和 $\delta_{\Delta a}(t_k)$ 在时间上的变化。

通过分析上述关系曲线可得出结论，状态矢量分量 $\delta V_\eta(t)$ 的估计是非常有效的。方差 p_{11} 的稳态值约在 8s 内可到达，并且其数值等于 $0.05\text{m}^2/\text{s}^2$。在此时刻，状态矢量分量 $\delta\alpha_\eta(t_k)$ 和 $\Delta\alpha_\eta(t_k)$ 的滤波误差方差减小不大。

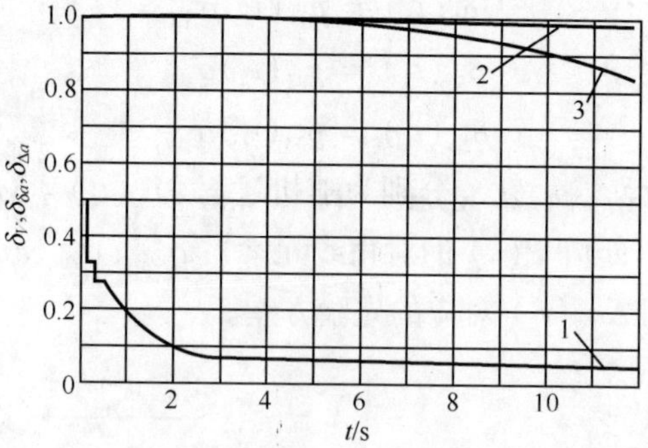

图 3.16　根据式（3.90）计算估计误差的相对后验方差的结果图

3.8　白噪声背景下最优连续非线性综合处理

当机载综合电子系统或其组成部件可视作非线性动态系统时（例如，在研制识别器时），在合成最优（次优）系统时通常运用随机过程马尔可夫估计理论以及其组成部分——马尔可夫设备和系统综合化理论[1,2,6,7]。如果在一次信息处理级别上对综合电子系统中各测量仪进行综合化，则上述信息综合处理情况是非常典型的。马尔可夫最优估计理论方法可解决在离散和连续方式下多维稳定或非稳定、非线性（当然，线性可视作特例）动态系统的各种综合问题。在本节中将阐述在高斯白噪声背景下观测的连续时间内最优非线性信息综合处理算法的综合问题说明及解答。

与最优线性估计理论特有的式（3.1）和式（3.3）不同，在非线性估计时状态矢量 $\boldsymbol{X}(t)$ 和观测矢量 $\boldsymbol{Z}(t)$ 可用下列关系式描述[2,6,7]：

$$\dot{\boldsymbol{X}}(t) = \boldsymbol{A}[t,\boldsymbol{X}(t)] + \boldsymbol{G}(t)\boldsymbol{W}(t), \boldsymbol{X}(t_0) = \boldsymbol{X}_0, t \geqslant t_0 \tag{3.92}$$

$$\boldsymbol{Z}(t) = \boldsymbol{S}[t,\boldsymbol{X}(t)] + \boldsymbol{N}_Z(t), t \geqslant t_0 \tag{3.93}$$

式中，

$$\boldsymbol{A}^{\mathrm{T}}[t,\boldsymbol{X}(t)] = [a_1(t,\boldsymbol{X}) \quad a_2(t,\boldsymbol{X}) \quad \cdots \quad a_n(t,\boldsymbol{X})]$$

$$\boldsymbol{S}^{\mathrm{T}}[t,\boldsymbol{X}(t)] = [s_1(t,\boldsymbol{X}) \quad s_2(t,\boldsymbol{X}) \quad \cdots \quad s_n(t,\boldsymbol{X})]$$

式（3.92）和式（3.93）分别对应 n 维和 m 维矢量函数在一般情况下是非线性的矢量函数。

在式（3.92）和式（3.93）中的其他矢量和矩阵具有与式（3.1）~式（3.4）中相同的意义。为了简化，在式（3.92）中假设 $\boldsymbol{U}(t) = 0$。在其他方面，最优非线性连续信息综合处理系统的综合问题说明与 3.4 节中所述的问题说明类似。

状态矢量最优估计的所有信息在于后验概率密度，它由斯特拉托诺维奇方程确定[5-7]。该方程在一般情况下无法用解析法解答。因此，为了解决非线性估计问题，经常使用高斯近似法，在高斯近似法的基础上可得出准最优（近似最优）估计。

准最优非线性连续信息综合处理算法的方程在一次高斯近似时具有下列形式[2,6]：

$$\dot{\hat{\boldsymbol{X}}}(t) = \boldsymbol{A}(t,\hat{\boldsymbol{X}}) + \boldsymbol{P}(t)\boldsymbol{D}[\boldsymbol{S}(t,\hat{\boldsymbol{X}})]\boldsymbol{N}^{-1}[\boldsymbol{Z}(t) - \boldsymbol{S}(t,\hat{\boldsymbol{X}})],\hat{\boldsymbol{X}}(t_0) = \hat{\boldsymbol{X}}_0 \tag{3.94}$$

$$\begin{aligned}\dot{\boldsymbol{P}}(t) = {} & \boldsymbol{D}^{\mathrm{T}}[\boldsymbol{A}(t,\hat{\boldsymbol{X}})]\boldsymbol{P}(t) + \boldsymbol{P}(t)\boldsymbol{D}[\boldsymbol{A}(t,\hat{\boldsymbol{X}})] + \boldsymbol{G}(t)\boldsymbol{Q}(t)\boldsymbol{G}^{\mathrm{T}}(t) + \\ & \boldsymbol{P}(t)\boldsymbol{D}\{\boldsymbol{D}[\boldsymbol{S}(t,\hat{\boldsymbol{X}})]\boldsymbol{N}^{-1}[\boldsymbol{Z}(t) - \boldsymbol{S}(t,\hat{\boldsymbol{X}})]\}\boldsymbol{P}(t)\boldsymbol{P}(t_0) = \boldsymbol{P}_0\end{aligned} \tag{3.95}$$

式中：$\boldsymbol{D}[\cdot]$ 为括号内矢量的雅可比矩阵，例如：

$$\boldsymbol{D}[\boldsymbol{A}(t,\boldsymbol{X})] = \begin{bmatrix} \dfrac{\partial a_1}{\partial x_1} & \cdots & \dfrac{\partial a_n}{\partial x_1} \\ \vdots & \vdots & \vdots \\ \dfrac{\partial a_1}{\partial x_n} & \cdots & \dfrac{\partial a_n}{\partial x_n} \end{bmatrix} \tag{3.96}$$

式（3.94）和式（3.95）中的矩阵 $\boldsymbol{P}(t)$ 是估计误差的后验二阶一次中心矩矩阵（估计误差的后验方差矩阵），它可确定为下列形式：

$$\begin{aligned}\boldsymbol{P}(t) &= \boldsymbol{M}_{\mathrm{ps}}[(\boldsymbol{X} - \hat{\boldsymbol{X}})(\boldsymbol{X} - \hat{\boldsymbol{X}})^{\mathrm{T}}] \\ &= \int(\boldsymbol{X} - \hat{\boldsymbol{X}})(\boldsymbol{X} - \hat{\boldsymbol{X}})^{\mathrm{T}} p(\boldsymbol{X},t/\boldsymbol{Z}_{t_0}^{t})\mathrm{d}\boldsymbol{X}\end{aligned} \tag{3.97}$$

式中：$p(\boldsymbol{X},t/\boldsymbol{Z}_{t_0}^{t})$ 为状态矢量 $\boldsymbol{X}(t)$ 的后验概率密度。

在非线性估计情况下，根据式（3.97），矩阵 $\boldsymbol{P}(t)$ 是一个状态矢量估计 $\hat{\boldsymbol{X}}(t)$ 和实际观测 $\boldsymbol{Z}(t)$ 的函数，即：

$$\boldsymbol{P}(t) = \boldsymbol{P}[t,\hat{\boldsymbol{X}}(\mathrm{t}),\boldsymbol{Z}(t)]$$

应当指出，参考文献［7］在记录式（3.94）和式（3.95）时还使用了一些其他形式，其中没有使用式（3.96）中雅可比矩阵概念，而是假设列向量的导数是行向量，即：

$$\frac{\partial}{\partial \boldsymbol{X}} = \begin{bmatrix} \dfrac{\partial}{\partial x_1} & \dfrac{\partial}{\partial x_2} & \cdots & \dfrac{\partial}{\partial x_n} \end{bmatrix}$$

当然，考虑到变换，式（3.94）和式（3.95）类型的方程可由一种记录形式变为其他形式：

$$\frac{\partial \boldsymbol{A}(t,\boldsymbol{X})}{\partial \boldsymbol{X}} = \boldsymbol{D}^{\mathrm{T}}[\boldsymbol{A}(t,\boldsymbol{X})]$$

作为矢量，包含了括号内的雅可比矩阵（式（3.96）），例如可使用偏流系数矢量 $\boldsymbol{A}(t,\boldsymbol{X})$ 。

式（3.94）的最优（在高斯近似时）非线性连续信息综合处理系统的结构图如图 3.17 所示。在图中用虚线标出的部分具有由状态矢量 $\boldsymbol{X}(t)$ 确定的结构。通过分析式（3.94）和图 3.17 可知，在无限小的时间段 $\mathrm{d}t$ 内，状态矢量估计 $\hat{\boldsymbol{X}}(t)$ 变化无限小量 $\mathrm{d}\hat{\boldsymbol{X}}$ ，无限小量 $\mathrm{d}\hat{\boldsymbol{X}}$ 由两部分组成：自身偏差 $\boldsymbol{A}\mathrm{d}t+\boldsymbol{P}(t)\boldsymbol{D}[\boldsymbol{S}]\boldsymbol{N}^{-1}\boldsymbol{S}\mathrm{d}t$ 和由观测 $\boldsymbol{Z}(t)$ 引起的偏差 $\boldsymbol{P}(t)\boldsymbol{D}[\boldsymbol{S}]\boldsymbol{N}^{-1}\boldsymbol{Z}(t)\mathrm{d}t$ 。$\boldsymbol{P}(t)$ 滤波器矩阵传递系数是未知量，它可作为式（3.95）的解加以确定。通过分析式（3.95）可知，估计误差的后验方差矩阵 $\boldsymbol{P}(t)$ 既取决于观测矢量 $\boldsymbol{Z}(t)$ ，又取决于状态矢量估计 $\hat{\boldsymbol{X}}(t)$ 。因此，在获得观测之前是不能计算出矩阵 $\boldsymbol{P}(t)$ 的。在一般情况下，用于估计状态矢量的式（3.94）和误差方差矩阵的式（3.95）是相互联系的，并应随着获得观测矢量 $\boldsymbol{Z}(t)$ 后共同对其进行联立求解。

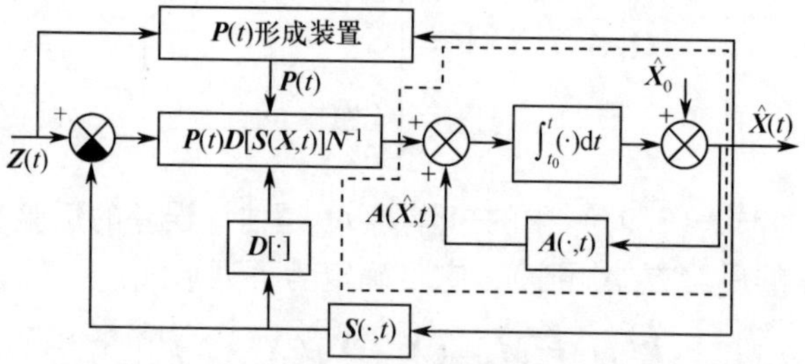

图 3.17　式（3.94）的最优非线性连续信息综合处理系统的结构图

为增大最优非线性滤波算法的易构性，式（3.94）和式（3.95）可进一步简化，简化的实质在于使用小参数法，或者使用时间平均法[2,6]。

在使用小参数法时，在式（3.95）的最后一个被加数中将舍去包含观测噪声的波动项，观测噪声被看作非常小。借助上述假设，后验方差矩阵 $\boldsymbol{P}(t)$ 从有条件矩阵变换为不取决于 $\boldsymbol{Z}(t)$ 和 $\hat{\boldsymbol{X}}(t)$ 的无条件矩阵。在此情况下，可预先计算出矩阵 $\boldsymbol{P}(t)$（与线性滤波情况相同），并认为它在式（3.94）中是已知的。

在使用时间平均法时，在式（3.95）中将矩阵 $\boldsymbol{P}(t)$ 更换为其平均值 $\overline{\boldsymbol{P}}(t)$ 并同时对式（3.95）右侧部分的最后一个被加数求平均值。此时，由于 $\dot{\boldsymbol{P}}(t)=0$ ，非线性微分矩阵方程（式（3.95））可变换为代数方程。对于不同类型的有效信号，取平均值的间隔可以是不同的。例如，对于脉冲信号，经常在脉冲重复周期内取平均值。

如上所述，随机过程的马尔可夫估计理论包含作为特例形式的最优线性估计理论（卡尔曼—布西滤波）[5,6]。就式（3.94）和式（3.95）而言，在非线性估计时，对于有效信号和状态矢量上的限制具有下列形式：

$$\boldsymbol{A}[\boldsymbol{X}(t),t]=\boldsymbol{F}(t)\boldsymbol{X}(t)\quad \text{或}\quad \boldsymbol{S}[\boldsymbol{X}(t),t]=\boldsymbol{H}(t)\boldsymbol{X}(t) \tag{3.98}$$

式中：$\boldsymbol{F}(t)$ 为 $n\times n$ 的矩阵；$\boldsymbol{H}(t)$ 为 $m\times n$ 的矩阵。

在满足式（3.98）条件的情况下，最优非线性信息综合处理算法（式（3.94）和式（3.95））简化为最优线性信息综合处理算法（式（3.17）和式（3.19）），因为对于线性估计下列关系式是正确的：

$$\boldsymbol{D}[\boldsymbol{H}(t)\hat{\boldsymbol{X}}(t)]=$$

$$\begin{bmatrix} \dfrac{\partial(h_{11}\hat{x}_1+\cdots+h_{1n}\hat{x}_n)}{\partial\hat{x}_1} & \cdots & \dfrac{\partial(h_{m1}\hat{x}_1+\cdots+h_{mn}\hat{x}_n)}{\partial\hat{x}_1} \\ \vdots & \vdots & \vdots \\ \dfrac{\partial(h_{11}\hat{x}_1+\cdots+h_{1n}\hat{x}_n)}{\partial\hat{x}_1} & \cdots & \dfrac{\partial(h_{m1}\hat{x}_{11}+\cdots+h_{mn}\hat{x}_n)}{\partial\hat{x}_1} \end{bmatrix}=\boldsymbol{H}^{\mathrm{T}}(t)$$

$$\boldsymbol{D}^{\mathrm{T}}[\boldsymbol{F}(t)\hat{\boldsymbol{X}}(t)]=\boldsymbol{F}(t)$$

$$\boldsymbol{D}\{\boldsymbol{D}[\boldsymbol{H}(t)\hat{\boldsymbol{X}}(t)]\boldsymbol{N}^{-1}[\boldsymbol{Z}(t)-\boldsymbol{H}(t)\hat{\boldsymbol{X}}(t)]\}=-\boldsymbol{H}^{\mathrm{T}}(t)\boldsymbol{N}^{-1}\boldsymbol{H}(t)$$

在更特殊的情况下，当矩阵 $\boldsymbol{F}(t)$ 和 $\boldsymbol{H}(t)$ 不取决于时间，而噪声 $\boldsymbol{W}(t)$ 和 $\boldsymbol{N}z(t)$ 是稳定噪声时，卡尔曼—布西方程可简化为确定最优线性稳定滤波的维纳—霍普夫方程[6]。

3.9 局部有色噪声背景下最优连续非线性综合处理

众所周知[2]，在对综合电子系统的测量仪进行综合化时，状态矢量估计精度增益越大，单个测量仪观测噪声（测量误差）的统计特性之间相互差别越大。这是由于将无线电测量仪和非无线电测量仪联合为一个系统得到广泛推广应用造成的。在实践中，当一部分观测在宽带噪声（白噪声）背景下进行，而另一部观测在有色噪声（非白噪声）背景下进行时，在马尔可夫估计理论基础上获取随机过程的最优非线性估计是非常有意义的[7]。就无线电测量仪和非无线电测量仪的最优综合化问题而言，这种方法可考虑到非无线电测量仪信号的观测特点，非无线电测量仪信号通常包含观测（测量误差）的有色噪声，而不是白噪声，观测白噪声和有色噪声可在将无线电测量仪和非无线电测量仪联合为统一的信息综合处理系统时表示干扰情况。

在马尔可夫测量仪综合化理论框架内，对于上述条件的最优连续非线性信息综合处理的问题说明如下：

在区间 $[t_0,t)$ 上观测到随机过程集合，它可用下列两个观测列向量表示：

$$\boldsymbol{\Xi}_1(t)=\boldsymbol{S}_1(t,\boldsymbol{X})+\boldsymbol{G}_1(t)\boldsymbol{N}_1(t) \tag{3.99}$$

$$\boldsymbol{\Xi}_2(t) = \boldsymbol{S}_2(t,\boldsymbol{X}) + \boldsymbol{W}(t) \tag{3.100}$$

式中：$\boldsymbol{S}_1(t,\boldsymbol{X})$、$\boldsymbol{S}_2(t,\boldsymbol{X})$ 为其自变量的已知非线性矢量函数；$\boldsymbol{N}_1(t)$ 为具有零数学期望值 $M\{\boldsymbol{N}_1(t)\} = 0$ 和单位强度 $M\{\boldsymbol{N}_1(t),\boldsymbol{N}_1^{\mathrm{T}}(t+\tau)\} = \boldsymbol{I}\delta(\tau)$ 的观测高斯白噪声矢量；$\boldsymbol{G}_1(t)$ 为已知矩阵；$\boldsymbol{W}(t)$ 为观测有色噪声矢量。

假设观测矢量（式（3.99）、式（3.100））的大小是不同的。观测有色噪声矢量 $\boldsymbol{W}(t)$ 可用随机微分方程描述：

$$\dot{\boldsymbol{W}}(t) = \boldsymbol{R}_w(t,\boldsymbol{W},\boldsymbol{X}) + \boldsymbol{G}_w(t)\boldsymbol{N}_w(t), \boldsymbol{W}(t_0) = \boldsymbol{W}_0 \tag{3.101}$$

式中：$\boldsymbol{N}_w(t)$ 为具有零数学期望值和单位强度的整形高斯白噪声矢量；在式（3.101）和下文中的随机积分指的是对称形式[5]；认为函数 $\boldsymbol{R}$ 和 $\boldsymbol{G}$（带相应指数）对于所有自变量是连续的，且对于除时间外的所有自变量是连续微分函数。

假设，n 维状态矢量 $\boldsymbol{X}(t)$ 可用式（3.92）类型的随机微分方程描述：

$$\dot{\boldsymbol{X}}(t) = \boldsymbol{R}_x(t,\boldsymbol{X}) + \boldsymbol{G}_x(t,\boldsymbol{X})\boldsymbol{N}_x(t), \boldsymbol{X}(t_0) = \boldsymbol{X}_0 \tag{3.102}$$

式中：$\boldsymbol{N}_x(t)$ 为具有零数学期望值和单位强度的整形高斯白噪声矢量（在不会引起疑问的地方，为了简化，没有指明矩阵和矢量的大小）。

测量仪最优综合化的目的是根据规定的标准针对式（3.99）和式（3.100）获得式（3.102）的最优估计。

根据式（3.99）和式（3.100），得出合成的观测过程 $\boldsymbol{\Xi}(t) = [\boldsymbol{\Xi}_1^{\mathrm{T}}(t)\boldsymbol{\Xi}_2^{\mathrm{T}}]^{\mathrm{T}}$。认为在从初始时刻 t_0 至当前时刻 t 的时间内，过程 $\boldsymbol{\Xi}(t)$ 可观测。在 $[t_0,t)$ 上可观测的过程 $\boldsymbol{\Xi}(t)$ 的实现可表示为：

$$\boldsymbol{\Xi}_{t_0}^{t} \triangleq \{\boldsymbol{\Xi}(\tau), t_0 \leqslant \tau < t\} \tag{3.103}$$

要求在过程 $\boldsymbol{\Xi}_{t_0}^{t}$ 可观测的条件下获得状态矢量 $\boldsymbol{X}(t)$ 在 t 时刻的最优估计。应当指出，t 为观测区间的终点，因此，当传来新信息时观测区间应实时增大。在过程 $\boldsymbol{\Xi}_{t_0}^{t}$ 可观测的条件下，实现状态矢量 $\boldsymbol{X}(t)$ 的所有信息包含在状态矢量 $\boldsymbol{X}(t)$ 的后验概率密度中，它可如下确定[6,7]：

$$w = w(\boldsymbol{X},t) \triangleq p(t,\boldsymbol{X}/\boldsymbol{\Xi}_{t_0}^{t})$$

对于实际目的，通常只要知道的不是 w，而是符合所选择标准的最优状态矢量估计 $\hat{\boldsymbol{X}}(t)$。矢量估计 $\boldsymbol{X}(t)$ 经常选取与其后验概率密度最大值相对应的数值，或者与后验概率密度数学期望值相对应的数值。在后一情况下可得出：

$$\hat{\boldsymbol{X}}(t) \triangleq \int_{-\infty}^{\infty}\cdots\int_{-\infty}^{\infty}\boldsymbol{X}p(t,\boldsymbol{X}/\boldsymbol{\Xi}_{t_0}^{t})\,\mathrm{d}\boldsymbol{X} \tag{3.104}$$

式中，

$$\mathrm{d}\boldsymbol{X} = \prod_{i=1}^{n}\mathrm{d}x_i$$

估计误差可作为状态矢量的真实值与估计值之差：

$$\varepsilon(t) = \triangleq \boldsymbol{X}(t) - \hat{\boldsymbol{X}}(t)$$

在理想情况下 $\varepsilon(t) = 0$，则估计是准确的；当 $\varepsilon(t) \neq 0$ 时，则确定不准确估计的损失。此时，根据问题的物理实质选择损失函数或惩罚函数 $c[\varepsilon(t)]$[6,18,26]。损失函数通常满足下列四个特性：

(1) $c[\varepsilon(t)]$ 为变量 n 的标量函数；

(2) $c[\varepsilon(t) = 0] = 0$，即在准确估计时不施加任何惩罚；

(3) $\varepsilon(t)$ 越接近零，则损失越小；

(4) 损失函数 $c[\varepsilon(t)]$ 相对于零对称。

具备上述所有四个特性的损失函数被称作容许损失函数[6,18]。

由于估计 $\hat{\boldsymbol{X}}(t)$ 取决于过程 $\boldsymbol{\Xi}(t)$ 的实现，则损失函数 $c[\varepsilon(t)]$ 的数值是随机的。根据过程 $\boldsymbol{\Xi}(t)$ 的实现，估计质量可由损失函数的平均值确定。

在实践中，经常使用简单的、二次或模量的容许损失函数[6,18]。

简单损失函数可由下列关系式确定：

$$c[\varepsilon(t)] = \begin{cases} c_0 & ,\text{当}(x_i - \hat{x}_i) \leqslant 0.5a \\ c_1 & ,\text{当}(x_i - \hat{x}_i) > 0.5a \end{cases}$$

式中：c_1、c_0、a 为常数，且 $c_1 > c_0$。经常取值 $c_0 = 0$。在简单函数 $c[\varepsilon(t)]$ 中，当准确估计或误差不大于 $0.5a$ 时产生的损失应等于 c_0。当误差大于 $0.5a$ 时产生的损失等于 c_1，$c_1 > c_0$。

在使用简单损失函数时，估计与后验概率密度的最大值（众数）相对应[6,8]。

二次损失函数具有下列形式[6,7]：

$$c[\varepsilon(t)] = [\boldsymbol{X}(t) - \hat{\boldsymbol{X}}(t)]^{\mathrm{T}}\boldsymbol{B}[\boldsymbol{X}(t) - \hat{\boldsymbol{X}}(t)]$$

式中：$\boldsymbol{B}$ 为 $n \times n$ 的非负定矩阵；元素 b_{ij} 起权重因子的作用并与状态矢量 $\boldsymbol{X}(t)$ 分量的物理因次相匹配。

可见，二次损失函数强调大误差的显著性。由于其明显的物理意义和数学方面的便利，二次损失函数广泛适用于实用问题中。二次损失函数具有下述重要特性：使用二次损失函数时得出的估计等于后验平均值（式（3.104））[18]。

在使用模量损失函数时可得出：

$$c[\varepsilon(t)] = \sum_{i=1}^{n} v_i |x_i - x_i|$$

式中：$v_i \geqslant 0$，但不是所有的 v_i 恒等于零。在此情况下得出的估计与后验概率密度的中位数相对应[18,26]。

在一般情况下，对于不同的损失函数，即对于不同的质量标准得出的最优估计是互不相同的。但根据谢尔曼定理可知[18]，如果后验概率密度是单峰的并且相对于零点对称，则对于所有容许损失函数最优估计是相同的。例如，这种情况发生在高斯后验概率密度和所分析的损失函数中。

根据观测，式（3.102）的最优估计 $\hat{\boldsymbol{X}}(t)$ 在矢量 $\boldsymbol{\Xi}(t)$ 的区间 $[t_0,t)$ 上可根据后验平均风险最小化的结果加以确定：

$$\int_{-\infty}^{\infty}\cdots\int_{-\infty}^{\infty}c[\boldsymbol{X}(t)-\hat{\boldsymbol{X}}(t)]p(t,\boldsymbol{X}/\boldsymbol{\Xi}_{t_0}^{t})\mathrm{d}\boldsymbol{X}=\min_{\hat{\boldsymbol{X}}} \tag{3.105}$$

如果使用符合估计误差方差（估计均方误差）最小值标准的二次损失函数，则可用估计误差矢量的后验一次二阶中心矩的矩阵表示估计质量，而对于最优估计，由式（3.105）可得出式（3.104）。

下面将使用二次损失函数，它广泛应用于实践中。并且根据式（3.104）确定的估计是一个后验平均数，它可保证估计误差方差（估计均方误差）的最小值。

应当指出，式（3.105）不是将损失，而是将损失平均值最小化。因此，最优估计应理解为“平均最优”估计。

所分析的综合问题是一般性的，它不仅包括在一次信息处理时（此时一部分观测，例如，$\boldsymbol{\Xi}_1(t)$ 描述相应测量仪输入端上的过程；另一部分观测，例如，$\boldsymbol{\Xi}_2(t)$ 描述输出端上的过程），还包括在二次信息处理时（此时在测量仪的输出端上可观测到式（3.99）和式（3.100）的过程）最优综合化的问题。

当部分观测 $\boldsymbol{\Xi}_2(t)$ 是在由式（3.101）确定的着色噪声背景下进行时，可得出用于估计式（3.102）的最优和准最优连续非线性信息综合处理算法。

借助 $\boldsymbol{Y}_1(t)=\int_{t_0}^{t}\boldsymbol{\Xi}_1(\tau)\mathrm{d}\tau$，可确定过程 $\boldsymbol{Y}_1(t)$。指出 $\boldsymbol{Y}_2(t)\triangleq\boldsymbol{\Xi}_2(t)$ 并研究联合过程：

$$\boldsymbol{Z}(t)\triangleq[\boldsymbol{X}^{\mathrm{T}}(t)\quad \boldsymbol{Y}_1^{\mathrm{T}}(t)\quad \boldsymbol{Y}_2^{\mathrm{T}}(t)]^{\mathrm{T}}=[\boldsymbol{X}^{\mathrm{T}}(t)\quad \boldsymbol{Y}^{\mathrm{T}}(t)]^{\mathrm{T}}$$

式中：$\boldsymbol{Y}(t)=[\boldsymbol{Y}_1^{\mathrm{T}}(t)\quad \boldsymbol{Y}_2^{\mathrm{T}}(t)]^{\mathrm{T}}$，而过程 $\boldsymbol{X}(t)$ 则由式（3.102）表示。

考虑到上述运算，与式（3.103）类似，观测过程 $\boldsymbol{Y}(t)$ 在区间 $[t_0,t)$ 上的整个实现可以下列形式表示：

$$\boldsymbol{Y}_{t_0}^{t}=\{\boldsymbol{Y}(\tau),t_0\leqslant\tau<t\}$$

考虑到这点，状态矢量 $\boldsymbol{X}(t)$ 的后验概率密度可记录为 $w\triangleq p(t,\boldsymbol{X}/\boldsymbol{Y}_{t_0}^{t})$。

建立可确定过程 $\boldsymbol{Z}(t)$ 的先验微分方程组。可证明，过程 $\boldsymbol{Z}(t)$ 是马尔可夫过程。

根据式（3.99）~式（3.102），对于过程 $\boldsymbol{Z}(t)$ 可得出：

$$\begin{cases}\dot{\boldsymbol{X}}(t)=\boldsymbol{R}_x(t,\boldsymbol{X})+\boldsymbol{G}_x(t,\boldsymbol{X})\boldsymbol{N}_x(t),\boldsymbol{X}(t_0)=\boldsymbol{X}_0\\ \dot{\boldsymbol{Y}}_1(t)=\boldsymbol{S}_1(t,\boldsymbol{X})+\boldsymbol{G}_1(t)\boldsymbol{N}_1(t),\boldsymbol{Y}_1(t_0)=\boldsymbol{Y}_{10}\\ \dot{\boldsymbol{Y}}_2(t)=\dot{\boldsymbol{S}}_2(t,\boldsymbol{X})+\dot{\boldsymbol{W}}(t),\boldsymbol{Y}_2(t_0)=\boldsymbol{Y}_{20}\end{cases} \tag{3.106}$$

考虑到式（3.101）、式（3.102），可表示为

$$\dot{\boldsymbol{Y}}_2(t) = \frac{\partial \dot{\boldsymbol{S}}_2(t,\boldsymbol{X})}{\partial t} + \frac{\partial \dot{\boldsymbol{S}}_2(\mathrm{t},\boldsymbol{X})}{\partial \boldsymbol{X}}\dot{\boldsymbol{X}}(t) + \dot{\boldsymbol{W}}(t)$$

$$= \frac{\partial \dot{\boldsymbol{S}}_2(t,\boldsymbol{X})}{\partial t} + \frac{\partial \dot{\boldsymbol{S}}_2(t,\boldsymbol{X})}{\partial \boldsymbol{X}}[\boldsymbol{R}_x(t,\boldsymbol{X}) + \boldsymbol{G}_x(t,\boldsymbol{X})\boldsymbol{N}_x(t)] +$$

$$\boldsymbol{R}_w(t,\boldsymbol{W},\boldsymbol{X}) + \boldsymbol{G}_w(t)\boldsymbol{N}_w(t)$$

此时，表示过程 $\boldsymbol{Z}(t)$ 的式（3.106）具有下列形式：

$$\dot{\boldsymbol{X}}(t) = \boldsymbol{R}_x(t,\boldsymbol{X}) + \boldsymbol{G}_x(t,\boldsymbol{X})\boldsymbol{N}_x(t), \boldsymbol{X}(t_0) = \boldsymbol{X}_0$$

$$\dot{\boldsymbol{Y}}_1(t) = \boldsymbol{S}_1(t,\boldsymbol{X}) + \boldsymbol{G}_1(t)\boldsymbol{N}_1(t), \boldsymbol{Y}_1(t_0) = \boldsymbol{Y}_{10}$$

$$\dot{\boldsymbol{Y}}_2(t) = \frac{\partial \boldsymbol{S}_2(t,\boldsymbol{X})}{\partial t} + \frac{\partial \boldsymbol{S}_2(t,\boldsymbol{X})}{\partial \boldsymbol{X}}\boldsymbol{R}_x(t,\boldsymbol{X}) +$$

$$\boldsymbol{R}_w(t,\boldsymbol{W},\boldsymbol{X}) + \frac{\partial \boldsymbol{S}_2(t,\boldsymbol{X})}{\partial \boldsymbol{X}}\boldsymbol{G}_x(t,\boldsymbol{X})\boldsymbol{N}_x(t) +$$

$$\boldsymbol{G}_w(t)\boldsymbol{N}_w(t), \boldsymbol{Y}_2(t_0) = \boldsymbol{Y}_{20} \tag{3.107}$$

可见，在式（3.107）中被加数 $\boldsymbol{R}_w(t,\boldsymbol{W},\boldsymbol{X})$ 取决于过程 $\boldsymbol{W}(t)$。为了能针对过程 $\boldsymbol{Z}(t)$ 运用杜布定理[25]，应消除 $\boldsymbol{R}_w(t,W,X)$ 对 $\boldsymbol{W}(t)$ 的依赖关系。根据式（3.100）可知，$\boldsymbol{W}(t) = \boldsymbol{Y}_2(t) - \boldsymbol{S}_2(t,\boldsymbol{X})$，其中 $\boldsymbol{Y}_2(t)$ 和 $\boldsymbol{S}_2(t,\boldsymbol{X})$ 出现在式（3.107）中。将这个关系式代入式（3.107），可得出，根据杜布定理过程 $\boldsymbol{Z}(t)$ 是马尔可夫过程。

众所周知[5-7]，如果马尔可夫过程 $\boldsymbol{Z}(t)$ 由下列方程确定：

$$\dot{\boldsymbol{Z}}(t) = \boldsymbol{R}_z(t,\boldsymbol{Z}) + \boldsymbol{G}_z(t,\boldsymbol{Z})\boldsymbol{W}_z(t) \tag{3.108}$$

则在理解对称意义上的随机积分时，局部特性具有下列形式：

$$\boldsymbol{A}_z = \boldsymbol{R}_z(t,\boldsymbol{Z}) + \frac{1}{2}\left[\left\{\boldsymbol{G}_z^{\mathrm{T}}(t,\boldsymbol{Z})\left(\frac{\partial}{\partial \boldsymbol{Z}}\right)^{\mathrm{T}}\right\}^{\mathrm{T}}\boldsymbol{G}_z^{\mathrm{T}}(t,\boldsymbol{Z})\right] \tag{3.109}$$

$$\boldsymbol{B}_z = \boldsymbol{G}_z(t,\boldsymbol{Z})\boldsymbol{G}_z^{\mathrm{T}}(t,\boldsymbol{Z}) \tag{3.110}$$

通常，在根据式（3.109）计算偏微系数向量时应记得，列向量的导数是行向量，即：

$$\frac{\partial}{\partial \boldsymbol{Z}} = \left[\frac{\partial}{\partial z_1} \quad \frac{\partial}{\partial z_2} \quad \cdots \quad \frac{\partial}{\partial z_q}\right]$$

式中：矢量 $\boldsymbol{Z}$ 为 q 维；而大括号内的表达式用作算子。

为举例说明，将式（3.109）中的第二个被加数以标量形式表示。

例如，如果式（3.108）中的扰动矩阵 $\boldsymbol{G}_z(t,\boldsymbol{Z})$ 具有下列形式：

$$G_z = \begin{bmatrix} g_{11} & \cdots & g_{1j} & \cdots & g_{1k} \\ \vdots & \ddots & \vdots & \cdot^{\cdot^{\cdot}} & \vdots \\ g_{i1} & \cdots & g_{ij} & \cdots & g_{ik} \\ \vdots & \cdot^{\cdot^{\cdot}} & \vdots & \ddots & \vdots \\ g_{q1} & \cdots & g_{qj} & \cdots & g_{qk} \end{bmatrix}$$

则式（3.109）右侧部分的第二个被加数等于：

$$\frac{1}{2}\left[\left\{\boldsymbol{G}_z^{\mathrm{T}}\left(\frac{\partial}{\partial \boldsymbol{X}}\right)^{\mathrm{T}}\right\}\boldsymbol{G}_z^{\mathrm{T}}\right]^{\mathrm{T}} = \frac{1}{2}\begin{bmatrix} \sum_{j=1}^{k}\sum_{i=1}^{q} g_{ij}\frac{\partial g_{1j}}{\partial z_i} \\ \sum_{j=1}^{k}\sum_{i=1}^{q} g_{ij}\frac{\partial g_{2j}}{\partial z_i} \\ \vdots \\ \sum_{j=1}^{k}\sum_{i=1}^{q} g_{ij}\frac{\partial g_{qj}}{\partial z_i} \end{bmatrix}$$

根据式（3.107），式（3.109）和式（3.110）等于：

$$\boldsymbol{A}_Z = \lim_{\Delta t\to 0}\frac{1}{\Delta t}M\{[\boldsymbol{Z}(t+\Delta t) - \boldsymbol{Z}(t)]/\boldsymbol{Z}(t)\}$$

$$= \begin{bmatrix} \boldsymbol{A}_x \\ \boldsymbol{A}_{y1} \\ \boldsymbol{A}_{y2} \end{bmatrix} = \begin{bmatrix} \boldsymbol{R}_x + \frac{1}{2}\left[\left\{\boldsymbol{G}_x^{\mathrm{T}}\left(\frac{\partial}{\partial \boldsymbol{X}}\right)^{\mathrm{T}}\boldsymbol{G}_x^{\mathrm{T}}\right\}\right]^{\mathrm{T}} \\ S_1 \\ \frac{\partial \boldsymbol{S}_2}{\partial t} + \frac{\partial \boldsymbol{S}_2}{\partial \boldsymbol{X}}\boldsymbol{R}_x + \boldsymbol{R}_w(t, \boldsymbol{Y}_2 - \boldsymbol{S}_2, \boldsymbol{X}) \end{bmatrix} \tag{3.111}$$

$$\boldsymbol{B}_{ZZ} = \lim_{\Delta t\to 0}\frac{1}{\Delta t}M\{[\boldsymbol{Z}(t+\Delta t) - \boldsymbol{Z}(t)][\boldsymbol{Z}(t+\Delta t) - \boldsymbol{Z}(t)]^{\mathrm{T}}/\boldsymbol{Z}(t)\}$$

$$= \begin{bmatrix} \boldsymbol{B}_{xx} & 0 & \boldsymbol{B}_{x1} \\ 0 & \boldsymbol{B}_{11} & 0 \\ \boldsymbol{B}_{1x} & 0 & \boldsymbol{B}_{22} \end{bmatrix} = \begin{bmatrix} \boldsymbol{G}_x\boldsymbol{G}_x^{\mathrm{T}} & 0 & \boldsymbol{G}_x\boldsymbol{G}_x^{\mathrm{T}}\left(\frac{\partial \boldsymbol{S}_2}{\partial \boldsymbol{X}}\right)^{\mathrm{T}} \\ 0 & \boldsymbol{G}_1\boldsymbol{G}_1^{\mathrm{T}} & 0 \\ \frac{\partial \boldsymbol{S}_2}{\partial \boldsymbol{X}}\boldsymbol{G}_x\boldsymbol{G}_x^{\mathrm{T}} & 0 & \frac{\partial \boldsymbol{S}_2}{\partial \boldsymbol{X}}\boldsymbol{G}_x\boldsymbol{G}_x^{\mathrm{T}}\left(\frac{\partial \boldsymbol{S}_2}{\partial \boldsymbol{X}}\right)^{\mathrm{T}} + \boldsymbol{G}_w\boldsymbol{G}_w^{\mathrm{T}} \end{bmatrix}$$

(3.112)

在获得马尔可夫过程 $\boldsymbol{Z}(t)$ 的偏流系数矢量 $\boldsymbol{A}_z$ 和扩散矩阵 $\boldsymbol{B}_{zz}$ 的式（3.111）和式（3.112）时，假设执行一些完全合理的物理限制，这些限制施加在观测组元矢量 $\boldsymbol{Y}(t)$ 的矩阵 $\boldsymbol{B}_{yy}$ 上，考虑到式（3.112），矩阵 $\boldsymbol{B}_{yy}$ 可表示为：

$$\boldsymbol{B}_{yy} = \begin{bmatrix} \boldsymbol{B}_{11} & 0 \\ 0 & \boldsymbol{B}_{22} \end{bmatrix} \tag{3.113}$$

要求分块矩阵 $\boldsymbol{B}_{11}$ 和 $\boldsymbol{B}_{22}$ 是非奇异矩阵，这在物理上意味着，式（3.99）和式（3.100）的任何组元组合都不能对状态矢量 $\boldsymbol{X}(t)$ 任何一个已知函数形成绝对准确的（没有受到干扰或随机误差的作用）测量。

此外，假设过程 $\boldsymbol{Y}_2(t)$ 的偏流系数矢量 $\boldsymbol{A}_2$ 不取决于扩散矩阵 $\boldsymbol{B}_{22}$。

此时，根据式（3.107）可得出：

$$\frac{\partial \boldsymbol{S}_2(t,\boldsymbol{X})}{\partial \boldsymbol{X}}\boldsymbol{G}_x(t,\boldsymbol{X}) = \boldsymbol{Q}(t) \tag{3.114}$$

式中：$\boldsymbol{Q}(t)$ 为时间函数，并不取决于 $\boldsymbol{X}(t)$。

在此情况下，在式（3.112）中矩阵 $\boldsymbol{B}_{22}$ 的任何元素都不取决于 $\boldsymbol{X}(t)$。因此，根据式（3.107）和式（3.112），由式（3.113）确定的矩阵 $\boldsymbol{B}_{yy}$ 的任何元素也不取决于 $\boldsymbol{X}(t)$。

满足式（3.114）的要求在物理上可表示如下。由于实质上矩阵 $\boldsymbol{B}_{yy}$ 的元素可确定相应高斯白噪声的强度，则在无限小的时间间隔内可任意准确地计算出这些元素[27]。

因此，如果假设相反，$\boldsymbol{B}_{yy} = \boldsymbol{B}(t,\boldsymbol{X})$，则状态矢量 $\boldsymbol{X}(t)$ 的分量本身在此情况下与 $\boldsymbol{B}_{yy}$ 有单值关系，也可在无限小的时间间隔内准确地计算出。这与状态矢量估计问题的物理实质相矛盾。主要是由于高斯白噪声仅是宽频带随机过程的理想化，上述运算对于实际过程是不能完成的。

在式（3.99）~式（3.102）所述问题说明中，当在过程 $\boldsymbol{Y}(t)$ 区间 $[t_0,t)$ 上观测时，状态矢量 $\boldsymbol{X}(t)$ 最优（按规定标准）估计问题可在后验概率密度 $w \triangleq p(t,\boldsymbol{X}/\boldsymbol{\Xi}_{t_0}^t)$ 的基础上得出，后验概率密度满足斯特拉托诺维奇方程[5,7]：

$$\begin{aligned}\frac{\partial w}{\partial t} = \frac{1}{2}\sum_{i,j=1}^{n}\frac{\partial^2(\tilde{b}_{ij}w)}{\partial x_i \partial x_j} - \sum_{i=1}^{n}\frac{\partial(\tilde{a}_i w)}{\partial x_i} + \\ [F(t,\boldsymbol{X},\boldsymbol{Y}) - \int F(t,\boldsymbol{X},\boldsymbol{Y})w\mathrm{d}\boldsymbol{X}]w\end{aligned} \tag{3.115}$$

式中：$\tilde{\boldsymbol{B}}(t,\boldsymbol{X}) = [\tilde{b}_{ij}]$ 和 $\tilde{\boldsymbol{A}}(t,\boldsymbol{X},\boldsymbol{Y}) = [\tilde{a}_i]$ 分别为对应式（3.115）中斯特拉托诺维奇方程系数的 $n \times n$ 的矩阵和 n 维矢量；n 为根据式（3.102）确定的状态矢量维数。

针对式（3.99）~式（3.102）的问题说明，考虑到式（3.111）和式（3.112），式（3.115）中斯特拉托诺维奇方程系数的矩阵 $\tilde{\boldsymbol{B}}(t,\boldsymbol{X})$ 和矢量 $\tilde{\boldsymbol{A}}(t,\boldsymbol{X},\boldsymbol{Y})$ 具有下列形式[7,28]：

$$
\begin{cases}
\widetilde{\boldsymbol{B}}(t,X) = \lfloor \widetilde{b}_{ij} \rfloor = \boldsymbol{B}_{xx} - \boldsymbol{B}_{x1}\boldsymbol{B}_{22}^{-1}\boldsymbol{B}_{x1}^{\mathrm{T}} \\
\widetilde{\boldsymbol{A}}(t,\boldsymbol{X},\boldsymbol{Y}) = [\,\widetilde{a}_i\,] = \boldsymbol{A}_x + \boldsymbol{B}_{x1}\boldsymbol{B}_{22}^{-1}\left[\dfrac{\mathrm{d}\boldsymbol{Y}_2}{\mathrm{d}t} - \boldsymbol{A}_{y2}\right] - \\
\qquad \dfrac{1}{2}\left[\left\{\boldsymbol{B}_{x1}^{\mathrm{T}}\left(\dfrac{\partial}{\partial x}\right)^{\mathrm{T}}\right\}^{\mathrm{T}}\boldsymbol{B}_{22}^{-1}\boldsymbol{B}_{x1}^{\mathrm{T}}\right]^{\mathrm{T}} \\
F(t,\boldsymbol{X},\boldsymbol{Y}) = \boldsymbol{A}_{y1}^{\mathrm{T}}\boldsymbol{B}_{11}^{-1}\left[\dfrac{\mathrm{d}\boldsymbol{Y}_1}{\mathrm{d}t} - \dfrac{1}{2}\boldsymbol{A}_{y1}\right] + \boldsymbol{A}_{y2}^{\mathrm{T}}\boldsymbol{B}_{22}^{-1}\left[\dfrac{\mathrm{d}\boldsymbol{Y}_2}{\mathrm{d}t} - \dfrac{1}{2}\boldsymbol{A}_{y2}\right] - \\
\dfrac{1}{2}\left\{\boldsymbol{B}_{x1}^{\mathrm{T}}\left(\dfrac{\partial}{\partial \boldsymbol{X}}\right)^{\mathrm{T}}\right\}^{\mathrm{T}}\boldsymbol{B}_{22}^{-1}\boldsymbol{A}_{y2} - \dfrac{1}{2}\left\{\boldsymbol{B}_{22}^{\mathrm{T}}\left(\dfrac{\partial}{\partial Y_2}\right)^{\mathrm{T}}\right\}^{\mathrm{T}}\boldsymbol{B}_{22}^{-1}\boldsymbol{R}_w(t,\boldsymbol{Y}_2 - \boldsymbol{S}_2,\boldsymbol{X})
\end{cases}
\tag{3.116}
$$

式中：大括号中的表达式可理解为微分算子，它们可影响位于大括号之后的函数。

在式（3.111）中对 $\boldsymbol{X}$ 的整个存在域求积分；解式（3.115）必要的初始条件和边界条件通常是过程 $\boldsymbol{X}(t)$ 先验描述的基础上给出。

当仅在高斯白噪声背景下进行观测时，即观测 $\boldsymbol{\Xi}_2(t)=0$ 时，分析一个典型的问题特例。在此情况下，在式（3.116）中应取值 $\boldsymbol{Y}_2(t)=0$ 和 $\boldsymbol{B}_{22}^{-1}=0$，此时考虑到式（3.111）可得出：$\widetilde{\boldsymbol{B}}=\boldsymbol{B}_{xx}$；$\widetilde{\boldsymbol{A}}=\boldsymbol{A}_x$ 和

$$
F = \boldsymbol{A}_{y1}^{\mathrm{T}}\boldsymbol{B}_{11}^{-1}\left[\frac{\mathrm{d}\boldsymbol{Y}_1}{\mathrm{d}t} - \frac{1}{2}\boldsymbol{A}_{y1}\right] = \boldsymbol{S}_1^{\mathrm{T}}\boldsymbol{B}_{11}^{-1}\left[\boldsymbol{\Xi}_1(t) - \frac{1}{2}\boldsymbol{S}_1\right]
$$

结果正如期待的那样，式（3.115）变换为在高斯白噪声背景下观测时已知的斯特拉托诺维奇方程[2,5-7]，而在此特例中的估计问题可简化为3.8节的最优连续非线性信息综合处理问题。

然后针对式（3.99）~式（3.102）的问题说明，根据估计均方误差最小值标准可得出最优连续非线性信息综合处理的准确算法。

式（3.102）的最优估计 $\hat{\boldsymbol{X}}(t)$ 可根据在矢量 $\boldsymbol{Y}(t)$ 区间 $[t_0,t)$ 上的观测通过最小化后验平均风险（式（3.105））进行确定，在使用二次损失函数时它与估计均方误差最小值标准相当。在此情况下，估计质量可用后验一次二阶中心矩矩阵 $\boldsymbol{K}(t)$ 表示，而对于最优估计，由式（3.105）可得出式（3.104）。

估计误差矢量的后验一次二阶中心矩矩阵等于：

$$
\boldsymbol{K}(t) = \boldsymbol{K}[t,\widetilde{X}(t),\boldsymbol{\Xi}_t] = M_{\mathrm{ps}}\{(\boldsymbol{X}-\widetilde{X})(\boldsymbol{X}-\widetilde{X})^{\mathrm{T}}\}
$$

$$
\triangleq \int (\boldsymbol{X}-\widetilde{X})(\boldsymbol{X}-\widetilde{X})^{\mathrm{T}} p(t,\boldsymbol{X}/\boldsymbol{\Xi}_{t0}^{t}(t))\,\mathrm{d}\boldsymbol{X}
$$

得出状态矢量最优估计 $\hat{\boldsymbol{X}}(t)$ 的方程。将式（3.115）的两端都乘以 $\boldsymbol{X}$，并针

对过程 $\boldsymbol{X}(t)$ 的整个存在域求积分：

$$\int \boldsymbol{X}\frac{\partial w}{\partial t}\mathrm{d}\boldsymbol{X} = \frac{1}{2}\int \boldsymbol{X}\sum_{i=1}^{n}\sum_{j=1}^{n}\frac{\partial^2(\tilde{b}_{ij}w)}{\partial x_i \partial x_j}\mathrm{d}\boldsymbol{X} - \int \boldsymbol{X}\sum_{i=1}^{n}\frac{\partial(\tilde{a}_i w)}{\partial x_i}\mathrm{d}\boldsymbol{X} + \int\left[\boldsymbol{X}F - \boldsymbol{X}\int F w \mathrm{d}\boldsymbol{X}\right] w \mathrm{d}\boldsymbol{X} \tag{3.117}$$

为了计算式（3.117）右侧部分的前两个被加数，利用了福克—普朗克正算子和逆算子是相互共轭的这一特性[7,25,29]。作为自变量 t_0 和 $\boldsymbol{X}_0$ 的函数，转移概率密度 $p(t,\boldsymbol{X}/t_0,\boldsymbol{X}_0)$ 应满足柯尔莫哥洛夫后向方程：

$$-\frac{\partial}{\partial t_0}p(t,\boldsymbol{X}/t_0,\boldsymbol{X}_0) = \hat{\pounds}_{t_0,X_0}\{p(t,\boldsymbol{X}/t_0,\boldsymbol{X}_0)\}$$

其初始条件为 $p(t_0,\boldsymbol{X}/t_0,\boldsymbol{X}_0) = \delta(\boldsymbol{X}-\boldsymbol{X}_0)$。此处，算子 $\hat{\pounds}_{t,X}\{\cdot\}$ 被称为逆生成算子，并由下列表达式确定[7]：

$$\hat{\pounds}_{t,X}\{p\} = \sum_{i=1}^{n}a_i(t,\boldsymbol{X})\frac{\partial p}{\partial x_i} + \frac{1}{2}\sum_{i,j=1}^{n}b_{ij}(t,\boldsymbol{X})\frac{\partial^2 p}{\partial x_i \partial x_j} \tag{3.118}$$

通过直接检查可证明，正生成算子（式（2.20））和逆生成算子（式（3.118））是相互共轭的，即对于任意区域 $\boldsymbol{\Omega}$ 具有下列等式[29]，在该范围内矢量 $\boldsymbol{A}(t,\boldsymbol{X})$ 的组元是可微分的，矩阵 $\boldsymbol{B}(t,\boldsymbol{X})$ 的元素对于 $\boldsymbol{X}$ 是两次可微分的：

$$\int_{\boldsymbol{\Omega}} u(\boldsymbol{X})\pounds_{t,X}\{q(\boldsymbol{X})\}\mathrm{d}\boldsymbol{X} = \int_{\boldsymbol{\Omega}} q(\boldsymbol{X})\hat{\pounds}_{t,X}\{u(\boldsymbol{X})\}\mathrm{d}\boldsymbol{X} \tag{3.119}$$

式中：$u(\boldsymbol{X})$ 、$q(\boldsymbol{X})$ 为任意的标量函数，其中在区域 $\boldsymbol{\Omega}$ 的边界上至少有一个函数与自身的 $\boldsymbol{X}$ 一阶导数一起等于零。

假设，在式（3.119）中标量函数 $u(\boldsymbol{X}) = x_\alpha$ 、$q(\boldsymbol{X}) = w$，其中 $\alpha=1$、2、…、n，根据式（3.117）可得出：

$$\frac{\mathrm{d}}{\mathrm{d}t}\hat{\boldsymbol{X}}(t) = \int\{\tilde{\boldsymbol{A}}(t,\boldsymbol{X},\boldsymbol{Y}) + (\boldsymbol{X}-\hat{\boldsymbol{X}})F(t,\boldsymbol{X},\boldsymbol{Y})\} \boldsymbol{p}(t,\boldsymbol{X}/\boldsymbol{\Xi}_{t_0}^{t})\mathrm{d}\boldsymbol{X} \tag{3.120}$$

式（3.120）是状态矢量 $\boldsymbol{X}(t)$ 最优连续非线性估计的准确方程。

可得出估计误差矢量的后验一次二阶中心矩矩阵。

将式（3.115）的两端都乘以 $(\boldsymbol{X}-\hat{\boldsymbol{X}})(\boldsymbol{X}-\hat{\boldsymbol{X}})^{\mathrm{T}}$ 并针对过程 $\boldsymbol{X}(t)$ 的整个存在域求积分：

$$\int(\boldsymbol{X}-\hat{\boldsymbol{X}})(\boldsymbol{X}-\hat{\boldsymbol{X}})^{\mathrm{T}}\frac{\partial w}{\partial t}\mathrm{d}\boldsymbol{X} = \int(\boldsymbol{X}-\hat{\boldsymbol{X}})(\boldsymbol{X}-\hat{\boldsymbol{X}})^{\mathrm{T}}\pounds_{t,X}(w)\mathrm{d}x + \int(\boldsymbol{X}-\hat{\boldsymbol{X}})(\boldsymbol{X}-\hat{\boldsymbol{X}})^{\mathrm{T}}\left[F - \int F w \mathrm{d}\boldsymbol{X}\right] w \mathrm{d}\boldsymbol{X} \tag{3.121}$$

式中：$\hat{\pounds}_{t,X}(w) = \frac{1}{2}\sum_{i=1}^{n}\sum_{j=1}^{n}\frac{\partial^2(\tilde{b}_{ij}w)}{\partial x_i \partial x_j} - \sum_{i=1}^{n}\frac{\partial(\tilde{a}_i w)}{\partial x_i}$ 为福克—普朗克正算子。

在计算式（3.121）右侧部分的第一个被加数时利用了福克—普朗克正算子和逆算子共轭的特性。假设式（3.119）中的任意标量函数 $u(t)$ 取值为 $u(t) = (x_\alpha - \hat{x}_\alpha)(x_\beta - \hat{x}_\beta)$，式中：$\alpha$、$\beta = 1$、2、…、$n$，则根据式（3.121）可得出：

$$\dot{K}(t) = \int \{ \tilde{B}(t,X,Y) + \tilde{A}(t,X,Y)(X-\hat{X})^{\mathrm{T}} - (X-\hat{X})\tilde{A}^{\mathrm{T}}(t,X,Y) + [(X-\hat{X})(X-\hat{X})^{\mathrm{T}} - K]F(t,X,Y)p(t,X/\Xi_{t_0}^{t})\mathrm{d}X \tag{3.122}$$

式（3.122）是评估误差矢量的后验一次二阶中心矩矩阵的准确方程。

在局部有色噪声背景下观测时，式（3.120）和式（3.122）可根据评估均方误差最小值标准确定最优连续非线性信息综合处理的准确算法。在斯特拉托诺维奇方程（式（3.115））的解已知的情况下，这些表达式允许构建最优信息综合处理系统，并计算潜在的估计误差。实际使用式（3.120）和式（3.122）的困难在于，它们要求知道后验概率密度 w，即要求解式（3.115）。式（3.115）的精确解，例如，可在最优线性信息综合处理的特例中得出，即在局部有色噪声背景下观测的高斯过程的最优线性估计问题中得出。此时，在式（3.99）~式（3.102）中应采取：

$$\begin{cases} S_1(t,X) = H_1(t)X(t) \\ S_2(t,X) = H_2(t)X(t) \\ R_x(t,X) = R_x(t)X(t) \\ G_x(t,X) = G_x(t) \\ R_w(t,W,X) = R_{1w}(t)W(t) + R_{2w}(t)X(t) \end{cases} \tag{3.123}$$

在用式（3.99）和式（3.100）表示的局部有色噪声背景下，在观测的高斯随机过程的这个最优线性估计特例中，根据式（3.123），最优估计的式（3.120）和式（3.122）具有下列形式[7,28]：

$$\dot{\hat{X}}(t) = R_x\hat{X}(t) + K(t)H_1^{\mathrm{T}}B_{11}^{-1}(\Xi_1(t) - H_1\hat{X}(t)) + (B_{xx}H_2^{\mathrm{T}} + K(t)H_3^{\mathrm{T}})B_{22}^{-1}[\dot{\Xi}_2(t) - R_{1w}(t)\Xi_2(t) - H_3\hat{X}(t)] \tag{3.124}$$

$$\dot{K}(t) = B_{xx} - B_{xx}H_2^{\mathrm{T}}B_{22}^{-1}H_2B_{xx} + (R_x - B_{xx}H_2^{\mathrm{T}}B_{22}^{-1}H_3)K(t) + K(t)(R_x - B_{xx}H_2^{\mathrm{T}}B_{22}^{-1}H_3)^{\mathrm{T}} - K(t)(H_1^{\mathrm{T}}B_{11}^{-1}H_1 + H_2^{\mathrm{T}}B_{22}^{-1}H_2)K(t) \tag{3.125}$$

式中：$H_3(t) = \dot{H}_2(t) + H_2R_x - R_{1w}H_2 + R_{2w}$。

当 $H_2 = R_{2w} = 0$ 时，根据式（3.124）和式（3.125）可得出仅在高斯白噪声背景下观测时已知的卡尔曼最优线性滤波算法，而当 $H_1 = R_{2w} = 0$ 时，可得出仅在高斯着色噪声背景下观测时卡尔曼最优线性滤波算法。当白噪声或有色噪声强度增大时（$[B_{22}] \to \infty$ 或 $[B_{11}] \to \infty$，式中 $[\cdot]$ 为矩阵范数），根据式（3.124）和式（3.125）也可得出这些已知算法。因此，假设 $H_2 = 0$ 和 $R_{2w} =$

0，则根据式（3.124）和式（3.125）可得出：

$$\dot{\hat{\boldsymbol{X}}}(t)=\boldsymbol{R}_x\hat{\boldsymbol{X}}(t)+\boldsymbol{K}(t)\boldsymbol{H}_1^{\mathrm{T}}\boldsymbol{B}_{11}^{-1}(\boldsymbol{\Xi}_1(t)-\boldsymbol{H}_1\hat{\boldsymbol{X}}(t)),\hat{\boldsymbol{X}}(t_0)=\hat{\boldsymbol{X}}_0 \quad (3.126)$$

$$\dot{\boldsymbol{K}}(t)=\boldsymbol{R}_x\boldsymbol{K}(t)+\boldsymbol{K}(t)\boldsymbol{R}_x^{\mathrm{T}}-\boldsymbol{K}(t)\boldsymbol{H}_1^{\mathrm{T}}\boldsymbol{B}_{11}^{-1}\boldsymbol{H}_1\boldsymbol{K}(t)+\boldsymbol{B}_{xx},\boldsymbol{K}(t_0)=\boldsymbol{K}_0 \quad (3.127)$$

在高斯白噪声背景下进行观测时，式（3.126）和式（3.127）是已知的最优线性非稳定滤波算法（卡尔曼—布西滤波），并且在$\boldsymbol{U}(t)=0$时它们与式（3.17）~式（3.19）相对应。

应当指出，当满足式（3.123）时，后验概率密度 w 是式（3.115）的解，它是一个高斯曲线，并具有下列形式：

$$w\triangleq p(t,\boldsymbol{X}/\boldsymbol{\Xi}_{t_0}^{t})=[(2\pi)^n\det\boldsymbol{K}]^{-0.5}\mathrm{e}^{-0.5(\boldsymbol{X}-\hat{\boldsymbol{X}})^{\mathrm{T}}}\boldsymbol{K}^{-1}(\boldsymbol{X}-\hat{\boldsymbol{X}})$$

式中：$\det\boldsymbol{K}$ 为矩阵 $\boldsymbol{K}$ 的行列式，而 $\hat{\boldsymbol{X}}(t)$ 和 $\boldsymbol{K}(t)$ 根据式（3.124）和式（3.125）进行计算。

由于在一般情况下无法得出式（3.115）的精确解，在实践中广泛应用后验概率密度 w 的高斯近似法，该方法允许将偏导数的随机偏微积分方程简化为等效的后验分布数值参数的普通随机微分方程组[5-7]。

如果在式（3.99）和式（3.100）中，最优识别器具有一个（真实的）稳定平衡状态点，并且相应过程的估计误差平均不超出其识别特性曲线的线性段范围，即在无线电信号参数跟踪模式下，可使用高斯近似法[7]。

在后验概率密度高斯近似的框架内，式（3.120）和式（3.122）可确定“准确的”准最优估计算法，这些算法可实际用于下述情况：在考虑到 w 后验分布高斯定理时在这些方程中能进行求积分（解析或用计算机）。在一般情况下，应将式（3.120）和式（3.122）展开成估计 $\hat{\boldsymbol{X}}(t)$ 附近的幂级数，并考虑到这些幂级数的不同项数。这种方法能以不同的准确度和复杂程度得出测量仪综合化的准最优算法。

在一次近似时，可得出准最优信息综合处理算法。

将式（3.120）中的非线性函数 $\tilde{\boldsymbol{A}}(t,\boldsymbol{X},\boldsymbol{Y})$ 和 $\boldsymbol{F}(t,\boldsymbol{X},\boldsymbol{Y})$ 展开成估计 $\hat{\boldsymbol{X}}(t)$ 附近的幂级数并考虑这些级数的前两项：

$$\begin{cases}\hat{\boldsymbol{A}}(t,\boldsymbol{X},\boldsymbol{Y})\cong\tilde{\boldsymbol{A}}(t,\tilde{\boldsymbol{X}},\boldsymbol{Y})+\left[\left\{\left(\dfrac{\partial}{\partial\hat{\boldsymbol{X}}}\right)^{\mathrm{T}}\right\}\tilde{\boldsymbol{A}}^{\mathrm{T}}(t,\hat{\boldsymbol{X}},\boldsymbol{Y})\right](\boldsymbol{X}-\hat{\boldsymbol{X}})\\ F(t,\boldsymbol{X},\boldsymbol{Y})\cong F(t,\hat{\boldsymbol{X}},\boldsymbol{Y})+\dfrac{\partial F(t,\hat{\boldsymbol{X}},\boldsymbol{Y})}{\partial\hat{\boldsymbol{X}}}(\boldsymbol{X}-\hat{\boldsymbol{X}})\end{cases} \quad (3.128)$$

式中，

$$\frac{\partial F}{\partial \boldsymbol{X}}=\left[\frac{\partial F}{\partial x_1}\frac{\partial F}{\partial x_2}\cdots\frac{\partial F}{\partial x_n}\right]$$

此时考虑到式（3.128），根据式（3.120），估计 $\hat{\boldsymbol{X}}(\mathrm{t})$ 的方程在第一次近似时具有下列形式：

$$\dot{\hat{\boldsymbol{X}}}=\tilde{\boldsymbol{A}}(t,\hat{\boldsymbol{X}},\boldsymbol{Y})+\boldsymbol{K}(t)\left[\frac{\partial F(t,\hat{\boldsymbol{X}},\boldsymbol{Y})}{\partial\hat{\boldsymbol{X}}}\right]^{\mathrm{T}},\hat{\boldsymbol{X}}(t_0)=M\{\boldsymbol{X}(t_0)\} \tag{3.129}$$

将式（3.122）中的非线性函数展开成估计 $\hat{\boldsymbol{X}}(t)$ 附近的幂级数，并考虑这些级数的最小可能项数：

$$\begin{cases}\tilde{\boldsymbol{B}}(t,\boldsymbol{X},\boldsymbol{Y})\cong\tilde{\boldsymbol{B}}(t,\hat{\boldsymbol{X}},\boldsymbol{Y})+\left\{(\boldsymbol{X}-\hat{\boldsymbol{X}})^{\mathrm{T}}\left(\dfrac{\partial}{\partial\hat{\boldsymbol{X}}}\right)^{\mathrm{T}}\right\}\tilde{\boldsymbol{B}}(t,\hat{\boldsymbol{X}},\boldsymbol{Y})\\ F(t,\boldsymbol{X},\boldsymbol{Y})\cong F(t,\hat{\boldsymbol{X}},\boldsymbol{Y})+\dfrac{\partial F(t,\hat{\boldsymbol{X}},\boldsymbol{Y})}{\partial\hat{\boldsymbol{X}}}(\boldsymbol{X}-\hat{\boldsymbol{X}})+\\ \dfrac{1}{2}(\boldsymbol{X}-\hat{\boldsymbol{X}})^{\mathrm{T}}\left\{\left(\dfrac{\partial}{\partial\hat{\boldsymbol{X}}}\right)^{\mathrm{T}}\dfrac{\partial F}{\partial\hat{\boldsymbol{X}}}\right\}(\boldsymbol{X}-\hat{\boldsymbol{X}})\end{cases} \tag{3.130}$$

为使后验因素区别于先验因素，在函数 $\tilde{\boldsymbol{B}}(t,\boldsymbol{X},\boldsymbol{Y})$ 级数中考虑的最小可能项数应等于2（此时考虑级数的第一、二项）。

在将函数 F 展成级数时，为计算矩阵 $\boldsymbol{K}(t)$ 还应保留二次项。如果不考虑二次项，则 $\boldsymbol{K}(t)$ 的方程与相应的先验方程相同。问题在于，在函数 F 展开式中的二次项与 $\boldsymbol{S}(t,\boldsymbol{X})$ 展开式中的线性项相对应，因为矢量函数 $\boldsymbol{S}$ 是以平方形式出现在表达式 F 中的。

此时考虑到式（3.130），根据式（3.122），估计误差矢量的后验一次二阶中心矩矩阵的方程在第一次近似时可记录为下列形式：

$$\dot{\boldsymbol{K}}(t)=\tilde{\boldsymbol{B}}(t,\hat{\boldsymbol{X}},\boldsymbol{Y})+\left[\left\{\left(\frac{\partial}{\partial\hat{\boldsymbol{X}}}\right)^{\mathrm{T}}\right\}\tilde{\boldsymbol{A}}^{\mathrm{T}}(t,\hat{\boldsymbol{X}},\boldsymbol{Y})\right]^{\mathrm{T}}\boldsymbol{K}(t)+$$

$$\boldsymbol{K}(t)\left[\left\{\left(\frac{\partial}{\partial\hat{\boldsymbol{X}}}\right)^{\mathrm{T}}\right\}\tilde{\boldsymbol{A}}^{\mathrm{T}}(t,\hat{\boldsymbol{X}},\boldsymbol{Y})\right]+\boldsymbol{K}(t)\left[\left\{\left(\frac{\partial}{\partial\hat{\boldsymbol{X}}}\right)^{\mathrm{T}}\right\}\frac{\partial F(t,\hat{\boldsymbol{X}},\boldsymbol{Y})}{\partial\hat{\boldsymbol{X}}}\right]\boldsymbol{K}(t) \tag{3.131}$$

$$\boldsymbol{K}_0(t_0)=M\{(\boldsymbol{X}-\hat{\boldsymbol{X}})(\boldsymbol{X}-\hat{\boldsymbol{X}})^{\mathrm{T}}\},\text{当 } t=t_0 \text{ 时}$$

式（3.129）和式（3.131）可获得跟踪模式下准最优非线性信息综合处理系统的结构图。该系统在参数跟踪模式下具有最佳的（考虑到做出的假设）精度特性，并在解式（3.131）的基础上可高质量估计精度特性。

假设在式（3.99）~式（3.102）综合问题的初始说明中观测 $\boldsymbol{\Xi}_2(t)=0$，则可变换为下述特例，此时在式（3.129）和式（3.131）的基础上可得出仅在高斯白噪声背景下观测时最优连续非线性信息综合处理的关系式（参见 3.8 节）。

因此，假设 $\boldsymbol{\Xi}_2(t)=0$，此时 $\boldsymbol{B}_{22}^{-1}=0$，式（3.116）具有下列形式：

$$\widetilde{\boldsymbol{B}}(t,\boldsymbol{X})=\boldsymbol{B}_{xx}$$

$$\widetilde{\boldsymbol{A}}(t,\hat{\boldsymbol{X}},\boldsymbol{Y})=\boldsymbol{A}_x(t,\boldsymbol{X})$$

$$F(t,\boldsymbol{X},\boldsymbol{Y})=\boldsymbol{A}_{y1}^{\mathrm{T}}(t,\boldsymbol{X})\boldsymbol{B}_{11}^{-1}[\dot{\boldsymbol{Y}}_1(t)-0.5\boldsymbol{A}_{y1}(t,\boldsymbol{X})]$$

式中：$\boldsymbol{A}_{y1}(t,\boldsymbol{X})=\boldsymbol{S}_1(t,\boldsymbol{X}),\dot{\boldsymbol{Y}}_1(t)=\boldsymbol{\Xi}_1(t)$。

由此可见，

$$F(t,\boldsymbol{X},\boldsymbol{Y})=F(t,\boldsymbol{X},\boldsymbol{\Xi}_1)=\boldsymbol{S}_1^{\mathrm{T}}(t,\boldsymbol{X})\boldsymbol{B}_{11}^{-1}[\boldsymbol{\Xi}_1(t)-0.5\boldsymbol{S}_1(t,\boldsymbol{X})]$$

在此情况下，当仅在高斯白噪声背景下观测时，准最优估计的方程（式（3.129））在第一次近似时可记录为下列形式：

$$\dot{\hat{\boldsymbol{X}}}(t)=\boldsymbol{A}_x(t,\hat{\boldsymbol{X}})+\boldsymbol{K}(t)\left[\frac{\partial F(t,\hat{\boldsymbol{X}},\boldsymbol{\Xi}_1)}{\partial t}\right]^{\mathrm{T}},\hat{\boldsymbol{X}}(t_0)=M\{\boldsymbol{X}(t_0)\}$$

计算矢量 $\boldsymbol{X}(t)$ 的标量函数 $F(t,\boldsymbol{X},\boldsymbol{\Xi}_1)$ 的偏导数。为了书写简化，略去自变量与函数的关系式。

$$\frac{\partial F}{\partial \boldsymbol{X}}=\frac{\partial}{\partial \boldsymbol{X}}(\boldsymbol{S}_1^{\mathrm{T}}\boldsymbol{B}_{11}^{-1}\boldsymbol{\Xi}_1)-\frac{\partial}{\partial \boldsymbol{X}}(0.5\boldsymbol{S}_1^{\mathrm{T}}\boldsymbol{B}_{11}^{-1}\boldsymbol{S}_1)$$

因为 $\boldsymbol{B}_{11}$ 为对称矩阵，所以 $\boldsymbol{B}_{11}=\boldsymbol{B}_{11}^{\mathrm{T}}$、$\boldsymbol{B}_{11}^{-1}=(\boldsymbol{B}_{11}^{-1})^{\mathrm{T}}$。

因为 $\boldsymbol{S}_1^{\mathrm{T}}\boldsymbol{B}_{11}^{-1}\boldsymbol{\Xi}_1$ 是标量，所以它可记录为：

$$\boldsymbol{S}_1^{\mathrm{T}}\boldsymbol{B}_{11}^{-1}\boldsymbol{\Xi}_1=[\boldsymbol{S}_1^{\mathrm{T}}\boldsymbol{B}_{11}^{-1}\boldsymbol{\Xi}_1]^{\mathrm{T}}=\boldsymbol{\Xi}_1^{\mathrm{T}}\boldsymbol{B}_{11}^{-1}\boldsymbol{S}_1$$

从而，

$$\frac{\partial F}{\partial \boldsymbol{X}}=\boldsymbol{\Xi}_1^{\mathrm{T}}\boldsymbol{B}_{11}^{-1}\frac{\partial \boldsymbol{S}_1}{\partial \boldsymbol{X}}-\left[\frac{\partial}{\partial \boldsymbol{S}_1}(0.5\boldsymbol{S}_1^{\mathrm{T}}\boldsymbol{B}_{11}^{-1}\boldsymbol{S}_1)\right]\frac{\partial \boldsymbol{S}_1}{\partial \boldsymbol{X}}$$

根据二次型微分规则[31]可知，如果 $\boldsymbol{B}_{11}^{-1}=(\boldsymbol{B}_{11}^{-1})^{\mathrm{T}}$，则 $\frac{\partial}{\partial \boldsymbol{S}_1}(0.5\boldsymbol{S}_1^{\mathrm{T}}\boldsymbol{B}_{11}^{-1}\boldsymbol{S}_1)=\boldsymbol{S}_1^{\mathrm{T}}\boldsymbol{B}_{11}^{-1}$。

考虑到这一结果可得出：

$$\frac{\partial F}{\partial \boldsymbol{X}}=\boldsymbol{\Xi}_1^{\mathrm{T}}\boldsymbol{B}_{11}^{-1}\frac{\partial \boldsymbol{S}_1}{\partial \boldsymbol{X}}-\boldsymbol{S}_1^{\mathrm{T}}\boldsymbol{B}_{11}^{-1}\frac{\partial \boldsymbol{S}_1}{\partial \boldsymbol{X}}$$

在转置后可得出：

$$\left[\frac{\partial F}{\partial \boldsymbol{X}}\right]^{\mathrm{T}}=\left(\frac{\partial \boldsymbol{S}_1}{\partial \boldsymbol{X}}\right)^{\mathrm{T}}[\boldsymbol{\Xi}_1^{\mathrm{T}}\boldsymbol{B}_{11}^{-1}]^{\mathrm{T}}-\left(\frac{\partial \boldsymbol{S}_1}{\partial \boldsymbol{X}}\right)^{\mathrm{T}}[\boldsymbol{S}_1^{\mathrm{T}}\boldsymbol{B}_{11}^{-1}]^{\mathrm{T}}$$

$$=\left(\frac{\partial \boldsymbol{S}_1}{\partial \boldsymbol{X}}\right)^{\mathrm{T}}\boldsymbol{B}_{11}^{-1}[\boldsymbol{\Xi}_1-\boldsymbol{S}_1]$$

当仅在高斯白噪声背景下观测时，在第一次近似时准最优估计的方程（式（3.129））具有下列形式：

$$\dot{\hat{X}}(t) = A_x(t,\hat{X}) + K(t)\left[\frac{\partial S_1(t,\hat{X})}{\partial \hat{X}}\right]^{\mathrm{T}} B_{11}^{-1}[\Xi_1(t) - S_1(t,\hat{X})]$$

考虑到变换 $\dfrac{\partial S_1(t,X)}{\partial \hat{X}} = D^{\mathrm{T}}[S_1(t,X)]$，可得出：

$$\dot{\hat{X}}(t) = A_x(t,\hat{X}) + K(t)D[S_1(t,\hat{X})]B_{11}^{-1}[\Xi_1(t) - S_1(t,\hat{X})]$$

可见，得出的准最优估计 $\hat{X}(t)$ 方程与相应的式（3.94）相符。

下面转到一个更特殊的特例，此时根据式（3.123），取值为：

$$S_1(t,X) = H_1(t)X(t),G_x(t,X) = G_x(t) \text{ 和 } A_x(t,X) = R_x(t)X(t)$$

则可得出在最优线性估计情况下仅在高斯白噪声背景下观测时最优估计的方程，即卡尔曼—布西滤波方程：

$$\dot{\hat{X}}(t) = R_x(t)\hat{X}(t) + K(t)H_1^{\mathrm{T}}(t)B_{11}^{-1}[\Xi_1(t) - H_1(t)\hat{X}(t)]$$

当 $U(t) = 0$ 时，上述方程与由式（3.17）和式（3.18）确定的方程相符。

当然，在式（3.99）~式（3.102）的初始说明中转至另一个特例，此时 $\Xi_1(t) = 0$，则可得出仅在高斯有色噪声背景下观测时最优连续非线性信息综合处理的所有关系式。

3.10 局部有色噪声背景下最优离散非线性综合处理

机载数字计算机技术设备的发展使在导航、瞄准和武器控制综合电子系统上实现最优离散非线性信息综合处理算法成为可能。

下面阐述在附加局部高斯有色噪声背景下观测时最优离散非线性信息综合处理算法的综合问题，并换算出主要的计算关系式。局部有色噪声是指其一部分观测噪声近似于白噪声，而另一部分则近似于有色噪声，即非白噪声[2]。就广泛的无线电测量仪和非无线电测量仪最优综合化问题而言，这种方法能考虑到非无线电测量仪（例如，惯性导航系统）信号观测的特点，通常这类观测中包含有色噪声，而非白噪声（测量误差）。

我们认为，本综合问题与3.9节中所述的问题相似，但是在本案中问题是针对离散时间表述的。此时，状态矢量 X_{k+1} 可用一阶非线性差分方程描述，当 $U_k = 0$ 时它具有下列形式：

$$X_{k+1} = R_x(k+1,k;X_k) + G_x(k+1,k;X_k)N_{xk}, X(t_0) = X_0 \quad (3.132)$$

式中：$R_x(\cdot)$、$G_x(\cdot)$ 为知的一般情况下非线性的矢量函数；N_{xk} 标为准离散高斯白噪声；$\boldsymbol{X}_{k+1} = \boldsymbol{X}(t_{k+1})$。

在非线性估计时，在此情况下观测过程的总和可用下列两个列向量表示：

$$\boldsymbol{Z}_1(k+1) = \boldsymbol{S}_1(k+1, \boldsymbol{X}_{k+1}) + \boldsymbol{G}_1(k+1)\boldsymbol{N}_1(k+1) \tag{3.133}$$

$$\boldsymbol{Z}_2(k+1) = \boldsymbol{S}_2(k+1, \boldsymbol{X}_{k+1}) + \boldsymbol{W}_{k+1} \tag{3.134}$$

式中：$\boldsymbol{S}_1(\cdot)$、$\boldsymbol{S}_2(\cdot)$ 为已知的一般情况下非线性的矢量函数；$\boldsymbol{N}_1(k+1)$ 为标准离散高斯白噪声矢量；$\boldsymbol{G}_1(k+1)$ 为已知的矩阵。

根据式（3.134），$\boldsymbol{W}_{k+1}$是观测有色噪声的矢量，它可用下列差分方程描述：

$$\boldsymbol{W}_{k+1} = \boldsymbol{R}_w(k+1,k)\boldsymbol{W}_k + \boldsymbol{G}_w(k+1,k)\boldsymbol{N}_{wk}, \boldsymbol{W}(t_0) = \boldsymbol{W}_0 \tag{3.135}$$

式中：$\boldsymbol{R}_w(\cdot)$、$\boldsymbol{G}_w(\cdot)$ 为自变量的矩阵函数；$\boldsymbol{N}_{wk}$为标准离散高斯白噪声。

针对式（3.132）~式（3.135）的综合问题，换算出最简单的准最优非线性离散信息综合处理算法。

离散状态矢量的准最优一阶估计 $\hat{\boldsymbol{X}}_{k+1}$ 的方程具有下列形式[7]：

$$\hat{\boldsymbol{X}}_{k+1} = \boldsymbol{R}_x(k+1,k;\hat{\boldsymbol{X}}_k) + \boldsymbol{K}(k+1)\left\{\begin{bmatrix}\boldsymbol{Z}_1(k+1)\\ \boldsymbol{Z}_2(k+1)\end{bmatrix} - \right.$$

$$\left.\begin{bmatrix}\boldsymbol{S}_1(k+1,\boldsymbol{X}_1)\\ \boldsymbol{S}_2(k+1,\boldsymbol{X}_1) + \boldsymbol{R}_w(k+1,k)[\boldsymbol{Z}_{2k} - S_2(k,\hat{\boldsymbol{X}}_k)]\end{bmatrix}\right\}$$

$$\hat{\boldsymbol{X}}(t_0) = \hat{\boldsymbol{X}}_0 \tag{3.136}$$

式中：$\boldsymbol{K}(k+1)$ 为信息综合处理系统最优传递系数矩阵；$\boldsymbol{X}_1 \triangleq \hat{\boldsymbol{X}}(k+1/k) = \boldsymbol{R}_x(k+1,k;\boldsymbol{X}_k)$，为在$t_{k+1}$时刻状态矢量估计的外推值；$\boldsymbol{S}_i(k+1,\boldsymbol{X}_1)$ 为泰勒级数的第一项，非线性函数 $\boldsymbol{S}_i(k+1,\boldsymbol{X}_{k+1})$ 在 $\boldsymbol{X}_1$ 点附近展开成泰勒级数，式中 $i=1$，2。

非线性矢量矩阵一阶差分方程（式（3.136））可确定机载综合电子系统的准最优离散非线性信息综合处理系统的结构。

如果根据滤波误差后验方差最小的条件选择矩阵 $\boldsymbol{K}(k+1)$，则由式（3.136）描述的信息综合处理系统是准最优系统。在此情况下，用于计算最优系数矩阵 $\boldsymbol{K}(k+1)$ 和协方差 $\boldsymbol{P}(k+1)$ 的最简单关系式具有下列形式[7]：

$$\boldsymbol{K}(k+1) = \left[\frac{\partial\hat{\boldsymbol{R}}_x}{\partial\hat{\boldsymbol{X}}_k}\boldsymbol{P}_k\left(\frac{\partial\hat{\boldsymbol{\Phi}}_z}{\partial\hat{\boldsymbol{X}}_k}\right)^{\mathrm{T}} + \hat{\boldsymbol{B}}_{xz}\right]\left[\hat{\boldsymbol{B}}_{zz} + \frac{\partial\hat{\boldsymbol{\Phi}}_z}{\partial\hat{\boldsymbol{X}}_k}\boldsymbol{P}_k\left(\frac{\partial\hat{\boldsymbol{\Phi}}_z}{\partial\hat{\boldsymbol{X}}_k}\right)^{\mathrm{T}}\right] \tag{3.137}$$

$$\boldsymbol{P}(k+1) = \left[\frac{\partial\hat{\boldsymbol{R}}_x}{\partial\hat{\boldsymbol{X}}_k}\boldsymbol{P}_k\left(\frac{\partial\hat{\boldsymbol{\Phi}}_z}{\partial\hat{\boldsymbol{X}}_k}\right)^{\mathrm{T}} + \hat{\boldsymbol{B}}_{xx}\right] - \boldsymbol{K}(k+1)\left[\hat{\boldsymbol{B}}_{xz} + \frac{\partial\hat{\boldsymbol{R}}_x}{\partial\hat{\boldsymbol{X}}_k}P_k\left(\frac{\partial\hat{\boldsymbol{\Phi}}_z}{\partial\hat{\boldsymbol{X}}_k}\right)^{\mathrm{T}}\right]^{\mathrm{T}}$$

$$\boldsymbol{P}(t_0) = \boldsymbol{P}_0 \tag{3.138}$$

式中，

$$\hat{\boldsymbol{R}}_x = \boldsymbol{R}_x(k+1,k;\hat{\boldsymbol{X}}_k)$$

$$\hat{\boldsymbol{\Phi}}_z = \begin{bmatrix} \dfrac{\partial \boldsymbol{S}_1(k+1,\boldsymbol{X}_1)}{\partial \boldsymbol{X}_1}\hat{\boldsymbol{R}}_x \\ \dfrac{\partial \boldsymbol{S}_2(k+1,\boldsymbol{X}_1)}{\partial \boldsymbol{X}_1}\hat{\boldsymbol{R}}_x + \boldsymbol{R}_w(k+1,k)[\boldsymbol{Z}_2(k) - \boldsymbol{S}_2(k,\hat{\boldsymbol{X}}_k)] \end{bmatrix}$$

$$\boldsymbol{B}_{xx} = \boldsymbol{G}_x\boldsymbol{G}_x^{\mathrm{T}}$$

$$\boldsymbol{B}_{xz} = \boldsymbol{G}_x\begin{bmatrix} \dfrac{\partial \boldsymbol{S}_1}{\partial \boldsymbol{X}_1}\boldsymbol{G}_x \\ \dfrac{\partial \boldsymbol{S}_2}{\partial \boldsymbol{X}_1}\boldsymbol{G}_x \end{bmatrix}$$

$$\boldsymbol{B}_{zz} = \begin{bmatrix} \dfrac{\partial \boldsymbol{S}_1}{\partial \boldsymbol{X}_1}\boldsymbol{G}_x \\ \dfrac{\partial \boldsymbol{S}_2}{\partial \boldsymbol{X}_1}\boldsymbol{G}_x \end{bmatrix}\begin{bmatrix} \dfrac{\partial \boldsymbol{S}_1}{\partial \boldsymbol{X}_1}\boldsymbol{G}_x \\ \dfrac{\partial \boldsymbol{S}_2}{\partial \boldsymbol{X}_1}\boldsymbol{G}_x \end{bmatrix}^{\mathrm{T}} + \begin{bmatrix} \boldsymbol{G}_1 & 0 \\ 0 & \boldsymbol{G}_w \end{bmatrix}\begin{bmatrix} \boldsymbol{G}_1 & 0 \\ 0 & \boldsymbol{G}_w \end{bmatrix}$$

在式（3.137）、式（3.138）中通常认为，标量函数的列向量导数是行向量，而函数中的上标^表示用数量 $\hat{X}_k$ 代替自变量 $\boldsymbol{X}_k$。例如，如果 $f(\boldsymbol{X})$ 是标量函数，其中 $\boldsymbol{X}^{\mathrm{T}} = [x_1,x_2,\cdots,x_n]$，则：

$$\frac{\partial f(\boldsymbol{X})}{\partial \boldsymbol{X}} = \left[\frac{\partial f}{\partial x_1}\ \frac{\partial f}{\partial x_2}\cdots\ \frac{\partial f}{\partial x_n}\right]$$

如果分析矢量函数 $\boldsymbol{Y}^{\mathrm{T}}(\boldsymbol{X}) = [y_1(\boldsymbol{X}),y_2(\boldsymbol{X}),\cdots,y_m(\boldsymbol{X})]$，则其列向量导数可形成 $m \times n$ 阶矩阵：

$$\frac{\partial \boldsymbol{Y}}{\partial \boldsymbol{X}} = \begin{bmatrix} \dfrac{\partial y_1}{\partial x_1} & \dfrac{\partial y_1}{\partial x_2} & \cdots & \dfrac{\partial y_1}{\partial x_n} \\ \dfrac{\partial y_2}{\partial x_1} & \dfrac{\partial y_2}{\partial x_2} & \cdots & \dfrac{\partial y_2}{\partial x_n} \\ \vdots & \vdots & \vdots & \vdots \\ \dfrac{\partial y_m}{\partial x_1} & \dfrac{\partial y_m}{\partial x_2} & \cdots & \dfrac{\partial y_m}{\partial x_n} \end{bmatrix}$$

将得出的关系式与式（3.96）进行对比，可得出：

$$\frac{\partial \boldsymbol{Y}}{\partial \boldsymbol{X}} = \boldsymbol{D}^{\mathrm{T}}[\boldsymbol{Y}(\boldsymbol{X})]$$

式中：$\boldsymbol{D}[\boldsymbol{Y}(\boldsymbol{X})]$ 为雅可比矩阵[6]。

实现算法（3.137）和式（3.138）需要有下列计算步骤：

（1）根据在上一步得出的矩阵 $\boldsymbol{P}_k$ 通过式（3.137）计算离散滤波器的最优

传递系数矩阵 $\boldsymbol{K}(k+1)$；

（2）在得出的 $\boldsymbol{K}(k+1)$ 数值基础上通过式（3.138）计算出下一步计算必需的矩阵 $\boldsymbol{P}(k+1)$。

当然，当仅存在附加离散高斯白噪声时，在高斯随机过程的最优线性离散综合估计的特例中，式（3.137）和式（3.138）可变换为已知的卡尔曼离散滤波式（3.28）~式（3.32）。

在机载综合电子系统的一些无线电测量仪中，例如，格洛纳斯和 GPS 型卫星无线电导航系统的机载设备，或 Globalstar 卫星通信系统的机载电台等，有效信息不仅包含在状态矢量的连续分量中，还包含在其离散分量中。

在高斯白噪声背景下以及在局部高斯有色噪声背景下观测时，在这种混合式（离散—连续）状态矢量情况下，马尔可夫估计理论能富有成效地建立最优非线性信息综合处理算法[10,11,30]。

3.11 最优非线性信息综合处理算法的应用

下面研究在导航、瞄准和武器控制机载综合电子系统中建立和应用最优（次优）非线性连续和离散信息综合处理算法的一些典型方法。此时假设观测是在下列两种情况下进行的：①在附加高斯白噪声背景下；②在局部有色高斯噪声背景下。这允许正确地考虑无线电测量仪（例如，多普勒速度和偏流角测量仪）和非无线电测量仪（例如，惯性导航系统或大气数据系统）综合化的特点。在第三个示例中，为了简化运算，假设具有线性观测。

3.11.1 组合多普勒速度、偏流角和大气数据综合处理算法

当在飞机上多普勒速度和偏流角测量仪与大气数据系统联合时，以多普勒速度和偏流角测量仪综合问题的解题为例说明最优非线性信息综合处理模拟算法（式（3.94）和式（3.95））的应用[2,9]。

假设观测 $\boldsymbol{Z}(t)$ 是双组元矢量函数，并且在一个组元中有效信号是未知频率的窄频带无线电信号，它是多普勒速度和偏流角测量仪特有的；在另一个组元中有效信号是低频随机过程，它与典型气体比重测定式空速传感器（大气数据系统）相符。两个有效信号都是在附加高斯噪声背景下观测的。此时，在模型中考虑到因航空器机动产生的特点，且航空器速度是可测量的。

假设在时间段 $[t_0, t]$ 上可观测到实现矢量随机过程 $\mathbf{Z}(t) = [z_1(t) z_2(t)]^{\mathrm{T}}$。组元 $z_1(t)$ 可确定在多普勒速度和偏流角测量仪的无线电接收机输入端上的观测信号，它等于：

$$z_1(t) = s_1(t) + n_1(t), t \geqslant t_0 \tag{3.139}$$

式中：有效信号 $s_1(t)$ 可以下列形式表示：

$$s_1(t) = A\cos\left\{\omega_0\left[t - \frac{2D_r(t)}{c}\right] + \psi(t)\right\} \tag{3.140}$$

式中：A、ω_0 分别为已知的振幅和振荡频率；$D_r(t)$ 为沿多普勒速度和偏流角测量仪波束方向至无线电信号反射点的距离；c 为光速；$\Psi(t)$ 为随机振荡相位。

附加干扰 $n_1(t)$ 近似于具有已知统计特性的高斯白噪声：

$$\begin{aligned} M[n_1(t)] &= 0; M[n_1(t_1)n_1(t_2)] \\ &= 0.5N_1\delta|t_2 - t_1|; N_1 = \text{const} \end{aligned} \tag{3.141}$$

另一个观测组元 $z_2(t)$ 可确定气体比重测定空速传感器输出端上的信号，它等于：

$$z_2(t) = k_a[V_r(t) - W_r(t)] + n_2(t), t \geqslant t_0 \tag{3.142}$$

式中：$V_r(t) = \mathrm{d}D_r(t)/\mathrm{d}t$ 和 $W_r(t)$ 分别为航空器地速矢量和风速矢量在多普勒速度和偏流角测量仪波束方向上的投影；k_a 为度量比例系数；$n_2(t)$ 为测量误差，它近似于统计特性已知的高斯白噪声：

$$\begin{aligned} M[n_2(t)] = 0; M[n_2(t_1)n_2(t_2)] = 0.5N_2\delta|t_2 - t_1|; \\ N_2 = \text{const} \end{aligned} \tag{3.143}$$

所述信息综合处理系统的主要用途在于确定地速分量 $V_r(t)$。

然而，在观测 $z_2(t)$ 中有效信号是：

$$s_2(t) = k_a[V_r(t) - W_r(t)] \tag{3.144}$$

考虑到式（3.140）和式（3.141），观测矢量具有下列形式：

$$\boldsymbol{Z}(t) = \boldsymbol{S}(t) + \boldsymbol{N}_z(t) \tag{3.145}$$

式中：$\boldsymbol{S}(t) = [s_1(t)s_2(t)]^\mathrm{T}$，为有效信号矢量；$\boldsymbol{N}_z(t) = [n_1(t)n_2(t)]^\mathrm{T}$ 为具有已知统计特性的高斯白噪声矢量：

$$M[\boldsymbol{N}_z(t)] = 0; M[\boldsymbol{N}_z(t_1)\boldsymbol{N}_z^\mathrm{T}(t_2)] = \boldsymbol{N}_H\delta|t_2 - t_1|$$

式中，

$$\boldsymbol{N}_H = \begin{bmatrix} 0.5N_1 & 0 \\ 0 & 0.5N_2 \end{bmatrix} \tag{3.146}$$

下面为了简化运算，认为风速分量 W_r 是不变的，但是一个未知量，其先验方程具有下列形式：

$$\dot{W}_r(t) = 0, W_r(t_0) = W_{r0} \tag{3.147}$$

在得出用于形成状态矢量估计 $\hat{\boldsymbol{X}}(t)$ 的算法时，假定表示斜距动态 $D_r(t)$ 的先验微分方程根据式（3.48）具有下列形式：

$$\begin{cases}\dot{D}_r(t) = V_r(t), D_r(t) = D_{r0} \\ \dot{V}_r(t) = \alpha_r(t), V_r(t) = V_{r0} \\ \dot{a}_r(t) = -\alpha a_r(t) + \alpha n_a(t), a_r(t_0) = a_{r0}\end{cases} \tag{3.148}$$

式中：$a_r(t)$ 为随机过程，可确定移动目标（例如，飞机）加速度在多普勒速度和偏流角测量仪波束方向上的径向分量；α 为过程 $a_r(t)$ 相关时间的量；$n_a(t)$ 为特性已知的整形高斯白噪声：

$$M[n_a(t)] = 0; M[n_a(t_1)n_a(t_2)] \\ = 0.5N_a\delta|t_2 - t_1|, N_a = \text{const} \tag{3.149}$$

假设随机相位 $\Psi(t)$ 可用下列微分方程组描述[2,6]：

$$\begin{cases}\dot{\psi}(t) = (\omega - \omega_0) + n_\varphi(t), \psi(t_0) = \psi_0 \\ \dot{\omega}(t) = -\gamma(\omega - \omega_0) + \gamma n_\omega(t), \omega(t_0) = \omega_0\end{cases} \tag{3.150}$$

式中：$\omega - \omega_0$ 为随机多普勒频移；γ 为多普勒频率能谱宽度的常系数；$n_\omega(t)$ 和 $n_\varphi(t)$ 分别为考虑到发射机频率不稳定性和多普勒波动强度的相互独立的高斯白噪声。

假设高斯白噪声的特性是已知的：

$$M[n_\varphi(t)] = 0; M[n_\omega(t)] = 0; M[n_\varphi(t_1)n_\varphi(t_2)] = 0.5N_\varphi\delta|t_2 - t_1|$$
$$M[n_\omega(t_1)n_\omega(t_2)] = 0.5N_\omega\delta|t_2 - t_1|; N_\varphi = \text{const}; N_\omega = \text{const}$$

因此，在分析的信息综合处理系统综合问题中，状态矢量 $\boldsymbol{X}(t)$ 具有下列形式：

$$\boldsymbol{X}(t) = [x_1(t) = D_r(t) \quad x_2(t) = V_r(t) \quad x_3(t) = a_r(t) \\ x_4(t) = \psi_r(t) \quad x_5(t) = \Delta\omega = \omega - \omega_0 \quad x_6(t) = W_r(t)]^{\mathrm{T}}$$

考虑到式（3.147）、式（3.148）和式（3.150），确定 $\boldsymbol{X}(t)$ 的先验微分方程组根据式（3.92）和式（3.98）可表示为下列形式：

$$\dot{\boldsymbol{X}}(t) = \boldsymbol{F}\boldsymbol{X}(t) + \boldsymbol{G}\boldsymbol{W}(t), \boldsymbol{X}(t_0) = \boldsymbol{X}_0 \tag{3.151}$$

式中：$\boldsymbol{F}$ 为状态矩阵；$\boldsymbol{G}$ 为扰动矩阵；$\boldsymbol{W}^{\mathrm{T}}(t) = [0\ 0\ n_a(t)\ n_\varphi(t)\ n_\omega(t) 0]$，为具有已知统计特性的整形高斯白噪声矢量：

$$M[\boldsymbol{W}(t)] = 0; M[\boldsymbol{W}(t_1)\boldsymbol{W}^{\mathrm{T}}(t_2)] = \boldsymbol{Q}\delta|t_2 - t_1|$$

对于本问题，根据式（3.146）、式（3.148）和式（3.150）可得出：

$$\boldsymbol{F} = \begin{bmatrix} 0 & 1 & 0 & 0 & 0 & 0 \\ 0 & 0 & 1 & 0 & 0 & 0 \\ 0 & 0 & -\alpha & 0 & 0 & 0 \\ 0 & 0 & 0 & 0 & 1 & 0 \\ 0 & 0 & 0 & 0 & -\gamma & 0 \\ 0 & 0 & 0 & 0 & 0 & 0 \end{bmatrix}; \boldsymbol{G} = \begin{bmatrix} 0 & 0 & 0 & 0 & 0 & 0 \\ 0 & 0 & 0 & 0 & 0 & 0 \\ 0 & 0 & \alpha & 0 & 0 & 0 \\ 0 & 0 & 0 & 1 & 0 & 0 \\ 0 & 0 & 0 & 0 & \gamma & 0 \\ 0 & 0 & 0 & 0 & 0 & 0 \end{bmatrix};$$

$$
\boldsymbol{Q}=\begin{bmatrix}0&0&0&0&0&0\\0&0&0&0&0&0\\0&0&0.5N_a&0&0&0\\0&0&0&0.5N_\varphi&0&0\\0&0&0&0&0.5N_\omega&0\\0&0&0&0&0&0\end{bmatrix} \tag{3.152}
$$

综合问题是指，根据估计误差矢量后验方差最小值标准，在先验信息和观测过程 $\boldsymbol{Z}(t)$ 的基础上确定状态矢量 $\boldsymbol{X}(t)$ 在 t 时刻的最优估计。

根据随机过程的马尔可夫估计理论方法，在高斯近似时具有用于最优连续非线性信息综合处理系统的式（3.94）和式（3.95）。

根据式（3.140）和式（3.144），出现在式（3.94）中的雅可比矩阵等于：

$$
\boldsymbol{D}[\boldsymbol{S}(t,\hat{\boldsymbol{X}})]=\begin{bmatrix}\dfrac{2A\omega_0}{c}\sin\hat{\boldsymbol{\Phi}}&0\\0&k_a\\0&0\\-A\sin\hat{\boldsymbol{\Phi}}&0\\0&0\\0&-k_a\end{bmatrix} \tag{3.153}
$$

式中，

$$
\hat{\boldsymbol{\Phi}}=\omega_0\left[t-\frac{2\hat{D}_r(t)}{c}\right]+\hat{\psi}(t)
$$

在实现最优连续非线性信息综合处理算法（式（3.94））时，考虑到（式（3.153）），状态矢量 $\boldsymbol{X}(t)$ 的分量估计具有下列形式：

$$
\begin{cases}
\dot{\hat{D}}_r(t)=\hat{V}_r(t)+\dfrac{2A}{N_1}\left(\dfrac{2\omega_0}{c}p_{14}-p_{14}\right)z_1(t)\sin\hat{\boldsymbol{\Phi}}+\\
\qquad\dfrac{2k_a}{N_2}(p_{12}-p_{16})z_2(t)-\dfrac{2k_a^2}{N_2}[\hat{V}_r(t)-\hat{W}_r(t)](p_{12}-p_{16})\\
\hat{D}_r(t_0)=\hat{D}_{r0}\\
\dot{\hat{V}}_r(t)=\hat{a}_r(t)+\dfrac{2A}{N_1}\left(\dfrac{2\omega_0}{c}p_{12}-p_{24}\right)z_1(t)\sin\hat{\boldsymbol{\Phi}}+\\
\qquad\dfrac{2k_a}{N_2}(p_{22}-p_{26})z_2(t)-\dfrac{2k_a^2}{N_2}[\hat{V}_r(t)-\hat{W}_r(t)](p_{22}-p_{26})\\
\hat{V}_r(t_0)=\hat{V}_{r0}
\end{cases}
$$

$$
\begin{cases}
\dot{\hat{a}}_r(t) = -\alpha\hat{a}_r(t) + \dfrac{2A}{N_1}\left(\dfrac{2\omega_0}{c}p_{13} - p_{34}\right)z_1(t)\sin\hat{\Phi} + \\
\qquad \dfrac{2k_a}{N_2}(p_{23} - p_{36})z_2(t) - \dfrac{2k_a^2}{N_2}[\hat{V}_r(t) - \hat{W}_r(t)](p_{23} - p_{36}) \\
\hat{a}_r(t_0) = \hat{a}_{r0} \\
\dot{\hat{\psi}}_r(t) = (\hat{\omega} - \omega_0) + \dfrac{2A}{N_1}\left(\dfrac{2\omega_0}{c}p_{14} - p_{44}\right)z_1(t)\sin\hat{\Phi} + \\
\qquad \dfrac{2k_a}{N_2}(p_{24} - p_{46})z_2(t) - \dfrac{2k_a^2}{N_2}[\hat{V}_r(t) - \hat{W}_r(t)](p_{24} - p_{46}) \\
\hat{\psi}(t_0) = \hat{\psi}_0 \\
\dot{\hat{\omega}}(t) = -\gamma(\hat{\omega} - \omega_0) + \dfrac{2A}{N_1}\left(\dfrac{2\omega_0}{c}p_{15} - p_{45}\right)z_1(t)\sin\hat{\Phi} + \\
\qquad \dfrac{2k_a}{N_2}(p_{25} - p_{56})z_2(t) - \dfrac{2k_a^2}{N_2}[\hat{V}_r(t) - \hat{W}_r(t)](p_{25} - p_{56}) \\
\Delta\hat{\omega}(t_o) = \Delta\hat{\omega}_0 \\
\dot{\hat{W}}_r(t) = \dfrac{2A}{N_1}\left(\dfrac{2\omega_0}{c}p_{16} - p_{46}\right)z_1(t)\sin\hat{\Phi} + \\
\qquad \dfrac{2k_a}{N_2}(p_{26} - p_{66})z_2(t) - \dfrac{2k_a^2}{N_2}[\hat{V}_r(t) - \hat{W}_r(t)](p_{26} - p_{66}) \\
\hat{W}_r(t_o) = \hat{W}_{r0}
\end{cases}
\tag{3.154}
$$

应当指出，在式（3.154）中取消了二次频率的振动项 $2\omega(t)$，系数 p_{ij} 是由式（3.95）确定的大小为 6×6 的后验方程对称矩阵 $P(t)$ 的元素。

式（3.154）的最优非线性信息综合处理系统的结构图如图 3.18 所示。图中：

$$k_i(t) = \frac{2A}{N_1}\left(\frac{2\omega_0}{c}p_{1i}(t) - p_{i4}(t)\right)$$

$$k'_i(t) = \frac{2k_a}{N_1}(p_{2i}(t) - p_{i6}(t))$$

$$k_0 = \frac{2\omega_0}{c};\Delta\omega = \omega - \omega_0$$

$$\hat{S}_2 = k_a[\hat{V}_r(t) - \hat{W}_r(t)], i = \overline{1,6}$$

最优非线性信息综合处理系统是综合最优多普勒地速测量仪，它带两个输入端，向输入端发送信号 $z_1(t)$ 和 $z_2(t)$。在其组成中包括形成信息参数估计

$\hat{D}_r(t)$ 、$\hat{V}_r(t)$ 和 $\hat{a}_r(t)$ 的装置，用于产生基准信号 $\sin\hat{\Phi}$ 的相位自动微调系统，形成风速估计 $\hat{W}r(t)$ 的设备——控制元件（УЭ）和可调发生器（ПГ）。属于无线电接收机组成部分的乘法器是相位检波器，并且它是识别器的基础部件，识别器可形成多普勒速度和偏流角测量仪的无线电通道误差信号。放大级可保证必要的增益和设备之间的交叉耦合。

综合最优多普勒测量仪的输出信号是与地速矢量分量 $\hat{V}_r(t)$ 和风速矢量分量 $\hat{W}_r(t)$ 的准最优估计成比例的电压。在图 3.18 中指出，向信息综合处理滤波器内输入先验已知的初始值 $\hat{D}_{r0}$ 、$\hat{V}_{r0}$ 、$\hat{a}_{r0}$ 、$\hat{\Psi}_0$ 、$\Delta\hat{\omega}_0$ 、$\hat{W}_{r0}$ 。

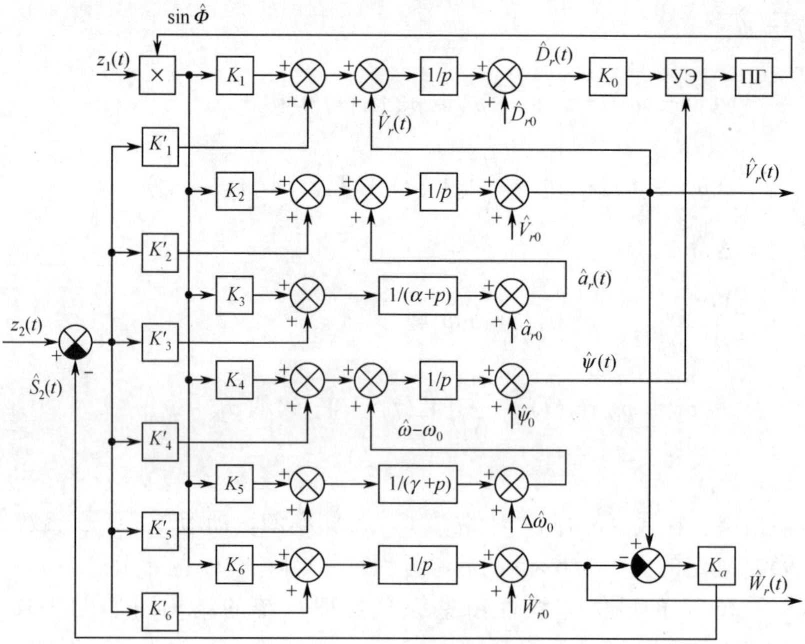

图 3.18　式（3.154）的最优非线性信息综合处理系统的结构图

考虑到式（3.152），可在式（3.91）的基础上得出矩阵 $\boldsymbol{P}(t)$ 元素的微分方程组。方程组的解可高质量估计信息综合处理系统的内在精度特性。

3.11.2　局部有色噪声背景下综合处理的模拟算法

作为 3.9 节所述的马尔可夫评估理论方法的应用实例，下面将研究在机载综合电子系统中一次信息处理时测量仪的最优综合化问题，此时在一个测量仪（例如，无线电测量仪）的输入端上可观测到下列过程：

$$\xi_1(t) = \dot{y}_1(t) = S(t, x_1) + \sqrt{0.5N_1}\, n_1(t) \tag{3.155}$$

而在另一个测量仪（例如，非无线电测量仪）的输出端上观测到下列过程：

$$\xi_2(t) = y_2(t) = x_1(t) + u(t) \tag{3.156}$$

式中：$S(t,x_1)$ 为信号，其中包含有应估计的标量过程 $x_1(t)$ 的信息；$n_1(t)$ 为标准观测高斯白噪声，它具有已知统计特性 $M\{n_1(t)\} = 0$ 和 $M\{n_1(t)n_1(t+\tau)\} = \delta(\tau)$；过程 $x_1(t)$ 和观测有色噪声 $u(t)$ 可用下列随机微分方程描述：

$$\dot{x}_1(t) = -\alpha_1 x_1 + \sqrt{2\alpha_1\sigma_1^2}\,n_x(t) \tag{3.157}$$

$$\dot{u}(t) = -\alpha_2 u + \sqrt{2\alpha_2\sigma_2^2}\,n_u(t) \tag{3.158}$$

式中：α_i 和 $\sigma_i^2(i=1,2)$ 为已知量，用于表示过程 $x_1(t)$ 和 $u(t)$ 的波动谱宽和方差稳态值；$n_x(t)$ 和 $n_u(t)$ 为具有零数学期望值和单位强度的独立标准高斯白噪声。

在本情况中，根据式（3.111）和式（3.112）并考虑到式（3.155）~式（3.158），马尔可夫过程 $Z(t) = [x_1(t) \quad y_1(t) \quad y_2(t)]^{\mathrm{T}}$ 的局部特性具有下列形式：

$$\boldsymbol{A}_Z = \begin{bmatrix} -\alpha_1 x_1 \\ S(t,x_1) \\ -\alpha_1 x_1 - \alpha_2(y_2(t) - x_1) \end{bmatrix}$$

$$\boldsymbol{B}_{ZZ} = \begin{bmatrix} 2\alpha_1\sigma_1^2 & 0 & 2\alpha_1\sigma_1^2 \\ 0 & 0.5N_1 & 0 \\ 2\alpha_1\sigma_1^2 & 0 & 2(\alpha_1\sigma_1^2 + \alpha_2\sigma_2^2) \end{bmatrix} \tag{3.159}$$

并且在式（3.112）中的矩阵 $\boldsymbol{B}_{11}$ 和 $\boldsymbol{B}_{22}$ 是非奇异矩阵，式（3.114）是正确的。

将式（3.159）代入式（3.116）内，可得出：

$$\tilde{B} = \frac{2\alpha_1\alpha_2\sigma_1^2\sigma_1^2}{\alpha_1\sigma_1^2 + \alpha_2\sigma_2^2}$$

$$\tilde{A} = -\alpha_1 x_1 + \frac{\alpha_1\sigma_1^2}{\alpha_1\sigma_1^2 + \alpha_2\sigma_2^2}[\dot{\xi}_2(t) + \alpha_2\xi_2(t) + (\alpha_1 - \alpha_2)x_1]$$

$$\begin{aligned} F = {} & \frac{1}{N_1}[2\xi_1(t)S(t,x_1) - S^2(t,x_1)] - \\ & \dot{\xi}_2(t)\frac{\alpha_1 x_1 + \alpha_2(\xi_2(t) - x_1)}{2(\alpha_1\sigma_1^2 + \alpha_2\sigma_2^2)} \\ & \frac{[\alpha_1 x_1 + \alpha_2(\xi_2(t) - x_1)]}{4(\alpha_1\sigma_1^2 + \alpha_2\sigma_2^2)} - \\ & \frac{\alpha_1\sigma_1^2(\alpha_2 - \alpha_1)}{2(\alpha_1\sigma_1^2 + \alpha_2\sigma_2^2)} + \frac{\alpha_2}{2} \end{aligned} \tag{3.160}$$

考虑到式（3.160），由式（3.129）可得出最优估计 $\hat{x}_1(t)$ 的方程：

$$\dot{\hat{x}}_1(t) = -\alpha_1\hat{x}_1 + K(t)\frac{2}{N_1}\frac{\partial S(t,\hat{x}_1)}{\partial x_1}[\xi_1(t) - S(t,\hat{x}_1)] +$$

$$\frac{2\alpha_1\sigma_1^2 - (\alpha_1 - \alpha_2)K(t)}{2(\alpha_1\sigma_1^2 + \alpha_2\sigma_2^2)}[\dot{\xi}_2(t) + \alpha_2\xi_2(t) + (\alpha_1 - \alpha_2)\hat{x}_1] \qquad (3.161)$$

在图3.19中给出了式（3.155）和式（3.156）最优综合处理系统的结构图，该系统是根据式（3.161）算法进行综合的。根据时间平均法[6]，在式（3.161）算法中将函数 $K(t)$ 替换为其平均值 $\overline{K}$。当然，这种替换将略微降低估计质量（特别是转换过程持续时间内），但这通常却能大大简化信息综合处理系统的技术实现。

而在此情况下，最优信息综合处理系统是具有两个输入端的非线性滤波器。其组成包括：具有下列传递系数的放大器 $K_1 = 2\overline{K}/N_1$，$K_2 = \frac{2\alpha_1\sigma_1^2 - K_3\overline{K}}{2(\alpha_1\sigma_1^2 + \alpha_2\sigma_2^2)}$，$K_3 = \alpha_1 - \alpha_2$；具有下列传递系数的滤波器 $1/(p+\alpha_1)$，$(p+\alpha_2)/(p+\alpha_1)$；根据信号估计 $S(t,\hat{x}_1)$ 实现运算 $\frac{\partial S(t,\hat{x}_1)}{\partial \hat{x}_1}[\xi_1(t) - S(t,\hat{x}_1)]$ 的识别器（Д）。由基准信号形成设备（УФОС）生成该信号估计。应当指出，在某一次观测时噪声强度无限增大的情况下，最优综合系统可通过处理其他观测来保持工作能力。在 $\alpha_1 \gg \alpha_2$ 时（$\alpha_2 \to \infty$，$2\sigma_2^2/\alpha_2 = \text{const}$），根据式（3.161）可得出当两次观测都是在高斯白噪声背景下进行时的最优综合处理算法。

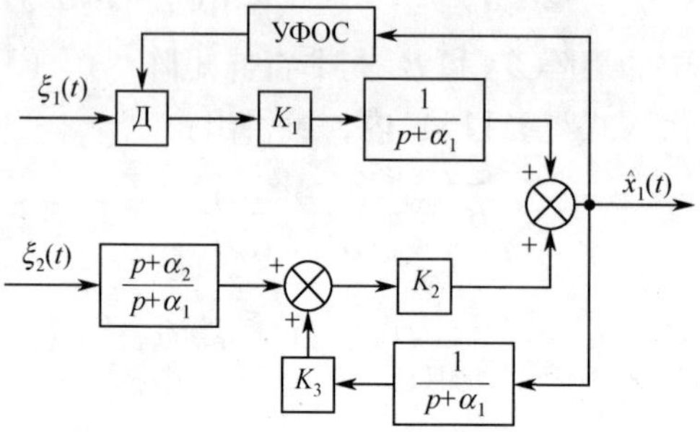

图3.19　式（3.155）和式（3.156）最优综合处理系统的结构图

对于过程 $x_1(t)$ 的后验方差，根据式（3.131），考虑到式（3.160）可得出下列方程：

$$\dot{K}(t) = \frac{2\alpha_1\alpha_2\sigma_1^2\sigma_2^2}{\alpha_1\sigma_1^2 + \alpha_2\sigma_2^2} - \frac{2\alpha_1\alpha_2(\sigma_1^2 + \sigma_2^2)}{\alpha_1\sigma_1^2 + \alpha_2\sigma_2^2}K(t) +$$

$$K^2(t)\left\{\frac{2}{N_1}\frac{\partial}{\hat{\partial}\ x_1}\left[\frac{\partial S(t,\hat{x}_1)}{\partial\hat{x}_1}(\xi_1(t) - S(t,\hat{x}_1))\right] - \frac{(\alpha_1 - \alpha_2)^2}{2(\alpha_1\sigma_1^2 + \alpha_2\sigma_2^2)}\right\}$$

(3.162)

最优识别器的识别特性可由下列关系式确定[7]：

$$f(\varepsilon) = M\left\{\frac{1}{\Delta}\int_{t}^{t+\Delta}[\xi_1(t) - S(t,\hat{x}_1)]\frac{\partial S(t,\hat{x}_1)}{\partial \hat{x}_1}\mathrm{d}t\,|_{\varepsilon = x_1 - \hat{x}_1}\right\}$$

$$= M\left\{\frac{1}{\Delta}\int_{t}^{t+\Delta}[S(t,x_1) - S(t,\hat{x}_1)]\frac{\partial S(t,\hat{x}_1)}{\partial \hat{x}_1}\mathrm{d}t\,|_{\varepsilon}\right\} \tag{3.163}$$

此时，假设有效信号 $S(t,x_1)$ 在时间上的变化比过程 $x_1(t)$ 快很多倍，并且存在某一特征区间 $\Delta>0$，在此区间内在式（3.163）中可在时间上取平均值。

可以证明，在此情况下，在可应用后验分布高斯近似的框架内使用表示识别特性曲线斜率的参数时，式（3.162）可表示为下列形式：

$$\dot{K}(t) = \frac{2\alpha_1\alpha_2\sigma_1^2\sigma_2^2}{\alpha_1\sigma_1^2 + \alpha_2\sigma_2^2} - K(t)\frac{2\alpha_1\alpha_2(\sigma_1^2 + \sigma_2^2)}{\alpha_1\sigma_1^2 + \alpha_2\sigma_2^2} -$$

$$K^2(t)\left[c + \frac{(\alpha_1 + \alpha_2)^2}{2(\alpha_1\sigma_1^2 + \alpha_2\sigma_2^2)}\right] \tag{3.164}$$

式中：$c = \frac{2}{N_1}\left[\frac{\mathrm{d}f(\varepsilon)}{\mathrm{d}\varepsilon}\right]_{\varepsilon=0}$，为与识别特性曲线斜率式（3.163）成比例的参数，它表示识别器的平均波动误差。由式（3.162）变换为式（3.163）实质上等效于使用小参数法[6]。

在式（3.164）稳定解的基础上，对于信息综合处理误差的相对方差，使用时间平均法可得出：

$$\delta_K^2 = \frac{\overline{K}}{\sigma_1^2} = \frac{1}{b_1}\left[\sqrt{1 + \frac{2b_1}{1+\gamma}} - 1\right] \tag{3.165}$$

式中，

$$b_1 = \frac{2c\sigma_1^2(\alpha_1\gamma + \alpha_2) + \gamma(\alpha_1 - \alpha_2)^2}{2\alpha_1\alpha_2(1+\gamma)}, \gamma = \frac{\sigma_1^2}{\sigma_2^2} \tag{3.166}$$

当 $\gamma \to 0$ 时（即 $\sigma_2^2 \to \infty$），对于式（3.155）非综合处理误差的相对方差，根据式（3.165）和式（3.166）可得出：

$$\delta_{HK}^2 = \frac{1}{b_2}[\sqrt{1 + 2b_2} + 1], b_2 = c\sigma_1^2/\alpha_1 \tag{3.167}$$

（译者注：δ_K^2 和 δ_{HK}^2 中，K 和 HK 分别表示综合处理和非综合处理）

通过对比式（3.165）和式（3.167）可得出结论，$\delta_K^2 < \delta_{HK}^2$，即测量仪的最优综合化可提高总体测量精度。

所研究的马尔可夫无线电测量仪和非无线电测量仪综合化理论可进行简单的变形，以适用于不同类型的马尔可夫过程和信号。

例如，在参考文献［10，11］中阐述了在混合式（离散—连续）状态矢量情况下的马尔可夫测量仪综合化理论方法，其中包括针对卫星无线电导航系统和惯性导航系统。

分析综合电子系统中信号接收和综合处理合成系统的实际可实现性包括在实际功能运行条件与计算条件有偏差时研究分析所得方案的工作能力[6]。此时，在先进基本元部件的基础上技术实现合成信息综合系统时应考虑进行相应的简化，并估计实际的功能质量特性。

考虑到信号搜索模式和相应信号参数跟踪中断的可能性，（马尔可夫测量仪综合化理论允许）对最优信息接收和综合处理系统进行综合合成。

3.11.3 局部有色观测噪声下最优信息综合处理的离散算法

如上所述，在现代航空器上借助机载数字计算机对来自多个测量仪的信息进行处理。在对来自多普勒速度和偏流角测量仪、惯性导航系统的信息进行一次处理时，机载数字计算机对航空器地速矢量在以飞机重心为原点的某个笛卡儿坐标系轴上的投影 $\overline{\boldsymbol{V}}_k$ 进行计算。作为这类坐标系，通常使用水平笛卡尔坐标系 $O\xi\eta\zeta$，其坐标轴 $O\zeta$ 沿地心垂直线向上，坐标轴 $O\xi$ 指向通过点 O 的大圆纬线切线方向，而坐标轴 $O\eta$ 指向相应大圆子午线的切线方向。

就该坐标系的一个水平轴（$O\xi$ 或 $O\eta$）而言，在对来自多普勒速度和偏流角测量仪、惯性导航系统的信息进行相应变换后，在机载数字计算机内计算出的离散观测信号的模型在标准模式下可表示为下列形式[9,17]：

$$z_{Д(k+1)} = c_1 V_{(k+1)} + n_{Д(k+1)} \tag{3.168}$$

$$z_{И(k+1)} = c_2 V_{(k+1)} + n_{И(k+1)} \tag{3.169}$$

式中：$z_{д(k+1)}$、$z_{и(k+1)}$ 分别为根据多普勒速度和偏流角测量仪、惯性导航系统数据在 $t_{k+1} = (k+1)T(k=0,1,2,\cdots)$ 时刻航空器地速矢量投影 $\overline{\boldsymbol{V}}_k$ 的测量值（计算值）；$V(_{k+1})$ 为在 t_{k+1} 时刻地速矢量投影 $\overline{\boldsymbol{V}}_k$ 的真实值；c_1、c_2 为度量比例系数；$n_{д(k+1)}$、$n_{и(k+1)}$ 为在 t_{k+1} 时刻多普勒速度和偏流角测量仪、惯性导航系统的测量误差。

多普勒速度和偏流角测量仪的测量误差 $n_{д(k+1)}$ 是宽频带波动过程，在标准情况下它可近似于离散高斯白噪声：

$$n_{Д(k+1)} = \sqrt{\frac{2\sigma_Д^2}{\alpha_Д T}}\varepsilon_{Д(k+1)} \tag{3.170}$$

式中：$\sigma_Д^2$ 为根据多普勒速度和偏流角测量仪的数据确定矢量投影 $\overline{\boldsymbol{V}}_k$ 的波动误差方差；$\alpha_Д$ 为已知参数；$\varepsilon_{Д(k+1)}$ 为标准离散高斯白噪声。

惯性导航系统的测量误差 $n_{И(k+1)}$ 是低频高斯随机过程（有色噪声）。并可用式（3.135）类型的一阶线性差分方程描述，它具有下列形式[9]：

$$n_{И(k+1)} = \mathrm{e}^{-\alpha_v T} n_{Иk} + \sqrt{\sigma_V^2(1-\mathrm{e}^{-2\alpha_V T})}\,\varepsilon_{Vk} \tag{3.171}$$

式中：σ_V^2 为根据惯性导航系统的数据确定矢量投影 $\overline{\boldsymbol{V}}_k$ 的误差方差；α_V 为误差谱

宽的参数；ε_{Vk}为标准离散高斯白噪声。

假设描述地速矢量在坐标轴 $O\xi$ 或 $O\eta$ 上投影 $\overline{V}_k$ 动态的先验方程可记录为下列形式[2,9]：

$$\begin{cases}\dot{V}(t) = a(t), V(t_0) = V_0 \\ \dot{a}(t) = 0, a(t_0) = a_0\end{cases} \tag{3.172}$$

式中：$a(t)$ 为航空器重力加速度在坐标系 $O\xi\eta\zeta$ 的相应水平轴上的投影；V_0、a_0 为初始值。

式（3.172）在一定程度上反映飞机以恒定但未知的加速度运动。

就所述的综合问题说明而言，要求建立最优线性信息综合处理算法，并构建相应的信息综合处理系统结构图。

根据式（3.172），解算的问题中状态矢量 $\boldsymbol{X}(t)$ 和确定其动态的方程（式（3.1））具有下列形式：

$$\begin{cases}\boldsymbol{X}^{\mathrm{T}}(t) = [V(t)a(t)] \\ \dot{\boldsymbol{X}}(t) = \boldsymbol{F}\boldsymbol{X}(t), \boldsymbol{X}_0^{\mathrm{T}} = [V_0 a_0]\end{cases} \tag{3.173}$$

式中，

$$\boldsymbol{F} = \begin{bmatrix}0 & 1 \\ 0 & 0\end{bmatrix}$$

考虑到 $\boldsymbol{F}^2 = \begin{bmatrix}0 & 0 \\ 0 & 0\end{bmatrix}$，状态的转换矩阵等于：

$$\boldsymbol{\Phi}(T) = I + \boldsymbol{F}T\begin{bmatrix}1 & T \\ 0 & 1\end{bmatrix} \tag{3.174}$$

离散状态矢量 $\boldsymbol{X}_k^{\mathrm{T}} = [V_k \quad a_k]$ 可由式（3.132）确定，该式根据式（3.173）和式（3.174）可记录为下列形式：

$$\boldsymbol{X}_{k+1} = \boldsymbol{\Phi}(T)\boldsymbol{X}_k, \boldsymbol{X}(t_0) = \boldsymbol{X}_0 \tag{3.175}$$

根据式（3.173）和式（3.174），式（3.168）和式（3.169）考虑到式（3.135）可表示为下列形式：

$$z_{Д(k+1)} = \boldsymbol{H}_1\boldsymbol{X}_{k+1} + G_1(T)\varepsilon_{Д(k+1)} \tag{3.176}$$

$$z_{И(k+1)} = \boldsymbol{H}_2\boldsymbol{X}_{k+1} + R_w(T)z_{Иk} - R_w(T)\boldsymbol{H}_2\boldsymbol{X}_k + G_w(T)\varepsilon_{Vk} \tag{3.177}$$

式中：$\boldsymbol{H}_1 = [c_1 \quad 0]$；$\boldsymbol{H}_2 = [c_2 \quad 0]$；$G_1(t) = \sqrt{\dfrac{2\sigma_Д^2}{\alpha_Д T}}$；$R_w(T) = \mathrm{e}^{-\alpha_V T}$；$G_w(t) = \sqrt{\sigma_V^2(1 - \mathrm{e}^{-2\alpha_V T})}$。

用于估计离散状态矢量 $\hat{\boldsymbol{X}}_{k+1}$ 的式（3.136）具有下列形式：

$$\begin{cases}\hat{\boldsymbol{X}}_{k+1} = \boldsymbol{R}_x(T,\hat{\boldsymbol{X}}_k) + \boldsymbol{K}_{k+1}\left\{\begin{bmatrix}\hat{z}_{Д(k+1)}\\ \hat{z}_{И(k+1)}\end{bmatrix} - \right.\\ \qquad \left.\begin{bmatrix}S_1(k+1,\boldsymbol{X}_1)\\ S_2(k+1,\boldsymbol{X}_1) + R_W(T)[z_{Иk} - S_2(k,\hat{\boldsymbol{X}}_k)]\end{bmatrix}\right\} \\ \hat{\boldsymbol{X}}(t_0) = \hat{\boldsymbol{X}}_0\end{cases} \tag{3.178}$$

其中根据式（3.175）~式（3.177）可得出 $\boldsymbol{R}_x(T,\hat{\boldsymbol{X}}_k) = \boldsymbol{\Phi}(T)\hat{\boldsymbol{X}}_k$；$\boldsymbol{X}_1 = \boldsymbol{\Phi}(T)\hat{\boldsymbol{X}}_k$；$S_1(k+1,\boldsymbol{X}_1) = \boldsymbol{H}_1\boldsymbol{\Phi}(T)\hat{\boldsymbol{X}}_k$；$S_2(k+1,\boldsymbol{X}_1) = \boldsymbol{H}_2\boldsymbol{\Phi}(T)\hat{\boldsymbol{X}}_k$。

通过分析式（3.175）~式（3.177）可知，解算的综合问题属于在附加局部有色噪声背景下观测时线性离散估计问题类别，并且式（3.178）是线性方程，而根据估计误差最小方差标准估计 $\hat{\boldsymbol{X}}_{k+1}$ 本身是最优估计。具体化式（3.178），可得出：

$$\begin{cases}\hat{\boldsymbol{X}}_{k+1} = \boldsymbol{\Phi}(T)\hat{\boldsymbol{X}}_k + K_{k+1}\left\{\begin{bmatrix}z_{Д(k+1)}\\ z_{И(k+1)}\end{bmatrix} - \begin{bmatrix}\boldsymbol{H}_1\boldsymbol{\Phi}(T)\hat{\boldsymbol{X}}_k\\ \boldsymbol{H}_2\boldsymbol{\Phi}(T)\hat{\boldsymbol{X}}_k + R_w(T)[z_{Иk} - \boldsymbol{H}_2\hat{\boldsymbol{X}}_k]\end{bmatrix}\right\} \\ \hat{\boldsymbol{X}}(t_0) = \hat{\boldsymbol{X}}_0\end{cases} \tag{3.179}$$

将式（3.174）和式（3.177）代入式（3.179）后，可得出用于确定状态矢量分量估计 $\hat{V}_{k+1}$ 和 $\hat{a}_{k+1}$ 的差分方程组：

$$\begin{cases}\hat{V}_{k+1} = \hat{V}_k + \hat{a}T + k_{11}\Delta z_{Д(k+1)} + k_{12}\Delta z_{И(k+1)}, \hat{V}(t_0) = \hat{V}_0\\ \hat{a}_{k+1} = \hat{a}_k + k_{21}\Delta z_{Д(k+1)} + k_{22}\Delta z_{И(k+1)}, \hat{a}(t_0) = \hat{a}_0\end{cases} \tag{3.180}$$

式中：$\Delta z_{Д(k+1)} = z_{Д(k+1)} - c_1(\hat{V}_k + \hat{a}_k T)$，为多普勒速度和偏流角测量仪信息通道的测量误差；$\Delta z_{И(k+1)} = z_{И(k+1)} - c_2(\hat{V}_k + \hat{a}_k T) + e^{-\alpha_V T}(z_{Иk} + c_2\hat{V}_k)$，为惯性导航系统信息通道的测量误差。

在式（3.180）中，矩阵元素

$$\boldsymbol{K}_{k+1} = \begin{bmatrix}K_{11(k+1)} & K_{12(k+1)}\\ K_{21(k+1)} & K_{22(k+1)}\end{bmatrix}$$

为了简化书写，略去了可确定该元素与时间关系的指数。

根据式（3.137）和式（3.138），可计算出矩阵元素 $\boldsymbol{K}_{k+1}$的数值。

式（3.180）的最优离散信息综合处理系统的结构图如图 3.20 所示。该最优离散信息综合处理系统的功能在很多方面与 3.7.3 节描述的最优线性离散信息综合处理系统的功能类似。在本情况中的区别在于形成测量误差 $\Delta z_{И(k+1)}$，

这是由于观测噪声 $n_{И(k+1)}$ 与高斯白噪声的区别引起的。由于观测噪声 $n_{И(k+1)}$ 是有色噪声，并且可由一阶线性差分方程（式（3.171））确定，则在图 3.20 所示的结构图中存在观测离散过程 $z_{И(k+1)}$ 节拍的延迟部件。延迟的观测 $z_{Иk}$ 参与形成 $e^{-\alpha_V T}(z_{Иk}+c_2\hat{V}_k)$ 形式的信号，它用于产生测量误差 $\Delta z_{И(k+1)}$。测量误差 $z_{Д(k+1)}$ 和 $z_{И(k+1)}$ 在波谱上的区别可在很大程度上用来确定在综合化这些测量仪时精度上的增益。

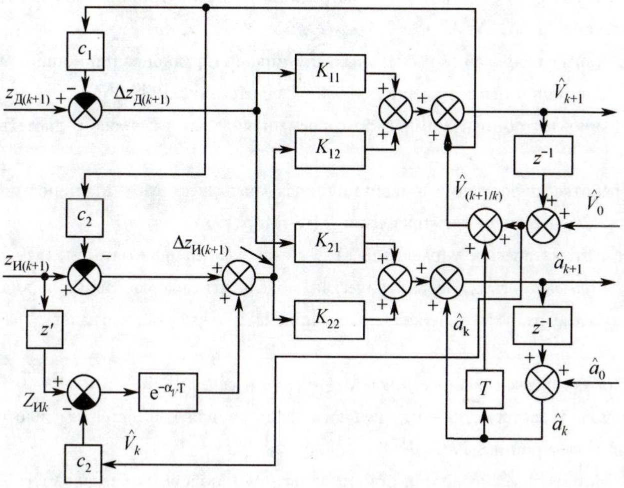

图 3.20　式（3.180）的最优离散信息综合处理系统的结构图

参 考 文 献

1. *Соловьев Ю. А.* Комплексная обработка информации в навигационных системах // Радиотехника. 2010. № 10.
2. *Ярлыков М. С.* Статистическая теория радионавигации. М.：Радио и связь. 1985.
3. Справочник по теории автоматического управления / под ред. *А. А. Красов-ского.* М.：Наука，гл. ред. физ-мат. лит. 1987.
4. Браммер К.，Зиффлинг Г. Фильтр Калмана-Бьюси. М.：Наука，гл. ред. физмат. лит.，1982.
5. *Стратонович Р. Л.* Условные марковские процессы и их применение к теории оптимального управления. М.：МГУ им. М. В. Ломоносова. 1966.
6. *Ярлыков М. С.* Применение марковской теории нелинейной фильтрации в радиотехнике. М.：Сов радио. 1980.
7. *Ярлыков М. С.* Миронов М. А. Марковская теория оценивания случайных процессов. М.：Радио и связь. 1993.
8. *Ярлыков М. С*，*Богачев А. С.* Миронов М. А. Боевое применение и эффективность авиационных радиоэлектронных комплексов. М.：ВВИА им. Н. Е. Жуковского. 1990.
9. *Ярлыков М. С*，*Богачев А. С.* Авиационные радиоэлектронные комплексы. М.：ВАТУ. 2000.

10. *Ярлыков М. С*, *Скогорев К. К.* Оптимальная комплексная нелинейная обработка векторных дискретно-непрерывных марковских случайных процессов на основе алгоритмов переприсвоением // Радиотехника и электроника. 2008. Т. 53. № 9.

11. *Ярлыков М. С*, *Ярлыкова СМ.* Оптимальная обработка радиосигналов методами марковской теории оценивания векторных дискретно-непрерывных случайных процессов // Радиотехника. 2010. № 1.

12. *Красовский А. А.* и др. Теория корреляционно-экстремальных навигационных систем. М. : Наука. Гл. ред. физ-мат. лит. 1979.

13. Надежность технических систем. Справочник / Под ред. *И. А. Ушакова.* М. : Радио и связь. 1985.

14. *Коблов В. Л.* , *Ярлыков М. С.* Принципы построения радиоэлектронных комплексов интегрального типа // Радиотехника. 1987. № 2.

15. Соловьев Ю. А. Комплексирование глобальных спутниковых радионавигационных систем ГЛОНАС и GPS с другими навигационными измерителями // Радиотехника. 1999. № 1.

16. *Ярлыков М. С.* Радиоэлектронные комплексы-современный этап развития радиотехники // Радиотехника. 1995. № 4-5.

17. *Бабич О. А.* Обработка информации в навигационных комплексах. М. : Машиностроение. 1991.

18. *Медич Дж.* Оптимальные оценки и управление. М. : Мир. 1973.

19. *Ройнтберг Я. Н.* Автоматическое управление. М. : Наука. Гл. ред. физ-мат. лит. 1979.

20. *Ярлыков М. С*, *Пригонюк Н. Д.* Параметрическая модель вектора состояния в виде квазислучайного процесса при синтезе радиотехнических систем приема и обработки сигналов // Радиотехника. 2002. № 1.

21. *Тихонов В. И.* Статистическая радиотехника. М. : Радио и связь. 1982.

22. *Зингер Р. А.* Оценка характеристик оптимального фильтра для слежения за пилотируемой целью // Зарубежная радиоэлектроника. 1971. № 8.

23. *Ярлыкова С. М.* Математические модели принимаемых шумоподобных сигналов в спутниковых системах мобильной связи с кодовым разделением каналов // Радиотехника. 2002. № 12.

24. *Бакитько Р. В.* , *Булавский Н. Т.* , *Горев АЛ.* и др. ГЛОНАСС. Принципы построения и функционирования. М. : Радиотехника. 2005.

25. *Тихонов В. И.* , *Миронов М. А.* Марковские процессы. М. : Сов. радио. 1977.

26. *Сейдж Э. П.* , *Меле Дж. Л.* Теория оценивания и ее применение в связи и управлении. М. : Связь. 1976.

27. *Стратонович Р. Л.* Принципы адаптивного приема. М. : Сов. радио. 1973.

28. *Ярлыков М. С*, *Миронов М. А.* Оптимальное комплексирование измерителей при частично окрашенных шумах наблюдения // Радиотехника и электроника. 1982. Т. 27. № 10.

29. *Параев Ю. И.* Введение в статистическую динамику процессов управления и фильтрации. М. : Сов. радио. 1976.

30. *Ярлыков М. С. Ярлыкова СМ.* Синтез алгоритмов приема и обработки сигналов спутниковых систем мобильной связи с кодовым разделением каналов при их совместном использовании со спутниковыми радионавигационными системами // Радиотехника и электроника. 2006. Т. 51. № 8.

31. *Казаринов Ю.* М. и др. Проектирование устройств фильтрации радиосигналов. Л. : ЛГУ. 1985.

缩 略 语

АВ	аналоговый вычислитель	模拟计算机
АВПР	алгоритм вычисления параметра рассогласования	失调参数计算算法
АВФПЭ	алгоритм вычисления функционала и поиска экстремума	泛函数和极值搜索计算算法
АК	Авиационный комплекс	航空综合设备系统
АК РЛДН	авиационный комплекс радиолокационного дозора и наведения	雷达侦察和制导航空综合系统
АЛУ	арифметико-логическое устройство	运算逻辑部件
АМС	адаптер межшинной связи	总线间连接适配器
АР	антенная решетка	天线格栅
АРК	автоматический радиокомпас	无线电自动罗盘
АРЦ	автоматическое распознавание целей	目标自动识别
АС	автоматизированная система	自动化系统
АСП	авиационные средства поражения	机载打击兵器
АСУ	автоматизированная система управления	自动控制系统
АСУ РЭК	автоматизированная система управления радиоэлектронным комплексом	无线电电子综合系统自动控制系统
АСЦРО	автоматическое сопровождение целей в режиме обзора	扫描状态下目标的自动跟踪
АФАР	активная фазированная антенная решетка	有源相控阵天线
АЦП	аналого-цифровой преобразователь	模拟数字转换器
БВС	бортовая вычислительная система	机载计算系统
БГШ	белый гауссовский шум	高斯白噪声
БД	база данных	数据库
БДИ	бортовой датчик информации	机载信息传感器
БЗУ	бортовое запоминающее устройство	机载存储设备
БИНС	бесплатформенная инерциальная навигационная система	非平台式惯性导航系统
БИС	большая интегральная схема	大规模集成电路
БК	бортовой комплекс	机载设备系统
БКО	бортовой комплекс обороны	机载防御综合系统

（续）

БКС	бортовая комплексная система	机载设备系统
БЛА	беспилотный летательный аппарат	无人驾驶飞机
БП	боевой порядок	战斗队形
БРЭО	бортовое радиоэлектронное оборудование	机载无线电电子设备
БС	бортовая система	机载系统
БУ	бортовое устройство	机载装置
БФИ	блок формирования изображений	成像器
БЦВМ	бортовая цифровая вычислительная машина	机载数字计算机
БЧ	боевая часть	战斗部
《в-в》	《воздух-воздух》	“空—空”
ВЗУ	внешнее запоминающее устройство	外部存储装置
ВКП	воздушный командный пункт	空中指挥所
ВКУ	видеоконтрольное устройство	电视监控设备
ВОГ	волоконно-оптический гироскоп	光纤陀螺仪
《в-п》	《воздух-поверхность》	“空—地”
ВПП	взлетно-посадочная полоса	跑道
ВРО	вспомогательный（вынесенный）радиолокационный ориентир	辅助（引出）雷达定向标
ВС	воздушное судно	航空器
ВЦ	воздушная цель	空中目标
ВЧП	высокая частота повторения	高重复频率
ГС	гиростабилизатор	陀螺稳定仪
ГСН	головка самонаведения	自动导引头
ДАУ	датчик аэродинамических углов	空气动力角传感器
ДИСС	доплеровский измеритель скорости и угла сноса	多普勒速度和偏流角测量仪
ДЛУ	датчик линейного ускорения	线加速度传感器
ДН	диаграмма направленности	方向性图
ДНА	диаграмма направленности антенны	天线方向性图
ДНГ	динамически настраиваемый гироскоп	动态可调陀螺仪
ДОЛ	доплеровское обострение луча	多普勒波束锐化
ДУС	датчик угловой скорости	角速率传感器
ЗБ	зажигательный бак	燃烧弹
ЗПС	задняя полусфера	后半球
ЗРП	зона разрешенных пусков	允许发射空域
ЗУ	запоминающее устройство	存储装置
ЗУТК	запоминающее устройство текущей карты	当前地图存储装置
ЗУЭК	запоминающее устройство эталонных карт	标准地图存储装置

（续）

ИВС	интегрированная вычислительная среда	集成计算环境
ИДНС	инерциально-доплеровская навигационная система	惯性—多普勒导航系统
ИЗ	источник знаний	知识来源
ИИ	искусственный интеллект	人工智能
ИК	инфракрасное	红外
ИКВК	информационный комплекс вертикали и курса	垂直和航向信息综合系统
ИЛС	индикатор на лобовом стекле	平视显示器
ИНС	инерциальная навигационная система	惯性导航系统
ИПМ	исходный пункт маршрута	航线初始点
ИРЧИ	система интегрированных радиочастотных измерителей	集成无线电频率计算器系统
ИРЧС	интегрированная радиочастотная система	集成无线电频率系统
ИС	измерительная система	测量系统
ИССН	инерциально-спутниковая система навигации	惯性—同步卫星导航
ИУК	информационно-управляющий канал	信息控制通道
ИУПК	информационно-управляющее поле кабины	驾驶室信息控制区
КАБ	корректируемая авиационная бомба	可校正航空炸弹
КВО	круговое вероятное отклонение	圆概率误差
КМГУ	контейнер малогабаритных грузов универсальный	小型货物通用容器
КОИ	комплексная обработка информации	信息综合处理
КП	командный пункт	指挥所
КПМ	конечный пункт маршрута	航线终点
КР	крылатая ракста	巡航导弹
КРУ	командная радиолиния управления	无线电控制指令
КСиУ	комплекс связи и управления	通信和控制综合系统
КСН	комбинированная система наведения	综合制导系统
КЭСНН	корреляционно-экстремальная система навигации и наведения	导航和制导相关—极值系统
ЛА	летательный аппарат	飞行器
ЛБВ	лампа бегущей волны	行波管
ЛВ	линия визирования	[illegible]
ЛВС	локальная вычислительная сеть	局域计算网
ЛЗП	линия заданного пути	预定航线
ЛПИ	линия передачи информации	信息传递线路
ЛФП	линия фактического пути	实际航迹线
МВПИ	магистральный внутренний параллельный интерфейс	内部总并口

（续）

МКМД	множественный поток команд и данных	多重指令和数据流
МКОД	множественный поток команд и одиночный поток данных	多重指令流和单一数据流
МЛПИ	мультиплексная линия передачи информации	信息多路传输线路
ММ	математическая модель	数据模型
МОП	модуль оперативной памяти	运算内存模块
МП	микропроцессор	微处理器
МПВС	мультипроцессорная вычислительная система	多处理器计算系统
МПИ	магистральный параллельный интерфейс	总并口
МПО	программа-менеджер объединения	组合的管理程序
МСИО	многоуровневая（многоканальная）система информационного обмена	多层次（多通道）信息交换系统
МСН	межсамолетная навигация	飞机间导航
МТО	марковская теория оценивания	马尔可夫评估理论
МТУ	мультиплексное терминальное устройство	多路传输终端装置
МУ	механизм управления	控制器
МУП	механизм управления перекрестием	交叉点控制器
МФИ	многофункциональный индикатор	多功能显示器
МФРЛС	многофункциональная радиолокационная станция	多功能雷达站
МЦС	многоцелевое сопровождение	多目标跟踪
МШ	мультиплексная шина	多路传输母线
НАР	неуправляемая авиационная ракета	非制导航空导弹
НАСУ	наземная автоматизированная система управления	地面自动控制系统
НИ	навигационный измеритель	导航测量器
НКА	навигационный космический аппарат	导航航天装置
НКП	наземный командный пункт	地面指挥所
НРТИ	нерадиотехнический измеритель	非无线电技术测量器
НСЦ	нашлемная система целеуказания	目标指示头盔系统
НСЦИ	нашлемная система целеуказания и индикации	目标指示和显示头盔系统
НТ	навигационная точка	导航点
НЧИ	низкая частота повторения	低重复频率
ОА ВКП	оконечная бортовая аппаратура воздушного командного пункта	空中指挥所终端机载装置
ОА ОСРТИ	оконечная бортовая аппаратура объединенной системы распределения тактической информации	战术信息分配联合系统终端机载装置
ОА РЛДН	оконечная аппаратура комплекса радиолокационного дозора и наведения	雷达侦察和制导综合系统终端装置

（续）

ОЗУ	оперативное запоминающее устройство	运算存储装置
ОКМД	одиночный поток команд и множественный поток данных	单一指令流和多重数据流
ОКОД	одиночный поток команд и одиночный поток данных	单一指令流和单一数据流
ОКр	оптический коррелятор	光学相关仪
ОЛО	оптимальное линейное оценивание	最优线性评估
ООС	отрицательная обратная связь	负反馈
ООУ	обобщенный объект управления	综合控制对象
ОП	оперативная память	运算内存
ОПМ	оперативный пункт маршрута	航线作战点
ОПС	обзорно-прицельная система	扫描制导系统
ОС	операционная система	操作系统
ОСРВ	операционная система реального времени	实时操作系统
ОУ	орган управления	控制机构
ОУО	обобщенный управляемый объект	综合可控制对象
ОЭПрНК	оптико-электронный прицельно-навигационный комплекс	光学电子制导导航综合系统
ОЭПС	оптико-электронная прицельная система	光学电子制导系统
ОЭС	оптико-электронная система	光学电子系统
ПД	память данных	数据内存
ПЗУ	постоянное запоминающее устройство	固定存储装置
ПЗУС	ПЗУ с быстрой сменой информации	带有信息快速替换的固定存储装置
ПИ	процессорный интерфейс	处理器接口
ПК	подвесной контейнер	悬挂吊舱
ПКС	программно-корректируемое сопровождение	程序可校正跟踪
ПН	пункт наведения	制导点
ПНК	пилотажно-навигационный комплекс	驾驶导航综合系统
ПО	программное обеспечение	软件
ПП	подвижное перекрестие	移动交叉点
ППЗУ	полупостоянное запоминающее устройство	半固定存储装置
ППК	преобразователь последовательного кода	连续代码转换器
ППМ	промежуточный (поворотный) пункт маршрута	航线中间（转弯）点
ППС	программируемый процессор обработки сигналов	可编程信号处理器
ППС *	передняя полусфера	前半球
ПРД	передатчик	发射机
ПрК	прицельный комплекс	瞄准综合系统

（续）

ПРЛС	пассивная радиолокационная система	无源雷达系统
ПРМ	приемник	接收机
ПрНК	прицельно-навигационный комплекс	制导—导航综合系统
ПРР	противорадиолокационная ракета	反雷达导弹
ПС	преобразователь сигналов	信号转换器
ПУ	пункт управления	控制点
ПШ	переключатель шин	母线转换开关
ПЭ	процессорный элемент	处理器元件
РБК	разовая бомбовая кассета	一次用炸弹箱
РВ	радиовысотомер	无线电高度表
РГС	радиолокационная головка самонаведения	雷达自动导引头
РИФ	расширитель интерфейса	接口扩展器
РКИО	радиальный канал информационного обмена	径向信息交换通道
РКЦ	радиолокационно-контрастная цель	雷达—对比度目标
РЛПК	радиолокационный прицельный комплекс	雷达制导综合体
РМ	радиомаяк	无线电信标
РНП	режим непрерывной пеленгации	连续定向状态
РО	радиолокационный ориентир	雷达定向标
РПС	радиолокатор предупреждения столкновений сназемными препятствиями	地面障碍物碰撞雷达
РСА	режим синтезированной апертуры	合成孔径状态
РСБН	радиотехническая система ближней навигации	近距无线电导航系统
РСДН	радиотехническая система дальней навигации	远距无线电导航系统
РСИ	расширяемый связной интерфейс	可扩展连接口
РТ	расчетная точка	计算点
РТИ	радиотехнический измеритель	无线电技术测量器
РТР	радиотехническая разведка	无线电技术侦察
РУД	ручка управления двигателем	发动机控制手柄
РУС	ручка управления самолетом	飞机控制手柄
РЭБ	радиоэлектронная борьба	电子战
РЭЗ	радиоэлектронная защита	无线电电子保护
РЭК	радиоэлектронный комплекс	无线电电子综合系统
РЭО	радиоэлектронное оборудование	无线电电子设备
РЭП	радиоэлектронное подавление	无线电电子对抗
РЭС	радиоэлектронные средства	无线电电子系统
СА	синтезированная апертура	合成孔径
САП	станция активных помех	有源干扰站

（续）

САУ	система автоматического управления	自动化控制系统
СВБП	система вождения в боевых порядках	战斗队形操纵系统
СВС	система воздушных сигналов	空中信号系统
СВТ	средства вычислительной техники	计算技术器材
СГИО	система государственного и индивидуального опознавания	国籍和个人识别系统
СГО	система государственного опознавания	国籍识别系统
СЕИ	система единой индикации	统一显示系统
СИИ	система искусственного интеллекта	人工智能系统
СИО	система информационного обмена	信息交换系统
СИОИ	система индикации и отображения информации	信息显示系统
СИУК	система индикации, управления и контроля	显示、控制和检测系统
СК	система координат	坐标系
СКО	средне квадратическое отклонение	均方差
СКОИ	система комплексной обработки информации	信息综合处理系统
СМСН	система межсамолетной навигации	飞机间导航系统
СН	система навигации	导航系统
СНАУ	система наведения и автономного управления	制导和自主控制系统
СНП	сопровождение на проходе	通道跟踪
СНПр	спутниковый навигационный приемник	卫星导航接收器
СОБП	система обеспечения безопасности полетов	飞行安全保障系统
СОЗУ	сверхоперативное запоминающее устройство	超运算存储装置
СОЦ	сопровождение одной цели	单个目标跟踪
СП	станция помех	干扰站
СПВ	стрелково-пушечное вооружение	身管射击兵器
СПС	система предупреждения столкновений в воздухе	空中碰撞预警系统
СПЦ	сигнал подсвета цели	目标照射信号
СРНС	спутниковая радионавигационная система	卫星无线电导航系统
ССН	система самонаведения	自导系统
СТС	сложная техническая система	复杂技术系统
СУ	система управления	控制系统
СУБД	система управления базами данных	数据库控制系统
СУВ	система управления вооружением	武备控制系统
СУО	система управления оружием	武器控制系统
СУР	система управления ракеты	导弹控制系统
СЦВ	специализированный цифровой вычислитель	专用数字计算器
СЦВМ	специализированная цифровая вычислительная машина	专用数字计算机

（续）

СЧМ	система《человек-машина》	"人—机"系统
СЧП	средняя частота повторения	中重复频率
TV	телевизионный	电视
ТВИ	таймер временных интервалов	时间间隔计时器
ТВМ	таймер временных меток	时间标记计时器
ТГН	телевизионная головка наведения	电视导引头
ТГС	тепловая головка самонаведения	红外自动导引头
ТКМП	текущие координаты местоположения	位置当前坐标
ТКМС	текущие координаты местоположения самолета	飞机位置当前坐标
ТКС	типовой комплекс связи	典型综合通信系统
ТП	теплопеленгатор	红外线测向仪
ТС	техническое состояние	技术状态
ТТТ	тактико-технические требования	战术技术要求
ТТХ	тактико-технические характеристики	战术技术特性
УВВ	устройство ввода-вывода	输入—输出装置
УО	управляемый объект	可控制对象
УПИ	устройство преобразования информации	信息转换装置
УР	управляемая ракета.	导弹
УУ	устройство управления	控制装置
УУП	устройство управления перекрестием	交叉点控制装置
УФ	ультрафиолетовое	紫外的
УФОС	устройство формирования опорного сигнала	基准信号生成装置
ФАР	фазированная антенная решетка	相控阵天线
ФПО	функциональное программное обеспечение	功能软件
ЦАП	цифро-аналоговый преобразователь	数字—模拟转换器
ЦОС	цифровая обработка сигналов	信号处理系统
ЦП	центральный процессор	中央处理器
ЦПУ	центральное процессорное устройство	中央处理装置
ЦУ	целеуказание	目标指示
ЭЛТ	электронно-лучевая трубка	电子射线管
ЭМВ	электромагнитная волна	电磁波
ЭМС	электромагнитная совместимость	电磁兼容性
ЭОК	эталон оптической карты	光学地图标准
ЭС	экспертная система	鉴定系统
AABNCP	Advanced Airorne Command Post	先进机载指挥台
AFDX	Avionic Full Duplex Switched Ethernet	航空电子全双工交换工以太网
AMSTE	Affordable Mobile Surface Engagement	经济可承受的地面移动目标打击

ATM	Asynchronous Transfer Mode	异步传输模式
ATNCD	Adaptive Tactical Navigation Concept Definition	自适应战术导航概念定义
AWACS	Airborn Warning and Control System	机载预警和控制系统
CIP	Common Integral Processor	通用集成处理器
CNI	Связь-навигация-опознавание	通信—导航—识别
CRC	Cycliacl Redundancy Check	循环冗余校验码
CSIM	Crew Station Information Manager	机组站信息管理员
DAMASK	Direct Attack Munition Affor-dable Seeker	直接攻击弹药的经济可承受导引头
DSP	Digital Signal Processing	数字信号处理
EODAS	Electro-Optical Distributed Aperture Systim	光电分布式孔径系统
EOTS	Electro-Optical Targeting System	光电跟踪系统
FC	Fiber Channel	光纤通道
FC-AL	Fiber Channel Arbitrated	光纤通道仲裁环路
GE	Gigabit Ethernet	吉比特以太网或称千兆以太网
HSDB	High Speed Date Bus	高速数据总线
IEEE 1394	Fire Wire	火线接口
IMA	интегральная тодульная авионика	集成模块式航空电子设备
ISS	Integrated Sensor Systems	综合传感器系统
ITARS	Integrated Terrain Access and Retrieval System	综合地形数据存储和检索系统
MCDU	Multifunctional Control and Display Unit	多功能控制显示组件
MFA	Multi-functional Array	多功能阵列
MIRFS	Multi-functional Integrated RF System	多功能综合射频系统
MWS	Missile Warming System	导弹告警系统
PI	Parallel Interconnect	并行互接
RAM	статическоу ЗУ с произвольным доступом	可随意访问的静态存储装置
RISC	Reduced Instruction Set Computer	精简指令集计算机
SA/IRFS	Shaped Apertures/Integrated RF Sensing	形状孔径/集成射频传感
SCI/RT	Scalable Coherent Interface/Real time	可扩展一致性接口的实时性扩展
SDB	Small Diameter Bomb	小直径炸弹
SE	Serial Express	串行表达
SFW	Sensor Fused Weapon	传感器融合武器
SMP	Symmetric Multiprocessor	对称多处理机
STN	Super Twisted Nematic	超级弯曲效应
WCMD	Wing-Corrected Munition Dispanser	风修正集束弹药
TM	Test Maintenance	维修检测

附 录 I

$L[f(t)]$	$f(t)$
$\frac{1}{p}$	1
$\frac{1}{p+a}$	e^{-at}
$\frac{1}{p^2}$	t
$\frac{1}{p(p+a)}$	$\frac{1}{a}(1-e^{-at})$
$\frac{1}{(p+a)(p+b)}$	$\frac{1}{b-a}(ae^{at}-be^{-bt})$
$\frac{p}{(p+a)(p+b)}$	$\frac{1}{a-b}(ae^{at}-be^{-bt})$
$\frac{1}{(p+a)^2}$	te^{-at}
$\frac{p}{(p+a)^2}$	$e^{-at}(1-at)$
$\frac{1}{p^2-a^2}$	$\frac{1}{a}\mathrm{sh}(at)$
$\frac{p}{p^2-a^2}$	$\mathrm{ch}(at)$
$\frac{1}{p^2+a^2}$	$\frac{1}{a}\sin(at)$
$\frac{p}{p^2+a^2}$	$\cos(at)$
$\frac{1}{(p+b)^2+a^2}$	$\frac{1}{a}e^{bt}\sin(at)$
$\frac{p}{(p+b)^2+a^2}$	$e\ -^{-bt}(\cos(at)-\frac{b}{a}\sin(at))$
$\frac{1}{p^3}$	$\frac{1}{2}t^2$

（续）

$L[f(t)]$	$f(t)$
$\frac{1}{p^2(p+a)}$	$\frac{1}{a^2}(e^{-at}+at-1)$
$\frac{1}{p(p+a)(p+b)}$	$\frac{1}{ab(a-b)}[(a-b)+be^{-at}-ae^{-bt}]$
$\frac{1}{p(p+a)^2}$	$\frac{1}{a^2}(1-e^{-at}-ate^{-at})$
$\frac{1}{(p+a)(p+b)(p+c)}$	$\frac{1}{(a-b)(b-c)(c-a)}[(c-b)e^{at}+(a-c)e^{bt}+(b-a)e^{-ct}]$
$\frac{p^2}{(p+a)(p+b)(p+c)}$	$\frac{1}{(a-b)(b-c)(c-a)}[a^2(c-b)e^{-at}+b^2(b-c)e^{-bt}+$ $c^2(b-c)e^{-ct}]$
$\frac{p}{(p+a)(p+b)(p+c)}$	$\frac{1}{(a-b)(b-c)(c-a)}[a(b-c)e^{-at}+b(c-a)e^{-bt}+$ $c(a-b)e^{ct}]$
$\frac{1}{(p+a)(p+b)^2}$	$\frac{1}{(b-a)^2}[e^{-at}-e^{-bt}-(b-a)te^{-bt}]$
$\frac{p}{(p+a)(p+b)^2}$	$\frac{1}{(b-a)^2}\{-ae^{-at}+[a+bt(b-a)e^{-bt}\}$
$\frac{p^2}{(p+a)(p+b)^2}$	$\frac{1}{(b-a)^2}[a^2e^{-at}+b(b-2a-b^2t+abt)e^{-bt}]$
$\frac{1}{(p+a)^3}$	$\frac{t^2}{2}e^{-at}$
$\frac{p}{(p+a)^3}$	$e^{-at}t\left(1-\frac{a}{2}t\right)$
$\frac{p^2}{(p+a)^3}$	$e^{-at}\left(1-2at+\frac{a^2}{2}t^2\right)$
$\frac{1}{p[(p+b)^2+a^2]}$	$\frac{1}{a^2+b^2}\left[1-e^{-bt}(\cos at+\frac{b}{a}\sin at)\right]$
$\frac{1}{p(p^2+a^2)}$	$\frac{1}{a^2}(1-\cos at)$
$\frac{1}{(p+a)(p^2+b^2)}$	$\frac{1}{a^2+b^2}\left[e^{-at}+\frac{a}{b}\sin bt-\cos bt\right]$
$\frac{p}{(p+a)(p^2+b^2)}$	$\frac{1}{a^2+b^2}[-ae^{-bt}+a\cos bt+b\sin at]$
$\frac{p^2}{(p+a)(p^2+b^2)}$	$\frac{1}{a^2+b^2}[a^2e^{-at}-ab\sin bt+b^2\cos bt]$

（续）

$L[f(t)]$	$f(t)$
$\dfrac{1}{(p+a)[(p+b)^2+c^2]}$	$\dfrac{1}{(b-a)^2+c^2}\left[\mathrm{e}^{-at}-\mathrm{e}^{-bt}\cos ct+\dfrac{a-b}{c}\mathrm{e}^{-bt}\sin ct\right]$
$\dfrac{p}{(p+a)[(p+b)^2+c^2]}$	$\dfrac{1}{(b-a)^2+c^2}\left[-a\mathrm{e}^{-at}+a\mathrm{e}^{-bt}\cos ct-\dfrac{ab-b^2-c^2}{c}\mathrm{e}^{-bt}\sin ct\right]$
$\dfrac{p^2}{(p+a)[(p+b)^2+c^2]}$	$\dfrac{1}{(b-a)^2+c^2}\left\{\begin{array}{l}a^2\mathrm{e}^{-at}+[(a-b)^2+c^2-a^2]\mathrm{e}^{-bt}\cos ct-\\ \left[ac+b\left(c-\dfrac{(a-b)b}{c}\right)\right]\mathrm{e}^{-bt}\sin ct\end{array}\right\}$

俄罗斯最新装备理论与技术丛书

装备科技译著出版基金

机载导航、瞄准和武器控制系统设计原理与应用

（中册）

[俄] M.C.亚尔雷科夫　A.C.博加乔夫　著
B.И.梅尔库洛夫　B.B.德罗加林

滕克难　主编译

薛鲁强　贾　慧　严志刚　熊道春　编译

李相民　主审

国防工业出版社

·北京·

目　录

第4章　综合电子系统最优控制系统综合方法和算法

4.1　动态程序设计方法

随机动态程序设计是具有简单物理解释的控制系统的最优化方法之一。最优化程序的直观得益于使用贝尔曼最优化原理[2,5]，该原理的实质在于，后续所有控制信号对于受到以前控制作用产生的状态而言都应是最优的，不取决于最优化系统的初始状态。

为了简化，假设使用状态的确定模型并且可准确测量所有状态变量。在一般情况下，对于多维广义受控对象（OYO），其数学模型可用下列方程描述：

$$\dot{\boldsymbol{X}}(t) = \boldsymbol{F}_x(t,\boldsymbol{X},\boldsymbol{U}) \tag{4.1}$$

动态程序设计方法可得出控制信号矢量 $\boldsymbol{U}$，根据二次积分质量泛函数最小值是最优的，可得

$$c_{\boldsymbol{X},\boldsymbol{Z},\boldsymbol{U}}(t_0,T) = \int_{t_0}^{T} c_t(\boldsymbol{X},\boldsymbol{U},t)\,\mathrm{d}t + c_T[\boldsymbol{X}(T),\boldsymbol{U}(T)] \tag{4.2}$$

式中：$c_t[\cdot]$ 和 $c_T[\cdot]$ 分别为质量泛函数被积分（当前）项和终端（最终）项的广义表达式。根据最优化原理，控制应使式（4.2）在任何区间 $[\tau,T]$ 上都是最小的，式中 $t_0 \leqslant \tau \leqslant T$（图4.1）。

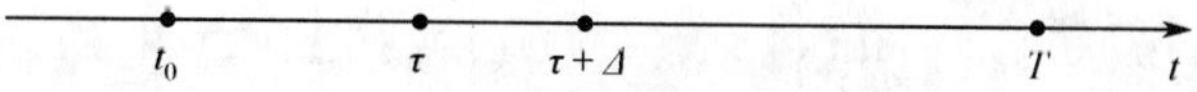

图4.1　最优化原理示意图

通过在任意区间 $[\tau,T]$ 上选择相应矢量 $\boldsymbol{U}$ 可最小化的泛函数：

$$S[\boldsymbol{X}(\tau),\tau] = \min_{\{\boldsymbol{U}(t)\}}\left\{\int_{\tau}^{T} c_t[\boldsymbol{X}(t),\boldsymbol{U}(t),t]\,\mathrm{d}t + c_T[\boldsymbol{X}(T),\boldsymbol{U}(T)]\right\} \tag{4.3}$$

式（4.3）称为贝尔曼函数。

存在贝尔曼函数 $S[\boldsymbol{X}(\tau),\tau]$ 表明具有使泛函数（4.2）最小化的控制。应指出，函数 $\boldsymbol{X}(t)$ 作为在区间 $[\tau,T]$ 上方程（4.1）的解，在 $\tau<t\leqslant T$ 时可由其初始状态 $\boldsymbol{X}(\tau)$ 和控制 $\boldsymbol{U}(t)$ 确定。此外，由于最优控制使质量泛函数最小化，则消除（4.3）右侧部分与控制矢量 $\boldsymbol{U}$ 的关系。结果决定贝尔曼函数仅取决于自变量 $\boldsymbol{X}(\tau)$ 和 τ。根据（4.3）可得出，在 $\tau=T$ 时贝尔曼函数具有下列形式：

$$S[\boldsymbol{X}(T),T]=c_T[\boldsymbol{X}(T),\boldsymbol{U}(T)] \tag{4.4}$$

以被加数总和的形式表示式（4.3），即

$$S[\boldsymbol{X}(\tau),\tau]=\min_{\substack{\{\boldsymbol{U}(t)\}\\ [\tau,T]}}\left\{\int_{\tau}^{\tau+\Delta} c_t[\boldsymbol{X}(t),\boldsymbol{U}(t),t]\mathrm{d}t+\right.$$
$$\left.\int_{\tau+\Delta}^{T} c_t[\boldsymbol{X}(t),\boldsymbol{U}(t),t]\mathrm{d}t+c_T[\boldsymbol{X}(T),\boldsymbol{U}(T)]\right\} \tag{4.5}$$

根据最优原理，在每个后续段上控制应都是最优的，不取决于以前区间上的系统状态。因此，在最优控制时质量泛函数在区间 $[\tau+\Delta,T]$ 上也应是最小的。此时：

$$S[\boldsymbol{X}(\tau),\boldsymbol{\tau}]=\min_{\substack{\{\boldsymbol{U}(t)\}\\ [\tau,\tau+\Delta]}}\left\{\int_{\tau}^{\tau+\Delta} c_t[\boldsymbol{X}(t),\boldsymbol{U}(t),t]\mathrm{d}t\right\}+$$
$$\min_{\substack{\{\boldsymbol{U}(t)\}\\ [\tau,\tau+\Delta]}}\left\{\int_{\tau+\Delta}^{T} c_t[\boldsymbol{X}(t),\boldsymbol{U}(t),t]\mathrm{d}t+c_T[\boldsymbol{X}(T),\boldsymbol{U}(T)]\right\}$$
$$=\min_{\substack{\{\boldsymbol{U}(t)\}\\ [\tau,\tau+\Delta]}}\left\{\int_{\tau}^{\tau+\Delta} c_t[\boldsymbol{X}(t),\boldsymbol{U}(t),t]\mathrm{d}t+S[\boldsymbol{X}(\tau+\Delta),\tau+\Delta]\right\} \tag{4.6}$$

假设 $\boldsymbol{U}(t)$ 为连续时间函数，而间隔 Δ 非常小，则可得

$$\int_{\tau}^{\tau+\Delta} c_t[\boldsymbol{X}(t),\boldsymbol{U}(t),t]\mathrm{d}t\approx c_t[\boldsymbol{X}(\tau),\boldsymbol{U}(\tau),\tau]\Delta \tag{4.7}$$

$$S[\boldsymbol{X}(\tau+\Delta),\tau+\Delta]\approx S[\boldsymbol{X}(\tau),\tau]+[\boldsymbol{X}(\tau+\Delta)-\boldsymbol{X}(\tau)]^{\mathrm{T}}$$
$$\frac{\partial S[\boldsymbol{X}(\tau),\tau]}{\partial \boldsymbol{X}^{\mathrm{T}}(\tau)}+\frac{\partial S[\boldsymbol{X}(\tau),\tau]}{\partial \tau}\Delta=S[\boldsymbol{X}(\tau),\tau]+$$
$$\boldsymbol{X}^{\mathrm{T}}(\tau)\Delta\frac{\partial S[\boldsymbol{X}(\tau),\tau]}{\partial \boldsymbol{X}^{\mathrm{T}}(\tau)}+\frac{\partial S[\boldsymbol{X}(\tau),\tau]}{\partial \tau}\Delta \tag{4.8}$$

将式（4.7）和式（4.8）代入式（4.6）中，可得

$$S[\boldsymbol{X}(\tau),\tau]=\min_{\substack{\{\boldsymbol{U}(t)\}\\ [\tau,\tau+\Delta]}}\left\{c_t[\boldsymbol{X}(\tau),\boldsymbol{U}(\tau),\tau]\Delta+S[\boldsymbol{X}(\tau),\tau]+\right.$$
$$\left.\boldsymbol{X}^{\mathrm{T}}(\tau)\frac{\partial S[\boldsymbol{X}(\tau),\tau]}{\partial \boldsymbol{X}^{\mathrm{T}}(\tau)}\Delta+\frac{\partial S[\boldsymbol{X}(\tau),\tau]}{\partial \tau}\Delta\right\}$$

由于函数 $S[\boldsymbol{X}(\tau),\tau]$ 和 $\partial S[\boldsymbol{X}(\tau),\tau]/\partial\tau$ 不取决于变量 $\boldsymbol{U}(t)$，可将其移出最小值运算符号。结果得出下列关系式：

$$-\frac{\partial S[\boldsymbol{X}(\tau),\tau]}{\partial\ \boldsymbol{\tau}}\boldsymbol{\Delta}\approx\min_{\substack{\{\boldsymbol{U}(t)\}\\ [\tau,\tau+\Delta]}}\left\{c_t[\boldsymbol{X}(\tau),\boldsymbol{U}(\tau),\tau]\Delta+\right.$$
$$\left.\boldsymbol{X}^{\mathrm{T}}(\tau)\frac{\partial S[\boldsymbol{X}(\tau),\tau]}{\partial X^{\mathrm{T}}(\tau)}\Delta\right\}$$

将上式两部分都除以 Δ 并将 τ 替换为当前时间 t，当 $\Delta\to 0$ 时，可得出贝尔曼函数的方程：

$$-\frac{\partial S[\boldsymbol{X}(t),t]}{\partial t}=\min_{\{\boldsymbol{U}(t)\}}\left\{c_t[\boldsymbol{X}(t),\boldsymbol{U}(t),t]+\dot{\boldsymbol{X}}^{\mathrm{T}}(t)\frac{\partial S[\boldsymbol{X}(t),t]}{\partial \boldsymbol{X}^{\mathrm{T}}(t)}\right\} \quad (4.9)$$

在式（4.4）边界条件下，通过解式（4.9）可确定式（4.2）最小化的控制。根据式（4.9）和式（4.4）可知，贝尔曼方程的解取决于式（4.2）和式（4.1）的形式。应当强调，在推论时虽然没有对式（4.1）和式（4.2）被积分部分的形式实行任何限制，但式（4.9）的解析解在式（4.4）条件下仅可用于线性模型和二次泛函数。

4.2 列托夫－卡尔曼提法中的最优控制算法

4.2.1 最优算法

在列托夫－卡尔曼提法中，控制的综合问题按下列方式表述。综合电子系统作为多维动态系统，其状态近似于下列模型：

$$\dot{\boldsymbol{X}}(t)=\boldsymbol{F}(t)\boldsymbol{X}(t)+\boldsymbol{C}(t)\boldsymbol{U}(t)+\boldsymbol{G}(t)\boldsymbol{W}_x(t) \quad (4.10)$$

$$\boldsymbol{X}=\begin{bmatrix}\boldsymbol{X}_{\text{тр}}\\ \boldsymbol{X}_y\end{bmatrix},\boldsymbol{F}=\begin{bmatrix}\boldsymbol{F}_{\text{тр}} & 0_1\\ 0_2 & \boldsymbol{F}_y\end{bmatrix},\boldsymbol{C}=\begin{bmatrix}0_3\\ C_y\end{bmatrix},\boldsymbol{W}_x=\begin{bmatrix}\boldsymbol{W}_{\text{тр}}\\ \boldsymbol{W}_y\end{bmatrix} \quad (4.10(\mathrm{a}))$$

当具有下列测量时：

$$\boldsymbol{Z}(t)=\boldsymbol{H}(t)\boldsymbol{X}(t)+\boldsymbol{N}_z(t) \quad (4.11)$$

需要得出控制信号矢量 $\boldsymbol{U}$，根据列托夫－卡尔曼质量泛函数最小值，它是最优的：

$$c_{xU}=\boldsymbol{M}_y\{[\boldsymbol{X}_{\text{тр}}(T)-\boldsymbol{X}_y(T)]^{\mathrm{T}}C_T[\boldsymbol{X}_{\text{тр}}(T)-\boldsymbol{X}_y(T)]+$$
$$\int_{t_0}^{T}\{[\boldsymbol{X}_{\text{тр}}(t)-\boldsymbol{X}_y(t)]^{\mathrm{T}}\boldsymbol{C}_x[\boldsymbol{X}_{\text{тр}}(t)-\boldsymbol{X}_y(t)]\}\,\mathrm{d}t+\int_{t_0}^{T}\boldsymbol{U}^{\mathrm{T}}(t)\boldsymbol{C}_U\boldsymbol{U}(t)\,\mathrm{d}t \quad (4.12)$$

由于初始模型是线性的，扰动 $\boldsymbol{W}_x$ 和 $\boldsymbol{N}_z$ 是高斯扰动，而质量泛函数是二次的（线性分组编码（ЛКГ）问题），则在分离定理结论的基础上可不依赖于最优滤波器在确定性提法中对最优调节器进行综合。因此，在综合问题的第一阶段上假设不存在扰动（$\boldsymbol{W}_x=0$，$\boldsymbol{N}_z=0$），并且式（4.10）中的所有状态变量 x_i 都是准确测量的。

在所述问题说明中寻找控制信号的过程是以解式（4.9）为基础的。将式（4.2）与式（4.12）进行对比，可得出如下结论：

$$c_t[\boldsymbol{X}(t),\boldsymbol{U}(t),t]=\boldsymbol{X}^{\mathrm{T}}(t)\boldsymbol{C}_{x1}\boldsymbol{X}(t)+\boldsymbol{U}^{\mathrm{T}}(t)\boldsymbol{C}_U\boldsymbol{U}(t) \quad (4.13)$$

$$c_T[\boldsymbol{X}(T),\boldsymbol{U}(T),T]=\boldsymbol{X}^{\mathrm{T}}(T)\boldsymbol{C}_{T1}\boldsymbol{X}(T) \quad (4.14)$$

式中

$$\boldsymbol{C}_{x1} = \begin{bmatrix} \boldsymbol{C}_x & -\boldsymbol{C}_x \\ -\boldsymbol{C}_x & \boldsymbol{C}_x \end{bmatrix}, \boldsymbol{C}_{T1} = \begin{bmatrix} \boldsymbol{C}_T & -\boldsymbol{C}_T \\ -\boldsymbol{C}_T & \boldsymbol{C}_T \end{bmatrix} \tag{4.15}$$

式（4.10）~式（4.15）中：$\boldsymbol{X}$ 为在当前时刻 t（控制结束时刻 T）的 $2n$ 维广义状态矢量；$\boldsymbol{F}$ 为考虑到矢量 $\boldsymbol{X}$ 内部联系的动态矩阵；$\boldsymbol{C}$ 为控制信号 $\boldsymbol{U}$ 的 r 维（$r \leqslant n$）矢量效率矩阵；$\boldsymbol{Z}$ 为 m 维（$m \leqslant 2n$）测量矩阵；$\boldsymbol{H}$ 为观测矩阵；$\boldsymbol{W}_x$ 和 $\boldsymbol{N}_z$ 为对应整形噪声和测量误差的具有已知协方差矩阵的高斯矢量；$\boldsymbol{X}_{\text{тр}}$ 和 $\boldsymbol{X}_y$ 为动态矩阵；$\boldsymbol{0}_1 \sim \boldsymbol{0}_3$ 为零矩阵；$\boldsymbol{C}_x$ 和 $\boldsymbol{C}_T$ 为在当前时刻和控制结束时刻的控制精度惩罚矩阵；$\boldsymbol{C}_U$ 为控制信号值惩罚的矩阵；$\boldsymbol{M}_y$ 为条件数学期望值符号。

为了简便，下文中在解贝尔曼方程时将略去矢量和矩阵对于时间的不具有原则性意义的依赖关系。将式（4.10）、式（4.13）、式（4.14）代入式（4.9）和式（4.4），可得

$$-\frac{\partial S[\boldsymbol{X},t]}{\partial t} = \min_{\{\boldsymbol{U}\}}\left\{\boldsymbol{X}^{\mathrm{T}}\boldsymbol{C}_{x1}\boldsymbol{X} + \boldsymbol{U}^{\mathrm{T}}\boldsymbol{C}_U\boldsymbol{U} + [\boldsymbol{X}^{\mathrm{T}}\boldsymbol{F}^{\mathrm{T}} + \boldsymbol{U}^{\mathrm{T}}\boldsymbol{C}^{\mathrm{T}}]\frac{\partial S[\boldsymbol{X},t]}{\partial \boldsymbol{X}^{\mathrm{T}}}\right\} \tag{4.16}$$

$$S[\boldsymbol{X}(T),T] = \boldsymbol{X}^{\mathrm{T}}(T)\boldsymbol{C}_{T1}\boldsymbol{X}(T) \tag{4.17}$$

将不取决于 $\boldsymbol{U}$ 的项移出最小值运算符号：

$$-\frac{\partial S[\boldsymbol{X},t]}{\partial t} = \boldsymbol{X}^{\mathrm{T}}\boldsymbol{C}_{x1}\boldsymbol{X} + \boldsymbol{X}^{\mathrm{T}}\boldsymbol{F}^{\mathrm{T}}\frac{\partial S[\boldsymbol{X},t]}{\partial \boldsymbol{X}^{\mathrm{T}}} + \min_{\{\boldsymbol{U}\}}\left\{\boldsymbol{U}^{\mathrm{T}}\boldsymbol{C}_U\boldsymbol{U} + \boldsymbol{U}^{\mathrm{T}}\boldsymbol{C}^{\mathrm{T}}\frac{\partial S[\boldsymbol{X},t]}{\partial \boldsymbol{X}^{\mathrm{T}}}\right\} \tag{4.18}$$

使在大括号内被加数对 $\boldsymbol{U}^{\mathrm{T}}$ 的求微分结果等于零，可得出使式（4.18）最小化的控制。进行微分后，可得

$$2\boldsymbol{C}_U\boldsymbol{U} + \boldsymbol{C}^{\mathrm{T}}\frac{\partial S[\boldsymbol{X},t]}{\partial \boldsymbol{X}^{\mathrm{T}}} = 0; \boldsymbol{U} = -\frac{1}{2}\boldsymbol{C}_U^{-1}\boldsymbol{C}^{\mathrm{T}}\frac{\partial S[\boldsymbol{X},t]}{\partial \boldsymbol{X}^{\mathrm{T}}} \tag{4.19}$$

将式（4.19）代入式（4.18），可得：

$$-\frac{\partial S[\boldsymbol{X},t]}{\partial t} = \boldsymbol{X}^{\mathrm{T}}\boldsymbol{C}_{x1}\boldsymbol{X} + \boldsymbol{X}^{\mathrm{T}}\boldsymbol{F}^{\mathrm{T}}\frac{\partial S[\boldsymbol{X},t]}{\partial \boldsymbol{X}^{\mathrm{T}}} - \frac{1}{4}\left(\frac{\partial S[\boldsymbol{X},t]}{\partial \boldsymbol{X}^{\mathrm{T}}}\right)^{\mathrm{T}}\boldsymbol{C}\boldsymbol{C}_U^{-1}\boldsymbol{C}^{\mathrm{T}}\frac{\partial S[\boldsymbol{X},t]}{\partial \boldsymbol{X}^{\mathrm{T}}} \tag{4.20}$$

在下列二次型类别中寻找该方程的解：

$$S[\boldsymbol{X},t] = \boldsymbol{X}^{\mathrm{T}}\boldsymbol{P}(t)\boldsymbol{X} \tag{4.21}$$

其中

$$\frac{\partial S[\boldsymbol{X},t]}{\partial \boldsymbol{X}^{\mathrm{T}}} = 2\boldsymbol{P}(t)\boldsymbol{X} \tag{4.22}$$

$$\frac{\partial S[\boldsymbol{X},t]}{\partial t} = \boldsymbol{X}^{\mathrm{T}}\dot{\boldsymbol{P}}(t)\boldsymbol{X} \tag{4.23}$$

式中：$\boldsymbol{P}(t)$ 和 $\dot{\boldsymbol{P}}(t)$ 为对称矩阵。在式（4.23）中考虑到贝尔曼函数仅取决于初始值 $\boldsymbol{X}(\tau)$，而不取决于当前值 $\boldsymbol{X}(t)$。

将式（4.22）代入式（4.19），可得

$$\boldsymbol{U} = -\boldsymbol{C}_U^{-1}\boldsymbol{C}^{\mathrm{T}}\boldsymbol{P}(t)\boldsymbol{X} \tag{4.24}$$

为了确定 $\boldsymbol{P}(t)$，使用式（4.20）、式（4.22）和式（4.23）。此时：

$$-\boldsymbol{X}^{\mathrm{T}}\dot{\boldsymbol{P}}(t)\boldsymbol{X} = \boldsymbol{X}^{\mathrm{T}}\boldsymbol{C}_{x1}\boldsymbol{X} + 2\boldsymbol{X}^{\mathrm{T}}\boldsymbol{F}^{\mathrm{T}}\boldsymbol{P}(t)\boldsymbol{X} - \boldsymbol{X}^{\mathrm{T}}\boldsymbol{P}(t)\boldsymbol{C}\boldsymbol{C}_U^{-1}\boldsymbol{C}^{\mathrm{T}}\boldsymbol{X}^{\mathrm{T}}\boldsymbol{P}(t)\boldsymbol{X}$$

$$\dot{\boldsymbol{P}}(t) = -\boldsymbol{C}_{x1} - \boldsymbol{F}^{\mathrm{T}}\boldsymbol{P}(t) - \boldsymbol{P}(t)\boldsymbol{F} + \boldsymbol{P}(t)\boldsymbol{C}\boldsymbol{C}_U^{-1}\boldsymbol{C}^{\mathrm{T}}\boldsymbol{P}(t) \tag{4.25}$$

在推导式（4.25）的过程中考虑到矩阵 $\boldsymbol{P}$ 是对称矩阵。在 $t=T$ 时，通过对比式（4.17）和式（4.21）的方式可得出式（4.25）的边界条件：

$$\boldsymbol{X}^{\mathrm{T}}(T)\boldsymbol{C}_{T1}\boldsymbol{X}(T) = \boldsymbol{X}^{\mathrm{T}}(T)\boldsymbol{P}(T)\boldsymbol{X}(T)$$

由此得

$$\boldsymbol{P}(T) = \boldsymbol{C}_{T1} \tag{4.26}$$

因为分析线性分组编码（ЛКГ）问题，所以在统计等效定理的基础上可确定，在用最优估计 $\hat{\boldsymbol{X}}$ 替换状态矢量 $\boldsymbol{X}$ 的条件下，控制的确定性定律（式（4.24））与其统计定律将是相同的，即：

$$\boldsymbol{U} = -\boldsymbol{C}_U^{-1}\boldsymbol{C}^{\mathrm{T}}\boldsymbol{P}(t)\hat{\boldsymbol{X}} \tag{4.27}$$

式（4.25）~式（4.27）可确定作为多维动态系统的综合电子系统的控制算法，该算法在列托夫－卡尔曼提法中是最优的。分析这些关系式可得出下列结论。

在状态模型（式（4.10））不稳定时，在综合电子系统的组成中应包括上册中的：最优滤波器（式（3.17）~式（3.19）），它可形成用于式（4.27）的状态矢量估计 $\hat{\boldsymbol{X}}$；最优识别器，它可计算用于式（4.25）和式（4.27）中参数 $\boldsymbol{F}$ 和 $\boldsymbol{C}$ 估计；最优调节器，它可形成式（4.27）。如果初始模型是稳定的，则最优系统的组成中仅包括滤波器和调节器。

形成的控制系统（式（4.27））取决于系统状态 $\hat{\boldsymbol{X}}$、系统接收控制信号的能力，该能力可由矩阵 $\boldsymbol{C}$、控制信号的惩罚 $\boldsymbol{C}_U$ 和权重矩阵 $\boldsymbol{P}$ 确定。对控制的惩罚越大，则信号 $\boldsymbol{U}$ 越小且系统越经济，但系统的精度越差。后者决定小数值 $\boldsymbol{U}$ 引起（4.10）中的小数值 $\dot{\boldsymbol{X}}$，并相应地引起 $\boldsymbol{X}$ 小的针对性变化。如果式（4.10）可很好地接收控制信号 $\boldsymbol{U}$（矩阵 $\boldsymbol{C}$ 具有较大系数），则将控制信号变大是有意义的，因为在此情况下具有较大数值 $\dot{\boldsymbol{X}}$ 并且系统将快速改变其状态 $\boldsymbol{X}$。如果矩阵 $\boldsymbol{C}$ 的系数较小，则不应使用较大的控制信号，因为这将导致在精度增益提升极小

的情况下不合理的能量资源消耗。

矩阵 $\boldsymbol{P}$ 的系数总体上考虑到在式（4.25）中对当前精度和经济性的惩罚（可由矩阵 $\boldsymbol{C}_{x1}$ 和 $\boldsymbol{C}_U$ 确定），由矩阵 $\boldsymbol{F}$ 和 $\boldsymbol{C}$ 决定控制信号的确定性关系和效率。确定性关系的影响表现为下列形式：由于某个状态变量 x_i 引起的功能精度惩罚 c_{xii} 的变化可导致由于与变量 x_i 功能相关的其他变量引起的精度变化。此时，矩阵 $\boldsymbol{P}$ 发生的变化可导致控制信号的变化，并相应地导致系统经济性的变化。

下述情况是式（4.25）~式（4.27）的使用特点，在解黎卡提方程的过程中在 $T \sim t$ 的反向时间内计算式（4.25）的系数，而当时在式（4.27）中它们是用于正向时间内的。应指出，调节器的复杂性主要由式（4.25）方程的个数决定，需求解这些方程是为了确定矩阵 $\boldsymbol{P}$，调节器的复杂性则大幅提高了最优系统本身（式（4.10））的复杂性。并且式（4.10）因此极小的增大可导致在计算矩阵 $\boldsymbol{P}$ 时需求解方程个数的大幅增大。这一现象是很多类型最优系统特有的，它抑制了复杂多维系统应用最优控制算法。但是需要指出，对于稳定系统，可预先计算出仅由先验信息确定的矩阵 $\boldsymbol{P}$。因此，可预先计算出用于式（4.27）的系数 $-\boldsymbol{C}_U^{-1}\boldsymbol{C}^{\mathrm{T}}\boldsymbol{P}$，其数量可由大小 $r \times n$ 确定。后一情况允许实质性在实践中简化使用式（4.27）的过程。

对当前精度和最终精度指定不同惩罚 $\boldsymbol{C}_{x1}$ 和 $\boldsymbol{C}_{T1}$ 允许在综合电子系统的不同工作阶段上实现不同程度的误差，如此可保证控制端在非常小的能量消耗下达到要求的精度。

如果在式（4.10）中具有需进行测量或估计的扰动 $\boldsymbol{W}_x$，则在式（4.25）~式（4.27）算法框架内可对其进行有效补偿。为此需要扩大状态矢量 $\boldsymbol{X}$，将扰动模型列入状态矢量 $\boldsymbol{X}$ 中。但这将使控制定律复杂化。文献［5］中列出了一种算法，它允许在不扩大状态矢量的条件下将于下列规定部分：

$$\dot{\boldsymbol{X}}_y(t) = \boldsymbol{F}_y(t)\boldsymbol{X}_y(t) + \boldsymbol{C}_y(t)\boldsymbol{U}(t) + \boldsymbol{W}_y(t) \tag{4.28}$$

用于处理下列过程：

$$\dot{\boldsymbol{X}}_{\text{тр}}(t) = \boldsymbol{F}_{\text{тр}}(t)\boldsymbol{X}_{\text{тр}}(t) + \boldsymbol{W}_{\text{тр}}(t) \tag{4.29}$$

在测量式（4.11）和 $\boldsymbol{W}_y$ 下，形成根据泛函数最小值（式（4.12））最优的控制信号：

$$\boldsymbol{U} = -\boldsymbol{C}_U^{-1}\boldsymbol{C}_y^{\mathrm{T}}[\boldsymbol{P}_y(t)\hat{\boldsymbol{X}}_y + \hat{\rho}(t)] \tag{4.30}$$

$$\dot{\boldsymbol{P}}_y(t) = -\boldsymbol{C}_x + \boldsymbol{F}_y^{\mathrm{T}}\boldsymbol{P}_y(t) - \boldsymbol{P}_y(t)\boldsymbol{F}_y + \boldsymbol{P}_y(t)\boldsymbol{C}_y\boldsymbol{C}_U^{-1}\boldsymbol{C}_y^{\mathrm{T}}\boldsymbol{P}_y(t) \tag{4.31}$$

$$\dot{\hat{\rho}}_y(t) = -\boldsymbol{C}_x\hat{\boldsymbol{X}}_{\text{тр}} + [\boldsymbol{P}_y(t)\boldsymbol{C}_y\boldsymbol{C}_U^{-1}\boldsymbol{C}_y^{\mathrm{T}} - \boldsymbol{F}_y^{\mathrm{T}}]\hat{\rho}_y(t) - P_y(t)W_y \tag{4.32}$$

$$\boldsymbol{P}_y(t) = \boldsymbol{C}_T;\hat{\rho}_y(T) = -\boldsymbol{C}_T\hat{\boldsymbol{X}}_{\text{тр}}(T) \tag{4.33}$$

应指出，当求解式（4.30）~式（4.33）所需的方程数非常少时，该算法需要解决更复杂的边界值问题。这种复杂化是由于需在反向时间内解式（4.32）引起的。

在离散时间内，状态和观测方程具有下列形式：

$$\boldsymbol{X}(k) = \boldsymbol{\Phi}(k,k-1)\boldsymbol{X}(k-1) + \boldsymbol{C}(k-1)\boldsymbol{U}(k-1) + \boldsymbol{W}_x(k-1) \tag{4.34}$$

$$\boldsymbol{X}(k) = \begin{bmatrix} \boldsymbol{X}_{\text{тр}}(k) \\ \boldsymbol{X}_y(k) \end{bmatrix}, \boldsymbol{\Phi}(k,k-1) = \begin{vmatrix} \boldsymbol{\Phi}_{\text{тр}}(k,k-1) & \boldsymbol{0}_1 \\ \boldsymbol{0}_2 & \boldsymbol{\Phi}_y(k,k-1) \end{vmatrix} \tag{4.35}$$

$$\boldsymbol{C}(k-1) = \begin{bmatrix} \boldsymbol{0}_3 \\ \boldsymbol{C}_y(k-1) \end{bmatrix}, \boldsymbol{W}_x(k-1) = \begin{bmatrix} \boldsymbol{W}_{\text{тр}}(k-1) \\ \boldsymbol{W}_y(k-1) \end{bmatrix},$$

$$\boldsymbol{Z}(k) = \boldsymbol{H}(k)\boldsymbol{X}(k) + \boldsymbol{N}_z(k) \tag{4.36}$$

式中：$\boldsymbol{\Phi}(k,k-1)$ 为转换（基本）矩阵；$\boldsymbol{\Phi}_{\text{тр}}(k,k-1)$ 和 $\boldsymbol{\Phi}_y(k,k-1)$ 分别为与式（4.28）~式（4.29）类似的所要求过程和控制过程的转换矩阵；$\boldsymbol{0}_1 \sim \boldsymbol{0}_3$ 为相应大小的零矩阵。此时，列托夫－卡尔曼准则可用下列关系式描述：

$$c_{xU} = \boldsymbol{M}_y\left\{\boldsymbol{X}^{\mathrm{T}}(k)\boldsymbol{C}_{T1}\boldsymbol{X}(k) + \sum_{i=1}^{k-1}\left[\boldsymbol{X}^{\mathrm{T}}(i)\boldsymbol{C}_{x1}\boldsymbol{X}(i) + \boldsymbol{U}^{\mathrm{T}}(i)\boldsymbol{C}_U\boldsymbol{U}(i)\right]\right\} \tag{4.37}$$

分离定理对于离散控制问题也是适用的，随机控制系统的综合可分解为最优确定性控制系统和滤波系统（形成状态矢量估计）。与前面所述类似，使用贝尔曼离散方程[9]可得出最优离散控制算法：

$$\boldsymbol{U}(k-1) = -\boldsymbol{K}_U(k-1)\boldsymbol{X}(k/k-1) \tag{4.38}$$

式中

$$\begin{aligned}\boldsymbol{K}_U(k-1) = {} & \left[\boldsymbol{C}_U + \boldsymbol{C}^{\mathrm{T}}(k-1)\boldsymbol{P}(k)\boldsymbol{C}(k-1)\right]^{-1} \\ & \boldsymbol{C}^{\mathrm{T}}(k-1)\boldsymbol{P}(k)\boldsymbol{\Phi}(k,k-1)\end{aligned} \tag{4.39}$$

其中

$$\boldsymbol{X}(k/k-1) = \boldsymbol{\Phi}(k,k-1)\hat{\boldsymbol{X}}(k-1) + \boldsymbol{C}(k-1)\boldsymbol{U}(k-1) \tag{4.40}$$

$\hat{\boldsymbol{X}}(k)$ 为最优估计；$\boldsymbol{P}(k)$ 为满足下列方程的矩阵：

$$\begin{aligned}\boldsymbol{P}(k-1) = {} & \boldsymbol{\Phi}^{\mathrm{T}}(k,k-1)\boldsymbol{P}(k)\boldsymbol{\Phi}(k,k-1) - \\ & \boldsymbol{C}_{x1}^{\mathrm{T}}(k-1)\left[\boldsymbol{C}_U + \boldsymbol{C}^{\mathrm{T}}(k-1)\boldsymbol{P}(k)\boldsymbol{C}(k-1)\right]\boldsymbol{C}_{x1}(k-1)\end{aligned} \tag{4.41}$$

该方程具有下述边界条件：

$$\boldsymbol{P}(k_T) = \boldsymbol{C}_{T1} \tag{4.42}$$

在式（4.25）~式（4.27）分析过程中得出的所有结论对于式（4.38）~式（4.42）是有意义的。

4.2.2 应用实例

在不存在整形噪声的条件下，以“空对空”导弹雷达自导头的跟踪测角仪和机载雷达为例研究在计算方面经济的控制算法（式（4.30）~式（4.33））的使用方案。为了使用这一算法，必须具有状态模型（式（4.28）、式（4.29））和质量泛函数（式（4.12））。

实现空间选择和连续跟踪高机动目标的必要性要求应知道目标的角位置、瞄准线（ЛВ）的角速度和角加速度。在最简单的情况下，在垂直平面内这些状态变量之间的关系（图4.2）可用下列关系式确定：

$$\begin{cases}\dot{\varphi}_{цв}=\omega_{цв}, & \varphi_{цв}(0)=\varphi_{цв0}\\ \dot{\omega}_{цв}=j_{цв}, & \omega_{цв}(0)=\omega_{цв0}\end{cases} \tag{4.43}$$

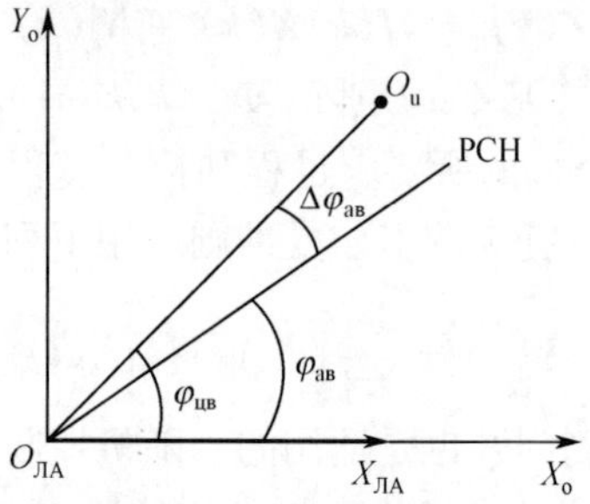

图4.2　在垂直平面内状态变量之间的关系

在图4.2中：点 $O_{ЛА}$ 和 $O_{Ц}$ 分别为雷达载体飞行器（雷达自导头）和目标的位置；$O_{ЛА}X_{ЛА}$ 为飞行器的纵轴；РСН 为天线方向图（ДН）的等强信号方向；$\varphi_{цв}$、$\varphi_{ав}$ 为目标方位角和等强信号方向的位置角（天线转动角）。

包含积分仪和惯性环节的典型天线传动装置的方程具有下列形式[4]：

$$\begin{cases}\dot{\varphi}_{ав}=\omega_{ав}, & \varphi_{ав}(0)=\varphi_{вз}\\ \dot{\omega}_{ав}=-\dfrac{1}{T_{пр}}\omega_{ав}+\dfrac{k_{пр}}{T_{пр}}u_{\omega}, & \omega_{ав}(0)=\omega_{вз}\end{cases} \tag{4.44}$$

式中：$\omega_{ав}$ 为天线转动角速度；$k_{пр}$ 和 $T_{пр}$ 为传动装置的传递系数和时间常数。

根据式（4.43）和式（4.44），综合问题可用下列方式表述：对于用来跟踪过程动态（式（4.43））的天线传动装置（式（4.44）），需得出根据质量泛函数最小值最优的控制信号 $\boldsymbol{U}_{\omega}$。

$$c_{xU}=\int_0^{T}\left\{\begin{bmatrix}\varphi_{цв}-\varphi_{ав}\\ \omega_{цв}-\omega_{ав}\end{bmatrix}\begin{bmatrix}c_{\varphi} & 0\\ 0 & c_{\omega}\end{bmatrix}\begin{bmatrix}\varphi_{цв}-\varphi_{ав}\\ \omega_{цв}-\omega_{ав}\end{bmatrix}+u_{\omega}^{2}c_{U}\right\}dt \tag{4.45}$$

泛函数最小值是在控制结束时刻对精度没有任何要求的条件下根据式（4.12）得出的。

使式（4.43）、式（4.44）与式（4.29）、式（4.28）相对应，并使式

（4.45）与式（4.12）相对应，可得：

$$
\begin{gathered}
\boldsymbol{X}_y = \begin{bmatrix} \varphi_{\text{ав}} \\ \omega_{\text{ав}} \end{bmatrix} \\
\boldsymbol{F}_y = \begin{bmatrix} 0 & 1 \\ 0 & -\dfrac{1}{T_{\text{пр}}} \end{bmatrix} \\
\boldsymbol{C}_y = \begin{bmatrix} 0 \\ \dfrac{k_{\text{пр}}}{T_{\text{пр}}} \end{bmatrix} \\
\boldsymbol{U} = u_\omega \\
\boldsymbol{X}_{\text{тр}} = \begin{bmatrix} \varphi_{\text{цв}} \\ \omega_{\text{цв}} \end{bmatrix} \\
\boldsymbol{F}_{\text{тр}} = \begin{bmatrix} 0 & 1 \\ 0 & 0 \end{bmatrix} \\
\boldsymbol{C}_{\text{тр}} = \begin{bmatrix} 0 & 0 \\ 0 & 0 \end{bmatrix} \\
\boldsymbol{C}_x = \begin{bmatrix} c_\varphi & 0 \\ 0 & c_\omega \end{bmatrix} \\
\boldsymbol{C}_U = c_U \\
\boldsymbol{P}_y = \begin{bmatrix} p_\varphi & p_{\varphi\omega} \\ p_{\omega\varphi} & p_\omega \end{bmatrix} \\
\boldsymbol{\rho}_y = \begin{bmatrix} p_\varphi \\ p_\omega \end{bmatrix}
\end{gathered}
\tag{4.46}
$$

式中：矩阵 $\boldsymbol{P}_y$ 和矢量 $\boldsymbol{\rho}_y$ 以一般形式列出。

考虑到式（4－46）并根据式（4.30）~式（4.33），可得：

$$
\begin{aligned}
u_\omega &= c_U^{-1}\begin{bmatrix} 0 & \dfrac{k_{\text{пр}}}{T_{\text{пр}}} \end{bmatrix}\left\{\begin{bmatrix} p_\varphi & p_{\varphi\omega} \\ p_{\omega\varphi} & p_\omega \end{bmatrix}\begin{bmatrix} \varphi_{\text{ав}} \\ \omega_{\text{ав}} \end{bmatrix} + \begin{bmatrix} \rho_\varphi \\ \rho_\omega \end{bmatrix}\right\} \\
&= -\frac{k_{\text{пр}} p_{\omega\varphi}}{T_{\text{пр}} c_U}\varphi_{\text{ав}} - \frac{k_{\text{пр}} p_\omega}{T_{\text{пр}} c_U}\omega_{\text{ав}} - \frac{k_{\text{пр}}}{T_{\text{пр}} c_U}\rho_\omega
\end{aligned}
\tag{4.47}
$$

$$
\dot{p}_\varphi = -c_\varphi + \frac{p_{\varphi\omega}^2 k_{np}^2}{T_{np}^2 c_U}, p_\varphi(T) = 0 \tag{4.48}
$$

$$
\dot{p}_{\varphi\omega} = \dot{p}_{\omega\varphi} = -p_\varphi + \left(\frac{1}{T_{np}} + \frac{p_\omega k_{np}^2}{T_{np}^2 c_U}\right)p_{\varphi\omega}, p_{\varphi\omega}(T) = 0 \tag{4.49}
$$

$$\dot{p}_{\omega} = -c_{\omega} - 2p_{\varphi\omega} + \left(\frac{2}{T_{np}} + \frac{p_{\omega}k_{np}^2}{T_{np}^2 c_U}\right)p_{\omega}, p_{\omega}(T) = 0 \tag{4.50}$$

$$\dot{\rho}_{\omega} = c_{\omega}\varphi_{\text{цв}} + \frac{p_{\varphi\omega}k_{\text{пр}}^2}{T_{\text{пр}}^2 c_U}p_{\omega}, \rho_{\varphi}(T) = 0 \tag{4.51}$$

$$\dot{\rho}_{\omega} = c_{\omega}\omega_{\text{цв}} - \rho_{\varphi} + \left(\frac{1}{T_{\text{пр}}} + \frac{p_{\omega}k_{\text{пр}}^2}{T_{\text{пр}}^2 c_U}\right)\rho_{\omega}, \rho_{\omega}(T) = 0 \tag{4.52}$$

在推导式（4.47）~式（4.52）时，应考虑到矩阵 $\boldsymbol{P}_y$ 为对称矩阵。

应指出，在大多数情况下没有对跟踪系统提出在控制终点精度的特殊要求，因此在形成控制信号（4.47）时可使用在稳定状态下的式（4.48）~式（4.52）的解，此时：

$$p_{\varphi} = \text{const}, p_{\varphi\omega} = \text{const}, p_{\omega\varphi} = \text{const}, p_{\omega} = \text{const} \tag{4.53}$$

求解关于在式（4.47）中使用 $p_{\varphi\omega}$、p_{ω} 和 ρ_{ω} 的方程组（式（4.48）~式（4.52））时，可得出下列关系式：

$$u_{\omega} = k^{\varphi}(\varphi_{\text{цв}} - \varphi_{\text{ав}}) + k^{\omega}(\omega_{\text{цв}} - \omega_{\text{ав}}) + k_k^{\omega}\omega_{\text{цв}} \tag{4.54}$$

式中

$$k^{\varphi} = \sqrt{\frac{c_{\varphi}}{c_U}}, k^{\omega} = \frac{k_{\text{пр}}p_{\omega}}{T_{\text{пр}}c_U}, k_k^{\omega} = \frac{1}{k_{\text{пр}}} - \text{常系数} \tag{4.55}$$

通过分析式（4.54）、式（4.55），可做出下列结论。

形成的控制信号不仅考虑到角误差（普通测角仪中也发生这种情况），还考虑到角速度误差和角速度本身的校正信号。在式（4.54）中的后两个被加数与传动装置中的加速环节和根据角速度的附加反馈是相对应的。

误差权重和 $\omega_{\text{цв}}$ 校正信号的权重取决于初始传动装置的参数（$k_{\text{пр}}$、$T_{\text{пр}}$）及对其提出的精度和经济性要求（c_{φ}、c_U）。

通过计算控制信号中的 $\omega_{\text{цв}}$，控制信号可与应用条件自适应。此时，可推测在 $\dot{\omega}_{\text{цв}} \neq 0$ 情况下传动装置将有效地发挥功能。

在确定被加数（它们考虑到角速度和根据角速度的跟踪误差）的权重时，在控制定律中使用由 $k_{\text{пр}}$ 和 $T_{\text{пр}}$ 数值确定的对传动装置快速动作的实际限制。

上述算法非常简单，并且对其实现的可能性没有施加任何限制。

跟踪过程（式（4.43））和传动装置（式（4.44））控制形成程序（式（4.54）、式（4.55））的所述模型表明，在速度和角速度可能值的所有范围内和在其根据符号的任意组合下，研制的跟踪回路能以较高精度处理根据角度和角速度截获目标的误差（图 4.3）。

高机动目标的跟踪精度和稳定性（在（4.43）中 $j_{\text{цв}} \neq 0$）可由角度和角速

度跟踪相对误差的变化图说明，如图 4.4 所示，在图中给出了形成传动装置控制信号 3 种可能方案下的误差，图中：实线表示 $u_{\omega} = k^{\phi}(\phi_{цв} - \phi_{ав}) + k^{\omega}(\omega_{цв} - \omega_{ав}) + k_k^{\omega}\omega_{цв}$；虚线表示 $u_{\omega} = k^{\phi}(\phi_{цв} - \phi_{ав}) + k^{\omega}(\omega_{цв} - \omega_{ав})$；点划线表示 $u_{\omega} = k^{\phi}(\phi_{цв} - \phi_{ав})$。

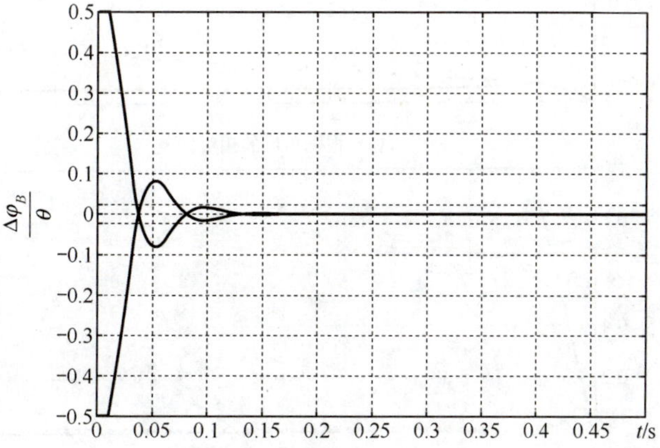

(a) 根据角度的相对误差

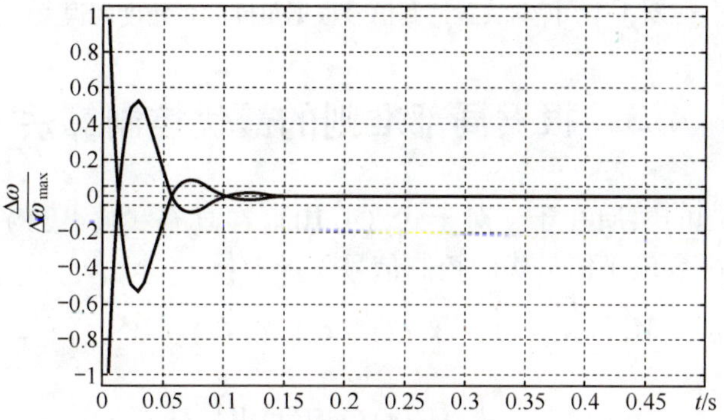

(b) 根据角速度的相对误差

图 4.3　研制的跟踪回路处理根据角度和角速度截获目标的误差

由图可知，当用传统测角仪（在测角仪中传动装置控制仅在角度误差的基础上形成）跟踪高机动目标时（点划线），将非常快速地发生跟踪中断。

在控制定律中，根据角度和角速度的误差（虚线）的测角仪中，跟踪误差的增长非常慢，但仍旧存在中断的威胁。在校正信号影响 $\omega_{цв}/k_{пр}$ 的测角仪中，可保证在角加速度的所有实际变化范围内高精度稳定的跟踪。

在结论中应当指出，使用列托夫－卡尔曼提法中最优的控制算法可保证在较广的功能运行条件变化范围内最优系统高精度、稳定地发挥功能。

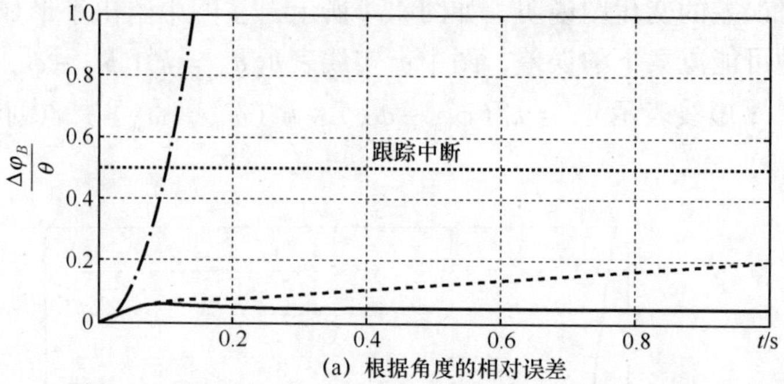

(a) 根据角度的相对误差

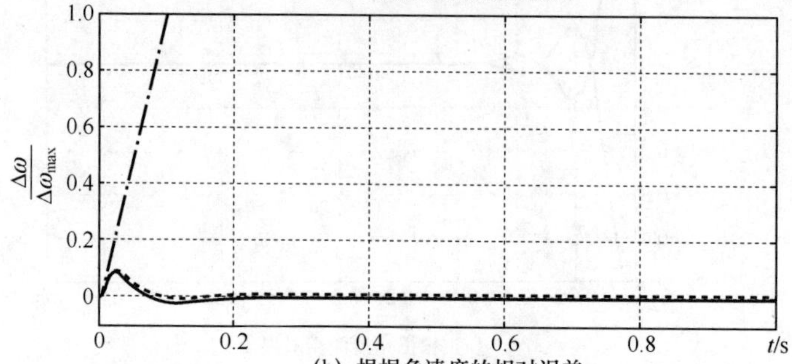

(b) 根据角速度的相对误差

图 4.4　传动装置控制信号根据角度和角速度的误差

4.3　根据局部准则的最优控制算法

所解决问题的实质在于，对于式（4.10）在具有式（4.11）时需要得出根据局部质量泛函数最小值最优的控制信号矢量 $\boldsymbol{U}$：

$$c_{xU} = \boldsymbol{M}_y\Big\{[\boldsymbol{X}_{\text{тр}}(t) - \boldsymbol{X}_y(t)]^{\mathrm{T}}\boldsymbol{C}_T[\boldsymbol{X}_{\text{тр}}(t) - \boldsymbol{X}_y(t)] + \int_{t_0}^{t}\boldsymbol{U}^{\mathrm{T}}(t)\boldsymbol{C}_U\boldsymbol{U}(t)\,\mathrm{d}t\Big\} \tag{4.56}$$

由于式（4.56）是式（4.12）在 $\boldsymbol{C}_x=0$ 和 $T=t$ 条件下的特例，则 $\boldsymbol{U}$ 的变化定律可由式（4.27）描述。应注意，在式（4.56）中每个时刻 t 与控制的可能结束时刻 T 相等。此时，在式（4.27）中矩阵 $\boldsymbol{P}$ 将由式（4.26）确定：

$$P(T)_{\mid T=t} = \boldsymbol{C}_{T1} \tag{4.57}$$

将式（4.10（a））、式（4.15）和式（4.57）代入式（4.27），可得：

$$\boldsymbol{U} = -\boldsymbol{C}_U^{-1}\boldsymbol{C}^{\mathrm{T}}\boldsymbol{C}_{T1}\hat{\boldsymbol{X}} = -\boldsymbol{C}_U^{-1}[\boldsymbol{0}_3 \quad \boldsymbol{C}_y^{\mathrm{T}}]\begin{bmatrix}\boldsymbol{C}_T & -\boldsymbol{C}_T\\ -\boldsymbol{C}_T & \boldsymbol{C}_T\end{bmatrix}\begin{bmatrix}\hat{\boldsymbol{X}}_T\\ \hat{\boldsymbol{X}}_y\end{bmatrix}$$

$$= \boldsymbol{C}_U^{-1}\boldsymbol{C}_y^{\mathrm{T}}\boldsymbol{C}_T[\hat{\boldsymbol{X}}_{\text{тр}} - \hat{\boldsymbol{X}}_y] \tag{4.58}$$

用与式（4.34）类似的方式，在具有观测（式（4.36））时在泛函数最小化的过程中：

$$c_{xU} = \boldsymbol{X}^{\mathrm{T}}(k)\boldsymbol{C}_{\tau 1}\boldsymbol{X}(k) + \boldsymbol{U}^{\mathrm{T}}(k)\boldsymbol{C}_{U}\boldsymbol{U}(k) \tag{4.59}$$

可形成控制信号[6]：

$$\boldsymbol{U}(k-1) = -\boldsymbol{K}_{U}(k-1)\hat{\boldsymbol{X}}(k/k-1) \tag{4.60}$$

$$\boldsymbol{K}_{U}(k-1) = [\boldsymbol{C}_{U} + \boldsymbol{C}^{\mathrm{T}}(k-1)\boldsymbol{C}_{\tau 1}\boldsymbol{C}(k-1)]^{-1} \boldsymbol{C}^{\mathrm{T}}(k-1)\boldsymbol{\Phi}^{\mathrm{T}}(k,k-1)\boldsymbol{C}_{\tau 1} \tag{4.61}$$

将式（4.61）代入式（4.60），考虑到式（4.35）、式（4.15），可得

$$\boldsymbol{U}(k-1) = [\boldsymbol{C}_{U} + \boldsymbol{C}_{y}^{\mathrm{T}}(k-1)\boldsymbol{C}_{\tau}\boldsymbol{C}_{y}(k-1)]^{-1}\boldsymbol{C}_{y}^{\mathrm{T}}(k-1)\boldsymbol{C}_{\tau 1} \times [\boldsymbol{\Phi}_{\mathrm{rp}}(k,k-1)\hat{\boldsymbol{X}}_{\mathrm{rp}}(k-1) - \boldsymbol{\Phi}_{y}(k,k-1)\hat{\boldsymbol{X}}_{y}(k-1)] \tag{4.62}$$

根据矩阵 $\boldsymbol{P} = \boldsymbol{C}_{\tau 1}$ 的计算特点，针对式（4.27）和式（4.38）做出的结论对于式（4.57）和式（4.60）~式（4.62）也是正确的，但需要一些修正和补充。

最优系统对于所有的状态可控变量 $x_{yi}(i=\overline{1,n})$ 是一个带负反馈的结构。这证明其高度稳定性和对于参数保持精度和功能条件更换的较小灵敏度。

在式（4.58）和式（4.62）中控制信号不是由系统状态，而是由当前控制误差 $\hat{\boldsymbol{X}}_{\mathrm{rp}} - \hat{\boldsymbol{X}}_{y}$ 决定的。

没有矩阵 $\boldsymbol{P}$ 的繁琐计算对于式（4.58）和式（4.62）非常有利，这使其计算程序非常简单并在实践中得到广泛应用，而在式（4.25）~式（4.27）、式（4.38）~式（4.42）中却具有繁琐的计算。但是，当失去确定性联系（由于考虑到式（4.25）和式（4.41）中的矩阵 $\boldsymbol{F}$ 和 $\boldsymbol{\Phi}$）时，式（4.58）和式（4.62）则不那么适应于使用条件。此外，泛函数式（4.56）和式（4.59）最小化在每个当前时刻假定与式（4.27）和式（4.38）相比，式（4.58）和式（4.62）的经济性较差。

在导向空中和地面目标的过程中对飞行器的航迹控制算法进行综合时，根据式（4.58）使用局部最小化的示例参见4.8.2和4.8.3节。

4.4 在离散系统局部最优时计算可测扰动

在一些实际问题中，要求在控制定律中对影响综合电子系统或其组成部件的可测扰动进行计算。应当指出，在离散系统控制定律中这类扰动的现有计算算法非常复杂，因此，需要扩大初始状态矢量（通过向状态矢量中加入待计算的扰动）[3]，或者导致求解两点边值问题的复杂化[5]。

下列列出根据局部质量泛函数最小值最优的线性离散系统的控制定律，其中在不扩大状态矢量的情况下对可测扰动进行计算。

从数学角度看，可以下列方式表述本问题。对于离散系统：

$$\boldsymbol{X}_y(k) = \boldsymbol{\Phi}_y(k,k-1)\boldsymbol{X}_y(k-1) + \boldsymbol{C}_y(k-1)\boldsymbol{U}(k) + \boldsymbol{W}_{yи}(k-1) + \boldsymbol{W}_y(k-1) \tag{4.63}$$

它用于处理下列过程：

$$\boldsymbol{X}_{тр}(k) = \boldsymbol{\Phi}_{тр}(k,k-1)\boldsymbol{X}_{тр}(k-1) + \boldsymbol{W}_{тр}(k-1) \tag{4.64}$$

要求得出控制信号矢量 $\boldsymbol{U}$，它根据局部泛函数最小值标准是最优的：

$$c_{x\boldsymbol{U}} = \boldsymbol{M}_y\{[\boldsymbol{X}_{тр}(k) - \boldsymbol{X}_y(k)]^{\mathrm{T}}\boldsymbol{C}_T[\boldsymbol{X}_{тр}(k) - \boldsymbol{X}_y(k)] + \boldsymbol{U}^{\mathrm{T}}(k-1)\boldsymbol{C}_U\boldsymbol{U}(k-1)\} \tag{4.65}$$

在式（4.63）~式（4.65）中：$\boldsymbol{X}_y$ 和 $\boldsymbol{X}_{тр}$ 为 n 维状态受控变量和所要求变量的矢量；$\boldsymbol{\Phi}_y$ 和 $\boldsymbol{\Phi}_{тр}$ 为状态的转换矩阵；$\boldsymbol{C}_y$ 为控制效率矩阵；$\boldsymbol{W}_{yи}$ 为可测（已知）扰动矢量；$\boldsymbol{W}_y$ 和 $\boldsymbol{W}_{тр}$ 为具有已知方差矩阵的不可测高斯扰动的矢量；$\boldsymbol{C}_T$ 为 $\boldsymbol{X}_y$ 与 $\boldsymbol{X}_T$ 近似准确性惩罚的非负定矩阵；$\boldsymbol{C}_U$ 为经济性惩罚的正定矩阵。

根据统计等效理论，在具有高斯噪声的线性初始模型和二次质量泛函数中，在将状态变量替换为其最优估计的条件下，统计调节器等效于确定性调节器。

此时，将式（4.63）和式（4.64）代入式（4.65）中，在 $\boldsymbol{W}_y=0$ 和 $\boldsymbol{W}_{тр}=0$ 的条件下可得

$$c_{x\boldsymbol{U}} = \{[\boldsymbol{\Phi}_{тр}(k,k-1)\boldsymbol{X}_{тр}(k-1) - (\boldsymbol{\Phi}_y(k,k-1)\boldsymbol{X}_y(k-1) + \boldsymbol{C}_y\boldsymbol{U}(k-1) + \boldsymbol{W}_{yи}(k-1))]^{\mathrm{T}}\boldsymbol{C}_T[\boldsymbol{\Phi}_{тр}(k,k-1)\boldsymbol{X}_{тр}(k-1) - (\boldsymbol{\Phi}_y(k,k-1)\boldsymbol{X}_y(k-1) + \boldsymbol{C}_y\boldsymbol{U}(k-1) + \boldsymbol{W}_{yи}(k-1))] + \boldsymbol{U}^{\mathrm{T}}(k-1)\boldsymbol{C}_U\boldsymbol{U}(k-1)\}$$

为了简化，略去矢量和矩阵与离散步数的关系，可得

$$\begin{aligned} c_{x\boldsymbol{U}} = {} & \boldsymbol{X}_{тр}^{\mathrm{T}}\boldsymbol{\Phi}_{тр}^{\mathrm{T}}\boldsymbol{C}_T\boldsymbol{\Phi}_{тр}\boldsymbol{X}_{тр} - \boldsymbol{X}_y^{\mathrm{T}}\boldsymbol{\Phi}_y^{\mathrm{T}}\boldsymbol{C}_T\boldsymbol{\Phi}_{тр}\boldsymbol{X}_{тр} - \boldsymbol{U}^{\mathrm{T}}\boldsymbol{C}_y^{\mathrm{T}}\boldsymbol{C}_T\boldsymbol{\Phi}_{тр}\boldsymbol{X}_{тр} - \\ & \boldsymbol{W}_{yи}^{\mathrm{T}}\boldsymbol{C}_T\boldsymbol{\Phi}_{тр}\boldsymbol{X}_{тр} - \boldsymbol{X}_{тр}^{\mathrm{T}}\boldsymbol{\Phi}_{тр}^{\mathrm{T}}\boldsymbol{C}_T\boldsymbol{\Phi}_y\boldsymbol{X}_y + \boldsymbol{X}_y^{\mathrm{T}}\boldsymbol{\Phi}_y^{\mathrm{T}}\boldsymbol{C}_T\boldsymbol{\Phi}_y\boldsymbol{X}_y + \boldsymbol{U}^{\mathrm{T}}\boldsymbol{C}_y^{\mathrm{T}}\boldsymbol{C}_T\boldsymbol{\Phi}_y\boldsymbol{X}_y + \\ & \boldsymbol{W}_{yи}^{\mathrm{T}}\boldsymbol{C}_T\boldsymbol{\Phi}_y\boldsymbol{X}_y - \boldsymbol{X}_{тр}^{\mathrm{T}}\boldsymbol{\Phi}_{тр}^{\mathrm{T}}\boldsymbol{C}_T\boldsymbol{C}_y\boldsymbol{U} + \boldsymbol{X}_y^{\mathrm{T}}\boldsymbol{\Phi}_y^{\mathrm{T}}\boldsymbol{C}_T\boldsymbol{C}_y\boldsymbol{U} + \boldsymbol{U}^{\mathrm{T}}\boldsymbol{C}_y^{\mathrm{T}}\boldsymbol{C}_T\boldsymbol{C}_y\boldsymbol{U} + \\ & \boldsymbol{W}_{yи}^{\mathrm{T}}\boldsymbol{C}_T\boldsymbol{C}_y\boldsymbol{U} - \boldsymbol{X}_{тр}^{\mathrm{T}}\boldsymbol{\Phi}_{тр}^{\mathrm{T}}\boldsymbol{C}_T\boldsymbol{W}_{yи} + \boldsymbol{X}_y^{\mathrm{T}}\boldsymbol{\Phi}_y^{\mathrm{T}}\boldsymbol{C}_T\boldsymbol{W}_{yи} + \boldsymbol{U}^{\mathrm{T}}\boldsymbol{C}_y^{\mathrm{T}}\boldsymbol{C}_T\boldsymbol{W}_{yи} + \\ & \boldsymbol{W}_{yи}^{\mathrm{T}}\boldsymbol{C}_T\boldsymbol{W}_{yи} - \boldsymbol{U}^{\mathrm{T}}\boldsymbol{C}_U\boldsymbol{U} = c_{x\boldsymbol{U}1} + \boldsymbol{U}^{\mathrm{T}}\boldsymbol{C}_y^{\mathrm{T}}\boldsymbol{C}_T\boldsymbol{\Phi}_{тр}\boldsymbol{X}_{тр} + \boldsymbol{U}^{\mathrm{T}}\boldsymbol{C}_y^{\mathrm{T}}\boldsymbol{C}_T\boldsymbol{\Phi}_y\boldsymbol{X}_y - \\ & \boldsymbol{X}_{тр}^{\mathrm{T}}\boldsymbol{\Phi}_{тр}^{\mathrm{T}}\boldsymbol{C}_T\boldsymbol{C}_y\boldsymbol{U} + \boldsymbol{X}_y^{\mathrm{T}}\boldsymbol{\Phi}_y^{\mathrm{T}}\boldsymbol{C}_T\boldsymbol{C}_y\boldsymbol{U} + \boldsymbol{U}^{\mathrm{T}}\boldsymbol{C}_y^{\mathrm{T}}\boldsymbol{C}_T\boldsymbol{C}_y\boldsymbol{U} + \\ & \boldsymbol{W}_{yи}^{\mathrm{T}}\boldsymbol{C}_T\boldsymbol{C}_y\boldsymbol{U} + \boldsymbol{U}^{\mathrm{T}}\boldsymbol{C}_y^{\mathrm{T}}\boldsymbol{C}_T\boldsymbol{W}_{yи} + \boldsymbol{U}^{\mathrm{T}}\boldsymbol{C}_U\boldsymbol{U} \end{aligned} \tag{4.66}$$

式中：$c_{x\boldsymbol{U}1}$ 为所有不包含 $\boldsymbol{U}$ 的被加数的总和。

式（4.66）按照 $\boldsymbol{U}^{\mathrm{T}}$ 求微分并使微分结果等于零，可得出式（4.66）的条件：

$$\begin{aligned} & -\boldsymbol{C}_y^{\mathrm{T}}\boldsymbol{C}_T\boldsymbol{\Phi}_{тр}\boldsymbol{X}_T + \boldsymbol{C}_y^{\mathrm{T}}\boldsymbol{C}_T\boldsymbol{\Phi}_y\boldsymbol{X}_y - \boldsymbol{C}_y^{\mathrm{T}}\boldsymbol{C}_T\boldsymbol{\Phi}_{тр}\boldsymbol{X}_{тр} + \boldsymbol{C}_y^{\mathrm{T}}\boldsymbol{C}_T\boldsymbol{\Phi}_y\boldsymbol{X}_y + \\ & 2\boldsymbol{C}_y^{\mathrm{T}}\boldsymbol{C}_T\boldsymbol{C}_y\boldsymbol{U} + \boldsymbol{C}_y^{\mathrm{T}}\boldsymbol{C}_T\boldsymbol{C}_y\boldsymbol{W}_{yи} + \boldsymbol{C}_y^{\mathrm{T}}\boldsymbol{C}_T\boldsymbol{C}_y\boldsymbol{W}_{yи} + 2\boldsymbol{C}_U\boldsymbol{U} \\ = {} & 2\boldsymbol{C}_y^{\mathrm{T}}\boldsymbol{C}_T\boldsymbol{\Phi}_{Tp}\boldsymbol{X}_{тр} + 2\boldsymbol{C}_y^{\mathrm{T}}\boldsymbol{C}_T\boldsymbol{\Phi}_y\boldsymbol{X}_y + 2\boldsymbol{C}_y^{\mathrm{T}}\boldsymbol{C}_T\boldsymbol{\Phi}_y\boldsymbol{X}_y\boldsymbol{U} + 2\boldsymbol{C}_y^{\mathrm{T}}\boldsymbol{C}_T\boldsymbol{C}_y\boldsymbol{W}_{yи} + 2\boldsymbol{C}_U\boldsymbol{U} = 0 \end{aligned}$$

$$[\boldsymbol{C}_y^{\mathrm{T}}\boldsymbol{C}_T\boldsymbol{C}_y + \boldsymbol{C}_U]\boldsymbol{U} = \boldsymbol{C}_y^{\mathrm{T}}\boldsymbol{C}_T[\boldsymbol{\Phi}_{тр}\boldsymbol{X}_{тр} - \boldsymbol{\Phi}_y\boldsymbol{X}_y - \boldsymbol{W}_{yи}]$$

将式（4.64）代入得出的关系式中，可得

$$\boldsymbol{U}(k-1)=[\boldsymbol{C}_y^{\mathrm{T}}\boldsymbol{C}_T\boldsymbol{C}_y+\boldsymbol{C}_U]^{-1}\boldsymbol{C}_y^{\mathrm{T}}\boldsymbol{C}_T\times$$
$$\{\boldsymbol{X}_{\text{тр}}(k)-[\boldsymbol{\Phi}_y(k,k-1)\boldsymbol{X}_y(k-1)+\boldsymbol{W}_{\text{уи}}(k-1)]\}\tag{4.67}$$

在将其状态变量替换为最优估计的条件下，所得的确定性控制定律(式（4.67)）对于随机系统（式（4.63）、式（4.64））也是正确的。此时：

$$\boldsymbol{U}(k-1)=\boldsymbol{K}_{Uy}\{\hat{\boldsymbol{X}}_{\text{тр}}(k)-[\boldsymbol{\Phi}_y(k,k-1)\hat{\boldsymbol{X}}_y(k-1)+\boldsymbol{W}_{\text{уи}}(k-1)]\}\tag{4.68}$$

式中

$$\boldsymbol{K}_{Uy}=[\boldsymbol{C}_y^{\mathrm{T}}\boldsymbol{C}_T\boldsymbol{C}_y+\boldsymbol{C}_U]^{-1}\boldsymbol{C}_y^{\mathrm{T}}\boldsymbol{C}_T\tag{4.69}$$

通过分析式（4.68）和式（4.69）可得出下列结论：

与下列误差成比例的控制信号为

$$\hat{\boldsymbol{X}}_{\text{тр}}(k)-(\boldsymbol{\Phi}_y(k,k-1)\hat{\boldsymbol{X}}_y(k-1)+\boldsymbol{W}_{\text{уи}}(k-1))$$

可精确到被加数 $\boldsymbol{W}_{\text{уи}}$，与式（4.62）相一致。

在得出的控制信号中极简单地考虑了可测扰动，此时不要求扩大状态矢量和求解复杂的两点边值问题。

在4.5.2节研究了一个在综合电子系统的综合法实践中使用控制定律（式（4.68)、式（4.69））的可能方案，此时控制定律用来获取线性滤波程序对功能运行条件变化的简化自适应算法。

4.5 自适应滤波算法

在第3章中研究的最优估计算法的特点是算法的精度和稳定性指标取决于功能运行条件是否与作为综合法基础的模型相符。同时，综合电子系统的一个功能特点是先验信息的高度不确定性，这是由于在飞行过程中飞行器的参数变化、其机动、存在各种类型的无线电干扰等因素引起的。在此条件下，上述最优线性估计算法发挥作用的精度比由滤波误差先验方差确定的更差，或者由于发生滤波过程发散完全丧失稳定性。因此，能够减小上述缺点影响的一个方法是使用自适应滤波算法[7,8]。使用自适应程序可通过改变（复杂化）滤波器结构或估计其参数的方式使滤波算法与功能运行条件相适应。目前，众所周知，有大量的自适应程序[7,8]，其中最常用的包括：状态变量和模型参数（作为综合法的基础）联合估计程序[10]，多通道自适应滤波，以滤波系统参数调节为基础的滑动自适应算法。下面介绍最简单且实践中经常使用的仅以闭合差增益系数自动校正为基础的仅以预测结果校正为基础的自适应算法。

4.5.1 闭合差增益系数校正的自适应滤波算法

通过自动校正闭合差增益系数的方式可保证滤波器适应性的一个简单、有效的方法是使用卡尔曼滤波器的 S 改型[5]。该方法的实质在于，当功能运行条件与状态模型相符时，滤波器根据通用算法进行工作。如果功能运行条件与在滤波器综合时使用的模型不相符，则自动改变闭合差的增益系数：

$$\Delta \boldsymbol{Z}(k) = \boldsymbol{Z}(k) - \boldsymbol{H}(k)\boldsymbol{X}_{э}(k/k-1) \tag{4.70}$$

根据下列规则改变外推误差的方差矩阵：

$$\boldsymbol{P}(k,k-1) = S\boldsymbol{\Phi}(k,k-1)\boldsymbol{P}(k-1)\boldsymbol{\Phi}^{\mathrm{T}}(k,k-1) + \boldsymbol{R}_{W}(k-1) \tag{4.71}$$

式中：S 为权重系数，可根据式（4.70）的分析结果计算。

在式（4.70）的基础上，在满足下列条件时做出关于 $\mathrm{P}(k/k-1)$ 变化的决定[5]：

$$\begin{aligned}\Delta \boldsymbol{Z}^{\mathrm{T}}(k)\Delta \boldsymbol{Z}(k) &\geqslant \mathrm{tr}\{M\Delta \boldsymbol{Z}(k)\Delta \boldsymbol{Z}^{\mathrm{T}}(k)\} = \mathrm{tr}\{M[\boldsymbol{H}(k)(\boldsymbol{X}(k) - \\ &\quad \boldsymbol{X}(k/k-1) + \boldsymbol{N}_{z})]\}[\boldsymbol{H}(k)(\boldsymbol{X}(k) - \boldsymbol{X}(k/k-1) + \boldsymbol{N}_{z})]^{\mathrm{T}} \\ &= \mathrm{tr}\{\boldsymbol{H}(k)P(k/k-1)\boldsymbol{H}^{\mathrm{T}}(k) + \boldsymbol{R}(k)\}\end{aligned} \tag{4.72}$$

式中：tr 为矩阵迹，$\boldsymbol{R}_{W}$ 和 $\boldsymbol{R}$ 分别为整形噪声和观测噪声的相关矩阵（见 3.1 节）。

当功能运行条件发生实质性发生变化时，估计 $\hat{\boldsymbol{X}}$ 与 $\boldsymbol{X}$ 实际值的偏差将增大。此时，式（4.70）中的观测预测 $\boldsymbol{H}(k)\boldsymbol{X}(k/k-1)$ 将与观测结果 $\boldsymbol{Z}(k)$ 有较大区别。因此，式（4.72）左侧部分的均方闭合差的总和将表示实际的滤波误差，同时右侧部分可确定在先验信息基础上得出的更新过程的理论精度。如果满足式（4.72）的条件，则实际滤波误差超出理论上的计算误差。因此，从这个时刻开始应校正闭合差增益系数的矩阵。

将式（4.71）代入式（4.72），可得出下列等式：

$$\begin{aligned}\mathrm{tr}[\Delta \boldsymbol{Z}(k)\Delta \boldsymbol{Z}^{\mathrm{T}}(k)] &= \{\boldsymbol{H}(k)[S(k)\boldsymbol{\Phi}(k,k-1)\boldsymbol{P}(k-1)\boldsymbol{\Phi}^{\mathrm{T}}(k,k-1) + \\ &\quad \boldsymbol{R}_{W}(k-1)]\boldsymbol{H}^{\mathrm{T}}(k) + \boldsymbol{R}(k)\} = S(k)\mathrm{tr}\{\boldsymbol{H}(k)\boldsymbol{\Phi}(k,k-1)\boldsymbol{P}(k-1) \times \\ &\quad \boldsymbol{\Phi}^{\mathrm{T}}(k,k-1)\boldsymbol{H}^{\mathrm{T}}(k)\} + \mathrm{tr}[\boldsymbol{H}(k)\boldsymbol{R}_{W}(k-1)\boldsymbol{H}^{\mathrm{T}}(k) + \boldsymbol{R}(k)]\end{aligned}$$

由此可得

$$S(k) = \frac{\mathrm{tr}[\Delta \boldsymbol{z}(k)\Delta \boldsymbol{z}^{\mathrm{T}}(k) - \boldsymbol{H}(k)\boldsymbol{R}_{W}(k-1)\boldsymbol{H}^{\mathrm{T}}(k) - \boldsymbol{R}_{И}(k)]}{\mathrm{tr}[\boldsymbol{H}(k)\boldsymbol{\Phi}(k,k-1)\boldsymbol{P}(k-1)\boldsymbol{\Phi}^{\mathrm{T}}(k,k-1)\boldsymbol{H}^{\mathrm{T}}(k)]} \tag{4.73}$$

在估计算法中使用式（4.71）、式（4.73）能使滤波器与功能条件的变化相适应。系数 $S(k)$ 增大与适应的开始时刻相等，该时刻根据式（4.72）左侧部分对于右侧部分的超出量确定。由此可得出矩阵 $\boldsymbol{P}(k/k-1)$ 的系数和 $\boldsymbol{K}(k)$ 将增大，这可引起闭合差校正影响的加强和估计 $\hat{\boldsymbol{X}}(k)$ 与实际值 $\boldsymbol{X}(k)$ 近似。这同样也可导致闭合差 $\Delta\boldsymbol{Z}(k)$ 和因子 $S(k)$ 减小，闭合差校正影响的减弱。

在标准滤波算法中闭合差的矩阵增益系数 $\boldsymbol{K}(k)$ 按程序发生变化，与此不同，在所研究的算法中当前测量具有较大的权重，因为矩阵系数 $\boldsymbol{K}(k)$ 根据每个观测的结果进行校正。这种算法可与功能运行条件相适应，其方法是通过改变权重因子 $S(k)$ 使理论矩阵 $\boldsymbol{P}$ 与实际矩阵近似。通过计算表示实际滤波误差的矩阵 $\Delta\boldsymbol{z}(k)\Delta\boldsymbol{z}^{\mathrm{T}}(k)$ 来实现上述变化。

应指出，在根据式（4.73）确定 $S(k)$ 时，与本方法的其他变形相比需要最少的计算量。所研究算法的缺点是稍微延长了发现发散的时刻，因为式（4.72）仅可确定最稳定可测变量的发散始点。上述分析表明，不可测状态变量最易于发散，对于这些变量在滤波器中没有负反馈（OOC）。因此，仅当不可测变量估计与其实际值的偏差非常大时才开始可测变量的发散。

在结论中应指出，由于考虑到 $S(k)$ 在式（4.71）中矩阵 $\boldsymbol{P}(k/k-1)$ 权重发生变化时估计精度与理论精度相比略微变差。因此，该滤波器不是最优的。然而，虽然精度略微减低，但它们可保证滤波器与变化的功能运行条件相适应并形成收敛估计。

使用式（4.72）确定最优滤波器的功能运行条件的一个可能方案见 9.6.3 节，当在综合电子系统中使用多目标跟踪模式时的自适应滤波方法见 9.11 节和 9.12 节。

4.5.2 最优预测校正的自适应滤波算法

通过计入相加控制修正在最优预测校正的基础上研究此自适应方法。

假设为了估计式（4.34）在没有控制和存在式（4.36）时使用最优线性滤波算法。此时通过改变功能条件，作为综合法基础的模型（式（4.34））不再符合被估计过程的实际状态。在此情况下，观测 $\boldsymbol{Z}(k)$ 将与其预测 $\boldsymbol{H}(k)\boldsymbol{X}(k/k-1)$ 有较大区别，这可导致与预测校正不适应的闭合差 $\boldsymbol{Z}(k)-\boldsymbol{H}(k)\boldsymbol{X}(k/k-1)$ 增大等。结果按下列规则形成状态矢量的发散估计 $\hat{\boldsymbol{X}}_p$：

$$\begin{aligned}\hat{\boldsymbol{X}}_p(k) &= \boldsymbol{\Phi}(k,k-1)\hat{\boldsymbol{X}}_p(k-1)+\boldsymbol{K}(k)[\boldsymbol{Z}(k)-\\ &\quad \boldsymbol{H}(k)\boldsymbol{\Phi}(k,k-1)\hat{\boldsymbol{X}}_p(k-1)]\\ &= \boldsymbol{\Phi}(k,k-1)\boldsymbol{X}_p(k-1)+\boldsymbol{W}_p(k-1)\end{aligned} \tag{4.74}$$

式中

$$\boldsymbol{W}_p(k-1)=\boldsymbol{K}(k)[\boldsymbol{Z}(k)-\boldsymbol{H}(k)\boldsymbol{\Phi}(k,k-1)\hat{\boldsymbol{X}}_p(k-1)] \tag{4.75}$$

式（4.75）为可测扰动。

为消除发散过程，应在不改变矩阵 $\boldsymbol{\Phi}(k,k-1)$ 时用最佳方式使估计 $\hat{\boldsymbol{X}}_p$ 近似实际状态 $\boldsymbol{X}$，实际状态的信息集中在测量 $\boldsymbol{Z}(k)$ 中，即需要最小化闭合差（$\boldsymbol{Z}(k)$ -

$\boldsymbol{H}(k)\hat{\boldsymbol{X}}_p$）。为此对于由式（4.74）得出的离散系统：

$$\hat{\boldsymbol{X}}_P(k) = \boldsymbol{\Phi}(k,k-1)\hat{\boldsymbol{X}}_P(k-1) + \boldsymbol{U}_k(k) + \boldsymbol{W}_p(k-1) \tag{4.76}$$

必须找出根据质量泛函数最小值最优的控制修正矢量 $\boldsymbol{U}_k$：

$$\begin{aligned} c_{xU} = \boldsymbol{M}\{&[\boldsymbol{Z}(k) - \boldsymbol{H}(k)\hat{\boldsymbol{X}}_P(k)]^{\mathrm{T}}\boldsymbol{C}_{\text{тр}}[\boldsymbol{Z}(k) - \\ &\boldsymbol{H}(k)\hat{\boldsymbol{X}}_P(k)] + \boldsymbol{U}_k^{\mathrm{T}}(k)\boldsymbol{C}_{Up}U_k\} \end{aligned} \tag{4.77}$$

式中：$\boldsymbol{C}_{\text{тр}}$和$\boldsymbol{C}_{U\text{p}}$分别为$\boldsymbol{H}(k)\hat{\boldsymbol{X}}_p(k)$与$\boldsymbol{Z}(k)$近似精度惩罚和控制修正量惩罚的矩阵。

该问题的一个解决方法是使用最优控制统计理论算法。式（4.68）、式（4.69）算法是该问题最简单方便的解法。

使式（4.76）和式（4.77）与式（4.34）和式（4.65）相对应，可得

$$\begin{aligned} &\boldsymbol{X}_{\text{тр}} = \boldsymbol{Z}, \boldsymbol{X}_y = \boldsymbol{H}\boldsymbol{X}_P, \boldsymbol{C}_y = \boldsymbol{E}, \boldsymbol{W}_{\text{уИ}} = \boldsymbol{W}_P, \boldsymbol{\Phi}_y = \boldsymbol{\Phi}, \\ &\boldsymbol{C}_{\text{т}} = \boldsymbol{C}_{\text{тр}}, \boldsymbol{C}_U = \boldsymbol{C}_{Up}, \boldsymbol{U} = \boldsymbol{U}_k \end{aligned} \tag{4.78}$$

将式（4.78）代入式（4.68），可得

$$\begin{aligned} \boldsymbol{U}_k &= [\boldsymbol{C}_{\text{тр}} + \boldsymbol{C}_{U\text{p}}]^{-1}\boldsymbol{C}_{\text{тр}}\{\boldsymbol{Z}(k) - \boldsymbol{H}(k)\boldsymbol{\Phi}(k,k-1)\hat{\boldsymbol{X}}_P(k-1) + \\ &\quad \boldsymbol{K}(k)[\boldsymbol{Z}(k) - \boldsymbol{H}(k)\boldsymbol{\Phi}(k,k-1)\hat{\boldsymbol{X}}_P(k-1)]\} \\ &= [\boldsymbol{C}_{\text{тр}} + \boldsymbol{C}_{Up}]^{-1}\boldsymbol{C}_{\text{тр}}[\boldsymbol{Z}(k) - \boldsymbol{H}(k)\boldsymbol{X}(k/k-1) + \\ &\quad \boldsymbol{K}(k)[\boldsymbol{Z}(k) - \boldsymbol{H}(k)\boldsymbol{X}(k/k-1)]] \end{aligned}$$

$$\boldsymbol{U}_k = \boldsymbol{K}_{\text{py}}[(\boldsymbol{E} + \boldsymbol{K}_{\Phi}(k))(\boldsymbol{Z}(k) - \boldsymbol{H}(k)\boldsymbol{X}(k/k-1))] \tag{4.79}$$

式中

$$\boldsymbol{K}_{\text{py}} = (\boldsymbol{C}_{\text{тр}} + \boldsymbol{C}_{U\text{p}})^{-1}\boldsymbol{C}_{\text{тр}} \tag{4.80}$$

为控制误差的矩阵增益系数。

$$\boldsymbol{X}(k,k-1) = \boldsymbol{\Phi}(k,k-1)\hat{\boldsymbol{X}}_p(k-1) \tag{4.81}$$

为根据式（4.34）进行的估计过程的状态预测。

1. 分析（4.79）~（4.81）可得出的结论

修正 $\boldsymbol{U}_k$ 取决于闭合差 $\boldsymbol{Z}(k) - \boldsymbol{H}(\mathrm{k})\boldsymbol{X}(k/k-1)$ 的数值，修正 $\boldsymbol{U}_k$ 根据式（4.77）可保证$\hat{\boldsymbol{X}}_p$ 与 $\boldsymbol{X}$ 最佳近似。在没有发散的情况下，当 $\boldsymbol{Z}(k) \approx \boldsymbol{H}(k)\boldsymbol{X}_p(k/k-1)$ 时，其影响不大并且滤波器实际上根据卡尔曼滤波算法发挥作用。在存在发散的情况下，当 $\boldsymbol{Z}(k)$ 与 $\boldsymbol{H}(k)\boldsymbol{X}(k/k-1)$ 区别较大时，修正 $\boldsymbol{U}_k$ 可大幅地增大由闭合差实现的预测校正。

在控制修正 $\boldsymbol{U}_k$ 中考虑到由矩阵$\boldsymbol{C}_{\text{тр}}$确定的$\hat{\boldsymbol{X}}_p$与$\boldsymbol{Z}(k)$近似精度的惩罚、经济性惩罚（$\boldsymbol{C}_{Up}$）、测量仪的组成（$\boldsymbol{H}$）和可修正滤波器的类型（$\boldsymbol{\Phi}(k,k-1)$,$\boldsymbol{K}(k)$）。

在得到相加修正形成定律（式（4.79）~式（4.81））的过程中，没有对矩

阵 $C_{тр}$施加任何限制。这为使用各种闭合差函数作为该矩阵的系数提供了可能，还可在存在发散时更大提高估计功能的精度和稳定性。

所得的算法非常简单并且没有对算法的实现施加任何限制。

在式（4.76）中使用式（4.79）~式（4.81），可得出根据下列规则的估计算法：

$$
\begin{aligned}
\hat{X}_p(k) &= X(k/k-1) + K_{py}\{[E + K(k)][Z(k) - H(k) \\
&\quad X(k/k-1)] + K(k)[Z(k) - H(k)X(k,k-1)]\} \\
&= X(k,k-1) + \{K_{py}[E - H(k)K(k)] + \\
&\quad K(k)\}[Z(k) - H(k)X(k,k-1)]
\end{aligned}
\tag{4.82}
$$

2. 分析式（4.82）可得出的结论

将相加控制修正（式（4.79））引入滤波算法中实际上可造成校正闭合差当前权重的变化。但闭合差变化规律将不同于根据 S 改型规则形成的规律。

如果滤波器的功能运行条件与作为其综合法基础的模型相符，则 $Z(k) \approx H(k)X_p(k/k-1)$，修正量 U_k 较小并且它实际上不影响形成估计的精度。

当功能运行条件变化时，U_k 增大并可在很大程度上对估计进行校正。此时，U_k 增大的事实本身可用来确定功能运行条件发生变化这一事实。

所得的估计算法已不是根据滤波均方差（CKO）最小值，而是根据更复杂的泛函数（式（4.77））的最小值是最优的。

使用式（4.79）、式（4.80）来确定状态模型功能运行条件不适应性的方案见9.8.2节、9.8.3节，而在多目标跟踪时的滤波器自适应方法见9.12节。

4.6 自适应模拟离散滤波算法

机载综合电子系统的一个主要模式是在保持扫描的情况下自动跟踪目标（见9.6节）。在此模式下，当较少（离散）传来目标的反射信号时，必须连续地具有所有目标及飞机相对和绝对运动坐标的估计。在此情况下，在收到反射信号的时间间隔内的状态变量的当前估计是在带较小离散间隔的外推（预测）程序的基础上形成的，而累积误差则用离散传来的测量进行校正

当以较小的步长 τ 进行外推（按其精度它近似于模拟预测），而以较大的间隔 $T \gg \tau$ 进行校正时的估计通常被称为模拟离散滤波[11]。

应指出，在目标访问时间 T 内（该时间可达数秒[1]）跟踪条件可发生变化，例如，由于目标或雷达载机的机动。在此情况下，使用简化的运动假设进行预测可导致产生较大的外推误差。当传来的测量（目标反射信号）非常少时，可导致模拟离散滤波过程的发散。因此，使用自适应模拟离散滤波算法是合理的，在该算法中，将根据情况自动改变滤波器的参数。

在一般情况下，自适应模拟离散滤波算法对于下列过程：

$$\boldsymbol{X}(k)=\boldsymbol{\Phi}(k/k-1)\boldsymbol{X}(k-1)+\boldsymbol{W}_X(k-1) \tag{4.83}$$

在具有下列观测时：

$$\boldsymbol{Z}(k)=\boldsymbol{Q}_z(k)[\boldsymbol{H}(k)\boldsymbol{X}(k)+\boldsymbol{N}_z(k)] \tag{4.84}$$

$$\boldsymbol{Q}_z(k)=\begin{cases}\boldsymbol{E},\text{当 } k=nT/\tau, n=1,2,3,\cdots\\ \boldsymbol{0},\text{当 } k^{-1}nT/\tau\end{cases}$$

可形成状态矢量的估计：

$$\hat{\boldsymbol{X}}(k)=\boldsymbol{X}(k/k-1)+\boldsymbol{K}(k)\Delta\boldsymbol{Z}(k),\hat{\boldsymbol{X}}(0)=M\{\boldsymbol{X}_0\} \tag{4.85}$$

$$\Delta\boldsymbol{Z}(k)=[\boldsymbol{Z}(k)-\boldsymbol{Q}_z(k)\boldsymbol{X}(k/k-1)] \tag{4.86}$$

$$\boldsymbol{X}(k/k-1)=\boldsymbol{\Phi}(k,k-1)\hat{\boldsymbol{X}}(k-1)+\boldsymbol{U}_k(k) \tag{4.87}$$

$$\boldsymbol{U}_K(k)=\begin{cases}\boldsymbol{f}_n(\Delta\boldsymbol{Z}(k)),\text{当 } k=nT/\tau \text{ 时,如果使用预测结果校正}\\ \boldsymbol{0},\text{当 } k\neq nT/\tau \text{ 时}\\ \boldsymbol{0},\text{如果不使用预测结果校正}\end{cases} \tag{4.88}$$

$$\boldsymbol{K}(k)=C_{my}(k)P(k)H^{\mathrm{T}}(k)R^{-1}(k) \tag{4.89}$$

$$\boldsymbol{C}_{\mathrm{Ty}}(k)=\begin{cases}\boldsymbol{f}_y(\Delta\boldsymbol{Z}(k)),\text{当 } k=nT/\tau \text{ 时,如果使用预测结果校正}\\ \boldsymbol{0},\text{当 } k\neq nT/\tau \text{ 时}\\ \boldsymbol{0},\text{如果不使用预测结果校正}\end{cases} \tag{4.90}$$

$$\boldsymbol{P}(k)=\begin{cases}[\boldsymbol{E}-\boldsymbol{K}(k)\boldsymbol{H}(k)]\boldsymbol{P}(k/k-1),\boldsymbol{P}(0)=\boldsymbol{P}_0,\text{当 } k=nT/\tau\\ \boldsymbol{P}(k/k-1),\text{当 } k\neq nT/\tau\end{cases} \tag{4.91}$$

如果不使用预测结果校正；

$$\boldsymbol{P}(k/k-1)=\boldsymbol{\Phi}^{\mathrm{T}}(k,k-1)\boldsymbol{P}(k-1)\boldsymbol{\Phi}(k,k-1)+\boldsymbol{R}_W(k-1) \tag{4.92}$$

式（4.83）~式（4.92）中：$\boldsymbol{Q}_z$ 为具有测量标记的矩阵；$\boldsymbol{U}_k$ 为预测修正，其数值可由闭合差 $\boldsymbol{f}_n(\Delta\boldsymbol{Z}(k))$ 的分析结果确定；$\boldsymbol{C}_{\mathrm{Ty}}$ 为在根据闭合差分析结果 $\boldsymbol{f}_y(\Delta\boldsymbol{Z}(k))$ 自动校正闭合差增益系数时使用的权重因子。

上述算法与卡尔曼标准算法的区别在于下列两个特点。第一个特点是式（4.83）的外推和式（4.92）的协方差矩阵计算是以较小的间隔 τ 完成，而估计式（4.85）中 $\hat{\boldsymbol{X}}$ 的校正则以较大的间隔 $T\gg\tau$ 完成。第二个特点是使用各种各样的自适应方法，其中包括 4.5.1 节和 4.5.2 节中的简化方案。

在多目标跟踪工况下使用模拟离散滤波算法的示例见 9.11 节、9.12 节。

4.7 在机载综合电子系统中最优估计和控制系统的总结构图

在完成各类任务时，一般情况下机载综合电子系统应在滤波、识别和控制算法的基础上发挥功能。这些使用测量结果和广义受控对象状态先验信息算法之间的功能联系如图 4.5 所示。

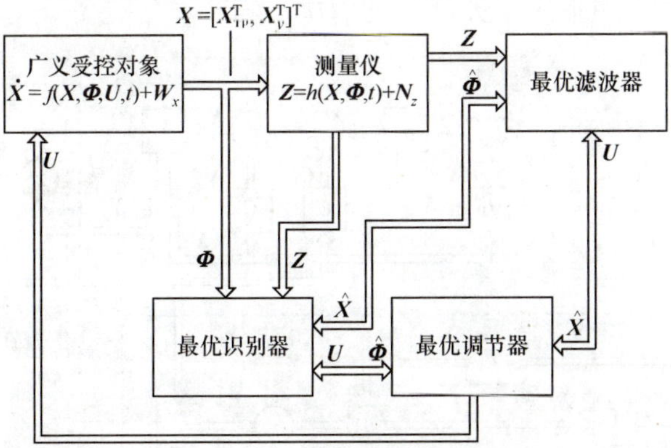

图 4.5　使用测量结果和广义受控对象状态先验信息算法之间的功能联系

虽然各模型之间有差别，但所列示意图可适用于所有类型的综合电子系统：模拟和离散系统，线性和非线性系统。在此图中矢量 $\boldsymbol{X}_y$ 属于广义状态矢量 $\boldsymbol{X}$ 的组成部分，它可反映受控对象和控制系统的功能；而矢量分量 $\boldsymbol{X}_{тр}$ 和其他框图与信息计算系统相符。由图 4.5 可知，广义受控对象参数的估计值 $\hat{\boldsymbol{\Phi}}$ 既用于形成状态变量的估计 $\hat{\boldsymbol{X}}$，也用于计算根据某个标准最优的控制信号。同时，状态变量的估计值和计算的控制信号也可形成综合电子系统参数的估计 $\hat{\boldsymbol{\Phi}}$。

下面针对线性稳定受控对象更加详细地研究综合电子系统各算法之间的信息联系，在 $\boldsymbol{F}=\text{const}$、$\boldsymbol{C}=\text{const}$ 的条件下，对于线性稳定受控对象（式（4.10））的表示是正确的并且使用 $\boldsymbol{H}=\text{const}$ 的测量仪（式（4.11））。对于稳定广义受控对象，通过排除识别程序和在式（4.10）和式（4.11）先验信息的基础上预先计算出闭合差的增益系数 $\boldsymbol{K}$ 可简化综合电子系统的功能算法。为了明确，假设根据式（3.17）形成状态变量的最优估计，而控制信号（式（4.58））根据局部质量泛函数的最小值（式（4.56））是最优的。在式（4.10）、式（4.11）、式（3.17）~式（3.19）和式（4.58）的基础上构建的综合电子系统的估计和控制系统结构图如图 4.6 所示。

分析图 4.6 可得出下列结论。综合电子系统的最优估计和控制系统是一个多回路系统，其中可划分出多种类型的回路。在形成误差 $\boldsymbol{Z}-\boldsymbol{H}\hat{\boldsymbol{X}}$ 的过程中构成的回路是第一种类型，它对于最优（次优）滤波系统是典型的。在此类回路中负反馈的数量取决于可测状态变量的数量。第二种类型回路由一些电路构成，在处理可控变量 x_{yi} 的过程中，这些电路经过指定部分连接起来。第三种类型在计算控制误差 $\hat{\boldsymbol{X}}_{тр}-\hat{\boldsymbol{X}}_y$ 的过程中实现，控制误差用于形成最优控制信号 $\boldsymbol{U}$。在第二、

第三类型回路中负反馈的数量由矢量$\hat{\boldsymbol{X}}_y$因次（大小）确定。第四种类型回路由一些电路连接，沿该电路从调节器向滤波器发送考虑到状态变量的复合校正信号$\boldsymbol{CU}$。这些信号的数量取决于矢量$\boldsymbol{U}$的因次。

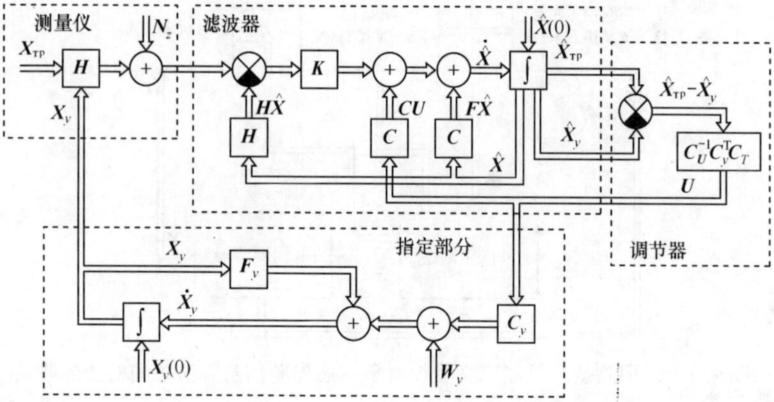

图 4.6　综合电子系统的估计和控制系统结构图

综合电子系统的多回路系统与单回路系统相比更加复杂，但它具有一系列实质性优点。其中包括，首先可同时保证系统较高精度和较好稳定性，还可保证高可靠性和抗干扰性，并且对数学模型参数的保持精度和综合电子系统功能运行条件的变化具有较低的灵敏度。通过在不同回路之间分配保证精度和稳定性的功能来实现第一个优点。通常，较高精度由滤波器回路（信息回路）保证，而稳定性由调节器回路（控制回路）保证，在调节器回路中考虑到所有状态变量的误差$\hat{x}_{\text{тр}i} - \hat{x}_{yi}(i = \overline{1,n})$形成控制信号$\boldsymbol{U}$。高可靠性和抗干扰性是通过对坐标$\boldsymbol{X}_{\text{тр}}$、$\boldsymbol{X}_y$、测量结果$\boldsymbol{Z}$和估计$\hat{\boldsymbol{X}}_m$、$\hat{\boldsymbol{X}}_y$等类型的同一物理量进行信息冗余实现的。借助各种类型的负反馈和校正信号保证其对参数保持精度和功能运行条件变化具有较低的灵敏度。

4.8　飞机和导弹航迹控制算法的最优化

综合电子系统的信息计算系统的组成可由飞行器航迹控制算法确定。目前使用的控制律是以相当粗略的假定为基础的。这些假定包括没有目标和控制对象的机动，在直接击毁目标前的制导航迹终段上忽略瞄准线（ЛВ）角速度与距离的强依赖关系。此外，在使用的航迹控制律中没有考虑制导过程的经济方面，而这通常与用于制导飞行器控制的能量消耗有关。因此，应合理地研究精度—经济性标准最优的飞机和导弹航迹控制算法。这些算法可得出不仅在精度上，而且在经济性上最优的自导系统（ССН）。在局部质量泛函数（式（4.56））最小化过程中使用最优控制统计理论数学工具最易得出这些算法，但为了解决这一问题需要状态模型（式（4.10）），该模型的状态变量在功能上与精度指标有关。

4.8.1 潜在的自导精度

对于自导系统而言，一个重要的精度指标是脱靶量。下列假定完全合理，自导系统的脱靶量不仅由系统自身的参数，还由其使用条件引起。假设在不同平面上的自导系统控制通道是理想的并且互不影响，则需确定在垂直面上当前脱靶与制导条件的关系，制导条件可由目标和受控对象相对运动坐标的瞬时值确定。

图4.7中所示为在与受控对象质量中心 O_{yo} 相关的非旋转坐标系 $O_{yo}X_oY_o$ 中当前时刻 t 在垂直面上受控对象和目标（$O_ц$）的相互位置。图中：$\bar{V}$ 和 $\bar{V}_ц$ 为受控对象和目标的速度矢量；θ 和 $\theta_ц$ 为受控对象和目标运动航迹的倾角；$\varepsilon_в$ 为目标瞄准角；h_{Bt} 为当前脱靶，可确定为在散射平面上目标与受控对象之间的最小距离。假设从 t 时刻开始，目标和受控对象在相对速度矢量 $\bar{V}_0 = \bar{V} - \bar{V}_ц$ 方向上做匀速直线运动，此时，制导飞行器远离目标的最小距离 $h_{Bt} = D\sin\mu$，其中 μ 为在 t 时刻相对运动方向与瞄准线之间的夹角。

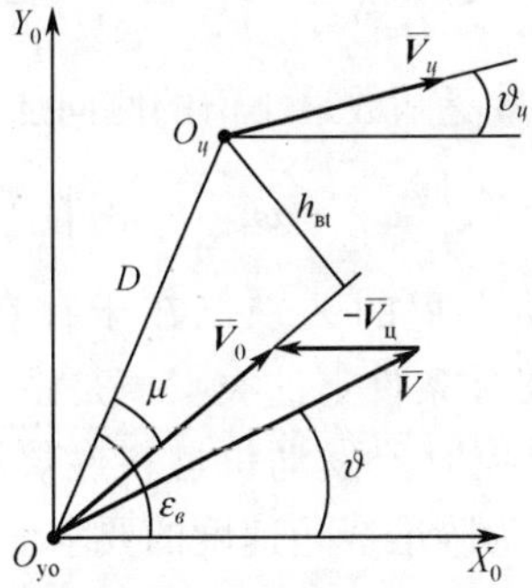

图4.7 t 时刻非旋转坐标系 $O_{yo}X_oY_o$ 中受控对象质量中心 O_{yo} 与目标（$O_ц$）的相互位置

由图4.7可知，$\omega_в = \dot{\varepsilon}_в = V_o\sin\mu/D$。由此可知，$\sin\mu = D\omega_в/V_o$。此时：

$$h_{Bt} = D^2\omega_в/V_o \tag{4.93}$$

对于水平面可得出类似的关系式：

$$h_{rt} = D^2\omega_r/V_o \tag{4.94}$$

如果将“空对空”导弹作为受控对象，则可使用正交控制平面1－1和2－2来代替垂直面和水平面，同时将式（4.93）和式（4.94）中的下标“в（垂直）”和“r（水平）”替换为“1”和“2”。

显而易见，最终脱靶量：

$$h_{ik} = D_k^2 \omega_{ik} / V_{ok} \tag{4.95}$$

可由控制结束的距离 D_k、瞄准线角速度 $\omega_{ik}(i = г\ ,в,1,2)$ 和在制导结束时刻 T 的相对速度 V_{ok} 确定，如果 V_{ok} 越大并且 D_k 和 ω_{ik} 越小，则最终脱靶量越小。在理想情况下，为使控制对象进入目标回路必须满足条件 $\omega_i = \omega_{ik} = 0$。

4.8.2 空中目标的制导算法最优化

下面介绍在制导向空中机动目标的过程中对飞行器（飞机或导弹）的航迹控制算法进行综合。该算法可论证根据局部质量泛函数最优的自导系统的信息传感器的组成，并且同时考虑到控制精度和经济性的要求。假设飞行器的控制通道互不影响，依靠这一假设，下面将仅研究在一个水平面内的制导过程。此时假定，目标以瞬时横向加速度 $j_{цг}$ 进行机动，而受控对象以接近速度模型保持不变的方式进行机动。在一般情况下后一个假定是不严格的，可大大简化数学运算。此外，假设所有的状态变量都是准确测量的则综合问题可以下述方式表述。

对于受控对象，其相对于目标的位移由下列运动方程确定[4]：

$$\dot{\omega}_Г = -\frac{2\dot{D}}{D}\omega_г - \frac{1}{D}(j_г - j_{цг}) + w_{\omega г} \tag{4.96}$$

要求得出可保证局部质量泛函数最小值的侧向加速度 $j_{гт}$ 的变化规律：

$$c_{xU} = M_у\left\{(\omega_{гт} - \omega_г)^2 q_\omega + \int_0^t u_j^2 \kappa_j \mathrm{d}t\right\} \tag{4.97}$$

式（4.96）与典型运动方程的区别仅在于存在带已知谱密度 G_ω 的定心（校中）高斯扰动 $w_{\omega г}$。在实际条件下这类噪声是由一系列原因引起的，其中主要包括大气湍流及目标和受控对象发动机燃料燃烧不稳定性等。在式（4.96）和式（4.97）中：$\omega_{гт}$ 和 $\omega_г$ 为瞄准线角速度的要求值和当前值；$j_г$ 和 $j_{цг}$ 为在水平面上受控对象和目标的侧向加速度；D 和 $\dot{D}$ 为受控对象到目标的距离及其变化速度；q_ω 和 k_j 为控制精度和广义控制信号 u_j 的惩罚系数。式（4.96）的特点是其对使用条件的适应性，它考虑到目标和受控对象距离、速度和机动的影响。

由当前脱靶方程（式（4.94））可知，为了得到 $h_{гt} = 0$，必须保证瞄准线角速度的要求值 $\omega_{гт} = 0$。此时，根据泛函数最小值（式（4.97））最优的控制信号 $u_{jт}$，根据制导精度（脱靶 $h_{гт}$）以及根据控制消耗的能量都将是最佳的。

由于式（4.96）是线性方程，噪声 $w_{\omega г}$ 是高斯噪声，而式（4.97）是二次的，则在分配定理（统计等效见3.1节）的基础上，在 $w_{\omega г} = 0$，$\omega_г$、D 和 $\dot{D}$ 的当前值准确已知的条件下在确定性模型（式（4.96））的基础上进行第一阶段上的控制算法综合。

通过对比式（4.96）、式（4.97）与式（4.10）、式（4.56），可得

$$X_{тр} = \omega_{гт} = 0; X_y = \omega_г; C_T = q_\omega;$$

$$C_U = k_j; C_y = -1/D \tag{4.98}$$

$$U_j = j_r - j_{цг} \tag{4.99}$$

将式（4.98）和式（4.99）代入式（4.58），可得

$$U_j = \frac{q_\omega}{Dk_j}\omega_r = \frac{a}{D}\omega_r \tag{4.100}$$

式中

$$a = q_\omega / k_j \tag{4.101}$$

式（4.100）可保证泛函数最小值（式（4.97））。

将式（4.100）用于式（4.96）中，在 $w_{\omega г} = 0$ 时可得

$$\dot{\omega}_r = -\left(\frac{2\dot{D}}{D} + \frac{a}{D^2}\right)\omega_r; \frac{\dot{\omega}_r}{\omega_r} = -\left(\frac{2\dot{D}}{D} + \frac{a}{D^2}\right)$$

$$\ln\omega_r = -\int_0^t \frac{2\dot{D}}{D}\mathrm{d}t - \int_0^t \frac{a}{D^2}\mathrm{d}t$$

输入新变量 $D = D_0 + \dot{D}t$。此时

$$\ln\omega_r \Big|_{\omega_{r0}}^{\omega_r} = -2\int_{D_0}^{D} \frac{\mathrm{d}D}{D} - \frac{a}{\dot{D}}\int_{D_0}^{D} \frac{\mathrm{d}D}{D^2} = 2\ln D\Big|_{D_0}^{D} + \frac{a}{\dot{D}D}\Bigg|_{D_0}^{D}$$

式中：ω_{r0} 和 D_0 为瞄准线角速度值和自导开始时刻的距离值。由此可得

$$\begin{cases} \ln\dfrac{\omega_r D^2}{\omega_{r0}D_0^2} = \dfrac{a}{\dot{D}D} - \dfrac{a}{\dot{D}D_0} = \dfrac{a}{\dot{D}}\dfrac{D_0 - D}{D_0 D} \\ \omega_r = \dfrac{D_0^2\omega_{r0}}{D^2}\exp\left\{\dfrac{a}{\dot{D}}\left(\dfrac{D_0 - D}{D_0 D}\right)\right\} = \dfrac{D_0^2\omega_{r0}}{D^2}\mathrm{e}^{-\alpha t} \end{cases} \tag{4.102}$$

在得出式（4.102）时考虑到 $t = -(D_0 - D)/\dot{D}$，并且代入下列符号：

$$\alpha = \frac{1}{T} = \frac{a}{D_0 D} \tag{4.103}$$

式中：T 为瞄准线角速度从初始值 ω_{r0} 至最小当前值递减过程的时间常数。要求在控制结束时刻 t_k 前，当 $D = D_k$ 时，角速度等于零。由（4.95）可知，这一时刻将与脱靶量 $h_{rk} = 0$ 相符。假设这一过程是在时间 $3T$ 内发生，可得

$$T = -\frac{D_0 - D_k}{3\dot{D}} \tag{4.104}$$

对比式（4.103）和式（4.104）可得

$$\frac{a}{D} = -\frac{3\dot{D}D_0}{D_0 - D_K} \tag{4.105}$$

将式（4.105）用于式（4.100）中，可得

$$U_j = \frac{3D_0}{D_0 - D_K} V_{c\delta} \omega_r \tag{4.106}$$

式中：$V_{cб} = -\dot{D}$。

注意式（3.1）的结论，在式（4.99）的基础上可得出制导定律：

$$\hat{j}_{гт} = \frac{3D_0}{D_0 - D_k} V_{c\delta} \hat{\omega}_r + \hat{j}_{цг} \tag{4.107}$$

它可在式（4.96）中存在扰动以及接近速度和瞄准线角速度测量误差的情况下保证泛函数的最小值（式（4.97））。对于这种制导方法，可用下列关系式确定航迹控制算法：

$$\Delta_{ог} = \hat{j}_{гт} - \hat{j}_r = \frac{3D_0}{D_0 - D_K} \hat{V}_{c\delta} \hat{\omega}_r + \hat{j}_{цг} - \hat{j}_r \tag{4.108}$$

用类似方法可得出在垂直面上的失调参数：

$$\Delta_{ов} = \frac{3D_0}{D_0 - D_k} \hat{V}_{c\delta} \hat{\omega}_в + \hat{j}_{цв} - \hat{j}_в \tag{4.109}$$

通过分析式（4.108）和式（4.109）可得出下列结论：

所得的航迹控制算法可实现根据泛函数最小值（式（4.97））的最优自导，同时它的控制精度和经济性也是最佳的。

在空中机动目标最优自导系统的信息计算系统的组成中应包含 $V_{cб}$、ω_r、$\omega_в$、$j_{цг}$、$j_{цв}$和j_r、$j_в$ 的最优估计装置。通过处理截获目标反射的无线电信号，机载雷达（雷达自导头）可获得最优估计 $\hat{V}_{cб}$、$\hat{\omega}_r$、$\hat{\omega}_в$、$\hat{j}_{цг}$和$\hat{j}_{цв}$。根据加速度计的测量结果j_r 和$j_в$ 比较容易形成自身横向加速度的估计$\hat{j}_r$ 和$\hat{j}_в$，而加速度计根据相应的轴校正方向。应当指出，这类信息计算系统比现有系统更为复杂，因为要求对无法直接测量的目标加速度横向分量进行估计。此外，在这类信息计算系统中需有自导开始距离 D_0 和结束距离 D_k 的信息。如果式（4.108）和式（4.109）用于歼击机的自导，则使用机载雷达的目标截获距离作为 D_0，使用推测的导弹发射距离作为 D_k。对于“空对空”导弹的自导系统，将由歼击机雷达发送给导弹的目标指示距离作为 D_0，而对于具体型号的导弹 D_k 数值是已知的。

注意下列事实，对于不机动目标（$j_{цг}=0$、$j_{цв}=0$），最优航迹控制算法（式（4.107））可简化为在实践中广泛使用的比例导引法（МПН），对于该方法[4]：

$$j_{гт} = N_0 \hat{V}_{cб} \hat{\omega}_r, \quad j_{вт} = N_0 \hat{V}_{cб} \hat{\omega}_в \tag{4.110}$$

式中：N_0 为导航常数。

在制导向机动目标时，在系列制导系统中使用带偏差的比例导引法，对于该方法：

$$j_{\text{гт}} = N_0 V_{\text{сб}}(\omega_r + \Delta\omega_r) \tag{4.111}$$

式中：ω_r 为非机动目标瞄准线的角速度；$\Delta\omega_r$ 为由目标机动引起的瞄准线角速度增量。

这可证明最优制导方法是全方位、全高度的并可保证沿实际上直线航迹的制导[5]。而且对于 $D_0 \gg D_k$，导航参数 $N_0 \approx 3$。对于较小的 D_0（与 D_k 相比），$N_0 > 3$，在向目标制导时这可决定控制对象更有效的机动。如果目标机动（$j_{\text{цг}} \neq 0$、$j_{\text{цв}} \neq 0$），则最优算法与带偏移（式（4.111））的比例导引法变形相当，对此修正 $\Delta\omega$ 取决于由数值 D_0 和 D_k 确定的使用条件。

在结论中应指出，仅在要求过载不超过其最大容许值的条件下控制律（式（4.108）和式（4.109））根据泛函数最小值（式（4.97））将是最优的。

4.8.3 地面目标的制导算法最优化

在综合飞机和导弹对地面目标一定意义上最优的制导律时，应注意这些目标和“空对面”制导导弹的一些特点。

无线电自导系统通常用于对具有较好雷达对比度的地面（水面）目标进行制导。这种对比度允许在地面（水面）背景下高效选择目标。这类目标包括地面上的大型固定目标（铁路桥、飞机停机坪、工业建筑等）和海上各种用途的舰艇。此时，高速舰艇的航行速度与飞机或“空对面”导弹的速度相比显得非常小，因此，被摧毁目标的速度可忽略不计。

地面（水面）目标通常有足够强大的防空设备进行防护。因此，为保证运载机的安全，“空对面”导弹的发射距离应大于防空区的半径。在具有较大燃料储备时导弹借助巡航发动机飞行如此大的距离。注意，其战斗部具备较大重量的必要性，可确定“空对面”导弹与“空对空”导弹相比应具有更大的尺寸和重量。这注定其侧向过载范围非常小，并且相应地对制导航迹的直线性提出更高的要求，这对于提高控制过程的经济性以及增大导弹的发射距离都具有现实意义。

由于在航迹初段上较差的可控性，使用以瞄准线角速度计算为基础的比例导引法来制导飞机和远距“空对面”导弹证明是不正确的，特别是在有侧风、具有初始制导误差的情况下（参见 4.8.2 节）。

使用角度控制误差为基础的直接导引法也是不合适的，这由于风力影响在末段具有较低的制导精度，特别是对移动的水面目标进行制导时。因此，最好能获得到考虑到角度制导误差，又考虑到瞄准线角速度的航迹控制算法。这种控制律对于较大距离和较小距离的目标都同样有效。应当强调，对于飞机和“空对面”导弹，对地面目标的自导通常仅在水平面内完成。而在垂直面内，保证飞机在指定高度上飞行，“空对面”导弹的飞行则包括 3 个分段（图 4.8）。在第Ⅰ段上由程序选择高度，在第Ⅱ段上进行固定高度飞行，在第Ⅲ段上进行自导模式下的俯冲。

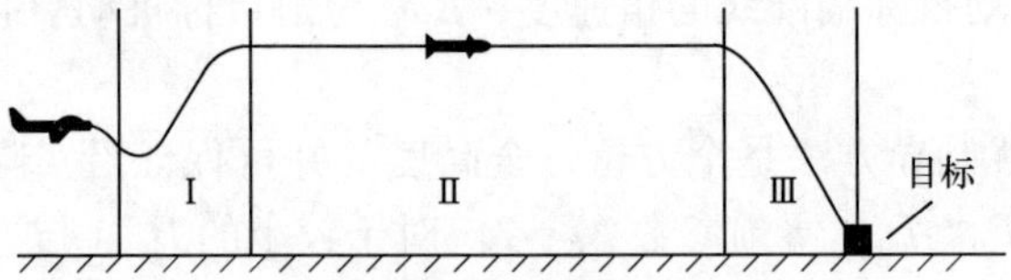

图 4.8 “空对面”导弹飞行的 3 个分段

假设控制通道是独立的，对在水平面内根据精度和经济性都是最优的飞行器制导算法进行综合。从数学角度看，可以下列方式表述该问题。

对于受控对象，其相对于固定目标的角位置可由下列方程组确定：

$$\dot{\varphi}_r = \omega_r + \frac{j_r}{\dot{D}} + w_{\varphi\mathrm{r}} \tag{4.112}$$

$$\dot{\omega}_r = -\frac{2\dot{D}}{D}\omega_r - \frac{j_r}{D} + w_{\omega\mathrm{r}} \tag{4.113}$$

要求得出所求的控制信号 $j_{\mathrm{rт}}$，它根据质量泛函数最小值是最优的：

$$c_{xU} = M_y\left\{\begin{bmatrix}\varphi_{\mathrm{rт}} - \varphi_r\\ 0 - \omega_r\end{bmatrix}\begin{bmatrix}q_\varphi & 0\\ 0 & q_\omega\end{bmatrix}\begin{bmatrix}\varphi_{\mathrm{rт}} - \varphi_r\\ 0 - \omega_r\end{bmatrix} + \int_0^t j_r^2\, k_j d\right\} \tag{4.114}$$

在式（4.112）~式（4.114）中：φ_r 为目标的相对方位；$\varphi_{\mathrm{rт}}$ 为要求的前置角；$w_{\varphi\mathrm{r}}$ 和 $w_{\omega\mathrm{r}}$ 为定心高斯扰动，分别表示相对方位和瞄准线角速度 ω_r 的波动；D 和 $\dot{D}$ 为目标距离及其变化速度；q_φ 和 q_ω 为控制精度的惩罚；k_j 为控制信号数值 j_r 的惩罚，即所指的受控对象侧向加速度。

应当指出，式（4.113）是已知运动方程[4]针对目标侧向加速度等于零的情况的变形。这种情况对于固定目标和低速匀速运动目标是正确的。在非旋转地球坐标系的水平面上，图 4.9 中的所列符号含义为：目标位置点 $O_{\mathrm{ц}}$ 和受控对象位置点 O_{yo}；飞行器所需速度矢量 $\bar{V}_{\mathrm{yoт}}$ 和实际速度矢量 $\bar{V}_{\mathrm{oy}}$。

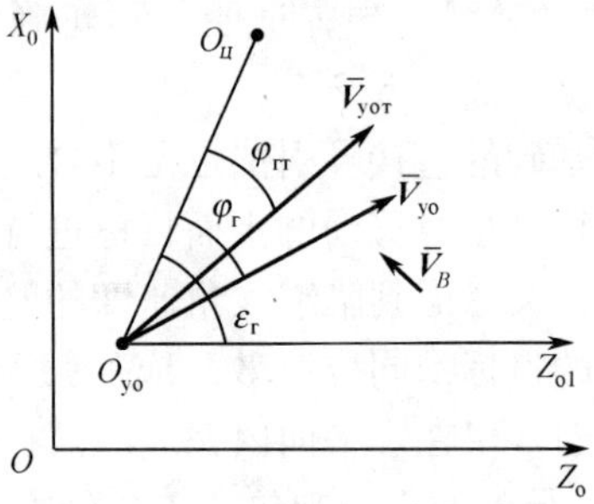

图 4.9 非旋转地球坐标系上的空间运动关系

应当强调，在有风时（风速和风向用矢量 $\overline{\boldsymbol{V}}_{в}$ 表示），仅在要求的相对方位 $\varphi_{гт}$ 等于偏流角 $\varphi_{у}$ 的情况下才能沿直线 $O_{уо}O_{ц}$ 飞向目标。显而易见，当受控对象沿直线 $O_{уо}O_{ц}$ 飞向目标时（角度 $\varphi_{гт}=\varphi_{у}$）瞄准线的角速度将等于零，即 $\omega_{гт}=0$。由式（4.94）可知，在此情况下当前脱靶 $h_{гт}=0$。这一情况可说明泛函数式（4.114）考虑到了制导精度的要求。

使式（4.112）~式（4.114）与式（4.10）、式（4.56）相符，可得

$$\boldsymbol{X}_{тр}=\begin{bmatrix}\varphi_{гт}\\0\end{bmatrix}$$

$$\boldsymbol{X}_{у}=\begin{bmatrix}\varphi_{г}\\\omega_{г}\end{bmatrix}$$

$$\boldsymbol{U}=j_{г}$$

$$\boldsymbol{C}_{у}=\begin{bmatrix}1/\dot{D}\\-1/D\end{bmatrix}$$

$$\boldsymbol{C}_{т}=\begin{bmatrix}q_{\varphi}&0\\0&q_{\omega}\end{bmatrix}$$

$$\boldsymbol{C}_{U}=k_{j} \tag{4.115}$$

将式（4.115）代入式（4.58），可得出受控对象所求侧向加速度的变化定律：

$$\hat{j}_{гт}=\frac{q_{\varphi}}{k_{j}\hat{\dot{D}}}(\hat{\varphi}_{гт}-\hat{\varphi}_{г})+\frac{q_{\omega}}{k_{j}\hat{D}}\hat{\omega}_{г} \tag{4.116}$$

此时，在向地面目标进行导引时飞行器航迹控制算法可用下列关系式描述：

$$\Delta_{ог}=\hat{j}_{гт}-\hat{j}_{г}=\frac{q_{\varphi}}{k_{j}\hat{\dot{D}}}(\hat{\varphi}_{гт}-\hat{\varphi}_{г})+\frac{q_{\omega}}{k_{j}\hat{D}}-\hat{j}_{г} \tag{4.117}$$

用类似方法可形成在航迹末段的垂直面上“空对面”导弹的制导律：

$$\Delta_{ов}=\hat{j}_{вт}-\hat{j}_{в}=-\frac{q_{\varphi}}{k_{j}\hat{\dot{D}}}(\hat{\varphi}_{вт}-\hat{\varphi}_{В})+\frac{q_{\omega}}{k_{j}\hat{D}}\hat{\omega}_{В}-\hat{j}_{В} \tag{4.118}$$

式（4.118）中下标“в”表示状态变量属于垂直面。此外，在垂直面上没有偏流角。

通过分析式（4.116）~式（4.118）可得出下列结论。

所获的导引法（式（4.116））是逐次前置导引法[4]的特例，并且与其区别在于系数的不稳定特性，这些系数考虑到所需制导定律中控制误差的权重 $\hat{\phi}_{гт}-\hat{\phi}_{г}$ 和$\hat{\omega}_{г}$ 。此时，当目标距离较大时，D 较大并且 $\omega_{г}\approx0$，式（4.116）可简化为直

接导引法的变形，该方法有时称作航线法。而且，速度 $\dot{D}$ 越小，风和误差 $\hat{\phi}_{\text{гт}} - \hat{\phi}_r$ 对控制信号的影响越大。当飞行速度不变时，考虑到角度误差 $\hat{\phi}_{\text{гт}} - \hat{\phi}_r$ 影响的权重系数值 $q_\varphi/(k_j \hat{\dot{D}})$ 应保持不变。同时随着距离 D 的减小，控制信号第二个组元 $q_\omega \hat{\omega}_r / (k_j \hat{D})$ 的影响将增长。这一增长是由于随着距离减小而 ω_r 增大以及权重因子 $q_\omega/(k_j \hat{D})$ 增大引起的，当至目标的距离较小时这一增长特别明显。因此，在飞行过程中随着逐渐接近目标将发生控制误差影响的重新分配，由航迹初段上的 $\varphi_{\text{гт}} - \varphi_r$ 向在航迹末段上有利于最小化脱靶（式（4.95））的误差 ω_r 发展。

可实现质量泛函数最小值（式（4.114））的综合法制导算法可获得在控制精度及在经济性方面都最优的自导系统。

控制信号不取决于惩罚系数 q_φ、q_ω 和 k_j 的绝对值，而取决于其比值 q_φ/k_j 和 q_ω/k_j，这可实质性地简化其选择。比值 q_φ/k_j 和 q_ω/k_j 应满足在 $\varphi_{\text{гт}} - \varphi_r$ 和 ω_r 控制误差的可能最大值时，对于 $\dot{D}$ 和 D 的最小值使要求的横向过载不超过容许值。在转换过程指定的持续时间内和规定模式下可保证最小动态误差的惩罚系数比值的选择方法参见参考文献［6］。

在实现式（4.117）、式（4.118）的信息计算系统的组成中应包含距离 D、速度 $\dot{D}$、$\varphi_{\text{гт}}$ 和 $\varphi_{\text{вт}}$、当前相对方位 φ_r 和 $\varphi_в$、瞄准线角速度 ω_r 和 $\omega_в$、自身加速度 j_r 和 $j_в$ 的估计形成装置。此时，在雷达（雷达自导头）中可形成估计 $\hat{D}$、$\hat{\dot{D}}$、$\hat{\varphi}_r$、$\hat{\varphi}_в$ 和 $\hat{\omega}_r$、$\hat{\omega}_в$，通过处理加速度计指数的方式可形成估计 $\hat{j}_r$ 和 $\hat{j}_в$。

应当指出，在式（4.117）中使用的 $\varphi_{\text{гт}}$ 的具体数值不仅取决于选择的击毁目标方法，还取决于雷达（雷达自导头）的工作模式。如果雷达在真实波束模式下工作，则 $\varphi_{\text{гт}}$ 由多普勒速度和偏流角测量仪测量的偏流角数值确定。如果雷达在合成孔径模式下工作，则相对方位根据下列公式计算[3]：

$$\varphi_{\text{гт}} = \arcsin \frac{D\lambda}{2T_c |\dot{D}| \Delta l_т} \tag{4.119}$$

式中：λ 为雷达的工作波长；T_c 为合成时间；Δl_T 为在方位上要求的线性分辨率。

应当强调，在使用式（4.119）时将沿曲线航迹对地面目标进行制导，在航迹初段上可保证 Δl_T 的要求值，在末段上保证零脱靶。

参考文献

1. *Антипов В. Н.*, *Исаев С. А.*, *Лавров А. А.*, *Меркулов В. И.* Многофункциональные радиолокационные комплексы истребителей. М.: Воениздат. 1994.

2. *Беллман Р.* Динамическое программирование. М. : ИЛ, 1960.

3. *Канащенков А. И. , Меркулов В. И. , Герасимов А. А. и др.* Радиолокационные системы многофункциональных самолетов. Т. 1 / под ред. *А. И. Канащенкова и В. И. Меркулова.* М. : Радиотехника. 2006.

4. *Максимов М. В. , Горгонов Г. И.* Радиоэлектронные системы самонаведения. М. : Радио и связь. 1982.

5. *Максимов М. В. , Меркулов В. И.* Радиоэлектронные следящие системы. Синтез методами теории оптимального управления. М. : Радио и связь. 1990.

6. *Меркулов В. И. , Дрогалин В. В. , Канащенков А. И. и др.* Авиационные системы радиоуправления. Т. 1. Принципы построения систем радиоуправления. Основы синтеза и анализа / под ред. *А. И. Канащенкова и В. И. Меркулова.* М: Радиотехника. 2003.

7. *Меркулов В. И. , Канащенков А. И, Перов А. И.* и др. Оценивание дальности и скорости в радиолокационных системах. 4. 1. / под ред. *А. И. Канащенкова и В. И. Меркулова.* М. : Радиотехника. 2004.

8. *Первачев С. В. , Перов А. И.* Адаптивная фильтрация сообщений. М. : Радио и связь. 1991.

9. *Сейдж Э. , Уайт III Ч. С.* Оптимальное управление системами / пер. с англ. М. : Радио и связь. 1982.

10. Справочник по теории автоматического управления / под ред. *А. А. Красовского.* М. : Наука. 1987.

11. *Тихонов В. И. , Харисов В. Н.* Статистический анализ и синтез радиотехнических устройств и систем. М. : Радио и связь. 1991.

第 5 章　机载综合电子系统的机载计算机系统

5.1　机载计算机系统的用途、任务和分类

5.1.1　机载计算机系统的用途、任务

如 1.1 节所述，机载计算机系统是现代机载综合电子系统的基础。在航空器机载设备组成中广泛应用计算机设备，并在此基础上构建的机载计算机系统（БВС）能使飞行员（机组人员）摆脱繁重的计算操作，保证高效地完成信息处理和控制的各类复杂任务。机载计算机系统可完成综合电子系统的下列任务：①航空器导航和驾驶，击毁空中、地面和其他类型目标，空降人员和作战装备，航空兵通信和作战行动指挥；②电子战；③空中侦察；④综合电子系统及其组成部件的工作性能检测和技术状态诊断（参见 1.1 节、1.5 节、1.6 节）。

1. 苏-27 歼击机武器控制系统中计算机系统的用途和任务

下面作为示例分析苏-27 歼击机武器控制系统 С-27 中计算机系统的用途和任务[1-3]。

在武器控制系统 С-27 的组成中包括：

（1）雷达观测瞄准系统；

（2）光电瞄准系统（ОЭПС），包括观测跟踪红外定向仪、激光测距仪和头盔目标指示系统（НСЦ）；

（3）火控系统，通信和检测部件，通过该部件实现瞄准系统与机载武器的连接；

（4）敌我识别系统的询问机[1-3]。

武器控制系统 С-27 用于在机群、自主和半自主战斗行动中保证击毁空中目标，以及使用机载武器摧毁敌方地面目标。

在武器控制系统 С-27 的组成中，机载计算机系统具有下列功能[1-3]：

（1）实现各瞄准系统的综合化，并在歼击机战斗使用过程中对其进行控制；

（2）搜索、探测和跟踪目标；

（3）保证使用统一显示系统（СЕИ）显示观测扫描、瞄准、驾驶和战术信息，统一显示系统属于雷达观测瞄准系统的组成部分；

（4）在战斗使用所有阶段上执行控制歼击机和武器的任务；

（5）与机载综合电子系统的其他系统和机载武器进行信息交换；

（6）自动检测武器控制系统各子系统的工作状态。

在武器控制系统 C-27 的机载计算机系统组成中包括两台数字计算机（Ц-100 系列），它们用于保障雷达和光电通道的功能，被称作专用数字计算机（СЦВ），并用相应代号 СЦВ-1 和 СЦВ-2 表示。

武器控制系统 C-27 的机载计算机系统完成的主要任务包括[1-3]：

（1）根据操控台的指令构建武器控制系统的工作模式；

（2）组织观测，根据光电瞄准系统、头盔目标指示系统、无线电控制指令线路（КРУ）等的信息形成雷达扫描区中心；

（3）控制机载雷达天线的方向图和鉴别扫描信息；

（4）在边搜索边跟踪模式下探测、自动跟踪目标和测量其坐标（参见 9.1 节）；

（5）精确跟踪单个目标；

（6）保证敌我识别系统工作；

（7）校平和外推目标坐标，并根据更新信息进行修正；

（8）选择危险目标并指定攻击的目标；

（9）在使用各型机载武器时控制歼击机；

（10）根据地面和长机的指令控制歼击机；

（11）机群行动组织；

（12）导弹自导头的目标指示；

（13）在使用带组合制导系统的导弹时进行无线电校正（参见 9.3 节）；

（14）形成导航驾驶、瞄准和战术信息并将其显示在统一显示系统的显示器上（为此目的使用其组成中的机载数字计算机“轨道-20”）；

（15）在专用数字计算机 СЦВ-1、СЦВ-2、统一显示系统、火控系统之间，以及与机载综合电子系统的其他系统和机载武器进行信息交换；

（16）武器控制系统和辅助软件程序的自动检测。

2. 机载计算机的用途和任务

计算机系统自身的计算量、运算速度和存储器容量，以及对信息交换通道的要求应与机载综合电子系统完成的每个战斗任务相一致。例如，在战斗使用条件下当敌方进行电子对抗时探测、截获和跟踪目标以及鉴别目标是非常复杂的任务，这对机载计算机系统的运算速度和内存容量等都提出很高要求。在此条件下，机载计算机系统的主要功能还包括监控敌方无线电电子系统工作、控制对敌方这些电子设备释放干扰，并在必要时保证将其摧毁。

除上述任务外，特种飞机机载综合系统组成中计算机系统还可完成一系列非常复杂的专项任务。下列机载系统便可作为例证：位于 E-3A 预警机上的机载预警和控制系统（Air born Warning and Control System，AWACS）；用于搜索、探测和击毁潜艇的反潜飞机和直升机的机载系统；位于波音 707 改型机上的 E-4B 先进空战指挥所（Advanced Airborne Command Post，AABNCP）控制系统[4]。

机载计算机系统的任务可分为两类：第一类任务与信息的获取、处理、显示、保存和传递有关；第二类任务与机载综合电子系统的控制以及检测其技术状态有关。在集成型综合电子系统中借助非常先进的自动控制系统不仅能多层级地处理信息，还能实现武器系统、飞控系统和其他机载系统的多层级自动控制，并形成和显示实时信息。

机载计算机系统属于特种计算机系统，与一般用途计算机系统相比，它具有的一系列专门特点如下[3-5]：

（1）在综合电子系统战斗使用过程中，机载计算机系统完成的任务具有恒定性和循环性；

（2）机载计算机系统实时发挥功能，这对计算机系统的运算速度提出较高要求；

（3）对机载计算机系统的功能准备程度和可靠性要求较高；

（4）硬件和计算资源的受限性；

（5）输入数据（包括随机数据）的多样性和较大变化范围，计算机系统在不同的综合电子系统功能模式下对这些数据进行处理。

5.1.2 机载计算机系统的分类

可根据不同特征对机载计算机系统进行分类。通常选择用途作为机载计算机系统的一个分类特征，即机载计算机系统的应用范围。此时，可根据系统完成任务的特性或根据航空器的战术用途对机载计算机系统以及整个综合电子系统进行分类（参见 1.1 节）。机载计算机系统的应用范围可对其特性和性能产生重要影响，决定其运算资源、内存储器和永久性存储器的容量、输入输出设备的需要量。

机载计算机系统内中央处理器的数量由需要的多处理器并行处理能力来确定，根据这一特征机载计算机系统和一般用途的计算机系统一样，可划分为单处理器系统（单机）、多机和多处理器系统[4,6]。在单处理器计算机系统内仅有一个机载数字计算机，该计算机包含一个中央处理器、必要的成套存储设备、输入输出设备等。单处理器计算机系统在每个时刻仅能对一个程序进行计算，可能完成几个并行的输入输出运算。而多处理器计算机系统包含几个能并行和相互独立处理程序的处理器。多机计算机系统则由几个相互联系的机载数字计算机组成，每个机载数字计算机包含一个或几个处理器、相应的成套存储设备、输入输出通道等，并且大部分时间都是自主工作。在某些时刻在这些独立的机载数字计算机之间进行信息交换。

目前，存在各种各样的计算机系统分类方法，这些方法也实际应用于机载计算机系统的分类。因此，为评定机载计算机处理系统的并行性（可直接确定计算机系统的效率），通常使用弗林分类法及其扩展方案[4,6,7]。

弗林分类法的扩展方法可充分表示机载计算机系统结构组织和功能的特点，在扩展方案中通常使用下列主要分类特征：数据流类型，信息处理方法，功能元件的耦合程度，计算机系统各元件的联系（通信）类型[4]。此时，指令流是指机载计算机系统执行的一系列连续指令；而数据流是指由指令流引起的一系列连续数据，其中包括中间结果。

根据上述分类特征机载计算机系统可划分为下列类型：

（1）具有单指令流和数据令流，具有多指令流和数据流；

（2）在中央处理器中逐字或逐位处理数据；

（3）较低或较高的系统元件耦合程度；

（4）经过公用外部存储器和直接在处理器之间的“通道—通道”联系，经过一个公用时分总线的联系，借助多个总线的联系等。

指令流或数据流的数量可确定为在相同的处理阶段上运算（指令）或操作数（数据）的最大可能数。数据处理方法（逐字或逐位处理数据）的特征是以确定同时处理的数组数位的布置差别为基础的。在逐字处理时，可同时处理一个字的异名数位（水平截面），而在逐位处理时，则同时处理字组的同名数位（垂直截面）。

功能元件耦合程度的分类特征用于表示机载计算机系统组织结构的复杂性程度。在耦合度较低的计算机系统中，中央处理器具有单独的内存储器部件，相互联系过程是异步进行的。在此类机载计算机系统中各数据处理元件借助公用的外部存储器、外部信息交换通道相互联系，或者在总体上说相互之间没有直接联系。因此，可非常简单地改变机载计算机系统的结构。耦合度较高的机载计算机系统则具有公用的内存储器和外围设备。此类计算机系统的中央处理器在资源分时的操作系统统一控制下发挥作用。在耦合度较高的机载计算机系统中进行结构变动是非常复杂的。

根据机载计算机系统不同功能元件间信息交换方式，可确定其类别。

其中，就多机和多处理器计算机系统而言，为表示计算机系统各功能元件之间的联系方式通常使用下列特征[7]：

（1）信息联系的组织方案（直接或间接）；

（2）信息传递路径选择的控制方法：无控制，集中控制，分散控制；

（3）联系类型（单独或共享）；

（4）联系的具体实现方式。

在直接传递时，信息发送器选择路径，而接收器识别出发给它的信息。在间接传递时，在信息发送器和接收器之间规定有特定的选择逻辑，从若干路径中选择一个路径，并且在一些情况下还规定有附加的信息变换器。

在使用直接信息联系时，不要求对信息交换进行控制。而间接传递可借助集中或分散的交换控制实现。集中控制的间接传递具有统一的计算机系统功能元件（交换机或计算器），经过该功能元件传递所有信息。在分散控制时则选择系统的一个或几个功能元件作为信息传递的中间环节。

单独通信总线（Bus）连接一个发送器和一个接收器。沿公用总线（Common Bus）的信息传递通常在时分模式（Time Division Multiplexing，TDM）下实现。例如，这类总线包括目前在机载综合电子系统中广泛使用的符合俄罗斯国家标准26765.52-87（MIL-STD-1553B）或P 50832-95（STANAG 3910）的多路传输总线（Multiplexed Bus）。

应当指出，以数据流和指令流类型为基础的分类具有一些缺点：分类太过宽泛，在数据流方面存在一定的不确定性。为明确这一分类应考虑逐字和逐位数据处理的特点，并将存储器在功能上划分为程序存储器和数据存储器。由此，带单指令流和单数据流并且逐字处理数据的机载计算机系统属于普通的并行处理器，而具有逐位数据处理的计算机系统属于一数位串行处理器[6]。

在图5.1（a）、图5.1（b）和图5.2中列出了与上述前两种分类特征相对应的机载计算机系统的主要类型。

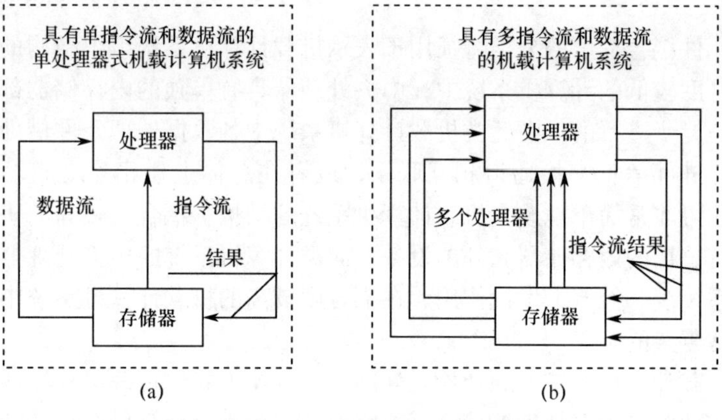

图5.1　机载计算机系统类型示意图1

标准串行计算机（BM）可作为具有单指令流和单数据流的机载计算机系统的范例，在其组成中包括运算逻辑部件（АЛУ）、存储设备、控制设备（УУ）和输入输出设备（УВВ）。

在此类计算机系统中经过运算逻辑部件进行数据的输入输出，因此，在执行输入输出运算时将停止信息处理[6]。

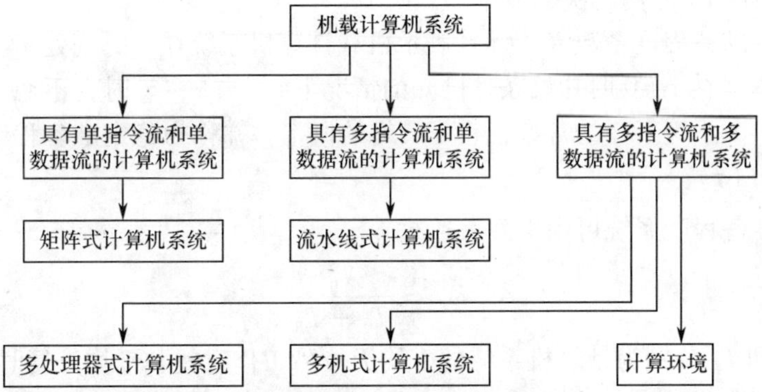

图 5.2　机载计算机系统类型示意图 2

作为使用弗林扩展分类法的示例，机载计算机系统属于 МКМДС/ВСОШ 类别的，具有多指令流和多数据流，逐字处理数据，功能元件耦合度较高，可保证“公用总线”型干线通信的计算机系统。

流水线（传送带）式数据处理（及计算机系统相应的流水线结构）是在单处理器机载数字计算机中使用的运算（指令）单独执行阶段在时间上并存原则的进一步发展，其目的是提高机载数字计算机的运算率。在流水线式处理时，同时执行两个或更多的指令。在矩阵式计算机系统中，所有的处理器同时执行同一个运算操作，但每个处理器仅处理保存在局部存储器内的自身数据（参见 5.3 节）。计算环境可以是，例如，并行运行的最简单的相同逻辑自动装置的总和，它们按正规方式相互连接并由程序控制用来完成某种功能[6]。

5.2　机载综合电子系统的计算机系统性能

5.2.1　机载计算机的效率

机载计算机系统以及整个机载综合电子系统的广义性能包括其效率、生命力和可靠性。通常使用在规定时间间隔 $t_з$ 内系统正确完成任务（任务组）的概率 $W(t, \tau)$ 作为机载计算机系统的效率指标。该指标可充分表示计算机系统在完成特定任务（或任务组）时的功能运行质量。它取决于计算机系统的许多性能：组织结构、运算率、存储器容量（内存）、可靠性、适修性和其他性能等。在数量上概率 $W(t, \tau)$ 可由下列关系式确定[4]：

$$W(t,\tau) = P_1(\tau)P_2(t,\tau) \tag{5.1}$$

式中：$P_1(\tau) = P(\tau)K_Г(\tau)$，为在收到任务的 τ 时刻机载计算机系统准备完成任务的概率；$P(\tau)$ 为在 τ 时刻收到任务的概率；$K_Г(\tau)$ 为机载计算机系统的不稳定准备程度系数（准备程度函数）[6]；$P_2(t, \tau)$，为在 τ 时刻收到的

任务将在时间 $t \leqslant t_з$ 内解决的概率。

不稳定准备程度系数 $K_Г(\tau)$ 表示机载计算机系统在 τ 时刻处于有工作能力状态的概率（在 $\tau=0$ 时初始条件已知的情况下）。当 $\tau \to \infty$ 时，不稳定准备程度系数趋于一个不等于零的常数，它是最终的概率，并称为稳定准备程度系数，即 $K_Г = \lim_{\tau \to \infty} K_Г(\tau)$。

稳定准备程度系统可由下列表达式确定：

$$K_Г = \frac{T_0}{T_0 + T_B}$$

式中：T_0 和 T_B 分别为计算机系统的平均无故障工作时间和平均修复时间。例如，对于现代歼击机机载综合电子系统中的 Ц100 型数字计算机，当 $T_0=1000\text{h}$ 和 $T_в=0.5\text{h}$ 时准备程度系数 $K_Г \approx 1$[8]。

根据式（5.1）可知，机载计算机系统的功能效率指标不仅取决于系统的技术性能，还取决于任务的特性和任务的优先级。因此，概率 $W(t, \tau)$ 仅在规定的任务流及任务优先权情况下才可起到表示机载计算机系统广义性能的作用。

1. 硬件可靠性对效率的影响

在评估机载数字计算机和计算机系统的可靠性时，通常使用“故障”和“运行中断”的概念。对于实时工作的计算机系统，根据系统恢复正常工作状态的持续时间将“运行中断”和“故障”分类是合理的。这样的分类也可根据不同的时间阈值将功能元件的运行中断和故障与整个系统的运行中断和故障区分开来。在第一种情况下时间阈等于 $\tau_{сб}$，在第二种情况下等于 $\tau_{от}$。

当 $\tau > \tau_{сб}$ 时，功能元件的运行中断转变为故障；当 $\tau > \tau_{от}$ 时，机载数字计算机（计算机系统）的运行中断转变为故障。

在 $\tau_{сб} < \tau < \tau_{от}$ 范围内取决于计算机系统的体系结构、其结构组织的复杂性、在容许时间内实现重新配置的能力。考虑到上述因素，机载数字计算机（计算机系统）的运行中断和故障可理解如下[6]：

运行中断是指引起计算机系统实现规定类别算法临时失灵的事件，其持续时间不超过时间阈 $\tau_{от}$，并且恢复正常工作状态不需重新配置系统的结构。

故障是指导致计算机系统实现规定类别算法失灵的事件，其持续时间超过时间阈 $\tau_{от}$，而恢复正常工作状态必须重新配置系统的结构。

概率 $P_2(t, \tau)$ 取决于机载计算机系统的硬件、软件和信息交换系统的可靠性。可直接破坏程序正常运行的主要因素包括：程序自身潜在的错误；应处理的输入信息失真；用户（操作员）的错误操作；运行软件的计算机设备运行中断和故障。软件的可靠性首先由程序中潜在的错误，即在设计程序过程中出现的错误确定[4,6]。

在机载计算机系统的所有工况下，用各种输入数据的组合情况对软件功能进行检查实际上是无法实现的。因此，在将综合电子系统交付使用时允许机载计算机系统的软件存在错误，在较长时期的综合系统的使用过程中应发现并排除这些软件错误。

2. 软件可靠性对效率的影响

在软件设计阶段容许的错误数量取决于设计工艺、工作组织和执行人员的技术水平，并且它原则上不是一个时间函数。但由软件错误引起的机载计算机系统的故障率是一个时间函数，并且随着时间推移它可能降低，也可能增大。其中，在计算机系统使用过程中不正确地排除软件错误可能引起故障率增大，甚至导致在软件中出现新的错误。

一些程序中未经修正的错误在一定的输入数据组合情况下可导致机载计算机系统故障，并且随后在相同的输入数据组合条件下，该故障会重复出现。然而，在实践中通常认为软件故障具有概率特性。这由下列因素引起：第一，软件中的错误是随机分布的；第二，输入数据的组合也是随机的。因此，软件的无故障工作时间是一个随机变量。

在机载计算机系统的标准功能条件下，运行中断的概率是比较低的，并且它们不会产生明显的影响。在对计算机系统施加人为和随机影响时，运行中断率将明显增大。人为影响可表现为普通的（设计人员未发现并在软件调试后仍存在的）程序错误，或与程序病毒（参见6.2节）影响类似的过程。在不采取专门措施的情况下，计算机系统的软件可靠性随着其复杂程度增大而降低，这可导致不准确执行程序和相应完不成任务的概率增大。在下列3个级别上查明机载数字计算机（计算机系统）的运行中断和正常功能失灵：运算、功能和系统[3]。

在运算级别上计算机系统的检测系统实现，检测系统能发现并在一些情况下修正信息处理、传递和储存的错误。功能级别可使用算法或启发法发现不正确的计算结果（包括在形成控制信号时）。在系统级别上对计算过程步骤、完成任务的顺序及其完整性进行检测。

如上所述，概率 P_2（t，τ）取决于机载计算机系统的硬件和软件的可靠性，以及信息交换系统的可靠性。作为信息交换系统的可靠性指标可使用在规定时间内传输所需量信息的概率。信息交换系统的故障通常与信息传输时不可预料的延迟和信息失真有关。

5.2.2 机载计算机的体系结构

在现代化机载综合电子系统中，多机和多处理器计算机系统的计算能力和运行效率在很大程度上取决于计算机系统组成中各数字计算机和计算模块（微处理器）的体系结构和技术性能。在第4代和4+代战机的综合电子系统中广泛使用多机（通常为不同类型的）计算机系统。在多机计算机系统中可包括单处理器的计算机，流水线和矩阵式计算机系统，以及多处理器的数字计算机。

现代化机载数字计算机作为专用数字计算机，其性能主要包括：

(1) 机载数字计算机的结构组织（功能器件的组成、其连接接口的性能、各器件相互作用的原理）；

(2) 中央处理器的性能（中央处理器的体系结构、数据格式、地址和数据总线的数位、指令系统、运算速度、中断级数）；

(3) 存储器的性能（存储器的组成和组织、其容量和运算速度、重新编程和在断电时存储信息的能力）；

(4) 机载数字计算机软件的用途和结构；

(5) 计算过程的组织，完成功能任务和检测任务的周期；

(6) 输入输出设备的输入和输出信号特性、输入和输出信号变换器（数模和模数转换器）的性能；

(7) 在综合电子系统机载数字计算机的组成中用于输入输出信息和信息交换的并行和串行接口的性能；

(8) 内置程序和硬件检测的特性；

(9) 总体性能：重量，尺寸，消耗功率，平均无故障工作时间，价格；

(10) 机载数字计算机技术状态的地面自动化检测设备的组成和功能。

1. 结构组织

构成机载计算机系统的各种器件设备是其物理资源，它可由一个或几个参数进行评估。例如，机载数字计算机的存储器具有两个主要资源参数：表示其运算速度的存取时间和容量。物理资源经常与系统资源相对应，系统资源可为简单的或复杂的。数据传输干线（数据传输总线）可作为简单系统资源的示例，而机载数字计算机中计算过程的中断速率可作为复杂系统资源的示例。

机载数字计算机的计算能力可由其技术性能确定，技术性能主要包括运算资源、运算速度（运算率）和存储器容量。

机载数字计算机为处理、保存、输入输出和传递信息而实施的运算操作集合可表示计算机的运算资源。运算资源由计算机可执行功能的清单确定，运算资源还取决于信息的表示法（格式）和指令系统。它可表示机载数字计算机完成特定类别任务的适合度。信息表示格式的类别越多并且指令系统越宽，则系统的运算资源越多。“运算资源”概念还包括下列能力：信息可信性（硬件设备完好性）检测、多个程序的并行处理等。

2. 中央处理器

微处理器是现代化计算机（处理器）模块的基础。现代化微处理器是使用超大规模集成电路（СБИС）制造工艺在单个芯片上制作的中央处理器。微处理器的主要功能单元是运算逻辑部件和控制部件[9]。

目前，具有大量不同类型的微处理器，它们的用途、能力（体系结构）、结构和实现方式有所不同。其可执行功能广泛性和应用范围的多样性决定了此类计算机设备的专业化：用于处理数据的通用微处理器；用于信号数字处理（ЦОС）的微处理器和微控制器（执行逻辑分析和控制功能的控制设备）。电子计算机设备现代发展阶段的特点是研制专用处理器，在某个专门应用范围内，其在运行功能和性能方面是最优的。例如，对于机载雷达，这类计算机设备可以是信号处理器和数据处理器。对于信号的实时数字处理，目前广泛使用 DSP（Digital Signal Processing）微处理器。该类型微处理器是单芯片微型计算机系列，具有可高效实现标准信号数字处理算法的软硬件。

在机载数字计算机和计算机模块中使用的数据以二进制代码的形式表示。代码是指符号及其单值解释规则的体系。二进制码仅使用两个符号（0 和 1），具有相应规定的数位和格式特征：

（1）代码所表示的二进制数位值；

（2）将代码数位（考虑到数位编号）划分为组的方案，数位组可单值地确定其功能用途。

机载数字计算机和计算机模块的处理器使用特定数位的二进制码，被称为机器字（简称字）。数位最小的机器字通常称为短字。用于表示数据的二进制码数位是机器短字数位的倍数。对于每种类型的处理器都规定字的数位。例如，32 位处理器通常采用下列术语：短字——16 数位（2 字节）；字——32 数位；双字——64 数位。应当指出，对于要求以较高精度完成的任务，在 16 位数字计算机中通常以位数程序加倍方式执行。

在机载数字计算机和计算机系统中使用的数据按用途可划分为两种类型：数值型和非数值型数据。数值型数据包括实数和整数型的数值数据，以及用专门的二～十进制代码表示的十进制数。非数值型数据包括逻辑型数据、文本数据和视频数据等。

对于实数型数值数据（实数）采用两种实数格式：定点和浮点的格式。

定点数以数字正负号和尾数的形式表示：$A = \pm M$。定点实数以特定代码表示小数，代码类型取决于处理器的类型。在二进制系统中通常使用下列 3 种类型代码对定点实数进行编码：正码、反码和补码。

定点数格式比较简单，但是它表示数值的范围较小且准确度较低（当模数值较小时）。此外，在使用定点格式时，必须对数值进行定标。与浮点格式相比，除了简单之外，定点格式的优点还包括更高的算术运算速度。

浮点数以下列形式表示：

$$A = \pm M S^{\pm p}$$

式中：$\pm M$ 为带正负号（符号）的尾数；$\pm p$ 为带正负号的阶；S 为阶的基数，

它取决于处理器的类型，其数值可以是2、4 等。在二进制系统中 $S=2$。

与定点格式相比，这种格式可保证更大的数值表示范围和更高的准确度。

例如，“轨道-20”系列机载数字计算机和 Ц100、Ц101、Ц102 型数字计算机用定点法表示数据，并且其表示数位为 16bit。在 Ц154 型多处理器机载数字计算机中使用定点和浮点法表示数据，其表示数位为 16bit、32bit[3,10]。

在最简单和快速的数字处理器中通常使用定点表示法。这类电子计算机设备包括大部分专用计算机和一系列 DSP 数字信号处理器。浮点表示法通常应用在数据处理算法精度要求较高并且其动态表示范围较大的数字系统中[3,9]。

整数型数值数据（整数）是整数型的字，它们通常也称为整数字。在整数字格式中一个数位表示数值的符号，其他数位以二进制表示数值的模数。

为了用二进制形式表示十进制数字，通常使用二~十进制代码。在二~十进制代码中每个十进制数字 0~9 都用 4 位的二进制码表示。

逻辑型数据包含逻辑变量值的信息。为保存一个逻辑变量的数值使用一个二进制数位就够了。更合理的是用字表示逻辑型数据，在字中每个数位都是独立的自由变量。

文本数据用于传输、保存和处理文本，它们是可变长度的字符序列（字符串）。字符可是字母、数字、标点符号、算术和其他符号，以及控制字符等。文本字符通常用不同长度的标准二进制代码进行编码。

视频数据用于传输、保存和处理图像，它们以可称作录像的专用格式的二进制信息块（信息组）表示，录像由字的集合组成。录像格式是非常复杂的，因为需要考虑图像的类型，并且图像可能是静态或动态、平面或立体、单色或彩色的（参见6.5 节）。

机载数字计算机和计算机模块的运算速度可表示其处理信息的速度。它或由每秒钟内的运算次数 V 确定，或由执行一次运算的时间 $\tau=1/V$ 确定。

在现代数字计算机和计算机模块中指令集、字（数）的数位、数的表示法可能各有不同。因此，执行不同的指令（运算）需要不同的时间。

平均（有效）运算速度可根据下列公式计算：

$$V_э = \sum_{i=1}^{N} \gamma_i / \sum_{i=1}^{N} \gamma_i \tau_i \tag{5.2}$$

式中：γ_i（$i=\overline{1,\ N}$）为单个运算“权重”的系数，并且在解决任务过程中可在其出现（使用）频率的基础上加以确定；τ_i 为完成第 i 次运算所需的时间；N 为总运算数量。

根据公式（5.2）计算出的 $V_э$ 值可称为机载数字计算机的运算率[4,8]。

实际上，现代数字计算机的运算速度经常用在每秒钟内完成的短运算（加、减运算）数（次运算/秒）来表示。例如，美国 F-18 型攻击机机载综合电子系统中的 AN/A YK-14 型数字计算机的运算速度为：对于“寄存器-寄存器（RR）”型短运算为 760000 次运算/s，对于“寄存器-存储器（RX）”型短运算为 375000 次运算/s。B-1B 型战略轰炸机机载综合电子系统中的 AP-101F 型数字计算机对于 RR 型短运算的运算速度为 10^6 次运算/s。

“轨道-20”系列机载数字计算机的运算速度为：对于 RX-200 格式，在进行乘法和除法时速度分别为 100 和 10 千次运算/s 对于 RR 和 RX 型短运算 Ц100.02 型机载数字计算机的运算速度分别为 800 和 250 千次运算/s，当从存储器下载操作数并将双倍长度结果发送至存储器内时，运算速度为 80000 次乘法运算/s。ЦВМ-90-60XX 型通用数字计算机的计算机模块 MB60 是在时钟频率为 20MHz 或 50MHz 的 R3081 型处理器的大规模集成电路的基础上研制，其相应的运算速度为 25000 或 50000 千次短运算/s[3,4,10]。

针对下列混合运算：30% 的 RR 型短运算、30% 的 RX 型短运算、38% 的乘法和 2% 的除法运算，根据式（5.2）计算出的有效运算速度（运算率）对于单处理器式 Ц100.03 型机载数字计算机应为 170 千次运算/s，对于多处理器式 Ц154 型计算机（4 个计算机模块）为（700 ×4）千次运算/s[3]。

目前，智能计算机的运算速度（参见 5.4 节）用每秒钟的逻辑推理量来评估。其测量单位是每秒逻辑推理次数（Logical Interences per Second，Lips）根据第 5 代计算机（FGCS）日本程序方案，小型和中型智能计算机的近期目标是达到运算速度 $10^5 \sim 10^6$，而对于将来的大型智能计算机应达到 10M 至 1GLips[11]。

3. 存储器

存储器组织结构是表示机载计算机系统功能的一个重要因素。大部分的现代化计算机系统具有多层级的存储器。为有效使用分级存储器，在机载计算机系统的体系结构中规定相应的硬件和软件设备，它们可保证最合理地使用系统所有的存储资源。

机载数字计算机的存储器可包含内存储器（运算存储器）（ОЗУ）、永久存储器（ПЗУ）、半永久存储器（ППЗУ）和外存储器。此外，在一些机载数字计算机中作为高速处理器和内存储器之间的中间环节（缓冲存储器）可使用超高效存储器（СОЗУ），它与内存储器相比具有更高的运算速度和更小的容量。

机载数字计算机存储器的主要性能指标包括其信息容量（简称容量）和运算速度。存储器的一般性能指标有：消耗功率、可靠性、重量、体积、确定存储器运行条件的参数、价格。

存储器的容量用其可保存的最大信息量表示。存储器的容量以比特、字节或字为单位进行度量，或者用下列数值为单位进行度量：$K = 2^{10} = 1024$（千）、$M = 2^{20}$（兆）、$G = 2^{20}$（吉）和 $T = 2^{30}$（太）。例如，当使用 K 时，存储器容量用千比特、千字节和千字进行度量。

应当指出，现代数字计算机的存储器容量是一个很广宽的数值范围。例如，“轨道-20”系列数字计算机具有下列容量的存储器，K 字（16 位）：内存储器——0.5 ~4；永久存储器——16 ~48 和非易失性存储器——1[9]。Ц100.03 型机载数字计算机具有容量为 136K 字节的永久存储器和 8K 字节的内存储器[3]。

在实践中通常使用单位容量指标，它可定义为存储器容量与其物理体积的比。该指标可表示存储器的工艺完善程度。

存储器的运算速度可用其访问（收到执行读或写操作的询问）时刻与该操作完成时刻之间的时间间隔表示。如果信息读写的时间间隔具有不同数值，则为评估运算速度应选择其中的最大值。

4. 运算效率

通过分析各种类型机载综合电子系统的战斗使用可知，对机载计算机系统内存储器的运算速度和容量要求最高的经常是执行“空对空”和“空对面”导弹的制导任务[10,12]。

在比较评估机载数字计算机的效率时可使用计算能力作为评价指标，计算能力根据下列关系式确定[9]：

$$M = \frac{V\sqrt{Q}}{P}$$

式中：V 为运算速度，它通常用百万次运算/s 表示；Q 为主存储器容量（kb）；P 为消耗功率（W）。

多机机载计算机系统的计算能力等于系统组成中所有数字计算机计算能力的总和。

运算率是机载数字计算机和计算机系统的一个主要性能指标，运算率通常是指计算机或计算机系统执行程序的速度或在规定时间内完成的计算工作量。计算工作量直接取决于相应机载数字计算机和微处理器的运算速度和运算率。

在一般情况下，运算率不仅需考虑计算机系统各部件的运算速度，还应考虑系统各计算部件的结构组织方法。可将机载计算机系统的运算率划分为额定运算率 $\Pi_н$ 和有效运算率 $\Pi_э$。

多机式机载计算机系统的额定运算率可通过其组成中每台数字计算机的额定运算速度表示，并根据下列公式确定：

$$\Pi_н = q_M \sum_{m=1}^{M} V_{mн}$$

式中：$V_{mн}$为第 m 台数字计算机的额定运算速度；M 为计算机系统中的计算机数量；q_M 为系统消耗的系数。

对于单机式机载计算机系统，通常 $q_M = 1$。在一般情况下，系统消耗系数由多机式机载计算机系统的体系结构确定，且其取值范围为$0 < q_M < 1$[4,6]。

额定运算速度 $V_н$ 是指在实现由标准运算组成的某个程序时数字计算机在单位时间内执行的标准运算量，$V_н = 1/\tau_{ст}$，其中 $\tau_{ст}$ 为执行一次标准运算所用的时间。可选用机载数字计算机运算体系中的任何运算作为标准运算。但是，通常选用加法运算或其等效运算（短运算）作为标准运算。额定运算速度不取决于完成任务的类型，并可概略地比较不同机载数字计算机或计算机系统的信息处理速度。

多机式机载计算机系统的有效运算率可根据下列公式确定：

$$\Pi_э = q_M \sum_{m=1}^{M} V_{mэ}$$

式中：$V_{mэ}$为第 m 台机载数字计算机的有效运算速度。

在解算由一系列个别算法组成的完整算法时，机载数字计算机的有效运算速度可由下列表达式确定：

$$V_э = \frac{1}{T_p} \sum_{j=1}^{n} \sum_{i=1}^{r} \alpha_i \delta_{ij}$$

式中：$\alpha_i = \tau_i / \tau_{ст}$；$\tau_i$ 为执行第 i 个运算的时间；δ_{ij}为在第 j 个任务中 i 类型运算的数量；n 为单独任务的数量；r 为在第 j 个任务的解算算法中运算的类型数；T_p 为完成任务的时间。

在一般情况下，完成任务的时间是一个随机量，它取决于所完成任务的类型、机载数字计算机的技术性能、检测系统的效率等。因此，在实际计算时通常使用有效运算速度的平均值 $\overline{V} = M\ \{V_э\}$，它在数值上等于在解算完整算法时机载数字计算机在单位时间内执行的标准运算的数量。

目前，高速机载计算机系统是在专用流水线和矩阵式结构基础上实现的（参见 5.1 节）。

现代和未来的机载数字计算机和计算机系统就自身性能而言在很大程度上将近似于功能强大的通用计算机。因此，为更完整地表示机载数字计算机和通用计算机的计算能力，不仅应评估其运算速度，还应评估其运算率。目前，计算机运算率的度量单位通常使用百万次浮点运算/s（Million Floating-point Operations per Second，MFLOPS）[13]。

现代计算机特别是超级计算机具有非常高的运算率，因此，通常采用 FLOPS 的导数值（GFLOPS、TFLOPS、PFLOPS；$G = 10^9$、$T = 10^{12}$、$P = 10^{15}$）来评估其计算能力。应当指出，每半年更新一次的全球超级计算机 500 强排行榜可很好地反映在超级计算机制造领域的成就。该排行榜中前十名位置都被 PFLOPS（每秒千万亿次运算/s）级别的超级计算机占据。例如，“天河-1A”超级计算机（中国）的运算率为2.5PFLOPS。在实践中，通过在被测计算机上启动测试程序，然后根据此程序完成带已知运算量的任务并确定完成任务的时间的方式来测定运算率值。目前，最常用的是LINPACK测试程序。

正如前面所述，现代多处理器机载计算机系统的运算率取决于微处理器的运算率。而对于微处理器具有两种评估方式：峰值运算率和实际运算率[3]。

峰值（技术）运算率是指在理想运行条件下计算机系统运算速度的理论最大值。为确定峰值运算率只需知道处理器的时钟频率和计算流水线的个数便可（对于流水线式结构）。因此，当时钟频率为1MHz时，一个计算流水线的峰值运算率在执行浮点运算时为1MFLOPS或者在执行定点运算时为1MIPS（百万条指令/s）[3]。

在执行应用程序时微处理器的有效（实际）运算率可能本质性小于峰值运算率（有时可能小好几倍），因为多处理器的运行性能取决于其程序和所处理的数据。

在实践中，通常使用表示不同计算机设备在一些信号和数据处理应用领域内的适用性的任务组来评估该专用计算机设备的运算率。任务组中每个任务的执行时间数据是计算该被测计算机设备运算率指标的基础。运算率指标是一个相对估计，它可表明，被测的计算机设备与基准（标准）计算机相比，执行该任务组的时间能够快多少或慢多少。

微处理器的实际运算率应通过测试进行计算。因此，经常根据完成检验任务的结果来评估通用微处理器的运算率，在检验任务中使用了一套SPEC测试程序（程序包）。例如，在评估微处理器的运算率时，可使用SPEC95程序包进行整数处理测试（int）和一组浮点数计算测试（fp）。

应当指出，峰值运算率相同的处理器（微处理器）可具有不同的实际运算率。

在计算机设备目前的发展阶段上，在机载综合电子系统中广泛使用专用处理器，其性能在某些特定的应用领域内最优。其中对于机载雷达和多功能雷达而言，其处理器是属于专用数字计算机的可编程的信号处理器和数据处理器。例如，在“甲虫-ME”多功能雷达中使用的“巴格特-55-04”多处理器式计算机系统可作为信号处理器的典型范例[3]。

运算率是这类专用数字计算机的计算能力的一个重要指标，它可确定计算机对于相应程序的适用性。此时，机载信号处理器和数据处理器的运算率评估原则和方法与通用处理器的运算率评估原则和方法相同。

在表5.1中列出了2010年设计的前瞻性机载综合电子系统中的机载计算机系统为实现不同的功能所必需的运算率和数据传输速度[13]。非机载信息源也可参与执行在表5.1中所述的功能。

表 5.1 2010 年前瞻性机载计算机系统所需的运算率和数据传输速度

应用领域 2010 年前	设计的数据传输速度 （一个通道）/（Mb/s）	设计的运算率 （考虑到预处理）/GFLOPS
红外搜索和跟踪（IRST）	120 ~ 200	4 ~ 10
前半球观测（FLIR）	120 ~ 160	3 ~ 10
态势通报 导航 威胁告警（ADAS）	150 ~ 700 150 ~ 700 150 ~ 700	4 ~ 10 1 ~ 2 1 ~ 4
高脉冲重复频率的距离选通（RGHPRF）	280	—
旁瓣自适应抑制（ALSC + RGHPRF）	280	2 ~ 15
合成孔径（SA）	200 ~ 800	—
雷达波段电子战（EW RF-RWR/ESM）	1000 ~ 2000	0. 5 ~ 2. 0
光波段的电子战，导弹发射预警（EW-C3）	200 ~ 400	0. 5 ~ 1. 0
激光波段的电子战，激光辐射预警（EW-EO）	50 ~ 100	0. 05 ~ 0. 1
在下列系统中信息处理的总要求： 光电系统 雷达系统 电子战系统	—	 15 ~ 25 2 ~ 15 5 ~ 11
通信、导航和识别（CNI：WBDL + GPS + IFF）	—	30 ~ 50

信号和数据处理的运算率通常以 GFLOPS 为单位进行测量。考虑到预处理，在分析批量生产的处理器（而非专门研制处理器）计算能力的基础上确定对信号和数据处理运算率的要求。这是由于专用处理器的运算率总是高于批量生产处理器的运算率。例如，如果批量生产处理器的运算率为 9GFLOPS，它是所需运算率的 50%，则专用处理器的所需运算率应不小于 18GFLOPS。

美国 F-22 和 F-35 型第 5 代战斗机机载综合电子系统的机载计算机中的信号和数据集成处理器 CIP 和 ICP 的运算速度分别为：对于数据处理 0. 7GFLOPS 和 40. 8GFLOPS，对于信号处理 20GFLOPS 和 75. 6GFLOPS（参见 1. 6 节）。

未来的信号和数据处理器应不仅具有较高的运算速度和信息交换速度，还应具有快速适应和重新配置、支持范围广泛的信号和数据处理模型的能力。具有可重新配置的网络结构的 MONARCH 处理器可作为下一代处理器的范例，它是一种带程序控制的集成电路芯片[14]。

MONARCH 处理器可用于处理所有类型的数字数据，这些数据可同时来自多功能雷达、无线电技术侦察设备、通信通道、光电瞄准系统和在光波段上工作的其他系统。此时，它既能进行信号和数据的一次处理，也可完成用来获取最终结果的所有类型的后续处理。

一个时钟频率为 333MHz 的 MONARCH 处理器可具有运算率为 64GFLOPS。

当借助信息交换系统（СИО）将4个处理器联合为一个模块时，其运算率可增大至256GFLOPS。当联合8个这样的模块时，总运算率可达2T FLOPS，这可与现代化超级计算机的运算率相当。此外，MONARCH处理器具有较高的单位有效运算率（GFLOPS/W，GFLOPS/m^3）[14]。

硬件和软件（包括系统软件）之间密切的相互作用是多处理器式机载计算机系统的特点。因此，可实现任务的重新分配和完成一个任务的某些部分，并可实现其他的功能[3,9]。

多处理器式机载计算机系统的运算率在很大程度上取决于连接不同功能模块的网络拓扑结构，以及内存储器资源的使用方法。当联合的处理器数量较大时可能发生冲突情况，此时多个处理器同时使用存储器的同一个区域，这将导致计算机系统运算率的下降。

此外，在研制多处理器式机载计算机系统时用户转换和保证其访问公用内存储器是一个重要问题。多处理器式机载计算机系统的效率在一定程度上取决于软硬件设备能否具体解决这一问题。

在研制多处理器式机载计算机系统时应考虑，其效率在很大程度上还取决于算法中串行运算和并行运算的比值。如果串行运算比率较大，则不能指望较大的计算加速度。

可使用下列关系式评估含有 N 个处理器的计算机的理论计算加速度 S：

$$S \leqslant \frac{1}{f + (1 - f)N^{-1}}$$

式中：f 为并行运算的比率，$0 \leqslant f \leqslant 1$；数值 $f = 0$ 和 $f = 1$ 分别对应完全的并行程序和串行程序[3]。例如，如果在执行程序中 $f = 0.1$（10%的串行运算），则计算机的极限工作加速度不超过10倍。

5.3 机载计算机系统的体系结构

5.3.1 引言

在完成相应类型的任务时，机载计算机系统的体系结构可在很大程度上确定其性能。

机载综合电子系统的计算机系统体系结构是指确定硬件和软件设备组成、其功能和协同动作程序的组织原则，即可保障综合电子系统规定功能的计算机系统性能和特性的总和[10]。

既可从程序设计员的角度、也可从硬件研制人员的角度研究单个机载数字计算机（或整个计算机系统）的体系结构。从程序设计员角度，计算机的体系结构是指其下列主要性能的总和：指令系统、存储器组织结构、内存寻址系统、信息输入输出组织等。从硬件研制人员角度，计算机体系结构则指计算机的工作原理、逻辑组织、功能部件（模块）的连接等[9]。

正如前面所述，在第4代和4+代战机的综合电子系统组成中主要是多机式计算机系统，其体系结构主要由计算机系统组成中的数字计算机的体系结构确定。

机载数字计算机的体系结构可确定其功能效率，体系结构的基本要素包括：

（1）计算机的计算和逻辑能力（指令系统、数据格式、运算时间）；

（2）硬件设备（计算机的基本结构、存储器组织结构、与外部设备的协同动作组织、控制原理）；

（3）软件（操作系统、编程语言、应用软件等）。

机载计算机系统体系结构的一个要素是其结构，它可反映系统硬件资源的组成、组织和运行原理。机载计算机系统的结构在很大程度上取决于其所用的指令系统、指令格式和数据格式。大部分现代机载计算机系统具有非常复杂的分级结构，其分级结构可首先由计算机系统的组织原则确定。

根据组织原则机载计算机系统（同机载综合电子系统一样）可划分为分立式、集中分布式、集中式和分布式系统（参见1.3节）。多机式机载计算机系统各数字计算机和多处理器式机载计算机系统各功能模块（包括不同级别存储器和所有外部设备）之间的协同动作应根据计算机系统采用的控制原理实现。

现代机载计算机系统的软件是指可有效使用计算机系统硬件的算法和程序的总和，这些算法和程序是计算机系统软件的基础。首先应提及操作系统，因为在很多情况下正确选择和编制操作系统是保证计算机系统完成规定任务的最重要条件。机载计算机系统的操作系统是指在运行计算机系统的情况下用于计算过程组织的所有程序的总和。

5.3.2　机载计算机体系结构的发展方向

机载计算机系统的发展与其体系结构的改善息息相关。机载数字计算机和计算机系统作为专用的计算机和计算机系统，改善其体系结构和性能的一些发展方向[5,9,15]有：

（1）完善基本元件的工艺，主要是大规模集成电路（БИС）、超大规模集成电路（СБИС）和超高速集成电路（ССИС）；

（2）完善机载数字计算机主要部件（中央处理器、存储器、交换设备）的结构和逻辑组织；

（3）研制程序兼容系列机载数字计算机，其指令系统与通用计算机的指令系统类似，这可允许在研制硬件设备的同时修订计算机的软件；

（4）在微型和小型计算机的基础上研制分布式计算机系统，构建具有计算机网络和分级结构的机载计算机系统；

(5) 使用信息处理过程的并行程序设计，研制专用并行计算机系统和超高速信号数字处理系统；

(6) 研制可硬件实现高级编程语言的机载数字计算机和可实现操作系统功能的硬件设备；

(7) 研制高度可靠的硬件设备和软件；

(8) 改进软件的开发和调试设备；

(9) 研制并在机载数字计算机和计算机系统中采用人工智能技术设备。

提高单处理器机载数字计算机运算率的有效手段是在其结构中加入可硬件实现一些函数组（例如，计算三角函数和代数）的设备，这些设备通常被称为协同处理器。另一个改善单处理器机载数字计算机，及多处理器和并行计算机系统的体系结构的发展方向与所谓的 RISC（Reduced Instruction Set Computer）体系结构，即精简指令集计算机体系结构密切相关。该体系结构的优点是：简化的指令集，缩放的固定指令格式，计算流水作业程度高；允许在一个机器周期内执行指令集中的所有指令；在处理器中通常使用程序控制方式，而不是微程序控制方式。这种体系结构还用于研制 CIP 处理器。带 RISC 体系结构的计算机在研制时需要更少时间和资金投入，因此在这类计算机上可实现最新的工艺。

尽管在提高标准体系结构（串行处理指令）单处理器式计算机的运算速度、基本元件的集成度和改善其体系结构方面取得了较大进步，但是根据当前要求（表 5.1），其运算率的增长幅度却不大。在当前技术设备的发展情况下，达到较高运算率的根本方法是进行计算资源分配和组织其并行工作。

将多台机载数字计算机或处理器联合（集成）一个统一的机载计算机系统，可提高计算机系统的运算率，并行解决赋予的任务，并创建可靠性和生命力高的系统，建造带分级结构的计算机系统[4,6]。模块化设计原则可建造不同结构配置的机载计算机系统，并能在其某些数字计算机和功能模块故障或战斗损伤时重新配置系统结构。

1. 多机式机载计算机系统

正如前面所述，在现代导航、瞄准和武器控制综合电子系统中广泛应用多机式机载计算机系统。多机式机载计算机系统是在许多单独机载数字计算机（包括微型计算机）的基础上研制，并保持了系统中每个计算机的结构和功能运行方式。因此，机载计算机系统中的一些数字计算机可能具有多处理器式结构。数字计算机之间的协同可通过输入输出模块、外存储器或公用存储区，或者借助以多路传输总线（MШ）为基础的多路信息交换通道来实现。多机式机载计算机系统可具有两个、三个或更多同型或不同型数字计算机。鉴于此，可将其划分为同型和不同型机载计算机系统。

为未来机载综合电子系统改装和研制新式机载计算机系统的经验表明，在使用系统级多路传输总线或以多路传输总线为基础的带分级结构的信息交换通道时，多机机载计算机系统中各数字计算机的协同组织是非常高效的[3,4,6,9,10]。使用系统级多路传输总线的数字计算机在综合集成时更简单，并具有更大的灵活性，并且在此协同工作方式下某个数字计算机故障不会影响整个计算机系统的工作。对于带分级结构的机载计算机系统及其信息交换通道，按层级进行分配可更高效地实现信息处理和控制功能，并且在系统的某些元件故障或战斗损失时能重新配置计算机系统的结构。

在现代集成型机载综合电子系统中，俄制的多机机载计算机系统是在第 3 代和第 4 代数字计算机的基础上研制的[3,4,10]。它们具有分级、联合集中、系统定向、总线模块和确定性结构。机载计算机系统的资源在信息通道之间进行分配，信息通道以综合系统形式硬件实现（图 1.3）。上述结构的多机式计算机系统的特点是：分级结构（主要为两级或三级），信息流的程序控制，低层级各系统的功能和结构完整性，可对这些系统进行升级改装。

在机载综合电子系统组成中每个系统所完成的任务内容是在其研制过程中确定的，并且在其使用过程中不能加以改变（重新分配任务）。可借助高层级的（若分为两级或以上）机载数字计算机对完成最重要任务的计算机设备进行备份。在机载计算机系统的设计阶段上应预先确定其功能运行战略，在控制程序范围内或通过替换该程序可改变其运行策略[3,10]。

在集成型机载综合电子系统中可使用多个机载数字计算机，此时其中一些计算机可以是多处理器式。应当指出，不合理地使用计算机设备是此类多机式机载计算机系统的特点，这可导致毫无根据地增大其尺寸、重量和能耗[10]。

2. 第 3 代机载数字计算机

第 3 代机载数字计算机的特点如下所述。在计算机中使用：分级存储器，包括快速存取存储器（以一般用途寄存器的形式）；多级中断系统；存储器直接存储通道；外部接口通道控制器；信息非法访问保护装置（参见 6.2 节）；支持多路传输流程的设备。

这类机载数字计算机基本上具有总线模块结构，它依靠使用必要数量的通用模块能够在较广范围内改变计算机的性能。因此，此类机载计算机系统具有一定的开放性。为制造模块通常使用中集成度和高集成度的微电路，其中包括以大规模集成电路为基础的微处理器系统。

为了信息交换，在外部接口中使用多路传输通道，并补充用于交换串行码的径向通道。除了数字接口外，在必要时还使用一些模数和数模转换器[10]。

3. 第 4 代机载数字计算机

第 4 代机载数字计算机的特点是开放式体系结构。第 4 代计算机具有集成结构，其组成中除了一般用途的处理器外还包括专用处理器（例如，可编程的信号处理器）。在计算机的外部接口中使用开放式通用多路传输通道进行信息交换，其数据传输速度为1Mb/s。径向通道用于一次指令的交换。随着信息交换系统的完善，在外部接口中可接入数据传输速度为20Mb/s 的多路传输通道模块、AS4074 型网络接口模块（HSDB）、SCI/RT 和 FC 型接口模块[3,9,10]（参见5.4 节）。

正如前面所述，现代机载综合电子系统的机载雷达和多功能雷达属于复杂技术系统，为了实时处理信息，其中必然需要高运算速度的计算机设备，并且这些计算机设备应满足重量、尺寸、消耗功率方面的限制要求及较高的可靠性要求。通过分析现代化多功能雷达的构造原理、逻辑结构和功能算法表明，通常允许在其机载计算机系统组成中的独立数字计算机之间分配待完成的任务。此时，在多功能雷达中使用带分级结构的多机机载计算机系统是合理的。在此型机载计算机系统中，其中一台数字计算机是中央计算机（主控机），它协调系统其他计算机的工作并组织它们之间的信息交换。上述结构机载计算机系统的优点主要包括：

（1）研制和使用简单，这是由于系统组成中的各数字计算机具有功能自主性；

（2）在软件最小升级的情况下，通过增大现有数字计算机的负载或增加其数量的方式可增加完成任务数的能力。

4. 米格-29M 飞机的机载计算机

作为示例，下面研究米格-29M 战机机载综合电子系统中“甲虫”多功能雷达的多机式机载计算机系统[3,10]，其结构图如图5.3 所示。该机载计算机系统既可处理雷达信号（一次处理），也可二次处理输入到其数字计算机内的信息。在“甲虫”多功能雷达的多机式机载计算机系统中包括机载数字计算机 Ц101、Ц102 和可编程信号处理器 Ц200。

Ц101 型机载数字计算机是 Ц100 型计算机的进一步发展，它不仅具有更高的运算速度，还具备一系列附加性能。这些附加性能可保证：

（1）创建程序兼容的机载数字计算机列；

（2）在创建机载计算机系统时将这些机载数字计算机综合化，并将其与不同的机载系统进行连接；

（3）后续的升级改装[3]。

Ц101 型机载数字计算机具有符合俄罗斯国家标准 18977-79 的串行接口和符合俄罗斯部门标准 11305. 903-80 的 МПИ 型并行接口。串行接口具有较低的通信能力，因此不能用于组织计算机之间高强度的信息交换。МПИ 型并行接口具有充足的通信能力，但它不能在两台机载数字计算机之间进行直接耦合（特别是Ц101 和 Ц102）。为将 МПИ 型并行接口用作机载数字计算机之间的交换通道，必须在计算机中加入辅助设备——计算机通信适配器（AMC），其功能是组织从一台机载数字计算机的 МПИ 型接口访问另一台计算机的 МПИ 型接口的地址。

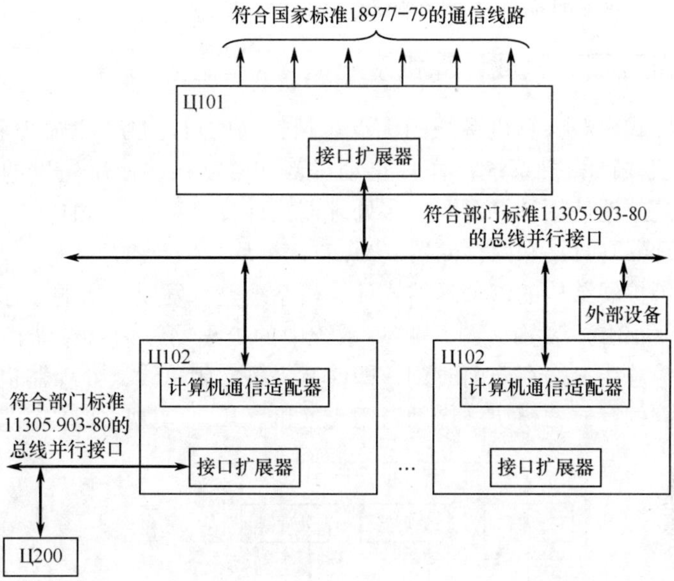

图 5.3 “甲虫”多功能雷达的多机式机载计算机系统结构图

接口扩展器（РИФ）可保证将 МПИ 型并行接口连接至机载数字计算机的内部总线并行接口上。

Ц102 机载数字计算机用于保存程序、与 Ц200 进行通信并进行控制。

可编程信号处理器 Ц200 用于多功能雷达信息的一次处理。在机载计算机系统组成中，从控制功能角度看 Ц200 是一个被动设备，它在 Ц102 计算机的控制下工作运行。在 Ц200 中没有非易失性存储器，因此，由 Ц102 计算机实现 Ц200 中程序的保存和加载。

在主控计算机 Ц101 和被控计算机 Ц102 之间所有的信息传输都由主控计算机的程序实现。在被控数字计算机之间不能直接交换数据。在整个机载计算机系统中它们可视作被动设备，并在主控计算机的地址栏上具有自己的地址区。被控数字计算机的序号固定在其与 МПИ 总线相连的连接器指定的触点上。当在 МПИ 总线上出现一个地址时，计算机通信适配器将其变换为输入输出操作存储器单元的地址，并将该操作存储器的总线连接至接口上，用于读取或写入数据。主控计算机可中断任何被控计算机正在执行的程序，其方法是向该被控计算机的通信适配器中写入中断代码。任意被控计算机同样也可中断中央计算机中执行的程序，其方法是向中断并行接口的申请线路提出申请。在根据被控计算机的程序向通信适配器的专用寄存器中写入中断代码后，将沿该申请线路发送申请[3]。

除中断之外，为协调机载计算机系统中所有计算机的工作，可使用定时器外同步输入端，在每台数字计算机中都有这样的输入端。为此必须从 Ц101 计算机

向 Ц102 计算机的定时器同步输入端发送时间标记。

5.3.3 多处理器式机载计算机系统

多处理器式机载计算机系统的优点包括较高的可靠性、生命力和运算速度，能够（同多机式计算机系统一样）自动重新配置结构，使用先进的信息处理方法，保证最高效地使用计算资源。多处理器式计算机系统（MПВС）中的主要功能模块是处理器（П）和内存储器（MOП）模块。

带柔性可扩展结构的多处理器式计算机系统是有发展前景的，在其中使用多路传输总线（MШ）装置（图 5.4）。系统中的处理器和内存储器模块连接在所有的多路传输总线上。在当前时刻，即使有一条空闲总线，处理器也可经过该条总线访问所需的存储器模块。借助专用交换机（Kp）实现多路传输总线的转换。

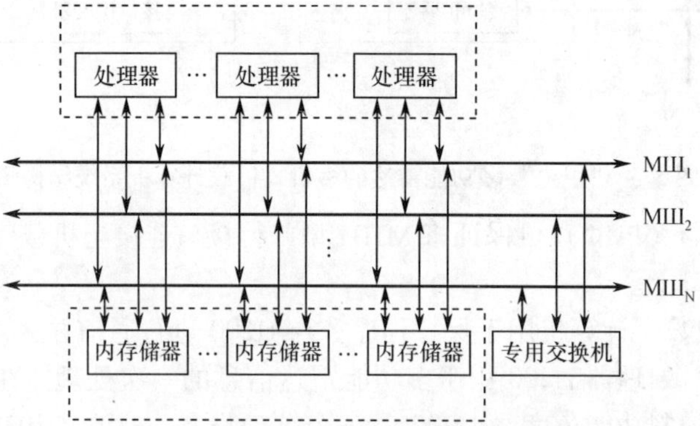

图 5.4 多路传输总线（MШ）装置示意图

应当指出，现今大部分的并行处理器（包括多处理器）应列入多指令流和多数据流的计算机系统[3]。

多处理器式计算机系统是由多个处理器组成的计算机系统，其中包括运算逻辑部件（AЛУ）和控制设备（УУ）。多处理器在对于所有处理器的总操作系统作用下运行功能，该操作系统经过公用内存储器可在不同处理器之间分配计算机负载。如果所有的处理器对所有的内存储器模块和输入输出设备具有同等的访问通路，则每个处理器可与其他处理器互相替换，这类计算机系统称为对称多处理器（Symmetric Multiprocessor，SMP）。对称多处理器在一个操作系统的控制下运行功能。

多处理器式计算机系统的主要优点是较高的运算率和可靠性。

多处理器式计算机系统的所有模块分布在一个或几个相近的结构上（与普通计算机一样），因此多处理器不支持空间分布。

在借助通信系统或外存储器的共享设备来联合 SMP 结构的计算模块时可构

成集群计算机系统（图 5.5）。在集群计算机系统中可包括数 10 个或更多计算模块。但是建造带大量计算模块的多处理器式计算机系统会遇到一些困难，因为需要经过内存储器保证各处理器的协同动作[3,10]。

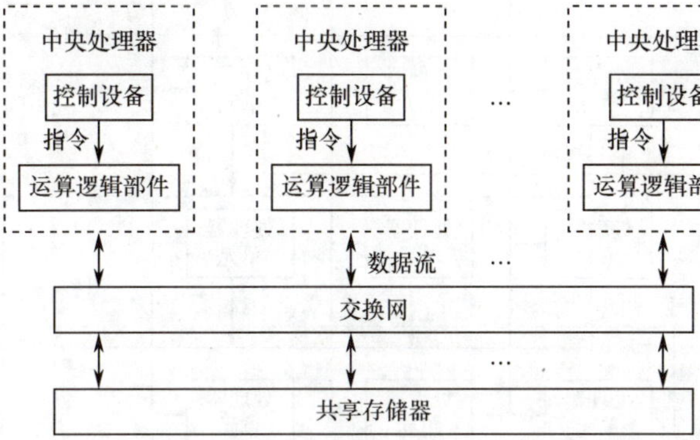

图 5.5　集群计算机系统示意图

随着提高计算机系统效率（首先是其运算速度）的要求不断增长，不仅促进了传统的冯·诺依曼体系结构的完善，还推动了研制带非传统体系结构新计算机系统。这种类型的计算机系统主要包括由数据流控制和需求流（要求）控制的数字计算机[3,4,11]。带数据流控制和要求控制的数字计算机具有较强的并行信息处理能力。但此类体系结构的计算机系统目前没有广泛应用在机载附件上[3]。

5.3.4　矩阵式和流水线式机载计算机系统

使用处理器和内存储器模块作为通用的功能模块可保证高效地并行处理计算流程，并可构建专用计算机系统，其中包括带常规通信结构的机载计算机系统，这可大幅提高计算机系统的运算率。矩阵式和流水线式计算机系统便属于这类计算机系统（图 5.2）。目前，矩阵和流水线式处理器（计算机系统）在机载雷达和多功能雷达上得到广泛应用。

1. 矩阵式机载计算机

矩阵式计算机系统在其组成中包括多个相同的相对简单的高速处理器——处理器单元（ПЭ），它们相互连接并用常规方式与数据存储器连接（图 5.6）。这种连接构成下述配置结构，可形成一个网络（矩阵），处理器单元分布在其节点上。在计算机系统中具有多个数据流和一个指令流。因此，所有的处理器单元都同时执行相同的指令，但针对不同的操作数，操作数可从存储器向处理器单元提供一些数据流。由于单独的处理器单元不是中央处理器，并且不能独立工作，所以每个处理器单元唯一的自由度在于它能够执行或不执行某一指令。实现这种可能性的信号由控制设备（YY）形成并进行分配。

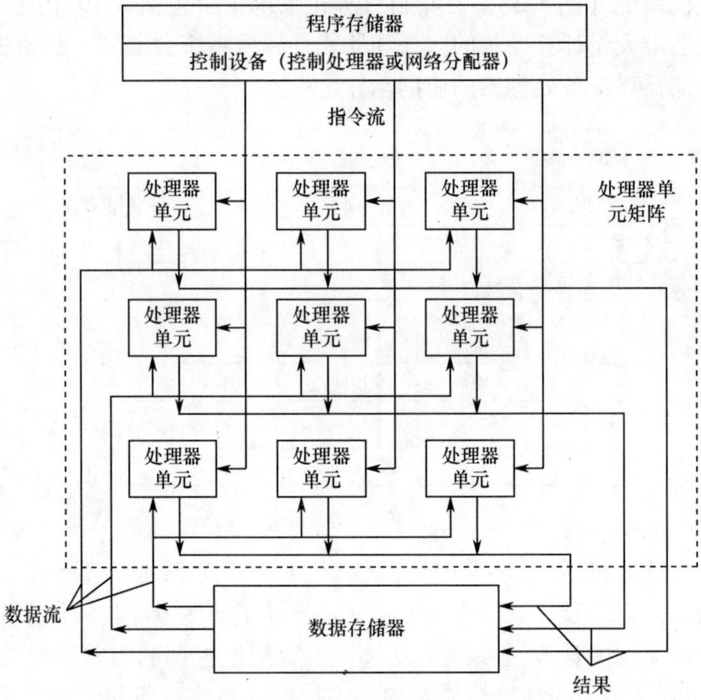

图 5.6　矩阵式计算机系统示意图

矩阵式计算机系统体系结构的特点由存储器的组织方式确定，其组织方式可确定存储器以何种方式连接至处理器单元，以及如何实现存储器寻址[11]。

在最简单的情况下（图 5.7）矩阵式计算机系统包括一系列相同的处理器单元及其局部存储器。计算机系统中的每个处理器单元可借助交换网（KC）直接连接到自己的存储器（局部存储器）上，在这种系统组织下交换网通常分布在所有处理器单元之间。

在较复杂的情况下（图 5.8）交换网连接在处理器单元和公用存储器的交换存储器之间，此时交换网应保证任何一个处理器单元连接至每个交换存储器上，虽然在系统中不可能使用所有可能的连接组合。

在上述两种类型的矩阵式计算机系统结构中，控制设备向所有处理器单元同时发送同一个指令。因此，所有处理器单元将并行执行相同的操作运算。如前面所述，此类计算机系统中的指令流是单指令流，它借助控制设备进行控制。在矩阵式计算机系统中（图 5.7），除了控制设备形成的指令外还发送掩码位图，掩码位图可确定应在哪些处理器单元中执行该指令。掩码位图由处理器单元的指数寄存器（在局部存储器中）进行处理。在矩阵式计算机系统中（图 5.8），当访问存储器时，在由控制设备形成的指令中对每个处理器单元仅指出一个地址。每个处理器单元都包含一个指数寄存器，从控制设备发出的地址在相应的指数寄存器中发生变形，因此每个处理器单元可根据自己的地址访问计算机系统的公用存储器。

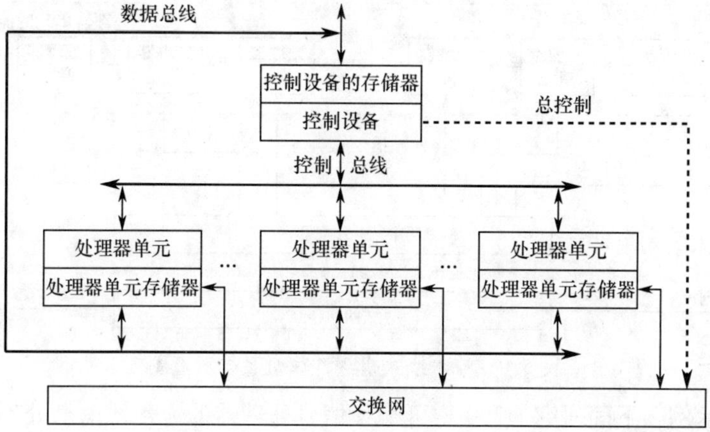

图 5.7　最简单情况下矩阵式计算机系统示意图

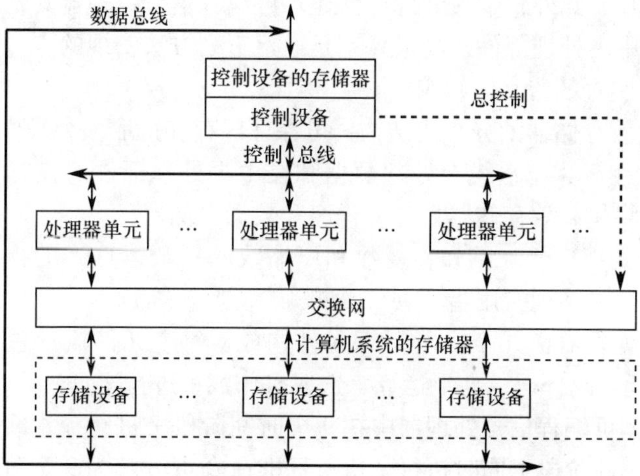

图 5.8　较复杂情况下矩阵式计算机系统示意图

2. 流水线式机载计算机系统

流水线式计算机系统具有串联处理器单元组成的链式正规结构（图 5.9）。在此结构中一个处理器单元输出端上的信息是另一个处理器单元的输入信息，如此处理器单元可构成一个处理器流水线。存储器的操作数向流水线的输入端提供单数据流。每个处理器处理任务的相应部分，并将结果发送给相邻的处理器单元，相邻处理器单元将其用作初始数据。这一情况是通过向每个处理器单元发送自身的指令流实现的，即在计算机系统中具有多指令流。流水线式数据处理及计算机系统相应的流水线结构是在单处理器计算机系统中使用的运算（指令）单独执行阶段在时间上并存原则的进一步发展，其目的是提高其运算率[3,6,11]。目前，在指令流水线处理器和算术流水线处理器的基础上构建流水线式计算机系统。

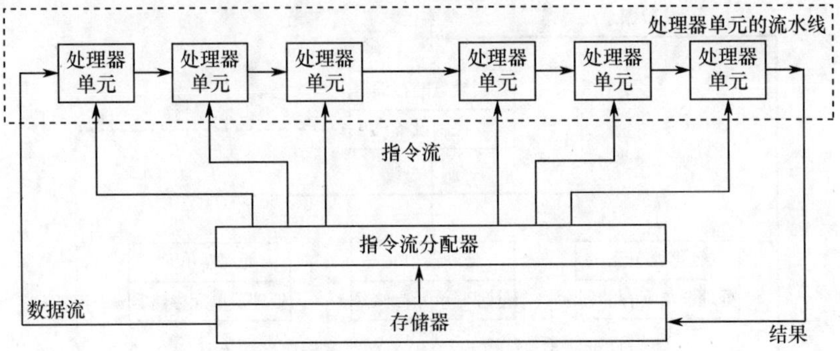

图 5.9　流水线式机载计算机系统示意图

作为示例，下面研究Ц200 型可编程信号处理器的流水线信息处理原理。

Ц200 型可编程信号处理器的中央处理部件（ЦПУ）用于以最大速度进行信号的批处理运算。此外，中央处理部件还对可编程信号处理器其他设备的工作进行程序控制。中央处理部件的高运算率是通过下列方法实现的[3]：

（1）运算装置的流水线组织；

（2）超高效存储器的分布式结构，可保证保存和选取多个操作数；

（3）通过在运算流水线上处理数据和在中央处理部件的控制设备内并行处理指令的方式将超高效存储器划分为程序和数据存储器；

（4）用于处理信号（例如，复数和压缩数的复杂运算）的指令系统，带表操作数的指令，一系列专用指令（“蝴蝶”、位反转等）。

流水线式处理器由几个串行运算元件构成，每个元件执行总指令的一部分（选取指令、运算码译码、地址运算、选取操作数、进行运算）。

在Ц200 型可编程信号处理器中在 9 个时间阶段上进行流水线式处理，此时 9 个命令可在不同阶段上同时执行。执行标准命令可分解为 9 个阶段，在这些阶段上实现下列操作[3]：

（1）阶段 0——确定指令字的类型，执行控制传输质量，以及解码源操作数地址；

（2）阶段 1——选择总线的源操作数；

（3）阶段 2、3——算术逻辑运算，位反转，选取常量，访问表格；

（4）阶段 4、5——乘法和位移；

（5）阶段 6——从寄存器中选取源操作数；

（6）阶段 7——算术逻辑运算；

（7）阶段 8——按用途记录结果。

在图 5.10 所示为在形成阶段和正常运行时流水线的工作示意图。图中数字表示上述执行指令的阶段。

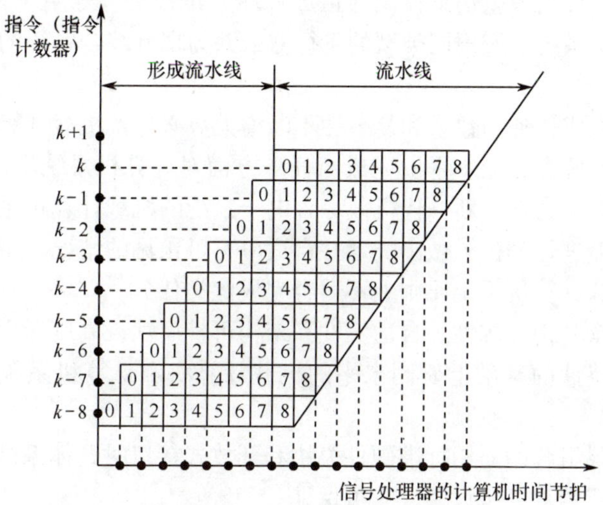

图 5.10　流水线的工作示意图

5.3.5　超立方体机载计算机系统

除了矩阵和流水线式计算机系统外，目前在超立方体体系结构的基础上研制高运算速度和高可靠性的多处理器式计算机系统。

超立方体——高速处理器网络。当超立方体维度为 n 时，其顶点数为 2^n。在每个顶点上分布高速微处理器和节点内存储器。n 维立方体的每个顶点与 n 个顶点相连。在该型多处理器式计算机系统中，相对简单（小的）任务在一个顶点上，对于较复杂（较大的）任务可接入三维立方体，而对于更复杂的任务，则增大超立方体的维度，并相应地增大顶点数和计算机系统存储器的总容量。在此类计算机系统中顶点之间的连接数比“每个与每个”连接型计算机系统中的连接数少很多，但这种连接可保证处理器之间的高效交换。此外，所有的处理器都连接在一个主处理器（管理器）上，在主处理器中运行超立方体的操作系统。作为节点处理器可使用不同的微型计算机[4,11]。

5.3.6　开放式体系结构

机载综合电子系统的发展表现在不断增大解决的任务数量和提高任务复杂性，扩大智能性和自适应能力（参见 1.1、1.6 节）。新一代战机的导航、瞄准和武器控制综合电子系统的特征首先是成熟的体系结构和智能性，它们可在所有飞行阶段上保证执行飞行任务的高度信息支持以及武器和飞行器控制的高度自动化水平。综合电子系统的体系结构应保证其适应当前的运行条件，这种适应的本质在于能够集中资源用于完成最重要的任务和在发现故障和战斗损伤时重新调整自身机构，以及保证引入新信息控制通道（ИУК）的能力（参见1.6节）。由此可使机载综合电子系统适应不同类型的飞行器，并为现有综合系统的深度升级改装创造条件。

飞行器所完成任务的数量和复杂性不断增大势必导致机载计算机系统的复杂化，提高计算资源和智能水平以完成新任务方面对计算机系统提出更高的要求。除了较高的计算能力外，新一代机载综合电子系统的机载计算机系统还应能在累积知识的基础上进行分析、做出决定并自适应不可预见的情况。带确定性结构的面向系统的机载计算机系统原则上不适合完成此类任务。

在使用体系结构开放性、自适应性和结构可扩展性，高度通用化，硬件集成化和高技术等特性的基础上研制未来的机载计算机和计算机系统[3,4,9,10]（参见1.6节）。

在使用有限组合的通用标准硬件模块和开放式接口时，体系结构的开放性可以研制性能广泛的计算机设备，它可保证：

（1）既可增大单个机载数字计算机，又可增大整个机载计算机系统的计算能力，在不改变计算机和计算机系统结构的情况下能够实时完成新的更复杂的任务；

（2）使机载计算机系统适应具体的使用特点；

（3）通过用先进的使用最新微电子学成果的模块代替过时模块升级机载计算机系统的方式来增大机载综合电子系统的生命周期。

1. 高度通用化

高度通用化不仅包括通用化，还包括标准化，它们适用于机载计算机系统的所有组成部分：硬件模块、接口组成和类型、软件及其处理完成装置、系统的结构型式。高度通用化和开放性允许在研制机载计算机系统时采用成熟的商用技术和相对便宜的模块，保证降低研制成本和缩短其研制周期。

就机载综合电子系统而言，集成化是指将综合系统的基本元件在信息、功能、程序和结构工艺（硬件）上联合为一个统一整体。硬件集成化是指研制统一集成计算环境（ИВС）的机载计算机系统，其中不仅可实现深度信息和功能集成，还可实现软件对所用硬件的无关性。这种集成化可保证在综合处理信息的基础上扩展机载综合电子系统的功能，集中计算资源执行最重要的任务，以及通过重新配置计算机系统的结构来提高综合系统的可靠性和生命力。

2. 高技术

高技术是指采用机载复杂技术系统制造领域的最新成果，能使机载计算机系统硬件和软件的设计和研制过程自动化，降低研制机载计算机系统和综合电子系统的技术风险，以及减小技术保养和使用费用。

为实现上述特性，需要研制可保证构建基本计算机系统的（模块数量最小的）架构。标准接口应保证在所有级别上的相互联系：从机载数字计算机和多处理器式计算机系统的模块间交换、多机式机载计算机系统的计算机间交换至与机载综合电子系统信息通道和地面系统之间的相互联系。

新一代机载数字计算机的结构与现代计算机的结构有本质差别，表现在使用可并行处理的新式接口，以及实现并行处理的相应模块组成。为研制机载数字计算机（包括高速异构多处理器），在基本架构中应包括：处理浮点和定点格式数据和信号的高速处理器模块，图形处理器模块，FC-AL 型高速交换网络模块，交换网控制模块，显示信息的输入输出模块，低速接口模块（例如，根据俄罗斯国家标准 26765. 5-87/P50832-95）和其他一系列模块。因此，对于基于开放式体系结构的一般用途现代机载数字计算机（例如，"巴格特"系列计算机），在其模块基本架构中应包括一般用途处理器模块，大容量存储器模块，外部接口模块（符合常规标准），信号处理器模块，图形处理器模块（扩展模块）以及根据具体使用要求而采用的其他模块[10]。例如，"巴格特"系列多处理器式计算机系统包括改型"巴格特-25"和"巴格特-55"，它们中的可编程信号处理器可附加模块化控制计算机。其中，"巴格特-55"型计算机是专用多处理器式计算机系统，它用于雷达、光学和声学信号的数字处理，以及解决实时控制任务。在计算机系统组成中包括用交换总线（VME）连接的信号处理器和控制用数字计算机。可扩展的"巴格特"系列信号处理器在 3 种类型模块的基础上研制：数据处理器模块，信号处理器模块、数据接收和缓冲模块[3]。

3. 集成计算环境

为研制下一代机载综合电子系统应合理使用面向功能的机载计算机系统，它在组织形式上可视作集成计算环境，在集成计算环境中可在综合系统的信息控制通道之间动态分配计算资源（参见 1.6 节）[10,16]。在集成计算环境中最初没有根据综合电子系统的信息控制通道刚性分配计算机设备，因此没有在硬件上实现的系统。带集成计算环境结构的机载计算机系统概念实际上可在 A^3 体系结构的机载综合电子系统中部分实现（参见 1.6 节）。

在完成与综合系统某一信息控制通道相对应的功能时，在集成计算环境中形成一个计算结构（虚拟计算机系统），它可保证实现相应功能的算法。用于完成机载综合电子系统所有功能的虚拟计算机系统的总需求可确定集成计算环境的总结构。

在构建集成计算环境时，作为信息传输的物理环境可使用光纤通道，它可保证高速传输数据和信息交换的高度可靠性。在未来战机综合电子系统的集成计算环境中，主要使用高运算率的多处理器，它应用了交换机领域的最新成果，并能实现不同类型的信息处理（信号和数据、图形处理，实现智能算法等）。将矩阵交换机与高速串行总线联合可得到高运算率的系统连接，该系统连接依靠较大的可伸缩性（可扩展性）可保证研制高运算率的集成计算环境[3,10,17]。

与以并行总线为基础的计算机系统相比，具有上述体系结构的集成计算环境更容易添加或移除计算模块，通过支持转换结构的热备份和在部分模块故障和战斗损伤时进行动态重新配置，备份通信线路，使用各种防护措施等方式能达到更高的可靠性指标。

集成计算环境既可是分布式的（即由独立的一般用途数字计算机和用于处理信号的数字计算机构建而成），也可是集中式的（即在高运算率多处理器的基础上创建）。在分布式结构下，在机载计算机系统核心组成中可完成机载综合电子系统的所有任务，但与发动机装置、供电系统和其他系统控制相关的任务除外。为完成这些任务，通常使用可靠性更高的不属于核心组成的计算机设备（图 1.4）。借助高速交换网通过将有限数量的一般用途计算机和处理信号的计算机接入的方式形成集成计算环境的结构。

在一般用途数字计算机和处理信号的数字计算机基础上构建而成的现代分布式机载计算机系统（参见 1.6 节），就自身性质和性能而言接近于计算机局域网（ЛВС）[18]。分布式机载计算机系统与通用计算机局域网的主要区别在于它是实时工作的。

为未来的航空航天器研制了超网体系结构的分布式机载计算机系统。高可靠性高运算率的信息处理系统（Advanced Information Processing System，AIPS）可作为这类系统的范例[4]。

超网是指允许分级增加单元的计算机网络。在立方体、树形分段或具有总线分段的基础上构建的超网应用范围最广[19]。

集中式集成计算环境可在由网络接口连接的两个高运算速度多处理器基础上构建。例如，在 F-22 战斗机的综合电子系统中集中式集成计算环境便包含两台集成处理器 CIP（可连接第三台）。CIP 处理器是使用对称多处理器和网络技术制造的[3,20,21]。

在 F-35 战斗机的综合电子系统中，集中式集成计算环境在一个超级多处理器（集成中央处理器 ICP）和符合 IEEE Std1596-92 标准的带附加规则的可伸缩相干接口基础上构建，该相干接口起到实时通用网络的作用[3]。ICP 处理器的结构简图如图 5.11 所示[20]。

正如前面所述，带可重新配置的网络微结构的 MONARCH 型处理器可作为下一代处理器的范例。

正如 1.6 节所述，在研制未来机载计算机系统的体系结构时，带网络结构的集中式高集成度开放式可扩展计算环境概念占据重要地位。该计算环境在专门设计的机载超级处理器、多处理器，以及统一标准信息传输网的基础上构建。

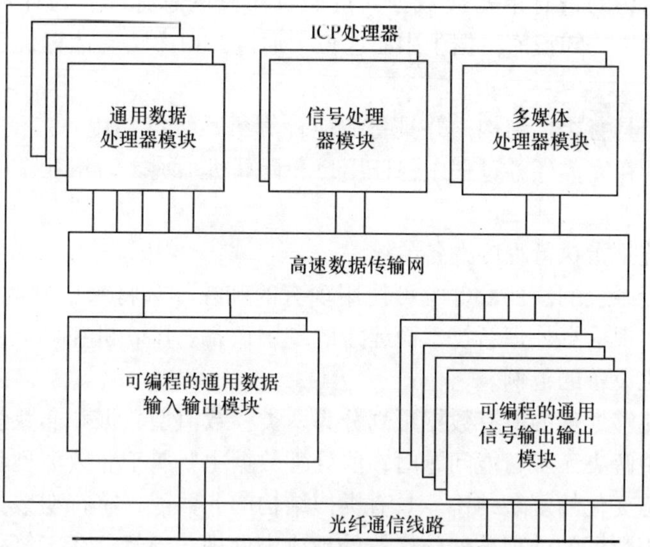

图 5.11 ICP 处理器的结构简图

4. 智能计算机系统

在研究机载数字计算机和计算机系统的发展状况时应强调，其体系结构和性能将由基于知识系统的研究成果来确定。在第 5 代计算机上将最大化使用人工智能领域的研究成果。目前，计算机智能化主要是指在保证与用户共同完成任务、在完成任务时简化人机交流过程、持续扩大在人机共同完成任务活动中计算机所占比例等方面的能力。

在智能计算机的存储器内输入下述知识：如何根据任务条件创建任务完成过程，这个或那个任务在本问题域中表示什么意思，即解释任务目的和表示初始情况与目的之间的可能联系。

问题域是指在完成任务时的实际或抽象对象、这些对象之间联系和关系，以及这些对象转换过程的总称。

智能计算机的功能依赖先进的知识运用方法：其表示、保存、转换、处理等。一般情况下术语“知识”是指完成任务必需的所有信息总称。

应当强调，智能计算机系统与传统计算机不同，它具有对用户、问题域，以及任务类型的适应能力。

在智能计算机系统的组成中可划分 3 个主要组元：知识库（БЗ）、智能接口和执行系统[22-24]。

在知识库中包含关于问题域的知识。知识库是指保证在计算机系统存储器内检索、保存、转换和记录复杂结构性信息单元（知识）的软件工具总称。在知识库中可包括数据库（БД），数据库是指保证在计算机系统存储器内检索、保存和记录规定结构的信息单元（数据）的软件工具的总称[4]。与计算机系统的其他组成部分相比，知识库占据了中心地位，通过知识库实现计算机系统各设备的集成。

智能接口具有柔性结构，并具备适应计算机系统终端用户广泛兴趣的能力。智能接口包括在完成任务过程中保证用户和计算机系统之间相互作用的所有用户层设备。

执行系统是指执行程序设备的统称。

作为执行系统的硬件设备既可使用现有的和在不久将来研制的计算机设备，也可使用为实现信息处理新技术而建造的专用设备。Lisp 机和 Prolog 机可作为上述专用计算机设备的范例。

计算机能够处理的所有数据可划分为两类：数值型数据和非数值型数据。在智能计算机中解决人工智能问题时，所处理数据主要属于非数值型数据并且具有在处理时动态变化的复杂结构。具有类似结构的非数值、字符型数据被称为列表数据，而列表数据的处理被称作字符处理或表处理。当然，在字符处理时有时也需要数值计算，但是字符处理与数值处理不同，数值处理的对象仅是数值并且其主要目的是以所需准确度快速完成数值计算，字符处理的主要目的是表示问题域各对象之间的关系，并有效处理这些关系。Lisp、Prolog、Smalltalk 等编程语言是具有列表处理函数的典型语言[11]。

Lisp 机可考虑到 Lisp 语言的特点并能高效执行 Lisp 程序。为实现高速处理 Lisp 语言需要高速处理列表数据和高速执行函数运算。

与此类似，专门用于快速执行 Prolog 程序的计算机称为 Prolog 机。实际上，执行 Prolog 程序是获取逻辑推理，因此 Prolog 机也可称作逻辑推理机。在 Prolog 中以及在 Lisp 中，大部分运算是字符处理的函数。此外，在这类语言中具有执行获取推理程序的控制机构[11]。

实现上述机载计算机系统的改进和发展方向能加速在新一代机载综合电子系统中采用人工智能系统，研制机载人工智能系统的第一步是研制专家系统。

5.4 机载计算机系统的信息交换系统

5.4.1 引言

机载计算机系统的信息交换系统是指用于组织和执行机载数字计算机（处理器）之间，以及机载数字计算机（处理器）与机载设备系统、机载系统、机载设备之间信息交换过程的软件和硬件设备的总和[3,5,9,10]。

机载计算机系统的信息交换系统由硬件和软件部分组成。硬件部分包括信息传输线路和接口设备。软件部分包括交换控制程序、操作系统，以及根据交换协议控制数据传输的程序等。信息交换系统应满足下列要求：

（1）具有传输所需信息量的能力；

（2）保证较小的交换延迟；

（3）较高的信息传输可靠性；

（4）具有灵活性，即能够改变程序的逻辑组织；

（5）属于开放式系统；

（6）具备较高的耐故障性和生命力（在运行中断、故障和战斗损伤时能准确运行功能）；

（7）使用较少数量的信息传输线路。

为满足上述要求，可在下列方向上采取措施：

（1）提高信息交换系统硬件设备的集成度；

（2）使用高速接口；

（3）信息多路传输技术；

（4）机载计算机系统元件接口的标准化和通用化；

（5）应用硬件和软件检测的方法[3,9,10]。

5.4.2 接口

接口是指用于在机载计算机或计算机系统各部件之间交换信息的设备总和。硬件接口包含信号线路（简称线路）、执行交换的组件以及用于确定信息信号和控制信号之间时间关系的交换规则（协议）。接口可确定控制和信息信号组合、其电参数和时间参数、相互作用的协议和设备连接的结构特点。接口是标准化的，接口概念还可扩展至软件工具。程序接口是用于从一个程序向另一个程序传输数据的程序总和[9]。

标准接口是指在标准规定的和可保证信息自动收集和处理系统中不同功能元件信息，电气和结构兼容性的条件下用于实现上述功能元件相互作用的通用硬件和软件设备的总和[3]。

标准接口的硬件部分由线路（实现模块之间物理联系的电路）、收发单元、保证信息交换的功能设备、电源和诊断设备等组成。

标准接口的软件部分可保证功能设备的逻辑控制，组织沿总线的信息交换，检测和诊断接口的状态。

如5.1节中所述，机载计算机系统各信息处理和保存元件之间的功能联系可用功能联系组织战略、信息交换的控制方法、联系的结构类型和其具体实现方式来表示。

5.4.3 传输方式

按机载计算机系统各元件之间的联系组织原则可划分为直接和间接功能联系。在第一种联系类型中，在机载计算机系统各元件之间进行直接信息传输。如果使用间接传输，则在信息交换系统的组成中应加入一个或几个交换元件（交换机）。直接信息传输与间接信息传输的主要区别在于信息传输控制的分配不同。在直接信息传输时没有非此即彼的选择元，因此不需要信息交换的控制。间接信息传输则以集中或分散信息交换控制为基础。

联系的结构类型（拓扑结构）适合下列两种信息联系的组织类型：第一种类型是“点对点”（单独）联系，它用于机载计算机系统各元件之间的信息交换；第二种类型是公共（共享）联系，它通过（大部分情况下在时间上）划分信息的方式进行传输。此外，在实践中经常使用这两种联系结构的组合，这造成了信息交换系统的分级结构。在图 5.12 中以全连接多机式计算机系统和在公用（共享）总线基础上建造的信息交换系统的计算机系统中各机载数字计算机的连接为例说明上述功能联系的结构。

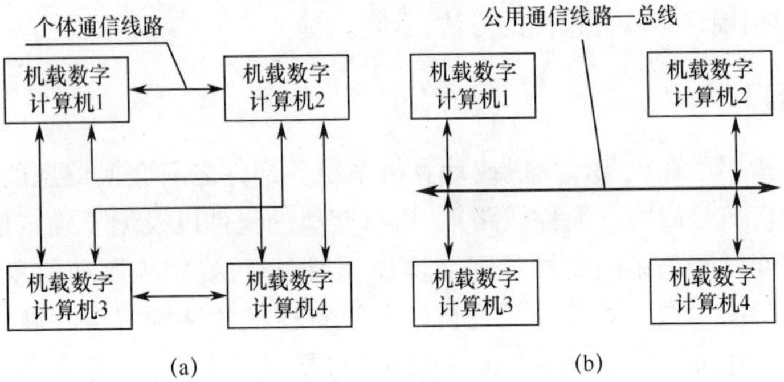

图 5.12　机载数字计算机的连接示意图

1. 传输方式分类

根据传输模式可划分为单工传输线路（在一个方向上传输）、双工传输线路（在两个方向上同时传输）和半双工传输线路（在两个方向上分时传输）。

根据时间上的交换方式可划分为同步接口和异步接口。在同步接口中使用同步跟踪信号实现信息传输，此时，传输的时间图是刚性的。在异步接口中使用等待和准备信号进行信息传输。异步接口可连接响应时间波动较大的设备。

根据信息传输方式可划分为并行接口和串行接口。在并行接口中用并行码传输信息，此时，使用单独线路传输每比特信息。在串行接口中用串行码传输信息，此时，沿一个线路并行传输特定格式的信息组（帧）。在帧中包含地址、数据和控制信息。并行接口用于计算机功能设备之间的连接。在标准并行总线接口中使用三组总线：数据总线、地址总线和控制总线。在机载计算机系统中串行接口首先用于各数字计算机的连接。目前，使用电气和光学并行接口。

可狭义或广义确定总线的概念。狭义的总线是指一组信号线路，它可称为干线。狭义上讲，总线与干线的概念是相同的。在广义上，总线概念是指在计算机或计算机系统各组成部分之间传输数据和控制信号的电子设备。此时，在总线中应包含一个或几个干线、匹配组件和控制设备（称为总线控制器）[9]。

接口硬件部分的主要性能（取决于按上述分类确定的接口类型）包括总线数位和信息通过能力（传输速度）。信息传输速度用单位时间内传输的信息单位数（比特或字节）进行测量。

在最简单的情况下，机载计算机系统中各数字计算机之间（以及机载数字计算机与综合电子系统的机载系统、机载设备之间）可借助输入输出处理器经过信息传输线路（干线）直接进行信息交换。

在一般情况下，具有公用数据传输总线的信息交换系统由控制设备（控制器）、电缆网（总线）和终端设备（外围设备）组成。根据控制设备的信号按优先级或根据申请在终端设备之间进行两个方向上的信息交换。每个终端设备都应具有特征地址，控制器根据特征地址可识别终端设备并决定向其发送或接收信息。

作为控制器通常使用为此目的专设的机载数字计算机，也可使用机载计算机系统中的某个机载数字计算机，它同时还完成其他任务。在现代多机式机载计算机系统的信息交换系统中可包括一个或几个控制器。

2. 总线控制器

目前，有下列总线控制方式：分散式、联合式、集中式和分级式。分散式总线控制是指在所有的独立控制器之间分配信息交换控制的功能。在联合式总线控制时主控制器将信息交换控制的部分功能转交给其他（局部）控制器。目前集中式总线控制应用最为广泛，在此方式下信息交换系统中所有信息交换的功能都集中在一个控制器上。分级式的描述参见1.5节，它主要针对集成型机载综合电子系统机载计算机系统的多级多通道信息交换系统。

下面介绍机载计算机系统的信息交换系统的主要结构和原理。信息交换系统的主要结构原理包括：

（1）用户间信息交换的控制——程序集中控制；

（2）交换总线——公共传输线路；

（3）信息传输方式——用串行码；

（4）信息交换——在半双工模式下传输速度不小于1Mb/s；

（5）交换的组织类型——信息时间划分，交换规则为“指令—应答”（“询问—应答”）；

（6）信息传输的检测——集中式。

在交换信息时规定了下列模式：由控制器至终端、由终端至控制器、由终端至终端。在控制器和终端之间信息以指令字、信息字和应答字的形式进行传输，它们由逐字同步信号、信息位和奇偶检验位组成。信息既可用单字，也可用字组形式进行交换。在图 5.13 中给出了指令字、信息字和应答字的格式。

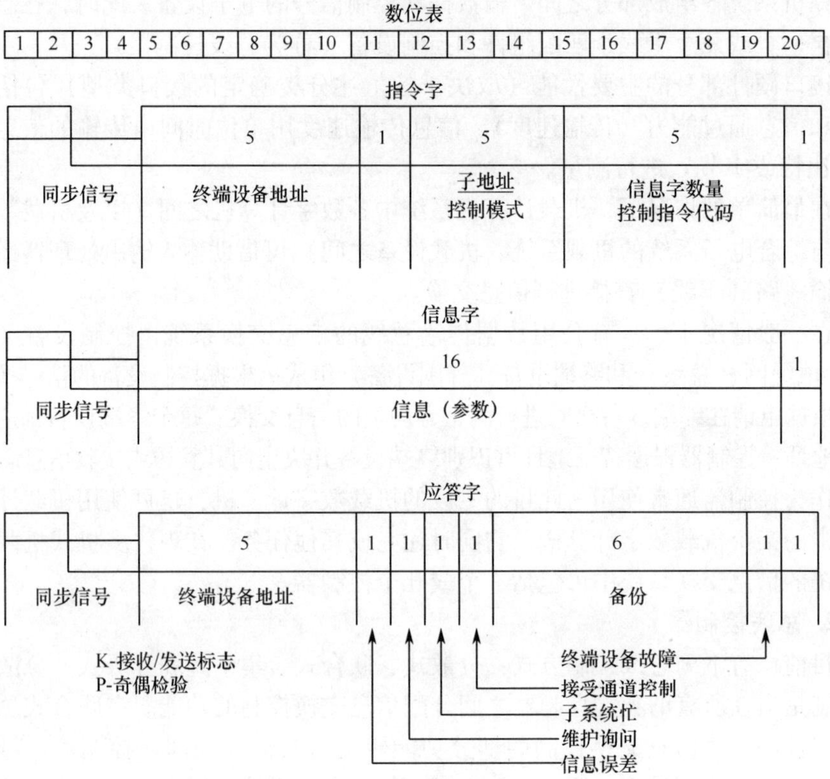

图 5.13　指令字、信息字和应答字的格式

图 5.14 所示为带数据传输总线的信息交换系统的标准结构简图。在所研究的信息交换系统中可划分出 3 个主要组成部分：控制器、数据传输线路（总线）和远程终端。远程终端同样也由两个主要功能元件组成：多路传输终端设备（MTУ）和用于连接机载系统（设备）的接口部件。数据传输线路、控制器和多路传输终端设备的实现不取决于具体的使用方案，这些设备都是标准化对象。至于执行控制功能和同步过程的接口部件，则其结构完全由机载系统（设备）接口信号的参数和特性确定[4]。

在图 5.14 中所述的多路传输系统中，在“询问—应答”模式下进行数据传输。这就是说，控制指令总是由通道控制器发出，而终端设备对控制指令进行反应；此时若没有控制器的“倡议”，则不会发生任何传送。此外，在故障条件下控制器可组织系统的工作。此时，接收和发送信号、形成发送信号、检测和发现错误等功能指定给硬件设备完成，而生成故障反应、分配信息流、处理数据和转换格式等通过软件完成。

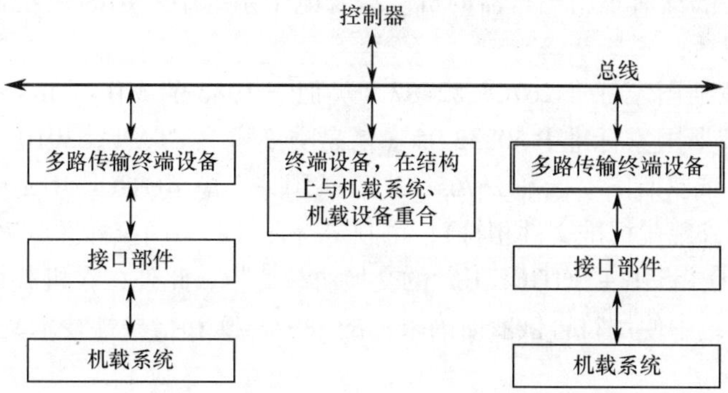

图 5.14　信息交换系统的标准结构简图

“控制器—多路传输终端设备（MTУ）”相互作用模式是从控制器发送信息开始的，信息中包含指令和一定量的数据字。在检查信息后，终端设备用表示其状态的字进行应答。“多路传输终端设备—控制器”模式则由控制器借助发送给终端设备的指令引发。与前一种模式相同，在检查指令后，终端设备发送应答信息，应答信息由表示其状态的字和带所需信息的字组成。通过控制器向第 i 个终端设备发送接收指令、向第 j 个终端设备发送发送指令的方式引发“$MTУ_i$-$MTУ_j$”相互作用模式。此后第 j 个终端设备向第 i 个终端设备发送所需信息。

应用于美国机载综合电子系统中的 MIL-STD-1553B 标准可作为时分多路传输总线标准的范例。如前面所述，标准可确定数据格式、数据传输速度和信息交换系统的功能。此外，它可描述控制器与连接在总线上的远程终端设备的相互作用（图 5.14）。

3. 光纤总线技术

在未来机载综合电子系统机载计算机系统的信息交换系统中，保证大信息流高速传输的能力可通过使用光纤通信线路（ВОЛС）实现。例如，未来战斗机的多路信息交换通道在功能上应连接至少 64 台终端设备，并保证数据传输速度为 50～2000Mb/s。只有在光纤通信网路的基础上才能满足这种要求。

以光纤通信线路为基础的机载计算机系统信息交换系统的主要部件是光分路器（分接器—回线）：T 形、径向、直通光分路器。使用这些能量分接器可构建辐射式（星形）、树干式、环形或复合型通信线路。以光纤通信线路为基础信息交换系统的结构和性能在很多方面由这些能量分接器的性能确定。

在研发光纤通信系统技术和工艺方面取得的成就促进了以光纤通信线路和导线通信线路为基础的信息交换系统的结构和程序方案通用化趋势。MIL-STD-1773

标准（美国）可作为范例，此标准对在光纤通信线路基础上创建信息交换系统制定规则。在制定此标准时，实现了它对 MIL-STD-1553B 标准的最大化继承。

4. 几种标准的使用

目前，在俄罗斯军用飞行器的机载综合电子系统中使用的相互联系的信息交换协议主要包括：

（1）俄罗斯国家标准 26765. 52-87（类似于 1986 的 MIL-STD-1553B 标准）；

（2）俄罗斯国家标准 P 50832-95（信息交换概念 STANAC3910）。

通过修订俄罗斯国家标准 26765. 52-87（用来考虑 NOTICE II 文件的要求和保证与本领域国外现代标准文件相符），可制定符合俄罗斯国家标准 26765. 52-87，变更 1（MIL-STD-1553B + NOTICE II）的交换协议[3,10]。此外，在机载综合电子系统的信息交换系统中使用符合俄罗斯国家标准 18977-79 和指导性技术文件 1495-79 的系统间接口。

在现代多机式机载计算机系统中，为将机载数字计算机与机载系统、机载设备（信息传感器）连接，以及为机载数字计算机之间的连接，可使用符合俄罗斯国家标准 18977-79 的径向信息交换通道（PKИO）。径向信息交换通道是串行接口，用于在飞行器上以 50Kb/s 或 100Kb/s 的速度远距传输信息。在径向信息交换通道中使用分开的信息传输线路，这些线路可制成屏蔽双绞线的形式。使用双绞线可防护低频电磁干扰，而屏蔽可防护宽频干扰[9]。

多路信息交换通道（MKИO）用于在机载数字计算机与机载系统、机载设备之间，以及在机载计算机系统各组成部分之间沿一条信息多路传输线路（MЛПИ）进行信息交换。使用多路信息交换通道可减少联系数量、简化连接、提高信息传输的可靠性和保证计算机系统的灵活性。

目前，在机载综合电子系统的机载计算机系统中通常使用符合下列两个标准的多路传输通道：符合俄罗斯国家标准 26765. 52-87 的通信能力为 1Mb/s 的机载多路传输通道（低速通道）；符合俄罗斯国家标准 P 50832-95 的通信能力为 20Mb/s 的机载多路传输光纤通道（高速通道）。在第一种通道中信息传输介质是屏蔽双绞线，而在第二种通道中是光纤电缆。

为保证所需的通信能力，使用符合双绞线作为俄罗斯国家标准 26765. 52-87 的信息多路传输线路，与径向信息交换通道相比，其信息传输速度更快。借助交换模块将机载数字计算机和其他设备连接到信息多路传输线路上，交换模块起数字调制解调器的作用，调制解调器通过电隔离变换器连接在回线上。通道具有主用和备用信息多路传输线路。信息沿多路传输交换通道根据“指令—应答”原则进行交换，此时，信息以 3 种类型发送：指令字、应答字、信息字。

机载数字计算机的处理器根据程序对交换模块进行控制，主要借助控制字和来自信息多路传输线路的指令字。

高速多路信息交换通道的示意图如图 5.15 所示，在其组成中具有低速信息多路传输线路（МЛПИ НШ）和高速信息多路传输线路（МЛПИ ВШ），上述每条线路都具有备份。高速信息多路传输线路用于大容量信息交换（数据块大小——小于 4K 16 位字），此时，交换控制指令通过低速信息多路传输线路进行传送。交换的控制由两个控制器（交换模块）执行：低速总线控制器（МО НШ）和高速总线控制器（МО ВШ），它们之间具有模块间专用接口。

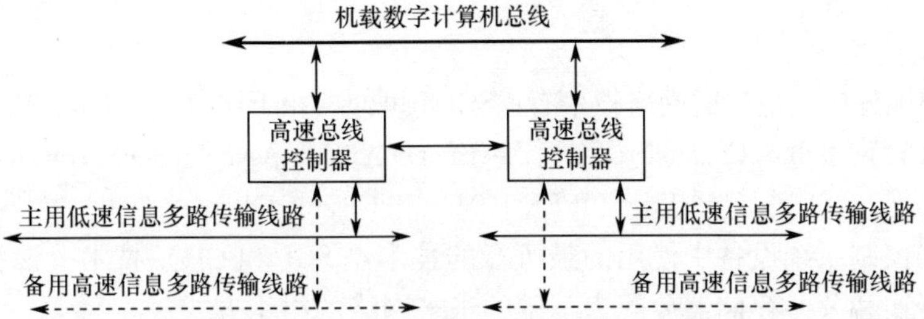

图 5.15　高速多路信息交换通道示意图

低速总线控制器可控制高速总线控制器的工作和沿高速信息多路传输线路的信息传输。低速总线控制器的结构与前面所述的类似，此外，它还具有附加组件和控制高速交换的工作模式。

高速信息多路传输线路的信息传输介质是通信光缆和光信号功率分流器。在发送端和接收端具有转换器，可将光信号转换为电信号或反之。功率分流器是光学多端网络，在多端网络中发送到一个输入端的光辐射在输出端之间进行分配。可使用主动和被动分流器，在主动分流器中在分配光辐射时没有光信号失真和功率损失。使用两个等级的光辐射进行信息传输：高等级，用（+）表示；低等级，用（0）表示。借助单极相移键控码沿着光缆传输二进制信息，单极相移键控码的波形如图 5.16 所示。沿高速信息多路传输线路以帧进行信息传输。信息帧传输从帧开始标记开始并以帧结束标记结束。

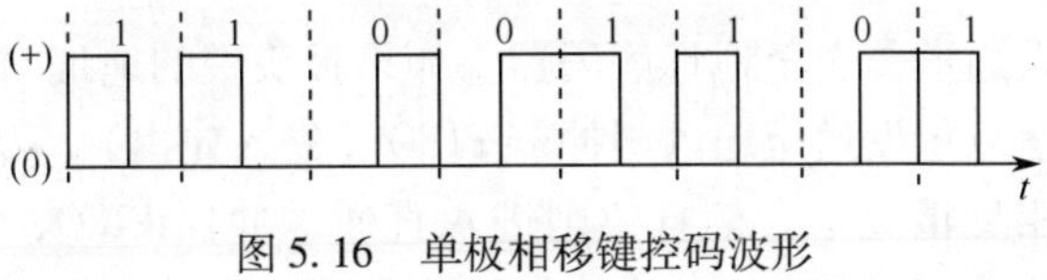

图 5.16　单极相移键控码波形

图 5.17 所示为高速光纤通道的帧，其中 CRC 为可保证检错的循环冗余码。为检验传输信息的质量，在帧格式中指出了所传输信息字的数量。在一帧中传输的信息量可达几 Kb。

帧开始标记	源地址	接收机地址	数据字数量	数据	CRC	帧结束标记

图 5.17　高速光纤通道的帧

为保证运算率不断增长的要求，正如前面所述，机载计算机系统的核心是以集成计算环境的形式实现，在集成计算环境中单独计算模块（处理器）相互连接为一个新型统一计算机网，即所谓的“交换网”。交换网是个多通道通信网，它用于提高交换效率。交换网在多输入端转换器（交换机）的基础上构建，交换机用于信息流的快速重新定向。借助交换网，大量计算模块可相互连接，并可与计算机系统更低的层级进行连接。使用多输入端交换机可保证信息传输延迟最小。

5. 网络技术

目前国外应用最广的网络技术有：SCI（可伸缩相干接口），也可称作扩展通信接口（PCИ）；Fibre Channel（FC）；Myrinet；ATM（Asynchronous Transfer Mode）；Serial Express（SE）；Fire Wire（IEEE 1394）和 Gigabit Ethernet（GE）[3,9,10]。在国外先进武器控制系统设备中使用的最可行的技术是 SCI（PCИ）技术，该技术符合以信息传输和公共存储器分配为基础的未来网络的组织方式。

SCI 技术用于在机载计算机系统（包括硬性实时计算机系统）的信息交换系统中在模块间和系统间级别上组织通信。与主要协议 IEEE Std. 1596-92 外，还具有一系列针对此协议制定的附件，其中包括 IEEE P1596. 6（实时运行时的交换组织逻辑——Scalable Coherent Interface/Real Time，SCI/RT）。

根据标准 IEEE Std. 1596-92 制造的接口组件的结构图如图 5. 18 所示[3]。

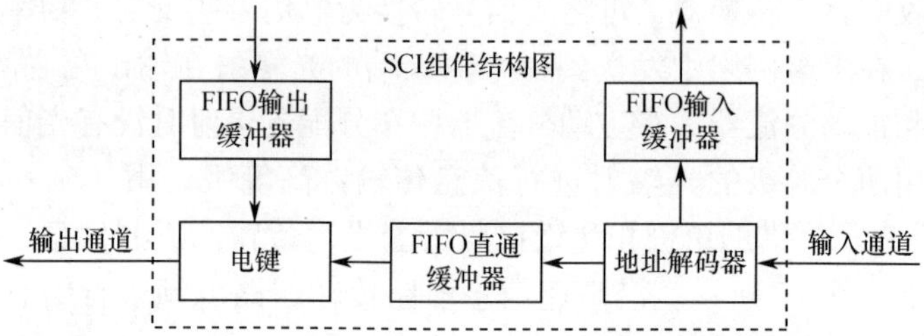

图 5. 18　根据标准 IEEE Std. 1596-92 制造的接口组件结构图

信息包从输入通道传送至地址解码器。如果报头中的地址与赋予某节点的地址相符，则整个信息包发送至输入缓冲器 FIFO（先入先出），然后发送到该节点中进行处理。在相反情况下，信息包则进入直通缓冲器 FIFO，如果电键是打开的，那么随后进入输出通道。可能会出现下列情况，在信息包到达之前，另一个（已处理的）信息包已经过输出缓冲器 FIFO 和电键开始输出。在此情况下，在输出结束后立刻打开电键，用于传送直通信息包。缓冲器 FIFO 的容量应足够接收数个信息包。

连接各组件的通道可用同轴电缆、光纤电缆或 16 线电缆制成。长度数米的同轴电缆的通信能力为 1Gb/s，而长度数千米的光纤电缆的通信能力也可达 1Gb/s。

在SCI网络技术中，作为换向器（交换机）的补充还规定有一个结构单元——电桥。它与交换机的区别在于，它可连接带不同逻辑协议的系统（包括将最新设备与以前生产的设备进行连接等）。

SCI/RT标准用于创建实时交换网（“相干网络”），它可保证构建分布式“反射”存储器。在此存储器中所有传入的信息都以很小的延迟在每个处理器（计算模块）的存储器内进行更新。这一特性可保证由全体处理器以较高的可靠性综合完成任务[9]。

在交换网的基础上构建集成计算环境和整个机载计算机系统的困难在于必须使用非常复杂的多输入端式电子交换机，它可同时实现大量接口的多个交换过程。交换网中的交换机执行下列3个功能：

（1）信息传输电路的换向；

（2）集中（多路传输）——收集信息；

（3）分散（多路分配）——分配信息。

高速光纤网络技术FC（Fiber Channel）未来的发展是非常有前景的，光纤网络非常适合构建新一代航空航天器综合电子系统的计算机系统的信息交换系统。

Fiber Channel是美国国家标准协会（ANSI）的标准之一，它可确定低延迟高速通信线路的一系列协议。Fiber Channel与其他技术不同，它既可支持主控计算机与外围设备之间，也支持各计算机之间的信息交换通道，并保证数据的完整性。此时，可保持传输速度为133Mb/s～4Gb/s，支持不同的物理线路，包括同轴铜芯电缆、双绞线和光纤电缆。

Fiber Channel标准具有下列3个拓扑结构：

（1）通道交换体系结构（fabric switched）；

（2）点对点连接（point-to-point）；

（3）仲裁逻辑回路（Arbitrated Loop-FC-AL）[17]。

以环路（loop）方式工作的Fiber Channel Arbitrated总线（FC-AL）（铜质总线）具有100Mb/s的通信速度，并有可能将其增大至1Gb/s。

未来网络信息交换技术还包括以IEEE 1394标准为基础的技术，该技术是众所周知的Fire Wire[10,16,21]。在IEEE 1394标准的所有变体中，适合用于机载综合电子系统的是IEEE 1394b标准，它以IEEE 1394标准的较早版本为基础，并可与其兼容（从IEEE 1394-95至IEEE 1394a）。该标准可确定运算和信息网络流的概念，并对基准标准IEEE 1394进行扩展、补充和限制。目前，符合IEEE 1394b标准的信息交换便应用在第5代F-35战机综合电子系统的VMS和CNI系统中（参见1.6节）。

在未来民用航空器的综合电子系统中将广泛使用符合ARINC 664，Part7标准的AFDX（Avionic Full Ethernet）技术。该技术在逻辑上与符合ARINC 429

的交换组织技术兼容，并且同时是其在提高传输速度和采用交换结构方面的功能发展。

应当指出，创建高速信息计算机网络的工作是以使用计算机局域网（ЛВС）基准协议为基础的。考虑到机载综合电子系统和其他机载系统的实时功能运行特点来完成这项工作。最终确定对高速数据传输总线（High Speed Date Bus，HSDB）的总体要求，制定一系列带确定性介质访问概念（标记法）的信息交换协议版本。目前，已形成两种不同高速总线（HSDB）标准的基本方案[10]：

（1）AS 4074——标记访问法的高速线性总线；

（2）AS 4075——标记访问法的高速环形总线。

在计算机局域网中标记访问法的特点是，通过网络从一个设备向另一个设备发送标记——带易识别二进制位序列的专门数据包。标记本身不带任何信息，它用于向设备发送允许传输信息包的许可，在网络中每个时刻仅能存在一个标记[18]。

在研制未来机载综合电子系统的机载计算机系统时，在分阶段实现集成计算环境的情况下，为计算机系统与机载设备、机载系统和机载设备系统的信息交换将使用传输速度为1Mb/s和20Mb/s的多路传输通道的现有标准，以及可保证更高信息传输速度的这些标准的改进方案。

为传输视频信息，将使用STANAG 3350标准[9]。

通过分析现代和未来飞行器综合电子系统的信息交换系统的发展趋势表明，在统一计算机网络中应保证下列物理特性和功能参数[3,10]：

（1）技术传输速度不小于1Gb/s；

（2）网络访问延迟值$\tau_з < 1\mu s$；

（3）数位误差概率值$P_{ош} < 10^{-12}$次/bit；

（4）满足实时运行的特殊要求；

（5）在传输信息时同步时间较小——同步前置码格式较小；

（6）支持同时实现信息集合的模式；

（7）对于经常使用的信息类型，报头格式较小；

（8）根据协议限制能够使用不同的物理拓扑结构；

（9）支持传输不同用途和不同特性的信息：指令和控制信息，其要求的传输速度为数十Gb/s；文本信息；机载设备、机载系统、机载设备系统的信息和视频信息，要求的传输速度达几Gb/s；技术维护信息；

（10）实现错误检测、纠正和记录功能；

（11）耐故障性、可靠性、适修性、可试验性——对未来机载计算机系统的信息交换系统的要求；

（12）可接受的市场价格和商业活力；

（13）最小的功率消耗和紧凑结构。

5.5 机载计算机系统的软件

5.5.1 引言

就一般用途的计算机而言，软件（Software）是指计算机系统程序及其文档的总称。一般可划分系统软件（СПО）（System Software）和应用软件（Application Software）。应用软件由数据库（БД）、应用程序包和程序库组成。系统软件对于计算机硬件使用者来说是一些共用程序的总称。系统软件用于组织运行应用程序及其自动化开发[9]。

5.5.2 软件分类

机载数字计算机和计算机系统作为专用计算机和计算机系统，根据其软件的用途可划分内部（工作）软件，可直接在计算机（计算机系统）上实现并且是其生命周期内的操作对象；开发本计算机（计算机系统）工作软件的工具软件。工作软件是非常昂贵的，其开发流程非常复杂。并且工作软件的价格可能远远高于计算机硬件的价格。

1. 工作软件

工作软件反映机载综合电子系统的机载计算机系统（机载数字计算机）所完成任务的结构。工作软件主要包括：

（1）功能程序，它保证实现规定算法，并应满足运算速度、内存容量和计算精度的要求；

（2）在中断处理、与机载系统和设备进行信息交换时在计算机（计算机系统）不同的运行模式下用来组织计算过程的程序；

（3）调度程序；

（4）用于扩展机载计算机系统（计算机）运算资源的标准子程序和其他程序等。

在工作软件中还包括工作能力检验测试程序、校验题目程序、在不同模式下的计算检测程序、诊断测试等程序，它们构成一个（内置）功能检测系统[5]。

机载综合电子系统机载计算机系统的各数字计算机的工作软件也可划分为系统软件和功能（实用）软件（ФПО），功能软件用于执行综合电子系统的功能任务。对机载数字计算机（计算机系统）功能软件的一个重要要求是对硬件故障和程序错误的稳定性（鲁棒性）。系统软件用于在完成机载综合电子系统的主要和辅助任务时控制计算机。在系统软件中包括操作系统（ОС）和数据库管理系统（СУБД）。在现代机载综合电子系统机载计算机系统（计算机）的系统软件中主要包括实时操作系统（OCPB），它可满足实时系统对事件响应时间的严格要求。响应时间不应超过几微秒。

2. 数据库管理软件

创建数据库管理系统的主要原因是：

（1）简化软件修改的过程，升级应用程序、数据文件的逻辑和物理结构；

（2）节省文件占据的空间；

（3）通过减少文件总数提高文件中信息的可信度；

（4）简化数据访问[17]。

3. 功能软件

机载计算机系统（计算机）的功能软件具备复杂系统的特征和性质，它根据不同任务采用模块化的原则设计[3]：

（1）最高级模块（传统和非传统任务）；

（2）工作模式（工况）模块（“空对空”、“空对面”模式，战斗使用模式，内置检测模式等）；

（3）完成单独任务的模块；

（4）程序模块。

F-15 战斗机（美国）综合电子系统的软件可作为实现软件模块化设计原则（在工况模块级别上）的范例。在该机综合电子系统的机载计算机系统组成中包括中央数字计算机和各机载设备和系统的计算机。在机载计算机系统中信息处理过程由功能软件实现，功能软件配备 8 个被称为调度程序的软件模块：“空对空”、“空对面”、导航模块、飞行控制模块、控制模块和显示模块、机载计算机自检模块、标准程序模块等。

程序模块的功能专业化可将其划分为控制模块和功能模块。控制模块执行接通功能模块和确定其运行顺序的功能。此时，接通功能可以是指定模块或模块包起动时间的时间函数，也可以是由任意时刻传来的中断信号确定的一些事件的函数。全套控制模块可形成用于控制程序系统的分级时间逻辑图。这一层的功能软件可直接与实时操作系统相互作用，保证启动输入程序和功能模块。开发带开放式结构的分级模块的功能软件可保证机载数字计算机（计算机系统）软件的可控发展，在综合电子系统后续升级过程中可解决将功能软件移植到未来计算平台上的问题[3]。

4. 工具软件

机载数字计算机的工具软件可在一般用途的计算机上实现。工具软件中的程序是各种各样的。工具软件包括各种高级语言的翻译机，机载数字计算机指令系统的解释程序（可在一般用途的工具计算机上实现），数据库管理系统，连接编辑程序，交互式符号调试程序、装载程序等。功能软件的开发持续时间及其容量、在开发新一代计算机软件时的继承性、通用计算机的类型等因素对工具软件可产生重要影响[5]。

因此，机载计算机系统（计算机）工作软件的组成可由具体机载综合电子系统的功能用途以及综合系统应完成的任务加以确定。工具软件的组成则由在不同生命周期上执行的工作加以确定。

5.5.3 软件设计及生命周期

软件生命周期的特征是阶段性，以及在从准备技术任务书到完成版本试验和结束使用之间的所有阶段上制定开发规则的按特定顺序和关系执行的一整套单独作业和运算。软件的生命周期包括描述初始信息、作业和运算执行方法，确定对软件检测结果和规则的要求，确定软件开发人员的组织结构，工作分配和规划，以及监督其开发过程等。目前，在实践中广泛使用软件生命周期模型，在这些模型中仅限于具体说明 8 ~ 10 个较大阶段[3]。

例如，软件生命周期模型可由下列 8 个阶段组成[5]：

（1）需求分析，以确定设计目标；

（2）算法设计；

（3）编写规格说明书；

（4）设计软件；

（5）编码；

（6）检验和调试；

（7）软件试验、鉴定和交货；

（8）使用和跟踪服务。

在编写规格说明书阶段应确定单独模块执行的功能、这些模块之间的相互联系（连接）和其接通顺序等。

在软件设计阶段应详细制定每个模块的内部结构，其相互联系的规则和过程，执行顺序和优先级等。确定信息和控制关系，数据结构，模块在永久存储器和内存储器中的分布。在编码阶段进行程序的综合，即组合模块，并同时编辑其内部和外部联系。实际上工具程序可支持各种格式软件的所有生命周期阶段。

5.5.4 操作系统和功能检测系统

机载综合电子系统机载计算机系统的工作软件的重要组成部分包括操作系统和功能检测系统。

1. 操作系统

机载计算机系统软件组成中的操作系统可保证：

（1）调度和中断计算过程；

(2) 输入来自综合电子系统的机载设备、机载系统和机载设备系统的初始信息，并将信息处理结果发送至执行设备和系统；

(3) 在机载计算机系统各部件之间，与综合电子系统的机载设备、机载系统和机载设备系统，以及与在功能上与综合电子系统相互联系的其他机载综合系统进行信息交换；

(4) 协调系统资源，用于提高机载计算机系统的可靠性和（或）运算速度；

(5) 在个别部件故障和战斗损伤时，以及在人为干扰的影响下重新配置机载计算机系统和整个综合电子系统的结构；

(6) 根据指定工况、综合系统的状态和外部条件起动所需的程序；

(7) 实时统计和执行循环运算；

(8) 检查计算过程，用于提高计算结果的可信度。

因此，操作系统可整体上实现机载综合电子系统的功能和逻辑关系，它集中了综合系统主要的管理功能。

2. 功能检测系统

功能检测系统是用于检查机载计算机系统技术状态、检测和定位系统工作故障，以及消除其对综合电子系统工作影响的所有程序的总称。

5.5.5 机载计算机操作系统

多机式机载计算机操作系统的功能和特性在很大程度上可由系统中各机载数字计算机的实时操作系统的体系结构确定。机载数字计算机操作系统的体系结构是指其以程序模块为基础的结构和逻辑组织[9]。

通过操作系统的程序组可完成在不同的计算机运行模式下高效组织计算过程以及高效使用计算机硬件的任务。机载数字计算机作为专用计算机，其操作系统的主要功能是下列对象的控制管理功能：

(1) 计算过程；

(2) 计算资源；

(3) 数据；

(4) “计算机—飞行员（机组人员）”接口；

(5) 在不同模式下（程序、不同信息源中断、直接访问存储器模式）与机载综合电子系统的机载设备、机载系统和机载设备系统进行信息交换；

(6) 访问子程序。

1. 实时操作系统

操作系统是用于管理机载数字计算机的资源和使用这些资源完成指定任务过程的程序综合体。实时操作系统的主要工作单元是任务，任务可解释为一个过程（进程），该过程的发展可由一些程序，分配的资源，以及其他过程加以确定。

在完成任务时的运算操作顺序可称为计算过程（或简称过程）。例如，执行程序、编辑和翻译程序都是过程。此时，任务是一个静态对象，而过程是相应的动态对象，它可处于主动或被动状态。对于机载数字计算机，主要的过程类型是执行程序。为执行程序，在机载数字计算机的存储器中保存过程的下列 3 个组元[9]：

（1）程序代码；

（2）数据；

（3）描述符（过程解说符）。

程序代码是一个目标程序模块，它是以机器码翻译和编辑的程序。机载数字计算机的程序代码在计算机设计阶段就已预先编制。

过程描述符包含操作系统用于控制过程所必需的信息，以及计算机处理器执行计算程序所必需的信息。在该信息中包含关于过程标识符、过程优先级及其状态的数据。此外，在描述符中还具有对于中断管理所必需的程序上下文。在程序中断时，向上下文中写入返回地址和处理器寄存器的状态，其中包括来自状态字寄存器的处理器状态字。在处理器状态字中包含特权级数位、中断掩码和结果标记。在继续执行程序时，上下文用来恢复中断时刻处理器寄存器的状态。

实时操作系统应保证并行执行多个任务。在单处理器式机载数字计算机中，通过划分处理器的工作时间，从执行一个任务转到执行另一个任务的方式实现并行处理任务。处理器的工作顺序，及其处理每个任务占据的时间段可借助对任务指定的优先级进行调节，规定的优先级是处理系统的最重要特性之一。

多任务实时操作系统支持多线程序模式，在此模式下同时维护多个过程（进程），在这些过程之间分配机载计算机的资源。如果实时操作系统已知该进程，但它不参与资源的分配，进程可处于被动状态；如果该进程参与同其他进程的资源分配竞争，进程也可处于主动状态。主动进程同时也可处于下列 3 种状态之一：准备、执行和联锁（等待）。

机载综合电子系统机载数字计算机的主要特点是严格限制完成计算过程的最长期限。在机载综合电子系统中大部分的计算过程属于周期过程。解算周期过程的严格计划可称为循环图表（周期图表）。在此图表中预先考虑到执行计算过程的重复频率和其执行所需时间，并且已知在规定期限内来得及完成这些过程。在此情况下，在综合电子系统运行过程中没有必要重新审查计划，因此不需要过程的计划程序。规定计划可由任务调度程序实现[9]。

例如，在四代机雷达的Ц100 型机载数字计算机中，在描述并行—串行处理程序的计算过程循环图表中可反映在计算机中发生的事件和相应的处理程序（程序包）：

（1）程序 10Hz；

（2）程序 20Hz；

（3）程序100Hz。

实时操作系统分别以10Hz、20Hz和100Hz的频率启动这些程序[3]。

在未来的机载计算机系统中应规定重新分配任务功能，以保证综合电子系统更高的效率、生命力和耐故障性。此时，需要制定执行实时周期过程的计划并规定其最长完成期限。

多任务实时操作系统的重要功能包括计算过程的启动控制和同步在逻辑上相互关联的计算过程。应从许多准备执行的过程中选择一个过程，该过程在此时间片内应由数字计算机的处理器进行处理。同步执行过程的需求是由于共用计算机的硬件和软件资源以保证并行性而引起的。

在现有机载数字计算机中通常采用计算过程的硬性调度和同步。但随着机载计算机系统的发展和研制具有开放式体系结构的计算机系统，它们具备增大计算资源和在工作过程中进行动态配置的能力，可提高综合电子系统的耐故障性和生命力，因此，配合使用计算过程的硬性和柔性调度和同步是合理的。在此情况下，过程计划程序根据下列规则指定周期过程的最高优先级：重复频率越高，则优先级越高。其他的非周期过程具有较低的优先级，并使用剩余的处理器时间。

对于实时操作系统，中断信号的处理具有非常重要的意义，中断信号可保证计算机系统的实时运行。为缩小中断处理时间，部分功能可由硬件或微程序实现。为减小程序的容量和执行程序的时间，可从较大的操作系统中划分出可在机载数字计算机中实现的操作系统内核，它是操作系统的低层级。操作系统内核用于为操作系统本身的过程和在其控制下执行的程序分配硬件资源。为提高运算速度，操作系统内核通常使用计算机汇编语言编写。在一些机载数字计算机中（如Ц100型）使用微程序实现操作系统的功能[3]。

具有ПОИСК体系结构的Ц100型、Ц101型、Ц102型机载数字计算机属于带总线模块结构和微程序控制的专用计算机。微程序设计与普通程序设计类似。其区别在于：在程序中通常指出需要做什么，而在微程序中则告知怎样做，即在每个运算中需使用哪些部件和如何做到这一点[3]。

在机载数字计算机中包括3个主要设备：中央处理器、存储器和输入输出处理器。上述每个设备都可划分为功能和结构上独立的模块（部件）。此时，某个部件的独立性在于该部件可实现针对其特定的一套微指令。部件的微指令是制定指令（算符/语句）的“建筑材料”。

机载数字计算机算符是以微程序形式形成的信息处理算法。微程序是若干机器微指令的序列。在机载数字计算机的每个工作节拍上使用一个微指令。部件的功能独立性允许在一个机器节拍内将不同数量的部件加入工作。实现这一功能是由于机器微指令是在该节拍内加入工作的各部件微指令的叠加。为使机载数字计算机达到较高的运算速度，应最大程度地利用在一个节拍内不同部件并行工作的能力。

在完成任务的过程中，在两个级别上实现机载数字计算机的控制：程序和微程序。完成任务的算法是程序，程序由一些算符序列组成，而算符总清单构成机器语言的基础。每个算符可规定非常复杂的信息处理过程。这类复杂过程可分解为简单操作序列，每个序列与一个微指令相符。执行任何算法的算法便是微程序——机器微指令序列。一个机器微指令可规定在该机器时间节拍上必须执行的所有操作。它可将那些参与执行由机器微指令规定的简单操作的计算机部件加入工作。因此，机器微指令是各部件微指令的总称（组合、叠加）。

2. 应用实例1

下面以在Ц101型、Ц102型和Ц200型机载数字计算机基础上构建的多机式机载计算机系统（图5.3）的实时操作系统为例研究其结构组织和逻辑组织原则。图5.19所示为多机式机载计算机系统的实时操作系统的分级结构。

Ц101型、Ц102型机载数字计算机的操作系统是Ц100型机载数字计算机操作系统在制造工艺和处理技术方面的进一步发展。Ц200型计算机的操作系统与Ц101型、Ц102型计算机的操作系统在功能上没有实际区别。但由于资源限制，Ц200型计算机的操作系统在Ц102型计算机上实现[3]。

多版本原则是研发Ц101型、Ц102型和Ц200型单处理器式机载数字计算机的实时操作系统的基础，运用该原则可实现满足对运算速度、存储器和可靠性所提要求的机载数字计算机操作系统。该原则可创建组织计算过程的基准功能组，并且用它可后续调试具体计算机系统的工作。

在多机式机载计算机系统的实时操作系统的基准程序组中包括下列程序[3]：

（1）初始启动程序，它可调整具体配置下的操作系统的语句；

（2）中断信号调度程序，它可控制中断信号处理的优先级，检查操作系统缓冲器和程序状态字的填写情况，形成处理功能程序包的申请；

（3）根据时间标记定时器（ТВМ）和时间间隔定时器（ТВИ）的信号中断处理程序；

（4）根据外部源（ПРВШ1、ПРВШ2）的信号处理中断程序；

（5）优先级顺序控制程序；

（6）输入和一次信息处理程序（图5.19）。

3. 应用实例2

下面以Ц154型机载数字计算机为例分析构建多处理器式计算机实时操作系统一种的可能方案[3]。

在设计Ц154型多处理式机载数字计算机的实时操作系统时，计算过程的组织基础是对称或同等处理所有处理器中程序的原则。在对称组织原则下，所有处理器都是同等的，因此每个处理器可处理任何任务。在此时刻负责实现系统功能

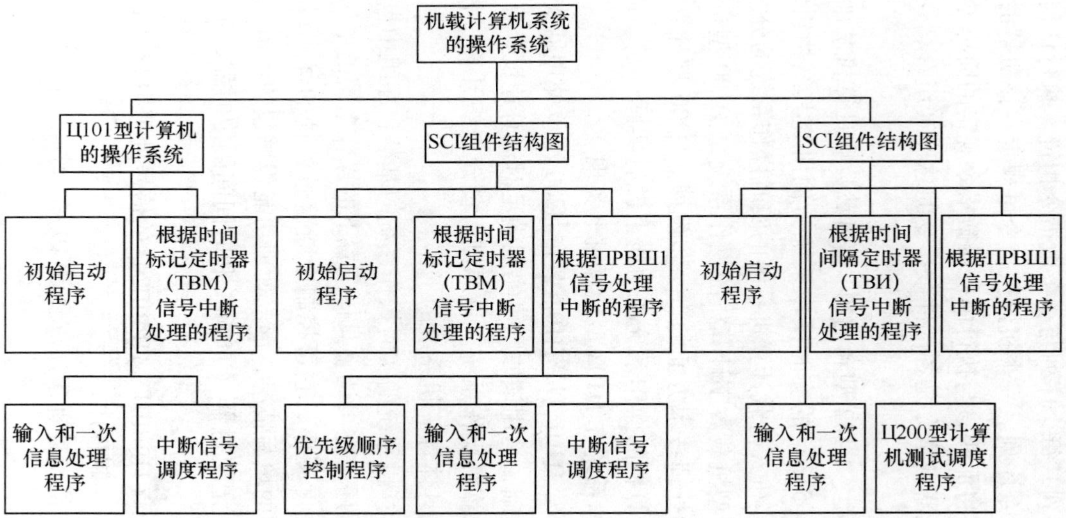

图 5.19　多机式机载计算机系统的实时操作系统分级结构图

的处理器称为监控处理器，其他的处理器称为工作处理器。在每个时刻仅有一台处理器是监控处理器，在与机载综合电子系统的所有信息源工作时它可预防冲突。监控处理器的主要功能是中断处理，执行操作系统程序，监控工作处理器的状态和在一个或两个处理器故障时保证整个计算机运行功能。

5.5.6 编程语言与开发方法

1. 编程语言

任何机载计算机系统软件的基本性能都包括计算机系统输入语言——软件编程语言。对于不同类型的机载数字计算机，由于其内部（机器）语言具有一定的相似性，广泛使用计算机汇编语言作为其编程语言。目前，主要关注软件设计、测试和调试自动化工具的发展，在软件生命周期的每个阶段上自动化工具可减轻程序设计员的手工劳动，并根本性提高其劳动效率。在此方面比较典型的是从计算机汇编语言向高级编程语言的过渡，高级编程语言可有效支持设计和跟踪。在机载综合电子系统的机载计算机系统中，高级编程语言可使用 FORTRAN、ADA、Module 2、C、C + + 语言等。使用高级编程语言可在较低的软件研发和调试费用前提下提高软件可靠性、减少错误数量，并可在程序翻译阶段快速发现错误[3,5,11]。

2. 开发方法

高可靠性软件的现代开发方法主要包括[5]：多方案软件法，使用软件正常功能还原部件的方法，综合法。

多方案软件法要求制定多个版本的软件组件和后续结果选择（在系统运行过程中），或确定软件故障。其中，如果结果选择算法是一个表决过程，则应具有 3 个以上的软件组件版本。使用多个版本的某软件组件可降低在程序模块中出现相同错误的概率。此时，不同版本或者由不同的程序设计员小组开发，或者在开发程序时不同版本具有本质性区别。

使用软件正常功能还原部件的方法与硬件结构冗余方法类似。根据该方法，由软件组件发出的结果应进行可接受性检查（进一步使用的可能性）。当发现异常时，备用软件组件则代替故障软件组件加入工作。在此之前应回溯性还原初始状态（软件出现错误前的状态）。在一些情况下，使用综合法方能达到最好的效果，综合法包含上述两种高可靠性软件开发方法的元素。

3. 软件可靠性

提高软件可靠性的未来发展方向主要包括[5]：

（1）实现结构化程序设计，此时可实现软件的分级结构，软件由在功能上独立的模块组成。各模块可构成树状分级结构。每个模块执行特定的功能，具有一个输入端和一个输出端，其特征是具有相对较小的容量和模块内的固定连接。

针对每个模块编写一个注册证，其中指明模块名称、执行功能、所有输入和输出参数的清单等。

（2）在软件中采用程序和时间冗余，并且同时组织检测软件运行的可靠性。

（3）在编制程序时使用高级语言。除了能提高编程人员劳动效率和大幅增大软件可靠性之外，使用高级编程语言还可在具有较好注释时简化软件检测、文档编制、后续测试及编制软件测试实例和题目等。

（4）创建新的软件开发工具，它们（同高级编程语言一样）不仅能提高编程人员的劳动效率，还可保证提高软件运行的可靠性。

（5）发展用来研究软件设计、测试、验收和使用一般规律的软件可靠性理论，其目的是在大幅降低软件开发费用的情况下获得最大的使用效率。可靠性理论的发展与下列情况密切相关：软件可靠性定量指标的确定方法，按软件错误的统计特征积累试验数据，其类型的统一化，建立与软件在不同模式下运行过程相符的数学模型。

为完善机载综合电子系统计算机的软件，还应在软件开发和使用过程中将标准体系推广到软件的个别组成部分中（例如，操作系统结构、高级编程语言、指令系统、编码技术等）。设计机载计算机系统时必须考虑软件的特点，并且在程序编辑过程中合理地使用自动化工具设备。借助硬件或软硬件来实现软件部分功能的方式保证软件容量最小化，提高软件的可靠性和简化其调试[5]。

从技术工艺角度改进软件的开发是指在机载计算机系统软件生命周期的所有阶段实现工作规范化和自动化、检测和控制工艺流程、提高执行效率等。通过创新、经过仔细修订，并以文件形式定型的技术工艺可实现上述要求，这些技术工艺可表现为应用规范化和自动化的方法、方式、措施等形式。一般情况下，软件开发工艺应由下列专门技术标准和方法文件的支持：标准、规范、方法等[3]。

应当强调，在研制未来机载综合电子系统的机载计算机系统时，软件仍将是计算机系统整个研制周期的重要组成部分。此时，研制软件的一个重要目的是在计算机系统硬件、软件和硬软件之间实现最优功能分配[5]。

5.6 基于专家系统的机载计算机系统

5.6.1 专家系统的结构原理

1. 结构原理

专家系统属于具有独特功能的计算机系统范畴。从功能角度看，专家系统是指一种使用某特定领域内的专家知识，并能够以专家水平解决问题的计算机程序系统[22]。

专家系统（及在其他领域内研制的人工智能系统）与普通（传统）计算机信息（数据）处理系统的主要区别在于，专家系统是以知识为基础的。符号操作是专家系统的功能基础，专家系统的知识借助符号进行编码。

在现代专家系统中可划分出4种类型知识：说明性（事实性）知识、过程性知识、控制性知识（解决问题过程的知识）和元知识[23]。说明性知识可指定问题域的模型，过程性知识是问题域上的过程总和，引用元知识可提高专家系统的效率，元知识是关于专家系统中所用知识的所有知识类型。例如，元知识可反映知识库的内容信息、知识库内信息价值和可信度、信息源等。元知识最重要的意义在于确定专家系统的权威性领域。

任何专业的知识都可分为公共知识和个体知识。公共知识是指在本问题领域内的教科书、参考书和其他文献资料中阐述的事实、定义和理论等。而权威性通常意味着需掌握除公共知识之外的更多知识。在大部分情况下，专家还拥有在文献资料中不存在的个体知识，这些个体知识在很大程度上是由通常被称为启发法（heuristic）的经验法则组成。

知识发现和知识表示是设计专家系统的中心任务。在专家系统中使用的问题域知识包括事实、假设和直观推测等。它们有别于其他类型的知识，例如，关于如何解决问题或者专家系统如何与用户互动的一般知识。划分出的问题域知识可构成知识库，而关于如何解决问题的一般知识则构成推理（获取解决方案）机构。使用专家系统内的知识是一种推理技术，即根据所选的知识表示模型获取（推理）解决方案。

对于包含在某一问题域内工作人员使用的成套概念的知识，其表示可借助符号处理工具（如Lisp语言的各种方言）、Prolog逻辑编程语言等实现。联合表示和使用所有类型（范畴）知识的必要性促进新语言和工具的产生。结果出现了框架、语义网络、产生式系统等用于知识表示的专门概念[22,23]。

目前，最广泛应用的知识表示方法是产生式规则方法。产生式规则的格式具有下列形式："IF（条件），THEN（操作）"。在此类规则中，条件可是指确定数据库的内容，而操作则是改变数据库内容的一些过程。

一般形式的产生式规则（产生式（Π））可用下列形式表示[24]：

$$\Pi:(i);S;C;A \to B,Q \qquad (3.3)$$

在此结构中，表达式$A \to B$（IF，…，THEN，…）是产生式核心，在人工智能系统（СИИ）中，符号的解释不是单值的，可作为其左侧和右侧部分的注解。产生式规则可具有下列成对结构：情况→操作；前提→结论，前因→后果等。

要素C和S分别表示产生式的适用条件（除直接在A中规定的条件外）及其适用范围（在问题域相当复杂并且可划分为一系列单独领域的情况下）。

要素（i）是产生式的专用名称，借助它可将本产生式从整个产生式集合中划分出来。例如，可使用赋予产生式的序号作为要素（i），该序号可用于组织引证产生式系统。要素 Q 可确定产生式的后置条件，其中包含知识库中可能变化的信息。特别是在要素 Q 中可包含调入新产生式的信息，新产生式应在完成本产生式后加以执行。此时，在 Q 中指出下一个产生式的序号（$i+1$）。应当指出，式（5.3）的产生式目前较少使用。

作为产生式规则核心的范例，下面列举一个在机载专家系统简易原型中使用的规则，该专家系统用于在机载综合电子系统中完成截获空中目标任务时控制观测瞄准系统的测量（工况）[25]。

2. 应用实例 1

主动雷达和被动红外系统可作为专家系统的信息源，主动雷达和被动红外系统的模型可用相应的技战术性能描述。其中，雷达可使用下列两种工况之一：边搜索边跟踪（CHП）和连续定向（PHП）单个目标。在边搜索边跟踪工况下，雷达可探测和跟踪多个目标，生成目标航迹文件，在文件中包含被跟踪目标方位和距离的数值。在连续定向工况下雷达跟踪单个目标，测定其方位和距离，以及目标类型。在此工况下目标最大探测距离在所研究的专家系统原型中取值为 81km。为了获取识别探测目标的必要信息，根据下述规则进行雷达（其天线方向图）定向。

规则具有下列形式：

IF——探测到目标；

And——雷达跟踪该目标（在边搜索边跟踪工况下）；

And——目标位于 81km 内；

And——目标未被识别；

THEN——将雷达设置为连续定向工况；

And——使雷达指向该目标。

产生式知识表示模型对于专家系统设计人员具有直观性、高度模块性、容易进行补充和变更以及简单的逻辑推理机制的特点。目前，已知有大量的以规则为基础的知识工程语言。例如 OPS5 语言、ROSIE 语言等[26,27]。

下面研究专家系统如何生成解决方案。正如在 5.5 节和 5.6.1 节所述，作为以知识为基础的系统，任何专家系统的主要组成部分都是知识库和获取解决方案的机构（推理机）。专家系统知识库包含一些事实和规则（或其他知识表示的信息结构），系统使用这些事实和规则做出决定（决策）。在以规则为基础的专家系统（可称作产生式专家系统）中，推理机的主要部件是规则解释器，它可确定需要用何种方式运用规则来推理新的知识。此外，在产生式专家系统中还具有工作存储器（也称为数据库）。专家系统的工作存储器用于保存专家系统解决当前问题（任务）的初始数据和中间（动态）数据。保存在知识库内的事实和规则是永久性的（静态），用于描述所研究的问题域（有别于数据库内的当前数据）。工作存储器内的数据可是同一类型的数据或可根据数据类型进行分级。在后一情况下，在工作存储器的每一级上保存相应类型的数据。分级将专家系统的结构复杂化，但可使系统更高效。

与在其他人工智能系统中一样，在专家系统中完成多个任务可归结于检索问题。在此方式下，未知解可被称为目标，而从初始数据（初始条件）至目标的可能步骤集合被视作搜索空间。在此情况下，获取问题解的过程在于观察可能解的空间，以求找到满足目标的解。

在知识库内所需知识的搜索特性、获取解决方案的组织方法可由专家系统所用的控制策略确定。控制策略表示在实现推理机制时操作的顺序和内容，它可包括部分元知识。

在产生式专家系统中，在一般情况下推理机（解释器）的工作可归结为分析数据库状态和（根据数据库内数据类型和特性的描述）发现知识库中与这些描述相关的知识（规则、事实）。

非常普遍的推理控制策略是可实现数据导向搜索（由数据至目标搜索——正向搜索）和目标导向搜索（由目标至数据搜索——逆向搜索）的策略。因此，在产生式专家系统中，在正向控制策略下从产生式的左侧部分开始搜索，即检查条件 A 并且可发生 A 的产生式被激活（参见式（5.3））。在逆向控制策略下则应从最初指定的 B 开始搜索，据其确定 B 所需的数值 A，数值 A 同时也应与产生式核心的右侧部分相等。在产生式专家系统中，将规则 IF 部分与事实（数据）进行对比的过程可形成所谓的推理（推论）链。推理链是指在推理时所用规则的序列，并可表明专家系统如何使用规则获取最终解决方案。

在正向推理链时，搜索过程从已知事实开始，并且朝着目标持续进行，通过查看前提和确定规则（规则前提与数据库数据相符）的方式生成新的事实。当存在多种规则时运用冲突的消解策略，并从这些规则中选择一个规则，然后执行与该规则相关的操作。在逆向推理链时，选择执行后果可以达到规定目标的规则。后果经常表示为一些在获取解决方案过程中使用的变量。为确定这些变量的数值应找出与其相符规则的初始前提的数值，即用递归检测子目标（前提）真实性的方式检验目标（后果）的真实性。当子目标值真实时，重新转至前述规则的后果，用于创建可达到最终规定目标的因果关系序列。当确定推理链的所有子目标的数值都真实时，或者当检查完知识库但没有结果时，搜索过程结束。除上述在实践中广泛应用的策略外，在专家系统中还可使用综合控制策略，该策略将正向和逆向推理策略结合起来。从搜索空间的两个相对方向（或者层级）进行搜索，用于实现两个推理线路的交会。

下面分析一个在产生式专家系统中使用正向和逆向推理链的示例[4,26]。

3. 应用实例 2

在下述示例中，在描述事实和规则时使用了可表示不同情况和概念的字符。例如，$C\wedge D\rightarrow F$ 表示：

IF——存在事实（情况）C；

And——存在事实（情况）D；

THEN——存在事实（情况）F。

在下述示例中，已知事实的总和构成数据库，而知识库中的产生式系统可用 3 个上述类型的规则表示。为了简化，当多个规则同时与数据库内数据匹配时，在示例中没有涉及冲突消解问题。因此，认为规则 $A\rightarrow D$（图 5.20）仅执行一次（在第一步上），虽然在获取解决方案时该规则在后续所有步骤上都与数据匹配，因为事实 A 包含在数据库内。

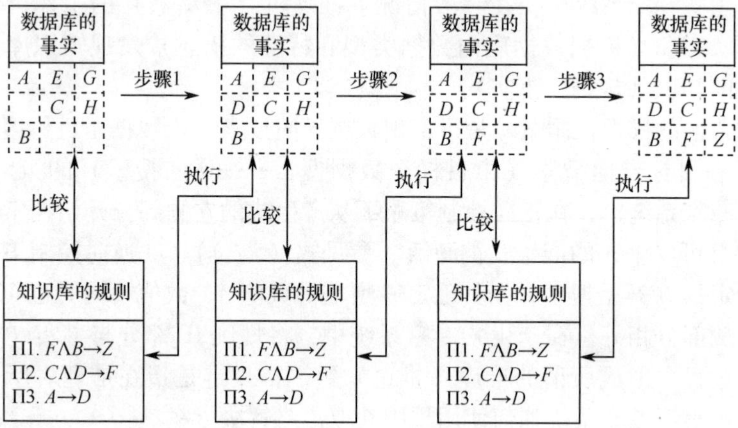

图 5.20　正向推理链示意图

分析下列两个推理控制策略。

1）正向推理链步骤 1：专家系统将知识库的规则与数据库的事实进行对比（图 5.20），确定首先应执行规则 $A\rightarrow D$，因为 A 已位于数据库内。专家系统执行此规则，其结果是推理出存在事实 D。然后事实 D 被存入数据库内。

步骤 2：专家系统分析数据库的内容，确定其中存在事实 C。此后，系统执行规则 $C\wedge D\rightarrow F$，其结果是推理出存在事实 F。然后事实 F 被存入数据库内。

步骤 3：专家系统分析数据库的内容，确定其中存在事实 B。系统执行规则 $F\wedge B\rightarrow Z$，这样便可实现规定的目标，即推理出事实 Z。在事实 Z 被存入数据库之后专家系统结束工作。

2）逆向推理链步骤 1：在第一步上（图 5.21）对专家系统设定目标：它可确定存在事实 Z。对此专家系统首先检查在数据库中是否存在事实 Z。在确定数据库中没有事实 Z 后，它分析知识库中的规则，用于寻找可确定事实 Z 的规则，

即 Z 位于箭头右侧的规则。专家系统在知识库中找到规则 $F \wedge B \to Z$，由此可知，要想推理出事实 Z，系统应确定存在事实 F 和 B。

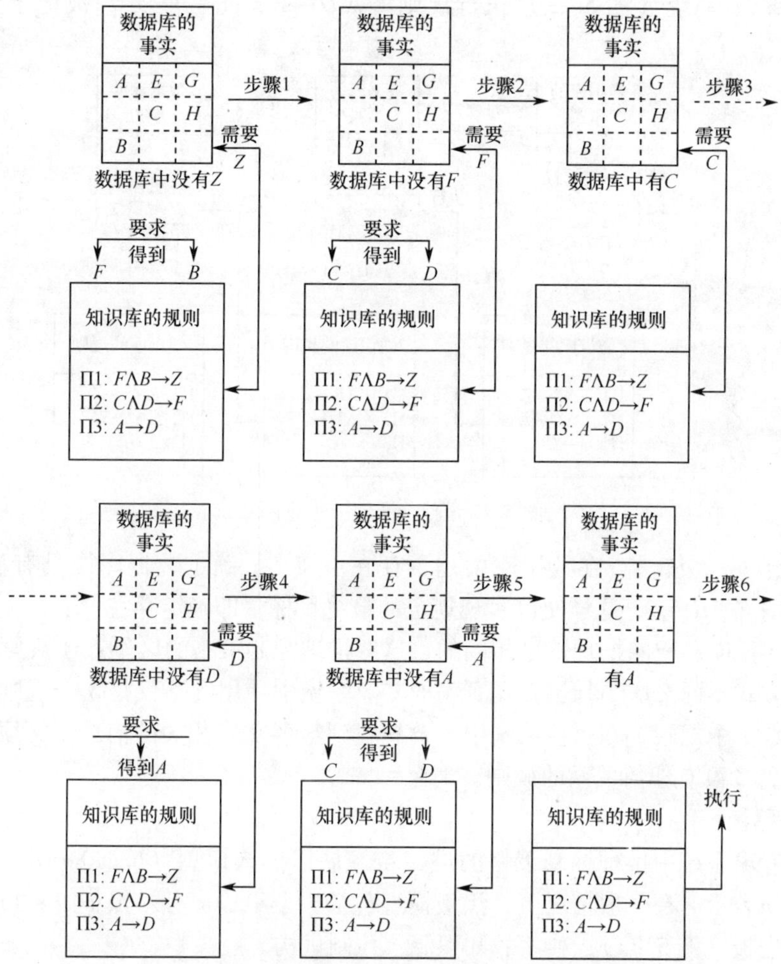

图 5.21　逆向推理链示意图 1

步骤 2：系统首先检查在数据库中是否存在事实 F，在确定数据库中没有事实 F 后，它分析知识库中的规则。找到规则 $C \wedge D \to F$，由此可知，要想推理出事实 F，系统必须得出事实 C 和 D。

步骤 3：系统检查在数据库中是否存在事实 C，确定数据库中包含事实 C。

步骤 4：系统检查在数据库中是否存在事实 D。在确定数据库中没有事实 D 后，它分析知识库中规则的右侧部分，并根据规则 Π3 确定，为推理出事实 D 需要得出事实 A。

步骤 5：系统检查在数据库中是否存在事实 A，确定数据库中包含事实 A。

步骤 6：系统执行规则 $A \rightarrow D$，并将事实 D 记录到数据库内。结果是现在在数据库内包含事实 C 和 D。

步骤 7：系统（图 5.22）执行规则 $C \land D \rightarrow F$，此后事实 F 被记录到数据库内。

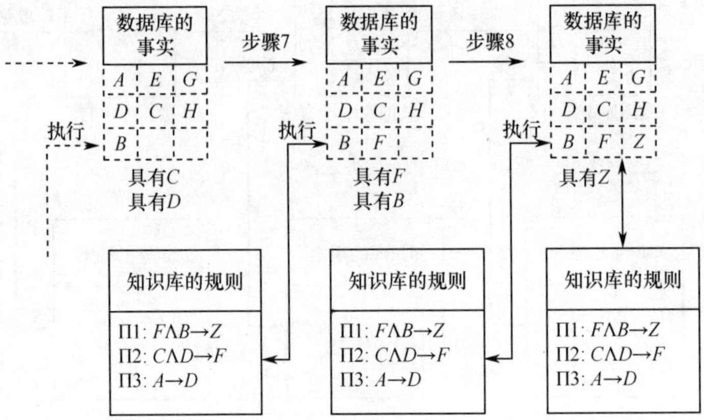

图 5.22 逆向推理链示意图 2

步骤 8：系统检查在数据库中是否存在事实 B。确定数据库中具有事实 B，执行规则 $F \land B \rightarrow Z$，这样便可实现规定的最终目标，即确定存在事实 Z。

上述正向和逆向推理链是相同的，这些推理控制策略的区别在于规则和数据的搜索方式不同。应当指出，在真实的专家系统中使用的不仅是 3 个规则，而是数百或数千个规则。在这些系统中，要想找到与事实 Z 相关的信息，必须执行大量与事实 Z 没有任何关系的规则。

4. 黑板模型

在专家系统中推理控制策略的进一步发展以黑板模型（blackboard）为基础进行知识表示。在一般情况下，黑板模型包括 3 个组成部分：黑板（КД），也可称为布告板（图 5.23）；独立的知识源；控制机构。

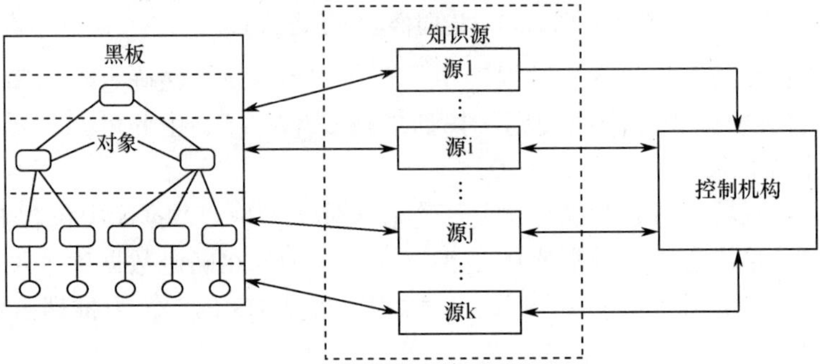

图 5.23 黑板模型示意图

解决问题所需的知识分布在几个独立的知识源内。在专家系统运行过程中，每个知识源都竭力做出有利于解决问题的信息贡献。来自所有知识源的当前信息被列在黑板上，并且根据知识内容可发生变体。知识源可以表示完成过程、“条件—操作”类型规则集（模块），以及逻辑断言等形式[29]。

在实现黑板模型时，应在专家系统中划分出一个专门的存储器工作区，类似于学校黑板，在上面可用粉笔书写布告通知，而后在必要时可用擦布擦去。黑板可起公用存储区的作用，知识源经过它相互作用。黑板用来存储专家系统解决问题过程和所解问题状态的数据。这些数据由知识源形成并使用。在黑板上可划分出问题域区和计划区。在黑板上可放置下列类型的对象：当前数据和中间结果，解决问题的当前计划，最终结果。黑板可联合解空间中的对象，这些对象按照分析层次进行分组。例如，在语言识别系统 HEARSAY-II 中划分了 7 个分布式数据区——7 个分析（理解）层次：离散变换语言信号的参数、该信号的片段、音节、词、词序列、句子、创建用于搜索数据库内所需信息指令的层级。

知识源可运用特定层次的对象，并将其作为信息源或作为信息接收器。每个知识源访问黑板上的相应区域（分析层次），在其他区域则提出假设或对假设进行评估。在黑板型专家系统中，求解实际上是一个在黑板上形成假设并检查假设的计划过程。形成假设是指选择和激活知识源，以及导致黑板状态的变化。

黑板模型的一系列优点使其广泛应用在专家系统中（包括机载专家系统），其中最主要的优点包括：

（1）既可在问题域内，也可在获取解的计划区域内准确清楚地表示问题、知识和解；

（2）将在问题域内做出的决定和控制决定综合在一个循环内；

（3）可解释和改进自身知识并在此基础上解释和改进自身行为。

至于实际实现情况，应当指出，黑板结构对系统整体的存储器容量和运算速度提出较高的要求。

5.6.2 专家系统的总结构图

下面研究专家系统典型的总结构图（图 5.24），在此专家系统中使用了黑板结构。应当指出，目前研制的专家系统可能不包含图中列出的所有组成部件，但其中大部分组成部件可在任何专家系统中找出。在解决问题过程中专家系统与用户进行交互合作。对于机载专家系统，用户是飞行员（机组成员）。

在专家系统的组成中包括：知识库，黑板，解释器，计划和推理控制子系统（在一些专家系统中是调度器），选择激活候选“规则—数据”的子系统，元规则部件，保证一致性子系统，解释（论证）子系统，以及用户接口[4,26,29]。

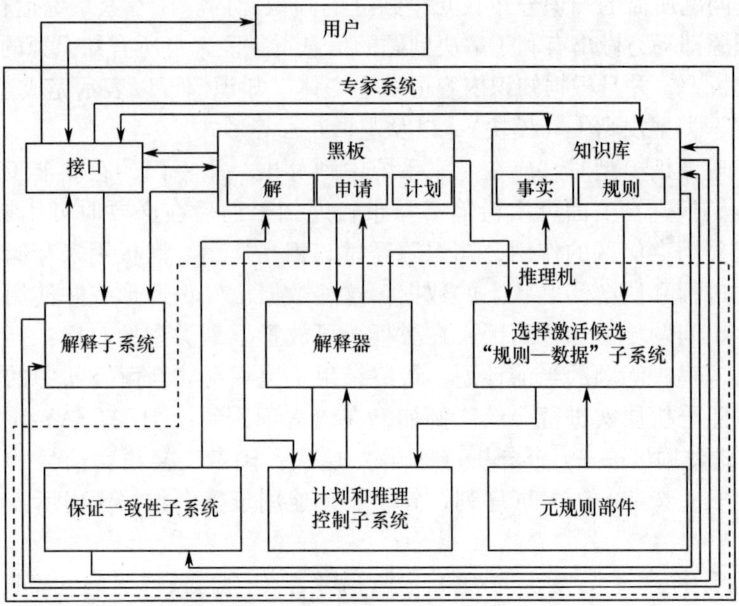

图 5.24　专家系统典型的总结构图

1. 知识库

知识库在专家系统中发挥永久性存储器的作用。在知识库中保存用于计划和解决问题的启发式规则、事实、一些关于问题域的附加信息，这些信息对于获取当前问题的解是有用的。在许多现代机载专家系统中使用“条件—操作”类型的规则（或规则模块）。

2. 黑板

黑板用于记录专家系统工作的中间结果并在专家系统中发挥内存储器（工作存储器）的作用。在黑板上记录一些中间假设和中间解，它们由专家系统提出并接收。在专家系统中可使用各种类型的中间结果记录子系统，在一些系统中通常使用黑板来明显地记录不同类型的解。在黑板上可记录 3 种类型信息：计划要素、申请要素和解的要素。计划要素在整体上描述专家系统解决当前问题的预定方法（方式）。计划要素可包括当前计划、目标、任务状态等。

可列举在一些专家系统中使用的计划作为示例。该计划的实质在于，首先建议处理低优先级的所有输入数据，然后，应提出少量更有前途的假设，修改和发展其中的每个假设，直至获得最终解为止。申请要素包含等待执行的潜在操作的信息，这些操作应符合知识库中的与记在黑板上的某个解有关的规则。解的要素是指一些假设（当前时刻由专家系统提出的作为可能候选项的假设）和具有相互关系的解。

解释器、计划和推理控制子系统、选择激活“规则—数据”候选的子系统、元规则部件和保证一致性子系统构成了专家系统的推理机。在一般情况下，推理机的结构不仅取决于问题域的特点，还取决于专家系统中知识的结构和组织。

选择激活候选“规则—数据”子系统运用来自黑板的数据（有助于激活规则）来从知识库中选择规则和事实，它首先划分出成对匹配的“规则—数据”，然后选择候选的“规则—数据”并将其激活。在子系统中实现上述过程时，可使用来自元规则部件的可规定一定优先权的元规则。

3. 解释器

解释器用于应用规则，这些规则作为可能候选项由选择激活候选“规则—数据”子系统进行选择执行。在所述类型的专家系统中，数据可表示为条件关系、命题或等效的逻辑表达式。解释器可表明是否满足针对黑板上的当前解应用所选规则的条件，可从候选项中挑选出特定规则，实现该规则并在黑板上进行由规则决定的相应变化。所述类型的解释器通常用 Lisp 语言编写，但也可使用其他的编程语言编写。

计划和推理控制子系统用于控制规则处理顺序。它可保证控制申请，确定下面应执行哪一个等待操作。计划和推理控制子系统可具有一定的知识储备，它具有下列类型的规则：避免备份操作；在下一时刻执行可带来最大成就的规则”等。为了运用这些知识，子系统应为每个申请要素赋予一定的优先权，该优先权应符合申请要素与所分析计划和其他解要素的关系。此外，计划和推理控制子系统通常可估计潜在规则的使用效率。

4. 保证一致性（真实性）子系统

保证一致性（真实性）子系统在传来影响前面结论的新数据（或知识）时可对这些结论进行修正，试图保持在某种程度上不矛盾地（一致地）表示所做的解决方案。当传来新数据时，这可通过修改置信度来实现。另一种保持真实性的常用方法是使用置信系数。在大部分专家系统中具有不同类型的可在数量上确定每个潜在解决方案置信度的自适应方法，这种方法用于确信提出的解决方案是合理的，并且它们是不相互矛盾的。

5. 解释子系统

解释子系统可论证和解释专家系统的行为。它通常回答为什么做出某个结论或为什么否决某些选择元的问题。为此，在解释子系统中可实现大量的解答问题的标准计划。根据这些计划，解释子系统反向审查（跟踪）在黑板上形成解决方案的要素，从问题的结论开始，朝向在生成结论时专家系统依靠的中间假设或数据。向后的每一步都应符合以知识库中一个规则为基础的推论，解释系统收集这些中间推论并在发给用户之前将其变换为通用交际语言。

6. 接口

接口可保证专家系统与用户之间的信息交换，它用于专家系统和用户之间面向问题的交流。用户使用面向问题语言与接口进行互动，面向问题语言通常是受限形式的自然语言（专业语言）。互动也可通过图形设备和触觉作用实现，这主要应用在机载专家系统上。在用户接口上可将自然语言（或其他面向问题语言）转换（翻译）为专家系统知识表示的内部语言。

如前面所述，在解决问题时用户参与专家系统的交际，用户感兴趣的是结果和（或）求解的方式。

上面研究的黑板结构的专家系统的典型总结构图的主要特点包括[29]：

第一，可更新专家系统中的现有知识，并且可使用新添加的知识局部改善专家系统的性能；

第二，专家系统能解释自己的解决方案。

在向系统补充知识时，专家通过知识工程师或者独自参与同专家系统的交互。知识工程师与专家协作向专家系统内补充知识（规则和事实）。在未来的专家系统中，不精通编程的专家可借助高效的知识获取系统与专家系统进行互动，而不需通过知识工程师[23,30]。

应当强调，在研制专家系统时获取知识的过程是非常复杂的。潜在的知识源可包括专家、专业文献、数据库、研制人员个人经验等。在程序中表示经验所需的传输和转换过程可局部或完全自动化。在未来的专家系统中将使用借助智能（编辑）程序、归纳推理程序（由数据到知识）和文本理解程序的知识获取方法[22,24]。

专家系统的结构特点首先是由知识和数据的表示形式、系统中所用知识的组成及使用的推理方法决定。目前混合型专家系统得到广泛应用（包括在航空业），在混合型专家系统中不仅使用算法方法，还使用启发法进行信息处理。当知识具有清楚明确、正式固定的形式时通常使用算法方法，而启发法对于不稳定、主观性质的知识更有效。

5.6.3 机载专家系统的特点

1. 机载专家系统的特点

机载（作为机载以及在地面条件下使用的）专家系统的主要特点包括[23,31,32]：

（1）机载专家系统在大多数情况下都是实时工作。实时系统最重要的参数是反应时间，即系统识别外部作用和做出响应所需的时间。就机载专家系统而言，如果可保证响应时间不超过规定值，则认为系统是实时工作的。此时，响应时间可由任务的特性确定。在一般情况下，专家系统应保证在可变化的规定时间内形成建议（做出决定），并估计其可信度。例如，在洛克希德公司（美国）的“飞行员助手”专家系统中，在确定目标重要性时的反应时间为0.5s，在威胁估计时的反应时间为0.1s。应当强调，实时机载专家系统是在信息情报不完整、不准确和不断更新的条件下运行的，而这将会实质性地影响系统的反应时间[23,32]。

（2）机载专家系统应具有较高的生命力。当综合电子系统的一个或多个信息系统或者专家系统本身的某些元件故障时，它不应停止工作。

（3）机载专家系统应具有对非计划事件的自适应反应能力，可保证估计事件的重要性，并能够集中自身资源用于处理最重要事件的信息。在此情况下，专家系统在必要时可中断和延迟一段时间，处理略不重要的信息。

（4）与传统专家系统不同，在完成任务的过程中机载专家系统获取的主要信息量不是来自操作人员，而是来自无线电和非无线电技术设备和机载综合电子系统。

（5）机载专家系统应具有“临时推理”能力，即运用过去、现在和与其相关的未来事件的能力。

（6）机载专家系统高效运行的必要条件是将机载综合电子系统的“传统”软件与专家系统软件（所谓的启发式软件）集成。

（7）应保证专家系统与机组人员较高的功能区分度，在它们之间明确地分配对所做决定的责任。

（8）在研制机载专家系统时应不仅在编程语言方面，而且在计算机设备方面广泛运用标准化（不断扩大的趋势），用于硬件实现所述类型的机载系统。

2. 应用实例

下列用于帮助飞行员的CSIM、ESPA EXPERT、NAVIGATOR、ESTAS、EPES（美国）专家系统是机载专家系统的范例。在人工智能领域的主要计划是用于创建飞行员电子助手的PA计划（Pilot's associate）。PA计划由美国国防部高等研究计划局DARPA资助，其目的是研制具有人工智能特性的前瞻性信息处理系统，该系统可降低新一代战机飞行员的智力负荷，而这可提高飞机的生命力、战斗使用效率和飞行安全（参见1.6节）。例如，第一阶段研制的PA系统由5个专家系统（专家模块）组成，其中每个系统用于完成特定的任务范围。该阶段的PA系统包括：

（1）计划飞行任务的专家系统；

（2）计划战术操作的专家系统；

（3）估计飞行态势的专家系统；

（4）估计机载设备和整个机载综合系统技术状态的专家系统。

借助第 5 个专家系统——“飞行员—PA 系统”，接口实现飞行员与 PA 系统的联系。

可实现实时工作的机载专家系统对机载计算机系统的运算速度提出了非常高的要求。机载计算机系统所需的运算速度取决于专家系统完成任务的特性，并应不小于 $10^9 \sim 10^{12}$ 次/s。例如，当在导航和侦察系统中完成探测、识别和坐标测量任务时，专家系统为实现目视信息理解、保证电视图像解释要求机载计算机系统的运算速度为 10^{13} 次/s[31]。

3. 专家系统 CSIM

下面将专家系统 CSIM（Crew Station Information Manager）作为机载专家系统的示例，它主要发挥飞行员“信息管理员”的作用[4,23]。

专家系统 CSIM 是飞行员工作位置上的信息输出管理系统。它针对下列两个场景研制：低空突防和与视距外敌人进行空战。与其他机载专家系统一样，专家系统 CSIM 可视作未来飞机和直升机上的电子机组成员。

专家系统 CSIM 通过管理来自综合电子系统的机载设备、机载系统和机载设备系统信息的方式帮助飞行员做出与所执行战斗任务相应的决定（决策）。对该系统赋予一系列功能，其中主要功能包括：

（1）管理在当前时刻飞行员需要做出反应的信息量；

（2）预测针对具体战斗态势应做出的决定，综合为做出这些决定所需的信息；

（3）从现有格式中选择显示和再现信息的最合适格式。

对于上述每个场景，可选择 5 种类型协助飞行员做出决定的功能。对于空战场景，这些功能是计划拦截及其改进、截获目标、计划攻击、再次攻击、估计专家系统工作能力。对于低空突防场景作为协助功能可选择下列功能：估计战斗任务执行进程，保持在战斗队形中的位置，对威胁的反应，改变飞行轨迹，估计专家系统工作能力。根据保证专家系统 CSIM 较大范围操作要求的条件出发，以及根据系统中使用的不同知识表达方式来选择协助做出决定的功能。

所示的专家系统 CSIM 与下列 3 个专家系统共同工作：专家系统联合控制器、专家系统态势估计和计划器（图 5.25）。

机载联合控制器是分布式系统的中央控制器。它可控制在武器控制系统和整个机载综合电子系统中借助专家系统进行的所有操作和计算。

专家系统态势估计主要负责由于解释下列数据而获取的知识：经作为信息传感器的机载设备、机载系统和机载设备系统处理的数据，以及来自数据传输线路的数据。在该专家系统中实现框架结构的知识表示，可保证估计外部战术态势以及综合电子系统各部件的状态。态势估计专家系统主要包括 3 个专家子系统（模块）：地面威胁估计，空中威胁估计和机载系统工作能力估计（分别对应 OHY、

OBY、OPБC 模块）。

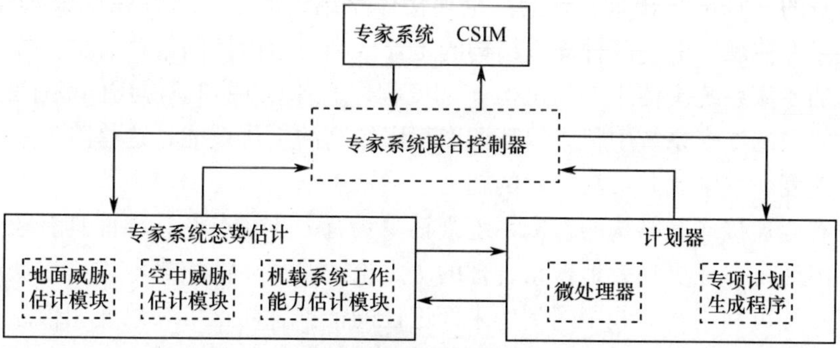

图 5.25　专家系统 CSIM 工作示意图

计划器则由元计划器（MП）和专项计划生成程序（ГCП）组成。元计划器的主要任务是决定执行当前任务需要哪些类型的计划；估计具有哪些资源（例如，时间、各类信息、计算等）；确定哪个专项计划生成程序应起作用。

4. 发展方向

机载专家系统和人工智能系统的主要发展方向包括[23,33]：

（1）进一步完善信息的实时处理方法；

（2）在实现时应面向统一的集成计算环境；

（3）广泛使用软件的模块化分级式结构原理；

（4）制定全飞机（直升机）系统的分级体系结构；

（5）在研制、试验和使用专家系统时改进人工智能的建模方法；

（6）进一步发展“飞行员—综合电子系统（飞行器）”人机接口。

在制定面向统一集成计算环境的机载专家系统的体系结构时，专家系统应具有下列非常重要的特性[23,33]：

（1）在没有较大和不合理的延时或不可接受的控制限制情况下，在机载计算机系统各处理器之间分配信息处理过程和控制的能力（划分能力）；

（2）在满足搜索量最小化和控制限制方面的要求时，具有同时形成试验假设和检查所做决定效率的能力（协调特性）；

（3）在最可能得出合理决定的论证路径上集中资源（聚焦控制特性）；

（4）在不完整数据的基础上能及时生成决定的能力（在系统实时工作的条件下）；

（5）模块化特性，保证提高专家系统软件研制、开发和测试，以及知识累积的效率。

在未来的机载专家系统中除了“全球性”黑板体系结构外，全连接体系结构得到了进一步发展。在具有全连接体系结构的专家系统中各部件的相互作用是通过自身的（局部）黑板实现的。全连接体系结构的这一特性在专家系统 CSIM 中得到局部体现。上述两种体系结构的主要区别与总体控制策略有关。在黑板体系结构的专家系统中使用专门机构（调度程序）来实现知识源访问顺序的控制。在非常复杂的专家系统中很难保证调度程序较高的工作效能，这将降低系统整体的运算速度，并限制其灵活使用的能力。

具有全连接体系结构的专家系统则很少具有上述缺点，其部件具有较大的自主性。因此可保证更高效地搜索合理的决定论证路径。但应当考虑，在获取决策时专家系统可利用在实践中遇到的未经论证的证据，而这可导致使用信息数和无效过程数的增大。

根据自适应战术导航概念（Adaptive Tactical Navigation Concept Definition，ATNCD）而计划研制的专家系统可作为先进机载专家系统的范例[22]，该专家系统的名称是“电子领航员”。它具有分级式体系结构，不同层级的部件可“模仿”控制不同导航系统的机组人员的功能。

机载人工智能系统的进一步发展是研制分级结构的全飞机式“机载电子设备助手”人工智能系统（图 5.26）。“电子领航员”系统是“机载电子设备助手”人工智能系统的组成部分，它可执行全部通信、导航和事件（态势）估计任务的 1/3。

下面以飞机在低空突防过程中完成规避敌方防空导弹系统雷达有效区或将其摧毁的任务为例阐述“机载电子设备助手”人工智能系统的工作原理。

态势估计元件首先开始工作，它可确定威胁源的位置及其特性，并预先估计有效时间。当传来新的数据时，该部件修正以前所得的结果，这可提供输出信息的可信度。在完成威胁源特性估计（预测）任务后，人工智能系统将自身资源转移到计划应对措施上。此时，系统的下列部件开始工作：

（1）战术任务部件，它可确定最有效的行动方案——规避威胁源或采取对抗措施；

（2）生成航迹部件，详细计算规避机动航迹或导向目标的航迹；

（3）飞行控制检测部件，将预计进行的动作与飞机当前动态匹配，并将其与飞行安全限制和消耗资源匹配；

（4）机组人员接口部件，它可确定在机动过程中由机组人员输入的附加补充情况或限制。

为了规避或摧毁威胁源而进行机动需要改变预先计划的战斗任务执行时间，因此，检测战斗任务执行情况的部件也应接通工作，用于重新计划最初的战斗任务。

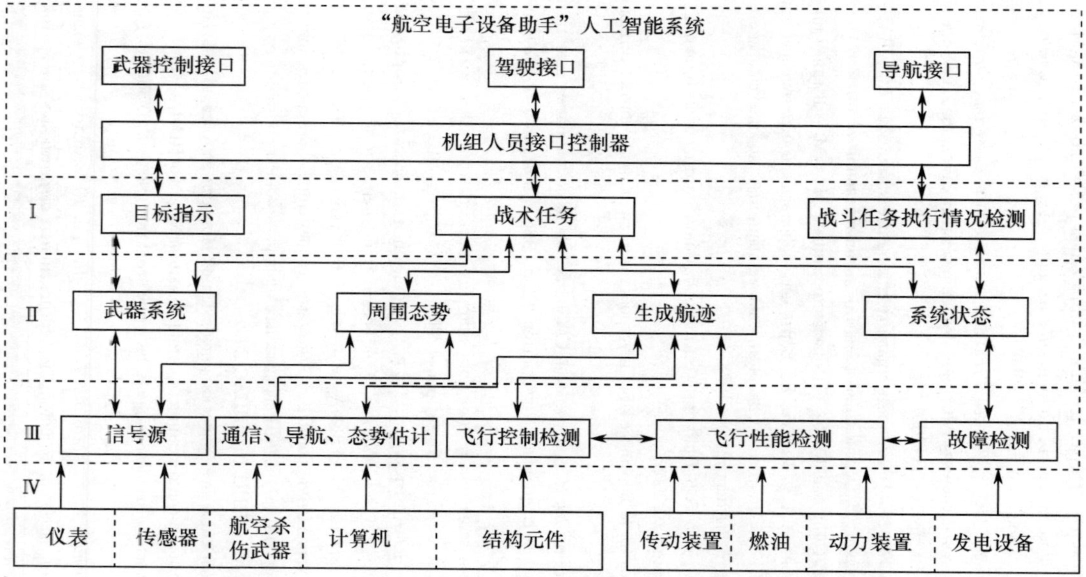

图 5.26　全飞机式“机载电子设备助手”人工智能系统示意图

参考文献

1. *Бабич В. К.* , *Баханов М. Е.* , *Герасимов Г. Л.* и др. Авиация ПВО России и научно-технический прогресс. Боевые комплексы и системы вчера, сегодня, завтра / под ред. Федосова Е. А. М. : Дрофа. 2001.
2. Современная авиация России. Третье дополненное издание / Гл. редактор *Т. Слюнина*, отв. редактор *Л. Василенко*. М. : ООО《Военный парад》. 2007.
3. *Самарин О. Ф.* , *Соловьев А. А.* , *Шарова Т. В.* Радиолокационные системы многофункциональных самолетов. Т. 3. Вычислительные системы РЛС многофункциональных самолетов / под ред. *А. И. Канащенкова и В. И. Меркулова*. М: Радиотехника. 2007.
4. *Ярлыков М. С.* , *Богачев А. С.* Авиационные радиоэлектронные комплексы. М. : ВАТУ. 2000.
5. *СмирновЮ. М.* , *ВоробьевГ. Н.* Перспективы развития вычислительной техники. В 11 кн. Справочное пособие / под ред. *Ю. М. Смирнова*. Кн. 6: Специализированные ЭВМ. М. : Высшая школа. 1989.
6. *Матов В. И.* , *Белоусов Ю. А.* , *Федосеев ЕЛ.* Бортовые цифровые вычислительные машины и системы: Учебн. пособие для ВУЗов по спец. 《Вычислительные машины, комплексы, системы и сети》 / под ред. *В. И. Матова*. М. : Высшая школа. 1988.
7. *Бабуров В. К*, *Пономаренко Б. В.* Принципы интегрированной бортовой авионики. СПб. : Издательство 《Агентство《РДК-Принт》. 2005.
8. *Королев В. Т.* , *Шрамко В. К.* Бортовые ЭВМ и устройства цифровой обработки сигналов. М. : ВВИА им. Н. Е. Жуковского. 1994.
9. *Алакоз Г. М.* , *Герасимчук Ю. Н.* , *Касперский СМ.* и др. Бортовые цифровые вычислительные устройства и машины: учебник для слушателей и курсантов ВУЗов ВВС / под ред. *Б. О. Качанова*. М. : ВВИА им. Н. Е. Жуковского. 2008.
10. Авиация ВВС России и научно-технический прогресс. Боевые комплексы и системы вчера, сегодня, завтра / под ред. *Е. А. Федосова*. М. : Дрофа. 2005.
11. *Амамия М.* , *Танака Ю.* Архитектура ЭВМ и искусственный интеллект. М. : Мир. 1993.
12. *Ярлыков М. С.* , *Богачев А. С*, *Миронов М. А.* Боевое применение и эффективность авиационных радиоэлектронных комплексов. М. : ВВИА им. проф. Н. Е. Жуковского. 1990.
13. Бортовые системы управления боевыми режимами современных и перспективных самолетов. Кн. 1: Аналитический обзор по материалам зарубежных информационных источников / под общ. ред. акад. РАН *Е. А. Федосова*. М. : НИЦ ГосНИИАС. 2009.
14. Мегаинтеллектуальная система обработки информации. Новости зарубежной науки и техники. Серия: Авиационные системы. Научно-техническая информация. М. : ГосНИИАС. 2007. № 5 (октябрь).
15. *Смирнов А. Д.* Архитектура вычислительных систем. Учебн. пособие для ВУЗов. М. : Наука. Гл. ред. физ. мат. лит. 1990.
16. *Турчак А. А.* , *Чернышев Е. Э.* , *Михайлуца К. Т.* , *Шейнин ЮЛ.* Архитектура вычислительных систем для интегрированной модульной авионики перспективных летательных аппаратов // Радиотехника. 2002. №9.
17. *Меркулов В. И.* , *Дрогалин В. В.* , *Канащенков А. И.* , *Богачев А. С.* и др. Авиационные системы радиоуправления. Т. 2. Радиоэлектронные системы самонаведения / под. ред. *А. И. Канащенкова и В. И. Меркулова*. М. : Радиотехника. 2003.
18. *Ги К.* Введение в локальные вычислительные сети: пер. с англ. М. : Радио и связь. 1986.
19. Архитектура построения вычислительных систем на основе включенных в параллельную работу ЭВМ с эффективным взаимодействием между ними // ЭИ. Вычислительная техника. № 31. М. : ВИНИТИ. 1988.

20. *Федосов Е. А.* , *Баханов Л. Е.* Современный этап развития авионики самолетов-истребителей. М. : Машиностроение. Полет. 2006. №9.

21. Программа 18Р и ее влияние на авионику боевых самолетов 5-го поколения (аналитический обзор по материалам зарубежных информационных источников) / под ред. *Е. А. Федосова*. М. : НИЦ ГосНИИАС. 2000.

22. *Кузин Е. С.* , *Ройтман А. И.* , *Фоминых И. Б.* , *Хахалин Г. К.* Перспективы развития вычислительной техники. В 11 кн. : Справочное пособие / под ред. *Ю. М. Смирнова*. Кн. 2: Интеллектуализация ЭВМ. М. : Высшая школа. 1989.

23. *Богачев А. С.* Перспективы применения экспертных систем в авиационных радиоэлектронных комплексах. Итоги науки и техники. Радиотехника. Т. 40. М. : ВИНИТИ. 1990.

24. *Кузнецов В. Е.* Представление в ЭВМ неформальных процедур: продукционные системы / с послесловием *Д. А. Поспелова*. М. : Наука. Гл. ред. физ. мат. лит. 1989.

25. *Богачев А. С.* Использование технологии искусственного интеллекта в системах управления источниками информации / Авиационные РЭК и их эксплуатация: НММ. Вып. 5. М. : ВВИА им. Н. Е. Жуковского. 1992.

26. Построение экспертных систем / пер. с англ. / под ред. *Ф. Хейеса-Рота*, *Д. Уотермана*, *Д. Лената*. М. : Мир. 1987.

27. *Уотерман Д.* Руководство по экспертным системам / пер. с англ. М. : Мир. 1989.

28. *Буч Г.* Объектно-ориентированное проектирование с примерами применения / пер. с англ. М. : Конкорд. 1992.

29. *Hayes-Roth F.* Rule Based systems // Communications of the ACM. 1985. V. 28. №9.

30. *Попов Э. В.* Экспертные системы: Решение неформализованных задач в диалоге с ЭВМ. М. : Наука. Гл. ред. физ. мат. лит. 1987.

31. *Бочкарев А. М.* , *Струков ЮЛ.* Бортовое радиоэлектронное оборудование летательных аппаратов. Итоги науки и техники. Авиастроение. Т. 11. М. : ВИНИТИ. 1989.

32. *Бочкарев А. М.* , *Почуев СИ.* Экспертные системы-электронные консультанты летчика // Зарубежная радиоэлектроника. 1989. №10.

33. *Jones H. L.* Perspective on intelligent avionics // SAE Techn. Pap. 1987. №871856.

第6章 机载综合电子系统的结构和使用特点

6.1 机载综合电子系统的电子防护

6.1.1 引言

在研制和使用导航、瞄准和武器控制综合电子系统时，需要解决一系列反映其结构和使用特点的科技问题。在这些问题中首先应强调下列问题[1]：

(1) 保证无线电电子设备的无线电电子防护（РЭЗ），其中包括机载综合电子系统各电子设备的电磁兼容性；

(2) 保证机载综合电子系统的信息安全；

(3) 组织机组人员（飞行员）与综合电子系统的相互作用；

(4) 实现（通常是实时地）显示大量类型的动态信息。

下面更详细地研究由于上述科技问题引起的导航、瞄准和武器控制综合电子系统的结构和使用特点。

6.1.2 电子战

以现代观点分析武装斗争的形式和方法证明，高精武器及作为其运载和制导工具的飞行器在现代战争中发挥非常重要的作用。借助一系列措施可保证飞机较高的生命力和高精武器的使用效率，而电子战方法在这些措施中占主导地位。

目前，电子战是指敌对双方为了探明和无线电压制敌方部队（兵力）指挥和战斗兵器控制（包括高精武器）的无线电电子设备，以及防护己方无线电电子设备免受敌方技术侦察、人为有意和无意干扰影响的一系列措施和行动[2]。

无线电电子压制、无线电电子防护和电子战保障措施是电子战的组成部分。

无线电电子压制是指由部队（兵力）实施的借助电磁（声）辐射能量压制和欺骗敌方无线电电子设备、其他设备和系统一系列措施和行动的总称。根据作用于无线电电子设备、光电设备（或其他技术设备）上的辐射类型，无线电电子压制可划分为使用电磁波能量的电磁压制和使用声波能量的声波压制。电磁压制又可划分为在无线电波波段内实施的无线电压制和在光波波段内实施的光学（光电）压制。无线电电子设备（无线电通信、定位、导航、控制设备等）在无线电波波段内发挥作用，而光电设备（红外、紫外设备和激光设备）在光波波段内发挥作用[3]。

确定无线电电子压制内容的基本要素包括：无线电电子干扰，使用假目标和诱饵，对电磁波传播介质的影响，降低军事装备、设施和部队人员的显露性，无线电伪装欺骗等。

无线电电子防护是指在敌方实施电子干扰和在己方无线电设备和光电设备相互干扰的情况下仍能保证己方无线电设备和光电设备稳定工作的一系列措施[1,3,4]。作为电子战的组成部分，电子防护应结合摧毁和无线电压制敌方电子战设备（其载体），以及对抗敌方技术侦察设备的措施加以实施。就机载综合电子系统而言，电子防护主要包括保护无线电电子设备免遭无线电压制、用反辐射武器摧毁敌方辐射源、影响特种设备的电离和电磁辐射、隐蔽无线电设备避免敌方无线电电子侦察，以及保证无线电设备电磁兼容等。

电子战保障措施（无线电电子保障）是指搜索、截获和分析辐射，识别和确定敌方无线电电子设备的位置，估计其产生的威胁，用于随后实施无线电电子压制和向武器发送目标指示，以及指挥己方的电子压制兵力和设备[3]。

6.1.3 电子干扰

1. 分类

无线电电子干扰是指在无线电波波段内产生的电磁干扰和在光波波段内产生的光学（光电）干扰。

根据无线电干扰的来源，可将其划分为自然干扰（自然来源）和人为干扰（有意或无意）。根据形成方式，人为干扰又可划分为有源干扰和无源干扰[3-6]。

根据对无线电电子设备影响的最终效果，主动干扰站（САП）施放的人为有源无线电干扰和无源干扰又可划分为伪装干扰和模拟干扰。

在伪装干扰的作用下，在无线电电子设备接收通道的输入端上形成干扰背景（噪声），这使得无法或很难提取有用信息（降低通信信息量，使得难以或根本无法探测和识别目标，确定其坐标和运动参数等）。可针对无线电信号的一个或几个参数实施伪装：载频和（或）多普勒频率、相位、反射信号的延迟时间等。随着干扰功率的增大，其伪装效应也增大。连续噪声干扰是有源伪装干扰的范例，而偶极子云是无源伪装干扰的范例。

主动干扰站施放的模拟（虚假）干扰用于将假信息置入敌方的无线电电子设备内。按照结构，模拟干扰近似于有效信号。因此模拟干扰可在无线电系统的终端设备上产生与真目标类似的假目标信号或回波，这将降低系统的工作能力，会误导操作员（机组人员），导致损失部分有用信息，尤其是在探测空中目标时将增大雷达假报警的概率。在影响可控的机载杀伤武器时，这类干扰可中断对目标方位、距离和速度的自动跟踪，使杀伤武器重新瞄准由干扰模拟的目标，并可引起目标跟踪误差。此时应当指出，模拟干扰不会降低无线电电子设备接收机（ПРМ）的性能。

根据主动干扰站干扰发射机的频率制导方式、干扰和有效信号的频谱宽度比，伪装干扰可划分为阻塞式干扰和瞄准式干扰。阻塞式干扰的频谱宽度远远超过（10倍以上）有效信号所占的带宽，这允许同时压制多个无线电电子设备，而无需准确制导主动干扰站的干扰发射机。在不具备敌方无线电设备信号参数的全部数据时，可施放这类干扰。

瞄准式干扰具有与有效信号带宽相差不多的（相等或超过1.5～2倍）频谱宽度。瞄准式无线电干扰的谱密度明显高于阻塞式干扰的谱密度，因此其对无线电设备的影响效率更高。由于瞄准式干扰是在较窄的频带内发出，因此可用低功率的干扰发射机施放这类干扰。

目前，既可使用固定式机载主动干扰站，也可使用吊舱式主动干扰站用于飞机的个体防护。吊舱式主动干扰站可在自主自动模式下工作，保证同时压制多个危险的雷达。

非常有效的飞机个体防护方式是使用外置一次性干扰发射机（包括拖曳式诱饵），由制式投射器发射的一次性干扰发射机，红外诱饵，布置在导弹和位于被保护飞机前的无人机上的一次性主动干扰站等[2,7,8]。

在主动干扰站上采用接收信号数字处理方法和使用存储的被压制雷达探测信号的数字拷贝形成干扰可提高主动干扰站的效率，实现附加功能。这些功能与增大干扰和信号相关性程度和将干扰功率集中在与雷达接收通道通频带匹配的频带上有关。AN/ALQ-165系统是此型机载主动干扰站的典型代表。

2. AN/ALQ-165 电子干扰系统

AN/ALQ-165电子干扰系统用于在脉冲和连续工况下对机载火控雷达和地面近程、中程和远程防空导弹系统的雷达，以及防空火炮雷达施放干扰。该系统可接收和处理连续和脉冲波雷达的信号、脉冲多普勒雷达的信号、在较宽频带内（0.7～18GHz）快速变频的信号。系统可保证对构成威胁的许多辐射对象实施电子对抗。为控制干扰发射机的功率，在AN/ALQ-165系统中使用了专用数字设备，它可实时分析、分类所接收的脉冲信号并形成干扰发射机的指令，用于有效对抗各种类型的雷达，其中包括跳跃式变频的雷达[9]。

在AN/ALQ-165型主动干扰站的研制和使用阶段上考虑到，无线电电子压制的主要方式是在雷达天线方向图的主瓣方向上施放应答式干扰（模拟、模拟—噪声、伪装或欺骗式干扰取决于雷达工况）。在数字形成干扰信号时，实现对抗的主要概念在于将被保护飞机伪装在众多的模拟假目标回波中，这些回波是在存储的被压制雷达探测信号的数字拷贝的基础上形成。通过对存储的雷达信号数字拷贝进行时间、频率和幅度调制的方式程控施放的各种欺骗、间歇和其他类型的调制干扰都是广义模拟—伪装干扰的组成部分[2]。

3. 其他几种电子干扰系统

对于飞机个体防护的各种最有效干扰，在被压制雷达方向上干扰辐射方式是不同的。据此这些干扰可被分为两类：

(1) 在被压制雷达方向上从被保护飞机的机体上辐射的干扰。该组干扰可划分为单点式模拟伪装干扰和导致被压制雷达中断对被保护飞机角坐标跟踪的干扰。

(2) 多点干扰，即由外部被动目标再辐射的干扰（例如，在重新瞄准下基面或偶极子反射体云时形成的干扰），或者由外置干扰发射机辐射的干扰（通常为一次性发射机）。

在第1类用于飞机个体防护的干扰中，应突出可实时控制辐射功率的单点式模拟伪装干扰。

当无法形成外置辐射源时，可保护飞机免遭带主动雷达自导头的导弹攻击的最有效干扰类型是相干干扰和极化干扰。这类干扰可直接作用在雷达自导头测向仪的高频元件上，而自导头需要根本性改变其高频通道才能保证对抗防护这类干扰。

分析机载电子战设备的发展趋势表明，未来电子战系统将是集成型系统。这是由于电子战系统不仅需对无线电设备，还需对在红外、紫外和激光辐射范围内工作的光电设备进行有效电子压制而决定的。飞机（直升机）的高效个体防护应保证在最大程度上排除电子战系统在干扰态势下的误动作，并防止漏掉攻击目标。当探测到导弹攻击时，它应在导弹自导头工作的电磁波谱范围内施放有效干扰。

IDECM（Integrated Defensive Electric Counter Measures）系统可作为集成型机载电子战系统的范例，该系统为升级改型的F-18E/F多功能舰载攻击机研制。IDECM系统的研制目的是在飞机遭受带雷达自导头的“地对空”和“空对空”导弹攻击时大幅提高飞机的个体防护水平。

IDECM系统的基本元件包括无线电波段（射频波段）的电子压制设备，包括ALQ-214（V）型主动干扰站和借助光纤电缆拖曳的假目标（雷达诱饵）ALE-50（或其改型ALE-55）。此外，在IDECM系统中还包括雷达辐射报警站ALR-67（V）3（0.5～40GHz）以及偶极子反射体和红外曳光弹（诱饵）的自动投射器ALE-47[2,7,8,10]。

ALQ-214（V）型主动干扰站是在ALQ-165型主动干扰站的基础上研制的，它与机载无线电电子设备，其中包括标准无线电电子压制设备进行广泛集成。ALQ-214（V）型主动干扰站可在自主形成应答式模拟干扰模式下，以及在形成接触式干扰模式下工作。此时，对于飞机的个体防护最好选择模拟干扰。

根据“效率—价格”标准，IDECM 系统中最有效的无线电电子压制设备是拖曳式雷达诱饵 ALE-50（ALE-55）。它是一个外置辐射器（微型行波管），可通过光纤电缆从飞机向其发送调制信号。在机载综合电子系统的机载数字计算机处理外部态势信息的基础上形成调制信号，而外部态势信息则由机载无线电设备和光电设备获取。行波管生成的干扰信号可保证中断导弹攻击。雷达诱饵 ALE-50（ALE-55）在非工作状态时布置在机身下部。

应当指出，目前除了不断改进无线电波段的机载电子压制设备外，还应特别注重在激光技术基础上研制可对红外和激光制导导弹的自导头实施光电压制的设备。试验机外（外置）激光/红外电子压制系统可借助光纤电缆与机载系统进行信息通信[7]。

还应考虑，除有意干扰外，无意干扰也可对综合电子系统中各无线电电子设备的功能效率产生实质性不利影响。这些无意干扰可能由本综合系统中的无线电设备产生，也可在编队行动时由其他飞行器的无线电电子设备产生，这类干扰通常是相互干扰。

现代和未来机载无线电电子压制系统的上述结构和功能特点表明，它们能施放各种类型的干扰，可有效地影响敌方的无线电电子设备、光电设备和机载杀伤武器，大幅降低机载综合电子系统完成战斗任务的效率，甚至在某些情况下致使其完全不能执行战斗任务。因此，在综合系统的所有生命周期阶段上最重要问题是各无线电电子设备及整个机载综合电子系统的电子防护问题。

保护无线电设备免受敌方无线电电子压制是指用于预防或降低敌方施放的人为有意干扰影响的一系列技术和组织措施。保护无线电设备免受敌方反辐射武器摧毁是指用于预防或降低敌方反辐射武器（导弹、炸弹等）使用效能的一系列技术和组织措施。保护无线电设备免受电离和电磁辐射的影响则是指用于降低这些辐射影响和保证无线电电子设备稳定运行的一系列技术和组织措施。

机载综合电子系统各设备的无线电电子防护应连续和综合地实施。其连续性在于在研制（现代化改装）、试验阶段和在任何条件下进行战斗使用时应对无线电电子设备采取持续不断的电子防护措施。无线电电子防护的综合性是指应适当地结合技术、组织和其他类型的措施。

6.1.4 电子防护技术措施

机载综合电子系统各设备的电子防护技术措施应在各设备的研制阶段实现并在战斗使用过程中由飞行器机组人员保证实施，以及在操作无线电电子设备时可通过使用特种干扰防护电路和设备得以实现。

无线电电子设备电子防护的技术措施主要包括：

（1）正确选择所研制（改装）无线电电子设备的频带（额定值）；

（2）有根据地选择收发装置的工作（结构）原理、信号类型及信号处理方法；

（3）将根据不同物理原理而研制的信息接收、处理和传输设备综合化；

（4）使用可改变发射机频率、功率、辐射和接收方向的设备，其中包括有利于不同的无线电设备在共同频带上工作的设备；

（5）在较宽频带上实现辐射和接收性能的要求；

（6）采用新的技术方案，用于在敌方使用无线电电子压制设备、反辐射武器时，以及在电离和电磁辐射的影响和无意（相互）干扰的条件下保证无线电电子设备的有效工作。

在单独综合系统中，以及在综合电子系统组合中的无线电电子设备电子防护的组织措施可通过下列方法得以保证：

（1）合理构造飞行器控制系统，最优选择无线电电子设备的战斗使用方法；

（2）实行和遵守无线电电子设备在时间、频率、空间极化、能源等方面的工作限制；

（3）协调使用不同工作原理和不同波段的无线电电子设备；

（4）最优分配和指定无线电电子设备的工作频率；

（5）确定和遵守无线电电子防护特殊方法、设备和装置的使用顺序；

（6）备份遭受大功率电磁辐射影响的无线电电子设备和部件；

（7）在飞行器上正确布置无线电电子设备；

（8）在无线电电子设备工作时遵守规定的工作程序、条件、优先级和询问顺序；

（9）及时查明无意（相互）干扰源并采取措施消除（降低）其影响；

（10）组织机组人员进行在敌方实行电子战和在无意（相互）干扰影响条件下如何使用机载综合电子系统各无线电设备的培训。

6.1.5 电子设备的抗干扰性

1. 概述

就军用飞机而言，无线电电子设备在各种类型（自然或人为）干扰下工作是其有代表性的运行模式。因此，在不全面考虑可能干扰作用的情况下研制的机载综合电子系统是不能满足现代空战要求的，因为综合系统解决战斗和导航任务的效率在很大程度上取决于干扰的组成、特性和强度。在飞行器单机或编队行动时，防止或大幅降低干扰对机载综合电子系统各设备的影响程度应通过执行上述技术和组织措施来实现。

机载综合电子系统中遭受各种干扰影响的主要无线电电子部件是接收机、信号处理系统、显示器等。

干扰影响可表现在下列几个方面：

(1) 有效信号波形失真和改变其参数；

(2) 在接收机或处理系统的非线性元件上干扰可抑制有效信号；

(3) 接收机、处理系统或显示器过载；

(4) 干扰伪装有效信号；

(5) 通过形成假信号来模拟有效信号；

(6) 其他现象。

无线电电子设备在有意干扰和无意干扰作用下发挥功能和对抗敌方无线电信号侦察的能力可用其重要的技战术性能表示。

无线电电子设备的第一种性能表示其抗干扰性，而第二种性能则强调其工作隐蔽性。

2. 机载综合电子系统抗干扰性模型

机载综合电子系统的抗干扰性在很大程度上可由其组成中各无线电电子设备的抗干扰性确定。它可表示在敌方同时实施无线电侦察和其他类型侦察并施放无线电干扰和其他电磁波波段内干扰时机载综合电子系统有效完成战斗和导航任务的能力。

在敌方实施无线电电子压制时，无线电电子设备完成自己任务的概率 $P_{\text{рз}}$ 可被视作其抗干扰性的主要指标[5,11]。概率 $P_{\text{рз}}$ 可根据下式确定：

$$P_{\text{рз}} = P_{\text{дп}} P_{\text{рпп}} + (1 - P_{\text{дп}}) P_{\text{рнп}} \tag{6.1}$$

式中：$P_{\text{дп}}$ 为敌方为影响该型无线电电子设备专门组织的有意无线电干扰的有效概率；$P_{\text{рпп}}$、$P_{\text{рнп}}$ 为在有效信号分别与有意和无意无线电干扰，或仅与无意干扰共同作用的条件下无线电电子设备成功完成自己任务的概率。

概率 $P_{\text{дп}}$ 表示无线电电子设备的工作隐蔽性和敌方侦察系统的效率。概率 $P_{\text{рпп}}$ 和 $P_{\text{рнп}}$ 是在存在和不存在人为有意无线电干扰时无线电电子设备抗干扰性的主要指标。在一般情况下，根据式（6.1）估计无线电电子设备的抗干扰性时，不仅要考虑有意干扰和自然干扰，还要考虑无意（相互）干扰。

概率 $P_{\text{рпп}}$ 和 $P_{\text{рнп}}$ 的具体含义由无线电电子设备的用途及其工况确定。例如，当机载雷达在搜索和探测目标工况时，在虚警概率 $P_{\text{ЛТ}}$ 给定的情况下概率 $P_{\text{рпп}}$ 则由准确探测单个目标（或群目标）的概率 $P_{\text{ПО}}$ 确定。当机载雷达在跟踪单个目标工况或边扫描边跟踪工况时，概率 $P_{\text{рпп}}$ 可用以不超过规定值的误差跟踪目标的概率或在无线电电子压制情况下目标跟踪中断的概率来表示[5,6,12]。

在一些情况下为定量表示无线电设备的抗干扰性，除了概率指标外，还可使用精度、能量指标等[6,11,12]。

无线电电子设备抗干扰性的精度指标包括信息参数测定误差的统计特性，例如，在无线电设备接收机的输入端上为信号/（干扰 + 噪声）比函数的测量目标角坐标、距离、接近速度的均方误差。

在无线电电子设备抗干扰性的能量指标中，压制系数 $k_п$ 发挥重要作用：

$$k_п = \frac{P_п}{P_c}$$

式中：$P_п$ 和 P_c 分别为在接收机输入端上的干扰功率和信号功率。

压制系数 $k_п$ 可确定为在对无线电电子设备达到一定程度的压制时（例如，对机载雷达，当准确探测概率小于 $P_{ПО}<0.5$，而虚警概率变得大于 $P_{ЛТ}>10^{-5}$ 时），在接收机输入端上干扰功率和信号功率的最小比值。

借助压制系数 $k_п$ 可估计为提高无线电设备抗干扰性而采取措施的效率，对此采用下列指标：

$$k_{пу} = \frac{k_п}{k_{по}}$$

式中：$k_{по}$为没有额外的干扰防护措施（设备、算法）时无线电电子设备的压制系数；$k_п$ 为考虑到额外干扰防护措施时无线电电子设备的压制系数。

无线电通信是指挥控制空中飞行器的主要手段，因此对机载无线电通信系统提出非常高的抗干扰性和干扰防护要求。在机载无线电通信中可使用电话、电报、电视和传真通信系统，以及可传送不同类型信息的数据传输系统[13]。

沿着数据传输通道（电传密码通信）的无线电通信用于传输数据—信息，这些数据信息是机载通信和控制综合系统的处理对象（参见 1.5 节）。在集成型机载综合电子系统中，机载通信和控制综合系统可借助其组成中的机载（数字）计算机保证实现飞行器飞行控制和在编队（自主、联合、双机编队）中飞行器相互之间协同动作等功能。沿着数据传输通道可传送各种标准指令、字母数字文本、目标导引指令等。收到的信息被直接输入机载计算机内，并可被机组人员理解领会。

应当指出，当在两个用户（例如，两架飞机）之间组织空中无线电通信时可形成无线电专向通信，而在三个或以上用户之间组织空中无线电通信时则形成无线电通信网。指挥无线电通信网和协同无线电通信网可作为空中无线电通信网的范例[13]。

3. 机载无线电通信系统的抗干扰性模型

机载无线电通信系统的抗干扰性表示其在有意干扰、自然干扰和无意（相互）无线电干扰条件下完成规定的信息传输任务的能力。它取决于无线电信号发射等级、编码方法、信号接收和应答方法、无线电通信系统接收机输入端上的信号/干扰比等。

为定量估计无线电通信系统的抗干扰性，在实践中通常使用信息传输的可靠性指标。对无线电通信可靠性指标的要求取决于传输信息的类型及其重要性。

离散信息（数据）的传输可靠性可用源代码组合的准确接收概率进行估计，这些代码组合应与传输的信息（字母、数字、标点等）符号相符。此外，在传输离散信息时，传输可靠性还可用错误接收的信息元素（符号）数量 $n_{\text{ош}}$ 与传输信息元素的总数 $N_{\text{общ}}$ 之比进行估计：

$$k_{\text{ош}} = \frac{n_{\text{ош}}}{N_{\text{общ}}}$$

这个比值可称作误码率（错误系数[14]）。在有限的传输时间（$N_{\text{общ}}$ 是有限数）内 $k_{\text{ош}}$ 是一个随机值。如果信息传输的总时间（一次通信时间）远远超过单个元素的传输时间，则随机值 $k_{\text{ош}}$ 的统计特性是非常稳定的，即在每次通信之间其变化不大。因此，在第一次近似时可认为 $k_{\text{ош}}$ 值近似于信息元素（符号）的错误接收概率 $P_{\text{ош}}$。由于简单直观，用概率 $P_{\text{ош}}$ 估计离散信息的传输可靠性得到了广泛应用。在实践中，为了估计数字信息的传输可靠性，经常使用错误字符接收概率——比特错误率（BER-bit error rate[13]）P_e，它可由下式确定：

$$P_e = \frac{m_{\text{ош}}}{M_{\text{общ}}}$$

式中：$m_{\text{ош}}$ 为信息序列中错误接收的比特数；$M_{\text{общ}}$ 为信息序列中总比特数。

语音信息的传输可靠性可借助清晰度指标进行定量估计。清晰度指标是以百分比表示的准确接收的语音元素（句子、单词、音节）数量与传输总数的比例[13]。

在连续传输信息时，传输信息 $x(t)$ 与接收信息 $\hat{x}(t)$ 之间的差别在一般情况下可由下列误差表示：

$$\varepsilon_x(t) = \hat{x}(t) - x(t)$$

该误差可视作在无线电通信系统输出端上的随机过程（干扰）：

$$\hat{x}(t) = x(t) + \varepsilon_x(t)$$

为全面评述干扰 $\varepsilon_x(t)$，必须知道其多维概率密度。在实践中估计连续信息的传输准确度时仅限于使用相对均方误差指标 δ，其平方可用下式确定：

$$\delta^2 = \frac{P_\varepsilon}{P_x} = \left(\frac{P_\pi}{P_c}\right)_{\text{输出}}$$

式中：$P_\varepsilon = P_\pi$ 和 $P_x = P_c$ 分别为在无线电通信系统输出端上或在多通道传输时在单个通道输出端上干扰和通信的平均功率。

过程 $x(t)$（$\varepsilon_x(t)$）的平均功率是指其平均单位功率，即这些过程在 1Ω 电阻负载上平均发出的功率[14]。在一些情况下，在估计信息连续传输的质量时通常计算误差 ε_x 绝对值不超过规定阈值 Δ_ε 的概率，即

$$P(|\varepsilon_x| \leqslant \Delta_\varepsilon) = \int_{-\Delta_\varepsilon}^{\Delta_\varepsilon} p(\varepsilon_x)\,\mathrm{d}\varepsilon_x$$

式中：p 为干扰概率的单维分布密度。

在估计无线电通信系统的抗干扰性时还广泛使用下述指标，根据该指标可由系统接收机输入端上的信号和干扰平均功率的比值确定抗干扰性：

$$q_{输入} = \left(\frac{P_c}{P_\Pi}\right)_{输入}$$

该比值应保证规定的可靠性（$P_{ош}$（P_e）数值）或 δ^2。借助函数关系式 $P_{ош}$（P_ε）$=f$（$q_{вх(输入)}$）或 $\delta^2=\gamma$（$q_{вх}$）可定量估计无线电通信系统的抗干扰性和根据该指标比较不同的系统。这些关系式可将信息传输可靠性与无线电通信系统接收机输入端上信号与干扰功率的比值 $q_{вх}$ 进行定量联系。找出关系式 $P_{ош}$（P_ε）$=f$（$q_{вх}$）或 $\delta^2=\gamma$（$q_{вх}$）是无线电通信系统抗干扰性理论的主要任务之一。

6.1.6　电子设备的保密性

下面研究无线电电子设备对抗敌方侦察其无线电信号参数的性能，如上所述，该性能可表示无线电电子设备的工作保密性。

在一般情况下，无线电电子压制可包括两个连续阶段：

（1）无线电电子侦察；

（2）直接无线电电子压制（对抗）。

无线电电子侦察和直接无线电电子压制的目的是：

（1）确定无线电设备辐射（工作）的事实和测定组织无线电电子压制必需的侦察数据；

（2）为使无线电电子设备难以工作或完全中断其执行自身功能创造条件。

无线电电子设备保密性是指其对抗无线电电子侦察措施的能力，这些侦察措施旨在探测其工作这一事实和测定组织电子压制所需的信号参数。

1. 电子侦察

无线电电子侦察用于借助专用无线电电子设备和其他技术设备获取敌方的情报信息。无线电电子侦察是获取侦察情报的主要方法之一（在一些情况下是唯一方法）。现代无线电电子侦察的特点是所用技术设备及其使用方法的多样性。无线电电子侦察的主要设备包括[15,16]：

（1）搜索、截收和分析信号，及电磁辐射源定位的被动设备和系统；

（2）观察、探测和识别的主动无线电和激光系统；

（3）光电设备和系统；

（4）记录（显示）和传输所获情报信息的设备；

（5）在高速计算机基础上处理侦察信息的系统。

可使用不同的分类特征对无线电电子侦察进行分类：根据用途、侦察设备的位置，获取情报的特性、所用侦察原理和相应的技术侦察设备等。

无线电电子侦察的主要类型包括[15,16]：无线电侦察（PP），无线电技术侦察

（PTP），雷达侦察（PЛP），激光和红外侦察，电视侦察等。无线电电子侦察还包括照相侦察，它是太空、空中和地面侦察的重要组成部分。

应当指出，在现代战斗行动条件下，若不使用各种各样以不同物理原理工作的技术设备就无法完成空中侦察任务。这主要是因为单个技术设备由于自身能力及使用特点限制往往不能保证在任何气象条件下、白天或黑夜、在敌方对空中侦察设备实施对抗时获取完整可信的侦察情报信息。因此，目前在机载综合电子系统中对雷达、无线电技术、激光、红外、电视和航空照相等侦察设备进行综合集成。

2. 无线电侦察、技术侦察和雷达侦察

无线电侦察、无线电技术侦察和雷达侦察技术设备在无线电波波段内工作。无线电侦察是最普及的被动无线电电子侦察手段之一，使用被侦察的无线电通信系统和数据交换系统的信号进行无线电侦察。无线电侦察主要任务包括：

（1）通过探测、截获公开或编码加密的无线电台获取信息；

（2）定向无线电信号源和测定其位置；

（3）处理和分析截获信息，用于揭示其内容。

无线电技术侦察也是被动无线电电子侦察手段。它用于探测、确定无线电信号参数，确定雷达、遥控指挥和遥测系统的功能特性（模式）和坐标。

雷达侦察是主动无线电电子侦察的主要手段，它借助专用雷达获取侦察情报。雷达侦察的一个重要任务是识别目标。识别是指根据观测结果将所分析的目标归入一个互斥类别的过程。在一般情况下可按照下列特征区分目标类别[17]：

（1）按组成（单目标、群目标）；

（2）按尺寸（大、中、小型目标）；

（3）按战术使用相似性（歼击机、轰炸机等）；

（4）按类型（F-16、F-22 等）；

（5）按行为主动性（编队指挥、长机、僚机等）；

（6）按危险性等级（危险、适于攻击、不危险目标等）；

（7）按国籍（己方、敌方）。

3. 电子设备保密性

下面研究无线电电子设备对抗敌方侦察其辐射无线电信号的能力，它可表示无线电电子设备的保密性。

防止无线电电子设备免遭无线电电子侦察最简单直观的防护性指标，即保密性指标可是下列概率：

$$P_{\text{скр}} = 1 - P_p$$

式中：P_p 为在被侦察的无线电电子设备辐射信号的情况下，无线电电子侦察成功完成自身任务的条件概率。

侦察概率 P_p 可由下式确定[18,19]：

$$P_p = P_{эн} P_{стр} P_{инф} \tag{6.2}$$

式中：$P_{эн}$、$P_{стр}$ 和 $P_{инф}$ 分别为侦察接收机可探测到信号、确定信号结构和识别发射信号的无线电电子设备、截获和解码由被侦察的无线电设备发射的信号中包含信息的条件概率。

$P_{эн}$ 为无线电电子设备的能量保密性指标，而 $P_{стр}$ 为其结构保密性指标。由于无线电电子设备的信号结构是在信号参数知识的基础上确定的，所以 $P_{стр}$ 实质上是在已探测到信号的情况下可确定组织无线电电子压制所需参数的概率。$P_{инф}$ 是在信号已被发射、探测和识别的条件下截获和解码由无线电电子设备发射的信号中所包含信息（情报）的条件概率。

正如1.2～1.6节所述，现代和未来的机载综合电子系统是一个复杂技术系统，其特征是较高的集成度和信息处理过程与控制的自动化，广泛使用高速计算机设备、模拟数字信息交换通道（网络），沿无线电通信和数据交换通道与其他飞行器、地面和空中指挥所、控制站等进行频繁信息交换。因此，为使机载综合电子系统高效完成战斗和飞行任务，不仅单独无线电电子设备和综合系统的其他部件，甚至整个综合电子系统都必须具有较高的抗干扰性，以及较高的信息安全性。

目前，军用和民用自动化和远程通信系统的信息安全理论快速发展。由于现代和未来的机载综合电子系统是高度自动化的信息处理和控制系统，因此自动化和远程通信系统信息安全理论的所有规则都可适用于综合电子系统。

6.2 机载综合电子系统的信息安全

6.2.1 引言

下面列举一些在自动化系统和远程通信系统信息安全理论中使用的主要概念，这些概念主要包括[16,20~22]：

（1）自动化系统的信息安全，它可表示系统的下述状态：第一，系统能对抗内部和外部威胁的不稳定影响；第二，系统的功能运行及因系统自身因素没有对外部环境和系统部件产生威胁。用于保障信息安全的活动通常称作信息保护。

（2）信息保护，它包括在自动化系统中创建和使用一些专门装置的过程，这些装置可将信息防护性保持在规定状态。通过将表示在自动化系统中信息存储、处理和使用规定状态的信息参数保持在指定水平的方式来保证信息防护性。对于在自动化系统中保存和处理的信息，从破坏其物理和逻辑完整性（清除、失真）或未经授权使用的角度研究信息防护性。

(3) 信息脆弱性，它表示在自动化系统生命周期的某个阶段上出现信息安全威胁状况的可能性。

(4) 信息安全威胁，它包括由于清除或未经授权使用处理信息而导致自动化系统功能运行遭到破坏的事件或操作。

(5) 信息综合保护，它是指在自动化系统中有针对性地定期使用一些设备和方法，以及采取相应措施以将信息防护性保持在规定水平。

机载综合电子系统信息安全的无线电电子威胁主要包括：

(1) 截获和解译无线电通信和数据传输通道中的信息；

(2) 无线电电子压制无线电设备和系统；

(3) 无线电和光电压制数据传输通道和通信线路；

(4) 破坏扰乱情报系统和控制系统；

(5) 在数据传输通道和通信线路中编造（输入）假信息；

(6) 病毒“攻击”；

(7) 在装置和系统的硬件中使用截获信息的电子设备。

一个独特的信息安全威胁源是在机载综合电子系统机载计算机系统的功能软件中秘密和人为有意植入的特种有害程序。这类程序在一次或几次启动后可造成破坏性作用，可破坏机载计算机系统软件，处理、保存或传输的信息，甚至导致硬件毁坏。

目前，在已知的有害程序中，电子病毒对机载计算机系统的威胁最大。电子病毒不仅能进行未经授权的操作，还具有自我繁殖的能力。

病毒“攻击”，即在民用和军用信息和控制系统中植入病毒程序可视为电子战的一种特殊形式，它可称为病毒压制[22]。采用病毒压制可实现下列目的：

(1) 秘密改变系统的功能；

(2) 导致系统故障；

(3) 破坏数据文件、功能程序和应用程序。

应当指出，现代军用和民用自动化系统（包括航空复杂技术系统）的发展过程，其改进的主要方向导致这些系统对于计算机病毒的易损性不断增大。实际上，这种观点可以现代和未来机载综合电子系统为例加以确认，综合电子系统特点是：数字处理信号和数据；功能集成；使用高速多路数字数据传输总线；广泛使用标准化模块结构，开放式技术，在民用系统上开发和使用的硬软件设备等（参见 1.3 节、1.6 节）。

6.2.2 信息战

分析信息技术的发展趋势表明，在不久的将来可出现被称作信息战的全新战争形式。信息战的一个重要组成部分是所谓的信息武器，专家将其定义为可窃取、歪曲或销毁信息，限制或制止合法用户访问信息，扰乱或毁坏远程通信网络和计算机系统的工作等一系列设备和方法的总称[22]。

目前，用于攻击、毁坏、干扰和欺骗敌方武器控制系统的特种设备（所谓的“信息炸弹”）正处于研发阶段。使用这些设备可保证访问敌方的指挥计算机，将其失灵并破坏数据文件。例如，信息战的方法和设备允许飞行员（借助机载综合电子系统或非机载系统）进入敌方的信息交换系统（电子邮箱）内，可检验自己行动的正确性，校正敌方防空探测系统位置，毁坏其防空系统的计算机。如果在攻击之前成功进入敌方的计算机网络，则攻击的初始阶段将是非常隐蔽的[23,24]。

研制的新型病毒及将其植入敌方计算机系统的设备可视为信息武器。此外，正在开发用微电路制造特种电子陷阱的技术，这些电子陷阱可在敌方武器系统中用作为基本元件。当电子陷阱微电路获得特定指令时，它们可监控这些系统的功能运行或破坏其工作。

6.2.3 信息安全

现代机载综合电子系统的信息安全在很大程度上取决于综合系统的保密性。如上所述，保密性是指无线电电子设备对抗无线电电子侦察措施的能力，这些侦察措施旨在探测其工作状态和测定组织电子压制所需的信号参数。在无线电电子侦察过程中，通常完成下列 3 个主要任务：探测无线电设备工作状态（探测信号），在估计探测信号参数的基础上确定信号结构和解读信号中包含的信息情报。无线电电子侦察的上述任务分别对应信号和无线电电子设备 3 种类型的保密性：能量、结构和信息保密性。它们在数量上可用式（6.2）中所列的 3 个概率 $P_{эн}$、$P_{стр}$和 $P_{инф}$进行估计。

1. 能量保密性

无线电电子设备的能量保密性表示其对抗旨在借助无线电侦察接收机探测信号的电子侦察措施的能力。用于擅自接收信号的侦察接收机通常在较宽的频带内工作，在信号参数先验信息不足的情况下可在干扰背景下接收信号。

众所周知，在干扰背景下探测信号可能伴随着两种类型的错误：漏掉在接收机输入端上存在的信号和虚假探测（假报警）。由于这些错误具有概率特性，因此在实践中作为能量保密性指标可使用在虚警概率 $P_{лт}$给定的条件下准确探测到被侦察信号的概率 $P_{по}$。该概率取决于侦察接收机输入端上的信噪比（或信号/干扰 + 噪声比）和判定是否探测到信号的标准。由此准确判定在侦察接收机输入端上存在信号的条件概率 $P_{по}$可视为无线电电子设备的能量保密性指标 $P_{эн}=P_{по}$[11,19,22]。

没有关于被侦察信号波形的先验信息是无线电电子侦察设备在探测信号时的常见情况。在此情况下，判定存在信号的唯一特征（指标）是在观测时间 $T_н$ 内在侦察接收机输出端上实现观测过程的能量（功率）估值。

在没有关于被侦察信号波形的先验信息时，能量接收机可实现信号的最有效探测[11,25]。能量接收机的组成包括通频带为 Δf_{ϕ} 的线性带通滤波器、平方律检波器（平方器）、舍弃积分常数 $T_{н}$ 的积分仪和阈值（解算）装置（图6.1）。线性带通滤波器的幅度频率特性通常择近似于矩形的波形。

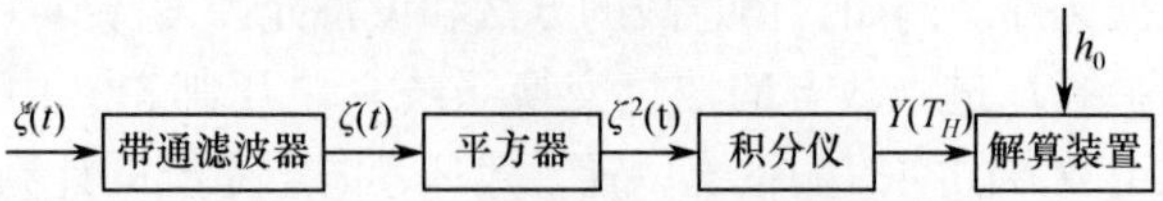

图6.1　能量接收机的组成

具有带脉冲响应特性 $h(t)$ 的线性带通滤波器输入端上可观测到下列随机过程：

$$\xi(t) = \gamma_0 s(t) + n(t) \tag{6.3}$$

式中：$s(t)$ 为侦察信号；γ_0 为可确定存在（$\gamma_0=1$）或不存在（$\gamma_0=0$）信号的参数；$n(t)$ 为带相关函数 $K_n(t_1,t_2)=\frac{N_0}{2}\delta(t_2-t_1)$ 的高斯白噪声；$0.5N_0$ 为噪声的谱密度。

在滤波器的输出端上产生下列随机过程：

$$\zeta(t) = \int_0^t \xi(t)h(t-\tau)\mathrm{d}\tau = s_{\phi}(t) + n_{\phi}(t) \tag{6.4}$$

式中

$$s_{\phi}(t) = \gamma_0\int_0^t s(\tau)h(t-\tau)\mathrm{d}\tau \tag{6.5}$$

$$n_{\phi}(t) = \int_0^t n(t)h(t-\tau)\mathrm{d}\tau \tag{6.6}$$

按照图6.1，从积分仪的输出端向解算装置发送下列类型的信号：

$$Y(T_{н}) = \int_0^{T_{н}} [s_{\phi}(t) + n_{\phi}(t)]^2\mathrm{d}t =$$

$$\int_0^{T_{н}} s_{\phi}^2(t)\mathrm{d}t + 2\int_0^{T_{н}} s_{\phi}(t)n_{\phi}(t)\mathrm{d}t + \int_0^{T_{н}} n_{\phi}^2(t)\mathrm{d}t \tag{6.7}$$

数值 $Y(T_{н})$ 与实现随机过程 $\xi(t)$ 的能量成正比，它在能量接收机的各部件中进行变换（图6.1）。当不存在信号时（$\gamma_0=0$），数值 $Y(T_{н})$ 可完全由在滤波器输出端上的噪声统计特性 $n_{\phi}(t)$（式（6.6））确定。当存在信号时（$\gamma_0=1$），在式（6.7）中第一个被加数表示信号能量 $s_{\phi}(t)$（式（6.5）），而第二个被加数表示信号 $s_{\phi}(t)$ 和噪声 $n_{\phi}(t)$ 的互相关函数。

额定值 $\frac{1}{T_{н}}Y(T_{н})$ 是在积分仪输出端上实现观测过程的平均功率估值，在解算装置中将其与规定阈值 h_0 进行对比。在对比结果的基础上可得出在侦察接收机的输入端上存在（$\gamma_0=1$）或不存在（$\gamma_0=0$）信号的判定。

2. 结构保密性

结构保密性表示无线电电子设备对抗旨在解读信号结构的无线电电子侦察措施（即将信号判定为具有标准模型的某种已知信号的措施）的能力[11,19,22]。标准模型是指已知的侦察信号参数（特征）的总称，这些参数可具有定性性质（编码和调制方式、极化类型等）或定量性质（功率、载波和副载波频率、谱宽、调制指数、脉冲宽度等）。

因为确定信号结构的参数是在干扰背景下由无线电电子侦察设备测量（估计）的，因此可能存在其测量（估计）误差，进而产生信号与标准模型的判定误差。确定侦察信号的结构是一个统计问题。因此，作为结构保密性指标通常使用在已探测到信号的情况下确定信号结构的条件概率 $P_{\text{стр}}$（参见式（6.2））。该概率可表示信号免遭无线电电子侦察设备侦测的无线电隐蔽伪装质量。参数的测量（估计）误差越大，则概率 $P_{\text{стр}}$ 越小，即侦察质量越差，而相应信号结构的无线电隐蔽越好。

当然，为提高无线电信号时变参数的估计（或滤波）精度，在无线电电子侦察系统中力求实现以随机过程的马尔可夫最优非线性估计理论为基础的信息综合处理算法[26]（参见3.1节）。

为提高结构保密性，必须拥有尽可能多的使用信号群，并经常改变其参数（例如，工作频率等）。

3. 信息保密性

信息保密性表示无线电电子系统对抗非法解读无线电信号所传输信息的内容（含义）等措施的能力[11,19,22]。存在先验和后验不确定性将解读传输信息内容（含义）的问题成为一个统计问题。因此，作为信息保密性指标通常使用在已探测到信号并且已确定其结构的情况下解读传输信息内容（含义）的条件概率 $P_{\text{инф}}$（参见式（6.2））。

对于无线电通信和数据传输系统，防止解读加密通信所含内容的稳定性可由密码（密语）稳定性确定。

在编码时，信息 S 在编码器中变换为密码文件 E（图6.2）。借助所谓的密钥 K 规定变换方法。现有的密钥组可构成密表[13]。在图6.2中虚线表示敌方不可触及的有效密钥 K 的传输通道。

信息加密的可靠性可由密码稳定性确定，它由在不知道密钥的情况下敌方解密密码文件所需的时间进行评估。如果在使用大功率计算机时的解码时间是无限的，则可认为是密码稳定的。

在传输离散信息时，可对其进行编码。在编码时最经常使用二进制码，在此情况下沿通信通道将传输二进制符号0和1序列。

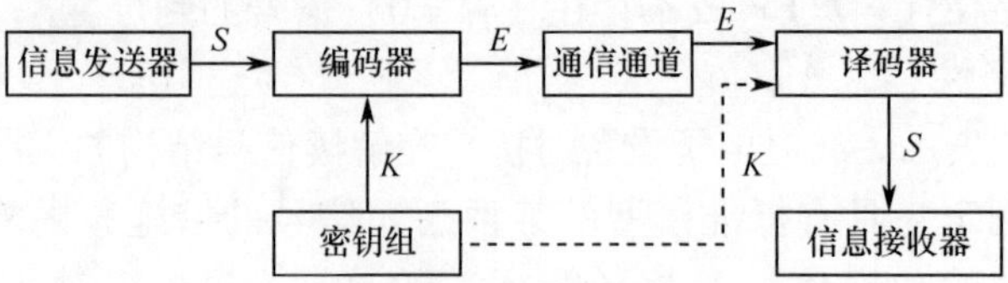

图 6.2 借助密钥进行变换的方法

广泛使用伽玛法对二进制信息进行自动加密，此方法是指将一个称为伽玛（Γ）的特殊序列的二进制符号加在信息序列的符号上[13,19]。编码序列（密码文件）E 是通过将序列 S 和 Γ 的二进制符号按模数 2 相加形成（表 6.1）。

表 6.1 使用伽玛法对二进制信息进行自动加密示例表

S	1	0	1	1	0	1	1	0	0
Γ	0	0	0	1	1	1	0	1	0
E	1	0	1	0	1	0	1	1	0

作为伽玛可使用任何随机序列。此外，伽玛符号可由计算机借助随机数发送器形成。在每次通信时，为提高加密稳定性必须使用不同的伽玛段。

可通过将编码序列符号与相应伽玛符号相加的方式进行解码。

在无线电通信系统中应用最广的语音通信加密可借助数字和模拟方法实现。在使用数字加密法时，首先借助 δ 调制或脉冲编码调制将语音信息转换为数字二进制序列。然后可用伽玛法对反映原始语音信息的数字二进制序列进行加密。

在使用模拟加密法时，可根据幅度、频率和时间对语音信号进行转换。

应当指出，机载综合电子系统的信息安全在很大程度上取决于识别系统信息保护的可靠性。这主要是由于随着无线电技术侦察和电子压制设备的改进和发展，无线电识别系统中所用密码信息的保护问题变得越来越紧迫。通过分析结构原理和技术实现表明，在带主动应答的现代无线电识别系统中，当使用编码加密方法时可达到信息可靠保护的最佳结果[27]。在与脉冲式机载雷达共同运行的主动应答式无线电识别系统中，为对脉冲信号进行编码加密，可使用不同类型的询问和应答信号参数调制。其中可通过改变脉冲数、两个或多个脉冲之间的时间间隔、一个或多个脉冲的宽度等方式进行编码。按编码组中脉冲位置的编码方法可保证对密码分析法的最大稳定性，且便于实际实现。如果一个编码由 p 个脉冲组成，它们之间的间隔宽度可能有 n 个不同值，则可能编码的数量为

$$N_{\text{код}} = n^{(p-1)}$$

此时，随着脉冲数的增大编码数可按指数规律增大[27]。

6.3 机载综合电子系统中电子设备的电磁兼容

6.3.1 引言

如6.1节所述，机载综合电子系统各无线电电子设备的无线电电子防护的重要组成部分是其电磁兼容性。

无线电电子设备电磁兼容性是指在无意无线电干扰影响下在运行和战斗使用的真实条件下可成功发挥功能，并不对其他无线电电子设备和系统产生无法忍受的干扰的能力[28]。

1. 无意无线电干扰

如上所述，在机载综合电子系统战斗使用的条件下，无意（相互）无线电干扰的影响首先表现在接收机的输出设备、处理系统和无线电设备显示器上。机组人员（飞行员）和计算机设备可根据在雷达或统一显示系统显示器屏幕上出现噪声、模拟干扰，机载计算机死机（过载），在电话通道出现杂音、噪声或啸声，以及在电报或电传通信通道内出现传输信息失真或遗漏等现象发现存在无线电干扰。例如，PB-5型无线电高度表可实质性影响借助P-862无线电台进行超短波通信。存在相互无线电干扰可导致降低无线电电子设备的作用距离、精度，难以确定飞行导航参数，漏掉有用信号和收到假信号，中断自动跟踪，降低无线电通信质量，进而降低综合电子系统的战斗使用效率，甚至在一些情况下导致中断执行下达的战斗任务。

无意相互干扰的存在及其特性在许多方面是由机载无线电电子设备的协同工作条件状况决定的。这些条件可由机载设备的类型和技战术性能，以及战斗行动的形式和方法确定。

2. 电子设备协同工作条件

机载无线电电子设备的协同工作条件主要包括：在一架飞行器上集中大量不同用途的无线电电子设备，它们具有共用电源和天线系统，结构和功能联系；在战斗队形中相邻飞行器上的同型设备同时运行工作；飞行器主动干扰站的辐射可能影响其他的机载无线电设备（例如，当相应频段的干扰站工作时，很难或甚至无法读取ДИСС-7测量仪测量的速度和偏流角读数）；不同用途的机载无线电设备使用公用频段；在一些飞行阶段上可使用其他类型无线电设备或非无线电设备代替某型无线电设备；在不同的飞行阶段上改变某型无线电设备相对于其他类型无线电设备的使用优先权；受地面无线电设备干扰的时间和程度变化较大；大量机载无线电电子设备和系统与地面无线电设备具有功能联系。

3. 无意无线电干扰的产生原因

出现无意无线电干扰的许多原因是由于无线电电子设备构造的技术特点及其

使用条件，其中主要原因包括[1,28-30]：不同用途无线电电子设备的无线电波段占用率不平衡，无线电设备在飞行器上高度集中；无线电波段的频率、时间、能量、空间和极化资源的局限性；当前系统的发射机、接收机和天线系统技术不够完善；无线电电子设备同时进行接收和发射工作；无线电电子设备接收机的高灵敏度和发射机辐射功率急剧增大，在一些情况下这是不必要的；不经过天线发射和接收信号，这是由于屏蔽不足和接收机和发射机的去耦引起的；电子器件、电气设备和装置的技术缺陷可导致产生不能用于传输信息的电磁振荡；电源电路的寄生耦合。在战斗行动中，在自己飞行器上使用主动干扰设备也可引起无意无线电干扰。

4. 电磁兼容问题

产生无线电电子设备无意干扰原因的多样性、干扰产生和影响过程的复杂性致使防护无意干扰成为现代无线电电子学的一个重要课题，即电磁兼容问题。就机载综合电子系统而言，上述问题的实质在于分析和制定一系列消除综合系统干扰情况的措施。电磁兼容问题可包括下列主要问题：论证综合系统组成中各无线电电子设备的技战术要求（TTT）；根据用途确定综合系统中无线电电子设备的组成；研制机载综合电子系统的控制系统，它允许在有意和无意干扰作用下最高效地使用无线电电子设备；仪器和理论分析电磁态势及其预测；在设计综合电子系统时合理规划使用无线电波段；在无意无线电干扰作用下估计无线电电子设备和整个综合电子系统的使用效率；在飞行器编队行动时统计无线电电子设备的运行特点。

6.3.2 电磁兼容分类

在研究电磁兼容问题时，无线电电子设备的辐射和接收通道可划分为主要、带外及次要辐射和接收通道[28-30]。根据频率特征进行这种分类。主要辐射是指在无线电电子设备正常运行（例如，按规定速度和质量传输信息）所需频带内的辐射。带外辐射包括与主要辐射相邻频带内的辐射，其起源和特性由无线电电子设备的信号类型和调制过程确定。次要辐射主要是由于在无线电发射机的高频信号形成系统和天线馈线系统中的各种非线性过程引起的。次要辐射主要包括：谐波、分谐波上的无线电辐射，复合、互调和寄生无线电辐射。

无线电电子设备接收机的主要接收通道是指处于接收机通频带内用于接收有效无线电信号的频带。带外（相邻）接收通道则包括直接与主要通道邻接的通道。次要接收通道的来源是由于在超外差接收机中使用变频。次要接收通道包括中频、镜频、组合频率和接收机调节频率分谐波的通道。无线电电子设备的带外及次要辐射和接收通道可分别称作非主要辐射和接收通道。它们对于无线电电子设备执行自身功能来说不是必需的，虽然它们实际上或多或少地存在于任何设备中。对于任何综合电子系统都应分析非主要辐射和接收通道对其无线电电子设备电磁兼容的影响。

在超外差接收机内形成中频振荡 $f_{пч}$ 的过程可用下式描述[30]：

$$pf_c + qf_г = f_{пч} \tag{6.8}$$

式中：f_c 为信号频率；$f_г$ 为外差振荡器频率；p、$q = \pm$（1，2，3，…）。

考虑到正负号，系数 p 和 q 可确定频率的主要变换类型：

（1）当 $f_{пч} < f_c$ 或 $f_{пч} > f_c$ 时，"向下"或"向上"变换；

（2）当 $f_г = f_c \pm f_{пч}$ 或 $f_г = f_{пч} - f_c$ 时，差分变换或总变换；

（3）当 $f_г > f_c$ 或 $f_г < f_c$ 时，向上或向下调节外差振荡器；

（4）在一次或高次谐波上。

通过次要变换干扰频率 $f_п$ 和外差振荡器频率 $f_г$ 也可得到频率振荡 $f_{пч}$：

$$mf_п + nf_г = f_{пч} + \Delta f \tag{6.9}$$

式中：$\Delta f = \Delta f_{УПЧ}/2$；$\Delta f_{УПЧ}$ 为中频放大器的通频带。

在最严重的情况下，当 $\Delta f = 0$ 时，主要变换方程（式（6.8））和次要变换方程（式（6.9））得出相同的结果：

$$mf_п + nf_г = pf_c + qf_г \tag{6.10}$$

根据式（6.10）可知，与次要接收通道（ПКП）频率 $f_{ПКП}$ 相符的干扰频率可由下式确定：

$$f_{ПКП} = \frac{p}{m}f_c + \frac{q-n}{m}f_г \tag{6.11}$$

次要接收通道中最危险的是镜频和半镜频通道、中频通道。

当 $p = \pm 1$ 和 $q = \pm 1$ 时在差分主要变换频率情况下，当 $m \pm 1$ 和 $n = \pm 1$ 时在对称次要变换情况下，根据式（6.11）可形成镜频通道。实际上当 $p = 1$、$q = -1$、$m = -1$、$n = 1$ 或当 $p = -1$、$q = 1$、$m = 1$、$n = -1$ 时，可有

$$f_{ПКП} = f_з = \begin{cases} -f_c + 2f_г = f_г + f_{пч}, f_г > f_c \\ -f_c + 2f_г = f_г - f_{пч}, f_г < f_c \end{cases} \tag{6.12}$$

当 $f_{ПКП} = f_c$ 时，主要频率变换与系数值 $p = q = m = n = 1$ 或 $p = q = m = n = -1$ 相符。

当 $m = \pm 1$ 和 $n = 0$ 时，在中频 $f_{ПКП} = f_{пч}$ 上形成次要接收通道；当 $m = \pm 2$、$n = \pm 2$ 时，形成半镜频通道。

当 $m = \pm$（3，4…）和 $n = \pm$（3，4…）时，可形成距外差振荡器频率 $f_г$ 相差 $f_{пч}/3$、$f_{пч}/4$ 等数值的次要接收通道。如果 m 越大，则干扰影响效应越弱。因此，实践中在估计无线电电子设备的电磁兼容时只要将数值限于 $|m| \leqslant 5$，$|n| \leqslant 5$ 就可以了[28]。

第 j 个无线电电子设备发射机产生的无意（相互）干扰沿着次要接收通道影

响第 i 个无线电电子设备的接收机时应满足下列等式[28]：

$$|mf_j - f_{ПКП}| \leqslant [\Delta f_{jx}(m,l) + \Delta f_{ix}]/2$$

式中：$m=1, 2, \cdots, m_{max}$，为第 j 个无线电电子设备发射机载频谐波的序号；Δf_{jx}（m，l）为在形成第 l 个次要接收通道时，在第 m 个谐波和 X 级［dB］上第 j 个无线电电子设备发射机的无线电辐射频带。

当多个干扰信号（或其谐波）作用在第 i 个无线电电子设备的超外差接收机上时，由于干扰信号之间或其与振荡器信号的相互作用，在满足下列条件时在接收机混频器的输出端上可形成所谓的互调干扰[28,29]：

$$|\pm p_1 f_{п1} \pm p_2 f_{п2} \pm \cdots \pm n f_r| = f_{пч} + 0.5\Delta f_{ix} \tag{6.13}$$

式中：$p_1, p_2, \cdots, p_i$ 为当 $p_i \geqslant 1$ 时与谐波编号相对应的系数；p_i 可取值为 0，这符合没有干扰的情况。其中当频率一次变换和作用两个干扰信号时，式（6.13）具有下列形式：

$$|\pm p_1 f_{п1} \pm p_2 f_{п2} \pm n f_r| = f_{пч} + 0.5\Delta f_{ix} \tag{6.13(a)}$$

在式（6.13（a））中代入 $p_1 = p_2 = 1$ 并且满足条件 $|\pm f_{п1} \pm f_{п2}| = f_c$ 或 $|\pm f_{п1} \pm f_{п2}| = f_3$ 时形成的干扰是最危险的互调干扰。

6.3.3 电磁兼容估计

机载综合电子系统中无线电电子设备电磁兼容的估计可划分为成对、分组和综合估计[28]。在成对估计无线电电子设备的电磁兼容时分析一个无线电电子设备（$РЭС_1$）产生的单个无意（相互）干扰对另一个无线电电子设备（$РЭС_2$）接收机的影响。这是最简单的，并且在实践中最常用的电磁兼容估计类型。分组估计则考虑一个或多个无线电电子设备产生的总体相互干扰对另一个无线电电子设备接收机的影响。在综合估计时考虑在机载综合电子系统组成中由于所有无线电电子设备运行产生的相互干扰影响。该类型估计可系统评估机载综合电子系统的电磁兼容。

为定量估计机载综合电子系统中无线电电子设备的电磁兼容制定了一系列方法[28-30]。此时，无线电电子设备电磁兼容保障程度的定量估计问题规定了下列解决问题的顺序：估计干扰态势；估计单个无线电电子设备的功能运行质量；在综合估计电磁兼容保障程度时估计机载综合电子系统中无线电电子设备的功能运行质量。

通过查明潜在不兼容的无线电电子设备对象、计算影响无线电设备接收机的无意（相互）干扰的能量特性，以及计算无线电干扰概率特性的方式来估计干扰态势。

必要时考虑到产生干扰的随机因素对干扰态势进行概率估计。此时，除了无意干扰功率的可能值外，还应计算信号和无意干扰频率、空间和时间重合的概率值。

成对估计无线电电子设备的电磁兼容通常包括选择无线电电子设备的潜在不兼容（危险）辐射源（发射机）和接收机以及将不危险的干扰源从进一步分析中排除等多个阶段。其中主要阶段包括干扰频率分析和能量分析阶段，此后为了修正所得的结果可进行附加分析。

在干扰频率分析阶段上，应依次针对每个无线电电子设备偶确定第 i 个无线电电子设备（$i=\overline{1, I}$）的潜在不兼容发射机的频率，和所分析的无线电电子设备接收机的可能接收通道。如果经过频率分析发现存在干扰渗入通道，则认为无线电电子设备偶（发射机—接收机）是不兼容的。这个结论是在确定这些频率之间失调值的基础上做出的。经过频率分析可得出结论：将该频率留在危险频率表中，对可能的负面效应进行进一步能量分析；或将该频率排除。

在能量分析阶段上计算相互干扰的能量特性规定应确定无线电电子设备天线布置点近区的功率流密度或在无线电电子设备接收机输入端上的干扰功率。由第 j 个无线电电子设备发射机辐射产生的在第 i 个无线电电子设备接收机输入端上的干扰功率 P_{ij} 与在第 i 个无线电电子设备接收机天线布置点近区的功率流密度 Π_{ij} 的关系可用下列关系式确定：

$$P_{ij} = \Pi_{ij} S_{\text{эфф.}\, i}$$

式中：$S_{\text{эфф.}\, i}$ 为第 i 个无线电电子设备天线的有效面积。

借助能量分析不仅可评估所述无线电电子设备偶（发射机—接收机）的能量兼容性，还可评估接收机和整个无线电电子设备在相互干扰条件下的功能效率。在相互干扰影响下估计无线电电子设备的功能效率时，将在无线电设备接收机输入端上的干扰功率 $P_п$ 与其容许值 $P_{\text{п. доп.}}$ 进行对比。

如果满足下列条件：

$$P_п \leqslant P_{\text{п. доп.}} \tag{6.14}$$

则认为干扰影响是可容许的并且接收机（和相应的无线电电子设备）可按要求的条件进行工作。

相应地，如果：

$$P_п > P_{\text{п. доп.}} \tag{6.15}$$

则认为干扰影响是不可容许的。

在式（6.14）和式（6.15）中的干扰容许值可通过信号/干扰防卫度 $q_{\text{защ}}$ 和有效接收信号的功率值 P_c 确定：

$$P_{\text{п. доп.}} = \frac{P_c}{q_{\text{защ}}} \tag{6.16}$$

在式（6.16）中提到是信号功率 P_c 的平均值，因此相应地得出 $P_{\text{п. доп.}}$ 的平均值。此时，参数 $q_{\text{защ}}$ 表示信号和干扰平均功率的比值。其脉冲值（$P_{\text{п. доп.}}$）$_{\text{имп.}}$

可借助下式确定：

$$(P_{п. доп.})_{имп.} = P_{п. доп.} Q_п$$

式中：$Q_п$ 为干扰信号脉冲占空系数。

6.3.4 电磁兼容的主要措施

可借助在机载综合电子系统设计、研制、试验、运行和战斗使用阶段上采取的一些技术和组织措施（图 6.3）保证综合系统中各无线电电子设备的电磁兼容，

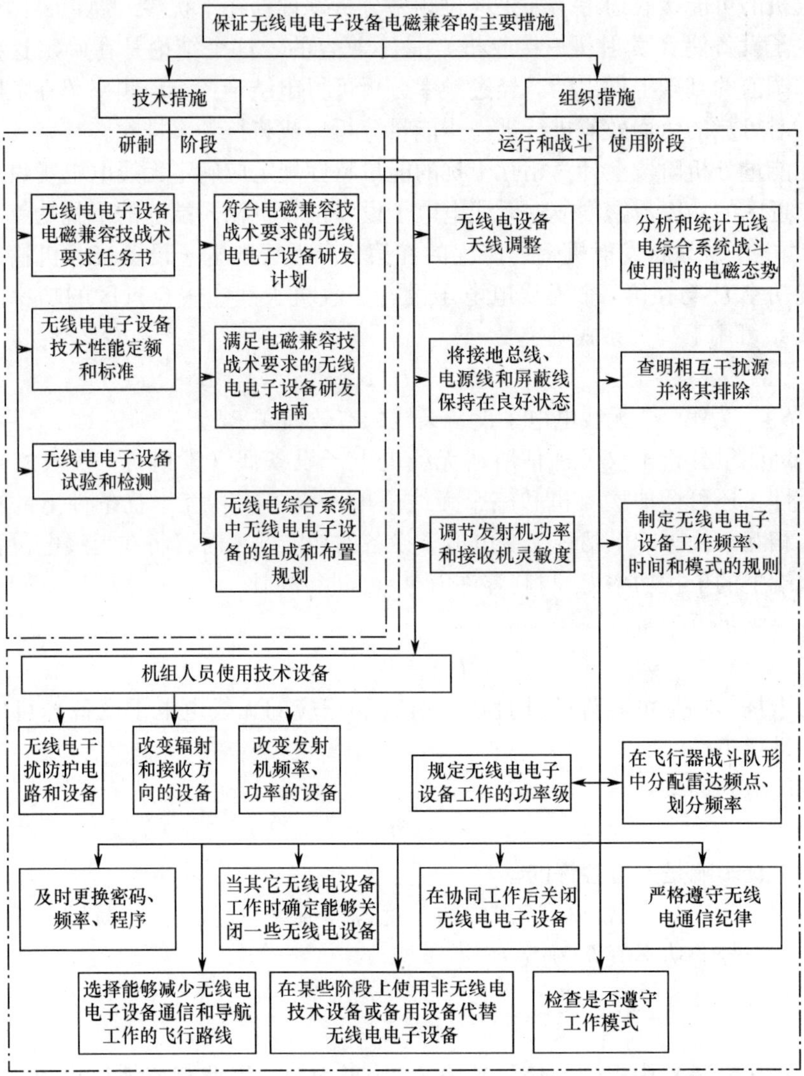

6.3　机载综合电子系统设计、研制、试验、运行和战斗使用阶段采取的措施

这些措施用于将无线电电子设备的无意相互干扰减弱至可保证综合系统所要求功能效率的程度[1]。在设计和研制阶段就应采取相应的技术和组织措施解决机载综合电子系统中无线电电子设备的电磁兼容问题。它们包括制定无线电电子设备工作的频率、时间、能量、空间和极化规则措施；论证对综合系统控制系统的要求，这些控制系统可通过相应转换直接借助操控台断开相互干扰系统的联机工作；确定所研制综合系统中现有无线电电子设备的合理使用条件。除了在图 6.3 中给出的技术措施，还应指出下列措施：为综合电子系统设计和研制非主要辐射水平较低，并且带外和次要接收通道干扰敏感性较弱的无线电电子设备；研制相应的无线电干扰防护电路和装置；研制可分析电磁态势、试验和检测无线电电子设备性能的设备。

在设计和研制阶段上可保证机载综合电子系统中各无线电电子设备电磁兼容的主要组织措施是根据综合系统的用途、总体结构和技战术性能确定无线电电子设备的最小数量和组成（考虑到可能的相互干扰）。在选择无线电电子设备时，应考虑其辐射和接收通道的频谱特性、在所需频带上信号和接收通道的参数调节能力。在选择无线电电子设备之后，应预先分析主要干扰情况、无线电电子设备相互影响的单体和分组情况，并进行电磁兼容初步估计，根据初步估计结果查出明显不兼容的无线电电子设备。

在估计电磁兼容时，作为原始资料可绘制频率图。

在频率图中展示可能干扰源的辐射谱密度（主要和非主要辐射）以及主要和非主要接收通道的频率选择性。

在估计电磁兼容时，无线电电子设备相互干扰矩阵是另一种类型的原始材料，它是一个带横行和竖列的表格（表 6.2）[1]。在表格横行上标出干扰源，以及无线电电子设备不同的运行模式；在竖列上标出与发射机应联机或同时工作的接收机。在横行和竖列的交接处简要描述其相互干扰或相互影响的特征。特征的表述格式可是“有”或“无”存在干扰、表示干扰等级的数字等。

表 6.2　无线电电子设备相互干扰矩阵

无线电电子设备接收机	干扰源（无线电电子设备发射机）		
	无线电台	无线电高度表	干扰站
指点信标接收机	很难区分来自无线电信标 MPM-48 的信号	无	无
多普勒速度和偏流角测量仪	很难或无法读取速度和偏流角的读数	无	很难或无法读取速度和偏流角的读数
无线电高度表	高度测量误差较大	无	高度测量误差较大
无线电台	在相同谐波上的相互干扰。使通信困难	难以进行通信	无
着陆系统	在 329 ~ 335MHz 频率上排除在任何模式下的进场着陆	无	无

在初步分析综合电子系统的干扰情况之后，需选择和分配综合系统中各无线电电子设备的工作频率。

正确选择和合理分配无线电电子设备的工作频率是保证机载综合电子系统电磁兼容的有效方法之一。除了合理配置在机载综合电子系统中的无线电电子设备和正确选择其工作频率之外，考虑到编队行动时产生的相互干扰还应制定一系列保证无线电电子设备时间、空间极化和能量兼容性的措施。此外，为提高电磁兼容性能可使用一些补偿无线电电子设备缺点的技术方案。这类技术方案包括[28-30]：在天线馈线系统中使用滤波和高频去耦附加设备；对辅助电路，电源、联锁、控制和信号装置电路进行滤波；按元件、部件和整体地对无线电电子设备进行电磁屏蔽；屏蔽机载计算机的元件等。

当然，在战斗使用飞行器编队时保证综合电子系统各无线电电子设备的电磁兼容则是一个更加复杂的问题。

6.4 机组人员与机载综合电子系统的交互

6.4.1 引言

如 1.2 节所述，机载综合电子系统属于“人—机”型复杂军事技术系统（СЧМ）。同任何系统一样，它们也需经过 3 个主要发展阶段：研发、制造和使用。在每个阶段上正确合理地考虑人的因素（工程心理保障）有利于实现人机系统的最大效率和最优化其输出特性。工程心理保障是指在设计、制造和使用过程中与考虑人的因素相关的一系列措施[31]。

目前，综合、系统方法是设计人机系统的典型方法（参见 1.2 节）。在人机系统中人是组成该系统的一个环节，因此，在研制时应考虑操作员的活动特点。

1. 工程心理学

工程心理学的技术方向主要是研究构建人机系统时的工程心理问题。就机载综合电子系统而言，该研究方向包括制定技术元件和整个综合电子系统的工程心理原理结构，考虑到人的因素制定估计综合系统可靠性、生命力和效率的方法、指标和标准。

研制机载综合电子系统的主要工程心理问题包括：确定飞行员（机组人员）功能自动化的可能性和合理性，制定在操作员与综合系统机载计算机之间功能分配的原则、方法、指标和标准。对于飞行器、机载武器、机载设备、机载系统和机载设备系统的自动化控制问题，系统方法要求应考虑人的因素并且使用与工程控制论、系统分析和综合方法相结合的工程心理学方法。在分析操作员动作，查明人的感知识别、智力和执行行为的形成和发展规律，考虑自动化对综合电子系统完成规定任务的效率影响的基础上确定自动化控制的合理性和程度。

2. “人—机”功能分配方法

在人和自动化系统（计算机系统）之间分配功能的主要方法有两种[31,32]。

(1)“从技术设备到人”(机器中心论)。此时人被视为一个生物环节，它包含在可确定其功能特性的技术系统中。在此方法中为了得出人的特性可使用在技术科学中常用的概念和方法：制定人的数学模型，确定其传递函数，并在分析传递函数特性的基础上做出关于在人机系统中人使用能力的结论。该方法的主要缺点在于，它忽视了人类活动的特殊性，将心理调节功能与计算机系统的调节性能混为一谈，并且实际上预先注定了操作员的消极性。在此方法中不使用人的特殊性、其行为活动的创造性并且也不为此创造条件。

目前，存在大量的用于研究机载系统和整个机载综合电子系统的飞行员数学模型。例如，在研究与自动制导系统工作时飞行员的动作时，对于训练有素的飞行员最经常使用下列类型的传递函数[33]：

$$W_л(p) = \frac{k_л(1 + T_{л1}p)}{(1 + T_{л2}p)(1 + T_{л3}p)}e^{-\tau_л p}$$

式中：p 为拉普拉斯算子；$k_л = 40 \sim 100$，为飞行员特征的传递系数；$\tau_л = 0.13 \sim 0.2$s，为飞行员对弹道控制有效信号的反应延迟时间；$T_{л1} = 0.25 \sim 2.5$s，为提前量常数，它可确定飞行员补偿其反应延迟时间和在形成有效操作时的惰性的能力；$T_{л2} = 0.1$s、$T_{л3} = 0.6 \sim 2$s，分别为神经肌肉时间常数和过滤时间常数。

(2)“从人到技术设备”(人类中心论)。在此方法中人被视为劳动主体，它可实施有目的、有意识的活动，并且在实施活动过程中使用自动化系统（计算机系统）作为实现既定目的的工具。源于该方法的功能分配主要原则是积极操作员原则。为实现这个原则必须设计操作员的活动。在设计具体系统之前应分析其用途并编写行业说明表（professiogram)。经过心理分析可确定，操作员将在什么时间执行这些操作，以及为了完成这些操作对操作员个人心理素质、训练水平、理论知识、掌握信息量、智力水平提出哪些要求。设计人类活动是行业表格分析的最终产物。在设计前瞻性机载综合系统（其中包括机载综合电子系统）时，设计飞行员（机组人员）活动的本质和具体目标是在功能分配时具体体现积极操作员原则。

信息处理和做出决策存在于任何人机系统中，其中包括“飞行员—机载综合电子系统”中大部分的人类活动。这种人类活动包括思维，理解，记忆，做出判断、结论和决策等。当然，由于大脑资源及其工作能力的局限性，人类拥有受限的信息处理能力；大脑资源可根据所执行操作的类型和战斗使用条件以不同方式进行分配。在某种程度上可把大脑比作通用计算机系统，其工作组织取决于它完成何种任务。

作为人—操作员的局限和缺点包括信息处理速度慢，理解信息和做出决策的时间延迟（0.15～0.25s），有限的连续工作时间，人的性能取决于其状态和外界条件。操作员相对于技术系统的主要优点是在适应不同的工作条件方面实际上具有无限能力，以及在任何复杂技术系统都不能对瞬息万变的态势进行正确反应的情况下可做出创造性决策的能力。

6.4.2 操作人员的心理分析

下面从操作员心理生理特点和信息接收与处理能力，以及实现控制作用的角度研究操作员活动的一般特性[1,31,32]。

参与信息接收的主要心理过程是感觉、理解、认知和思维。接收信息是一个形成感知（感觉）形象的过程，而感知形象是受控过程特性在人类意识中的主观反映。分析器的工作是形成感知形象的生理基础。分析器是神经系统的要素，借助它人类可分析外界刺激因素。分析器的主要类型包括视觉、听觉、触觉、味觉、嗅觉、运动、温度、前庭分析器等。在飞行器控制方面，视觉、听觉和触觉分析器对操作员活动具有最重要意义。分析器的极限性能可用绝对阈和差动阈来表示。为确定刺激信号的特性，经常使用有效识别阈，它可达到识别精度和速度的最佳组合。有效识别阈通常比差动阈大10～15倍。

在接收信息时分析器不是单独地发挥功能，而是相互间密切配合。分析器之间存在两种类型的联系：激活联系，它可改变分析器的灵敏度；信息联系，它直接影响形成形象的内容。人类的分析器系统是多通道的，具有强大的信息接收能力。在研制信息显示系统和显示器时，合理利用分析器系统能力、正确选择信号样式和特性具有重要意义。对外部世界（包括在飞行器控制过程中）感觉反映系统中视觉分析器可作为其他分析器发挥功能的协调者和输入信息的组织者。在空间定位时，运动分析器可作为分析器之间关系的连接环节。

操作员处理信息、做出决策和形成预期动作是操作员的思维活动机能，并由其记忆和有效思维特性确定。在研制控制过程自动化程度较高的机载综合系统时，不仅要考虑单独分析器的特性，还应考虑在具有计算机设备的情况下控制飞行器、武器、机载设备和机载系统时操作员的活动特点。

在实际战斗飞行情况下，飞行员活动的质量和数量一方面可用上述操作员分析器的能力表示，另一方面可用在飞行器座舱内控制机构操作数的增大量、需处理和分析的信息流增加量和做出决策时间的减少量来表示[1,32,34,35]。此外，还应考虑在最复杂飞行阶段上工作能力下降的问题。不仅是高度变化，速度变化对飞行员的工作能力也有较大影响。在低速（$M<0.4$）时容易产生疲劳性，之后在速度范围（$Mq=0.5\sim0.6$）内易疲劳性最小，此后体力负荷重新增大并且在超声速时将变为难以忍受。例如，歼击机飞行员在近距空战时承受最大的紧张压

力。在剧烈机动时由于过载产生的体力负荷应补充在心理因素中。其中，以最大转弯角速度（$Mq=0.8$）进行机动可导致产生$4\sim5g$ 的过载。在战斗中经常使用的短时加力转弯时过载可达到$8\sim9g$，这是人类的体能极限。

如上所述，在设计作为人机系统的机载综合电子系统时一个重要任务是在操作员（飞行员、领航员等）和机载计算机系统之间的分配功能。在较广范围内研究机组人员与机载计算机系统、综合电子系统和飞行器之间相互联系问题的科学通常被称为人机工程学[1]。航空工程学分析这些相互关系的技术、生物、心理和社会方面。试验和理论研究表明，下列系统具有最高自动化优先权：飞行、武器、动力装置控制系统，引导飞机至使用武器点的系统，滑行、起飞和降落系统。

6.4.3 机载“人—机”系统设计要求

借助机载设备和系统以及通过通信和数据交换通道获取的信息量不断增加，对数据处理系统精度和运算速度的要求不断增大，在最短时间内做出决策的必要性对飞行员（机组人员）提出一系列要求，这些要求往往受限于人的心理生理能力。在驾驶现代化战机时，飞行员经常在其智力和心理生理极限上工作，这促使必须不断地完善“机组人员—机载综合电子系统”人机系统，提高其效率。

目前，这一问题的解决在很多方面上得到实现，其中包括[1]：

（1）研制了不同类型的信息显示、控制和检测综合系统，其最重要功能是保证飞行员（机组人员）与机载设备、机载系统、机载设备系统及整个机载综合电子系统的相互配合。飞行器座舱内的信息显示系统、信息控制场的发展要求将飞行员（机组人员）从基本运算和操作中解脱出来，同时就战斗行动和综合电子系统控制的优先等级保持决策的功能。统一显示系统（包括平视显示器和直观显示器）、技术态势显示器等可作为先进综合显示系统的范例[1]。多功能显示器（МФИ）在信息控制场中得到越来越广泛地应用（参见1.6节）；

（2）研制和在机载综合电子系统中应用语音控制系统，该系统是以“机组人员—机载综合电子系统”型接口为基础的，在该型人机接口中使用自然语音和人工智能技术元件（参见1.6节）。操作员与机载计算机系统交互作用的最高形式是对话模式，在此模式下可实现人与机载计算机系统的对话（双向）交互。

将来可在技术系统、专家系统式人工智能系统和接口（界面）共生的基础上研制人机智能系统，它可模拟人类智慧并且在外部环境快速变化的情况下保证人机系统中所有设备的完全集成。在实现人机智能系统时，接口快速适应周围环境变化的能力应是一个主要要求[36]；

（3）研制机载人工智能系统，在此方面第一个阶段是研制专家系统（参见5.6节）。在保证飞行员（机组人员）与机载综合电子系统交互作用的计划中，机载专家系统应完成下列任务[1,36,37]：

① 评估和逻辑合并从数据库、机载数字计算机存储器查询的信息，以及来自综合电子系统的机载设备、机载系统和机载设备系统的信息；

② 解释大量的数字数据；

③ 图像识别；

④ 帮助操作员处理相控阵（有源相控阵）多功能雷达的信息；

⑤ 处理语音信息，识别连续人类语音，而不是单个词语；

⑥ 匹配飞行员（机组人员）与机载综合电子系统、其他机载综合系统以及整个飞行器，实时控制输出至飞行员工作位置显示器上的信息量；

⑦ 从来自机载设备、机载系统和机载设备系统以及其他更高级别航空系统的信息中析出含义内容。

(4) 不仅在综合系统战斗使用时，还应在其准备阶段上通过推广使用和改进机载内置检测系统和内置检测与飞行员预警综合系统来提高“机组人员—机载综合电子系统”式人机系统的效率。使用专家系统和其他人工智能设备检测和诊断综合电子系统及其各部件[36]。

心理、生理研究结果表明，在操作员活动中主要的扰乱因素是不确定性和信息缺乏。在有人驾驶飞行器的飞行过程中，操作员（飞行员、领航员等）与飞行器之间发生连续的信息交互。信息交换的特性和内容可由每个飞行阶段上所完成的任务确定。众所周知，大部分信息经过视觉器官传送给操作员。因此，飞行器座舱内的视觉环境组织在提高“机组人员—机载综合电子系统”式人机系统效率的问题中具有重要意义。因此，在现代和未来综合电子系统中作为信息显示、控制和检测系统主要部件之一的信息显示系统的作用将不断增大。

6.5 机载综合电子系统的信息显示

6.5.1 引言

目前，在研制信息显示系统时主要重视人的因素问题，从生理、心理特点和信息接收处理能力，以及实现控制作用等方面更全面地考虑飞行员（每个机组成员）的活动特性。其原因是飞行员（机组人员）完成任务的范围不断扩大，以及由于机载系统的复杂化降低了飞行员（机组人员）与机载系统的交互作用。例如，机载相控阵雷达、改进的红外系统、宽频带数据传输设备、数字地形信息保存系统等可作为复杂化机载系统的实例。

由飞行器操作员视力决定的对信息显示系统的一般要求主要针对图像亮度及其分辨率。保证足够图像亮度的问题主要是考虑到座舱内光照度变化范围较大

（从白天 100000 lx 至晚上十分之几 lx）[37]。对图像分辨率的要求是因为下述情况，当从 60cm 的距离上观察尺寸为 40 × 40cm 的显示器屏幕时人类能在 10s 内以 0.95 的概率发现直径约 2mm 的回波。在使用包含 350 个像素的扫描线时达到上述分辨率。此外，对信息显示系统提出了在保留必要时从综合电子系统的信息系统读取附加数据能力的情况下保证将数据量恒定调节至机组人员可掌握的最佳量（大约为 10bit/s）的要求，还提出了颜色代码使用和计算机图形处理能力的要求[37,38]。在显示器屏幕上向机组人员提供关于飞行、机载系统工作情况的数字字母和图形形式的综合集成信息是研制现代和未来的军用与民用飞行器的机载信息显示系统的主要发展趋势。

6.5.2 多功能显示器及分类

1. 多功能显示器

多功能显示器（МФИ）可最大程度地满足上述要求，它允许机组人员同时执行导航、飞行控制、机载武器使用、监视发动机工作等任务。例如，在先进的民用干线飞机上，信息显示系统可显示驾驶导航信息，发动机实时工作参数，供电、空调、通风和液压系统的监控信息，紧急呼叫、报警和通报信息等。在现代多功能显示器上可同时输出来自 10 ~ 15 个信息传感器的信息。此时，5 ~ 8 个参数借助数字和刻度进行显示并对发送给飞行员的信息做出定量估计。其他参数具有约定符号和标志的形式，它们可定性估计飞机相对于地面或者跑道的空间位置，以及各种机载系统的工况等。如果显示的信息对执行飞行任务具有决定性意义，并且存在飞行员可能将其与其他信息混淆的风险，则该信息应附有解释性字母代号[37]。

在军用和民用飞行器综合电子系统的信息显示系统中大多数使用由单色或彩色电子射线管制成的多功能显示器。彩色多功能显示器最先安装在民用干线飞机 B-767、B-757、A-300、A-310 上。此外，在机载信息显示系统中还可使用以发光二极管为基础的平板显示器、薄膜显示器。最具前瞻性的显示器是多功能彩色液晶平板显示器（屏幕）[37,38]。

1）电子射线管式显示器

可确定电子射线管式显示器大部分技术参数和功能的一个重要特性是在形成图像时的电子束移动方式：功能和光栅方式。功能方式表示电子束的移动轨迹是由显示符号（字符）的外形确定。在光栅方式下，电子束不取决于显示的信息，总是沿同一个轨迹移动。使用两个线性增长的电压来控制电子束，以分别保证水平和垂直扫描（与形成普通的电视光栅时一样）。当电子束经过相应的显示信息像素时通过调制其亮度的方式形成图像。

光栅显示器的主要优点是可输入大量信息和在输出字符及图形信息方面的通

用性。在使用功能方式时可获得最大的亮度，但它耗电量大，还需采取专门措施以防烧坏发光体。当电子束长时间固定在屏幕某一位置上时会发生这种情况。此外，实现功能方式需要使用高精度数模转换器、高频运算放大器和保存大量显示符号信息的部件。实际上在电子射线管式多功能显示器上既使用功能，也使用光栅电子束移动方式。这是由于对于电子射线管式彩色显示器，在外界光照度较强的情况下光栅扫描方式不能保证全色图像显示[37]。

带荫罩的彩色电子射线管可再现全部颜色的伽玛射线：在显示器上可形成红色、青色、绿色、蓝色、黄色、橙色、白色等颜色的图像。此时，借助3种基本色——红色、绿色和蓝色形成彩色伽玛射线。这种带内置对比度过滤器的电子射线管可完全满足对于民用飞行器的座舱彩色多功能显示器提出的分辨率和亮度对比度特性要求[37]。

2）平显和头盔显示器

在军用飞行器机载综合电子系统的信息显示系统中，除了单色和彩色电子射线管式多功能显示器及液晶多功能显示器以外，还包括平视显示器和头盔瞄准和目标指示系统（НСЦИ）。例如，在F-15E型全天候双座战斗轰炸机的信息显示系统中（参见14.1节）包括[1,10,38]：

（1）宽视角的平视显示器；

（2）3台电子射线管式多功能显示器（1台5英寸×5英寸①彩色显示器和2台6英寸×6英寸英寸单色显示器）（前舱）；

（3）4台电子射线管式多功能显示器（2台5英寸×5英寸彩色显示器和2台6英寸×6英寸单色显示器）（后舱）。

在出口型Mirage-2000-5型战斗机的信息显示系统中包括：

（1）宽视角的全息多功能平视显示器；

（2）4台电子射线管式彩色多功能显示器。

在平视显示器中，数据显示在座舱风挡玻璃上。这些数据主要用于保证要求飞行员做出最快反应的操作（例如，在使用机载武器和降落时）。在飞行器前半球周围环境的背景下，在平视显示器上形成关于飞机飞行模型、使用武器时瞄准方向、下划线和跑道位置的数据。这些数据可由来自机载雷达、红外和电视系统的信息加以补充。

空客A-320是首架使用彩色显示器作为机组人员与飞行管理系统（Flight Management System，FMS）之间主界面的运输机[37]。在空客A-320飞机的电子显示系统中包括6台屏幕尺寸为184mm×184mm的多功能显示器。

FMS系统用于完成下列任务：

---

① 1英寸=0.025千米。

(1) 确定和输出显示飞行航迹参数；

(2) 根据选定的航迹控制飞机；

(3) 确定飞机的当前状态（空间位置、速度）；

(4) 计算（推测）飞机将来的位置；

(5) 确定飞行速度和高度的最优值。

FMS 允许机组人员输入飞行领航计划的数据（从航线起点跑道至航线终点跑道），并且可补充关于起飞（飞抵）过程以及航路拐点的数据。这些数据可决定水平面上的飞行航迹。关于飞行高度、飞行速度和高度限制、风力参数和飞行经济速度值的数据可确定飞行的垂直面。飞行领航计划既可逐步输入系统，也可以数据包的形式同时输入。FMS 可执行多种类型的飞行领航计划。

在 FMS 中包括（图 6.4）：

(1) 多功能控制和显示部件 MCDU1 和 MCDU2；

(2) 飞行管理和制导计算机 FMGC1 和 FMGC2；

(3) 飞行显示器 PFD1 和 PFD2；

(4) 导航显示器 ND1 和 ND2；

(5) 自动驾驶仪操控台 FCU。

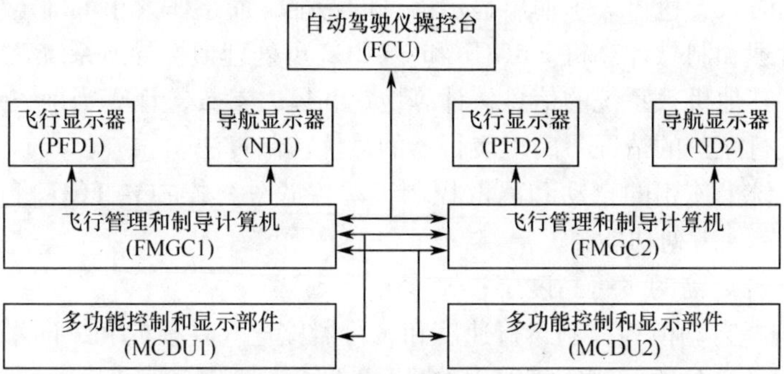

图 6.4　FMS 的组成

多功能控制和显示部件（Multifunctional Control and Display Unit，MCDU）是 FMS 输入和输出信息的主界面。在其组成中包括：

(1) 用于输出显示所需页面的 6 色显示器；

(2) 用于输入初始信息的数字字母控制面板；

(3) 在显示器屏幕上的选择工况按键，以及选择行的按键，它们用于确定输入数据和附加显示页面的区域。

在控制面板上有 MCDU 的工况指示灯、亮度调节器、清除信息的按键。输入到 FMS 内的信息显示在屏幕的下方。借助选择行的按键，可将该行移动到特定的数据区。

FMS 系统可向彩色显示器上输送文本和图形形式的信息，保证向机组人员提供在水平和垂直面上飞机位置的数据。它们可发送飞行参数数值，这些数值可表示领航过程和飞行器状况以及警告飞行员空中态势的可能变化情况。多功能控制和显示部件 MCDU1 和 MCDU2 可协调执行这些功能。

为获得最大信息量的空中态势数据，在 FMS 中采用专门的颜色信息形成规则。这能够提高飞行控制效率，降低机组人员的负荷。通过改变在飞行中发给飞行员的信息的颜色和大小可控制理解必要信息的过程。颜色可使机组人员更好地评估对传来信息做出响应的紧急性和必要性。其中，在发送事先输入的飞行信息、工况改变数据时，在通报某些参数检测情况和提高空中态势注意力时使用不同的颜色。

在 MCDU 部件、飞行显示器 PFD 和导航显示器 ND 的屏幕上显示参数时使用 6 种颜色（白色、淡蓝色、绿色、琥珀色、品红色、黄色[37]）。

例如，借助绿色可显示不变数据、现行飞行计划的数据。琥珀色可显示：（由指导性文件确定的）强制性数据，被清除的重要信息，与时间、高度和速度建议的偏差信号，“确定/清除”类型的提示。

输出显示的每个通知信息应用大号字体或黄色字体表示。在显示 MCDU 部件的某个页面时，颜色可表示输出显示信息的特征，而字体大小可确定信息源。

飞行管理和制导计算机 FMGC1 和 FMGC2 可处理惯性导航系统、近距无线电导航系统和其他机载系统的信息，计算地速和风力参数，计算当前飞行航迹，在遵守当前飞行航迹的情况下实现飞行器的最优控制算法。

除了传统上使用的自动和离散控制工况模式外，操控台 FCU 可借助计算机 FMGC 保证实现下列功能：

（1）选择所需的飞行高度层；

（2）选择自动模式控制飞行速度和飞行器位置（在横向和纵向平面内）；

（3）接通在导航和测距模式下的显示。

6.5.3 机载显示系统结构组成

现代机载信息显示系统的结构图如图 6.5 所示，在其组成中包括机载数字计算机、数字成像部件和带操控台的多功能显示器。

在机载数字计算机中可实现信息显示系统工作控制的算法、与机载设备和系统交换信息的算法、处理和准备显示来自机载设备和系统的不断变化信息的算法。数字成像部件可在多功能显示器上绘制规定的图像，它可保证形成信息显示系统的单色和彩色电子射线管式显示器的数字和模拟控制信号。控制信号是根据图形绘制程序形成的，这些程序或者保存在成像部件的永久存储器中，或者从机载数字计算机写入成像部件的内存储器中。

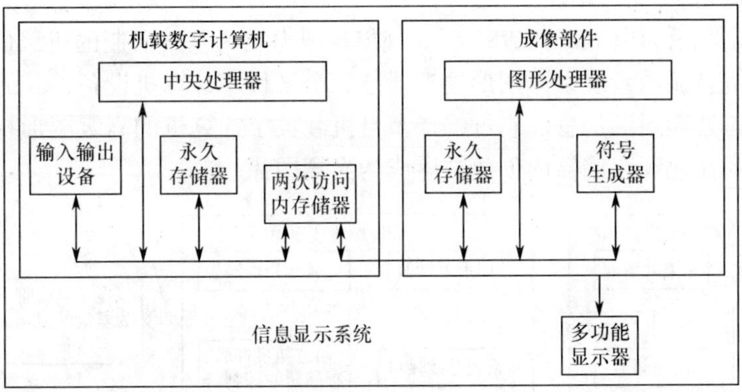

图 6.5　现代机载信息显示系统的结构图

一个数字成像部件通常连接多个显示器，用于保证向机组所有人员提供信息。如上所述，此时在显示器上可显示不同的信息。可用串并行方式输出信息，在形成不同信息时，在各个显示器之间分配在电子射线管屏幕上的重复显示周期，而在形成相同信息时，控制信号可并行输出到显示器上。

数字成像部件的主要工况包括：在显示器屏幕上运用电子射线管中电子束功能偏移的方法显示图形信息（矢量、弧线、符号），在显示器上显示电视信息，显示混合（图形和电视）信息。

在飞行信息模型的基础上在多功能显示器上生成图像，在提交给操作员之前应先复制信息模型，借助信息模型的显示元素对信息进行编码。可使用字母、约定符号、简单几何图形、直线（虚线）线段长度和方向、点、颜色、亮度、闪烁等作为显示元素。

输出到显示器屏幕上的所有符号的位置通常在右手笛卡儿坐标系中进行计算，坐标系原点分布在屏幕左下角或中心。坐标 X 和 Y 的显示分辨率由扫描线数和在扫描线内可独立设定亮度级的区间数确定。每个可寻址的图像点应具有第 3 个坐标 Z，它可表示亮度级和颜色。对于每个图像点，1 个二进制数位（bit）足够两个亮度级的编码。

在一般情况下对于坐标 Z 使用 N 个数位允许对于每个图像点（称为像素）得到 2^N 个亮度级或颜色。指定一个或多个数位对每个像素的亮度或颜色值进行编码的记录方式可称作绘制图像数位图（屏幕存储器图），后者被记录到信息处理系统的存储器内并可在形成图像时复现[37]。在使用绘制图像数位图时，不需要储存在屏幕上显示信息的符号层面的内容，对此只需储存像素层面的信息就足够了。

对图形终端技术性能和可靠性不断增长的要求，提升图形终端硬件设备的设计质量和缩短研制周期使得为机载信息显示系统研发专用大规模集成电路的问题变得非常迫切。

图6.6所示为以Intel-82786型大规模集成电路为基础研制的机载信息显示系统。在该信息显示系统中，图形处理器是一个微程序计算机设备，其体系结构和指令组面向处理图形信息。它可解译来自机载数字计算机的高级图形指令，并根据这些指令在视频存储器内创建被生成的光栅图像。

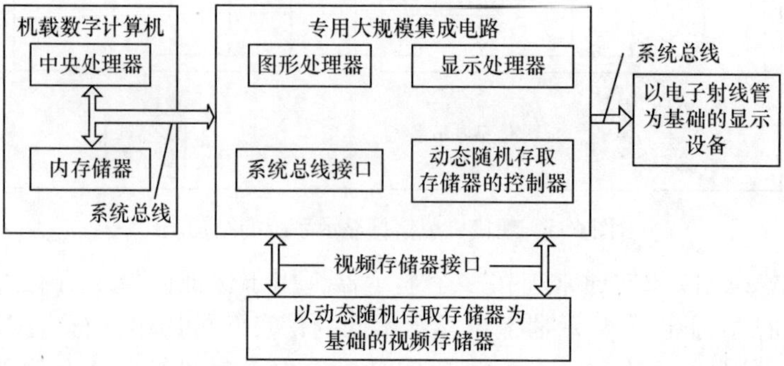

图6.6 以Intel-82786型大规模集成电路为基础研制的机载信息显示系统

在图形处理器的指令系统中包含5个主要指令组：绘制图形对象指令（图形指令），数据块传送指令，符号绘制指令和总体控制指令。图形指令用于绘制单点、直线、圆弧、矩形、多边形等。这些指令的结构面向绘制同一类型的对象集。绘制控制指令用于确定为组成光栅图像而分配的视频存储区，确定该区域的边界坐标、隔断超出区域外图像片段的规则，确定用于像素亮度和颜色编码的视频存储器的位数。数据块传送指令可在视频存储器范围内传送数据块，它们与矩形图像的个别区域相对应。还可实现更复杂的操作，例如：伪装传送，通过该操作可将一个图像与另一个图像叠加或改变图像颜色；变换传送等。符号绘制指令可控制文本信息的表示形式。符号之间的距离由程序指定，这允许通过比例变换的距离或者局部叠加符号外形或投影来显示文本。每个单独符号以及符号行的定位由程序指定。总体控制指令用于从机载数字计算机内存储器中加载图形处理器的寄存器，将寄存器的数据存储到机载数字计算机内存储器中，确定可微程序实现的新指令、调用宏指令等。

机载数字计算机的中央处理器与图形处理器的相互作用是以使用显示指令表为基础的，显示指令表在机载数字计算机的内存储器中创建。图形处理器在第一次访问它时传送一个开始该表的指示符。因为图形处理器可在总线控制模式下工作并且由此可自主访问机载数字计算机的存储器，所以图形处理器直到指令表用尽的后续运行是不需要中央处理器介入的。

显示处理器（图6.6）可控制电子射线管屏幕的图形输出，负责生成扫描、同步信号等。显示处理器的功能可分为两组：与向电子射线管屏幕输出在视频存储器内生成图像相关的功能和与将屏幕划分为“窗口”集合相关的功能。在实现第一组功能时，取决于所用显示器类型，可使用连续扫描或隔行扫描。在接通信息显示系统后由程序指定水平和垂直扫描信息的参数。显示处理器还可保证控制电子射线管屏幕上的光标（箭头、方形、十字等形状）。由程序指定光标的形状、颜色和透明度，由加载到显示处理器的专用寄存器内的光标坐标确定光标位置。光标可以指定频率闪烁。为了图形处理器和显示处理器与中央处理器的协同动作，在机载数字计算机中具有专门的间隔计时器，在显示规定的帧数后它可为中央处理器生成中断信号。

显示处理器的第二组功能与该处理器可硬件实现将电子射线管屏幕表面划分为“窗口”集合有关。使用专用表格描述所有“窗口”的格式、相应存储区在整个视频存储器中的分布和在每个“窗口”范围内的像素位数。该专用表格由中央处理器编制并保存在机载数字计算机的内存储器中。在信息显示系统初始化时向显示处理器发送开始表格的指示符。以后“窗口”格式一直保持不变，直至重新规定。“窗口”尺寸可进行变形。没有分配显示某个“窗口”的屏幕区域可填充相同的背景色，背景色代码保存在显示处理器的一个寄存器中。

例如，在用一个 Intel-82786 型大规模集成电路研制的机载信息显示系统中可形成分辨率为 650×480 的 8 位像素图像。当对信息显示系统分辨率的要求提高时，使用 8 位描述每个像素是不够的，在此情况下可并联大规模集成电路[37,39]。

6.5.4 新型信息显示系统

提高机载信息显示系统的效率与改进完善显示设备密切相关。主动矩阵式彩色液晶多功能显示器（AMLCD）和头盔目标指示和显示系统属于前瞻性信息显示系统[40]。

现代液晶显示器（LCD 显示器）可根据其制造工艺、结构、光学和能量特性划分为多种类型。目前在制造 LCD 显示器时使用被动矩阵（PMLCD-STN）和主动矩阵（AMLCD）技术。被动矩阵 PMLCD-STN（Super Twisted Nematic）由不同透明度的液晶单元组成。在制造应用更广泛的主动矩阵时，通常使用 TFT（Thin Film Transistor）LCD 技术。与被动矩阵相比，主动矩阵 TFT-LCD 的特点是光学效率和可靠性更高。

在 LCD 显示器上亮度控制是以光偏振和液晶分子各向异性现象为基础的。在相应选择两个偏振滤光镜（偏振镜）的特性时，光经过这两个偏振镜后可在第二个偏振镜的输出端上（在理想情况下）消失（完全被吸收），或者透过第二个偏振镜的输出端而不改变光强度，或者在改变第二个偏振镜的偏振特性情况下光强度可平稳地变化。

按结构特性，液晶介于液体和晶体的中间状态。液晶分子具有光学和介电各向异性，因此液晶矩阵元件（单元）可用作光调制器。光学各向异性表示透过液晶结构的光强度与相对于光传播方向的晶体分子定向方向的关系。介电各向异性表示液晶分子定向与外部电场电力线方向的关系。

现有 TFT LCD 显示器的工作原理和多层结构具有很多共同点。由照明灯（氖灯或发光二极管）发出的光在经过第一个偏振镜后进入由薄膜晶体管 TFT 控制的液晶层。在 TFT LCD 的主动矩阵中，每个像素由单个 TFT 晶体管控制。晶体管产生电场，而电场可引起液晶分子的定向。当透过这种结构时，光可改变其偏振态。因此，光可完全被第二个偏振镜吸收（黑屏），或者不被吸收（白屏），或者发生部分吸收。

为获得彩色图像可使用颜色滤光片。此时，液晶矩阵的每个像素由 3 个子像素——红色（R）、绿色（G）和蓝色（B）组成。红色、绿色和蓝色滤光片集成在玻璃基板上。它们可以垂直带的形式在非常近的距离上相互排列或形成镶嵌结构（或三角形结构）。通过混合经过 R、G 和 B 滤光片的不同强度的光通量可获得所需的图像色调。

彩色液晶平面显示器具有较高亮度和对比度、在较大温度范围内分辨率较高的特点，其能耗、重量和尺寸相对较小，还具有坚固的结构，这点对于机载信息显示系统特别重要。

多功能战机飞行员为了成功完成战斗任务，必须在预计时间内以非常高的精度将武器从机场运送至目标。在执行战斗任务过程中飞行员应具有“全面”信心（消息灵通），这首先包括在地形跟踪和“敌我”识别模式下飞行时的自信心。此外，应向飞行员快速通报周围战术态势变化以及目标指示和机载武器使用要求的信息（参见 1.6 节）。

在实现这些要求时，机载信息显示系统发挥重要作用。在未来军用飞行器的信息显示系统中将包括下列 3 个主要系统：

（1）头盔显示系统（HMD）；

（2）仪表板上的显示器（HDD）；

（3）音响报警或语音通信系统[41,42]。

头盔显示系统 HMD 将来可用作主要的驾驶和武器制导仪器。前瞻性头盔显示系统包括头盔瞄准和目标指示系统 JHMCS（F-22）和头盔目标指示和显示系统 HMDS（F-35）（参见 1.6 节）。美国为陆军新一代直升机 RAH-66“科曼奇”（Comanche）研制了头盔综合显示和瞄准系统（HIDSS）[42]。在该系统中使用大小为 1024mm × 1028mm 的液晶矩阵代替微型阴极射线管来形成符号、低电压电视和热图像。此时，在系统的每个瞄准通道中使用 24 位发光二极管阵对液晶矩阵进行照明。

未来仪表板上的显示器（HDD）将是大屏幕的彩色多功能显示器，在其上面可输出显示三维图像，由此可保证飞行员更高的态势信心。在多功能显示器上可划分特定的“窗口”用来显示不同的信息。

音响报警系统可在执行战斗任务的所有阶段上保证飞行员的态势信心。在此系统中可从飞行员观察目标的方向传来指令和声音信息。

参 考 文 献

1. *Ярлыков М. С*, *Богачев А. С.* Авиационные радиоэлектронные комплексы. М：ВАТУ，2000.
2. Авиация ВВС России и научно-технический прогресс. Боевые комплексы и системы вчера，сегодня，завтра／под ред. *Е. А. Федосова.* М.：Дрофа. 2005.
3. *Палий А. И.* Радиоэлектронная борьба. М.：Воениздат. 1989.
4. Основы теории радиоэлектронной борьбы／под ред. *Н. Ф. Николенко.* М.：Воениздат. 1987.
5. Защита от радиопомех／под ред. *М. В. Максимова* М.：Сов. радио. 1976.
6. Защита радиолокационных систем от помех. Состояние и тенденции развития／под ред. *А. И. Канащенкова и В. И. Меркулова.* М.：Радиотехника. 2003.
7. Бортовые системы управления боевыми режимами современных и перспективных самолетов. Кн 1.／под общ. ред. акад. РАН *Е. А. Федосова.* М.：ФГУП《ГосНИИАС》. 2009.
8. IDECM（ALQ-214（V），ALE-55（V））. Electronic Warface Forecast，july 2001. Forecast International.
9. Бортовое радиоэлектронное оборудование перспективного истребителя АТР（Обзор）// ЭИ. Авиастроение. №45. М：ВИНИТИ. 1988.
10. *Ильин В.*，*Кудишин И.* Иллюстрированный справочник. Боевая авиация зарубежных стран. М.：АСТ. Астрель. 2001.
11. *Гузов Г. И.*，*Сивое В. А.*，*Прыткое В. И.* и др. Помехозащищенность радиосистем со сложными сигналами／под ред. *Г. И. Гузова.* М.：Радио и связь. 1985.
12. *Алексеев Ю. Я.*，*Антипов В. Н.*，*Ефимов В. А.*，*Меркулов В. И.*，*Умное И. Н.* Помехозащищенность авиационных радиолокационных систем／под ред. *В. А. Ефимова.* М：Издание ВАТУ. 2001.
13. *Тихонов В. К*, *Анискин А. Л.*，*Столяров С. А.* и др. Авиационные системы и комплексы радиосвязи：учеб. для слушателей и курсантов ВУЗов ВВС／под ред. *В. И. Тихонова.* М.：ВВИА им. проф. Н. Е. Жуковского. 2007.
14. *Пенин П. И.*，*Филиппов Л. И.* Радиотехнические системы передачи информации. Учеб. пособие для ВУЗов. М：Радио и связь. 1984.
15. *Вартанесян В. А.* Радиоэлектронная разведка. М.：Военное издательство. 1991.
16. *Ржаескип К. В.* Информационная безопасность：практическая защита информационных технологий и телекоммуникационных систем：Учебное пособие. Волгоград：Изд-во ВолГУ. 2002.
17. Радиолокационные системы многофункциональных самолетов. Т. 1. РЛС-информационная основа боевых действий многофункциональных самолетов. Системы и алгоритмы первичной обработки радиолокационных сигналов／под ред. *А. И. Канащенкова и В. И. Меркулова.* М.：Радиотехника. 2006.
18. *Вакин С. А.*，*Шустов Л. Н.* Основы радиопротиводействия и радиотехнической разведки. М.：Сов. радио. 1968.
19. *Демин В. П.*，*Куприянов А. И*, *Сахаров А. В.* Радиоэлектронная разведка и радиомаскировка. М.：Изд-во МАИ. 1997.
20. *Цирлов В. Л.* Основы информационной безопасности：краткий курс. Ростов н／Д：Феникс. 2008.
21. *Малюк А. А.*，*Пазизин С. В.*，*Погожин Н. С.* Введение в защиту информации в автоматизированных

системах: Учебное пособие для вузов. Изд-е 3-е, сте-реот. М: Горячая линия-Телеком. 2005.

22. *ВТ. Кулаков*, *М. В. Гаранин*, *А. В. Захаров* и др. Информационная безопасность телекоммуникационных систем (Технические аспекты): учеб. пособие для ВУЗов. М.: Радио и связь. 2004.

23. *Lambeth B. S.* Technology and air war // Air Force Mag. 1996. №11.

24. Применение новых технологий в авиации // Э. И. Авиастроение. №9. М.: ВИНИТИ. 1997.

25. *Радзиевский В. Т.*, *Трифонов П. А.* Обработка сверхширокополосных сигналов и помех. М.: Радиотехника. 2009.

26. *Ярлыков М. С.*, *Миронов М. А.* Марковская теория оценивания случайных процессов. М.: Радио и связь. 1993.

27. *Дудник П. И*, *Кондратенков Г. С.*, *Татарский Б. Г.* и др. Авиационные радиолокационные комплексы и системы: учебник для слушателей и курсантов ВУЗов ВВС / под ред. *П. И. Дудника.* М.: Изд. ВВИА им. проф. Н. Е. Жуковского. 2006.

28. Теория и методы электромагнитной совместимости радиоэлектронных средств / под ред. *Ю. А. Феоктистова.* М.: Радио и связь. 1988.

29. Электромагнитная совместимость радиоэлектронных средств и систем / под ред. *И. М. Царькова.* М.: Радио и связь. 1985.

30. *Буга Н. Н.*, *Конторович В. Я.*, *Носов В. И.* Электромагнитная совместимость радиоэлектронных средств: учеб. пособие для ВУЗов / под ред. *Н. Н. Буги* М.: Радио и связь. 1993.

31. Основы инженерной психологии / под ред. *Б. Ф. Ломова.* М.: Высшая школа. 1986.

32. *Сильвестров М. М.*, *Козиоров Л. М.*, *Пономаренко В. А.* Автоматизация управления летательными аппаратами с учетом человеческого фактора. М.: Машиностроение. 1986.

33. *Максимов М. В.*, *Горгонов Г. И.* Радиоэлектронные системы самонаведения. М.: Радио и связь. 1982.

34. Автоматизация и интеграция системы управления самолета АРТ1 / Р-16. Э. И. Авиастроение, №33. М.: ВИНИТИ, 1987.

35. *Никольский О.*, *Исаев Г.* Автоматизация бортовых систем истребителей // Зарубежное военное обозрение. №3. М.: Красная звезда. 1986.

36. *Богачев А. С.* Перспективы применения экспертных систем в авиационных радиоэлектронных комплексах. Итоги науки и техники // Радиотехника. Т. 40. М: ВИНИТИ. 1990.

37. *Есин Ю. Ф.*, *Максимов В. А.*, *Мамаев В. Я.*. Автоматизированное проектирование программного обеспечения бортовых систем отображения информации. М.: Машиностроение. 1993.

38. *Бочкарев А. М.*, *Струков Ю. П.* Бортовое радиоэлектронное оборудование летательных аппаратов // Итоги науки и техники. Авиастроение. Т. 11. М.: ВИНИТИ. 1989.

39. *Randall M.* Graphics IC simplifies desing, Loosts performance // Comput. Des. 1986. 25. №11.

40. Бортовые системы управления боевыми режимами современных и перспективных самолетов. Кн. 1. (Аналитический обзор по материалам зарубежных информационных источников) / под общ. ред. акад. РАН *Е. А. Федосова.* М.: НИЦ ГосНИИАС. 2009.

41. Система контроля режима работы летчика военных летательных аппаратов // ЭИ Авиастроение. №15. М.: ВИНИТИ. 2001.

42. Нашлемные системы индикации для армейских вертолетов и вертолетов ВМС США // Новости зарубежной науки и техники. Серия: Авиационные системы. НТИ. М.: ГосНИИАС. 2004. №5.

第7章 机载综合电子系统的效率

7.1 机载综合电子系统的综合性能

正如前面所述，导航、瞄准和武器控制机载综合电子系统具备复杂技术系统的所有特征。机载综合电子系统作为军用复杂技术系统，其主要综合性能包括效率、生命力和可靠性。

7.1.1 机载综合电子系统的效率

机载综合电子系统的效率可划分为战斗效率和功能效率。

机载综合电子系统的战斗效率（作战效能）表示在具体的战斗使用条件下和考虑到敌方的火力、无线电和其他类型对抗时综合系统执行战斗任务的适应性程度。功能效率是综合电子系统的潜在性能，它是指在具体的战斗使用条件下但不考虑到敌方对抗时综合电子系统执行规定功能的适应性程度[1]。

评估机载综合电子系统效率是为了完成下列主要任务：

（1）在现有综合电子系统运行和战斗使用经验的基础上科学、有理据地制定新建综合系统的战术技术要求（TTT）；

（2）比较相同用途的机载综合电子系统；

（3）制定措施用于在完成具体战斗任务时更高效地使用综合电子系统的战斗能力。

作为从效率观点出发的研究对象，现代机载综合电子系统具有一系列特点，这些特点主要包括：

（1）多功能性和多工况制，这由完成大量任务的必要性决定；

（2）在具有大量信息源和信息用户的复杂信息控制场内工作运行；

（3）在综合电子系统中使用不同类型的冗余（结构、信息、功能、时间、程序等）；

（4）通常应实时完成规定任务和实现相应算法；

（5）多组元性，这由综合电子系统中具有大量功能元部件决定；

（6）随机性和确定性外部影响因素范围较广；

（7）机载综合电子系统的效率、生命力和可靠性指标取决于机载计算机系统硬件和软件的组成及结构；

(8) 在综合电子系统中所用计算机设备的多样性；

(9) 先进的技术保养和维修系统，它可实质性影响综合电子系统整体的生命力、可靠性和效率。

检测和诊断设备可对机载综合电子系统的效率和生命力水平产生实质性影响，在综合系统中使用检测和诊断设备可提高其正确解决相应战斗任务的概率。检测和诊断设备提供的信息可确定综合电子系统完成规定任务和实现算法的准备程度，当发生故障和战斗损伤时可快速控制综合电子系统，以及在敌方无线电对抗条件下改变系统的结构配置并在参数逐渐退化情况下可保证机载计算机系统和综合电子系统在整体上发挥功能。

7.1.2 机载综合电子系统的生命力

就某种物理性质的复杂系统而言，生命力是指在不可预测和人为影响下系统以容许的质量指标持续正常发挥功能的特性。这些影响可能是自然现象，也可能是有源外部干扰[2]。

生命力可表示机载综合电子系统适应新情况和对抗某种影响的能力，在综合系统的某些元件发生严重损伤时，通过相应地改变综合系统的结构和性状能以不低于规定要求的质量执行其指定功能。机载综合电子系统作为复杂技术系统，可从结构和功能角度对其生命力进行划分。

主要表示复杂技术系统的结构对其生命力影响的指标通常属于结构生命力指标[6]。因此，机载综合电子系统的结构生命力是指在一定数量的元部件发生故障和（或）战斗损伤的情况下综合系统执行自身功能的能力。除了结构生命力外，还应指出复杂技术系统的功能生命力。与结构生命力指标不同，在功能生命力指标中应明显考虑指定功能的执行质量。功能生命力指标表示复杂技术系统整体上的生命力，而不仅是其机构的生命力。

可根据复杂技术系统的目的评估功能生命力。此时应特别注意下列问题：系统用于执行哪些功能和任务，系统以怎样的质量执行这些功能和任务，系统所完成任务相对的重要性如何。在此方法下，为对生命力进行研究必须分析影响系统执行任务能力和质量的参数，以及分析外部环境，完成某一类型任务的特点和强度。

为了定量估计在不利条件下（元部件故障和损伤、存在干扰影响等）复杂技术系统的功能生命力，可使用积分指标 G_{ϕ}，它是指系统在不利影响条件下功能质量综合指标值 Q 与在理想条件下该指标值之比[2]：

$$G_{\phi} = \frac{Q[\Pi_1(\lambda_в), \cdots, \Pi_i(\lambda_в), \cdots, \Pi_I(\lambda_в), \cdots; \lambda_1, \cdots, \lambda_i, \cdots, \lambda_I; \rho_1, \cdots, \rho_i, \cdots, \rho_I]}{Q[\Pi_1, \cdots, \Pi_i, \cdots, \Pi_I; \lambda_1, \cdots, \lambda_i, \cdots, \lambda_I; \rho_1, \cdots, \rho_i, \cdots, \rho_I]} \tag{7.1}$$

式中：$\Pi_i(\lambda_в)$ 为在不利影响条件下复杂技术系统完成第 i 个任务（$i=\overline{1,I}$）的质量指标值，不利影响用强度 $\lambda_в$ 表示；Π_i 为在理想条件下完成第 i 个任务的质量指标值；λ_i 为完成 i 类型任务的强度；ρ_i 为第 i 个任务的相对重要性系数。

通过将矢量指标简化为标量指标的方法可确定综合指标 $G_ф$ 的类型（参见7.2节）。

如1.2节中所述，多功能性是任何航空复杂技术系统的特点。在复杂技术系统中，提高其功能质量指标或在故障、损伤及其他不利影响条件下将其维持在一定水平不仅需要使用冗余元部件（结构冗余），还可借助下列方法实现：合理组织系统所有元部件的功能，重新调整其相互关系和在元部件之间重新分配功能，改变系统执行任务的顺序。此时，生命力保障与重新分配复杂技术系统资源用于完成某一任务的能力直接相关。

下面将针对在敌方对抗条件下完成某一任务的机载综合电子系统，具体地说明功能生命力指标（式（7.1））。在战斗行动中，敌方的火力对抗可导致综合电子系统元部件的战斗损伤，并降低其功能质量水平。人为有意干扰和相互干扰可破坏无线电设备的正常运行模式，特别是造成其精度降低。上述两种因素的影响最终可导致在解决战斗和导航任务时降低综合电子系统的战斗效率。

根据式（7.1），在敌方对抗条件下机载综合电子系统功能生命力的指标可表示为

$$G_ф = \frac{W_б}{W_ф}$$

式中：$W_б$、$W_ф$ 分别为在完成任务时综合系统的战斗效率和功能效率。

功能生命力指标也可用其他形式表示：

$$\delta G_ф = \frac{W_ф - W_б}{W_ф}$$

式中：$G_ф$ 和 $\delta G_ф$ 为在敌方实施火力、无线电和其他类型对抗时机载综合电子系统的效率下降程度。

综上所述，战斗效率和功能效率以及生命力是机载综合电子系统最重要的综合性能。

7.1.3 机载综合电子系统的可靠性

可靠性是指综合系统在一定时间内将所有参数值维持在规定范围内的性能，这些参数可表示综合系统在指定工况和使用条件下执行所需功能的能力，及进行技术保养、维修、贮存和运输的能力。可靠性是综合电子系统的一个综合性能，根据综合系统的用途和使用条件，可靠性主要包括无故障性、适修性、耐久性和完好性[3]。它包括综合系统及其元部件技术使用的所有方面。

应当强调，机载综合电子系统的可靠性和效率是相互紧密联系的综合性能。但是如果说可靠性反映综合电子系统及其元部件的内部性能，则效率既考虑综合电子系统及其元部件的内部性能，还考虑其与各种各样外部环境的相互作用（与本机和其他飞行器机载系统、与地面无线电技术系统的信息交换，敌方对抗，相互干扰等）。因此，与可靠性相比，效率是范围更广、内容更全的综合性能。鉴于这个原因，在评估效率和可靠性时元部件故障和整体上综合电子系统故障是指不同的事件。

可使用不同的指标和标准定量估计机载综合电子系统的战斗效率、功能效率以及其生命力。因此，在叙述战斗使用时综合电子系统效率的估计方法之前，先研究综合电子系统（作为复杂技术系统）效率指标和标准的选择和制定总方法。

7.2 选择和制定机载综合电子系统效率的指标和标准

7.2.1 引言

机载综合电子系统作为复杂技术系统，其研究通常包括下列要素：目的、选择元、指标和标准、模型、算法和程序、建议等。选择综合电子系统的目的和相应选择元、制定效率指标和标准是其分析和综合的中心问题[1,4]。综合电子系统的目的、效率指标和标准是相互联系的，但这些概念不能混淆。如果说目的可确定综合电子系统的用途和所要求的功能结果，则效率指标可定量估计目的的实现程度，而效率标准是准则（或规则），借助该准则按照效率指标可选择最好的综合系统方案。

复杂系统的目的任务书具有不同的形式。如 1.2 节所述，复杂技术系统的目的首先可等同于其用途概念，用途可解释为系统执行功能的总和（就综合电子系统而言，是指系统可完成的任务集）。此外，在设计阶段机载综合电子系统的目的也可定义为所研制综合系统主要战术技术要求的总和。同样，战术技术要求可用相应的指标定量表示（例如，精度、抗干扰度、通信能力指标等）。在一些情况下，对机载综合电子系统的战术技术要求可以用对所研制综合系统限制的形式模糊表述。

选择元作为机载综合电子系统的研究要素，它是指达到所研究综合系统目的的可能方式或手段（例如，不同的综合系统结构和参数值方案或不同使用方式等）。为选取合适的选择元，必须定量估计综合电子系统目的和最重要性能的实现程度。作为定量估计，可使用综合系统性能相应的数值特性：精度、抗干扰度、可靠性效率指标等。一般情况下，综合电子系统的效率指标是指可定量估计综合系统目的实现程度的特性。标准则是用于选取最合适的选择元，在其基础上形成选取选择元的建议。做出最合适选择元的选择建议是在设计阶段上综合电子系统的研究成果[1,4,5]。

7.2.2 机载综合电子系统效率的指标

首先在对比期望的正面功能结果 Q^* 和负面结果 N^* 的基础上估计综合电子系统的效率。效率指标以自变量 Q^* 和 N^* 函数的形式给出：$w = w(Q^*, N^*)$。函数 $w(Q^*, N^*)$ 或其平均值（数学期望值）可作为综合电子系统的广义效率指标。根据所设计综合电子系统的特点，效率指标及效率标准的广义形式应具体化，并通过使用局部效率指标和标准展开 Q^* 和 N^* 内容的方式转换为具体形式。

总体指标及其标准可定量表示综合电子系统完成整个任务的质量，局部指标和标准则表示完成任务某一部分（单独任务）的质量。

根据自身物理实质，现代综合电子系统的局部效率指标及其相应的标准可能是多种多样的。对于机载综合电子系统可划分出战术、技术和经济指标。如上所述，作为表示综合电子系统个别特性的局部质量（效率）指标，可使用精度 T、抗干扰度 Π、准备程度 Γ、可靠性 H、质量 M、体积（尺寸）O、消耗能量 Э、价格 C 等。

全部局部效率指标可划分为两组：直接影响综合电子系统效率的指标（例如，T、Π、Γ、H）和间接影响其效率的指标（例如，M、O、Э、C）。实际上第一组指标反映收益、正面效果（Q^*），而第二组反映消耗（损失）、负面效果（N^*）。

考虑到一部分局部指标本质上取决于随机因素，作为综合电子系统的综合效率标准在具体化 $w(Q^*, N^*)$ 时可采用综合系统满足下列所有局部标准的概率：

$$w = P\{T \geqslant T_{\text{тр}}, \Pi \geqslant \Pi_{\text{тр}}, \Gamma \geqslant \Gamma_{\text{тр}}, H \geqslant H_{\text{тр}}, \cdots; M \leqslant M_{\text{доп}},$$
$$O \leqslant O_{\text{доп}}, Э \leqslant Э_{\text{доп}}, C \leqslant C_{\text{доп}}, \cdots\}$$

式中：下标“тр”和“доп”分别为局部指标的要求值和容许值。

综合电子系统局部质量（效率）指标的有序集合可形成综合系统质量（效率）指标矢量 $\boldsymbol{W} = [w_l], l = \overline{1, L}$。综合电子系统的设计任务在于选择这样一个设计方案，该方案应满足所有初始指标数据要求，其中包括综合系统的功能运行条件，对综合系统结构和参数值的限制，以及对质量指标矢量 $\boldsymbol{W}$ 的要求[1]。如果综合电子系统具有多个目的（完成几个任务）或者一个目的的实现程度（完成一个任务的效率）由多个指标进行估计，则会出现多标准估计综合系统效率的任务。

7.2.3 机载综合电子系统效率的标准

针对矢量指标制定综合电子系统的效率标准比针对标量指标复杂得多。复杂化的原因之一是在局部指标之间存在偏好关系。实际上在制定效率标准时最经常使用这样的方法，根据该方法可将一些局部效率指标转换为这些指标唯一的目标函数。在此情况下，综合电子系统的效率标准是指目标函数 $f(\boldsymbol{W})$ 应满足的条件。

机载综合电子系统作为复杂技术系统，在其设计阶段上下列效率标准形式是比较典型的：

（1）应达到函数 $f(\boldsymbol{W})$ 的极值：$\max f(\boldsymbol{W})$ 或 $\min f(\boldsymbol{W})$。

（2）函数 $f(\boldsymbol{W})$ 应是有界函数：$f(\boldsymbol{W}) \geqslant f_0$ 或 $f(\boldsymbol{W}) \leqslant f_0$。

（3）函数 $f(\boldsymbol{W})$ 应等于规定值：$f(\boldsymbol{W}) = f_0$。

7.2.4 机载综合电子系统效率矢量指标目标函数的构成方法

下面简述构成综合电子系统效率矢量指标目标函数的主要方法[1]。

（1）客观卷积。在一些情况下，客观存在着将一些局部效率指标转换为唯一目标函数的可能性。其中，当使用综合系统各元部件的单独指标来估计综合系统的效率时，则会出现这种可能性。例如，在后续的综合电子系统效率估计方法中广泛使用综合系统各元部件精度和可靠性（生命力）指标的卷积法。

（2）主观卷积。实际上用唯一指标代替许多局部指标的可能性并不是总能找到并加以应用的。在类似情况下，通常在效率指标相对重要性信息的基础上进行卷积。这类主观卷积方法主要包括：采用借助加权系数的综合指标；从指标中划分出一个“主要”指标并将其他指标转换为相应的限制序列，根据重要性对指标进行排序等。

为使用综合指标，首先应转换为 $w_{l_{\text{н}}} = w_l / w_{l_{\text{э}}}$ 或 $w_{l_{\text{н}}} = (w_l - w_{l\min}) / (w_{l\max} - w_l)$ 形式的无量纲（标准）局部指标，其中 $w_{l_{\text{э}}}$ 为局部指标 w_l 的标准值（计划值）；$w_{l\min}$ 和 $w_{l\max}$ 分别为指标 w_l 的最小值和最大值。然后，借助表达式 $\tilde{w} = f(\alpha_l, w_{lH})(l = \overline{1,L})$ 转换为综合指标。正加权系数 α_l 可确定无量纲指标 $w_{l_{\text{н}}}$ 的相对重要性。它通常满足下列正规性（规范化）条件：

$$\sum_{l=1}^{L} \alpha_l = 1$$

在该指标卷积方法下，附加（主观）信息包含在指标值 $w_{l_{\text{э}}}$（或 $w_{l\min}$ 和 $w_{l\max}$）、加权系数 α_l、算子形式 f 中。在所有情况下重要性系数 α_l 或者在一位或几位专家建议的基础上直接指定，或者在选定算子 f 时可在关于综合电子系统某些指标和选择元偏好性的主观和客观信息基础上进行计算。所述局部指标卷积方法的最简单形式是线性卷积，它可用下式描述：

$$f(\alpha_l, w_{lH}) = \sum_{l=1}^{L} \alpha_l w_{lH}$$

通过划分主要指标进行卷积的实质可从该方法的名称看出。在此情况下对其他局部指标施加一些限制。在根据重要性对指标排序时，指标 w_{l_n} 按其重要性降序进行排列。在此指标卷积方法中使用的标准按下列方式形成：如果按照最重要指标某选择元比其他所有的选择元都好，则它是最优的；只有当按照较高级别指标某些选择元的估计相等时才使用重要性其次的指标对这些选择元进行比较。

为估计机载综合电子系统的战斗使用效率，可使用综合系统局部效率指标的客观和主观卷积方法。选择哪种综合电子系统的研究方法首先取决于所研究战斗任务的特性，以及所进行研究的特性和目的。在一些情况下，为定量估计综合电子系统在某些方面的质量，通常使用其局部效率指标：精度、抗干扰度、可靠性等。但在实践中更倾向于使用局部指标的客观卷积法，因为它允许使用综合效率指标将机载综合电子系统效率的多标准估计任务简化为单标准估计任务。客观卷积也是本章中研究的机载综合电子系统效率估计方法的基础。

7.2.5 研究的建议

如上所述，为定量估计作为军用复杂技术系统的机载综合电子系统的战斗效率和功能效率，既可使用总体、也可使用局部指标和标准。总体指标和标准可在数量上表示综合系统在整体上完成战斗任务的质量，而局部指标和标准可表示完成一些单独任务的质量。

在一般情况下，按照其物理实质看效率的指标和标准可是多种多样的：概率、信息、价格等。选择和制定战斗效率和功能效率的具体指标和标准首先应考虑对综合电子系统下达战斗任务的特性或研究综合电子系统的目的和特点。

在完成特定战斗任务时，作为导航、瞄准和武器控制机载综合电子系统的总体效率指标在实践中经常使用综合系统完成本战斗任务的概率（考虑到具体的战斗使用条件）。总体效率指标是在构建目标函数时实际应用主观卷积法的例证。由于其通用性，它在所分析的机载综合电子系统估计方法中可用作主要方法。在此情况下，相应的效率标准可视作下列条件，完成战斗任务的概率 $w_б$ 应不低于其要求值：$w_б \geqslant w_{бтр}$。

在估计机载综合电子系统的生命力时，作为与指标 $G_ф$ 和 $\delta G_ф$ 相应的标准可使用下式：

$$G_ф \geqslant G_{фдоп}, \delta G_ф \geqslant \delta G_{фдоп}$$

式中：$G_{фдоп}$、$\delta G_{фдоп}$ 为该指标的容许值。机载综合电子系统效率容许的下降值（$G_{фдоп}$、$\delta G_{фдоп}$ 的具体值）可由所完成任务的优先级和在具体战斗态势下对综合系统所提的要求确定。

机载综合电子系统与任何复杂技术系统一样，也是由一些功能上相互联系的元部件组成。在估计效率时，综合系统的设备、系统、复合系统都可视为其元部件。下面研究由 N 个元部件组成的机载综合电子系统。在战斗使用过程中，综合电子系统的状态转换可在随机时刻和确定性时刻发生。综合电子系统状态的随机变化可能是由战斗损伤、人为和非人为干扰、其元部件完全故障和临时故障等因素引起。综合电子系统状态的确定性变化则与飞行程序有关，例如，确定性变化可由机组人员的操作引起。

综合电子系统元部件的临时故障在本书中是指其临时丧失工作能力，此时该元部件的效率指标在规定范围之外[1]。

任何类型的综合电子系统，若其每个元部件可处于正常工作（有工作能力）状态或故障状态时，则可用一个不兼容状态的有限集合 $h_i, i = \overline{1,M}$ 进行表示，式中 M 为综合系统不兼容状态的总数。用 $\boldsymbol{T} = [\tau_1 \cdots \tau_n \cdots \tau_N]^{\mathrm{T}}$ 表示 N 维随机列向量，其组元是各元部件状态转换的时刻；而用 $p(\tau_1, \cdots, \tau_n, \cdots, \tau_N) = p(\boldsymbol{T})$ 表示各元部件状态转换时刻的 N 维联合概率密度。当机载综合电子系统完成特定任务时，在时间段 $[0, t]$ 内矢量 $\boldsymbol{T}$ 的每次实现（在上述时间段内实现元部件状态的转换）都可与综合系统的某个条件效率指标 $w(\tau_1, \cdots, \tau_n, \cdots, \tau_N, t) = w(\boldsymbol{T}, t)$ 相对应，该条件指标是时间和 N 个参数 $\tau_n(n = \overline{1,N}, 0 < \tau_n < \infty)$ 的函数。在概率特性下效率指标为 $0 \leqslant w(\boldsymbol{T}, t) \leqslant 1$ 。

经常使用综合电子系统条件效率指标的平均值来定量估计其战斗效率和功能效率。在此情况下，作为综合电子系统在完成特定任务时的效率指标可采用函数 $w(\boldsymbol{T}, t)$ 的数学期望值：

$$W(t) = M\{w(\boldsymbol{T}, t)\} = \int_0^{\infty} \cdots \int_0^{\infty} p(\boldsymbol{T}) w(\boldsymbol{T}, t) \prod_{n=1}^{N} \mathrm{d}\tau_n \tag{7.2}$$

在式（7.2）中，函数 $w(\boldsymbol{T}, t)$ 可以是概率、精度特性、综合价格等。

有时综合系统使用效率的条件数学期望值 $M_w(\boldsymbol{T}, t)$ 可能是已知的，视作随机矢量 $\boldsymbol{T}$ 的函数。在此情况下，为估计机载综合电子系统的战斗效率和功能效率，必须使用下列总数学期望值的积分公式[1]：

$$W(t) = \int_0^{\infty} \cdots \int_0^{\infty} p(\boldsymbol{T}) M_W(\boldsymbol{T}, t) \prod_{n=1}^{N} \mathrm{d}\tau_n \tag{7.3}$$

应当指出，式（7.2）和式（7.3）是机载综合电子系统的综合效率指标，当对其进一步具体化时，既可使用局部指标的客观卷积法，也可使用主观卷积法。

在一般情况下，表示综合系统各元部件状态（故障）转换时刻的随机量 $\overline{\tau_1, \tau_N}$ 相互之间可具有统计关系。因此，实践中在计算效率时通常不能直接使用式（7.2）和式（7.3），其原因是根据统计数据确定 N 维概率密度 $p(\boldsymbol{T})$ 和函数 $w(\boldsymbol{T}, t)$ 或 $M_w(\boldsymbol{T}, t)$ 是非常困难的。此外，在式（7.2）和式（7.3）中没有考虑综合系统各元部件的临时故障。上述因素大大缩小了这些公式在综合电子系统效率工程计算中的应用范围。为简化目前广泛使用的综合电子系统效率指标

（式（7.2）），在分析综合系统运行和战斗使用经验的基础上可做出一些容许和规定一些限制。这些容许和限制首先应列入综合电子系统各元部件技术状态的数学模型，这些数学模型一方面应力求尽可能的简单，另一方面它们应与综合系统中发生的实际过程相符。

7.3 机载综合电子系统及其元部件技术状态的数学模型

7.3.1 机载综合电子系统各元部件技术状态的数学模型

在估计效率时使用的机载综合电子系统技术状态的数学模型在很大程度上可由综合系统各元部件技术状态的数学模型加以确定。综合电子系统的战斗使用经验表明，综合系统从一种状态转换为另一种状态的过程（甚至在飞行中元部件不可修复的情况下）是非常复杂的。该过程的复杂性在很大程度上是由于综合电子系统各元部件（无线电电子设备、系统和复合系统）的功能运行特点造成的，运行特点是指元部件除了战斗损伤和完全故障外，还会遭受临时故障。当然，这不意味着非无线电技术设备和系统不会遭受临时故障（例如，机载数字计算机（处理器）死机）。但是，临时故障对于综合系统的无线电电子元件更具有代表性。临时故障可能是由于飞行条件与设备和系统正常工作所需条件的偏差、无线电波传播条件改变、干扰态势（人为无线电干扰、相互干扰等）等因素造成的。

下列列举一些典型示例[1,5]。属于现代机载综合电子系统的当前坐标计算系统的多普勒速度和偏流角测量仪（ДИСС）在按航线飞行过程中多次转入“记忆”工作状态，然后又恢复到正常工作状态。

机载雷达甚至在其有效距离范围内由于反射信号较弱，并不是总能在指定航线点上（在雷达目标和定向标特定的航向角上）完成瞄准，校正航向、坐标等。若在地面无线电信标和飞行器之间的无线电波传播路线上存在高地，即使飞行器位于无线电导航系统的作用距离内，也可导致在一些情况下不能使用近距无线电导航系统的信息。当由地面物体反射的无线电信号影响到近距无线电导航系统接收机时也会导致类似的结果。

综上所述，对于视作综合电子系统元部件的各无线电电子设备（系统），其技术状态的一个完整数学模型应是带下列 3 种状态的模型：x_j、$\bar{x}_j$ 和 $\tilde{x}_j$，其中，x_j 为第 j 个元部件的正常工作状态；$\bar{x}_j$ 为元部件的完全和稳定故障状态（下文中简称完全故障）；$\tilde{x}_j$ 为元部件的临时故障状态。应注意状态 $\bar{x}_j$ 和 $\tilde{x}_j$ 之间的原则性区别。在飞行过程中当第 j 个元部件发生临时故障时，在其转换为 $\tilde{x}_j$ 状态后再经过一个随机时间段，它能恢复到 x_j 状态。当第 j 个不可修复的元部件完全故障时，它直至战斗任务结束都将处于 $\bar{x}_j$ 状态。

在统计完全和临时故障时第 j 个元部件的不兼容状态总数等于 3。元部件的技术状态矢量对于固定时刻 $t \geqslant 0$ 具有下列形式 $\boldsymbol{H}_j = [x_j \ \tilde{x}_j \bar{x}_j]^{\mathrm{T}}$。

如在得出式（7.2）和式（7.3）时所述，在估计复杂系统，特别是机载综合电子系统效率时广泛使用的第 j 个元部件的最简单模型是仅带两种状态的模型：正常工作状态 x_j 和完全故障状态 $\bar{x}_j$。此时元件的状态总数等于 2。对于固定时刻的元部件技术状态矢量具有下列形式：$\boldsymbol{H}_j = [x_j \bar{x}_j]^{\mathrm{T}}$。

可在不同的层级上估计集成型机载综合电子系统的效率（参见 1.5 节），其中包括在其结构的较高层级上并考虑到该层级各元部件状态转换过程的复杂特点。在较高层级上估计集成型机载综合电子系统的效率时，将综合电子系统的独立机载系统及其组成中（从信息、功能和结构型式，以及算法和软件角度）的信息处理和控制通道（回路）视作元部件是合理的[1,6]。

由于所研究层级的元部件可能具有多个正常工作状态，则为描述集成型机载综合电子系统的独立机载系统各元件的状态转换过程必须使用带 q 种状态的模型，并且 $q > 3$。第 j 个元部件的技术状态矢量对于固定时刻 $t \geqslant 0$ 具有下列形式：

$$\boldsymbol{H}_j = [x_{j1} \quad x_{j2} \cdots x_{ji} \cdots x_{jqj}]^{\mathrm{T}}$$

式中：$i = \overline{1, q_j}$；第 j 个元部件的不兼容状态总数等于 q_j。

必要时，可对独立机载系统的结构做进一步分解，可使用机载设备、子系统作为其元部件或整个综合电子系统的元部件。如上所述，这些元部件的完整模型应带 3 种状态的模型。

在上述元部件技术状态数学模型的基础上对机载综合电子系统的技术状态矢量和矩阵进行研究。

7.3.2 机载综合电子系统技术状态的数学模型

1. 数学模型

使用带 q_j 种不兼容状态的各元部件模型，其中包括带两种和三种状态的模型，允许借助不兼容状态的有限集合，即技术状态矢量 $\boldsymbol{H} = [h_1 \quad h_2 \cdots h_m \cdots h_M]^{\mathrm{T}}$，表示在固定时刻 $t \geqslant 0$ 机载综合电子系统在完成任务时的特征。

一般情况下，在完成某个战斗任务时 N 个在飞行中不可修复的元件参与综合电子系统的工作。在使用带 q_j 种不兼容状态的元部件模型时，表示综合系统状态在时间上转换的随机过程 $\boldsymbol{H}(t)$ 在任意固定时刻 $t \geqslant 0$ 时仅可采取有限集合 $\overline{h_1, h_M}$ 中的某一个数值。过程 $\boldsymbol{H}(t)$ 是一个离散随机过程。该过程的状态转换在随机时刻发生。离散随机过程的实现示意图如图 7.1 所示。

如果在完成战斗任务时 N 个在飞行中不可修复的元部件（可划分为 I 组）参与

综合电子系统的工作，并且 N_1 个元部件可处于 q_1 种不兼容状态之一，N_2 个元件可处于 q_2 种不兼容状态之一，……，N_i 个元部件可处于 q_i 种不兼容状态之一，……，N_I 个元部件可处于 q_I 种不兼容状态之一。则综合系统不兼容状态的总数为

$$M = \prod_{i=1}^{I} q_i^{N_i}, N = \sum_{i=1}^{I} N_i \tag{7.4}$$

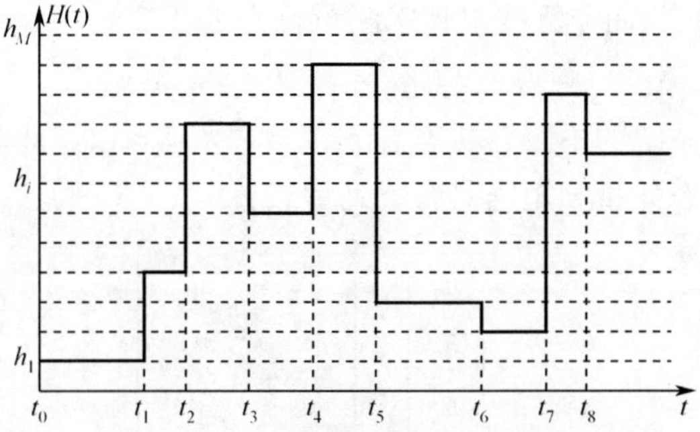

图 7.1　离散随机过程的实现示意图

M 维的综合电子系统技术状态矢量 $\boldsymbol{H}$ 和与其对应的大小为 $M \times N$ 的技术状态矩阵对于任意固定时刻可记录为下列形式：

$$\boldsymbol{H} = \begin{bmatrix} h_1 \\ h_2 \\ \vdots \\ h_m \\ \vdots \\ h_M \end{bmatrix} \sim \begin{bmatrix} x_{11} & x_{21} & \cdots & x_{j1} & \cdots & x_{n1} & \cdots & x_{N1} \\ x_{12} & x_{21} & \cdots & x_{j1} & \cdots & x_{n1} & \cdots & x_{N1} \\ \vdots & \vdots & \vdots & \vdots & \vdots & \vdots & \vdots & \vdots \\ x_{12} & x_{2s} & \cdots & x_{jl} & \cdots & x_{nk} & \cdots & x_{N4} \\ \vdots & \vdots & \vdots & \vdots & \vdots & \vdots & \vdots & \vdots \\ x_{1q_1} & x_{2q_1} & \cdots & x_{jq_i} & \cdots & x_{nq_p} & \cdots & x_{Nq_I} \end{bmatrix} \tag{7.5}$$

式中：x_{jl} 为综合电子系统第 j 个元部件的第 l 种状态。

在个别情况下，当使用 N_1 个带 2 种不兼容状态的元部件模型和 N_2 个带 3 种不兼容状态的元部件模型描述机载综合电子系统或其组成部分时，式（7.4）和式（7.5）分别具有下列形式：

$$M = 2^{N_1} \times 3^{N_2}$$

$$\boldsymbol{H} = \begin{bmatrix} h_1 \\ h_2 \\ \vdots \\ h_m \\ \vdots \\ h_M \end{bmatrix} \sim \begin{bmatrix} x_1 & x_2 & \cdots & x_j & \cdots & x_n & \cdots & x_N \\ \tilde{x}_1 & x_2 & \cdots & x_j & \cdots & x_n & \cdots & x_N \\ \vdots & \vdots & \vdots & \vdots & \vdots & \vdots & \vdots & \vdots \\ \bar{x}_1 & x_2 & \cdots & \tilde{x}_j & \cdots & \bar{x}_n & \cdots & x_N \\ \vdots & \vdots & \vdots & \vdots & \vdots & \vdots & \vdots & \vdots \\ \bar{x}_1 & x_2 & \cdots & \bar{x}_j & \cdots & \bar{x}_n & \cdots & \bar{x}_N \end{bmatrix} \tag{7.6}$$

下面研究两个示例，在示例中使用上述公式和表达式来确定不兼容状态的总数，并构建机载综合电子系统的技术状态矢量及其矩阵。

2. 应用实例 1

机载综合电子系统的导航系统（CH）可包含 3 个测量仪：多普勒速度和偏流角测量仪、惯性导航系统和大气数据系统。多普勒速度和偏流角测量仪可处于 3 种不兼容状态之一，而非无线电技术测量仪则处于 2 种不兼容状态之一。对于所述情况，$N_1=2$，$N_2=1$，$q_1=2$，$q_2=3$，$I=2$。根据式（7.4）和式（7.6），综合电子系统导航系统的不兼容状态总数 $M=2^2\times3^1=12$。此时，根据式（7.6）导航系统的技术状态矢量和矩阵具有下列形式：

$$
\boldsymbol{H}=\begin{bmatrix} h_1\\ h_2\\ h_3\\ h_4\\ h_5\\ h_6\\ h_7\\ h_8\\ h_9\\ h_{10}\\ h_{11}\\ h_{12} \end{bmatrix} \sim \begin{bmatrix} x_1 & x_2 & x_3\\ \tilde{x}_1 & x_2 & x_3\\ \bar{x}_1 & x_2 & x_3\\ x_1 & \bar{x}_2 & x_3\\ \tilde{x}_1 & \bar{x}_2 & x_3\\ \bar{x}_1 & \bar{x}_2 & x_3\\ x_1 & x_2 & \bar{x}_3\\ \tilde{x}_1 & x_2 & \bar{x}_3\\ \bar{x}_1 & x_2 & \bar{x}_3\\ x_1 & \bar{x}_2 & \bar{x}_3\\ \tilde{x}_1 & \bar{x}_2 & \bar{x}_3\\ \bar{x}_1 & \bar{x}_2 & \bar{x}_3 \end{bmatrix}
$$

3. 应用实例 2

属于集成型机载综合电子系统的瞄准综合系统（参见 1.5 节）可包含两个元部件：雷达瞄准通道 x 和光电瞄准通道 y[1]。瞄准综合系统（ПрК）的每个元部件可处于多种状态之下，这些状态的区别是信息保障级别不同，以及由此造成的功能质量不同。例如，元部件 x 可处于下列不兼容状态之一：

（1）正常工作状态 x_1，在此状态下测量目标的角坐标和距离，以及目标的接近速度；

（2）状态 x_2，在此状态下测量目标的距离和接近速度，有时没有目标角坐标的测量；

（3）状态 x_3，在此状态下测量目标的距离和接近速度，但没有目标角坐标的测量；

（4）状态 x_4，在此状态下测量目标的角坐标，有时没有目标距离和接近速度的测量；

（5）状态 x_5，在此状态下有时没有目标距离和接近速度、目标角坐标的测量；

（6）状态 x_6，在此状态下没有目标角坐标的测量，有时没有目标距离和接近速度的测量；

（7）状态 x_7，在此状态下测量目标的角坐标，但没有目标距离和接近速度的测量；

（8）状态 x_8，在此状态下有时没有目标角坐标的测量，且没有目标距离和接近速度的测量；

（9）状态 x_9，在此状态下没有目标角坐标、距离和接近速度的测量。

从上述可能的情况可知，瞄准综合系统所分析层级的元部件可处于 9 种不兼容状态之一（$q=9$）。元部件在任意时刻的技术状态矢量具有下列形式：

$$\boldsymbol{H}_x = [x_1 \quad x_2 \quad x_3 \quad x_4 \quad x_5 \quad x_6 \quad x_7 \quad x_8 \quad x_9]^{\mathrm{T}}$$

在此示例中 $N_1 = N = 2$，$q_1 = q = 9$，$I = 1$。根据式（7.4），当元部件 x 和 y 使用带 9 种状态的相同模型时，瞄准综合系统的不兼容状态总数 $M = 9^2 = 81$。

根据式（7.5），瞄准综合系统技术状态的矢量和矩阵具有下列形式：

$$\boldsymbol{H} = \begin{bmatrix} h_1 \\ h_2 \\ \vdots \\ h_i \\ \vdots \\ h_{81} \end{bmatrix} \sim \begin{bmatrix} x_1 y_1 \\ x_2 y_1 \\ \vdots \\ x_7 y_6 \\ \vdots \\ x_9 y_9 \end{bmatrix}$$

元部件的上述技术状态模型是用于估计机载综合电子系统效率的计算关系式的基础。

7.4 估计机载综合电子系统效率的计算关系式

7.4.1 计算关系式

假设机载综合电子系统在时间段 $[t_0, t]$ 上完成某个战斗任务。在 t 时刻综合系统的每种状态 h_i 可用概率 $p_i(t)$ 表示，并且该状态可能与某一函数的值 w_{yi} 相对应，该数值可确定综合系统在 h_i 状态时完成所述任务的质量。函数 $w_{yi}(t)$ 可称作条件效率指标，因为它符合综合系统的特定状态 h_i。

可取函数的数学期望值 w_y 作为综合电子系统的效率指标（与式（7.2）一

样），即

$$W(t) = \boldsymbol{P}^{\mathrm{T}}(t)\boldsymbol{W}_y(t) = \sum_{i=1}^{M} p_i(t) w_{yi}(t) \tag{7.7}$$

式中：$W(t)$ 为综合电子系统的效率指标；$\boldsymbol{P}(t) = [p_i(t)]$，$\boldsymbol{W}_y(t) = [w_{yi}(t)]$，$i = \overline{1,M}$ 为在 t 时刻综合电子系统状态的无条件概率列向量和与其对应的综合系统条件效率指标的列向量。

在完成战术和导航任务时，机载综合电子系统可具有多个正常工作状态，保证以不同的质量完成此任务。综合系统正常工作状态的数量首先应由备用元件的数量和它们之间的联系特性确定。综合系统的其他状态是非正常工作状态，且不能保证完成指定任务，即综合电子系统这些状态的条件效率指标值应认为等于零。考虑到上述情况，式（7.7）可用下式表示：

$$W(t) = \sum_{l=1}^{L} p_l(t) w_{yl}(t), L < M \tag{7.8}$$

式中：L 为在完成指定任务时综合系统的正常工作状态数量。

运用技术状态矢量 $\boldsymbol{H}$ 和式（7.5）或式（7.6）可方便地查明综合电子系统的正常工作状态，在分析综合系统的结构和功能图，以及在完成任务时其功能算法的基础上可形成技术状态矢量和矩阵。

当自变量 t 取值为离散数值 $t_k(k = 0,1,2,\cdots)$ 时，即过程 $\boldsymbol{H}(t)$ 的状态转换仅可在确定性离散时刻发生时，式（7.8）可变为

$$W(t_k) = \sum_{l=1}^{L} p_l(t_k) w_{yl}(t_k) \tag{7.9}$$

当 $t_k = kT = t - t_0$ 时，其中 T 为离散间隔，式（7.9）可记录为

$$W(t_k) = W(kT) = W(k) = \sum_{l=1}^{L} p_l(k) w_{yl}(k) \tag{7.10}$$

分析式（7.7）~式（7.10）表明，在获取这些关系式时使用了 7.2 节中所述的复杂技术系统局部效率指标的客观和主观卷积方法。其中，客观卷积法用于确定机载综合电子系统无条件状态概率 $p_i(t)$、$p_l(t)(p_l(t_k)$、$p_l(k))$ 和条件效率指标 $w_{yi}(t)$、$w_{yl}(t)(w_{yl}(t_k)$、$w_{yl}(k))$；而主观卷积法（线性卷积型方法）用于计算 $W(t)$、$(W(t_k)$、$W(k))$。与式（7.8）、式（7.9）和式（7.10）相对应的综合电子系统的效率标准是下述条件：在时刻 t 的效率指标值应不低于要求值，$W(t) \geqslant W_{\text{тр}}(W(t_k) \geqslant W_{\text{тр}}$、$W(k) \geqslant W_{\text{тр}})$。

应当指出，式（7.8）、式（7.9）和式（7.10）不仅表示收益，即机载综合电子系统使用的正面效果，还间接表示其消耗（负面效果）。例如，可用不同的消耗保证达到 $p_l(t)$ 的确定值：借助使用高可靠性元部件，通过采用结构冗余等方式。同样，也可通过实现最优信息处理算法、采用信息冗余等方式达到一定的

条件效率指标 $w_{yl}(t)$ 。

在实践中，任何战斗任务通常都包括一系列单独任务，完成这些单独任务的质量可决定机载综合电子系统解决整个战斗任务的效率。

考虑到这一点，根据概率乘法定理综合电子系统完成战斗任务的概率为

$$W(t) = \prod_{r=1}^{R} W_r(t), W(k) = \prod_{r=1}^{R} W_r(k)$$

式中：$W_r(t)$ 、$W_r(k)$ 为综合系统完成第 r 个单独任务的概率；R 为单独任务的数量。在一般情况下，概率 $W_r(t)$ 、$W_r(k)(r = \overline{2,R})$ 是条件概率。

在飞行器编队行动时，用于估计机载综合电子系统战斗效率的计算关系式在很大程度上由所执行战斗任务的特性确定。例如，在反击敌方航空兵密集袭击时，作为歼击机群综合电子系统的战斗效率指标在实践中经常使用被击毁飞行器数量的数学期望值。目前，在编队行动时各歼击机的目标分配通常是确定性的。这表明，如果用 γ_{ij} 表示第 j 个机载综合电子系统应对敌方第 i 架飞行器的概率，则在确定性目标分配时 $\gamma_{ij}=1$（第 j 个机载综合电子系统可靠应对第 i 架飞行器）或 $\gamma_{ij}=0$（第 j 个机载综合电子系统不能可靠应对第 i 架飞行器）。

一般情况下，敌方被击毁飞行器数量的数学期望值可根据下式确定[7]：

$$W_{\text{rp}} = M(\tilde{N}) = \sum_{i=1}^{N} \left[1 - \prod_{j=1}^{K} (1 - w_{ij}\gamma_{ij})\right]$$

式中：w_{ij} 为装备第 j 个机载综合电子系统的歼击机击毁敌方第 i 架飞行器的概率；K 为机群中歼击机（综合系统）的数量；N 为敌方群目标中飞行器数量；$\tilde{N}$ 为敌方被击毁飞行器的数量。在上述公式中假设，每架歼击机使用一枚导弹。

如果群目标由不同类型的飞行器组成，则在上述公式中必须针对敌方每种类型的飞行器单独进行求和，即求出每型飞行器被击毁数量的数学期望值。当同一类型歼击机应对敌方群目标的同型飞行器时（$w_{ij} = w$），可得

$$W_{\text{rp}} = M(\tilde{N}) = \sum_{i=1}^{N} \left[1 - \prod_{j=1}^{K} (1 - w\gamma_{ij})\right]$$

在已知数值 W_{rp}、w 和 N 的情况下，该公式可用于确定所需的兵力派遣单。

在估计机载综合电子系统的功能效率时，考虑到综合电子系统战斗使用的具体条件，但不考虑敌方的对抗，根据式（7.8）或式（7.9）和式（7.10）可计算出综合系统正常工作状态的无条件概率和与其对应的条件效率指标。在估计综合电子系统的战斗效率时则应考虑敌方对抗，其战斗效率在很大程度上可确定飞行器整体的作战效能。

7.4.2 估计的顺序

通过分析上述计算关系式可知，按下列顺序可合理地估计机载综合电子系统

的效率[1]：

(1) 通过分析机载综合电子系统的功能算法并考虑到战斗使用的具体条件，应该确定单独任务的范围，为成功完成整个战斗任务综合系统必须完成这些单独任务；

(2) 针对每个单独任务选择自身的条件功能效率指标，然后针对整个任务选择综合电子系统的条件效率指标；

(3) 在同型综合电子系统运行和战斗使用经验的基础上规定一些限制，这些限制允许参与计算效率的最终结果；

(4) 在规定一些限制后，应选择和论证在解决单独任务时和解决整个战斗（导航）任务时综合电子系统各元部件的技术状态模型和综合系统从一种状态转换至另一种状态的过程模型；

(5) 在分解机载综合电子系统总结构图的基础上，针对每个单独任务和整个战斗任务绘制可靠性示意图，在此图中应根据功能特征并考虑到结构、信息和功能冗余备份，将综合电子系统的各元部件合理地分组；

(6) 借助绘制的元部件可靠性连接图、所选的元部件模型和综合系统模型，并考虑到采取的限制和容许，对在解决单独任务和整个战斗任务时综合电子系统的正常工作状态概率进行计算；

(7) 针对综合电子系统的每种正常工作状态，计算相应的条件功能效率指标；

(8) 根据式（7.8）~ 式（7.10），计算出在完成单独任务和整个战斗任务时机载综合电子系统的功能效率。

7.4.3 假设条件

在估计功能效率时规定的限制依赖于一系列假设，这些假设是以分析机载综合电子系统运行和战斗使用经验为基础的。这些假设主要包括：

(1) 综合系统任何一个元部件的故障通常不会影响其他元件的工作能力，即元部件故障是独立的；

(2) 在时间段 $[t_j, t_j + \Delta t_j]$ 上完成第 j 个单独任务时，综合系统不同状态的概率取决于数值 Δt_j，这主要是由综合电子系统各元部件的可靠性不够高引起的；

(3) 在用第 m 种方式完成第 j 个单独任务时，综合系统的条件功能效率指标在第一次近似时不取决于综合系统的行为历程，而完全由与第 j 个单独任务的第 m 种完成方式相对应的综合系统状态确定（参见式（7.7）和式（7.8）或式（7.9）和式（7.10））。

应当指出，在估计机载综合电子系统的功能效率以及战斗效率时，应合理地遵循上述假设。因此，在完成战术和导航任务时，也应按与功能效率估计相同的顺序对综合电子系统的战斗效率进行估计，但必须考虑敌方火力、无线电和其他类型的对抗。

7.5 综合电子系统状态概率的马尔可夫计算方法

7.5.1 综合电子系统元件故障的数学模型

1. 无故障工作概率

在完成战斗任务的过程中，机载综合电子系统的各元部件和整个综合系统会遭受操作故障，战斗损伤，人为和非人为干扰，压差、温差、湿度差等因素的影响。

在实践中，综合电子系统第 i 个元部件的无故障工作概率通常根据下式确定：

$$R_i(t) = e^{-\int_{t_0}^{t} \lambda_i(\tau)\mathrm{d}\tau}$$

式中：t_0 为初始时刻（此刻元部件有工作能力）；$\lambda_i(t)$ 为第 i 个元部件的故障率（故障强度）。

在正常使用周期内，综合电子系统单独元部件的故障率在第一次近似时可认为是常量，即 $\lambda_i(t) = \lambda_i = 1/T_{i0} = \text{const}$，其中 T_{i0} 为元部件的平均无故障工作时间（故障前平均工作时间）。

当 $\lambda_i(t) = \text{const}$ 时，综合电子系统第 i 个元部件无故障工作概率的公式具有下列形式：

$$R_i(t) = e^{-\lambda_i(t-t_0)} \tag{7.11}$$

式（7.11）可作为故障泊松流的一个特性，而泊松流是最简单的离散马尔可夫过程[8,9]。

在可靠性理论中经常使用泊松故障流模型。这主要是由于模型比较简单，以及在实践中泊松流在很多情况下可较好地描述不可修复系统的故障流。此外，合并泊松流可形成合成流，而合成流也是泊松流，这允许以机载综合电子系统各单独元部件故障流总和的形式表示综合系统中的故障流。再加上低故障率的随机流时，总故障流将非常接近于泊松流。如果已知总故障流以事件流叠加方式获得，各被加流之间相互独立并且每个流都是泊松流，那么总故障流也是泊松流，其强度为

$$\lambda_\Sigma = \sum_{i=1}^{n} \lambda_i$$

式中：λ_i 为第 i 个泊松流的强度。

2. 计算战斗效率时无故障工作概率的确定

在计算战斗效率时，为确定机载综合电子系统各元部件的无故障工作概率，不仅要考虑由可靠性限制引起的故障，还要考虑由战斗损伤引起的故障。在一些

情况下，在战斗损伤时以及在由可靠性限制引发故障时综合系统各元部件的无故障工作概率可用指数律进行近似。此时，在式（7.11）中应使用总故障率：

$$\lambda_{i\Sigma} = \lambda_i + \lambda_{i\text{бп}} \tag{7.12}$$

式中：$\lambda_{i\text{бп}}$为第 i 个元部件由于战斗损伤引起的故障率。

经常通过建立敌方火力杀伤武器对飞行器影响模型的方式确定机载综合电子系统各元部件由战斗损伤引起的故障率值[5]。建模结果是可得出综合电子系统第 i 个元部件损伤概率与杀伤武器使用距离（包括至敌方防空设备的距离）的关系式，在飞行速度已知的情况下，根据该关系式可计算出作为时间函数的损伤概率。在建模时，随着飞行器飞向目标，应根据敌方防空装备的具体部署考虑杀伤武器的作用顺序。确定综合电子系统各元部件由战斗损伤引起的故障率的后续阶段是用带某个参数的指数律对所得的损伤概率时间函数进行近似，该参数表示综合系统第 i 个元部件战斗损伤故障率 $\lambda_{i\text{бп}}$。

3. 干扰对概率的影响

有意和无意干扰影响，以及工作条件与不可修复元部件正常运行所需条件的偏差都可引起一些事件流，这些事件包括元部件转入临时故障状态以及从临时故障状态重新返回正常工作状态。这些事件流是相互独立的，并且也不取决于操作故障流和由战斗损伤引起的故障流。实践中在一些情况下，这些事件流在第一次近似时也可视作泊松流。

上述事件流的强度分别为

$$\mu_i = \mu_{i\text{нп}} + \mu_{i\text{оу}} + \mu_{i\text{пп}}, v_i = v_{i\text{нп}} + v_{i\text{оу}} + v_{i\text{пп}} \tag{7.13}$$

式中：$\mu_{i\text{нп}}$、$\mu_{i\text{оу}}$、$\mu_{i\text{пп}}$分别为由于无意干扰影响、运行条件与正常条件的偏差和有意干扰影响引起第 i 个元部件转入临时故障状态的强度；$v_{i\text{нп}}$、$v_{i\text{оу}}$、$v_{i\text{пп}}$分别为对应元部件由临时故障状态返回正常工作状态的强度。

4. 功能损伤的影响

在估计综合电子系统的效率时，除了上述影响因素之外，在一些情况下还应考虑无线电电子设备功能损伤（压制）的结果——电子战未来发展方向之一。功能损伤（压制）是指在短脉冲高频辐射的作用下无线电电子设备的功能失灵[10]。功能压制的效果几乎不取决于无线电电子设备的功用，它可导致下列 3 种后果：不可修复故障（严重的、不可逆故障），可修复故障（临时故障）和受传统类型干扰影响造成的功能失灵。在计算综合电子系统的功能压制效果时，在式（7.12）和式（7.13）的右侧部分还需增加被加数 $\lambda_{i\text{фк}}$和$\mu_{i\text{фв}}$、$v_{i\text{фв}}$，它们分别表示第 i 个元部件在功能压制上的不可修复故障率和临时故障率。

5. 算法的影响

应当指出，将来在制定综合电子系统元部件状态转换过程的数学模型时必须考虑另一个因素的影响——算法影响。这主要是由于，算法影响将对综合电子系统机载计算机系统功能算法的效率产生实质性影响，算法影响将与功能损伤（压制）一样成为电子战的未来发展方向之一[10]。算法影响是不同物理性质的人为影响，它们用于降低计算机实现算法的功能效率。算法影响可包括：非法访问计算机存储器内保存的信息，向计算机软件中输入“逻辑炸弹”和病毒（参见6.2节），信息处理算法失真和破坏其使用逻辑等。按照算法影响导致后果的特性，可将其分为两类：第一类算法影响可导致计算机在具体计算过程组织方面的工作算法自身及其使用时间表失真（死机、病毒等）。第二类算法影响不破坏计算机的内部工作算法，可导致计算机信息处理算法的失真或导致其不适用。

综上所述，无意和有意干扰可导致综合电子系统元部件的临时故障。此外，如7.1节所述，它们可导致这些元部件功能质量的降低，进而这也导致整个综合电子系统条件效率指标的降低。

6. 临时故障率的确定

可以参考文献［5］中所述的定量估计多普勒速度和偏流角测量仪临时故障率为例阐述机载综合电子系统元部件临时故障率的确定方法。该方法的基础是分析和统计处理由专用地面设备解码的飞行信息结果，飞行信息是借助机载监控系统获取的。

当飞行器机动时，由于倾斜角 γ 和俯仰角 υ 数值超出测量仪正常运行的容许值，多普勒速度和偏流角测量仪实现从正常工作状态至临时故障状态（在“记忆”模式下）及相反的随机转换的可能情况如图7.2所示。

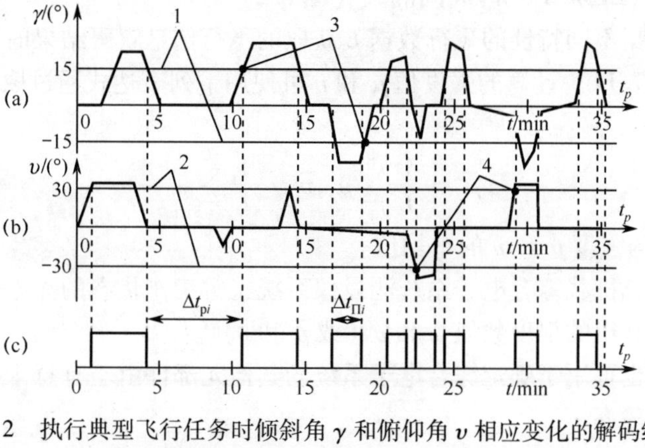

图7.2　执行典型飞行任务时倾斜角 γ 和俯仰角 υ 相应变化的解码结果

根据飞行器在执行典型飞行任务时倾斜角 γ 和俯仰角 υ 相应变化的解码结果实现此情况（图7.2（a）、图7.2（b））。在图7.2（a）、图7.2（b）中用直线1和直线2表示多普勒速度和偏流角测量仪正常运行时倾斜角 $\pm\gamma_д$ 和俯仰角 $\pm\upsilon_д$ 的允许值范围。

多普勒速度和偏流角测量仪转入临时故障状态（“记忆”模式）和相反转换

用点 3 和点 4 表示。在时间段 $[0,t]$ 上测量仪位于正常工作状态和临时工作状态的时间间隔分别用 Δt_{pi} 和 Δt_{ni} 表示（图 7.2（c））。

在实践中，定量估计多普勒速度和偏流角测量仪转入“记忆”模式和从“记忆”模式转到正常工作状态的强度 μ 和 v 是以下列物理论证假设为基础的：

（1）在多普勒速度和偏流角测量仪处于正常工作状态的时间间隔内，不会发生由其他附加因素引起的临时故障；

（2）表示测量仪转入“记忆”模式和从“记忆”模式转到正常工作状态的事件流是独立的，其结果是合成事件流，也是独立事件流；对于任意两个不相交的时间间隔，在其中一个时间间隔内出现任意给定数量临时故障的概率不取决于在另一个时间间隔内出现的临时故障数量；

（3）在较小时间段 $(t, t+\Delta t)$ 内出现一次临时故障的概率是 Δt 一阶小量值；

（4）在较小时间段 $(t, t+\Delta t)$ 内出现超过一次临时故障的概率是相对于 Δt 的高阶小量值。

考虑到上述情况，可在统计处理飞行信息解码结果的基础上根据下列公式计算强度 μ 和 v：

$$\mu = \frac{n}{\sum_{i=1}^{n} \Delta t_{pi}}, v = \frac{m}{\sum_{i=1}^{m} \Delta t_{ni}} \tag{7.14}$$

式中：n 和 m 分别为多普勒速度和偏流角测量仪处于正常工作状态（Δt_p）和“记忆”状态（Δt_n）时的时间间隔数（图 7.2）。

在具有根据不同特性的飞行数据 L 获取的飞行信息解码结果时，针对每次飞行，根据式（7.14）计算的强度值 μ 和 v 可使用下列表达式通过取平均值方式进行修正：

$$\bar{\mu} = \frac{1}{L}\sum_{l=1}^{L} \mu_l, \bar{v} = \frac{1}{L}\sum_{l=1}^{L} v_l$$

式中：$\bar{\mu}$ 和 $\bar{v}$ 为强度 μ 和 v 的平均值。

在下面计算机载综合电子系统测量仪系统正常工作状态的无条件概率时，可使用以此方式获得的强度数值 μ 和 v（或 $\bar{\mu}$ 和 $\bar{v}$）。

上述方法也可用于确定综合电子系统的其他元部件由于有意干扰和无意干扰引起的临时故障率。

7. 马尔可夫法

在实践中估计机载综合电子系统的效率时可使用下述方法，在此方法中将解决战斗任务时综合系统的状态转换过程近似为马尔可夫过程。因此，这些效率计算方法被称为马尔可夫法[1,5]。

关于机载综合电子系统状态转换过程马尔可夫性质的假设虽是一种假定。但至少具有两个实质性的论证理由。第一，在上述描述综合电子系统各元部件状态转换的泊松事件流模型框架内，整个综合系统的行为可用马尔可夫过程描述；第二，在一些情况下综合电子系统状态转换过程的以往历程知识对于预测其将来行为的价值不大。马尔可夫过程正好是类似过程的概率模型。

下面将研究离散马尔可夫过程和马尔可夫链形式的综合电子系统状态转换过程的模型，这些模型是用马尔可夫法估计综合电子系统效率的基础。

7.5.2 机载综合电子系统状态转换过程的马尔可夫模型

1. 离散马尔可夫过程形式的状态转换过程模型

如7.3.2节所述，综合电子系统各元部件故障及其转至临时故障状态可在任意随机时刻发生。因此，离散马尔可夫过程形式的模型是在很大程度上与真实过程相符的模型。描述综合电子系统状态在时间上转换的离散马尔可夫过程 $\boldsymbol{H}(t)$ 的特征是，它可取离散值 $\{h_i\}, i = \overline{1,M}$，并且这些数值（状态）变换可在任意随机时刻发生。

离散马尔可夫过程可借助 M 维无条件状态概率矢量 $\boldsymbol{P}(t) = [p_i(t)]$ 和大小为 $M \times M$ 的条件转换（转移）概率矩阵 $P_n(t_0, t) = [p_{ij}(t_0, t)]$ 进行描述，该矩阵也可称作转换矩阵。转换矩阵是带非负阵元的方阵。在该矩阵的每一横行内有综合系统从所分析状态转入其他状态的转换概率。由于这些转换在总体上可表示全部事件组，则每一横行的概率总和等于1，即

$$\sum_{j=1}^{M} p_{ij}(t_0, t) = 1 \tag{7.15}$$

研究离散马尔可夫过程时的主要任务在于在已知初始时刻 t_0 的矢量 $\boldsymbol{P}(t_0)$ 情况下确定条件转换概率和综合电子系统的无条件状态概率。

概率 $p_{ij}(t, t + \Delta t)$ 可表示综合系统从 t 时刻所处的状态 h_i 转至 $(t + \Delta t)$ 时刻的状态 h_j 的条件转换概率：

$$p_{ij}(t, t + \Delta t) = P\{\boldsymbol{H}(t + \Delta t) = h_j \mid \boldsymbol{H}(t) = h_i\}, \Delta t > 0$$

离散马尔可夫过程的特征是单一性[8,9]，该特性在于对于较小时间间隔 Δt，当前状态不发生变化的概率 $p_{ij}(t, t + \Delta t)$ 超过该状态发生变化的概率，即

$$\begin{cases} p_{ii}(t, t + \Delta t) = P\{\boldsymbol{H}(t + \Delta t) = h_i \mid \boldsymbol{H}(t) = h_i\} = \\ \qquad 1 + a_{ii}(t)\Delta t + 0(\Delta t) \\ p_{ij}(t, t + \Delta t) = P\{\boldsymbol{H}(t + \Delta t) = h_j \mid \boldsymbol{H}(t) = h_i\} = \\ \qquad a_{ij}(t)\Delta t + 0(\Delta t) \end{cases} \tag{7.16}$$

式中：$a_{ij}(t)$ 为转换（转移）强度，它表示在单位时间内从状态 h_i 转至状态 h_j 的转换数；符号 $0(\Delta t)$ 表示大于 Δt 一阶小量的项，$\lim\limits_{\Delta t \to 0}[0(\Delta t)/\Delta t] = 0$。

式（7.16）可记录为下述更简练的形式：

$$p_{ij}(t,t+\Delta t)=\delta_{ij}+a_{ij}(t)\Delta t+0(\Delta t) \tag{7.17}$$

式中：$\delta_{ij}=\begin{cases}1, i=j\\0, i\neq j\end{cases}$，为克罗内克符号。

此外，根据式（7.17），可得

$$\begin{cases}\boldsymbol{P}_{\pi}(t,t+\Delta t)=\boldsymbol{I}+\boldsymbol{A}(t)\Delta t+\boldsymbol{0}(\Delta t)\\\boldsymbol{P}_{\pi}(t_0,t_0)=\boldsymbol{I}\end{cases} \tag{7.18}$$

式中：$\boldsymbol{A}(t)=[a_{ij}(t)](i=\overline{1,M},j=\overline{1,M})$ 为转换强度矩阵（称为离散马尔可夫过程的局部特性）；I 为 $M\times M$ 的单位矩阵；$\boldsymbol{0}(\Delta t)$ 为 $M\times M$ 的矩阵，其阵元是 $0(\Delta t)$ 项。

由于从一种状态转至另一状态的转换概率是非负的，并且其应满足式（7.15）的规范化条件，则考虑到式（7.17），可得

$$a_{ii}(t)=-\sum_{j=1,j\neq i}^{M}a_{ij}(t)\leqslant 0, a_{ij}(t)\geqslant 0 \tag{7.19}$$

针对离散马尔可夫过程的转换概率，可记录查普曼—柯尔莫哥洛夫方程[8,9,10]：

$$\boldsymbol{P}_{\pi}(t_0,t+\Delta t)=\boldsymbol{P}_{\pi}(t_0,t)\boldsymbol{P}_{\pi}(t,t+\Delta t), t>t_0,\Delta t>0 \tag{7.20}$$

或者

$$p_{ij}(t,t+\Delta t)=\sum_{m=1}^{M}p_{im}(t_0,t)p_{mj}(t,t+\Delta t) \tag{7.21}$$

将式（7.18）中 $\boldsymbol{P}_{\pi}(t_0,t)$ 的表达式代入式（7.20）的右侧部分，并在 $\Delta t\to 0$ 时过渡（转换）至极限，可得出偏导数的柯尔莫哥洛夫矩阵方程

$$\frac{\partial}{\partial t}\boldsymbol{P}_{\pi}(t_0,t)=\boldsymbol{P}_{\pi}(t_0,t)\boldsymbol{A}(t), \boldsymbol{P}_{\pi}(t_0,t_0)=\boldsymbol{I} \tag{7.22}$$

式（7.22）符合下列转换概率的线性微分方程组：

$$\frac{\partial}{\partial t}p_{ij}(t_0,t)=\sum_{m=1}^{M}p_{im}(t_0,t)a_{mj}(t), i=\overline{1,M},$$
$$j=\overline{1,M}, p_{ij}(t_0,t_0)=\delta_{ij} \tag{7.23}$$

对于特殊情况 $\boldsymbol{A}(t)=f(t)\boldsymbol{A}$，其中 $f(t)$ 为任意标量时间函数，式（7.22）的解是已知的[9,11]：

$$\boldsymbol{P}_{\pi}(t_0,t)=\mathrm{e}^{\boldsymbol{A}\int_{t_0}^{t}f(\tau)\mathrm{d}\tau}$$

除了常称为正向方程的式（7.22）、式（7.23）外，在这些方程中根据当前时间 t 选择转换概率的偏导数，还有著名的柯尔莫哥洛夫后向方程[8,9,11]：

$$\frac{\partial}{\partial t}\boldsymbol{P}_{\pi}(t_0,t)=-\boldsymbol{A}(t_0)\boldsymbol{P}_{\pi}(t_0,t), \boldsymbol{P}_{\pi}(t_0,t_0)=\boldsymbol{I}, t\geqslant t_0 \tag{7.24}$$

$$\frac{\partial}{\partial t}p_{ij}(t_0,t)=-\sum_{m=1}^{M}a_{im}(t_0)p_{mj}(t_0,t), p_{ij}(t_0,t_0)=\delta_{ij} \tag{7.25}$$

在式（7.24）、式（7.25）中，根据初始（过去）时间 t_0 选择偏导数。

如果对于离散马尔可夫过程，在初始时刻 t_0 状态的概率 $\{p_j(t_0)\}, j=\overline{1,M}$ 是已知的（矢量 $\boldsymbol{P}(t_0)=\boldsymbol{P}_0$），则根据全概率公式，在 t 时刻的状态概率为

$$p_j(t) = \sum_{i=1}^{M} p_i(t_0)p_{ij}(t_0,t)$$

或者

$$\boldsymbol{P}(t) = \boldsymbol{P}_\pi^{\mathrm{T}}(t_0,t)\boldsymbol{P}(t_0)$$

相应地，对于 $t+\Delta t$ 时刻可得

$$p_j(t+\Delta t) = \sum_{i=1}^{M} p_i(t)p_{ij}(t+\Delta t)$$

或者

$$\boldsymbol{P}(t+\Delta t) = \boldsymbol{P}_\pi^{\mathrm{T}}(t,t+\Delta t)\boldsymbol{P}(t) \tag{7.26}$$

将式（7.18）中 $P_\pi(t_0,t)$ 的表达式代入式（7.26）中，并在 $\Delta t\to 0$ 时过渡至极限，与式（7.22）类似，可得出综合系统无条件状态概率矢量 $\boldsymbol{P}(t)$ 的矩阵微分方程：

$$\dot{\boldsymbol{P}}(t) = \boldsymbol{A}^{\mathrm{T}}(t)\boldsymbol{P}(t), \boldsymbol{P}(t_0) = \boldsymbol{P}_0 \tag{7.27}$$

式中：$\boldsymbol{P}(t) = [p_j(t)], j=\overline{1,M}$。

式（7.27）符合下列微分方程组：

$$\dot{p}_j(t) = \sum_{i=1}^{M} a_{ij}(t)p_i(t), p_j(t_0) = p_{j0}, j=\overline{1,M} \tag{7.28}$$

在满足齐次离散马尔可夫过程 $\boldsymbol{A}(t)=[a_{ij}(t)]=\boldsymbol{A}$，$a_{ij}(t)=a_{ij}=\text{const}$ 情况下，条件转换概率仅取决于差值 $\boldsymbol{\tau}=t-t_0$：$p_{ij}(t_0,t)=p_{ij}(\boldsymbol{\tau})$。此时，式（7.22）和式（7.23）具有下列形式：

$$\frac{\mathrm{d}}{\mathrm{d}\boldsymbol{\tau}}\boldsymbol{P}_\pi(\boldsymbol{\tau}) = \boldsymbol{P}_\pi(\boldsymbol{\tau})\boldsymbol{A}, \boldsymbol{P}_\pi(0) = \boldsymbol{I} \tag{7.29}$$

$$\frac{\mathrm{d}}{\mathrm{d}\boldsymbol{\tau}}P_{ij}(\boldsymbol{\tau}) = \sum_{m=1}^{M} p_{im}(\boldsymbol{\tau})a_{mj}, p_{ij}(0) = \delta_{ij}, i,j=\overline{1,M} \tag{7.30}$$

在 $\boldsymbol{A}(t)=\boldsymbol{A}=\text{const}$ 时，初始条件为 $\boldsymbol{P}_\pi(t_0,t_0)=\boldsymbol{I}$ 的式（7.29）的解具有下列矩阵指数的形式[9,11]：

$$\boldsymbol{P}_\pi(t-t_0) = \boldsymbol{P}_\pi(\boldsymbol{\tau}) = \mathrm{e}^{\boldsymbol{A}\boldsymbol{\tau}} \tag{7.31}$$

与齐次离散马尔可夫过程的情况类似，式（7.27）和式（7.28）具有下列形式：

$$\dot{\boldsymbol{P}}(t) = \boldsymbol{A}^{\mathrm{T}}\boldsymbol{P}(t), \boldsymbol{P}(t_0) = \boldsymbol{P}_0 \tag{7.32}$$

$$\dot{p}_j(t) = \sum_{i=1}^{M} a_{ij}p_i(t), p_j(t_0) = p_{j0}, j=\overline{1,M} \tag{7.33}$$

式中：$\boldsymbol{P}(t)=[p_j(t)]$，为在固定时刻 t 综合系统的无条件状态概率矢量。

下面分析式（7.27）。它是一个线性齐次微分方程，方程解的基本矩阵 $\boldsymbol{\Phi}_p(t,t_0)$ 满足下列方程（参见 2.5 节）：

$$\frac{\partial}{\partial t}\boldsymbol{\Phi}_p(t,t_0)=\boldsymbol{A}^{\mathrm{T}}(t)\boldsymbol{\Phi}_p(t,t_0),\boldsymbol{\Phi}_p(t_0,t_0)=\boldsymbol{I}$$

借助矩阵 $\boldsymbol{\Phi}_p(t,t_0)$，式（7.27）的解可用下列关系式表示（参见式（2.40））：

$$\boldsymbol{P}(t)=\boldsymbol{\Phi}_p(t,t_0)\boldsymbol{P}_0$$

在满足齐次离散马尔可夫过程情况时，用式（7.32）描述的无条件概率矢量可由下列表达式确定：

$$\boldsymbol{P}(t)=\mathrm{e}^{(t-t_0)\boldsymbol{A}^{\mathrm{T}}}\boldsymbol{P}_0 \tag{7.34}$$

式中：$\mathrm{e}^{(t-t_0)\boldsymbol{A}^{\mathrm{T}}}$ 为矩阵指数函数。

确定矩阵 $\boldsymbol{P}_\pi(t_0,t)$ 和 $\boldsymbol{\Phi}_p(t,t_0)$ 之间的关系。对式（7.22）的两个部分都采取矩阵转置运算，可得

$$\frac{\partial}{\partial t}\boldsymbol{P}_\pi^{\mathrm{T}}(t_0,t)=\boldsymbol{A}^{\mathrm{T}}(t)\boldsymbol{P}_\pi^{\mathrm{T}}(t_0,t),\boldsymbol{P}_\pi^{\mathrm{T}}(t_0,t_0)=\boldsymbol{P}_\pi(t_0,t_0)=\boldsymbol{I}$$

通过对比 $\boldsymbol{\Phi}_p(t,t_0)$ 和 $\boldsymbol{P}_\pi^{\mathrm{T}}(t_0,t)$ 的方程，可确定 $\boldsymbol{\Phi}_p(t,t_0)=\boldsymbol{P}_\pi^{\mathrm{T}}(t_0,t)$。

应当指出，在综合系统的所有状态中应单独划分出沉没状态（参见式（7.6））$\{\bar{x}_1,\bar{x}_2,\cdots,\bar{x}_n\}$，该状态表示综合电子系统的所有元部件都处于完全故障状态。对于综合系统的沉没状态，转换概率服从下列条件：$p_{ii}=1$，$p_{ij}=0$。

在实践中分析综合电子系统（其组成部件）从一种状态转至另一种状态的转换过程时，在不兼容状态数量相对不多时，除了技术状态矢量和矩阵外，还可适当使用状态标记（标定）图。状态标记图可在几何上反映综合系统从一种状态至其他状态的可能转换。为了更完整地描述转换过程，可在曲线图的箭头上标注相应的转换概率或转换强度。

2. 应用实例 1

下面分析一个示例。

假设机载综合电子系统中的观测瞄准系统由下列两个独立和在飞行中不可修复的元部件组成：机载雷达和红外测向仪（TΠ）。它们可处于正常工作或非正常工作状态。对于上述系统，其技术状态矢量和相应矩阵为

$$\boldsymbol{H}=\begin{bmatrix}h_1\\h_2\\h_3\\h_4\end{bmatrix}\approx\begin{bmatrix}x_1x_2\\\bar{x}_1x_2\\x_1\bar{x}_2\\\bar{x}_1\bar{x}_2\end{bmatrix}$$

式中：x_1，x_2 和 $\bar{x}_1,\bar{x}_2$ 分别对应机载雷达和红外测向仪的正常工作状态和非正常工作状态。

如果在该系统中转换过程是齐次离散马尔可夫过程，则转换矩阵和转换强度矩阵分别为

$$\boldsymbol{P}_{\pi}\ (t,t+\Delta t)\ =\ \boldsymbol{P}_{\pi}\ (\Delta t)\ =\ \begin{bmatrix} p_{11}(\Delta t) & p_{12}(\Delta t) & p_{13}(\Delta t) & p_{14}(\Delta t) \\ 0 & p_{22}(\Delta t) & 0 & p_{24}(\Delta t) \\ 0 & 0 & p_{33}(\Delta t) & p_{34}(\Delta t) \\ 0 & 0 & 0 & 1 \end{bmatrix}$$

$$\boldsymbol{A} = \begin{bmatrix} a_{11} & a_{12} & a_{13} & a_{14} \\ 0 & a_{22} & 0 & a_{24} \\ 0 & 0 & a_{33} & a_{34} \\ 0 & 0 & 0 & 0 \end{bmatrix}$$

对于上述系统转换概率的状态标记图如图 7.3（a）所示。概率 $p_{11}(\Delta t)$、$p_{22}(\Delta t)$、$p_{33}(\Delta t)$ 和 $p_{44}(\Delta t)$ 将与图中从该状态出发的所有箭头对应的转换概率总和增加至 1。根据式（7.15），它们等于：$p_{11}=1-(p_{12}+p_{13}+p_{14})$；$p_{22}=1-p_{24}$；$p_{33}=1-p_{34}$；$p_{44}=1$；$p_{21}=p_{23}=p_{31}=p_{32}=p_{41}=p_{42}=p_{43}=0$。

对于转换强度的状态标记图如图 7.3（b）所示。根据式（7.19），转换强度可由下列关系式确定：$a_{11}=-(a_{12}+a_{13}+a_{14})$；$a_{22}=-a_{24}$；$a_{33}=-a_{34}$；$a_{21}=a_{23}=a_{31}=a_{32}=a_{41}=a_{42}=a_{43}=a_{44}=0$。

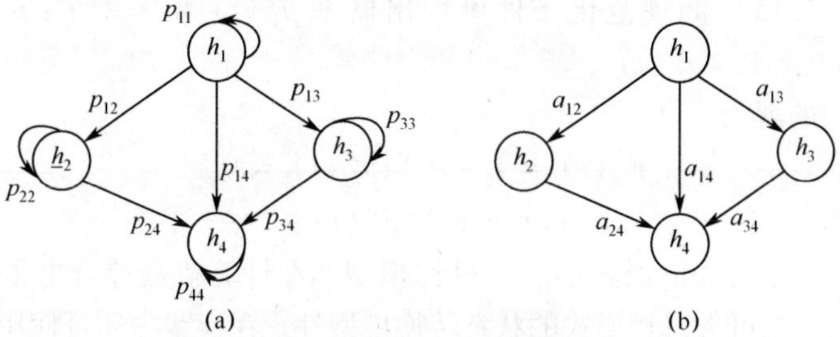

图 7.3　转换概率的状态标记图和转换强度的状态标记图

下面研究使用式（7.33）和式（7.30）求出综合电子系统元件（带两种状态）的无条件状态概率和转换概率的示例。

3. 应用实例 2

假设机载综合电子系统中的在飞行中不可修复元部件（例如，机载雷达）可处于两种状态（x 或 $\bar{x}$）之一，并且元部件的状态转换过程可用齐次离散马尔可夫过程描述。用 λ 表示机载雷达的完全故障强度，则该元部件的技术状态矢量为

$$\boldsymbol{H} = \begin{bmatrix} h_1 \\ h_2 \end{bmatrix} \approx \begin{bmatrix} x \\ \bar{x} \end{bmatrix}$$

式中：h_2 为沉没状态。

根据式（7.18），转换矩阵和转换强度矩阵应分别为

$$\boldsymbol{P}_{\pi}(\Delta t)=\begin{bmatrix}p_{11}(\Delta t) & p_{12}(\Delta t)\\ p_{21}(\Delta t) & p_{22}(\Delta t)\end{bmatrix}=\begin{bmatrix}(1-\lambda\Delta t) & \lambda\Delta t\\ 0 & 1\end{bmatrix} \tag{7.35}$$

$$\boldsymbol{A}=\begin{bmatrix}a_{11} & a_{12}\\ a_{21} & a_{22}\end{bmatrix}=\begin{bmatrix}-\lambda & \lambda\\ 0 & 0\end{bmatrix},\boldsymbol{A}^{\mathrm{T}}=\begin{bmatrix}-\lambda & 0\\ \lambda & 0\end{bmatrix} \tag{7.36}$$

假设，在初始时刻 t_0 该元件处于正常工作状态，元件状态无条件概率的微分方程组根据式（7.33）并考虑到式（7.36）可记录为

$$\dot{p}_1(t)=-\lambda p_1(t),p_1(0)=1$$

$$\dot{p}_2(t)=\lambda p_1(t),p_2(0)=0$$

该方程组的解是已知的表达式：

$$p_1(t)=\mathrm{e}^{-\lambda t},p_2(t)=1-\mathrm{e}^{-\lambda t} \tag{7.37}$$

在初始条件为 $p_{ij}(t_0,t_0)=p_{ij}(0,0)=\delta_{ij}$ 时，元部件状态转换概率 $p_{ij}(t_0,t)$ 的微分方程组根据式（7.30）具有下列形式：

$$\dot{p}_{12}(t)=a_{12}p_{11}(t)+a_{22}p_{12}(t)=\lambda[1-p_{12}(t)]$$

$$\dot{p}_{21}(t)=a_{11}p_{21}(t)+a_{21}p_{22}(t)=-\lambda p_{21}(t)$$

根据式（7.15）的规范化条件可得出概率 $p_{11}(t)$ 和 $p_{22}(t)$：$p_{11}(t)=1-p_{12}(t)$；$p_{22}(t)=1-p_{21}(t)$。

该方程组的解为

$$p_{12}(t)=1-\mathrm{e}^{-\lambda t},p_{21}(t)=0,$$

$$p_{11}(t)=\mathrm{e}^{-\lambda t},p_{22}(t)=1 \tag{7.38}$$

下面介绍马尔可夫链形式的转换过程模型。在计算机载综合电子系统的效率时，除了离散马尔可夫过程形式的状态转换模型外，在实践中还可使用马尔可夫链形式的模型。马尔可夫链属于带离散状态和离散时间的马尔可夫随机过程类别。

假设机载综合电子系统可处于下列状态之一：h_1，h_2，…，h_M，并且综合系统仅能在已知时刻 τ_1，τ_2，…，τ_k 进行状态转换。这些时刻之间的时间间隔被称作过程的“步”或“阶段”。使用 $h_m(k)$ 表示下述事件，在 k 步后综合系统处于 h_m 状态。在任意的步数 k 下，事件 $h_m(k)(m=\overline{1,M})$ 可构成一个完备组，并且它们互不兼容。如果对于每一步综合系统从任意状态 h_m 转至任意状态 h_n 的转换概率不取决于综合系统何时和如何转至状态 h_m，则由综合系统状态转换构成的事件随机序列可借助马尔可夫链加以确定。

使用以前输入的事件 $h_1(k)$，$h_2(k)$，…，$h_M(k)$，转换概率 $p_{mn}(k)$ 可记录为

$$p_{mn}(k)=P\{\boldsymbol{H}(k)=h_n|\boldsymbol{H}(k-1)=h_m\}$$

概率 $p_{mn}(k)$ 表示当在 τ_{k-1} 时刻综合系统处于 h_m 状态的条件下在第 k 步上它在 τ_k 时刻转至 h_n 状态的概率。

马尔可夫链与离散马尔可夫过程一样，也可借助无条件状态概率矢量 $\boldsymbol{P}(k) = [p_m(k)](m = \overline{1,M})$ 和条件转换概率 $\boldsymbol{P}_n(k) = [p_{mn}(k)](m = \overline{1,M}, n = \overline{1,M})$ 进行描述。为计算综合电子系统的无条件状态概率应给定初始状态的无条件概率矢量 $\boldsymbol{P}(t_0)$。初始状态概率的分布特性可由任务条件确定。其中如果在初始状态下综合系统在执行规定战斗任务前所有元部件都正常工作，即综合系统处于 h_1 状态（参见式（7.5）和式（7.6）），则在此情况下 $\boldsymbol{P}(t_0) = [1 \quad 0\cdots 0\cdots 0]^{\mathrm{T}}$。

如果转换概率不取决于时间（步号），则在此情况下马尔可夫链可称作齐次马尔可夫链，若取决于时间，则称作非齐次链。假设综合系统从一种状态转入另一种状态的转换过程可用齐次马尔可夫链描述，综合系统具有 M 个可能的不兼容状态 h_m, $m = \overline{1,M}$，并且对于每种状态已知在一步内转入其他任意状态的转换概率（不取决于步号）。综合系统无条件状态概率 $p_n(k)$ 在第 k 步后可根据用下列递推关系式描述的全概率公式确定：

$$p_n(k) = \sum_{m=1}^{M} p_m(k-1)p_{mn}, n = \overline{1,M}, p_m(0) = p_{m0} \tag{7.39}$$

式中：$p_m(k-1)$ 为在第（$k-1$）步后的综合电子系统无条件状态概率，它可作为假设概率。

根据式（7.39），在第 k 步后综合系统无条件状态概率矢量为

$$\boldsymbol{P}^{\mathrm{T}}(k) = \boldsymbol{P}^{\mathrm{T}}(k-1)\boldsymbol{P}_{\pi} \text{ 或 } \boldsymbol{P}(k) = \boldsymbol{P}_{\pi}^{\mathrm{T}}\boldsymbol{P}(k-1), \boldsymbol{P}(0) = \boldsymbol{P}_0 \tag{7.40}$$

根据式（7.40），在第 k 步后综合系统无条件状态概率矢量可由下列矩阵方程确定：

$$\boldsymbol{P}^{\mathrm{T}}(k) = \boldsymbol{P}_0^{\mathrm{T}}\boldsymbol{P}_{\pi}^{k} \tag{7.41}$$

在 3 个连续时刻（0, l, k）转换矩阵之间的关系可由下列关系式确定[11]：

$$\boldsymbol{P}_{\pi}(k) = \boldsymbol{P}_{\pi}(l)\boldsymbol{P}_{\pi}(k-l), k > l \geqslant 0$$

在齐次离散马尔可夫过程和马尔可夫链之间存在一定的相似之处[8,11]。其中，离散马尔可夫过程包括在离散时间上带有状态 $\mathrm{h}_1, \cdots, \mathrm{h}_m, \cdots, \mathrm{h}_M$ 的过程，在固定时刻 $t - t_0 = k\mathrm{T}, k = 0,1,2,\cdots, T = \mathrm{const}$ 发生状态变换，而在时间间隔 $((k-1)T, kT)$ 内过程数值是固定不变的。

下面研究一种情况，此时可用非齐次马尔可夫链描述机载综合电子系统从一种状态转入其他状态的转换过程。综合系统具有 M 个可能的不兼容状态，且对于每一步已知转换矩阵 $\boldsymbol{P}_n(k)$。此外，如果在第（$k-1$）步后的综合系统状态概率是已知的，则在 k 步后综合系统将处于 h_n 状态的概率可用下式确定：

$$p_n(k) = \sum_{m=1}^{M} p_m(k-1)p_{mn}(k), p_m(0) = p_{m0} \tag{7.42}$$

式中：$n = \overline{1, M}$。

式（7.42）与齐次马尔可夫链公式（式（7.39））的区别仅在于，其中列入了取决于步号的转换概率。

与式（7.40）类似，并根据式（7.42），在第 k 步之后综合系统的无条件状态概率矢量可由下式确定：

$$\boldsymbol{P}^{\mathrm{T}}(k) = \boldsymbol{P}^{\mathrm{T}}(k-1)\boldsymbol{P}_{п}(k), P(0) = P_0 \tag{7.43}$$

式中：$\boldsymbol{P}(k-1)$ 为在 第$(k-1)$ 步后的综合系统无条件状态概率矢量。

如果用状态图来描述非齐次马尔可夫链形式的转换过程，则其箭头表示仅与特定的第 k 步相对应的转换概率 $p_{mn}(k)$。

上述机载综合电子系统状态转换过程的数学模型是计算综合系统（作为复杂技术系统）效率的基础。此时，在使用离散马尔可夫过程形式的转换过程模型时，式（7.27）、式（7.28）和式（7.32）~式（7.34）可确定综合电子系统的无条件状态转换概率，而式（7.39）~式（7.43）则对应使用马尔可夫链形式的模型。

7.6 在估计时确定机载综合电子系统的状态概率

7.6.1 确定机载综合电子系统各元件的状态概率

在进行战斗行动时，与综合电子系统各元部件的状态转换实际过程最相符的模型是考虑到完全和临时故障的模型，这些故障可由元部件可靠性限制、战斗损伤、人为和非人为干扰影响等一系列因素造成。

下面研究一些示例，这些示例可说明在考虑到综合电子系统各元部件的完全和临时故障时计算其单独元部件和测量仪系统无条件状态概率的方法。此时在下述示例中用齐次离散马尔可夫过程描述元部件（系统）的状态转换过程。

1. 应用实例 1

计算多普勒速度和偏流角测量仪的无条件状态概率和转换概率，它可处于下列 3 种状态之一：$x_{д}$（正常工作状态）、$\tilde{x}_{д}$（临时故障状态）和 $\bar{x}_{д}$（完全故障状态）。多普勒速度和偏流角测量仪的临时故障在此是指其转入“记忆”模式。机载监控系统的数据解码结果表明，多普勒速度和偏流角测量仪转入“记忆”模式的时间序列在第一次近似时可用固定泊松流进行描述。多普勒测量仪的技术状态矢量为

$$\boldsymbol{H} = \begin{bmatrix} h_1 \\ h_2 \\ h_3 \end{bmatrix} \sim \begin{bmatrix} x_{д} \\ \tilde{x}_{д} \\ \bar{x}_{д} \end{bmatrix}$$

式中：h_3 为沉没状态。

图 7.4 所示为多普勒测量仪技术状态图，其中箭头表示相应的转换概率。

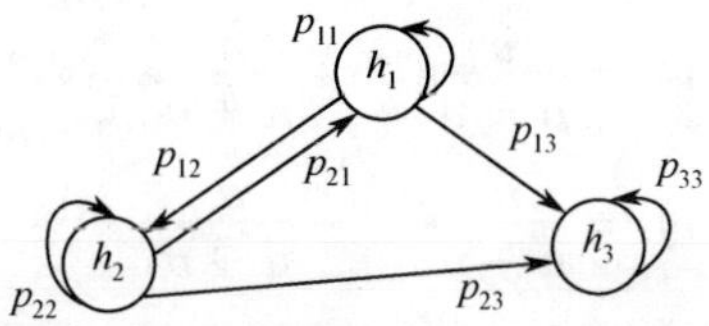

图 7.4　多普勒测量仪技术状态图

多普勒测量仪的状态转换过程可用下列转换强度符号表示：μ 为多普勒测量仪转至"记忆"模式的强度；λ 为多普勒测量仪完全故障的强度；λ^* 为多普勒测量仪由"记忆"模式转至完全故障状态的强度；v 为多普勒测量仪由"记忆"模式转至正常工作状态的强度。

参数 μ 和 v 取决于多普勒测量仪及其飞行器的类型，并取决于战斗使用条件。这两个参数可借助经验法在分析每种具体类型多普勒测量仪使用数据的基础上得出。通过分析导致多普勒测量仪转入"记忆"模式的实质原因，λ 和 λ^* 的强度在实践中可认为是相等的，即 $\lambda = \lambda^*$。

考虑到上述情况，根据式（7.18），转换矩阵和转换强度矩阵分别为

$$\boldsymbol{P}_{\pi}(\Delta t) = \begin{bmatrix} 1-(\mu+\lambda)\Delta t & \mu\Delta t & \lambda\Delta t \\ v\Delta t & 1-(v+\lambda)\Delta t & \lambda\Delta t \\ 0 & 0 & 1 \end{bmatrix} \tag{7.44}$$

$$\boldsymbol{A} = \begin{bmatrix} -(\mu+\lambda) & \mu & \lambda \\ v & -(v+\lambda) & \lambda \\ 0 & 0 & 0 \end{bmatrix};$$

$$\boldsymbol{A}^{\mathrm{T}} = \begin{bmatrix} -(\mu+\lambda) & v & 0 \\ \mu & -(v+\lambda) & 0 \\ \lambda & \lambda & 0 \end{bmatrix} \tag{7.45}$$

根据式（7.33）或式（7.32）并考虑到式（7.45），可得出对于任意时刻 t 时多普勒测量仪无条件状态概率的微分方程组：

$$\dot{p}_j(t) = \sum_{i=1}^{3} a_{ij} p_i(t),\ p_j(t_0) = p_{j0},\ j = 1,2,3$$

假设在初始时刻 $t_0 = 0$ 时多普勒测量仪处于正常工作状态，即 $p_1(0) = 1$，$p_2(0) = 0$ 和 $p_3(0) = 0$。

在给定的初始条件下，该方程组具有下列形式：

$$\begin{cases} \dot{p}_1(t) = -(\mu+\lambda)p_1(t) + v p_2(t) \\ \dot{p}_2(t) = \mu p_1(t) - (v+\lambda)p_2(t) \\ \dot{p}_3(t) = \lambda p_1(t) + \lambda p_2(t) \end{cases}$$

可表明，下列多普勒测量仪无条件状态概率的表达式是该微分方程组的解：

$$
\begin{cases}
p_1(t) = \dfrac{v}{\mu+v}e^{-\lambda t} + \dfrac{\mu}{\mu+v}e^{-(\lambda+\mu+v)t} \\
p_2(t) = \dfrac{\mu}{\mu+v}e^{-\lambda t} - \dfrac{\mu}{\mu+v}e^{-(\lambda+\mu+v)t} \\
p_3(t) = 1 - p_1(t) - p_2(t) = 1 - e^{-\lambda t}
\end{cases}
\tag{7.46}
$$

在初始条件 $p_{ij}(t_0,t_0) = p_{ij}(0,0) = \delta_{ij}$ 时，根据式（7.30）可得出转换概率 $p_{ij}(t_0,t)$ 的微分方程组：

$$
\begin{cases}
\dot{p}_{12}(t) = \mu p_{11}(t) - (v+\lambda)p_{12}(t) = \mu[1 - p_{12}(t) - p_{13}(t)] - \\
\qquad (v+\lambda)p_{12}(t) = -(\mu+v+\lambda)p_{12}(t) - \mu p_{13}(t) + \mu \\
\dot{p}_{13}(t) = \lambda p_{11}(t) + \lambda p_{12}(t) = \lambda[1 - p_{12}(t) - p_{13}(t)] + \lambda p_{12}(t) \\
\qquad = -\lambda p_{13}(t)\lambda \\
\dot{p}_{21}(t) = -(\mu+\lambda)p_{21}(t) + v p_{22}(t) \\
\qquad = -(\mu+\lambda)p_{21}(t) + v[1 - p_{21}(t) - p_{23}(t)] \\
\qquad = -(\mu+v+\lambda)p_{21}(t) - v p_{23}(t) + v \\
\dot{p}_{23}(t) = \lambda p_{21}(t) + \lambda p_{22}(t) = \lambda p_{21}(t) + \lambda[1 - p_{21}(t) - p_{23}(t)] \\
\qquad = -\lambda p_{23}(t) + \lambda \\
\dot{p}_{31}(t) = -(\mu+\lambda)p_{31}(t) + v p_{32}(t) \\
\dot{p}_{32}(t) = -\mu p_{31}(t) - (v+\lambda)p_{32}(t) \\
\dot{p}_{12}(0) = p_{13}(0) = p_{21}(0) = p_{23}(0) = p_{31}(0) = p_{32}(0) = 0 \\
\dot{p}_{11}(0) = p_{33}(0) = p_{33}(0) = 1
\end{cases}
\tag{7.47}
$$

式（7.47）的解是下列转换概率表达式：

$$
\begin{cases}
p_{12}(t) = \dfrac{\mu}{\mu+v}e^{-\lambda t} - \dfrac{\mu}{\mu+v}e^{-(\lambda+\mu+v)t} \\
p_{13}(t) = 1 - e^{-\lambda t} \\
p_{11}(t) = 1 - p_{12}(t) - p_{13}(t) = \dfrac{\mu}{\mu+v}e^{-\lambda t} + \dfrac{\mu}{\mu+v}e^{-(\lambda+\mu+v)t} \\
p_{21}(t) = \dfrac{\mu}{\mu+v}e^{-\lambda t} - \dfrac{\mu}{\mu+v}e^{-(\lambda+\mu+v)t} \\
p_{23}(t) = 1 - e^{-\lambda t} \\
p_{22}(t) = 1 - p_{21}(t) - p_{23}(t) = \dfrac{\mu}{\mu+v}e^{-\lambda t} + \dfrac{\mu}{\mu+v}e^{-(\lambda+\mu+v)t} \\
p_{31}(t) = p_{32}(t) = 0 \\
p_{33}(t) = 1
\end{cases}
\tag{7.48}
$$

2. 应用实例 2

下面研究一个由两个元件组成的测量仪系统。计算由在飞行中不可修复的多普勒速度和偏流角测量仪和惯性导航系统组成的测量系统的无条件状态概率。假设多普勒测量仪可处于下列 3 种状态之一：x_1、$\tilde{x}_1$ 和 $\bar{x}_1$，而非无线电测量仪（惯性导航系统）可处于两种状态之一：x_2 和 $\bar{x}_2$。在上述假设下，由两个元部件组成的测量系统的技术状态矢量和矩阵为

$$\boldsymbol{H}=\begin{bmatrix} h_1 \\ h_2 \\ h_3 \\ h_4 \\ h_5 \\ h_6 \end{bmatrix} \sim \begin{bmatrix} x_1 & x_2 \\ \tilde{x}_1 & x_2 \\ \tilde{x}_1 & x_2 \\ x_1 & \bar{x}_2 \\ \tilde{x}_1 & \bar{x}_2 \\ \tilde{x}_1 & \bar{x}_2 \end{bmatrix} \tag{7.49}$$

图 7.5 所示为该系统技术状态的图。状态 h_6 为吸收状态。对于系统单个元部件的状态转换强度采用下列符号：$\boldsymbol{\mu}$ 和 $\boldsymbol{v}$（与本节应用实例 1 相同）分别为多普勒测量仪转至“记忆”模式和从“记忆”模式转至正常工作状态的强度；$\boldsymbol{\lambda}_1$ 为多普勒测量仪完全故障的强度；$\boldsymbol{\lambda}_1^*$ 为多普勒测量仪由“记忆”模式转至完全故障状态的强度：$\boldsymbol{\lambda}_1 \approx \boldsymbol{\lambda}_1^*$；$\boldsymbol{\lambda}_1$ 为惯性导航系统完全故障的强度。

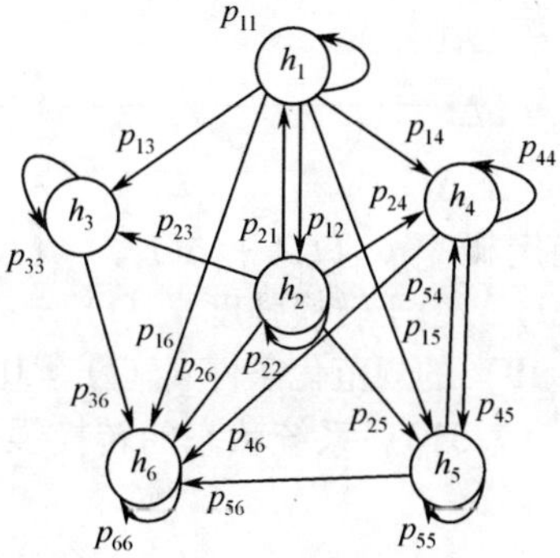

图 7.5　在逻辑分析式（7.49）基础上的使用状态图

为了建立所求的微分方程组，必须预先确定系统的转换强度，而系统的转换强度可通过单个元部件的转换强度表示。在逻辑分析式（7.49）的基础上使用状态图（图 7.5）可确定系统的转换强度。

对于较小的时间间隔，可按下列方式得出系统的转换概率。例如，若系统在 t 时刻处于 h_1 状态，为使其在 $t+\Delta t$ 时刻处于 h_2 状态，则在 $t+\Delta t$ 时刻多普勒测

量仪应处于“记忆”模式，而惯性导航系统应处于正常工作状态。

考虑到描述多普勒测量仪和惯性导航系统状态变换的过程是独立的，则借助式（7.17），并考虑到式（7.44）和式（7.35），可得

$$p_{12}(t,t+\Delta t) \approx a_{12}\Delta t = \mu\Delta t(1-\lambda_2\Delta t) = \mu\Delta t - \mu\lambda_2\Delta t^2 \approx \mu\Delta t \quad (7.50)$$

用类似方法可得出其他转换概率的关系式：

$$\begin{cases} p_{13}(t,t+\Delta t) \approx a_{13}\Delta t = \lambda_1\Delta t(1-\lambda_2\Delta t) = \lambda_1\Delta t - \lambda_1\lambda_2\Delta t^2 \approx \lambda_1\Delta t \\ p_{14}(t,t+\Delta t) \approx a_{14}\Delta t = [1-(\mu+\lambda_1)\Delta t]\lambda_2\Delta t \\ \qquad = \lambda_2\Delta t - \lambda_2(\mu+\lambda_1)\Delta t^2 \approx \lambda_2\Delta t \\ p_{15}(t,t+\Delta t) \approx a_{15}\Delta t = \mu\Delta t\lambda_2\Delta t = \mu\lambda_2\Delta t^2 \approx 0 \\ p_{16}(t,t+\Delta t) \approx a_{16}\Delta t = \lambda_1\Delta t\lambda_2\Delta t = \lambda_1\lambda_2\Delta t^2 \approx 0 \\ p_{21}(t,t+\Delta t) \approx a_{21}\Delta t = \upsilon\Delta t(1-\lambda_2\Delta t) = \upsilon\Delta t - \upsilon\lambda_2\Delta t^2 \approx \upsilon\Delta t \\ p_{23}(t,t+\Delta t) \approx a_{23}\Delta t = \lambda_1\Delta t(1-\lambda_2\Delta t) = \lambda_1\Delta t - \lambda_1\lambda_2\Delta t^2 \approx \lambda_1\Delta t \\ p_{24}(t,t+\Delta t) \approx a_{24}\Delta t = \upsilon\Delta t\lambda_2\Delta t = \upsilon\lambda_2\Delta t^2 \approx 0 \\ p_{25}(t,t+\Delta t) \approx a_{25}\Delta t = [1-(\upsilon+\lambda_1)\Delta t]\lambda_2\Delta t \\ \qquad = \lambda_1\Delta t - \lambda_2(\upsilon+\lambda_1)\Delta t^2 \approx \lambda_2\Delta t \\ p_{26}(t,t+\Delta t) \approx a_{26}\Delta t = \lambda_1\Delta t\lambda_2\Delta t = \lambda_1\lambda_2\Delta t^2 \approx 0 \\ p_{36}(t,t+\Delta t) \approx a_{36}\Delta t \approx \lambda_2\Delta t \\ p_{45}(t,t+\Delta t) \approx a_{45}\Delta t \approx \mu\Delta t \\ p_{46}(t,t+\Delta t) \approx a_{46}\Delta t \approx \lambda_1\Delta t \\ p_{54}(t,t+\Delta t) \approx a_{54}\Delta t \approx \upsilon\Delta t \\ p_{56}(t,t+\Delta t) \approx a_{56}\Delta t \approx \lambda_1\Delta t \end{cases} \quad (7.51)$$

可根据规范化条件确定概率 $p_{11}(t,t+\Delta t)$、$p_{22}(t,t+\Delta t)$、$p_{33}(t,t+\Delta t)$、$p_{44}(t,t+\Delta t)$ 和 $p_{55}(t,t+\Delta t)$。由于转换强度 $a_{61}(t) = a_{62}(t) = a_{63}(t) = a_{64}(t) = a_{65}(t) = 0$，则根据式（7.19）的规范化条件 $a_{66}(t) = 0$，得出 $p_{66}(t,t+\Delta t) = 1$。

根据式（7.50）和式（7.51），系统状态的转换强度可记录为下列转换强度矩阵的形式：

$$\boldsymbol{A} = \begin{bmatrix} -\mu-\lambda_1-\lambda_2 & \mu & \lambda_1 & \lambda_2 & 0 & 0 \\ \upsilon & -\upsilon-\lambda_1-\lambda_2 & \lambda_1 & 0 & \lambda_2 & 0 \\ 0 & 0 & -\lambda_2 & 0 & 0 & \lambda_2 \\ 0 & 0 & 0 & -\mu-\lambda_1 & \mu & \lambda_1 \\ 0 & 0 & 0 & \upsilon & -\upsilon-\lambda_1 & \lambda_1 \\ 0 & 0 & 0 & 0 & 0 & 0 \end{bmatrix} \quad (7.52)$$

通过分析式（7.50）、式（7.51）和式（7.52）可知，由于单个元部件状态转换的独立性（无关联性），与两个（或更多）元部件同时改变状态相关的系统状态转换强度实际上等于零。因此，仅由单个元部件状态变换引起的系统转换强度才具有不等于零的数值。此时，系统的转换强度在数值上等于相应元件的转换强度。

考虑到式（7.52）和式（7.32），所述测量系统无条件状态概率的微分方程组为

$$\begin{cases}\dot{p}_1(t) = -(\mu+\lambda_1+\lambda_2)p_1(t) + \upsilon p_2(t) \\ \dot{p}_2(t) = -\mu p_1(t) - (\lambda_1+\lambda_2+\upsilon)p_2(t) \\ \dot{p}_3(t) = \lambda_1 p_1(t) + \lambda_1 p_2(t) - \lambda_2 p_3(t) \\ \dot{p}_4(t) = \lambda_2 p_1(t) - (\mu+\lambda_1)p_4(t) + \upsilon p_5(t) \\ \dot{p}_5(t) = \lambda_2 p_2(t) + \mu p_4(t) - (\upsilon+\lambda_1)p_5(t) \\ \dot{p}_6(t) = \lambda_2 p_3(t) + \lambda_1 p_4(t) + \lambda_1 p_5(t)\end{cases} \tag{7.53}$$

$$p_1(t_0) = p_{10}, p_2(t_0) = p_{20}, p_3(t_0) = p_{30}, p_4(t_0) = p_{40},$$
$$p_5(t_0) = p_{50}, p_6(t_0) = p_{60}$$

使用拉普拉斯变换法可确定基本矩阵 $\Phi_p(\tau)$，这可表明在 $t_0=0$ 和 $\boldsymbol{P}(t_0) = [1\ 0\ 0\ 0\ 0\ 0]^{\mathrm{T}}$ 时，式（7.53）的解是下列针对所述测量系统无条件状态概率的表达式：

$$\begin{cases}p_1(t) = \dfrac{\upsilon}{\mu+\upsilon}\mathrm{e}^{-(\lambda_1+\lambda_2)t} + \dfrac{\mu}{\mu+\upsilon}\mathrm{e}^{-(\lambda_1+\lambda_2+\mu+\upsilon)t} \\ p_2(t) = \dfrac{\mu}{\mu+\upsilon}\mathrm{e}^{-(\lambda_1+\lambda_2)t} - \dfrac{\mu}{\mu+\upsilon}\mathrm{e}^{-(\lambda_1+\lambda_2+\mu+\upsilon)t} \\ p_3(t) = \mathrm{e}^{-\lambda_2 t} - \mathrm{e}^{-(\lambda_1+\lambda_2)t} \\ p_4(t) = \dfrac{\upsilon}{\mu+\upsilon}\mathrm{e}^{-\lambda_1 t} - \dfrac{\upsilon}{\mu+\upsilon}\mathrm{e}^{-(\lambda_1+\lambda_2)t} + \dfrac{\mu}{\mu+\upsilon}\mathrm{e}^{-(\lambda_1+\mu+\upsilon)t} - \\ \qquad \dfrac{\mu}{\mu+\upsilon}\mathrm{e}^{-(\lambda_1+\lambda_2+\mu+\upsilon)t} \\ p_5(t) = \dfrac{\mu}{\mu+\upsilon}\mathrm{e}^{-\lambda_1 t} - \dfrac{\mu}{\mu+\upsilon}\mathrm{e}^{-(\lambda_1+\lambda_2)t} + \dfrac{\mu}{\mu+\upsilon}\mathrm{e}^{-(\lambda_1+\mu+\upsilon)t} + \\ \qquad \dfrac{\mu}{\mu+\upsilon}\mathrm{e}^{-(\lambda_1+\lambda_2+\mu+\upsilon)t}\end{cases} \tag{7.54}$$

此时，概率 $p_6(t)$ 的表达式满足下列规范化条件：

$$p_6(t) = 1 - \sum_{i=1}^{5} p_i(t)$$

作为示例，图 7.6 所示为根据上述表达式绘制的函数 $p_1(t)$ ~ $p_6(t)$ 的图表，其中使用下列初始数据：考虑到战斗损伤多普勒测量仪（ДИСС）和惯性导航系统（ИНС）的完全故障率分别为 $\lambda_1 = \lambda_{ДИСС} = \lambda_1^* = 0.7$ 次/h，$\lambda_2 = \lambda_{ИНС} = \lambda_2^* = 0.6$ 次/h；多普勒测量仪转至“记忆”模式的强度 $\mu = 0.27$ 次/h 和从“记忆”模式转至正常工作状态的强度 $\upsilon = 13.9$ 次/h。

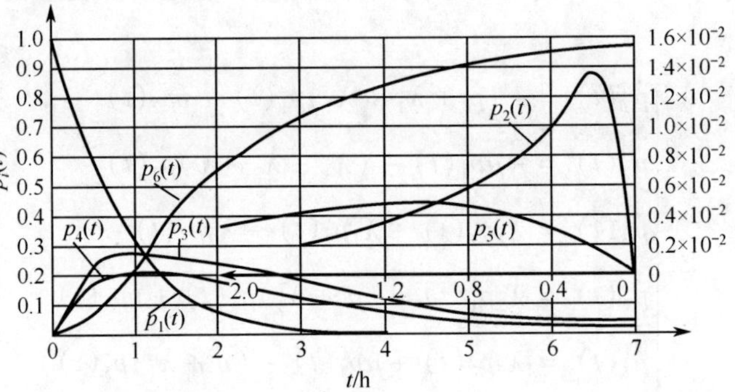

图 7.6 经计算的函数 $p_1(t)$ ~ $p_6(t)$ 曲线图

通过分析图 7.6 可知，概率 $p_2(t)$ 和 $p_5(t)$（鉴于相对较小的强度 μ）比概率 $p_1(t)$、$p_3(t)$、$p_4(t)$ 和 $p_6(t)$ 约小两个数量级。在执行战斗任务的过程中，额定状态概率 h_1（测量系统的所有元部件都正常工作）快速下降，而吸收状态概率 h_6 则相应地增大。

用类似方法可得出由更多元部件组成的更复杂系统的无条件状态概率的微分方程组及其解。

当参与完成某项任务的综合电子系统元部件数量不多，并且使用带有两种或三种状态的元部件技术状态模型时，借助式（7.32）或式（7.33）计算综合系统的无条件状态概率不会有太大困难。而当综合电子系统的元部件或组成元部件数量较多时，将会出现与综合系统技术状态矢量和矩阵维数较大有关的困难。例如，当 $N = 6$、$q_1 = q_2 = 3$ 和 $q_3, q_6 = 2$ 时，技术状态矢量和矩阵的维数分别为 144×1 和 144×6。此时，为计算综合电子系统的无条件状态概率，必须已知综合系统初始状态的概率矢量 $\boldsymbol{P}_0$（大小为 144×1），并计算出不等于零的元部件转换强度矩阵 $\boldsymbol{A}$ 或转换矩阵 $\boldsymbol{P}_n(t - t_0)$（$144 \times 144$）的数值。这将是一个非常复杂并且计算量大的问题[1,6]。

在计算集成型机载综合电子系统的状态概率时，由于综合系统的技术状态矢量和矩阵的尺寸维数大幅增大，则问题的复杂性也随之增大。例如，如 7.3.2 节所述，包含雷达和光电瞄准通道的瞄准系统可处于 81 种不兼容状态之下。下面研究在确定综合系统无条件状态概率时可减少计算量的方法。

根据该方法必须对式（7.5）或式（7.6）描述的技术状态矢量和矩阵进行

分解，借助可靠性图划分综合电子系统的正常工作状态。然后，对其计算综合系统的正常工作状态概率。

7.6.2 借助可靠性图机载综合电子系统状态概率的算法

在计算综合电子系统状态概率时，首先可在分析综合系统工况和功能算法的基础上减小计算的复杂性和繁琐性。这种分析的结果是可得出综合电子系统的技术状态矢量和矩阵，及按照可靠性分阶段绘制综合系统各元部件的连接图。

在第一阶段上，在式（7.5）或式（7.6）中查出没有备份的带两种状态的元部件，其故障将导致综合系统的无工作能力状态。由此，可将综合系统的这些相应状态从后续研究中排除，而在元部件可靠性连接图中所有带两种状态元部件都是串联连接的。

在第二阶段上，通过按功能特征将有备份的元部件联合分组的方法可进一步简化技术状态的矩阵，并相应减小技术状态矢量的维数。在这些分组中各元部件是并联连接的，而在可靠性图中这些分组相互之间的连接以及与没有备份元部件的连接则是串联的。这里首先指的是结构和信息的冗余备份。

在第三阶段上，在对综合电子系统的技术状态矢量和矩阵进行上述分解后，划分出其正常工作状态并确定其总数 $L<M$，总数 L 取决于在可靠性图中划分出的元部件组的正常工作状态数量。此时，这些元部件组的技术状态矢量和矩阵的维数远远小于整体上综合电子系统的初始维数，这将大幅降低解算问题的繁琐性和计算量。

如果参与解决上述问题的无线电综合性系统的独立元部件总数等于 N，在分解综合系统技术状态的矢量和矩阵后可划分出 R 个没有备份的元部件和 K 个有备份的元部件组，则根据绘制的可靠性图确定综合系统第 l 个正常工作状态的概率，即

$$p_l(t) = p_\mu^1(t)\cdots p_v^j(t)\cdots p_\varepsilon^K(t)\prod_{i=1}^{R} p_i(t) \tag{7.55}$$

式中：$p_\mu^1(t), p_v^j(t), p_\varepsilon^K(t)$ 为对应 K 个有备份元件组第 μ、v、ε 个正常工作状态的概率，上标表示属于相应的元部件组；$\mu = \overline{1, L_1}, v = \overline{1, L_j}, \varepsilon = \overline{1, L_K}$，其中 L_1、L_j、L_K 分别为有备份元部件组的正常工作状态数量；$p_i(t)$ 为第 i 个没有备份元部件的正常工作状态概率。

综合电子系统的正常工作状态总数 L 可由有备份元部件组的正常工作状态数量确定：

$$L = \prod_{j=1}^{K} L_j$$

目前在估计机载综合电子系统的效率时，通常使用带两种或三种状态的元部件技术状态模型，并且在有备份元部件组中通常包含 2 ~ 4 个元件。因此，在元

件完全故障和临时故障率已知的情况下，可在解式（7.33）的基础上计算出每个有备份元部件组的工作状态概率。然后，根据式（7.55）确定综合系统的正常工作状态概率。

如果在估计（特别是前瞻型）机载综合电子系统的效率时，除了带两种或三种状态的元部件技术状态模型，还需使用状态数 $q>3$ 的元件，则在此情况下式（7.33）的维数将增大，其中包括有备份元部件组的方程组。因此，当元部件技术状态模型中状态数 $q>3$ 时，使用可靠性图、式（7.33）和式（7.55）确定综合系统的正常工作状态概率在一些情况下并不能完全解决降低计算量的问题。

对于按上述方法划分的每个有备份的元部件组，在使用矩阵直积（外积）运算以元部件组中各元件状态概率积的形式计算这些元部件组的状态概率的基础上可实现其状态概率计算算法的进一步简化。

7.6.3 使用矩阵直积机载综合电子系统状态概率的算法

下述状态概率的计算算法既可单独使用，也可作为上述算法的补充。

根据式（7.5）和式（7.6），机载综合电子系统（或其组成元部件，例如，有备份的元部件组）的任何一种状态可表示一种复杂事件，这一事件反映综合系统的元件状态，并可由综合系统技术状态矩阵的相应行进行描述。如果综合系统的所有元部件在总体上是独立的，并已知每个元部件的状态概率，则综合系统任何状态的概率（复杂事件的概率）是出现在综合电子系统技术状态相应行中的各元部件的状态概率之积。使用矩阵直积运算可方便地实现上述计算（参见附录Ⅱ）。

众所周知，大小为 $m\times n$ 和 $p\times q$ 的长方矩阵 $\boldsymbol{A}$ 和 $\boldsymbol{B}$ 的直积 $\boldsymbol{A}\otimes\boldsymbol{B}$ 是大小为 $mp\times nq$ 的下列类型的分块矩阵 $\boldsymbol{C}$[12]，即

$$\boldsymbol{C}=\boldsymbol{A}\otimes\boldsymbol{B}=\begin{bmatrix} a_{11}B & a_{12}B & \cdots & a_{1j}B & \cdots & a_{1n}B \\ a_{21}B & a_{22}B & \cdots & a_{2j}B & \cdots & a_{2n}B \\ \vdots & \vdots & \cdots & \vdots & \cdots & \vdots \\ a_{i1}B & a_{i2}B & \cdots & a_{ij}B & \cdots & a_{in}B \\ \vdots & \vdots & \cdots & \vdots & \cdots & \vdots \\ a_{m1}B & a_{m2}B & \cdots & a_{mj}B & \cdots & a_{mn}B \end{bmatrix} \tag{7.56}$$

式中：$a_{ij},i=\overline{1,m},j=\overline{1,n}$，为矩阵 $\boldsymbol{A}$ 的元素；$\boldsymbol{B}=[b_{lk}],l=\overline{1,p},k=\overline{1,q}$；$\otimes$为矩阵直积运算符号。

根据式（7.5）和式（7.6），在前面所做假设的情况下，综合电子系统或元部件组第 m 种状态的概率可由下列关系式确定：

$$p(h_m)=p(x_{12})p(x_{2s})\cdots p(x_{jl})\cdots p(x_{nk})\cdots p(x_{N4}) \tag{7.57}$$

$$p(h_m)=p(\bar{x}_1)p(x_2)\cdots p(\tilde{x}_j)\cdots p(\bar{x}_n)\cdots p(x_N),m=1,M \tag{7.58}$$

式中：$p(x_{jl})$ 为第 j 个元部件第 l 种状态的概率；$p(\tilde{x}_j)$、$p(\bar{x}_n)$、$p(x_N)$ 分别为第 j 个元部件临时故障状态概率、第 n 个元部件完全故障状态概率和第 N 个元部件正常工作状态概率。

通过直接计算方式表明，如果已知所有元部件的状态概率矢量 $\boldsymbol{P}^{(j)}(t), j=\overline{1,N}$，则机载综合电子系统（或其组成部件）的状态概率矢量 $\boldsymbol{P}(t)$ 将是所有矢量 $\boldsymbol{P}^{(j)}(t)$ 的直积：

$$\boldsymbol{P}(t)=\boldsymbol{P}^{(N)}(t)\otimes\boldsymbol{P}^{(N-1)}(t)\otimes\cdots\otimes\boldsymbol{P}^{(2)}(t)\otimes\boldsymbol{P}^{(1)}(t) \tag{7.59}$$

它由 N 个有序元素（矢量）组（或元组）组成[12]。

为使矢量 $\boldsymbol{P}(t)$ 的元素与 $p(h_m)$ 的标量表达式（式（7.57）或式（7.58））相符，在书写式（7.59）时应考虑，矩阵直积不具有交换律特性。因此，就式（7.5）中所用顺序而言，在式（7.59）中应将概率矢量进行连乘，从与机载综合电子系统技术状态矩阵的第 N 列，即与第 N 个元部件对应的矢量开始，至综合系统第 1 个元部件的概率矢量结束。

对于机载综合电子系统的条件转换概率矩阵 $\boldsymbol{P}_{\pi}(\Delta t)$，如果所有元部件的条件转换概率矩阵 $\boldsymbol{P}_{\pi}^{(j)}(\Delta t)$ 是已知的，则可得出其矩阵直积形式的类似关系式。

借助矩阵（矢量）直积，可得出在本节应用实例 2 中所述测量系统的无条件状态概率和条件转换概率的关系式。

在应用实例 2 中，测量系统由下列两个测量仪组成：多普勒速度和偏流角测量仪及惯性导航系统。本系统的状态总数 $M=6$。多普勒速度和偏流角测量仪和惯性导航系统的无条件概率矢量可根据式（7.46）和式（7.37）确定：

$$\boldsymbol{P}_{Д}(t)=\begin{bmatrix}p_{Д1}(t)\\p_{Д2}(t)\\p_{Д3}(t)\end{bmatrix}=\begin{bmatrix}\dfrac{v}{\mu+v}\mathrm{e}^{-\lambda_1 t}+\dfrac{\mu}{\mu+v}\mathrm{e}^{-(\lambda_1+\mu+v)t}\\\dfrac{\mu}{\mu+v}\mathrm{e}^{-\lambda_1 t}-\dfrac{\mu}{\mu+v}\mathrm{e}^{-(\lambda_1+\mu+v)t}\\1-\mathrm{e}^{-\lambda_1 t}\end{bmatrix} \tag{7.60(a)}$$

$$\boldsymbol{P}_{И}(t)=\begin{bmatrix}p_{И1}(t)\\p_{И2}(t)\end{bmatrix}=\begin{bmatrix}-\mathrm{e}^{-\lambda_2 t}\\1-\mathrm{e}^{-\lambda_2 t}\end{bmatrix} \tag{7.60(b)}$$

式中：参数 λ_1、λ_2、μ 和 v 参见 7.5 节的应用实例 2 和 7.6 节的应用实例 1。

由于在所述的效率估计方法中假定，描述综合电子系统元部件状态转换的事件是独立的，则测量系统任何状态的概率 $\overline{h_1,h_6}$ 可确定为由系统技术状态矩阵相应行描述的随机事件概率。例如，事件 h_1 概率等于 $p\{h_1\}=p(x_1)p(x_2)=p_{Д1}p_{И1}$，事件 h_4 概率等于 $p\{h_4\}=p(x_1)p(\bar{x}_2)=p_{Д1}p_{И2}$ 等。

在已知矢量 $\boldsymbol{P}_{Д}(t)$ 和 $\boldsymbol{P}_{И}(t)$ 时，确定概率 $p\{h_i\}, i=\overline{1,6}$ 的过程可简化为求出这些矢量的直积：

$$\boldsymbol{P}(t)=\begin{bmatrix}p_1(t)\\p_2(t)\\p_3(t)\\p_4(t)\\p_5(t)\\p_6(t)\end{bmatrix}=\boldsymbol{P}_И(t)\otimes\boldsymbol{P}_Д(t)=\begin{bmatrix}p_{И1}(t)\cdot\boldsymbol{P}_Д(t)\\p_{И2}(t)\cdot\boldsymbol{P}_Д(t)\end{bmatrix}$$

$$=\begin{bmatrix}\boldsymbol{P}_Д(t)\cdot p_{И1}(t)\\\boldsymbol{P}_Д(t)\cdot p_{И2}(t)\end{bmatrix}=\begin{bmatrix}p_{Д1}(t)\cdot p_{И1}(t)\\p_{Д2}(t)\cdot p_{И1}(t)\\p_{Д3}(t)\cdot p_{И1}(t)\\p_{Д1}(t)\cdot p_{И2}(t)\\p_{Д2}(t)\cdot p_{И2}(t)\\p_{Д3}(t)\cdot p_{И2}(t)\end{bmatrix} \tag{7.61}$$

将式（7.60）中矢量元素 $\boldsymbol{P}_Д(t)$ 和 $\boldsymbol{P}_И(t)$ 的表达式代入式（7.61）中，可得

$$\begin{cases}
p_1(t)=p_{Д1}(t)p_{И1}(t)=\left(\dfrac{v}{\mu+v}e^{-\lambda_1 t}+\dfrac{\mu}{\mu+v}e^{-(\lambda_1+\mu+v)t}\right)e^{-\lambda_2 t}\\
\quad=\dfrac{v}{\mu+v}e^{-(\lambda_1+\lambda_2)t}+\dfrac{\mu}{\mu+v}e^{-(\lambda_1+\lambda_2+\mu+v)t}\\
p_2(t)=p_{Д2}(t)p_{И1}(t)=\left(\dfrac{\mu}{\mu+v}e^{-\lambda_1 t}-\dfrac{\mu}{\mu+v}e^{-(\lambda_1+\mu+v)t}\right)e^{-\lambda_2 t}\\
\quad=\dfrac{\mu}{\mu+v}e^{-(\lambda_1+\lambda_2)t}-\dfrac{\mu}{\mu+v}e^{-(\lambda_1+\lambda_2+\mu+v)t}\\
p_3(t)=p_{Д3}(t)p_{И1}(t)=(1-e^{-\lambda_1 t})e^{-\lambda_2 t}=e^{-\lambda_2 t}-e^{-(\lambda_1+\lambda_2)t}\\
p_4(t)=p_{Д1}(t)p_{И2}(t)=\left(\dfrac{v}{\mu+v}e^{-\lambda_1 t}+\dfrac{\mu}{\mu+v}e^{-(\lambda_1+\mu+v)t}\right)(1-e^{-\lambda_2 t})\cdot\\
\quad\begin{pmatrix}a_{11}&a_{12}&a_{13}\\a_{21}&a_{22}&a_{23}\\a_{31}&a_{32}&a_{33}\end{pmatrix}\\
\quad=\dfrac{v}{\mu+v}e^{-\lambda_1 t}-\dfrac{v}{\mu+v}e^{-(\lambda_1+\lambda_2)t}+\dfrac{\mu}{\mu+v}e^{-(\lambda_1+\mu+v)t}\dfrac{\mu}{\mu+v}e^{-(\lambda_1+\lambda_2+\mu+v)t}\\
p_5(t)=p_{Д2}(t)p_{И2}(t)=\left(\dfrac{\mu}{\mu+v}e^{-\lambda_1 t}-\dfrac{\mu}{\mu+v}e^{-(\lambda_1+\mu+v)t}\right)(1-e^{-\lambda_2 t})\\
\quad=\dfrac{\mu}{\mu+v}e^{-\lambda_1 t}-\dfrac{\mu}{\mu+v}e^{-(\lambda_1+\lambda_2)t}-\dfrac{\mu}{\mu+v}e^{-(\lambda_1+\mu+v)t}+\dfrac{\mu}{\mu+v}e^{-(\lambda_1+\lambda_2+\mu+v)t}\\
p_6(t)=p_{Д3}(t)p_{И2}(t)=(1-e^{-\lambda_1 t})(1-e^{-\lambda_2 t})\\
\quad=1-e^{-\lambda_1 t}-e^{-\lambda_2 t}+e^{-(\lambda_1+\lambda_2)t}=1-\sum_{i=1}^{5}p_i(t)
\end{cases} \tag{7.62}$$

所得的无条件概率矢量 $\boldsymbol{P}(t)$ 的表达式（式（7.62））与在 7.6 节应用实例 2 中所列的概率（式（7.54））相对应，它们也是式（7.53）的解。

借助矩阵直积，也可得出在本节应用实例 2 中所述测量仪系统的转换矩阵。根据式（7.44）和式（7.35），多普勒速度和偏流角测量仪及惯性导航系统的转换矩阵分别为

$$\boldsymbol{P}_{\text{Дп}}(\Delta t)=\begin{bmatrix} p_{\text{Д11}}(\Delta t) & p_{\text{Д12}}(\Delta t) & p_{\text{Д13}}(\Delta t) \\ p_{\text{Д21}}(\Delta t) & p_{\text{Д22}}(\Delta t) & p_{\text{Д23}}(\Delta t) \\ 0 & 0 & 1 \end{bmatrix}$$

$$=\begin{bmatrix} 1-(\mu+\lambda_1)\Delta t & \mu\Delta t & \lambda_1\Delta t \\ v\Delta t & 1-(\mu+\lambda_1)\Delta t & \lambda_1\Delta t \\ 0 & 0 & 1 \end{bmatrix} \tag{7.63(a)}$$

$$\boldsymbol{P}_{\text{Ип}}(\Delta t)=\begin{bmatrix} p_{\text{И11}}(\Delta t) & p_{\text{И12}}(\Delta t) \\ 0 & 1 \end{bmatrix}=\begin{bmatrix} 1-\lambda_2\Delta t & \lambda_2\Delta t \\ 0 & 1 \end{bmatrix} \tag{7.63(b)}$$

测量系统的转换矩阵可作为矩阵 $\boldsymbol{P}_{\text{Дп}}(\Delta t)$ 和 $\boldsymbol{P}_{\text{Ип}}(\Delta t)$ 的直积：

$$\boldsymbol{P}_{n}(\Delta t)=\boldsymbol{P}_{\text{Ип}}(\Delta t)\otimes\boldsymbol{P}_{\text{Дп}}(\Delta t) \tag{7.64}$$

将式（7.63）中矢量元素 $\boldsymbol{P}_{\text{Дп}}(\Delta t)$ 和 $\boldsymbol{P}_{\text{Ип}}(\Delta t)$ 的表达式代入式（7.64）中，并且为了简化，略去自变量 Δt，根据矩阵直积定义（式（7.56）），可得

$$\boldsymbol{P}_{n}=\begin{bmatrix} p_{\text{И11}}\boldsymbol{P}_{\text{ДП}} & p_{\text{И12}}\boldsymbol{P}_{\text{ДП}} \\ 0 & \boldsymbol{P}_{\text{ДП}} \end{bmatrix}$$

$$=\begin{bmatrix} p_{\text{И11}}\begin{bmatrix} p_{\text{Д11}} & p_{\text{Д12}} & p_{\text{Д13}} \\ p_{\text{Д21}} & p_{\text{Д22}} & p_{\text{Д23}} \\ 0 & 0 & 1 \end{bmatrix} & p_{\text{И12}}\begin{bmatrix} p_{\text{Д11}} & p_{\text{Д12}} & p_{\text{Д13}} \\ p_{\text{Д21}} & p_{\text{Д22}} & p_{\text{Д23}} \\ 0 & 0 & 1 \end{bmatrix} \\ \boldsymbol{0} & \begin{bmatrix} p_{\text{Д11}} & p_{\text{Д12}} & p_{\text{Д13}} \\ p_{\text{Д21}} & p_{\text{Д22}} & p_{\text{Д23}} \\ 0 & 0 & 1 \end{bmatrix} \end{bmatrix}$$

$$=\begin{bmatrix} p_{\text{И11}}p_{\text{Д11}} & p_{\text{И11}}p_{\text{Д12}} & p_{\text{И11}}p_{\text{Д13}} & p_{\text{И12}}p_{\text{Д11}} & p_{\text{И12}}p_{\text{Д12}} & p_{\text{И12}}p_{\text{Д13}} \\ p_{\text{И11}}p_{\text{Д21}} & p_{\text{И11}}p_{\text{Д22}} & p_{\text{И11}}p_{\text{Д23}} & p_{\text{И12}}p_{\text{Д21}} & p_{\text{И12}}p_{\text{Д22}} & p_{\text{И12}}p_{\text{Д23}} \\ 0 & 0 & p_{\text{И11}} & 0 & 0 & p_{\text{И12}} \\ 0 & 0 & 0 & p_{\text{Д11}} & p_{\text{Д12}} & p_{\text{Д13}} \\ 0 & 0 & 0 & p_{\text{Д21}} & p_{\text{Д22}} & p_{\text{Д23}} \\ 0 & 0 & 0 & 0 & 0 & 1 \end{bmatrix} \tag{7.65}$$

将式（7.63）中矢量元素 $\boldsymbol{P}_{\text{Дп}}(\Delta t)$ 和 $\boldsymbol{P}_{\text{Ип}}(\Delta t)$ 的表达式代入式（7.65）中，在进行算术运算、忽略带 Δt^2 的项后，可得出所求的测量系统转换矩阵元素。不

难确定，它们与在式（7.50）和式（7.51）中所列的矩阵 $\boldsymbol{P}_{п}$ 元素相符。

实际上，可得出矩阵 $\boldsymbol{P}_{п}(\Delta t)$ 的元素 $p_{14}(\Delta t)$、$p_{23}(\Delta t)$、$p_{56}(\Delta t)$：

$$\begin{aligned} p_{14}(\Delta t) &= p_{И12}(\Delta t)p_{Д11}(\Delta t) = \lambda_2\Delta t[1-(\mu+\lambda_1)\Delta t] \\ &= \lambda_2\Delta t - \lambda_2(\mu+\lambda_1)\Delta t^2 \approx \lambda_2\Delta t \\ p_{23}(\Delta t) &= p_{И11}(\Delta t)p_{Д23}(\Delta t) = (1-\lambda_2\Delta t)\lambda_1\Delta t \\ &= \lambda_1\Delta t - \lambda_1\lambda_2\Delta t^2 \approx \lambda_1\Delta t \\ p_{56}(\Delta t) &= p_{Д23} = \lambda_1\Delta t \end{aligned}$$

所得的 p_{14}、p_{23} 和 p_{56} 表达式与在式（7.51）中所列的相对应。

下面以集成型机载综合电子系统组成中的导航驾驶综合系统（ПНК）为例，阐明上述确定状态概率的方法。

7.6.4 确定导航驾驶综合系统的状态概率

假设在带坐标修正的飞行器自动控制工况下完成按计划航线飞行的任务时，在集成型机载综合电子系统的导航驾驶综合系统中有下列元部件参与工作：多普勒速度和偏流角测量仪（元部件 x_1），惯性导航系统和大气数据系统的速度测量通道（元部件 x_2、x_3），惯性导航系统的角通道（元部件 x_4），无线电高度表（元部件 x_5），大气数据系统的高度测量通道（元部件 x_6），近距和远距无线电导航系统、卫星导航系统（СРНС）的机载设备、机载雷达（对应元部件 x_7、x_8、x_9、x_{10}），机载数字计算机（元部件 x_{11}）和自动控制系统（元部件 x_{12}）。

通常认为多普勒测量仪可处于 3 种状态之一：正常工作（x_1）、临时故障（$\tilde{x}_1$）和完全故障（$\bar{x}_1$）。其他所有元部件则可处于正常工作状态或完全故障状态。此外，根据使用经验已知系统所有元部件的完全故障率 $\lambda_i, i=\overline{1,12}$，以及多普勒测量仪转至临时故障状态的强度 μ，从临时故障转至正常工作状态的强度 υ 和转至完全故障状态的强度 $\lambda_1^* \cong \lambda_1$。要求确定导航驾驶综合系统正常工作状态的概率。

遵照传统的概率计算方法，即不划分没有备份的元部件，也不将有备份的元部件联合分组，则在完成上述任务时导航驾驶综合系统技术状态的矢量和矩阵为

$$\boldsymbol{H} = \begin{bmatrix} h_1 \\ h_2 \\ \vdots \\ h_i \\ \vdots \\ h_{6144} \end{bmatrix} \sim \begin{bmatrix} x_1 & x_2 & \cdots & x_j & \cdots & x_{12} \\ \tilde{x}_1 & x_2 & \cdots & x_j & \cdots & x_{12} \\ \vdots & \vdots & \ddots & \vdots & \ddots & \vdots \\ \bar{x}_1 & x_2 & \cdots & \tilde{x}_j & \cdots & x_{12} \\ \vdots & \vdots & \ddots & \vdots & \ddots & \vdots \\ \bar{x}_1 & \bar{x}_2 & \cdots & \bar{x}_j & \cdots & \bar{x}_{12} \end{bmatrix} \tag{7.66}$$

可见，综合系统技术状态矢量和矩阵分别为 6144×1 和 6144×12。下面对式（7.66）进行分解。通过分析先进飞机综合电子系统的导航驾驶综合系统的工作模式和信息处理算法可知，哪怕有一个没有备份的元件 x_4、x_{11}、x_{12} 发生故障，则导致整个导航驾驶综合系统故障，进而致使无法完成规定任务。在可靠性示意图中元部件 x_4、x_{11}、x_{12} 应串联连接。元部件 x_1、x_2、x_3 是速度信息备份元部件，元部件 x_5 和 x_6 是高度信息备份元部件，元部件 x_7、x_8、x_9 和 x_{10} 在坐标修正方面保证信息冗余。因此，在可靠性图中这些元部件可联合为相应的组——测量系统（$ИC_c$、$ИC_в$、$ИC_к$）（译者注：下标 c、$в$、$к$ 分别为速度、高度、坐标）。在根据式（7.4）选择的技术状态模型中，测量系统的状态总数分别为：$ИC_c-12$、$ИC_в-4$、$ИC_к-16$。

在对导航驾驶综合系统技术状态矢量和矩阵式（7.66）进行分解之后，综合系统的元部件可靠性连接图如图 7.7 所示。

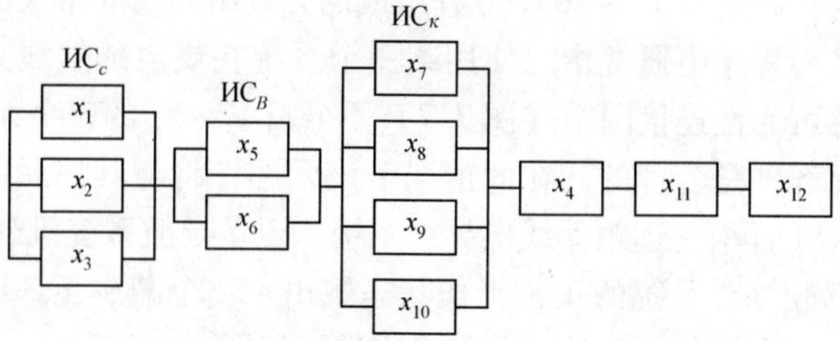

图 7.7　综合系统的元部件可靠性连接图

例如，测量系统 $ИC_c$ 的技术状态矢量和矩阵可具有下列形式：

$$
\boldsymbol{H}_c = \begin{bmatrix} h_1 \\ h_2 \\ h_3 \\ h_4 \\ h_5 \\ h_6 \\ h_7 \\ h_8 \\ h_9 \\ h_{10} \\ h_{11} \\ h_{12} \end{bmatrix} \sim \begin{bmatrix} x_1 & x_2 & x_3 \\ \tilde{x}_1 & x_2 & x_3 \\ \bar{x}_1 & x_2 & x_3 \\ x_1 & \bar{x}_2 & x_3 \\ \tilde{x}_1 & \bar{x}_2 & x_3 \\ \bar{x}_1 & \bar{x}_2 & x_3 \\ x_1 & x_2 & \bar{x}_3 \\ \tilde{x}_1 & x_2 & \bar{x}_3 \\ \bar{x}_1 & x_2 & \bar{x}_3 \\ x_1 & \bar{x}_2 & \bar{x}_3 \\ \tilde{x}_1 & \bar{x}_2 & \bar{x}_3 \\ \bar{x}_1 & \bar{x}_2 & \bar{x}_3 \end{bmatrix} \tag{7.67}
$$

按类似方式可得出测量系统 $ИC_B$ 和 $ИC_k$ 的技术状态矢量和矩阵，此时测量系统的正常工作状态数量分别为10、3 和15，而导航驾驶综合系统的正常工作状态总数 $L = \prod_{j=1}^{3} L_j = 450$ 。

根据式（7.55）和图7.7可确定导航驾驶综合系统的正常工作状态概率为

$$p_l(t) = p_{\mu}^{(ИC_c)}(t)p_{\nu}^{(ИC_в)}(t)p_{\varepsilon}^{(ИC_k)}(t)\prod_{i=1}^{3}p_i(t)$$

式中：$\mu = \overline{1,10}$；$\upsilon = \overline{1,3}$；$\varepsilon = \overline{1,15}$；$l = \overline{1,450}$；$p_i(t)(i = \overline{1,3})$ 为元部件 x_4、x_{11}、x_{12} 的无故障工作概率。在根据元部件 $ИC_c$ 的已知转换强度得出相应的转换强度矩阵后，可使用式（7.33）计算测量仪系统的正常工作状态概率。此时，对于 $ИC_c$ 需解由12个方程组成的方程组，对于 $ИC_B$ 需解由4个方程组成的方程组，对于 $ИC_k$ 需解由16个方程组成的方程组。解由4个微分方程组成的方程组没有太大的计算难度，而解由12～16个方程组成的方程组则需非常大的计算量。

实际上在飞行程序中通常指定使用某一个系统在规定的航线点上修正坐标。因此，在元部件可靠性连接图中（图7.7）不分析 $x_7 \sim x_{10}$ 的整个元部件组，而仅分析某个具体元部件是合理的，在此情况下该元部件将与其他元部件串联连接。在使用具体系统（近距、远距无线电导航系统、卫星导航系统机载设备或机载雷达）时，导航驾驶综合系统的正常工作状态数由450个减少至30个。当使用其他的具体系统时，可绘制类似的元部件可靠性连接图。

然后在确定状态概率时，例如针对测量系统 $ИC_c$，可使用矩阵直积运算（式(7.56)）。

根据元部件 x_1、x_2 和 x_3 已知的转换强度，可确定多普勒速度和偏流角测量仪、惯性导航系统和大气数据系统的速度测量通道的状态概率矢量（$\boldsymbol{P}_д(t)$、$\boldsymbol{P}_и(t)$、$\boldsymbol{P}_c(t)$）。如前面所述，在此情况下（见式（7.37）、式（7.46））：

$$\boldsymbol{P}_д(t) = \begin{bmatrix} p_{д1}(t) \\ p_{д2}(t) \\ p_{д3}(t) \end{bmatrix} = \begin{bmatrix} \frac{v}{\mu+v}e^{-\lambda_1 t} + \frac{\mu}{\mu+v}e^{-(\lambda_1+\mu+v)t} \\ \frac{\mu}{\mu+v}e^{-\lambda_1 t} - \frac{\mu}{\mu+v}e^{-(\lambda_1+\mu+v)t} \\ 1 - e^{-\lambda_1 t} \end{bmatrix} \tag{7.68}$$

$$\boldsymbol{P}_И(t) = \begin{bmatrix} p_{И1}(t) \\ p_{И2}(t) \end{bmatrix} = \begin{bmatrix} -e^{-\lambda_2 t} \\ 1 - e^{-\lambda_2 t} \end{bmatrix}$$

$$\boldsymbol{P}_c(t) = \begin{bmatrix} p_{c1}(t) \\ p_{c2}(t) \end{bmatrix} = \begin{bmatrix} -e^{-\lambda_3 t} \\ 1 - e^{-\lambda_3 t} \end{bmatrix} \tag{7.69}$$

借助元部件 x_1、x_2 和 x_3 已知的转换强度，根据 $ИC_c$ 技术状态矢量和矩阵可确定维数为12×12的转换强度矩阵 $\boldsymbol{A} = [a_{ij}], i,j = \overline{1,12}$；然后通过解式（7.32）或式（7.33）可计算出 $ИC_c$ 状态概率矢量的元素 $\boldsymbol{P}(t) = [p_j(t)], j = \overline{1,12}$。

但是如上所述，解由12个微分方程组成的方程组需要非常大的计算量。在矢量 $\boldsymbol{P}_{д}(t)$、$\boldsymbol{P}_{и}(t)$、$\boldsymbol{P}_{c}(t)$ 已知的情况下，使用矩阵直积运算（式（7.56））可更简单地确定概率 $\boldsymbol{p}_j(t)$。

根据式（7.58）和式（7.61）可得

$$\begin{cases}
p(h_1) = p_1(t) = p(x_1)p(x_2)p(x_3) = \left(\dfrac{v}{\mu+v}\mathrm{e}^{-\lambda_1 t} + \dfrac{\mu}{\mu+v}\mathrm{e}^{-(\lambda_1+\mu+v)t}\right)\times \\
\qquad \mathrm{e}^{-\lambda_2 t}\mathrm{e}^{-\lambda_3 t} = \dfrac{v}{\mu+v}\mathrm{e}^{-(\lambda_1+\lambda_2+\lambda_3)t} + \dfrac{\mu}{\mu+v}\mathrm{e}^{-(\lambda_1+\lambda_2+\lambda_3+\mu+v)t} \\
p(h_2) = p_2(t) = p(\tilde{x}_1)p(x_2)p(x_3) = \left(\dfrac{\mu}{\mu+v}\mathrm{e}^{-\lambda_1 t} - \dfrac{\mu}{\mu+v}\mathrm{e}^{-(\lambda_1+\mu+v)t}\right)\times \\
\qquad \mathrm{e}^{-\lambda_2 t}\mathrm{e}^{-\lambda_3 t} = \dfrac{\mu}{\mu+v}\left(\mathrm{e}^{-(\lambda_1+\lambda_2+\lambda_3)t} - \mathrm{e}^{-(\lambda_1+\lambda_2+\lambda_3+\mu+v)t}\right) \\
p(h_3) = p_3(t) = p(\bar{x}_1)p(x_2)p(x_3) = (1-\mathrm{e}^{-\lambda_1 t})\mathrm{e}^{-\lambda_2 t}\mathrm{e}^{-\lambda_3 t} \\
\qquad = \mathrm{e}^{-(\lambda_2+\lambda_3)t} - \mathrm{e}^{-(\lambda_1+\lambda_2+\lambda_3)t} \\
\qquad \cdots \\
p(h_8) = p_8(t) = p(\tilde{x}_1)p(x_2)p(\bar{x}_3) = \left(\dfrac{\mu}{\mu+v}\mathrm{e}^{-\lambda_1 t} - \dfrac{\mu}{\mu+v}\mathrm{e}^{-(\lambda_1+\mu+v)t}\right)\times \\
\qquad \mathrm{e}^{-\lambda_2 t}(1-\mathrm{e}^{-\lambda_3 t}) = \dfrac{\mu}{\mu+v}\left(\mathrm{e}^{-(\lambda_1+\lambda_2)t} - \mathrm{e}^{-(\lambda_1+\lambda_2+\mu+v)t} - \right. \\
\qquad \left. \mathrm{e}^{-(\lambda_1+\lambda_2+\lambda_3)t} + \mathrm{e}^{-(\lambda_1+\lambda_2+\lambda_3+\mu+v)t}\right) \\
\qquad \cdots \\
p(h_{12}) = p_{12}(t) = p(\bar{x}_1)p(\bar{x}_2)p(\bar{x}_3) = (1-\mathrm{e}^{-\lambda_1 t})(1-\mathrm{e}^{-\lambda_2 t}) \\
\qquad (1-\mathrm{e}^{-\lambda_3 t}) = 1 - \mathrm{e}^{-\lambda_1 t} - \mathrm{e}^{-\lambda_2 t} - \mathrm{e}^{-\lambda_3 t} + \mathrm{e}^{-(\lambda_1+\lambda_2)t} + \\
\qquad \mathrm{e}^{-(\lambda_1+\lambda_3)t} + \mathrm{e}^{-(\lambda_2+\lambda_3)t} - \mathrm{e}^{-(\lambda_1+\lambda_2+\lambda_3)t}
\end{cases} \tag{7.70}$$

另一方面，根据式（7.59）可得

$$\boldsymbol{P}(t) = \boldsymbol{P}_c(t)\otimes\boldsymbol{P}_и(t)\otimes\boldsymbol{P}_д(t) = \begin{bmatrix} p_{c1}(t) \\ p_{c2}(t)\end{bmatrix}\otimes\begin{bmatrix} p_{и1}(t) \\ p_{и2}(t)\end{bmatrix}\otimes\begin{bmatrix} p_{д1}(t) \\ p_{д2}(t) \\ p_{д3}(t)\end{bmatrix}$$

$$\begin{cases}
p_1(t) = p_{c1}(t)p_{и1}(t)p_{д1}(t) = p_{д1}(t)p_{и1}(t)p_{c1}(t) \\
p_2(t) = p_{c1}(t)p_{и1}(t)p_{д2}(t) = p_{д2}(t)p_{и1}(t)p_{c1}(t) \\
\qquad \vdots \\
p_8(t) = p_{c2}(t)p_{и1}(t)p_{д2}(t) = p_{д2}(t)p_{и1}(t)p_{c2}(t) \\
\qquad \vdots \\
p_{12}(t) = p_{c2}(t)p_{и2}(t)p_{д3}(t) = p_{д3}(t)p_{и2}(t)p_{c2}(t)
\end{cases} \tag{7.71}$$

将作为矢量 $P_{д}(t)$、$P_{и}(t)$ 的 $P_c(t)$ 元素的相应概率表达式（式（7.68）、式（7.69））代入式（7.71）中，可得出与式（7.70）相应的 $ИC_c$ 的概率表达式。此外，可证明根据式（7.71）的计算结果与在初始条件给定情况下解微分方程组（式（7.33））得出的 $ИC_c$ 状态概率相等。

根据式（7.8）~式（7.10）可知，在确定正常工作状态概率之后还需得出与机载综合电子系统特定正常工作状态相对应的条件效率指标。

7.7　机载综合电子系统的效率指标

7.7.1　机载综合电子系统的条件效率指标

如7.2节所述，作为军用复杂技术系统的机载综合电子系统的效率指标是各种各样的，但在任何情况下它们应满足下列要求：

（1）符合综合电子系统完成任务的实质和进行研究的目的，反映综合系统的用途；

（2）考虑到战斗态势和综合电子系统完成任务的特点；

（3）具备全面性；

（4）具有明确物理意义并且可在实践中加以确定；

（5）对于确定其数值的参数具有评判性等[1,5]。

下面具体说明在7.2节中所述的作为复杂技术系统的机载综合电子系统的效率指标定义。

如前面所述，机载综合电子系统效率指标是指定量估计综合电子系统完成规定的战斗和导航任务集或单独任务质量的特性。此时，机载综合电子系统的总体指标及标准可定量表示综合电子系统完成整个战斗任务的质量，局部指标和标准则表示完成一些单独任务的质量（参见7.2节）。例如，击毁空中目标既可通过截击方式，也可通过机动空战方式。鉴于此，作为歼击机机载综合电子系统的总体战斗效率指标可使用在规定拦截线上截击空中目标的概率 $P_{п}$ 和在机动空战中击落敌方飞行器的概率 $P_{сб}$。

其中，指标 $P_{п}$ 的表达式为[1]：

$$P_{п} = P_{о} P_{ПВО} P_{н} P_{пор}$$

式中：$P_{о}$ 为及时出动起飞拦截的概率；$P_{ПВО}$ 为突破敌方防空系统的概率（保持不被敌方防空系统击毁的概率）；$P_{н}$ 为将歼击机导引至空中目标的概率；$P_{пор}$ 为歼击机击毁空中目标的概率。

上述表示概率 $P_{п}$ 的各因子（相乘数）是导航、瞄准和武器控制综合系统战斗效率的局部指标，并且在一般情况下 $P_{о}$ 是无条件概率，而 $P_{ПВО}$、$P_{н}$ 和 $P_{пор}$ 则是条件概率。

下面详细地研究在完成战术或导航任务中的单独任务时，导航、瞄准和武器控制综合电子系统的效率指标。

假设机载综合电子系统在完成某个单独任务。我们对表示在完成该任务时综合系统功能质量的全部随机参数 $\overline{x_1,x_I}$ ，和这些参数的联立概率密度 $p(x_1,\cdots,x_i,\cdots,x_I,t)$ 进行研究。在一般情况下，作为与综合系统某种正常工作状态相对应的条件战斗效率（功能效率）指标可采用下述事件概率，该事件表示在具体战斗使用条件下完成该任务时全部参数 $\overline{x_1,x_I}$ 在所分析（计算）时刻 t 都位于符合综合电子系统指定功能质量水平的参数值范围 Ω 内。则在完成所述任务时机载综合电子系统的条件效率指标（与综合系统某种正常工作状态相对应）可用下列形式表示：

$$w(t) = \int_{\Omega}\!\!\int p(x_1,\cdots,x_i,\cdots,x_I,t)\prod_{i=1}^{I}\mathrm{d}x_i \tag{7.72}$$

作为式（7.72）具体化的示例，下面研究在完成导航和战术任务时机载综合电子系统的条件效率指标。

7.7.2 完成导航任务时机载综合电子系统的效率指标

在完成主要导航任务时，飞行航线通常可用预定航线应经过的地球表面上的点或站（航线始点、航线拐点和航线终点）表示，而飞行剖面图可用飞行器在这些点和（必要时）其他航线点上的飞行高度来表示。机组人员和地面控制人员的主要任务是保证实际航线与预定航线最大精度的重合，此外应严格遵守飞过指定点的时间[13]。

为分析飞行器沿预定航线的飞行特征和精度，必须在任何时刻具备下列航行误差信息：飞行器在水平面上与预定航线的线性横向偏差 $z(t)$ 和线性距离 $\Delta s(t)$（或时间距离 $\Delta T(t)$）；飞行器在垂直面上与预定航线的高度偏差 $\Delta H(t)$ 。上述误差表示飞行器实飞点与计算点（PT）的偏差，计算点沿着预定航线根据从航线始点的起飞、飞过航线拐点、飞抵航线终点的计划时间进行移动。

除了实现战术要求外，飞行器准确遵守预定航线并严格按预定高度层飞行可保证飞行安全，以排除飞行器相互碰撞或撞上地面障碍物的情况。

在一般情况下误差 $z(t)$ 、$\Delta s(t)$ 和 $\Delta H(t)$ 具有随机特性。上述误差的容许值可确定以计算点为中心的安全区域（图 7.8）。在实践中通常根据战术要求和垂直、纵向和横向梯次配置的最大容许定额确定上述误差的容许值。这些定额可由战斗队形和飞行规则确定。

作为示例可列举下列定额：对于垂直梯次配置，当飞行高度小于6000m 时保持预定高度的极限误差应不超过 ±150m，当飞行高度为 6000 ~ 12000m 时应不超

过 ±300m，当飞行高度大于 12000m 时应不超过 ±500m[3]。当规定最小时间距离 $\Delta T = 10\text{min}$ 时，安全区域的纵向尺寸将取决于地速 V_{π}，并且 $\Delta s = 0.5V_{\pi}\Delta T = 5V_{\pi}$。纵向梯次配置的最小间距取决于的飞行条件、飞行器速度、空中态势的雷达和目视监控等因素。它们可取值为数千米至数十千米。安全区域的宽度可由与预定航线的最大容许线性横向偏差确定，它不应超过横向梯次配置的规定定额。

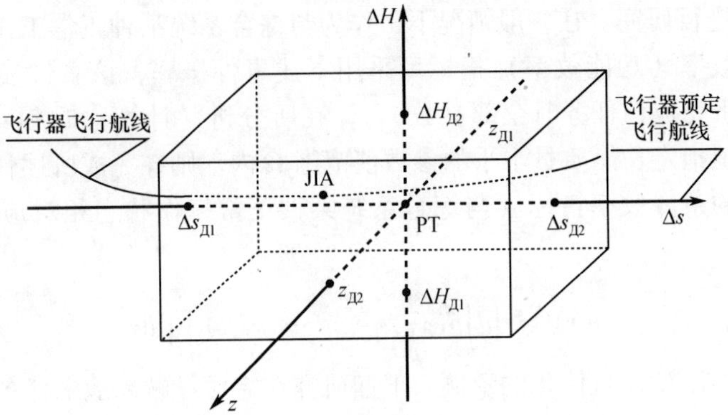

图 7.8　安全区域示意图

完成导航任务的质量可用飞行器沿预定航线的飞行精度、飞行器在规定时间内飞至目标（界线）的精度和飞行器在战斗队形中保持预定距离（间距）的精度进行评估。

用 $p(z(t),\Delta H(t),\Delta s(t),t)$ 表示随机误差 $z(t)$、$\Delta H(t)$ 和 $\Delta s(t)$ 的联立概率密度。在完成按预定航线飞行的导航任务时，应根据式（7.72）选择飞行器在所分析（计算）时刻位于安全区域内的概率作为机载综合电子系统的条件效率指标。在此情况下机载综合电子系统的条件效率指标可用下式表示：

$$w(t) = \int_{z_{\text{д}1}}^{z_{\text{д}2}} \int_{\Delta H_{\text{д}1}}^{\Delta H_{\text{д}2}} \int_{\Delta s_{\text{д}1}}^{\Delta s_{\text{д}2}} p(z,\Delta H,\Delta s,t)\,\mathrm{d}(\Delta H)\,\mathrm{d}(\Delta s) \tag{7.73}$$

式中：$z_{\text{д}1}$ 和 $z_{\text{д}2}$、$\Delta H_{\text{д}1}$ 和 $\Delta H_{\text{д}2}$、$\Delta s_{\text{д}1}$ 和 $\Delta s_{\text{д}2}$ 分别为飞机相应航行参数误差的容许值（图 7.8）。

根据式（7.73）可得出在完成局部导航任务时机载综合电子系统效率指标的表达式。例如，在飞行器沿给定宽度的航线（走廊）飞行时，作为机载综合电子系统的条件效率指标可采用飞行器在计算时刻不飞出相对于预定航线划定区域范围的概率（图 7.9）。

考虑到飞行器与预定航线的横向偏差是多个随机参数的函数，可认为参数 z 的概率密度遵循高斯定理：

$$p(z,t) = \frac{1}{\sqrt{2\pi}\sigma_z(t)} \mathrm{e}^{-\frac{[z-m_z(t)]^2}{2\sigma_z^2(t)}}$$

式中：$m_z(t)$、$\sigma_z^2(t)$ 分别为横向偏差的数学期望值和方差。在所述情况下，飞行器在计算时刻 t_p 时没有飞出宽度 l 的走廊范围的概率可由下式确定：

$$\begin{aligned} w(t_p) &= P(-0.5l \leqslant z(t_p) \leqslant 0.5l) = \frac{1}{\sqrt{2\pi}\sigma_z(t)}\int_{-l/2}^{l/2} \mathrm{e}^{-\frac{[z-m_z(t_p)]^2}{2\sigma_z^2(t)}}\mathrm{d}z \\ &= \Phi\left[\frac{l/2 - m_z(t_p)}{\sigma_z(t_p)}\right] + \Phi\left[\frac{l/2 + m_z(t_p)}{\sigma_z(t_p)}\right] \end{aligned} \tag{7.74}$$

式中：$\Phi(x) = \frac{1}{\sqrt{2\pi}}\int_0^x \mathrm{e}^{-\frac{y^2}{2}}\mathrm{d}y$，为概率的列表区间。

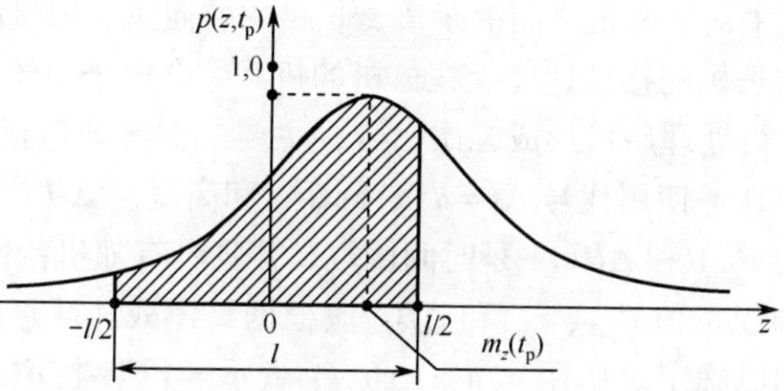

图 7.9　飞行器在计算时刻不飞出相对于预定航线划定区域范围的概率

在特殊情况下，当 $m_z(t_p) = 0$ 时，式（7.74）可具有下列形式：

$$w(t_p) = 2\Phi\left(\frac{1}{2\sigma_z(t_p)}\right) \tag{7.75}$$

式中：$\sigma_z(t_p)$ 在计算时刻 t_p 时确定。

航行总均方根误差 σ_z 在计算时刻可根据下式确定[14]：

$$\sigma_z = \sqrt{\sigma_{z\,\text{пр}}^2 + \sigma_{z\,\text{КТМС}}^2 + \sigma_{z\,\text{упр}}^2} \tag{7.76}$$

式中：$\sigma_{z\,\text{пр}}^2$、$\sigma_{z\,\text{ТКМС}}^2$、$\sigma_{z\,\text{упр}}^2$ 分别为指程序设计误差、飞行器当前位置坐标测定误差（导航误差）和飞行器相对于驾驶导航综合系统机载计算机设定航迹的稳定误差的方差。

程序设计误差 $\sigma_{z\text{пр}}$ 是由地图坐标读取误差 $\sigma_{z\text{сч}}$ 和向驾驶导航综合系统机载计算机的输入输出设备输入程序的误差 $\sigma_{z\text{вв}}$，即

$$\sigma_{z\text{пр}} = \sqrt{\sigma_{z\,\text{сч}}^2 + \sigma_{z\,\text{вв}}^2}$$

在比例尺为 1∶100000 和坐标测绘误差 $\sigma_{z\text{кар}} = 0.5\text{mm}$ 的地图上作业时，坐标读取误差 $\sigma_{z\text{сч}} = 50\text{m}$。向驾驶导航综合系统机载计算机的存储器输入程序的精度可由机器字长度或最低有效位确定。对于驾驶导航综合系统标配的机载计算机，该误差 $\sigma_{z\text{вв}} = 50 \sim 100\text{m}$。对于近程无线电导航系统 РСБН-6с 的模拟计算机，其程序输入误差比较大（$\sigma_{z\text{вв}} = 1 \sim 2\text{km}$）[14]。

误差 $\sigma_{z\text{ТКМС}}$ 的物理性质和数值取决于所用导航测量仪的类型、计算坐标的方

法和在驾驶导航综合系统中实现的信息处理算法。

稳定误差 $\sigma_{z\text{упр}}$ 可由飞行器航迹控制回路的质量确定。它取决于控制方法和在其基础上实现的控制算法，以及作用在飞行器上的扰动（大气湍流、由飞行模式变化引起的瞬时扰动等）。

确定参数 Δs 和 ΔH 总均方误差的公式与式（7.76）类似。

7.7.3 战斗队形中驾驶任务时机载综合电子系统的效率指标

在战斗队形中为确定长机和僚机的相对位置和相对位移参数，可在僚机的机载综合电子系统中测量两机之间的距离、长机的航向角、僚机的高低角（飞行高度）以及僚机与长机的接近速度。在僚机的机载综合电子系统中根据一定算法对上述一次参数进行处理后可形成二次参数，主要二次参数包括时间距离 ΔT 或线性距离（对于该任务使用代号 $\Delta s = d$）、间距 z 和高度差 ΔH[15]。

参数 $d(t)$ 、$z(t)$ 和 $\Delta H(t)$ 是时间函数，并且具有随机特性。

二次参数的规定值 $d_{\text{зад}}$、$z_{\text{зад}}$ 和 $\Delta H_{\text{зад}}$ 应根据具体战斗队形的战术要求和飞行安全保障条件加以确定。使用 $p(d,z,\Delta H,t)$ 表示随机参数 $d(t)$ 、$z(t)$ 和 $\Delta H(t)$ 的联立概率密度。作为全面表示综合电子系统完成在战斗队形中飞行器驾驶任务质量的条件效率指标，根据式（7.72），可采用在要求（计算）时刻二次空间参数 $d(t)$ 、$z(t)$ 和 $\Delta H(t)$ 位于限定安全区域的容许值范围内的概率。（译者注：下标“зад”表示“规定、给定的”之意）

在完成战斗队形中飞行器驾驶任务时机载综合电子系统的条件效率指标，其形式与在完成导航任务时综合系统的条件效率指标类似，并可由下列表达式描述：

$$w(t) = \int_{d_{\text{д}1}}^{d_{\text{д}2}}\int_{z_{\text{д}1}}^{z_{\text{д}2}}\int_{\Delta H_{\text{д}1}}^{\Delta H_{\text{д}2}} p(d,z,\Delta H,t)\,\mathrm{d}d\mathrm{d}z\mathrm{d}(\Delta H) \tag{7.77}$$

式中：与在式（7.73）中一样，$d_{\text{д}1}$ 和 $d_{\text{д}2}$、$z_{\text{д}1}$ 和 $z_{\text{д}2}$、$\Delta H_{\text{д}1}$ 和 $\Delta H_{\text{д}2}$ 分别为参数 $d(t)$ 、$z(t)$ 和 $\Delta H(t)$ 的容许值。

根据式（7.77）可得出一系列局部指标。作为示例，下面研究在水平面内解决战斗队形中飞行器驾驶任务时机载综合电子系统的条件效率指标。图 7.10 所示为长机（点 C）和僚机（点 A）在水平面内的相互位置。表示两机相对位置的主要参数包括：由僚机综合电子系统测量的长机至僚机的距离 D 和长机航向角 φ；僚机与长机航线的规定横向偏差 $z_{\text{зад}}$；向长机的规定方位 $\Psi_{\text{зад}}$，可作为参数 D 和 $z_{\text{зад}}$ 的函数；僚机实际航迹线与僚机预定航线点方向之间的角度 δ，该点相对于长机位置的位移为 $z_{\text{зад}}$。

当僚机与预定航线发生偏差时在机载综合电子系统中自动形成控制信号，该信号被发送至自动控制设备。控制信号与转动角成正比，转动角（图 7.10）$\delta = \varphi - \alpha - \Psi_{\text{зад}}$，式中：$\alpha$ 为偏流角；φ 为长机航向角，在距离 D 固定时，它取决于

僚机与长机航线的实际横向偏差 $z(t)$ 。此外，在僚机的机载综合电子系统中还计算：时间距离 $\Delta T = \dfrac{D}{|\boldsymbol{V}_{\Pi}|}$（其中 $\boldsymbol{V}_{\Pi} = \boldsymbol{V} + \boldsymbol{W}$，为地速矢量；空速矢量 $\boldsymbol{V}$；风速矢量 $\boldsymbol{W}$（图7.10））；线性距离，它可由表达式 $d = D\cos(\varphi - \alpha)$ 定；僚机实际横向偏差 $z = D\sin(\varphi - \alpha)$ 。上述参数输出显示给飞行员，而参数 $\Delta T(d)$ 可用于手动或指引控制纵向运动，参数 $z(t)$ 可用于自动控制飞行器的横向运动。

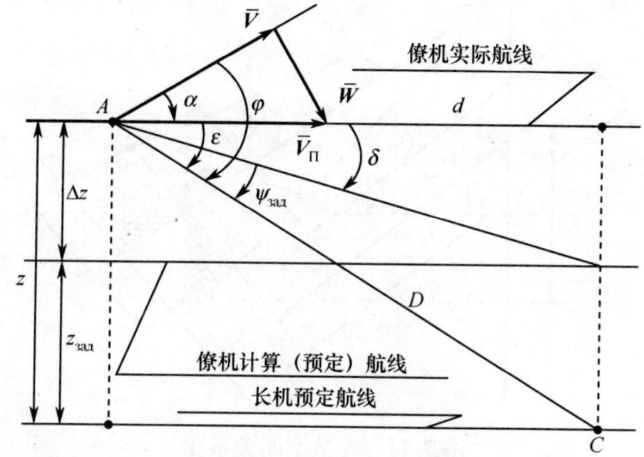

图7.10　长机和僚机在水平面内的相互位置示意图

上述在水平面内完成战斗队形中飞行器驾驶任务的原则允许以下列形式表示机载综合电子系统在完成所述任务时的相应效率指标：

$$w(t) = \int_{d_{\text{д}1}}^{d_{\text{д}2}}\int_{z_{\text{д}1}}^{z_{\text{д}2}} p(d,z,t)\,\mathrm{d}d\mathrm{d}z \tag{7.78}$$

式中：d 和 z 可根据上面所述的表达式确定。

下面研究一个使用式（7.78）的例子。假设参数 $z_{\text{зад}}$、$d_{\text{зад}}$ 以及参数 $z(t)$ 和 $d(t)$ 与规定值偏差的容许值 $\Delta z_{\text{д}}$ 和 $\Delta d_{\text{д}}$ 是已知的（图7.11）。对于固定时刻 t，随机量 D、$\varepsilon = \varphi - \alpha$、$z$、$d$ 与下列函数关系式相关（图7.11）：

$$d = D\cos\varepsilon; z = D\sin\varepsilon \tag{7.79}$$

$$D = \sqrt{d^2 + z^2}; \varepsilon = \arctan(z/d) \tag{7.80}$$

式（7.79）和式（7.80）的变换相互是单值的，并且 $D > 0$，随机量 ε 的可能值就所述任务而言在 $0 \leqslant |\varepsilon| < \pi/2$ 范围内。此时在式（7.80）中指的是反正切的主值。根据参数 $z_{\text{зад}}$、$d_{\text{зад}}$ 的已知数值，并考虑到式（7.80）可计算出参数 D 和 ε 的规定值：

$$D_{\text{зад}} = \sqrt{d_{\text{зад}}^2 + z_{\text{зад}}^2}, \varepsilon_{\text{зад}} = \arctan\frac{z_{\text{зад}}}{d_{\text{зад}}} \tag{7.81}$$

根据随机参数 d、z 和 D、ε 之间的单值对应可得出，对于任意时刻 t，式（7.78）

可转换为针对一次空间参数的效率指标，它可用下列形式表示：

$$w(t) = \int_{D_{д1}}^{D_{д2}}\int_{\varepsilon_{д1}}^{\varepsilon_{д2}} p(D,\varepsilon,t)\mathrm{d}D\mathrm{d}\varepsilon \tag{7.82}$$

式中：$D_{д1}$、$D_{д2}$和$\varepsilon_{д1}$、$\varepsilon_{д2}$分别为参数D和ε的容许值。

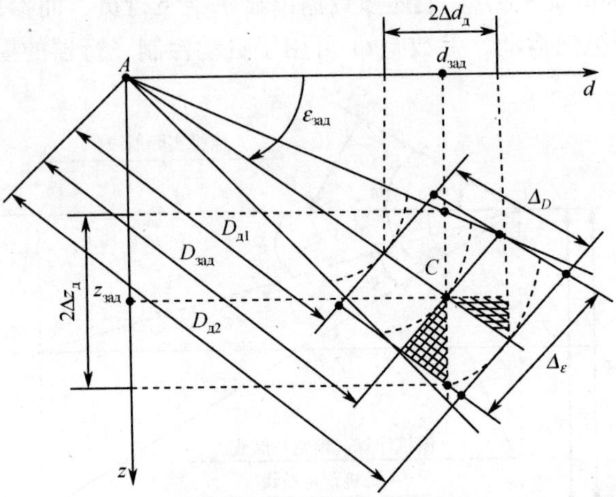

图 7.11　参数空间关系图

其中，如果（如上所述，在僚机综合电子系统中测量的）参数D和ε是独立的，并按高斯定理分布，即

$$p(D,\varepsilon) = \frac{1}{2\pi\sigma_D\sigma_\varepsilon}\mathrm{e}^{-\frac{(D-D_{зад})^2}{2\sigma_D^2}-\frac{(\varepsilon-\varepsilon_{зад})^2}{2\sigma_\varepsilon^2}} \tag{7.83}$$

式中：σ_D^2和σ_ε^2为参数D和ε的方差，则根据式（7.78）~式（7.83），机载综合电子系统的条件效率指标应为

$$\begin{aligned} w &= P(D_{д1} \leqslant D \leqslant D_{д2}, \varepsilon_{д1} \leqslant \varepsilon \leqslant \varepsilon_{д2}) \\ &= \frac{1}{2\pi\sigma_D\sigma_\varepsilon}\int_{D_{д1}}^{D_{д2}}\int_{\varepsilon_{д1}}^{\varepsilon_{д2}} \mathrm{e}^{-\frac{(D-D_{зад})^2}{2\sigma_D^2}-\frac{(\varepsilon-\varepsilon_{зад})^2}{2\sigma_\varepsilon^2}}\mathrm{d}D\mathrm{d}\varepsilon \\ &= \left[\Phi\left(\frac{D_{д2}-D_{зад}}{\sigma_D}\right)-\Phi\left(\frac{D_{д1}-D_{зад}}{\sigma_D}\right)\right]\left[\Phi\left(\frac{\varepsilon_{д2}-\varepsilon_{зад}}{\sigma_\varepsilon}\right)-\Phi\left(\frac{\varepsilon_{д1}-\varepsilon_{зад}}{\sigma_\varepsilon}\right)\right] \end{aligned} \tag{7.84}$$

式中：σ_D、σ_ε由所述的计算时刻t_p确定。

下面研究在距离和角度上线性尺寸分别为Δ_D和Δ_ε的空间波门。根据图 7.11，参数D和ε的容许值与式（7.81）中规定值$D_{зад}$和$\varepsilon_{зад}$的关系可用下式表示：

$$\begin{aligned} &D_{д1} = D_{зад} - 0.5\Delta_D; D_{д2} = D_{зад} + 0.5\Delta_D \\ &\varepsilon_{д1} = \varepsilon_{зад} - \arctan(\Delta_\varepsilon/2D_{зад}); \varepsilon_{д2} = \varepsilon_{зад} + \arctan(\Delta_\varepsilon/2D_{зад}) \end{aligned} \tag{7.85}$$

如图 7.11 所示，空间波门的大小为

$$\Delta_D = \frac{2\Delta d_д}{\cos \varepsilon_{зад}};\Delta_\varepsilon = 2\Delta z_д \cos \varepsilon_{зад} \tag{7.86}$$

在根据式（7.86）选择空间波门的线性尺寸时，波门面积 $S_{стр}$ 不取决于 $\varepsilon_{зад}$：

$$S_{стр} = \Delta_D \Delta_\varepsilon = 4\Delta d_д \Delta z_д$$

在实际使用式（7.84）时，应注意：第一、根据规定梯次配置 $z_{зад}$ 和距离 $d_{зад}$ 按照式（7.81）计算参数 $D_{зад}$ 和 $\varepsilon_{зад}$；第二、根据在完成战斗队形中飞行器驾驶任务时保障飞行安全的要求和综合电子系统技战术性能，按照式（7.85）和式（7.86）选择和论证参数 $D_{д1}$、$D_{д1}$ 和 $\varepsilon_{д1}$、$\varepsilon_{д2}$；第三、确定数值 σ_D、σ_ε，然后计算出条件指标 w。

7.7.4 导引歼击机至空中目标时机载综合电子系统的效率指标

拦截空中目标的主要阶段包括目标分配，（机上）远距、近距导引，射击（包括发射导弹）和退出攻击等阶段[16,17]。

作为示例，下面在使用机载雷达探测目标的情况下针对歼击机手动控制模式下的远距导引阶段，具体说明在完成空中目标拦截任务时综合电子系统的条件效率指标。

歼击机与目标相对位置在水平面上的投影可用下列参数表示：距离 D “歼击机—目标”，目标航向角 q 和瞄准（前置）角 φ（图 7.12），在大地坐标系中相对于地理子午线确定目标和歼击机航向的角度 $\Psi_ц$ 和 $\Psi_и$，以及上述参数的导数。

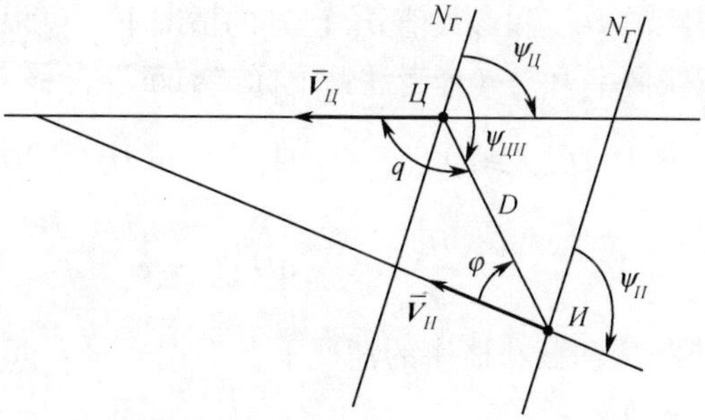

图 7.12 参数的水平面上的投影图

通过沿无线电指令线路或无线电通信指令线路传送指令的方式可实现在水平和垂直面内将歼击机远距导引至目标（远距导引阶段），这些指令可表示歼击机航向 $\Psi_{изад}$、高度 $H_{изад}$ 和速度 $V_{изад}$ 的规定（要求）值。在由机载设备测量的歼击机航向 $\Psi_и$、高度 $H_и$ 和速度 $V_и$ 实际值的基础上，在机载综合电子系统中形成信号 $\Delta\Psi = \Psi_{изад} - \Psi_и$、$\Delta H = H_{изад} - H_и$、$\Delta V = V_{изад} - V_и$，这些信号输出显示给飞行员。在自动导引时信号 $\Delta\Psi$ 和 ΔH 用于相应地在水平和垂直面内手动控制歼击机。

在拦截过程中不论使用何种导引方法，飞行员都力求使 $\Delta\Psi(t)$ 、$\Delta H(t)$ 和 $\Delta V(t)$ 趋向于零。

在第一次近似时，信号 $\Delta\Psi(t)$ 和 $\Delta H(t)$ 可视为带零数学期望值和下列方差（对于任意确定时刻）的高斯随机过程：

$$\sigma_{\Delta\Psi}^2 = \sigma_{\Psi_{\text{изад}}}^2 + \sigma_{\Psi_и}^2 \sigma_{\Delta H}^2 = \sigma_{H_{\text{изад}}}^2 + \sigma_{H_и}^2 \tag{7.87}$$

式中：$\sigma_{\Psi_{\text{изад}}}^2$、$\sigma_{H_{\text{изад}}}^2$、$\sigma_{\Psi_и}^2$ 和 $\sigma_{H_и}^2$ 分别为参数 $\Psi_{\text{изад}}$ 和 $H_{\text{изад}}$ 误差方差（在从导引台发送和在歼击机上接收航向和高度指令时出现的误差）和机载测量仪对航向 $\Psi_и$ 和高度 $H_и$ 的测量误差方差。

在远距导引阶段上，机载综合电子系统在完成歼击机控制任务的同时，还需完成机载雷达扫描区控制任务，这可简化空中目标探测、识别和截获的过程。目标截获距离 $D_{\text{захв}}$ 与目标探测距离 $D_{\text{обн}}$ 一样，是一个随机量。实践中在一些情况下可认为它遵循具有下列概率密度的列耶夫分布定理：

$$P(D_{\text{захв}}) = \frac{D_{\text{захв}}}{\sigma_D^2} e^{-\frac{D_{\text{захв}}^2}{2\sigma_D^2}}, D_{\text{захв}} > 0 \tag{7.88}$$

式中：σ_D^2 为随机量 $D_{\text{захв}}$ 的方差。

在一般情况下，在截获距离和概率已知（给定）时，式（7.88）中的参数 σ_D 可根据下列公式确定：

$$\sigma_D = \sqrt{-\frac{1}{2\ln P_{\text{захв зад}}}} D_{\text{захв зад}} \tag{7.89}$$

这表明，在截获距离 $D_{\text{захв}}$ 和参数值 σ_D 已知的情况下，可根据式（7.88）通过积分方式得出目标截获概率 $P_{\text{захв}}$（译者注：下标“захв”表示“截获”之意）：

$$\begin{aligned} P_{\text{захв}} &= P\{D_{\text{захв}} \geqslant D_{\text{захв зад}}\} = \int_{D_{\text{захвзад}}}^{\infty} p(D_{\text{захв}}) \mathrm{d}D_{\text{захв}} \\ &= 1 - \int_0^{D_{\text{захвзад}}} \frac{D_{\text{захв}}}{\sigma_D^2} e^{-\frac{D_{\text{захв}}^2}{2\sigma_D^2}} \mathrm{d}D_{\text{захв}} = e^{-\frac{D_{\text{захвзад}}^2}{2\sigma_D^2}} \end{aligned} \tag{7.90}$$

在给定目标截获距离和截获概率的情况下，根据式（7.90）可得出确定参数 σ_D 的公式（式（7.89））。

为成功完成远距导引阶段任务，必须：第一、在超过某个最小容许距离 $D_{\text{захв min}}$ 的截获距离 $D_{\text{захв}}$ 上截获目标；第二、在截获目标时刻 $t_{\text{захв}}$，歼击机在航向和高度上的导引误差不超过容许值 $|\Delta\Psi(t_{\text{захв}})| \leqslant \Delta\Psi_д$，$|\Delta H(t_{\text{захвв}})| \leqslant \Delta H_д$。参数 $D_{\text{захв min}}$、$\Delta\Psi_д$ 和 $\Delta H_д$ 可由歼击机的机动能力、目标机动特性、机载雷达和机载测量仪的技战术性能、杀伤武器的性能确定。对于每次具体战斗情况，它们应按下述方式选择，在导引阶段上可修正远距导引的误差并保证满足瞄准射击的条件。

由于在远距导引阶段上独立地实现在垂直和水平面内导引歼击机和机载雷达扫描区的控制，则考虑到上面所述，远距导引的概率根据式（7.72）应为

$$w_{\text{нд}}(t_{\text{захв}}) = P\{D_{\text{захв}} \geqslant D_{\text{захв min}}\}P\{-\Delta\psi_{\text{д}} \leqslant \Delta\psi(t_{\text{захв}}) \leqslant \Delta\psi_{\text{д}};$$
$$-\Delta H_{\text{д}} \leqslant \Delta H(t_{\text{захв}}) \leqslant \Delta H_{\text{д}}\} \tag{7.91}$$

与式（7.84）类似，并考虑到式（7.90）、式（7.91）和式（7.87），远距导引的概率可换算为下列形式：

$$w_{\text{нд}}(t_{\text{захв}}) = 4\mathrm{e}^{-\frac{D^2_{\text{захвmin}}}{2\sigma_D^2}}\Phi\left(\frac{\Delta\psi_{\text{д}}}{\sigma_{\Delta\psi}(t_{\text{захв}})}\right)\Phi\left(\frac{\Delta H_{\text{д}}}{\sigma_{\Delta H}(t_{\text{захв}})}\right) \tag{7.92}$$

为了使用式（7.89）确定包含在 $w_{\text{нд}}(t_{\text{захв}})$ 表达式中的参数 σ_D，必须指定与截获模式相对应的概率 $P_{\text{захв}}$ 数值，并根据歼击机雷达的技战术性能确定与所述导引条件相对应的空中目标最大截获距离 $D_{\text{захв max}}$。并将 $D_{\text{захв max}}$ 和 $P_{\text{захв}}$ 代入式（7.89）。

根据 $w_{\text{нд}}(t_{\text{захв}})$ 的表达式可知，远距导引的效率不仅取决于地面导引系统的性能、歼击机的机动能力和目标机动特性，还取决于机载雷达和机载航向高度测量仪的技战术性能。

应当指出，在人为有意干扰情况下探测和截获概率将降低。在目标探测和跟踪的接收通道中，人为有意有源噪声干扰的作用在许多方面与接收设备内部噪声的作用相似。其主要区别在于，当干扰源（干扰发射机）与机载雷达产生相对位移时进入机载雷达天线口径的干扰功率将发生变化[17]。由于干扰发射机距离的增大（减小）或者由于干扰源方向的变化都可引起功率变化。计算外部噪声干扰对目标探测和机载雷达作用距离的影响可归结为确定干扰谱密度附加分量 $N_{\text{п}}$ 的数值。

其中，在机载雷达接收机通频带的范围内噪声阻塞干扰可视为宽频带高斯随机过程。在这类干扰作用下，在叠加混合下述两个独立随机过程的背景下实现目标信号的探测：具有谱密度 N_0 的内部噪声和外部干扰，它们可形成总谱密度 $N_c = N_0 + N_{\text{п}}$ 的合成随机过程，其中，$N_{\text{п}}$ 为有源噪声干扰的谱密度。

可以证明[17]，上述类型干扰的谱密度可由下式确定：

$$N_{\text{п}} = \frac{P_{\text{пп}}G_{\text{пп}}S_aF(\varphi_{\text{пп}})}{4\pi D^2_{\text{пп}}\Delta f_{\text{пп}}\alpha_{\text{пгп}}}$$

式中：$P_{\text{пп}}$ 为干扰发射机的辐射功率；$G_{\text{пп}}$ 为干扰发射机天线的方向系数（КНД）；$D_{\text{пп}}$ 为到干扰施放装置的距离；$\Delta f_{\text{пп}}$ 为干扰信号的谱宽；$\alpha_{\text{пгп}}$ 为干扰信号被大气吸收的损失系数；$F(\varphi_{\text{пп}})$ 为在干扰施放装置方向上机载雷达接收天线的方向图数值，它由施放装置瞄准线与机载雷达方向图最大值指向之间的角度 $\varphi_{\text{пп}}$ 确定；S_a 为机载雷达天线有效面积的最大值。

根据上述公式可知，如果 $\varphi_{\text{пп}}$ 大于方向图宽度，则干扰谱密度本质性取决于旁瓣范围内的方向图数值 $F(\varphi_{\text{пп}})$。通常在敌方施放有源主动噪声干扰时这种情况最有代表性。

在人为有源主动干扰影响下，目标最大探测距离的公式为[17]

$$D_{\max}^{(\text{АП})} = \sqrt[4]{\frac{2P_{\text{ср}}t_H GS_a\sigma_\text{ц}}{(4\pi)^2\alpha_п R_0(N_0+N_п)}} = \sqrt[4]{\frac{2P_{\text{ср}}t_н GS_a\sigma_\text{ц}}{(4\pi)^2\alpha_п R_0 N_0(1+k_п)}}$$

$$= D_{\max}\frac{1}{\sqrt[4]{1+k_п}}$$

式中：$k_п = N_п/N_0$；$\alpha_п$ 为在机载雷达通道内传输和处理信号时能量损失的合成系数，$\alpha_п R_0 = R$；$t_н$ 为反射信号的观测时间；$P_{\text{ср}}$ 为在观测时间内的信号平均功率，$P_{\text{ср}}t_н = \int_0^t P_{\text{辐射}}(t)\,\mathrm{d}t$；$G$ 为在接收模式下机载雷达天线的方向系数；$\sigma_\text{ц}$ 为目标的有效反射面积；R_0 为探测参数，在该参数下可用规定的准确探测概率 $P_{\text{по}}$ 和虚警概率 $P_{\text{лт}}$（不考虑损失，$\alpha_п=1$）保证目标的最大探测距离。参数 $R_0=2E/N_0$，可由下式确定：

$$R_0 = \frac{2E}{N_0} = \frac{2P_{\text{ср}}t_н GS_a\sigma_\text{ц}}{(4\pi)^2 D_{\max.\,\text{о}}^4 N_0}$$

式中：$D_{\max.\,\text{о}}$为目标最大探测距离；E 为信号能量。

在给定 $P_{\text{по}}$和 $P_{\text{лт}}$时，可按探测曲线得出参数 R_0 的数值[17]。

人为有源干扰的影响可导致机载雷达的最大探测距离和目标截获距离减小，并最终导致降低式（7.92）中的概率 $P\{D_{\text{захв}} \geqslant D_{\text{захв}\min}\}$ 和远距导引概率。

7.8 机载综合电子系统效率估计概要说明

通过分析导航、瞄准和武器控制综合电子系统的上述战斗效率和功能效率指标和标准，以及确定其正常工作状态条件指标和概率的方法可得出结论，用来提高综合电子系统战斗使用效率的措施主要可划分为三类。第一类包括旨在使条件指标的数值达到符合现代化效率标准要求水平的措施；第二类措施面向增大综合电子系统的正常工作状态数和提高符合最高战斗效率条件指标值的正常工作状态的概率；第三类措施与研究飞行器新的战斗使用方法密切相关，这些新方法可实现机载综合电子系统的潜在战斗效能。

此外，应当指出，完善机载综合电子系统效率估计方法仍是一个迫切的问题。其中在一些情况下，在所述的综合电子系统效率估计方法中不能全面考虑条件效率指标的动态特性。例如，如在 7.7.2 节所述，完成导航任务的效率可根据按预定航线飞行精度、飞行器在规定时间内飞至目标（界线）的精度、飞行器在战斗队形中保持指定距离（间距）的精度，以及其他指标进行估计。特别是为表示在飞行器沿航线飞行时综合电子系统的效率，在实践中经常采用飞行器在计算时刻不飞出相对于预定航线划定的宽度为 $2z_{\text{доп}}=1$ 的区域（走廊）范围的概率作为条件效率指标。

如果对于所有航线都设定相同（不变）的安全区（图7.8），则可按以下方式考虑条件指标的动态性。处理飞行器的实际飞行航迹表明，飞行器在水平面内与预定航线的线性横向偏差 $z(t)$ 可认为是带有数学期望值 m_z、均方差 σ_z 和规范化相关函数 $\rho_z(\tau)$ 的拟平稳高斯随机过程。过程 $z(t)$ 的统计描述对于固定航线飞行而言是很有代表性的[13]。

在沿航线飞行的时间 $t_{\text{тр}}$ 内，飞行器一次也没有飞出区域 $2z_{\text{доп}}$ 范围（在准确进入航线起点情况下）的概率 $P_{\text{oz}}(t_{\text{тр}})$ 可根据下列公式确定[13,14]：

$$P_{\text{oz}}(t_{\text{тр}}) = \mathrm{e}^{-N_{\text{тр}}}$$

$$N_{\text{тр}} = \frac{t_{\text{тр}}}{\pi}\sqrt{-\rho_z''(0)}\,\mathrm{e}^{-\frac{z_{\text{доп}}^2}{2\sigma_z^2}}$$

式中：$N_{\text{тр}}$ 为在时间 $t_{\text{тр}}$ 内飞行器飞出划定区域（走廊）范围的平均次数；$\rho_z''(0)$ 为当 $\tau=0$、$m_z=0$ 时规范化相关函数的二次导数值。

在一般情况下，可使用带收益的马尔可夫过程数学工具考虑在机载综合电子系统完成战斗任务过程中的条件效率指标动态特性[18]（参见附录Ⅲ）。

对于第5代战机的综合电子系统，完善其效率估计方式是一个更为迫切的问题。如1.1节所述，对第5代战机的综合电子系统提出的一个重要要求是保证飞行员（机组人员）对战术、无线电、导航态势及机载设备和系统技术状态的态势熟悉度。全面态势熟悉度包括有关目标和威胁的信息，以及己方和同盟国武装力量的信息[20]。

机载综合电子系统协同其他的机载综合系统应能处理来自机载设备、机载系统和外部信息源的信息，处理数据库中的数据，以及与其他参战飞机进行频繁的数据交换，其目的是提升飞行员（机组人员）的态势熟悉度和增大完成战斗任务的概率。

态势熟悉度是一个非常复杂的特性，它取决于大量的随机性和确定性参数和数据，这些参数和数据既可在机载综合电子系统本身中，又可在综合系统与外界协同配合时形成的信息流。它取决于：

（1）借助多功能雷达、光电瞄准系统、激光系统、无线电技术侦察系统等，以及从数据库（角坐标扫描区，目标探测和截获距离，距离、速度、方位、高低角和瞄准线角速度的测量精度）获取的目标信息容量大小及其可靠性；

（2）关于威胁（攻击中的“地对空”和“空对空”导弹）、在不同频段内的高优先级威胁信号的信息，以及在真实作战环境下其定位和识别精度；

（3）在与其他飞行器、地面指挥塔台等进行数据交换时传输的信息容量和速度，以及其可靠性；

（4）显示的战术信息和其他类型信息的容量和质量（在信息预处理和检查其准确性和可靠性之后显示综合信息的能力，三维展示周围战术态势的能力，使用不同颜色、符号等的能力）；

（5）关于综合电子系统各元部件技术状态的信息和其他数据。

如1.6节所述，在第5代战机F-22和F-35的机载综合电子系统组成中多功能雷达、无线电技术侦察系统、红外系统、CNI系统以及信息显示、控制和检测系统都参与保障飞行员的态势熟悉度。

从机载综合电子系统效率理论观点看，使像态势熟悉度这样的复杂特性体系化（形式化）、找到其分析（概率）描述方法并得出其数值是非常复杂的。

在F-22战机的APG－77型多功能雷达的软件和算法中运用多级别的态势熟悉度，它们包括空战所有阶段的信息，从远距离探测目标开始至在发射AIM－120导弹前的距离上获得所需的高精度目标坐标数据结束。整个空战场景可被划分为与下列5个区域相对应的部分。而区域边界在外界战术态势、武器作战效能、敌方对抗特性和F-22战机战斗使用规则信息的基础上确定。这些态势熟悉度区域是[19]：

（1）目标初始跟踪和识别区域（A）；

（2）做出决策“投入或不投入战斗”的区域，对此必须保证跟踪和识别精度的平均值（$Б$）；

（3）在目标视距界限外准确识别目标的区域（B）；

（4）规避威胁并可随后探测到威胁的区域（$Г$）；

（5）对抗威胁的区域（$Д$）。

分析在7.7.1节中所列的拦截空中目标的概率：

$$P_п = P_о P_{\text{ПВО}} P_н P_{\text{пор}}$$

式中：$P_о$为及时出动拦截的概率；$P_{\text{ПВО}}$为突破敌方防空系统的概率；$P_н$、$P_{\text{пор}}$为将歼击机导引至空中目标和用机载武器将其击毁的概率。

就F-22战机的综合电子系统而言，应根据上述区域的相应态势熟悉度级别来计算概率数据。因此，仅在执行战斗任务的每个阶段上飞行员态势熟悉度不低于规定级别的条件下，才能保证F-22战机截击空中目标的概率$P_п$（不低于要求值）。对于上述每个区域，在形式上确定飞行员态势熟悉度不低于规定级别的概率：$P_{\text{со}}(A)$、$P_{\text{со}}(Б)$、$P_{\text{со}}(B)$、$P_{\text{со}}(Г)$、$P_{\text{со}}(Д)$。现在，在计算概率$P_{\text{ПВО}}$、$P_н$、$P_{\text{пор}}$时，以及在一些情况下计算$P_о$时必须考虑相应的概率$P_{\text{со}}(A) \sim P_{\text{со}}(Д)$。计算这些概率的复杂性首先是由于需明确态势熟悉度级别的必要性（所有参数和数据，其功能关系等）引起的。

综上所述，形式化像飞行员（机组人员）态势熟悉度这样的复杂特性属于机载综合电子系统效率理论的重要课题。

参考文献

1. *Ярлыков М. С.*, *Богачев А. С.* Авиационные радиоэлектронные комплексы. М.: Издание ВАТУ. 2000.

2. *Мясников В. А.*, *Мельников Ю. Н.*, *Абросимов Л. И.* Методы автоматизированного проектирования систем телеобработки данных. М.: Энергоатомиздат. 1992.

3. *Беляев Ю. К. и др.* Надежность технических систем: Справочник / под ред. И. А. Ушакова. М.: Наука и связь. 1985.

4. Основы синтеза систем летательных аппаратов. Учеб. пособие для студентов ВТУЗов / Под ред. *А. А. Лебедева.* М: Машиностроение. 1987.

5. *Ярлыков М. С.*, *Богачев А. С*, *Миронов М. А.* Боевое применение и эффективность авиационных радиоэлектронных комплексов. М.: ВВИА им. Н. Е. Жуковского. 1990.

6. *Ярлыков М. С.*, *Богачев А. С.* Метод вычисления вероятностей работоспособных состояний авиационных радиоэлектронных комплексов // Радиотехника. 2003. №1.

7. *Абчук В. А. и др.* Справочник по исследованию операций / под общ. ред. Ф. А. Матвейчука. М.: Воениздат. 1979.

8. *Ярлыков М. С.*, *Миронов М. А.* Марковская теория оценивания случайных процессов. М.: Радио и связь. 1993.

9. *Тихонов В. К*, *Миронов М. А.* Марковские процессы. М.: Сов. радио. 1977.

10. *Викулов О. В.*, *Добыкин В. Д.*, *Прогалин В. В. и др.* Современное состояние и перспективы развития авиационных средств радиоэлектронной борьбы // Зарубежная радиоэлектроника. 1998. №12.

11. *Тихонов В. И.* Статистическая радиотехника. М.: Радио и связь. 1982.

12. *Корн Г.*, *Корн Т.* Справочник по математике. М.: Наука. 1968.

13. *Молоканов Г. Ф.* Объективный контроль точности самолетовождения. М.: Военизлат. 1980.

14. *Красовский А. А.*, *Лебедев А. В.*, *Невструев В. В.* Теоретические основы пило-тажно-навигационных комплексов. М.: ВВИА им. Н. Е. Жуковского. 1981.

15. *Тарасов В. Т.* Межсамолетная навигация. М.: Машиностроение. 1980.

16. *Меркулов В. И.*, *Чернов В. С*, *Гандурин В. А.*, *Дрогалин В. В.*, *Савельев А. Н.* Авиационные системы радиоуправления: учебник для военных и гражданских ВУЗов и научно-исследовательских организаций. / под ред. *В. И. Меркулова.* М.: ВВИА им. Н. Е. Жуковского. 2008.

17. Авиационные радиолокационные комплексы и системы. Учеб. для слушателей и курсантов ВУЗов ВВС / под ред. *П. И. Дудника.* М.: ВВИА им. Н. Е. Жуковского. 2006.

18. *Ховард Р. А.* Динамическое программирование и марковские процессы. М.: Сов. радио. 1964.

19. Бортовые системы управления боевыми режимами современных и перспективных самолетов. Кн. 1 / под общей ред. *Е. А. Федосова.* М.: Научно-информационный центр ГосНИИАС. 2009.

20. *Lambeth B. S.* Technology and war // Air Force Mag. 1996. №11.

缩 略 语

АВ	аналоговый вычислитель	模拟计算机
АВПР	алгоритм вычисления параметра рассогласования	失调参数计算算法
АВФПЭ	алгоритм вычисления функционала и поиска экстремума	泛函数和极值搜索计算算法
АК	авиационный комплекс	航空综合设备系统
АК РЛДН	авиационный комплекс радиолокационного дозора и наведения	雷达侦察和制导航空综合系统
АЛУ	арифметико-логическое устройство	运算逻辑部件
АМС	адаптер межшинной связи	总线间连接适配器
АР	антенная решетка	天线格栅
АРК	автоматический радиокомпас	无线电自动罗盘
АРЦ	автоматическое распознавание целей	目标自动识别
АС	автоматизированная система	自动化系统
АСП	авиационные средства поражения	机载打击兵器
АСУ	автоматизированная система управления	自动控制系统
АСУ РЭК	автоматизированная система управления радиоэлектронным комплексом	无线电电子综合系统自动控制系统
АСЦРО	автоматическое сопровождение целей в режиме обзора	扫描状态下目标的自动跟踪
АФАР	активная фазированная антенная решетка	有源相控阵天线
АЦП	аналого-цифровой преобразователь	模拟数字转换器
БВС	бортовая вычислительная система	机载计算系统
БГШ	белый гауссовский шум	高斯白噪声
БД	база данных	数据库
БДИ	бортовой датчик информации	机载信息传感器
БЗУ	бортовое запоминающее устройство	机载存储设备
БИНС	бесплатформенная инерциальная навигационная система	非平台式惯性导航系统
БИС	большая интегральная схема	大规模集成电路
БК	бортовой комплекс	机载综合系统
БКО	бортовой комплекс обороны	机载防御综合系统
БКС	бортовая комплексная система	机载设备系统

（续）

БЛА	беспилотный летательный аппарат	无人驾驶飞机
БП	боевой порядок	战斗队形
БРЭО	бортовое радиоэлектронное оборудование	机载无线电电子设备
БС	бортовая система	机载系统
БУ	бортовое устройство	机载装置
БФИ	блок формирования изображений	成像器
БЦВМ	бортовая цифровая вычислительная машина	机载数字计算机
БЧ	боевая часть	战斗部
《в-в》	《воздух-воздух》	“空—空”
ВЗУ	внешнее запоминающее устройство	外部存储装置
ВКП	воздушный командный пункт	空中指挥所
ВКУ	видеоконтрольное устройство	电视监控设备
ВОГ	волоконно-оптический гироскоп	光纤陀螺仪
《в-п》	《воздух-поверхность》	“空—地”
ВПП	взлетно-посадочная полоса	跑道
ВРО	вспомогательный （вынесенный） радиолокационный ориентир	辅助（引出）雷达定向标
ВС	воздушное судно	航空器
ВЦ	воздушная цель	空中目标
ВЧП	высокая частота повторения	高重复频率
ГС	гиростабилизатор	陀螺稳定仪
ГСН	головка самонаведения	自动导引头
ДАУ	датчик аэродинамических углов	空气动力角传感器
ДИСС	доплеровский измеритель скорости и угла сноса	多普勒速度和偏流角测量仪
ДЛУ	датчик линейного ускорения	线加速度传感器
ДН	диаграмма направленности	方向性图
ДНА	диаграмма направленности антенны	天线方向性图
ДНГ	динамически настраиваемый гироскоп	动态可调陀螺仪
ДОЛ	доплеровское обострение луча	多普勒波束锐化
ДУС	датчик угловой скорости	角速率传感器
ЗБ	зажигательный бак	燃烧弹
ЗПС	задняя полусфера	后半球
ЗРП	зона разрешенных пусков	允许发射空域
ЗУ	запоминающее устройство	存储装置
ЗУТК	запоминающее устройство текущей карты	当前地图存储装置
ЗУЭК	запоминающее устройство эталонных карт	标准地图存储装置
ИВС	интегрированная вычислительная среда	集成计算环境

（续）

ИДНС	инерциально-доплеровская навигационная система	惯性—多普勒导航系统
ИЗ	источник знаний	知识来源
ИИ	искусственный интеллект	人工智能
ИК	инфракрасное	红外
ИКВК	информационный комплекс вертикали и курса	垂直和航向信息综合系统
ИЛС	индикатор на лобовом стекле	平视显示器
ИНС	инерциальная навигационная система	惯性导航系统
ИПМ	исходный пункт маршрута	航线初始点
ИРЧИ	система интегрированных радиочастотных измерителей	集成无线电频率计算器系统
ИРЧС	интегрированная радиочастотная система	集成无线电频率系统
ИС	измерительная система	测量系统
ИССН	инерциально-спутниковая система навигации	惯性—同步卫星导航
ИУК	информационно-управляющий канал	信息控制通道
ИУПК	информационно-управляющее поле кабины	驾驶室信息控制区
КАБ	корректируемая авиационная бомба	可校正航空炸弹
КВО	круговое вероятное отклонение	圆概率误差
КМГУ	контейнер малогабаритных грузов универсальный	小型货物通用容器
КОИ	комплексная обработка информации	信息综合处理
КП	командный пункт	指挥所
КПМ	конечный пункт маршрута	航线终点
КР	крылатая ракета	巡航导弹
КРУ	командная радиолиния управления	无线电控制指令
КСиУ	комплекс связи и управления	通信和控制综合系统
КСН	комбинированная система наведения	综合制导系统
КЭСНН	корреляционно-экстремальная система навигации и наведения	导航和制导相关—极值系统
ЛА	летательный аппарат	飞行器
ЛБВ	лампа бегущей волны	行波管
ЛВ	линия визирования	制导线
ЛВС	локальная вычислительная сеть	局域计算网
ЛЗП	линия заданного пути	预定航线
ЛПИ	линия передачи информации	信息传递线路
ЛФП	линия фактического пути	实际航迹线
МВПИ	магистральный внутренний параллельный интерфейс	内部总并口

（续）

МКМД	множественный поток команд и данных	多重指令和数据流
МКОД	множественный поток команд и одиночный поток данных	多重指令流和单一数据流
МЛПИ	мультиплексная линия передачи информации	信息多路传输线路
ММ	математическая модель	数据模型
МОП	модуль оперативной памяти	运算内存模块
МП	микропроцессор	微处理器
МПВС	мультипроцессорная вычислительная система	多处理器计算系统
МПИ	магистральный параллельный интерфейс	总并口
МПО	программа-менеджер объединения	组合的管理程序
МСИО	многоуровневая（многоканальная）система информационного обмена	多层次（多通道）信息交换系统
МСН	межсамолетная навигация	飞机间导航
МТО	марковская теория оценивания	马尔可夫评估理论
МТУ	мультиплексное терминальное устройство	多路传输终端装置
МУ	механизм управления	控制器
МУП	механизм управления перекрестием	交叉点控制器
МФИ	многофункциональный индикатор	多功能显示器
МФРЛС	многофункциональная радиолокационная станция	多功能雷达站
МЦС	многоцелевое сопровождение	多目标跟踪
МШ	мультиплексная шина	多路传输母线
НАР	неуправляемая авиационная ракета	非制导航空导弹
НАСУ	наземная автоматизированная система управления	地面自动控制系统
НИ	навигационный измеритель	导航测量器
НКА	навигационный космический аппарат	导航航天装置
НКП	наземный командный пункт	地面指挥所
НРТИ	нерадиотехнический измеритель	非无线电技术测量器
НСЦ	нашлемная система целеуказания	目标指示头盔系统
НСЦИ	нашлемная система целеуказания и индикации	目标指示和显示头盔系统
НТ	навигационная точка	导航点
НЧИ	низкая частота повторения	低重复频率
ОА ВКП	оконечная бортовая аппаратура воздушного командного пункта	空中指挥所终端机载装置
ОА ОСРТИ	оконечная бортовая аппаратура объединенной системы распределения тактической информации	战术信息分配联合系统终端机载装置
ОА РЛДН	оконечная аппаратура комплекса радиолокационного дозора и наведения	雷达侦察和制导综合系统终端装置

（续）

ОЗУ	оперативное запоминающее устройство	运算存储装置
ОКМД	одиночный поток команд и множественный поток данных	单一指令流和多重数据流
ОКОД	одиночный поток команд и одиночный поток данных	单一指令流和单一数据流
ОКр	оптический коррелятор	光学相关仪
ОЛО	оптимальное линейное оценивание	最优线性评估
ООС	отрицательная обратная связь	负反馈
ООУ	обобщенный объект управления	综合控制对象
ОП	оперативная память	运算内存
ОПМ	оперативный пункт маршрута	航线作战点
ОПС	обзорно-прицельная система	扫描制导系统
ОС	операционная система	操作系统
ОСРВ	операционная система реального времени	实时操作系统
ОУ	орган управления	控制机构
ОУО	обобщенный управляемый объект	综合可控制对象
ОЭПрНК	оптико-электронный прицельно-навигационный комплекс	光学电子制导导航综合系统
ОЭПС	оптико-электронная прицельная система	光学电子制导系统
ОЭС	оптико-электронная система	光学电子系统
ПД	память данных	数据内存
ПЗУ	постоянное запоминающее устройство	固定存储装置
ПЗУС	ПЗУ с быстрой сменой информации	带有信息快速替换的固定存储装置
ПИ	процессорный интерфейс	处理器接口
ПК	подвесной контейнер	悬挂吊舱
ПКС	программно-корректируемое сопровождение	程序可校正跟踪
ПН	пункт наведения	制导点
ПНК	пилотажно-навигационный комплекс	驾驶导航综合系统
ПО	программное обеспечение	软件
ПП	подвижное перекрестие	移动交叉点
ППЗУ	полупостоянное запоминающее устройство	半固定存储装置
ППК	преобразователь последовательного кода	连续代码转换器
ППМ	промежуточный（поворотный）пункт маршрута	航线中间（转弯）点
ППС	программируемый процессор обработки сигналов	可编程信号处理器
ППС *	передняя полусфера	前半球
ПРД	передатчик	发射机
ПрК	прицельный комплекс	瞄准综合系统

（续）

ПРЛС	пассивная радиолокационная система	无源雷达系统
ПРМ	приемник	接收机
ПрНК	прицельно-навигационный комплекс	制导—导航综合系统
ПРР	противорадиолокационная ракета	反雷达导弹
ПС	преобразователь сигналов	信号转换器
ПУ	пункт управления	控制点
ПШ	переключатель шин	母线转换开关
ПЭ	процессорный элемент	处理器元件
РБК	разовая бомбовая кассета	一次用炸弹箱
РВ	радиовысотомер	无线电高度表
РГС	радиолокационная головка самонаведения	雷达自动导引头
РИФ	расширитель интерфейса	接口扩展器
РКИО	радиальный канал информационного обмена	径向信息交换通道
РКЦ	радиолокационно-контрастная цель	雷达—对比度目标
РЛПК	радиолокационный прицельный комплекс	雷达制导综合体
РМ	радиомаяк	无线电信标
РНП	режим непрерывной пеленгации	连续定向状态
РО	радиолокационный ориентир	雷达定向标
РПС	радиолокатор предупреждения столкновений с наземными препятствиями	地面障碍物碰撞雷达
РСА	режим синтезированной апертуры	合成孔径状态
РСБН	радиотехническая система ближней навигации	近距无线电导航系统
РСДН	радиотехническая система дальней навигации	远距无线电导航系统
РСИ	расширяемый связной интерфейс	可扩展连接口
РТ	расчетная точка	计算点
РТИ	радиотехнический измеритель	无线电技术测量器
РТР	радиотехническая разведка	无线电技术侦察
РУД	ручка управления двигателем	发动机控制手柄
РУС	ручка управления самолетом	飞机控制手柄
РЭБ	радиоэлектронная борьба	电子战
РЭЗ	радиоэлектронная защита	无线电电子保护
РЭК	радиоэлектронный комплекс	无线电电子综合系统
РЭО	радиоэлектронное оборудование	无线电电子设备
РЭП	радиоэлектронное подавление	无线电电子对抗
РЭС	радиоэлектронные средства	无线电电子系统
СА	синтезированная апертура	合成孔径
САП	станция активных помех	有源干扰站

（续）

САУ	система автоматического управления	自动化控制系统
СВБП	система вождения в боевых порядках	战斗队形操纵系统
СВС	система воздушных сигналов	空中信号系统
СВТ	средства вычислительной техники	计算技术器材
СГИО	система государственного и индивидуального опознавания	国籍和个人识别系统
СГО	система государственного опознавания	国籍识别系统
СЕИ	система единой индикации	统一显示系统
СИИ	система искусственного интеллекта	人工智能系统
СИО	система информационного обмена	信息交换系统
СИОИ	система индикации и отображения информации	信息显示系统
СИУК	система индикации, управления и контроля	显示、控制和检测系统
СК	система координат	坐标系
СКО	средне квадратическое отклонение	均方差
СКОИ	система комплексной обработки информации	信息综合处理系统
СМСН	система межсамолетной навигации	飞机间导航系统
СН	система навигации	导航系统
СНАУ	система наведения и автономного управления	制导和自主控制系统
СНП	сопровождение на проходе	通道跟踪
СНПр	спутниковый навигационный приемник	卫星导航接收器
СОБП	система обеспечения безопасности полетов	飞行安全保障系统
СОЗУ	сверхоперативное запоминающее устройство	超运算存储装置
СОЦ	сопровождение одной цели	单个目标跟踪
СП	станция помех	干扰站
СПВ	стрелково-пушечное вооружение	身管射击兵器
СПС	система предупреждения столкновений в воздухе	空中碰撞预警系统
СПЦ	сигнал подсвета цели	目标照射信号
СРНС	спутниковая радионавигационная система	卫星无线电导航系统
ССН	система самонаведения	自导系统
СТС	сложная техническая система	复杂技术系统
СУ	система управления	控制系统
СУБД	система управления базами данных	数据库控制系统
СУВ	система управления вооружением	武备控制系统
СУО	система управления оружием	武器控制系统
СУР	система управления ракеты	导弹控制系统
СЦВ	специализированный цифровой вычислитель	专用数字计算器
СЦВМ	специализированная цифровая вычислительная машина	专用数字计算机

（续）

СЧМ	система《человек-машина》	“人—机”系统
СЧП	средняя частота повторения	中重复频率
TV	телевизионный	电视的
ТВИ	таймер временных интервалов	时间间隔计时器
ТВМ	таймер временных меток	时间标记计时器
ТГН	телевизионная головка наведения	电视导引头
ТГС	тепловая головка самонаведения	红外自动导引头
ТКМП	текущие координаты местоположения	位置当前坐标
ТКМС	текущие координаты местоположения самолета	飞机位置当前坐标
ТКС	типовой комплекс связи	典型综合通信系统
ТП	теплопеленгатор	红外线测向仪
ТС	техническое состояние	技术状态
ТТТ	тактико-технические требования	战术技术要求
ТТХ	тактико-технические характеристики	战术技术特性
УВВ	устройство ввода-вывода	输入—输出装置
УО	управляемый объект	可控制对象
УПИ	устройство преобразования информации	信息转换装置
УР	управляемая ракета.	导弹
УУ	устройство управления	控制装置
УУП	устройство управления перекрестием	交叉点控制装置
УФ	ультрафиолетовое	紫外的
УФОС	устройство формирования опорного сигнала	基准信号生成装置
ФАР	фазированная антенная решетка	相控阵天线
ФПО	функциональное программное обеспечение	功能软件
ЦАП	цифро-аналоговый преобразователь	数字—模拟转换器
ЦОС	цифровая обработка сигналов	信号处理系统
ЦП	центральный процессор	中央处理器
ЦПУ	центральное процессорное устройство	中央处理装置
ЦУ	целеуказание	目标指示
ЭЛТ	электронно-лучевая трубка	电子射线管
ЭМВ	электромагнитная волна	电磁波
ЭМС	электромагнитная совместимость	电磁兼容性
ЭОК	эталон оптической карты	光学地图标准
ЭС	экспертная система	鉴定系统
AABNCP	Advanced Airorne Command Post	先进机载指挥台
AFDX	Avionic Full Duplex Switched Ethernet	航空电子全双工交换工以太网
AMSTE	Affordable Mobile Surface Engagement	经济可承受的地面移动目标打击

（续）

ATM	Asynchronous Transfer Mode	异步传输模式
ATNCD	Adaptive Tactical Navigation Concept Definition	自适应战术导航概念定义
AWACS	Airborn Warning and Control System	机载预警和控制系统
CIP	Common Integral Processor	通用集成处理器
CNI	Связь-навигация-опознавание	通信—导航—识别
CRC	Cycliacl Redundancy Check	循环冗余校验码
CSIM	Crew Station Information Manager	机组站信息管理员
DAMASK	Direct Attack Munition Affor-dable Seeker	直接攻击弹药的经济可承受导引头
DSP	Digital Signal Processing	数字信号处理
EODAS	Electro-Optical Distributed Aperture Systim	光电分布式孔径系统
EOTS	Electro-Optical Targeting System	光电跟踪系统
FC	Fiber Channel	光纤通道
FC-AL	Fiber Channel Arbitrated	光纤通道仲裁环路
GE	Gigabit Ethernet	吉比特以太网或称千兆以太网
HSDB	High Speed Date Bus	高速数据总线
IEEE 1394	Fire Wire	火线接口
IMA	интегральная тодульная авионика	集成模块式航空电子设备
ISS	Integrated Sensor Systems	综合传感器系统
ITARS	Integrated Terrain Access and Retrieval System	综合地形数据存储和检索系统
MCDU	Multifunctional Control and Display Unit	多功能控制显示组件
MFA	Multi-functional Array	多功能阵列
MIRFS	Multi-functional Integrated RF System	多功能综合射频系统
MWS	Missile Warming System	导弹告警系统
PI	Parallel Interconnect	并行互接
RAM	статическоу ЗУ с произвольным доступом	可随意访问的静态存储装置
RISC	Reduced Instruction Set Computer	精简指令集计算机
SA/IRFS	Shaped Apertures/Integrated RF Sensing	形状孔径/集成射频传感
SCI/RT	Scalable Coherent Interface/Real time	可扩展一致性接口的实时性扩展
SDB	Small Diameter Bomb	小直径炸弹
SE	Serial Express	串行表达
SFW	Sensor Fused Weapon	传感器融合武器
SMP	Symmetric Multiprocessor	对称多处理机
STN	Super Twisted Nematic	超级弯曲效应
WCMD	Wing-Corrected Munition Dispanser	风修正集束弹药
TM	Test Maintenance	维修检测

附 录 Ⅱ

下列形式的 $mp \times nq$ 的分块矩阵称为（参见第 7 章）$m \times n$ 和 $p \times q$ 的矩阵 $\boldsymbol{A}$ 和 $\boldsymbol{B}$ 的直积（克罗内克积、张量积、外积）[12]：

$$\boldsymbol{A} \otimes \boldsymbol{B} = \boldsymbol{C} = \begin{bmatrix} a_{11}\boldsymbol{B} & a_{12}\boldsymbol{B} & \cdots & a_{1j}\boldsymbol{B} & \cdots & a_{1n}\boldsymbol{B} \\ a_{21}\boldsymbol{B} & a_{22}\boldsymbol{B} & \cdots & a_{2j}\boldsymbol{B} & \cdots & a_{2n}\boldsymbol{B} \\ \vdots & \vdots & \vdots & \vdots & \vdots & \vdots \\ a_{i1}\boldsymbol{B} & a_{i2}\boldsymbol{B} & \cdots & a_{ij}\boldsymbol{B} & \cdots & a_{in}\boldsymbol{B} \\ \vdots & \vdots & \vdots & \vdots & \vdots & \vdots \\ a_{m1}\boldsymbol{B} & a_{m2}\boldsymbol{B} & \cdots & a_{mj}\boldsymbol{B} & \cdots & a_{mn}\boldsymbol{B} \end{bmatrix} \tag{П. 2. 1}$$

式中：$a_{ij}, i = \overline{1,m}, j = \overline{1,n}$，为矩阵 $\boldsymbol{A}$ 的元素；$\boldsymbol{B} = [b_{lk}], l = \overline{1,p}, k = \overline{1,q}$；$\otimes$为矩阵直积运算符号。

矩阵直积具有下列特性：

$$(\alpha\boldsymbol{A}) \otimes \boldsymbol{B} = \boldsymbol{A} \otimes (\alpha\boldsymbol{B}) = \alpha(\boldsymbol{A} \otimes \boldsymbol{B});(\boldsymbol{A} + \boldsymbol{B}) \otimes \boldsymbol{C} = \boldsymbol{A} \otimes \boldsymbol{C} + \boldsymbol{B} \otimes \boldsymbol{C}$$

$$\boldsymbol{A} \otimes (\boldsymbol{B} + \boldsymbol{C}) = \boldsymbol{A} \otimes \boldsymbol{B} + \boldsymbol{A} \otimes \boldsymbol{C};\boldsymbol{A} \otimes (\boldsymbol{B} \otimes \boldsymbol{C}) = (\boldsymbol{A} \otimes \boldsymbol{B}) \otimes \boldsymbol{C}$$

$$(\boldsymbol{AB}) \otimes (\boldsymbol{CD}) = (\boldsymbol{A} \otimes \boldsymbol{C})(\boldsymbol{B} \otimes \boldsymbol{D});(\boldsymbol{A} \otimes \boldsymbol{B})^{\mathrm{T}} = \boldsymbol{A}^{\mathrm{T}} \otimes \boldsymbol{B}^{\mathrm{T}}$$

$$(\boldsymbol{A} \otimes \boldsymbol{B})^{-1} = \boldsymbol{A}^{-1} \otimes \boldsymbol{B}^{-1}$$

式中：α 为标量。

对于大小分别为 $m \times m$ 和 $n \times n$ 的方阵 $\boldsymbol{A}$ 和 $\boldsymbol{B}$，可具有下列关系式：

$$\mathrm{tr}(\boldsymbol{A} \otimes \boldsymbol{B}) = (\mathrm{tr}\boldsymbol{A})(\mathrm{tr}\boldsymbol{B})$$

$$\det(\boldsymbol{A} \otimes \boldsymbol{B}) = (\det\boldsymbol{A})^{n}(\det\boldsymbol{B})^{m}$$

此外，通过置换行和列可将矩阵 $\boldsymbol{A}\otimes\boldsymbol{B}$ 换算为矩阵 $\boldsymbol{B}\otimes\boldsymbol{A}$。如果矩阵 $\boldsymbol{A}$ 和 $\boldsymbol{B}$ 是方阵，则行的移置相同。

作为示例，下面求出大小为 2×2 的方阵 $\boldsymbol{A} = [a_{ij}]$ 和 $\boldsymbol{B} = [b_{lk}]$ 的直积。当 $m = n = p = q = 2$ 时，矩阵 $\boldsymbol{C} = \boldsymbol{A}\otimes\boldsymbol{B}$ 的大小为 4×4。根据式（П. 2. 1），矩阵 $\boldsymbol{C}$ 具有下列形式：

$$\boldsymbol{C} = \boldsymbol{A} \otimes \boldsymbol{B} = \begin{bmatrix} a_{11}\boldsymbol{B} & a_{12}\boldsymbol{B} \\ a_{21}\boldsymbol{B} & a_{22}\boldsymbol{B} \end{bmatrix} = \begin{bmatrix} a_{11}\begin{bmatrix} b_{11} & b_{12} \\ b_{21} & b_{22} \end{bmatrix} & a_{12}\begin{bmatrix} b_{11} & b_{12} \\ b_{21} & b_{22} \end{bmatrix} \\ a_{21}\begin{bmatrix} b_{11} & b_{12} \\ b_{21} & b_{22} \end{bmatrix} & a_{22}\begin{bmatrix} b_{11} & b_{12} \\ b_{21} & b_{22} \end{bmatrix} \end{bmatrix}$$

$$
= \begin{bmatrix} a_{11}b_{11} & a_{11}b_{12} & a_{12}b_{11} & a_{12}b_{12} \\ a_{11}b_{21} & a_{11}b_{22} & a_{12}b_{21} & a_{12}b_{22} \\ a_{21}b_{11} & a_{21}b_{12} & a_{22}b_{11} & a_{22}b_{12} \\ a_{21}b_{21} & a_{21}b_{22} & a_{22}b_{21} & a_{22}b_{22} \end{bmatrix} \tag{П. 2. 2}
$$

可得出矢量直积：

$$
\boldsymbol{X} = \begin{bmatrix} x_1 \\ x_2 \\ x_3 \end{bmatrix} \text{和 } \boldsymbol{Y} = \begin{bmatrix} y_1 \\ y_2 \end{bmatrix}
$$

在此情况下 $m=3$、$n=1$ 和 $p=2$、$q=1$，则矩阵 $\boldsymbol{C}=\boldsymbol{X}\otimes\boldsymbol{Y}$ 是一个大小为 $mp\times nq=6\times1$ 的矢量。根据式（П. 2. 1）可得

$$
\boldsymbol{C} = \boldsymbol{X}\otimes\boldsymbol{Y} = \begin{bmatrix} x_1\boldsymbol{Y} \\ x_2\boldsymbol{Y} \\ x_3\boldsymbol{Y} \end{bmatrix} = \begin{bmatrix} x_1\begin{bmatrix} y_1 \\ y_2 \end{bmatrix} \\ x_2\begin{bmatrix} y_1 \\ y_2 \end{bmatrix} \\ x_3\begin{bmatrix} y_1 \\ y_2 \end{bmatrix} \end{bmatrix} = \begin{bmatrix} x_1y_1 \\ x_1y_2 \\ x_2y_1 \\ x_2y_2 \\ x_3y_1 \\ x_3y_2 \end{bmatrix} \tag{П. 2. 3}
$$

还可得出下列矢量直积：

$$
\boldsymbol{C}' = \boldsymbol{Y}\otimes\boldsymbol{X} = \begin{bmatrix} y_1\boldsymbol{X} \\ y_2\boldsymbol{X} \end{bmatrix} = \begin{bmatrix} y_1\begin{bmatrix} x_1 \\ x_2 \\ x_3 \end{bmatrix} \\ y_2\begin{bmatrix} x_1 \\ x_2 \\ x_3 \end{bmatrix} \end{bmatrix} = \begin{bmatrix} y_1x_1 \\ y_1x_2 \\ y_1x_3 \\ y_2x_1 \\ y_2x_2 \\ y_2x_3 \end{bmatrix} = \begin{bmatrix} x_1y_1 \\ x_2y_1 \\ x_3y_1 \\ x_1y_2 \\ x_2y_2 \\ x_3y_2 \end{bmatrix} \tag{П. 2. 4}
$$

通过对比式（П. 2. 3）和式（П. 2. 4）的元素可得出结论，$\boldsymbol{Y}\otimes\boldsymbol{X}\neq\boldsymbol{X}\otimes\boldsymbol{Y}$，即矩阵（矢量）直积不具有可交换性（交换律）。

附录Ⅲ 使用带收益的马尔可夫过程估计机载综合电子系统的效率

在第 7 章所述的机载综合电子系统效率马尔可夫估计方法中充分考虑了综合系统在完成某个任务时的状态转换过程动态特性。这允许在任意当前时刻（或在任意步上）非常准确地确定综合系统的无条件状态概率。同时对条件效率指标施加一系列限制，使用以带收益的马尔可夫过程为基础的综合电子系统功能数学模型可取消这些限制[18]，参见第 7 章。

在一般情况下，如果每个可能状态和每次转换与某个收益值相对应，则描述机载综合电子系统（作为多工况的复杂技术系统）功能运行的马尔可夫过程可产生一个收益序列。这些收益是由综合电子系统处于某种状态和其可能的状态转换引起的。

假设机载综合电子系统完成某个任务，并且综合系统的状态转换过程可用齐次马尔可夫链描述，它带有 M 个状态和维数为 $M \times M$ 的转换概率矩阵 $P_{\pi} = [p_{ij}]$。当综合系统完成从第 i 种状态至第 j 种状态的转换时，综合系统的条件效率指标值发生变化，这（如动态编程时那样）可称作这一转换的收益并且可用 d_{ij} 表示。综合电子系统的收益集合可构成收益矩阵 $\boldsymbol{D} = [d_{ij}]$。此时马尔可夫过程可产生一个与综合系统从一种状态转换至另一种状态相对应的收益序列。收益则是带有概率分布的随机量，概率分布可由齐次马尔可夫链的概率关系控制。

下面确定，在 n 个后续步（转换）内的期望收益（表示条件效率指标的数学期望值，即综合电子系统效率本身）。如果在该步上综合系统处于第 i 种状态，则用 $w_i(n)$ 表示在 n 个后续转换内的总期望收益。

在 n 步内的总期望收益可用递推公式[18]确定，参见第 7 章：

$$w_i(n) = \sum_{j=1}^{M} p_{ij}[d_{ij} + w_j(n-1)] = \sum_{j=1}^{M} p_{ij}d_{ij} + \sum_{j=1}^{M} p_{ij}w_j(n-1) \quad (\Pi.3.1)$$

或

$$w_i(n) = q_i + \sum_{j=1}^{M} p_{ij}w_j(n-1)$$

$$q_i = \sum_{j=1}^{M} p_{ij}d_{ij}, i = \overline{1,M}; n = 1,2,3,\cdots \quad (\Pi.3.2)$$

式中：q_i 为在综合电子系统退出 h_i 状态时刻的期望收益（在动态编程术语中 q_i 为指平均单步收益）；$w_j(n-1)$ 为当开始在 h_j 状态下运行时在剩余的 $(n-1)$ 步

内综合系统“带来”的总期望收益；$w_j(0)$ 为综合系统开始功能运行时刻的总期望收益。

式（П. 3. 2）可记录为

$$\boldsymbol{W}(n) = \boldsymbol{Q} + \boldsymbol{P}_{\pi} \boldsymbol{W}(n-1) \tag{П. 3. 3}$$

式中，$\boldsymbol{Q} = [q_1 \quad q_2 \quad \cdots \quad q_i \quad \cdots \quad q_M]^{\mathrm{T}}$；$\boldsymbol{W}(n)$ 为带组元 $w_i(n)$ 的 M 维列向量，称为总收益矢量；$\boldsymbol{W}(0)$ 为综合系统开始功能运行（开始完成任务）时刻。

下面研究带连续时间和收益的马尔可夫过程形式的机载综合电子系统的功能模型。

假设机载综合电子系统完成某个任务，并且综合系统的状态转换过程可用齐次离散马尔可夫过程描述，该过程带有 M 个状态和 $M \times M$ 的转换强度矩阵 $\boldsymbol{A} = [a_{ij}]$。

假设在综合系统处于第 i 种状态的全部时间内，它可在单位时间内带来 d_{ii} 的收益。当综合电子系统完成从第 i 种状态至第 j 种状态的转换，它可带来收益 d_{ij}。应当注意，d_{ii} 和 d_{ij} 具有不同的大小。

下面确定在给定的初始条件下在时间 t 内综合电子系统工作的期望收益（综合系统效率）。如果综合系统在 h_i 状态下开始运行，则用 $w_i(t)$ 表示在时间 t 内综合系统带来的总期望收益。此时在 $(t+\Delta t)$ 时刻的总期望收益 $w_i(t+\Delta t)$ 可通过 $w_i(t)$ 使用下列方程表示[18]：

$$w_i(t+\Delta t) = \left(1 - \sum_{\substack{j=1, \\ j \neq i}}^{M} a_{ij} \Delta t\right) [d_{ii} \Delta t + w_i(t)] + \sum_{\substack{j=1, \\ j \neq i}}^{M} a_{ij} \Delta t [d_{ij} + w_j(t)] \tag{П. 3. 4}$$

或

$$w_i(t+\Delta t) = (1 + a_{ij} \Delta t)[d_{ii} \Delta t + w_i(t)] + \sum_{\substack{j=1, \\ j \neq i}}^{M} a_{ij} \Delta t [d_{ij} + w_j(t)]$$

式中：圆括号内的表达式为综合电子系统在较小时间间隔 Δt 内仍旧处在 h_i 状态下的概率；$[d_{ij} \Delta t + w_i(t)]$ 为在 $t + \Delta t$ 时刻综合系统处于第 i 个状态下的收益；如果在 Δt 时间内综合系统完成从第 i 种状态至第 j 种状态的转换，则在此情况下收益应为 $[d_{ij} + w_j(t)]$，其中 $w_j(t)$ 为在剩余时间内获得的一定收益，如果综合系统的初始状态是 h_j 状态。

忽略相对于 Δt 的高阶小量项，式（П. 3. 4）可表示为下列形式：

$$w_i(t+\Delta t) = d_{ii} \Delta t + w_i(t) + a_{ii} w_i(t) \Delta t + \sum_{\substack{j=1, \\ j \neq i}}^{M} a_{ij} d_{ij} \Delta t + \sum_{\substack{j=1, \\ j \neq i}}^{M} a_{ij} w_j(t) \Delta t \tag{П. 3. 5}$$

将式（П. 3. 5）的两端都减去 $w_i(t)$，然后将其除以 Δt，在 $\Delta t \to 0$ 时过渡至极限，可得

$$\dot{w}_i(t) = d_{ii} + \sum_{\substack{j=1,\\ j\neq i}}^{M} a_{ij}d_{ij} + \sum_{\substack{j=1,\\ j\neq i}}^{M} a_{ij}w_j(t), w_i(t_0) = w_{i0}, i = \overline{1,M} \quad (П. 3. 6)$$

就带收益的马尔可夫过程而言，下列数值：

$$q_i(t) = d_{ii} + \sum_{\substack{j=1,\\ j\neq i}}^{M} a_{ij}d_{ij} \quad (П. 3. 7)$$

称为收入标准。

考虑到式（П. 3. 7），式（П. 3. 6）可换算为

$$\dot{w}_i(t) = q_i + \sum_{j=1}^{M} a_{ij}w_j(t), w_i(t_0) = w_{i0}, i = \overline{1,M} \quad (П. 3. 8)$$

矢量矩阵形式的式（П. 3. 8）可以下列形式记录：

$$\dot{\boldsymbol{W}}(t) = \boldsymbol{Q} + \boldsymbol{A}\boldsymbol{W}(t), \boldsymbol{W}(t_0) = \boldsymbol{W}_0 \quad (П. 3. 9)$$

式中：$W(t) = [w_i(t)]$，为总期望收益的列向量；$Q = [q_i]$ 为收入标准的列向量。

应当指出，上述方法的一个优点是，该方法可根据计算结果确定综合电子系统效率与综合系统初始状态的依赖关系，即该方法可列入按状态使用机载综合系统的概念中。

在使用带收益的马尔可夫过程（式（П. 3. 2）、式（П. 3. 3）或式（П. 3. 8）、式（П. 3. 9））计算机载综合电子系统的效率时，最大的困难是要求正确指定收益矩阵的元素。取决于所完成任务的物理特性、综合电子系统的运行模式和其他一系列因素，该矩阵的一些元素可能具有零值。

俄罗斯最新装备理论与技术丛书

装备科技译著出版基金

机载导航、瞄准和武器控制系统设计原理与应用

（下册）

[俄] M.C.亚尔雷科夫　A.C.博加乔夫
B.И.梅尔库洛夫　B.B.德罗加林　著

滕克难　主编译

薛鲁强　贾　慧　严志刚　熊道春　编译

李相民　主审

国防工业出版社

·北京·

前　言

上、中册已指出，航空飞行器的机载综合电子系统可以完成的主要任务是导航，飞行控制，毁伤空中、太空、地面和水上目标。在本册中，结合主要用途，研究了飞行器（或相应的航空器）导航、制导、武器控制综合电子系统的功能和使用。这些综合系统采取某种结构（采取某种名称），属于每个战斗飞机和直升机。

自然而然，除了导航、制导、武器控制综合电子系统，航空器的机载设备可能还包括其他的机载综合系统（机载防御综合系统、侦察综合系统等），对这些系统的具体研究不属于本书范围之内。

本册包括前言、3 章内容和结论。

第 8 ~ 10 章在结构上是相同的。其中，叙述了完成导航、毁伤空中目标、击毁地面目标任务时机载综合电子系统的结构基础、工作原理和信息综合处理算法方面的内容。

结论中则说明了飞行器导航、制导和武器控制综合电子系统的发展前景。

本书根据国内外公开出版材料写成。

本册分工如下：前言、第 8 章和第 10.4 节由 M. C. 亚尔雷科夫撰写；第 9.1 ~ 9.5 节（第 9.3 节除外），第 10.1 ~ 10.3 节，10.10 节，10.11 节和结论由 A. C. 布加乔夫撰写；第 9.3 节，9.6 ~ 9.12 节，10.9 节由 B. И. 梅尔库洛夫撰写；第 10.5 ~ 10.8 节由 B. B. 德罗加林撰写。

本册的总编辑为 M. C. 亚尔雷科夫。

目　录

第 8 章　导航任务时机载综合电子系统的建构基础

8.1　导航时机载综合电子系统运用特点

8.1.1　引言

在解决一系列导航任务时，各种用途的飞机、直升机无线电电子综合系统的结构基础、工作原理实质上是相同的。这是由于对于各种航空器而言，许多飞行阶段和状态（起飞、沿航线飞行、进场着陆等）是相同的[1-3]。机载综合电子系统所完成的导航任务已在上、中册中进行了讨论。保障完成导航任务的机载综合电子系统的组成部分在功能和结构方面通常采取单独的综合体或者综合性系统的形式（比如，驾驶导航综合系统（ПНК）、观通站（ПНС）等）。这样，在第 4 代飞机及其改型飞机的机载综合电子系统中，通常由驾驶导航综合系统在显示、控制和检测系统（СИУК）以及其他航空器的机载系统和综合系统的协同下完成导航任务。

此时，在现代以及未来（第 5 代）飞机和直升机上，为了进行导航，在机载综合电子系统中使用机载惯性—同步卫星导航（ИССН），它通过相应卫星无线电导航系统（СРНС）（通常为“格洛纳斯”和 GPS）的卫星导航接收器（СНП）以及航空器的制式驾驶导航综合系统元部件的整合而建成[1]。实际上，在任何空域内，为了完成航空器的导航任务而使用卫星无线电导航系统可以保障确定飞机位置误差（均方差），并且，当卫星导航接收器工作时，这些误差在自动状态下不超过数十米，在差分状态下则不超过数米。在使用机载惯性—同步卫星导航时，飞机位置的确定有数米的误差（均方差）[1,4]，可使用飞机控制在所有基本飞行状态（飞机按给定航线飞行、着陆进场和飞机着陆、飞机组队、保持给定间距、距离和飞行梯队等）下完全达到自动化。

8.1.2　运用特点

在完成导航任务时，机载综合电子系统的能力表现为一系列指标，在这些指标中，可以划分出已编程的航线拐弯点（ППМ）、机场、无线电信标（РМ）和定向标。

所有机载综合电子系统所固有的冗余度（首先是信息冗余度）确定了其完成导航任务多状态以及多方案的特性，这也是由于为了达到必须的领航可靠性和精度水平所要求的。这样，在现代航空器中，在惯性、惯性—多普勒、航向—多普勒和航向气体测定状态下，可以进行位置坐标的计算。

（1）首先，可以使用卫星无线电导航系统（СРНС）、近距无线电导航系统（РСБН）、远距无线电导航系统（РСДН）、雷达站（РЛС）、天文导航系统等，进行已计算位置坐标的校正。在机载综合电子系统的使用过程中，所有上述系统可以用于各种组合。自然而然，在进行战斗行动时，无线电电子综合系统各元部件的工作计划不可能是硬性和提前预定的。卫星导航接收器（СНПр）、多普勒速度和偏流角测量仪（ДИСС）、多功能雷达站（МФРЛС）的接通状态与这些和其他系统的自身使用性能，比如，完成战斗任务的隐蔽性水平，它取决于无线电电子对抗程度和要求。尤其是，当航空器在一系列阶段的飞行应在完全无线电静默状态下进行时，这种情况是可能的。

（2）不受航空器用途和型号的约束，无线电电子综合系统完成（或保障完成）以下基本的导航任务[1,2,5]。

① 根据独立非无线电技术（首先是惯性导航系统）和无线电技术导航器材（多普勒速度和偏流角测量仪、多功能雷达站），飞机位置当前坐标（ТКМС）和其他导航参数的自动确定。

② 根据非独立无线电技术系统（卫星无线电导航系统、远距无线电导航系统、远距无线电导航系统、天文导航系统等）的数据，根据编程无线电定位和目视定向标进行飞机位置当前坐标和航向的校正，并使用地球的地球物理场（借助于导航和制导相关—极值系统（КЭСНН））。

③ 给定飞行航线的编制。通常，在进行飞行领航准备时，进行该航线编制，方法是向机载综合电子系统的机载计算系统（БВС）输入航线拐弯点、无线电信标、无线电定位、目视定向标、机场等相应的坐标。

④ 航空器沿着编制航线飞行，进入给定目标区、起飞机场或备用机场。该任务可以在航空器的自动、指引或手动控制状态下完成。

⑤ 根据来自机载综合电子系统操作台和控制机构的指令来组织作战飞行线路的方式，对飞行航线进行作战更改。此时，规定按照最短距离进入任一航线拐弯点（目标或机场），以及进入航线作战点（ОПМ）或作战目标，其坐标在飞行时输入机载计算系统。

⑥ 转弯进入任一编程点。

⑦ 进行着陆前机动（在垂直和水平面上），下降进场着陆（达到 40 ~ 50m 的高度）。

（3）已确定型号的航空器机载综合电子系统，额外要完成一系列其他导航任务：

① 在空中飞机集结成战斗队形（БП），并且飞机以战斗队形沿着编队轨迹进行飞行。

② 完成低空飞行，并对地貌进行绕行，飞过陆地上障碍物。

完成导航和战斗任务的效率在很大程度上取决于在机载综合电子系统中选择和使用相应的坐标系。因此，对坐标系的研究是航空器战斗使用和导航一个重要的理论和实践问题，导弹发射、射击和投弹导航过程的自动化程度一直在提高，并且，导航问题也需要对战斗任务和导航任务进行数学关系式和确定算法形式进行清晰说明。

8.2 导航和战斗时机载综合电子系统使用的基本坐标系

8.2.1 引言

在建立机载综合电子系统机载计算系统算法时，必须选择可以保证以下要求的坐标系：

（1）以要求精度完成任务；

（2）包围必要区域；

（3）直观表现关于航空器使用和导航条件的信息；

（4）获得更为简单的数学关系式等。

在其中进行无线电导航、无线电定位和其他参数测量和处理的自身坐标系，能够与机载综合电子系统中包括的各系统（或装置）相符。比如，在量角测距的近距无线电导航系统中，使用极坐标系，而在差值测距系统中，则使用双曲线坐标系（在地面站分布处，具有双曲线焦点）。在信息综合处理（КОИ）算法中，使用来自各种装置和系统的信息时，应选择一个基本的统一坐标系。

根据对坐标系原点的选择，可以将其划分为若干个类。比如，其原点与地球有关的坐标系构成一个分类，其原点与航空器或航空打击兵器（АСП）已确定点重合的坐标系属于另一个分类。

8.2.2 原点与地球有关的坐标系

在第一分类中最常用的是大地测量坐标系、地心坐标系、格林威治坐标直角和大圆线坐标系。需要指出，第一类 3 个坐标系不仅在导航中广泛使用，在大地测量中也广泛使用。

1. 大地测量坐标系

在使用时，为了简化地球的实际形态，采取椭球状的模型，称为地球椭球[2,3,5]。地球椭球满足以下条件：

（1）椭球的中心及其赤道平面应与地球物质中心及其赤道平面相重合；

（2）椭球表面与地球体表面的误差平方和应为最小值。

1946 年，在俄罗斯采取 Φ. H. 克拉索夫斯基椭球[2,3,5]作为地球椭球，其参数如下：

$a=6378245\text{m}$，$b=6356863\text{m}$，为半轴；

$e=\dfrac{\sqrt{a^2-b^2}}{a}=0.08181$，为偏心率；

$\alpha=\dfrac{a-b}{a}=1-\sqrt{1-e^2}$，为压缩。

此时，半轴 a 和 b 位于赤道平面。

此外，在世界性实践活动中，还使用国际椭球，其参数为：$a=6378160\text{m}$，$b=6356775\text{m}$。

需指出，采取某种椭球给定了一个确定的大地测量坐标系。其表面某个点 M 上的椭球法线是本地的大地测量垂直线。它是一个几何概念，无法借助仅在 M 点上进行的物理测量来确定。沿着 M 点上重力矢量的线称为铅垂线，或者真垂直线。区别于大地测量垂直线，它可以通过对 M 点上摆锤的位置来确定。

大地测量垂直线和真垂直线的方向之间有所区别，但是这些方向之间的夹角不大。铅垂线与椭球法线的平均误差值为 $3''\sim4''$[3]。在地球的个别地区，误差可能会达到数十角秒。比如，在西高加索地区，误差会达到 $27''$，而在贝加尔地区，则达到 $40''$。对于现代航空中的大部分导航任务而言，铅垂线的误差可以忽略不计，因此，在这些任务中实际上认为摆锤沿着本地大地测量垂直线进行定位。这一假设首先意味着对于地球表面上的每一个点来说，其天文坐标（纬度和经度）分别与大地测量坐标相等。如果天文坐标与大地测量坐标之间的差值被忽略，那么可以将其称为地球坐标[2,3,5]。

今后，就导航、制导和武器控制的机载综合电子系统而言，如果没有特别约定，认为上述假定是成立的。

点的位置，比如，在大地测量坐标系中航空器质量中心的位置，由大地测量纬度 B、大地测量经度 L、地球椭球表面上高度 H 所确定。

在本地大地测量垂直线和赤道平面之间的角度，被称为大地测量纬度 B（图 8.1），而零子午线（格林威治子午线）和通过点 M' 的本地子午线平面之间的二面角，被称为大地测量经度 L。

在航空导航和地形测绘图上，标上子午线和大地测量坐标系平行线。因此，在地球表面上不同点的位置（航线拐弯点、无线电信标、机场、目标、定向标等）通常由大地测量坐标来确定，它们被输入到机载综合电子系统的机载计算系统内存中。

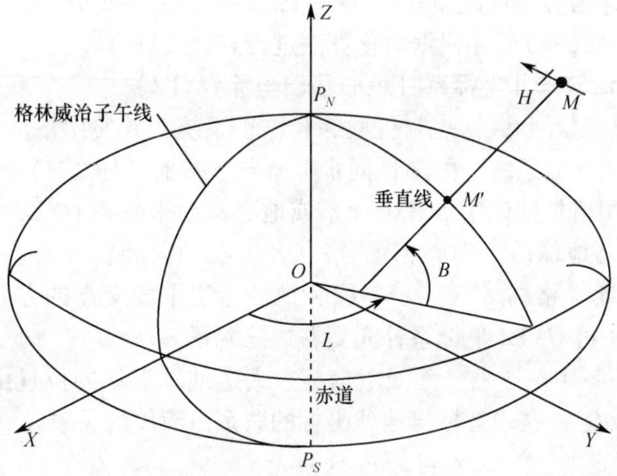

图 8.1　大地测量坐标系

地球椭球表面具有严格的数学描述，这可以获得公式，并进行完成战斗和导航任务所必需的计算。但是，此时主要的分析关系式是非常复杂的，不得不对地球公式模型继续进行简化，并使用地心坐标系。

2. 地心坐标系

在这种情况下，地球形态模型的简化会导致旋转椭球表面被球面所替代。在使用地心坐标系时，地球被视为一个球体，该球体的中心与地球椭球中心相同。地球的半径通常为 $R_{地球}=6371110\text{m}$[2,5]。

地心坐标系与大地测量坐标系的区别首先在于纬度的测定上。

通过位于地球表面上任意点半径—矢量之间的角度ρ，即地心垂直线和赤道平面之间的角度，被称为地心纬度 φ。需指出，本地大地测量垂直线与相对于地心垂直线的子午线平面重合，角度不大，为 $\mu=B-\varphi$。当纬度约等于 45°时，B 和 φ（$\mu\approx11.5'$）值之间的差别不大[3]。

零度子午线和该点子午线平面之间的角度称为任意点的地心经度 λ。可以看到，它与大地测量经度相等，即 $\lambda=L$。

地心纬度 φ 和经度 λ，以及航空器与地心的距离，即 ρ 半径—矢量模，是确定航空器位置的地心坐标。

用于完成球面上战斗和导航任务的关系分析比在地球椭球表面上完成战斗和导航任务的关系分析简单得多。但是，它们需要在机载综合电子系统机载计算系统中使用足够容量的软件，因为公式中不是直接的球面坐标 λ 和 φ，而是它们的三角函数。

在相对于赤道较狭窄的地带中，依靠用其自变量对三角函数进行替换，这些用于导航计算的公式可能被大大简化。当处于地球表面地带（±400~900km）与赤道处于允许相对计算误差（0.2%~1%）时，在一些情况下，采取以下近似值：$\sin\varphi \approx \varphi$，$\cos\varphi \approx 1$，并根据简化算法进行导航计算[5,6]。

3. 格林尼治笛卡儿坐标系（地心移动坐标 *OXYZ*）

在用导航、制导和武器控制机载综合电子系统，并使用格洛纳斯、GPS、伽利略卫星无线电导航系统上的惯性同步卫星导航系统（ИССН）来完成导航和战斗任务时，采用格林威治笛卡儿坐标系或地心移动坐标系 *OXYZ*（图 8.1）[5,7,8]。其中：原点 *O* 与地球质量中心相重合；*OZ* 轴在轴向旋转方向上朝北；*OX* 轴沿着将 *O* 点与零度（格林威治）子午线和地球赤道平面交点的方向；*OY* 轴与 *OX* 和 *OZ* 轴正交（将 *OXYZ* 坐标系补充到右边三元系）。

OXYZ 坐标系中航空器、无线电信标、人造地球卫星的位置由其笛卡儿坐标系 x、y、z 所确定。这些坐标与地球坐标的联系由简单的关系式[7,8]所确定：

$$\begin{cases} x = \rho\cos\varphi\cos\lambda \\ y = \rho\cos\varphi\sin\lambda \\ z = \rho\sin\lambda \\ \rho = \sqrt{x^2 + y^2 + z^2} \\ \tan\lambda = \dfrac{y}{x};\tan\varphi = \dfrac{z}{\sqrt{x^2 + y^2}} \end{cases} \tag{8.1}$$

在地心移动坐标系 *OXYZ* 中，生成了关于导航航天装置（НКА）运动的信息，该信息通过卫星无线电导航系统（СРНС）的导航通信发送给用户。在这一坐标系中，在卫星导航接收器（СНП）中进行信息二次处理阶段，对航空器本身的坐标进行计算。在“格洛纳斯”卫星无线电导航系统（СРНС）中，*OXYZ* 坐标系是 П3-90 系统，而在 GPS 卫星无线电导航系统（СРНС）中，*OXYZ* 坐标系则是 WGS-84 系统[7,8]。

笛卡儿坐标和大地测量坐标之间的关系更为复杂。大地测量坐标、笛卡儿坐标和地心坐标的互相换算已在参考文献［3，8］中给出。

4. 大圆线坐标系

对在远离赤道的地球区域内可以简化算法来完成战斗和导航任务的要求，因此在机载综合电子系统中普遍使用大圆坐标系（或者假定地理坐标系）。大圆坐标系通常有两种类型：地心型和大地测量型。地心型大圆坐标系使用得更为广泛，该坐标系是主要关注对象。

其中具有地心坐标 φ_{p0}、λ_{p0} 的任意点是 P_0 极（图 8.2）的地心坐标系，被称为地心型大圆坐标系（简称大圆坐标系）。为了明确起见，可以认为 P_0 极一直位于北半球，即 $\varphi_{p0} > 0$。在该系统中，大圆£*Q* 被称为大圆赤道，简称为大圆。在大圆坐标系中，球面上任意 *O* 点的位置都由大圆纬度 Φ 和大圆经度 Π 所确定。

如果 O 点不位于球面，那么对于它在空间上的坐标特性而言，还要增加一个半径—矢量模数 $\bar{\rho}$。

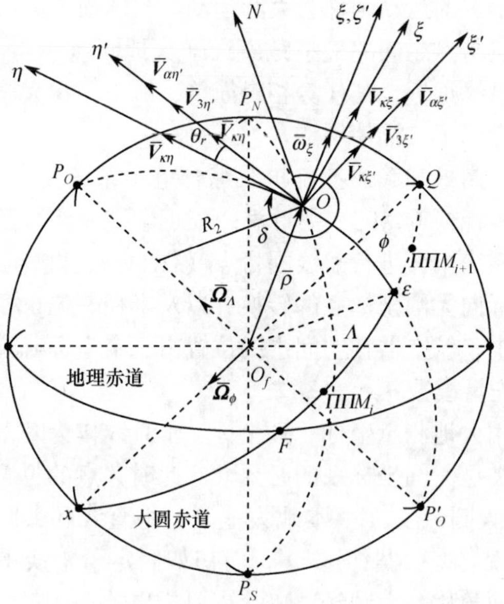

图 8.2　地心型大圆线坐标系

大圆纬度 Φ 由 O 点假定子午线的弧形长度所确定，该长度计算为由大圆赤道到 O 点假定平行线的距离，即为弧形长度 εO。显然，$\Phi \in [-\pi/2, \pi/2]$。

大圆经度 Λ 由从初始假定子午线（通过 F 点）到 O 点假定子午线的大圆赤道弧形长度所确定，即由弧形长度 $F\varepsilon$ 所确定。显然，$\Lambda \in [-\pi, \pi]$。使用通过上述 F 点的假定子午线作为初始假定子午线，F 点由于地理赤道和大圆赤道的交叉而形成。为了明确起见，在大圆赤道和地理赤道的两个交叉点中，将在地心坐标系中位于 P_0 极以东的点采取 F 为计算点。该 F 点通常被称为大圆上升节点。

左右大圆坐标系是有区别的。在左大圆坐标系中（图 8.2），当 O 点位于大圆赤道左边时，认为 $\Phi > 0$。在右大圆坐标系中，认为当£ O 点位于大圆赤道右边时，$\Phi > 0$。右坐标系与左坐标系的其他区别还在于：在右坐标系中，航向和其他方向根据大圆赤道的方向进行测量。在左大圆坐标系中，大圆航向 ψ_o 根据朝向大圆北极 P_0 的方向以顺时针方向测量。

在进行导航计算时，地球上大圆赤道的位置通常由某两个点 φ_1，λ_1 和 φ_2，λ_2 的地心坐标来确定，这两个点位于£ Q 圆周上。在图 8.2 中，给出大圆赤道的点表示为 $\Pi\Pi M_i$（航线拐弯点 i）和 $\Pi\Pi M_{i+1}$（航线拐弯点 $i+1$）。在导航实践活动中，大圆坐标系首先需要用于对航空器沿着局部大圆航线进行制导。为了进行轨迹测绘，使用若干个局部大圆坐标系。此时，$i+1$ 个局部大圆坐标系的赤道通过两个相邻的航线拐弯点：$\Pi\Pi M_i$ 和 $\Pi\Pi M_{i+1}$。

需指出，以所述方式连接了两个航线拐弯点的弧形称为大圆线，而沿着大圆线从一个点向另一个点的运动则称为大圆运动。与球面上的大圆线不同的是，椭球上的大圆线不是点与点之间的最小距离线（大地测量线），但是离它很近。由于大圆线离大地测量线很近，其任务相对简单，航空器在大圆线的两个航线点之间的运动在航空中得到了广泛使用[2]。

就飞行器导航、制导和武器控制机载综合电子系统而言，在大圆坐标系中，进行飞机位置当前坐标（TKMC）的计算、校正、控制参数的生成等。按照标准公式，在机载计算系统中，进行航线拐弯点（ΠΠM）、机场、目标和无线电信标地心和大地测量坐标向大圆坐标系的转换，以及半径—矢量模数 ρ 的计算。

在大圆坐标系中，航空器在空间中的位置由三个坐标确定：大圆纬度 Φ、大圆经度 Π、半径—矢量模数 ρ。

在航空器中使用大地测量坐标、真坐标、垂直线作为基本坐标的情况下，产生了对于大地测量类型大圆坐标系的必要性。此时，点的位置表现为大地测量类型的大圆纬度 Φ'、大圆经度 Π'。本地大地测量垂直线和大圆赤道之间的夹角称为任意点的大地测量类型大圆纬度 Φ'，而初如假定子午线平面和通过该点的假定子午线之间的二面角称为大圆经度 Π。需要指出的是，对于任意点而言，其大地测量类型的大圆坐标 Φ' 和 Π' 在数值上与地心类型的大圆坐标 Φ 和 Π 有所区别[3]。

在一些类型的导航、制导和武器控制机载综合电子系统中，使用大地测量类型的大圆坐标系，它是一个 P_0 极位于地球赤道中的大地测量类型的大圆坐标系。其相对于地球的位置完全由 P_0 极的经度值 λ_{P0} 确定。

自然，在航空导航中，除了以下所研究的类型之外，还使用其他类型的与地球有关的坐标系。尤其是当航空器移动不大时，比如在着陆机场区域内移动时，使用笛卡儿坐标系，其原点与跑道（ВΠΠ）的中心重合等。

8.2.3 原点与航空器有关的坐标系

下面，对其原点与航空器或航空信号站某定点相重合的主要坐标系进行说明。

与惯性导航系统有关的水平笛卡儿坐标系。为了进行平台式惯性导航系统功能原理所决定的计算，使用 $O\xi'\eta'\zeta'$ 水平笛卡儿坐标系，其原点与航空器质量中心重合（图 8.2 中，O 点）。

在现代航空器中所使用的平台式惯性导航系统一直处于水平状态，而取决于陀螺平台在方位角中的位置，它们通常为以下两种类型之一[3]：

（1）在方位角上无限制的惯性导航系统，即在方位角中具有自由平台的惯性导航系统（如 ИКВК-80-6）。

（2）在方位角中可校正的惯性导航系统，即在方位角中具有可校正平台的惯性导航系统。

$O\xi'\eta'\zeta'$水平笛卡儿坐标系各轴的方向与惯性导航系统水平平台各轴方向（不考虑陀螺仪的偏移和其他误差）相对应。在所研究的坐标系中，$O\zeta'$轴沿着本地地心垂直线向上，而$O\xi'$和$O\eta'$轴则相互垂直，处于水平面上。沿着$O\zeta'$、$O\xi'$和$O\eta'$轴线，陀螺稳定平台和在其中位于惯性导航系统加速表的灵敏度轴线得以定位。在初次校准惯性导航系统时，在水平面上，给定了$O\xi'$和$O\eta'$轴线的方向。比如，在初次校准平台式惯性导航系统时，$O\xi'$轴可能被迫定位与飞行纵轴平行。首先，飞行纵轴的初始位置由其停留航向所确定。

通常，在$O\xi'\eta'\zeta'$坐标系中，进行航空器绝对速度分量、绝对加速度垂直分量、陀螺仪航向等的计算[1,5]。

由航向陀螺仪给定的方位角中惯性导航系统陀螺平台的位置取决于随时间按两种状态其中之一进行变化惯性导航系统的类型。

对于在方位角中无限制的惯性导航系统而言，状态表现为：没有任何水平力矩施加于航向陀螺仪。在这种状态下工作的陀螺仪被称为方位角自由陀螺仪。方位角自由陀螺仪的基本特性在于绝对垂直角速率（即相对于$O\zeta'$轴）$\omega_{\zeta'}=0$。

对于方位角可校正陀螺仪而言，工作状态表现为：有一个水平力矩施加于航向陀螺仪，同时，其水平力矩值可以做到航向陀螺仪相对于垂直轴$O\zeta'$进行旋转，并且采取绝对垂直角速率$\omega_{\zeta'}=\omega_3\sin\varphi$，它等于地球旋转角速率$\overline{\omega}_\varphi$向$O\zeta'$轴的矢量投影。在这种状态下工作的陀螺仪称为陀螺半罗经[3]。方位角可校正陀螺仪的主要特性在于其绝对垂直角速率$\omega_{\zeta'}=\omega_3\sin\varphi$。

下文中如未做特别约定，则采取水平方位角自由平台式惯性导航系统。此时，笛卡儿坐标系$O\xi'\eta'\zeta'$相应为水平方位角自由坐标系（$\omega_{\zeta'}=0$），也就是说，该坐标系在出发点校准之后不在惯性（世界）空间中绕着$O\zeta'$轴旋转，该轴沿着大地测量垂直线向上。

作为示例，研究一个垂直和航向信息综合系统（ИКВК）的平台式方位角自由惯性导航系统，如 ИКВК-80-6（Ц-060），它建立在使用 ГВК-6 型动态可调陀螺仪（ДНГ）和 ДА-11М[1]型加速表的基础之上，这些惯性导航系统及其改进型用在许多第 4 代航空器中[1]。

水平连接坐标系。该坐标系与大圆坐标系有关，是一个$O\xi\eta\zeta$笛卡儿坐标系（图 8.2）。其原点与航空器质心重合，即与O点重合。沿着本地地心垂直线，$O\zeta$轴朝上，在研究中，它与$O\zeta'$轴相对应。$O\xi$轴是一个与通过O点的大圆平行线相切的轴线，$O\xi$轴的正方向选择朝向大圆东部；$O\eta$轴线则沿着切线朝向大圆子午线；$O\eta$轴的正方向选择朝向大圆P_0极。

方位角 $O\eta$ 轴正相对于地理子午线的位置表现为每个航空器飞行轨迹区段的内斜角 δ（图 8.2）。坐标轴 $O\eta$ 和 $O\eta'$ 的相互位置（分别为 $O\xi$ 和 $O\xi'$）由角 $\theta_r(t)$ 所确定，它被称为惯性导航系统陀螺平台的大圆方位角。从轴 $O\eta$ 到轴 $O\eta'$，它在水平面上以顺时针读数。在飞行航线的每个阶段，大圆方位角 $\theta_r(t)$ 由以下公式进行计算：

$$\theta_r(t) = \theta_{r0} + \int_{t_0}^{t} \omega_\zeta(\tau)\mathrm{d}\tau \tag{8.2}$$

式中：$\omega_\zeta(\tau)$ 为绝对垂直旋转角速率，即沿着 $O\xi\eta\zeta$ 坐标三面体 $O\zeta$ 轴的旋转速度，该三面体在 $O\xi'\eta'\zeta'$ 坐标三面体方位角中相对不旋转；θ_{r0} 为对于航空器飞行轨迹相应阶段的陀螺平台初始大圆方位角。从式（8.2）中可见，$\omega_r(t)$ 为一个时间函数。

接下来通过航天器的真航向和陀螺仪航向表达 $\theta_r(t)$。从图 8.3 中可知，大圆方位角 $\theta_r = \psi_0 - \psi_r$。但是，由于 $\psi_0 = \psi - \delta$，则得

$$\theta_r(t) = \psi - \psi_r - \delta \tag{8.3}$$

式中：ψ_0 和 ψ_r 分别为航天器的大圆航向和陀螺仪航向；ψ 为航天器的真航向；δ 为大圆和地理子午线的内斜角。

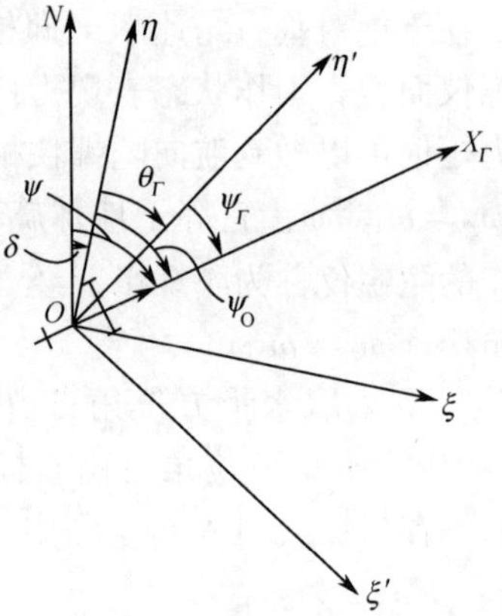

图 8.3　大圆方位角 θ_r

飞行相关坐标系。该坐标系是 $OXYZ$ 笛卡儿坐标系，其原点与航天器的质心重合（图 8.4），而坐标轴则是纵轴 OX，法向轴 OY，飞机横轴 OZ。

飞机水平坐标系。该坐标系有时被称为飞机水平化坐标系，它是一个笛卡儿坐标系 $OX_rY_rZ_r$，其原点与航天器的坐标中心重合，而 OX_r 轴和 OZ_r 轴则位于水平面上。OX_r 坐标轴沿着 OX 轴投影朝向水平面，而 OY_r 轴则与水平线平面垂直（图 8.4）。在计算时所采用的倾角 γ 和仰角 υ 说明了 $OXYZ$ 和 $OX_rY_rZ_r$ 坐标系的相互空间位置。需指出，OZ_r 轴不是 OZ 轴向水平面的投影。

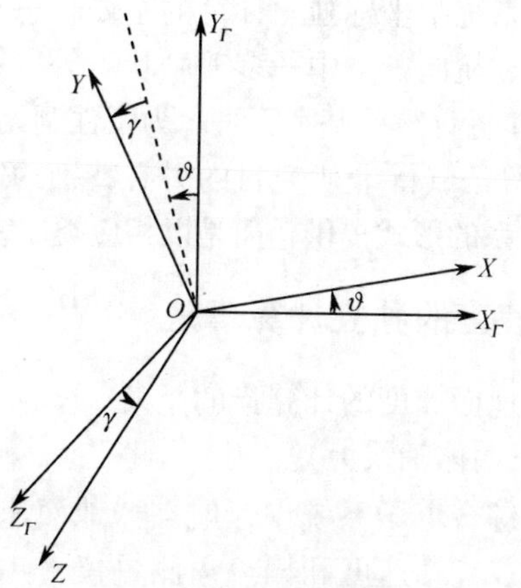

图 8.4　原点与航天器的质心重合的直角笛卡儿坐标系

OZ_r 和 OZ 轴之间的角称为倾角 γ。当航天器的右翼位于水平面 OX_rZ_r 之下时，认为倾角 γ 是正角。

仰角 υ 是 OX_r 与 OX 轴之间的夹角。如果航天器的首部高于平面 OX_rZ_r，则仰角是正角。在 ±90°范围内，读取仰角 υ。显然，仰角 υ 总是位于垂直平面，而倾角 γ 在所有情况下都不位于垂直平面。倾角 γ 只有在个别情况下（即仰角 $\upsilon=0°$时）才位于垂直平面。

需指出，坐标系 $OX_rY_rZ_r$ 是飞机法线笛卡儿坐标系 $OX_gY_gZ_g$ 的特例。该坐标系的原点与航空器的质心重合，OX_g 和 OZ_g 位于水平线表面，而 OY_g 轴则沿着本地垂直线向上。OX_g 轴在所有情况下都相对于 OX_r 轴展开成为一个任意角 ψ_p，该角称为偏航角。如果通过绕着 OY_g 轴顺时针转动，OX_g 轴与 OX_r 重合，则它是一个正角。显然，当 $\psi_p=0$ 时，$OX_rY_rZ_r$ 与 $OX_gY_gZ_g$ 坐标系是重合的。

在飞行器导航、制导和武器控制无线电电子综合系统中，在完成战斗和导航任务时，也使用其他（除了上述研究的坐标系）坐标系。比如，使用极坐标系，该坐标系是处理近距无线电导航系统（PCБH）信息时必需的坐标系；双曲线坐标系，该坐标系用于远距无线电导航系统（PCДH）的信号转换算法中等[2,5]。

8.3　在计算坐标时信息综合处理的原则和算法

在飞机位置坐标自主测定状态下，飞行器导航、制导和武器控制的机载综合电子系统的工作以航线相对于航空器已知初始位置的计算方法为基础。为了计算航线（除了已知初始位置之外），必须使用关于航空器运动方向的数据，以及关于航空器加速度、或相对于地球运动速度的数据。此时，航空器已通过的航线通过加速度双倍积分或者加速度单倍积分的方式进行计算。

属于机载综合电子系统中坐标独立计算的主要状态有：惯性状态、惯性多普勒状态、航向空中状态、航向—空中—多普勒状态等。

下面，阐述航空器坐标计算的基本算法。为了强调无线电电子综合系统工作原理的物理特点，随后的算法（除非研究目的另有特别约定）不以机载数字计算机（БЦВМ）所实现递推关系的形式提供，而是以相应类比表述式的形式提供。

8.3.1 航空器地面速度的独立计算算法

在实践中，航空器地面速度的计算指的是某一坐标系轴中地面速度矢量投影 $\overline{\boldsymbol{V}}_{\kappa}$ 的计算（即在导航三面体轴线上）。

如前所述，在机载综合电子系统中，航空器地面速度 $\overline{\boldsymbol{V}}_{\kappa}$ 可以通过一些以惯性导航系统（ИНС）、多普勒速度和偏流角测量仪（ДИСС）（或多功能雷达站（МФРЛС））和大气数据系统（СВС）为基础的方法确定。其中，主要是计算以惯性导航系统（ИНС）信息为基础的矢量矢量 $\overline{\boldsymbol{V}}_{\kappa}$，这些分量是独立的，具有绝对的抗干扰能力。

以惯性导航系统（ИНС）为基础的航空器地面速度矢量分量的计算算法如下。在该状态中，在速度通道积分器的输出端，在平台式惯性导航系统（ИНС）中生成一些信号，根据表达式[1-3]，这些信号与 $O\xi'$ 和 $O\eta'$ 坐标轴中的飞机绝对线性速度矢量 $\overline{\boldsymbol{V}}_{a}$（$t$）的水平分量 $V_{a\xi'}$ 与 $V_{a\eta'}$ 成正比，即

$$\begin{cases} V_{a\xi'}(t) = V_{a\xi'0} + \int_{t_0}^{t} a_{\xi'}(\tau)\mathrm{d}\tau \\ V_{a\eta'}(t) = V_{a\eta'0} + \int_{t_0}^{t} a_{\eta'}(\tau)\mathrm{d}\tau \end{cases} \tag{8.4}$$

其中：$a_{\xi'}$（t）和 $a_{\eta'}$（t）为与航空器绝对线性加速度的分量成正比的信号，这些信号可以在相应加速度表放大器输出端观察到；$V_{a\xi'0}$ 和 $V_{a\eta'0}$ 为航空器绝对线性速度矢量分量的已知初始值。

航空器地面速度矢量 $\overline{\boldsymbol{V}}_{\kappa}$（$t$）由速度惯性导航三角形的关系确定[2]：

$$\overline{\boldsymbol{V}}_{a}(t) = \overline{\boldsymbol{V}}_{\kappa}(t) + \overline{\boldsymbol{V}}_{\pi}(t)$$

式中：$\overline{\boldsymbol{V}}_{\pi}$（$t$）为航空器移动速度矢量。

因此：

$$\overline{\boldsymbol{V}}_{\kappa} = \overline{\boldsymbol{V}}_{a} - \overline{\boldsymbol{V}}_{\pi} \tag{8.5}$$

矢量 $\overline{\boldsymbol{V}}_{\pi}$ 朝东是由于地球昼夜旋转的线性速度引起的，即

$$\overline{\boldsymbol{V}}_{\pi} = \overline{\boldsymbol{\omega}}_{з} \times \overline{\boldsymbol{R}}_{вр} \tag{8.6}$$

式中：$\overline{\boldsymbol{\omega}}_{з}$ 为地球旋转角速率矢量；$\omega_{з} \approx 15$（°）/h $= 7.29 \times 10^{-5}$（°）/s；$\overline{\boldsymbol{R}}_{вр}$ = 半径—旋转矢量，其模数为 $R_{вр} = \rho\cos\varphi$；φ 为航空器的地心纬度；$\rho = R_{з} + H$ 为航空器的半径—矢量；H 为地球表面上的航空器高度；$R_{з} = 6371110$m。

根据式（8.6），航空器移动速度的模数为

$$V_{н} = \omega_{з}\rho\cos\varphi \tag{8.7}$$

根据式（8.5），在 $O\xi'$ 和 $O\eta'$ 轴中，航空器地面速度矢量投影的形式为

$$\begin{cases} V_{\kappa\xi'} = V_{a\xi'}V_{п\xi'} \\ V_{\kappa\eta'} = V_{a\eta'}V_{п\eta'} \end{cases} \tag{8.8}$$

式中：$V_{a\xi'}$ 和 $V_{a\eta'}$ 根据式（8.4）进行计算，而 $V_{п\xi'}$ 和 $V_{п\eta'}$ 则结合 δ 和 $\theta_r(t)$ 在式（8.6）和式（8.7）的基础上进行计算（图 8.3）。

在 $O\xi\eta\zeta$ 坐标系中，由 $V_{\kappa\xi'}$ 和 $V_{\kappa\eta'}$ 投影向 $V_{\kappa\xi}$ 和 $V_{\kappa\eta}$ 投影的过渡借助于一些公式完成，这些公式反映了 $O\xi\eta\zeta$ 坐标系各轴相对于 $O\xi'\eta'\zeta'$ 坐标系在水平平面上的旋转，旋转角度等于惯性导航系统陀螺平台大圆方位角 $\theta_r(t)$（图 8.5）：

$$\begin{cases} V_{\kappa\xi} = V_{\kappa\xi'}\cos\theta_r + V_{\kappa\eta'}\sin\theta_r \\ V_{\kappa\eta} = -V_{\kappa\xi'}\sin\theta_r + V_{\kappa\eta'}\cos\theta_r \end{cases} \tag{8.9}$$

式中，$\theta_r(t)$ 根据式（8.2）进行计算。图 8.5 中矢量 $\overline{V}_{\kappa гор}$ 是航空器的实际航速，由向水平平面的投影 $\overline{V}_{\kappa}$ 所确定。

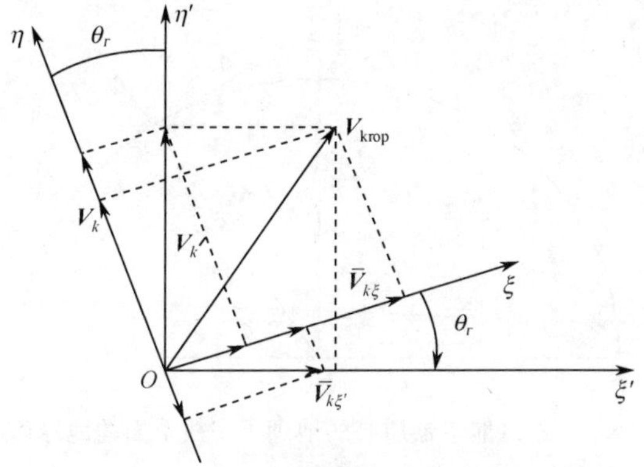

图 8.5　$O\xi\eta\zeta$ 坐标系与 $O\xi'\eta'\zeta'$ 坐标系

如前所述，式（8.2）包括的角速率 $\omega_\zeta(t)$ 由两个因素引起：地球绕着极轴的旋转和航空器相对于地球表面的移动。因此，它可以表现为

$$\omega_\zeta(t) = \omega'_\zeta(t) + \omega''_\zeta(t) \tag{8.10}$$

图 8.6 所示为通过航空器质心的地理子午线平面的地球切面，由该图可见，由地球旋转所引起的分量为

$$\omega'_\zeta(t) = \omega_{з}\sin\varphi \tag{8.11}$$

式中：φ 为航空器的地心纬度。

时间关系式 $\omega'_\zeta(t)$ 是由（航空器飞行过程中地心纬度 $\varphi(t)$ 时间变化所引起的。

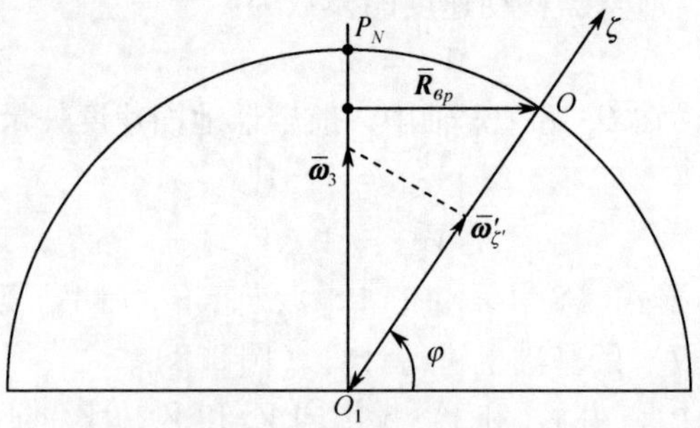

图 8.6　通过航空器质心的地理子午线平面的地球切面

图 8.7 所示为通过航空器质心（即通过 O 点）的地理子午线平面的地球切面。由图可知，由航空器移动所引起的分量 ω''_{ζ}（t）与式（8.11）类似，根据以下表达式确定：

$$\omega''_{\zeta}(t) = \Omega_{\Lambda}\cos(90° - \Phi) = \Omega_{\Lambda}\sin\Phi \tag{8.12}$$

式中：$\Omega_{\Lambda} = \mathrm{d}\Lambda/\mathrm{d}t$，为大圆角速率，它由航空器质量中心绕着 $P_0P'_0$ 轴的旋转引起（图 8.2）。

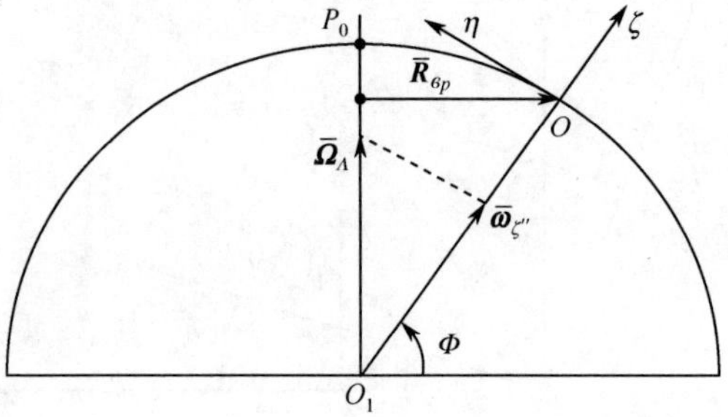

图 8.7　通过航空器质心的地理子午线平面的地球切面

由图 8.2 和图 8.7 可知，角速率矢量 $\overline{\Omega}_{\Lambda}$（$t$）为

$$\overline{\Omega}_{\Lambda} \times \overline{R}_{вр} = \overline{V}_{кз}$$

那么，角速率 Ω_{Λ} 根据以下公式确定：

$$\Omega_{\Lambda} = \frac{V_{\kappa\xi}}{R_{вр}} \tag{8.13}$$

式中：$R_{вр} = \rho\cos\Phi$；Φ 为 O 点大圆纬度。

结合式（8.13），式（8.12）采取以下形式：

$$\omega''_{\varsigma} = \frac{V_{\kappa\xi}}{\rho}\tan\Phi \tag{8.14}$$

此时，根据式（8.10）、式（8.11）、式（8.14），绕着 $O\zeta$ 轴的绝对旋转角

速率为

$$\omega_{\varsigma}(t) = \omega_{з}\sin\varphi + \frac{V_{\kappa\xi}}{\rho}\tan\Phi \tag{8.15}$$

从式（8.15）中可见，如果航空器严格沿着大圆赤道飞行，即 $\Phi=0$，那么，在这种情况下角速率 $\omega_{\zeta}(t)=\omega_{з}\sin\varphi$，并且，这仅是由地球旋转引起的。

这样，就飞机和直升机而言，惯性导航系统是用于独立计算地面速度矢量 $\overline{V}_{\kappa}$ 的基础（也是用于独立计算航空器坐标的基础）。自然而然，以惯性导航系统为基础可完成以上所研究的导航任务，虽然对于航空器是至关重要的，但还远远不能完成所有的惯性导航系统任务。现代飞机和直升机的惯性导航系统允许独立、自动地计算航空器状态导航矢量所有组元（空气速度除外）的评分，这些组元是导航、飞行控制和完成战斗使用任务所必需的[1-3]。在第4代飞机和直升机及其改进型（第4+代）中，通常使用平台式惯性导航系统，它们在使用ДНГ型陀螺稳定器的基础上制成[1]。

然而，从20世纪80年代开始，遵循惯性导航系统的世界发展趋势，正在进行建立和使用非平台式（不带万向支架）的惯性导航系统的工作，即非平台式惯性导航系统（БИНС），它用于各种型号的飞行器[1,3,9]。在非平台式惯性导航系统（БИНС）中，加速度表和陀螺稳定器的部件是分开的，同时，加速度表直接安装在飞行器上，与陀螺稳定器的部件是分开的。非平台式惯性导航系统（БИНС）中陀螺稳定器部件的用途是在飞行器上实现惯性系统。

所研制的非平台式惯性导航系统（БИНС）的基础是使用带内部万向支架的陀螺稳定器，即ДНГ型陀螺稳定器，以及原理上的新型陀螺稳定器，即波固体陀螺稳定器、光学陀螺稳定器（环形激光陀螺稳定器和光纤陀螺稳定器）等[1,9]。加速度矢量在某一坐标系各轴（在导航三角体各轴）中的积分是非平台式惯性导航系统（БИНС）导航算法的基础。在实际非平台式惯性导航系统（БИНС）中，可以使用地理坐标系、大圆坐标系以及其他坐标系作为导航三面体。

下面介绍以多普勒速度和偏流角测量仪（ДИСС）（或多功能雷达站（МФРЛС））和航向系统为基础的航空器导航速度矢量分量的计算算法。其他的 $V_{\kappa\xi}$ 和 $V_{\kappa\eta}$ 地面速度矢量分量计算方法以使用多普勒速度和偏流角测量仪（ДИСС）（或多功能雷达站（МФРЛС））和航向系统为基础[2]。

如果飞行器导航、制导和武器控制机载综合电子系统包括多普勒测量仪，比如保证对光线信号进行单独处理的ДИСС-7型测量仪[2]，那么，在飞机水平坐标系 $OX_{r}Y_{r}Z_{r}$ 中，对 OX_{r} 和 OZ_{r} 轴中地面速度矢量 $\boldsymbol{V}_{\kappa}$ 的投影 $V_{\kappa x}$ 和 $V_{\kappa z}$ 进行计算（图8.8）。

$V_{\kappa\xi}$ 和 $V_{\kappa\eta}$ 地面速度矢量的分量根据一个关系式确定，该关系式反映了 $OX_{r}Y_{r}Z_{r}$ 坐标系对于 $O\xi\eta\zeta$ 坐标系在水平平面上的旋转，角度为（$\psi_{o}+\Delta\psi_{o}$）：

$$\begin{cases} V_{\kappa\xi} = V_{\kappa x}\sin(\psi_0 + \Delta\psi_0) + V_{\kappa z}\cos(\psi_0 + \Delta\psi_0) \\ V_{\kappa\eta} = V_{\kappa x}\cos(\psi_0 + \Delta\psi_0) - V_{\kappa z}\sin(\psi_0 + \Delta\psi_0) \end{cases} \quad (8.16)$$

式中：ψ_o 为航空器的大圆航向；$\Delta\psi_o$ 为考虑 $OX_r Y_r Z_r$ 坐标系轴和多普勒速度和偏流角测量仪（ДИСС）天线有关坐标系相应轴之间存在角度的修正值。此时假定在航空器上有某一个航向系统，在该航向系统信息的基础上，大圆航向 ψ_o 是已知的。

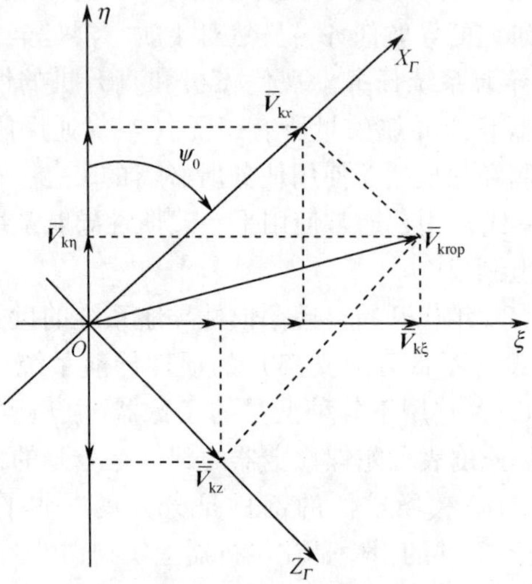

图 8.8　计算坐标系

实际上，在航空器接近于水平和直线飞行时，以多普勒速度和偏流角测量仪（ДИСС）信息为基础的测量，与其他方法相比，表现出更高的精度。但是，在一些情况下，多普勒速度和偏流角测量仪（ДИСС）是没有工作能力。比如，当倾角和仰角很大时，多普勒速度和偏流角测量仪（ДИСС）转入“记忆”模式。当航空器在风平浪静的海上飞行时，多普勒速度和偏流角测量仪（ДИСС）工作较差[2]。

下面介绍以大气数据系统（CBC）为基础的航空器导航速度矢量分量的计算算法。机载综合电子系统的地面速度矢量分量 $V_{\kappa\xi}$ 和 $V_{\kappa\eta}$ 可以根据通过大气数据系统所测得的空气速度矢量 $\bar{\boldsymbol{V}}$ 信息，以及例如保存在机载计算系统（БВС）中的风速矢量 $\bar{\boldsymbol{W}}$ 信息获得。此时，在算法中使用速度导航三角体关系式[2]：

$$\bar{\boldsymbol{V}}_\kappa = \bar{\boldsymbol{V}} + \bar{\boldsymbol{W}} \quad (8.17)$$

仅就 $O\xi$ 和 $O\eta$ 轴上投影而言，该关系式为

$$\begin{cases} V_{\kappa\xi} = V_\xi + W_\xi \\ V_{\kappa\eta} = V_\eta + W_\eta \end{cases} \quad (8.18)$$

式中：V_ξ、V_η 和 W_ξ、W_η 分别为矢量 $\overline{\boldsymbol{V}}$ 和 $\overline{\boldsymbol{W}}$ 在坐标系 $O\xi\eta\zeta$ 相应轴上的投影。

这种航空器地面速度矢量分量的计算方法虽然是最简单的，但它是最不精确的，因此，在缺乏来自于惯性导航系统和多普勒速度和偏流角测量仪（ДИСС）的信息时，它在机载综合电子系统作为备用。

如第3章所述，在对来自于若干个测量的信息进行联合处理时，在航空器坐标测定精度、其速度、其他导航和专用参数方面占有很大优势。

在惯性导航系统和多普勒速度和偏流角测量仪（ДИСС）（或多功能雷达站（МФРЛС））所包含的机载综合电子系统中，通过对惯性导航系统和多普勒速度和偏流角测量仪（ДИСС）的信息进行联合处理的方式，$V_{\kappa\xi}$ 和 $V_{\kappa\eta}$ 航空器地面速度矢量组元的独立测定精度占有明显优势，也就是说，在这种情况下，实现了独立的惯性—多普勒模式。

8.3.2 以组合导航信息为基础的地面速度综合算法

在多普勒速度和偏流角测量仪（ДИСС）（或多功能雷达站（МФ-РЛС））信息用于生成惯性导航系统输出信号的修正值时，我们将研究信息综合处理（КОИ）算法，用于对 $O\xi$ 和 $O\eta$ 轴上的矢量 $\overline{\boldsymbol{V}}_k$ 投影进行独立计算。就各种类型的航天器而言，在这些算法中，使用线性角速率，或者相应的角速率[2]。

对于确定性而言，我们接受在研究信息综合处理（КОИ）算法中使用线性速度。就 $O\xi$ 和 $O\eta$ 轴上的速度投影 $V_{\kappa\xi}$ 和 $V_{\kappa\eta}$ 而言，这些算法彼此雷同，因此，仅停留在一个分量的关系式。为简便起见，坐标轴 ξ 和 η 的代号略去。

根据不变性原则，在对测量仪进行综合化时，如第3章所研究的那样，我们将使用一个标准补偿方案，该方案在信息综合处理（КОИ）系统中带有一个次佳滤波器（图3.3）。根据3.4节中所制订的最佳线性评估（ОЛО）方法，我们将完成图3.3中提供的信息综合处理（КОИ）系统最佳（次佳）滤波器的合成任务。

该任务的目的在于表述信息综合处理（КОИ）算法的生成方法。由于这种情况，状态矢量和观察矢量数学模型选择为典型和最简单的。自然而然，在第4代飞机和直升机及其改型中，信息综合处理（КОИ）的实际技术方案更为复杂，虽然此时其实质是不变的。

就某一个坐标轴 $O\xi$ 或 $O\eta$ 而言，根据式（8.9），在惯性导航系统的基础上，生成矢量分量 $\boldsymbol{V}_k$ 的已测值 $y_И(t) = V_{kИ}(t)$，而根据式（8.16），在多普勒速度和偏流角测量仪（ДИСС）（或多功能雷达站（МФРЛС））的基础上，分别得到信号 $y_Д(t) = V_{kД}(t)$（此处，坐标轴 $O\xi$ 或 $O\eta$ 代号已省略，而“И”和“Д”表示信息源）。

在惯性导航系统和多普勒速度和偏流角测量仪（ДИСС）的正常工作状态

下，如3.6节所述，已测信号值可以采取以下形式：

$$\begin{cases} y_{И}(t) = V_{kИ}(t) = V_k(t) + \Delta V(t) \\ y_{Д}(t) = V_{kД}(t) = V_k(t) + \varepsilon(t) \end{cases} \quad (8.19)$$

式中：V_k（t）为航空器地面速度矢量 $O\xi$ 或 $O\eta$ 轴相应投影的真值；ΔV（t）为惯性导航系统的固定（或渐变误差）误差；ε（t）为多普勒速度和偏流角测量仪（ДИСС）的测量误差，宽频带的起伏过程描述了该误差。

按照3.4节和3.6节，对于 ΔV（t）误差的数学模型，在最简单的情况下采取以下形式：

$$\Delta\dot{V} = 0, \Delta V(t_0) = \Delta V_0 \quad (8.20)$$

式中：ΔV_0 为初始速度值。

误差 ε（t）常常与固定白高斯噪声（БГШ）相似，它具有著名的统计特性[2]。

对于信息综合处理（КОИ）系统滤波器，根据图3.3中补偿示意图所生成的观测具有以下形式：

$$z(t) = y_{И}(t) - y_{Д}(t) = \Delta V(t) - \varepsilon(t) \quad (8.21)$$

根据式（8.21），我们研究误差 ΔV，作为被评估对象，该误差在附加白高斯噪声（БГШ）n_z（t）$= -\varepsilon$（t）。背景可以观测到。使用3.4节中所述的最佳线性评估（ОЛО）方法，我们可以得到 ΔV 误差的最佳评估，根据式（3.17），在进行式（8.20）和式（8.21）计算时，它可以由下式确定：

$$\Delta\dot{\hat{V}}(t) = k(t)[z(t) - \Delta\hat{V}(t)], \Delta\hat{V}(t_0) = \Delta\hat{V}_0 \quad (8.22)$$

式中：k（t）为信息综合处理（КОИ）滤波器最优传输系数，根据式（3.18）计算。为了简洁起见，以下采取 $\Delta\hat{V}_0 = 0$ 和 k（t）$= k = \text{const}$，也就是说，可合成的信息综合处理（КОИ）滤波器是次优的。

在式（8.22）中，向算子录入格式过渡，式（8.21）对于相应的图像，可得

$$\Delta\hat{V}(p) = \frac{k}{p+k}\Delta V(p) - \frac{k}{p+k}\varepsilon(p) \quad (8.23)$$

式中：p 为拉普拉斯转换符号。

如上所述，在惯性导航系统和多普勒速度和偏流角测量仪（ДИСС）信息综合处理（КОИ）的基础上，对矢量分量 $\boldsymbol{V}_k$（t）自动计算算法进行说明的装置结构图如图3.2所示，同时，根据式（8.23），可确定信息综合处理（КОИ）系统滤波器的结构。

结合式（8.19）和式（8.23），在该算法实施装置输出端中的 $\hat{V}_k$ 信号图像为

$$\hat{V}_k = V_{kИ} - \Delta\hat{V} = V_k + \frac{p}{p+k}\Delta V + \frac{k}{p+k}\varepsilon \quad (8.24)$$

根据式（8.24）从图像向原型过渡，可以得到输出信号 $V_k(t)$，它是一个航空器地面速度矢量分量的已校正值。从式（8.24）可知，与 $V_{kИ}$（t）和 $V_{kД}$（t）信号相比，即与惯性导航系统和多普勒速度和偏流角测量仪（ДИСС）分别测得的信号相比，V_k（t）的误差实质上小一些。

8.3.3 航空器大圆线坐标自主计算算法

在机载综合电子系统中，正如所指出的那样，飞机位置当前坐标（TKMC）的自动计算通常采取大圆坐标系中航线计算方法（图 8.2），途径为在已知可计算坐标初始值时对相应的角速率 Ω_Φ（t）和 Ω_Λ（t）进行综合：

$$\Phi(t) = \Phi_0 + \int_{t_0}^{t} \Omega_\Phi(\tau)\,\mathrm{d}\tau$$

$$\Lambda(t) = \Lambda_0 + \int_{t_0}^{t} \Omega_\Lambda(\tau)\,\mathrm{d}\tau \tag{8.25}$$

式中：Φ_0 和 Λ_0 为 t_0 时刻的航空器初始大圆坐标。

需指出，如果给定航线（ЛЗИ）与大圆赤道相重合，那么 Φ（t）则确定与给定航线（ЛЗИ）的偏差，而 Λ（t）则是航空器已通过航线的长度。

从图 8.2 中可见，在式（8.25）中包括的 Ω_Φ（t）$=\dot{\Phi}$（t）和 Ω_Λ（t）$=\dot{\Lambda}$（t）大圆坐标的变化角速率说明了航空器质心（0 点）分别绕着 LQ 和 $P_oP'_o$ 轴进行旋转的情况。角度和线路加速矢量与欧拉关系式有关（图 8.2）[2,3]：

$$\begin{cases}\overline{\boldsymbol{V}}_{k\eta}(t) = \overline{\boldsymbol{\Omega}}_\phi(t) \times \overline{\boldsymbol{R}}_1 \\ \overline{\boldsymbol{V}}_{k\xi}(\mathrm{t}) = \overline{\boldsymbol{\Omega}}_\Lambda(\mathrm{t}) \times \overline{\boldsymbol{R}}_2\end{cases} \tag{8.26}$$

其中，旋转半径为

$$R_1 = O_1O = \rho, R_1 = O_1O = \rho\cos\Phi$$

在式（8.26）中，符号“×”表示矢量积符号。

对于左边大圆坐标系（图 8.2）而言，角速率矢量 $\overline{\boldsymbol{\Omega}}_\phi$ 的正方向与航空器从大圆赤道沿着大圆子午线 εP_o 向 P_o（$\Phi>0$）点的移动相对应。此时，需指出，矢量 $\overline{\boldsymbol{\Omega}}_\Phi$ 的止方向和轴 $O\xi$ 的正方向是相反的。因此，矢量 $\overline{\boldsymbol{\Omega}}_\Phi$ 向 $O\xi$ 轴的投影等于 $\overline{\boldsymbol{\Omega}}_\Phi$（$t$）。

结合这一点，根据式（8.26），角速率为

$$\begin{cases}\Omega_\Phi(t) = -\dfrac{V_{k\eta}(t)}{\rho} \\ \Omega_\Lambda(t) = -\dfrac{V_{k\xi}(t)}{\rho\cos\Phi}\end{cases} \tag{8.27}$$

式中：根据式（8.9）、式（8.6）或式（8.24），进行 $V_{k\xi}$（t）和 $V_{k\eta}$（t）的计

算，并且取决于机载综合电子系统的工作状态。

半径—矢量模：

$$\rho = R_з + H$$

式中：H 为航空器的飞行高度；$R_з$ 为地球半径。

通过对式（8.8）~式（8.27）的研究可见，它们是互相联系的，因此，在进行航空器坐标计算时，必须一同进行所有的计算。

8.4 使用位置测量仪对坐标进行校正时的工作原理

8.4.1 引言

正如已经指出的那样，为了进行航空器的校正，使用各种无线电技术测量仪和其他位置测量仪。位置测量仪指的是以某种方法对航空器坐标进行直接测量的设备。通常，在卫星无线电导航系统（СРНС）、近距无线电导航系统（РСБН）、远距无线电导航系统（РСДН）、多功能雷达站（МФРЛС）、天文导航系统信号的基础上进行校正。如今，在进行飞机和直升机坐标计算时，作为高精度校正器，日益广泛使用格洛纳斯和 GPS 中轨道卫星无线电导航系统（СРНС）的卫星导航接收器（СНПр）。对于航空器、巡航导弹等，卫星导航接收器（СНПр）正在成为主要的坐标校正器[1]。

在使用位置测量仪对坐标进行校正状态时的机载综合电子系统的工作原理如图 8.9 所示。

8.4.2 根据一个位置测量仪数据进行坐标校正的标准算法

研究一下根据来自一个位置测量仪的数据进行航空器坐标校正的标准算法：卫星无线电导航系统（СРНС）、近距无线电导航系统（РСБН）或远距无线电导航系统（РСДН）。为了确定性，研究近距无线电导航系统（РСБН）作为位置校正器。此时，在机载计算系统（БВС）中所计算的大圆坐标值 Λ（t）和 Φ（t）的基础上，结合无线电导航系统（РНС）基准点的已知坐标（也就是说无线电信标）和航空器的相对飞行高度 $H_{отн}$，至计算无线电信标的斜距 D_a 和飞机方位角 θ_a。这里，代号“a”表示信息已从自动系统中获得。

在无线电导航系统（РНС）的作用区内（尤其在近距无线电导航系统（РСБН）的作用区内），借助于机载接收处理装置，计算 D_p 和 θ_p 值，它们比 D_a 和 θ_a 更精确。代号“p”表示已经使用无线电导航系统（РНС）。

为了进行校正，生成以下差值：$\Delta D = D_a - D_p$ 和 $\Delta\theta = \theta_a - \theta_p$。对于现有差值 ΔD（t）和 $\Delta\theta$（t）而言，航空器坐标的校正算法通常采取补偿方法进行，并且

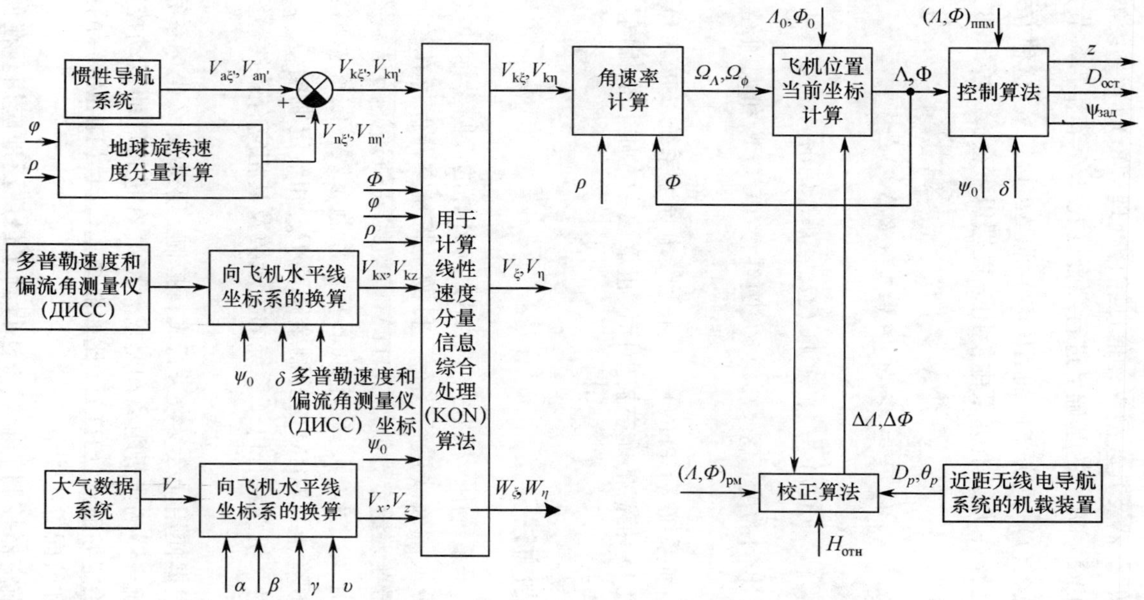

图 8.9 使用位置测量仪对坐标进行校正状态时的机载综合电子系统的工作原理

在信息综合处理（КОИ）系统中，包含了次优滤波器（在工作原则方面，与8.3.2节中所研究的相似）。信息综合处理（КОИ）滤波器输出端所形成的校正值 $\Delta\hat{D}(t)$ 和 $\Delta\hat{\theta}(t)$ 在坐标系转换规则方面换算为所需要的估算系统（如大圆系统）。在第4代航空器及其改型中，信息综合处理（КОИ）系统滤波器通常在最佳线性评估（ОЛО）方法的基础上进行综合（见3.4节和3.5节）。此时，校正值 $\Delta\hat{D}(t)$ 和 $\Delta\hat{\theta}(t)$ 是次佳评估 $\Delta D(t)$ 和 $\Delta\theta(t)$。以这种方式获得的 $\Delta\Phi(t)$ 和 $\Delta\Lambda(t)$ 已经在大圆坐标系中使用，根据以下公式对式（8.25）的航空器坐标值进行计算：

$$\begin{cases} \Phi(t) = \Phi_0 + \int_{t_0}^{t}(\Omega_\Phi + k_1\Delta\Phi)\mathrm{d}\tau \\ \Lambda(t) = \Lambda_0 + \int_{t_0}^{t}(\Omega_\Lambda + k_2\Delta\Lambda)\mathrm{d}\tau \end{cases} \tag{8.28}$$

式中：k_1 和 k_2 为比例的度量系数，与大圆纬度 $\Phi(t)$ 和大圆经度 $\Lambda(t)$ 相对应。

卫星无线电导航系统（СРНС）、近距无线电导航系统（РСБН）或远距无线电导航系统（РСДН）信息的航空器坐标校正算法在本质上是相同的，虽然它们具有一定的自身特点。

8.4.3 航线控制方法

在机载综合电子系统中，根据式（8.28）所计算的大圆坐标 $\Phi(t)$ 和 $\Lambda(t)$ 首先用在沿着部分大圆航线进行飞行，目的是将航空器保持在给定航线上。此时，实施将航空器导入给定导航点（НТ）的航线（轨迹）方法。为此目的，在航空器控制算法中（图8.9），确定以下基本控制参数：线性偏离航线误差 $z=\rho\Phi$、到例行航线拐弯点（ППМ）的剩余距离 $D_{\text{ост}}$ 和给定航向 $\psi_{\text{зад}}$。在航空器沿着给定轨迹飞行时，机载综合电子系统的指示数及其相应有效性等级在第7章中进行了研究。

一般来说，根据使用什么参数进行飞行控制、采取什么坐标系完成基本导航任务，以及根据航空器的飞行距离和要求精度（在进行侧面运动控制时），区分了将航空器导入给定导航点（НТ）（比如航线拐弯点（ППМ））的航线（轨迹）方法、线路方法和航向方法[2]。

在航空中，航空器控制的航线方法得到了最广泛地应用。在使用航线方法时，在局部大圆坐标系中，完成航空器位置坐标的测定任务、生成控制信号。用于航线段的给定航线（部分大圆）由两个相邻的航线拐弯点（ППМ）坐标和大圆线路角来确定。在采取航线方法时，给定航线的偏离航线误差以及 $\mathrm{d}z/\mathrm{d}t$ 是控制参数。

在采取线路方法时，航空器沿着最短线路输入给定导航点。航空器的运动控制要做到线路速度矢量 $\bar{V}_l$ 朝向给定航线。在采取航向方法时，飞机的纵轴朝向导航点。可以将航空器向给定点输入的航线方法视为线路方法的特例，并且此时不考虑偏离角。

航空器侧面运动的控制要补充纵向运动控制，而纵向运动控制则由飞行高度和速度控制组成。

如前文已经指出的那样，在进行坐标计算的机载数字计算机（БЦВМ）中，输入数据是离散时刻，并且具有一定的离散性周期。自然而言，此时，式（8.8）~式（8.28）的计算本身采取离散形式进行。对于不同的航空器坐标的计算算法，可能的离散算法可以根据第 3 章所述公式获得。

在讨论用各种测量仪进行已计算坐标校正状态时机载综合电子系统的工作原理时，应该单独划分出惯性导航系统和导航和制导相关—极值系统的综合化，该惯性导航系统被视为基本导航系统，导航和制导相关—极值系统则用作高精度校正器[1,3]。此时，当没有负作用时，这些导航系统的联合可以采取开环电路实现；当惯性导航系统和导航和制导相关—极值系统是相互联系的系统时，这些导航系统的联合可以采取闭环电路实现。自然而然，在航空中使用导航和制导相关—极值系统超出了所讨论情况的范围。对作为导航和制导相关—极值系统的地球物理场独立自动系统的研究是该书范围之外的独立领域。

8.4.4 根据地形高度数据进行惯性导航系统校正

根据地形高度数据[1,3,10]进行惯性导航系统校正时，信息综合处理（КОИ）系统的工作原理是现代航空器中导航和制导相关—极值系统作为高精度校正器使用的范例。此时，认为在航空器上具有一个无线电高度仪，它测量相对于地球表面的高度 H_p，以及一个相对于地球椭圆体表面飞行高度 H 的非无线电技术测量系统。高度 H 测量系统在与气压高度计相连的惯性导航系统垂直通道的基础上建立。

此外，我们认为，在航空器上已知地球高度 r、作为大地测量坐标 B 和 L 的函数（地形图）[1,3,10]：

$$r = r(B,L)$$

为了根据地形图在采取导航校正实验方法时进行惯性导航系统的校正，使用下式：

$$H - H_p - r(B,L) = 0$$

根据实时点上地形高度 r 的数据，进行惯性导航系统的校正，该实时点位于飞机的下面（图 8.10）。通过在各航线点上散射进行惯性导航系统的校正，成倍的地形高度与这些航线点相应，如 50m，也就是说，在各点上，$r = 0$m、$r = 50$m、$r = 100$m 等。图 8.10 中，这些点用字母 A、B、C、D、E 标出。让航空器实际上

沿着直线 OE 进行移动。当航空器位于初始点 O 时，那么在惯性导航系统的基础上计算实时坐标，飞机在 O'点的位置与该坐标相对应。这意味着惯性导航系统的误差表现为矢量 OO'。当航空器向 A 点移动时，在关系方程式的基础上可知：$r=150\text{m}$。这意味着飞机位于地形高度等于 $r=150\text{m}$ 线路的一个点上。

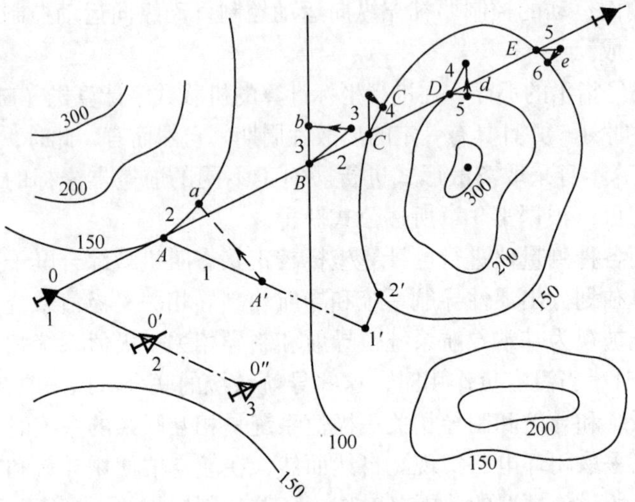

图 8.10　根据实时点上地形高度 r 的数据进行惯性导航系统校正

自然而然地，可以认为，飞机位于与 A'点最近的 a 点上，其与惯性导航系统在航空器实际位于 A 点时的位置读数相对应。这样，现在可以将 a 点视为航空器的位置。此时，在用航线段 AA'校正之前所描述的误差则替换成为在用航线段 Aa 校正之后描述的误差。可见，在校正之后的误差要大大小于校正之前的误差。在 B 点以及之后在 C、D 和 E 点中，继续进行这一过程。

原则上，只有在初始误差值不太大的时候，才可以成功进行惯性导航系统的校正。在图 8.10 中，给出了航空器的位置（位置 3），当初始误差较大时，根据所述原理的校正不会明确惯性导航系统基础上的可确定坐标，反而会使它们常常向较大一面发生混乱的变化。通常，惯性导航系统的初始误差不应超过地形等高线之间最小距离的 1/2。地形分割越大，惯性导航系统的初始误差应越少。如果校正过程得到正确的实施，那么当受到相同地形高度线的较大切割时，可以保证飞机坐标的最大测定精度。

8.5　使用机载惯性同步卫星导航系统时的工作原理

8.5.1　引言

如前所述，在第 4+代以及第 5 代航空器中，在完成导航任务时，以使用机载惯性同步卫星导航系统（ИССН）为基础的机载综合电子系统的工作状态正在成为核心状态[1,4]，该机载惯性同步卫星导航系统（ИССН）是格洛纳斯和GPS系统卫星导航接收器（СНПр）和制式驾驶导航综合系统（ПНК）各元部件的综合。在完成军事航空所面临的大范围导航和战斗任务时，最重要的是飞机空间坐标的测定任务、它们与地面控制站的通信及其之间的通信。在航空器中使用惯性同步卫星导航系统（ИССН）可以满足所提出的完成这些任务时的精度要求、使所有其他主要飞行状态的飞机控制过程完全自动化。

在航空器中建构惯性同步卫星导航系统（ИССН）时，卫星导航接收器（СН-Пр）和惯性导航系统的综合主要有两种情况。其一，在惯性同步卫星导航系统（ИССН）中，当进行飞机和直升机导航时，根据来自于卫星导航接收器（СНПр）的信息，对借助于惯性导航系统以计算方法获得的坐标进行校正。此时，综合信息处理（КОИ）的算法实质与8.4节所述是相同的。其二，当惯性导航系统“帮助”卫星无线电导航系统（СРНС）用户机载装置对来自导航航天装置（НКА）的无线电信号进行接收和处理时，对这些测量器进行综合，目的是提高卫星导航接收器（СНПр）的工作质量。

8.5.2 航空器坐标和速度的确定

在惯性导航系统信息的基础上进行的航空器坐标和速度的测定，以及根据卫星无线电导航系统（СРНС）的数据对其进行的后续校正，甚至在上述导航参数可能仅根据卫星无线电导航系统（СРНС）无线电信号进行了高精度计算的情况下已证明完全没有问题。问题在于，在航空器飞行期间必须做到：由于某种原因卫星无线电导航系统（СРНС）信号可能突然丢失之后，在惯性导航系统基础上所计算的航空器的坐标和速度误差还足够小，后续增大也很缓慢。此外，在航空器上，卫星无线电导航系统（СРНС）信号用于测定航线计算系统中的初始坐标，这些坐标在惯性导航系统和其他独立器材的基础上发挥校正作用。最后，还要找到相应算法，并根据这些算法，在进行卫星无线电导航系统（СРНС）信号的稳定接收时，可以对在惯性导航系统平台传感器基础上确定的已测角度参数值进行校正。

首先，正如上面指出的那样，惯性导航系统可以用于改善卫星导航接收器（СНПр）的特性，可以借助信息初次处理层次上的系统数据综合来实现（见第3章）。通过将关于航空器和导航航天装置（НКА）之间的相对速度信息输入卫星导航接收器（СНПр）（输入无线电信号延时跟踪回路）的途径来实现这一点，而相对速度信息则在惯性导航系统信息的基础上获得[10,11]。结合星历信息（导航航天装置（НКА）的坐标和速度矢量分量）和来自于惯性导航系统的关于航空器坐标及其速度的信息，在机载数字计算机（БЦВМ）中计算航空器和导航航天装置（HKA）之间的相对速度。

图 8. 11 所示为无线电信号延时跟踪回路的总体结构示意图，并输入在惯性导航系统基础上所获得的关于延时变化速度的补充信息。在该图中：$\tau_И$（t）和 $\hat{\tau}$（t）为卫星无线电导航系统（CPHC）无线电信号延时的已测和评估值；V_τ（t）为在来自于惯性导航系统的信息基础上获得的延时变化速度已测值；$k_{вр}$、$k_{И1}$ 和 $k_{И2}$ 分别为时间鉴别器（鉴频器）、第一第二积分仪的传递系数；$k_Ф = 1/k_{И2}$，为匹配滤波器的传递系数，根据不变性条件选取[2]；k_1 为校正环节的传递系数；p 为微分符号。

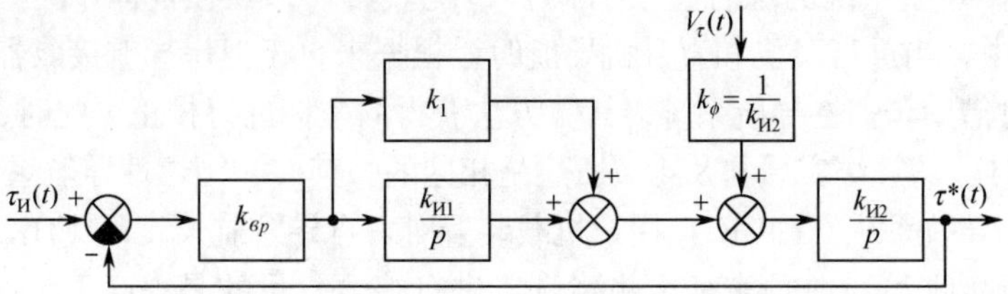

图 8. 11　无线电信号延时跟踪回路的总体结构示意图

我们认为，观察到了具有以下误差的有用信号：$\tau_И$（t）$=\tau$（t）$+\varepsilon_1$（t）和 V_τ（t）$=\hat{\tau}$（t）$+\varepsilon_2$（t）。式中：τ（t）为信号延时真值；ε_1（t）和 ε_2（t）分别为卫星导航接收器（CHПp）和惯性导航系统的测量误差。

众所周知，这样的电路图可以降低由于无线电通道的起伏干扰的影响而造成的测量误差，方式为收缩跟踪测量器的通过频带，后则通过输出来自于惯性导航系统的数据对由于通带收缩引起的动态错误的增加进行补偿[2]。在卫星无线电导航系统（CPHC）典型接收器中延时跟踪电路通过频带的宽度带有窄带跟踪测量器，这些测量器依靠具体的综合化形成，实际上，通过频带的宽度可能从 1Hz 减小到 0. 03Hz[7]，这大大增加了卫星导航接收器（CHПp）的抗干扰能力。

8. 5. 3　信息综合处理

在二次信息处理层次上进行综合化时，即在进行机载惯性—同步卫星导航（ИССН）分体—单元体构建时，惯性导航系统和卫星导航接收器（CHПp）的输出导航数据要进行联合处理。此时，在每个系统部件中，有一个采取最佳优线性评估（OЛO）方法获得的次优滤波器，该滤波器生成对航空器坐标和速度的评估。该信息从每个部件来到机载数字计算机（БЦВМ）中，此处对惯性导航系统的显示进行修正（参见 8. 4 节）。在机载惯性—同步卫星导航（ИССН）的这种结构下，所获得评估的精度在很大程度上取决于卫星导航接收器（CHПp）和惯性导航系统本身的工作精度，还取决于两个次优滤波器之一和机载数字计算机（БЦВМ）中数据处理过程时的同步精度。

在二次信息处理层次上进行综合化时，即在卫星导航接收器（CHΠp）（尤其是其鉴别器）自身被交错和反馈通信所覆盖的一体化机载惯性—同步卫星导航（ИCCH）中，卫星无线电导航系统（CPHC）的无线电信号在次优滤波器中与同步来自于惯性导航系统陀螺仪和加速度表的信息一同进行处理。在这种情况下，在现实战斗使用条件下（尤其是在有干扰影响的情况下）确认航空器坐标时，精度、设备的工作稳定性明显高于在二次信息处理层次上进行综合情况下的精度和设备工作稳定性（见第3章）。在一次信息处理层次上信息综合处理（KOИ）时，一体化机载惯性—同步卫星导航（ИCCH）的结构和特性，及其与分体—单元体机载惯性—同步卫星导航（ИCCH）相比的优越性显示出来，例如，在文献［12－14］中可见在确定机载惯性—同步卫星导航（ИCCH）的技术特征时，尤其是卫星导航接收器（CHΠp）自身的组成部分的技术特征时，应考虑到这一事实：该装置用于安装在航空器（例如，不安装在汽车上），对它额外提出了特别要求。

在完成一系列战斗任务的情况下，歼击机可以完成小于±70°横倾的机动。在进行这些机动时，可以在机身上部限制安装一部天线[1]。选择卫星导航接收器（CHΠp）用于军用飞机，必须要考虑到航空器速度和高度范围，因为在许多用于民用航空的同步卫星接收器中，在使用时都有飞行速度和高度的限制：$V<900$km/h 和 $H<11$km，其中 V 和 H 分别为航空器的空中速度和飞行高度[1]。对于军用飞机和直升机卫星导航接收器（CHΠp）和机载惯性—同步卫星导航（ИCCH）在坐标和速度测定精度、数据传输指标、系统完整性、飞行安全指标方面提出的要求参见文献［1］。

对于军用固定翼飞机和直升机卫星导航接收器（CHΠp）和机载惯性—同步卫星导航（ИCCH）的基本要求见表8.1[1]，其中：P_H 为故障未发现概率；$K_б$ 为安全概率，它可以理解为航空器超出给定宽度走廊范围的概率。

表8.1[1]　对于军用固定翼飞机和直升机卫星导航接收器和机载惯性—同步卫星导航的基本要求表

序　号	参数名称	参数值
1	航空器坐标和速度测定误差，均方差	—
1.1	沿给定轨迹（航线）及在空中巡逻区内的运动任务完成方案： ——在水平面平面上/m； ——在垂直平面上/m； ——飞行速度/（m/s）	 100 50 5
1.2	集群行动组织任务的完成方案： ——在水平面平面上/m； ——在垂直平面上/m； ——飞行速度/（m/s）	 10 5 1

（续）

序　号	参数名称	参数值
1.3	飞机的自动进场着陆和着陆（Ⅰ和Ⅱ级复杂程度）： ——在水平面平面上 m； ——在垂直平面上/m； ——飞行速度/（m/s）	 4.5 1.2 0.1
1.4	飞机的自动进场着陆和着陆（Ⅲ级复杂程度）： ——在水平面平面上/m； ——在垂直平面上/m； ——飞行速度/（m/s）	 2.4 0.5 0.05
1.5	对导弹目标指示任务的完成方案： ——在水平面平面上/m； ——在垂直平面上/m； ——飞行速度/（m/s）	 25 15 2
2	完整性指标 P_H	—
2.1	沿给定轨迹（航线）及在空中巡逻区内的运动	2×10^{-4}
2.2	集群行动组织任务的解决方案：	2×10^{-4}
2.3	自动进场着陆和着陆	10^{-6}
3	飞行安全性指标 $K_б$	
3.1	沿给定轨迹（航线）及在空中巡逻区内的运动： 对于高空线路； 对于低空线路	 10^{-5} 2.5×10^{-7}
3.2	集群行动组织任务的完成方案	2.5×10^{-7}
3.3	自动进场着陆和着陆	10^{-8}

在将属于格洛纳斯和 GPS 的卫星导航接收器（СНПр）安装到飞机上时，应该为其工作制订两种工况[4,7,8]：

（1）基本工况，当接收机独立确定航空器的坐标和速度时；

（2）差分工况，当差分修正值沿着无线电通信电传密码线路从地面控制校正站传输到卫星导航接收器（СНПр）时，并且，该差分修正值可清除在通过对流层和电离层时由于导航航天装置（НКА）无线电信号失真而引起的飞机位置当前坐标（ТКМС）的大部分测定误差。

如文献［1］中所示，在机载惯性—同步卫星导航（ИССН）中，以下类型的卫星导航接收器（СНПр）完全符合要求（表 8.1）：ASHTECH 公司的 24 路接收机、SEXTANT 公司和 TOPSTAR-100-1 公司的 20 路接收机、“罗盘” A-737 КБ 的 12 路接收机，其主要特性见表 8.2。

表 8.2 [1]各型卫星导航接收器的主要特性

序　号	特　性	卫星导航接收器（СНПр）的型号		
		ASYTECH GG24	A-737	TOPSTAR
1	通道数量	12-格洛纳斯 12-GPS	12	20
2	实时水平面坐标测定误差（均方差）/m ——基本工况； ——差分工况	 10~20 0.5~1	 15~50 1~3	 20 1~3
3	实时速度测定误差（均方差）/（m/s）	0.1	0.1~0.3	0.1
4	坐标更新/Hz	5	1	2
5	消耗功率/W	1.8	15~20	21
6	质量/kg	0.2	2	1.3

在构建机载惯性—同步卫星导航（ИССН）时，最为重要的是选择和论证卫星导航接收器（СНПр）和专用计算器的技术特性。

在文献［1］所研究的机载惯性—同步卫星导航（ИССН）中，专用计算器中的卫星导航接收器（СНПр）和驾驶导航综合系统（ПНК）数据的联合处理以10Hz的频率进行。以此频率，为外部用户生成航空器平面图坐标数据。在飞机以横倾进行快速机动飞行时，较为准确的同步卫星信息可能会丢失。来自于驾驶导航综合系统（ПНК）的信息稳定得到具有相对高的精度。

机载惯性—同步卫星导航（ИССН）中信息综合处理（КОИ）的主要任务是降低飞机坐标和飞行速度分量的测定误差，保障在任何机动飞行时连续稳定地跟踪飞机航线，借助加速度计信息处理来保持卫星导航接收器（СНПр）信息获取间隔内保持足够精度。通过优化滤波和外推，达到降低误差和保持足够精度的目的。为了对机载惯性—同步卫星导航（ИССН）的坐标进行评估，要求计算器具有以下的计算资源[1]：处理器的频率33MHz；计算机的位数为32bit；内存容量为256Kb，具有浮点状态；评估发出频率为18Hz。

如文献［1］所述，机载惯性—同步卫星导航（ИССН）由同一型号（表8.2）的卫星导航接收器（СНПр）单天线综合格洛纳斯/GPS和制式驾驶导航综合系统（ПНК）组成，在对卫星无线电导航系统（СРНС）的无线电信号经过8~10次测量之后，其中的信息综合处理（КОИ）可以将矩形坐标和飞机飞行速度矢量分量的测定错误减少2/3~3/4。从已研究的特性可知，在使用军事飞机完成军事任务时，类似的机载惯性—同步卫星导航（ИССН）可以获得所要求的工作精度和稳定性，其中[1]：

（1）沿着给定航线行动；

（2）集群行动；

（3）给受损航空器材等发出目标指示。

同时注意到，现代卫星导航接收器（СНПр）在受到干扰时在一些情况下易受损伤，在多路径效应条件下会降低其工作质量[16]。所有这些都说明必须对卫星无线电导航系统（СРНС）自身进行现代化改装（现代化改装的 GPS、Galileo 系统等），尤其要在新型号的卫星无线电导航系统（СРНС）中研制并使用类噪声信号（BOC-信号）[17-20]。

8.6 在机载综合电子系统中实施坐标独立算法的特点

8.6.1 引言

自然而然，在实际的导航、制导和武器控制机载综合电子系统中，上述航线计算方法远远不能完成飞机坐标独立计算任务。根据航空器的类型和它们要完成的任务，在已实现的导航算法中可能包括以下算法[3]：

（1）地心坐标 φ、λ、R 的计算算法；

（2）大地测量坐标 B、L、H 的计算算法；

（3）大地测量型（而不仅仅是地心型）大圆坐标等的计算方法。

此外，导航算法还包括用于将一个坐标系向另一个坐标系进行坐标转换的各种算法。

8.6.2 典型航空器位置地心或大地测量坐标算法的缺陷

最典型的航空器位置地心或大地测量坐标计算算法具有实质性的缺陷，该缺陷在于它们不是全纬度的[3]，并且每一种算法都分别用 $\varphi(t)$、$\lambda(t)$ 和 $\theta_r(t)$ 或者 $B(t)$、$L(t)$ 和 $\theta_r(t)$ 参数的三个微分方程式之一进行了说明。在纬度值 $\varphi(t)$（或 $B(t)$）接近于 $\pm\pi/2$ 的极区时，这些算法变得不稳定，因为在两个算法中，三个微分方程式的其中两个微分方程式的右边受到间断。因此，对于应用于极区的一些机载综合电子系统中的导航系统而言，正在使用全纬度算法，这些全纬度算法不受所述缺陷的约束。

同时，航空器位置坐标独立计算的全纬度算法已采取 6 个微分方程式进行了说明[3]，而不是用 3 个方程式，也就是说，它们非常复杂。

8.6.3 采用了罗德利格—加米尔东运动学参数的算法

目前，在航空业实践中使用具有全纬度性的航空器位置坐标独立计算算法，但是它们需要解决的不是 6 个微分方程式的系统，而仅是 4 个微分方程式的系统，也就是说，要简单得多。这些全纬度算法的理论基础是使用固体终端回转法，该法采用了罗德利格—加米尔东（Родриг-Гамильтон）运动学参数[3,21]。

我们来研究一下罗德利格—加米尔东运动学参数的含义和在这些运动学参数基础上的全纬度计算算法[3]。给出了两个笛卡儿坐标系 *OXYZ* 和 $O\xi\eta\zeta$（图8.12）。使 $O\xi\eta\zeta$ 坐标系从固定的 *OXYZ* 坐标系处获得，途径为沿着某一矢量（轴）$\boldsymbol{\vartheta}$ 相对于后者的原点旋转一定的角度 φ。此时，相对于坐标系 *OXYZ* 的坐标系 $O\xi\eta\zeta$ 方向余弦分别表示为 l、m 和 n。已知，在一个三维空间中，坐标的任何正交变换都可以解释为具有 φ、l、m、n 参数的原点旋转[3]。

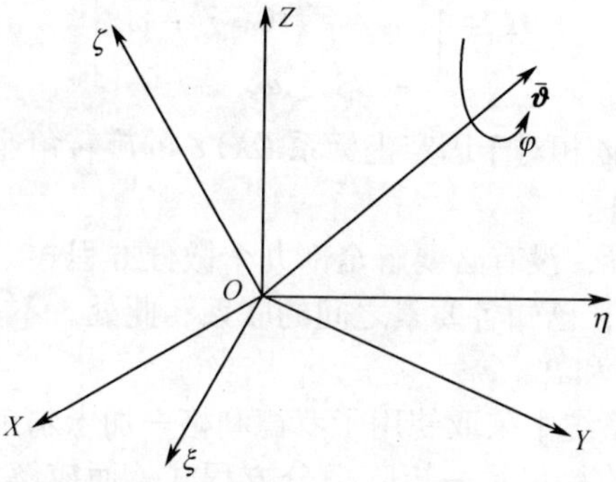

图8.12　两个笛卡儿坐标系

根据固定原点旋转理论，给每一个具有 φ、l、m、n 参数的原点旋转都成功地给出对应的4个数字：

$$\begin{cases} p_0 = \cos(\varphi/2) \\ p_1 = l\sin(\varphi/2) \\ p_2 = m\sin(\varphi/2) \\ p_3 = n\sin(\varphi/2) \end{cases} \tag{8.29}$$

它们依靠以下关系彼此联系：

$$p_0^2 + p_1^2 + p_2^2 + p_3^2 = 1 \tag{8.30}$$

数字 p_0、p_1、p_2 和 p_3 也称为罗德利格—加米尔东参数[3,21]。如果在坐标系 *OXYZ* 中研究矢量 $\boldsymbol{r}$（X, Y, Z），那么，该矢量（ξ, η, ζ）在坐标系 $O\xi\eta\zeta$ 上的投影等于：

$$\begin{bmatrix} \xi \\ \eta \\ \zeta \end{bmatrix} = \boldsymbol{U}(t) \begin{bmatrix} X \\ Y \\ Z \end{bmatrix} \tag{8.31}$$

式中：$\boldsymbol{U}(t)$ 为导向余弦的 3×3 矩阵，即从坐标系 *OXYZ* 向坐标系 $O\xi\eta\zeta$ 过渡的正交矩阵。

罗德利格—加米尔东参数由已知的表达式与导向余弦的矩阵$\boldsymbol{U}(t)$各要素联系在一起。在经典的全纬度计算算法，如大地测量坐标算法中，导航参数 B、L 和 θ_r 在 $U(t)$ 矩阵各参数的基础上测定。首先，导向余弦矩阵各要素通过解泊松矢量—矩阵微分方程式的途径进行计算[3]：

$$\dot{\boldsymbol{U}}(t) = \boldsymbol{\Pi}\boldsymbol{U}(t), \boldsymbol{U}(t_0) = \boldsymbol{U}_0 \tag{8.32}$$

其中

$$\boldsymbol{\Pi} = \begin{bmatrix} 0 & -\omega_\zeta & \omega_\eta \\ \omega_\zeta & 0 & -\omega_\xi \\ -\omega_\eta & \omega_\xi & 0 \end{bmatrix}$$

由移动坐标系 $O\xi\eta\zeta$ 相对于固定坐标系 $OXYZ$ 的旋转角速率 $\boldsymbol{\omega} = [\omega_\xi \ \omega_\eta \ \omega_\zeta]^{\mathrm{T}}$ 组元来确定（图 8.12）。

在 B、L 和 θ_r 位置，没有必要解全部九个微分方程式，而必须解六个，因为在正交矩阵 $\boldsymbol{U}(t)$ 中，已知各要素之间的联系，此处，不是需要矩阵 $\boldsymbol{U}(t)$ 的全部要素来计算 B、L 和 θ_r 。

在机载综合电子系统中采取使用了罗德利格—加米尔东参数的独立全纬度计算算法时，不要去解泊松矢量—矩阵微分方程式，而应解 p_0、p_1、p_2 和 p_3 参数的 4 个微分方程式形成的一个系统，这要简单得多。

如文献［21］所示，罗德利格—加米尔东参数可以解释为四元数系数 p，从用于四元数的数学工具角度来看，它含有全部由此而来的结果。已知四元数：

$$p = p_0 + ip_1 + jp_2 + kp_3 \tag{8.33}$$

是一个超复数，具有一个实数单位和三个虚数单位：i、j 和 k。虚数单位的乘积从属于以下规则：

$$i^2 = j^2 = k^2 = -1, jk = i, kj = -i,$$
$$ki = j, ik = -j, ij = k, ji = -k$$

两个原点旋转依次产生，形成一个新的原点旋转。此时，可实现旋转的四元数 p 等于第一和第二旋转四元数 p_a、p_b 的积，即

$$p = p_a p_b \tag{8.34}$$

在文献［3］中，给出了直接公式和逆公式，它们将飞机飞行导航参数，如 B、L 和 θ_r ，与罗德利格—加米尔东参数联系在一起。目前，在用于远程航空飞机的机载综合电子系统航线独立计算标准算法中[3]，正是实施类似的关系式。

8.7 战斗队形中操纵时的机载综合电子系统工作原理

8.7.1 引言

通常，航空兵在航空器编组范围内，即通过航空器在战斗队形中进行操纵的

途径完成战斗任务。众所周知[1]，战斗队形指的是飞机（直升机）或飞机（直升机）编组在空中的布置，其用于联合完成战斗任务。根据距离和间隔，以及其间的高度差（高度间隔），飞机（飞机编组）的队形可以分为密集队形、稀疏队形和分散队形。典型的队形有："横队""楔形编队""纵形""梯队"等。首先，选择战斗队形由所应完成战斗任务的特点及战斗行动区内具体态势来确定。战斗队形的发展、其结构的变化与航空器的技术进步紧密相关，尤其与机载综合电子系统的技术进步、遂行战斗行动条件的长期复杂化紧密相关。

战斗队形中，飞机和直升机的操纵对于机组人员来说，自然是一个艰巨的任务（特别是在复杂的气象条件下和夜间）。因为在这类飞行中，长机的机组人员应对编组进行连续控制，向僚机机组人员通报空中态势。首先，僚机机组人员应一直保持在战斗队形中的位置，执行长机的指令，对空中态势进行检测，以避免与其他航空器碰撞等。执行上述职能的过程称为飞机间导航（МСН）[22]。为了完成飞机间导航任务，使用专用机载技术器材，即СМСН。通常，专用机载技术器材（СМСН）以功能和结构子系统的形式的包括在驾驶导航综合系统（ПНК）或者整个机载综合电子系统中。在机载综合电子系统中存在的专用机载技术器材（СМСН）可以促进航空兵使用范围的扩展，提高飞行安全。

8.7.2 战斗队形操纵系统的组成和任务

专用机载技术器材（СМСН）是一个集航空器位置的测量器（通常是无线电技术测量器）、飞行参数测量器（高度、速度、角度位置等参数）、信息处理和控制信号生成专业化机载数字计算机（БЦВМ）、数据和指令显示装置于一体的功能集成体。专用机载技术器材（СМСН）用于保障航空器在战斗队形中的操纵，因此，专用机载技术器材（СМСН）还称为战斗队形操纵系统（СВБП）。

1. 战斗队形操纵系统（СВБП）所要完成的主要任务

（1）编组中航空器相对位置参数和飞行参数的测量；

（2）为航空器机组显示空中态势测量结果的处理和转换，采取易于理解和控制所需的形式；

（3）控制信号和指令的生成；

（4）空中态势和指令的显示。

2. 专用技术器材分类

根据数据处理和飞行控制过程的自动化程度，专用机载技术器材（СМСН）可以分为两类[5]：

（1）位置检测系统，为航空器机组人员保障其在战斗队形中相对位置的数据；

（2）战斗队形飞行保障系统，其中除了位置检测之外，还完成编组内航空器飞行控制任务。

作为单独的战斗队形操纵系统（СВБП）（或专用机载技术器材（СМСН））级别，有时还可称为空中航空器空中飞机防撞系统（СПС）[23]。

空中飞机防撞系统（СПС）的主要任务是：

（1）在周围空域中发现潜在的危险航空器；

（2）确定威胁航空器在距离、方位角和高度方面的相对位置的测定；

（3）计算可能撞击时刻之前的时间；

（4）确定规避撞击的合理机动，以及开始和结束时刻；

（5）为航空器机组人员显示空中态势数据，以及实施规避机动的指令；

（6）向威胁航空器机组人员通报关于拟定行动的信息，进行规避机动的相互协调。

3. 专用机载技术器材的总体结构

正如前文所指，专用机载技术器材（СМСН）所包括的主要技术器材是航空器相对位置测量系统和装置，通常，作为这些系统和装置使用机载雷达站或带有应答器的无线电测距仪。还使用航空器相对位置检测系统，它们的基础是使用伦琴射线和伽玛辐射。其中，采取伦琴射线用于直升机，并以主动定位原理而建构的系统较为典型[22]。其他以使用伽玛辐射而建构的相对位置检测系统是为美国海军直升机所研制[22]。在该系统中，距离测量原理关键在于确定作为距离功能的伽玛辐射强度弱化程度。

制式机载装置起着飞机间导航系统（МСН）中航空器飞行高度、速度矢量和角度参数的飞行参数测量器的作用与气压高度表、大气数据系统（СВС）、惯性导航系统和多普勒速度和偏流角测量仪（ДИСС）相似。专用机载技术器材（СМСН）的数据借助于专用的机载数字计算机（БЦВМ）进行处理，该计算机属于机载综合电子系统的机载计算系统（БВС）。为了对可测参数及其处理结果进行显示，专用机载技术器材（СМСН）包含了多功能显示器（МФИ）、数字距离指示器和航向角显示器。

专用机载技术器材（СМСН）机载装置的总体结构示意图如图 8. 13 所示。

通过使用专用机载技术器材（СМСН），保障了编组中航空器位置的指示或自动控制。在进行指示控制时，控制信号显示在专用显示器或者指引仪的指令指针。在进行航空器自动控制时，在处理器中形成的控制信号直接控制自动飞行控制系统（САУ）。

4. 参数的测量

为了确定编组中航空器的相对位置和相对位移参数，如前所指，在研究机载综合电子系统效率指数时，对于 7. 7. 3 节中航空器战斗队形操纵任务而言，应测量初始参数：航空器之间的目前距离、接近速度、航向角、位置角和飞行高度。上述初始参数的测量结果在专用机载技术器材（СМСН）专用计算机中进行处理，采取相应的算法，由此生成（见 7.7.3 节）二次参数：距离 d，间隔 z，高度差（高度间隔），瞬间脱靶，角度间隔等。二次参数在专用机载技术器材（CMCH）的专用计算机中生成。

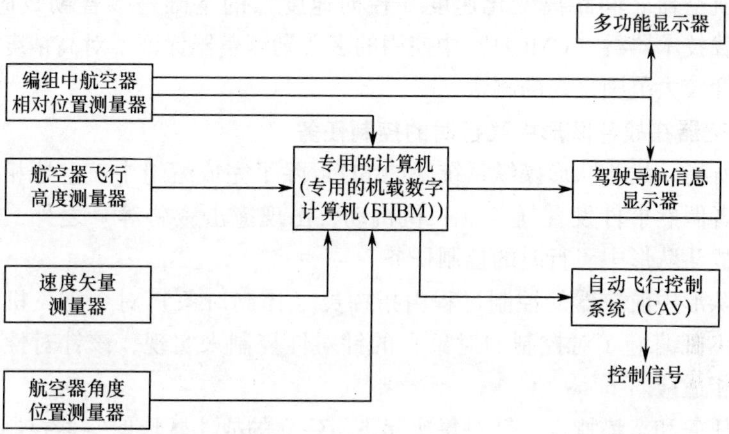

图 8.13　专用机载技术器材机载装置的总体结构示意图

战斗队形中航空器之间的距离 $D(t)$ 以来自于长机应答信号（或再反射信号）的延迟值测定，或者以直接信号相对于其已知发射时刻的延迟值测定为基础。为了根据应答信号延迟值进行距离测量，可以使用机载雷达站，它们对周围空域进行周期性扫描。在这种情况下，位于借助于雷达站可以测量的空间之内的航空器相对位置的信息以光点标志法显示在显示器屏幕上。这种根据应答信号延迟值进行航空器之间距离 $D(t)$ 的测量方法称为“询问—应答”法。以此为基础而建构的专用机载技术器材（CMCH）属于异步技术器材类别。这种专用机载技术器材（CMCH）的示例为“梯队”机载空中飞机防撞系统（СПС）[22,23]，它为飞机机组人员进行撞击威胁报警，以及生成并发出实施规避撞击相互协调机动的指令。

根据已接收直接信号相对于其已知辐射时刻的延迟值进行航空器之间距离测量的方法还称为频率时间方法。该方法要求编组所有航空器进行时间度盘同步，这些时间度盘则由机载高稳定频率发生器（石英、原子发生器等）生成。在频率时间方法基础上建立的专用机载技术器材（CMCH）属于同步器材类别。在使用无线电通信线路时，这些系统保证根据无线电信号到达时间对航空器之间的距离进行测量，还可以根据该信号的多普勒频率位移对径向接近（离开）速度进行计算。以频率时间方法为基础的专用机载技术器材（CMCH）示例是 C-5A 型飞机的专用机载技术器材（CMCH）。在该系统中，实施编组中飞机机载装置的依次同步，而作为时间标准，则使用石英发生器[5]。

在无线电技术专用机载技术器材（CMCH）中，为了确定对于其他航空器的方向（航向角、位置角等），使用机载雷达站天线，或者带有狭窄远距制导（ДН）的专用接收天线。

测量航空器之间距离变化速度（径向速度）的基础是多普勒效应的使用。在专用机载技术器材（CMCH）中使用的多普勒测量器保证了对高精度径向速度在相对速度较大范围之内的测量。

5. 航空器在战斗队形中飞行时的控制任务

如前所指，战斗队形操纵系统（СВБП）除了完成编组中航空器相对位置确定任务或者偶然事件发现任务（长机机动，出现撞击威胁等）之外，还要完成航空器在战斗队形中飞行时的控制任务。

战斗队形中航空器的控制过程由指挥员（控制对象）对个别飞机或不同战术用途的飞机编组（对控制的对象）的针对性控制来实现，该针对性控制与态势的变化相适应。

结合任务和态势特点，针对每次起飞所建立的战斗队形航空器控制系统的可靠性由以下主要因素确定[1]：

（1）可制导控制对象的数量；

（2）其功能的多样性；

（3）现有信息通信的数量；

（4）控制对象连续指挥部属的能力等。

属于飞机在战斗队形中操纵时的主要控制任务有[22]：

（1）飞机在大队集结和解散时的行动控制；

（2）飞机在保持战斗队形中位置时的控制；

（3）在大队内飞行时为了排除飞机危险接近的控制。

大队集结时飞机控制任务是将航空器向空间内运动点进行制导的复杂任务之一。此时，任务的实质在于“入队”机动的种类及其开始时刻。在这种情况下，必须保障实施“入队”机动本身（例如，在给定线上的“入队”），以及根据其实施情况履行既定要求（遵守飞行参数限制，保障飞行安全等[22]）。

例如，在航空器进场着陆之前，航空器大队的解散关键在于航空器大队分散成临时间隔，该临时间隔保障航空器下降和着陆时的安全。此时，通过改变飞行方向的途径来实施航空器的机动。

航空器在保持大队中位置时的控制，即在战斗队形飞行时的控制，分为距离控制、间隔控制和高度差（高度间隔）控制。为此，必须计算相应的二次参数，其中主要参数是距离 $d\ (t)$、间隔 $z\ (t)$ 和高度差（高度间隔）$\Delta H\ (t)$（参见 7.7.3 节和 7.10 节）。

6. 长机和僚机在同一高度水平飞行时二次参数的测定

下文中，为了简洁起见，在长机和僚机在同一高度进行水平飞行时，对二次参数的测定进行研究。

长机和僚机位置的特点是在同一坐标系中具有现时坐标，以及具有空中和航线速度矢量：对于长机为 $\overline{\boldsymbol{V}}_1$ 和 $\overline{\boldsymbol{V}}_{\text{п1}}$，对于僚机为 $\overline{\boldsymbol{V}}_2$ 和 $\overline{\boldsymbol{V}}_{\text{п2}}$。

僚机相对于长机的位置可以采取不同方法进行确定，比如，在使用雷达站的基础上进行确定。在水平面上，长机（O_1 点）和僚机（O_2 点）的相对位置示意图如图 8.14 所示，其中：$D(t)$ 为长机到僚机的现时距离；Ψ_1 和 Ψ_2 为航空器航向；$\varphi(t)$ 为长机航向角；$\overline{\boldsymbol{W}}$ 为风速矢量；α_1 和 α_2 为偏流角；d 为距离；z 为间隔；ε 为角度间隔。

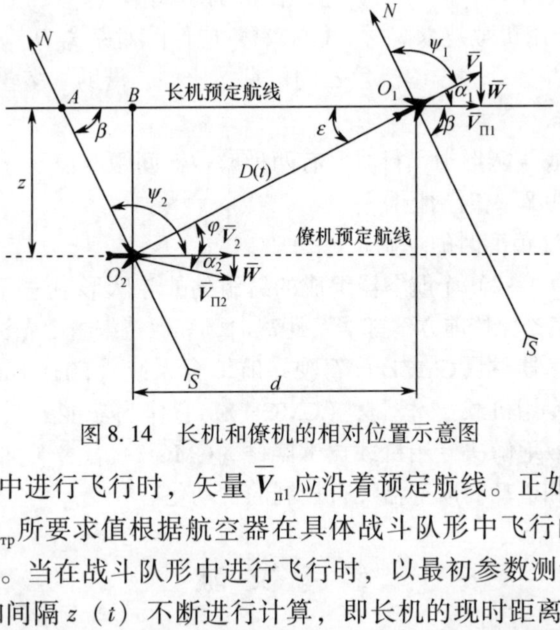

图 8.14　长机和僚机的相对位置示意图

在战斗队形中进行飞行时，矢量 $\overline{\boldsymbol{V}}_{\text{п1}}$ 应沿着预定航线。正如 4.7.3 节所指，距离 $d_{\text{тр}}$ 和间隔 $z_{\text{тр}}$ 所要求值根据航空器在具体战斗队形中飞行的战斗要求和安全保障条件确定。当在战斗队形中进行飞行时，以最初参数测量为基础，对实际距离 $d(t)$ 和间隔 $z(t)$ 不断进行计算，即长机的现时距离 $D(t)$，航向角 $\varphi(t)$。在飞机间导航（MCH）工作的过程中，至长机的距离 $D(t)$ 和航向角 $\varphi(t)$ 通常借助于机载雷达站进行测量。从 ΔO_1O_2B 中可见，僚机保持编组中位置所必需的距离 $D(t)$ 和航向角 $\varphi(t)$ 根据以下关系式计算：

$$d(t) = D(t)\cos\varepsilon$$
$$z(t) = D(t)\sin\varepsilon \tag{8.35}$$

式（8.35）所包括的角度间隔值可以通过对三角形 AO_1O_2 的研究进行计算：

$$\varepsilon = \pi - (\psi_2 - \varphi) - \beta$$

式中：$\beta = \pi - (\psi_1 + \alpha_1)$。

那么，可得

$$\varepsilon = \psi_1 - \psi_2 + \varphi + \alpha_1 \tag{8.36}$$

根据式（8.36），长机航向角值 φ 借助于雷达站进行测量，而偏流角则使用多普勒速度和偏流角测量仪（ДИСС）进行测量。一般在实际上采取 $\alpha_1 = \alpha_2 = \alpha$。由（8.36）可知，在一般情况下（当长机沿着方向进行机动时），ε 值只有在向僚机发送长机现时航向值 ψ_1 之后才可以计算。对于专用机载技术器材（СМСН）需要一个专用的数据传输通道，这也使其极大地复杂化了。

如果针对航空器根据直线航线进行飞行这一情况的话，可实施的关系式，以及作为其结果，专用机载技术器材（СМСН）实质上被简化了。此时，在既定状态 $\psi_2 = \psi_1$ 时，式（8.36）采取以下形式：

$$\varepsilon = \varphi + \alpha \tag{8.37}$$

从式（8.37）中可知，为了确定到长机的距离 $D(t)$ 和航向角 $\varphi(t)$，根据式（8.35），专用机载技术器材（СМСН）应保障对距离 $D(t)$ 和长机航向角 $\varphi(t)$ 的测量，并具有关于偏流角 α 的信息，比如，借助于多普勒速度和偏流角测量仪（ДИСС）。

需指出，在战斗队形中飞行时，有两种航空器间距离控制方案：

（1）保持时间距离时的控制；

（2）保持线性距离时的控制。

在由 n（其中 $n>2$）个航空器组成的编组的战斗队形中进行飞行时，可分为两种控制算法方案：保持前方“邻居”距离时，和保持编组中先头航空器距离时。

专用机载技术器材（СМСН）驾驶导航综合系统（ПНК）和整个机载综合电子系统包括了专用机载技术器材（СМСН），它作为功能上联系的子系统，保障了更完整、有效地解决专用机载技术器材（СМСН）任务，尤其是可以实现在编组中保持位置和机动时航空器飞行控制的自动化。

参 考 文 献

1. Авиация ВВС России и научно-технический прогресс. Боевые комплексы и системы вчера，сегодня，завтра. /под ред. *Е. Н. Федосова*. М.：Дрофа. 2005.
2. *Ярлыков М. С.* Статистическая теория радионавигации，М.：Радио и связь. 1985.
3. *Бабич О. А.* Обработка информации в навигационных комплексах. М：Машиностроение. 1991.
4. *Соловьев Ю. А.* Спутниковая навигация и ее приложения. М.：Эко-Трендз. 2003.
5. *Ярлыков М. С.*，Богачев А. С. Авиационные радиоэлектронные комплексы. М.：ВАТУ. 2000.
6. *Молоканов Г. Ф.* Объективный контроль точности самолетовождения. М.：Воениздат. 1980.
7. Сетевые спутниковые радионавигационные системы. Изд-е 2-е / под ред. *В. С. Шебшаевича*. М.：Радио и связь. 1993.
8. *Болдин В. А.*，*Зубинский В. С*，*Зурабов Ю. Г.* и др. Глобальная спутниковая радионавигационная система ГЛОНАСС. М.：ИПРЖР. 1998.

9. *Матвеев В. А.*, *Лунин Б. С*, *Басараб М. А.* Навигационные системы на волновых твердотельных гироскопах. М.: Физматлит. 2008.

10. *Белоглазое И. Н.*, *Джанджгава Г. И.*, *Чигин Г. П.* Основы навигации по геофизическим полям. М.: Наука. 1985.

11. *Шкирятов В. В.* Радионавигационные системы и устройства. М.: Радио и связь. 1984.

12. *Ярлыков М. С.*, *Кудинов А. Т.*, *Пригонюк Н. Д.* Оптимизация помехоустойчивых алгоритмов комплексной обработки информации в навигационно-посадочном комплексе на основе среднеорбитальных спутниковых радионавигационных систем // Радиотехника. 2000. № 1.

13. *Ярлыков М. С.*, *Пригонюк Н. Д.* Заход на посадку и посадка самолетов по сигналам спутниковых радионавигационных систем // Радиотехника. 2001. № 1.

14. *Ярлыков М. С.*, *Ярлыкова С. М.* Синтез алгоритмов приема и обработки сигналов спутниковых систем мобильной связи с кодовым разделением каналовпри их совместном использовании со спутниковыми радионавигационными системами // Радиотехника и электроника. 2006. Т. 51. № 8.

15. *Ярлыков М. С*, *Скогорев К. К.* Оптимальная комплексная нелинейная обработка векторных дискретно-непрерывных марковских случайных процессов на основе алгоритмов с переприсвоением // Радиотехника и электроника. 2008. Т. 53. № 9.

16. *Коротоношко Ю. М.*, *Перунов А. Н.* Имитационные радиотехнические помехи системам спутниковой навигации // Новости навигации. 2007. № 4.

17. *Betz J. W.* Binary Offset Carrier Modulations for Radionavigation // Navigation. Journal of ION. 2001. V. 48. № 4.

18. *Ярлыков М. С.* Меандровые шумоподобные сигналы (ВОС-сигналы) в новых спутниковых радионавигационных системах // Радиотехника. 2007. № 8.

19. *Ярлыков М. С.* Корреляционные функции одиночных символов меандровых сигналов в спутниковых радионавигационных системах нового поколения // Радиотехника и электроника. 2009. Т. 54. № 8.

20. *Ярлыков М. С.* Статистические характеристики навигационных косинусных меандровых шумоподобных сигналов (cosВОС-сигналов) // Радиотехника и электроника. 2010. Т. 55. № 9.

21. *Мининский А. Ю.* Ориентация, гироскопы и инерциальная навигация. М.: Наука. 1976.

22. *Тарасов В. Г.* Межсамолетная навигация. М.: Машиностроение. 1980.

23. *Бычков С. И.*, *Пахолков Г. А.*, *Яковлев В. Н.* Радиотехнические системы предупреждения столкновений самолетов. М.: Сов. радио. 1977.

第9章 打击空中目标时机载综合电子系统的构建原理

9.1 打击空中目标时机载综合电子系统的使用特点

拦截和消灭空中目标（飞机、直升机、巡航导弹、其他类型的飞行器）属于歼击机和多功能飞机要完成的最重要的任务。

9.1.1 对空中优势战斗机的要求

歼击机在21世纪初获得了空中优势（如第5代飞机F-22或F-35、苏-35飞机、第4+代米格-29CMT飞机），它应满足以下要求[1-8]：

（1）具有突防敌方防空系统的能力；

（2）与敌方飞机具有超视距作战的能力。对任何空中对手给予超前打击，包括对隐形飞行器给予超前打击；

（3）具有进行近距离空中战斗的足够能力。

如1.6节中指出的那样，对第5代飞机的主要要求包括：

（1）在发动机非加力工况下的超声速巡航速度（可以进行“超巡航飞行”）；

（2）雷达和热隐身性；

（3）亚音速和超声速下的较高机动性；

（4）空中战斗时的高效率，包括在对敌方缺乏目视可见度的情况下；

（5）同时毁伤多个目标的能力；

（6）可以使用高精度武器对地面目标进行高效打击；

（7）可以在短距起飞着陆跑道上使用（起飞着陆跑道的长度不大于915m[8]）。

“空中优势”概念指的是获得一个空域（在一定区域和一定时间内），在此空域时，保障己方的陆军、海军和航空兵成功地完成所面临的任务，并且不从空中对敌方进行针对性和重大的对抗[6]。

9.1.2 多用途化

现代和前瞻性歼击机的特点是它们在很大程度上正在成为多功能飞机，不仅仅用于与空中对手进行作战，而且用于对地面和水上目标进行远距离、高精度和强大的打击。

这样，第4+代苏-35多目标歼击机兼有高机动性和空中目标拦截能力，可以用制导和非制导机载打击兵器（包括高精度武器）对地面和水上目标进行攻击[5]。

苏-35多目标歼击机用于在简单和复杂气象条件下于日间和夜间消灭现有和未来的空中目标、无人驾驶飞行器、巡航导弹、地面背景机动目标，对任何空中对手（包括对隐身对手）给予超前打击，以各种制导武器（包括高精度武器）对地面（水上）目标进行毁伤，并且不进入敌方防空地带[5]。

现代歼击机和多功能飞机配备了飞行器导航、制导和武器控制机载综合电子系统，其基础是瞄准系统（ПрК）（参见1.5节），它们有时也称为武器控制系统（СУВ）。在完成消灭空中目标的任务时，机载综合电子系统保障发射“空—空”导弹，它带有半主动雷达、主动雷达和红外自动导引头（雷达自动导引头（РГС）和红外自动导引头（ТГС）），并保障身管射击兵器（СПВ）和非制导机载打击兵器（АСП）的使用。还有望使用带有综合制导系统的导弹。带有AIM-120（AMRAAM）型主动雷达自动导引头（РГС）的一种导弹改型可能方案是为其配备红外自动导引头（ГСН），作为主动雷达自动导引头的补充。

9.1.3 使用导弹时的空中目标拦截过程

在使用导弹时，空中目标的拦截过程可以划分为以下基本阶段：目标分配、远程导引、近距（机上）制导（自动制导）、攻击（导弹制导和使用身管射击兵器）、退出攻击、返回机场和着陆[1,9,10]。

1. 目标分配阶段

目标分配阶段在已发现空中目标数据的基础上进行，这些数据从地面自动控制系统（НАСУ）的雷达站传到指挥所，或者由AWACS型雷达巡逻和制导机载综合系统（АК РЛДН）或其他型号的制导站（ПН）获得。在指挥制导站上，做出拦截实施决定，并发出飞机起飞指令，之后，开始远程制导阶段。此外，远程制导阶段可以根据既定计划独立完成。当瞄准系统（ПрК）、武器控制系统（СУВ）、机载雷达站（在未来性歼击机为多功能的——即多功能雷达站）或其他制导系统（如热定位仪）转入空中目标自动跟踪和空中目标相对于飞机坐标的测量工况时，远程制导阶段结束。当歼击机根据制导站（ПН）的指令进行制导时，分为仪器（自动）远程制导和“话音”远程制导。根据既定计划，上述独立远程制导使用驾驶导航综合系统（ПНК）。

2. 远程导引

在远程导引阶段，机载综合电子系统要完成的主要任务有：生成向飞行员和机载系统的控制和目标指示指令，生成垂直和水平面上飞机控制信号和瞄准系统（ПрК）、机载雷达站（БРЛС）、红外测向仪（ТП）等工况的信号（包括机载雷达站（БРЛС）扫描带控制）。根据飞机运动给定参数和现时参数信息的比较结果，进行飞机控制信号的生成。

在显示、控制和检测系统（СИУК）显示器屏幕上显示的目标指示指令（ЦУ）用于保障空中态势的信息，包括：

（1）目标类型（编组目标、单个目标、低速目标）；

（2）目标的空间位置及其相对于歼击机的运动特点（前半球、后半球——ЗПС，到目标的距离为100km、60km 等）。

控制指令包括以下信息：关于歼击机飞行航向、高度和速度的要求值的信息；关于实施一定机动必要性的信息（“急跃升”型机动，向右转弯、向左转弯等），接通某个系统或一种工况（比如，接通“加力”（Форсаж）、接通机载雷达站（БРЛС）等）。

机载系统的目标指示指令确定了机载无线电电子综合系统、红外测向仪（ТП）和其他制导系统搜索带的大小和空间位置。

远程导引的设备包括：地面自动控制系统（НАСУ）的雷达站、AWACS 型雷达巡逻和制导机载综合系统（АК РЛДН），它们确定目标和歼击机的坐标；相应制导站（ПН）所包括的信息处理系统，且该系统生成（与操作员一同）歼击机制导和控制指令；无线电控制线路（КРУ）传输（地面）和接收（机上）部分，它们保障在歼击机上进行指令的传输和接收；机载综合电子系统机载计算系统（БВС），它将所获得的指令转换为适于在驾驶导航综合系统（ПНК）或飞行员使用的格式；驾驶导航综合系统（ПНК），它自动或与飞行员一同进行飞机的控制。

远程导引阶段的结果是将歼击机引入目标区，用机载制导器和搜索瞄准系统（ОПС）中的设备发现目标，并进行识别。

在发现和识别目标之后，开始近距（机载）制导阶段。“近距制导”和“远程导引”这些术语是有条件的，不说明与目标的实际距离，因为现代机载雷达站和红外测向仪（ТП）可以在很大距离上发现目标。从另一个方面来说，在一定的条件下，远程导引可以在离目标很近的地方结束。

3. 近距制导

近距制导及远程导引的设备包括机载制导系统，它们也属于搜索瞄准系统（ОПС）、机载计算系统（БВС）和驾驶导航综合系统（ПНК）。

在近距制导阶段，机载综合电子系统要完成以下任务：

（1）实施所选择制导方法（规律）的算法；

（2）实施制导系统、驾驶导航综合系统（ПНК）和显示、控制和检测系统（СИУК）工况的控制；

（3）在制导过程中，根据航向和俯仰角对飞机航线进行校正；

（4）生成航空打击兵器（АСП）目标指示指令，计算其允许使用带；

（5）进行导弹发射准备情况的检查。

这样一来，近距制导阶段的重要任务是消除远程导引的误差（实际上是完成精确制导的任务）。

制导指的是在进行导弹射击和发射时对飞行器（或移动武器）的控制过程，在该过程中，保证所选毁伤武器命中目标以及飞行器本身的飞行安全[11]。解决制导任务的效率主要由歼击机机载综合电子系统的战术技术特性和功能确定。

在近距制导阶段（自制导），机载雷达站（БРЛС）是第4代飞机机载综合电子系统空中目标的主要信息源。由于机载雷达站（БРЛС）工况控制，可以保证[9]：

（1）目标照射信号（СПЦ）的选择及其辐射，这可最好地完成目标选择任务，并形成对坐标的评估，这些坐标对于实施可用的制导方法是必需的；

（2）一个或多个目标跟踪工况的选择，并保证相应的方向、距离和速度自动跟踪算法的工作；

（3）生成导弹的目标指示指令。

取决于所选择的目标照射信号（СПЦ），机载雷达站（БРЛС）可以在脉冲低重复频率（НЧП）工况、高重复频率（ВЧП）、中重复频率（СЧП）工况、带有半主动雷达自动导引头（РГС）导弹制导所用的连续或断续辐射工况进行工作，且该辐射用于带有半主动雷达自动导引头（РГС）导弹制导，并用于使用独立制导系统时导弹飞行轨迹的校正[9,12,13]。

根据战斗态势和所使用的导弹种类，机载雷达站（БРЛС）可以在一个目标跟踪工况下工作，该状态也称为连续定位工况，也可以在若干目标同时跟踪工况下工作（在卫星导航接收器（СНП）工况下）。在天线的远程制导连续定向状态下，机载雷达站（БРЛС）一直对准一个目标，这可以对其相对运动坐标进行连续测量和评估，并为导弹生成该目标的目标指示。在卫星导航接收器（СНП）工况下，保持机载雷达站（БРЛС）天线的远程制导空间扫描，此时，轮流对扫描带中的所有目标进行照射。在该工况下，若干个目标的坐标不断在其轨迹外推法的基础上进行评估，此时，在反射信号从相应目标返回时，通过测量进行外推法结果的校正。据此，不仅仅可以控制飞机的飞行，还可以同时向数枚导弹生成数个目标的目标指示指令。

如果导弹具有主动雷达自动导引头（РГС），则歼击机可以与数个目标进行空中战斗，并且实际上同时进行数枚导弹的发射。在机载综合电子系统机载计算系统（БВС）中生成的导弹目标指示指令是对已完全确定目标导弹所有系统进行调试和使用准备所必需的。允许使用带（允许发射空域）的信号，也在机载计算系统（БВС）中生成，显示在显示、控制和检测系统（СИУК）显示器上，对于每个已准备发射的导弹来说，它们呈最大 $D_{\text{pmax}i}$ 和最小 $D_{\text{pmin}i}$ 允许发射距离的标记状。在完成 $D_{\text{pmin}i} \leqslant D_i \leqslant D_{\text{pmax}i}$ 条件时，其中 D_i 为到 i-目标的现实距离，可以对此目标进行导弹发射。

4. 攻击

在使用机载打击兵器（АСП）阶段，机载综合电子系统保证对目标照射信号（СПЦ）、机载雷达站（БРЛС）的辐射进行控制，用于带有半主动雷达自动导引头（РГС）的导弹，以及在生成独立导弹制导系统飞行控制信号时，用于无线电校正信号。

5. 退出攻击

为了退出攻击，在机载综合电子系统的机载计算系统（БВС）中，进行最小退出安全距离的计算，它与该导弹使用条件相对应，并且，机载计算系统（БВС）与驾驶导航综合系统（ПНК）一同实施退出攻击时的轨迹控制算法。如果飞机装备了带有主动雷达自动导引头（РГС）的导弹（这允许实现“发射后不用管”原理），那么飞机可以在发射导弹之后马上退出攻击。当带有半主动雷达自动导引头（РГС）的导弹进行发射时，为了对其进行制导，必须进行目标照射，飞机载体的机动受到机载雷达站（БРЛС）扫描扇区的限制，因此，只有在导弹战斗部爆破之后，才可以退出攻击。

通过从制导台（ПН），沿着无线电控制通道（КРУ）、控制无线电指令线路传输制导指令、目标指示、坐标支持、一次性和其他指令的方式，在水平和垂直面上进行歼击机对目标的远程导引[1,9,12]。

9.1.4 几个问题的讨论

1. 坐标系

正常地球坐标系 $O_0X_gY_gZ_g$ 的原点 $O_0(O_{\text{пн}})$ 直接与制导台（ПН）或者某个约定（支撑）点重合（图 9.1）。这是一个笛卡儿坐标系，其 O_0Y_g 轴在局部垂直线上朝上。O_0X_g 和 O_0Z_g 轴通过沿着通过 O_0 点的切线定位（分别朝向北的地理子午线和向东的地理纬线）。

在正常地球坐标系 $O_0X_gY_gZ_g$ 的制导台（ПН）中，确定以下参数：目标坐标 $x_ц$，$y_ц = H_ц$，$z_ц$；空中速度矢量 $\overline{\boldsymbol{V}}_ц$；航向 $\psi_ц$ 和目标位置角 $\theta_ц$；歼击机坐标，$x_и$，$y_и = H_и$，$z_и$；空中速度矢量 $\overline{\boldsymbol{V}}_и$，航向 $\psi_и$ 和歼击机位置角 $\theta_и$；歼击机—目标距离 D 和歼击机与目标的速度矢量模数 $|\dot{\boldsymbol{D}}|$。$\varepsilon_г$ 和 $\varepsilon_в$ 分别说明了水平和垂直平面上“歼击机—目标”观测线的空间定位。

2. 指令控制

从无线电控制线路（КРУ）机载装置送至机载综合电子系统的信息，包括：目标指示指令 D、$V_{сб}$、$\varepsilon_в$；歼击机制导指令 $\psi_{зад}$，$V_{зад}$，$H_{зад}$；坐标支持指令——

目标坐标 $x_ц$，$y_ц$，$z_ц$ 和目标分量速度 $V_{цx}$，$V_{цz}$；飞机坐标 $x_и$，$z_и$ 或相对于某个初始点的纬度和经度地理坐标增量 $\Delta\varphi_г$，$\Delta\lambda$；一次性控制指令。

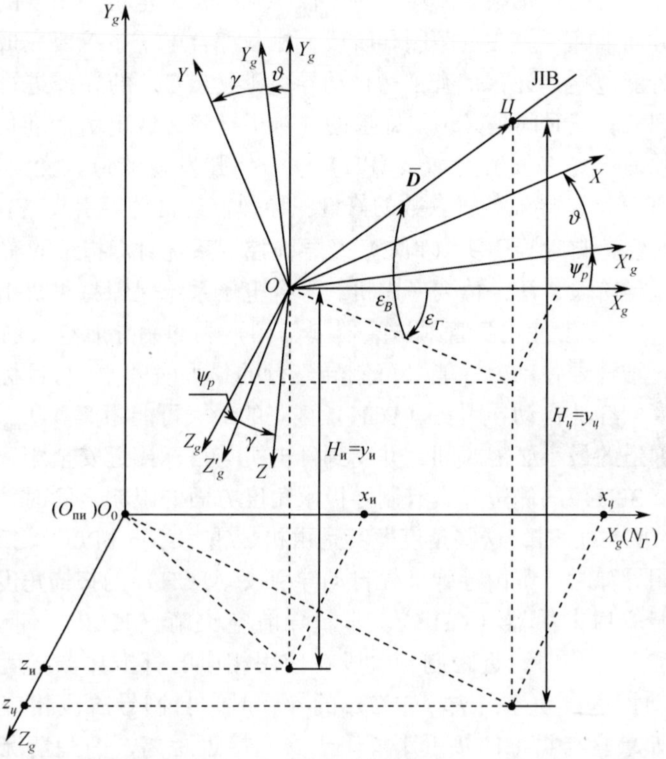

图 9.1 正常地球坐标系的原点 O_0 与制导台约定点重合的笛卡儿坐标系

在用声音命令的导引中，从指挥制导站（ПН）处进行制导时，正如之前指出的那样，领航员使用无线电通信工具向歼击机发出以下指令：给定航向、高度、距离值，角度的目标指示一次性指令（目标在左、在右、照直）。根据这些指令，飞行员手动控制歼击机，将其导入目标发现区。

除了飞机控制之外，在远程导引阶段，根据角度坐标和距离，完成机载雷达站（БРЛС）（或者其他制导系统）扫描带的控制任务。为了对飞行员进行目标位置的定位，距离、半球面、转弯等一次性指令通过无线电控制线路（КРУ）发送给歼击机。

3. 攻击制导

在近距制导阶段，根据搜索瞄准系统（ОПС）的数据，进行飞机控制信号的生成。在近距制导阶段，机载综合电子系统要解决的第一个任务就是歼击机轨迹的校正，以便将其引入导弹发射点，或者以距目标的给定距离使用火炮和非制导航空火箭（НАР）进行射击。此时，前置角（观测线和飞机空中速度矢量之间的角度）应该保证此时毁伤目标。在使用相对于飞机不动的非制导打击兵器时，仅完成上述任务。在这种情况下，歼击机对目标的制导精度应足够高。

在使用导弹时的近距制导阶段，对于保持歼击机给定轨迹精度的要求由于完成第二个任务而下降了。在近距制导阶段，机载综合电子系统要完成的第二个任务，比如，可能包括：计算带有雷达自动导引头（PГC）的导弹进行发射时目标照射需求时间 t_n，该时间是必须要知道的，对于导弹无线电引信准备工作的计划任务也是必须的；允许发射空域（ЗРП）——导弹发射的最大允许距离 D_{pmax} 和最小允许距离 D_{pmin}；导弹装置参数的修订；导弹雷达自动导引头（PГC）工作能力的检查和对雷达自动导引头（PГC）及导弹控制系统目标指示的实施[9,12]。

在近距制导阶段，D_{pmax} 值要考虑机载综合电子系统保障将飞机引入到允许发射空域（ЗРП），或者使用身管射击兵器（CПB）和非制导航空火箭（HAP）距离内。此时，结合导弹动力性能（可制导飞行的最大时间）、与目标会合时所需导弹飞行速度\红外自动导引头（ГCH）截获的最大可能距离。D_{pmax} 值取决于导弹进入可靠弹道的最小必需时间，并受到歼击机与目标接近安全距离的限制。允许发射空域（ЗРП）的侧边界具有制导极限角度方面的限制，同时，在使用非制导航空火箭（HAP）时，这些角度尤其是由机载雷达站（БPЛC）扫描的角度确定，而在使用导弹时，则由导弹红外自动导引头（ГCH）的扫描角度确定。

在使用身管射击兵器（CПB）、非制导航空火箭（HAP）、带有红外自动导引头（TГC）导弹时，近距制导阶段在使用相应的打击兵器之后结束。在发射带有半主动雷达自动导引头（PГC）的导弹时，自制导阶段相应在目标照射之后结束。如果它与目标的接近距离等于安全接近距离，一些情况下，在目标毁伤之前，歼击机可以退出攻击。为了保障飞机的安全，在它退出攻击时，以爬高在垂直平面上合理进行转弯，而应沿着航向向与观测线旋转方向相反的一侧飞行。

4. 拦截线确定

空中目标拦截线（消灭线）的距离取决于一系列因素：目标的飞行参数（速度、高度、航向）；歼击机起飞机场的距离；地面自动控制系统（HACУ）雷达站或雷达巡逻和制导航空综合系统（AK PЛДH）综合体的目标发现距离；飞行获得任务和准备起飞所耗费的时间（被动时间）；歼击机的飞机模式和工况；机载综合电子系统搜索瞄准系统（OПC）所在的机载制导系统发现目标的距离；歼击机对目标制导的进入角；歼击机上的燃油储备。

属于上述最重要的因素是制导系统对空中目标的发现距离 $D_{обн}$ 和截获距离 $D_{захв}$。

通常，目标进入角由前置三角形确定，为 $\sin q$ 值，其中 q 为目标航向角（图 9.2）。

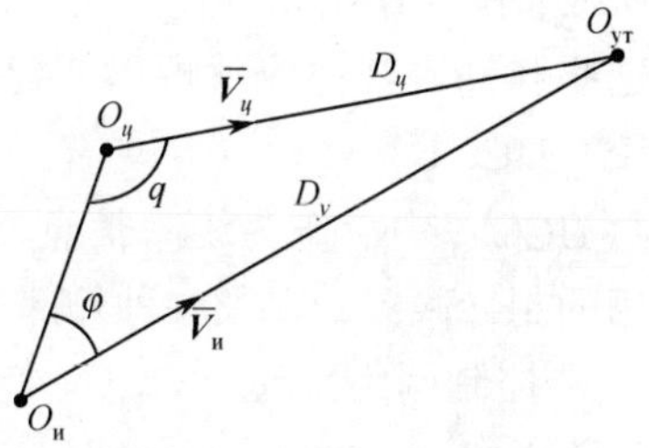

图 9.2　前置三角形

从 $\Delta O_и O_ц O_{ут}$ 可见，前置角 φ 与目标进入角通过以下关系联系在一起[11]：

$$\sin\varphi = \frac{D_ц}{D_у}\sin q = \frac{V_ц t_н}{V_и t_н}\sin q = \frac{V_ц}{V_и}\sin q$$

式中：$t_н$ 为歼击机在提前点 $O_{ут}$ 上与目标会合之前的制导时间。

目标进入角的特征值见表 9.1。

表 9.1　目标进入角的特征值

q°	0°，180°	14.5°，165.5°	30°，150°	48.5°，131.5°	90°
sin$q$	0/4	1/4	2/4	3/4	4/4

5. 系统方法的进展

在编组行动时，由于通信和控制综合体在飞行器机载综合电子系统的应用，现代歼击机和多功能飞机的战斗能力实质上提高了（参见图 1.3）。通信和控制综合体保证歼击机在联合战斗编队（由若干个编队组成）中和若干个飞机（双机）组成的独立编队中的行动。此时，通过电传密码信息交换通道，可以组织大队间交换、独立编队和双机中的交换。

必须强调，在研制 F-22 和 F-35 型歼击机时，系统方法得到了进一步发展，该方法的基础是对飞机战斗使用所取决的所有因素的综合研究。实质上，对于飞机作为复杂战斗航空系统要素的多方面研究、飞机在一定信息系统范围内履行其战斗任务时的功能，以及对确定飞机战斗准备状态的所有技术使用特点的统计所给予的关注提高了。尤其是，根据系统方法，在根据 JSF 计划建造 F-35 型歼击机时，设计师的主要目的是获得新的战斗航空系统，首先，依靠对战斗行动过程信息的完善，该战斗航空系统保障实现 F-35 型歼击机的所有特定战斗能力。

在现代条件下进行空中战斗，及时获取并使用关于对方的高精度现时数据，以及在作战参与方之间交换数据，正在成为准备和成功进行战斗行动的决定性因素。第 5 代机载综合电子系统中实现的前瞻性信息处理在组织空中战斗中开创了新能力。这样，它们的参与方可以完成以下任务：例如，将无线电（或视频）图像帧发送给另一架飞机（歼击机、多功能飞机），或者具有与实时相近速率的指挥所；根据来自于指挥所或者战斗编组指挥员的指令，改变飞行任务。信息收集、处理和传递领域内的这些和许多其他成就可以构建现代和未来空战的构想，其基础是集中控制网络系统（ЦСС）[7]。

在集中控制网络系统（ЦСС）中，作为统一信息网络节点的不仅仅是战斗飞机，还有这些飞机所使用的制导武器，以及各种外部信息源、信息收集和处理站和决策站。在实际使用集中控制网络系统（ЦСС）时，第5代飞机具有重要作用，因为将具有有源相控阵天线（АФАР）（分别为APG-77和APG-81）的多功能雷达站（МФРЛС）加入如F-22和F-35型歼击机的机载综合电子系统，将这些飞机的无线电子综合系统同时转换为高效信息系统。

9.2 打击空中目标时机载综合电子系统的工作

9.2.1 引言

现代歼击机机载综合系统，正如对其结构和功能特点的分析所表明的那样，具有集成类型机载综合电子系统的许多特征（参见1.5节）。如第9.1节所述，瞄准系统（ПрК）、武器控制系统（СУВ）是导航、制导和武器控制机载综合电子系统的基础，特点是它包括的装置和系统具有很高的集成水平。与驾驶导航综合系统（ПНК），以及其他功能上相互联系的机载装置（БУ）、机载系统（БС）、机载综合系统（БКС）一同，它们构成导航、制导和武器控制机载综合电子系统（参见图1.3）。就其可解决的战斗任务特点、主要技术战术特点结构、研制和工作原理而言，机载综合电子系统具有许多共同之处。其中，无线电定位和计算技术、数码信息处理方法、传感器综合化理论和实践、机载计算系统（БВС）、系统检测自动化领域内的最新成果得到了体现。

在现代歼击机机载综合电子系统中，武器控制系统（СУВ）在使用导弹时完成以下主要任务[1,10,13-15]：

（1）在飞机战斗使用全部高度范围内，空中目标运动坐标和参数的全方位自动发现、识别、跟踪和测定，包括在地面（水面）背景上，白天和黑夜，简单和复杂气象条件下，以及在对机载无线电电子综合系统具有干扰的情况下；

（2）生成飞机控制信号，用于保证将飞机引入机载雷达站（БРЛС）或光电制导系统（ОЭПС）的发现区域，导弹可能发射及其退出攻击的区域；

（3）在进行编队、独立或半独立战斗行动时，生成目标指示、导弹发射准备和发射指令和信号。

飞机位置当前坐标（ТКМС），以及其他飞机本身或编队中协同飞机的其他导航参数（在空中目标攻击、按给定线路飞行、返回着陆区和进行着陆前机动时用于控制歼击机所必需的导航参数）的测定由驾驶导航综合系统（ПНК）进行。编队内协作歼击机之间，以及歼击机和地面（空中）控制和制导站之间的电传密码信息相互自动交换由通信和控制综合系统（КСиУ）保证。制导综合系统、驾驶导航综合系统（ПНК），以及通信和控制综合系统（КСиУ）与机载防御综合系统（电子战（РЭБ）综合系统）相互协同作用，而机载防御综合系统则进行敌方攻击手段类型、导弹发射时刻的发现、定位和测定，进行其发射点的定位，并实现对敌方攻击手段进行无线电电子对抗。在第5代飞机的机载综合电子系统中，电子战综合系统参与确定应优先予以消灭的空中目标。

9.2.2 机载雷达站

根据地面自动控制系统（НАСУ）或者雷达巡逻和制导航空综合系统（АК РЛДН）进行远程引导阶段，无线电控制指令（КРУ）是第4代飞机无线电电子综合系统中非机载信息源。在自制导阶段，机载雷达站（БРЛС）（多功能雷达站（МФРЛС））以及光电制导系统（ОЭПС）是完成空中目标拦截和消灭任务时瞄准系统（ПрК）（武器控制系统（СУВ））的信息基础。比如，现代机载雷达站（БРЛС）（多功能雷达站（МФРЛС））的典型代表是："茹克"雷达站（米格-29M）、"茹克-МЭ"（米格-29СМТ）、AN/APG-70（F-15E）、AN/APG-71（F-14D）等[1,6,8,15-17]。

现代机载雷达站（БРЛС）保证在使用导弹和身管射击兵器时在"空—空"工况下完成消灭空中目标的战斗任务。它们是多工况（在一些情况下，是多功能）脉冲—多普勒雷达站，具有在连续定向状态（РНП）下角度坐标单脉冲确定方法，具有发射工况自动控制（高、中、低脉冲重复频率（ВЧП、СЧП、НЧП））、信号和无电线定位数据接收和处理工况自动控制脉冲通道和目标照射通道时间频率分配[1,13,15-17]。F-22和F-35飞机APG-77和APG-81多功能雷达站（МФРЛС）的特性参见1.6节。

在卫星导航接收器（СНП）工况下，机载雷达站（БРЛС）对数个空中目标的坐标进行粗测。如前所述，在使用机载打击兵器（АСП）之前，由于坐标测量精度相对较低、数据更新时刻（通过机载雷达站（БРЛС）扫描周期）之间的时间间隔较大，现代机载雷达站（БРЛС）通常转换为单目标自动跟踪工况（在连续定向状态（РНП）工况下）。

瞄准系统（ПрК）中的光学电子制导系统用于空中或地面（水上）目标搜索、发现和跟踪及坐标和运动参数的测定，与瞄准系统（ПрК）机载数字计算机（БЦВМ）一同完成制导任务。现代歼击机或多功能飞机（参见1.5、1.6节）光电制导系统（ОЭПС）可能还包括：IRST型热视（ИК）系统、Type-117型激光测距仪和目标指示和显示头盔系统（НСЦИ）[1]。

9.2.3 信息系统

在拦截和消灭空中目标的过程中，由机载计算系统（БВС）完成歼击机、机载打击兵器（АСП）、机载综合系统（БКС）、机载装置（БУ）、机载系统（БС）的控制任务，以及无线电电子综合系统，包括的综合系统、系统和装置的技术状态检测任务。通常，现代歼击机机载计算系统（БВС）属于多机多型计算系统类别。

借助于统一显示系统的显示器（СЕИ），进行扫描—制导和驾驶—导航信息的显示，并且将其在第4代飞机导航无线电电子综合系统中以直观形式提供给飞行员。这样，例如，在平视显示器（ИЛС）屏幕上，信息以字母、数字、代号、目标标记、干扰、识别和截获选通脉冲的形式显示出来。由完成具体参数组显示的相应指令来确定机载综合电子系统每个具体工况上统一显示系统所显示的信息格式的组成。可以根据瞄准系统（ПрК）和驾驶导航综合系统（ПНК）机载数字计算机（БЦВМ）的指令实现统一显示系统显示器（СЕИ）上信息显示工况的控制。

根据多路传输母线和类似传输线路，实现机载综合电子系统和机载打击兵器（АСП）之间的信息交换。例如，在发射导弹时，包括了导弹发射条件数据、保障雷达自动导引头（РГС）和红外自动导引头（ТГС）目标指示、导弹装置调试的信息和指令信号，用于将导弹雷达自动导引头（РГС）调试到相应频率，并用于将其进行发射准备的高频信号，从无线电电子综合系统的机载计算系统（БВС）和机载雷达站（БРЛС）传输到机载打击兵器（АСП）和武器控制系统（СУО）。关于机载打击兵器（АСП）型号、悬挂在哪些悬挂装置上、机载打击兵器（АСП）使用准备、弹药基数数量和剩余的信号，以及其他信息，从武器控制系统（СУО）传输到机载计算系统（БВС）和统一显示系统显示器（СЕИ）。

根据空中目标拦截区具体战斗态势，敌方使用有意干扰的能力，目标高度、速度和航向，飞机上是否具有相应型号的机载打击兵器（АСП）等情况，进行歼击机机载综合电子系统工况的选择。

9.2.4 搜索瞄准系统

由于在综合系统中搜索瞄准系统（ОПС）中存在两个制导通道，在执行消灭空中目标的战斗任务时，现代歼击机机载综合电子系统的效率提高了，这两个制导通道是：分别以机载雷达站（БРЛС）和光电制导系统（ОЭПС）为基础的无线电定位和光学电子通道。这时，在无线电电子综合系统中实现了制导通道的两种工况：机载雷达站（БРЛС）和光电制导系统（ОЭПС）独立使用工况；机载雷达站（БРЛС）和光电制导系统（ОЭПС）协作工况。在歼击机近距和远程制导过程中，在机载综合电子系统中进行制导通道之间的信息交换，同时，一个通道发挥主通道作用，而另外一个通道则发挥从通道作用。主通道的信息用于完成战斗任务，并控制从通道。

在搜索瞄准系统（ОПС）中，实现机载雷达站（БРЛС）和光电制导系统（ОЭПС）联合工作的范例可能是 F-14D 舰载歼击机的机载综合电子系统。该型飞机光电制导系统（ОЭПС）中包括的 IRST 型搜索和跟踪热视系统，实质上是 AN/APG-71 机载雷达站（БРЛС）战斗能力的补充，并保障发现具有较小无线电定位可见度的空中目标[17]。

相互协作飞机的通信和控制综合系统（КСиУ）保证了歼击机编队行动时机载综合电子系统的联合工作。此时，正如以上指出的那样，在现代歼击机机载综合电子系统中，可以实现 3 种协作方式：编队间交换、独立编队中交换，双机工作时交换。

9.2.5 联合工作

在机载综合电子系统机载计算系统（БВС）软件中，在完成消灭空中目标的战斗任务时，可以分出一系列典型功能算法和程序，它们实现综合系统中具体控制逻辑和信息处理。如第 5 章所述，功能软件的模块—等级结构具有前瞻性，根据该结构，一些单独的算法合并成为一些模块。以下所述可以归为现代歼击机机载综合电子系统机载计算系统（БВС）的典型功能算法：机载雷达站（БРЛС）、红外测向仪（ТП）、显示头盔系统（НСЦИ）信息处理，来自驾驶导航综合系统（ПНК）、无线电控制线路（КРУ）和武器控制系统（СУО）的信息处理；使用身管射击兵器（СПВ）和非制导航空火箭（НАР）时，导弹目标指示的生成和制导数据计算；远程和近距制导阶段、攻击和退出攻击时歼击机控制；平视显示器（ИЛС）和多功能显示器（МФИ）显示信息处理；机载综合系统（БКС）、机载系统（БС）和搜索瞄准系统（ОПС）机载装置（БУ）和整个瞄准系统（ПрК）技术状态检测、故障诊断[1]。

9.2.6 信息保障

歼击机和多功能飞机机载综合电子系统完成空中目标拦截和消灭任务的效率在很大程度上取决于信息保障的水平和质量，尤其取决于坐标测量误差，这些坐标说明了相对于飞行器和空中目标活动的相互空间状态和动态，还取决于在机载综合电子系统机载计算系统（БВС）中综合化的目标运动坐标、参数评估算法、控制信号生成最优性和适应性程度，以及一系列其他因素，包括所采用坐标系统的数量和类型、坐标转换误差等。

在远程和近距制导、攻击和退出攻击阶段，现代歼击机机载综合电子系统的信息保障主要包括[1,9,12]：

(1) 沿着无线电控制指令（КРУ）通道从地面自动控制系统（НАСУ）、制导站（ПН）传输到无线电电子综合系统的数据，来自于典型综合通信系统（ТКС）（在编队行动时）、AWACS 型雷达巡逻和制导航空综合系统（АК РЛДН）和 JTIDS 型技术信息联合分配系统（ОСРТИ）的信息；

(2) 由机载雷达站（БРЛС）或光电制导系统（ОЭПС）确定的空中目标坐标和参数的信息；

(3) 来自于驾驶导航综合系统（ПНК）的驾驶导航参数的信息，且这些参数在惯性航向垂直仪（ИКВ）、大气数据系统（СВС）、无线电高度表（РВ）、攻击和滑行角度、角速率、线性过载传感器测量基础上产生；

(4) 来自于电子战（РЭБ）综合系统的数据；

(5) 机载打击兵器（АСП）挂载和状态的信息；

(6) 无线电电子综合系统各要素技术状态的信息。

9.2.7 确定空中目标坐标和运动参数

为了提高完成消灭空中目标任务的效率，在现代歼击机机载综合电子系统的机载计算系统（БВС）中，在确定空中目标坐标和运动参数，生成歼击机控制信号、导弹目标指示、身管射击兵器（СПВ）制导数据时进行综合信息处理，其基础是现代最佳评估和控制方法、识别方法。

在典型的综合信息处理算法中，现代歼击机机载综合电子系统的机载计算系统（БВС）首先应包括歼击机近距制导阶段确定空中目标参数时的信息综合处理（КОИ）算法，以及飞机控制信号生成算法。这些算法在很大程度上确定了机载综合电子系统完成制导任务以及消灭整个空中目标任务的效率。

在确定空中目标运动参数时，现代歼击机机载综合电子系统使用机载雷达站（БРЛС）和驾驶导航综合系统（ПНК）以及光电制导系统（ОЭПС）和驾驶导航综合系统（ПНК）联合信息处理。为了确定性，9.4 节将研究机载雷达站（БРЛС）和驾驶导航综合系统（ПНК）数据信息综合处理的算法。

9.3 使用具有综合制导系统的导弹时机载综合电子系统的工作

9.3.1 引言

在拦截和消灭空中目标时，歼击机和多功能飞机的导航、制导和武器控制机载综合电子系统战斗使用效率，在其装备具有综合制导系统（KCH）的“空—空”导弹时，实质上是提高了。

为了全天候和全方位毁伤广泛的空中目标（如机动和非机动空中目标、具有较大和较小有效反射面积（ЭПО）的高空和低空飞行空中目标等），在远距和中距“空—空”导弹中使用综合制导系统（KCH）。这些系统用于美国的“菲尼克斯”AIM-54、AIM-120 导弹和俄罗斯 P-27P、PBB-AE 导弹[15,18]。“空—空”导弹综合制导系统（KCH）可以实现远距发射，且该距离实质上超过了导弹红外自动导引头（ГCH）目标截获距离，并且可以实现对机动目标的高精度制导和较高的抗干扰能力。虽然，在“空—空”导弹现代综合制导系统（KCH）中独立和非独立系统的可能组合具有较大的多样性，但是飞行初始段中无线电指令和独立制导与制导末端无线电定位自制导的组合得到了最大推广（AIM-54、AIM-120、P-27P 等）[2,18]。此时，自制导可以包括制导初段半主动制导和制导末端主动制导，被动自制导通常在导弹遭到近距无线电干扰源干扰时使用。

具有综合制导系统（KCH）的导弹与机载综合电子系统各组成部分的信息联系如图 9.3 所示。

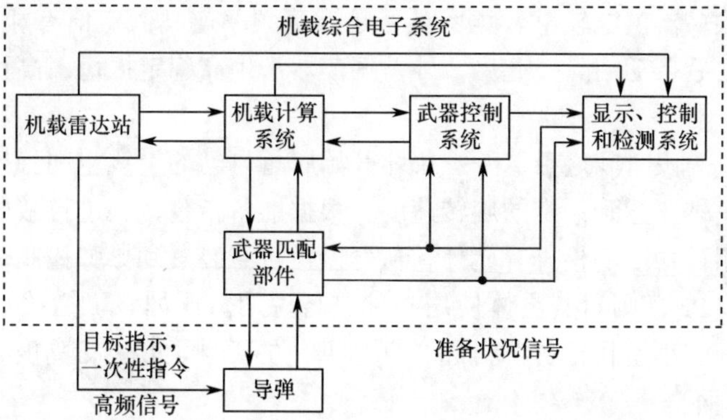

图 9.3　具有综合制导系统的导弹与机载综合电子系统各组成部分的信息联系

9.3.2　准备阶段

参与导弹发射准备和导弹发射后制导过程的有：

（1）机载雷达站，根据该站测量，生成准备指令和目标批示；

（2）武器控制系统（CYO），它取决于导弹类型，确定它们的准备以及使用前测试；

（3）机载计算系统（БВС），它计算导弹可能允许发射区域、目标和导弹发射后预测位置，以及远距目标拦截时导弹坐标值。

根据显示、控制和检测系统（CИУК）的信息，进行毁伤目标的选择、导弹使用准备行程的检测。在武器匹配部件（БСО）和机载计算系统中形成的指令根据导弹型号进行定标，并根据其中挂载导弹的悬挂装置进行分配。通过武器匹配部件，实施与机载综合电子系统的反馈。

在一般情况下，“空—空”导弹综合制导系统（КСН）可以在4种工况下工作：目标指示工况、独立工况、无线电指令工况和自制导工况。此时，不论其工况如何，所采用的制导方法应保障对目标进行全方位拦截，而信息计算系统的工作算法不应对于工况转换具有敏感性。

目标指示工况出现在飞机载体起飞到武器使用区域内飞机载体和导弹无线电电子综合系统联合工作过程中。借助于武器匹配部件和通信线路，实施联合工作。沿着这些通道，准备指令、目标指示指令，以及导弹提前发射预警指令从歼击机装置发送给导弹。关于导弹型号及其悬挂装置位置的信息，以及说明导弹使用准备状况的信号，从导弹传输到飞机载体装置。

在歼击机起飞之后，准备指令立即开始形成[11]。根据这些指令，供电电压传送给导弹装置，首先，传送给接收器的外差振荡器和陀螺仪，以及用于调试雷达自动导引头（РГС）的高频信号。由于必须清除其工作初期产生的频率漂移，所以向外差振荡器供电较早。频率漂移是振荡频率与其额定值有相当大的偏差，在一段时间之后自动消除，此后，外差振荡器产生高稳定振荡，高稳定振荡则加到接收器混频器。

只有经过一段时间之后，陀螺仪才开始履行自己的天线空间稳定功能，这一段时间用于陀螺仪达到一定的旋转速度。根据准备指令，还进行接收装置的调试和导弹主要组件功能的检查。此外，从歼击机机载装置到导弹控制系统（СУР），一次性指令（РК）则对其具体使用条件进行说明。比如，可拦截目标（大型目标、中型目标、小型目标、群目标、直升机）的类型、其飞行高度、拦截方位图（前或后半球面）。

只有在歼击机机载雷达站（БРЛС）自动跟踪目标之后，目标指示指令才开始传给导弹。在具有断续目标照射信号（СПЦ）的半主动雷达自动导引头（РГС）中，根据角度$\varphi_{цуг,в}$、接近速度$V_{цу}$、正常速度分量$V_{цуг,в}$和距离$D_{цу}$，进行目标指示。根据角度值$\varphi_{цуг,в}$，当发射距离较小时，导弹天线在朝向目标的方向旋转，或者，如果发射距离较大时，导弹天线朝向某个超前点的方向旋转。

根据速度目标指示指令，在自动选择器中，确定了可制导外差振荡器的频率$f_{уг}$，该频率保障雷达自动导引头（РГС）接收器中间频率进入窄带滤波器的通频带$\Delta f_п$，并保障按照频率选择目标，或者给定初始频率值$F_о$，针对该频率进行反射信号的搜索。第一种情况只有在发射距离$D_п$不超过雷达自动导引头（РГС）目标截获距离$D_з$时才发生，而第二种情况仅出现在完成$D_п > D_з$条件时。

此外，速度目标指示、控制平面中垂直分量目标指示 $\varphi_{цуг,в}$，以及 $D_{цу}$ 距离目标指示，在雷达自动导引头（РГС）用作发射距离较大时预测目标位置的初始条件。

雷达自动导引头（РГС）装置调试和目标指令模拟过程，根据导弹发出的专门信号，在显示系统中进行检测[11]。在这些准备阶段结束之后，在导弹的信息计算系统中生成一个导弹使用准备状况的指令，该指令也以代号形式显示在显示器上。

9.3.3 允许发射区域

在关于导弹准备状况及其具体使用条件的信息（目标类型、拦截高度和方向等）传到歼击机无线电电子综合系统之后，开始进行允许发射区域的计算。已计算的发射区域与现时距离 D 一同，以最大允许发射距离 $D_{p\max}$ 和最小允许发射距离 $D_{p\min}$ 标记的形式显示在显示、控制和检测系统（СИУК）的显示器上。允许发射区域的示例图（如拦截高度 H、距离 D 和方向 $\psi_к$ 的功能图）如图 9.4 所示。此时，在图 9.4（a）中，给出了 $\psi=0$ 时垂直平面上发射区域截面图，而在图 9.4（b）中，则给出了 $H=H_1$ 水平面上的截面图。

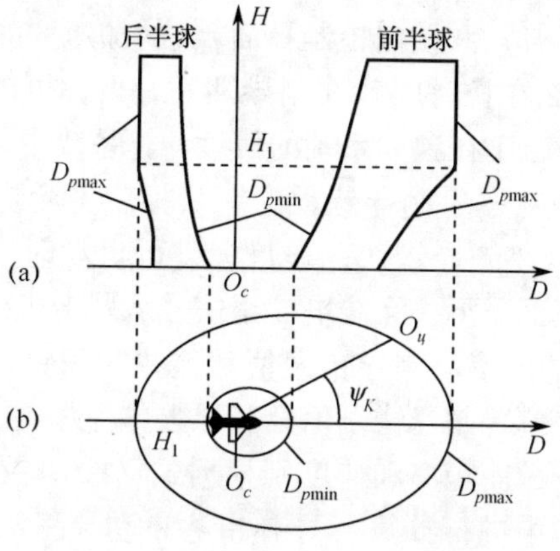

图 9.4　允许发射区域示例图

在高度 $H<H_1$ 时，最大允许发射距离受到大气密实层中导弹弹道飞行距离的限制；当高度 $H>H_1$ 时，它受到歼击机机载雷达站（БРЛС）搜索距离的限制。由于在前半球面上接近速度超过后半球面上的接近速度，最大允许距离 $D_{p\max}$ 超过后半球面上的最大允许距离。根据保障飞机—载体转变安全距离（退出攻击）的必要性，进行最大距离 $D_{p\max}$ 的计算。在相对于目标的歼击机现时位置满足发射条件之后，生成允许其发射的指令，并且飞行员可以对选定目标使用武器。

9.3.4 制导与校正

必须指出，目标指示指令持续传给导弹装置，直到发射时。在半主动雷达自动导引头（РГС）中，这些指令在发射之后在一定时间内被存储，直到导弹离开歼击机若干距离之后，这些指令开始按照其用途使用。

在当发射距离 $D_п$ 略微超过雷达自动导引头的目标截获距离 $D_з$ 时，通常使用比例导引方法（式（4.97））。此时，为实施该方法所必需的 $\hat{V}_{сб}$ 和 $\hat{\omega}_{г,в}$ 评估，通过解某种运动学方程式而生成在计算器中，这些方程式则确定了目标和导弹作为质点的相互位置。

在典型方案中，这些方程式的形式为

$$\begin{cases}\dot{\hat{V}}_{сба} = j_{ах}, \hat{V}_{сба}(0) = V_{цу} \\ \dot{\hat{D}}_a = -\hat{V}_{сба}, \hat{D}_a(0) = D_{цу} \\ \dot{\hat{V}}_{аг,в} = j_{аг,в}, \hat{V}_{аг,в}(0) = V_{цуг,в} \\ \hat{\omega}_{аг,в} = \hat{V}_{аг,в}/\hat{D}_a\end{cases} \tag{9.1}$$

此时，根据导弹纵向 $j_{ах}$ 和横向控制平面 $j_{аг,в}$ 的加速度测量结果进行计算。

如果 $D_п \gg D_з$，那么在长时间独立制导期间，目标可能开始机动，从而改变自己的初始运动规律。由于在独立系统的信息计算系统中未考虑这些改变，故这可能会引起制导错误，在发生制导错误时，目标就不会进入其雷达自动导引头（РГС）截获区。为了减小制导错误，在目标进行机动时，在较长独立区段，使用指令制导工况。在该工况下，无线电校正信号从歼击机机载装置传到雷达自动导引头（РГС）。位置的已编码制导错误值和这些时间错误导数作为无线电校正信号进行周期性传输。位置制导错误值及其导数作为距离、速度和目标坐标测量值之间的差值进行计算，而距离和速度则根据式（9.1）在机载综合电子系统的机载计算系统（БВС）中进行计算（导弹雷达自动导引头（РГС）中同样），目标坐标现时测量值则由歼击机机载雷达站（БРЛС）计算。

速度分量误差用于校正一次性指令到达之间时间间隔内的 $\hat{V}_{сб}$ 和 $\hat{\omega}_{г,в}$ 值。进行可传输指令的编码是为了提高无线电信道的抗干扰能力。无线电校正信号通过目标照射信号（СПЦ）补充调制的方式进行。

在无线电校正解码信号的基础上，导弹轨迹通过目标不超出雷达自动导引头（РГС）截获区范围的方式进行校正。在导弹接近目标距离 $D \leqslant D_з$ 之后，雷达自动导引头（РГС）接通，目标开始进行自动跟踪，并开始自制导阶段。在这种工况下，通常使用具有位移的比例导引方法（式（4.98））。

9.4 确定空中目标运动参数时综合信息处理算法

在机载综合电子系统中采用的根据机载雷达站（БРЛС）和驾驶导航综合系统（ПНК）（惯性航向垂直仪、大气数据系统、角速率传感器、线加速度传感器）数据进行的综合信息处理可以大大降低空中目标坐标和运动参数的确定误差，从而提高近距制导阶段歼击机控制信号生成精度、导弹目标指示精度，以及使用其他机载打击兵器（АСП）时制导数据计算精度。实践中，在歼击机无线电电子综合系统机载计算系统（БВС）中实现的信息综合处理（КОИ）算法通常是多维线性离散评估的次优算法（参见第 3 章）。

如第 3 章所述，随机过程评估问题一般解决方法的第一个阶段是建构信号、干扰、信息和伴随过程的数学模型。在使用状态变量概念时，其建立相当于状态和观测数据的数字模型。在解决空中目标坐标和运动参数评估问题时，选择目标运动（轨迹）模型具有现实意义。

空中目标运动轨迹的特点取决于许多因素和条件，比如：目标类型、飞行高度和速度、目标的机动能力、敌方的对抗、意外扰动作用（尤其是由于大气紊流引起的扰动作用）等。由一系列因素来确定选择某一种空中目标运动模型。通常，在建模时，目标运动模型由某个运动特点的假设来确定。最简单的假设是目标速度矢量在时间上是恒定的，也就是说，目标不进行机动。较为复杂的假设是：空中目标连续在空间上机动，也就是说，目标速度矢量在时间和方向上是变化的。有时候，也使用目标周期机动假设，在这种假设时，在信息处理过程中，产生了发现并确定机动种类、其持续时间和静态特性的任务。

由以上可见，只有指出预计的坐标变化特点（限定或意外过程）和选择应进行评估参数，才能解决空中目标运动假设的问题。还必须在理论研究和空中目标实际轨迹分析的基础上，对其可能机动做出充分完整的说明。在一般情况下，关于空中目标静态模型的广义假设包括一些确定目标运动轨迹种类的假设的总和，以及机动的可能静态特性。在广义假设的基础上，设计了目标自动跟踪系统，以及空中目标坐标和运动参数最优评估系统。

在建立空中目标运动数学模型时，坐标系的选择、状态矢量组元测定、输入控制和扰动作用矢量的测定发挥着重要作用。在实际上，是为了获得相对简单并且同时能正确反映机动目标实际轨迹的那些模型。此外，必须使它们结合空中目标坐标和运动参数测量器工作特点进行建模，而这些测量仪则在这些模型的基础上完成评估和控制任务时使用。

目前，已知一系列的各级复杂性的空中目标运动模型，尤其是[10]笛卡儿坐标系中可载人目标的运动模型（对于一个坐标轴而言）。根据该坐标系，目标以稳定速度运动，此时由于转弯、防射击机动和大气涡流而引起的加速在该模型中作为正常轨迹的扰动进行研究；在惯性坐标系中，空中目标的加速数学模型在近距高机动战术导弹制导时，适合于目标坐标、速度和加速度最佳控制和评估任务；在这些模型当中，最复杂的是第二类马尔可夫过程基础上的空中目标加速模型，而最简单的则是具有目标零加速度的模型。

在进行多目标（有时称之为主动[19]）跟踪时（参见9.6节），在一些情况下，使用目标轨迹运动模型，它接近于（比如，对于一个笛卡儿坐标系的轴而言）L次的多项式：

$$x(t) = \sum_{l=0}^{L} a_l t^l$$

式中：a_1 为轨迹参数，$x(t)$ 为与1阶导数成比例的坐标。在 t_{k+1} 时刻，坐标的外推值可以根据时刻 t_1，t_2，…，t_k[19] 的机载雷达站（БРЛС）所测量，以最小平方方法获得[19]。

上述模型的不足是其中完全没有考虑到空中目标运动特点，该空中目标在一般情况下会相对于飞行器完成复杂的运动，并且带有一些相对线速度和转换速度。

在确定目标运动坐标和参数时，针对无线电电子综合系统中机载计算系统（БВС）的信息处理优化任务，可以得到相对于轨迹坐标系中相对空中目标和飞机运动的数学模型。

9.4.1 空中目标运动典型数学模型

下面介绍轨迹坐标系统中空中目标运动模型。在获得空中目标运动模型时，将使用以下直角右坐标系：正常地球坐标系 $O_0X_gY_gZ_g$，正常坐标系 $OX_gY_gZ_g$ 和轨迹坐标系 $OX_kY_kZ_k$（图9.1、图9.5）。

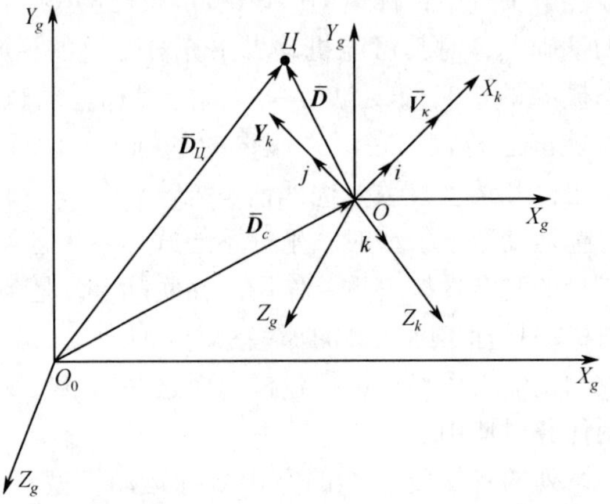

图9.5　正常地球坐标系 $O_0X_gY_gZ_g$、正常坐标系 $OX_gY_gZ_g$ 和轨迹坐标系 $OX_kY_kZ_k$

在完成拦截和消灭空中目标任务时，如第9.2节中所指出的那样，正常地球坐标系的原点与制导站和地球表面上一些约定（基准）点重合。在描述大气中飞行动态时，地球坐标系（包括坐标系 $O_0X_gY_gZ_g$）通常认为是惯性的，而地球则被认为是平面，也就是说，忽略了飞行器运动时本地垂直线的旋转。在这些假设中，飞行器重心运动绝对速度矢量替换为地面速度矢量 $\boldsymbol{V}_к$，而绝对角速率矢量 $\boldsymbol{\Omega}$ 则替换为相对于正常地球坐标系的角速率矢量（地球角速率矢量）[20]。轴方向 O_0X_g、O_0Z_g 相对于地球不变，并根据任务进行选择。图9.1和图9.5中，O_0X_g 和 O_0Z_g 轴沿着切线定位（分别针对向北地理子午线和向东地理纬线），这些切线通过 O_0 点。O_0Y_g 轴沿着本地垂直线向上。

正常坐标系 $O_0X_gY_gZ_g$ 是一个移动的坐标系，其原点 O 通常与飞行器质心重合，O_0Y_g 轴沿着本地垂直线，而 OX_g、OZ_g 轴则根据任务，特别是与地面坐标系各轴相平行（当 O_0 和 O 点之间的距离相对不大时）。

$OX_kY_kZ_k$ 轨迹坐标系的原点与飞行器质心重合，OX_k 轴与地面速度矢量 $\overline{\boldsymbol{V}}_к$ 方向重合，而 OY_k 轴则位于垂直平面上，该垂直平面与 OX_gZ_g 平面垂直，并通过 OX_k 轴。OY_k 轴通常由地球表面朝上。OZ_k 轴从 OX_k 轴向右，并且常常与地球局部水平面（OX_gZ_g 平面）平行。使用轨迹坐标系可以相对简单地给定飞行器运动的绝对（地球）速度矢量 $\overline{\boldsymbol{V}}_к$，因为该矢量沿着 OX_k 轴。在该坐标系中，明显展现出了飞行器在水平和垂直面上的运动轨迹曲率半径。轨迹坐标系各轴相对于正常坐标系的方向由航线角（航向角、偏航角）ψ、轨迹倾角 θ 所确定。角度 ψ 为正常坐标系 OX_g 轴和飞行器航线速度矢量 $\overline{\boldsymbol{V}}_п$（即矢量 $\overline{\boldsymbol{V}}_к$ 在 OX_gZ_g 平面上的投影）方向之间的角度，而角度 $\boldsymbol{\Theta}$ 为在 OX_gZ_g 平面和矢量 $\overline{\boldsymbol{V}}_к$ 之间的角度（图9.6）。

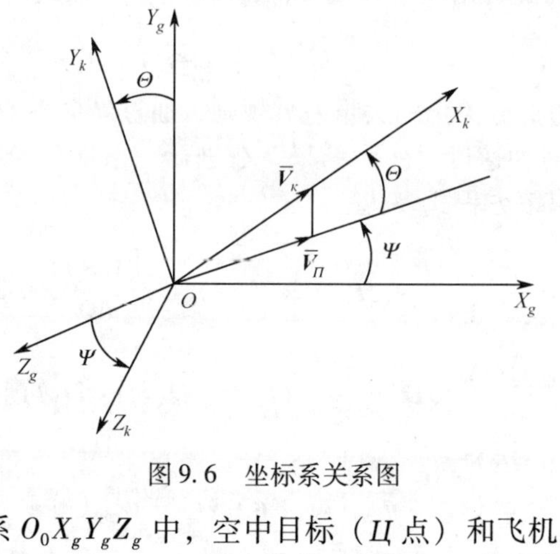

图9.6 坐标系关系图

正常地球坐标系 $O_0X_gY_gZ_g$ 中，空中目标（Ц点）和飞机（O 点）的位置由矢量 $\overline{\boldsymbol{D}}_ц$ 和 $\overline{\boldsymbol{D}}_c$ 确定（图9.5）。目标的相对位置表现为矢量 $\overline{\boldsymbol{D}}$，因此，可得

$$\overline{\boldsymbol{D}}_{ц}(t) = \overline{\boldsymbol{D}}_{c}(t) + \overline{\boldsymbol{D}}(t) \tag{9.2}$$

轨迹坐标系 $OX_kY_kZ_k$ 与飞机相连，该坐标系绕着飞机质心相对于正常坐标系 $OX_gY_gZ_g$ 旋转，角速率为 $\overline{\boldsymbol{\Omega}}(t)$。

对式（9.2）左右两个部分进行时间差分，可得

$$\overline{\boldsymbol{V}}_{ц}(t) = \overline{\boldsymbol{V}}_{к}(t) + \overline{\boldsymbol{V}}_{сб}(t) \tag{9.3}$$

式中：$\overline{V}_{ц}(t) = \mathrm{d}\overline{D}_{ц}(t)/\mathrm{d}t$，为空中目标地面速度矢量，即点Ц绝对运动速度矢量；$\overline{\boldsymbol{V}}_{к}(t) = \mathrm{d}\overline{\boldsymbol{D}}_{c}(t)/\mathrm{d}t$ 为飞机的地面速度矢量，即点O绝对运动速度矢量；$\overline{\boldsymbol{V}}_{сб}(t) = \mathrm{d}\overline{\boldsymbol{D}}(t)/\mathrm{d}t$ 为空中目标与飞机的接近速度矢量，在坐标系 $O_0X_gY_gZ_g$ 中测定（$\overline{\boldsymbol{D}}(t)$ 矢量的绝对导数）。

以下，将使用矢量差分规则（ПДВ），根据该规则，矢量 $\overline{a}(t)$（由自己在移动（旋转）坐标系轴上的投影 $a_x(t)$，$a_y(t)$，$a_z(t)$ 给定）的绝对导数 $\mathrm{d}\boldsymbol{a}(t)/\mathrm{d}t$ 等于矢量 $a(t)$ 相对（局部）导数 $\tilde{\mathrm{d}}a(t)/\mathrm{d}t$ 与移动坐标系角速率 $\overline{\boldsymbol{\Omega}}(t)$ 矢量和该矢量乘积[21]的和：

$$\frac{\mathrm{d}\overline{\boldsymbol{a}}(t)}{\mathrm{d}t} = \dot{\overline{\boldsymbol{a}}}(t) = \frac{\tilde{\mathrm{d}}\,\overline{\boldsymbol{a}}(t)}{\mathrm{d}t} + \boldsymbol{\Omega}(t) \times \overline{\boldsymbol{a}}(t)$$

式中：$\overline{\boldsymbol{a}}(t) = a_x(t)\boldsymbol{i} + a_y(t)\boldsymbol{j} + a_z(t)\boldsymbol{k}$；$\boldsymbol{i}, \boldsymbol{j}, \boldsymbol{k}$ 为移动坐标系的单位向量；符号“×”表示矢量乘积的运算。

根据矢量差分规则（ПДВ），矢量的绝对导数 $\overline{\mathrm{D}}(t)$ 具有以下形式：

$$\overline{\boldsymbol{D}}(t) = \overline{\boldsymbol{V}}_{D}(t) + \overline{\boldsymbol{\Omega}}(t) \times \overline{\boldsymbol{D}}(t) \tag{9.4}$$

式中：$\overline{\boldsymbol{V}}_{D}(t) = \tilde{\mathrm{d}}\overline{\boldsymbol{D}}(t)/\mathrm{d}t$ 为点Ц相对速度矢量；$\overline{\Omega}(t)$ 为轨迹坐标系相对于坐标系 $OX_gY_gZ_g$ 的旋转角速率矢量。将式（9.4）代入式（9.3），可得

$$\dot{\overline{\boldsymbol{V}}}_{ц}(t) = \overline{\boldsymbol{V}}_{к}(t) + \overline{\boldsymbol{V}}_{D}(t) + \overline{\boldsymbol{\Omega}}(t) \times \overline{\boldsymbol{D}}(t) \tag{9.5}$$

采用关系式右边部分矢量的矢量差分规则，通过坐标系 $OX_kY_kZ_k$ 中加速度分量来表达点Ц的绝对加速度。作为结果，在进行一系列转换之后，点Ц速度矢量的绝对导数将用以下方程式表达：

$$\frac{\mathrm{d}\overline{\boldsymbol{V}}_{ц}(t)}{\mathrm{d}t} = \dot{\overline{\boldsymbol{V}}}_{ц}(t) = \frac{\tilde{\mathrm{d}}\,\overline{\boldsymbol{V}}_{к}(t)}{\mathrm{d}t} + \overline{\boldsymbol{\Omega}}(t) \times \overline{\boldsymbol{V}}_{к}(t) + \frac{\tilde{\mathrm{d}}\,\overline{\boldsymbol{V}}_{D}(t)}{\mathrm{d}t} + 2\overline{\boldsymbol{\Omega}}(t) \times \overline{\boldsymbol{V}}_{D}(t) + \frac{\tilde{\mathrm{d}}\,\overline{\boldsymbol{\Omega}}(t)}{\mathrm{d}t} \times \overline{\boldsymbol{D}}(t) + \overline{\boldsymbol{\Omega}}(t) \times [\overline{\boldsymbol{\Omega}}(t) \times \overline{\boldsymbol{D}}(t)] \tag{9.6}$$

式（9.6）可以表达为

$$\overline{\boldsymbol{a}}_{ц}(t) = \overline{\boldsymbol{a}}_{отн}(t) + \overline{\boldsymbol{a}}_{пер}(t) + \overline{\boldsymbol{a}}_{кор}(t) \tag{9.7}$$

式中：$\overline{\boldsymbol{a}}_{ц}(t) = \dfrac{\mathrm{d}\overline{\boldsymbol{V}}_{ц}(t)}{\mathrm{d}t}$ 和 $\overline{\boldsymbol{a}}_{отн}(t) = \tilde{\mathrm{d}}\,\overline{\boldsymbol{V}}_{D}(t)/\mathrm{d}t$，为点Ц绝对和相对加速度；

$$\bar{\boldsymbol{a}}_{\text{пер}}(t) = \frac{\tilde{\mathrm{d}}\,\overline{\boldsymbol{V}}_k(t)}{\mathrm{d}t} + \overline{\boldsymbol{\Omega}}(t) \times \overline{\boldsymbol{V}}_k(t) + \frac{\tilde{\mathrm{d}}\,\overline{\boldsymbol{\Omega}}(t)}{\mathrm{d}t} \times \overline{\boldsymbol{D}}(t) + \overline{\boldsymbol{\Omega}}(t) \times [\overline{\boldsymbol{\Omega}}(t) \times \overline{\boldsymbol{D}}(t)],$$

为点 Ц 完全牵连加速度；$\bar{\boldsymbol{a}}_{\text{кор}}(t) = 2\overline{\boldsymbol{\Omega}}(t) \times \overline{\boldsymbol{V}}_D(t)$，为转动或哥氏加速度。

式（9.6）和式（9.7）还可以通过使用哥氏加速度合成原理获得[21]。

从式（9.7）可知，相对加速度：

$$\bar{\boldsymbol{a}}_{\text{отн}}(t) = \bar{\boldsymbol{a}}_{\text{ц}}(t) - \bar{\boldsymbol{a}}_{\text{пер}}(t) - \bar{\boldsymbol{a}}_{\text{кор}}(t) \tag{9.8}$$

下面将说明矢量 $\bar{\boldsymbol{a}}_{\text{ц}}$（$t$）和 $\bar{\boldsymbol{a}}_{\text{отн}}$（$t$），以及加速度 $\bar{\boldsymbol{a}}_{\text{пер}}$（$t$）和 $\bar{\boldsymbol{a}}_{\text{кор}}$（$t$）表达式中包括的矢量，采取坐标系 $OX_kY_kZ_k$ 中的单位向量 $\boldsymbol{i}$，$\boldsymbol{j}$，$\boldsymbol{k}$ 展开式的形式。作为结果，将得到以下矢量关系式：

$$\bar{a}_{\text{ц}}(t) = a_{\text{цx}}(t)\boldsymbol{i} + a_{\text{цy}}(t)\boldsymbol{j} + a_{\text{цz}}(t)\boldsymbol{k}$$

$$\bar{a}_{\text{отн}}(t) = \tilde{\mathrm{d}}\,\overline{V}_D(t)/\mathrm{d}t = \dot{V}_{Dx}(t)\boldsymbol{i} + \dot{V}_{Dy}(t)\boldsymbol{j} + \dot{V}_{Dz}(t)\boldsymbol{k}$$

其中

$$\begin{cases} \dot{V}_{Dl}(t) = \mathrm{d}V_{Dl}(t)/\mathrm{d}t \quad (l = x, y, z) \\ \overline{\boldsymbol{V}}_D(t) = V_{Dx}(t)\boldsymbol{i} + V_{Dy}(t)\boldsymbol{j} + V_{Dz}(t)\boldsymbol{k} \\ \overline{\boldsymbol{D}}(t) = D_x(t)\boldsymbol{i} + D_y(t)\boldsymbol{j} + D_z(t)\boldsymbol{k} \\ V_{Dx}(t) = \dot{Д}_x(t) \quad V_{Dy} = \dot{D}_y(t) \quad V_{Dz}(t) = \dot{D}_z(t) \\ \tilde{\mathrm{d}}\,\boldsymbol{V}_\kappa(t)/\mathrm{d}t = \dot{V}_\kappa(t)\boldsymbol{i} \\ \overline{\boldsymbol{\Omega}}(t) = \omega_x(t)\boldsymbol{i} + \omega_y(t)\boldsymbol{j} + \omega_z(t)\boldsymbol{k} \\ \tilde{\mathrm{d}}\,\boldsymbol{\Omega}(t)/\mathrm{d}t = a_{\omega x}(t)\boldsymbol{i} + a_{\omega y}(t)\boldsymbol{j} + a_{\omega z}(t)\boldsymbol{k} \end{cases} \tag{9.9}$$

式中：$a_{\omega x}$（t）$=\dot{\omega}_x$（t）、$a_{\omega y}$（t）$=\dot{\omega}_y$（t）、$a_{\omega z}$（t）$=\dot{\omega}_z$（t）为角度加速度矢量 $\boldsymbol{a}_\omega$（t）在轨迹坐标系轴上的投影。

此外，我们还采取 $\bar{\boldsymbol{a}}_{\text{пер}}$（$t$）和 $\bar{\boldsymbol{a}}_{\text{кор}}$（$t$）加速度表达式中矢量积的坐标表示规则。根据该规则，比如，使用该矢量在坐标系 $OX_kY_kZ_k$ 中的投影，矢量乘积 $\overline{\boldsymbol{\Omega}}$（$t$）$\times\overline{\boldsymbol{D}}$（$t$）可以用以下行列式来表示：

$$\begin{aligned} \overline{\boldsymbol{\Omega}}(t) \times \overline{\boldsymbol{D}}(t) &= \det\begin{pmatrix} i & j & k \\ \omega_x(t) & \omega_y(t) & \omega_z(t) \\ D_x(t) & D_y(t) & D_z(t) \end{pmatrix} = \\ &[\omega_y(t)D_x(t) - \omega_z(t)D_\gamma(t)]\boldsymbol{i} + [\omega_z(t)D_x(t) - \\ &\omega_x(t)D_x(t)]\boldsymbol{j} + [\omega_x(t)D_y(t) - \omega_y(t)D_x(t)]\boldsymbol{k} \end{aligned} \tag{9.10}$$

作为式（9.9）在式（9.8）中的坐标表示，以及对于空中目标相对加速度投影的一系列转换的结果，将得到以下的微分方程组：

$$
\begin{cases}
\dot{D}_x(t) = V_{\mathrm{Dx}}, D_x(t_0) = D_{x0} \\
\left.\begin{array}{l}\dot{V}_{\mathrm{Dx}}(t) = a_{\text{цx}} - \dot{V}_\kappa - (a_{\omega \mathrm{y}} + \omega_x\omega_z)D_z + (a_{\omega \mathrm{z}} - \\ \omega_x\omega_y)D_y + (\omega_y^2 + \omega_z^2)D_x - 2\omega_y V_{\mathrm{Dz}} + 2\omega_z V_{\mathrm{Dy}}\end{array}\right., V_{\mathrm{Dx}}(t_0) = V_{\mathrm{Dx0}} \\
\dot{D}_y(t) = V_{\mathrm{Dy}}, D_y(t_0) = D_{y0} \\
\dot{V}_{\mathrm{Dy}}(t) = a_{\text{цy}} - \omega_z V_\kappa - (a_{\omega \mathrm{z}} + \omega_x\omega_y)D_x + (a_{\omega \mathrm{x}} - \omega_y\omega_z)D_z + \\
(\omega_x^2 + \omega_z^2)D_y - 2\omega_z V_{\mathrm{Dx}} + 2\omega_x V_{\mathrm{Dz}} \\
V_{\mathrm{Dy}}(t_0) = V_{\mathrm{Dy0}}, \dot{D}_z(t) = V_{\mathrm{Dz}}, D_z(t_0) = D_{z0} \\
\left.\begin{array}{l}\dot{V}_{\mathrm{Dz}}(t) = a_{\text{цz}} - \omega_y V_\kappa - (a_{\omega \mathrm{x}} + \omega_y\omega_z)D_y + (a_{\omega \mathrm{y}} - \\ \omega_x\omega_z)D_x + (\omega_x^2 + \omega_y^2)D_z - 2\omega_x V_{\mathrm{Dy}} + 2\omega_y V_{\mathrm{Dx}}\end{array}\right., D_z(t_0) = D_{z0}
\end{cases}
\tag{9.11}
$$

为了对式（9.11）右边的部分进行简化，略去了自变量 t。

由对式（9.11）的分析可知，为了得到空中目标和飞机相对运动模型，必须使用关于飞机地面速度的数据及其导数，以及关于对轨迹坐标系旋转运动进行说明的角速率和角加速度的数据。此外，必须提出关于点 $Ц$ 绝对加速度矢量在坐标系 $OX_kY_kZ_k$ 各轴上投影时间变化特点的假设，关于这些投影等于零的假设是最简单的。根据较复杂的假设，假定点 $Ц$ 绝对加速度矢量在坐标系 $OX_kY_kZ_k$ 各轴上投影不等于零，在时间上是恒定的，即

$$
\begin{cases}
\dot{a}_{\text{цx}}(t) = 0, a_{\text{цx}}(t_0) = a_{\text{цx0}} \\
\dot{a}_{\text{цy}}(t) = 0, a_{\text{цy}}(t_0) = a_{\text{цy0}} \\
\dot{a}_{\text{цz}}(t) = 0, a_{\text{цz}}(t_0) = a_{\text{цz0}}
\end{cases}
\tag{9.12}
$$

至于角速率和角加速度在轨迹坐标系各轴上投影的数学模型，实践中获得这些模型相当困难。因此，要合理使用信息分配原则[22]。

参数 $\{V_\kappa(t), \cdots, a_{\omega \mathrm{z}}(t)\}$ 可以在机载计算系统中进行测量。如果由微分（差分）方程式所表示的该参数测量（计算）误差的数学模型已知，那么，根据信息分配原则，在式（9.11）中，不再代入 $\{V_\kappa(t), \cdots, a_{\omega \mathrm{z}}(t)\}$ 参数真值，而是代入已测（计算）参数值与其测量（计算）误差之间的差值。比如，不代入式（9.11）中的角速率 $\omega_x(t)$，应代入 $\omega_{\text{xи}}(t) - \delta\omega_x(t)$，其中 $\omega_{\text{xи}}(t)$ 为角速率已测值，而 $\delta\omega_x(t)$ 为其测量误差值。

利用式（9.12）和表示 $\{V_\kappa(t), \cdots, a_{\omega \mathrm{z}}(t)\}$ 参数测量（计算）误差的方程式对式（9.11）进行补充之后，将得到轨迹坐标中空中目标和飞机相对运动的数学模型。在该模型中，参数 $\{D_\kappa(t), V_{\mathrm{D}\kappa}(t), a_{\text{цx}}(t), \cdots, a_{\text{цz}}(t)\}$ 将作为状态变量，而误差 $\{\delta V_\kappa(t), \cdots, \delta a_{\omega \mathrm{z}}(t)\}$ 则与补充参数合在一起，这些

补充参数用于对其进行说明。此时，已测参数值 $V_{\text{ки}}$（t）和 $\dot{V}_{\text{ки}}$（t）将起着决定性控制作用，而参数｛$\omega_{\text{xи}}$（t），…，$a_{\omega\text{zи}}$（t)｝则起着状态变量时的已知时间函数作用。

使用信息分配原则，可以解决｛V_{κ}（t），…，$a_{\omega\text{z}}$（t)｝参数评估过程中的不确定性的问题。不过，对于实践而言，由于自身非线性、不固定性和维数较大（超过 9 个状态变量），此时所获得的空中目标和飞机相对速度的模型相当庞大和复杂。

由于其数值很小，如果忽略｛V_{κ}（t），…，$a_{\omega\text{z}}$（t)｝参数测量（计算）误差，该数学模型可以进行简化。在现代机载综合电子系统中，由于在其中实施了导航信息最优（次优）综合处理算法，可以达到这些参数较低的测量（计算）误差水平。在这种情况下获得的空中目标和飞机相对运动的数学模型呈线性，用状态九元矢量进行描述：

$$\boldsymbol{x}^{\mathrm{T}}(t)=\begin{matrix}[D_x(t) & V_{\mathrm{Dx}}(t) & a_{\text{цx}}(t) & D_y(t) & V_{\mathrm{Dy}}(t)\\ a_{\text{цy}}(t) & D_z(t) & V_{\mathrm{Dz}}(t) & a_{\text{цz}}(t)]\end{matrix}$$

使用已测量（计算）的参数值 D_x、D_y 和 D_z，以及统计模型和其相应测定误差特性，可以着手进行连续（离散）时间内空中目标运动坐标和参数最佳（次佳）评估算法的综合。数值 D_x、D_y 和 D_z，及其相应测量误差特性可以根据在连续定向状态（РНП）中工作的机载雷达站（БРЛС）的测量数据，机载综合电子系统角度坐标导航测量仪的测量数据进行计算。

简化之后，对所获得的轨迹坐标系 $OX_kY_kZ_k$ 中空中目标和飞机相对运动数学模型的分析（不论之前指出的使用该坐标系的优越性如何）表明，如同之前一样，用于实践太过复杂。因此，任务在于依靠上述方法、使用所获得的分析关系式，在最大程度上对空中目标的数学模型进行简化。可以通过减少其尺寸、统计机载雷达站（БРЛС）在连续定向状态（РНП）中的工作特点来做到这一点。

在连续定位过程中，机载雷达站（БРЛС）在距离、接近速度（多普勒频率）和角坐标方面跟踪着一个空中目标。此时，在机载雷达站（БРЛС）中，自动测量到目标的距离 D（t）、其改变速度 $\dot{D}$（t）、在方位角 $\varphi_{г}$（t）和仰角 $\varphi_{в}$（t）平面上目标机上方位角度，以及机载雷达站（БРЛС）天线的倾斜（天线倾角）转角 γ_a（t）。此外，还计算角速率 $\omega_{г}$（t）$=\mathrm{d}\varphi_{г}$（t）$/\mathrm{d}t$，$\omega_{в}$（t）$=\mathrm{d}\varphi_{в}$（t）$/\mathrm{d}t$ 和 ω_{γ}（t）$=\mathrm{d}\varphi_a$（t）$/\mathrm{d}t$。

在改变空中目标坐标和运动参数时，使用一系列右笛卡儿坐标系，包括飞机关联坐标系 $OXYZ$、调整坐标系 $OX_yY_yZ_y$ 和天线坐标系 $OX_aY_aZ_a$。所有上述坐标系与轨迹坐标系 $OX_kY_kZ_k$ 一样，原点在飞机质心上。当在机载雷达站（БРЛС）中使用镜式天线时，忽略它相对于飞机质量中心的引出部分。调整坐标系 $OX_yY_yZ_y$ 绕着坐

标系 $OXYZ$ 的 OZ 轴旋转的机载雷达站（БРЛС）天线调整角度 μ_a（图9.7）。当机载雷达站（БРЛС）在连续定向状态（РНП）中工作时，$OX_aY_aZ_a$ 天线坐标系的 OX_a 轴根据天线方向性曲线图的等强信号方向（РСН ДН）进行定位。

距离 $D(t)$、其导数 $\dot{D}(t)$ 和角坐标的测量在天线坐标系中实施，同时，$\varphi_г(t)$ 和 $\varphi_в(t)$ 角也对天线坐标系中制导线（ЛВ）目标相对于 $OX_yY_yZ_y$ 各轴的偏差进行说明（结合 $\gamma_a(t)$ 角）。由图9.7可见，天线和关联坐标系各轴的相互位置由空中目标方位角 $\varphi_г$ 和 $\varphi_в$，以及 μ_a 和 γ_a 角确定，矢量 $\overline{\boldsymbol{\Omega}}(t)=\omega_{ax}\boldsymbol{x}_{a0}$、$\overline{\boldsymbol{\Omega}}_{ay}=\omega_{ay}\boldsymbol{y}_{a0}$、$\overline{\boldsymbol{\Omega}}_{az}=\omega_{az}\boldsymbol{z}_{a0}$，其中 ω_{ax}，ω_z，ω_{ay} 为角速率矢量 $\overline{\boldsymbol{\Omega}}_a$ 在天线坐标系各轴上的投影；$\boldsymbol{x}_{a0}$，$\boldsymbol{y}_{a0}$，$\boldsymbol{z}_{a0}$ 为天线坐标系的单位向量。

在机载雷达站（БРЛС）的信息处理算法中，对于坐标转换的确定性，根据已确定的规则，例如，通过依次向 γ_a，$\varphi_в$ 和 $\varphi_г$ 角旋转的方式，进行调整坐标系向天线坐标系的过渡（图9.7）。

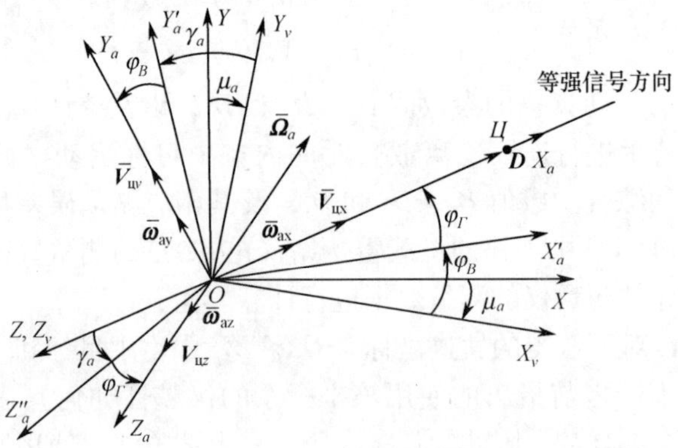

图9.7　坐标系中机载雷达站天线调整角度 μ_a

天线坐标系 $OX_aY_aZ_a$ 相对于正常地球坐标系 $O_0X_gY_gZ_g$、正常坐标系 $O_0X_gY_gZ_g$，以 $\boldsymbol{\Omega}_a(t)$ 的角速率进行旋转。此时，在飞机和空中目标运动过程中，天线坐标系的 OX_a 轴与等强信号方向（РСН ДН）重合，一直对目标进行定位，即在矢量 $\overline{\boldsymbol{D}}$ 方向上。这样，OX_a 轴的方向在天线坐标系中与目标制导线（ЛВ）重合。

在信息处理算法中，必须考虑到机载雷达站（БРЛС）空中目标距离和角速率的测量是有误差的。因此，天线坐标系的轴 OX_a 在根据等强信号方向（РСН ДН）进行定位时，并不与目标制导线（ЛВ）的真空间位置相吻合，该位置由 $\varepsilon_г$ 和 $\varepsilon_в$ 角确定。这些角度说明了射线坐标系 $OX_лY_лZ_л$ 和正常坐标系 $OX_gY_gZ_g$ 相应各轴的相互位置关系（图9.8）。

我们将会得到天线坐标系中空中目标运动的数学模型。此时，在完成空中目标拦截和消灭任务时，实际确定目标和飞机区域内风流量有多大是不可能的，我们必须从这一情况出发。因此，通常在飞机制导和攻击阶段内，在信息处理算法中，是不考虑风的，而地面速度和空中速度对于飞机和空中目标是等同的[10]。结合以上所述，对于空中目标的空中速度矢量，将使用之前的代号 $\overline{\boldsymbol{V}}_ц$，而对于飞机空中速度矢量，则相应使用代号 $\overline{\boldsymbol{V}}_c$。

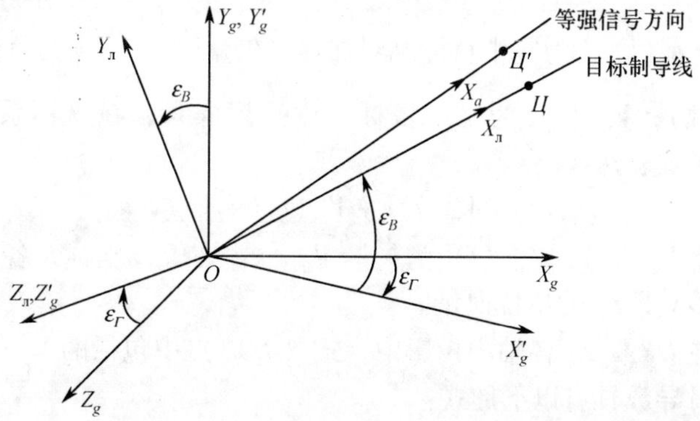

图 9.8　射线坐标系 $OX_лY_лZ_л$ 和正常坐标系 $OX_gY_gZ_g$ 相应各轴的相互位置

下面介绍天线坐标系中空中目标运动模型。分析一下点 Ц 的运动情况（图 9.7 和图 9.9）。在轨迹坐标系中获得目标运动模型时，之后为了确定性，将坐标系 $OX_aY_aZ_a$ 称为移动坐标系，而将 $O_0X_gY_gZ_g$（相应从坐标系 $OX_gY_gZ_g$ 旋转运动的角度来看）称为固定坐标系。将空中目标相对于移动坐标系运动（点 Ц）确定为相对运动，而将坐标系 $OX_aY_aZ_a$ 本身确定为相对坐标系。将空中目标相对于被当作固定坐标系的坐标系 $O_0X_gY_gZ_g$ 的运动，确定为绝对运动，而将坐标系 $O_0X_gY_gZ_g$（相应从 $OX_gY_gZ_g$ 坐标系旋转运动的角度来看）确定为绝对坐标系。正如上面所指出的那样，天线坐标系相对于 $O_0X_gY_gZ_g$ 和 $OX_gY_gZ_g$，以角速率 $\overline{\boldsymbol{\Omega}}_a(t)$ 进行旋转。

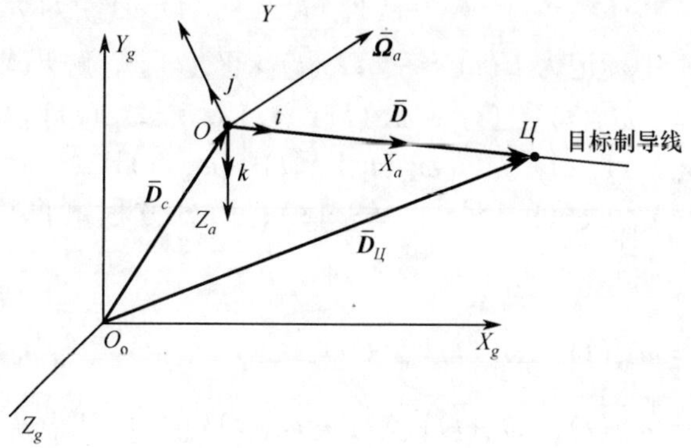

图 9.9　点 Ц 的运动情况

忽略飞机和空中目标分布区内风流的差别，根据矢量差分规则（ПДВ），可以以矢量关系式的形式来表达矢量导数 $\overline{\boldsymbol{V}}_ц(t)$：

$$\frac{\mathrm{d}\overline{\boldsymbol{V}}_ц(t)}{\mathrm{d}t} = \dot{\overline{\boldsymbol{V}}}_ц(t) = \frac{\tilde{\mathrm{d}}\,\overline{\boldsymbol{V}}_ц(t)}{\mathrm{d}t} + \overline{\boldsymbol{\Omega}}_a(t) \times \overline{\boldsymbol{V}}_ц(t) \tag{9.13}$$

式中：$\frac{\mathrm{d}\overline{\boldsymbol{V}}_ц(t)}{\mathrm{d}t} = \overline{\boldsymbol{a}}_ц(t)$，为空中目标绝对加速度矢量；$\frac{\tilde{\mathrm{d}}\,\overline{\boldsymbol{V}}_ц(t)}{\mathrm{d}t}$ 为目标相对加速度矢量（局部导数）；$\overline{\boldsymbol{V}}_ц(t)$ 为空中目标空中速度矢量，在坐标系 $OX_aY_aZ_a$ 中，它可以以坐标形式表达：

$$\overline{\boldsymbol{V}}_ц(t) = V_{цx}(t)\boldsymbol{i} + V_{цy}(t)\boldsymbol{j} + V_{цz}(t)\boldsymbol{k} \tag{9.14}$$

式中：$V_{цx}(t)$，$V_{цy}(t)$，$V_{цz}(t)$ 为矢量 $\overline{\boldsymbol{V}}_ц(t)$ 在天线坐标系各轴的投影；$\boldsymbol{i}$，$\boldsymbol{j}$，$\boldsymbol{k}$ 为坐标系 $OX_aY_aZ_a$ 的单位向量。

相应地，在 $OX_aY_aZ_a$ 各轴中投影中，式（9.13）中包括的 $\overline{\boldsymbol{V}}_ц(t)$ 目标空中速度矢量的相对导数具有以下形式：

$$\frac{\tilde{\mathrm{d}}\,\overline{\boldsymbol{V}}_ц(t)}{\mathrm{d}t} = \dot{V}_{цx}(t)\boldsymbol{i} + \dot{V}_{цy}(t)\boldsymbol{j} + \dot{V}_{цz}(t)\boldsymbol{k} \tag{9.15}$$

根据式（9.13），可得

$$\frac{\tilde{\mathrm{d}}\,\overline{\boldsymbol{V}}_ц(t)}{\mathrm{d}t} = \overline{\boldsymbol{a}}_ц(t) - \overline{\boldsymbol{\Omega}}_a(t) \times \overline{\boldsymbol{V}}_ц(t) \tag{9.16}$$

式（9.16）为天线坐标系各轴投影中的矢量关系式。与式（9.10）相同，使用这些矢量在坐标系 $OX_aY_aZ_a$ 各轴的投影，矢量积 $\overline{\boldsymbol{\Omega}}_a(t) \times \overline{\boldsymbol{V}}_ц(t)$ 可以以下行列式表示：

$$\overline{\boldsymbol{\Omega}}_a(t) \times \overline{\boldsymbol{V}}_ц(t) = \det\begin{pmatrix} \boldsymbol{i} & \boldsymbol{j} & \boldsymbol{k} \\ \omega_{ax}(t) & \omega_{ay}(t) & \omega_{az}(t) \\ V_{цx}(t) & V_{цy}(t) & V_{цz}(t) \end{pmatrix} \tag{9.17}$$

在式（9.16）中标记为 $\overline{\boldsymbol{U}}(t) = -[\overline{\boldsymbol{\Omega}}_a(t) \times \overline{\boldsymbol{V}}_ц(t)]$，解开式（9.17），将得

$$\begin{aligned}\overline{\boldsymbol{U}}(t) = {} & [\omega_{az}(t)V_{цy}(t) - \omega_{ay}(t)V_{цz}(t)]\boldsymbol{i} + [\omega_{ax}(t)V_{цz}(t) - \\ & \omega_{az}(t)V_{цx}(t)]\boldsymbol{j} + [\omega_{ay}(t)V_{цx}(t) - \omega_{ax}(t)V_{цy}(t)]\boldsymbol{k}\end{aligned} \tag{9.18}$$

结合式（9.14）、式（9.15）和（9.18），微分方程组将与式（9.16）相对应：

$$\begin{cases} \dot{V}_{цx}(t) = a_{цx}(t) + \omega_{az}(t)V_{цy}(t) - \omega_{ay}(t)V_{цz}(t) & V_{цx}(t_0) = V_{цx0} \\ \dot{V}_{цy}(t) = a_{цy}(t) + \omega_{ax}(t)V_{цz}(t) - \omega_{az}(t)V_{цx}(t) & V_{цy}(t_0) = V_{цy0} \\ \dot{V}_{цz}(t) = a_{цz}(t) + \omega_{ay}(t)V_{цx}(t) - \omega_{ax}(t)V_{цy}(t) & V_{цz}(t_0) = V_{цz0} \end{cases} \tag{9.19}$$

与式（9.12）相同，使用目标绝对加速度矢量在天线坐标系各轴投影不变的假设。根据这一假设，可得

$$\begin{cases} \dot{a}_{цx}(t) = 0, a_{цx}(t_0) = a_{цx0} \\ \dot{a}_{цy}(t) = 0, a_{цy}(t_0) = a_{цy0} \\ \dot{a}_{цz}(t) = 0, a_{цz}(t_0) = a_{цz0} \end{cases} \tag{9.20}$$

式中：$a_{цx}(t)$，$a_{цy}(t)$，$a_{цz}(t)$ 为矢量 $\boldsymbol{a}_ц(t)$ 在坐标系 $OX_aY_aZ_a$ 中的投影。

正如在轨迹坐标系中获得模型时，我们使用信息分配原理，以克服角速率 $\omega_{ax}(t)$、$\omega_{ay}(t)$ 和 $\omega_{az}(t)$ 数学模型中的不确定性，这些角速率包括在式（9.19）中。考虑到在现代的机载雷达站（БРЛС）中广泛使用空中目标角坐标和相应角速率评估的最优（次优）算法，确定 $\overline{\boldsymbol{\Omega}}_a(t)$ 矢量投影的误差可以忽略不计。

向式（9.19）中代入已测量（计算）角速率值，结合式（9.20），将得到微分方程组，它们对天线坐标系中的空中目标运动数学模型进行说明：

$$\begin{cases} \dot{V}_{цx}(t) = a_{цx}(t) + \omega_{azи}(t)V_{цy}(t) - \omega_{ayи}(t)V_{цz}(t) & , V_{цx}(t_0) = V_{цx0} \\ \dot{a}_{цx}(t) = 0 & , a_{цx}(t_0) = a_{цx0} \\ \dot{V}_{цy}(t) = a_{цy}(t) + \omega_{axи}(t)V_{цz}(t) - \omega_{azи}(t)V_{цx}(t) & , V_{цy}(t_0) = V_{цy0} \\ \dot{a}_{цy}(t) = 0 & , a_{цy}(t_0) = a_{цy0} \\ \dot{V}_{цz}(t) = a_{цz}(t) + \omega_{ayи}(t)V_{цx}(t) - \omega_{axи}(t)V_{цy}(t) & , V_{цz}(t_0) = V_{цz0} \\ \dot{a}_{цz}(t) = 0 & , a_{цz}(t_0) = a_{цz0} \end{cases} \tag{9.21}$$

该方程组确定了状态矢量的动态变化：

$$\boldsymbol{X}^{\mathrm{T}}(t) = [V_{цx}(t) \quad a_{цx}(t) \quad V_{цy}(t) \quad a_{цy}(t) \quad V_{цz}(t) \quad a_{цz}(t)]$$

式（9.21）是一个线性模型。它比在轨道坐标系中之前获得的模型要简单得多，因为它的维数减小到了6个状态变量。此外，确定角加速度矢量在天线坐标系中投影的必要性消失了。然而，应该指出，天线坐标系中空中目标运动模型与轨道坐标系中模型相比要粗略一些，尤其是并不能直接获得空中目标相对速度矢量投影的评估。这两个空中目标相对速度矢量投影的缺点是其中不能考虑飞机和目标受到的随机影响。

9.4.2 空中目标运动参数信息综合处理次优算法的任务配置

正如之前指出的那样，完成空中目标坐标和参数评估最优（次优）算法综

合任务要求知道状态和观测的数学模型。状态矢量的组元由式（9.21）表示。将得到观测的矢量关系式。

在所做的对于风流的假设中，对于天线坐标系，式（9.5）采取以下形式：

$$\overline{\boldsymbol{V}}_{\text{ц}}(t) = \overline{\boldsymbol{V}}_{c}(t) + \overline{\boldsymbol{V}}_{D}(t) + \boldsymbol{\Omega}_{\text{a}}(t) \times \boldsymbol{D}(t) \tag{9.22}$$

根据式（9.22），观测矢量关系式可相应用以下形式表达：

$$\overline{\boldsymbol{V}}_{\text{ци}}(t) = \overline{\boldsymbol{V}}_{\text{си}}(t) + \overline{\boldsymbol{V}}_{\text{Dи}}(t) + \overline{\boldsymbol{\Omega}}_{\text{аи}}(t) \times \overline{\boldsymbol{D}}_{\text{и}}(t) \tag{9.23}$$

式中：$и$ 为已测（已计算）的相应矢量值。

在表达式（9.23）中包括的矢量之后，通过它们在天线坐标系各轴上的投影，得

$$\begin{cases} \overline{\boldsymbol{V}}_{\text{ци}}(t) = V_{\text{цхи}}(t) + V_{\text{цуи}}(t) + V_{\text{цzи}}(t)k \\ \overline{\boldsymbol{V}}_{\text{си}}(t) = V_{\text{схи}}(t) + V_{\text{суи}}(t) + V_{\text{сzи}}(t)k \\ \overline{\boldsymbol{V}}_{\text{Dи}}(t) = \dot{\boldsymbol{D}}_{и}(t)i \\ \overline{\boldsymbol{D}}_{и}(t) = \boldsymbol{D}_{и}(t)i \\ \overline{\boldsymbol{\Omega}}_{\text{аи}}(t) = \omega_{\text{ахи}}(t)i + \omega_{\text{ауи}}(t)j + \omega_{\text{аzи}}(t)k \end{cases} \tag{9.24}$$

在矢量—矩阵形式中，式（9.24）记录形式为

$$\begin{cases} \boldsymbol{V}_{\text{ци}}^{\text{T}}(t) = [V_{\text{цхи}}(t) \quad V_{\text{цуи}}(t) \quad V_{\text{цzи}}(t)] \\ \boldsymbol{V}_{\text{си}}^{\text{T}}(t) = [V_{\text{схи}}(t) \quad V_{\text{суи}}(t) \quad V_{\text{сzи}}(t)] \\ \boldsymbol{V}_{\text{Dи}}^{\text{T}}(t) = [\dot{\boldsymbol{D}}_{и}(t) \quad 0 \quad 0] \\ \boldsymbol{D}_{и}^{\text{T}}(\text{t}) = [\boldsymbol{D}_{и}(t) \quad 0 \quad 0] \\ \boldsymbol{\Omega}_{\text{аи}}^{\text{T}}(t) = [\omega_{\text{ахи}}(t) \quad \omega_{\text{ауи}}(t) \quad \omega_{\text{аzи}}(t)] \end{cases} \tag{9.25}$$

结合式（9.25），天线坐标系中矢量积投影 $\overline{\boldsymbol{\Omega}}_{\text{аи}}(t) \times \overline{\boldsymbol{D}}_{и}(t)$ 可以用与式（9.17）相同的方法获得：

$$\overline{\Omega}_{\text{аи}}(t) \times \overline{D}_{и}(t) = \det\begin{pmatrix} i & j & k \\ \omega_{\text{ахи}}(t) & \omega_{\text{ауи}}(t) & \omega_{\text{аzи}}(t) \\ D_{и}(t) & 0 & 0 \end{pmatrix} \tag{9.26}$$

$$= \omega_{\text{аzи}}(t)D_{и}(t)j - \omega_{\text{ауи}}(t)D_{и}(t)k$$

结合式（9.24）和式（9.26），与式（9.23）对应的标量观测关系式组采取以下形式：

$$\begin{cases} V_{\text{цхи}}(t) = V_{\text{схи}}(t) + \dot{D}_{и}(t) \\ V_{\text{цуи}}(t) = V_{\text{схи}} + \omega_{\text{аzи}}(t)D_{и}(t) \\ V_{\text{цzи}}(t) = V_{\text{сzи}}(t) + \omega_{\text{ауи}}(t)D_{и}(t) \end{cases} \tag{9.27}$$

在信息综合处理（КОИ）算法中，在确定空中目标运动参数时，借助于机载雷达站（БРЛС），式（9.26）和式（9.27）中包括的角速率矢量投影$\overline{\boldsymbol{\Omega}}_a$（$t$）已测值$\omega_{axи}$（$t$）、$\omega_{ayи}$（$t$）和$\omega_{azи}$（$t$）通常在已测一次角参数值$\varphi_{вu}$、$\varphi_{гu}$、$\varepsilon_{вu}$、$\varepsilon_{гu}$、$\psi_{и}$、$\vartheta_{и}$、$\gamma_{и}$、以及$\mu_a$和$\gamma_{au}$的基础上进行计算（图9.10）。目标制导线（ЛВ）旋转角速率矢量在在天线坐标系轴上投影计算算法包括坐标转换、微分和平滑运算，它们以数字形式实施[1]。

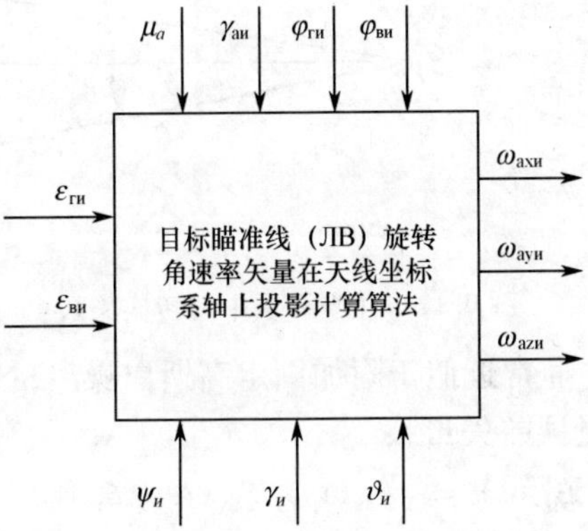

图9.10　算法参数图

参数$D_и$（t）、$\dot{D}_и$（t）、$\varphi_{вu}$（t）、$\varphi_{гu}$（t）、$\gamma_и$（t）在已研究的算法中由机载雷达站（БРЛС）进行测量，而$\varepsilon_{вu}$（t）、$\varepsilon_{гu}$（t）、$\dot{\varphi}_{вu}$（t）、$\dot{\varphi}_{гu}$（t）、$\dot{\varepsilon}_{вu}$（t）、$\dot{\varepsilon}_{гu}$（t）则在机载计算系统中进行计算。

矢量$\overline{\boldsymbol{V}}_c$（$t$）在天线坐标系各轴上的投影在机载计算系统中进行计算，通过速度坐标系中测得的飞机空中速度矢量$\overline{\boldsymbol{V}}_{cи}$（$t$），并结合已测得的攻击角度值$\alpha_и$、侧滑值$\beta_и$，以及角度$\varphi_{гu}$、$\varphi_{вu}$、$\gamma_{au}$和$\mu_a$进行转换（图9.11）。它们由以下关系式确定：

$$\begin{bmatrix} V_{cxи}(t) \\ V_{cyи}(t) \\ V_{czи}(t) \end{bmatrix} = \boldsymbol{M}_и(t) \begin{bmatrix} V_{cи}(t) \\ 0 \\ 0 \end{bmatrix} \tag{9.28}$$

式中：$\boldsymbol{M}_и(t) = \{[\varphi_{гu}(t)][\varphi_{вu}(t)][\gamma_{au}(t)][\alpha_и(t)] + \mu_\alpha][\beta_и(t)]\}$；[·]为3×3的坐标转换矩阵，其中使用已测得的相应角度值。

已测（计算）目标速度矢量投影值形成观测矢量：

$$\boldsymbol{Z}^{\mathrm{T}}(t) = [z_1(t) \quad z_2(t) \quad z_3(t)] \tag{9.29}$$

式中：$z_1(t) = V_{цxи}(t)$，$z_2(t) = V_{цyи}(t)$，$z_3(t) = V_{цzи}(t)$。

由式（9.27）和式（9.28）可知，矢量$\boldsymbol{V}_{ци}$（t）投影的测量（计算）误差

是由于一次参数的测定误差所引起的：V_c（t）、D（t）、$\dot{D}$（t）、角度和角速率。

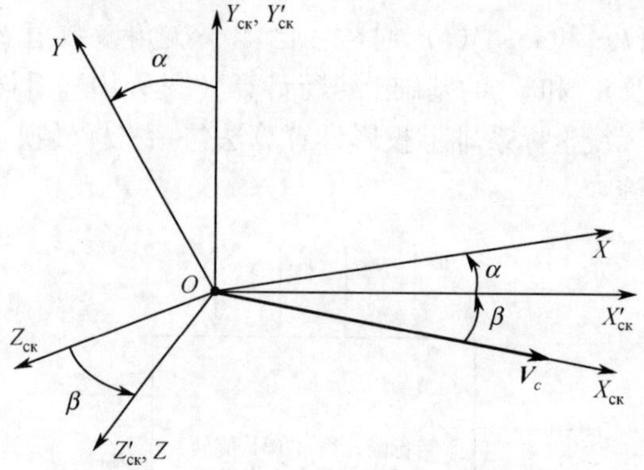

图 9.11　在坐标系中的转换关系

这些误差在实践中通常近似于附加固定高斯白噪声，这些噪声形成了测量误差矢量（观测噪声测量误差矢量）：

$$\boldsymbol{\xi}_и^{\mathrm{T}}(t) = [\xi_{иx}(t) \quad \xi_{иy}(t) \quad \xi_{иz}(t)] \tag{9.30}$$

基于上述近似，矢量 $\boldsymbol{\xi}_и(t)$ 具有以下统计特性：

$$\boldsymbol{M}\{\boldsymbol{\xi}_и(t)\} = 0, \boldsymbol{M}\{\boldsymbol{\xi}_и(t)\boldsymbol{\xi}_и^{\mathrm{T}}(t+\tau)\} = \boldsymbol{\Xi}\delta(\tau) \tag{9.31}$$

式中：$\boldsymbol{\Xi} = \begin{pmatrix} 0.5N_x & 0 & 0 \\ 0 & 0.5N_y & 0 \\ 0 & 0 & 0.5N_z \end{pmatrix}$ 为观测噪声频谱密度（强度）矩阵，它在一次参数测量（计算）误差统计特性的基础上确定；δ（τ）为三角函数。这样，结合式（9.30），式（9.29）可以表达为

$$\boldsymbol{Z}(t) = \boldsymbol{V}_ц(t) + \boldsymbol{\xi}_и(t)$$

或者

$$\begin{cases} z_1(t) = V_{цx}(t) + \xi_{иx}(t) \\ z_2(t) = V_{цy}(t) + \xi_{иy}(t) \\ z_3(t) = V_{цz}(t) + \xi_{иz}(t) \end{cases} \tag{9.32}$$

式中：$V_{цx}$（t），$V_{цy}$（t），$V_{цz}$（t）为天线坐标系目标速度矢量 $V_ц$（t）投影真值。

在式（9.21）和式（9.32）的集合中，包含着连续时间和分散时间中所有用于完成坐标系 $OX_aY_aZ_a$ 中目标运动参数最优评估体系（在之前所做省略的范围内）综合任务的所有必要信息，并且使用最优线性信息算法。在从式（9.21）和式（9.23）向相应同类数字关系式过渡时，最优评估体系综合任务可以数字形式来完成。但是，由于现代机载数字计算机（БЦВМ）（处理器）具有相当大的

数位（16 位以及更高），在从式（9.21）和式（9.32）向同类数字关系式过渡时，状态和观测模型实际上是线性的，因此，水平的离散化效果可以忽略不计。因此，信息处理最优系统的综合在实质上也是最优离散系统的综合。

为了获得实际上可实施的评估算法，将省略综合任务的设置。为此日的，把由式（9.21）所说明状态矢量 $\boldsymbol{X}(t)$ 分离成 3 个独立的子矢量，每个子矢量都与坐标系 $OX_aY_aZ_a$ 的一个轴相对应[10]。例如，第一个状态子矢量 $\boldsymbol{X}_1^{\mathrm{T}}(t) = [V_{\text{цx}}(t) \quad a_{\text{цx}}(t)]$ 由以下微分方程式确定：

$$\hat{V}_{\text{цx}}(t) = a_{\text{цx}}(t) + \omega_{\text{azи}}(t)V_{\text{цy}}(t) - \omega_{\text{ayи}}(t)V_{\text{цz}}(t), V_{\text{цx}}(t_0) = V_{\text{цx0}}$$

$$\dot{a}_{\text{цx}}(t) = 0, a_{\text{цx}}(t_0) = a_{\text{цx0}}$$

以矢量—矩阵形式表达式（9.18）中的矢量 $\boldsymbol{U}(t)$：

$$\boldsymbol{U}^{\mathrm{T}}(t) = [u_x(t) \quad u_y(t) \quad u_z(t)]$$

其中

$$\begin{cases} u_x(t) = \omega_{\text{azи}}(t)V_{\text{цy}}(t) - \omega_{\text{ayи}}(t)V_{\text{цz}}(t) \\ u_y(t) = \omega_{\text{axи}}(t)V_{\text{цz}}(t) - \omega_{\text{azи}}(t)V_{\text{цx}}(t) \\ u_z(t) = \omega_{\text{ayи}}(t)V_{\text{цx}}(t) - \omega_{\text{axи}}(t)V_{\text{цy}}(t) \end{cases} \tag{9.33}$$

对于坐标系 $OX_aY_aZ_a$ 的每个轴而言，对状态矢量进行上述分解会导致在空中目标运动参数次优评估系统中，将实现 3 个独立的、实际上相同的信息处理通道。因此，矢量 $\boldsymbol{U}(t)$ 可以作为已知控制矢量进行研究。此时，在计算 $u_x(t)$、$u_y(t)$、$u_z(t)$ 时，根据式（9.33），将使用在邻近独立通道内所获得的目标速度矢量相应投影的评价。

以下给出了针对一个独立通道的信息处理次优算法合成任务的解决方案，此时，为了对推导简化，状态和观测矢量组元中的代号已省略。

9.4.3 空中目标运动参数信息综合处理次优算法的合成

对于一个通道，根据式（9.21），结合式（9.23），状态矢量和确定其动态的方程式具有以下形式：

$$\begin{cases} \boldsymbol{X}^{\mathrm{T}}(t) = [V(t) \quad a(t)] \\ \dot{V}(t) = a(t) + u(t), V(t_0) = V \\ \dot{a}(t) = 0, a(t_0) = a_0 \end{cases} \tag{9.34}$$

根据式（9.32），用以下关系式说明一个通道的观测情况：

$$z(t) = V(t) + \xi_{\text{и}}(t) \tag{9.35}$$

以下方程式是式（9.34）和式（9.35）的类似离散模型：

$$V(k) = V(k-1) + Ta(k-1) + Tu(k-1), V(0) = V_0$$

$$a(k) = a(k-1), a(0) = a_0 \tag{9.36}$$

$$V_{и}(k) = V(k) + \xi_{и}(k), 1, 2, \cdots \tag{9.37}$$

式中：$\xi_{и}(k) = \frac{1}{T}\int_{(k-1)T}^{kT} \xi_{и}(\tau)\mathrm{d}\tau$；$T$ 为离散间隔时间。

在用矢量矩阵表示时

$$\boldsymbol{X}(k) = \boldsymbol{\Phi}(T)\boldsymbol{X}(k-1) + \boldsymbol{C}\boldsymbol{U}(k-1), \boldsymbol{X}(0) = \boldsymbol{X}_0 \tag{9.38(a)}$$

$$\boldsymbol{X}(k) = \begin{bmatrix} V(k) \\ a(k) \end{bmatrix}, \boldsymbol{\Phi}(T) = \begin{bmatrix} 1 & T \\ 0 & 1 \end{bmatrix}, \boldsymbol{U}(k-1) = u(k-1); \boldsymbol{C} = \begin{bmatrix} T \\ 0 \end{bmatrix}$$

$$z(k) = \boldsymbol{H}\boldsymbol{X}(k) + \boldsymbol{\xi}_{и}(k) \tag{9.38(b)}$$

式中：$z(k) = V_{и}(k)$；$\boldsymbol{H} = [1 \quad 0]$；$M\{\xi_{и}(k)\} = 0$；$M\{\xi_{и}(k)\xi_{и}(j)\} = \sigma^2\delta_{\mathrm{kj}}$；$\sigma^2$ 为观测噪声离散；δ_{kj}为克罗内克符号。

使用式（9.38（a））和式（9.38（b）），用式（3.27）、式（3.28）中的最优离散滤波算法，得

$$\begin{cases} \hat{V}(k) = V_{э}(k) + \kappa_V(k)[V_{и}(k) - V_{э}(k)], \hat{V}(0) = \hat{V}_0 \\ \hat{a}(k) = \hat{a}(k-1) + \kappa_a(k)[V_{и}(k) - V_{э}(k)], \hat{a}(0) = \hat{a}_0 \end{cases} \tag{9.39}$$

式中：$V_{э}(k) = \hat{V}(k-1) + T[\hat{a}(k-1) + u(k-1)]$，为在 $t_k = kT$ 时，速度的外推值；$\Delta z(k) = V_{и}(k) - V_{э}(k)$，为测量误差，系数 κ_V 和 κ_a 根据式（3.30）~式（3.32）进行计算。

实践中，对于所有时刻，使用固定的滤波器放大系数矩阵（比如，固定值或一定时刻计算值的矩阵），经常可以成功地保证可以接受的评估质量[23]。这种确定放大系数矩阵的方法，从对于固定系统达到可接收评估精度的角度来看，是有效的。考虑到以下所述，向式（9.39）代入固定系数，可得

$$\begin{cases} \hat{V}(k) = V_{э}(k) + \kappa_V[V_{и}(k) - V_{э}(k)], \hat{V}(0) = \hat{V}_0 \\ \hat{a}(k) = \hat{a}(k-1) + \kappa_a[V_{и}(k) - V_{э}(k)], \hat{a}(0) = \hat{a}_0 \end{cases} \tag{9.40}$$

式（9.40）确定了次优线性离散滤波器的结构，该结构对于所有 3 个信息处理独立通道而言是一样的。用于进行 t_k 时刻目标速度矢量投影 $\hat{V}_{\text{цx}}(k)$、$\hat{V}_{\text{цy}}(k)$ 和 $\hat{V}_{\text{цz}}(k)$ 评估所必需的控制信号在 t_{k-1}时刻根据式（9.33）进行计算：

$$\begin{cases} u_x(k-1) = \omega_{\text{azи}}(k-1)\hat{V}_{\text{цy}}(k-1) - \omega_{\text{ayи}}(k-1)\hat{V}_{\text{цz}}(k-1) \\ u_y(k-1) = \omega_{\text{axи}}(k-1)\hat{V}_{\text{цz}}(k-1) - \omega_{\text{azи}}(k-1)\hat{V}_{\text{цx}}(k-1) \\ u_z(k-1) = \omega_{\text{ayи}}(k-1)\hat{V}_{\text{цx}}(k-1) - \omega_{\text{axи}}(k-1)\hat{V}_{\text{цy}}(k-1) \end{cases} \tag{9.41}$$

应该指出，式（9.41）中包括的角速率 $\omega_{\text{axи}}(k-1)$、$\omega_{\text{ayи}}(k-1)$、$\omega_{\text{azи}}(k-1)$，在滤波的第一阶段通常根据图 9.10 所述的算法进行计算。以随后的滤波步

骤，根据表达式[10]，结合式（9.27）对 $\omega_{\text{ayи}}$（$k-1$）、$\omega_{\text{azи}}$（$k-1$）进行确定：

$$\hat{\omega}_{\text{ay}}(k) = \frac{\hat{V}_{\text{цz}}(k) - V_{\text{czи}}(k)}{D_{и}(k)}, \hat{\omega}_{\text{az}}(k) = \frac{\hat{V}_{\text{цy}}(k) - V_{\text{cyи}}(k)}{D_{и}(k)} \tag{9.42}$$

除此之外，角速率 $\hat{\omega}_{\text{ay}}$（k）和 $\hat{\omega}_{\text{az}}$（k）还在空中目标制导过程中生成歼击机控制信号算法时使用。

空中目标运动参数离散评估次优系统的结构图可以在一些机载计算系统中实施算法的要素、控制信号表达式（9.41），以及式（9.27）、式（9.28）的基础上建构。并且，根据这些关系式，可以对天线坐标系轴中目标速度矢量投影已测值进行计算。执行机载计算系统中信息处理功能的要素，在结构图（图 9.12）中相应表示为通道和部件。空中目标运动参数离散评估次优系统的结构图包括：

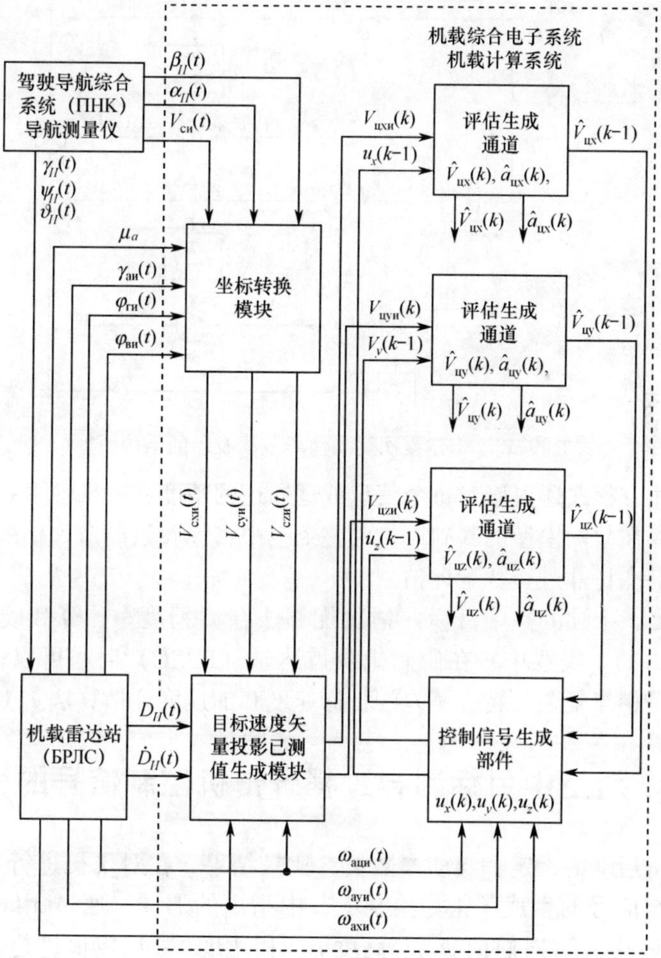

图 9.12　机载计算系统结构图

3 个独立的同一信息处理通道、1 个坐标系 $OX_aY_aZ_a$ 轴上目标速度矢量投影已测值的机载雷达站（БРЛС）和驾驶导航综合系统（ПНК）导航测量仪数据生成部件，1 个 u_x（$k-1$）、u_y（$k-1$）和 u_z（$k-1$）控制信号生成部件，以及 1 个坐标转换部件（图 9.12）。这 3 个信息处理通道中的每一个通道都是一个卡尔曼次优线性离散滤波器，它对于天线坐标系轴上的一个目标速度矢量投影实施算法（式（9.40））。

作为示例，在图 9.13 中给出了卡尔曼次优线性离散滤波器的结构图，该滤波器对 $\hat{V}_{цх}$（k）和 $\hat{a}_{цх}$（k）进行评估。卡尔曼滤波器传递系数 κ_{Vx} 和 κ_{ax} 则根据式（3.30）~式（3.32），结合具体初始数据进行计算。

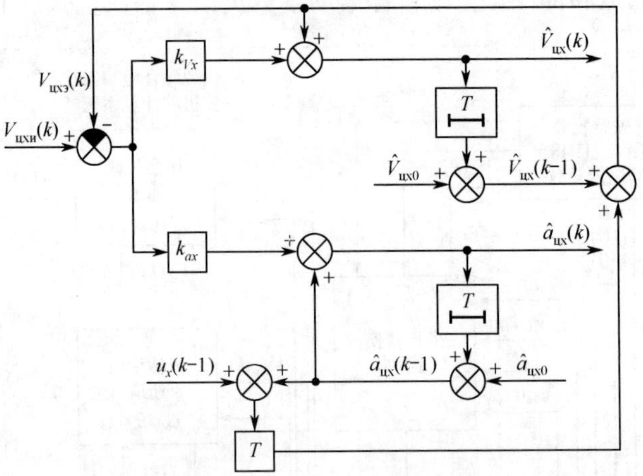

图 9.13　卡尔曼次优线性离散滤波器的结构图

解决上述方程式还可以对每个信息处理通道的精度和抗噪性潜在特性进行数量评估。可以在数学模型的基础上，对整个空中目标参数离散评估的次优系统精度和抗噪性潜在特性进行数量评估。

应该指出，上述的空中目标评估次优算法在“精度—计算和硬件消耗”范畴是有吸引力的。实践中，在研制机载雷达站（БРЛС）时，可以使用更准确、更简单，但是相当复杂、精度稍差的目标速度和加速度评估算法。

9.5　对空中目标制导过程歼击机控制信号的生成

根据飞机运动的设定和当前参数信息比较结果，在对飞机进行目标制导时，进行飞机控制信号的生成。正如第 9.1 节中指出的那样，通过无线电控制电路（КРУ）（或者声音）对航向 $\psi_{зад}$、高度 $H_{зад}$ 和速度 $V_{зад}$ 设定值进行传递的方法，在水平和垂直平面上进行歼击机远距离目标制导。在现代机载综合电子系统中，根据航向对歼击机进行制导时，广泛使用追捕（直接制导）、机动（与转变成直线）或拦截（直接接近）法[1,9,10,12]。

正如第 9.1 节指出的那样，在远距制导过程中，歼击机在垂直平面上的运动通常由高度和速度程序指定。

在实施所有 3 种方法时，在远距制导阶段，歼击机的纵轴实际上与目标的制导线（ЛВ）重合。在轨迹终段（采取任一方法进行制导时），分布着机载雷达站（БРЛС）发射接通 ИЗЛ（辐射）点，以及遥控制导（ТКН）远距制导和机载自制导过渡计算点。在进入遥控制导 ТКН 时刻，机载综合电子系统在飞行员参加的情况下，应根据机载雷达站（БРЛС）的数据进行目标的发现、识别和截获。因此，ИЗЛ 点位于 ТКН 前的轨迹上，距离 $\Delta R = V_и \Delta t$，其中 Δt 为完成上述操作的必需时间。此时，ΔR 不应超过机载雷达站（БРЛС）目标发现的最大距离。在机载雷达站（БРЛС）目标距离中断的情况下，后飞过遥控制导 ТКН 之后，进入备份制导阶段（在歼击机自制导阶段开始之后，引导指令继续发送到飞机上）。

这样，在完成远距制导阶段之后（该阶段以目标截获、识别和机载雷达站（或者其他机载综合电子系统的搜索瞄准系统制导系统）过渡到目标跟踪为结束），空中目标运动参数直接在歼击机上确定。

在远距制导阶段，在歼击机的机载综合电子系统中，可以实现飞机手动、离散和自动控制状态。

在歼击机手动控制时自动制导状态下，失调（控制）信号由以下表达式确定：

$$\Delta\psi = \psi_{зад} - \psi;\Delta H = H_{зад} - H;\Delta V = V_{и\,зад} - V_и$$

式中：$V_{и\,зад}$，$H_{зад}$，$\psi_{зад}$和 $V_и$，H，ψ 分别为飞行速度、高度、航向设定值（根据无线电控制线路传递的值）和当前值。

水平和垂直平面上在歼击机离散和自动控制时，在自动制导状态下，以下信号作为失调（控制）参数：

$$\begin{cases}\delta_г = \gamma_{зад} - \gamma \\ \delta_в = n_{зад} - n\end{cases} \tag{9.43}$$

式中：$\gamma_{зад}$，$n_{зад}$和 γ，n 分别为倾角和正常过载的设定值和当前值（可在机载综合电子系统中测量）。

在歼击机近距（机载）目标制导阶段，根据搜索瞄准系统数据（机载雷达站（БРЛС）或光电制导系统（ОЭПС）），生成歼击机控制信号。在使用“空对空”型全方位导弹时，通常，进行制导时，具有歼击机空中速度矢量相对于目标制导线的提前量。在这种情况下，在机载综合电子系统中，歼击机基准轨迹通常根据空中目标均匀直线运动的假设进行计算。

此时，在近距制导阶段所实施的方法称为向最有利前置相遇点的制导方法[1,9,10,12]。歼击机控制信号可以在各种坐标系中生成，比如，在正常坐标系

$OX_gY_gZ_g$、天线坐标系 $OX_aY_aZ_a$，以及其他坐标系中生成。

在进行歼击机近距制导时，进行水平和垂直运动的控制，因此，在一般情况下，歼击机制导轨迹可以具有复杂的空间形式。在两个控制平面中，制导方法通常是相同的。由于这个原因，为简洁起见，我们将研究歼击机和目标在一个平面上运动的情况。例如，我们认为，它们在同一高度运动，从而制导轨迹位于水平面上（图 9.11）。

图 9.14 中所示为（与图 9.8 相同）在飞机质心具有原点的正常坐标系 $OX_gY_gZ_g$ 和射线坐标系 $OX_лY_лZ_л$；坐标轴 $OY_л$ 和 OY_g 重合，而 $OX_л$ 和 OX_g（$OZ_л$ 和 OZ_g）以 $\varepsilon_г$ 的角度相互旋转；$\boldsymbol{i}$，$\boldsymbol{j}$，$\boldsymbol{k}$ 为射线坐标系的单位向量。坐标系 $OX_лY_лZ_л$ 相对于坐标系 $OX_gY_gZ_g$ 进行旋转，绕着轴 $OY_л$（OY_g），角速率为

$$\overline{\boldsymbol{\Omega}} = -\boldsymbol{j}\omega_г$$

式中：$\omega_г = \dot{\varepsilon}_г$。

其质心位于点 $O_ц$ 的目标和质心位于点 O 的歼击机的相对运动由以下参数进行确定：

（1）目标距离矢量 $\overline{\boldsymbol{D}}$；

（2）目标方位角 $\varepsilon_г$，即 OX_g 轴和歼击机—目标连线（制导线）之间的角度；

（3）歼击机空中速度 $\overline{\boldsymbol{V}}_и$ 和目标速度矢量 $\overline{\boldsymbol{V}}_ц$，以及所要求的歼击机速度矢量 $\overline{\boldsymbol{V}}_{ит}$；

（4）$\boldsymbol{\Psi}_и$ 和 $\psi_и$ 角，这些角度说明了歼击机和目标在坐标系 $OX_gY_gZ_g$ 中的飞行航向，以及 $\boldsymbol{\Psi}_{ит}$ 角；

（5）实际前置角 $\chi_г = \boldsymbol{\Psi}_и - \varepsilon_г$，该角度说明了歼击机相对于制导线的运动；

（6）所要求的前置角 $\chi_{гт} = \boldsymbol{\Psi}_{ит} - \varepsilon_т$；

（7）角度 $\chi_{гц} = \boldsymbol{\Psi}_и - \varepsilon_т$，该角度说明目标相对于制导线的运动。

需要指出，在图 9.14 中，之后为了解释的确定性和准确性，所有角度均相对于一个顺时针基准方向（OX_g 轴）进行读数。

在采取对最有利前置相遇点制导方法时，歼击机飞机轨迹，尤其是水平面 X_gOY_g 中的轨迹的选择，要做到使飞机直线移动，而导弹和目标则同时达到前置相遇点 O_y。在采取此制导方法时，失调（控制）参数为

$$\begin{cases}\Delta\chi_г = \chi_{гт} - \chi_г \\ \Delta\chi_в = \chi_{гв} - \chi_в\end{cases} \tag{9.44}$$

式中：$\chi_в$ 和 $\chi_г$ 分别为对于歼击机纵向运动平面的实际和要求前置角。

在制导过程中，歼击机空中速度的实际矢量 $\overline{\boldsymbol{V}}_и$ 和要求矢量 $\overline{\boldsymbol{V}}_{ит}$ 重合。

飞机与目标的接近速度矢量 $\overline{\boldsymbol{V}}_{сбл}(t) = \dot{\overline{\boldsymbol{D}}}(t)$ 和制导线转弯角速率矢量 $\overline{\boldsymbol{\Omega}}_л$ 由一些运动学方程式与上述所研究的参数相联系。可以得到这些矢量。

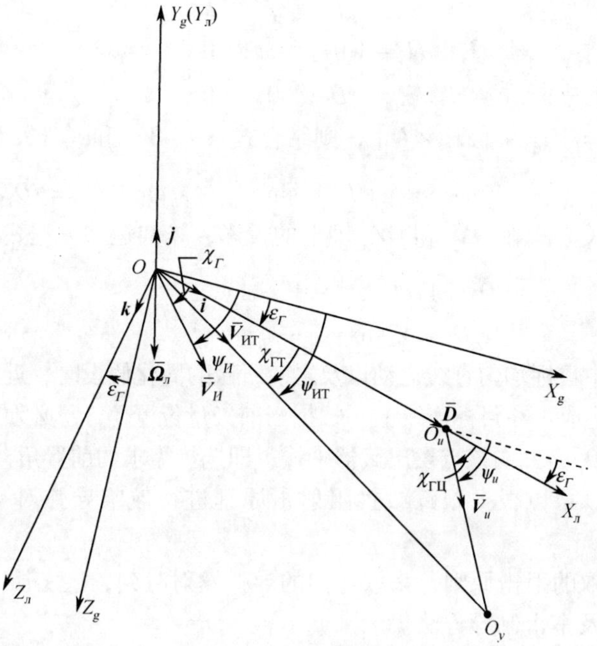

图 9.14　坐标系关系图

此时，将给出两个简化假设：

(1) 武器轴线，即导弹速度的初始矢量，与歼击机速度矢量重合；此时，通常认为 $|\bar{V}_и| = |\bar{V}_{ит}| = V_и$。

(2) 导弹在发射之后，做均匀直线运动，速度 $V_p = V_и + \Delta V_p$，其中 ΔV_p 为导弹速度对于歼击机速度的平均计算超出量。

在采取这些假设时，不考虑歼击机纵轴和导弹弹道的实际方向，即只有目标运动考虑前置角 $\chi_г$。

根据式（9.3）和式（9.5），并结合图 9.14，得

$$\bar{\boldsymbol{V}}_и = \bar{\boldsymbol{V}}_и + \bar{\boldsymbol{V}}_{сбл} \tag{9.45}$$

式中：

$$\bar{\boldsymbol{V}}_{сбл} = \dot{\bar{\boldsymbol{D}}} = \bar{\boldsymbol{V}}_{отн} + [\bar{\boldsymbol{\Omega}}_л \times \bar{\boldsymbol{D}}] \tag{9.46}$$

需要指出，最后一个表达式右边部分是接近速度矢量的径向和横向分量：$\bar{\boldsymbol{V}}_R = \bar{\boldsymbol{V}}_{отн}$ 和 $\bar{\boldsymbol{V}}_т = \bar{\boldsymbol{\Omega}}_л \times \bar{\boldsymbol{D}}$。

根据图 9.14，对坐标系 $OX_лY_лZ_л$ 单位向量 $\boldsymbol{i}$、$\boldsymbol{j}$ 和 $\boldsymbol{k}$ 进行研究，得

$$\bar{\boldsymbol{V}}_{отн} = \boldsymbol{i}\dot{D}; \bar{\boldsymbol{D}} = \boldsymbol{i}D; \bar{\boldsymbol{\Omega}}_л = -\boldsymbol{j}\omega_г \tag{9.47}$$

$$\bar{\boldsymbol{V}}_{сбл} = \bar{\boldsymbol{V}}_ц - \bar{\boldsymbol{V}}_и = \boldsymbol{i}(V_ц\cos\chi_{гц} - V_и\cos\chi_г) + \boldsymbol{k}(V_ц\sin\chi_{гц} - V_и\sin\chi_г) \tag{9.48}$$

$$\overline{\boldsymbol{\Omega}}_л \times \overline{\boldsymbol{D}} = \begin{bmatrix} \boldsymbol{i} & \boldsymbol{j} & \boldsymbol{k} \\ 0 & -\omega_г & 0 \\ D & 0 & 0 \end{bmatrix} = k\omega_г D \tag{9.49}$$

因为 $\overline{\boldsymbol{V}}_{сбл} = \overline{\boldsymbol{V}}_{отн} + [\overline{\boldsymbol{\Omega}}_л \times \boldsymbol{D}]$，则结合式（9.48）和式（9.49），得

$$\boldsymbol{i}(V_и \cos\chi_{гц} - V_и \cos\chi_г) + \boldsymbol{k}(V_и \sin\chi_{гц} - V_и \sin\chi_г) = \boldsymbol{i}\dot{D} + \boldsymbol{k}\omega_г D \tag{9.50}$$

作为矢量关系式在 $OX_л$ 和 $OZ_л$ 轴上的投影，未知运动方程式具有以下形式：

$$\dot{D} = V_ц \cos\chi_{гц} - V_и \cos\chi_г \tag{9.51}$$

$$\omega_г D = V_ц \sin\chi_{гц} - V_и \sin\chi_г \tag{9.52}$$

在使用空中目标均匀直线运动以及之前所做的简化假设时，近距制导任务可以采取以下形式生成。在目标连线上（根据当前矢量位置 $\overline{\boldsymbol{V}}_ц$），必须计算导弹与目标的前置相遇点 $O_{у'}$，并向该点发出武器轴线，即选择需求的前置角 $\chi_{гт}$（图9.14）。

众所周知，可以根据跟踪或拦阻射击原理进行航空导弹对空中目标方面的使用[24]。

根据所采取的射击原则，采取不同的导弹发射时刻，这实质上影响了前置角 $\chi_{гт}$的计算，以及整个制导方法。

在进行跟踪射击时，预计导弹发射可以在任一个当前时刻进行。此时，对于每一时刻，计算前置相遇点 $O_у$ 和前置角度 $\chi_{гп}$。

在进行阻拦射击时预计指定某个确定的导弹发射距离 $D_п$，或者给定一个导弹计算飞行时间 t_p。此时，还对于当前时刻进行前置角 $\chi_{гт}$的计算，然而，只有当歼击机达到上述发射距离 $D_п$ 时，才能进行导弹的发射。在这种情况下，需要做到歼击机和导弹计算轨迹呈直线，并通过点 $O_у$（图9.14）。

根据在实践中更为广泛使用的阻拦射击原则，将得到歼击机对空中目标进行制导时的主要关系式。在采取全方位导弹时，正如之前指出的那样，此时所实施的制导方法常常被称为向最有利前置相遇点制导的方法。

我们认为：目标到相遇点的计算飞行时间（图9.15）为 $t_н$。在这一时间内，目标通过 $O_ц O_у$ 线路，该线路 $S_ц = V_ц t_н$。

导弹的发射应在离相遇点的以下距离内进行：

$$D_п = V_p t_p = (V_и + \Delta V_p) t_p \tag{9.53}$$

式中：t_p 为给定的导弹飞行计算时间。

在图9.15中，导弹的发射点用 $O_п$ 表示。

在导弹发射之前，歼击机飞行距离 $S_и = V_и (t_и - t_p)$。此时，提前距离 $D_у$，也就是说，从歼击机当前位置 O 至相遇点 $O_у$ 的距离为

$$D_у = S_и + D_п = V_н (t_н - t_p) + V_p t_p = V_и t_н + D_p \tag{9.54}$$

式中：$D_p = \Delta V_p t_p = O_к O_у$，为给定的毁伤距离。

在图9.15中，导弹与目标会合时刻的歼击机位置（如果使用具有半主动自导引头的导弹）用 O_k 表示。

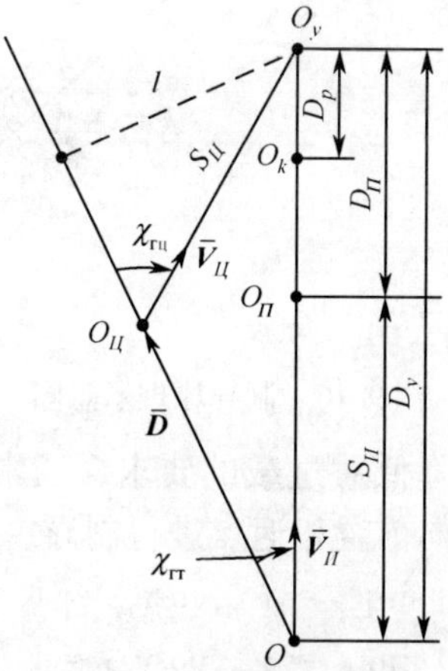

图9.15　前置角计算示意图

通过前置三角形 $OO_цO_y$ 可见：

$$D = D_y\cos\chi_{гт} - S_ц\cos\chi_{гц} = (V_иt_н + D_p)\cos\chi_{гт} - V_цt_н\cos\chi_{гц} \qquad (9.55)$$

$$S_ц\sin\chi_{гц} = V_иt_н\sin\chi_{гт} + D_P\sin\chi_{гт} \qquad (9.56)$$

根据式（9.56），可得

$$\sin\chi_{гт} = \frac{S_ц\sin\chi_{гц} - V_и\ t_н\sin\chi_{гт}}{D_P} = \frac{t_H(V_ц\sin\chi_{гц} - V_и\ \sin\chi_{гт})}{D_P}$$

结合式（9.52），当 $\chi_г = \chi_{гт}$ 时，有

$$\sin\chi_{гт} = \frac{t_н\omega_г\ D}{D_P} \qquad (9.57)$$

根据式（9.55），可得

$$t_н = \frac{D - D_P\cos\chi_{гт}}{V_и\ \cos\chi_{гт} - V_ц\cos\chi_{гц}}$$

结合式（9.51），当 $\chi_г = \chi_{гт}$ 时，所获得的上述表达式采取以下形式：

$$t_н = -\frac{D - D_P\cos\chi_{гт}}{\dot{D}} \qquad (9.58)$$

需要指出：在所有情况下，当成功进行后半球或前半球目标攻击时（歼击机与目标接近），$\dot{D} < 0$（图9.16），并且 $t_н > 0$。

将式（9.58）代入式（9.57），得

$$\sin\chi_{гт} = -\frac{\omega_г\ D(D - D_P\cos\chi_{гт})}{\dot{D}D_P} \qquad (9.59)$$

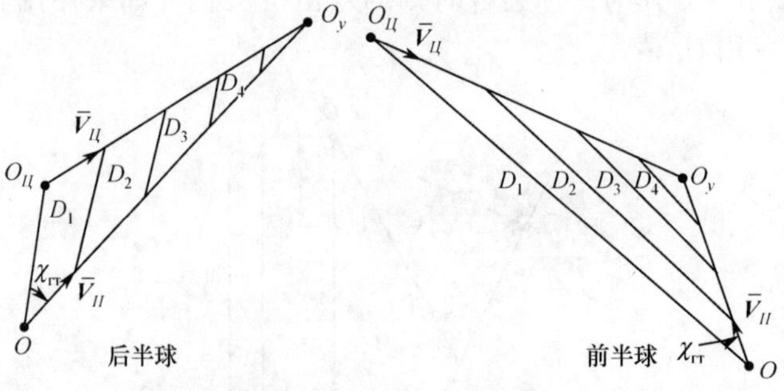

图 9.16 制导原理示意图

在发射导弹之后，为了降低对过载的要求，通常，在所要求的前置角$\chi_{гт}$和$\chi_{вт}$数值相当小时，将歼击机向前置相遇点进行制导。此时，完成以下关系式：

$$\sin\chi_{гт} \approx \chi_{гт}, \cos\chi_{гт} \approx 1$$
$$\sin\chi_{вт} \approx \chi_{гт}, \cos\chi_{вт} \approx 1$$

在这种情况下，将式（9.58）、式（9.59）进行简化，并采取以下形式：

$$t_н \approx -\frac{D - D_P}{\dot{D}} \tag{9.60}$$

$$\chi_{гт} \approx \frac{\omega_г D}{\kappa_V} \tag{9.61}$$

其中

$$\kappa_V = -\frac{\dot{D}D_P}{D - D_P} \tag{9.62}$$

可见，所导入的系数 κ_V 具有速度均匀性。

根据相同方法进行转换，可以得到进行阻拦射击时垂直面上所要求前置角$\chi_{вт}$的表达式：

$$\chi_{вт} \approx \frac{\omega_в D}{\kappa_V} \tag{9.63}$$

式中：$\omega_в$ 为相应平面上制导线转弯角速率。

式（9.61）和式（9.63）是函数关系式，它们在进行空中目标阻拦射击确定所要求的前置角$\chi_{гт}$和$\chi_{вт}$时，在机载综合电子系统的机载计算系统中实施。此时，机载雷达站（БРЛС）应对距离 D 及其变化速度 $\dot{D}$ 进行测量。此外，根据机载雷达站（БРЛС）和无线电电子综合系统中其他系统的数据，应计算角度 $\varepsilon_г$ 、$\varepsilon_в$ 和相应的角速率 $\omega_г$ 、$\omega_в$。速度 ΔV_p 通常以一个固定值的形式给定，该固定值说明导弹速度对于歼击机速度的平均超出量（导弹的气动力速度）。

对于其具体的战斗使用条件，在确定最大允许发射距离时，计算导弹自制导

计算时间 t_p。

在采取对最有利前置相遇点的制导方法以及飞机手动控制时，失调（控制）参数 $\Delta_{\text{нг}}$ 和 $\Delta_{\text{нв}}$ 为

$$\begin{cases}\Delta_{\text{нг}} = k_н(\chi_{\text{гт}} - \chi_г) \\ \Delta_{\text{нв}} = k_н(\chi_{\text{вт}} - \chi_в)\end{cases} \tag{9.64}$$

式中：$k_н$ 为比例系数。

如果进行飞机的导引或自动轨迹控制，那么，由以下表达式确定侧面和纵向运动平面的失调（控制）参数为

$$\begin{cases}\delta_г = k_{\delta\text{г}}(\gamma_т - \gamma) \\ \delta_в = k_{\delta\text{в}}(n_{ут} - n_y)\end{cases} \tag{9.65}$$

式中：$\gamma_т = k_1\Delta_{\text{нг}}$，$n_{\text{ут}} = k_2\Delta_{\text{нв}}$，为所要求的倾角和正常负载，它们可以确定为比参数 $\Delta_{\text{нг}}$ 和 $\Delta_{\text{нв}}$ 更为复杂的关系式；k_1 和 k_2 为比例系数；$k_{\delta\text{г}}$ 和 $k_{\delta\text{в}}$ 为比例系数；γ 和 n_y 为实际倾角和正常负载。

式（9.64）和式（9.65）说明了在近距制导阶段生成歼击机控制信号时的信息处理算法，未考虑其右边部分所包括参数的测定误差，以及在进行导弹制导时产生的误差。

根据在使用半主动雷达自动导引头的导弹时歼击机自制导阶段时产生的脱靶，我们将研究失调（控制）信号生成的原理。正如之前所指出的那样，在这种情况下进行近距制导时，歼击机速度矢量相对于目标制导线具有提前量。此时，水平面和垂直面上前置角的计算要做到导弹在对非机动目标进行发射之后沿着直线轨迹飞行，并且该直线是歼击机基准轨迹的延长线。

为了确定导弹的脱靶量，制导的矢量示意图如图 9.17 所示，在该图中：点 $O_и$、$Ц$、$Ц_{\text{ур}}$、$Ц_{\text{уф}}$ 分别为歼击机、目标、导弹与目标计算前置相遇点、导弹与目标实际前置相遇点的位置；$\overline{\boldsymbol{D}}_ф$ 为实际前置距离矢量；$\overline{\boldsymbol{D}}_у$ 为前置（计算）距离矢量；$t_н$ 为歼击机制导时间；$\overline{\boldsymbol{\Delta}}_л$ 为导弹线性脱靶矢量；$\overline{\boldsymbol{V}}_0$ 为矢量 $\overline{\boldsymbol{V}}_и$ 的单位向量；$\overline{\boldsymbol{V}}_{\text{ит}}$ 为歼击机要求的空中速度矢量。

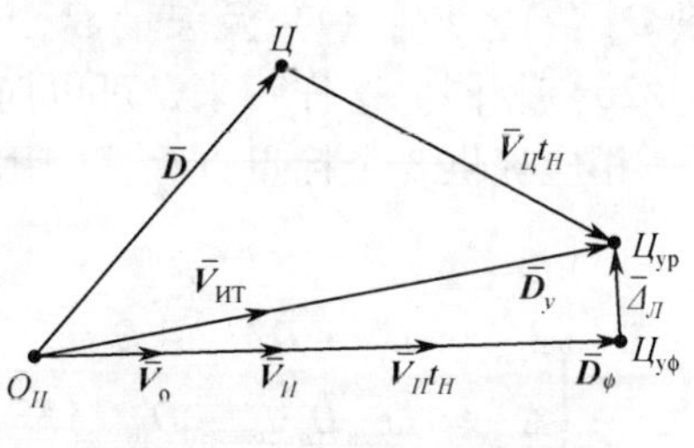

图 9.17　制导的矢量示意图

从制导矢量示意图 9.17 可见：

$$\overline{\boldsymbol{\Delta}}_л = \overline{\boldsymbol{D}}_у - \overline{\boldsymbol{D}}_ф \tag{9.66}$$

$$\overline{\boldsymbol{D}}_у = \overline{\boldsymbol{D}}_и + \overline{\boldsymbol{V}}_ц t_н ; \overline{\boldsymbol{D}}_ф = \overline{\boldsymbol{V}}_и t_н + \overline{\boldsymbol{V}}_о \Delta V_р t_р \tag{9.67}$$

式中：t_p 和 ΔV_p 分别为导弹自制导计算时间及其自有空气动力学速度；$\boldsymbol{D}_и$ 为到目标距离的已测矢量值。

结合以下关系式，将式（9.57）代入式（9.66），可得

$$\overline{\boldsymbol{V}}_и = \overline{\boldsymbol{V}}_и + \dot{\overline{\boldsymbol{D}}}_н$$

得

$$\overline{\boldsymbol{\Delta}}_л = \overline{\boldsymbol{D}}_и - \overline{\boldsymbol{D}}_р + \dot{\overline{\boldsymbol{D}}}_и t_н \tag{9.68}$$

其中

$$\overline{\boldsymbol{D}}_р = \overline{\boldsymbol{V}}_о \Delta V_р t_р ; \dot{\overline{D}}_и = \frac{\mathrm{d}\overline{\boldsymbol{D}}_и}{\mathrm{d}t}$$

根据式（9.23），得 $\dot{\overline{\boldsymbol{D}}}_и = \overline{\boldsymbol{V}}_{Dи} + \overline{\boldsymbol{\Omega}}_и \times \overline{\boldsymbol{D}}_и$。

作为示例，我们将研究机载雷达站天线坐标系 $O_и X_a Y_a Z_a$ 中线性脱靶矢量的确定算法，该算法由 $\Delta_{лх}$、$\Delta_{лу}$ 和 $\Delta_{лz}$ 3 个投影给定。$\Delta_{лх}$ 为导弹不及目标（或者飞过目标），而 $\Delta_{лу}$ 和 $\Delta_{лz}$ 分别为垂直和水平面上线性脱靶量。

角度脱靶量（失调）$\delta_{лв}$ 和 $\delta_{лг}$ 分别对应 $\Delta_{лу}$ 和 $\Delta_{лz}$ 线性脱靶量，它们由以下关系式确定：

$$\delta_{лв} = \frac{\Delta_{лу}}{D_ф} ; \delta_{лг} = \frac{\Delta_{лz}}{D_ф} \tag{9.69}$$

为了找到角度脱靶量 $\delta_{лв}$ 和 $\delta_{лг}$，应在开始时根据式（9.68）计算 $\Delta_{лу}$ 和 $\Delta_{лz}$ 线性脱靶，为此，必须确定天线坐标系中的矢量投影 $\overline{D}_и$、$\overline{D}_р$、$\dot{\overline{D}}_и$。

在速度坐标系 $O_и X_{ск} Y_{ск} Z_{ск}$ 中，给定了矢量 $\overline{\boldsymbol{D}}_р$（图 9.11）。因此，为了找到它在天线坐标系 $O_и X_a Y_a Z_a$ 的投影，必须完成一系列坐标转换，这与 9.4.2 节中使用矩阵［$\varphi_{ги}$］［$\varphi_{ви}$］［$\gamma_{аи}$］［$\alpha_и + \mu_{аи}$］［$\beta_и$］测定矢量 $\boldsymbol{V}_{ии}$ 的投影 $V_{ихи}$、$V_{иуи}$ 和 $V_{иzи}$ 时相同。矢量 $\overline{\boldsymbol{D}}_и(t)$、$\overline{\boldsymbol{V}}_{Dи}(t)$ 及矢量 $\overline{\boldsymbol{\Omega}}_{аи}(t) \times \overline{\boldsymbol{D}}_и(t)$ 的投影确定与式（9.25）、式（9.26）相同。这样一来，可以向导弹线性脱靶矢量的矢量方程式（式（9.68））相应提供 3 个标量方程式，用于它在天线坐标系轴上的投影：

$$\begin{cases} \Delta_{лx} = D_и + \dot{D}_и t_и - D_{px} \\ \Delta_{лy} = \omega_{azи} D_и t_и - D_{py} \\ \Delta_{лz} = -\omega_{ayи} D_и t_и - D_{pz} \end{cases} \tag{9.70}$$

将式（9.70）中的 $\Delta_{лу}$ 和 $\Delta_{лz}$ 值代入式（9.69），将得到角度脱靶 $\delta_{лв}$ 和 $\delta_{лг}$ 的

表达式，它们用于生成歼击机控制信号。当信息综合处理（KOИ）次优算法工作时（该算法生成目标绝对速度和绝对加速度矢量评估），在式（9.70）中，不再使用$\omega_{azи}$和$\omega_{ayи}$，而分别使用式（9.42）中的角速率$\hat{\omega}_{az}$、$\hat{\omega}_{ay}$。

应该指出：在与9.2节中列出的其他典型算法一同完成空中目标消灭任务时，所研究的信息综合处理和飞机控制信号生成关系式是完成现代以及未来歼击机及多功能飞机机载综合电子系统战斗任务的基础。

9.6 多目标跟踪时机载综合电子系统的工作特点

9.6.1 引言

多目标跟踪（MЦC）也称为扫描状态下目标的自动跟踪（ACЦPO），它是拦截和消灭空中目标时机载综合电子系统的特有状态[28]。在这种状态下，装备了具有半主动雷达自动导引头的导弹的飞机可以根据不同目标实施数枚导弹（制导其他飞机）的同时制导发射，这实质上扩展了其战斗能力。对相互距离很远的目标进行同时消灭的能力建立在连续获得关于飞机和可毁伤对象相对运动坐标的准确信息的基础上。这一信息用于控制飞机本身，也用于向导弹发出目标指示指令，在将近距和远距导弹与综合控制系统进行制导时生成无线电校正指令。此时，根据机载综合电子系统的特点，飞机可以按照计划飞行，也可以通过向可跟踪目标的几何中心或更为重要的目标进行制导的途径进行飞行。应该强调，使用具有半主动雷达自动导引头的导弹可以实现“发射后不用管”[25]。

在歼击机和轰炸机上，对数个目标同时跟踪时广泛使用雷达侦察和制导航空机载综合系统（AK PЛДH）。对于歼击机的无线电电子综合系统，对目标跟踪的精度和稳定性提出了更高的要求，因此，主要关注的就是它们。

9.6.2 传统扫描及其缺陷

在空中对象搜索和发现过程中使用的机载雷达站（БPЛC）整个扫描区依次观察的传统状态不适用于与数个目标进行同时战斗，其原因如下。

正如第9.2节指出的那样，在扫描状态下，信息到达时具有较大的离散性，同时，必须连续控制飞机并向导弹发出目标指示指令。这样，在具有天线机械扫描的机载雷达站中，确定离散间隔时间的扫描周期会达到数秒[26]。在这个时间内，歼击机和目标之间的距离会发生数千米的变化。由于这一点，在所反射信息到达之间的时间间隔内，关于相对运动的信息精度会较低。此外，在这种态势下，重新获得测量结果与具体目标之间的连测（识别）概率相当小。后者是由于根据这些结果难以断定它们是否属于之前的可观测和已移动目标，或者所反射信号接收自重新出现对象所引起的。

应该强调，对于传统的扫描状态，相对运动坐标的评估具有较低的精度，这使得无法生成具有要求精度的导弹目标指示指令。由于这一点，在无线电电子综合系统中，只能向一个目标的跟踪状态过渡，即向连续定位状态过渡。在这种状态下，保证具有实质上更高的测量精度。在这种状态下，远距制导（ДН）的射线一直朝向一个目标，这实质上显露了准备攻击这一情况。另外，此时，失去了关于所有其他目标的信息。在机动编组战斗条件下，失去信息会引起无法挽救的后果。这里所指出的传统扫描状态和连续定向状态（РНП）的缺陷是制定和实行多目标跟踪（МЦС）算法的原因。

9.6.3 多目标跟踪的各个阶段

在机载雷达站（БРЛС）和机载计算系统联合工作过程中实施的多目标跟踪分数个阶段进行，包括：

（1）初始测量的生成；

（2）轨迹的捆绑；

（3）在测量结果从机载雷达站（БРЛС）到达时间间隔内所有可跟踪目标相对坐标（轨迹）的外推；

（4）对到达测量结果属于某一个外推轨迹的识别；

（5）根据识别测量结果，对某一外推轨迹的校正（滤波）；

（6）根据目标重要性对目标的排序，清除跟踪轨迹。

初始测量的生成包括无线电信号初次处理的全部阶段，从发现无线电信号开始，到获得距离、接近速度的数据，以及水平和垂直面的机上方位结束。应该指出，只有在具有高重复频率（ВЧП）、中重复频率（СЧП）的脉冲信号的情况下才可以进行速度测量。在对单波瓣远距制导（ДН）空间进行扫描时，水平面上的机上方位通常在所反射脉冲束的中间读取，而在垂直面上，则根据行的序号读取[26]。

轨迹的建立指的是抓取机载雷达站（БРЛС）扫描区内出现的新目标进行跟踪的过程。外推是对目标和歼击机所有用于飞机控制和对“空—空”导弹发出目标指示指令的相对运动坐标进行预测的过程。在笛卡儿坐标系中进行外推时，对坐标系 $OXYZ$ 空间中稳定轴上目标距离投影 D_x、D_y/D_z 及其导数 $\dot{D}_x$、$\dot{D}_y$、$\dot{D}_z$ 进行预测，这可以在自主状态下对具有合成控制系统的导弹进行制导过程中生成无线电校正当前指令。

为了生成歼击机当前控制信号，向导弹发出目标指示指令，在极坐标系中，更广泛地使用制导线距离 D、速度 $\dot{D}$、机上方位 $\varphi_г$ 和 $\varphi_в$、角速率 $\omega_г$ 和 $\omega_в$ 已测（已评估）值的外推法，极坐标系则与飞机质心相联系。坐标通常使用一个算法进行外推，借助于该算法，可以方便地将均方差最小值的最优外推过程与后续均方差最小值的最优滤波（校正）结合在一起。

到达测量结果的识别的目的是确定一个外推轨迹，根据某些特征，所得到的观测最为可信地符合这一轨迹。确定这种相符性的规则是各种各样的，（参见 9.8 节）。

根据对于跟踪精度和机载计算系统计算能力的要求，可以使用不同的算法，根据已识别的测量结果进行外推轨迹校正（滤波）。为此，较常用的是 α、β，以及最优线性离散滤波算法[27]。

由于目标的数量可能会超过歼击机上导弹数量，那么，为了进行有效使用，最好知道可跟踪对象的危险（重要性）程度（目标排序）。因此，必须划分出最危险（重要）目标，对这些目标应首先予以消灭。一个最为广泛使用的危险性确定标准是距离与接近速度的最小比例。这一标准的含义在于根据距离和速度外推（测量）结果，计算与可跟踪目标会合之前的剩余时间 $t_в$。已计算值 $t_в = D/|\dot{D}|$ 为最小值的目标是最危险的目标[26]。

清除目标跟踪在轨迹建立和观测识别过程中在分析测量结果的范围内进行。如果根据分析结果明确所得到的结果不能根据任何一个外推轨迹进行识别，并且，此时没有完成新轨迹的建立条件，那么，目标被从跟踪过程中清除出来。

上述的多目标跟踪主要阶段之间的逻辑联系如图 9.18 所示。

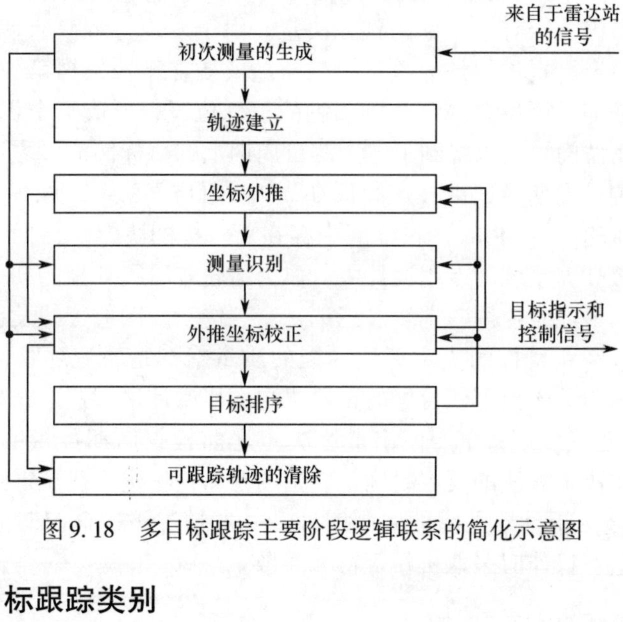

图 9.18　多目标跟踪主要阶段逻辑联系的简化示意图

9.6.4　多目标跟踪类别

如 9.1 节所述，目前，多目标跟踪可分为两类[28]。一类是过程中跟踪，它用于带有天线机械扫描的机载雷达站（БРЛС）中。在该机载雷达站（БРЛС）中，全部多目标跟踪阶段均在整个天线扫描区的连续观测过程中进行，整个天线扫描区则处于目标搜索和发现状态。另一类最具前景的多目标跟踪称为编程扫描或者有源跟踪，用于带有相控阵天线（ΦAP）和有源相控阵天线（AΦAP）的多功能雷达站（MΦРЛС）中。在该雷达站中，依靠电子控制，根据其空间位置的外推结果，远距制导波束飞跃式地从一个目标向另一个目标移动。这种方法，在排除了对目标缺乏区进行观测的情况下，可以在实质上缩短信息从雷达站到达离散性的时间间隔，并从而大大提高所有目标跟踪的精度和稳定性。应该指出，所有被跟踪目标的定位顺序可以有不同的选择，包括所有对象的依次照射，以及对最重要目标的密集探测。

9.7 轨迹建立

9.7.1 概念和质量特点

轨迹建立指的是采取关于在责任区内出现新目标的决定的程序，在检查其是否属于全部可跟踪目标之后，根据距离 D、速度 $\dot{D}$ 和机上方位 $\varphi_г$ 和 $\varphi_в$ 的测量结果实施。如果检查结果表明所获得的 $D_{их}$、$\dot{D}_и$ 和 $\varphi_{ги}$、$\varphi_{ви}$测量不符合任一个外推轨迹，那么则做出关于有新目标的预先决定。由于发现过程具有偶然性，那么，所做出的预先决定需要进行补充确认。确认的实质在于：根据第一次测量结果，预测下一个周期的目标位置。针对可预测的目标位置，形成一个识别选通波门，它也被称为校正波门，可以找到下一个测量周期上的目标回波。之后，该程序重复用于下一个测量周期。如果在连续周期 m 中，目标发现 k 次，$k \leqslant m$，那么做出关于在机载雷达站（БРЛС）扫描区中存在新目标的决定。此后，最后的测量结果要记入机载计算系统的专用文件中，作为新轨迹后续外推的初始条件。为了采取最终决定，最经常使用二选二、三选二、三选三、四选三的发现逻辑[28]。

做出关于存在新目标的决定算法功能的质量指标是轨迹建立的可信度和速度。可信度由做出关于出现新目标的正确决定的概率评估，这一概率随着机载雷达站（БРЛС）正确发现概率、做出最终决定之前检查周期数量的增加而提高。速度表现为做出决定算法的反应时间，它指的是新目标进入机载雷达站（БРЛС）扫描区与做出存在新目标之间的间隔时间。一般情况下，这一时间是一个随机值，因此，在进行操作时采取机械等待和离散。

9.7.2 滑动窗口程序

应该指出，轨迹建立过程的实现程序可以是各种各样的。在具有天线机械扫描的机载雷达站（БРЛС）中，通常采取所谓的滑动窗口程序，而在带有相控阵天线（ФАР）（有源相控阵天线（АФАР））的多功能雷达站（МФРЛС）中，则采取连续试验方法[28]。

在采取滑动窗口程序时，预先决定的结果在机载雷达站（БРЛС）的数个连续扫描周期中进行处理。该程序的含义在图 9.19 中进行解释。如果连续性 $\{z_1, z_2, \cdots, z_n\}$ 提供了所有测量周期中反映信号预先分析的结果，当 i-周期测量结果进入识别选通波门，认为 $z_i = 1$，否则，$z_i = 0$。如果在一个 m 连续扫描周期的窗口中，识别选通波门中目标发现次数达到一定的值 k，那么，做出关于建立新轨迹的最终决定。当 $\sum_{i}^{i+m} z_i < k$ 时，m 扫描窗口向下一个周期移动进行增大。图 9.19 中，新的窗口位置用虚线表示。最完善的、但是较为复杂的滑动窗口程序以在其他生成新轨迹建立的概率 $\hat{P}_з$ 评估为基础。使用该算法可能性的基础以马尔可夫离散过程[23]形式的滑动窗口移动，该过程具有最终状态数量和稳定的过渡概率[27]。当 $\hat{P}_з \geqslant P_{зт}$时，做出关于建立新的轨迹的决定，其中 $P_{зт}$为所要求的概率值。

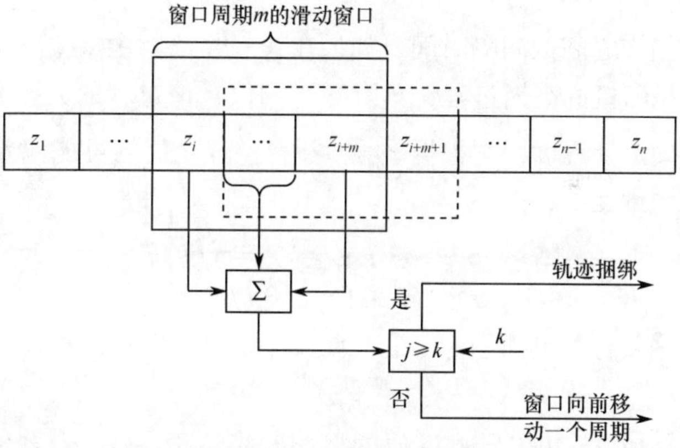

图 9.19　滑动窗口程序示意图

9.7.3　虚假性假设的连续检查算法

在带有相控阵天线（ФАР）（有源相控阵天线（АФАР））的多功能雷达站（МФРЛС）中，为了建立轨迹，常常使用采取具有新目标（H_1）真实性和该决定（H_0）虚假性假设的连续检查算法。在文献［27，29］中研究的二元观测的基础上，根据发现算法，可以按照 z_i 测量结果（图 9.19），以均方差最小值进行 H_1 和 H_0 假设的最优评估程序。应该指出，在具有相控阵天线（ФАР）的多功能雷达站（МФРЛС）中的连续发现方法保证了平均比滑动窗口要高的轨迹建立速度。

这一特点特别是由于在具有相控阵天线（ΦAP）的多功能雷达站（MΦPЛC）中可以直接以可跟踪对象预计方向发出天线波束，实质上可以花费更少的时间进行目标空闲区的观测。

9.7.4 选通波门大小的选择

识别选通波门的大小是对目标建立可信度和速度产生影响的重要因素。一方面，这些选通波门脉宽的增加可以提高以后测量周期内大机动目标的重复发现概率。但是，另一方面，另一个目标进入大选通波门的概率也增加了。因此，在某种意义上，校正选通波门的最优大小论证具有一定的意义。

识别选通波门大小选择的一个最简单方法的实质如下所述。在 k-扫描周期内，得到 x_i-坐标的未校正更改值，即

$$z_i(k) = x_i(k) + \xi_{ui}(k),(i = \overline{1,m}) \tag{9.71}$$

根据这些未校正更改值，做出了关于存在目标的预先决定。此时，为了下一个周期，x_i 坐标根据以下定律进行外推：

$$x_i(k+1) = x_i(k) + \dot{x}_i(k)T \tag{9.72}$$

在式（9.71）和式（9.72）中：$\xi_{иi}$（k）为集中的高斯噪声，已知离散度为 $\sigma^2_{иi}$；T 为两个扫描之间的间隔时间。如果在式（9.72）中 $\dot{x}$（k）的速度未测量，那么它被认为是随机的高斯过程，具有零平均值。该过程的方差 $\sigma^2_{\dot{x}i}$ 考虑到了可能速度值的不确定性程度，它根据 $\dot{x}_{i\min} \leqslant \dot{x}_1 \leqslant \dot{x}_{i\max}$ 值的可能偏差进行确定。在这种情况下，测量差值：

$$\Delta z = z(k+1) - z(k) = \dot{x}(k)T + \xi_{иi}(k+1) - \xi_{иi}(k) \tag{9.73}$$

由时间 T 内目标移动所引起，它也是集中的高斯随机过程，方差为

$$\sigma^2_{\Delta zi} = \sigma^2_{\dot{x}i}T^2 + 2\sigma^2_{иi} \tag{9.74}$$

那么测量差值 Δz 具有与 1 近似的概率，将位于 $-3\sqrt{\sigma^2_{\dot{x}i}T^2 + 2\sigma^2_{иi}} \leqslant \Delta z \leqslant 3\sqrt{\sigma^2_{\dot{x}i}T^2 + 2\sigma^2_{иi}}$ 的范围内。由此可见：

$$\Delta x_i = k_{i3}\sqrt{\sigma^2_{\dot{x}i}T^2 + 2\sigma^2_{иi}} \tag{9.75}$$

可以用作用于 x_i 坐标的识别选通波门。在实践中，确定 Δz_i 进入所选取选通波门的给定概率的系数 $k_{i з}$ 在以下范围内选择[26]：

$$1 \leqslant k_{iз} \leqslant 2 \tag{9.76}$$

必须指出，对于各种 x_i 坐标，以及在不同的测量周期内，$k_{iз}$ 可以选择不同值。

所研究方法的缺点是忽略不可测量速度 $\dot{x}_i$ 是高斯过程的不严格性，其分析规

则更接近于等概率规则。但是，这种缺点只有在为第二个测量周期而选择第一个选通波门的大小时才出现，之后，就可以计算速度 $\dot{x}_i$ 、更准确的方差 σ_{xi}^2 、校正选通波门的大小。如果速度 $\dot{x}_i$ 可以测量（计算），那么在式（9.75）中，方差 σ_{xi}^2 确定为速度测量（计算）方差 $\sigma_{xиi}^2$ 。在这种情况下，采取式（9.75）更为合理。

在文献［28］中，研究了另一种获取式（9.75）参数的方法，该方法建立在根据 x-平方规则使用均方形式分布性质的基础上。

9.8 雷达测量结果的识别

测量结果识别指的是做出某一外推轨迹相符性决议的过程。这一过程包括两个阶段。在第一个阶段，测量结果依次与所有外推轨迹进行比较。在第二个阶段，选择一个轨迹，根据某个标准，这个轨迹最符合测量结果。必须指出，第一个阶段可以根据另一种策略实施。每个外推轨迹都依次与扫描期间得到的所有测量结果相比较[28]，根据识别结果所选择的轨迹进行校正（滤波）。

在识别过程中，比较方法和做出决定的规则可能是各种各样的。我们将研究其中更常用的方法和规则，其中第一个建立在所谓识别选通波门中轨迹和测量结果比较的基础上；第二个则建立在根据模型参数的测量结果进行评估的基础上，并且，根据这些参数，对轨迹进行外推；第三个建立在测量误差分析的基础上；第四个，则根据预测校正结果实施。

9.8.1 测量识别，并且在识别选通波门中进行比较

识别选通波门（校正选通波门）指的是多维空间区域，大小为 $\pm\Delta x_i(i=\overline{1,m})$，围绕着每个扫描周期外推坐标的点。对于二维空间（$m=2$），空间选通波门 $ABCD$ 的示例如图 9.20 所示，其中，$O_{уо}$、$O_{цэ}$ 和 $O_{ци}$ 与飞机质量中心、目标位置外推和测量结果相对应；$2\Delta D$ 和 $2\Delta\varphi_r$ 为水平面中距离和机上方位选通波门的大小。识别选通波门中比较的实质在于从一个目标获得的测量值 $z_i(i=\overline{1,m})$，其中，m 为可测坐标的数量，结合许可值 Δx_i，它们依次与所有 $N_ц$ 外推轨迹的 $x_{эij}(i=\overline{1,m},j=\overline{1,N_ц})$ 同类坐标进行比较。

如果即使对于 j-目标的一个坐标，不执行以下条件：

$$|x_{эi}-z_{иi}|\leqslant\Delta x_i \tag{9.77}$$

那么，该轨迹从后续做出决定的程序中退出来。所有外推目标 $N_ц$ 的重新选择程序可以是非优先性的，也可以是优先性的。在后一种情况下，比较的顺序由一个目标对于其他目标的优先性（重要性）来确定。

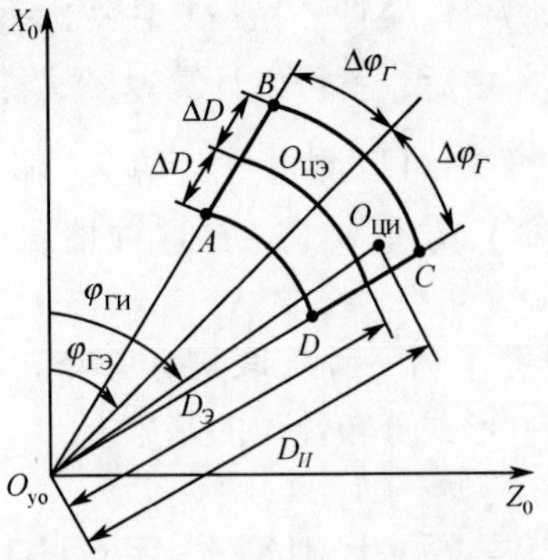

图 9.20　空间选通波门 *ABCD* 的示例

做出满足式（9.77）条件的一个外推目标 z_i 测量值相符性的决定程序也可以是不同的。最简单的是根据条件的第一个完成情况（式（9.77））做出决定的规则。这种采取决定的算法是仅适用于在空间上足够分散的目标。如果可跟踪目标分布的相当近，那么，所做出的决定可能是不可靠的，因为，另外一个目标的外推结果可能满足式（9.27）。这种情况的例子如图 9.21 所示，其中点 $O_{цэ1}$ 和 $O_{цэ2}$ 根据其轨迹外推结果显示了目标 1 和目标 2 的分布位置，而根据测量结果，点 $O_{ци}$ 则符合目标的位置。

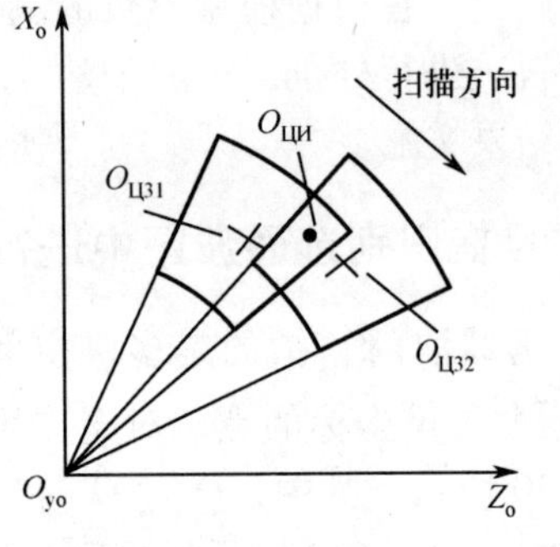

图 9.21　外推轨迹

对于所有满足条件（9.27）的轨迹，在对比较结果 $x_{эij} - z_{иi}$ 进行补充处理之后，做出决定的程序更加可信。作为做出关于某个 j 短糟轨迹测量值 $z_{иi}$ 与坐标 $x_{эij}$ 相符性的最终决定的措施，可以使用点 $O_{цэj}$ 和点 $O_{ци}$ 之间的距离，点 $O_{ци}$ 是获得的测量值，该距离最小的轨迹将被视为已识别轨迹。对于图 9.21 中的情况，由于 $O_{цэ2}O_{ци} < O_{цэ1}O_{ци}$，第二个轨迹 $O_{цэ2}$ 符合测量结果。作为识别标准，还可以使用平方形式的最小值：

$$I = \min_{\{j\}} \sum_{i=1}^{m} (x_{эij} - z_i)^2 q_{ii} \qquad (9.78)$$

式中：q_{ii}为加权系数，它们由 i-坐标的重要性确定。其平方形式将为最小值的轨迹被视为真轨迹。

应该指出，对于近距离分布的目标，从这些目标而来的测量结果之间的间隔可能非常小。在这种情况下，对于所有经过式（9.77）检查的 j-目标，以及所获得的 i-测量结果，制作一个 $O_{цэj}O_{иi}$距离矩阵，在根据一定规则对所有距离重新选择基础上，并连续清除可信度较低的方案[28]，或者根据规则式（9.78），并对于每次测量连续重新选择所有轨迹进行测量值的识别。

根据不同特征，通过对外推轨迹进行预先分类的方式，可以提高所研究识别算法的可信度（直线轨迹，机动目标轨迹等）。

识别选通波门的大小应同时满足两个条件：一方面，在可跟踪对象运动的任何实际规律下，应保证来自于相应目标的测量结果进入选通波门内部；另一方面，干扰信号进入选通波门内部的数量应为最小值。选通脉冲尺寸选择的一个最简单的方法的实质如下。

即使在 k-周期内，获得了独立的测量值（式（9.71））。此时，目标根据规律（式（9.72））进行外推，同时，实际上它以相对加速度 a_i 进行移动，该相对加速度表现为一个高斯固定过程，已知方差为 σ_{ai}^2。在这种情况下，$(k+1)$ 和 k 周期中，测量差值将表现为一个偶然的高斯过程：

$$\Delta z_i = z(k+1) - z(k) = x_i(k+1/k) + \xi_{иi}(k+1/k) + a_i T^2/2 - x_i(k/k-1) - \xi_{иi}(k) \tag{9.79}$$

方差为

$$\sigma_{\Delta zi}^2 = 2\sigma_{xэ}^2 + \sigma_{ai}^2 T^4/4 + 2\sigma_и^2 \tag{9.80}$$

式中：$\sigma_{xэ}^2$为预测误差方差。对于具有式(9.80)的高斯过程(式（9.79）)，可以确定一个信任间隔：

$$\Delta x_i = k_i \sqrt{2\sigma_{xэ}^2 + \sigma_a^2 T^4/4 + 2\sigma_и^2} \tag{9.81}$$

式（9.79）中，差值 Δz_i 将具有给定概率。通常，选择 $1 \leqslant k_i \leqslant 2$。如果可识别目标和歼击机以固定速度进行运动，那么，式（9.81）中的第二个被加数部分可以忽略不计。

在实践中，通常在水平面和垂直面的距离、按近速度和机上方位识别选通波门中进行识别。如果此时外推和滤波过程以最优算法进行，那么，选通波门的大小将由最初的“相当大”（式（9.75））减小到规定状态中的“比较小”（式（9.81））。形成这一特点的原因是由于滤波误差方差 $\sigma^2(t)$ 的减少，式（9.81）中 $\sigma_{xэ}^2$ 的值也减少了。

9.8.2 测量值的识别以及状态初始模型参数的评估

识别选通波门中测量结果识别的主要不足是在进行机动目标跟踪时其可信度

相对较低。这与使用较大校正选通脉冲（式（9.81））的必要性有关，因为在识别过程中要比较3个随机过程：测量、外推和机动加速。此外，仅对较少数量的可测坐标（m≤4）进行识别波门中比较，并且，在其过程中不考虑内部的决定性联系以及外推坐标之前的历史。

必须指出，在进行多目标跟踪时使用识别选通波门识别的机载雷达站（БРЛС）中，所有坐标的分辨率在很大程度上不是由信号和天线的参数确定的，而是由选通波门的大小确定的。由于在进行大机动目标的跟踪时，选通波门的选择得相当大，那么，这也决定了分辨率的降低。

此外，选择作为门限标准关键规则（式（9.77））这一事实本身也是非常不合理的，原因有两个。一个原因是指定最佳选通波门的复杂性，该最佳波门要与快速变化的机动目标跟踪条件相适应。另一个原因是在选通波门近处正确做出决定的低概率预先确定的，即使不大的测量误差也会将关于某一轨迹相关性的决定改变成相反的决定。

最为完善的是非选通波门识别算法，它们建立在根据某一平方泛函数的最小值生成决定性规则的基础上[25]。在该泛函数中，可以考虑运动的之前历史、某一轨迹出现的概率、对于整个识别程序的单独被加数部分的重要性等。这种方法可以得到高度可信的决定，并且无需顾及泛函数的绝对值，而仅仅需要确定轨迹重选过程中的最小值。另一方面，泛函数或者取决于被识别轨迹测量和预测不相关性的泛函数组成部分的绝对值可以用于在适应性模拟—离散滤波（参见4.6节）算法中校正过程的适应。

测量结果无选通波门识别的一个前瞻性算法建立在初始模型 ϕ_{ij} 参数识别的基础上（式（4.83）），这些初始模型用于其反射无线电信号接收之间间隔中目标演进的预测。如果在测量之后，过渡矩阵 $\boldsymbol{\Phi}_p$（k，$k-1$）中元素 ϕ_{ij} 的评估结果 $\hat{\phi}_{ij}(i=\overline{1,n};j=\overline{1,n})$ 与在模型（式（4.83））中使用的值相对应，那么，做出关于这些测量值符合外推轨迹的决定。评估结果 $\hat{\phi}_{ij}$ 与经验值 ϕ_{ij} 的显著差别都证明测量结果不符合该外推轨迹。重选全部轨迹，可以以较高的可信度确定所接收无线电信号对应的轨迹。作为识别标准，合理使用平方形式的最小值：

$$I = \min_{\{N_{ij}\}}\left\{\sum_{\substack{i=1\\j=1}}^{n}(\varphi_{ij}-\hat{\varphi}_{ij})^2 q_{ii}\right\} \tag{9.82}$$

式中：$q_i i$ 为加权系数，它们确定了某一可信识别系数的重要性。所得到的测量值将更为可信，与式（9.82）为较小值的那个外推轨迹相类。

根据式（9.82）的测量值识别算法对于来自于其他目标的测量值具有较高的敏感性，并且实现了该操作的较高敏感性，但是需要大量的计算以实现状态模型参数的评估。鉴于此，当目标数量不大时，建议用于跟踪算法中。

9.8.3 根据误差分析结果进行测量值的识别

在多目标跟踪过程中使用滤波算法时，可以根据误差分析（更新过程）来完成识别任务。如果模型（式（4.83）、式（4.84））符合歼击机和目标的实际相对位移，那么更新过程是一个集中的高斯白噪声，具有已知的协方差矩阵：

$$\boldsymbol{D}_{\Delta Z}(k) = \boldsymbol{H}(k)\boldsymbol{p}(k/k-1)\boldsymbol{H}^{\mathrm{T}}(k) + \boldsymbol{R}(k) \tag{9.83}$$

如果在误差方程式中：

$$\Delta \boldsymbol{Z}(k) = \boldsymbol{Z}(k) - \boldsymbol{X}(k/k-1) \tag{9.84}$$

使用从其他目标获得的测量值，那么与其理论计算值相比，更新过程的统计特性将发生变化。为了发现这种变化，可以使用以下因素[28]：

（1）平均误差值与零值的偏差 $M\{\Delta \boldsymbol{Z}\} \neq 0$，该零值是出现评估偏移的后果；

（2）分布规律 $\Delta \boldsymbol{Z}$ 与高斯值的差别；

（3）误差的实际偏差与其理论值的不相符性，该理论值由式(9.83）确定。

一个简单的算法以高斯过程（式（9.84））的性质为基础，实际上可信存在于区间中：

$$-3\sqrt{\sigma_{\Delta_{zii}}^{2}} \leqslant \Delta z_i \leqslant 3\sqrt{\sigma_{\Delta_{zii}}^{2}} \tag{9.85}$$

式中：$\sigma_{\Delta_{zii}}^{2}$ 为误差（式（9.84））的偏差（式（9.83））。如果误差的所有分量 Δz_i 都满足式（9.85），那么以 $P = 0.997$ 的概率做出关于该测量值属于可分析轨迹的决定。

另外一个误差分析结果以检查以下式为基础：

$$\Delta \boldsymbol{z}^{\mathrm{T}}(k)\Delta \boldsymbol{z}(k) \geqslant \mathrm{tr}[\boldsymbol{H}^{\mathrm{T}}(k)\boldsymbol{P}(k/k-1)\boldsymbol{H}(k) + \boldsymbol{R}(k)] \tag{9.86}$$

式中：$\Delta \boldsymbol{z}^{\mathrm{T}}(k)\Delta \boldsymbol{z}(k)$ 为当前误差均方的和；不等式右边部分为这些误差的理论偏差的和[30]。

向式（9.86）中代入式（4.71）（参见4.5.1节），得

$$S(k) = \frac{\mathrm{tr}[\Delta \boldsymbol{Z}_i^{\mathrm{T}}(k)\Delta \boldsymbol{Z}_i(k) - \boldsymbol{H}(k)\boldsymbol{R}_W(k-1)\boldsymbol{H}^{\mathrm{T}}(k) - \boldsymbol{R}_u(k)]}{\mathrm{tr}[\boldsymbol{H}(k)\boldsymbol{\Phi}(k,k-1)\boldsymbol{P}(k-1)\boldsymbol{\Phi}^{\mathrm{T}}(k,k-1)\boldsymbol{H}^{\mathrm{T}}(k)]} \tag{9.87}$$

为了解决测量识别误差问题，在从一个目标得到测量值 $\boldsymbol{Z}_i$ 之后，对于所有可跟踪轨迹，必须计算式（9.87）。该测量值与该轨迹相符，为此，差值（$1 - S_i$）将最小。

如果在多目标跟踪过程中测量水平和垂直面上的目标距离、其变化速度以及机上方位，那么，根据泛函数的最小值，确定一个可跟踪轨迹所得测量值的隶属关系。

$$I_i = (1 - S_D)^2 q_D + (1 - S_V)^2 q_V + (1 - S_{\varphi\text{B}})^2 q_{\varphi\text{B}} + (1 - S_{\varphi r})^2 q_{\varphi r} \tag{9.88}$$

式中：q_D、q_V、$q_{\varphi\text{B}}$、$q_{\varphi r}$ 为加权系数，它们考虑了 S_D、S_V、$S_{\varphi\text{B}}$、$S_{\varphi r}$ 相应值的权。

此时，决定性规则的泛函数由系数 $\{I_1, I_2, \cdots, I_{N_{ц}}\}$ 的顺序组成，其中，$N_ц$ 为同时可跟踪目标的数量，而系数的最小值 I_i 为识别标准。由此，识别的决定性规则具有以下形式：

$$f \Rightarrow \min_{\{f=1,2,\cdots,N_{ц}\}} \{I_f\} \tag{9.89}$$

式中：f 为已识别轨迹的批号。当反射信号到来时，对于每个轨迹都计算式（9.88），并计算式（9.89），该关系式确定了可校正轨迹的 f 批号。

在多目标跟踪过程中，出现识别变化时，使用式（9.88）、式（9.89），并以示例进行说明。

例 9.1：在进行多目标跟踪时，使用以具有固定导数的目标运动假设为基础的评估算法：

$$\begin{cases} x_n(k) = x_n(k-1) + \dot{x}_n(k-1)\tau, x_n(0) = x_{n0} \\ \dot{x}_n(k) = \dot{x}_n(k-1) + w_n(k), \dot{x}_n(0) = \dot{x}_{n0} \end{cases} \tag{9.90}$$

在具备测量值时：

$$z_n(k) = Q_z(x_n(k) + n_{zn}) \tag{9.91}$$

式中：$n=1, 2, 3, 4$；$x_1 = x_D$，$x_2 = x_V$，$x_3 = x_{φв}$，$x_4 = x_{φг}$，分别为垂直面和水平面上目标距离、目标接近速度、机上方位，$\dot{x}_n$ 为其导数；$n_{z1} = n_{zD}$，$n_{z2} = n_{zV}$，$n_{z3} = n_{zφв}$，$n_{z1} = n_{zφг}$，分别为垂直面和水平面上目标距离、目标接近速度、机上方位的测量噪声；$Q_z = \begin{cases} 1, & k = iT/\tau, \quad i = 0,1,2,\cdots \\ 0, & k \neq iT/\tau \end{cases}$ 为测量值到达特征；τ 为离散间隔，$T \gg \tau$，为到目标的转动周期。

那么，根据式（4.83）~式（4.92），可以得到模拟—离散滤波算法[31]：

$$\begin{cases} \hat{x}_n(k) = x_n(k/k-1) + K_{xn}(k)\Delta x_n(k) \quad \hat{x}_n(0) = x_{n з} \\ \hat{\dot{x}}(k) = \dot{x}(k/k-1) + K_{\dot{x}n}(k)\Delta x_n(k) \quad \hat{\dot{x}}(0) = \hat{\dot{x}}_{n з} \end{cases} \tag{9.92}$$

$$\begin{cases} x_n(k/k-1) = \hat{x}(k-1) + \tau\hat{\dot{x}}(k-1) \\ \hat{\dot{x}}_n(k/k-1) = \hat{\dot{x}}_n(k-1) \end{cases} \tag{9.93}$$

$$\Delta x_n(k) = \begin{cases} z_n(k) - x_n(k/k-1), k = iT/\tau; i = 0,1,2,\cdots \\ 0, k \neq iT/\tau \end{cases} \tag{9.94}$$

$$K_{xn}(k) = P_{xn11}/R_n, K_{\dot{x}n}(k) = P_{xn12}/R_n \tag{9.95}$$

$$P_{xn}(k) = \begin{bmatrix} P_{xn11}(k) & P_{xn12}(k) \\ P_{xn21}(k) & P_{xn22}(k) \end{bmatrix} \tag{9.96}$$

将式（9.94）~式（9.96）代入式（4.73），得

$$S_n(k) = \begin{cases} \dfrac{\Delta x_n^2(k) - R_n}{P_{xn11}(k) + 2TP_{xn21}(k) + T^2 P_{xn22}(k)} & ,k = iT/\tau \\ 1 & ,k \neq iT/\tau \end{cases} \tag{9.97}$$

对于所有的外推轨迹，在计算 S_n（k）之后，将根据式（9.88）、式（9.89），做出关于变化识别的决定。

在多目标跟踪[32]过程中，根据式（9.88）、式（9.89）和式（9.97）进行雷达测量识别程序的研究结果如图 9.22 ~ 图 9.26 所示。在图 9.22 中，给出了一个跟踪目标（平滑线）的距离、接近速度和机上方位变化图表，以及当 $t_{\text{ош}}$ 时刻测量值从另一个目标来到的条件下 T 间隔的测量结果。在图 9.23 中给出了当测量值从“己方”和“他方”目标的测量值到达时的泛函数计算结果（式（9.88）、式（9.97）），其空间位置的距离差别为 1000m，速度差值为 100m/s，机上方位差为 100′。由这些图可见，当测量值从另一个目标到达时，式（9.88）增加了数倍，这可以相当准确地确认测量值从另一个目标到达的事实。

图 9.24 ~ 图 9.26 中，给出了正确做出关于另一个目标测量值到达决定概率（该概率根据牛顿公式进行计算）与不同目标转动时间 $T_1 < T_2 < T_3$ 时距离、接近速度、角坐标多样性关系式的图表。

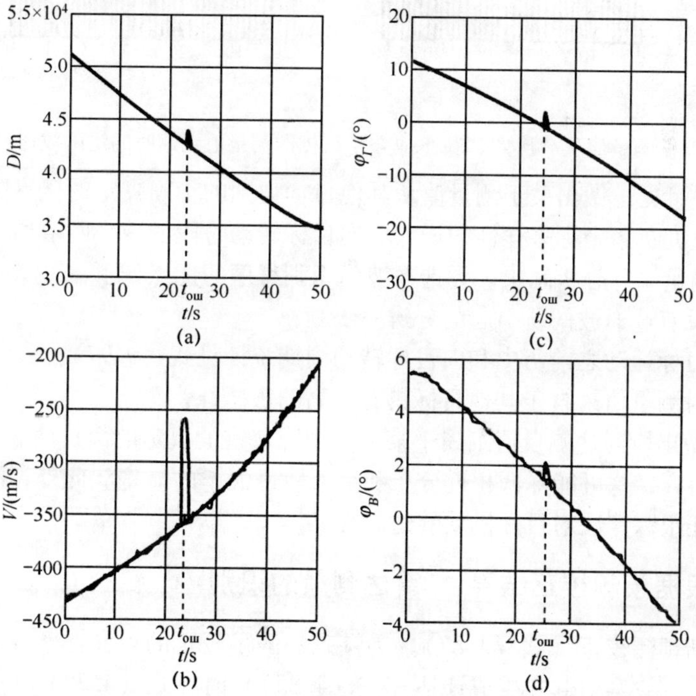

图 9.22　跟踪目标（平滑线）的距离、接近速度和机上方位变化图表

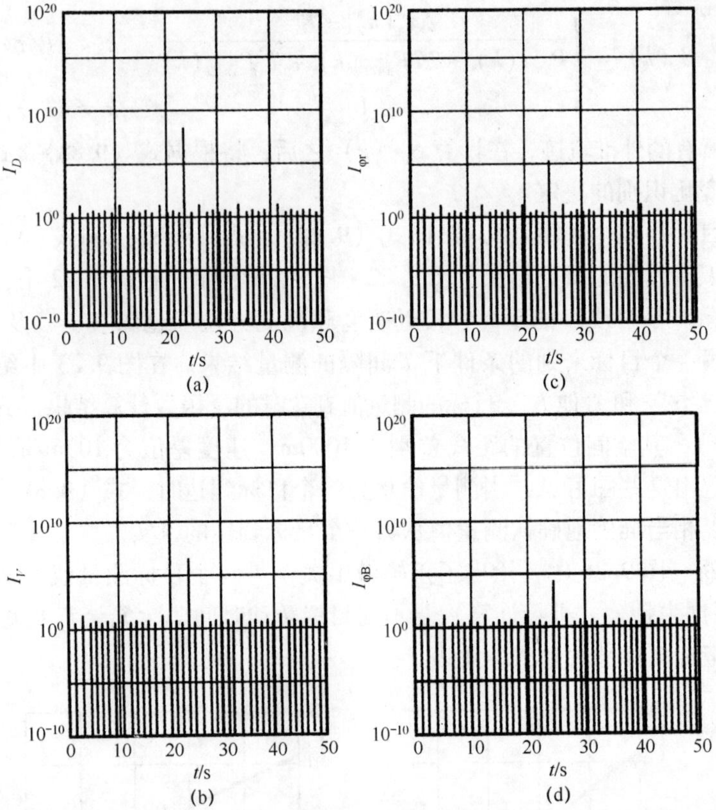

图 9.23　测量值从“己方”和“他方”目标的测量值到达时的泛函数计算结果

由图中可见，做出关于测量值从其他目标得到的正确决定的概率随着其间距离、接近速度、角坐标多样性的增大、向目标转动时段的减小而增加。

根据测量误差分析结果、无选通波门识别程序的优点如下：

(1) 没有选通波门所引起的分辨率限制；

(2) 目标运动之前历史和向目标转动周期统计见式 (9.97)；

(3) 对测量值来自于其他目标具有很高的敏感性；

(4) 做出所到达测量值隶属于某一个跟踪轨迹的决定的简易性。

总体而言，这可能降低相近分布和交叉轨迹混淆的概率。此外，测量识别结果可以保证跟踪算法对目标机动的适应性。

9.8.4　根据预测校正结果，雷达测量的识别

以辅助预测校正（式 (4.87)）为基础的测量校正的可能性条件是使用不符合外推轨迹，它会引起在生成评估（式 (4.85)）时在式 (4.79) 中使用的测量误差（式 (4.86)）的增加，并引起预测修正值的增加（式 4.79）。

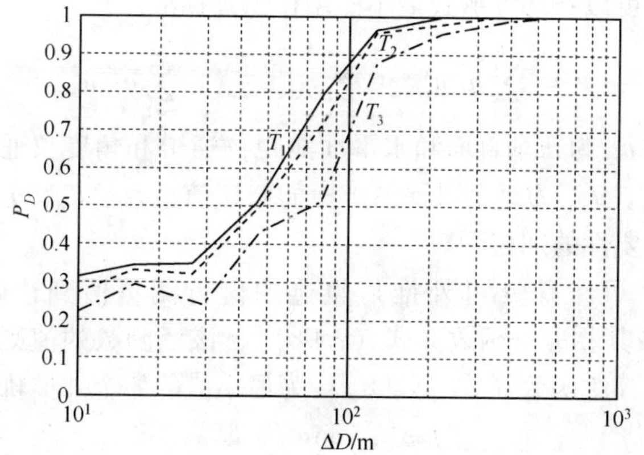

图 9.24　计算结果图 1

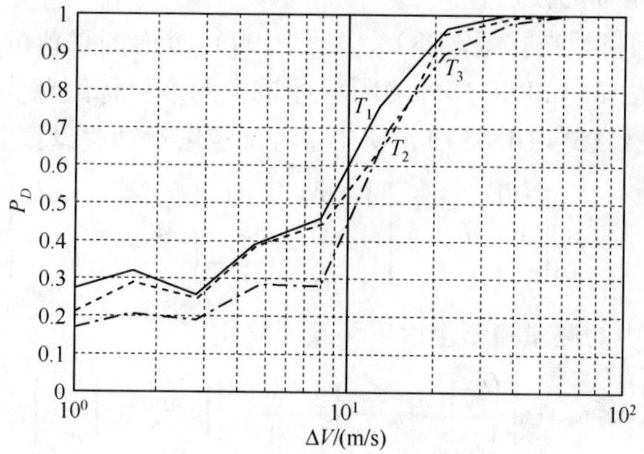

图 9.25　计算结果图 2

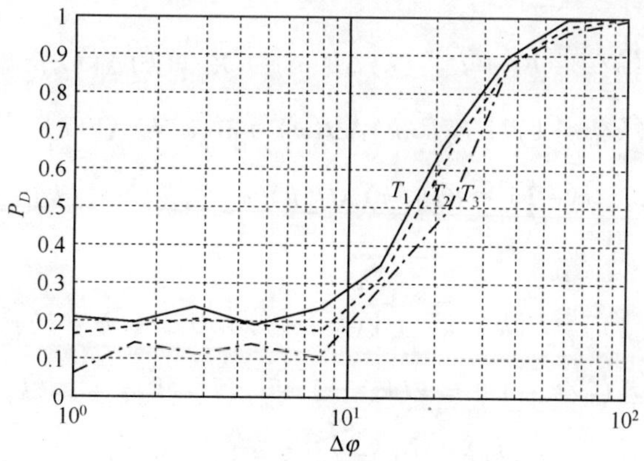

图 9.26　计算结果图 3

这些修正值可以将均方形式最小值用作识别标准：

$$I = \sum_{i=1}^{n_D} q_{Di} u_{nDi}^2 + \sum_{i=1}^{n_{\varphi\text{в}}} q_{\varphi\text{в}i} u_{n\varphi\text{в}i}^2 + \sum_{i=1}^{n_{\varphi\text{г}}} q_{\varphi\text{г}i} u_{n\varphi\text{г}i}^2 \tag{9.98}$$

式中：n_D，$n_{\varphi\text{в}}$，$n_{\varphi\text{г}}$为在垂直面和水平面测距仪通道和角度仪通道中评估的坐标数量；u_{nDi}，$u_{n\varphi\text{в}i}$，$u_{n\varphi\text{г}i}$为每个可评估坐标的修正值；q_{Di}，$q_{\text{в}i}$，$q_{\text{г}i}$为考虑到状态相应可评估坐标重要性的加权系数。

当对于每个可跟踪（可外推）轨迹的例行测量值到达时，计算修正值（式（4.79））及其相应泛函数（式（9.98）），该泛函数的值则输入机载计算系数的内存。对于其泛函数（式（9.98））为最小值的那个外推轨迹f：

$$f \Rightarrow \min_{\{f=1,2,3,\cdots,N_\text{ц}\}} \{I_f\} \tag{9.99}$$

被视为最可信的轨迹，它与所获得的测量值相对应。对于该轨迹，今后要用到达测量值进行外推坐标的校正。

例 9.2：我们将根据式（9.98）、式（9.99）考虑测量值的识别程序，以脉冲多普勒机载雷达站（БРЛС）的测距仪通道中的多目标跟踪为示例，在该通道中，对于状态模型（式（4.83）），使用了等加速度运动假设：

$$\boldsymbol{X}_D = \begin{bmatrix} D \\ V \\ j_\text{ц} \end{bmatrix}, \boldsymbol{\Phi}_D = \begin{bmatrix} 1 & \tau & 0.5\tau^2 \\ 0 & 1 & \tau \\ 0 & 0 & 1 \end{bmatrix}, \boldsymbol{W}_{xD} = \begin{bmatrix} 0 \\ 0 \\ w_{jD} \end{bmatrix} \tag{9.100}$$

式（4.84）中的测量模型由以下关系式确定：

$$\mathbf{Z}_{D\text{и}} = \begin{bmatrix} D_\text{и} \\ V_\text{и} \end{bmatrix}, \boldsymbol{H}_D = \begin{bmatrix} 1 & 0 & 0 \\ 0 & 1 & 0 \end{bmatrix}, \boldsymbol{N}_\text{ц} = \begin{bmatrix} n_{D\text{и}} \\ n_{V\text{и}} \end{bmatrix} \tag{9.101}$$

使用式（9.100）和式（9.101）可以根据以下规则生成距离、接近速度和纵向加速度评估：

$$\begin{cases} \hat{D}(k) = D(k/k-1) + K_{\text{ф}11}(k)\Delta D(k) + K_{\text{ф}12}(k)\Delta V(k) & \hat{D}(0) = D_\text{з} \\ \hat{V}(k) = V(k/k-1) + K_{\text{ф}21}(k)\Delta D(k) + K_{\text{ф}22}(k)\Delta V(k) & \hat{V}(0) = V_\text{з} \\ \hat{j}_D(k) = j_D(k/k-1) + K_{\text{ф}31}(k)\Delta D(k) + K_{\text{ф}32}(k)\Delta V(k) & \hat{j}_D(0) = j_{D\text{з}} \end{cases} \tag{9.102}$$

$$\begin{cases} D(k/k-1) = \hat{D}(k-1) + \hat{V}(k-1)\tau + 0.5\hat{j}_D(k-1)\tau^2 + u_D(k) \\ V(k/k-1) = \hat{V}(k-1) + \hat{j}_D(k-1)\tau + u_V(k) \\ j_D(k/k-1) = \hat{j}_D(k-1) + u_{j_D}(k) \end{cases} \tag{9.103}$$

$$
\begin{cases}
\Delta D(k) = \begin{cases} D_и(k) - D(k/k-1) & ,k = iT/\tau, i = 0,1,2,\cdots \\ 0 & ,k \neq iT/\tau \end{cases} \\
\Delta V(k) = \begin{cases} V_и(k) - V(k/k-1), & k = iT/\tau, i = 0,1,2,\ldots \\ 0, & k \neq iT/\tau \end{cases}
\end{cases}
\tag{9.104}
$$

式中：u_D，u_V，u_{jD}根据式（4.79）、式（4.80）计算，由以下关系式确定：

$$
\begin{cases}
u_D(k) = [K_{ру11}(k)(1 - K_{ф11}(k)) - K_{ру12}(k)K_{ф21}(k)]\Delta D(k) + \\
\quad [K_{ру12}(k)(1 - K_{ф22}(k)) - K_{ру11}(k)K_{ф12}(k)]\Delta V(k) \\
u_V(k) = [K_{ру11}(k)(1 - K_{ф11}(k)) - K_{ру12}(k)K_{ф21}(k)]\Delta D(k) + \\
\quad [K_{ру22}(k)(1 - K_{ф22}(k)) - K_{ру22}(k)K_{ф12}(k)]\Delta V(k) \\
u_{jD}(k) = [K_{ру31}(k)(1 - K_{ф11}(k)) - K_{ру32}(k)K_{ф21}(k)]\Delta D(k) + \\
\quad [K_{ру32}(k)(1 - K_{ф22}(k)) - K_{ру31}(k)K_{ф12}(k)]\Delta V(k)
\end{cases}
\tag{9.105}
$$

同样，可以得到修正值 $u_{\varphi в}$、$u_{\omega в}$、$u_{j\varphi в}$和 $u_{\varphi r}$、$u_{\omega r}$、$u_{j\varphi r}$，用于对机上方位、角速率和机载雷达站（БРЛС）角度计通道中的角加速度进行预测。

这样，对所有外推轨迹，在对其进行依次计算的过程中[33]，根据式（9.98）和以下泛函数，采取做出关于测量值识别的决定：

$$
\begin{cases}
I = \min\limits_{\{f=1,N_ц\}} \{ q_D u_D^2 + q_V u_V^2 + q_{jD} u_{jD}^2 + q_{\varphi r} u_{\varphi r}^2 + q_{\omega r} u_{\omega r}^2 + \\
q_{j r} u_{j r}^2 + q_{\varphi в} u_{\varphi в}^2 + q_{\omega в} u_{\omega в}^2 + q_{jв} u_{jв}^2 \}
\end{cases}
\tag{9.106}
$$

式（9.106）中最小值的轨迹被视为最可信的相应于该测量的轨迹。q_D、q_V、$q_{jв}$加权系数可以根据不同的规则进行选择。其中最简单的是等强度规则，根据这一规则，式（9.106）中所有被加数的置入被视为同样的[34]。

对于机载雷达站（БРЛС）测距仪通道，根据预测校正结果、测量识别方法效果评估结果[35]如图9.27～图9.29所示。图9.27所示为距离和速度及其测量结果变化图表，条件是 t=30s 时刻时测量来自于另一个目标，该目标距离为1000m，以100m/s的速度运动。

从图9.28中可见，当测量来自于另一个目标时，式（9.106）在不同测量时在距离（图9.28（a））和速度（图9.28（b））方面都增加了数倍，可以非常简单地记录这一事件。

图9.29给出了关于正确做出来自于其他目标的测量决定概率与目标间距离（图9.29（a））和各种测量到达周期 $T_1 < T_2$ 时速度差别（图9.29（b））之间的关系式。

由这些图可见，关于正确做出来自于其他目标的测量决定概率随着目标坐标中差别的增加和向目标转动周期的减少而增大。

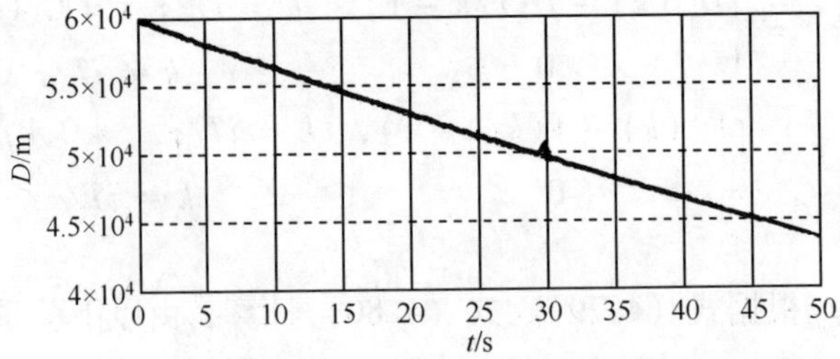

(a)

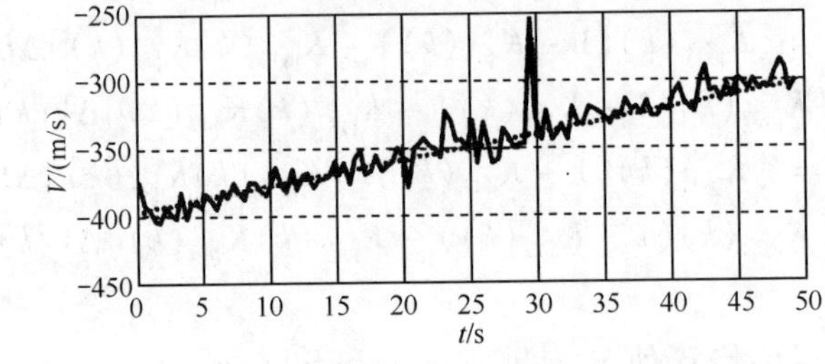

(b)

图 9.27　距离和速度及其测量结果变化图表

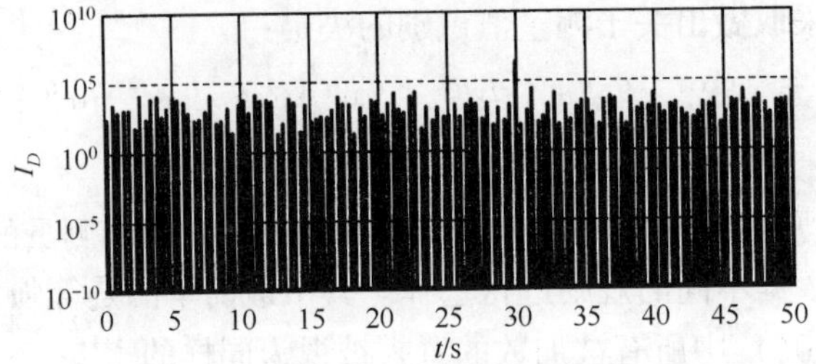

(a)

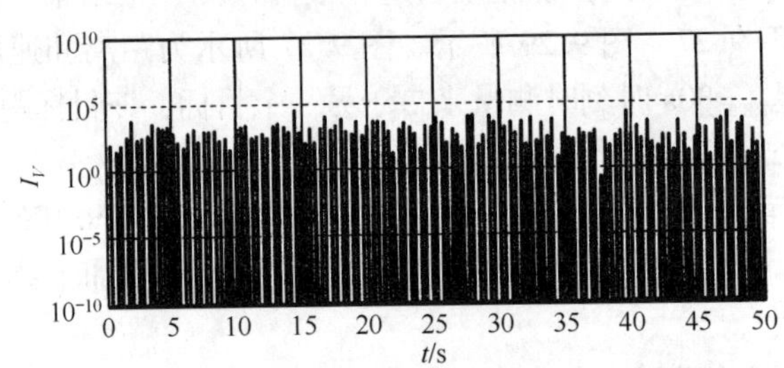

(b)

图 9.28　泛函数计算结果

上述结果证明了式（9.106）对于来自于其他目标的测量值具有较高的敏感性，这一敏感性实际上保证了来自近处目标测量值识别的可信度。

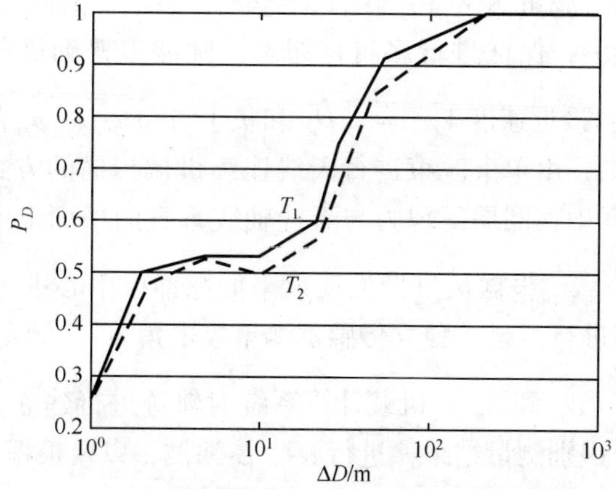

(a) 正确做出来自于其它目标的测量决定概率与目标间距离关系

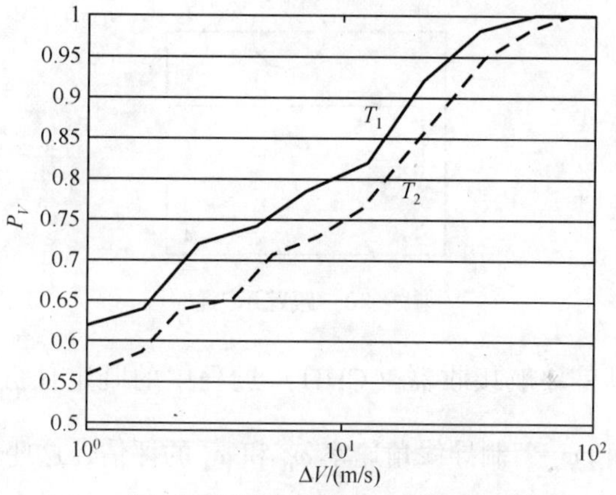

(b) 各种测量到达周期$T_1<T_2$时速度差别关系

图 9.29 计算结果图

9.9 识别选通和 α-、β-滤波中有测量识别的多目标跟踪算法

下面将对进行多目标跟踪时机载综合电子系统最简单的一个工作算法进行研究，在进行该多目标跟踪时，轨迹根据具有固定速度的坐标变化假设进行外推，而测量结果则在识别选通波门中进行识别，并随后进行 α-、β-滤波[28,36]。此时，认为在这种状态下无线电电子综合系统保证对飞机向目标群几何中心进行制导，并向数个导弹发出关于距离 $D_{цуj}$（$j = \overline{1, N_ц}$）、接近速度 $V_{цуj}$和水平面和垂直面上机上目标方位 $\varphi_{гцуj}$、$\varphi_{вцуj}$的目标指示指令。

在脉冲多普勒机载雷达站（БРЛС）、驾驶导航综合系统（ПНК）、机载计算系统联合工作过程中，保证进行多目标跟踪。脉冲多普勒机载雷达站（БРЛС）进行目标距离 $D_и$ 、接近速度 $V_{сби} = -\dot{D}_и$ 和机上方位 $\varphi_{ги}$，$\varphi_{ви}$的测量。此时，根据图 9.30 所述法则，由单束波束进行天线连续机械扫描的方式，观察可检测空间区域。在图 9.30 中，圆周呈现为与天线轴线垂直的平面上的远距制导主瓣截面。在这种情况下，$\varphi_{ги}$根据从目标处反射来的脉冲束中心进行测量，而速度 $\dot{D}_и$ 则根据多普勒频移进行测量。独立传感器测量攻击角 $\alpha_и$ 、倾角 $\gamma_и$ 、偏航角 $\psi_и$ 、仰角 $\vartheta_и$ ，以及导数 $\dot{\psi}_и$ 和 $\dot{\vartheta}_и$ 。机载计算系统对轨迹进行建立及外推，形成识别选通波门，对其中识别测量结果，进行α-、β-滤波，以及根据危险程度进行目标的排列。

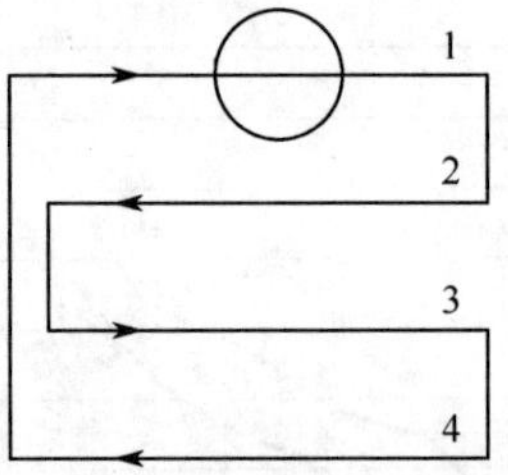

图 9.30　跟踪示意图

为了完成在卫星导航接收器（СНП）过程中的既定任务，应生成距离 $\hat{D}$、速度 $\hat{\dot{D}}$ 、角度 $\hat{\varphi}_г$ 和 $\hat{\varphi}_в$ 、制导线角速率 $\hat{\omega}_г$ 和 $\hat{\omega}_в$ 的评估，这些值作为进行以下操作的结果进行评估。

对于第一个被发现的目标，第一种测量的结果 $D_и$（1）、$\dot{D}_и$（1）、$\varphi_{ги}$（1）和 $\varphi_{ви}$（1）以大量数字的形式记入机载计算系统的内存，此后，根据为轨迹建立规定的规则（式（9.75）），开始生成距离、速度和角度识别选通波门：

$$\begin{cases} \Delta D = k_{Dз}\sqrt{\sigma_{\dot{D}и}^2 T^2 + 2\sigma_{Dи}^2} \\ \Delta\dot{D} = k_{\dot{D}з}\sqrt{\sigma_{\ddot{D}}^2 T^2 + 2\sigma_{\dot{D}и}^2} \\ \Delta\varphi_г = k_{\varphi гз}\sqrt{\sigma_{\dot{\varphi}г}^2 T^2 + 2\sigma_{\varphi ги}^2} \\ \Delta\varphi_в = k_{\varphi вз}\sqrt{\sigma_{\dot{\varphi}в}^2 T^2 + 2\sigma_{\varphi ви}^2} \end{cases} \tag{9.107}$$

式中：$\sigma_{Dи}^2$，$\sigma_{\dot{D}и}^2$ 和 $\sigma_{\varphi ги}^2$，$\sigma_{\varphi ви}^2$ 为距离、速度、机上方位测量误差方差；$\sigma_{\ddot{D}}^2$ 为加速度 $\ddot{D}$ 经验分配方差；$\sigma_{\dot{\varphi}г}^2$ 和 $\sigma_{\dot{\varphi}в}^2$ 为角速率经验分配方差；$k_{Dз}$，$k_{\dot{D}з}$，$k_{\varphi гз}$ 和 $k_{\varphi вз}$ 为

结合所要求的轨迹建立概率，符合式（9.76）的系数。根据以下定律，在计算式（9.107）的同时，进行距离和速度的外推：

$$D_э(2) = D_и(1) + \dot{D}_и(1)\dot{T}; \dot{D}_э(2) = \dot{D}_и(1) \tag{9.108}$$

如果在第二个循环中所得到的测量值 $D_и(2)$ 和 $\dot{D}_и(2)$ 满足以下条件：

$$\begin{cases} D_э(2) - \Delta D \leqslant D_и(2) \leqslant D_э(2) + \Delta D \\ \dot{D}_э(2) - \Delta \dot{D} \leqslant \dot{D}_и(2) \leqslant \dot{D}_э(2) + \Delta \dot{D} \end{cases} \tag{9.109}$$

那么，计算角速率的值：

$$\dot{\varphi}_{ги}(2) = \frac{\varphi_{ги}(2) - \varphi_{ги}(1)}{T}, \dot{\varphi}_{ви}(2) = \frac{\varphi_{ви}(2) - \varphi_{ви}(1)}{T} \tag{9.110}$$

以及加速度：

$$\ddot{D}(2) = \frac{\dot{D}_и(2) - \dot{D}_и(1)}{T} \tag{9.111}$$

在其基础上，对于第三个循环，生成预测结果：

$$\begin{cases} \varphi_{гэ}(3) = \varphi_{ги}(2) + \dot{\varphi}_{ги}(2)T \\ \varphi_{вэ}(3) = \varphi_{ви}(2) + \dot{\varphi}_{ви}(2)T \\ \dot{D}_э(3) = \dot{D}_и(2) + \ddot{D}(2)T \\ D_э(3) = D_и(2) + \dot{D}_и(2)T \end{cases} \tag{9.112}$$

如果在第三个循环中，测量结果 $D_и(3)$、$\dot{D}_и(3)$ 和 $\varphi_{ги}(3)$、$\varphi_{ви}(3)$ 进入式（9.107）内部，则做出关于存在目标的最终决定，测量结果作为初始条件进入外推和滤波算法，并且，对于已发现的目标，开始 $t_ц$ 时间显示。

如果式（9.109）未完成，那么做出还存在着一个目标的预先决定，并且针对它，重复进行全部轨迹建立程序。

所获得的测量值 $D_и(1)$ 和 $\dot{D}_и(1)$ 证明所发现的目标离歼击机距离不大，并且以较高速度向歼击机接近，那么可以简化轨迹建立程序，仅限于完成式（9.109）。之后，开始进行该轨迹的外推和滤波。

在最简单的情况下，在测量值之间的时段内，在具有稳定速度的相坐标变化假设的基础上，进行所建立轨迹的外推：

$$\begin{cases} D_э(t_ц) = \hat{D}(k) + \hat{\dot{D}}(k)t_ц, \hat{D}(0) = D_и \\ \dot{D}_э(t_ц) = \hat{\dot{D}}(k) + \hat{\ddot{D}}(k)t_ц, \hat{\dot{D}}(0) = \dot{D}_и \end{cases} \tag{9.113}$$

$$\begin{cases}\varphi_{\text{гэ}}(t_ц) = \hat{\varphi}_г(k) + \hat{\dot{\varphi}}_г(k)t_ц \quad \hat{\varphi}_г(0) = \varphi_{\text{ги}} \\ \dot{\varphi}_{\text{гэ}}(t_ц) = \hat{\dot{\varphi}}_г(k) \\ \hat{\dot{\varphi}}_{\text{гэ}}(0) = \hat{\dot{\varphi}}_{\text{ги}}\end{cases} \tag{9.114}$$

$$\begin{cases}\varphi_{\text{вэ}}(t_ц) = \hat{\varphi}_в(k) + \hat{\dot{\varphi}}_в(k)t_ц \quad \hat{\varphi}_в(0) = \varphi_{\text{ви}} \\ \dot{\varphi}_{\text{вэ}}(t_ц) = \hat{\dot{\varphi}}_в(k) \\ \hat{\dot{\varphi}}_{\text{вэ}}(0) = \dot{\varphi}_{\text{ви}}\end{cases} \tag{9.115}$$

$$\begin{cases}\omega_{\text{гэ}}(t_ц) = \dot{\varphi}_{\text{гэ}}(k+1) + \hat{\dot{\psi}}(t_ц) \\ \omega_{\text{вэ}}(t_ц) = \dot{\varphi}_{\text{вэ}}(k+1) + \hat{\dot{\vartheta}}(t_ц)\end{cases} \tag{9.116}$$

式（9.113）~式（9.116）中，$\hat{D}$、$\hat{\dot{D}}$、$\hat{\ddot{D}}$ 和 $\hat{\varphi}_г$、$\hat{\varphi}_в$ 为在第 k-次循环中进行测量之后的相应滤波器上形成的评估；$t_ц$ 为测量之间的当前时间，并满足条件 $0 \leqslant t_ц \leqslant T$；$\omega_{\text{гэ}}$、$\omega_{\text{вэ}}$ 为水平和垂直平面上制导线角速率的外推当前评估；$\hat{\dot{\psi}}$ 和 $\hat{\dot{\vartheta}}$ 为航向和俯仰角变化速度的当前评估，在 $\psi_и$ 和 $\vartheta_и$ 测量基础上形成；$D_и$、$\dot{D}_и$、$\varphi_{\text{ги}}$ 和 $\varphi_{\text{ви}}$ 为可外推轨迹捆绑时刻的最后测量结果。当前外推值 $D_э$、$\dot{D}_э$、$\varphi_{\text{гэ}}$、$\varphi_{\text{вэ}}$ 和 $\omega_{\text{гэ}}$、$\omega_{\text{вэ}}$ 按要求的形式形成，以便实现可使用的制导方法，作为目标指示指令传给导弹。

在解外推方程式的同时，对于每个可跟踪目标，在式（9.81）、式（9.113）~式（9.116）的基础上，形成识别选通波门：

$$\begin{cases}\Delta D = k_D\sqrt{2\sigma_{D\text{э}}^2 + \sigma_{\ddot{D}}^2T^4/4 + 2\sigma_{D\text{и}}^2} \\ \quad = k_D\sqrt{2\sigma_{\hat{D}}^2 + 2\sigma_{\hat{\dot{D}}}^2T^2 + \dfrac{2\sigma_{\hat{\dot{D}}}^2T^4}{4T^2} + 2\sigma_{D\text{и}}^2} \\ \quad = k_D\sqrt{2\sigma_{\hat{D}}^2 + 2.5\sigma_{\hat{\dot{D}}}^2T^2 + 2\sigma_{D\text{и}}^2} \\ \Delta\dot{D} = k_{\dot{D}}\sqrt{2\sigma_{\dot{D}\text{э}}^2 + 2\sigma_{\dot{D}\text{и}}^2} = k_{\dot{D}}\sqrt{2\sigma_{\hat{\dot{D}}}^2 + 2\sigma_{\dot{D}\text{и}}^2} \\ \Delta\varphi_г = k_{\varphi\text{г}}\sqrt{2\sigma_{\varphi\text{гэ}}^2 + \sigma_{\ddot{\varphi}\text{г}}^2T^4/4 + 2\sigma_{\varphi\text{ги}}^2} \\ \quad = k_{\varphi\text{г}}\sqrt{2\sigma_{\hat{\varphi}\text{г}}^2 + 2.5\sigma_{\hat{\dot{\varphi}}\text{г}}^2T^2 + 2\sigma_{\varphi\text{ги}}^2} \\ \Delta\varphi_в = k_{\varphi\text{в}}\sqrt{2\sigma_{\hat{\varphi}\text{в}}^2 + 2.5\sigma_{\hat{\dot{\varphi}}\text{в}}^2T^2 + 2\sigma_{\varphi\text{ви}}^2}\end{cases} \tag{9.117}$$

这里考虑到了 $\ddot{D}(k+1) = [\hat{\dot{D}}(k+1) - \hat{\dot{D}}(k)]/T$、$\sigma_{\ddot{D}}^2 = 2\sigma_{\hat{\dot{D}}}^2/T^2$、$\ddot{\varphi}_г(k+1) =$

$[\hat{\dot{\varphi}}_г(k)-\hat{\dot{\varphi}}_г(k)]/T$、$\ddot{\varphi}_в(k+1)=[\hat{\dot{\varphi}}_в(k)-\hat{\dot{\varphi}}_в(k)]/T$ 、$\sigma^2_{\ddot{\varphi}г}=2\sigma^2_{\dot{\varphi}г}/T^2$ 、$\sigma^2_{\ddot{\varphi}в}=2\sigma^2_{\dot{\varphi}в}/T^2$ ，而 k_D 、$k_{\dot{D}}$ 和 $k_{\varphi г}$ 、$k_{\varphi в}$ 则满足式（9.76）。

必须指出，在一般情况下，选通波门（式（9.117））小于同类建立波门脉冲（式（9.107））。这是由于在式（9.117）中使用方差 $\sigma^2_{\hat{D}}$ 、$\sigma^2_{\hat{\dot{D}}}$ 、$\sigma^2_{\hat{\varphi}г}$ 、$\sigma^2_{\hat{\varphi}в}$ 和 $\sigma^2_{\hat{\dot{\varphi}}г}$ 、$\sigma^2_{\hat{\dot{\varphi}}в}$ ，与类似的测量方差和经验情况的式（9.107）相比，它们具有更为准确的 $\hat{D}$ 、$\hat{\dot{D}}$ 、$\hat{\varphi}_г$ 、$\hat{\varphi}_в$ 和 $\hat{\dot{\varphi}}_г$ 、$\hat{\dot{\varphi}}_в$ 评估结果。

如果在（$k+1$）$-x$ 测量时刻，条件：

$$\begin{cases}D_э(k+1)-\Delta D\leqslant D_и(k+1)\leqslant D_э(k+1)+\Delta D\\ \dot{D}_э(k+1)-\Delta\dot{D}\leqslant D_и(k+1)\leqslant\dot{D}_э(k+1)+\Delta\dot{D}\\ \varphi_{гэ}(k+1)-\Delta\varphi_г\leqslant\varphi_{ги}(k+1)\leqslant\varphi_{гэ}(k+1)+\Delta\varphi_г\\ \varphi_{вэ}(k+1)-\Delta\varphi_в\leqslant\varphi_{ви}(k+1)\leqslant\varphi_{вэ}(k+1)+\Delta\varphi_в\end{cases}\tag{9.118}$$

仅仅对于一个可外推轨迹完成，那么，所得到的测量值被视为符合该轨迹，并用于α-、β-滤波算法中的后续校正。如果有一些轨迹满足式（9.118），那么，对于这些轨迹中的每个 j-轨迹，计算式（9.78）：

$$\begin{aligned}I_j=&(D_{эj}(k+1)-D_и(k+1))^2q_D+(\dot{D}_{эj}(k+1)-\\&\dot{D}_и(k+1))^2q_{\dot{D}}+(\varphi_{гэj}(k+1)-\varphi_{ги}(k+1))^2q_{\varphi г}+\\&(\varphi_{вэj}(k+1)-\varphi_{ви}(k+1))^2q_{\varphi в}\end{aligned}\tag{9.119}$$

对于其 I_j 将为最小值的轨迹则视为已识别轨迹。

根据已获得测量值，最为简单的是根据α-、β-滤波算法[28,30,36]，进行已识别轨迹预测结果的校正：

$$\begin{cases}\hat{D}(k)=D_э(k)+\alpha_D(D_N(k)-D_э(k))\\ \hat{\dot{D}}_t(k)=\dot{D}_э(k)+\dfrac{\beta_D}{T}(D_и(k)-D_э(k))\\ \hat{\dot{D}}_F(k)=\dot{D}_э(k)+\alpha_F(\dot{D}_и(k)-\dot{D}_э(k))\\ \hat{\ddot{D}}(k)=\dfrac{\beta_F}{T}(\dot{D}_и(k)-\dot{D}_э(k))\\ \hat{\varphi}_г(k)=\varphi_{гэ}(k)+\alpha_{\varphi г}(\varphi_{ги}(k)-\varphi_{гэ}(k))\\ \hat{\dot{\varphi}}_г(k)=\dfrac{\beta_{\varphi г}}{T}(\varphi_{ги}(k)-\varphi_{гэ}(k))\\ \hat{\varphi}_в(k)=\varphi_{вэ}(k)+\alpha_{\varphi в}(\varphi_{ви}(k)-\varphi_{вэ}(k))\\ \hat{\dot{\varphi}}_в(k)=\dfrac{\beta_{\varphi в}}{T}(\varphi_{ви}(k)-\varphi_{вэ}(k))\end{cases}\tag{9.120}$$

式中：$D_э$、$\dot{D}_э$、$\varphi_{гэ}$和$\varphi_{вэ}$在$t_ц=T$时刻由式（9.113）~式（9.115）确定；$\hat{\dot{D}}_t$和$\hat{\dot{D}}_F$为根据延迟时间（距离）和多普勒频率（接近速度）测量结果的速度评估；α_i、β_i为相应的测量误差稳定放大系数。在计算式（9.120）评估之后，开始外推式（9.113）~式（9.116）阶段。

对于不能连续完成3、4循环的条件（式（9.118）的轨迹，则不再进行跟踪。

根据危险性程度，目标按照可跟踪目标会合前最小剩余时间区间[26]进行分级：

$$t_{вj}=D_{эj}(k+1)/|\dot{D}_{эj}(k+1)| \quad (9.121)$$

以时间增加顺序，确定目标毁伤优先权（式（9.121））。所研究的多目标跟踪主要阶段逻辑联系的简化示意图如图9.18所示。

所研究的多目标跟踪算法，作为一个最简单的算法，不具有很高的目标跟踪精度，不需要大量的时间（2~3T）进行可信的轨迹建立。如果在使用该算法时，歼击机导向目标的几何中心，那么，所要求坐标的低评估精度不妨碍其实施。但是，在将飞机制导到最危险的机动目标时，跟踪精度指标可能不足。此外，多目标跟踪精度对于导弹有效目标指示可能不够，这会导致必须向СОЦ状态进行过渡。在使用所研究的多目标跟踪算法时，坐标评估的低精度是由以下原因引起的：

（1）使用具有机械扫描的天线；

（2）使用相当简单的状态模型进行预测；

（3）较宽的识别选通波门中目标识别的低可信度；

（4）借助α-、β-滤波算法形成评估的非最优性；

（5）扫描状态下的低测量精度。

对于具有机械扫描的天线，扫描时间T较长是其特点，这导致外推精度低，需要大的识别选通脉冲，无法使用最优滤波算法。使用简单的模型（式（9.113）~式（9.115））可以保障机动目标较低的外推精度，而大的校正选通波门则可以确定测量结果识别的较低可信度，并且可以用于校正与其不相应测量的跟踪轨迹。在α-、β-滤波算法中，根据精度和稳定性要求之间的折中条件来稳定系数、α_i、β_i，这些算法在评估精度方面不如具有误差放大可变系数的最优滤波器。

具有以相控阵天线（ФАР）（有源相控阵天线（АФАР））为基础的编程扫描，并使用非选通波门识别和适应模拟—离散滤波算法的多目标跟踪算法是最有前景的[31-35]。

9.10 使用编程扫描时的自动跟踪

在具有相控阵天线（ΦAP）（有源相控阵天线（AΦAP））的多功能雷达站（MΦPЛC）中进行编程扫描。使用相控阵天线（ΦAP）可以在从卫星导航接收仪（CHП）（此时，对于所有目标，扫描周期是一样的）过渡到获得测量结果的可操控（可编程）间隔。在具有相控阵天线（ΦAP）的多功能雷达站（MΦPЛC）中，形成远距离制导的灵活性可以使用空间扫描与具体使用条件相适应。扫描周期的适应控制可以保证增加信息（测量值）从更重要目标得到的速度，这些重要目标首先是出现的重要目标、在飞行器和目标会合之前剩余时间最小值范围更危险的目标，以及机动目标。

相控阵天线（ΦAP）波束更为频繁地朝向重新出现的目标，实质上会缩短时间，并提高新轨迹建立的可信度。在减少时间周期 T 时，依靠减小识别选通波门的大小（式（9.75）），可以达到后者。由于保障自身安全的要求，必须对危险目标进行更为频繁的检测。由于提高其跟踪精度的要求，要减小测量值从机动目标得到的间隔。提高跟踪精度是由降低外推误差和减小跟踪选通波门的大小（式（9.81））所预选确定的。后者则是降低其他目标测量结果的进入概率，这会提高可跟踪轨迹外推结果校正（滤波）的校正精度。

确定测量值到达适应速度的一个最简单算法的实质如下。假设 k-时刻 j-可跟踪坐标 x_j 及其导数 $\dot{x}_j$ 和 $\ddot{x}_j$ 的评估方差 σ^2_{xj}、$\sigma^2_{\dot{x}j}$、$\sigma^2_{\ddot{x}j}$ 是已知的，那么，下一个测量 $k+1$ 时刻的外推结果方差 x_j 根据以下关系式确定：

$$\sigma^2_{xj}(k+1/k) = \sigma^2_{xj}(k) + \sigma^2_{\dot{x}j}(k)T_j^2 + \sigma^2_{\ddot{x}j}T_j^4/4$$

式中：T_j 为 $k+1$ 和 k 测量值之间的时间间隔。因此，当允许外推误差的已知方差为 $\sigma^2_{xj}(k+1/k)$ 时：

$$T_j = \sqrt{\frac{-\sigma^2_{\dot{x}j}(k) \pm \sqrt{(\sigma^2_{\dot{x}j}(k)^2) + \sigma^2_{\ddot{x}j}(k)(\sigma^2_{xj}(k+1/k) - \sigma^2_{xj}(k))}}{0.5\sigma^2_{\ddot{x}j}}} \tag{9.122}$$

对于每一个 j-可跟踪坐标，计算式（9.122）。此时，为了进行相控阵天线（ΦAP）射线的控制，使用周期 $T_в = T_{j\min}$，它是已算出 T_j 中最小的。

当内存容量有限以及机载计算系统失效，且不能对于每个可跟踪坐标根据式（9.122）在每一步进行计算时，则共使用扫描周期的两个可能值 $T_в$ 和 $T_н$。第一个周期 $T_в < T_н$ 在跟踪重要目标时使用，而第二个周期，则在跟踪非机动目标时使用。

在使用编程扫描进行目标自动跟踪状态下，多功能雷达站（MΦPЛC）和机载计算系统各组成部分和算法的功能联系如图 9.31 所示。

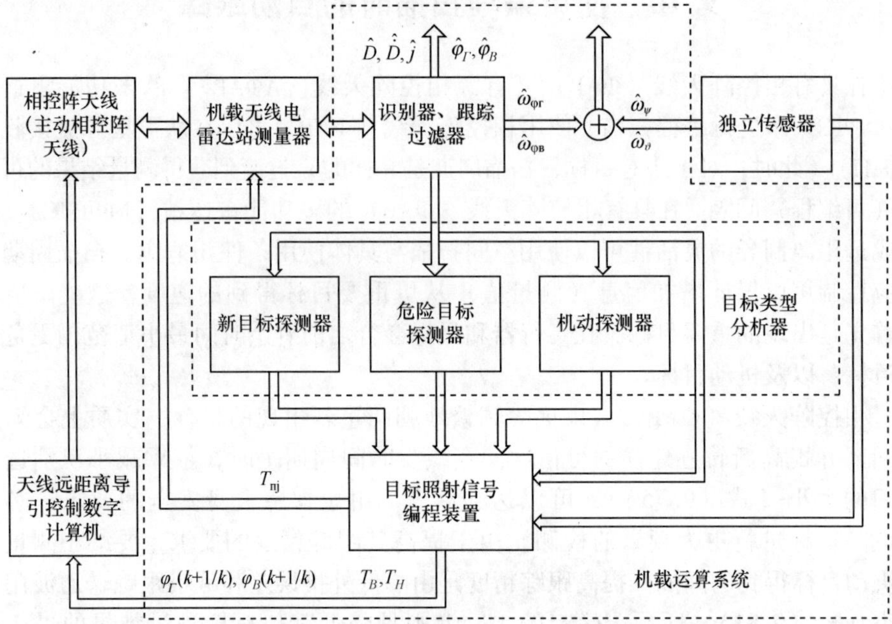

图 9.31　多功能雷达站和机载计算系统组成部分和算法的功能联系图

根据多功能雷达站（МФРЛС）已识别测量结果，在跟踪滤波器中对必要坐标进行评估，这可以在目标类型分析器中确定是否存在新目标、机动目标、危险目标。根据分析结果，目标照射信号（СЦИ）编程装置计算脉冲重复周期 $T_{пj}$，该周期保证反射信号进入透明区域，并为该目标确定所要求的扫描周期 $T_{в}$。可以选择根据式（9.122）所计算出数值中的最小值作为 $T_{в}$。如果做出关于存在非机动目标、非危险目标及已跟踪目标的决定，那么，目标照射信号（СЦИ）编程装置生成该目标扫描周期值 $T_{и} > T_{в}$。此外，在该装置中，根据已经算出的值 $T_{в}$、$T_{и}$、$\hat{\omega}_{г}$、$\hat{\omega}_{в}$ 进行角度值 $\varphi_{г,в}$（$k+1/k$）的外推，它们以以下测量循环来确定相控阵天线（ФАР）远距离制导主瓣的方向。根据该角度值，远距离控制数字计算机生成所要求的相控阵天线（ФАР）幅—相分配，它保证以 $\varphi_{г,в}$（$k+1/k$）方向发出电磁能。

在具有相控阵天线（ФАР）的机载雷达站的轨迹建立程序可以以轨迹真实性 H_1 和虚假性 H_0 假设试验的形式进行。为了进行外推，合理使用以具有稳定加速度的可变状态变化假设为基础的算法。可以根据 α-、β-、γ-滤波算法，或者根据卡尔曼诺夫滤波算法对已外推的评估进行校正。在最后一种情况下，根据逐渐减少的离散值（式（4.91）、式（4.92））确定扫描周期（式（9.122）），这会导致已计算的向目标转动周期的相应变化。根据机载计算系统进行测量识别的能力，使用在识别选通波门进行比较的简单算法，以及更为复杂的无选通波门程序(9.8.2~9.8.4节)。可以根据一个已知规则[37]确定目标的初始点。

测量结果之间测量间隔 T 的实质性减少与最优滤波和识别算法一同，可以让具有相控阵天线（ΦAP）的机载雷达站在目标自动跟踪状态下比在带有机载扫描天线的机载雷达站卫星导航接收仪（CHП）状态下保证更高的精度。

使用专门的联合跟踪随动—扫描状态，可以消除所述的缺陷，该状态也称为战斗工作状态，依旧以可编程扫描为基础。相控阵天线（ΦAP）所形成的四波瓣远距离制导保证进行目标的单脉冲空间定位。此时，相控阵天线（ΦAP）的射线以不超过通常可编程扫描时的时间朝向可定位目标。照射时间应足以用于一个目标的3~5次测量，以便使用一个目标的最大随动算法。在这些算法中，以3、4个测量行程，消除跟踪滤波器中的目标拦截初始错误。最后，外推结果将由COЦ状态中的高精度测量进行校正。之后，相控阵天线（ΦAP）的射线转向下一个对象，而之前目标的轨迹则外推到下一个系列的测量。具有测量间隔 $T_и$ 的跟踪坐标 x_j 导数评估的当前误差 Δx_j 的大致规律如图9.32所示。

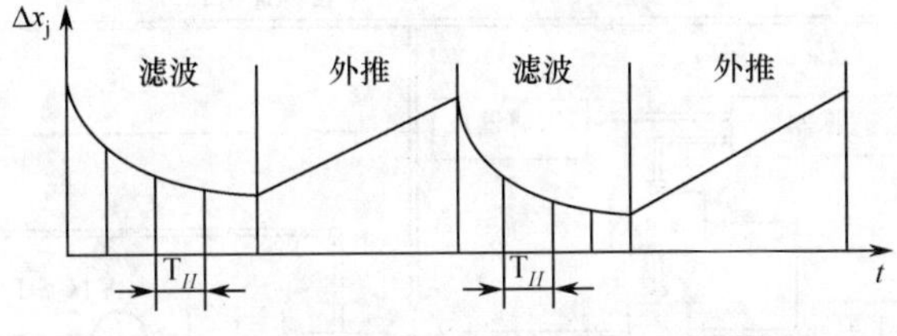

图9.32　测量间隔 $T_и$ 的当前误差 Δx_j 的大致规律

自然而然，在进行最危险目标跟踪且准备对其使用导弹时使用这么复杂的随动—扫描状态。显然，这些目标的数量受到机上导弹数量的限制。另外，目标自动跟踪算法成为在之前已研究的可编程扫描状态中的算法。

9.11　基于测量误差的自适应离散滤波和识别的多目标跟踪算法

在进行多目标跟踪时，通过使用以相控阵天线（ΦAP）（有源相控阵天线（AΦAP））为基础的可编程扫描、适应模拟—离散滤波和无选通波门识别算法来保证提高大机动目标跟踪精度和连续性。

使用带有各类目标偏转可变时间的可编程扫描要使用模拟—离散滤波算法，模拟—离散滤波可以保证在反射信号到来之前时间间隔中生成高精度预测，根据到来的信号，以可变测量周期 $T \gg \tau$ 进行高精度校正。

应该指出，在进行大量大机动目标的跟踪时，使用高精度高维状态模型是有问题的，原因是对机载计算系统的速动有很高的要求。鉴于此，使用低维状态模型（$n \leqslant 3$），并随后进行滤波算法的适应是最为合理。

因为必须要实质上提高目标近处跟踪分辨率和可信度，所以要使用无选通波门的测量识别方法。

一个可能的多目标跟踪方法以使用模拟—离散滤波算法（式（4.83）~式（4.92）），并且在 $U_к = 0$ 的条件下以误差矩阵放大系数校正为基础进行适应简化。

假设为了对 N 个目标进行跟踪，使用 N 个滤波器，每个滤波器评估水平面和垂直面上距离 D、速度 V 和机上目标方位 $\varphi_г$ 和 $\varphi_в$，并根据式（9.91）~式（9.96）评估其导数 $\dot{D}$、$\dot{V}$、$\dot{\varphi}_г$、$\dot{\varphi}_в$。此时，根据式（9.88）的最小值（式（9.99））进行到达测量的识别，其中系数 S_D、S_V 和 $S_г$、$S_в$ 根据式（9.97）进行计算，而目标偏转周期则根据 9.10 节中研究的规则进行计算。

该模式多目标跟踪的简化结构图如图 9.33 所示。

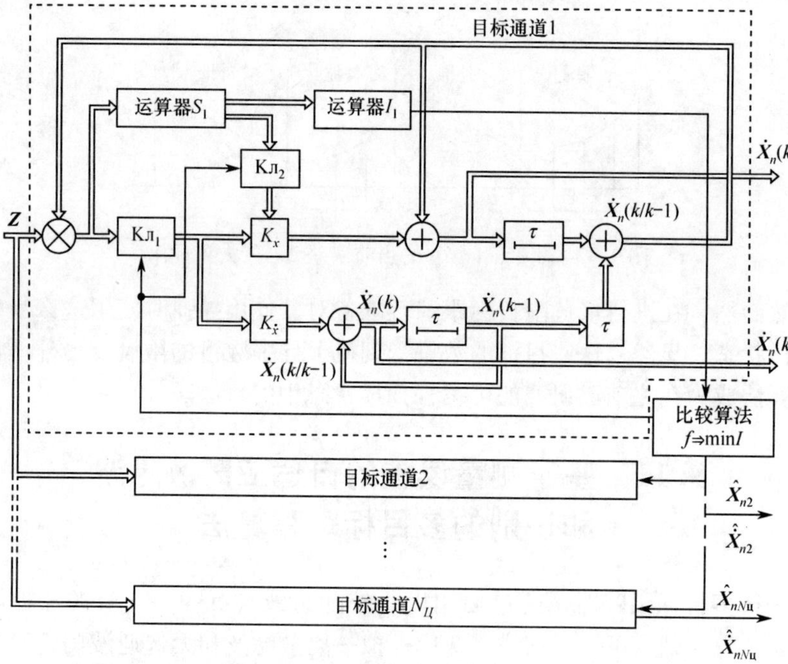

图 9.33　多目标跟踪的简化结构图

下面将研究动态中的多目标跟踪算法功能。假定航迹建立阶段已完成，具有 $N_ц$ 已建立轨迹。当没有例行测量时，按键 $К_{лi1}$ 和 $К_{лi2}$，$i = \overline{1, N_ц}$ 处于断开状态，而可跟踪目标坐标外推值则发到所有通道滤波器的输出端。

例行性测量（$Z_{im} \in D_{и}$，$V_{и}$，$\varphi_{ги}$，$\varphi_{ви}$）作为所有通道相应滤波器的输入端。它们所形成的测量误差通过 S_i（$i = D$，V，$\varphi_г$，$\varphi_в$）系数计算器，在其中根据式（9.97）对于所有可跟踪目标计算 S_D、S_V、$S_{\varphi г}$、$S_{\varphi в}$ 系数，之后传输到泛函数 I_j 的计算器，这些泛函数则根据式（9.88）进行计算。对于所有可跟踪轨迹所形成的泛函数 I_j 通过算法，在其中进行对比，并确定目标 f 批号，该目标与那个有最小值的泛函数相对应。当按键转换到闭合状态的信号从泛函数比较算法输出端送到按钮“$Кл_{f1}$”和“$Кл_{f2}$”。此时，相应通道滤波器校正电路闭合，状态变量已校正评估从相应输出端输出。此外，根据已识别测量所获得的系数 S_D、S_V、$S_{\varphi г}$、$S_{\varphi в}$ 传到经验滤波离散计算算法（式（4.71）），这可以借助于误差放大系数的变化保证跟踪滤波器对于功能条件变化的适应（式（4.89））。

所研究的多目标跟踪算法比识别选通波门[26]中带有 α-、β-滤波和测量识别的传统算法完善得多，在工作条件和向目标偏转间隔较宽变化域内工作更为稳定[31,32]。图 9.34 所示为目标跟踪时的滤波相对均方差变化图，当测量值从目标以 $T_2 = 3.2$s 的间隔到达时[32]，其距离、接近速度和机上目标方位变化规律如图 9.22 所示。在向目标偏转时间间隔较大时，评估误差呈现锯形特点，这是由于外推误差增长所引起的，并且，这会随着向目标偏转周期的增加引起精度的降低。

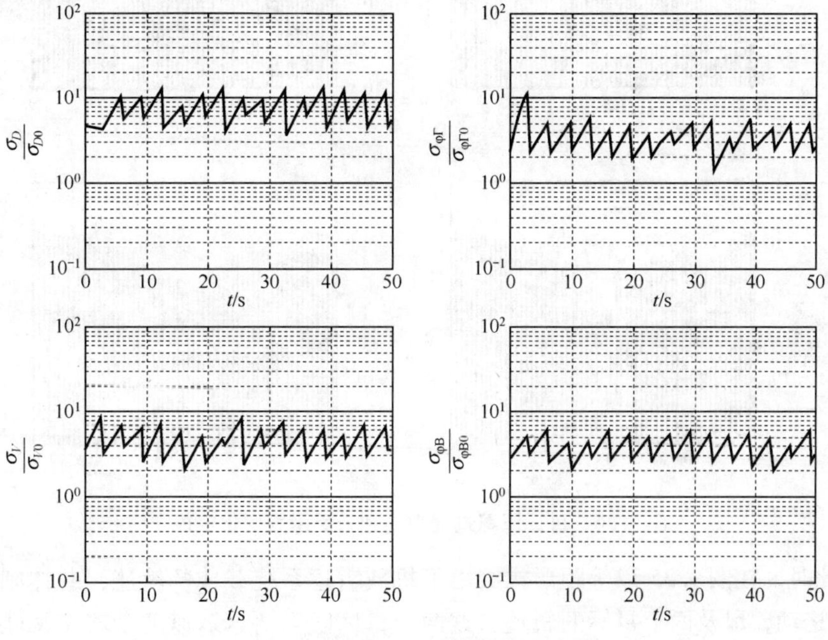

图 9.34　目标跟踪时的滤波相对均方差变化图

区分沿着交叉和近处分布轨迹目标的算法能力如图 9.35 和图 9.36 所示。

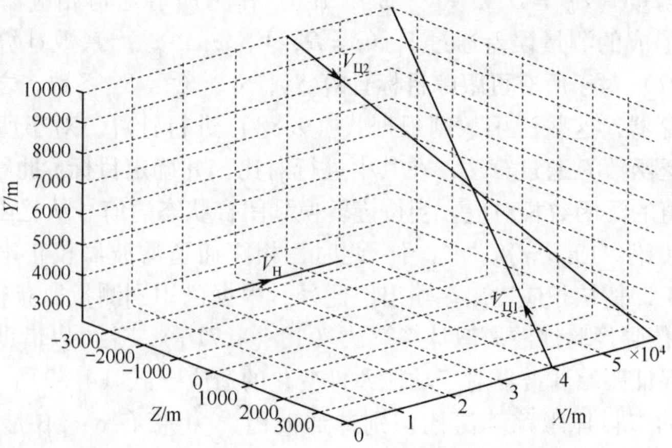

图 9.35　区分沿着交叉和近处分布轨迹目标的算法能力

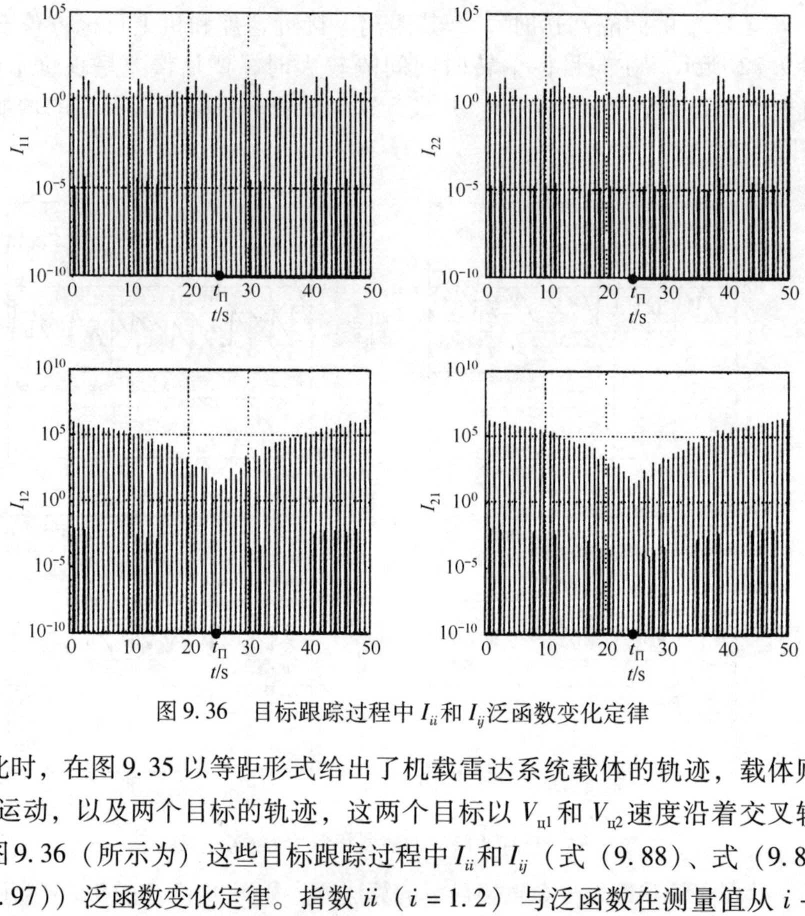

图 9.36　目标跟踪过程中 I_{ii} 和 I_{ij} 泛函数变化定律

此时，在图 9.35 以等距形式给出了机载雷达系统载体的轨迹，载体则以速度 $V_н$ 运动，以及两个目标的轨迹，这两个目标以 $V_{ц1}$ 和 $V_{ц2}$ 速度沿着交叉轨迹运动。图 9.36（所示为）这些目标跟踪过程中 I_{ii} 和 I_{ij}（式（9.88）、式（9.89）和式（9.97））泛函数变化定律。指数 ii（$i=1.2$）与泛函数在测量值从 i -（我方）目标来到的条件下计算泛函数的情形相对应，而指数 ij（i，$j=1$，2；$i\neq j$）则与当泛函数在“敌方”测量值到达时计算的情形相对应。

从图中可见，泛函数对于每个测量值的到来都有反应。不过，泛函数 I_{ii} 和 I_{ij} 数值有数量级的差别，包括在轨迹交叉时刻 t_n。鉴于这一点，测量结果即使在轨迹交叉时刻也要进行识别。

依靠误差放大系数适应，在第二阶状态模型基础上对大机动目标进行跟踪的能力如图 9.37 和图 9.38 所示。

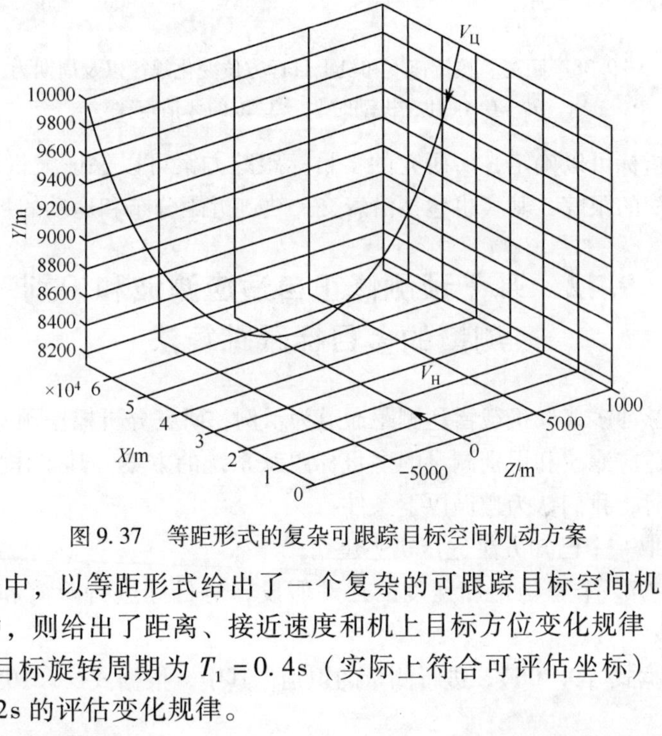

图 9.37　等距形式的复杂可跟踪目标空间机动方案

图 9.37 中，以等距形式给出了一个复杂的可跟踪目标空间机动方案，而在图 9.38 中，则给出了距离、接近速度和机上目标方位变化规律（虚线），以及它们在向目标旋转周期为 $T_1=0.4$s（实际上符合可评估坐标）以及在此机动时 $T_2=3.2$s 的评估变化规律。

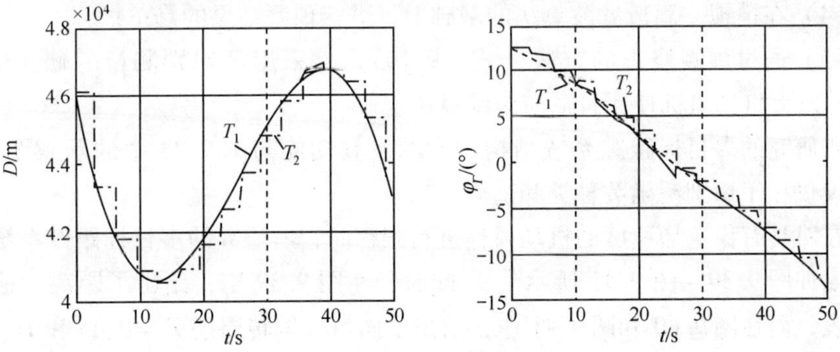

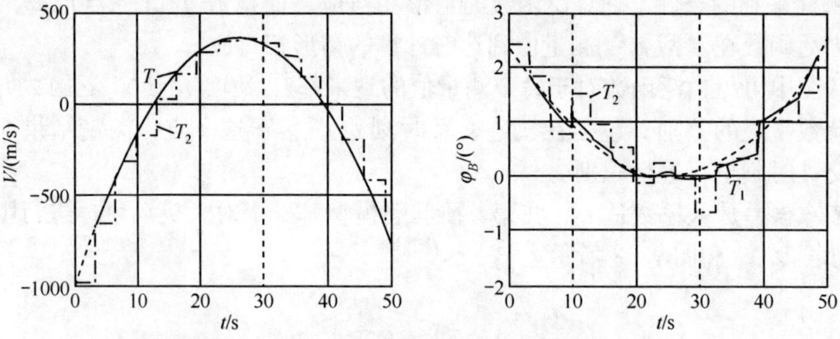

图 9.38　距离、接近速度和机上目标方位变化规律以及周期为 $T_1=0.4\text{s}$ 和在机动时 $T_2=3.2\text{s}$ 的评估定律

根据各指标可以确定，所研究的多目标跟踪方案可以保证大机动目标连续、高精度和可信的跟踪，其实也包括沿着交叉轨迹近距分布和运动的目标。

9.12　基于预测修正自适应滤波和识别测量的多目标跟踪算法

下面以脉冲多普勒机载雷达测距通道为示例，研究分析根据预测修正使用模拟—离散自适应滤波和识别测量的多目标跟踪系统的方案，其工作原理见 9.8.4 节内容。此时，我们认为遵循以下条件：

（1）采取一个已知方法进行轨迹建立；

（2）根据一个有稳定加速度的运动假设，对目标进行距离和速度的外推式（9.103）；

（3）根据式（9.106），进行测量的识别，其中，根据式（9.105）形成预测修正；

（4）在模拟—离散滤波算法的基础上，进行预测结果的修正；

（5）通过预测修正的方法（式（9.103）），采用已识别测量的修正值 u_D、u_V、u_j 对大机动目标使用自适应跟踪算法。

所研究的多目标跟踪系统结构示意图及其功能与图 9.33 中的示意图相似，区别仅仅在于识别泛函数种类和适应方法。

在对具有稳定加速度的机动目标进行跟踪时，所研究的多目标跟踪系统的工作精度如图 9.39 ~ 图 9.41 所示[35]。此时，在图 9.39 中，给出了距离和速度变化图表，而在图 9.40 和图 9.41 中，给出了向目标偏转周期 $T_1=0.4\text{s}$ 和 $T_2=3.2\text{s}$ 时，相对均方差评估的变化图。正如计算[35]所指出的那样，所研究的多目标跟踪系统方案保证了对稳定加速度机动目标的稳定、高精度的跟踪（图9.42）。此时，滤波的均方根最小值由测量仪均方差数值确定，而最大值还要取决于向目标的偏转周期。

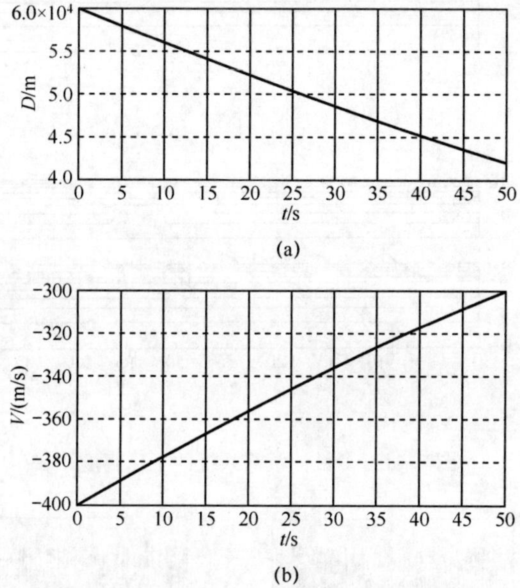

图9.39　多目标跟踪系统的工作精度1

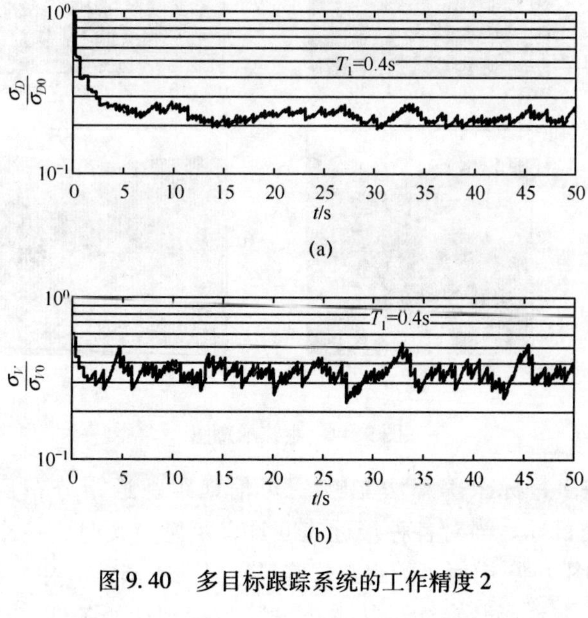

图9.40　多目标跟踪系统的工作精度2

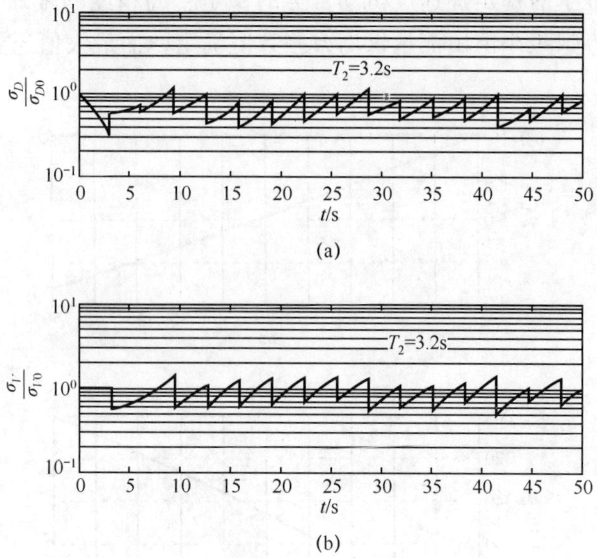

图 9.41　多目标跟踪系统的工作精度 3

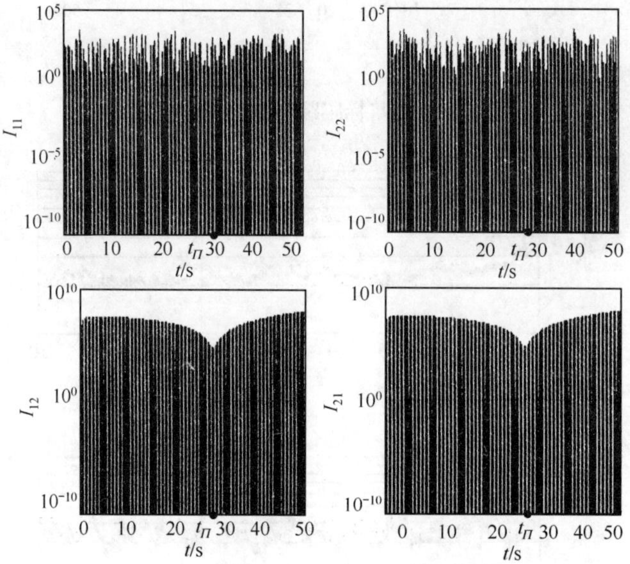

图 9.42　跟踪示意图

此外，这些多目标跟踪算法能够[35]可信地跟踪近距分布目标，包括沿着交叉轨迹运动的目标。当对各种接近速度具有距离交叉时，一个可能的方案如图 9.35 所示。图 9.43 中所示为跟踪这些目标时的泛函数 I_{ii} 和 I_{ij} 的关系曲线。指数 ii（$i=1$，2）与泛函数在测量从“己方”目标到达的条件下计算泛函数的情形相对应，而 ij （i，$j=1$，2；$i \neq j$）则与在测量从“敌方”目标到达时所计算的泛函数相对应。从图中可见，泛函数对每个测量值的到达都有反应。可是，必须强调，在同一时刻，泛函数 I_{ij} 变化要超出泛函数 I_{ii} 变化阶数，包括在轨迹交叉的 t_{π} 时刻也是这样，这预先确定了可以对测量值进行可信的识别。

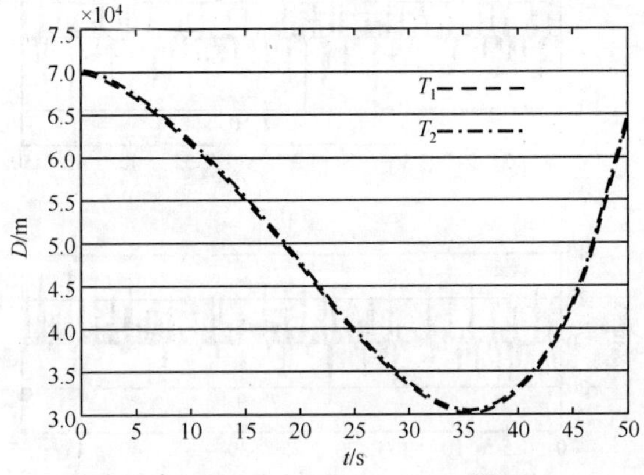

图 9.43　跟踪目标时的泛函数 I_{ii} 和 I_{ij} 的关系

跟踪大机动目标的能力如图 9.37、图 9.43 和图 9.44 所示。在图 9.37 中，等距给出了复杂的目标空间机动，而在图 9.43 和图 9.44 中，给出了与其相应的距离和速度变化，以及当偏转目标周期为 $T_1=0.4\text{s}$ 和 $T_2=3.2\text{s}$ 且修正值为 u_D 和 u_V 的评估变化，修正变化值则如图 9.45 和图 9.46 所示。当没有适应修正值和具有适应修正值时，距离和接近速度评估相对均方差的关系曲线如图 9.47 和图 9.48 所示。

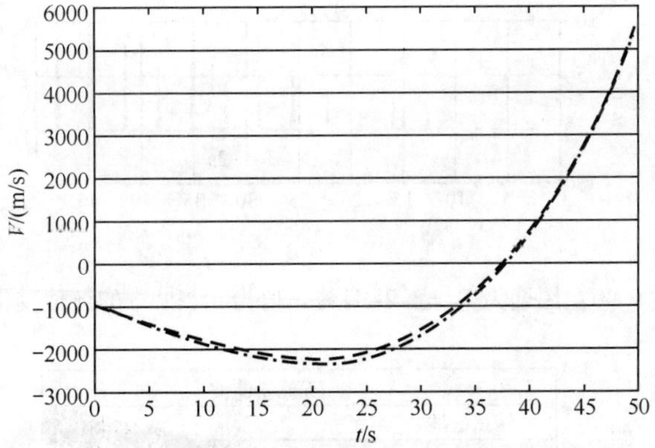

图 9.44　距离和速度变化曲线

由图 9.43、图 9.44 可见，在机动过程中，出现了派生距离，其阶超过了滤波器无定向性的阶（式（9.102）），同时，速度变将自己的符号变为相反的符号。在这种条件下，没有自适应的标准第三阶卡尔曼滤波不能稳定地跟踪目标，同时，滤波（式（9.102））在预测修正的基础上以假定的自适应方法，甚至在较大的目标偏转间隔内，稳定地形成对所有坐标的评估。

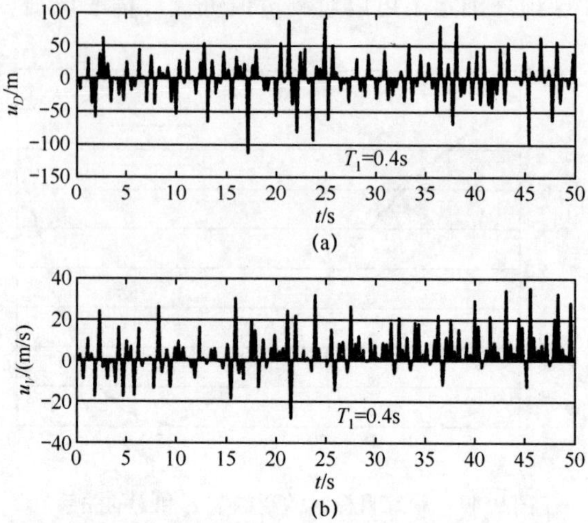

图 9.45　周期为 $T_1=0.4s$ 且修正值为 u_D 和 u_V 的评估变化

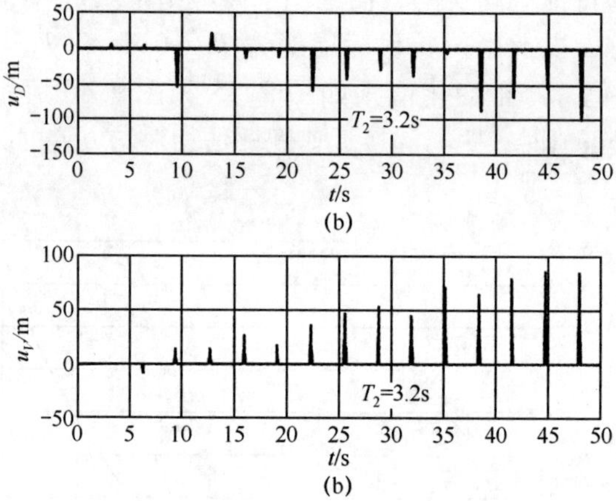

图 9.46　周期为 $T_2=3.2s$ 且修正值为 u_D 和 u_V 的评估变化

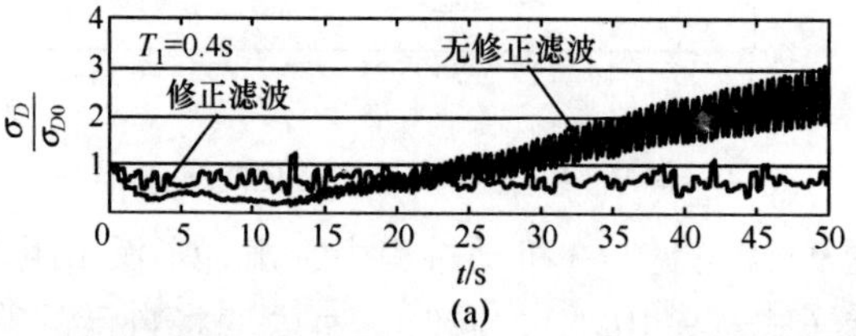

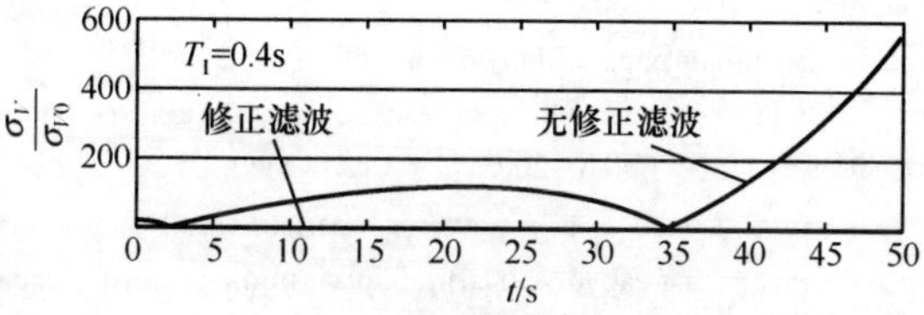

(b)

图 9.47　距离和接近速度评估相对均方差的关系曲线

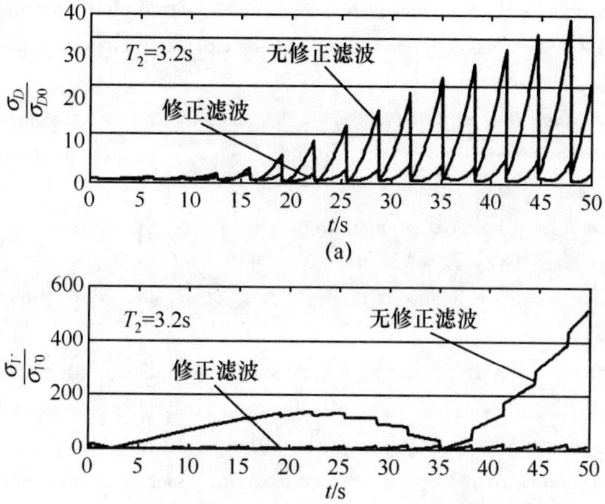

(b)

图 9.48　距离和接近速度评估相对均方差的关系曲线

作为结论，必须指出所研究算法的以下优势：

(1) 带有预测适应修正和雷达测量无选通波门识别的多目标跟踪算法可以稳定、高精度、可信地实现跟踪数个目标，包括大机动目标以及沿着交叉和近距分布轨迹运动的目标；

(2) 无选通波门识别算法可以在信号和天线参数实际变化范围内进行多目标跟踪时获得实际上与跟踪一个目标状态下同样的分辨率；

(3) 在多目标跟踪过程中，所获得的精度和分辨率可以评判其作为机械雷达系统战斗状态使用的可能性，在其范围内，当向目标偏转间隔较小时，单个目标的跟踪状态可以作为经常情况获得。

参 考 文 献

1. *Ярлыков М. С.*，*Богачев А. С.* Авиационные радиоэлектронные комплексы. М：ВАТУ. 2000.
2. Авиация ПВО России и научно-технический прогресс. Боевые комплексы и системы вчера，сегодня，завтра / под ред. *Е. А. Федосова*. М.：Дрофа. 2001.
3. Самолет F-22 RAPTOR // ЭИ. Авиастроение. №3. М.：ВИНИТИ. 1997.

4. Raptor 01 // 《Air Force Mag》. 1997. T. 80. № 7.

5. Су-35-самолет XXI века // Военный парад. Май-июнь 1997.

6. Авиация ВВС России и научно-технический прогресс. Боевые комплексы и системы вчера, сегодня, завтра / под ред. *Е. А. Федосова*. М: Дрофа. 2005.

7. Бортовые системы управления боевыми режимами современных и перспективных самолетов. Кн. 1. Аналитический обзор по материалам зарубежных информационных источников / под общей ред. *Е. А. Федосова*. М.: НИЦ ГосНИИАС. 2009.

8. *Ильин В.*, *Кудишин И.* Иллюстрированный справочник. Боевая авиация зарубежных стран. М.: АСТ Астрель. 2001.

9. *Меркулов В. И.*, *Дрогалин В. В.*, *Канащенков А. И.* и др. Авиационные системы радиоуправления. Т. 1. Принципы построения систем радиоуправления. Основы синтеза и анализа / под ред. *А. И. Канащенкова и В. И. Меркулова*. М.: Радиотехника. 2003.

10. *Меркулов В. И.*, *Дрогалин В. В.*, *Канащенков А. И.*, *Богачев А. С.* и др. Авиационные системы радиоуправления. Т. 2. Радиоэлектронные системы самонаведения / под. ред. *А. И. Канащенкова и В. И. Меркулова*. М.: Радиотехника. 2003.

11. *Гладков Д. И*, *Балуев В. М.* и др. Боевая авиационная техника: Авиационное вооружение / под. ред. *ДЯ Гладкова*. М.: Воениздат. 1987.

12. Авиационные системы радиоуправления / под ред. *В. И Меркулова*. М.: ВВИА им. Н. Е. Жуковского, 2008.

13. *Канащенков А. И*, *Меркулов В. И*, *Герасимов А. А. и др.* Радиолокационные системы многофункциональных самолетов. Т. 1 РЛС-информационная основа боевых действий многофункциональных самолетов / под ред. *А. И. Канащенкова и В. И. Меркулова*. М.: Радиотехника. 2006.

14. *Самарин О. Ф.*, *Соловьев А. А.*, *Шарова ТВ.* Радиолокационные системы многофункциональных самолетов. Т3. Вычислительные системы РЛС многофункциональных самолетов / под. ред. *А. И. Канащенкова и В. И. Меркулова*. М.: 《Радиотехника》. 2007.

15. *Гуськов ЮЛ.*, *Францев В. В.* Миг самолета МиГ-29СМТ. Фазотрон // Информационно-аналитический журнал. 2006. № 1-2 (4).

16. Бортовые радиолокационные станции перспективных самолетов // ЭИ. Авиастроение. № 16. М.: ВИНИТИ. 1991.

17. *Бочкарев А. М.*, *Струков ЮЛ.* Бортовое радиоэлектронное оборудование летательных аппаратов // Итоги науки и техники. Авиастроение. Т. 11. М.: ВИНИТИ. 1989.

18. *Зуенко Ю.*, *Коростелев С.* Боевые самолеты России. М.: Элакос. 1994.

19. *Шишов Ю. А.*, *Ворошилов В. А.* Многоканальная радиолокация с временным разделением каналов. М.: Радио и связь. 1987.

20. *Красовский А. А.* Основы теории авиационных тренажеров. М.: Машиностроение. 1995.

21. *Бутенин Н. В.*, *Луни Я. Л.*, *МеркинД. Р.* Курс теоретической механики. В двух томах. Т. 1: Статика и динамика. Изд-е 4-е, испр. М.: Наука, гл. ред. физ-мат. лит. 1985.

22. *Красовский А. А.*, *Белоглазое А. А.*, *Чигин ГЛ.* Теория корреляционно-экстремальных систем. М.: Наука. 1979.

23. Ярлыков М. С., Миронов М. А. Марковская теория оценивания случайных процессов. М.: Радио и связь. 1993.

24. *Красовский А. А.*, *Лебедев А. В.*, *Невструев ВВ.* Теоретические основы пило-тажно-навигационных комплексов. М.: ВВИА им. Н. Е. Жуковского. 1981.

25. *Канащенков А. И*, *Меркулов В. И*, *Самарин О. Ф.* Облик перспективных бортовых радиолокационных систем. Возможности и ограничения. М.: ИПРЖР. 2002.

26. *Антипов В. Н.* , *Исаев С. А.* , *Лавров А. А.* , *Меркулов В. И.* Многофункциональные радиолокационные комплексы истребителей. М. : Воениздат. 1994.

27. *Тихонов В. И*, *Харисов В. Н.* Статистический анализ и синтез радиотехнических устройств и систем. М. : Радио и связь. 1991.

28. *Фарина А.* , *Студер Ф.* Цифровая обработка радиолокационной информации. Сопровождение целей / пер. с англ. М. : Радио и связь. 1993.

29. *Сосулин Ю. Г.* Теоретические основы радиолокации и радионавигации. М. : Радио и связь. 1992.

30. *Ильчук А. Р.* , *Канащенков А. И.* , *Меркулов В. И. и др.* Алгоритмы автоматического радиолокационного сопровождения целей в режиме обзора // Радиотехника. 1999. № 11.

31. *Меркулов В. И.* , *Старостин ВВ.* , *Филатов А. А.* , *Шуклин А. И.* Синтез бес-стробовых алгоритмов многоцелевого сопровождения с бесстробовой идентификацией и аналога-дискретной фильтрацией // Радиотехника. 2002. № 12.

32. *Меркулов В. И.* , *Старостин В. В.* , *Филатов А. А.* , *Шуклин А. И.* Эффективность алгоритмов многоцелевого сопровождения с бесстробовой идентификаций и аналого-цифровой фильтрацией // Радиотехника. 2003 № 3.

33. *Меркулов В. И.* Алгоритмы автоматического сопровождения целей в режиме обзора с адаптивной коррекцией прогноза и бесстробовой идентификацией радиолокационных измерений // Радиотехника. 2008 № 1.

34. *Крутько П. Д.* , *Максимов А. М.* , *Скворцов Л. М.* Алгоритмы и программы проектирования автоматических устройств. М, Радио и связь 1988.

35. Меркулов В. И. , Забелин И. В. , Ермоленко А. А. Эффективность алгоритмов автоматического сопровождения в режиме обзора с адаптивной коррекцией прогноза и бесстрбовой идентификацией радиолокационных изменений // Радиотехникаю 2008. № 2.

36. Кузьмин С. З. Цифровая радиолокация. Введение в теорию. Киев: КВИЦ. 2000.

37. Меркулов В. И. , Холимов Н. Р. Обнаружение маневров цели с коррекцией алгоритмов функционирования систем автосопровождания // Радиотехника. 1997. № 11.

第10章　毁伤地面目标时机载综合电子系统的建构基础

10.1　毁伤地面目标时机载综合电子系统的使用特点

10.1.1　对地攻击及攻击兵器

为了战斗使用的航空器飞行可以分为一系列的基本阶段，包括：飞机（直升机）进入空中或地面（水上）目标区域，目标的搜索和发现，目标的攻击，飞机向停驻机场飞行。在地面（水上）目标攻击阶段，直接使用机载打击兵器（АСП）[1]。地面（水上）目标的毁伤属于军用航空器要执行的重要战斗任务，这些军用航空器有：歼击机—轰炸机、多功能飞机、战术和战略轰炸机、强击机、陆军航空兵直升机，以及其他型号的飞行器。在完成任务过程中，导航、制导和武器控制无线电电子综合系统在与其他的航空器战斗综合系统和机载打击兵器协同（图1.3）时，保证对有生力量、火力手段和战斗技术设备（如飞机场上的飞机和直升机）、控制站、防空阵地和工业项目、单个和集群目标（尤其是坦克），以及面状地面目标、舰船和其他目标进行毁伤。此时，可以使用导弹、各种高精度武器，包括：具有半有源激光自动导引头、电视指令制导系统、被动电视自动导引头的"空—地"导弹、具有热自动寻的导引头（具有红外自动导引头）的导弹、"空—雷达"式导弹——反雷达导弹、可制导（可校正）航空炸弹、不可制导航空炸弹、不可制导航空导弹（НАР）及身管射击兵器（СПВ）。

例如，用于毁伤地面（水上）目标的苏-24M战术轰炸机可以使用身管射击兵器（СПВ）、轰炸毁伤器材、不可制导航空导弹（НАР）、"空—地"导弹和反雷达导弹[2,3]。身管射击兵器（СПВ）包括：内置式六管火炮ГШ-6-23М和带有ГШ-6-23М的可拆卸式移动装置СППУ-6。毁伤轰炸器材包括：非制导和制导轰炸武器。属于非制导轰炸武器的包括：带有爆破和杀伤—爆破战斗部的各种口径航空炸弹、一次用炸弹箱（РБК）、燃烧弹（ЗБ）、带有各种战斗部件的小型载荷的通用舱（КМГУ）。制导轰炸武器是可修正航空炸弹（КАБ），质量为500kg和1500kg。КАБ-500可以具有半有源式激光制导系统或者电视—相关自制导（КАБ-Л和КАБ-КР）。在КАБ-1500中，实现了半主动式激光制导或电视指令制导[2,3]。

非制导导弹武器由具有不同战斗部的非制导航空导弹（HAP）组成：具有爆破型、破片—爆破型、聚能—破片型战斗部（C-5，C-8）；具有爆破—贯穿战斗部或后掠式毁伤部件（C-8）；具有破片—爆破战斗部（重型非制导航空导弹C-24）；具有杀伤或破片—爆破作用的战斗部（C-25）。“空—地”级制导导弹武器包括：具有无线电指令、半主动激光和电视—指令制导系统的非核战斗部导弹，具有电视、被动和有源雷达自动导引头的导弹（X-23、X-25、X-29、X-59、X-58、X-31）[2,3]。

10.1.2 轰炸机

俄罗斯苏-34 超声速战术轰炸机“空—地”级制导和可修正武器包括各种机载打击兵器（АСП）：具有激光、电视和红外制导系统的各型近距战术导弹；具有被动（主动）雷达自动导引头的中距导弹；具有电视—指令制导系统的导弹；具有激光、电视和热视—指令制导系统的可修正航空炸弹[4]。

目前，F-117A 专用隐形飞机依然是美国空军打击部分的重要力量[5]。它用于完成以下专门任务：毁伤指挥所、通信枢纽、战略操纵台、大规模杀伤性武器库等。为了毁伤地面（水上）目标，F-117A 飞机可以使用以下种类的机载打击兵器（АСП）[5,6]：具有 GBU-10（GBU-12）激光制导系统的可校正航空炸弹（КАБ），对于该飞机专门设计的 GBU-27 系统，作为战斗部，在其中使用混凝土破坏航空炸弹 BLU-109；具有电视自动制导头 AGM-65A/B 和红外自动制导头 AGM-65D 的 Maverik 导弹；AGM-88A HARM 反雷达导弹；Harpoon 反舰导弹；B-83、B61 核炸弹和一般爆炸航空炸弹；身管射击兵器。在现代化改造过程中，在 F-117A 飞机配备了 IDAM 型可校正航空炸弹（Ioint Direct Attack Munition），它具有惯性卫星制导系统。

战略轰炸机 B-52H 用于毁伤地面和水上（海面）目标，它可以使用以下种类的机载打击兵器（АСП）[5,7]：

（1）一般轰炸武器（各种口径的自由投放航空炸弹、一次用炸弹箱、水雷）；

（2）各种功率的 B53、B61、B83 热核航空炸弹；

（3）具有核战斗部 AGM-86B 或 AGM-129 的战略巡航导弹；

（4）具有高精度制导系统的非核战斗部的 AGM-86C/D 战术巡航导弹（该系统进行惯性—卫星制导、在巡航段进行雷达校正、在导弹靠近目标时进行电视校正）；

（5）新一代 AGM-158JASSM “空—地”级战术隐身巡航导弹，具有自动搜索和目标识别系统、惯性—卫星制导；

（6）具有惯性—卫星制导 JDAM 的现代可校正航空炸弹，AGM-152（154A）JSOW 滑翔航空炸弹和 WCMS（Wind-Corrected Munition System）弹药；

（7）AGM-84 Harpoon 反舰导弹。

使用以下种类的机载打击兵器，C 配置的 B-1B 战略轰炸机可以保证对地面行动进行直接空中支持[5,7]：

（1）各种口径的航空炸弹；

（2）GBU-87 和 GBU-89 一次用炸弹箱，它们用于大面积毁伤有生力量、装甲技术装置和支撑性交通工具；

（3）最新 GBU-97 一次用炸弹箱（配备了 SFW（Sensor Fused Weapon）级弹药（自制导弹药）），用于大面积毁伤装甲技术装置和支撑性交通工具。

B-1B（Block-D）飞机还额外配备了 KAB JDAM 高精度武器。B-1B（Block-E）武器的组成借助于滑翔航空炸弹 JSOW、巡航导弹 JASSV 和 WCMD（Wind-Corrected Munition Dispanser，也称为（见上文）WCMS）系列航空炸弹得到了扩展，它们装在穿甲或反坦克装备中。

B-2A 战略轰炸机的战斗能力逐阶段得到了增长[7-9]。B-2A 飞机可以配备非核和有核航空炸弹 B61、B83，GBU-27、GBU-89、GBU-97 箱式炸弹和 JDAM 可修正航空炸弹。在巴尔干冲突过程中，B-2A 轰炸机的主要武器是 JDAM 型 GBU-31 可校正航空炸弹，它具有自主惯性卫星制导。在进行现代化改装过程时，计划为 B-2A 飞机配备 227kg 的 JDAM 型航空炸弹（具有准确的自制导），和 2270kg 的 EGBU-28（Enhanced GBU）改进型航空炸弹，后者用于毁伤加固（装甲）目标。其中，EGBU-28 可以用于毁伤掩体。此外，在 B-2A 飞机上，还计划使用 JASSM “空—地”级导弹，该导弹在防区之外发射，以及使用 SDB（Small Diameter Bomb）小口径制导航空炸弹。

在配备弹径 227kg 的 JDAM 型航空炸弹的方案中，飞机可以携带 800 枚炸弹，每枚炸弹都独立导向目标。这样，在每一次进入时，B-2A 飞机可以以高精度毁伤 80 个单独的目标[7]。

10.1.3　强击机

为了对步兵进行直接空中支援，使用强击机和陆军航空兵打击直升机是非常有效的。

步兵直接空中支援强击机用于当具有目视能见度时在白天和黑夜消灭（压制）战场上和战术纵深中的小移动和固定目标。强击机的典型代表是苏-25 飞机及其改进型苏-25T 和苏-39（苏-25TM）、A-10A 强击机（美国）[2,3,6,10]。

飞行技术特性、机载设备综合系统、机载综合电子系统、现代强击机的武器可以保证在敌方防空强力对抗条件下战术纵深中的敌方区域上方执行独立（集群和单独的）战斗任务。加强的简易性、高机动性、低转弯半径、高推重比使强击机可以从初次进场就毁伤目标，并有效地利用地形退出进攻。强击机针对地上目标进行战斗使用飞行的特点在于机动、快速更换形势、采取决定时缺乏时间。

对于强击机，毁伤对象是：支撑点和分散区域中任意战斗队形的坦克、摩托化步兵；火力阵地上、行军中和分散区域的战术导弹和火炮；陆军和陆军航空兵控制点；停机坪和空中的陆军航空兵的直升机和其他飞机等。

苏-25 单座装甲强击机的特点是生命力较强，用于当敌方火力对抗强大时在白天和黑夜目视能见度条件下直接支援部队、消灭集群和单个隐身目标、空中布雷、消灭低速空中目标。为了毁伤战场目标，苏-25 飞机的武器已进行了优化。在苏-25 强击机的基础上，研制了“反坦克”苏-39 飞机（苏-25T）和苏-39 多目标飞机，“反坦克”强击机已成为苏-25 飞机深度现代化改装的成果[2,3,6,10]。

苏-39 非可制导武器包括：具有 ГШ-30（30mm）火炮的 НППУ-8 内置式火炮装置；具有 ГШ-301（30mm）火炮的 СППУ-687 悬挂式火炮装置；С-8 或 С-13 非制导航空火箭（НАР），С-24 或 С-25 非制导航空火箭（НАР）；各种口径的航空炸弹。为了毁伤场地目标，可以使用 КМГУ 悬挂箱。

苏-39 强击机制导武器包括：具有激光自动导引头的超声速反坦克导弹；具有电视和激光自动导引头的“空—地”级导弹；反雷达导弹；可校正航空炸弹 КАБ-КР 或可校正航空炸弹 КАБ-Л。苏 25-Т 飞机可以配备具有热自动导引头的导弹，而苏-25ТМ 强击机则可以配备具有有源雷达自动导引头的反舰导弹。

A-10A 强击机用于对地面部队进行直接航空支援，其主要目标是战场上的敌方坦克。不太高的飞行速度、不错的机动性能以及驾驶室较好的视野可以使飞机在首次进入时毁伤小尺寸目标。此时，在小于 1800m 的距离内，从 100 ~ 150m 的高度对“坦克”型目标使用机载打击兵器（АСП），而在 3000 ~ 3600m 的距离内，对不具有装甲保护的目标使用机载打击兵器（АСП）[5,6]。

A-10A 强击机非制导武器包括：七管火炮 GAU-81A（30mm），它安装在机身首部；具有六管火炮（20mm）的火炮舱 SUU-23；各种口径的自由落体航空炸弹；燃烧航空炸弹、一次用炸弹箱（РБК）。

A-10A 的制导武器包括：具有电视自动导引头（ГСН）的 Maverik AGM 和 AGM-65B 导弹（白天使用）；具有热自动导引头（ГСН）的 AGM-65D 导弹（夜晚使用）。当具有目标外部激光补充照明时，还可以使用具有半有源激光导引系统的 AGM-65C 导弹。

10.1.4 攻击直升机

攻击直升机是陆军航空兵的主要兵力。

第四代米-28Н 战斗直升机用于对战场上的步兵进行航空支持、消灭坦克和其他装甲技术装置、跟踪空降兵、与敌方直升机进行战斗[2,11]。

米-28Н 直升机的航空无线电电子机载综合系统与其他机载系统协同，以保证：

（1）全昼夜和全天候使用，包括低空（5 ~ 15m）飞行，并且使用地区的制图信息和三维综合图像在自动状态下对地区地形进行环绕，搜索、发现和识别目标；

（2）直升机的集群使用，并在其中对目标进行自动化分配。

（3）直升机装备了不可拆卸火炮装置 НППУ-28，它带有口径为 30mm 的火炮、具有指令制导系统的超音速导弹、НАР С-8、С-13、机枪和火箭通用短舱、火炮舱 УПК-23-250、燃烧弹、各种口径的航空炸弹。

卡-50 单座战斗攻击直升机用于在白天和夜晚进行战斗行动时、在全部高度和飞行速度范围内、自主以及使用外部目标指示来毁伤装甲坦克和摩托机械化技术装置、战场有生力量和空中目标。

卡-50 直升机的武器包括：超声速反坦克导弹；具有红外自动导引头（ТГС）的导弹；移动式速射炮（30mm），С-8 非制导航空火箭（НАР），通用火炮吊舱 УПК-23-250，小于 500kg 的各种口径用途的航空炸弹。

一种现代国外直升机是 AH-64A 直升机（美国）。AH-64A 的建造结合了对现代直升机提出的要求，它们的主要任务之一是在防空器材饱和了的战场条件下进行反坦克作战。AH-64A 直升机的武器装备包括：具有半主动激光制导系统的“Hellfire”反坦克导弹；射程小于 6km、口径为 70mm 的改善型非制导航空火箭；单管 30mm 炮 M230E1[12]。对于 AH-64A 直升机，研制了长弓“Longbow”直升机武器控制系统，其主要部件为 mm-波段雷达站和具有主动雷达自动导引头的 Hellfire 导弹。具有主动雷达自动导引头的地狱火（Hellfire）导弹的发射距离（与激光自动导引头相比）增加了 8～12km，借此，实现了“导弹发射之后在弹道上捕获目标[13]”这一理念。

10.1.5 攻击方式

对地面或水上目标的进攻是战斗飞行最重要的阶段，也是其主要内容。正如前文所述，其自身任务是直接使用机载打击兵器（АСП）。在对地面目标进行攻击时，导航、制导和武器控制无线电综合系统与其他航空器机载综合系统一同保证可以使用不同的进攻方法。可以根据若干个特征对这些方法进行分类。这样，比如，根据航空器纵轴相对于垂直线的位置，在使用机载打击兵器（АСП）时，进攻方式分为水平飞行进攻（图 10.1（a））、俯冲进攻（图 10.1（b）和上仰进攻（图 10.1（c））[1,6]。在图 10.1 中：$Ц$ 为目标；O 为目标发现点；$O_{бр}$ 为机载打击兵器（АСП）的投掷点（发射点）。

在现代和未来机载综合电子系统中，在其战斗使用准备阶段和实施战斗任务过程中，进行进攻方式和机动种类的自动化选择，借此，在兵力值勤量最小时，在最短时间内进行目标的毁伤。在实施战斗任务时，所选择的进攻方法和机动种类以最直接的方式对完成地面或水面目标毁伤任务的效率产生影响。这样，下降的机动（俯冲、退出俯冲）保证了机载打击兵器（АСП）对击中目标的更高精度，但是为了实施这一点，它们需要航空器在相对大的高度进入目标，并提前发现有多功能雷达站（МФРЛС）或光电制导系统（ОЭПС）的目标。在上升的垂直或空间机动（急跃升、翻筋斗，图 10.1（d））之前可能会进行俯冲。从图 10.1（d）中可见，为了实施所述种类的机动，需要不同的目标发现距离。在发现目标最晚时（甚至在其飞过时刻或飞过之后），半翻筋斗类机动是垂直机动中更为恰当的。

战斗转弯类型的空间机动（图 10.1（e））在侧倾以较大误差进入目标时使用。如果低空进入目标，并且目标在其飞过时被发现（或者，如果根据敌方防空手段的防护意图，不希望进行上升机动），那么在此时，使用在航空器转弯时的水平机动，其角度接近于 270°（图 10.1（f））。这种投弹方式保证了飞机防止炸弹爆炸的安全性，并可以实现低空进入目标，在复杂气象条件下进行投弹。

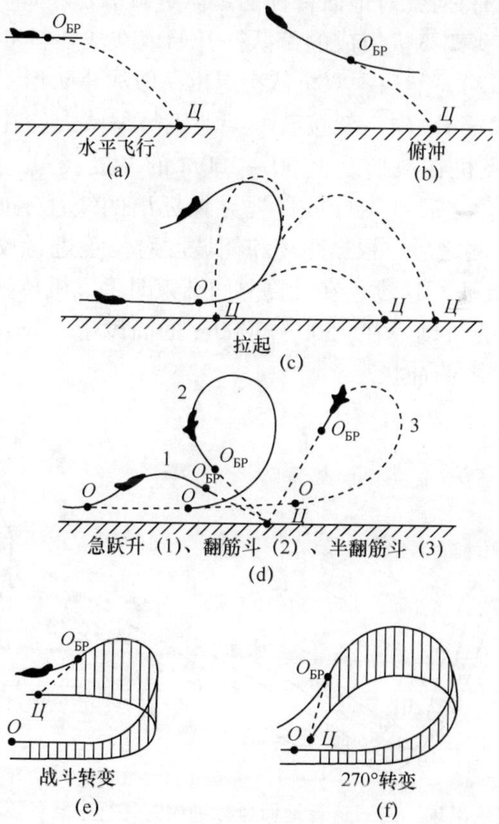

图 10.1　进攻方式示意图

在进行系统炸弹的投弹和非制导航空火箭（НАР）的射击时，达到对编组和场地目标非常有效的毁伤[1]。

正如战术轰炸机在局部战争和冲突中的战斗使用经验那样，在使用非制导机载打击兵器（АСП）时，可以使用各种编队进攻方法。此时，航空炸弹相对不高的命中精度由投向目标的自由落体航空炸弹的数量来补偿。以下均属于地面目标的编队进攻方法[2]：

（1）俯冲进攻（也称为“突然出现”方法），它通过朝向、逆向进入目标来实现；

（2）直接进攻；

（3）战斗转弯进攻；

（4）高空投弹，且不进入小口径防空火炮的毁伤区；

（5）从各种方向的圆圈航线进行；

（6）低空水平起飞进攻。

作为示例，我们将研究对地面目标的编队进攻方法，即“突然出现”。在该进攻方法中，由6~9架飞机组成的编队一开始就在战斗行动空域之外的高空占据待机空域（图10.2）。然后，双机依次退出一般战斗队形，并在下降过程中以规定的时段（小于2min）内一架接着一架地飞行编队[2]。在检测点之前的最后一个航路阶段中，飞机在地形之上50~100m的高度飞过。检测点位于离目标15~20kg的距离内。之后，飞行员目视寻找标出的线性定向标（道路、河流，辅助检测点），在连测之后，根据距离和侧坡度对位置进行校正。在完成位置校正之后，飞行员提高飞行速度，在计算时间结束时将飞机转换至急跃升状态，同时完成半翻筋斗类的机动。在2500~3000m的高度上，飞行员将飞机“越肩”转弯，将其导入45°的俯冲状态。

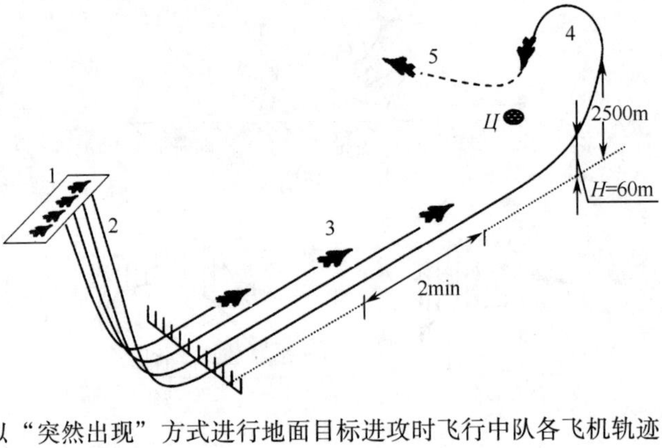

图10.2　以“突然出现”方式进行地面目标进攻时飞行中队各飞机轨迹的特征区段

在采取“突然出现”的进攻方式时，炸弹以“齐射”的方式投放，之后飞行继续下降，并直接在低空转入水平飞行。结合在导弹发射位置之上“死角”

范围内进行垂直机动，这种地面目标进攻方法的基础是假设进攻时飞行的整个运动轨迹应位于从地面不能向其射击的空间。在图 10.2 中，以数字 1 ~5 标出了以“突然出现”方式进行地面目标进攻时飞行中队各飞机轨迹的特征区段。

应该指出，在对地面目标进行编组航空行动时，为了消灭固定的军事目标，比如，位于居民区、单独检测站、控制台和其他重要项目（比如，机动式的防空导弹综合系统）的军事目标，或者为了对其造成最大损失，必须使用高精度武器。

实际完成战斗机动属于航空器手动和自动控制的复杂任务。为了在机动时将航空器导入目标区域，在机载综合电子系统中，应该完成两个相互联系的任务：已经选择了机动配置，并确定了机动开始点（时刻）。在对战斗机动进行自动化时，研究机动开始点的任务通过由机载综合电子系统的机载计算系统完成，而由飞行员或者自动控制系统完成机动。通常，以发动机工况变化、航空器正常过载和横倾程序的方式给定机动配置。

正如在进攻空中目标时那样，在毁伤地面或水上目标时机载综合电子系统所完成的主要任务是制导任务。正如第 9.1 节指出的那样，制导任务包括确定并实现航空器和武器的控制，此时，要保证所采取的毁伤手段命中目标（或者目标区内的一定范围），并保证进攻航空器的安全。在进行投弹和使用相对于航空器不动的机载打击兵器（АСП）的情况下，可以说是仅分析航空器的控制。应该指出，制导过程是复杂的过程。为了完成这一过程，必须在进攻航空器上自动测量运动参数，确定目标运动坐标和参数，计算机载打击兵器（АСП）运动轨迹、组织航空器和武器的控制。上述全部任务均由机载综合电子系统与其他战斗综合系统及航空器战斗系统的协同下完成。

我们将研究毁伤地面（水上）目标时机载综合电子系统的研制和工作原理，这些目标在位置等参数的求解方面与第 9 章中对于完成空中目标消灭任务所研究的目标相同。

10.2 打击地面目标时机载综合电子系统的工作

10.2.1 任务和工作方式

在毁伤地面或者水上目标时，多功能飞机导航、制导和武器控制无线电电子系统用于保障：

（1）航空器进行目标区域，目标的发现和识别；

（2）确定目标坐标及其运动参数，确定目标和航空器的相对位置；

（3）选择和执行战斗机动；

（4）计算航空打击兵器（АСП）的弹道；

（5）确定航空器的控制参数，消除制导误差；

（6）控制机载打击兵器（АСП）；

（7）退出进攻时航空器的控制；

（8）完成制导后在使用导弹时，实现机载打击兵器（АСП）的制导。如果在离开目标区域时，的确需要越过敌方的防空系统，通常进行低高度甚至极低高度飞行。

可以借助瞄准系统（ПрК）（武器控制系统（СУВ））的搜索瞄准系统（ОПС）、机载综合电子系统多功能雷达站（МФРЛС）的光电制导系统（ОЭПС）、激光和电视系统以及光学制导仪器和系统，发现及确定地面（水面）上固定和移动目标的坐标。

使用装有激光自动导引头的导弹时，可以使用半有源激光制导系统，这种系统有两种类型：第一种系统，从攻击飞机上对目标进行照射；另一种系统，通过其他特殊航空器照射目标，或者通过地面观察站进行目标照射（前沿观察站）[14]。

10.2.2 在 X-59 导弹上应用

为了毁伤特别重要的地面小型目标，而运载飞机无需进入防空系统的作用区域，可以使用 X-59 型导弹，它拥有高精度电视控制制导系统。X-59 型导弹的电视控制制导系统主要有两部分组成，一部分安装在导弹上，另一部分安装在运载飞机上（例如苏-24）[2]。

在导弹上安装了陀螺稳定电视导引头、可变焦距镜头、电视图像发射机和指挥口令接收机，指令通过无线电线路从运载飞机发出；导航系统和自动控制系统（СНАУ-59），它旨在接收、保存飞行任务的数据，生成稳定信号和控制导弹（图 10.3）。

导弹 X-59 的电视指令制导系统的飞行部分包括：

（1）电视图像发射机和指挥口令接收机，配备有两架接收发送天线（前置和后置天线）和随动传动装置（包括悬挂吊舱（ПКн））；

（2）电视监控设备（ВКУ）、交叉点控制装置（МУП）、电视导引头（ТГН）可变焦距镜头的控制按钮和更改导弹飞行高度的遥控转换开关（包括苏-24 航空无线电综合系统中的制导导航系统 ПНС-24）。

电视发射机（电视摄像头）在电视导引头中起目标信息接收器的作用。所生成的电视图像从摄像头输出端传送给电视图像发射机，其信号通过总体天线从控制接收器发射出去，再通过电视图像发送无线电线路发射给放置在悬挂吊舱里的电视接收机。与电视图像一起在电视导引头里生成无惯性电子移动交叉点，它与电视图像一起进行发送。移动交叉点通过两条相互垂直的轴线（上—下，左—右）控制信号，信号则通过运载飞机沿着指令无线电线路发送给导弹控制接收机[2]。

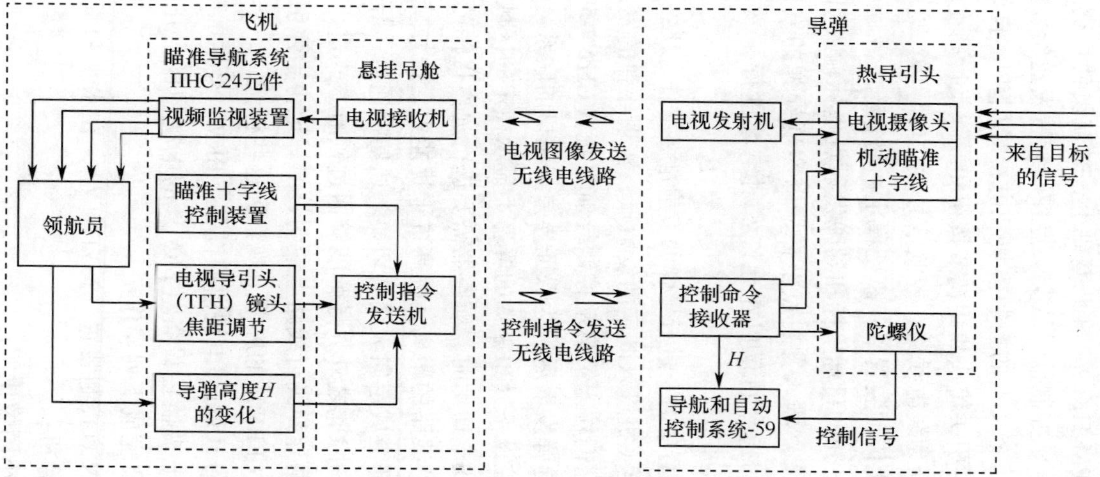

图 10.3　X-59 导弹使用系统结构图

在导弹制导中存在操作员的 X-59 导弹电视指令制导系统的一个重要特点是数学模型。数学模型的活动在导弹制导时的特点则是发送功能的多样性（参见 6.4 节）。

视频监视设备屏幕上电视图像中对移动交叉点相对于点目标位置的分析由电视接收机进行（TV ПРМ ПКн），在此基础上，领航员使用交叉点控制装置生成移动交叉点的控制信号。控制信号从交叉点控制装置发送给发射机，之后再通过无线电发送给导弹移动交叉点的控制模块和电视导引头（自动导引头）的陀螺稳定器。借助于电视导引头镜头焦距调节按钮和导弹飞行高度的遥控改变电路转换开关，以及通过指令无线电线路，控制信号发送给导弹。之后，它们共同来到电视导引头焦距的变化传动装置以及高度稳定回路。

在攻击之前，将已知的目标坐标和导弹发射点坐标输入引导站（ПНС）。也可以不向引导站（ПНС）输入发射点坐标，以实现导弹的发射，但是在此种情况下，导弹离开飞机的指令将仅仅在允许发射空域进行，该空域的边界则根据 ПНС-24 中的已知坐标进行计算。

当导弹位于悬挂装置中时，进行导弹的发射准备操作。飞行员（或者 ПНС-24）在飞行过程中应该制导飞机进入既定的发射点，实现导弹的发射。为此，ПНС-24 计算出必需的数据，它们输入给自动控制导航系统（СНАУ-59），在导弹自动进入目标区域时使用。导弹发射后，为保证导弹与飞机的联系，飞机进行水平直线飞行，直到在电视监控设备（ВКУ）的屏幕上显示稳定的区域电视图像。

在设定稳定的无线电通信时，航空器需要进行远离目标的回转机动。有时为了提高飞机—导弹通信线路的距离，提高抗干扰能力，信号接收会自动实现从前部广域定向天线向后部窄域定向天线的切换。通信接通后，导弹按照设定的程序进入预定的飞行高度。除此之外，导弹能够通过领航方式进入目标区域。采用这种方法时，领航员根据导弹飞行线路上最明显的标记将导弹引入目标搜索区，他可以在电视监控设备（ВКУ）的屏幕上观察到这些标记。

在导弹飞近目标约 10km（电视监控设备（ВКУ）会在屏幕上显示这个距离）时，根据导弹接收和电视监控设备（ВКУ）的电视图像，开始目标探测识别阶段。此时，领航员需要完成下列操作：

（1）使用电视交叉点控制装置（МУП TV），在水平和垂直面上，打开电视导引头（ТГН）的摄像机；

（2）增加或者减小图像比例；

（3）改变导弹飞行高度。

目标探测识别完后，领航员的主要任务是借助于电子移动交叉点（ПП）的控制装置（МУП）保持目标显示。除此之外，领航员还可将移动交叉点放到目标标记上，按动“Привязка（连测）”按钮。之后，在导弹电视导引头（ТГН）

中实施的自主电视自制导状态下，导弹将在没有领航员干预的情况下自动制导至被标记的目标。

10.2.3 侦察打击系统及其应用

在现代化条件下，实施战斗行动，不广泛采取各式各样的无线电电子系统（РЭС）用于指挥军队和武器装备是不能想象的。及时发现并对敌方火力毁伤或者对敌方的无线电电子系统（РЭС）进行无线电压制是十分重要的，为完成上述任务，经常使用侦察打击系统，例如，型号为 PLSS，还有专业化飞机，型号为 F-4G，它们可以进行独立或者编队活动。对可控制反雷达导弹（ПРР）无线电电子系统（РЭС）的发现和制导由搜索和目标指示系统（СРЦУ）AN/APR-38 进行。应该指出，当今多种类型的航空器都装备有可控制反雷达导弹（ПРР）。

正如第 9.2 节所指出的，现代化多功能雷达站（МФРЛС）都是多状态的雷达系统，用于保障执行战斗任务，比如，空中毁伤和地面（水面）目标的摧毁。属于现代化多功能雷达站（МФРЛС）的有：苏-35 和苏-34 的雷达站、F-15E AN/APG-70、AN APQ-164（B-1B）的雷达站等。[4,13,15-17]

特别是在对地面目标进行行动时，雷达站 AN/APG-70 在 20km 距离就能截获目标（单个目标或者编队目标）。在进行投弹时，为毁伤地面目标，在窄域定向工况下工作，雷达站可以截获并跟踪选定的目标进行毁伤，而且可以保障飞机在投弹时进入目标区域[18]。雷达站 AN/APG-70 拥有合成孔径雷达（PCA），在相应的分辨率时，此工况下可以实现不同尺寸地面区段的图像生成。

在合成孔径雷达状态下，雷达站 AN/APG-70 可以获取飞行方向两侧各 45°范围内地表部分的图像。例如，在 27km 距离内，线性分辨率达到 2.5m[13]。

在合成孔径雷达（PCA）状态下，可以连续更新地表图像，并“记忆（冻结）”图像直至下次更新。在图像“记忆”工况下，武器系统操作员根据雷达站数据对其他航空雷达系统实现目标指示。在图像更新阶段之间，雷达站处在“无线电静默”状态，准备在“空—空”状态下立即寻找目标。

在毁伤地面（水面）目标时，多功能单脉冲雷达站 AN APQ-164 是战略轰炸机 B-1B 的机载综合电子系统的信息基础，作为天线，可以使用相控阵天线（ФАР）。雷达站 AN APQ-164 拥有 13 个工况，包括制图工况和高分辨率绘图工况（PCA 工况）。合成孔径雷达工况（PCA）下，操作员可以从地面方形区域一边尺寸所确定的五个比例尺中选择一种比例尺，即从 1.2km、2.4km、4.8km、9.6km、18.5km[13] 中选择一种比例尺。

在越过防空系统、毁伤地面或者水上目标的过程中，在沿着航线小于 18km 的距离内，雷达站 AN APQ-164 使用自动跟踪地形和飞行障碍、确定地形工况、高度值和飞机速度测量修正值，探测和跟踪地面（水面）目标（包括移动目标）。

第5代战机F-22和F-35机载多功能雷达站МФРЛС AN/APG-77和AN/APG-81的性能见1.6节。

现代机载雷达站对地面目标进行活动时，确定倾斜距离D和目标方位角（机上方位角）φ。在执行（H/D）<<1关系式时，在机载综合电子系统信息处理算法中，不使用倾斜距离（D），而使用水平距离$D_r \approx D$。高低角ε通常作为第3个目标坐标，而它可以在机载计算系统中使用航空器高度（H）数据进行计算。

现代光学电子制导系统包括，苏-35[15]机载光学电子系统、LANTIRN系统（仪器箱型式，参见1.1节）、TRAM系统和其他拥有类似功能的系统。

这样，LANTIRN制导导航系统用于保障：

（1）白天和黑夜时，对低空地形跟踪状态下的飞行和导航；

（2）移动目标的探测和识别；

（3）截获并自动跟踪6个固定地面目标；

（4）在8~12s内，对于每6个目标，装备了红外导引头的导弹Maverick AGM-65D的目标指示和自动发射[13,17,18]。

TRAM系统包括电视系统FLIR、激光目标测距指示器（指示器在测距同时进行激光照射）、激光接收机，激光接收机用于接收前方对空导航站的操作员发出的信号。这些TRAM系统的装置使用共同的制导线路，并安装在惯性稳定平台上。在毁伤地面目标时，TRAM系统保障对带有激光自动导引头的导弹和炸弹的制导[17]。

在对地面目标实施行动时，就自身的信息能力来说，现代光学电子制导系统并不亚于多功能雷达站和全景雷达站。LANTIRN系统和TRAM系统包括了电视系统FLIR和激光目标测距指示器，它们以高于雷达站的更高精度分别在水平面和垂直面上确定目标制导角（机上方位角）φ和ε、离目标的倾斜距离D。

机载综合电子系统不仅能完善战术技术性能和扩展多功能雷达站、光学电子制导系统和其他制导系统的功能，而且还依靠扫描—制导和驾驶导航信息的综合使用来提高完成对地面（水面）目标毁伤任务的效率。例如，在战斗轰炸机F-15E的机载综合电子系统中，雷达站与LANTIRN系统的联合功能为雷达站、红外线系统、激光测距仪三者的联合工作。雷达站AN/APG-70，拥有高分辨率，辨别目标具有足够的可信度。雷达站所测得的目标坐标和运动参数作为目标指示输入LANTIRN系统，以便在机载打击兵器（АСП）起动（投放）时使用[6,13,17,18]。

10.2.4 补充装置和系统

为了扩大在毁伤地面（水面）目标时的作战能力，俄罗斯国内和国外的飞机、直升机的机载综合电子系统已经装备了补充装置和系统。比如，美国战术飞机的机载综合电子系统就属于这样的装置，包括：Eagle Eye AN/AVS-6 型夜间导航装置；Drackar 型绘图显示器；ITARS 和 Penetrate 型电子绘图系统；多功能彩色显示器[13,17,18]。

应该指出，Drackar 型绘图显示器与传统显示器一样，都具有一系列新的工况。主要有：与地面危险接近预警工况和对空防御危险区域显示工况。在后一种工况中，在飞行高度数据、航空照相数据、机载曝光预警系统信号基础上，在绘图显示器中指出敌方雷达站位置和安全（远离雷达站，或者被地貌不平整地带所隐蔽）区域，飞机可以以最小的风险飞过[13,17,18]。

在发射具有激光自动导引头、红外自动导引头和电视自动导引头的空—地导弹、反雷达导弹时，机载综合电子系统的结构和功能算法许多方面是相同的。为了发射导弹，必须具备下列条件：距离上，航空器位于允许发射空域；目标截获信号已经在导弹自动导引头中生成；导弹准备发射信号已经生成。

允许发射空域的边界由 D_{pmax} 和 D_{pmin} 距离确定，这两个距离则由机载综合电子系统机载计算系统进行计算。自动导引头关于目标截获的信号和导弹准备发射的信号在导弹装置之中生成，发送给机载综合电子系统机载计算系统和武器控制系统。为了实现导弹的制导，必须让自动导引头在导弹发射前截获目标。在具有激光自动导引头的导弹进行发射时，正如前面提到的，应该保证用激光对目标进行照射。

现代航空器的航空搜索和目标指示控制系统（СРЦУ）可以分为两种：

（1）在其中为了发现和定位雷达站—目标而使用特殊的被动无线电测向站（ПРС）的系统，无线电测向站直接安装在运载航空器上，型号 AN/APR-38（包括吊舱式安装）；

（2）在其中为了发现和定位雷达站—目标而使用可控反雷达导弹的被动自动导引头的系统。

第一种系统拥有更为完善的战术技术性能，根据已知程序坐标的目标和未知坐标的日标可以保障反雷达导弹的发射。第二种系统则根据具有飞行前指定坐标的目标进行工作。

在发射可控反雷达导弹时，机载综合电子系统工作特点是完成两个基本任务：

（1）计算到雷达—目标的当前距离；

（2）确定用于控制飞机及导弹发射所必需的参数。这两个任务同时完成，此时，当具有已知坐标的雷达站—目标作为航线拐弯点（ППМ）进行编程，并且在已编程目标坐标和已计算飞机位置当前坐标（ТКМС）的基础上进行距离计算时，最易于确定距离。

当根据具有未知坐标的雷达站—目标进行反雷达导弹的发射时，使用被动无线电测向站（ΠPC）的信息，它们属于被动系统。在一般情况下，现代被动无线电测向站（ΠPC）并不保障距离的测量，借助于现代被动无线电测向站（ΠPC）则仅仅可以测定目标的当前方位 $\beta_{\text{прс}}$（图 10.4）。为了在现代机载综合电子系统的机载计算系统中实施专用算法，这些专用算法以无线电辐射源坐标的三角测量（定位、量角）方法为基础。

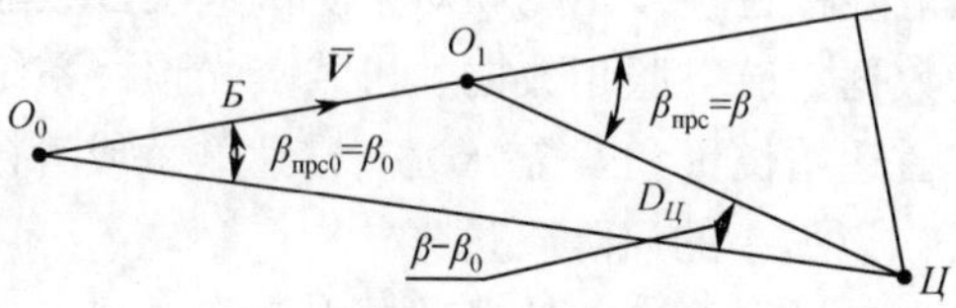

图 10.4　现代被动无线电测向站测定目标方位示意图

接下来，说明一下根据现代被动无线电测向站（ΠPC）对方位和基准（Б）的测定，即飞机在一定时段内可以飞过的距离，对具有未知坐标雷达—目标使用反雷达导弹时的距离测定原则[6]。

我们将要研究在时间 Δt 内、空中速度矢量 $\boldsymbol{V}$ = const 与飞机纵轴吻合且执行（H/D）<<1 条件下向目标区域进行水平直线飞行时最简单的情况。当点 O_0 和 O_1（β_0 和 β）中目标（$Ц$）方位已知时，到目标的距离可以根据 $\Delta O_0 O_1 Ц$ 计算：

$$D_Ц = Б\frac{\sin\beta_0}{\sin(\beta-\beta_0)} \tag{10.1}$$

式中：$Б = V\Delta t$。

应该指出，在实践中为了在 $\beta_{\text{прс}}$ 给定角度范围内达到距离测定的高精度，使用一些与式（10.1）相比更为复杂关系式的算法[20]。

使用关联—测角方法，对于高精度测量无线电辐射源位置是最有前景的[20]。

在发射“空—地”导弹以及在使用“空—空”导弹时，借助于正确制导，首先可以达到毁伤地面（水面）目标的高概率。此时，应确定并实现导弹发射前后的飞机（直升机）飞行控制，此时，保证航空器进入允许发射空域（ЗPΠ）、导弹成功地制导至目标以及航空器的飞行安全。在进行“空—地”导弹发射、投弹、非制导航空火箭（HAP）射击、使用身管射击兵器（CΠB）时，在现代机载综合电子系统中实施了航空器的手动、离散和自动控制工况。

应该将依靠内置式专业化机载数字计算机（БЦBM）/吊舱式功能装置/系统扫描制导和驾驶导航信息初次处理处理器的低级（参见 1.5 节）计算资源的增量归为机载计算系统的本质特点。例如，LANTIRN 系统的目标指示和导航吊舱包括：目标指示吊舱装置的控制机载数字计算机（БЦBM）；安装在万向支架上的 FLIR 系统反射面准备定位处理器；激光测距仪—目标指示器的处理器；符号振荡器的处理器；具有红外自动导引头的导弹的控制系统处理器；目标自动跟踪装置处理器；目标自动识别装置的控制处理器；导航吊舱装置的控制机载数字计算机（БЦВМ）；导航吊舱 FLIR 系统信息处理器[13]。

10.2.5 高精度武器的使用

应该指出，在毁伤地面（水面）目标时，高精度武器 JDAM、JSOW（Joint Stand Off Weapon）、SDB、LOCAAS 等应是第 5 代飞机 F-22 和 F-35 的基础武器。现有 Мк-83（84）、BLU-109（110）型航空炸弹配备了 JDAM 系统，这把它们变成了高精度武器（可在任何气象条件下使用），其中使用了惯性卫星制导系统[7,21]。在开始完成飞行任务之前，目标数据直接从机载综合电子系统的机载计算系统自动输入炸弹制导系统。当飞机达到使用线时（离目标大约 30km），炸弹自动投放。航空炸弹制导系统通过控制专用气动表面继续实施目标制导。此时，在使用惯性卫星制导系统时以 13m 的圆概率偏差、在进行惯性制导时以 30m 的圆形概率偏差，达到目标命中精度。航空炸弹可以在较大的飞机高度范围内以及在进行各类机动时使用。之后，在使用 DAMASK（Direct Attack Munitions Affordable Seeker）系统时，计划达到小于 3m 的圆概率偏差[21,22]。

考虑到一些移动目标（比如，移动式防空导弹综合系统）可以迅速改变自己的部署，必须在其投放之后对 IDAM 型制导高精度轨迹进行校正。在图 10.5 所示为当其在 F/A-18F-1 飞机上使用时，Мк-84 制导炸弹的轨迹控制和校正过程[21]。

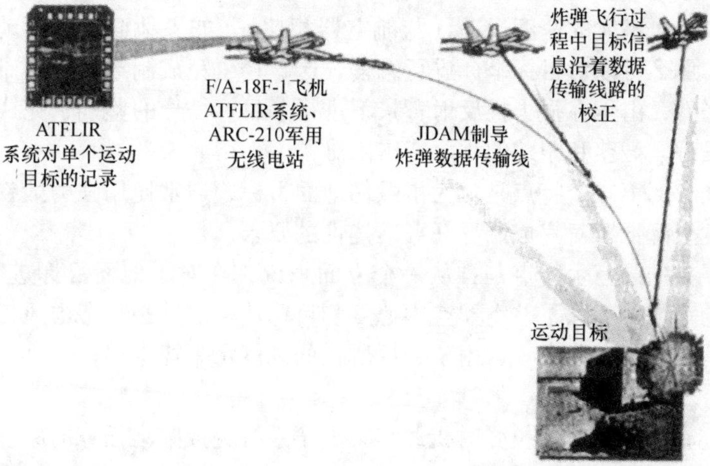

图 10.5 在 F/A-18F-1 飞机使用 Мк-84 制导炸弹的轨迹控制和校正过程

在飞机上，借助于 ATFLIR 前部扫描的红外系统（或者具有有源相控阵天线（АФАР）的机载雷达站（БРЛС）），对选择用于攻击的运动地面目标进行跟踪，这些目标的标记显示在多功能显示器（МФИ）的屏幕上。在进行目标连测之后，目标指示传给制导航空炸弹，而在投放之后，APTD K02.57 校正改进消息传输到制导航空炸弹，并且此时使用 VMF DCS 通信系统，该系统还包括 ARC-210 超短波无线电站。航空炸弹配备了数据向武器传输线路（Weapon Data Link-WDL）的超短波收发机。借助于在 AMSTE（Affordable Mobile Surface Engagement）战术目标指示前景工艺范围内开发的软件，在机载综合电子系统中，在飞机飞行和制导航空炸弹制导过程中生成消息[21]。消息从炸弹传递给飞机，并确认收到新的目标数据，根据这些数据，进行航空炸弹轨迹的校正。

在相对目标指示状态下，进行炸弹的制导，JSOW 制导炸弹用于毁伤防空系统中结构复杂的远程系统。

带有各类战斗部的小型炸弹系统 LOCAAS（也被称为小型自制导迷你导弹[5,22]、带有自身涡轮喷气式发动机，用于移动地面目标的识别、消灭）配备了惯性—卫星制导系统、目标激光搜索系统和目标自主跟踪系统。飞行任务可被编程。系统可以用在约 100 ~ 15km 的距离内，此时，目标搜索空域为 100 ~ 45km^2。比如，在 F-22 飞机上，可以布置两个装有 24 枚 LOCAAS 次弹药的发射箱[5]。

10.2.6 瞄准任务的特点

正如已经指出的那样，完成毁伤地面（水面）目标、消灭空中目标任务的效率在很大程度上取决于完成制导任务的质量。在进行针对地面目标的行动时，与针对空中目标的制导相比，瞄准任务具有一系列的特点[6]。

瞄准任务的第一个特点是：从一个方面来看，地面目标在很多情况下是固定的，或者以相对不大的速度运动（与航空器相比）。如果地面目标不动，并设置了其位置，那么可以对目标坐标进行编程，这减轻了完成制导任务的难度。从另一个方面来看，由于在强干扰反射背景下进行了目标信号的鉴别，完成地面目标的搜索、发现、截获和跟踪的程序变得困难了。

瞄准任务的第二个特点是：为了毁伤地面目标，通常使用强力毁伤武器，这在一定程度上降低了对完成制导任务准确性的要求。

瞄准任务的第三个特点是：从一个方面来说，在对于地面目标进行行动时，制导任务的完成由于除了航空器空中速度和目标速度之外必须考虑风速而变得复杂起来，从另一个方面来说，由于目标所在的高度水平通常提前已知，进行制导更为简化。

将研究在导弹发射和投弹时机载综合电子系统完成瞄准任务的原理。

10.3 导弹发射和投弹时机载综合电子系统瞄准的原理

10.3.1 引言

在瞄准过程中，导航、制导和武器控制机载综合电子系统可完成的重要任务是制导任务，它可以借助于雷达站、光电瞄准系统（ОЭПС）或其他制导系统确定目标的实际坐标。为了借助于瞄准系统找到目标相对于航空器的位置，在航空器飞行过程中及航空器倾斜和俯仰摇摆时，必须将系统瞄准线对准目标，然后保持瞄准线在目标上的痕迹（进行系统瞄准线的稳定）。为此，在瞄准时，进行目标的“连测”，然后在机载综合电子系统的机载计算系统中对其进行系统瞄准线的跟踪。此时，可以进行目标的手动，也可以进行自动的跟踪。

比如，在借助于光电瞄准系统（ОЭПС）编程确定地面目标的相对坐标时，在一般情况下可以分 3 个阶段。第一阶段，进行目标计算位置的程序跟踪，同时，在相对计算方位值的窄扇区内根据方位角用光电瞄准系统（ОЭПС）对瞄准线（光学中心线）进行扫描。第二阶段，进行目标的发现。飞行员（操作员）借助于交叉点控制装置（МУП）（控制杆）在光电瞄准系统（ОЭПС）屏幕上将交叉点处叠加目标标记。之后，进行目标的“连测”。第三阶段，进行目标的程序可校正跟踪（ПКС）或自动可校正跟踪，在这一过程中，光电瞄准系统（ОЭПС）不断测量角坐标——方位角 φ 和高低角 ε，以及到目标的距离 D。这样，比如，如前文所述，在 LANTIRN 或 TRAM 型光电瞄准系统（ОЭПС）中，目标的坐标角由 FLIR 电视系统进行测量，而距离则由激光测距仪—目标指示器（它有组合式光学中心线）进行测量。作为第三个坐标，还可以使用航空器飞行的高度 H。

10.3.2 目标截获

在一般情况下，在进行程序跟踪时，用瞄准交叉点在瞄准系统屏幕上进行目标标记的跟踪，且系统不自动截获目标。尤其是在“空—地”导弹发射和投弹时，在已计算飞机位置当前坐标（ТКМС）和已编程目标坐标的基础上利用机载综合电子系统的机载计算系统，可以进行雷达站或光电瞄准系统（ОЭПС）的程序目标跟踪。如果飞机位置当前坐标（ТКМС）计算相当准确，那么，作为程序跟踪的结果，瞄准系统的“视觉”角度场可以提前以一定形式相对于假设目标位置进行定位。正因如此，目标搜索、发现、识别过程的进程大大减轻了，而且，初次进场的攻击概率则提高了。

如果瞄准系统具有目标自动截获状态，那么这可以提高自动跟踪系统的效率。在各类干扰作用所引起的目标跟踪短暂中断的情况下，可编程跟踪减轻了系统对目标的重复发现和截获。以目标自动截获工况使用机载综合电子系统中的光电瞄准系统（ОЭПС）、使用机载综合电子系统计算系统中实现的目标程序跟踪算法，可以提高目标跟踪的可靠性和精度，并随之提高目标坐标的测量精度。

10.3.3 程序跟踪

在发射“空—地”导弹时，在一般情况下，可以借助于算法实施已编程地面目标的程序跟踪，该算法的基础是使用以下数据：航空器地面速度矢量 $\overline{V}_к$ 在坐标系 $O\xi\zeta\eta$ 相关垂直轴线上投影 $V_{к\xi}$、$V_{к\zeta}$、$V_{к\eta}$ 的数据（参见 8.2.2 节）；航空器角速率矢量 $\overline{\Omega}$ 在坐标系 $OXYZ$ 相关飞机坐标轴上的投影 ω_x、ω_y、ω_z 的数据；航空器大圆航行坐标和地面目标已编程坐标的数据；目标距离 D 和航空器飞行高度 H 的数据；关于倾角 γ、仰角 ϑ、大圆航向 ψ_0 的数据，以及其他说明在坐标转换时使用的坐标系相互位置的角度参数的数据[6]。

可以借助图 10.6，在航空器倾角和仰角摇摆时对具有光电瞄准系统（ОЭПС）制导线稳定的已编程地面目标程序跟踪原理进行说明，图 10.6 中所示为根据所研究算法在机载计算系统中所进行的主要计算程序。

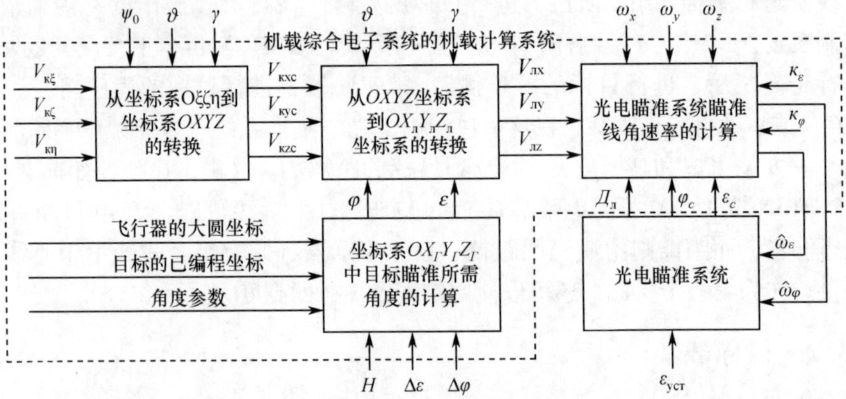

图 10.6　所研究算法在机载计算系统中所进行的主要计算程序

使用以下顺序的相应矩阵进行坐标转换：一开始，地面速度矢量 $\boldsymbol{V}_{к\xi}$、$\boldsymbol{V}_{к\zeta}$、$\boldsymbol{V}_{к\eta}$ 从水平相关坐标系 $O\xi\zeta\eta$ 的投影，使用大圆航向 ψ_0 数据、倾角 γ、仰角 ϑ，转换成飞机相关坐标系 $OXYZ$ 的投影 $V_{кxc}$、$V_{кyc}$ 和 $V_{кzc}$；然后，结合角度 γ 和 ϑ 以及 ϑ 和 γ 目标制导角度要求（计算）值，这些投影从坐标系 $OXYZ$ 转换成地面速度矢量 $\boldsymbol{V}_к$ 在光线坐标系 $OX_лY_лZ_л$ 中的投影 $V_{лx}$、$V_{лy}$ 和 $V_{лz}$。通过向 ϑ 和 γ 角度的两次连续转向，可以从水平坐标系（飞机水平坐标系）中获得光线坐标系。根据航空器当前大圆坐标和地面目标已编程坐标（这些坐标已转换成飞机水平坐标系）（图 10.7），使用关于飞行高度 H 的信息，φ 和 ε 的要求角度坐标在机载计算系统中进行计算：

$$\varphi = \varphi(x_Г, z_Г, \Delta\varphi)$$
$$\varepsilon = \varepsilon(x_Г, H, \varphi, \Delta\varepsilon)$$

式中：$x_Г$、$z_Г$ 为坐标系 $OX_ГY_ГZ_Г$ 中的目标坐标；$\Delta\varphi$ 和 $\Delta\varepsilon$ 为角度修正，它们在必要时可以由飞行员（操作员）借助于交叉点控制装置（МУП）或控制杆输入。

目标瞄准线的旋转是由于各类因素所引起的。首先，这是由航空器的运动所引起的，航空器运动的特点是地面速度矢量 $\boldsymbol{V}_{лх}$、$\boldsymbol{V}_{лy}$ 和 $\boldsymbol{V}_{лz}$ 在射线坐标系中的投影，并且，与质心周围的航空器角度摇摆有关系。为了使光电瞄准系统瞄准线的稳定，在机载计算系统中，使用关于以下参数的数据进行 $\hat{\omega}_{\varepsilon}$ 和 $\hat{\omega}_{\varphi}$ 的计算：$V_{лх}$、$V_{лy}$ 和 $V_{лz}$；ω_x、ω_y 和 ω_z；$D_л$、φ_c 和 ε_c（由光电瞄准系统所测得的目标实际距离和角度坐标）的数据；κ_{ε}、κ_{φ}（光电瞄准系统角度通道的增益系统）和定位角 $\varepsilon_{уст}$ 的数据。在导弹瞄准和制导过程中，在这些信号的作用下，光电瞄准系统制导线一直以目标方向进行定位。

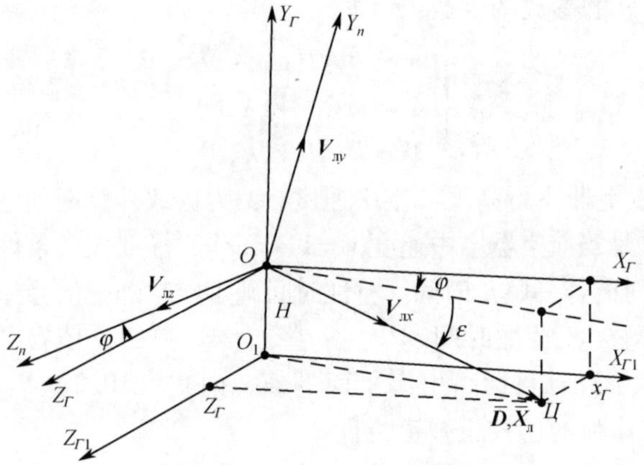

图 10.7　坐标系转换示意图

10.3.4　导弹发射和投弹

在实践中，通过从水平飞行或低空俯冲进行“空—地”导弹的发射。例如，在进行法国光电瞄准系统“阿特利斯-2”（吊舱式）飞行试验时（该系统用于白天和默认对导弹和具有激光自动导引头的炸弹从 F-16、“幻影-2000”和“美洲豹”飞机进行制导），AS-30L 导弹分别以 1100km/h 和 70m 的飞机速度和飞行高度时进行发射。在这种导弹发射条件下，通常完成 $\frac{H}{D} << 1$，$\cos\varepsilon \approx 1$ 和 $\sin\varepsilon \approx \varepsilon$ 关系式，借此，上述算法中使用的计算关系式实质上简化了[6]。

下面研究对地面目标进行瞄准时在机载综合电子系统机载计算系统中使用的主要关系式。我们将采取投弹时制导矢量方程式，作为地面目标（不违反一致性）瞄准任务数据说明的基础。

投弹指的是从飞行器上瞄准投放航空炸弹（非制导航空炸弹和校正航空炸弹、自由落体航空炸弹和具有制动装置、具有一般和特殊战斗部的航空炸弹）、一次用炸弹箱（РБК）、燃烧弹（ЗБ）、水雷、鱼雷以及其他器材（浮标、货物等）。

投弹时的瞄准在于：在控制航空器飞行时，保证一定的抛放条件，在该条件下，炸弹落入目标或目标区域。达到这一点的条件是：在投放航空炸弹时，不进行强制性分离，在已知风速的标准大气条件下，炸弹的轨迹完全由抛放的初始条件所确定。标准大气由以下参数说明[1]：高度 H，单位为 m；$P_н$ 高度的压力，单位为 mmHg；$t_н$ 高度的温度，单位为°；空气密度 ρ，单位为 kg/cm^3。

为了完成投弹任务，必须了解航空炸弹质量中心的运动特性，作为这些运动特性，使用以下弹道要素[1,6]：无风偏移 A_0（线性延迟 Δ）；炸弹坠落时间 T。

在进行投弹时，弹道要素 A_0、Δ 和 T 是说明抛放条件、航空炸弹弹道特性——特性时间 θ 的参数的函数：

$$\begin{cases} A_0 = A_0(H,V,\lambda,\theta) \\ \Delta = \Delta(H,V,\lambda,\theta) \\ T = T(H,V,\lambda,\theta) \end{cases} \tag{10.2}$$

式中：H、V 为航空器飞行高度和空中速度；λ 为抛放炸弹时航空器轨迹倾角。

特性时间 Θ 是当航空器空中速度 $V = 144$km/h、标准大气条件下从水平飞行自 2000m 高度投放时的炸弹坠落时间。特性时间确定航空炸弹的弹道质量。同时，炸弹的大气动力越好，其特性时间越少。一些航空炸弹的 θ 值在 20，25，…，33，75 秒范围内。为了计算目标高出海平面的值，向式（10.2）插入约定的特性时间 θ'，它是航空炸弹的已校正弹道特性。

与航空炸弹抛放的一定初始条件相应的弹道要素数值可以从弹道表中找到，并且之后在飞行之前输入到机载综合电子系统机载计算系统。在实践中，弹道要素数值通常在机载综合电子系统机载计算系统中直接计算，计算的依据是航空器当前飞行驾驶导航参数和航空炸弹特性时间已知数值 θ（θ'）。

在无风条件下投弹时，当风矢量 $\boldsymbol{W} = 0$、空中速度矢量 $\boldsymbol{V} = \text{const}$ 时，弹道要素 A_0、Δ 和 T 的实际意义可以借助图 10.8 进行计算。

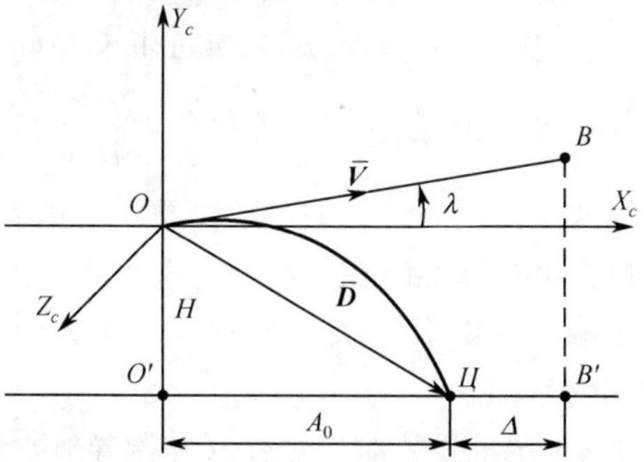

图 10.8　投弹计算矢量图

在图 10.8 中：O 为进行航空炸弹投放的点；$Ц$ 为炸弹坠落点；B 为炸弹坠落时航空器所在的点；$OX_cY_cZ_c$ 为发射坐标系。该坐标系的 OX_c 轴位于抛放平面，如果不使用炸弹的强制分离，抛放平面则与航空器航向平面重合；OY_c 轴沿着本地垂直线已进行定位；λ（t_{6p}）$=\lambda=\text{const}$，为航向平面上航空器（空中速度矢量方向）运动轨迹倾角的角度。通过空中速度矢量 $\boldsymbol{V}$ 的垂直平面称为航向平面。角度值 λ 可以在 ±90°范围内变化，此时，角度的正值（上仰角）在水平平面（OX_cZ_c）的上面读取，而负值（俯冲角）则在其下面读取。

根据图 10.8，由于空气阻力所引起的线性延迟（在真空投弹时 $\Delta=0$）由以下表达式确定：

$$\Delta = VT\cos\lambda - A_0 \tag{10.3}$$

在水平飞行投弹时（没有炸弹的强制性分离），式（10.3）采取以下形式：

$$\Delta = VT - A_0 \tag{10.4}$$

为了组织投弹时航空器的飞行控制，在机载综合电子系统的机载计算系统中，根据某个瞄准系统的数据生成一定的瞄准参数。为了完成瞄准任务，必须知道所要求目标距离 $\boldsymbol{D}_{\text{тр}}$ 和目标实际距离 $\boldsymbol{D}$ 的矢量。

在进行航空炸弹批量投弹时，矢量 $\overline{\boldsymbol{D}}_{\text{тр}}$ 由以下表达式确定（图 10.9）：

$$\overline{\boldsymbol{D}}_{\text{тр}} = \overline{\boldsymbol{D}}_1 - \overline{\boldsymbol{R}}_1 \tag{10.5}$$

式中：$\boldsymbol{R}_1$ 为瞄准可投放第一个炸弹相对于目标的坠落点偏移矢量。$\boldsymbol{R}_1$ 值通常在进行投弹飞行之前给定。

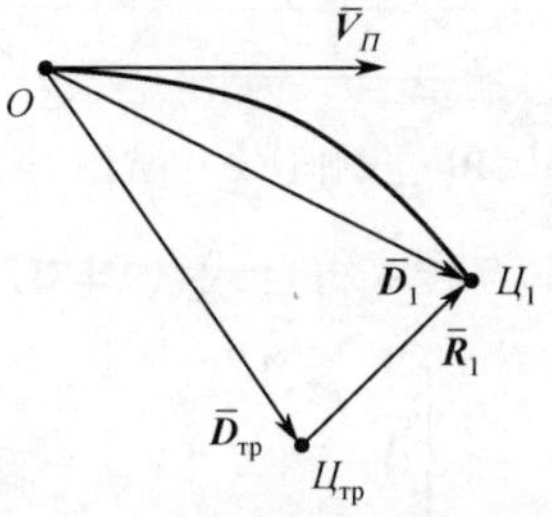

图 10.9 第一枚炸弹计算矢量图

图 10.9 中：$Ц_1$ 为批量中第一枚炸弹的坠落点，其相对于抛放点 O 的位置以距离 D_1 表示；$Ц_{\text{тр}}$ 为所要求的目标位置。

根据要求距离和实际距离矢量的比较，可以将航空器移至航空炸弹的抛放点，即完成瞄准任务。借助于多功能雷达站（МФРЛС）、光电瞄准系统（ОЭПС）或其他机载综合电子系统的瞄准系统，在目标“连测”时，确定目标的实际距离。在随后时刻，目标的实际坐标（目标距离）以计算航路的方法在机载综合电子系统机载计算系统中连续进行计算，并且根据某一制导系统的数据进行周期性校正。此时，如 10.2 节指出的那样，在机载综合电子系统机载计算系统中，实现目标程序—可校正跟踪（ПКС）某一类算法。

在瞄准过程中，在机载综合电子系统中，连续确定矢量（图 10.10）：

$$\overline{\boldsymbol{\Delta}} = \overline{\boldsymbol{D}} - \overline{\boldsymbol{D}}_{\text{тр}} \tag{10.6}$$

在该矢量的基础上，生成一些航空器的控制信号，在这些控制信号的作用下，矢量 $\boldsymbol{\Delta}$ 归零，即完成航空炸弹向目标或目标区坠落的条件为

$$\overline{\boldsymbol{D}} = \overline{\boldsymbol{D}}_{\text{тр}}$$

在实践中，在完成投弹任务时，在机载综合电子系统中经常使用移动飞机水平坐标系 $OX_r Y_r Z_r$（图 10.10），其 OX_r 轴位于飞行器航向平面。矢量在坐标系 $OX_r Y_r Z_r$ 中 $\overline{\boldsymbol{D}}$ 的投影 $x_ц$、$y_ц$、$z_ц$ 称为实际投影；矢量 $\overline{\boldsymbol{D}}_{\text{тр}}$ 的投影 $x_{\text{тр}}$、$y_{\text{тр}}$、$z_{\text{тр}}$ 则称为目标的要求坐标；矢量 $\overline{\boldsymbol{\Delta}}$ 的投影 Δ_x、Δ_y、Δ_z 称为制导参数。

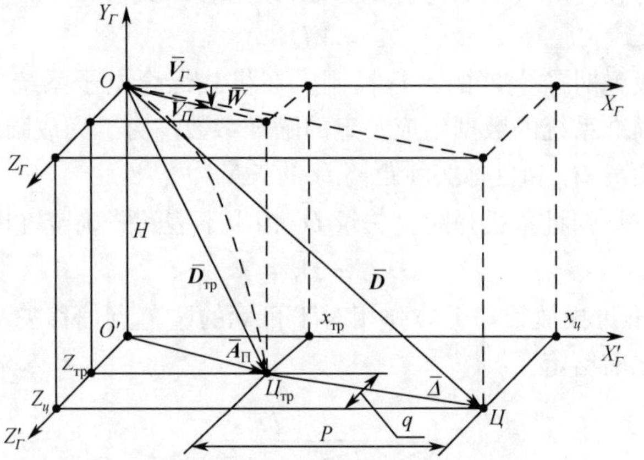

图 10.10　投弹任务中常用坐标系

结合输入代号，三个标量方程式符合式（10.6）：

$$\begin{cases} \Delta_x = x_ц - x_{\text{тр}} \\ \Delta_y = y_ц - y_{\text{тр}} \\ \Delta_z = z_ц - z_{\text{тр}} \end{cases} \tag{10.7}$$

Δ_z 值称为方向瞄准参数（方程参数），而其归零过程则称为方向瞄准，或者侧向指引。还使用 $\Delta_z = q$ 代号。方向制导可以由飞行员或者借助于机载综合电子系统的自动控制系统完成。在后一种情况下，在机载计算系统中，连续可计算参数 q 转变成给定倾角值 $\gamma_{\text{зад}}$，它发送给自动控制系统。结果，在 $\gamma_{\text{зад}}$ 信息的作用下，航空器完成轨迹修正，其中 $q=0$，并在航空炸弹投放之前保持在该轨迹上。

借助于式（10.7）第一个方程式，确定当航空炸弹沿着战斗轨迹（$q=0$）运动时航空器进入航空炸弹抛放点的时刻。因此，参数 Δ_x 称为报警参数，而当 $\Delta_x=0$ 时，从其开始投放炸弹的时刻由距离瞄准（纵向导向）进行确定。对于报警参数，还使用代号 $\Delta_x = p$。

在瞄准阶段，要求的目标坐标在机载综合电子系统机载计算系统中进行计

算，依据是当前飞行参数，其中一个是高度。通常，在进行瞄准时，自动完成关系式 $\Delta_y=0$，因此，式（10.7）中的第二个方程式可以从之后的研究中排除。

根据实际含义，报警和控制参数是纵向和侧向脱靶。因此，航空炸弹瞄准投放的条件是同时完成等式 $p=0$，$q=0$。

飞行员（领航员）可以用手动方式，以及由机载综合电子系统机载计算系统自动进行投放时刻（$x=x_{\text{тр}}$）的确定和航空炸弹投放指令的生成。

10.3.5 水平飞行投弹的确定性

为了确定性，我们将研究水平飞行投弹。通过航空炸弹弹道要素，到目标的所需距离矢量为

$$\overline{\boldsymbol{D}}_{\text{тр}}=\overline{\boldsymbol{A}}_n-H\overline{\boldsymbol{y}}_0$$

式中：$\overline{\boldsymbol{y}}_0$ 为大圆轴 OY_r；$\overline{\boldsymbol{A}}_n$ 为炸弹全部偏移矢量（图 10.10）；$\boldsymbol{H}$ 为航空器在炸弹坠落点水平上的飞行高度。

在进行瞄准时，在投弹过程中，所需要的目标坐标通常在机载综合电子系统机载计算系统中根据风矢量的稳定性和水平性假设（$\overline{\boldsymbol{W}}=\text{const}$）进行计算。结合这一点，具有：

$$\overline{\boldsymbol{D}}_{\text{тр}}=\overline{\boldsymbol{A}}_0+\overline{\boldsymbol{W}}T-H\overline{\boldsymbol{y}}_0 \tag{10.8}$$

如果坐标系 $OX_rY_rZ_r$ 的 OX_r 轴位于航空器航向平面，那么根据图 10.10，矢量 $\overline{A}_0$ 在 OX_r 和 OZ_r 轴（$O'X'_r$，$O'Z'_r$）上的投影分别为

$$A_x=A_0,A_z=0$$

因此，对于所需要的目标坐标，以下关系式是正确的：

$$\begin{cases}x_{\text{тр}}=A_0+W_xT\\ z_{\text{тр}}=W_zT\end{cases} \tag{10.9}$$

在进行航空炸弹系列投弹时，结合式（10.5），式（10.9）写成以下形式：

$$\begin{cases}x_{\text{тр}}=A_0+W_xT-R_{1x}\\ z_{\text{тр}}=W_zT-R_{1z}\end{cases} \tag{10.10}$$

式中：R_{1x}、R_{1z}为矢量 $\overline{\boldsymbol{R}}_1$ 在飞机水平坐标系轴线上的投影。

如果对移动目标进行投弹，其所需要坐标可以根据式（10.9）和式（10.10）进行计算，所述风矢量的投影应替代投影 W_x 和 W_z 代入这些公式中。当目标运动速度不变时，由以下关系式确定所述风矢量 $\overline{\boldsymbol{V}}_{\text{ц}}=\text{const}$[1,6]：

$$\overline{\boldsymbol{W}}_{\text{пр}}=\overline{\boldsymbol{W}}-\overline{\boldsymbol{V}}_{\text{ц}}$$

应该指出，式（10.3）~式（10.10）反映了在机载综合电子系统中所使用的投弹时完成瞄准任务的一般原则。在具体航空器机载综合电子系统机载计算系统中实施瞄准时的实际瞄准算法要更为复杂一些，因为其中考虑到了一系列补充

因素。下面将分析其中的基本因素。

10.3.6 瞄准算法中的基本因素

式（10.9）和式（10.10）不反映根据方向进行瞄准的动态过程，该过程在距离瞄准之前。在首次完成方向瞄准条件之后（$z_{тр}=z$），航空器应进入战斗航线（ЛБП），并在之后保持到进入航空炸弹的投放点。在水平飞行和俯冲投弹时，战斗航线是一条直线，因此，航空器在航空炸弹投放点之前的运动应以固定航向进行。

不仅对目标，而且对引出点进行“连测”时，也可以实施投弹。

飞机水平坐标系的 OX_r 和 OZ_r 轴的定位可以选择为与上述研究所不同的定位。这样，OX_r 轴可以位于 $\overline{\boldsymbol{V}}_n$ 航空器速度矢量的平面上。

在一般情况下，距离瞄准还包括垂直机动开始时刻的测量（在上仰投弹时）。

在瞄准算法中，在一般情况下，应考虑到倾角 γ、仰角 ϑ，进攻角 α 和滑动角 β。

作为示例，我们将收到报警参数 p 和控制参数 q 的表达式，当$\lambda\approx0$，$V_r=V=\text{const}$，进行水平飞行投弹时，这些表达式反映了根据方向的制导动态过程。

在图 10.11 中，对于所研究的投弹条件，说明了确定 p 和 q 参数之间的主要几何关系式。在该图中：点 O'_0、O'和 $O'_{сб}$反映了飞机分别在初始时刻 t_0 和当前时刻 t，以及炸弹投放时刻 $t_{сб}$的位置；$\overline{\mathrm{V}}$，$\overline{\mathrm{W}}$，$\overline{\mathrm{V}}_n$ 分别为飞机空中速度矢量、风矢量、航线速度矢量；W_x，W_z 和 $W_{пx}$，$W_{пz}$为矢量 $\overline{\boldsymbol{W}}$ 和 $\overline{\boldsymbol{V}}_n$ 的投影；$V_x=V$，$V_z=0$；点 $Ц_{тр}$，$Ц$ 为所要求（在 $t_{сб}$时刻投放炸弹时）和实际目标位置；ЛБП 和 ЛР 为战斗航线和炸弹爆炸线。

之后，使用风矢量的稳定性和水平性假设 $\overline{\boldsymbol{W}}=\text{const}$。炸弹侧向偏移是由于风速矢量分量 W_z 所引起的。

在初始时刻 t_0，借助雷达站（多功能雷达站（МФРЛС））或机载综合电子系统瞄准系统搜索瞄准系统所包括的其他瞄准系统，确定目标坐标 $x_{ц0}$、$z_{ц0}$。之后，开始进行飞机航路（坐标）的计算。在搜索瞄准系统中，t_0 时刻通过按下“连测”按钮进行记录。比如，在使用雷达站时，目标坐标 $x_{ц0}$、$z_{ц0}$根据图 10.12 用以下公式确定：

$$x_{ц0}=\sqrt{D_0^2-H_0^2}\cos\varphi_0$$

$$z_{ц0}=\sqrt{D_0^2-H_0^2}\sin\varphi_0$$

式中：D_0、φ_0 为目标的倾斜距离和方位角，它们在 t_0 时刻由雷达站所测量。高度值 H_0 可以根据无线电高度表（РВ）、大气数据系统（СВС）、惯性导航系统（ИНС）信息综合处理结果在机载计算系统中获得。

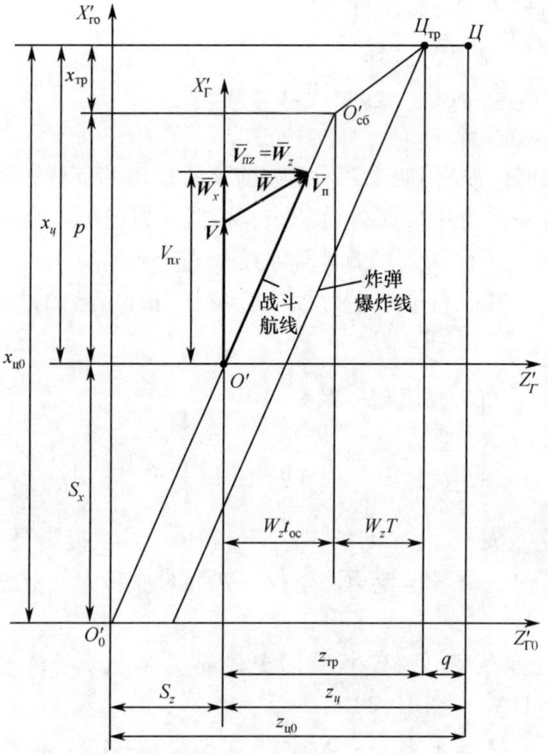

图 10.11　确定 p 和 q 参数之间的主要几何关系

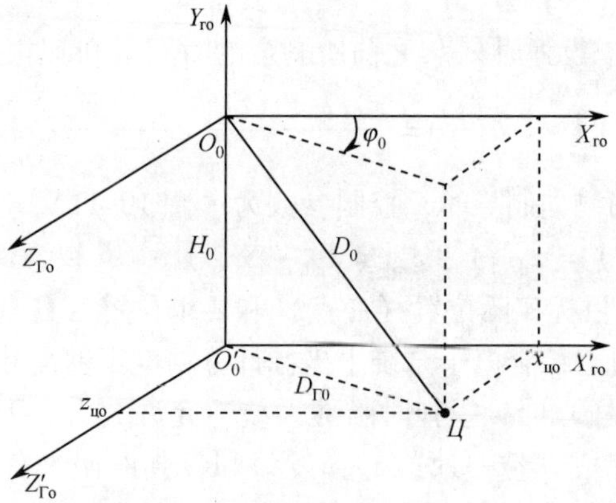

图 10.12　使用雷达时的几何关系

如果飞机以 $H_0=\text{const}$ 高度沿着战斗航线进行飞行，且该战斗航线与航线速度矢量 $\boldsymbol{V}_n$ 的方向相同，在不同的时刻，将投放炸弹，那么，其坠落点位于炸弹爆炸线（ЛР），平行于战斗航线（ЛБП）。当在 $O_{\text{сб}}$（$O'_{\text{сб}}$）点投放炸弹时，对于

给定投弹条件，所要求的目标坐标分别为

$$\begin{cases} x_{\text{тр}} = A_x = A_0 + W_x T \\ z_{\text{тр}} = W_z T \end{cases} \tag{10.11}$$

以及报警参数 $p(t_{\text{сб}}) = 0$。

无风偏移 A_0 和炸弹坠落时间 T，正如前文所指出的那样，可以根据弹道表确定，或者在机载计算系统中按照弹道公式、根据飞机已测得高度值和飞行空中速度，以及参数 Θ（飞行前输入机载计算系统）进行计算。

在计算坐标时，在飞行沿着平行战斗航线（ЛБП）运动过程中，对于当前时刻，有

$$\begin{cases} S_x(t) = \int_{t_0}^{t} V_{nx}(\tau)\,\mathrm{d}\tau \\ S_z(t) = \int_{t_0}^{t} V_{nz}(\tau)\,\mathrm{d}\tau = \int_{t_0}^{t} W_z(\tau)\,\mathrm{d}\tau \end{cases} \tag{10.12}$$

在一般情况下，矢量 $\overline{\boldsymbol{V}}_n$、$\overline{\boldsymbol{W}}$ 的 $V_{\text{пx}}$、$V_{\text{пz}}$ 和 W_x、W_z 投影是时间函数。例如，它们可以根据多普勒速度和偏流角测量仪（ДИСС）和大气数据系统（СВС）进行确定。

对于给定的投弹条件，确定投弹时刻的报警参数 p（t）结合式（10.11）、根据以下公式进行计算（图 10.11）：

$$p(t) = x_{\text{ц}}(t) - A_x = x_{\text{ц}0} - S_x(t) - A_0 - W_x T$$

式中：$x_{\text{ц}}(t)$ 为纵向目标坐标的当前值；A_x 为航空炸弹在纵向上的水平偏移；根据式（10.12），$S_x(t) = (t - t_0) V_{\text{пx}}$，其中 $V_{\text{пx}} = V + W_x$。

点 $O_{\text{сб}}$（$O'_{\text{сб}}$）中投弹时刻 $t_{\text{сб}}$之前所剩余的时间 $t_{\text{ос}}$可以根据以下公式确定：

$$t_{\text{ос}} = \frac{p(t)}{V_{\text{пx}}} = \frac{x_{\text{цо}} - S_x(t) - A_0 - W_x T}{V_{\text{пx}}}$$

当进行不准确的侧向制导时，控制参数为（图 10.11）

$$q(t) = z_{\text{ц}}(t) - z_{\text{тр}} = z_{\text{ц}0} - S_z(t) - (T + t_{\text{ос}}) W_z$$

式中：$z_{\text{ц}}(t)$、$z_{\text{тр}}$为目标实际位置（$Ц$ 点）和要求位置（$Ц_{\text{тр}}$点）的坐标。

应该指出，当机载综合电子系统中坐标计算精度不够高和进行一次目标连测（如以上所研究的那样）时，投弹时瞄准误差不允许太大。因此，正如之前指出的那样，为了提高完成“空—地”导弹发射和投弹时瞄准任务的效率，在现代机载综合电子系统的搜索瞄准系统（ОПС）中，与自动跟踪一同，目标的程序可校正跟踪得到了广泛使用。

以下研究了地面目标程序可校正跟踪更为详细的实质（以雷达站为例），对于现代航空器导航、制导和武器控制无线电系统而言，程序可校正跟踪是投弹、“空—地”导弹发射、使用非制导航空火箭（НАР）和使用身管射击兵器（СПВ）

时制导过程最重要的组成部分。

10.4 对地面目标校正跟踪时系统信息综合处理的功能和算法

在对雷达—对比度目标（РКЦ）或辅助（引出）雷达定向标（ВРО）进行瞄准的情况下，在对地面目标进行导弹发射，或进行投弹时，机载综合电子系统的功能完全展现出来。这里，将讨论对于这些制导情况的机载综合电子系统信息综合处理（КОИ）的功能和算法原理。

10.4.1 工作原理

使用对地面扫描机载雷达作为瞄准系统，其主要用途（对于所研究的任务而言）在于对雷达—对比度目标和辅助（引出）雷达定向标进行监测，以便确定 x 和 z 当前坐标[2,23]。这些雷达站是瞄准时的主要信息源，它们保障对地面目标（或定向标）相对于航空器当前坐标的高精度测量。

当使用地面目标的程序可校正跟踪（ПКС）方法时，飞行员（领航员）为了确定瞄准过程中的 x 和 z 坐标，在雷达显示器屏幕上观测目标标记和电子制导交叉点。此时，它借助于交叉点专用控制装置（УУП）手动将交叉点与目标标记重合。在完成与时间的叠加之后，电子交叉点根据航空器和目标运动速度确定的原理在显示器屏幕上移动。自然而然，目标标记也在雷达屏幕上移动（由于航空器以及可能是目标的运动）。当显示器屏幕电子交叉点和目标标记的目视可观测偏差的情况下，这证明了目标坐标测定有误差，飞行员（领航员）可以借助于交叉点专用控制装置（УУП）手动进行瞄准交叉点位置的校正，并且重新达到相互重合，以进行 x 和 z 高精度的测定。

对于地面目标程序可校正跟踪（ПКС）状态而言，对机载综合电子系统中的信息总体结构进行说明，详见图 10.13，在其中，显示了地面目标坐标计算和校正装置。

为了确定性，认为地面目标是固定目标。地面目标 $S_{ц\eta}$（t）和 $S_{ц\xi}$（t）在坐标系 $O\xi\eta\zeta$ 中的当前线性坐标由无线电电子综合系统机载数字计算机进行计算（参见第 8 章），方式为当目标初始坐标具有已知值时，对飞机地面速度矢量的分量 $V_{к\eta}$（t）和 $V_{к\xi}$（t）求积分。

以这种方式计算的目标坐标 $S_{ц\eta}$（t）和 $S_{ц\xi}$（t）具有相当大的误差，而且这些误差随着时间而增加。因此，必须进行目标坐标的周期性校正，它借助于机载雷达站，采取程序可校正跟踪（ПКС）方式完成。为了对当前目标坐标进行校正，应将雷达站瞄准线朝向地面目标。此时，在雷达显示器屏幕上，必须将电子交叉点（也就是说瞄准线的踪迹）叠加到目标标记上。电子交叉点，即瞄准线所朝向的地面点的坐标，在坐标系 $O\xi\eta\zeta$ 中，沿着横轴 $O\eta$ 和 $O\xi$ 分别表示 $S_{\text{пη}}$（t）和 $S_{\text{пξ}}$（t）。所述雷达站交叉点坐标（在输入校正 δS_{η}（t）和 δS_{ξ}（t）之前），正如目标坐标一样，通过速度矢量的分量 $V_{\text{кη}}$（t）和 $V_{\text{кξ}}$（t）求积分的途径进行计算（图 10.13）。为了在雷达站屏幕上生成电子交叉点，将直角坐标 $S_{\text{пη}}$（t）和 $S_{\text{пξ}}$（t）转换成电子交叉点极坐标（距离 D_n（t）和方位 β_n（t））。在进行该转换时，使用航空器飞行高度 H 的信息。

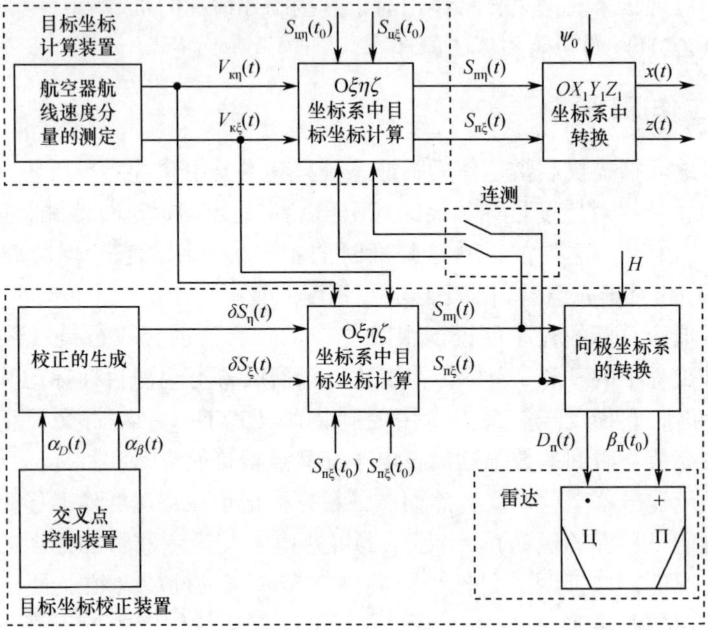

图 10.13　对地面目标程序可校正跟踪系统信息总体结构示意图

我们认为，进行雷达—对比度目标（РКЦ）的瞄准。在理想情况下（没有误差时），如果 $S_{\text{цη}}$（t_0）和 $S_{\text{цξ}}$（t_0）目标坐标与 $S_{\text{пη}}$（t_0）和 $S_{\text{пξ}}$（t_0）电子交叉点的初始值是一样的，那么在航空器飞行时，在雷达站显示器上，目标标记和电子交叉点继续重合（在固定目标时）。实际上，随着时间，由于误差，在雷达站显示器上，在目标标记和交叉点位置上出现偏差，该位置由飞行员（领航员）目视领会。当距离（高低角）和方位角有偏差时，飞行员借助于交叉点专用控制装置（УУП）达到目标标记与电子交叉点的重合，并分别形成 α_D（t）和 α_β（t）。在这些信号的基础上，生成的 δS_{η}（t）和 δS_{ξ}（t）校正值，借助于这些校正值，生成交叉点坐标值 $S_{\text{пη}}$（t）和 $S_{\text{пξ}}$（t）（图 10.13）。

t_i 时刻与瞄准交叉点和雷达站显示器屏幕上目标标记 i-重合相应，飞行员（领航员）按下“连测”（ПРИВЯЗКА）按钮，并生成“连测”（ПРИВЯЗКА）

信号。根据“连测”（ПРИВЯЗКА）信号，在对雷达—对比度目标（РКЦ）进行瞄准时，采取电子交叉点 $S_{пη}$（t_i）和 $S_{пξ}$（t_i）的坐标值，作为地面目标坐标相应初始值，完成以下等式：

$$\begin{cases}S_{пη}(t_i) = S_{цη}(t_i) \\ S_{пξ}(t_i) = S_{цξ}(t_i)\end{cases} \tag{10.13}$$

式中：t_i 为 i 校正的时刻，$i=1$，2，3，…

由式（10.13）可见，在导弹发射和完成投弹任务时所使用的上述地面目标程序可校正跟踪（ПКС）方法在实质上是半自动的。解释程序可校正跟踪（ПКС）方法在制导时广泛使用的原因是：由于地面目标（定向标）雷达对比度差，远远不能对地面目标的进行自动跟踪。

10.4.2 算法

接下来将研究主要的信息综合处理（КОИ）算法，用于借助于雷达站在使用地面目标程序可校正跟踪（ПКС）方法时计算 $S_{цη}$（t）和 $S_{цξ}$（t）目标的当前坐标。

一开始，要确定电子交叉点 $S_{пη}$（t_0）和 $S_{пξ}$（t_0）坐标的初始值。此时，瞄准的主要方案是使用“雷达—对比度目标（РКЦ）”已编程目标和“雷达定向标（ВРО）”已编程定向标。

在对已编程目标进行瞄准时，其相对于地球的线性大圆坐标 $S_{цΛ}$ 和 $S_{цΦ}$ 是已知的（以某种精度），这表现在图 10.14 中，此处：$O_1S_Λ$ 和 $O_1S_Φ$ 为线性大圆坐标系轴，它们分别沿着大圆经度 $Λ$ 和大圆纬度 $Φ$；O_1 为地球表面上的某个点；O 为航空器的质心；$Ц$ 为地面目标；O_p 为雷达定向标（ВРО）。此外，以某种方法计算得出的航空器当前线性大圆坐标 $S_{cΛ}$（t）和 $S_{cφ}$（t）是已知的。在这些数据的基础上，在选定的 t_0 初始时刻，对坐标系 $Oξηζ$ 中目标初始坐标进行计算，该坐标系与航空器相关：

$$\begin{cases}S_{цξ}(t_0) = S_{цΛ}(t_0) - S_{cΛ}(t_0) \\ S_{цη}(t_0) = S_{цΦ}(t_0) - S_{cΦ}(t_0)\end{cases} \tag{10.14}$$

之后，在进行雷达—对比度目标（РКЦ）瞄准时，采取根据式（10.14）计算所得的 $S_{цξ}$（t_0）和 $S_{цη}$（t_0）目标坐标值，作为电子交叉点坐标初始值：

$$\begin{cases}S_{пη}(t_0) = S_{цη}(t_0) \\ S_{пξ}(t_0) = S_{цξ}(t_0)\end{cases} \tag{10.15}$$

根据已知公式，上述交叉点坐标值转换成极坐标 D_n（t_0）和 $β_n$（t_0），根据这些极坐标，在 t_0 时刻，在雷达站显示器屏幕上形成电子交叉点。

如果根据针对目标的已编程定向标进行瞄准，那么，$S_{opΛ}$ 和 $S_{opφ}$ 定向标的线性大圆坐标是已知的（图 10.14）。

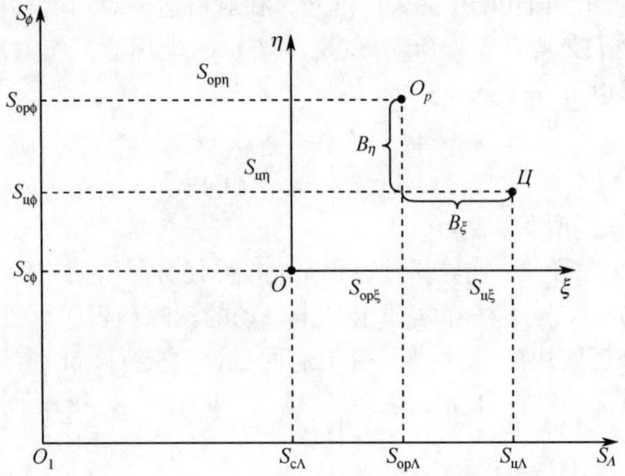

图 10.14　对已编程目标进行瞄准示意图

在这种情况下，即在根据雷达定向标（ВРО）进行制导时，从图 10.14 中可见，交叉点的初始坐标为

$$\begin{cases} S_{\text{цξ}}(t_0) = S_{\text{орΛ}} - S_{\text{сΛ}}(t_0) \\ S_{\text{цη}}(t_0) = S_{\text{орΦ}} - S_{\text{сΦ}}(t_0) \end{cases} \tag{10.16}$$

因此，在 t_0 时刻，在雷达站屏幕上的计算位置中，出现与式（10.16）相对应的瞄准交叉点。

之后，从 t_0 时刻开始，电子交叉点的当前坐标由航路计算方法所确定，同时结合借助于交叉点专用控制装置（УУП）所生成的修正值 δS_η（t）和 δS_ξ（t）(图 10.13)：

$$\begin{cases} S_{n\eta}(t) = S_{n\eta}(t_0) - \int_{t_0}^{t} V_{\kappa\eta}(\tau)\,\mathrm{d}\tau + \delta S_\eta(t) \\ S_{n\xi}(t) = S_{n\xi}(t_0) - \int_{t_0}^{t} V_{\kappa\xi}(\tau)\,\mathrm{d}\tau + \delta S_\xi(t) \end{cases} \tag{10.17}$$

需要指出，在式（10.17）中使用的航线速度 $V_{\text{кη}}$（t）和 $V_{\text{кξ}}$（t）的分量在第 8 章中所研究的相应信息综合处理（КОИ）算法的基础上生成。

在 i-连测时刻，在电子交叉点与雷达屏幕上的 РВЦ 标记或雷达定向标（ВРО）重合、按下“连测”（ПРИВЯЗКА）按钮时，移动坐标系 $O\xi\eta\zeta$ 中的目标坐标在接收到雷达信息基础上进行明确，并且：

$$\begin{cases} S_{\text{цη}}(t_i) = S_{\text{пη}}(t_i) - c_0 B_\eta \\ S_{\text{цξ}}(t_i) = S_{\text{пξ}}(t_i) - c_0 B_\xi \end{cases} \tag{10.18}$$

式中：当进行 РВЦ 瞄准时，$c_0 = 0$，或者，当进行雷达定向标（ВРО）瞄准时，$c_0 = 1$；$B_\xi = S_{\text{цΛ}} - S_{\text{орΛ}}$，$B_{\text{ц}} = S_{\text{цΦ}} - S_{\text{орΦ}}$，为目标和定向标之间距离矢量在 $O\xi$ 和

$O\eta$ 轴中相应投影（图 10.14）。

在实践中，当完成导弹发射或投弹任务时，可能进行若干次目标连测。在 i 和（$i+1$）连测之间的时间间隔内，根据以下公式，用航路计算方法确定目标当前坐标：

$$\begin{cases} S_{\text{цη}}(t) = S_{\text{цη}}(t_i) - \int_{t_0}^{t} V_{\text{kη}}(\tau)\,\mathrm{d}\tau \\ S_{\text{цξ}}(t) = S_{\text{цξ}}(t_i) - \int_{t_0}^{t} V_{\text{kξ}}(\tau)\,\mathrm{d}\tau \end{cases} \tag{10.19}$$

式中：$t \in [t_i, t_{i+1})$。

用于完成瞄准任务所必需的 x 和 z 目标当前坐标通过在坐标系 $OX_rY_rZ_r$ 中转换 $S_{\text{цη}}(t_i)$ 和 $S_{\text{цξ}}(t_i)$ 坐标的方式进行计算，并使用航空器大圆航向值 ψ_0：

$$\begin{cases} x = S_{\text{цξ}}\sin\psi_0 + S_{\text{цη}}\cos\psi_0 \\ z = S_{\text{цξ}}\cos\psi_0 - S_{\text{цη}}\sin\psi_0 \end{cases}$$

为了根据距离进行制导，使用报警参数 $p = x - x_{\text{тр}}$。为了根据方向进行制导，不直接使用控制参数 $q = z - z_{\text{тр}}$，而在已计算数值 q 和 p 的基础上，计算修正转弯角 $\Delta\psi = \arctan(q/p)$ 和给定倾角 $\gamma_{\text{зад}}$（在标准航空器中 $\gamma_{\text{зад}} = 3.75q/p$）。保持计算 $\Delta\psi$ 和 $\gamma_{\text{зад}}$ 可以保证将航空器送到给定航向。

需要指出，所研究的算法还完全用于在雷达定位仪的基础上完成飞机位置计算坐标校正位置时的导航中。

10.5 “空—地（舰）”导弹机载综合电子系统的功能

消灭地面和海上目标是作战飞机的主要任务之一[2,24]，为完成这一任务，大量使用机载打击兵器（АСП），其中具有综合制导系统（КСН）的远距离“空—地”导弹发挥重要作用。仅仅用自动或非自动无线电技术测量仪（РТИ）和非无线电技术测量仪（НРТИ）在制导系统中完成该任务是不可能的。在一些情况下，首先由于导弹作用距离不足（尤其是机载雷达站作用距离所确定、直接可见距离所限制），其次由于精度较低。因此，在对打击飞机和“空—地”级导弹向固定地面和速度小的海上目标进行制导时，广泛使用综合制导系统（КСН）。

在机载综合电子系统中，这些航空器的综合制导系统（КСН）是一些联合工作的计算机、自主和非自主信息传感器的集合。此时，作为自主传感器，通常使用惯性导航系统（ИНС）、机载雷达站、光学电子、热视和其他系统，而作为非自主的传感器，在最近，卫星无线电导航系统（СРНС）得到了越来越广泛的应用。保留了各自的优点，自主和非自主传感器统一信息计算系统中的联合在很大程度上排除了每个传感器单独的特性缺点。这样，综合制导系统（KCH）作用距离在实际上仅仅受到控制对象飞行距离的限制，而飞行器位置测定和目标坐标精度与自制导系统基本相同。此时，综合制导系统（KCH）在制导隐蔽性方面大大超过了后者。

在一般情况下，现代综合制导系统（KCH）可以在4种工况下工作：自主工况、校正工况、目标指示工况和自制导工况。

从功能持续性的观点来看，自主工况是主要工况。在这种工况下，在飞机综合制导系统（KCH）中，完成导航任务，在其范围内，根据某一制导方向，生成到达自动控制系统的失调参数，并实现向目标区的飞行航线，进行导弹发射准备。

打击飞行器的现代无线电电子综合系统在自主工况下使用关于航向、高度和距离的制导方法。在这些航向制导方法中，两组方法得到最广泛的推广。在使用其中一组方法时，根据记录轨迹进行制导，这两个轨迹在达到飞机高度之前提前计算。在使用这些方法时，轨迹控制归结为将飞机质心保持在所计算的基准轨迹上。但是应该指出，在制导过程中具有一些之前不能考虑到的因素和情况。这些因素有风向和风速，目标类型，目标对跟踪的截获距离值，所使用武器的类型多样化等。在这些条件下，当提前仅确定轨迹等级时，使用根据记录轨迹进行制导的方法是最为合理的，而其具体种类则根据具体使用条件进行明确。

在完成第一个任务时，在现代打击飞行器的机载综合电子系统中，在自主工况下使用各类航向、高度、距离制导方法。

10.5.1 航向制导方法

在完成导航任务时（参见8.4节），可以使用以下方法实现航向制导（飞行器的侧向运动控制）：航线、航向和目标线方法[19]。

1. 航线方法

航线方法用于根据记录轨迹制导飞机和远离“空—地”导弹。这种轨迹通常使用通过初始和终端航线点的大圆段。作为终端航线点，还可以使用目标。

在使用航线方法的轨迹控制归结为将飞行器保持在所选的大圆线上，其实质的说明如图10.15所示。在该图中，在矩形大圆坐标系$O_{\text{ипм}}X_0Z_0$中，给出了控制对象的当前位置（x_{oy}，z_{oy}），而在该坐标系中，$O_{\text{ипм}}X_0$轴通过了具有坐标（$x_{\text{ц}}$，0）、点O_{oy}的目标。从图中可见，作为实施航线控制目标的失调（控制）参数，可以使用飞机与大圆线的侧倾值：

$$\Delta_{м} = z_{T} - z_{\text{oy}} = -z_{\text{oy}} \tag{10.20}$$

在式（10.20）中考虑到所需侧倾值z_{T}应等于零。为了提高控制精度和稳定性，不使用式（10.20），通常使用其改型：

$$\Delta_{м} = -z_{\text{oy}} + k_{\dot{z}}\dot{z}_{\text{oy}} \tag{10.21}$$

其中

$$\dot{z}_{\text{оу}} = V_п \sin\psi_п \approx V_п\psi_п = V_п\ (\psi_{\text{ок}} - \alpha_c) \tag{10.22}$$

式中：$V_п$ 为航向速度模量；$\psi_п$ 为修正转弯角，$\psi_{\text{ок}}$ 为大圆航向；α_c 为偏移角，$k_{\dot{z}}$ 为加权系数。

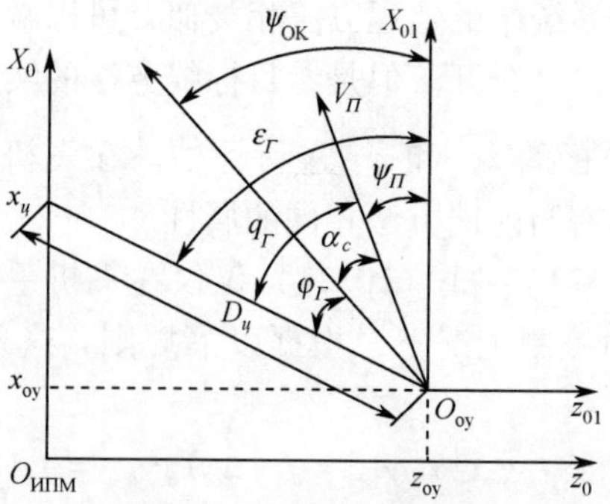

图 10.15　航向制导方法

在准确的控制下，飞行器以 $\psi_п \approx 0$ 的修正转弯角接近目标。

由式（10.21）、式（10.22）及图 10.15 可见，为了实现航线方法，比如，必须具有航路计算系统，该系统计算 $z_{\text{оу}}$坐标，$\psi_{\text{ок}}$航向测量器和多普勒速度和偏流角测量仪（ДИСС），在其中测量 $V_п$ 和 α_c。该方法的优点是实现轨迹控制算法简单，与自制导方法有较好的匹配。缺点在没有无线电校正时精度低，这是由于在长期飞行时积累了计算错误和陀螺仪测量轴线偏移所造成的；在不准确给定基准大圆线时的方法误差。

2. 航向方法

航向方法根据未记录轨迹对飞机和“空—地”导弹进行制导时使用。从图 10.15 中可见，在使用这种方法时，失调（控股）参数可以根据下式计算：

$$\Delta_к = \varepsilon_г - \psi_{\text{ок}} = \arctan\frac{z_{\text{оу}}}{x_ц - x_{\text{оу}}} - \psi_{\text{ок}} \tag{10.23}$$

式中：$\varepsilon_г$ 为水平面上的目标制导角。

从式（10.23）中可见，为了实现航向方法，充分使用在其中生成 $x_{\text{оу}}$和 $z_{\text{оу}}$评估的线路计算系统测量大圆航向的航向系统。航向方法非常便于在飞机综合制导系统（КСН）中使用。这一点，是由于它具有与所有串联型飞机综合制导系统（КСН）中的自制导方法具有较好的匹配性、在并联型系统中生成相互校正信号的简易性。

3. 目标线方法

目标线方法也是在根据未记录轨迹对飞机和“空—地”导弹进行制导时使用。由图 10.15 中可见，在使用该方法时，使用自主传感器时的失调（控制）参数可以根据以下规则生成：

$$\Delta_n = q_r = \varepsilon_r - \psi_п = \arctan \frac{z_{oy}}{x_ц - x_{yo}} - \arctan \frac{\dot{z}_{yo}}{\dot{x}_{yo}} \tag{10.24}$$

式中：q_r 为前置角。

这种方法与自制导系统中的追逐方法相类似，可以减小侧风所引起的控制误差，有利将其与航向方法区分开。但是，目标线方法的实施算法更为复杂，因为它需要对飞行器当前坐标的 $\dot{z}_{oy}$ 和 $\dot{x}_{oy}$ 进行评估。在飞机综合制导系统（KCH）中使用的目标线方法具有与航向方法相同的属性。

必须指出，式（10.21）~式（10.24）仅仅在飞机手动控制时使用。在飞行器的天线导向器和自动控制工况下，根据以下规则，这些失调（控制）参数转换成为所需要的倾角值：

$$\gamma_{тм} = f_м(\Delta_м), \gamma_{тк} = f_к(\Delta_к), \gamma_{тп} = f_п(\Delta_п)$$

式中：函数 $f_м$、$f_к$、$f_п$ 可以考虑到飞机和自动控制系统的惯性属性。

此外，在自主制导过程中，可以规定改变飞行轨迹，这是由于必须绕行危险空域（地面防空系统）（图 10.16）。

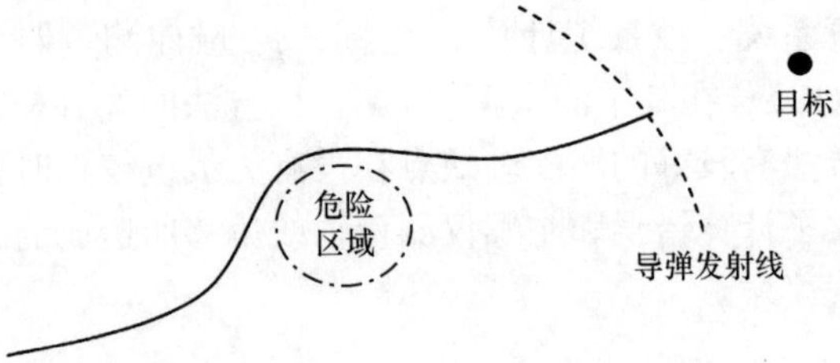

图 10.16　自主制导过程改变飞行轨迹绕行危险空域

在输入飞行任务的范围内，或者在根据新获信息进行飞行的过程中，这些空域的坐标和大小输入机载数字计算机（БЦВМ）的内存。

10.5.2　高度和距离制导方法

通常，根据记录轨迹进行飞机的高度自主制导，这些轨迹包括 3 段：爬高、固定高度飞行和降低高度（俯冲）。该飞行剖面的可能方案如图 10.17 所示。

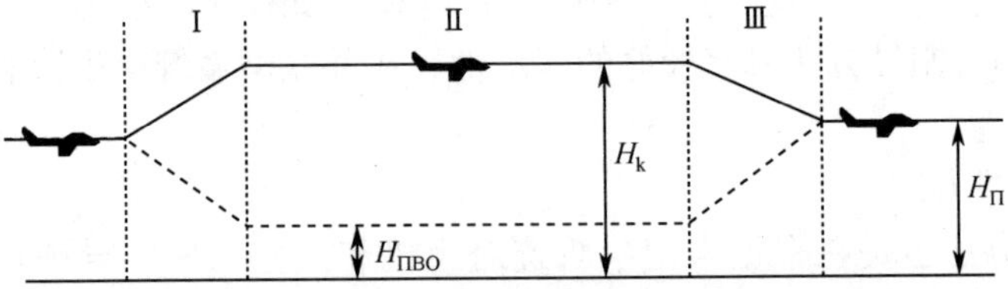

图 10.17　飞行剖面

在区段Ⅰ中，或者进入巡航飞行高度 $H_к$，在该高度上进行油耗更为经济的飞行，或者将飞行高度下降到 $H_{пво}$ 值，实现越过地面防空的最高概率。在区段Ⅲ中，保证打击飞行器进入 $H_п$ 高度——武器使用高度。对于区段Ⅰ和区段Ⅲ，根据以下规则，生成失调（控制）参数：

$$\Delta_{\vartheta} = \vartheta_т - \vartheta \tag{10.25}$$

而对于区段Ⅱ，使用以下算法：

$$\Delta_н = H_т - H \tag{10.26}$$

式中：$\vartheta_т$，$H_т$ 和 ϑ，H 分别为仰角和高度的要求值和实际值。

在实现式（10.25）和式（10.26）过程中，提前给定 $\vartheta_т$ 和 $H_т$ 值，而 ϑ 和 H 值则借助于位置陀螺仪和气压或无线电高度表进行测量（评估）。随着高度的减少，越过防空的概率增加了，但是，油耗也同时增加了。在选择 $H_т$ 值时，飞行器制导过程越来越经济，但是由于越过敌方防空条件的恶化，安全性则降低了。

在低空和超低空高度中飞机的自主制导可以通过地形跟踪状态下在垂直面上机动的方式进行（图 10.18（a）），或者，通过在绕行障碍物状态下在水平面上机动的方式进行（图 10.18（b））。

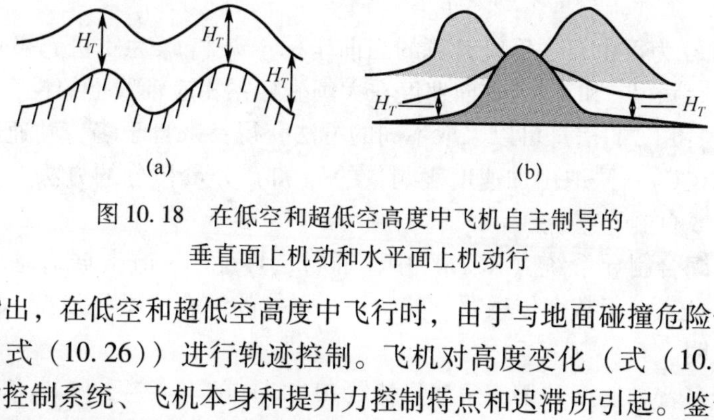

图 10.18　在低空和超低空高度中飞机自主制导的垂直面上机动和水平面上机动行

应该指出，在低空和超低空高度中飞行时，由于与地面碰撞危险性较高，不适于使用（式（10.26））进行轨迹控制。飞机对高度变化（式（10.26））的反应由于自动控制系统、飞机本身和提升力控制特点和迟滞所引起。鉴于此，在低空飞行系统中，通常使用以下参数控制：

$$\Delta = H_т - H_у \tag{10.27}$$

式中：$H_у$ 为飞行方向上提前点上的高度，在该时刻（图 10.19），保持飞行方向条件下，飞行器具有该高度。该点距飞行器的距离 $D_т$ 取决于其飞行速度，提升力惯性属性和控制特点。

距离控制以目标当前距离 $D_ц$ 检测为基础。由图 10.15 可知：

$$D_ц = \sqrt{z_{оу}^2 + (x_ц - x_{оу})^2} \tag{10.28}$$

在计算 $D_ц$ 的基础上，改变制导系统的工况（改变飞行高度和速度，接通机载雷达站、光学电子系统和其他传感器，向自制导状态过渡等）。

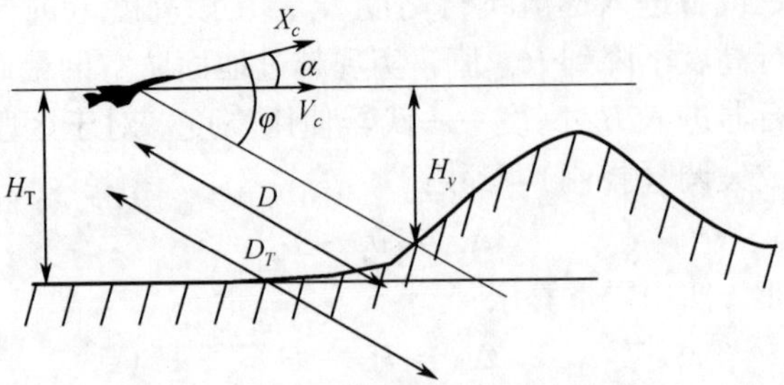

图 10.19　低空或超低空飞行示意图

10.5.3　自主制导状态下打击飞行器的功能特点

从所研究的航向和距离制导方法（参见 10.5.1 和 10.5.2 节）可知，其信息保障的基础是作战飞行器当前坐标的信息，这些信息来自于航线计算导航系统。

在一般情况下，采取以下算法，在笛卡儿大圆坐标系 $O_oX_oZ_o$ 中，进行目标线计算：

$$x_a = x_0 + \int_0^t V_{\text{п}x}\mathrm{d}\tau, z_a = z_0 + \int_0^t V_{\text{п}z}\mathrm{d}\tau \tag{10.29}$$

式中：x_a 和 z_a 为可由自主系统计算的当前坐标：x_0 和 z_0 为飞机起飞点坐标（导弹发射点坐标）；$V_{\text{п}x}$ 和 $V_{\text{п}z}$ 为航向速度在大圆坐标系相应轴线上的投影。

关于 $V_{\text{п}x}$ 和 $V_{\text{п}z}$ 的信息可以采取不同的方法获得：来自于多普勒速度和偏流角测量仪（ДИСС）；采取由加速度表测量的 j_x 和 j_z 分量积分的方法；来自于空中速度传感器或自制导系统。

在现代综合制导系统（КСН）中，通常，$V_{\text{п}x}$ 和 $V_{\text{п}z}$ 值根据信息综合处理生成，这些信息来自于数个传感器。其中一个可能的综合方案采取图 10.20 所示结构图进行说明。

来自于多普勒速度和偏流角测量仪（ДИСС）的 $V_{\text{п}1}$、$V_{\text{п}2}$ 和 $V_{\text{п}3}$ 信号与航向速度矢量在其 3 个射线上的投影值相对应，输入到坐标转换器，而航向角 ψ、倾角 γ 和仰角 ϑ 从自主传感器（惯性导航系统（ИНС））输入到该转换器。根据这些信号，在坐标转换器中，计算线路地速分量 $V_{\text{д}x}$ 和 $V_{\text{д}z}$。

$V_{\text{а}x}$ 和 $V_{\text{а}z}$ 地速的独立相应分量根据加速度 j_x、j_z 和 ψ、γ 和 ϑ 角度在惯性导航系统（ИНС）中进行计算。从 $V_{\text{д}x}$、$V_{\text{а}x}$ 和 $V_{\text{д}z}$、$V_{\text{а}z}$ 中，在相应的校对装置中，生成差值 $\Delta V_{\text{да}x} = V_{\text{д}x} - V_{\text{а}x}$ 和 $\Delta V_{\text{да}z} = V_{\text{д}z} - V_{\text{а}z}$，它们之后送入低频传感器（ФНЧ），并在此处根据以下算法生成修正值 ΔV_x 和 ΔV_z：

$$\Delta V_x = \Delta V_{\text{да}x}\Phi_{\text{нч}}(p), \Delta V_z = \Delta V_{\text{да}z}\Phi_{\text{нч}}(p) \tag{10.30}$$

式中：$\Phi_{\text{нч}}(p) = 1/(T_\Phi p + 1)$，为具有上界频率 $1/T_\Phi$ 的低频滤波器的传输函数。所获得的修正值（式（10.30））发送到惯性导航系统（ИНС）进行校正，

发送到加法器 C_1 和 C_2，在其出口上，生成$\hat{V}_x$ 和$\hat{V}_z$ 评估，参与到卡勒线计算算法（式（10.29））。还可以有其他的综合方案。

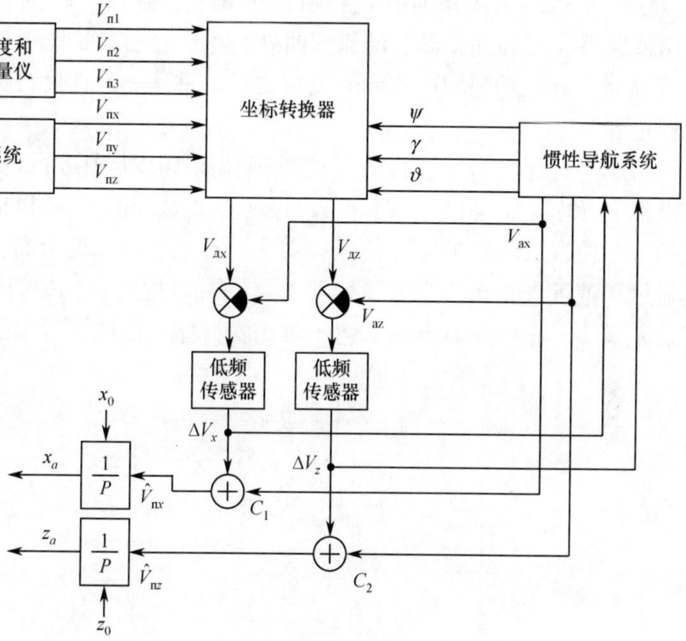

图 10.20　信息综合处理结构方案

作为近距和战略航空飞机上的毁伤手段，使用大量的改型“空—地”导弹[2,3]：K-10，KCP-2，KCP-5（图-16），X-20M（图-95），X-22（图-22），X-15（图-22M、图-160），X-55（图-95、图-160）等。在一般情况下，“空—地”导弹使用准备关键在于使导弹信息计算系统接通电源，陀螺仪的提前超转及其装置的完好性检查。

应当指出，随着时间在式（10.29）中积累了一些误差，它们是由 $V_{пx}$ 和 $V_{пz}$ 的评估不准确性以及数量积分的误差所引起的。鉴于此，经过一定时间之后，所谓的校正状态周期性接通，该校正状态可以摆脱所积累的自主计算误差。根据来自于其他传感器、通常是以其他物理原理工作的更为精确的传感器的信息，在确定自己位置的基础上进行校正。为了进行校正，经常使用机载雷达站（雷达自动制导头）、卫星无线电导航系统、导航和制导相关—极值系统、天文惯性系统和近距无线电导航系统。所计算的位置坐标校正值（准确值）传送给式（10.29），作为新的初始条件，此后，继续进行目标线自主计算。

10.5.4　校正状态下飞行器综合制导系统的功能

在各种目标线计算误差校正中，最广泛的一种是根据雷达定向标进行校正。

作为雷达定向标，在飞行之前，根据机载雷达站作用距离范围内的航线，选择雷达—对比度目标，它具有已知坐标。选择该目标作为雷达—对比度目标的必需条件是可以根据雷达屏幕图像对其进行可信的识别。通常，作为雷达—对比度目标，使用铁路桥、河岛和湖岛、河流弯曲处、单位分布的工业项目（管道、电视塔）等。此时，在大约每 30 ~ 40min 飞行之后，雷达—对比度目标应足以进行对其进行校正。

根据雷达—对比度目标进行校正的原理在图 10.21 中进行说明，在该图中，用具有坐标 x_c 和 z_c、$x_д$ 和 $z_д$ 、x_{PO}和 z_{PO}的点 O_c、$O_д$ 和 O_{PO}，根据计算结果显示了飞机的分布位置、飞机的实际位置和雷达—对比度目标的分布位置。此外，在图中还显示了速度矢量 $\bar{V}$、打击飞行器上雷达—对比度目标的机载方位 φ_{PO}和打击飞行器距离 D，在该距离上，雷达—对比度目标可信地进行识别。

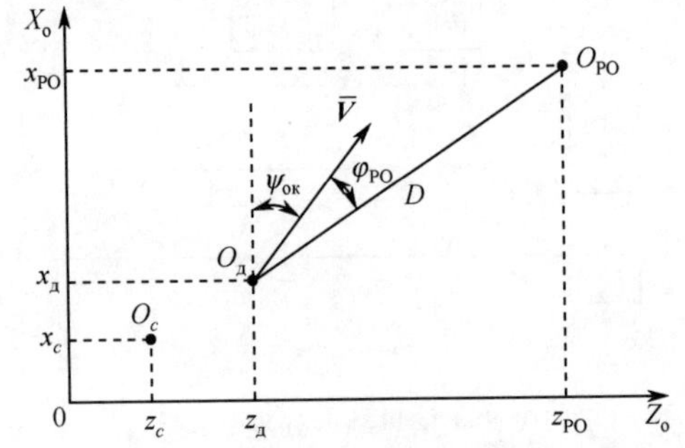

图 10.21　根据雷达—对比度目标进行校正

在打击飞行器上进行连测时，测量到雷达—对比度目标的距离 D 及其机载方位 φ_{PO}。使用以下关系式，可以计算自己的实际坐标：

$$\begin{cases} x_д = x_{PO} - D\cos(\varphi_{PO} + \psi_{ок}) \\ z_д = z_{PO} - D\sin(\varphi_{PO} + \psi_{ок}) \end{cases} \tag{10.31}$$

之后，旧的 x_c 和 z_c 值被取消，它们被赋予新值 $x_∂$ 和 $z_∂$，并根据式（10.29）进行计算的更新。在雷达—惯性综合制导系统（KCH）的校正程序，在 10.6 节中进行了详细研究。

10.5.5　目标指示和自制导状态下综合制导系统的功能

必须指出，在打击飞行器在低空进行自主飞行以及不能评估雷达—对比度目标坐标时，可以使用来自于高空飞行的雷达侦察和制导航空综合系统（АК РЛДН）指令制导[24]。

根据所使用的“空—地”导弹类型，目标指示状态以各种方式完成。如果使用具有主动寻的无线电导引头（АРГС）的导弹，那么传送给该导弹的目标指示指令与在“空—空”导弹中使用的相同。如果使用具有导航和制导相关—极值系统的“空—地”导弹，那么对于它来说，释放点的大圆坐标就是目标指示指令。在反舰导弹中，在向运动的海上目标进行制导时，目标指示可能进行数次。应该指出，为了提高载体飞机目标指示的精度，应提前完成自身计算坐标的校正。

在打击飞机综合制导系统（KCH）中自制导状态使用得相当少，仅作为非制导炸弹毁伤手段使用。

必须强调，在用于改善地面雷达图像的清晰度和精度的飞机和“空—地”导弹的高精度制导系统中，这些系统可以更好地选择小尺寸地面目标、提高其坐标测量精度，广泛使用多普勒波束锐化和合成孔径雷达（PCA）工况[25]。

这些工况的特点是可制导飞行器必须相对于目标的一定大角度飞行，同时，为了进行毁伤，必须做到该飞行器的目标线通过目标。

为了解决这一矛盾，使用更复杂的曲线轨迹制导规则[26,27]，在这些轨迹的初始段，保证目标方位的较高线性分辨率，而在终段，则保证对目标的高精度制导。

在使用具有综合制导系统（KCH）的高精度“空—地”导弹时，且这些导弹在终段使用天线孔径的遥测合成[26]，作为目标指示指令，补充发出目标坐标和导弹应进入该点的点坐标，以便在其中瞬间获得合成工况。

由于非自主和自主测量仪可以在不同坐标系中工作，所以综合制导系统（KCH）计算器除了生成失调（控制）参数之外，还在校正工况以及自制导工况下执行换算、相互修正信号比例调整的补充功能。

根据测量器仪的组成，区分出雷达—惯性、惯性—卫星导航、关联—极值、多位、天文惯性—多普勒和其他综合制导系统（KCH）。在这些多种可能的自主和非自主信息测量仪中，在实践中使用限定数据的更为合理的测量仪。该控制系统功能算法的选择和论证是一个相当复杂的课题，针对控制对象的具体类型及其战斗使用条件完成这一任务。

10.6 使用雷达—惯性综合制导系统时机载综合电子系统的功能

10.6.1 工作原理

为了保证对位于敌方后方的地面目标进行高精度毁伤，使用具有雷达—惯性综合制导系统（KCH）的远距离“空—地”导弹。在控制信号生成过程中，在机载综合电子系统中使用这些导弹时，实施两种型号传感器系统即非无线电技术和无线电技术系统的相互校正原理。作为非无线电技术测量仪（НРТИ），使用惯性导航系统，它生成（计算）飞行器质心的当前坐标。计算结果用于生成失调参数，在这些失调（控制）参数的基础上，进行飞行器的控制和无线电技术测量仪（РТИ）的校正，并使用飞机机载雷达（或者导弹的雷达自动导引头（РГС））作为这些无线电技术测量仪。首先，无线电技术测量仪（РТИ）也用于校正惯性导航系统（ИНС）。

通常，校正惯性导航系统（ИНС）在控制对象的全部飞行时间内连续工作，此时，无线电技术测量仪（РТИ）仅仅是不定期地接通。根据无线电技术测量仪（РТИ）的测量结果，生成校正信号，它们消除所累积的飞行器坐标计算误差。无线电技术测量仪（РТИ）进行发射时接通的短暂性提高了整个机载综合电子系统工作的隐蔽性，从而提高了其抗干扰性和生命力。在完成校正惯性导航系统（ИНС）的校正时，无线电技术测量仪（РТИ）切断，根据已校正数据，计算用于飞机自动控制系统和导弹控制系统的控制信号。

根据综合制导系统（КСН）的工况，来自于校正惯性导航系统（ИНС）的信号发挥了多种作用。在综合制导系统（КСН）的自主工况下，这些信号对于机载雷达站发挥着目标指示指令的作用。根据角度目标指示，不发射的机载雷达站天线向目标或定向标方向旋转，而根据距离目标指示，设置一个根据空域距离规定的地表中心。这可以实质上减少用于搜索雷达—对比度目标消耗的时间，便于进行校正。

在综合制导系统（КСН）自制导工况下，惯性导航系统（ИНС）的角度信号，以及距离和角度的校正信号传到机载雷达站（雷达自动导引头）的跟踪测量仪。这可以提高其稳定性、精度和抗干扰能力。借助于跟踪测量存储时间的增加和提高其透射频带收缩能力，且不增加动态误差，可达到提高其稳定性、精度和抗干扰能力的目的。

硬件和软件方面的坐标转换器是雷达—惯性系统的一个必要组元。转换器的必要性是由于机载雷达站（雷达自动导引头）在极坐标中工作，并在垂直和水平平面上测量目标（定向标）的倾斜距离及其机载方位，同时，惯性导航系统（ИНС）通常计算直角大圆系统中的飞行器当前坐标。为了说明测量结果从一个坐标系向另一个坐标系的换算原理，我们将研究图 10.22 中的几何关系式，这些关系式说明了飞行器向具有已知坐标 $x_ц$、$z_ц$ 的地面目标（定向标）进行导向的过程。图 10.22（a）中，根据自主系统的计算结果，采取大圆坐标系 $O_oX_oZ_o$ 中的 $O_ц$、O_p 和 O_a 点显示了（$x_ц$，0）目标分布位置、飞行器实际分布位置（x_p，z_p）及其分布位置（x_a，z_a）。在图 10.22（b）中，给出了通过 $O_pO_ц$ 段的垂直平面上飞行器和目标分布位置。此外，在图 10.22 中，给出借助于惯性导航系统（ИНС）陀螺稳定平台可以测量的大圆航向角 $\psi_{ок}$ 和仰角 ϑ、借助于机载雷达站

（雷达自动导引头）在水平面和垂直平面上可以评估的倾斜距离 $D_н$ 和目标机上方位 $\varphi_г$ 和 $\varphi_ц$、可以由气压高度表（无线电高度表）测量的高度 H。

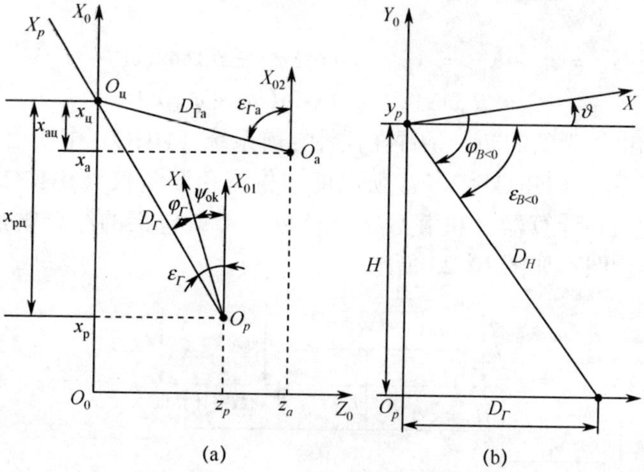

图 10.22　飞行器和目标的几何关系

如果目标机上方位 $\varphi_г$ 和 $\varphi_в$ 不大，那么它们与目标制导角度 $\varepsilon_г$ 和 $\varepsilon_в$ 在水平面和垂直平面上的联系可以由以下关系式确定：

$$\varepsilon_г = \varphi_г + \psi_{ок}, \varepsilon_в = \varphi_в + \vartheta \tag{10.32}$$

利用以某种方法在惯性导航系统（ИНС）中计算的当前坐标 x_a 和 z_a，可以确定飞行器相对于具有已知坐标 $x_ц$、$z_ц$ 的定向标（目标）的位置：

$$x_{\text{ац}} = x_ц - x_a, z_{\text{ац}} = z_a - z_ц \tag{10.33}$$

根据式（10.32）、式（10.33）和图 10.22，可以得出以下关系式：

$$\varphi_{\text{га}} = \varepsilon_{\text{га}} - \psi_{\text{ок}} = \arctan\frac{z_{\text{ац}}}{x_{\text{ац}}} - \psi_{\text{ок}} \tag{10.34}$$

$$D_{\text{на}} = \frac{x_{\text{ац}}}{\cos\varepsilon_{\text{га}}\cos\varepsilon_{\text{ва}}} \tag{10.35}$$

$$\varphi_{\text{ва}} = \varepsilon_{\text{ва}} - \vartheta \tag{10.36}$$

其中

$$\varepsilon_{\text{ва}} = \arctan\frac{H}{\sqrt{x_{\text{ац}}^2 + z_{\text{ац}}^2}} \tag{10.37}$$

根据该关系式，借助于自主传感器，对于机载雷达站（雷达自动导引头）计算 $\varphi_{\text{га}}$、$\varphi_{\text{ва}}$角和倾斜距离 $D_{\text{на}}$ 的校正信号。从式（10.33）~式（10.37）中可见，在生成机载雷达站（雷达自动导引头）的校正信号时，必须做到在惯性导航系统（ИНС）中计算当前坐标 x_a 和 z_a、测量航向角 $\varphi_{\text{ок}}$、仰角 ϑ 和飞行高度 H。

如果机载雷达站（雷达自动导引头）测量具有已知坐标 $x_ц$ 和 $z_ц$ 的目标（定向标）的倾斜距离 $D_н$ 及其机上方位 $\varphi_г$、$\varphi_в$（图 10.22），那么可以根据以下规则确定当前已校正坐标：

$$x_p = x_ц - x_{рц} = x_ц - D_н\cos(\varphi_в - \vartheta)\cos(\varphi_г + \varphi_{ок}) \tag{10.38}$$

$$z_p = Д_н\cos(\varphi_в - \vartheta)\sin(\varphi_г + \varphi_{ок}) - z_ц \tag{10.39}$$

这些坐标也作为新的初始条件在惯性导航系统（ИНС）中使用。

惯性导航系统（ИНС）、多普勒速度和偏流角测量仪（ДИСС）、高度测量器、机载雷达站和计算器（机载数字计算机）中所包括的综合雷达—惯性导引系统的总体结构图，如图 10.23 所示。

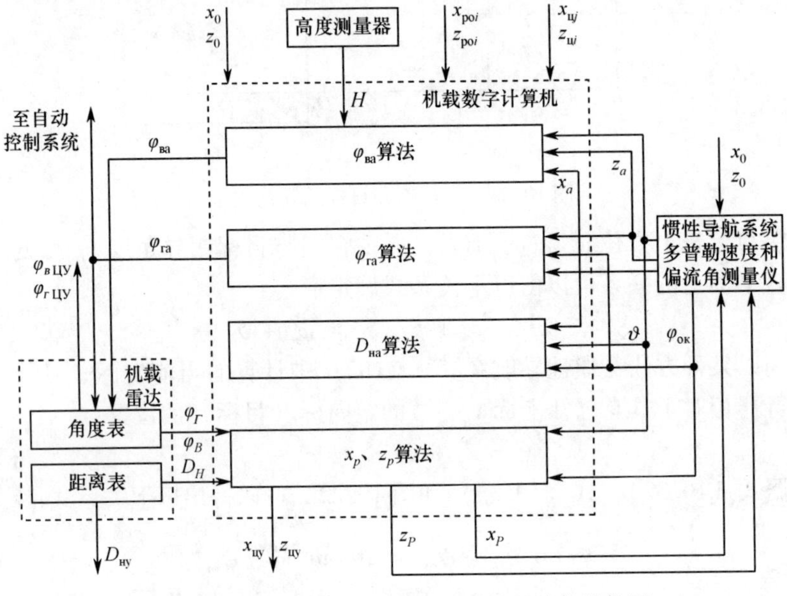

图 10.23 综合雷达—惯性导引系统的总体结构图

10.6.2 雷达—惯性综合制导系统的功能

下面将研究根据式（10.26），以巡航高度进行飞行的条件下、以航向方法在水平面上对飞机进行控制过程中雷达—惯性综合制导系统（КСН）的功能。在出动之前，将出动点（航线初始点）的坐标 x_0、z_0，雷达定向标坐标（x_{poi}，z_{poi}，$i=\overline{1, I_{po}}$），主要和备用目标坐标（$x_{цj}$，$z_{цj}$，$j=\overline{1, J_ц}$）输入惯性导航系统（ИНС）和机载数字计算机的内存。起飞之后，惯性导航系统（ИНС）在自主工况下采取式（10.29）计算当前大圆坐标系中的坐标 x_a、z_a，该坐标系基本大圆的轴线通过目标（航线中间点）。这些坐标传到机载数字计算机，在此处生成与航向制导方法相应的失调参数（式（10.23））。此外，根据这些坐标，按照式（10.34）~式（10.37），在机载数字计算机中计算机载雷达站的目标指示指令，根据这些指令，其天线向最近的雷达定向标（目标）旋转，角度为 $\varphi_{\text{га}}$ 和 $\varphi_{\text{ва}}$。同时，根据式（10.28），计算到定向标的距离 $D_{\text{ро}}$。之后，完成条件 $D_{\text{ро}} < D_{\text{рлс}}$，其中 $D_{\text{рлс}}$ 为目标发现的最大距离，并进行环视机载雷达站的手动或自动接通。此时，机载雷达站对地表进行扇形扫描，其等分线（方位标记——МтА）由 $\varphi_{\text{га}}$ 值确定（式（10.34）），而距离标记-МтД 由 $D_{\text{на}}$ 值确定（式（10.35））。如果此时借助于 $\text{cosec}^2\varphi_в$ 类波束在垂直平面上对地表进行扫描[23,28]，那么不使用式（10.36）。在望远镜状态下对表面进行扫描时，根据式（10.36）确定天线倾角。在雷达定向标（作为该雷达定向标选取河上的桥梁）“区域平面图”工况下，在机载雷达站屏幕上的大约图像，МтД 距离和 МтА 方位标记所形成的电子交叉点的位置如图 10.24（a）所示。如果自主段的持续时间足够大，那么，由于目标线的计算错误，$\varphi_{\text{га}}$ 和 $D_{\text{на}}$ 值将与实际值有所区别，而电子交叉点不与定向标重合。在这种情况下，领航员将借助交叉点控制装置（МУП）将距离和方位标记与定向标重合。必要时，为了明确交叉点与定向标的连测，可以将机载雷达站转入区域微平面图工况。在这种工况下，在雷达站屏幕上仅浏览相对于交叉点一个不大的区段（图 10.24（b））。这可以更准确地将交叉点叠加到定向标上。完成该操作之后，领航员按下“连测（Привязка）”按钮。在此之后，倾斜距离 $D_н$ 与机上方位 $\varphi_г$ 和 $\varphi_в$ 的测量结果传到机载数字计算机，它根据式（10.38）和式（10.39）生成用于惯性导航系统（ИНС）的校正信号。

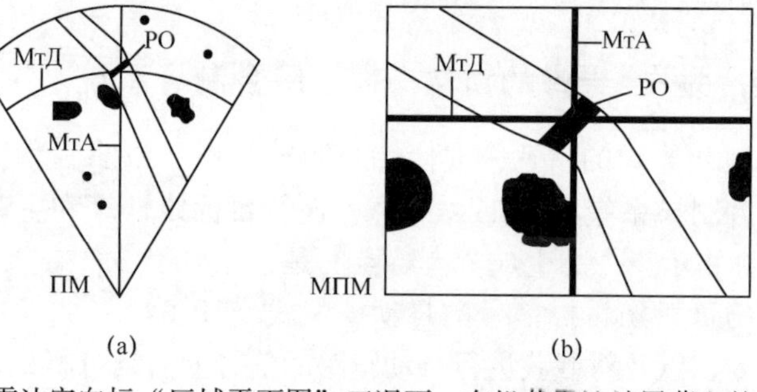

图 10.24　雷达定向标“区域平面图”工况下，在机载雷达站屏幕上的大致图像

如果作为定向标使用小尺寸、低对比度目标，那么，为了改善图像的清晰度，可以使用合成孔径雷达（РСА）或者多普勒波束锐化（ДОЛ）工况。但是，在这种情况下，飞机应以对该目标的某个角度进行飞行[25]。

惯性导航系统（ИНС）校正程序本身可以采取各种方法完成：在机载数字计算机中根据最优线性滤波算法，或采取所谓的不变式滤波器完成，它们通常以机械控制方式实现。这些滤波器的一个推荐方案的结构示意图如图 10.25 所示。如果没有校正（松开 Кл 键），那么所计算的坐标 z_a（x_a）传到计算器。在进行校正时，当 Кл 按键闭合时，将再现失调 $z_p - z_a$（$x_p - x_a$），它在具有发送功能 $\kappa_и /h$ 的积分器中进行积分，直到 $z_к$（$x_к$）等于 z_p（x_p）。信号：

$$z_к = z_a p/(p + \kappa_и) + z_p \kappa_и /(p + \kappa_и) \tag{10.40}$$

也传到机载数字计算机，作为已校正坐标 z_a。

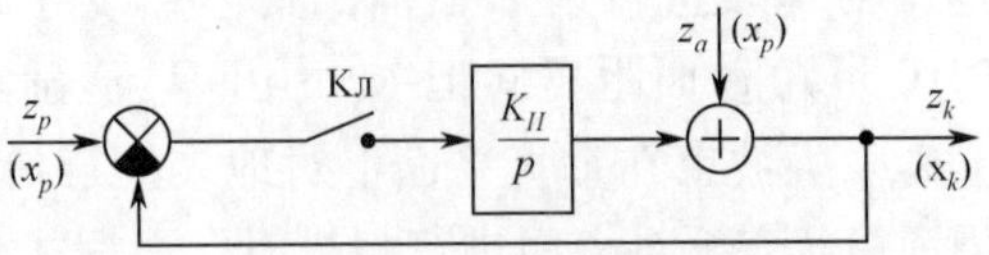

图 10.25　滤波器的一个推荐方案的结构示意图

对于坐标 $x_к$，也可以得到同类的关系式。在完成校正程序之后，综合制导系统（КСН）重新过渡到自主工况（目标线计算）。校正工况在 3 种情况下接通：在进行相当长的飞行以进行积累计算误差的补偿时；在开始转弯（改变航向）之前；在向“空—地”导弹发送目标指示指令之前。

向“空—地”导弹发送的目标指示指令的组成取决于其发射距离和其中使用的制导系统的类型。如果在导弹中使用雷达惯性制导系统（比如，Х-22，俄罗斯[2,4]），那么，作为目标指示指令，则使用目标机上定位 $\varphi_г = \varphi_{г ЦУ}$、$\varphi_в = \varphi_{в ЦУ}$ 和倾斜距离 $D_н = D_{цу}$，它们均由飞机载体的机载雷达所测量。对于在其中为了校正而使用导航和制导相关—极值系统（КЭСНН）的远距离巡航导弹（Х-55，俄罗斯[2,4]和 AGM-86B，美国），作为目标指示指令，使用发射点（导弹释放点）的已校正坐标 $x_p = x_{цу}$ 和 $z_p = z_{цу}$（图 10.23）。

10.6.3　“空—地”导弹的雷达—惯性综合制导系统

在“空—地”导弹的雷达—惯性综合制导系统（КСН）中，正如在以上所分析的飞机综合制导系统（КСН）一样，进行目标线计算和主动雷达自动导引头（РГС）目标指示指令的生成。有特点的是：相对于 $\varphi_{га}$、$\varphi_{ва}$、$D_{на}$ 的值，根据角坐标和距离的可毁伤目标信号的自动搜索式（10.34）~式（10.37），它们用作目标指示指令，以及对截获进行自动跟踪的信号的后续分析，该分析指在阐明所需（主要）目标截获的可信度。此外，可以在终段划分出相当大的自制导区段，其中包括使用天线孔径合成或者多普勒波束锐化（ДОЛ）的方式。应该指出，自制导工况下失调参数按照更为复杂的定律生成，这些定律通常表示连续前置方法的多样性[29]。鉴于这一点，在一般情况下，在自制导阶段，在综合制导系统（КСН）中，应在水平和垂直平面上生成距离、接近速度、偏移角、机上方位、角速率和横向加速度的评估。此时，在主动寻的无线电导引头（АРГС）跟踪测量仪中，长期使用校正信号（式（10.34）~式（10.37））可以有效地改善整个制导过程的稳定性、精度和抗干扰能力。

10.7 使用惯性—卫星综合制导系统时机载综合电子系统的功能

10.7.1 引言

近年来，为了保证打击飞机隐蔽进入战斗使用区，将“空—地”导弹高精度制导到固定低对比度地面小目标，机载惯性—同步卫星导航（ИССН）得到越来越广泛的应用[2]。综合制导系统（КСН）中，在机载惯性—同步卫星导航（ИССН）的基础上，惯性导航系统（ИНС）在全部飞行期间工作，它采取计算方法评估飞行器的空间坐标及其改变速度。机载惯性—同步卫星导航（ИССН）的机载数字计算机周期性（约 18Hz 的频率[2]）地从卫星导航接收器（СНПр）获得飞行器位置的准确坐标，及其速度 V_x、V_y 和 V_z 的分量，它们则用于消除惯性导航系统（ИНС）的误差。

此时，可以采取机载惯性—同步卫星导航（ИССН）的两种使用方案（参见8.5 节）：

（1）功能主要工况，当卫星导航接收器（СНПр）自主确定飞行器坐标和速度时；

（2）差分工况，当差分校正沿着电传密码通信无线电线路从地面控制校正站传到卫星导航接收器（СНПр）时，同时，这些差分校正可以大大减少飞行器位置的测定误差，与无线电信号通过对流层和电离层从同步卫星到卫星导航接收器（СНПр）的通过线路弯曲有关。

在采取机载惯性—同步卫星导航（ИССН）的主要使用方案时，飞行器位置单个测定的均方误差按照格洛纳斯系统为纬度和经度 8 ~ 10m、高度 12 ~ 15m，速度矢量分量 0.1 ~ 0.2m/s。在采取差分方案时，按照格洛纳斯系统和 GPS，导弹参数的均方测定误差为纬度和经度 2m，高度 3m，速度矢量分量 0.2m/s[2]。

10.7.2 系统结构

简化的机载惯性—同步卫星导航（ИССН）结构图包括卫星无线电导航系统（СРНС）、机载数字计算机、自主传感器（加速度传感器、大气数据系统传感器、角速率传感器、多普勒速度和偏流角测量仪等）和惯性导航系统（ИНС），如图 10.26 所示。

机载惯性—同步卫星导航（ИССН）以 3 种工况工作：①目标指示工况；②自制导工况；③校正工况。但是，应该指出，这种区分是假定的，因为在目标指示工况下机载惯性—同步卫星导航（ИССН）在装置接通之后在前面数个行程内工作，而自制导工况和校正工况则一同工作，并实现所谓的“可校正自制导”。

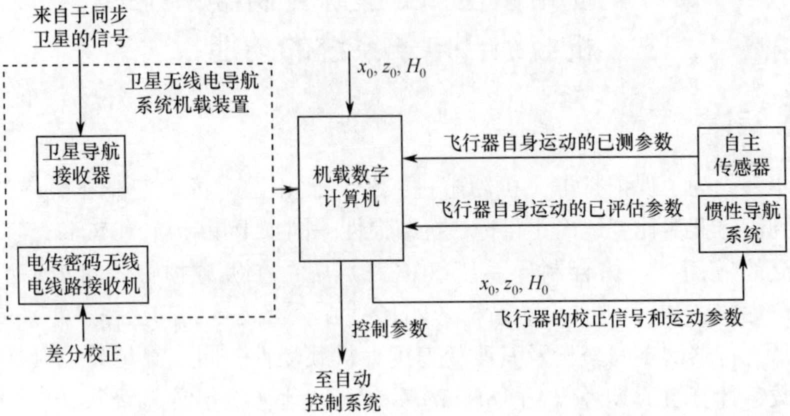

图 10.26　简化的机载惯性 - 同步卫星导航结构图

鉴于这一点，将研究惯性—同步卫星导航（ИССН）的功能，并且不对所述状态进行连测。

在开始使用惯性—同步卫星导航（ИССН）时，向机载数字计算机和惯性导航系统（ИНС）（通过机载数字计算机）输入飞行器的当前坐标。惯性导航系统（ИНС）在其全部时间内通过机载数字计算机从自主传感器内收到飞行器自身运动参数（速度和加速度分量），并对飞行器空间坐标进行评估，这些空间坐标送至机载数字计算机，此时，根据给定的制导方法，生成发送到自动控制系统的飞行器控制参数。卫星导航接收器从卫星处接收信号，在此基础上，进行飞行器位置的评估。已生成的飞行器位置坐标及其运动速度分量的评估发送到机载数字计算机，之后作为校正信号发送到惯性导航系统（ИНС），而惯性导航系统（ИНС）则在收到这些信号之后，消除已知的误差，并针对已校正的飞行器坐标重新进行坐标计算。惯性导航系统（ИНС）的校正程序可以采取任一种已说明方法进行（参见 8.4 节和 10.6 节）。

10.7.3　对精度的影响因素

由于建构了该系统，飞行器位置坐标及其在飞行器整个飞行期间运动速度的测定精度相当高。但是，许多因素对惯性—同步卫星导航（ИССН）的精度产生了影响。

（1）几何因素，其影响程度取决于卫星的数量和位置，以及用户时间的校时精度。

（2）导航信号的数量，它取决于其中包含的关于星历的预测信息精度、星历会引起时间标准频率和卫星频率相对于地面系统中心的位移。

（3）无线电波扩散条件，它们会引起电离层和对流层折射误差，以及由于信号多光线扩散引起的误差。

（4）机载装置的不完善，这会引起由于接收机噪声和信号散射产生的误差。

为了降低上述因素的影响，为卫星无线电导航系统机载装置置入了电传密码无线电波接收机（图 10.26），通过该接收机，正如之前指出的那样，从地面检测校正站输入差分校正，它们可以对空间—时间关联区中的系统性误差进行校正。

为了降低惯性—同步卫星导航（ИССН）的误差，使用联合卫星导航接收器，它们可以同时从格洛纳斯和 GPS 处接收信号。但是，在这些惯性—同步卫星导航（ИССН）中，必须消除在所使用的坐标系中格洛纳斯系统和 GPS 时间校正中存在的误差（来自于格洛纳斯系统的星历信息在 П3-90 坐标系中计算（地心坐标系），而来自于 GPS 的星历信息则在 WGS-84[2] 系统中计算[2]）。这会使卫星导航系统的机载装置略微复杂化，但是保证了整个系统更为准确的指数。

还有一个对惯性—同步卫星导航（ИССН）的精度和稳定性产生影响的因素是飞行器的机动飞行。正如已经指出的那样，卫星导航系统的校正采取 18Hz 的频率。但是，在飞行器以倾角进行大机动飞行时，卫星信息可能会丢失。在这种情况下，飞行器位置及其运动速度分量的测定精度通过从自主传感器向机载计算系统输入信息来保障。卫星导航系统和自主传感器的信息联合处理可以大大降低数据从卫星导航接收器处丢失间隔内飞行器坐标和飞行速度分量的测定误差（参见 8.4 节）。

必须指出，在一般情况下，与雷达—惯性综合制导系统（КСН）相比，惯性—同步卫星导航（ИССН）保障飞行器位置测定的更高精度，并且相应具有更高的制导精度。它们具有很高的隐蔽性，具有广泛的功能，其中包括可以生成带有目标线显示的地区电子地图和较高可靠性指数时任务履历薄。但是，对于具有载频频率调制的干扰而言（1.6MHz），卫星导航接收器具有相当低的抗干扰能力。这样，当干扰功率等于 1W 时，卫星导航接收器的破坏半径为 22km，并且，在干扰功率每增加 6dB 时该破坏半径翻倍。当干扰功率为 130dBW 时，在接收输出口发生信息信号的完全丢失[2]。由于这个原因，使用惯性—同步卫星导航（ИССН）的大量飞行器都配备了复杂的天线，它们可以在出现干扰信号时进行方向线路图（ДН）的变换。

10.8 高精度“空—地”导弹联合制导系统的功能和建构特点

10.8.1 引言

高精度“空—地”导弹联合制导系统（参见 1.6 节、10.1 节、10.2 节）用于生成轨迹控制算法，这些算法用来在任何气象条件下和昼夜任何时间内保障消灭各种移动和固定地面小目标。

毁伤目标的多样性确定了要建立各类结构的不同导弹综合制导系统，包括激光、电视、热视、雷达、关联—极值自动导引头（ГСН）。在综合制导系统中存在某个类型的自动导引头（ГСН）预先确定了其优点和缺点，但是，必须指出，只有带雷达自动导引头（РГС）的综合制导系统可以在任何气象条件、昼夜任何时间内保障消灭目标。这时，为了实现全天候、全昼夜高精度制导，带雷达自动导引头（РГС）的导弹应保障整个综合系统经常完成自相矛盾的任务。我们将对其进行更为详细的研究，因为其算法和程序确定了综合制导系统（КСН）的组成及其功能原理。

10.8.2 无线电定位图

由用途可见，所研究类型的综合制导系统（КСН）应保障导弹命中目标包线。实现这种制导精度是一个非常复杂的科技问题，这与完成目标控制、发现、识别、截获，以及完成与其紧密相连的生成高对比度地区详细无线电定位地图的任务有关。

必须指出，在所有上述任务中，最复杂的是生成高对比度地区详细无线电定位地图的任务，没有它，就无法完成其他制导任务。已知[23,30]具有高分辨率的高对比度无线电定位地图是无法在信噪比小于11～13dB时获得的，首先，没有天线孔径合成或多普勒波束锐化（ДОЛ），就无法保障该信噪比[25]。使用合成孔径雷达（РСА）或者多普勒波束锐化（ДОЛ）的必要性导致制导系统应完成一个自相矛盾的任务：生成一个可以保障最小脱靶量的导弹控制律，并保障用于实现合成孔径雷达（РСА）或者多普勒波束锐化（ДОЛ）工况所必需的条件。矛盾的原因在于：为了实现脱靶量的最小化，导弹应沿着直线航线向目标飞行，采取等于零的制导线角速率；而为了实现合成孔径雷达（РСА）或者多普勒波束锐化（ДОЛ）工况，导弹应以某个角度（大约10～25°，取决于所要求的分辨率δl和导弹速度V_p）向目标飞行[25]，此外，最好采取固定的制导线角速率。

已知相当多的“空—地”导弹轨迹控制算法，它们一方面保障生成具有高分辨率的高对比度无线电定位地图，另一方面保障导弹向目标的高精度制导[26]。但是，应该指出，用于导弹制导使用这些轨迹控制算法会引起导弹飞行轨迹成为曲线轨迹。同时，当对于分辨率的要求提高时，轨迹曲度随着方位角提高。此时，导弹要求过载提高，从而制导系统作用距离降低。

该类导弹信息计算系统所完成的同样复杂的任务是目标的发现和识别任务。对于在自由空间背景下空中目标的发现任务而言，地面目标的发现具有一系列特点，主要为：

（1）地面目标的多样性，表现为面积、配置、材料种类，以及其他特征。

（2）延展目标的多样性，比如建筑物、船舶、桥梁、道路、供电线路、起飞着陆跑道等，对于它们而言，距离和接近速度这些概念具有约定特点，因为距离和接近速度不是针对目标本身来评估的，而是针对目标某个点评估的，而作为目标某个点，可以使用目标的动力中心，其几何中心或者其他预定点。

（3）表层土壤下表面的多样性，如具有各个浪级的大海、海岸线、田野、草地、沙地、混凝土等。

（4）具有正面以及负面无线电对比度的目标，或者对于表层土壤下表面根本没有对比度的目标。

必须强调，根据目标类型、表层土壤下表面种类和发现条件，无线电对比度可以有各种组合。这样，当在低制导角的水背景下发现目标时，目标的无线电对比度常常为正值。当角度为50°～60°时，由于水不断增加的反射能力，目标的无线电对比度可能为正值，也可能为负值。当发现地面目标时，事情就复杂得多了，当各类型表层土壤下表面和目标材料各种组合时，目标可以具有正、负无线电对比度。比如，草、沙、混凝土或水背景下的金属目标（制导角度不大时）总是具有正无线电对比度，而混凝土构筑物或草背景水体则根据观测角度，具有或者负或正的无线电对比度。在对信号进行临界处理的情况下，必须考虑这一特点，以便不“丢失”具有负无线电对比度的目标。

在完成目标发现任务时，地面和水面目标已指出的特点要求必须完成一系列的程序，而且这些程序仅仅针对“空—地”导弹的信息计算系统。属于这些程序的有：目标临界前和临界处理、目标边界确定、目标划段、目标边界的强调等。

在无线电定位图生成阶段，进行临界前处理，目的是减少（理想是排除）地表不平区段和天线方向性曲线图（ДНА）形式对反射自各种地面目标和表层土壤下表面的信号振幅的影响。

临界处理可以保障目标发现的所需可信度指数。不仅仅是目标发现可信度，而且其分辨率、负对比度目标发现概率都取决于临界处理的质量。临界处理可以保障超出某个给定值（阈值），并在之后作为类目标进行解释的信号的鉴别。在进行延展目标的鉴别时，临界处理在两个坐标轴上同时进行。

在发现地面目标时所产生的一个严肃问题是相当高水平的虚警。为了减小发现伪目标的概率，使用不同的手段。其中一个减小虚警水平非常有效的方法是用天线方向性曲线图（ДНА）斑点覆盖的区域对目标搜索进行限制。

发现延伸目标的一个特点就是其轮廓的形成。理想状态是在临界处理之后延伸目标轮廓是分不开的这种情况。但是，延伸目标和延伸目标所观察背景边界之间的对比度经常较弱。由于这一点，在延伸目标轮廓内可能会出现断裂。对具有断裂轮廓的目标进行后续分析变得困难了，因为目标鉴别算法将这种目标作为一组目标进行研究。为了在进行临界算法之前就排除这种情况，采取目标边界强调算法。目标边界强调算法可以对信号振幅进行调制，从而提高目标轮廓和背景之间的对比度。

为了发现延伸目标，经常使用目标标准图像与当前图像对比的关联方法。对于运动目标的鉴别也使用关联方法，同时对同一个区段在不同时刻获得的两个当前雷达图像（РЛИ）进行关联[27]。

10.8.3 高精度“空—地”综合制导系统的4种工况

高精度“空—地”综合制导系统（КСН）可以在4种工况下工作：

(1) 目标指示工况；

(2) 自主制导工况；

(3) 校正工况；

(4) 自制导工况。

目标指示工况直接在导弹发射之前使用，用于保证向机载数字计算机输入可毁伤目标所在区段的标准地图，或者目标标准地图（地形图）、目标和导弹发射点坐标、飞机载体飞行参数，以及其他发现目标所需数据：点目标（面积目标）、移动目标（固定目标）、目标对比度类型等。

在大多数情况下，发射导弹之后，接通自主制导工况，因为“空—地”导弹发射距离大大超过主动寻的无线电导引头（АРГС）目标的截获距离。在这种工况下，在信息计算系统中，当使用目标坐标、导弹发射点坐标和从自主传感器所获运动参数时，对目标距离、目标接近速度、目标角坐标及其变化速度进行评估。在目标坐标评估的基础上，生成天线传动装置控制信号。天线传动装置将天线旋转到朝向目标的方向。目标坐标及其改变速度与从自主传感器所获导弹运动参数一同用于导弹控制信号的计算。所生成的控制信号发送到导弹控制系统（СУР），由它实现导弹运动的所需轨迹。所述不具备目标无线电对比度的制导过程（惯性飞行段）持续到导弹进入目标发现区域的时刻。

必须指出，惯性段可能是相当长的，并且不保证导弹进入目标截获区的给定精度。为了提高导弹制导精度，在一些情况下，使用卫星无线电导航系统（СРНС）。在这种情况下，接通校正工况，在该工况下，借助于卫星无线电导航系统（СРНС），导弹当前坐标用于对目标距离、速度和角坐标的评估进行校正。

当导弹达到目标发现区域时，自制导工况接通。由于在导弹飞行过程中进行了天线长期控制，那么实际上目标将以接近于1的概率处于由天线方向性曲线图（ДНА）在地面所形成的斑点中。从目标、地表和各种地面目标处反射来的无线电信号由天线接收，并在接收机中进行放大，进行振幅和时间量化（转换为数字形式），并发送到机载计算系统。在第一个阶段，它进行可接收无线电信号的初步处理，其任务是生成雷达区域地图。初步处理包括[28]：

（1）积累所收到的无线电信号，这些无线电信号的基础是各种滤波程序（快速傅里叶变换（БПФ），傅里叶离散变换（ДПФ）等）、无线电信号振幅依靠天线方向性曲线图（ДНА）形式、分辨率要素中基本段区域不均匀进行幅度校准、天线方向性曲线图（ДНА）侧瓣的抑制等。

（2）累积无线电信号的临界前处理。

（3）临界处理。

（4）目标边界圈定。

（5）目标边界的强化。

然后，根据所生成的雷达图进行目标的发现。根据可发现目标的类型，使用不同的发现程序，包括在关联处理为基础的程序，例如：

（1）在发现移动目标和使用关联发现方法时，实施两个程序，第一个程序为将一个雷达图存储为一个行程，第二个程序为借助于两个图即存储图和当前图的关系处理，发现移动目标；

（2）当不使用关联方法而发现移动目标时，可以使用一个已知的活动目标选择（СДЦ）算法；

（3）在发现低对比度和无对比度目标时，或者为了发现具有已知坐标的类目标体并计算其坐标时，常常使用两个图的关联方法，即标准和当前雷达图的关联方法。

在发现具有明显正或负对比度目标时，雷达信息处理的关键在于发现其信号振幅高于发现阈值的目标。

10.8.4 截获目标和自动跟踪

在发现目标之后，截获目标进行自动跟踪。地面目标的截获程序与空中目标截获程序具有相当大的区别。这一点与地面目标类型的多样性以及在小尺寸目标周围存在大量类目标体有关，因此，地面目标的截获将识别程序和截获本身合并在一起。

这样，在具有目标的地形图，截获程序关键在于在已发现目标中搜索其地形图与标准图吻合的那个目标，并且，在其吻合时，实施截获目标以进行自动跟踪。同时，为了提高正确截获的概率，只有在目标以若干个行程发现时（比如，以3个行程中的2个行程、4个行程中的3个行程等），结束其执行程序。

当没有地形图时，可以根据输入机载计算机的特征之一进行目标的截获：对接近于已生成雷达图中心的目标的截获，或者对接近于目标指示坐标的目标的截获；对固定、移动、点状、延伸或者其他类型目标的截获。

当将导弹制导到低对比度或面目标时，截获程序关键在于截获一个或数个目标旁边的类目标体，或者在于截获一个或数个面目标的发光点。

在实施截获之后，机载数字计算机或者实施单个目标的跟踪，或者对一个或数个类目标体（面积目标的数个发光点）进行多目标跟踪。在第一种情况下，以一般方法计算导弹控制参数，而在第二种情况下，则生成失调参数，从而使导弹飞行轨迹通过地面点或面目标上的点，而该点坐标则针对跟踪所抓取的类目标体坐标、或者面目标可跟踪点的坐标进行给定。

10.9 “空—地” 导弹联合关联—极值制导系统的功能

10.9.1 引言

导航和制导关联—极值系统作为远距离“空—地”巡航导弹综合制导系统（KCH）的组成部分，用于地面固定目标。借助于导航和制导相关—极值系统（KЭCHH），根据从地球物理场中获取的信息进行制导，这些地球物理场的参数与地表一定区域紧密相连。属于这些场的有：重力场，辐射场和磁场，雷达、红外、光学对比度分布场，以及飞行线路地形。在将场的当前分布（飞行中所取得）与该场标准分布（之前所取得）进行比较的过程中，通过其位置测定的途径，实现导弹的制导，并且，以高精度实现该场与地区的连测。

由于线路的当前场和标准场分布是随机过程，那么其接近程度可以根据相互关系函数值确定。该函数的最大值（极值）将说明场当前实现与该场标准图一定区段的吻合情况，而该场坐标则已知具有高精度。上述特点也预先确定了关联—极值系统作为一个制导系统类型的名称。

10.9.2 外观识别控制系统

根据所获得测量值（外观）、与导弹所飞过地区相应标准图区段识别有关的程序预先确定了要使用另外一个名称：外观识别控制系统[29]。

为了使某一种场可以用于导弹制导，这种场应满足一系列条件：

（1）时间稳定；

（2）可以用相对简单的传感器高精度、高隐蔽性测量参数；

（3）已经过充分研究并保障可以相当简单地获得标准图；

（4）具有参数与位置之间清晰表达的关系式；

（5）所进行的研究[30]表明，为了将飞行器与完全确定地表区段进行高精度关联连测，所研究场的参数应满足以下条件：

$$\frac{\sigma_{n}^{2}}{\sigma_{Д}^{2}+\sigma_{\kappa}^{2}+\sigma_{\Sigma}^{2}}>4 \tag{10.41}$$

式中：$\sigma_{п}^{2}$ 为场参数沿着线路的变化方差；$\sigma_{д}^{2}$ 为所使用传感器对场参数测量误差方差；$\sigma_{к}^{2}$ 为初步标准制图误差方差；σ_{Σ}^{2} 为根据参数值和空间、标准图离散误差的合计方差。

地形高度分布场符合全部上述要求（参见 8.4 节）。它在时间上是稳定的，甚至于人的集约技术工程活动不能实质上改变地表景观。地形高度以高精度和高隐蔽性根据气压表和无线电高度表的读数差值进行相当简单的测量。地形在地表的变化已得到了很好的研究，因此，可以根据地形测量图，或者根据在地区航空或航天测绘过程中得到的照片来获得标准图。此外，在相当大的地形区段内，地形的分布满足式（10.41）。只有具有相对于平坦地表延伸区段的冻土、草原和沙漠地区，以及海洋水域是个例外。由于这些原因，在其中使用地形信息的导航和制导相关—极值系统（КЭСНН）在空基（AGM086B，AGM-109H，美国和 X-55，俄罗斯[2]），以及地基（BGM-109G，美国）和海基（BGM-109A，B，C，美国）导弹中得到了广泛使用。

在用于确定地形位置的简单方案中，可以使用其当前双重实现和标准地形图。标准图要提前准备，在飞行之前输入导弹的机载数字计算机内。获得双重标准图的实质如下。在准备飞行过程中，实际标准图的区段被划分成 $I \times J$ 个矩形，其尺寸取决于地形尺寸、位置测定所需精度和机载数字计算机的能力。之后，计算整个标准图地形的平均高度 H_{cp} 和地图每个基本区段的平均高度 $H_{\text{cp}ij}$（$i = \overline{1,\ I}$；$j = \overline{1,\ J}$）。如果完成以下条件：

$$h_{\text{cp}ij} > H_{\text{cp}} \tag{10.42}$$

那么，地图该区段的值为 1，如果：

$$h_{\text{cp}ij} < H_{\text{cp}} \tag{10.43}$$

那么地图该区段的值为零。结果，可以得到矩阵式工作标准图，根据式（10.42）和式（10.43）的完成情况，其要素由 1 和 0 组成。该矩阵的可能形式如图 10.27（a）所示。

在飞行过程中，拍摄当前地形 h_{p}（图 10.27（b）），它根据与标准图同样的规则进行量化。量化结果（图 10.27（c））表现为 0 和 1 的顺序，其尺寸不超过标准图尺寸。在此之后，根据区段标准图，开始进行搜索，该区段与地形高度的双重实现相对应（图 10.27（a），用实线勾描）。搜索过程可以采取不同方法完成，其中最简单的方法是双重（当前）实现（图 10.27c）与所有标准矩阵区段的依次比较，在行和列上，该矩阵具有向一个要素位移的相同尺寸。但是，这一方法要求机载数字计算机具有非常高的运算。否则，搜索要花费许多时间。另一种方法建立在使用质量泛函数极值搜索梯度方法的基础上[30]，该质量泛函数说明了地形当前实现与其标准同类事物的吻合程度。应该指出，作为该泛函数，不仅仅可以使用相互—关联函数，还可以使用在计算方面实质上更为简单的当前和标准地形高度差值模数的加权和，或者这些差值的均方加权差值[30]。在这些情况下，可用泛函数最小值是当前实现和标准吻合的标准。t_κ 时刻地形当前和标准高度差值均方形式的泛函数 Φ_{ij} 当前值片段示例如图 10.28 所示。

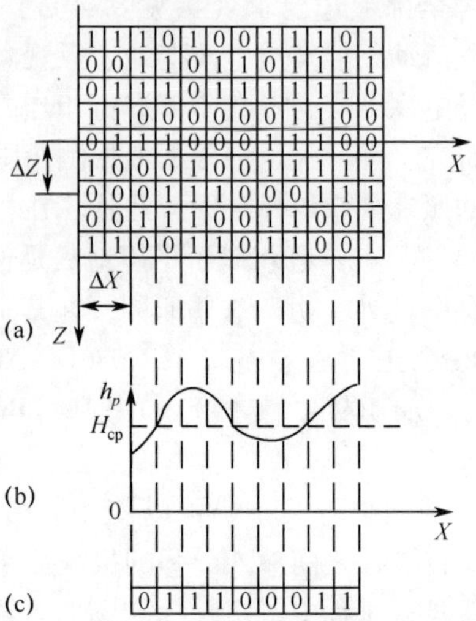

图 10.27　地形量化结果

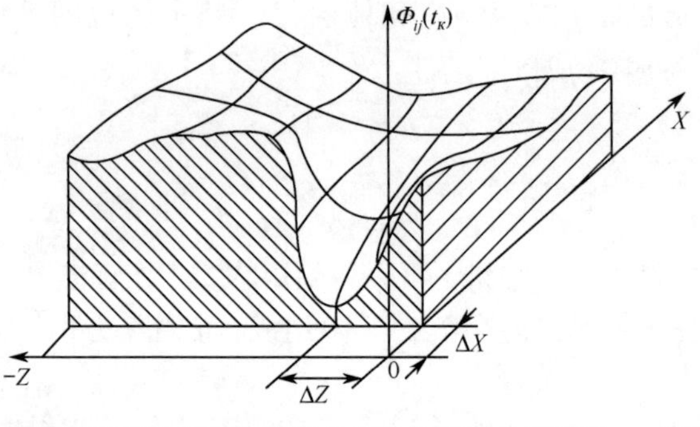

图 10.28　t_κ 时刻地形当前和标准高度差值均方形式的泛函数 Φ_{ij} 当前值片段示例

可用泛函数极值确定制导误差 Δx 和 Δz（图 10.27（a）和图 10.28），并根据这些误差生成与某种制导方法相应的控制信号。

为了排除气压表和无线电高度表高度测量固定误差对位置测定精度的影响，可以使用各类导航和制导相关—极值系统（КЭСНН），在其中比较的不是当前和标准地形高度，而是其增量（梯度）[30]。

除了所研究的地形位置测量的方法之外，可以使用其他的方法，包括在地段光学工作图像平台（二维）关联为基础的方法，而图像则在飞行中获得，具有标准摄影影像。

应该指出，位置精确测定的各类关联极值方法不能在整个飞行时间远距离内使用。这是由于必须使用非常大尺寸的标准图，并且相应必须长期搜索所选质量泛函数极值所引起的，从而所获得的关于位置的情况将会老化。由于这一点，在实践中，综合制导系统（КСН）得到广泛使用，它包括以航线计算为基础的自主导航系统，以及用于校正的各种导航和制导相关—极值系统（КЭСНН）。

10.9.3 带有平台光学校正的综合制导系统

飞行过程中地形方面带有导航和制导相关—极值系统（КЭСНН），在最后一个区段内目标区域方面带有平台光学校正的一个综合制导系统（КСН）可能方案的结构图如图10.29所示。

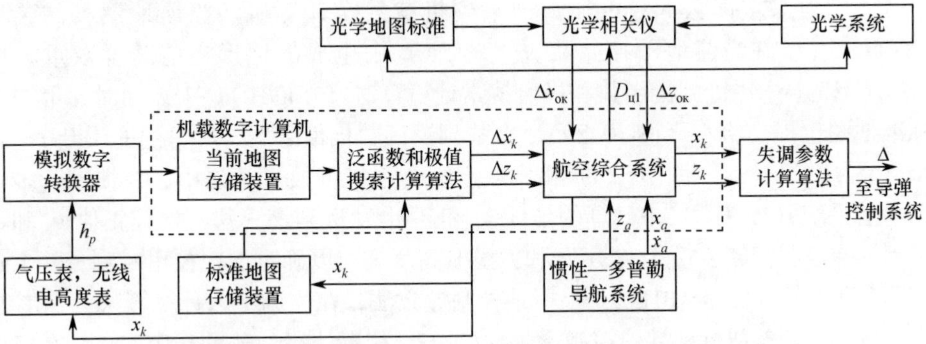

图10.29 带有平台光学校正的综合制导系统可能方案结构图

在该系统中，在持续时间方面，主要制导工况是自主控制，它根据惯性—多普勒导航系统（ИДНС）中的已计算坐标 x_a、z_a（图10.29）完成。但是，现代惯性传感器（加速度表和陀螺仪）和多普勒速度和偏流角测量仪（ДИСС）的精度是这样的：在经过若干时间之后，必须对已计算坐标进行校正[30]。在过渡阶段，对地形借助于导航和制导相关—极值系统（КЭСНН）进行校正。

为了进行这些校正，向外部标准地图存储装置（ЗУЭК）输入了地段矩阵，根据这些矩阵，合理进行校正。这些地图以及其中初级段的数量、大小可以是不同的。这样，在各类基准的美国巡航导弹中使用的TERCOM系统中，使用小于20个标准地图，其尺寸将小于1km×1km的初始校正为20km×10km。此时，初始段的大小可能会在122km×122km~30km×30km范围内变化[30]。或者在200~300km积累大量计算错误之后，或者在进行转变之前，进行地形校正。最后一次地形校正在目标前40~50km内进行。根据地形，带有相关—极值系统（КЭС）的巡航导弹飞行轨迹平面图的示例种类如图10.30所示。在垂直平面中，导弹在15~200m的高度上飞过主要时间，这在很大程度上给地面防空系统发现导弹造成了困难。

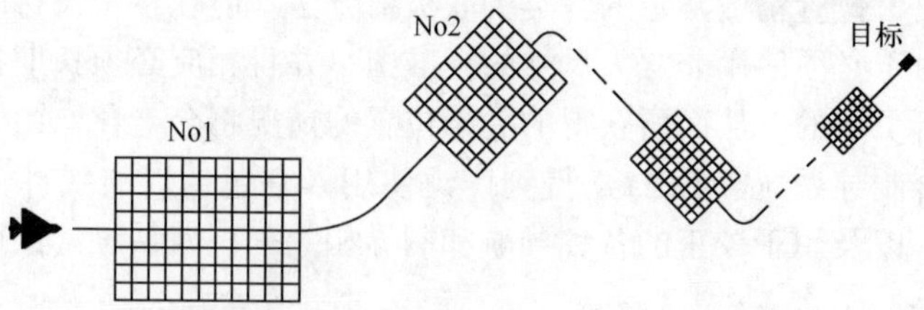

图 10.30　根据地形带有相关—极值系统的巡航导弹飞行轨迹平面图示例

根据通过 $x_к$ 形式的航空综合系统算法直接来自于惯性—多普勒导航系统（ИДНС）的坐标 x_a 达到第一个校正区域时（图 10.30），接通无线电高度表，开始生成地形高度 h_p 的当前实现（图 10.27（b）），它在模拟数字转换器（АЦП）中转换成为双重读数，双重读数则来到机载数字计算机的当前地图存储装置（ЗУТК）中。在当前地图存储装置（ЗУТК）中生成的地形当前高度双重顺序（图 10.27（c））传到泛函数和极值搜索计算算法（АВФПЭ）中，同时，第一个标准地图也提交给它（图 10.29）。在找到泛函数极值之后，所得到的误差 Δx 和 Δz（图 10.27（a）、图 10.28）传到航空综合系统的校正算法中，在惯性—多普勒导航系统（ИДНС）中计算的坐标 x_a 和 z_a 也发送到该算法。已校正值 $x_к$ 和 $z_к$ 传到标准地图存储装置（ЗУЭК）和无线电高度表，以确定下次校正时刻，并来到失调参数计算算法（АВПР）。根据某种制导方法，在失调参数计算算法（АВПР）中生成的失调参数传到导弹控制系统（СУР），引起飞行轨迹的相应变化。在完成校正之后，又开始自主飞行（图 10.30），直到下一个校正区（图 10.30）等。所有后续校正过程以类似方法完成。

在机载数字计算机中进行最后一次校正之后，开始计算到目标的距离。接近目标时，在一定的距离 $D_{ц1}$ 内，接通生成目标图像的光学系统（ОпС）、光学相关仪（ОКр），之前拍摄的目标图像从光学地图标准中同时传到光学相关仪中。在光学相关仪中，生成标准和当前图像的二维关联函数，其最大值可以以很高的精度确定 $\Delta x_{ок}$、$\Delta z_{ок}$ 制导误差，并将导弹向目标制导。此时，进行导弹制导，直到达到工作和标准图像的完全重合。SMAC（美国）系统是所研究光学关联系统的示例，该系统用作 TERCOM 系统的补充。使用 SMAC 可以减小制导循环概率误差，误差值为 TERCOM 导航和制导相关—极值系统（КЭСНН）[30] 中的 100 ~ 150m 以上，同时，实现高精度武器的构想。但是，必须指出，光学关联系统仅在白天能见度较好时能保证这样的高精度。

10.9.4　系统优缺点

整体上，具有各类导航和制导相关—极值系统（КЭСНН）“空—地”巡航导弹综合制导系统（КСН）优点有：制导的自主性、全天候性和高精度；较好的抗干扰能力；大作用距离（达4000km及更多）；沿着任意配置的轨迹飞行；较小的雷达反射面。具有这种制导系统的巡航导弹专门用于防止在敌方防空区域范围之外发射导弹的飞机—载体受到损失。较好的抗干扰能力首先可以保障较高的隐蔽性，因为有布置在低空飞行导弹上的无线电高度表和多普勒速度和偏流角测量仪（ДИСС）。这一特点决定了地面噪声干扰施放装置的较低效率，因为导弹实际上瞬间飞过其作用空域。特别要指出这些导弹相对较小的尺寸和重量。B-1B轰炸机可以在外部悬挂装置上携带14枚巡航导弹，在炸弹舱弹架上携带8枚巡航导弹。在美国，正在研究给B-747飞机配备这些导弹的方案，这种飞机可以携带导弹达100枚。从不同方向向目标的大量导弹同时发射会引起“一连串”效应，由于有限的通过能力，这一效应导致甚至最现代的防空系统的信息过载。

具有导航和制导相关—极值系统（КЭСНН）的综合制导系统（КСН）的缺点有：目标类别仅是非移动目标；可以实施校正的对地区类型的限制，并且排除海上、冻土和沙漠上的长时间飞行；景观季节性变化的影响；准备标准地图的相当高的复杂性和对机载计算系统内存和快速运算的较高要求。

10.10 军事运输飞机机载综合电子系统的应用特点

10.10.1 系统的任务

军事运输飞机机载综合电子系统保证完成大量任务，这些任务包括：

(1) 人员和军事技术装备的空降；

(2) 向部队运送装备、弹药和其他物资；

(3) 进行部队、装备、弹药和各种货物的空运。

在空降过程中，运输飞机机载综合电子系统在完成一系列个别任务的基础上生成信号，用于向投放开始点（THB）进行信号自动输出，并进行货物抛放[3,6]。

例如，属于现代军事运输飞机的有伊尔-76МД军事运输飞机，它是伊尔-76飞机的一个改进型，以及C-130、C-141、C5飞机的各种改型。未来军事运输飞机的示例可以是宽机身飞机C-17[6]。

10.10.2 主要机型

由于伊尔-76是短距起飞和短距降落飞机，故它不需要一级机场。它不仅仅可以在混凝土、土质跑道上起降，还可以在冰跑道上起降，比如，它不止一次在北极进行了展示。在两个月时间内，它可以在远离停驻机场处完成任务，并且仅由机组人员进行维护。此时，机组人员可以完全进行飞机机载综合电子系统战斗使用准备[3,6]。

"大力神"C-130 飞机是美国以及其他许多国家的空军战术运输飞机的范例。如今，该飞机已建造了超过 40 种用途的改型飞机，但是，主要是 C-130A（B，E，H）改进型，它们的主要区别是载重量和飞行距离。

"运输星"C-141 战略运输飞机用于部队、货物、武器和军事技术装备的战略投放，以及着陆空降和伞降。其现代改型代号为 C-141-B。

"银河"C-5 战略运输飞机主要用于部队和大宗货物的投送。它还可以用于人员、武器和军事技术装备的着陆空降和伞降。广为人知的有"银河"C-5A 和 C-5B 飞机的两种改型。

作为示例，将研究 C-5 型飞机无线电电子综合系统可完成的任务。

C-5 型飞机的机载综合电子系统保证在复杂条件下在白天和黑夜在 100 ~ 450m 高度上进行飞行；在有限水平能见度时用仪器进行着陆（大约 1500 米）；以大约 100m 的圆概率误差进行货物的伞降。C-5A 多飞机导航系统可以完成 59 架飞机的联合飞行，其间最小距离小于 600m。该系统的工作空域是：距离为 37km，方位角为 360°和高低角为 30°[6,31]。

前景宽机身军事运输飞机 C-17 用于从美国领土向海外战区、从一个战区向另一个战区，以及在战区内部，包括在具有次发达机场网的战区内部，投送各类步兵师制式武器和军事技术装备（包括战斗直升机和"艾布兰"（Abrams）M1A2 坦克）。实质上作为战略飞机（因为它装备了空中加油系统），C-17 飞机可以在目前仅适于战术运输飞机 C130 的机场起降（有别于 C141 和 C-5 飞机）。

10.10.3 瞄准空降

瞄准空降（正如投弹一样，参见 10.3 节）的效率在很大程度上取决于完成瞄准任务的质量。空降时制导任务在于：针对空降平台，向飞机发出货物下降轨迹将经过平台中心的那个位置。在投放批次货物时，"平均"货物的轨迹将通过平台中心。货物通常指的是用于在降落伞系统中抛放的任何对象（空降兵、战斗技术设备、弹药箱等）。目前用于投放战斗军事装置的降落伞和降落伞系统是多级的，它们由主伞衣（例如，由 4 个或 5 个伞衣）以及系列辅助伞衣组成。由于完成了瞄准任务，可以确定战区坐标，并可以向该点投放飞机。

空降以及投弹的瞄准分为两个部分：距离瞄准（纵向瞄准）和方向瞄准（侧向瞄准）。在进行距离瞄准时，当目标当前计算坐标等于要求坐标时，确定飞机进入战区的时刻。在进行方向瞄准时，飞机通常从给定方向（ЗН）进入战区，但是在必要时，飞机可以从任意方向进入战区。在航空无线电电子导航系统中，在确定战区坐标的过程中，通常，直接进行目标瞄准（例如，雷达或光学定向标可以作为目标），或者使用已编程航线拐弯点（ППМ）坐标（尤其是使用航线终点（КПМ）坐标）进行瞄准。

我们将研究进行伞降货物瞄准空降时机载综合电子系统的功能特点[6]。

10.11 瞄准空降时机载综合电子系统的功能

10.11.1 工作原理

货物的主要弹道函数是货物的下降时间 T，该时间从“抛放”信号生成时到主伞衣约定充满时的时间；着陆前主伞衣上货物下降时间 $T_{\text{сн}}$；从“抛放”信号生成时到完全无风时货物着陆时刻确定的无风偏移 A_{o}（见 10.3 节）[6]，距离矢量 $\boldsymbol{D}$（货物完全偏移矢量 $\overline{\boldsymbol{A}}$）水平投影由下式确定（图 10.31）：

$$\begin{cases}\overline{\boldsymbol{A}} = \overline{\boldsymbol{A}}_o + \overline{\boldsymbol{A}}_z \\ \overline{\boldsymbol{A}}_z = \overline{\boldsymbol{Z}} + \overline{\boldsymbol{Z}}_{\text{сн}}\end{cases} \tag{10.44}$$

式中：$\overline{\boldsymbol{A}}_z$ 为货物风偏移矢量；$\overline{\boldsymbol{Z}}$ 为从“抛放”信号生成时到主伞衣充填时刻确定的货物无风偏移矢量；$\overline{\boldsymbol{Z}}_{\text{сн}}$ 为用主伞衣下降时风偏移矢量。

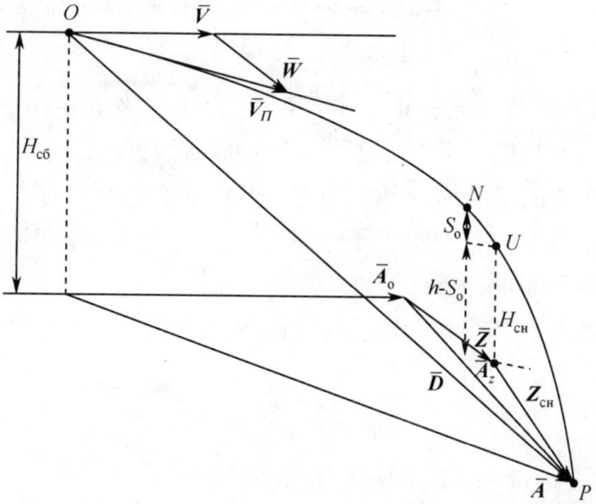

图 10.31 从“抛放”信号生成时到完全无风时货物着陆时刻确定的无风偏移 A_{o}

在图 10.31 中：O 为货物抛放点；$H_{\text{сб}}$（$H_{\text{выбр}}$）为货物抛放高度；N 为主伞衣展开（充填）开始点；U 为主伞衣完成充填点（在技术文献中，称为主伞衣约定充填点）；P 为货物着陆点；h 为主伞衣展开开始高度；$H_{\text{сн}}$ 为主伞衣下降高度；S_0 为主伞衣拉长和充填时货物在垂直面上的线路长度（高度损耗）；$\overline{\boldsymbol{V}}$ 和 $\overline{\boldsymbol{V}}_n$ 为飞机空中和目标线速度的矢量；$\overline{\boldsymbol{W}}$ 为货物抛放高度上的风速。

在制导空降过程中，在机载综合电子系统中可完成的主要任务有：

（1）确定飞行高度上和主伞衣中货物（空降兵）下降区段（层）内的矢量；

（2）计算投放开始点（THB）要求坐标；

（3）计算批次修正值，生成自动控制系统的信号，以及“抛放”信号和预警信号。

10.11.2 空降的计算工作

机载综合电子系统中飞行高度上的风矢量根据多普勒速度和偏流角测量仪（ДИСС）和大气数据系统（CBC）（惯性航向垂直仪（ИКВ））数据进行确定。在货物下降层中，或者通过从控制台输入风矢量和风角度模块数值（来自于长机）采取非自主方式、或者根据多普勒速度和偏流角测量仪（ДИСС）和大气数据系统（CBC）（惯性航向垂直仪（ИКВ））数据直接在无线电电子综合系统中采取一个自主方法进行风矢量参数的测定。

计算投放开始点（THB）要求坐标通常在大圆坐标系 $XO_кZ$ 中进行（图 10.32）。在单个货物从给定方向（3H）空降时，根据图 10.32 并结合（10.34），开始点（THB）要求坐标 $S_{xтр}$ 和 $S_{zтр}$ 由以下表达式确定：

$$\begin{cases} S_{xтр} = A_o\cos\psi_{орт} + \overline{W}_xT + \overline{W}_{xсн}T_{сн} \\ S_{zтр} = A_o\cos\psi_{орт} + \overline{W}_zT + \overline{W}_{zсн}T_{сн} \end{cases} \tag{10.45}$$

式中：$\psi_{орт}$ 为飞机的大圆航向；$\overline{W}_x$、$\overline{W}_z$ 和 $\overline{W}_{xсн}$、$\overline{W}_{zсн}$ 为货物抛放高度和下降层上风矢量投影的时间中和值（为了提高测量的可靠性和精度）。

在进行批量货物的空降时，给式（10.45）的右边部分添加批量相应修正值。为了简单起见，在图 10.32 中给出了个别情况，即当批量修正值（相对于空降平台中心）在坐标等于零时（$\Delta L_z=0$）。

在使用航线终点（КПМ）坐标进行制导时，如图 10.32 所示，由以下关系式确定纵向和侧向制导的值：

$$\begin{cases} S_{пр} = S - x_т - S_{xтр} \\ S_б = z_т - S_{zтр} \end{cases} \tag{10.46}$$

式中：$x_т$、$z_т$ 为飞机位置的当前坐标（M 点）；S 为航线终点（КПМ）（$O_к$）相对于空降中心站的距离。

10.11.3 投放指令的生成及其误差

在飞机进入投放开始点（THB）的过程中，在机载综合电子系统的机载计算系统中，侧向制导值 $S_б$ 和纵向制导值 $S_{пр}$ 转变成为相应的飞行器控制信号，在这些信号的作用下，自动控制系统保证飞机自动进入投放开始点（THB）。

货物的抛放可以根据“抛放”指令自动进行，该指令在机载计算系统中生成，或者可以手动进行。“抛放”指令（信号）在以下条件下生成：

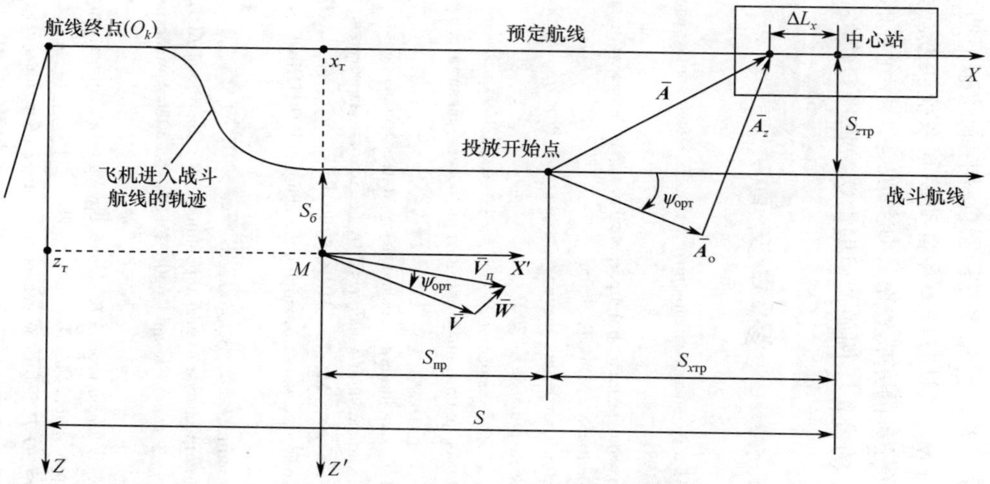

图 10.32　批量修正值在坐标等于零时的情况

$$|S_{пр}| \leqslant \Delta_{пр}, |S_б| \leqslant \Delta_б$$

式中：$\Delta_{пр}$和$\Delta_б$为一些常数（单位为m），它们确定了货物抛放时刻纵向和侧向制导允许值的范围。

对式（10.45）和式（10.46）的分析表明：纵向和侧向制导信号的计算误差不仅仅取决于货物下降层中风矢量参数$A_о$、$\overline{W}_x$、$\overline{W}_z$、T、$T_{сн}$和$\psi_{орт}$的测定误差，还取决于空中领航误差。首先，飞行器自动控制状态下空中领航误差取决于飞机位置当前坐标（ТКМС）计算误差和自动控制系统误差。为了提高飞机进入战斗航线之后制导空降任务的完成效率（如果战斗态势允许的话），进行飞机位置当前坐标（ТКМС）的校正，例如，根据雷达数据进行该校正。

参考文献

1. *Гладков Д. М.*，*Балуев В. М. и др.* Боевая авиационная техника：Авиационное вооружение / под. ред. ДМ. *Гладкова.* М.：Воениздат. 1987.

2. Авиация ВВС России и научно-технический прогресс. Боевые комплексы и системы вчера，сегодня，завтра / под ред. *Е. А. Федосова.* М.：Дрофа. 2005.

3. Современная авиация России. Третье дополненное издание / гл. Редактор *Т. Слюнина*，отв. редактор А. Васшенко. М.：ООО《Военный парад》. 2007.

4. *Зуенко Ю.*，*Коростелев С.* Боевые самолеты России. М.：Элакос. 1994.

5. *Ильин В.*，*Кудишин И.* Иллюстрированный справочник. Боевая авиация зарубежных стран. М.：АСТ Астрель，2001.

6. *Ярлыков М. С.*，*Богачев А. С.* Авиационные радиоэлектронные комплексы. М.. ВАТУ. 2000.

7. Стратегия развития бомбардировочной авиации США // Новости зарубежной науки и техники. Серия：Авиационные системы. НТИ. № 5. М.：Гос-НИИАС. 2004.

8. Новый американский малозаметный бомбардировщик фирмы NORTHROP B-2 // ЭИ. Авиастроение. 1991. № 47.

9. Малозаметный бомбардировщик B-2 // ЭИ. Авиастроение. 1991. № 42.

10. *Ичъин В.* Штурмовики и истребители-бомбардировщики. М.：Виктория АСТ. 1998.

11. *Мазепов А.*，*Михеев А.*，*Зенкин В.* и др. Ка-50，Ка-52，Ка-50Н. Армейские боевые вертолеты. М.：Любимая книга. 1997.

12. *Громов А. В.*，*Суров О. Я.*，*Владимиров С. В.* и др. Вооружение и техника：справочник / под ред. А. В. Громова. Изд. 2-е，перераб. и доп. М.：Воениздат. 1984.

13. *Бочкарев А. М.*，*Струков Ю. П.* Бортовое радиоэлектронное оборудование летательных аппаратов // Итоги науки и техники. Авиастроение. Т. 11. М.：ВИНИТИ. 1989.

14. Лазеры в авиации / под. ред. *В. М. Сидорина.* М.：Воениздат. 1982.

15. Су-35-самолет XXI века // Военный парад. Май-июнь. 1997.

16. *Ильин В. Е.*，*Левин М. А.* Бомбардировщики. Т. I，II. М.：Виктория，АСТ. 1997.

17. Бортовое оборудование для ведения атак цели ночью и при плохих погодных условиях. ЭИ. Авиастроение. № 43. М.：ВИНИТИ，1990.

18. Прицельно-навигационное оборудование тактического истребителя P-15E // ЭИ. Авиастроение. № 45. М.：ВИНИТИ. 1991.

19. *Ярлыков М. С.* Статистическая теория радионавигации. М. : Радио и связь. 1985.

20. *Меркулов В. И.* , *Чернов В. С.* Корреляционно-угломерный метод оценивания местоположения наземных радиоизлучающих целей с подвижной приемной позиции // Радиотехника. 2008. № 10.

21. Бортовые системы управления боевыми режимами современных и перспективных самолетов. Кн. 1. Аналитический обзор по материалам зарубежных информационных источников / под общ. ред. академика РАН *Е. Н. Федосова.* М. : ГосНИИАС. 2009.

22. Уголок неба. 2004（Страница：《Lockheed F-35. JSF》. Дата модификации：05-10-2008）.

23. *Дудник П. И.* , *Кондратенков Г. С.* , *Татарский Б. Г. и др.* Авиационные радиолокационные комплексы и системы / под ред. *П. И. Дудника.* М. : ВВИА им. проф. Н. Е. Жуковского. 2006.

24. *Верба В. С.* Авиационные комплексы радиолокационного дозора и наведения. Состояние и тенденции развития. М. : Радиотехника. 2008.

25. *Кондратенков Г. С*, *Фролов А. Ю.* Радиовидение. Радиолокационные системы дистанционного зондирования Земли. М. : Радиотехника. 2005.

26. *Меркулов В. И.* , *Курилкин ВВ.* , *Шуклин А. И.* Алгоритм траекторного управления ракетой《воздух-поверхность》, использующей синтезирование апертуры антенны // Радиотехника. 2000. № 3.

27. *Аксенов О. Ю.* Обнаружение объектов на изображениях при изменяющихся условиях наблюдения // Цифровая обработка сигналов. 2006. № 2.

28. *Алпатов Б. А.* , *Бабаян П. В.* Методы обработки и анализа изображений в бортовых системах обнаружения и сопровождения объектов // Цифровая обработка сигналов. 2006. № 2.

29. *Основы радиоуправления.* Учебное пособие для ВУЗов / под ред. *В. А. Вейце-ля.* М. : Радио и связь. 1995.

30. *Белоглазое И. Н.* , *Джанджгава Г. И.* , *Чигин Г. П.* Основы навигации по геофизическим полям. М. : Наука. 1985.

31. *Тарасов В. Т.* Межсамолетная навигация. М. : Машиностроение. 1980.

结 束 语

飞行器导航、制导和武器控制机载综合电子系统的现代发展阶段的特点是坚定扩展综合系统可完成任务的范围，这些任务的复杂化提高了对综合系统战斗使用可靠性、生命力和效率的要求。

飞行器导航、制导和武器控制机载综合电子系统应保证有效完成飞行器在自主以及编组行动，以及它们作为多位置系统要素使用时的战斗任务。未来综合系统的主要任务是对高精度武器——导弹和新一代制导航空炸弹的信息保障和使用控制。

机载雷达站依然是未来机载综合电子系统的信息基础，它大部分是具有有源相控阵天线（АФАР）的多功能雷达站（МФРЛС）。还应该指出，在高精度武器使用的信息保障中，光电制导系统（ОЭПС）、激光系统、无线电技术侦察（РТР）、导航和制导相关—极值系统（КЭСНН）、惯性卫星导航和制导系统、具有互相协同飞行器和各类控制和制导点的通信和数据交换系统的作用正在提高。

与在更高水平上完成该级传统综合任务同时，未来军事飞机和直升机导航、制导和武器控制机载综合电子系统应完成一系列相当复杂的新任务。属于这些任务的有：

（1）来自机载综合电子系统机载装置和系统，以及通过通信和数据交换通道来自于相互协同飞行器机载综合系统信息的评估和逻辑合并；

（2）大量数字资料的解释和来自于机载综合电子系统机载装置（БУ）、机载系统（БС）、机载综合系统（БКС），以及更高一级系统的信息含义的析出；

（3）形状的自动识别；

（4）根据飞行员头部和眼睛的运动，对机载打击兵器（АСП）的控制，对机载综合电子系统工况的触觉和语音控制；

（5）实时输出到显示器的信息容量的控制；

（6）人员自然融合语音的识别和合成，用于保障飞行员（机组人员）进行数据库和鉴定系统的作业；

（7）对意外情况的预测、在事故和意外情况下向飞行员（机组人员）提供帮助；

（8）对飞行器的可见性进行实时控制。

对飞行器导航、制导和武器控制机载综合电子系统提出的一个重要要求是为飞行员（机组人员）保障关于战术、无线电电子、导航态势和机载系统技术状态的充分、及时和可信的信息（地物熟悉情况的保障）。

目前，在导航、制导和武器控制机载综合电子系统的发展中，可以划分出一系列方面（独特方面以及用于其他航空复杂技术系统的方面），其主要内容如下：

(1) 在广泛使用无线电技术测量仪（PTИ）和非无线电技术测量仪（HPTИ），以及硬件和软件模数化现代综合原理的基础上，达到高水平和高级别的机载信息系统和计算技术器材的一体化。基础单元的快速发展，高效微处理器、微计算机和多处理器的推广，在完全改善其质量—尺寸特性和降低成本时，在很大程度上降低了对于最优算法技术实现能力的限制，这些算法不仅仅在二次信息处理，也在一次信息处理水平上以合成方法获得。

(2) 为机载综合电子系统的无线电电子和其他类型信息系统划分出一般计算资源和信息交换通道，为无线电电子系统研制出各类天线格栅的一般天线，建立多功能集成无线电频率系统综合体和集成光学电子系统综合体。

(3) 在信息处理和在机载计算系统（机载计算系统为具有网状形状特性的开放式可调节比例、可扩展集成计算介质形式）中进行控制时，提高效率，达到较高的平行度。具有这种形状特性的集成计算介质可以是一个分配计算系统（它使用信息处理和一般用途的自主机载数字计算机而建立），也可以是一个在高效率多处理器基础上完成的集成计算系统。在建立未来飞机和直升机的机载综合电子系统时，功能软件和信息交换系统的开发问题属于有意义的问题。

(4) 开发更为完善的无线电电子综合系统机载计算系统程序，并且在其中广泛提供人工智能应用程序，使之符合功能软件的要求，并具备机载计算系统和信息交换系统现代化硬件所提供的能力。

(5) 借助于高度发达的“机组人员—机载综合电子系统”界面，保障有效的人机互动，在该界面中，使用自然语言、触觉交流工具、外形识别系统和“飞行员助理”式的未来鉴定系统。

(6) 在信息控制场中，使用带有键盘—编程、触觉和语音切换的彩色液晶多功能显示器，未来目标指示和显示头盔系统；将来自于各种信息系统的目标信息输入到统一坐标系通用显示器；实施目标观测的机器人系统。

(7) 在机载综合电子系统中，广泛使用内置检测系统，而在机载计算系统的软件中，则广泛使用人工智能应用诊断程序。

(8) 在未来单元基的基础上，实现硬件手段，即在超大、超高速和超高频（微波和毫米波波段）集成电路，以及多功能模块的基础上，实现硬件手段。

根据以上研究的发展发向，在完成用高精度武器消灭空中目标和毁伤地面（水面）目标的任务时，军事航空业未来飞机和直升机的导航、制导和武器控制机载综合电子系统的设计和研制不仅仅是根本改善航空综合系统战术技术特性，也是大大拓展其功能和战斗能力的先决条件。

缩略语表

АВ	аналоговый вычислитель	模拟计算机
АВПР	алгоритм вычисления параметра рассогласования	失调参数计算算法
АВФПЭ	алгоритм вычисления функционала и поиска экстремума	泛函数和极值搜索计算算法
АК	авиационный комплекс	航空综合设备系统
АК РЛДН	авиационный комплекс радиолокационного дозора и наведения	雷达侦察和制导航空综合系统
АЛУ	арифметико-логическое устройство	运算逻辑部件
АМС	адаптер межшинной связи	总线间连接适配器
АР	антенная решетка	天线格栅
АРК	автоматический радиокомпас	无线电自动罗盘
АРЦ	автоматическое распознавание целей	目标自动识别
АС	автоматизированная система	自动化系统
АСП	авиационные средства поражения	机载打击兵器
АСУ	автоматизированная система управления	自动控制系统
АСУ РЭК	автоматизированная система управления радиоэлектронным комплексом	无线电电子综合系统自动控制系统
АСЦРО	автоматическое сопровождение целей в режиме обзора	扫描状态下目标的自动跟踪
АФАР	активная фазированная антенная решетка	有源相控阵天线
АЦП	аналого-цифровой преобразователь	模拟数字转换器
БВС	бортовая вычислительная система	机载计算系统
БГШ	белый гауссовский шум	高斯白噪声
БД	база данных	数据库
БДИ	бортовой датчик информации	机载信息传感器
БЗУ	бортовое запоминающее устройство	机载存储设备
БИНС	бесплатформенная инерциальная навигационная система	非平台式惯性导航系统
БИС	большая интегральная схема	大规模集成电路
БК	бортовой комплекс	机载综合系统
БКО	бортовой комплекс обороны	机载防御综合系统
БКС	бортовая комплексная система	机载设备系统

（续）

БЛА	беспилотный летательный аппарат	无人驾驶飞机
БП	боевой порядок	战斗队形
БРЭО	бортовое радиоэлектронное оборудование	机载无线电电子设备
БС	бортовая система	机载系统
БУ	бортовое устройство	机载装置
БФИ	блок формирования изображений	成像器
БЦВМ	бортовая цифровая вычислительная машина	机载数字计算机
БЧ	боевая часть	战斗部
《в-в》	《воздух-воздух》	"空—空"
ВЗУ	внешнее запоминающее устройство	外部存储装置
ВКП	воздушный командный пункт	空中指挥所
ВКУ	видеоконтрольное устройство	电视监控设备
ВОГ	волоконно-оптический гироскоп	光纤陀螺仪
《в-п》	《воздух-поверхность》	"空—地"
ВПП	взлетно-посадочная полоса	跑道
ВРО	вспомогательный （вынесенный） радиолокационный ориентир	辅助（引出）雷达定向标
ВС	воздушное судно	航空器
ВЦ	воздушная цель	空中目标
ВЧП	высокая частота повторения	高重复频率
ГС	гиростабилизатор	陀螺稳定仪
ГСН	головка самонаведения	自动导引头
ДАУ	датчик аэродинамических углов	空气动力角传感器
ДИСС	доплеровский измеритель скорости и угла сноса	多普勒速度和偏流角测量仪
ДЛУ	датчик линейного ускорения	线加速度传感仪
ДН	диаграмма направленности	方向性图
ДНА	диаграмма направленности антенны	天线方向性图
ДНГ	динамически настраиваемый гироскоп	动态可调陀螺仪
ДОЛ	доплеровское обострение луча	多普勒波束锐化
ДУС	датчик угловой скорости	角速率传感器
ЗБ	зажигательный бак	燃烧弹
ЗПС	задняя полусфера	后半球
ЗРП	зона разрешенных пусков	允许发射空域
ЗУ	запоминающее устройство	存储装置
ЗУТК	запоминающее устройство текущей карты	当前地图存储装置
ЗУЭК	запоминающее устройство эталонных карт	标准地图存储装置
ИВС	интегрированная вычислительная среда	集成计算环境

（续）

ИДНС	инерциально-доплеровская навигационная система	惯性—多普勒导航系统
ИЗ	источник знаний	知识来源
ИИ	искусственный интеллект	人工智能
ИК	инфракрасное	红外
ИКВК	информационный комплекс вертикали и курса	垂直和航向信息综合系统
ИЛС	индикатор на лобовом стекле	平视显示器
ИНС	инерциальная навигационная система	惯性导航系统
ИПМ	исходный пункт маршрута	航线初始点
ИРЧИ	система интегрированных радиочастотных измерителей	集成无线电频率计算器系统
ИРЧС	интегрированная радиочастотная система	集成无线电频率系统
ИС	измерительная система	测量系统
ИССН	инерциально-спутниковая система навигации	惯性—同步卫星导航
ИУК	информационно-управляющий канал	信息控制通道
ИУПК	информационно-управляющее поле кабины	驾驶室信息控制区
КАБ	корректируемая авиационная бомба	可校正航空炸弹
КВО	круговое вероятное отклонение	圆概率误差
КМГУ	контейнер малогабаритных грузов универсальный	小型货物通用容器
КОИ	комплексная обработка информации	信息综合处理
КП	командный пункт	指挥所
КПМ	конечный пункт маршрута	航线终点
КР	крылатая ракета	巡航导弹
КРУ	командная радиолиния управления	无线电控制指令
КСиУ	комплекс связи и управления	通信和控制综合系统
КСН	комбинированная система наведения	综合制导系统
КЭСНН	корреляционно-экстремальная система навигации и наведения	导航和制导相关—极值系统
ЛА	летательный аппарат	飞行器
ЛБВ	лампа бегущей волны	行波管
ЛВ	линия визирования	制导线
ЛВС	локальная вычислительная сеть	局域计算网
ЛЗП	линия заданного пути	预定航线
ЛПИ	линия передачи информации	信息传递线路
ЛФП	линия фактического пути	实际航迹线
МВПИ	магистральный внутренний параллельный интерфейс	内部总并口

（续）

МКМД	множественный поток команд и данных	多重指令和数据流
МКОД	множественный поток команд и одиночный поток данных	多重指令流和单一数据流
МЛПИ	мультиплексная линия передачи информации	信息多路传输线路
ММ	математическая модель	数据模型
МОП	модуль оперативной памяти	运算内存模块
МП	микропроцессор	微处理器
МПВС	мультипроцессорная вычислительная система	多处理器计算系统
МПИ	магистральный параллельный интерфейс	总并口
МПО	программа-менеджер объединения	组合的管理程序
МСИО	многоуровневая（многоканальная）система информационного обмена	多层次（多通道）信息交换系统
МСН	межсамолетная навигация	飞机间导航
МТО	марковская теория оценивания	马尔可夫评估理论
МТУ	мультиплексное терминальное устройство	多路传输终端装置
МУ	механизм управления	控制器
МУП	механизм управления перекрестием	交叉点控制器
МФИ	многофункциональный индикатор	多功能显示器
МФРЛС	многофункциональная радиолокационная станция	多功能雷达站
МЦС	многоцелевое сопровождение	多目标跟踪
МШ	мультиплексная шина	多路传输母线
НАР	неуправляемая авиационная ракета	非制导航空导弹
НАСУ	наземная автоматизированная система управления	地面自动控制系统
НИ	навигационный измеритель	导航测量器
НКА	навигационный космический аппарат	导航航天装置
НКП	наземный командный пункт	地面指挥所
НРТИ	нерадиотехнический измеритель	非无线电技术测量器
НСЦ	нашлемная система целеуказания	目标指示头盔系统
НСЦИ	нашлемная система целеуказания и индикации	目标指示和显示头盔系统
НТ	навигационная точка	导航点
НЧИ	низкая частота повторения	低重复频率
ОА ВКП	оконечная бортовая аппаратура воздушного командного пункта	空中指挥所终端机载装置
ОА ОСРТИ	оконечная бортовая аппаратура объединенной системы распределения тактической информации	战术信息分配联合系统终端机载装置
ОА РЛДН	оконечная аппаратура комплекса радиолокационного дозора и наведения	雷达侦察和制导综合系统终端装置

（续）

ОЗУ	оперативное запоминающее устройство	运算存储装置
ОКМД	одиночный поток команд и множественный поток данных	单一指令流和多重数据流
ОКОД	одиночный поток команд и одиночный поток данных	单一指令流和单一数据流
ОКр	оптический коррелятор	光学相关仪
ОЛО	оптимальное линейное оценивание	最优线性评估
ООС	отрицательная обратная связь	负反馈
ООУ	обобщенный объект управления	综合控制对象
ОП	оперативная память	运算内存
ОПМ	оперативный пункт маршрута	航线作战点
ОПС	обзорно-прицельная система	扫描制导系统
ОС	операционная система	操作系统
ОСРВ	операционная система реального времени	实时操作系统
ОУ	орган управления	控制机构
ОУО	обобщенный управляемый объект	综合可控制对象
ОЭПрНК	оптико-электронный прицельно-навигационный ко-мплекс	光学电子制导导航综合系统
ОЭПС	оптико-электронная прицельная система	光学电子制导系统
ОЭС	оптико-электронная система	光学电子系统
ПД	память данных	数据内存
ПЗУ	постоянное запоминающее устройство	固定存储装置
ПЗУС	ПЗУ с быстрой сменой информации	带有信息快速替换的固定存储装置
ПИ	процессорный интерфейс	处理器接口
ПК	подвесной контейнер	悬挂吊舱
ПКС	программно-корректируемое сопровождение	程序可校正跟踪
ПН	пункт наведения	制导点
ПНК	пилотажно-навигационный комплекс	驾驶导航综合系统
ПО	программное обеспечение	软件
ПП	подвижное перекрестие	移动交叉点
ППЗУ	полупостоянное запоминающее устройство	半固定存储装置
ППК	преобразователь последовательного кода	连续代码转换器
ППМ	промежуточный（поворотный）пункт маршрута	航线中间（转弯）点
ППС	программируемый процессор обработки сигналов	可编程信号处理器
ППС *	передняя полусфера	前半球
ПРД	передатчик	发射机
ПрК	прицельный комплекс	瞄准综合系统

（续）

ПРЛС	пассивная радиолокационная система	无源雷达系统
ПРМ	приемник	接收机
ПрНК	прицельно-навигационный комплекс	制导—导航综合系统
ПРР	противорадиолокационная ракета	反雷达导弹
ПС	преобразователь сигналов	信号转换器
ПУ	пункт управления	控制点
ПШ	переключатель шин	母线转换开关
ПЭ	процессорный элемент	处理器元件
РБК	разовая бомбовая кассета	一次用炸弹箱
РВ	радиовысотомер	无线电高度表
РГС	радиолокационная головка самонаведения	雷达自动导引头
РИФ	расширитель интерфейса	接口扩展器
РКИО	радиальный канал информационного обмена	径向信息交换通道
РКЦ	радиолокационно-контрастная цель	雷达—对比度目标
РЛПК	радиолокационный прицельный комплекс	雷达制导综合体
РМ	радиомаяк	无线电信标
РНП	режим непрерывной пеленгации	连续定向状态
РО	радиолокационный ориентир	雷达定向标
РПС	радиолокатор предупреждения столкновений с наземными препятствиями	地面障碍物碰撞雷达
РСА	режим синтезированной апертуры	合成孔径状态
РСБН	радиотехническая система ближней навигации	近距无线电导航系统
РСДН	радиотехническая система дальней навигации	远距无线电导航系统
РСИ	расширяемый связной интерфейс	可扩展连接口
РТ	расчетная точка	计算点
РТИ	радиотехнический измеритель	无线电技术测量器
РТР	радиотехническая разведка	无线电技术侦察
РУД	ручка управления двигателем	发动机控制手柄
РУС	ручка управления самолетом	飞机控制手柄
РЭБ	радиоэлектронная борьба	电子战
РЭЗ	радиоэлектронная защита	无线电电子保护
РЭК	радиоэлектронный комплекс	无线电电子综合系统
РЭО	радиоэлектронное оборудование	无线电电子设备
РЭП	радиоэлектронное подавление	无线电电子对抗
РЭС	радиоэлектронные средства	无线电电子系统
СА	синтезированная апертура	合成孔径
САП	станция активных помех	有源干扰站

(续)

САУ	система автоматического управления	自动化控制系统
СВБП	система вождения в боевых порядках	战斗队形操纵系统
СВС	система воздушных сигналов	空中信号系统
СВТ	средства вычислительной техники	计算技术器材
СГИО	система государственного и индивидуального опознавания	国籍和个人识别系统
СГО	система государственного опознавания	国籍识别系统
СЕИ	система единой индикации	统一显示系统
СИИ	система искусственного интеллекта	人工智能系统
СИО	система информационного обмена	信息交换系统
СИОИ	система индикации и отображения информации	信息显示系统
СИУК	система индикации, управления и контроля	显示、控制和检测系统
СК	система координат	坐标系
СКО	средне квадратическое отклонение	均方差
СКОИ	система комплексной обработки информации	信息综合处理系统
СМСН	система межсамолетной навигации	飞机间导航系统
СН	система навигации	导航系统
СНАУ	система наведения и автономного управления	制导和自主控制系统
СНП	сопровождение на проходе	通道跟踪
СНПр	спутниковый навигационный приемник	卫星导航接收器
СОБП	система обеспечения безопасности полетов	飞行安全保障系统
СОЗУ	сверхоперативное запоминающее устройство	超运算存储装置
СОЦ	сопровождение одной цели	单个目标跟踪
СП	станция помех	干扰站
СПВ	стрелково-пушечное вооружение	身管射击兵器
СПС	система предупреждения столкновений в воздухе	空中碰撞预警系统
СПЦ	сигнал подсвета цели	目标照射信号
СРНС	спутниковая радионавигационная система	卫星无线电导航系统
ССН	система самонаведения	自导系统
СТС	сложная техническая система	复杂技术系统
СУ	система управления	控制系统
СУБД	система управления базами данных	数据库控制系统
СУВ	система управления вооружением	武备控制系统
СУО	система управления оружием	武器控制系统
СУР	система управления ракеты	导弹控制系统
СЦВ	специализированный цифровой вычислитель	专用数字计算器
СЦВМ	специализированная цифровая вычислительная машина	专用数字计算机

（续）

СЧМ	система《человек-машина》	“人—机”系统
СЧП	средняя частота повторения	中重复频率
TV	телевизионный	电视的
ТВИ	таймер временных интервалов	时间间隔计时器
ТВМ	таймер временных меток	时间标记计时器
ТГН	телевизионная головка наведения	电视导引头
ТГС	тепловая головка самонаведения	红外自动导引头
ТКМП	текущие координаты местоположения	位置当前坐标
ТКМС	текущие координаты местоположения самолета	飞机位置当前坐标
ТКС	типовой комплекс связи	典型综合通信系统
ТП	теплопеленгатор	红外线测向仪
ТС	техническое состояние	技术状态
ТТТ	тактико-технические требования	战术技术要求
ТТХ	тактико-технические характеристики	战术技术特性
УВВ	устройство ввода-вывода	输入—输出装置
УО	управляемый объект	可控制对象
УПИ	устройство преобразования информации	信息转换装置
УР	управляемая ракета .	导弹
УУ	устройство управления	控制装置
УУП	устройство управления перекрестием	交叉点控制装置
УФ	ультрафиолетовое	紫外的
УФОС	устройство формирования опорного сигнала	基准信号生成装置
ФАР	фазированная антенная решетка	相控阵天线
ФПО	функциональное программное обеспечение	功能软件
ЦАП	цифро-аналоговый преобразователь	数字—模拟转换器
ЦОС	цифровая обработка сигналов	信号处理系统
ЦП	центральный процессор	中央处理器
ЦПУ	центральное процессорное устройство	中央处理装置
ЦУ	целеуказание	目标指示
ЭЛТ	электронно лучевая трубка	电子射线管
ЭМВ	электромагнитная волна	电磁波
ЭМС	электромагнитная совместимость	电磁兼容性
ЭОК	эталон оптической карты	光学地图标准
ЭС	экспертная система	鉴定系统
AABNCP	Advanced Airorne Command Post	先进机载指挥台
AFDX	Avionic Full Duplex Switched Ethernet	航空电子全双工交换工以太网
AMSTE	Affordable Mobile Surface Engagement	经济可承受的地面移动目标打击

（续）

ATM	Asynchronous Transfer Mode	异步传输模式
ATNCD	Adaptive Tactical Navigation Concept Definition	自适应战术导航概念定义
AWACS	Airborn Warning and Control System	机载预警和控制系统
CIP	Common Integral Processor	通用集成处理器
CNI	Связь-навигация-опознавание	通信—导航—识别
CRC	Cycliacl Redundancy Check	循环冗余校验码
CSIM	Crew Station Information Manager	机组站信息管理员
DAMASK	Direct Attack Munition Affor-dable Seeker	直接攻击弹药的经济可承受导引头
DSP	Digital Signal Processing	数字信号处理
EODAS	Electro-Optical Distributed Aperture Systim	光电分布式孔径系统
EOTS	Electro-Optical Targeting System	光电跟踪系统
FC	Fiber Channel	光纤通道
FC-AL	Fiber Channel Arbitrated	光纤通道仲裁环路
GE	Gigabit Ethernet	吉比特以太网或称千兆以太网
HSDB	High Speed Date Bus	高速数据总线
IEEE 1394	Fire Wire	火线接口
IMA	интегральная тодульная авионика	集成模块式航空电子设备
ISS	Integrated Sensor Systems	综合传感器系统
ITARS	Integrated Terrain Access and Retrieval System	综合地形数据存储和检索系统
MCDU	Multifunctional Control and Display Unit	多功能控制显示组件
MFA	Multi-functional Array	多功能阵列
MIRFS	Multi-functional Integrated RF System	多功能综合射频系统
MWS	Missile Warming System	导弹告警系统
PI	Parallel Interconnect	并行互接
RAM	статическоу ЗУ с произвольным доступом	可随意访问的静态存储装置
RISC	Reduced Instruction Set Computer	精简指令集计算机
SA/IRFS	Shaped Apertures/Integrated RF Sensing	形状孔径/集成射频传感
SCI/RT	Scalable Coherent Interface/Real time	可扩展一致性接口的实时性扩展
SDB	Small Diameter Bomb	小直径炸弹
SE	Serial Express	串行表达
SFW	Sensor Fused Weapon	传感器融合武器
SMP	Symmetric Multiprocessor	对称多处理机
STN	Super Twisted Nematic	超级弯曲效应
WCMD	Wing-Corrected Munition Dispanser	风修正集束弹药
TM	Test Maintenance	维修检测